普通高等教育"十三五"规划教材

金属学原理

(第3版)

(中册)

余永宁　编著

北　京
冶 金 工 业 出 版 社
2024

内容简介

全书分为上册（1～4章）、中册（5～8章）和下册（9～11章），共11章。第1～4章论述了晶体材料的结构，包括完整理想结构及结构的点缺陷、线缺陷、面缺陷和体缺陷；第5章讨论了材料中各相之间平衡的热力学关系——相图；第6章讨论了材料动力学的一个重要基元过程——原子扩散；第7章概述了相变的基本理论；第8章和第10章分别讨论了凝固过程和固态转变过程；第9章和第11章分别讨论了材料在受力发生塑性变形的结构变化规律和从塑性变形后的不稳定态恢复到稳定态的过程——回复和再结晶。

本书为高等学校教学用书，也可供从事材料科学与工程研究的相关人员参考。

图书在版编目(CIP)数据

金属学原理．中册/余永宁编著．—3版．—北京：冶金工业出版社，2020.5（2024.11重印）

普通高等教育“十三五”规划教材

ISBN 978-7-5024-8412-5

Ⅰ．①金…　Ⅱ．①余…　Ⅲ．①金属学—高等学校—教材　Ⅳ．①TG11

中国版本图书馆CIP数据核字（2020）第034089号

金属学原理（第3版）（中册）

出版发行　冶金工业出版社　　**电　　话**　(010)64027926

地　　址　北京市东城区嵩祝院北巷39号　　**邮　　编**　100009

网　　址　www. mip1953. com　　**电子信箱**　service@ mip1953. com

责任编辑　高　娜　宋　良　美术编辑　吕欣童　版式设计　孙跃红　禹　蕊

责任校对　李　娜　责任印制　窦　唯

三河市双峰印刷装订有限公司印刷

2000年1月第1版，2013年10月第2版，2020年5月第3版，2024年11月第4次印刷

787mm×1092mm　1/16；29.75印张；715千字；453页

定价64.00元

投稿电话　(010)64027932　投稿信箱　tougao@cnmip. com. cn

营销中心电话　(010)64044283

冶金工业出版社天猫旗舰店　yjgycbs. tmall. com

（本书如有印装质量问题，本社营销中心负责退换）

第3版前言

时光荏苒，自2013年10月本书第2版出版以来，又过去了6年多的时间，科技进步日新月异，人们对金属材料的认知也不例外。故此，编者对《金属学原理》一书进行了第二次修订。

本次修订中，各章都补充了一些新的内容，更好地反映本领域的新进展，其中普遍增加了一些与纳米材料相关的内容。同时，改正了第2版存在的一些谬误。

考虑到本书篇幅长、第2版单册装订给读者使用带来的不便，第3版拆分为上、中、下册，分别出版。

在分册中，与第2版对照，部分章节顺序做了一些调整。具体调整情况为：第2版中的第4章（点缺陷和线缺陷）、第5章（面缺陷），在第3版中作为第3章和第4章，连同第2版的第1章（晶体学）、第2章（晶体结构），一起构成第3版的上册，主要介绍晶体结构和缺陷。第2版的第3章（相图）改为第3版第5章放在中册。其他各章顺序在修订前后保持不变。

重新修订本书，编者深切感到处于当今时代我们十分幸运，花费很有限的时间就能获取非常丰富的知识。读完这本书也许需要花费比较长的时间和很大精力，但是相比于前人获取这些知识所花费的时间和精力，显然是大大减少了。在此，作者不仅希望读者通过本书学习了解这些知识本身，也希望和大家分享一些金属材料专业领域的前辈们不断追求进步的过程。在过去的半个多世纪，前人不断发现问题，从不同角度出发，采用不同方法探索解决问题，进而不断获取各种研究结果。同时，对于已有的研究成果，人们还总是采用审视、批判的态度进行观察与思考，从而不断将研究工作推向前进，持续取得新的进展与突破。编者觉得，对于人才培养来说，了解和学习前人的探索精神、方法和批判的态度，可能比了解结果自身更为重要。编者在本书中提供了一些这方面的例子，希望读者能够用心体验并有所心得。

本书已列入北京科技大学校级规划重点教材，教材的编写与出版得到了北京科技大学教材建设经费的资助，在此表示感谢。

本书涉及内容相当广泛，受限于编者自身水平，书中难免有不妥之处，恳望读者批评指正，不胜感激。

编　者
2020年1月
于北京科技大学

第2版前言

《金属学原理》第1版作为金属材料专业的教材于2000年正式出版，是普通高等教育“九五”国家级重点教材。出于拓宽专业面的需要，目前许多学校的材料科学与工程专业将相应的专业基础课程更名为“材料科学基础”。不过，以金属材料为主体的高校，该专业基础课程的内容仍以金属学原理为主。因此，应冶金工业出版社邀请，作者编写了《金属学原理》第2版，以适应学科发展的需要，方便有关专业的师生更好、更深入地了解金属学原理。本书内容仍以金属材料为主，其中很多原理也适用于一些非金属材料。本书主要读者为金属材料专业的高校学生，从事金属材料研究工作的专业技术人员，以及讲授本门课程的高校教师。

本书大部分内容经过重新编写，相对于第1版增加了不少的新内容，有关介绍也更为深入和详尽，因此篇幅增加很多。第1章把晶体学点群和空间群纳入正文，并较详细地介绍了晶体取向和取向分布的描述（包括极图、反极图、欧拉角和欧拉空间、罗德里格斯矢量和罗德里格斯空间、宏观织构与微观织构等）。第2章增加介绍离子晶体结构和准晶结构。第3章增加多元相图的简介，讨论了相图的几何关系，简单介绍了纳米颗粒中的两相平衡，在相图热力学与相图计算中增加了计算例题。第4章增加了有序合金中的点缺陷和线缺陷的讨论。第5章详细讨论晶界及相界的几何理论（包括CSL、DSC点阵、O点阵和取向关系）；广泛讨论界面迁移的驱动力、迁移率及溶质原子和第二相颗粒对界面迁移的影响；介绍多晶体中的晶界特征分布和取向连接性。第6章对有序合金中的扩散机制和相关系数进行了更详尽的讨论，并讨论了Kirkendall面的稳定性、不可逆过程热力学与扩散、外驱动力与扩散；较详细讨论了快速扩散通道；简单介绍了多重扩散偶的应用。因为“凝固”、“固态转变”有很多共同的基本理论，所以新辟了第7章“相变理论概述”，来概括转变的共同理论，其中一些理论如转变动力学也适用于“再结晶转变”。主要内容包括相变驱动力、经典形核和长大理论、相变动力学、第二相颗粒的竞争粗化（Ostwald熟化）。第8章讨论金属和合金的凝固，对移动界面形貌的稳定性、枝晶生长动力学作了较详细的讨论；提供包晶合金凝固的一些新资料；介绍触变行为与半固态成型的基本概念。第9章对形变孪晶的形成机制及影响因素、多晶体变形的组织结构、两相合金的塑性变形作了详细讨论。在第10章加大了对调幅分解的讨论篇幅，增加了马氏体转变（包括转变晶体学唯象理论、热力学、动力学、TRIP效应、形状记忆效应和伪弹性等）、贝氏体转变（包括贝氏体铁素体、碳化物脱溶沉淀和碳化物晶体学、转变热力学和动力学、贝氏体转变机制不同观点的简述等）的内容。第11章对再结晶后的晶粒长大（包括正常长大和非正常长大）、动态再结晶都作了详细的讨论；特别是介绍和讨论各种连续再结晶机制与过程。

不同章节中，某些概念可能重复出现，某些内容也会发生相互穿插，如何安排内容的先后次序成为值得商榷的问题。例如，结构缺陷中讨论位错攀移以及界面迁移时都涉及扩散问题，而讨论扩散也需要关于晶体结构的知识。安排内容的先后次序时，依照重要性次序来安排，即先讨论晶体缺陷，再讨论扩散。又如，各种转变都会涉及界面（包括相界面）的迁移问题，虽然各种情况下界面迁移的驱动力不同，界面的结构也不相同，但是它们的迁移都具有一些相类似的规律，所以，把同相界面迁移的主要理论放在“界面”一章讨论，而异相界面迁移大都涉及扩散，将其放在“相变概论”中讨论。在其他地方遇到界面迁移时，再根据其具体特点加以补充。诸多事例不一一叙述。

本书正文中编入了为数不少的例题，以帮助读者准确理解其内容。同时，以章为单位提供了一定数目的练习题，以供读者解答和研究。

材料科学所涵盖的知识面非常广泛，专业知识博大精深，并且涉及广泛的基础知识。作者深感难以全面掌控，更不敢称全面精通。故此，本书内容难免因作者对所选文献内容的理解有误或不足而出现讹误，在此诚请读者批评指正。

作者编写本书，一来是信守与冶金工业出版社的约定，二来将其作为较系统地重新学习和总结材料学科的专业理论和新成果，并借此与同行们进行交流。有这样的机会，作者内心甚感欣慰。不过，作者完稿后回头看时，总感觉存在诸多不满意之处，为此内心有些惶恐。在此，作者将本书权作考试答卷交稿，唯盼有个合格的分数。对于要求学习更深一步的读者，作者诚心建议他们能够进一步阅读一些专著和专题综述。

本书涉及的内容绝大部分都是引自有关学者的工作成果，各章末尾列出了所参考的主要文献，但是并没有将全部的参考文献一一列出。在此，对所有列出的和省略的参考文献的作者致以深深的感谢。

本书的出版，得到了教育部本科教学工程——专业综合改革试点建设经费和北京科技大学教材建设基金的资助，北京科技大学教务处、材料科学与工程学院对本次修订给予了热情鼓励和大力支持；孟利博士协助查找了有关文献，特此一并致谢。

余永宁
2013 年 2 月
于北京科技大学

第 1 版前言

本书是在我校（北京科技大学）金属材料与热处理专业的金属学课程自编教材的基础上编写而成的。我校金属材料与热处理专业的金属学课程十多年来都使用自编教材，并在使用中边讲授边修改，故全书经过了十多次使用和三次以上的修改，本书即最新完成的修改版。

本书主要讨论金属材料科学与工程的基础知识和基础理论。通过学习，可使学生了解金属材料科学与工程的基本概念和方法。金属材料的基础知识和理论在近十多年来有很大发展，本书在编写中尽量摒弃旧的和不确切的概念和理论，采用新的和较准确的概念和理论。

本书所涉及的数学和物理知识，一般都没有超出学生在大学基础课程中的学习范围。但是，由于“金属学”课程新概念比较多，对初学者有一定的难度，因此在使用本书时应根据不同的对象和不同的要求，按三个层次进行选用：其一是只要求了解基本概念并知道这些概念的应用，这就可以避开其中大部分数学的描述和一些深层次的内容，这是最基本的要求；其二是在上述的基础上还需要了解基本概念的物理和数学根据，了解有关问题建立数学模型的思路，这就需要选读一些有关数学描述的内容；最高层次的要求是应用基本概念和基本理论去分析和解决一些简单问题，这就要求通读全书并进一步选读有关参考读物。

本书每章都有一定数量的练习题。练习题大体分为三种类型：第一种是通过做练习题使读者掌握金属材料科学与工程的一些基本数据及其数量级；第二种是通过做练习题帮助读者掌握基本概念和基本理论；第三种是需要读者通过思考和分析才能作出解答的，通过做这类练习题可提高读者的自学能力以及分析问题和解决问题的能力。读者可根据自己的要求选做适当的练习题。

现在正进行的高等教育改革，要求加强基础教育，拓宽专业面，着重培养学生独立获取知识的能力。在编写本书的过程中，编者也力求做到这一点。本书的分量是按 120 学时编写的，在新的“金属材料工程”专业中，可能授课学时有所减少，但本书仍可作为这一专业的专业基础课程教材或主要参考书。

在本书的编写和修改过程中，沈宝莲、贾成厂、朱国辉提出了很多宝贵意见，陈楠、吴勇等也做了不少工作，编者在此向他们一并表示感谢。

尽管编者在编写本书时努力注意概念准确和理论正确，但是由于水平所限，难免有错漏之处，诚恳希望读者给予指正。

编　者
1999 年 6 月

符　　号

本书中尽量使用以下共同符号，个别情况在所在文本加以说明。

符号	含义	单位
A	面积	m^2
$\boldsymbol{A}$	变换矩阵	
$\boldsymbol{a}$，$\boldsymbol{b}$，$\boldsymbol{c}$	点阵基矢	m
a_i	i 组元的活度	
a	热扩散系数	m^2/s
$\boldsymbol{B}$	在界面的任意线所截的位错净柏氏矢量	m
$\boldsymbol{b}$	位错的柏氏矢量	m
C	在热力学体系中的组元数	
c_i	i 组元体积浓度	kg/m^3，mol/m^3
c_p	等压热容	J
D；$\boldsymbol{D}$	扩散系数；扩散系数张量	m^2/s
D^B	晶界扩散系数	m^2/s
D^D	位错扩散系数	m^2/s
D^S	表面扩散系数	m^2/s
D^L	晶界扩散系数	m^2/s
D_i	i 组元禀性扩散系数	m^2/s
$\tilde{D}$	互扩散系数（化学扩散系数）	m^2/s
$^*D$	在纯材料中的自扩散系数	m^2/s
$^*D_i$	在多元系中 i 组元自扩散系数	m^2/s
d	多晶体的晶粒尺寸	m
$\mathcal{E}$；E；E	能；摩尔能；单位长度位错能	J；J/mol；J/m
E	杨氏模量	$Pa=J/m^3$
E_{el}；E_{co}	单位长度位错弹性应变能、核心能	J/m
f_0	在扩散过程中原子跳动相关因子	
F	自由度数	
F；f	力；单位长度的力	N；N/m
$\mathcal{G}$；G；g	吉布斯自由能；摩尔自由能；单位体积吉布斯自由能	J/mol；J/m^3
$\mathcal{H}$；H；h	焓；摩尔焓；单位体积焓	J/mol；J/m^3
h	高度；界面台阶高度	m
h	普朗克常数	6.626×10^{-34} J·s

$\boldsymbol{I}$	单位张量	
J；J_i	流量；i 组元流量	$kg/(m^2 \cdot s)$，$mol/(m^2 \cdot s)$
K_0	压缩系数	N/m^2，Pa
k	热导率	$J/(m \cdot s \cdot K)$
K	速度常数；反应速度常数	
k_B	玻耳兹曼常数	$1.38 \times 10^{-23} J/K$
$\boldsymbol{L}$；L_{ij}	Onsager 耦合张量；对应的系数	$kg/(m^2 \cdot s \cdot N)$，$mol/(m^2 \cdot s \cdot N)$
M；$\boldsymbol{M}$	迁移率；迁移率张量	$m/(s \cdot Pa)$
M_i^0	i 组元的相对原子或分子质量	kg/N_A
m	质量	kg
N_A	阿伏伽德罗数	6.023×10^{23}
n	单位体积原子数	原子数$/m^3$
n_i	i 组元的摩尔数	
$\boldsymbol{n}$	法线单位矢量	m^{-1}
p	压力	$Pa = J/m^3$
p	几率	
$\mathcal{Q}$；Q	激活能；摩尔激活能	J；J/mol
Q	热量	J
q	电荷	C
R	曲率半径	m
$\boldsymbol{R}$	层错矢量；反相畴矢量	m
r	距离，半径	m
$\boldsymbol{r}$	相对原点的位置	m
$\mathcal{S}$；S；s	熵；摩尔熵；单位体积熵	J/K；$J/(K \cdot mol)$；$J/(K \cdot m^3)$
$\boldsymbol{s}$	界面台阶矢量	m
$\boldsymbol{T}$	位移矩阵	
T	热力学温度	K
T_m	熔点温度	K
t	时间	s
$\boldsymbol{t}$	位错切向（正向）单位矢量	m
$\mathcal{U}$；U；u	内能；摩尔内能；单位体积内能	J；J/mol；J/m^3
u_{ij}	i 原子与 j 原子间的结合能	J/原子
$\boldsymbol{u}$	位移场	m
$\mathcal{V}$；V_m；V_{at}	体积；摩尔体积；原子体积	m^3
$\boldsymbol{v}$；v	速度；速率	m/s
v	比体积	m^3
W；w	功；单位体积功（应变能密度）	J；J/m^3
w	位错宽度	m
w_i	i 组元的质量浓度	

符号	含义	单位
x_i	i 组元的摩尔浓度（原子浓度）	
z；z_c	配位数；临界晶核有效配位数	
Z	Zeldovich 因子	s^{-1}
Γ	原子（分子）跳动频率	s^{-1}
Γ_i	单位面积 i 组元的吸附（偏析）量	mol/m^2
Γ	位错线张力	J/m
γ	切应变	
γ_s；γ_b；γ_{SFE}	比表面能；比界面能；层错能	J/m^2
γ_i	i 组元的活度系数	
δ	界面有效厚度	m
η	效率	
$\boldsymbol{\varepsilon}$；ε_{ij}	应变张量；应变张量分量	
ε	互换能；尺寸错配	J/mol
Φ	热力学势	
φ	相的数目	
κ^*	梯度能系数	J/m
λ	波长	m
λ	扩散的缩放比例因子，$x/(4Dt)^{1/2}$	
ρ	密度；位错密度	kg/m^3；m^{-2}
ρ	电阻率	$\Omega \cdot m$
ν	泊松比	
ν	原子振动频率	s^{-1}
$\boldsymbol{\nu}$	晶界法线单位矢量（第 5 章使用）	
μ	弹性切变模量	$Pa=J/m^3$
$\boldsymbol{\sigma}$；σ_{ij}；τ_{ij}	应力张量；应力张量的分量	$Pa=J/m^3$
σ_d	电导率	$m/(\Omega \cdot mm^2)$
μ；μ_i	化学势；i 组元化学势	J/mol
Θ	硬化率	$Pa=J/m^3$
θ	取向差角	(°)；rad
ζ	相（或物质）的相对量	
Ω	交互作用参数	J/mol

目　　录

5 相　　图

相是材料中在化学上和结构上均匀的区域。单相材料是在各点具有相同成分和结构的材料。很多材料由两个或多个相组成。对于多相的显微组织，材料的整体性能取决于存在相的数目、这些相的相对量、各相的成分与结构和相的尺寸和空间分布等。所以，这里很关心所讨论体系中在不同外界条件（一般是温度和压力）下存在什么相以及这些相的相对量，相图为此目的提供一种方便的方法。

广义来看，**相图**是在给定条件下体系中各相之间建立平衡后热力学变量（强度变量）轨迹的几何表达，显然，相图表述的是平衡态。所以严格来说，相图应称之为相平衡图，而相图是习惯的简称。采用的热力学变量不同，可以构成不同类型的相图，所以相图的类型可以有很多。但是，并不是任意选用热力学变量所获得的相图都有实用意义。对于材料科学工作者来说，最关心的是凝聚态。压力变化不大的情况下，压力对凝聚态相平衡的影响可以忽略。所以，除了特殊情况，通常使用以温度 T 和成分 x_i（第 i 组元的摩尔分数）或 w_i（第 i 组元的质量分数）为坐标的相图。本章主要讨论这类相图。

相图是描述体系平衡状态的，它只能说明在给定条件下达到平衡时应存在什么相，但不能说明达到平衡过程的动力学，也不能判断体系中可能出现的**亚稳相**。虽然在实际系统中经常会偏离平衡状态，但是平衡态的知识总是了解大多数过程的出发点。例如，研究一个元素对某种材料的影响，确定材料的某些工艺过程参数等都要依赖相图。事实上，固态材料往往难于达到整体稳定的平衡，甚至还可以长期处于亚稳状态。所以，实际测得的相图多数或多或少地偏离真正的平衡，甚至有些相图中的某些相实际上是亚稳相。

5.1　热力学体系的变量和真实相图

描述热力学体系的变量可以分为两类。

(1) 强度变量：如温度 T、压力 p，化学势 μ 等。因为这些变量都是场性质的，所以也称场变量。

(2) 广延变量：m 个相同的体系联结成一个大体系时，这种变量的数值增加 m 倍；物质的物质的量 n_i、体积 $\mathcal{V}$、内能 $\mathcal{U}$、熵 $\mathcal{S}$ 以及热量 Q 等，是广延变量。

如果广延变量归一化，即把变量除以某一单位，例如各种摩尔量：摩尔体积 $V_m=\mathcal{V}/n_{tot}$，摩尔焓 $H_m=\mathcal{H}/n_{tot}$，摩尔熵 $S_m=\mathcal{S}/n_{tot}$，摩尔分数 $x_i=n_i/n_{tot}$，等等（n_{tot}是总物质的量），成为强度变量。为了区别真实的热力学场变量，这些变量称密度变量。场变量和密度变量这两种强度变量的重要区别是：在平衡时，场变量在共存的任何相中场变量具有相同值，而密度变量则不一定相同。

若选熵 $\mathcal{S}$、体积 $\mathcal{V}$ 和组元物质的摩尔数 n_i 为独立变量，则体系内能 $\mathcal{U}$ 可表达为这些变量的函数：

$$\mathcal{U}=\mathcal{U}(\mathcal{S},\ \mathcal{V},\ n_1,\ n_2,\ \cdots)$$

温度 T（热势）、压力 p（力学势）和 μ_i（第 i 组元化学势）等**热力学势**可表达如下：

$$T = \left(\frac{\partial \mathcal{U}}{\partial \mathcal{S}}\right)_{\mathcal{V},\ \Sigma n_i} \tag{5-1}$$

$$p = \left(\frac{\partial \mathcal{U}}{\partial \mathcal{V}}\right)_{\mathcal{S},\ \Sigma n_i} \tag{5-2}$$

$$\mu_i = \left(\frac{\partial \mathcal{U}}{\partial n_i}\right)_{\mathcal{V},\ \mathcal{S},\ \Sigma n_{j,\ j\neq i}} \tag{5-3}$$

式中，$\mathcal{S}$、$\mathcal{V}$、n_i 称为 T、p、μ_i 等强度变量的**共轭**广延量。若以 Φ_i 表示体系的热力学势，q_i 表示与其共轭的广延量，则上面的 3 个式子可以统写成：

$$\Phi_i = \left(\frac{\partial \mathcal{U}}{\partial q_i}\right)_{q_j,\ j\neq i} \tag{5-4}$$

式中，Φ_i 和 q_i 是共轭的变量对。表 5-1 列出了 C 元系的共轭变量对。

表 5-1 相应的势 Φ_i 与 q_i 广延变量对

Φ_i	T	p	μ_1	$\mu_1 \sim \mu_C$
q_i	$\mathcal{S}$	$-\mathcal{V}$	n_1	$n_1 \sim n_C$

对于含有 C 个组元的体系，由吉布斯-杜亥姆（Gibbs-Duhem）方程，有：

$$\mathcal{S}\mathrm{d}T - \mathcal{V}\mathrm{d}p + \sum_{i=1}^{C} n_i \mathrm{d}\mu_i = 0 \tag{5-5}$$

上式可以简写成：

$$\Sigma q_i \mathrm{d}\Phi_i = 0 \tag{5-6}$$

在等温等压条件下，式（5-5）左端只有最后的加和项，故：

$$\Sigma n_i \mathrm{d}\mu_i = 0 \tag{5-7}$$

还可以利用吉布斯-杜亥姆方程得到另一些共轭变量对。把 $\mathcal{H} = T\mathcal{S} + \Sigma n_i \mu_i$ 替换式(5-5)的吉布斯-杜亥姆方程，获得另一种形式的吉布斯-杜亥姆方程：

$$-\mathcal{H}\mathrm{d}(1/T) - (\mathcal{V}/T)\mathrm{d}p + \Sigma n_i \mathrm{d}(\mu_i/T) = 0 \tag{5-8}$$

这样，还可以定义另一些共轭变量对：$(1/T,\ -\mathcal{H})$，$(p,\ -\mathcal{V}/T)$，$(\mu_i/T,\ n_i)$。但是，这些共轭热力学变量在通常条件下对材料工作者的意义不大。

采用的热力学变量不同，可以构成不同类型的相图。图 5-1 是采用强度变量（包括场变量和密度变量）构成的单元系相图。图 5-1a 是由两个场变量构成的相图；图 5-1b 是由一个场变量和一个密度变量构成的相图；图 5-1c 是由两个密度变量构成的相图。图 5-1b 和 c 都可以应用杠杆定则来计算相的相对量。

但是，并不是选用任意热力学变量所获得的相图都是有实用意义的"**真实相图**"。所谓"**真实相图**"，是指在相图的每一个表象点（即在相图中指定各变量参数的点）描述唯一的一个平衡态的相图。例如，图 5-2 表示的 H_2O 的 p-V 相图，在淡灰色区域有两个平衡态，所以该相图不是一个真实相图。这个相图的一对变量虽然都是强度变量，但是 V 对应的广延量 $\mathcal{V}$ 与 p 是一对共轭的热力学变量。这样的相图是不真实的。但是，在这个相图中还是有多个相区反映唯一的平衡态，上述对构成真实相图的原则是充分条件而不是必要条件。

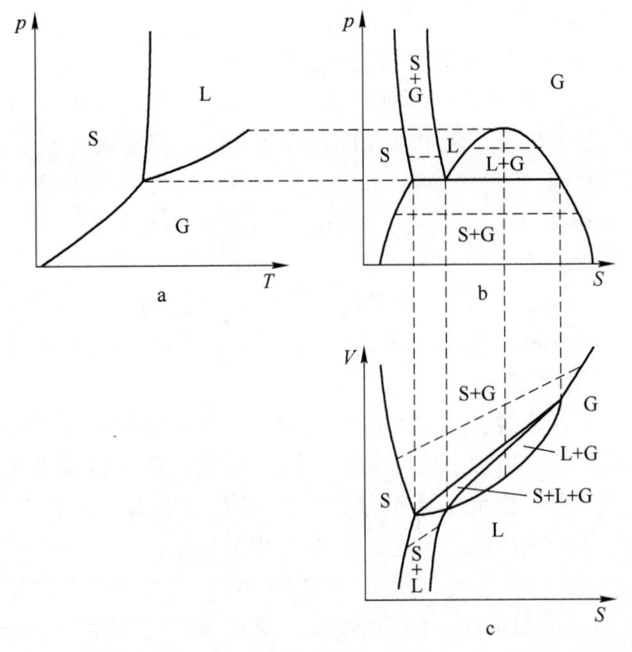

图 5-1 采用强度变量（包括场变量和密度变量）构成的单元系相图

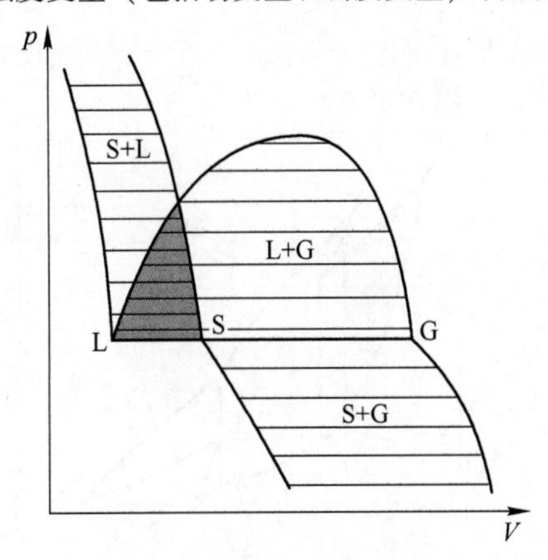

图 5-2 H_2O 的 p-V 相图

真实相图截面的一般几何规则：

对 N 元系，要获得一个二维相图时，选择两个坐标轴变量并保持其他（$N-1$）变量为常数。但是，并不是选择任意坐标轴变量都是真实相图的，如果选择不合适，则会发生相区重叠。为了保证获得的相图是真实相图，坐标轴变量选择必须：首先从（$N+2$）对共轭变量中每对选择一个（只能选一个）变量（Φ_i 或 q_i），其中必须至少选择一个广延量 q_i，然后从选择的 m（$1 \leqslant m \leqslant N+2$）个广延变量中，形成（$m-1$）个独立比率。这样，因选择了 m 个广延变量，余下（$N+2-m$）个势变量，再加上（$m-1$）个独立比率变量，共有（$N+1$）个变量可供选择作坐标变量。选择其中两个变量作坐标变量，余下的都保持为常量。

例如 Cu-Zn 系（相图见图 5-17），它的场变量和它共轭的广延变量对应的密度变量如下：

场变量 Φ：T p μ_{Cu} μ_{Zn}

q_i 对应的密度变量：S　　$-V$　　x_{Cu}　　x_{Zn}

物质的总量为（$n_{Cu}+n_{Zn}$），组元相对量为 $n_{Zn}/(n_{Cu}+n_{Zn})=x_{Zn}$，$n_{Cu}/(n_{Cu}+n_{Zn})=x_{Cu}$。选择相图变量：$T$、$p$，$x_{Zn}$，因为选择了强度变量 T、p，就不能选择 S、V 作为相图变量。

又例如 Fe-Mo-C 系的恒 Mo 截面（相图见图 5-75），它的场变量和它共轭的广延变量对应的密度变量如下所列

Φ：T　　p　　μ_{Fe}　　μ_{Mo}　　μ_C

q_i 对应的密度变量：S　　$-V$　　x_{Fe}　　x_{Mo}　　x_C

物质的总量为（$n_{Fe}+n_C+n_{Mo}$），组元相对量 $n_{Fe}/(n_{Fe}+n_{Mo}+n_C)=x_{Fe}$、$n_C/(n_{Fe}+n_{Mo}+n_C)=x_C$，$x_{Mo}=1-x_{Fe}-x_C$。选择相图变量：$T$、$p$、$x_{Fe}$、$x_C$，同样，因为选择了强度变量 T、p，就不能选择 S、V 作为相图变量。

对于材料科学工作者来说，最关心的是凝聚态。压力变化不大的情况下，压力对凝聚态相平衡的影响可以忽略。所以，除了特殊情况，通常多使用以温度 T 和成分 x_i（第 i 组元的摩尔分数）或 w_i（第 i 组元的质量分数）为变量的相图。对于 C 元系，因为 $\sum x_i=1$（或 $\sum w_i=1$），所以，取 $C-1$ 个 x_i（或 w_i）作为相图变量。

例 5-1　图 5-3 是在恒温恒压下碳的活度 a_C 与 Cr 的摩尔分数 x_{Cr} 组成的 Fe-Cr-C 相图。它是不是一个真实相图，为什么？出现非真实相图的原因是什么？

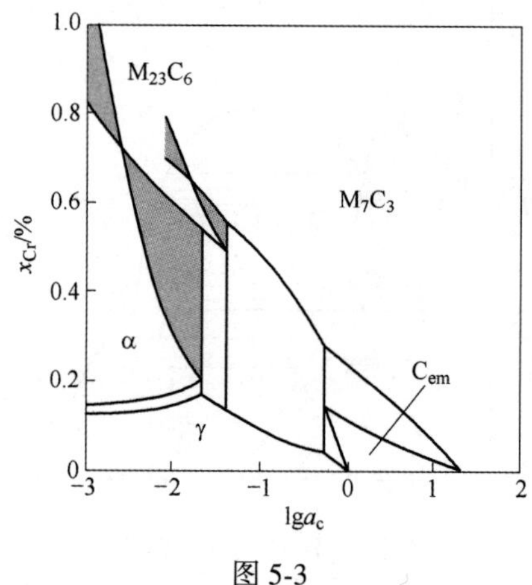

图 5-3

解：Fe-Cr-C 三元系，共轭变量对是（T，S），（p，$\mathcal{V}$），（μ_{Fe}，n_{Fe}），（μ_{Cr}，n_{Cr}）和（μ_C，n_C），现从每对共轭变量中个选一个变量：T，p，μ_C，n_{Fe}，n_{Cr}。因为 $x_{Cr}=n_{Cr}/(n_{Fe}+n_{Cr}+n_C)$ 包含了 n_C，如果选择了 $a_C(\mu_C)$ 作坐标变量，就不能选择含其共轭的广延量 n_C 作变量，即不能选 x_{Cr} 作坐标变量，所以它是非真实相图。从相图看出，其中发生好几处相区重叠（图中灰色区域）：（$\alpha+M_7C_3$）与 $M_{23}C_6$ 重叠，（$\alpha+M_7C_3$）与（$\alpha+M_{23}C_6$）重叠，α 与 $M_{23}C_6$ 重叠等。

5.2　吉布斯相律

相：是在一个多相体系中由界面分开的物质的均匀部分，它们的物理和化学性质相

同，若为固体，则晶体结构相同。

材料学者 Porter 和 Easterrling（1981）将相定义为：一个相可以被定义为系统的一部分，其性能和成分是均匀的，并与系统的其他部分有清晰的界线。一个相可以含有一种或多种化学组元，在系统达到平衡状态时，相的成分是均匀的，而亚稳相可以存在一个成分或性能的梯度。

这些定义并没有原则的差异。

平衡：对于任何一个孤立系统的平衡，其必要条件是，在这个系统状态的所有变量不随时间而改变，即系统的能量（和熵）变或者为零，或者可以小至忽略不计。当一个体系处于平衡时，所有相的热力学强度变量（T、p、μ_1、μ_2、…）都相等。但是，各相的广延量对应的密度变量（S、V、n_i）不相等。从热力学状态看，还可以有亚稳平衡，这种平衡可以在一定时间具有上述的平衡属性，但最终会转变为真正的稳定平衡态。图 5-4 描述了四种可能的热力学状态：a 是非稳平衡状态；b 是亚稳平衡状态；c 是稳定平衡状态；d 是非稳平衡状态。

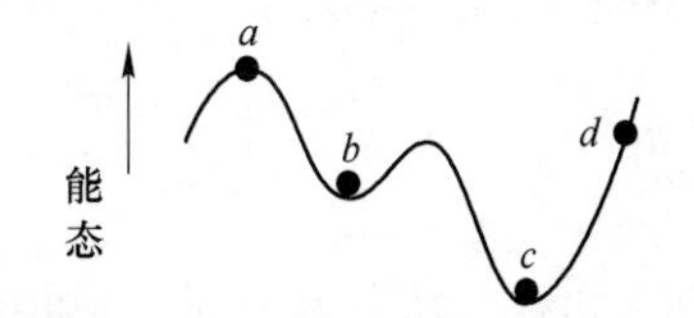

图 5-4 四种可能的热力学状态

吉布斯相律是描述处于热力学平衡状态的系统中自由度与组元数和相数之间关系的规律，也简称相律。选取温度 T、压力 p 和组元成分 x_i（或 w_i）作为独立变量，体系中各相达到平衡时，相律的形式为

$$F = C - \varphi + 2 \tag{5-9}$$

式中，C 是相所含的组元数；φ 是平衡的相的数目；F 是自由度数。

所谓组元，是指可以独立变化的组分，它可以是元素或者是化合物。所谓自由度，是指可以独立改变而不影响体系平衡状态的强度变量的最大数目；也可以是在没有相消失或出现的情况下，可以改变的强度变量的最大数目。这里还应注意，虽然说 C 是相所含的组元数，但是可以用系统的化学元素数目取代，因为若某一元素在有些相中存在，而在另一些相中不存在，则对缺乏这个元素的相来说少一个强度变量数，而在限制关系中也少一个物质传递平衡关系式。因此，这种情况并不影响 F 值。所以，在应用相律时，C 可以看做是体系的元素数。式（5-9）中的 2 表示温度和压力变量，若影响系统平衡状态的外界变量有 n 个，则式（5-9）中的 2 应改为 n。对于凝聚态系统中的相平衡，通常每改变 10^5Pa 压力，其平衡温度改变约 10^{-2}K 的数量级。因此，在压力变化不大的情况下，压力的影响可以忽略，把系统看做是恒压的。这时 $n=1$，相律的形式变为

$$F = C - \varphi + 1 \tag{5-10}$$

在相图上根据热力学变量的轨迹把相图划分为各种**相区**。相区是有边界线封闭的区域。从几何图形看，可以把这些相区看做是**拓扑单元**。拓扑单元间的拓扑关系应受到热力学平衡原理的约束，最基本的一条原理是不能违背相律的要求。从这点出发，相图中相邻相区中相的数目的差值一定是 1。更普遍地看，在多元相图中，某个区域内相的数目与邻接区域内相的数目之间有如下关系：

$$R' = R - D^- - D^+ \tag{5-11}$$

式中，R'是邻接两个相区的边界的维数；R 是相图的维数；D^-、D^+分别表示从一个相区越过边界进入邻接的另一相区后消失和出现的相的数目。关于相图中的各种几何关系将在

5.5 节中详细讨论。

相图是描述体系平衡状态的，它只能说明在给定条件下达到平衡时应存在什么相，但不能说明达到平衡过程的动力学。因为真正的平衡相图不会给出亚稳定相，除非在相图中特意给出亚稳相的平衡关系，否则根据平衡相图也不能判断体系中可能出现的**亚稳相**。虽然在实际系统中经常会偏离平衡状态，但是平衡态的知识总是了解大多数过程的出发点。例如，研究一个元素对某种材料的影响，确定材料的某些工艺过程的参数等都要依赖相图。事实上，固态材料往往难以达到整体稳定的平衡，甚至还可以长期处于亚稳状态。所以，实际测得的相图，多数都或多或少地偏离真正平衡，甚至有些相图中的某些相实际上是亚稳相。

这一章将分成两大部分讨论，前三节讨论相图的几何结构、各相相区（拓扑单元）的拓扑关系。第四节讨论相图的热力学分析和计算。

5.3 单元系

根据相律，对于单元系有：

$$F = 1 - \varphi + 2 = 3 - \varphi$$

最大可能的自由度数为 2。因此一个二维相图可以完全描述单元系。

讨论单元系时常用的 3 个势函数是 T、p、μ，因为是单元系，化学势 μ 就是摩尔吉布斯自由能。3 个强度量只有两个是独立的，一般选取温度 T 和压力 p 为独立变量做出 p-T 相图。图 5-5 给出了这类相图的例子，它是纯铁的 p-T 相图（同时参看图 2-40）。Fe 具有几种同素异构体，从高温到低温顺序为 δ-Fe（bcc 结构）、γ-Fe（fcc 结构）和 α-Fe（bcc 结构）。单相平衡时（$\varphi=1$，$F=2$）自由度数为 2。事实上，单相存在时，有两个变量要确定，例如 α 相单相，要确定的是 T^{α} 和 p^{α}，但这时没有任何约束方程，所以温度和压力变化不影响 α 相的平衡态。这样，单相区在相图上表现为一块面积。两相平衡（$\varphi=2$，$F=1$）时自由度数为 1。事实上，两相平衡时，有 4 个变量要确定。例如 α 相和 γ 相平衡要确定的是 T^{α}、p^{α}、T^{γ}、p^{γ}，但有如下的约束条件：

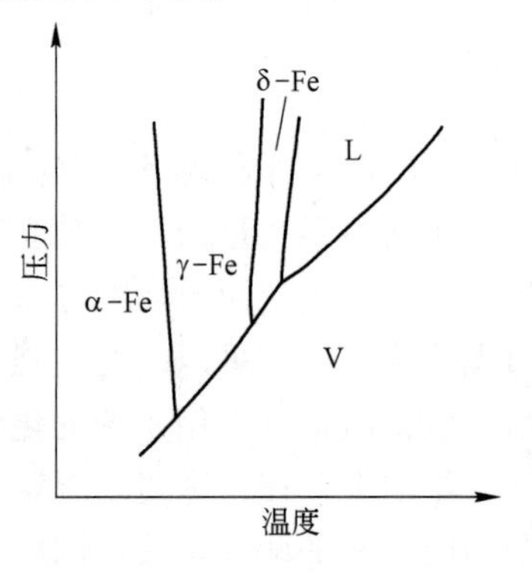

图 5-5　铁的 p-T 相平衡图

$$T^{\alpha} = T^{\gamma}$$

$$p^{\alpha} = p^{\gamma}$$

$$\mu^{\alpha}(T^{\alpha},\ p^{\alpha}) = \mu^{\gamma}(T^{\gamma},\ p^{\gamma})$$

4 个变量有 3 个约束方程，自由度为 1。因此，两相平衡在相图中表现为一根线。三相平衡时（$\varphi=3$，$F=0$）自由度数为 0。事实上，三相平衡时，要确定 6 个变量，而恰好有 6 个约束方程，所以自由度为 0。三相平衡在相图中表现为一个点。由于自由度数不可能为负值，所以单元系中最大可能出现的平衡相数目是 3。

根据式（5-5），相图中两相平衡的相线（例如 α 和 β 平衡的相线）可以写出：

$$\mathcal{S}\,\mathrm{d}T - \mathcal{V}\,\mathrm{d}p = -\,n^{\alpha}\mathrm{d}\mu \tag{5-12}$$

$$\mathcal{S}\,\mathrm{d}T - \mathcal{V}\,\mathrm{d}p = - n^{\beta}\mathrm{d}\mu \tag{5-13}$$

上式两相的广延量是相应 α 和 β 两相平衡的相线所确定的值。上两式相除消去 $\mathrm{d}\mu$，得：

$$\frac{\mathrm{d}p}{\mathrm{d}T} = \frac{(\mathcal{S}/n)^{\beta} - (\mathcal{S}/n)^{\alpha}}{(\mathcal{V}/n)^{\beta} - (\mathcal{V}/n)^{\alpha}} = \frac{\Delta S}{\Delta V} \tag{5-14}$$

式中，ΔS 和 ΔV 是两相的摩尔熵差和摩尔体积差，这就是克拉珀龙-克劳修斯方程。在单元系中，若在 T 温度 α 和 β 两相平衡时，两相的摩尔自由能相等：$G^{\alpha} = G^{\gamma}$，即：

$$H^{\alpha} - TS^{\alpha} = H^{\gamma} - TS^{\gamma}$$

式中，H 和 S 是摩尔焓和摩尔熵。因此，ΔS 可以用 ΔH 表达：

$$\Delta S^{\alpha\to\gamma} = \Delta H^{\alpha\to\gamma}/T \tag{5-15}$$

把式（5-15）代入式（5-14）得：

$$\frac{\mathrm{d}p}{\mathrm{d}T} = \frac{\Delta H}{T\Delta V} \tag{5-16}$$

从一个相转变为另一个相的体积变化 ΔV 为正时，在 p-T 相图上两相平衡线的斜率是正的，反之为负的。α-Fe→γ-Fe 时，$\Delta V<0$；而 γ-Fe→δ-Fe 时，$\Delta V>0$。因此 α-Fe→δ-Fe 的平衡线 $\mathrm{d}p/\mathrm{d}T<0$；而 γ-Fe→δ-Fe 的平衡线 $\mathrm{d}p/\mathrm{d}T>0$。从相图还可以看出，凝聚相（固相或液相）间平衡的平衡线斜率的绝对值都是很大的（也可从图 5-6 看出），表明凝聚相之间的转变体积变化都是不大的，也表明除非压力非常大，否则压力对它们的平衡温度影响是很小的。

图 5-6a 所示为硅石（石英，SiO_2）的 p-T 相图。SiO_2 是线性化合物（对 Si 或 O 没有溶解度），可以看做是一个纯组元，它的相图可看做是单元系相图。石英有几种同素异构体，即 α-石英、β-石英、β_2-鳞石英、β-方英等。在相图上给出了在一个大气压下各相的转变温度。α-石英→β-石英转变在 573℃进行，这个转变是很快的，其他转变则要求很长时间才能达到平衡，往往出现亚稳相。图 5-6 所示为 SiO_2 可能出现的亚稳相。例如，β_2-鳞石英→β-石英的转变非常慢，经常转变为 β-鳞石英和 α-鳞石英亚稳相而不是平衡的 β-石英相；β-方石英→β_2-鳞石英的转变也非常慢，经常转变为 α-方石英亚稳相而不是平衡

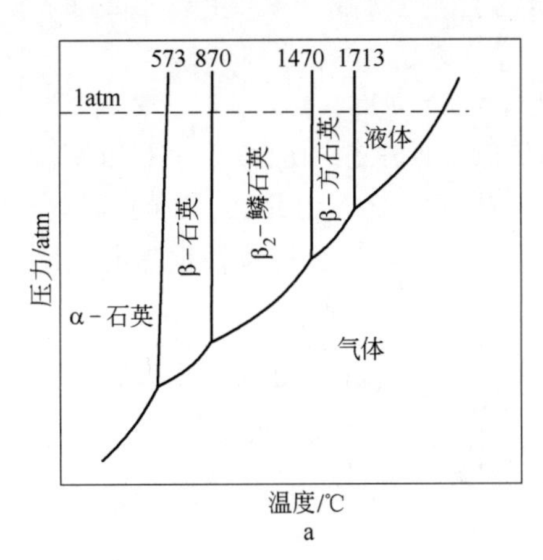

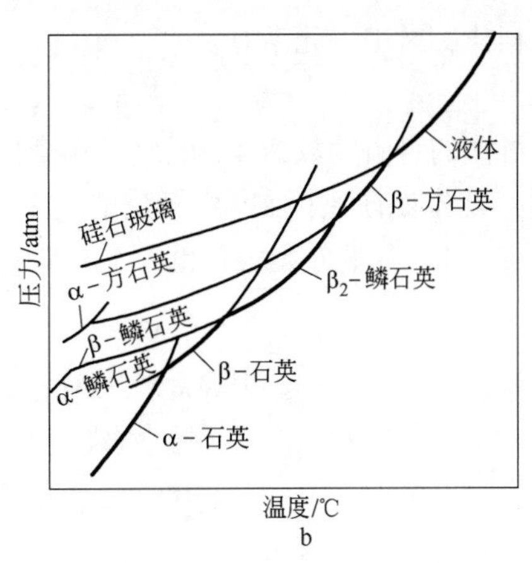

图 5-6　SiO_2 的相图（1atm = 101325Pa）

a—SiO_2 相图；b—SiO_2 系统包括亚稳相的图示

的 $β_2$-鳞石英相；甚至液体冷却过程中也不结晶而出现玻璃相，这些亚稳相可以在室温下长时间存在。一般的相图都应该表示相平衡态的关系，在某些实用场合，也会给出一些非平衡态的相，但会给出相应的说明。

碳的单元系相图是很有实用价值的相图之一，如图 5-7 所示。从相图来看，在很宽的温度和压力范围内石墨（碳）都可以转变为金刚石，但是只有在高温和高压下，并且有液态金属触媒剂或矿物触媒剂作用的情况下，这种转变才能以实际可接受的速度进行。

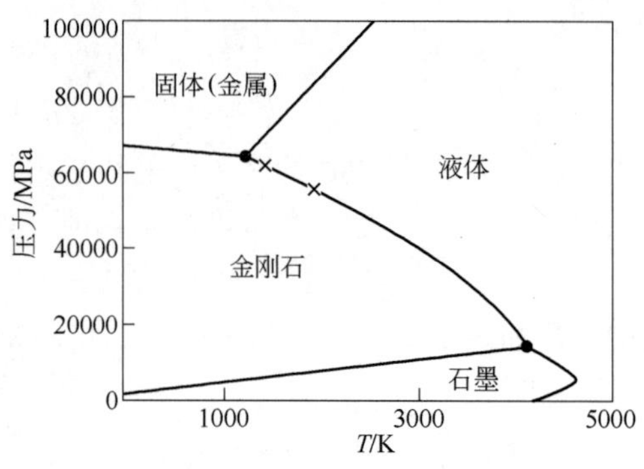

图 5-7 碳的 p-T 相平衡图

可以通过图 5-5、图 5-6a 和图 5-7 验证相图邻接关系的规则。例如，在图 5-6a 中看到，从液相区进入液相和气相两相区，没有相的消失，但增加了气相，即 $D_-=0$ 和 $D_+=1$。相图是二维的，$R=2$，故 $R'=1$，即说明液相区和液、气两相区的邻接区是一条线，实际上这条线就是两相平衡相线。又例如从液相区进入三相平衡区（三相点），这时没有相消失，$D_-=0$，但增加了两个相 $D_+=2$。相图是二维的，$R=2$，故 $R'=0$，即说明液相区和三相区邻接区是一个点，实际上这个点就是三相区本身。还注意到，在不变平衡点（三相平衡点），从单相区进入三相区（或相反），似乎违背了相邻相区的相的数目应相差 1 的规律，在这些特殊点处，应该看做是单相区同时进入两个两相区，分开来看单相进入各个两相区，这也是符合规律的。

在工程上还广泛应用另一种相图，即以热力学势和自身共轭广延量作变量所构成的图，例如 p-V、T-S 图。它们有一定的实用价值。这些图中的面积表达体系和环境交换的可逆功。

5.4 二 元 系

根据相律，对于二元系有：

$$F = 2 - \varphi + 2 = 4 - \varphi$$

最大可能的自由度数为 4。因此，完全描述的二元系相图应占一个三维空间。对于二元系相图一般选取的 3 个强度变量是 T、p、x（或 w）。2 个组元 A、B 的摩尔分数之和为 1，即 $x_A+x_B=1$，质量分数之和也为 1，即 $w_A+w_B=1$。x 和 w 可以根据需要互换：

$$w_A = \frac{M_A^0 x_A}{M_A^0 x_A + M_B^0 x_B} \qquad w_B = \frac{M_B^0 x_B}{M_A^0 x_A + M_B^0 x_B} \tag{5-17}$$

$$x_A = \frac{w_A/M_A^0}{w_A/M_A^0 + w_B/M_B^0} \qquad x_B = \frac{w_B/M_B^0}{w_A/M_A^0 + w_B/M_B^0} \tag{5-18}$$

式中，M 是相对原子（或分子）质量。

例 5-2 计算 $w(\mathrm{Ni})$ 为 8%的 Cu-Ni 合金的摩尔分数。

解：查出 Cu 和 Ni 的相对原子质量，分别为 63.55 和 58.71。故：

$$x(\text{Ni}) = \frac{w(\text{Ni})/M^0_{\text{Ni}}}{w(\text{Ni})/M^0_{\text{Ni}} + w(\text{Cu})/M^0_{\text{Cu}}} = \frac{0.08/58.71}{0.08/58.71 + (1-0.08)/63.55} = 0.086$$

我们感兴趣的大都是**凝聚态**系统，上面说过，压力对于凝聚态系统中的相平衡的影响是很小的。通常每改变 10^5Pa 的压力，其平衡温度改变约 10^{-2}K 的数量级，因此，当压力变化不大的情况下，压力的影响可以忽略。所以我们主要讨论恒压（10^5Pa）的 T-$x(w)$ 相图。因为压力已经是固定的了，这时只有两个可以独立改变的强度变量，在这种情况下相律的形式变为：

$$F = 2 - \varphi + 1 = 3 - \varphi$$

从上式可看出，在这类相图中，可能出现的最大相的数目是 3。下面分别讨论这类相图中各种相区（拓扑单元）的几何结构。

5.4.1 单相平衡和两相平衡

作为讨论单相平衡和两相平衡的例子，图 5-8 给出了包含单相平衡和两相平衡的 Bi-Sb 二元系相图。在这个体系中，固相和液相都是完全互溶的。

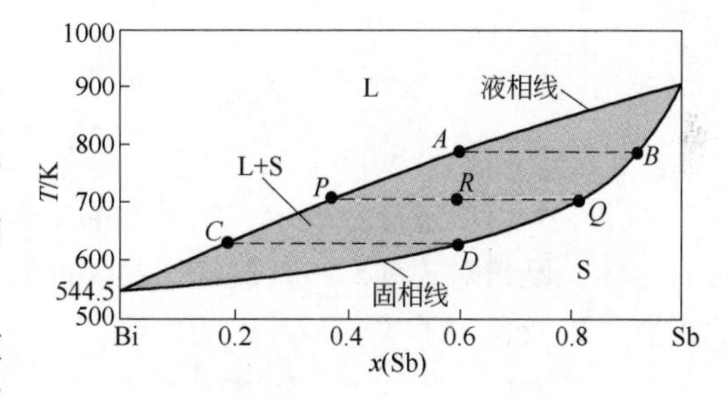

图 5-8 Bi-Sb 二元系相图

单相平衡时（$\varphi=1$，$F=2$），自由度数为 2，即温度 T 和成分 x（或 w）可以改变而不影响平衡状态。在恒压的 T-x（或 w）相图上单相平衡相区表现为一平面区域，例如图 5-8Bi-Sb 相图中**固相线**以下是固相单相区，**液相线**以上是液相单相区。

两相平衡时（$\varphi=2$，$F=1$），自由度为 1，即平衡相的 T（或 x）中有一个确定时，另一个也确定，平衡态也被确定，即是说，每一个参与两相平衡的相成分是温度的函数，两个平衡相的这一函数关系在相图上表现为一对共轭的温度-成分线，这对共轭线所包围的区域称为两相区，这种平衡又称单变量平衡。设 2 个平衡相为 α 和 β，$T^\alpha = f(x^\alpha_B)$ 和 $T^\beta = f(x^\beta_B)$ 分别为 α 相和 β 相平衡时的相成分和温度的函数关系，这一函数关系在相图上表现为两条曲线。因为两相平衡，温度相同，两个方程可共同表达为：

$$f(x^\alpha_B) = T = f(x^\beta_B) \tag{5-19}$$

这说明 T、x^α_B 和 x^β_B 中确定其中一个则三者全确定，改变其中一个则三者全变。进一步更全面地诠释上式，其具体内容是：一个含 A-B 组元的恒压二元系在温度 T 下有（α+β）两个相共存时，上式的前一个等式是 α 相内的成分 x^α_B 随温度变化的曲线；后一等式为 β 相内的成分 x^β_B 随温度变化的曲线。当温度固定时，2 个共存的平衡相内的成分固定，它们的成分分别是等温水平线和这两条曲线的交点。例如图 5-8 的 Bi-Sb 相图中，在 700K 时，共存的两相为液相和固相，其平衡成分分别为 $x^S_{Sb}=0.82$，$x^L_{Sb}=0.37$，对应相图中的 Q 和 P 点。PQ 的连线称为恒温连结线，简称**连结线**，或称之为恒温杠杆。处在连结线上任一点所代表的体系状态时，都会发生两相平衡，而两平衡相的成分就是连结线与共轭线相交点的成分，它不因体系成分的改变而改变。因此，把两条曲线所包围的区域称为两相区。式（5-19）表明，$T=f(x_B^\alpha)$ 以及 $T=f(x_B^\beta)$ 两条曲线中的任一条都不能称为“两相平衡曲线”，因为每条曲线上只有一个相。两相平衡应是式（5-19）所包含的全部概念。因此在恒压二元体系中，只有“两相平衡杠杆”，或者是一对共轭的温度-成分线，而没有所谓单独的“两相平衡曲线”。

体系成分固定后（设为 w_B），在 T_1 温度参与平衡的 α 和 β 两相的相对量由杠杆规则确定。杠杆规则表达为：

$$\alpha(x_B^\alpha) - x_B - \beta(x_B^\beta) \qquad T = T_1 \tag{5-20}$$

上式所表达的内容规定为：成分为 x_B 的体系在 T_1 温度有 α 和 β 两相平衡共存，α 相和 β 相的成分由 T_1 温度的恒温杠杆（连结线）在一对共轭线上的交点读出，分别为 x_B^α 和 x_B^β。α 相和 β 相所占的摩尔分数为：

$$\begin{aligned} \zeta^\alpha(x_B^\alpha) &= \frac{x_B^\beta - x_B}{x_B^\beta - x_B^\alpha} \\ \zeta^\beta(x_B^\beta) &= \frac{x_B - x_B^\beta}{x_B^\beta - x_B^\alpha} \end{aligned} \tag{5-21}$$

如果成分以质量分数表示，则上式的 x 全部换成 w，所得的量即为质量分数。上式称杠杆定律。既然对式（5-20）规定了具体内容，今后当我们写出式（5-20）后，应该想到它的含义以及包含了式（5-21）的内容。

例 5-3 根据图 5-8 所示的 Bi-Sb 二元相图，求成分 $x(\mathrm{Sb})=0.6$（R 点）在 700K 时相的相对量。

解：在图 5-8 中作出 700K 的连结线，它与液相线和固相线的交点分别是 P 和 Q 点，对应的成分是 $x(\mathrm{Sb})=0.37$ 和 $x(\mathrm{Sb})=0.82$。根据杠杆定律，液相的摩尔分数 ζ^L 为：

$$\zeta^L(0.37)\% = \frac{0.82 - 0.6}{0.82 - 0.37} = 48.9\%$$

固相的摩尔分数 ζ^S 为：

$$\zeta^S(0.82\%) = 1 - \zeta^L(0.37)\% = 1 - 48.9\% = 51.1\%$$

这里有两点要特别注意：首先要区别两相平衡和两相区之间的关系，所谓两相区是指体系成分处在这个区域时一定会出现两相平衡，但是，两相的平衡关系是由它们对应的一对共轭线确定的。其次要注意的是，杠杆定律是由质量守恒定律导出的，和应用的体系是否平衡无关，即是说，只要知道体系中两部分的成分和量，不管它们之间是否平衡，都可以应用杠杆定律。因为如此，我们可以用式（5-21）计算一些亚稳相和非平衡相的相对量。

由一对共轭的温度-成分曲线围成的**两相区**一般呈“透镜”状。但是，在某些二元系中，两相区会出现**最高点**或**最低点**。图 5-9 所示为固、液相线具有最高或最低同成分点的示意相图。在两相的相边界线具有最高或最低的同成分点处相线的切线是水平线。

若两组元在液态或固态下在高温时可以完全互溶，在低温时溶解度减小而不能完全互溶，就会出现**互溶间隙**。在某一温度 T_c 以上的温度是无限互溶的，在温度 T_c 以下的温度则不能完全互溶，这个温度 T_c 是互溶间隙消失（出现）的临界温度，亦称汇溶温度。在互溶间隙中两个相的结构相同只是相的成分不同。图 5-10 给出了具有固溶度间隙的示意相图。注意到出现固态互溶间隙的体系往往伴随出现固、液线的最低同成分点。

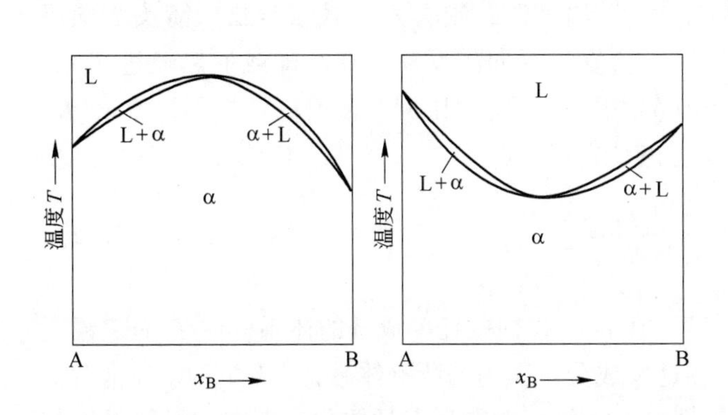

图 5-9 固、液相线具有最高或最低同成分点的示意相图

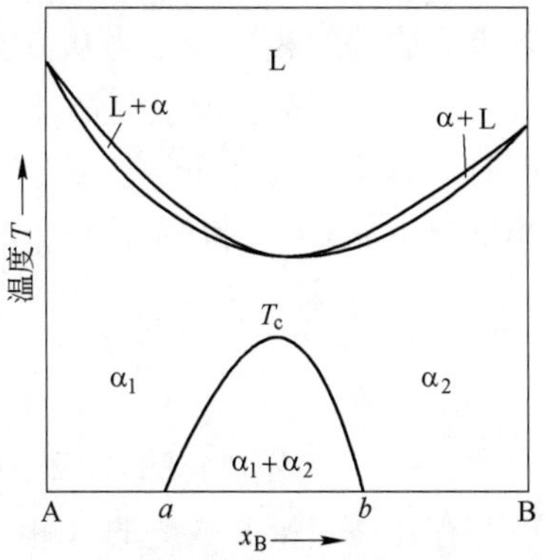

图 5-10 具有固溶度间隙的示意相图

5.4.2 三相平衡

在三相平衡时自由度数为 0（$\varphi=3$，$F=0$），即三相平衡只能在固定温度下发生，并且共存的各平衡相的成分是固定的。这种平衡又称零变量平衡或不变平衡。平衡的 3 个相状态点是在一条恒温线上（水平线上）的 3 个点。处在这 3 个点连线上的任何一个成分的体系，在这个三相平衡温度下都出现 3 个相平衡，因此，把这 3 个点的连线称为三相区。同样要注意的是，三相区是指体系的状态点落在此区内（恒温线）会出现 3 个相平衡，而反映平衡关系的仅是 3 个平衡相的状态点。

因为 3 个相互相平衡，则它们也两两相互平衡，3 个平衡相点的连线中任两点连线必为两相平衡的连结线。因而，三相区必和由这 3 个相两两组成的 3 个两相区连接。这 3 个两相区和三相区连接的方式只能有两类，如图 5-11 所示。第Ⅰ类是在三相平衡温度以上连接两个两相区，在三相平衡温度以下连接 1 个两相区。第Ⅱ类则反过来在三相平衡温度以上连接 1 个两相区，在三相平衡温度以下连接 2 个两相区。两类不同的连接方式在经过三相平衡温度时发生不同的反应，根据发生反应类型定义两种不同的三相平衡的类型。

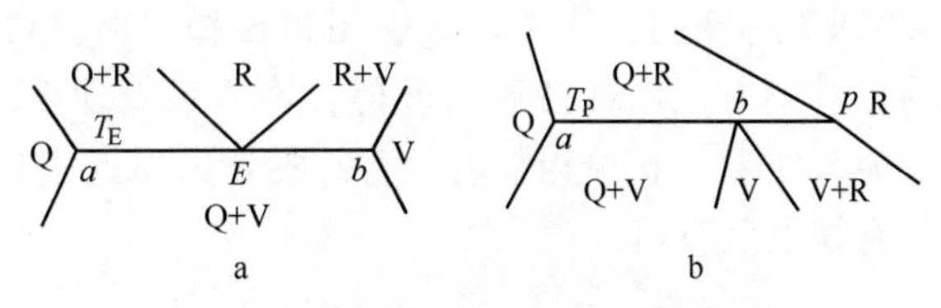

图 5-11 恒压二元相图的两类三相反应

a—R→Q+V；b—Q+R→V

5.4.2.1 第Ⅰ类三相反应

现在看图 5-11a 中一个特殊成分（E 点）的体系。在比三相平衡温度 T_E 高无限小温度间隔 dT，即 T+dT 的温度，体系是单相（R 相）平衡。若体系冷却至比 T_E 低无限小温度区间 dT 即T−dT时，体系处于 Q 和 V 两相平衡，它们的成分分别为 a 和 b 点的成分。

两相的相对量可以用杠杆规则求得。因而，可以推知在降温经过三相平衡温度 T_E 时，有如下反应：

$$R(E) \longrightarrow Q(a) + V(b) \tag{5-22}$$

这类三相反应称为**共晶型**三相反应。处在三相区的成分体系分成 3 个固定成分的相。根据物质守恒原理来计算各相的相对量得到不定解。所以，在二元系中三相平衡时，3 个相没有确定的相对量。当从高温冷却经过 T_E 温度时，则会发生式（5-22）箭头方向反应，相反，当从低温加热经过 T_E 温度时，会发生反向的反应。在冷却或加热经过 T_E 温度时，若反应完全符合上式，Q(a)和 V(b)相应有一定的比例。根据杠杆规则，由 R(E)相反应生成 Q(a)和 V(b)相，2 个相的量的比例应是：

$$\frac{\zeta^{Q}(a)}{\zeta^{V}(b)} = \frac{\overline{Eb}}{\overline{aE}} \tag{5-23}$$

式中，$\overline{Eb}$和$\overline{aE}$分别表示 Eb 和 aE 的长度。在 $a \sim b$ 以内的任一成分的体系，在 T_E+dT 温度下都存在一定量 E 成分的 R 相。因而在这个成分范围内的所有体系，在经过 T_E 温度时其中的 R(E)相都会发生三相反应。如果把 R、Q 和 V 相的状态具体化，即它们可能是液相或固相，以 L 表示液相，其他希腊字母符号表示固相，则共晶型三相反应可以分为下列各种反应：

$L \longrightarrow \alpha + \beta$　（**共晶**反应）

$L_1 \longrightarrow L_2 + \alpha$　（**偏共晶**反应，L_1 和 L_2 是不同成分的液相）

$\gamma \longrightarrow \alpha + \beta$　（**共析**反应）

$\gamma_1 \longrightarrow \gamma_2 + \alpha$　（**偏共析**反应，γ_1 和 γ_2 是不同成分的固相）

$\gamma \longrightarrow L + \beta$　（**熔晶**反应）

5.4.2.2　第Ⅱ类三相反应

看图 5-11b 中一个特殊成分（b 点）的体系。在比三相平衡温度 T_p 高无限小温度区间 dT 即 T_p+dT 时，体系处于 Q 相和 R 相平衡，它们的成分分别为 a 点和 p 点的成分。两相的相对量可以用杠杆规则求得。若体系冷却至比 T_p 低无限小温度区间即 T_p-dT 的温度，体系处于 V 相单相平衡，它的成分为 b 点成分。因而，可以推知在三相平衡温度 T_p 时，有如下反应：

$$Q(a) + R(p) \longrightarrow V(b) \tag{5-24}$$

这类三相反应称为**包晶型**三相反应。在二元系中，三相平衡时 3 个平衡相没有确定的相对量。箭头方向表示降温经过 T_p 则发生该方向的反应，升温经过 T_p 则发生反方向的反应。在冷却或加热经过 T_p 时，若反应完全符合上式，则 Q(a)和 R(p)相应有一定的比例，根据杠杆规则，若 Q(a)和 R(p)两个相的量的比值为：$\frac{\zeta^{Q}(a)}{\zeta^{R}(p)} = \frac{\overline{bp}}{\overline{ab}}$ 时，反应后恰好全部变成 100%V(b)相。因为在 $a \sim p$ 范围的任一成分的体系在 T_p+dT 都有 Q(a)和 R(b)两相平衡，所以在经过 T_p 温度时，都会发生上述的三相反应，但是，由于体系成分不同，Q(a)和 R(b)相的相对量不同，在反应后可能会有 Q(a)或 R(b)相剩余。包晶型三相反应可以分为下列各种反应：

$$L + \alpha \longrightarrow \varepsilon \qquad (\text{包晶反应})$$
$$L_1 + L_2 \longrightarrow \gamma \qquad (\text{综晶反应})$$
$$\alpha + \beta \longrightarrow \gamma \qquad (\text{包析反应})$$

5.4.3 恒压二元相图的中间相

中间相一般都是**化合物**，它出现在相图的中间部分。中间相的相区是单相区，在相图上占一块面积，此面积所占的成分范围视 2 个组元在中间相的溶解度大小而定。应该说，完全没有溶解度的相是没有的。那些所谓的完全不溶解应该理解成溶解度极小。在某些情况下，中间相在一定温度下存在的成分范围并不包含这个相理想的配比成分或**化学计量成分**。

从化合物溶解时的状态看，化合物可以分为**同分熔化**和**异分熔化**两种。同分熔化化合物是一种稳定化合物，这种化合物像纯物质一样，有一个固定的熔点（凝固点）。熔化（凝固）时，液相与固相的成分相同，所以同分熔化化合物既存在于固相，也可能存在于液相。在相图中液相线和固相线在对应这种化合物的成分点有一个最高点，也就是它的熔点（凝固点）。事实上，当出现同分熔化化合物时，可以把这个化合物看做一个“纯组元”，这样，可以把一个复杂的二元相图分成 2 个或几个简单的二元相图。

异分熔化化合物是一种不稳定化合物，往往在加热到它的熔点之前就发生分解，在液态时它已不存在。

虽然同分熔化化合物一般是稳定的，但是不同化合物的稳定程度也会有所区别，有些化合物在液态时仍只部分解离。大量实验资料表明：液相线和固相线在化合物成分点处的形状可以反映出化合物的稳定性以及化合物的解离程度。液相线和固相线在化合物成分点处的曲率半径越大，则化合物在熔化时的解离程度也越大。一般来说，化合物在液态时的解离程度必然比固态大。从相图看，若化合物在液态时不解离则液相线在最高点成锐角，即有奇异点，如图 5-12a、b 所示（这种情况一般很难存在，是理想结合的情况）。若化合物在液态时解离，则液相线最高点是平滑的，没有奇异点，如图 5-12c、d 所示。若化合物在固态时也发生解离，那么固相线在最高点处也是平滑的，如图 5-12e 所示。图 5-12c、d 中的化合物没有溶解度，是计量化合物，或称线性化合物。

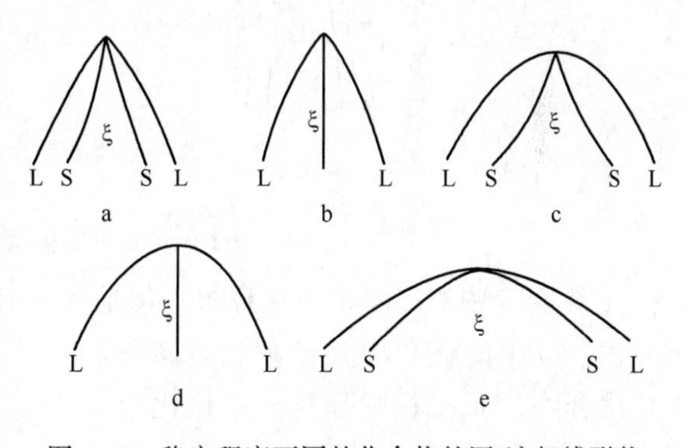

图 5-12 稳定程度不同的化合物的固-液相线形状

5.4.4 有序-无序转变以及磁性转变在相图上表示

有一些二元系的中间相在一定温度下会发生有序-无序转变。一般说来，有序-无序转变可能是一级转变也可能是二级转变（关于一级和二级相变的定义，参看第 7 章）。若有序-无序转变是一级相变，则有序相和无序相之间有两相区分隔，存在有序和无序两相平衡区。若是二级转变，则它不同于前面讨论的一级转变，这种转变没有相态的变化，转变时不需要大于点阵距离的长程扩散。因为转变时 2 个平衡相（有序相和无序相）的成分点是相同的，所以，这 2 个相区仅由一条线分隔。如果有序-无序转变是二级转变，则这个相的有序-无序转变相线进入与它平衡的两相区中，这条线是水平线。

顺磁-铁磁转变是二级相变，所以在相图上只有一条平衡相线，即**顺磁相**和**铁磁相**之间没有两相区分隔。同样，一个磁性转变相线进入与这个相平衡的两相区中，这条线是水平线。

5.4.5 包含各种平衡及化合物的假想相图

为了更好地了解上述的内容，以下面的假想相图来概括各种反应及各种平衡在相图的表现。图 5-13 是一个这样的假想相图。

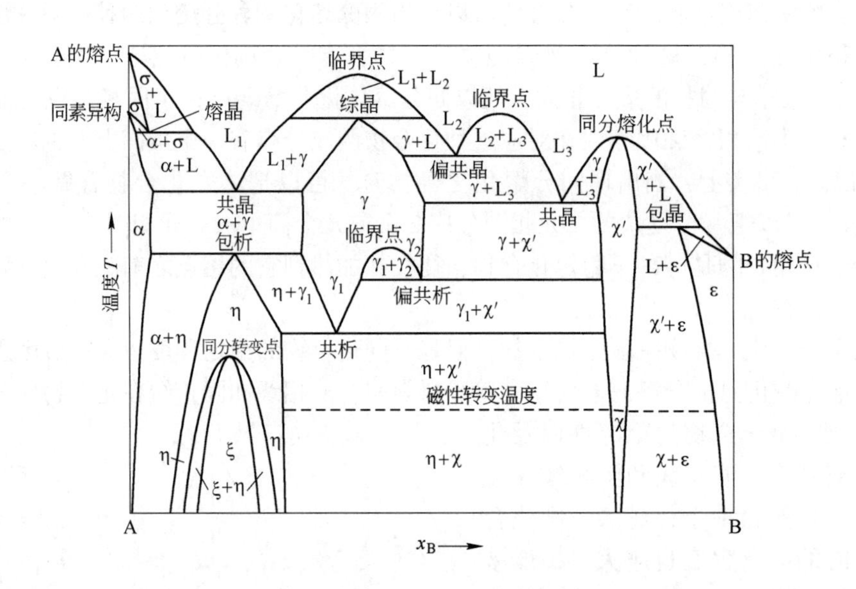

图 5-13 一个概括各种反应及各种平衡的假想相图

在图 5-13 中的中间相（化合物）都是有一定溶解度（即在相图中存在一定的浓度范围）的。其中的化合物只有 χ′相是同分熔化化合物，而 γ 相则是异分熔化化合物，ζ 相是同分转变化合物，η 相是异分转变化合物。图 5-14 所示的相图中的中间相 AB、AB_3 和 ε 相都是线性化合物，AB 是同分熔化化合物，所以，这个相图可以分割为 A-AB 和 AB-B 两个简单相图。

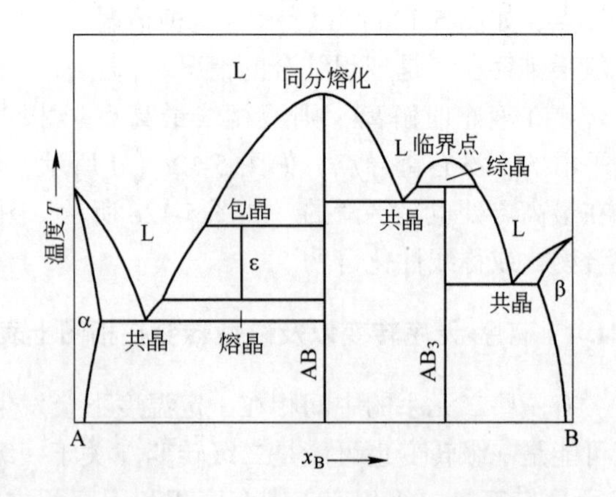

图 5-14 含线性化合物的假想相图

作为例子，通过图 5-13 和图 5-14 的二元相图中的相区邻接，可以检验式(5-11)的相区邻接关系。在相图中，除了不变平衡点外，即在相图上任何不经过这些不变平衡点的线，在线上相邻的相区相的数目都是相差 1 的。对于那些不变平衡点与单相区的邻接，如前面所说，可以看做是单相区同时邻接两个两相区。

5.4.6 恒压二元相图举例

前面讨论了恒压二元相图中各种相平衡以及平衡相区的结构、相区的邻接规则等，因为所有相图也是由这些拓扑单元（相区）连接而成的，根据上面讨论的知识，对于任何复杂的相图都不难分析了。

5.4.6.1 Au-Ni 系相图

图 5-15 所示为 Au-Ni 系相图。在这个相图中的固相在高温时是连续互溶的固溶体（Au，Ni），但在低温时 Au 和 Ni 不能完全互溶，出现互溶间隙，互溶间隙的汇溶温度（临界温度 T_c）是 810.3℃。相图中的固、液相线在 955℃ 出现最低共熔点。在这个相图中没有三相平衡。

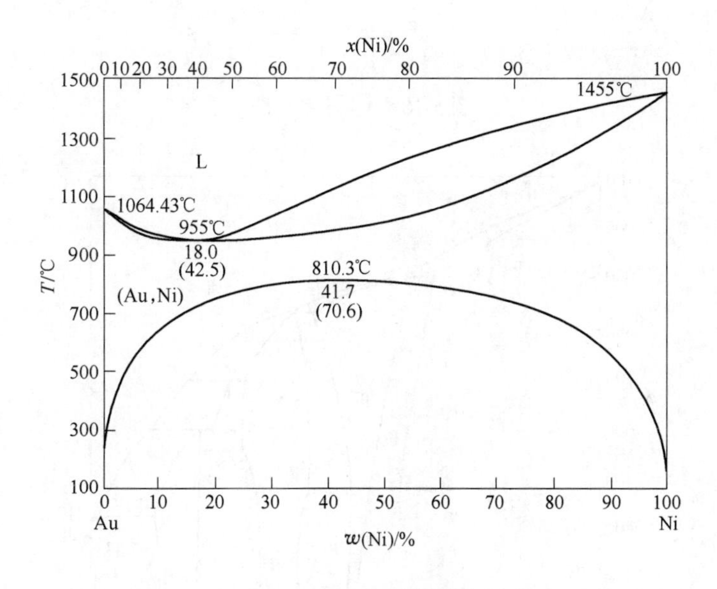

图 5-15 Au-Ni 系相图

5.4.6.2 Al-Zn 系相图

图 5-16 所示为 Al-Zn 系相图。在这个相图中的固相有端际固溶体：(Al)和(Zn)，在(Al)有互溶间隙，汇溶温度（临界温度）是 351.5℃。相图中共有 2 个三相不变平衡：

381℃：L ⟶ (Al) + (Zn)；　　277℃：$(Al)_{59.0}$ ⟶ $(Al)_{16.5}$ + (Zn)

其中，偏共析反应的 Al 固溶体的下标是固溶体中 Zn 的质量分数。

5.4.6.3 Cu-Zn 系相图

图 5-17 所示为 Cu-Zn 系相图。在这个相图中的固相除了两个端际固溶体 α 和 η 单相区外，有 4 个化合物：β、γ、δ 和 θ，它们都是异分熔化的化合物。其中 β 相在 454～468℃之间存在有序-无序转变。相图中共有 6 个三相不变平衡：

902℃：α + L ⟶ β；　　834℃：β + L ⟶ γ；　　700℃：γ + L ⟶ δ；

598℃：δ + L ⟶ θ；　　558℃：δ ⟶ θ + γ；　　424℃：θ + L ⟶ η

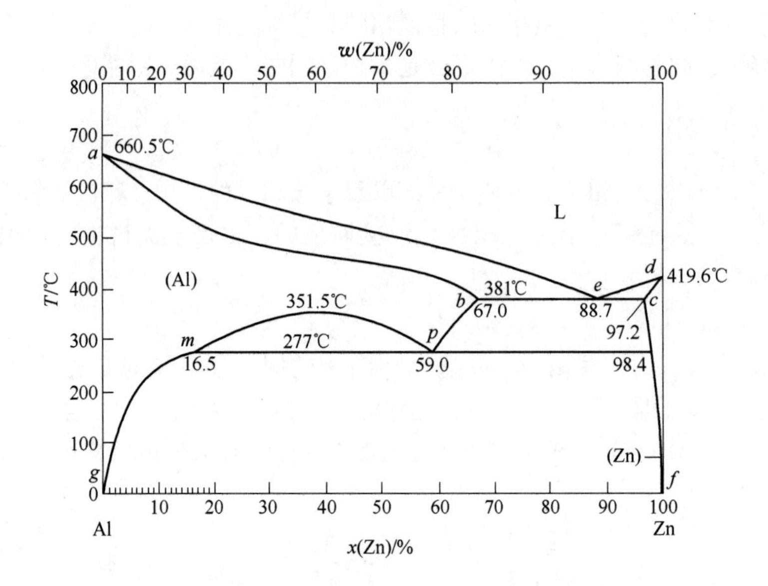

图 5-16 Al-Zn 系相图

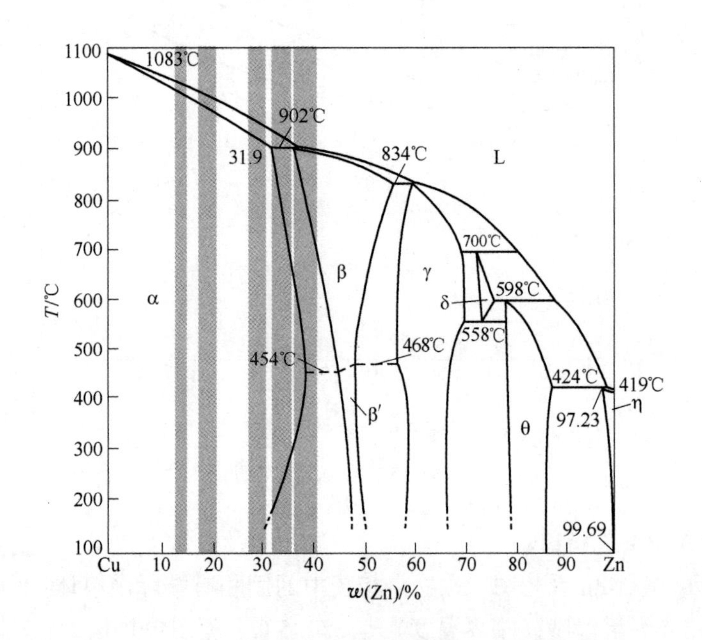

图 5-17 Cu-Zn 系相图

Cu-Zn 合金是很重要的工业合金，在图 5-17 中，灰色成分范围是工业中通常应用的合金：w(Zn)≈15%是红色黄铜，w(Zn)≈20%是低级黄铜，w(Zn)≈30%是弹壳黄铜，w(Zn)≈35%是黄铜，w(Zn)≈40%是蒙茨合金。

5.4.6.4 Ti-Al 系相图

图 5-18 所示为 Al-Ti 系相图。相图中的相边界虚线表示这些相线还没有精确确定。在这个相图中端际固溶体为（α-Ti）、（β-Ti）和（Al）。Ti 在 882℃有同素异构转变：β-Ti ↔α-Ti，在 600℃左右有 $TiAl_3$↔α-$TiAl_3$ 同素异构转变；（β-Ti）有最高共熔点；Ti-Al 系

有 5 个化合物：Ti_3Al、TiAl、$TiAl_2$、δ 和 $TiAl_3$，$TiAl_3$ 与（α-Ti）有一个同分固态转变点；TiAl、δ 和 $TiAl_3$ 都是异分熔化化合物；$TiAl_2$ 在包析反应温度就分解。$TiAl_3$ 在 600℃附近有磁性转变。相图中共有 8 个三相不变平衡：

1472℃：(β-Ti) + L ⟶ TiAl；　?℃：TiAl + L ⟶ δ；　?℃：δ + L ⟶ $TiAl_3$；

1286℃ 左右：(β-Ti) + TiAl ⟶ (α-Ti)；　?℃：TiAl + δ ⟶ $TiAl_2$；

1125℃ 左右：(α-Ti) ⟶ TiAl + Ti_3Al；　?℃：δ ⟶ $TiAl_2$ + $TiAl_3$；

665℃：$TiAl_3$ + L ⟶ (Al)（?℃ 表示温度尚未精确确定）

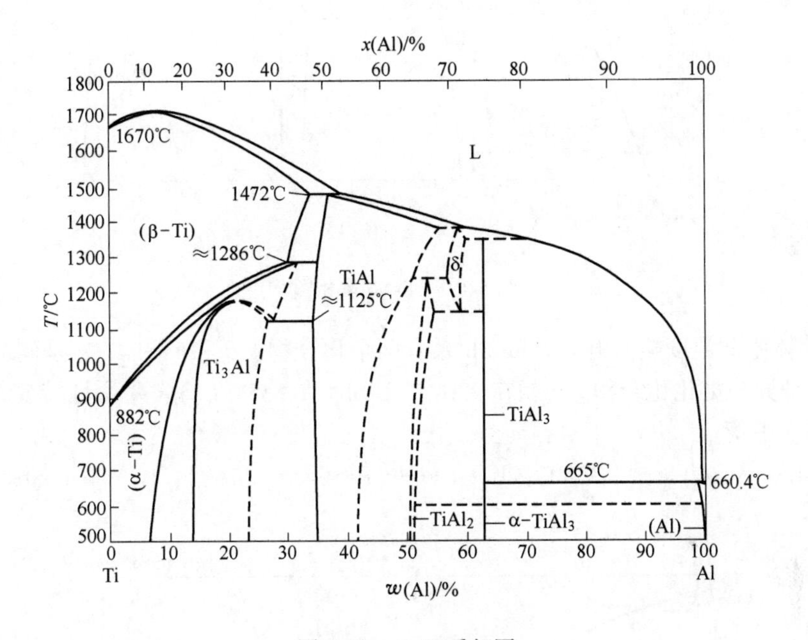

图 5-18 Al-Ti 系相图

Ti-Al 合金（还加入一些其他元素）是工业常用合金之一，Ti-Al 系中的金属间化合物 Ti_3Al、TiAl 和 $TiAl_3$ 是有前途的高温结构材料。

5.4.6.5 Ni-Nb 系相图

图 5-19 所示为 Ni-Nb 系相图。在相图中的固相除了两个端际固溶体（Ni）和（Nb）外，还有两个化合物：Ni_3Nb（β 相）和 Ni_6Nb_7（γ 相），Ni_3Nb 是同分熔化的稳定化合物，Ni_6Nb_7 是异分熔化的化合物。相图中有 4 个三相不变平衡：

1291℃：L + (Nb) ⟶ γ；　1285℃：L ⟶ (Ni) + β；

1178℃：L ⟶ β + γ；　535℃：(Ni) + β ⟶ Ni_8Nb

可以以同分熔化化合物 Ni_3Nb 为界把这个相图分成 2 个相图，其中一个是仅含一个共晶反应的简单相图，其余部分为另一相图。

5.4.6.6 Fe-Sb 系相图

图 5-20 所示为 Fe-Sb 系相图。Fe 具有同素异构转变：在 1394℃ 发生 α-Fe→γ-Fe 反应，γ-Fe 是面心立方结构；在 912℃ 发生 γ-Fe→α-Fe 反应。α-Fe 在 770℃左右有一磁性转

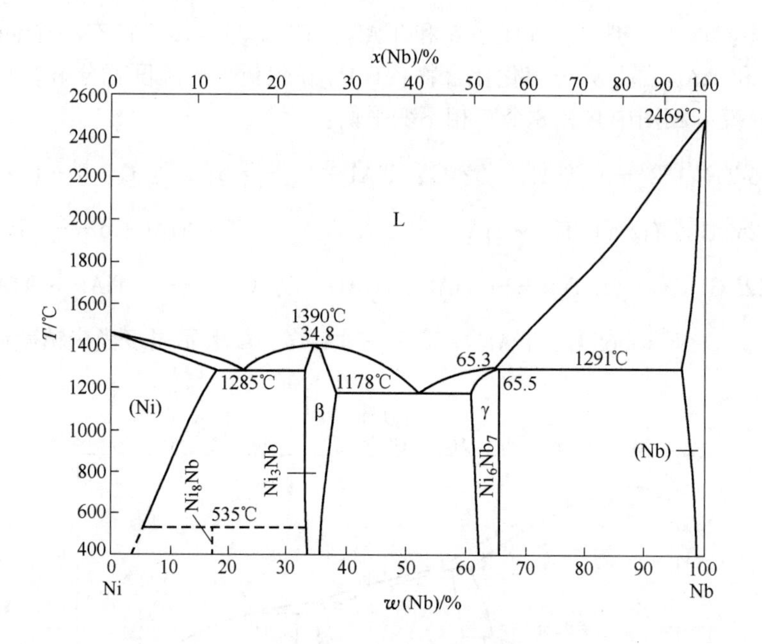

图 5-19 Ni-Nb 系相图

变，在固溶体中此温度略有升高。Fe-Sb 系有两个化合物：ε 和 $FeSb_2$，ε 是同分熔化化合物，$FeSb_2$ 是异分熔化化合物。ε 相在 220℃、$FeSb_2$ 在 585℃(?)发生磁性转变。相图中有 3 个三相不变平衡：

996℃：$L \longrightarrow \alpha + \varepsilon$；　735℃：$L + \varepsilon \longrightarrow FeSb_2$；　628℃：$L \longrightarrow FeSb_2 + (Sb)$

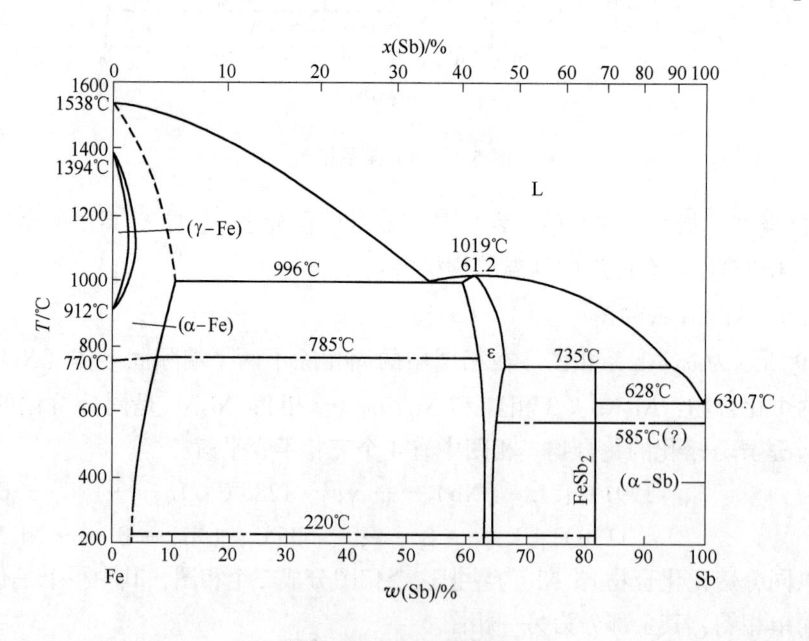

图 5-20 Fe-Sb 系相图

5.4.6.7 Fe-Ni 系相图

图 5-21 所示为 Fe-Ni 系相图。Fe 具有同素异构转变（见 Fe-Sb 相图的讨论），这里的

δ-Fe 和 α-Fe 是同一种结构，它们被（γ-Fe，Ni）相区分隔开。Ni 和 γ-Fe 同是面心立方结构，它们完全互溶，把 γ-Fe 区域扩大。液相线和固相线之间的温度间隔比较小，在这个相图几乎分辨不出来，固、液相线在 1440℃有一最低共同点。除了 α-Fe 有磁性转变外，（γ-Fe，Ni）相也有磁性转变。$FeNi_3$ 在 517℃分解成固溶体。相图中有两个三相不变平衡：

$$1514℃: L + \delta \longrightarrow \gamma; \qquad 347℃: (\gamma\text{-Fe, Ni}) \longrightarrow (\alpha\text{-Fe}) + FeNi_3$$

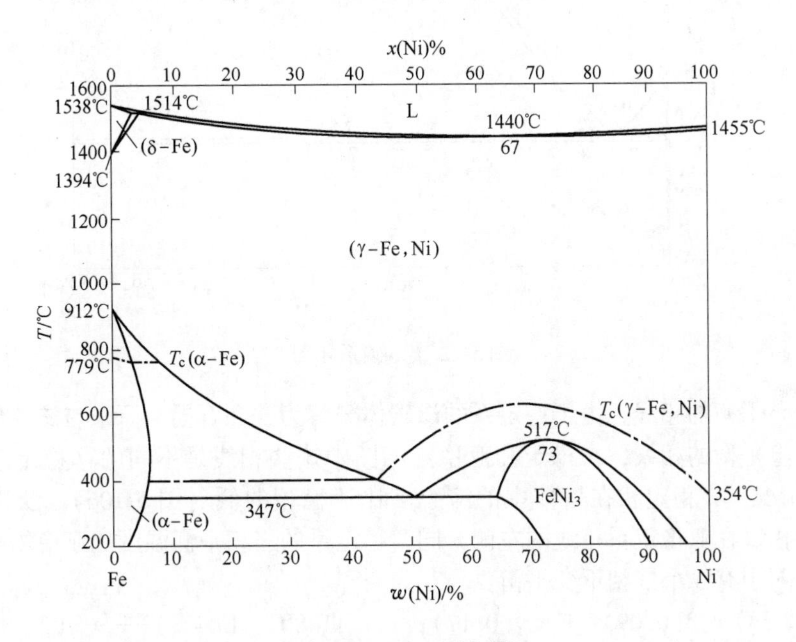

图 5-21　Fe-Ni 系相图

5.4.6.8　Fe-C 及 Fe-Fe_3C 系相图

图 5-22 所示为 Fe-Fe_3C 系及部分 Fe-C 系相图。Fe-Fe_3C 是亚稳系，因 Fe_3C 可以分解为 Fe 和 C（石墨）：$Fe_3C \rightarrow 3Fe + C$，所以稳定的相图是 Fe-C 系，但是由于动力学的原因，铁-碳系中通常出现 Fe_3C（通常称之为渗碳体）而不是石墨碳，所以，亚稳定的铁-渗碳体相图有更大的实用价值。又因工业上使用的铁-碳合金含碳量很低，所以经常给出的是常用的部分 Fe-Fe_3C 相图。

Fe 具有同素异构转变。碳溶入 3 种同素异构铁中形成 3 种固溶体：α-Fe(C)，γ-Fe(C)和 δ-Fe(C)。α-Fe 和 δ-Fe 结构是相同的，所以，实质上只有 2 种固溶体：碳在面心立方体铁的固溶体 γ-Fe(C)，也通常称之为奥氏体；碳在体心立方铁中的固溶体 δ-Fe(C)和 α-Fe(C)，通常也称之为 δ-铁素体和 α-铁素体。碳在 γ-Fe 中的溶解度比在 δ-Fe 和 α-Fe 的大，所以在相图上 γ 相的开启区域占有较大的面积。铁和碳形成 Fe_3C 化合物，它的成分 w(C)为 6.69%。α-Fe 在 770℃发生磁性转变，Fe_3C 在 230℃左右发生磁性转变。

工业上把 γ-Fe(C)与渗碳体平衡的温度线（即渗碳体在奥氏体中的平衡溶解度线）记为 A_{cm}，γ-Fe(C)与 α-Fe(C)平衡的相线记为 A_3，共析反应温度记为 A_1。

在图 5-22 的亚稳定相图上叠加稳定相图，两种相图的差别是 Fe_3C 是否分解为 Fe 和 C（石墨），所以在相图中不涉及渗碳体参与平衡的相线，在两种相图中是相同的。但涉

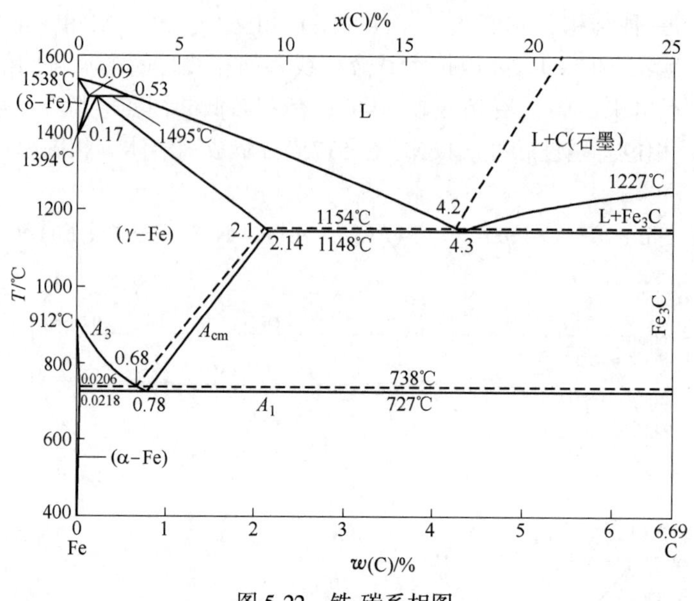

图 5-22　铁-碳系相图

及渗碳体参与平衡的相线，由于稳定系的渗碳体分解为铁和石墨，原来与渗碳体平衡的相线变为和石墨平衡的相线，在稳定和亚稳定相图中这些相线是不同的（稳定系用虚线表示）。一般情况下，稳定相在熔体中的溶解度比亚稳相的低（图 5-106）。所以，图 5-22 中的稳定系相线在亚稳定系相线的左侧，同时稳定系的三相平衡温度比亚稳的高。

亚稳相图中有 3 个三相不变平衡：

$$1495℃：L(0.53)+\delta(0.09)\longrightarrow\gamma(0.17)；\qquad 1148℃：L(4.3)\longrightarrow\gamma(2.14)+Fe_3C；$$

$$727℃：\gamma(0.78)\longrightarrow\alpha(0.0218)+Fe_3C$$

括号中的数字表示该相的碳的成分（质量分数）。稳定系亦有 3 个不变平衡，除了 L+δ→γ 与亚稳系相同外，另外两个是：

$$1154℃：L(4.26)\longrightarrow\gamma(2.08)+C(石墨)；\qquad 738℃：\gamma(0.68)\longrightarrow\alpha+C(石墨)$$

$Fe\text{-}Fe_3C$ 系合金是广泛应用的钢铁材料，在凝固时不发生共晶反应（即成分 $w(C)<2.14\%$）的称为钢，而在凝固时发生共晶反应（即成分 $w(C)=2.14\%\sim6.69\%$）的称为铸铁。

例 5-4　根据 $Fe\text{-}Fe_3C$ 亚稳系相图，（1）计算 $w(C)$ 为 0.1%以及 1.2%的合金在室温时平衡状态下相的相对量，计算共析体（珠光体）的相对量。（2）计算 $w(C)$ 为 3.4%的合金在室温时平衡状态下相的相对量。计算刚凝固完毕时先共晶的初生 γ 相（奥氏体）和共晶体的相对量。计算在共析温度下由全部 γ 相析出的渗碳体占总体（整个体系）量的百分数。

解：（1）在室温下铁-碳合金的平衡相是 α-Fe（碳的质量分数是 0.008%）和 Fe_3C（碳的质量分数是 6.69%），根据杠杆定律，$w(C)$ 为 0.1%的合金在室温时平衡状态下 α 相的相对量（质量分数）ζ^{α} 及 Fe_3C 相的相对量 ζ^{Fe_3C} 为：

$$\zeta^{\alpha}=\frac{6.69-0.1}{6.69-0.008}=98.62\%；\qquad \zeta^{Fe_3C}=1-98.62\%=1.38\%$$

$w(C)$ 为 1.2%的合金在室温时平衡状态下 α 相的相对量（质量分数）ζ^{α} 及 Fe_3C 相的

相对量ζ^{Fe_3C}为：

$$\zeta^{\alpha} = \frac{6.69 - 1.2}{6.69 - 0.008} = 82.16\%; \quad \zeta^{Fe_3C} = 1 - 82.16\% = 17.84\%$$

$w(C)$为0.1%的合金在室温时平衡状态下的组织是α-Fe和共析体（α-Fe+Fe_3C），其组织可近似看做与共析转变完成时一样，在共析温度下α-Fe碳的成分是0.0218%，共析组织中碳的含量是0.78%，故$w(C)$为0.1%的合金在室温时组织中共析体的相对量ζ^{P}为：

$$\zeta^{P} = \frac{0.1 - 0.0218}{0.78 - 0.0218} = 10.31\%$$

$w(C)$为1.2%的合金在室温时平衡状态下的组织是Fe_3C和共析体，在室温下组织中共析体的相对量ζ^{P}为：

$$\zeta^{P} = \frac{6.69 - 1.2}{6.69 - 0.78} = 92.89\%$$

（2）$w(C)$为3.4%的合金在室温平衡相是α-Fe（碳的成分是0.008%）和Fe_3C（碳的成分是6.69%），故$w(C)$为3.4%的合金在室温时平衡状态下α相的相对量（质量分数）ζ^{α}及Fe_3C相的相对量ζ^{Fe_3C}为：

$$\zeta^{\alpha} = \frac{6.69 - 3.4}{6.69 - 0.008} = 49.24\%; \quad \zeta^{Fe_3C} = 1 - 49.24\% = 50.76\%$$

因为刚凝固完毕时，先共晶初生γ相和共晶组织中碳的含量分别为2.14%和4.3%，所以刚凝固完毕时初生γ相的相对量ζ_{I}^{γ}及共晶的相对量ζ^{G}为：

$$\zeta_{I}^{\gamma} = \frac{4.3 - 3.4}{4.3 - 2.14} = 41.67\%; \quad \zeta^{G} = 1 - 41.67\% = 58.33\%$$

在刚凝固完毕时，全部γ相（包括先共晶初生γ相和共晶中的γ相）的相对量ζ^{γ}是：

$$\zeta^{\gamma} = \frac{6.69 - 3.4}{6.69 - 2.14} = 72.31\%$$

碳成分为2.14%的γ相从共晶温度冷却到共析温度后，它的成分变为0.78%，在冷却过程它析出Fe_3C相，每份γ相析出Fe_3C的量ζ'^{Fe_3C}为：

$$\zeta'^{Fe_3C} = \frac{2.14 - 0.78}{6.69 - 0.78} = 23.01\%$$

现在γ相的量是72.31%，所以到共析温度析出的Fe_3C相对于整体的相对量$\zeta'^{Fe_3C}_{tot}$为：

$$\zeta'^{Fe_3C}_{tot} = 72.31\% \times 23.01\% = 16.64\%$$

因为合金中的γ相到共析温度析出Fe_3C，总γ相的相对量减少16.64%，余下的γ相在共析温度都转变为共析体，所以共析体的相对量为：

$$\zeta^{P} = 72.31\% - 16.64\% = 55.67\%$$

例5-5 图5-23所示为Na_2O-SiO_2系相图。（1）这是一个完整的Na_2O-SiO_2系相图吗？这个相图还能分成简单的相图吗？（2）从相图中看出SiO_2有几种同素异形转变？按高温到低温顺序写出其反应。（3）相图中部有几个化合物？写出它们的分子式，它们是同分熔化还是异分熔化化合物？评估同分熔化的化合物的稳定性。(4) 相图中有几个三相反应？写出其反应式。

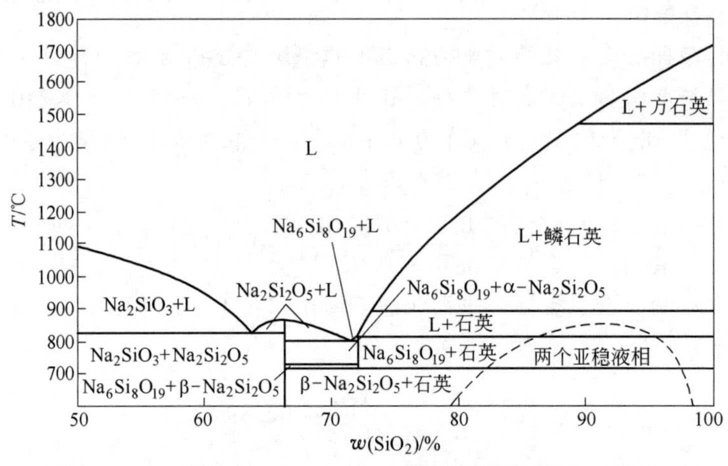

图 5-23 Na_2O-SiO_2 系相图（部分）

解：(1) 这不是一个完整的 Na_2O-SiO_2 系相图，因为它是从 Na_2SiO_3 稳定化合物分割出的 Na_2SiO_3-SiO_2 相图。这个相图还有一个同分熔化的稳定化合物 $Na_2Si_2O_5$，所以还可以分割为 Na_2SiO_3-$Na_2Si_2O_5$ 和 $Na_2Si_2O_5$-SiO_2 两个简单的相图。

(2) SiO_2 有 2 个同素异形转变，按高温到低温顺序这些转变为：方石英→鳞石英；鳞石英→石英。

(3) 除了相图两边的两个化合物 Na_2SiO_3 和 SiO_2 外，在相图中部还有 $Na_2Si_2O_5$ 和 $Na_6Si_8O_{19}$两个化合物。其中 Na_2SiO_3、$Na_2Si_2O_5$ 和 SiO_2 都是同分熔化化合物，可以从其液相线的平滑程度来评估它们的稳定性。因为 Na_2SiO_3 和 SiO_2 对应液相线的另一侧在现在的相图中没有表示出来，所以只对 $Na_2Si_2O_5$ 评估，它的液相线最高点是平滑的，所以化合物在液态时是解离的，并且，$Na_2Si_2O_5$ 化合物在 725℃ 附近有同素异形转变：$Na_2Si_2O_5$→β-$Na_2Si_2O_5$。$Na_6Si_8O_{19}$是异分熔化化合物，它只在高温范围存在。

(4) 相图中有 4 个三相不变平衡，它们分别是：L→Na_2SiO_3+$Na_2Si_2O_5$，L+SiO_2→$Na_6Si_8O_{19}$，L→$Na_2Si_2O_5$+$Na_6Si_8O_{19}$，$Na_6Si_8O_{19}$→$Na_2Si_2O_5$+Si_2O。注意到液相线温度从纯 SiO_2 的 1710℃ 降低到共晶温度 790℃，可以利用这个系统的共晶成分（75% SiO_2-25% Na_2O）制作玻璃。

上面列举的相图中并没有包括恒压二元系所有可能发生的反应，例如偏共晶反应、熔晶反应、包析反应等。在 Cu-Pb 系和 Pb-Zn 系中都有一个偏共晶反应，在 Cu-Sn 系、Fe-Re 系、Fe-S 系和 Fe-Zr 系中都有熔晶反应。在合金系中很少看到综晶反应，只在 K-Pb 和 K-Zn 系中出现。在很多合金系中，例如 Fe-Mo 系、Fe-Zn 系、Fe-Re 系和 Fe-S 系都有包析反应。对于这些相图不一一列举，可以按前面描述二元相图的一般规律进行分析。

5.5 三元系相图

根据相律，对于三元系有：

$$F = 3 - \varphi + 2 = 5 - \varphi$$

三元系最大可能的自由度数为5。因此，完全描述三元系相图应该用四维空间。但对于我们所关心的凝聚态体系，除非压力很大，一般都可以忽略压力的影响。所以，在下面的讨论中，如果没有特别的声明，都是指恒压（10^5Pa）相图。

对于恒压三元系相图，最大可能的自由度数为3。一般采用T、x_A(或w_A)和x_B(或w_B)3个强度量作为变量，这样构成的相图仍占一个三维空间，通常三维的三元相图在底面安放成分坐标，以垂直于底面的线作为温度坐标。一个三维相图，除非用一个实际的三维模型，否则很难用二维图形准确地表示三维相图中各种相线、相区的位置以及它们间的关系，所以，三维相图实际使用很不方便。另外，在实用中往往并不对所研究三元系所有成分范围的体系都感兴趣，也并不是对所有温度范围的相平衡都感兴趣，所以，通常也没有必要得出一个完整的三元三维相图。如果除了固定压力以外还固定了另一个强度变量，这样就会获得二维相图。最常使用的二维相图有两种：第一种是固定温度获得的恒压恒温二维相图，它相当于三维相图的恒温截面，又称水平截面；第二种是固定一个组元成分或固定其中两个组元成分比获得的二维相图，它相当于三维相图的一个垂直截面。除了这些截面图以外，通常还应用投影图，投影图也是一种形式上的二维相图。投影图是把三维相图的单变量线投影到底面上，这样自然也包括了平衡相面投影到底面上，就像把三维立体相图在垂直底面方向压缩成为一个平面一样。有时把三维相图中某些相面的等温线投影到底面上，这称为相面的等温线投影图。本章主要讨论如何分析和应用这些二维相图和投影图，为此必须首先了解三维相图的空间结构。但是，这里不过多地讨论具体的三维相图，而是着重讨论和了解三元相图中可能出现的各种相平衡的空间结构，研究由它们反映到截面图及投影图上的一般规律。

5.5.1　三元系相图的成分表达

一般的情况下，为了使全部成分数据直观，采用3个非独立的成分坐标——等边三角形坐标：把3个组元安放在三角形3个顶点上，3个边分别表示由3个组元两两构成的3个二元系成分坐标，如图5-24所示。

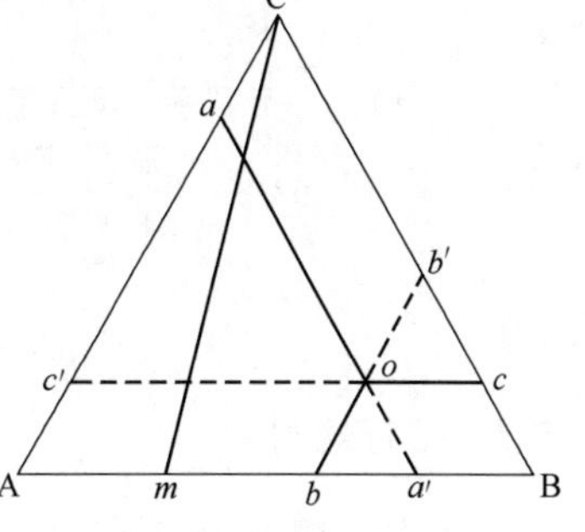

图5-24　成分三角形

图5-24中o点的成分按如下方法确定：过o点作平行于3个边的线，这3条线和三角形3个边分别交于a、a'点，b、b'点和c、c'点，逆时针方向取Ab、Bc、Ca，以它们分别表示B、C和A的成分。这样的表示和3条边上二元系的成分表示一致，因为这3条线段长度之和恰好等于三角形的边长，而1条边长又是表示100%的成分。同样也可以按顺时针方向取Ba'、Ac'、Cb'三条线段来表示A、C和B的成分。不难看出，A-B-C组成的所有三元体系成分全部包含于成分三角形之内。用等边三角形表示成分还有两个特点：

(1) 从图5-24看出，处在aa'线上任一点的所有体系，其A组元成分都是相同的(称等元线)。由此可知，凡成分点落在与三角形边平行线上的体系，该边所对顶角所代表的组元的成分相同，即平行于成分三角形边的成分线都是等组元线。

（2）过成分三角形的一个顶点作割线（如图 5-24 所示的 Cm 线），成分落在线上的所有体系中 B 组元和 A 组元的含量比固定，比值是 $w_B/w_A = Am/mB$。由此可知，凡成分落在过成分三角形某一顶点的线上的所有体系，割线两侧两个顶点所代表的组元含量比不变，这些成分线称为等比线。

若研究的三元体系中 1 个组元浓度很低，例如 A-B-C 系中 B 组元成分很低，这些体系的成分点必然落在成分三角形中靠近 AC 边的一条狭长带上。为了把这部分相图更清楚地表示出来，把成分三角形含有低浓度组元的两个边（AB、CB）的长度放大，通常放大 5 倍或 10 倍，这时成分三角形变成等腰三角形，在实际应用时只取一部分，例如取靠近 AC 边的一个等腰梯形。在读取成分时，可过成分点作平行于两腰的平行线，它和底边相交于两点，从这两点在底边上读取各组元成分。例如图 5-25a 的 o 点成分，从等边三角形成分坐标中过 o 点作出平行于两腰的 oc 和 oa 线，从 Ac 读出 w_C，Ca 读出 w_A，ca 读出 w_B。

若研究的三元体系中 1 个组元浓度很高，例如 A-B-C 系中 A 组元成分很高，这些体系的成分点必然落在成分三角形中靠近 A 边的一个角上。由于 3 个组元的摩尔分数之和 $x_A+x_B+x_C=1$，质量分数之和 $w_A+w_B+w_C=1$，所以在三元系相图的成分表达方式中可以采用其中两个组元成分例如 x_A 和 x_B（或 w_A 和 w_B）构成平面直角坐标，而第 3 个组元的成分由 $1-(x_A+x_B)$ 或 $1-(w_A+w_B)$ 定出。例如图 5-25b 中的 M 点成分，从直角成分坐标读出 $w_B=2\%$，$w_C=3\%$，则 $w_A=100\%-3\%-2\%=95\%$。

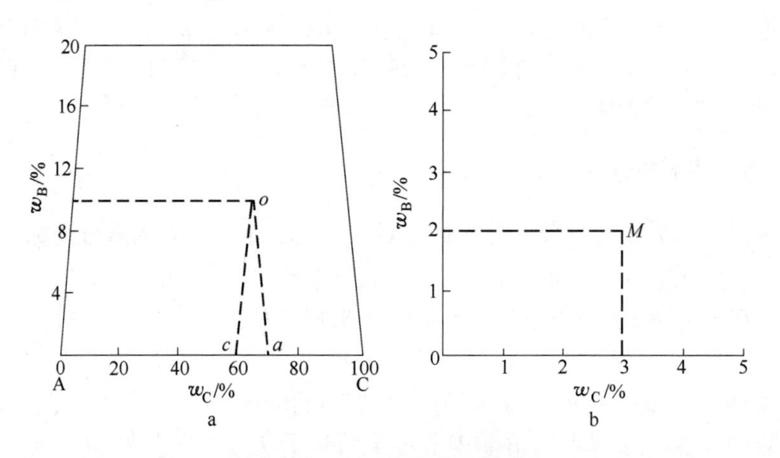

图 5-25　三元系的成分表达

a—成分等腰三角形；b—成分的直角坐标表示

5.5.2　杠杆规则

在恒温恒压下的三元系中，可以出现单相平衡、两相平衡、三相平衡和四相平衡。对于单相平衡，不存在相的相对量计算问题。对于四相平衡，由物质守恒原理求 4 个相的相对量是一个不定解问题，所以四相平衡时各相的相对量是不确定的。对于两相平衡和三相平衡可以用杠杆规则计算相的相对量。

图 5-26 所示为一个三元系的等温成分三角形，有成分为 a 和 b 的两个体系（不一定是相），根据杠杆定律：（1）由 a 和 b 两个体系混合所组成的一切体系的成分点全部落在 ab 直线上；（2）在该线上某一点成分为 x 的体系分成成分为 a 和 b 的两个体系时，这两

个体系量之比为：

$$\frac{\zeta^a}{\zeta^b} = \frac{xb}{ax}$$

或者

$$\zeta^b = \frac{ax}{ab} \times 100\%$$

$$\zeta^a = \frac{xb}{ab} \times 100\%$$

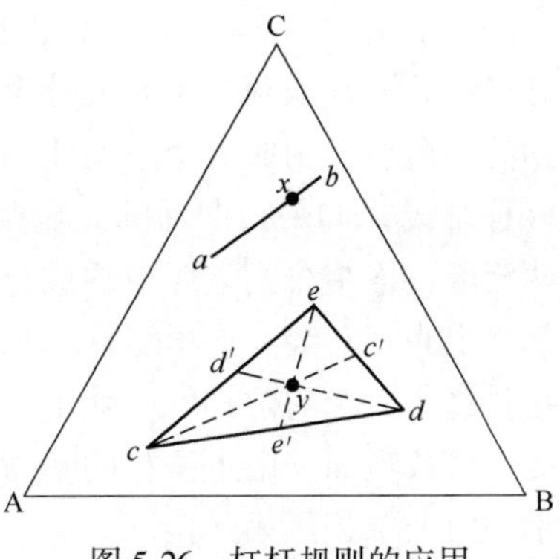

图 5-26　杠杆规则的应用

在图 5-26 的成分三角形中有成分为 c、d 和 e 的 3 个体系，利用计算两个体系相对量的杠杆定律，可以导出计算三个体系相对量的杠杆定律：（1）由于由 c 和 d 两个体系混合组成的一切体系的成分都落在 cd 直线上，所以当加入第三个体系 e 时，这个新混合体系的成分只能在 cd 直线靠 e 的一侧。类似地讨论 de 和 ec 直线，最后可知：由 c、d 和 e 三个体系组成的一切三元系全部落在 Δcde 内。（2）Δcde 内某一点成分为 y 的体系，它由 c、d 和 e 三个体系混合组成，连接 e 和 y 的直线与 cd 线交于 e'点，显然，c 和 d 两个体系混合的体系成分一定是 e'点成分，根据杠杆定律，有：

$$\frac{\zeta^e}{\zeta^d} = \frac{e'd}{ce'}$$

同理

$$\frac{\zeta^d}{\zeta^e} = \frac{c'e}{dc'} \tag{5-25}$$

$$\frac{\zeta^e}{\zeta^e} = \frac{d'c}{ed'}$$

进一步看，既然 c 和 d 的混合成分为 e'点，现把这两个体系看做一个整体，则体系中只有这一个 c 和 d 的混合部分以及 e 体系，根据杠杆定律，亦有：

$$\zeta^e = \frac{ye'}{ee'} \times 100\% = \frac{\Delta cyd}{\Delta ced} \times 100\%$$

同理

$$\zeta^c = \frac{yc'}{cc'} \times 100\% = \frac{\Delta eyd}{\Delta ced} \times 100\% \tag{5-26}$$

$$\zeta^d = \frac{yd'}{dd'} \times 100\% = \frac{\Delta cye}{\Delta ced} \times 100\%$$

上面的计算表明，如果在 Δcde 3 个顶点 c、d 和 e 分别挂上与 c、d 和 e 三个体系的相对量成比例的重量，则 y 点恰好就是这个载重三角形的重心，所以，上面的式子又称重心规则。

杠杆定律是由物质守恒原理导出的，和体系是否平衡无关。上面讨论的体系既可以是相互平衡的又可以不是相互平衡的。

5.5.3　三元相图中各类平衡的空间结构

单相平衡时（$\varphi=1$，$F=3$），自由度数为 3，即温度 T 和组元成分可以改变而不影响相平衡状态。这样，单相平衡点的集合是任意三维体积。单相区不论在恒温截面上或垂直截面上都表现为一块面积。

两相平衡时（$\varphi=2$，$F=2$），自由度数为2，即平衡相的温度T以及其中一个组元的成分确定后，其他两个组元成分也被确定，平衡态也被确定。这说明参与两相平衡的每一个相的平衡点各构成一个空间曲面，即一对共轭面。曲面上的每一点可以通过一条水平直线（连结线）和另一曲面的共轭点相连，连结线通过的空间（即这对共轭面所围的区域）是两相区，连结线两端对应的成分是两平衡相的成分。两相区不论在恒温截面或垂直截面上都表现为一对线。在恒温截面上的两相区由连结线的集合组成，连结线之间不会相交；而在垂直截面上的两相区，除了特殊情况外，任一条水平连线都不是连结线。因为两相平衡的一对共轭面是由平衡相的平衡点组成的，所以它一定是单相区的一部分，所以两相区分别和两个单相区相连接。

例 5-6 说明在三元系恒温截面上两相平衡的连结线是不相交的。

解：以图5-27所示假想A-B-C三元相图的T_1恒温截面来说明。在T_1温度下有α和β两相平衡，假设图中的ab和cd都是两相平衡的连结线，那么，这两条线的交点x的成分体系应该存在α(a)、β(b)、α(c)和β(d)四个相平衡，这违背相律，因而是错误的。所以，连结线是不能相交的。

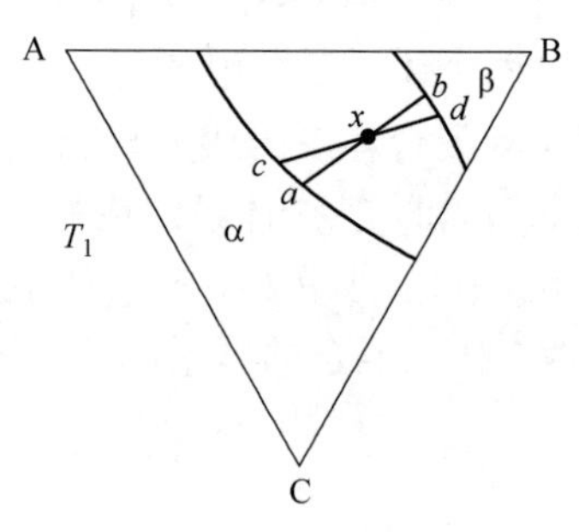

图5-27 假想的A-B-C三元相图T_1的恒温截面

例 5-7 知道三元系某个成分体系在某温度处在两相平衡状态，能否在恒温截面的两相平衡共轭线上直接获得两平衡相的成分？为什么？要如何才能获得平衡相的成分？

解：设A-B-C三元相图的x成分体系在T_1温度发生α和β两相平衡，T_1温度的恒温截面如图5-28所示。因为三元系两相平衡的自由度数是2，当温度确定后，仍然还有一个自由度变数，所以还不能确定连结线的位置，从而不能根据恒温截面上的平衡共轭线直接得出平衡相的成分。为了获得平衡相的成分必须靠实验再确定任一个平衡相中任一个组元的成分才能最终确定连结线的位置。例如图5-28所示的x成分体系，随意选择两个平衡相之一（例如α相）测量它的某一个组元含量（例如C组元），设测得为$w(C_\alpha)$。在恒温截面上作出含$w(C_\alpha)$的恒成分线（平行于AB边的线），这线和截面上α相的平衡相线相交于a点，这点的成分就是平衡α相的成分。由a点过体系成分点x作连线并延伸到β相平衡相线（这就是两相平衡连结线），交于b点，b点成分就是平衡β相的成分。在恒温截面上两相区所有的连结线都是要通过实验测定得来的。

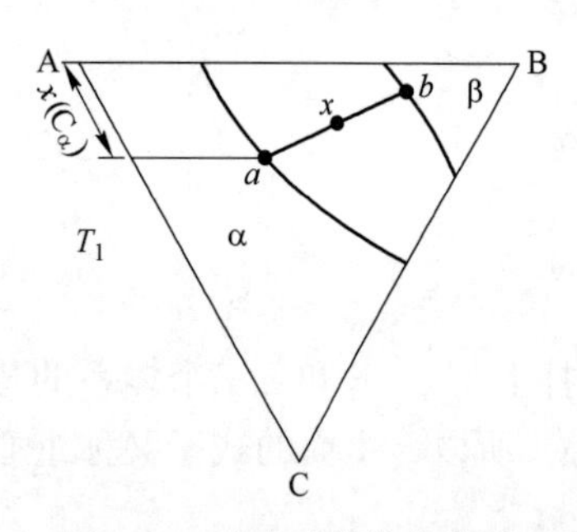

图5-28 确定连结线的说明

三相平衡时（$\varphi=3$，$F=1$），自由度数是1，也就是说每一个参与三相平衡的相的成分是温度的函数。这说明参与平衡的3个相的平衡点各构成一条空间曲线。这3条空间曲线是3个平衡相的单变量线。

现在分析这3条单变量线的性质。如果作一个恒温截面，这个截面与3根单变量线相交出3个点，这3个点分别是3个平衡相在这个温度的平衡成分。因为3个相平衡，所以其中的相两两也平衡，这3个点的两两连线必定都是连结线，它们构成一个直边三角形。在这个温度能发生这3个相平衡的体系成分必落在这个直边三角形内。在这个三角形中任何成分体系可以由杠杆规则或是重心规则来确定平衡相的相对量，故这个直边三角形是连结三角形。三相区就是由各个温度的连结三角形构成的。换一个角度说，3根单变量线组成3个空间曲面，这3个曲面围成三相区，但是，这个区的特点是：因为它们的每一个恒温截面都是直边三角形，即三相区的每一个面都是由水平直线（每个温度的长短或方向可以不同）构成的。

三相区的垂直截面也是三角形，但是它一般是曲边三角形。三角性的3个顶点并不处在同一温度上，因此，体系处在这个三角形内时只说明体系有三相平衡，但不能从它确定平衡关系。

三相区和其他相区的一般邻接规则是：（1）参与三相平衡的3条单变量线和单相区相连接，所以三相区和3个单相区连接，以线接触；（2）三相区的每个棱柱面都由两相平衡连结线组成，它必是两相区的一部分，所以三相区和3个两相区相连接，以面接触。

三相平衡的3条单变量线在空间的相对位置可以有两种：一种是处于中间的线在空间的位置比两旁的两条线高（即温度高）；另一种则相反，中间的相线位置比两旁的相线低（即温度低）。这两种配置恰好代表两类不同三相平衡的相区结构特点。图5-29所示分别表示两类三相平衡（其中R、Q、U代表任何相）的三相区空间，单变量线上的箭头指向表示从高温到低温的走向。不同温度截面截出一系列连结线三角形。对于上述的前一种三相空间，连结三角形顶点向着单变量线的降温方向，而后一种连结线三角形以底边向着相线的降温方向。观察图5-29a所示的 x 成分体系，在 T_2 温度时，体系开始进入三相区。由重心规则知，此时体系中只有R相，U相和Q相的量为零。它冷却到 T_3 温度时，R相完全消失，只有Q和U两相，再降低温度体系要离开三相区，这表明在 $T_2 \sim T_3$ 温度间隔体系经历了R→Q+U的反应，所以，这种三相空间属于共晶型三相平衡。再看图5-29b所示 x 成分体系，在 T_4 温度时体系进入三相区，由重心规则知，此时体系有R和Q两相平衡。冷却到 T_5 温度时，R和Q两相完全消失，只有U相，再降低温度时体系离开三相区。这表明在 $T_4 \sim T_5$ 温度间隔体系经历了R+Q→U的反应。所以，这种三相空间属于包晶型三相平衡。这样，根据连结三角形在投影图的情况也可以判定三相反应类型：在投影图上，连结三角形的顶点朝单变量线降温方向的是共晶型三相反应；连结三角

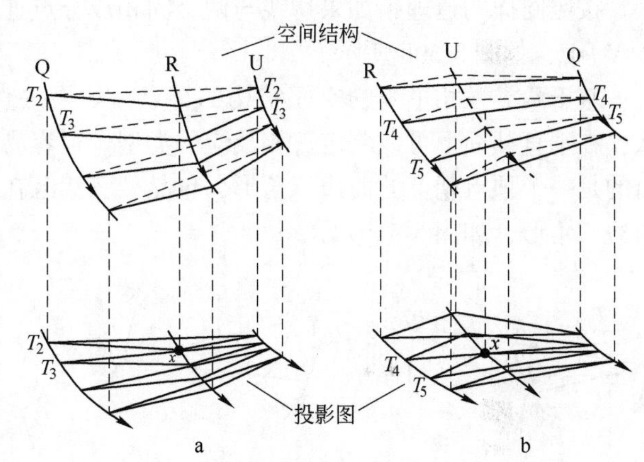

图5-29 两种类型的三相平衡空间结构及其投影图（箭头是降温方向）

a—R→Q+U（共晶型）；b—R+Q→U（包晶型）

形的底边朝单变量线降温方向的是共晶型三相反应。

共晶型反应是在一个温度范围内进行的，在每一个温度析出的相的成分不同，各相的相对量不同。可以用切线规则来确定在某一温度瞬间共晶反应所析出的2个相混合的体系的成分，从而根据杠杆定则可确定析出两相的相对比例。用图5-30a的例子来说明切线规则。图5-30表示3种不同的U、R、V三相单变量相线投影。在图5-30a中，T_1温度时连结三角形是△UMV，R相成分是R相线上的M点，降温时，这个成分的R相析出U相和V相。R相的成分沿R相线向低温移动，当到达T_2温度时，连结三角形为△U′M′V′。根据杠杆规则，在T_1~T_2温度间隔析出的（U+V）混合物的整体成分应是M′M线和U′V′线的交点a。根据a点可按杠杆规则在U′V′线上确定U相和V相的比例。如果缩小温度间隔，使T_1和T_2之间的温度间隔ΔT减小，在极限情况$\Delta T \to 0$时，则MM′割线变成过M′点的切线。切线和该温度的连结三角形底边交于a'点，a'点的成分就是在T_2温度下反应相析出的共晶型混合物的成分。这种用作切线的方法获得某一温度下析出共晶物成分以及共晶物中两相相对量的规则称为**切线规则**。

按照同样的道理，如果切线与两个固相成分点连结线的延长线相交，则为包晶型反应R+V→U，如图5-30b所示。

基于两类三相平衡的空间结构的特点，如果垂直截面都截过三相平衡的3个面，那么，在垂直截面上可以判定三相反应的类型。很容易了解，共晶型三相区在垂直截面上截出的是一个顶点朝上的曲边三角形，包晶型三相区在垂直截面上截出的是一个顶点朝下的曲边三角形，如图5-31所示。

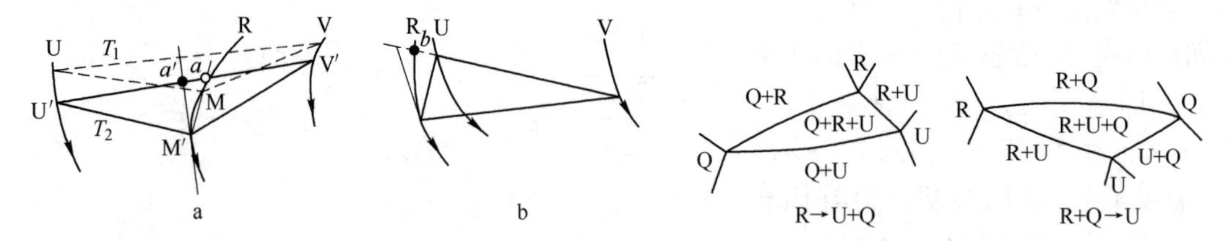

图5-30　由投影图R相单变量线的切线位置判定三相反应类型的切线规则
a—R→U+V；b—R+V→U

图5-31　在垂直截面上的两种类型三相区

四相平衡时（$\varphi=4$，$F=0$），自由度数为零。即在固定温度发生四相平衡，平衡相的成分也固定。因此，四相平衡由同一个恒温截面上4个平衡相的成分点组成。这四点围成的面积是四相区，在这个区内的体系在四相平衡温度时都会有四相平衡。由一个固定成分体系分成4个不同成分（平衡相成分）的部分，不可能求得这4个部分相对量的确定解，所以，参与四相平衡的各相相对量是不确定的。

四相区的空间结构简单，它只是一个恒温面。四相平衡区和其他相区的一般邻接规则是：（1）四相区的4个点是4个平衡相的成分点，所以这4个点必和单相区连接，即四相平面和4个单相区以点接触；（2）4个平衡相两两必然平衡，所以，4个点两两连线必然是两相区的连结线，这样的线有6条，即四相平面和6个两相区连接，以线接触；（3）4个平衡相中任意3个也是互相平衡的，所以，4个点中任三点连成的三角形必是三相区的连结三角形。这样的三角形有4个，即四相平面和4个三相区连接，以面接触。

4个平衡相成分点的相对位置不同，与它邻接的4个单相区、6个两相区、4个三相区的相对位置不同，构成了不同类型的四相平衡。最重要的邻接关系是三相区和四相平面的邻接关系，因为这个关系确定了，其他相区的关系也随之确定。4 个三相区与四相区平面的邻接关系有 3 种，构成不同的三类四相平衡。

（1）第一类四相平衡。这类四相平衡的平面是一个三角形，4 个平衡相的成分点分别处在三角形 3 个顶点以及三角形内一个点上，设四相区 3 个顶点的相分别是 Q、U 和 V，中心点的相是 R。若在四相平面之上（高温部分）邻接3 个三相区，它们是四相平面中的成分点和四相平面三角形 3 个顶点连成的 3 个三角形，即分别是 Q+U+R、Q+R+V 和 R+U+V三相区；在四相平面之下（低温部分）邻接一个三相区，即是 Q+U+V 三相区，这个三相区与四相平面三角形重合。具有这种邻接关系的四相区所代表的四相平衡为第一类四相平衡。它的空间结构示意图如图 5-32 所示。

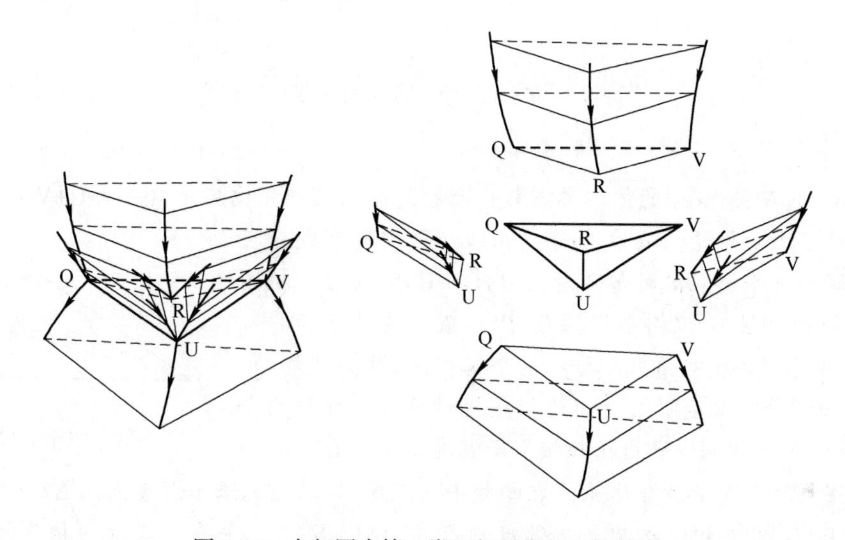

图 5-32　在相图中第一类四相平衡的空间结构

成分为 R 的三元系，如果在四相平衡温度略高的温度，则体系只有单一的 R 相存在，如果在四相平衡温度略低的温度，则体系点进入 Q+U+V 三相区，R 相消失。因此可以知道，这个成分的体系从高温降温经过四相平衡温度会发生 R→Q+U+V 反应，由一个相反应生成 3 个相的反应，称为共晶型四相反应。第一类四相平衡是共晶型平衡。在四相区内的任何成分冷却经过四相平衡温度都会发生这样的四相反应，只是发生这样的四相反应量多少不同。

（2）第二类四相平衡。这类四相平衡的平面是一个四边形，在四相平面上下各邻接两个三相区，它们分别是由四相平面四边形两个对角线所分割成的两对连结三角形。若在四相平衡温度上侧分别连接Q+U+R 和 Q+R+V 三相区，在四相平衡温度下侧则分别连接 V+U+R 和 Q+U+V 三相区。具有这种邻接关系的四相区所代表的四相平衡为第二类四相平衡，它的空间结构如图 5-33 所示。

成分为 a 的三元系，在四相平衡温度稍高的温度存在 Q+R 两相，在四相平衡温度稍低的温度存在 U+V 两相，即经过四相平衡温度会发生 Q+R→U+V 反应，由两个相反应生成另外两个相的反应，称为准包晶型反应（亦称为包共晶反应）。第二类四相平衡是包共晶型平衡。在四相区内的任何成分冷却经过四相平衡温度都会发生这样的四相反应，只是发生这样的四相反应量多少不同（见例 5-8）。

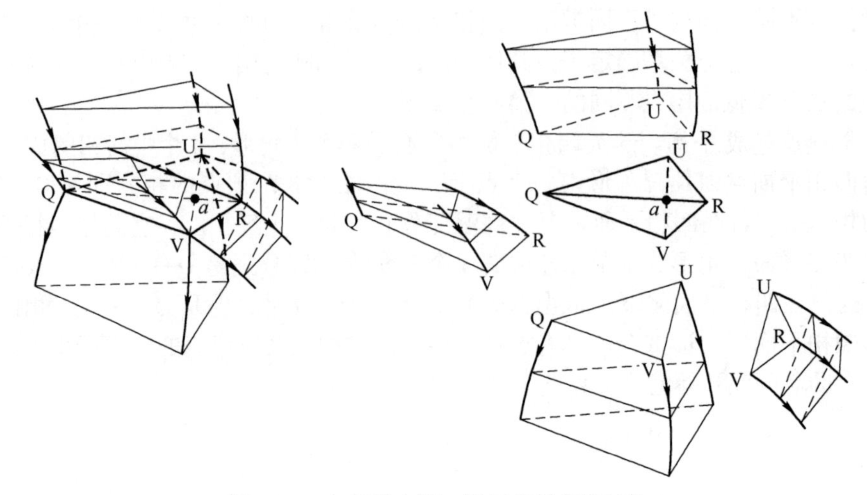

图 5-33　在相图中第二类四相平衡的结构

例 5-8　证明图 5-33 的第二类四相平衡空间结构的四相反应是 R+Q→U+V。

解：除了上面讨论的 a 成分外，在四相区内所有成分在冷却经观察四相平衡温度时都会发生 R+Q→U+V 反应。把图 5-33 所示的四相区（四相平衡温度 T_p）表示在图 5-34 中。图 5-34 中四边形实线对角线划分的两个三相区 U+Q+R 和 Q+R+V 处在四相平衡温度以上，四边形虚线对角线划分的两个三相区 Q+U+V 和 U+R+V 处在四相平衡温度以下。在四相平面成分范围任选一个 x 成分体系。在四相平衡温度 T_p 以上无限小温度间隔 ΔT（即 $T_p+\Delta T$ 时）存在 R+Q+U 三相；在 $T_p-\Delta T$ 温度则存在 Q+U+V 三相平衡。经过四相平衡温度 T_p 后，R 相消失，出现了 V 相，所以 R 相一定是反应相，V 相一定是生成相。在 $T_p+\Delta T$ 温度，U 相的相对量 ζ^U 和 Q 相的相对量 ζ^Q 为：

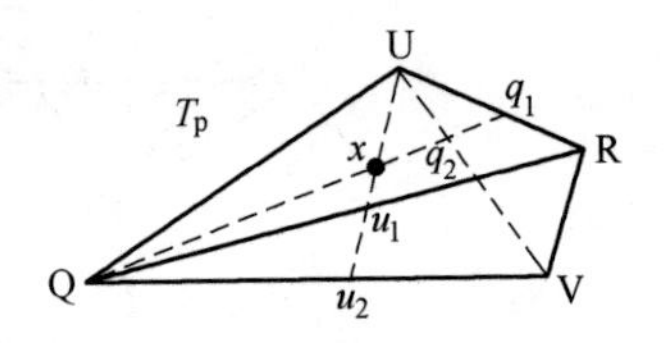

图 5-34　四相空间结构

$$\zeta^U = \frac{xu_1}{Uu_1} \times 100\% \qquad \zeta^Q = \frac{xq_1}{Qq_1} \times 100\%$$

在稍低的 $T_p-\Delta T$ 温度，U 相的相对量 $(\zeta^U)'$和 Q 相的相对量 $(\zeta^Q)'$为：

$$(\zeta^U)' = \frac{xu_2}{Uu_2} \times 100\% \qquad (\zeta^Q)' = \frac{xq_2}{Qq_2} \times 100\%$$

因为一个分式中分子和分母同时加（减）一个常数会大于（小于）原来的分数，故 $(\zeta^U)'>\zeta^U$，$(\zeta^Q)'<\zeta^Q$，说明前者是生成相，后者是反应相，所以这种四相反应是 R+Q→U+V。在四相平面范围内任一成分体系都可以用类似的方法证明有这种反应，因而这类四相空间结构确属第二类四相平衡的空间结构。这类四相平衡平面是一个四边形，四边形两条对角线所连结的两个两相分别是两个反应相和两个生成相。

（3）第三类四相平衡。这类四相平衡的平面是一个三角形，四相平衡成分点分别处在四相平面顶点以及三角形以内的一个点上。设四相区三个顶点的相分别是 U、Q 和 V，中心点的相是 R。在四相平面之上（高温部分）邻接一个三相区，即是 U+V+Q 三相区，在四相平面之下（低温部分）邻接 3 个三相区，它们是四相平面中的成分点和四相平面三角形 3 个顶点连成的 3 个三角形，即分别是 Q+U+R、Q+R+V 和 R+U+V 三相区；这个三相区与四相平面三角形重合。具有这种邻接关系的四相区所代表的四相平衡为第三类四相平衡。它的空间结构如图 5-35 所示，这种空间结构恰好是第一类四相平衡空间结构在温度上的倒置。这样，所以很容易知道 R 成分的三元体系在降温经过这个四相平衡温度会发生Q+V+U→R 反应，由 3 个相反应生成一个相，称为包晶型反应，第三类四相平衡是包晶型平衡。

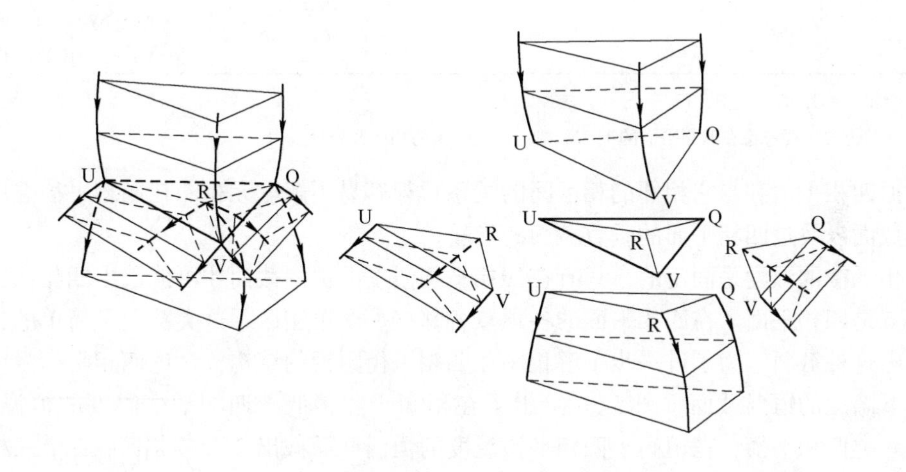

图 5-35 在相图中第三类四相平衡的结构

综合上面的讨论，把 3 类四相平面和与它相邻的相区间的邻接关系列于表 5-2 中。

表 5-2 四相平面和与它相邻的相区间的关系

接触相区的类别	接触方式	接触相区数目	接触相区的名称①	相区的位置②	
单 相	点接触	4	R、Q、U、V	第一类（R→Q+U+V）	R 相区在四相平面之上，U、V 和 Q 相区在四相平面之下
				第二类（R+Q→U+V）	R 和 Q 相区在四相平面之上，U 和 V 相区在四相平面之下
				第三类（V+Q+U→R）	U、Q 和 V 相区在四相平面之上，R 相区在四相平面之下
两 相	线接触	6	RQ、RU、RV、UQ、UV、QV	第一类（R→Q+U+V）	（R+Q）、（R+U）、（R+V）相区在四相平面之上
				第二类（R+Q→U+V）	（R+Q）、（U+V）相区分别在四相平面之上和之下
				第三类（V+Q+U→R）	（R+U）、（R+V）、（R+Q）相区在四相平面之下

续表 5-2

接触相区的类别	接触方式	接触相区数目	接触相区的名称①	相区的位置②	
三 相	面接触	4	UQV、RUV、RQU、RQV	第一类 （R→Q+U+V）	（R+Q+V）、（R+Q+U）、（R+U+V）相区在四相平面之上，（U+Q+V）在四相平面之下
				第二类 （R+Q→U+V）	（R+Q+U）、（R+Q+V）相区在四相平面之上； （R+U+V）、（Q+U+V）相区在四相平面之下
				第三类 （V+Q+U→R）	（V+Q+U）在四相平面之上，（R+Q+V）、（R+Q+U）、（R+U+V）相区在四相平面之下

①四个相名称为 R、Q、U、V。

②这里的位置主要考虑在四相平面的上、下相区，在旁边的相区并未计入内。

根据四相平面和与它相邻的相区间的关系，很容易了解三元相图在四相平衡温度附近的恒温截面以及过四相平面的垂直截面的形貌。

四相平衡的温度是固定的，只有在四相平衡温度的恒温截面才可能截出四相区，这个四相区就是四相平面。在四相平面的各顶点各邻接一个单相区。这类截面是简单的，一般很少给出这种截面。为了进一步了解相图在四相平衡附近的结构，讨论四相平衡温度附近的上、下温度的恒温截面。图 5-36 给出了在稍高于和稍低于四相平衡温度的恒温截面。对于第一类四相平衡，在稍高于四相平衡温度的恒温截面截出 3 个三相区，3 个三相区所共有的那个相的相区处在中间，这个相是四相反应的反应相，余下的 3 个相是生成相。在稍低于四相平衡温度的恒温截面只截出一个三相区，这 3 个相是生成相，如图 5-36a 所示。对于第二类四相平衡，在稍高于四相平衡温度的恒温截面截出 2 个三相区，2 个三相区共有的那 2 个相是四相反应的反应相。在稍低于四相平衡温度的恒温截面也截出 2 个三

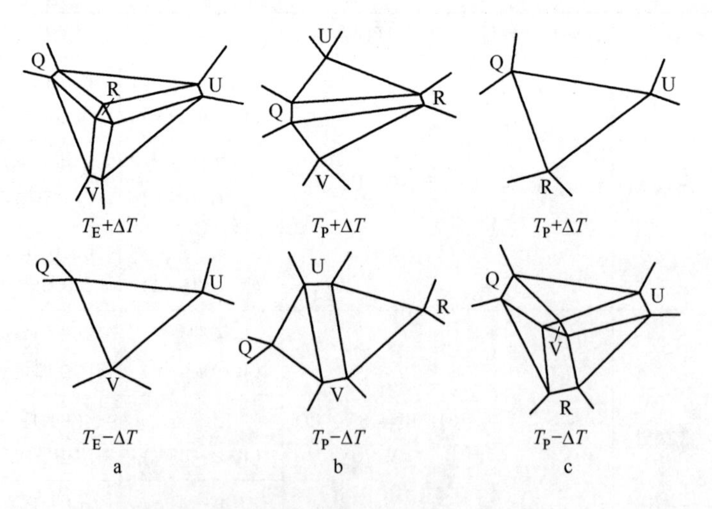

图 5-36 四相平衡温度上、下的恒温截面

a—R→U+Q+V；b—R+Q→U+V；c—R+U→Q+V

相区，2 个三相区共有的那 2 个相是四相反应的生成相，如图 5-36b 所示。对于第三类四相平衡，在稍高于四相平衡温度的恒温截面截出一个三相区，这 3 个相都有四相反应的反应相。在稍低于四相平衡温度的恒温截面截出 3 个三相区，3 个三相区共有的那个相区在中间，这个相是生成相，如图 5-36c 所示。

在垂直截面上四相区是一条恒温线。如果截面截过所有的 4 个三相区，那么，第一类四相平衡在四相区恒温线上有 3 个三相区，3 个三相区共有的那个相是反应相，在四相区恒温线下面有一个三相区，这 3 个相是生成相。对于第二类四相平衡，在四相区恒温线上下各有 2 个三相区，同时在四相区恒温线上、下各有一个两相区。上面两相区的 2 个相是反应相，下面两相区的两个相是生成相。对于第三类四相平衡，在四相区恒温线上有一个三相区，这 3 个相是反应相，在四相区恒温线下有 3 个三相区，3 个三相区共有的那个相是生成相。

图 5-37 给出了截过 4 个三相区的三类四相平衡的垂直截面。可以根据四相区平面和三相区的邻接情况判定四相反应的类型以及反应式。如果垂直截面未能同时截过 4 个三相区，不可能靠单一个垂直截面来判别四相反应的类型。

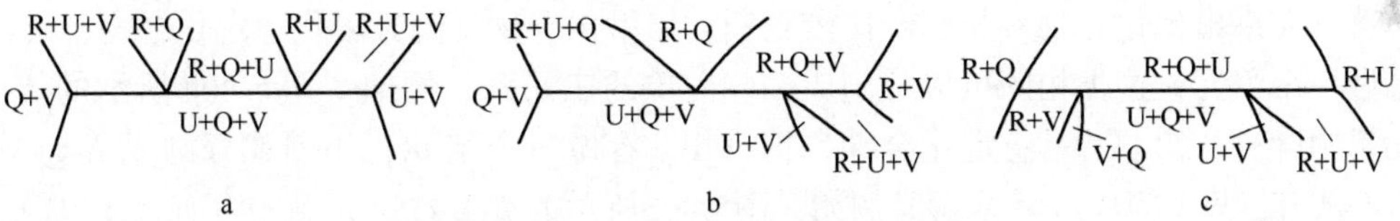

图 5-37　截过 4 个三相区（在四相区附近）的垂直截面
a—R→U+Q+V；b—R+Q→U+V；c—R+U+Q→V

四相平衡平面和 4 个三相区相接，而每一个三相区都有 3 条单变量线，因而四相平面必和 12 条单变量线相连接，每一个平衡相成分点分别和 3 条单变量线连接。根据上述四相平面和三相区连接的规律，3 种类型的四相平面所连接的 12 条单变量线的相对位置和温度走向如图 5-38 所示。图中箭头方向表示单变量线从高温到低温的方向。

还可以从投影图上单变量线在交汇温度的走向来判定四相反应的类型。图 5-39 所示为液相单变量线交汇的 3 种情况（只能有这三种），交汇点在四相平面，液相单变量线亦是两个液相面的交线，即两根单变量线构成一个液相面的投影。图 5-39a 所示为 3 条液相单变量线从高温向低温在四相平衡温度交汇，这是第一类四相反应。反应相是液相，3 个液相面对应的 3 个相都是生成相。图 5-39b 所示为两条液相单变量线降温过程中在四相平衡温度交汇，另一条单变量线从四相平衡温度出发走向低温，这是第二类反应，反应相是

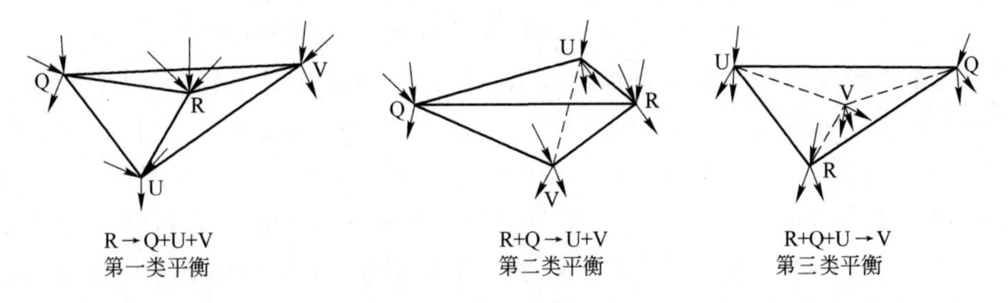

图 5-38　四相平面所连接的 12 条单变量线的温度走向（箭头方向指向低温）

液相以及由两条温度走向指向四相平衡温度液相单变量线所构成的液相面对应的固相，其余两个液相面所对应的固相是生成相。图 5-39c 所示为一条液相单变量线从高温走到四相温度，另两条单变量线从交汇点走向低温，这是第三类四相反应，生成相是从交汇点走向低温的两条单变量线构成的液相面所对应的固相，反应相是其余两个液相面对应的固相和液相。这个规律也可以推广到不含液相的四相反应中。

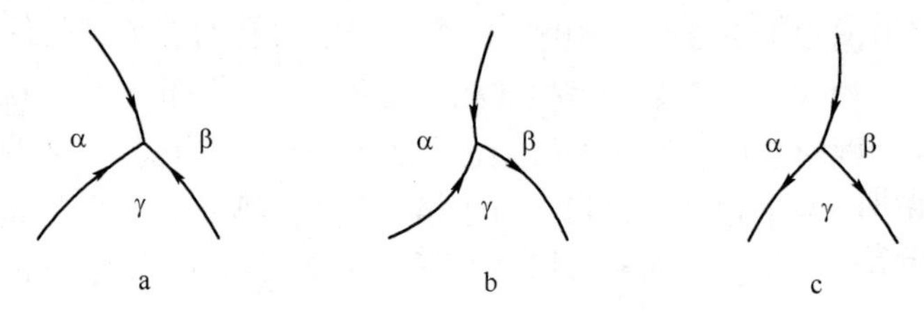

图 5-39 在投影图根据液相单变量线温度走向判断四相反应类型（箭头指向是降温方向）

a—L→α+β+γ；b—L+α→γ+β；c—L+α+β→γ

5.5.4 含稳定化合物的三元相图分割为简单的三元系

若三元系出现化合物，相图会比较复杂。如果化合物是同分熔化稳定化合物，可以把它看做一个组元，这类相图可以分割成一些简单的三元系。例如，图 5-40a 所示的 A-B-C 三元系中含有 A_nB_m 二元稳定化合物，把 A_nB_m 看做一个组元，相图就分割成 A-C-A_mB_n 和 B-C-A_mB_n 两个简单三元系；又例如，图5-40b所示的 A-B-C 三元系中含有 $A_nB_mC_p$ 三元稳定化合物，把 $A_nB_mC_p$ 看成是一个组元，相图就分割成A-B-$A_nB_mC_p$、A-C-$A_nB_mC_p$ 和 B-C-$A_nB_mC_p$ 三个简单三元系。可以看出，如果含有一个二元同分熔化稳定化合物则可以把相图简化为两个简单相图；如果含有一个三元同分熔化稳定化合物则可以把相图简化为 3 个简单相相图。这样，如果三元系含有 t 个三元稳定化合物和 b 个二元稳定化合物，则可以把三元系分割为 $2t+b+1$ 个简单相图。

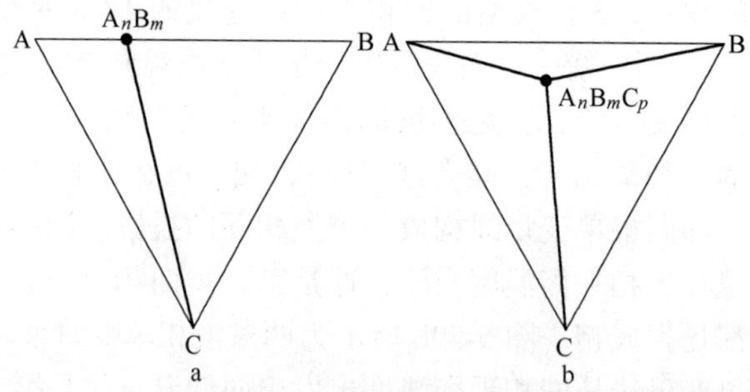

图 5-40 具有两个二元稳定化合物的相图的简化分割

a—具有一个二元稳定化合物；b—具有一个三元稳定化合物

当三元系中存在多个稳定化合物时，相图简化分割的方式就不止一种，但实际上只可能有一种分割方式是正确的，究竟哪一种方式是正确的需要由实验确定。例如图 5-41a的 A-B-C 三元系，在 A-C 和 B-C 二元系中分别有一个二元稳定化合物 D_1 和 D_2，这时有两种可能的简化分割的方式，如图中的实线和虚线所示。若按实线分割是正确的，则意味着化合物 D_2 和 A 可以平衡共存；若按虚线分割是正确的，则意味着化合物 D_1 和 B 可以平衡共存。如果认为两种分割都是正确的，则 AD_2 和 BD_1 线交点 M 成分体系会在一定温度范围出现四相，这是不可能的，所以这两种分割方式只能存在一种。取 M 成分体系，熔化后冷却作相分析，如果存在 D_1 和 B 两相，则虚线分割是正确的；如果存在 D_2 和 A 两相，则实线分割是正确的。当三元系含有多个稳定化合物时，可能的简化分割方式就更多了，但其中仍然只有一种分割方式是正确的，这需要由实验来确定。如果实验的体系成分选择适当，可以不需要做很多实验就能确定哪一种分割方法是正确的。例如图 5-41b 的例子中，A-B-C 三元系含有 D_1、D_2 和 D_3 三个二元稳定化合物，含有 D_4 一个三元化合物，可能的简化分割方式如图 5-41 所示。如果选择成分为 M 点体系做实验，熔化后冷却并进行相分析，若出现 D_1 和 C 两相，则肯定 CD_1 的分割线是正确的。根据明显的道理，所有和这条线相交的分割线都是不正确的，从而可以否定图中其他的分割方法。

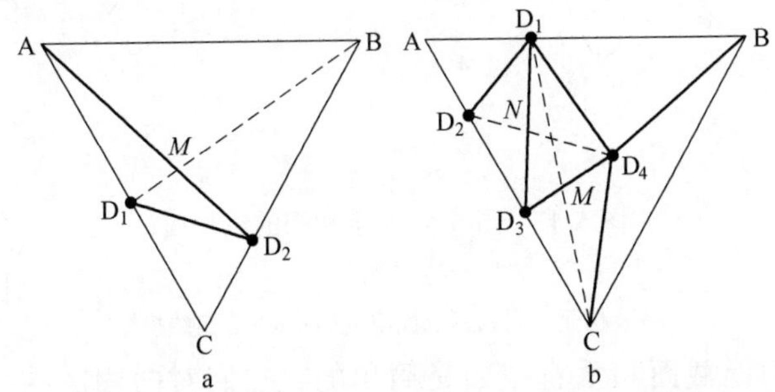

图 5-41 生成多个稳定的二元、三元化合物的相图的简化分割

a—具有两个二元稳定化合物；b—具有两个二元和一个三元稳定化合物

5.5.5 三元相图简例

5.5.5.1 液、固态无限互溶，固溶体在低温时有互溶间隙的三元相图

图 5-42 所示为液、固态无限互溶，固溶体在低温时有互溶间隙的三元相图。在相图中有一个液相（L）区、一个固相（α，连续固溶体）区和一个固液两相（L+α）区、一个固态互溶间隙中的（$\alpha_1+\alpha_2$）两相区。和二元相图相比，三元相图的各种相平衡都多一个自由度数，所以，二元相图单相平衡的一块面积在三元相图中发展为一个三维空间；二元相图两相平衡的共轭线在三元相图中发展为一对共轭面；二元相图互溶间隙的一对封闭平衡相线在三元相图中发展为一个封闭的共轭面。因为在这个相图的空间没有单变量线，所以其投影图除了投影面与互溶间隙的截线外，无其他线，正如图 5-42 中所示的底面一样。

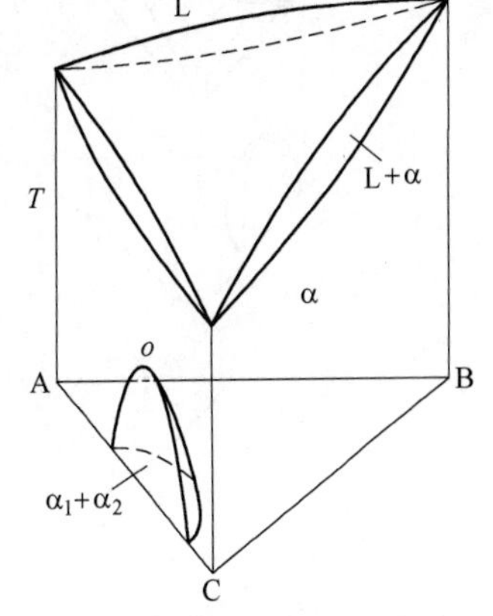

图 5-42 液、固态无限互溶，固溶体在低温时有互溶间隙的三元相图

另一类投影图是相面的等温线投影。图 5-43a、b 所示分别为图 5-42 的相图的液相面、固相面和固相溶解度面的等温线投影。从等温线投影图中的等温线密度可以看出相面在空间的陡度，等温线密度越大，此面在空间的陡度也越大。例如由图 5-43 看出，B 组元熔点最高，液相面沿 BC 方向陡度最大，沿 AC

方向陡度最小。在等温线投影图上还可以看出各三元系体系冷却（加热）经过该相区（从而进入某些特定相区）的温度。图 5-43 所示为 x 成分体系冷却时，在 $T_5 \sim T_6$ 之间（靠近 T_6）和液相面相遇，即在这个温度进入 L+α 相区，也就是说在这个温度开始凝固。在 $T_7 \sim T_8$ 之间（靠近 T_8）和固相面相遇，即在这个温度进入 α 单相区，也就是说在这个温度凝固完毕。

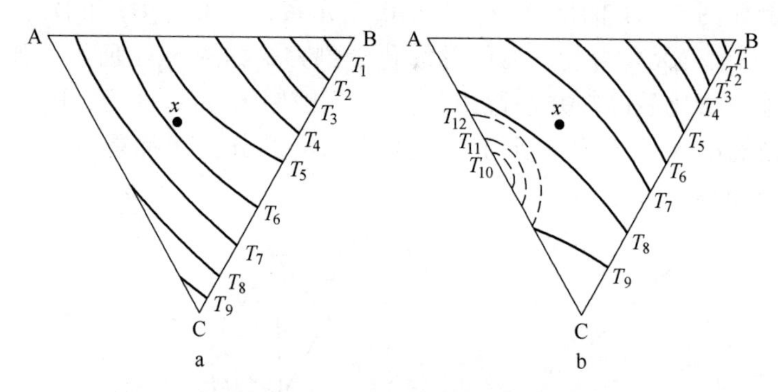

图 5-43　图 5-42 所示相图的液相面

（$T_1 \rightarrow T_{12}$是降温方向）

a—液相面、固相面及固溶度面；b—等温线投影

图 5-42 相图的恒温截面和垂直截面是简单的，它们对两相区的共轭面截出一对线。图 5-44 所示为 3 个恒温截面的示意图。在恒温截面上同时也给出了两相平衡的连结线，连结线是由实验测得的，恒温截面上的两相区可以看做是由无限多条不相交的连结线组成的。

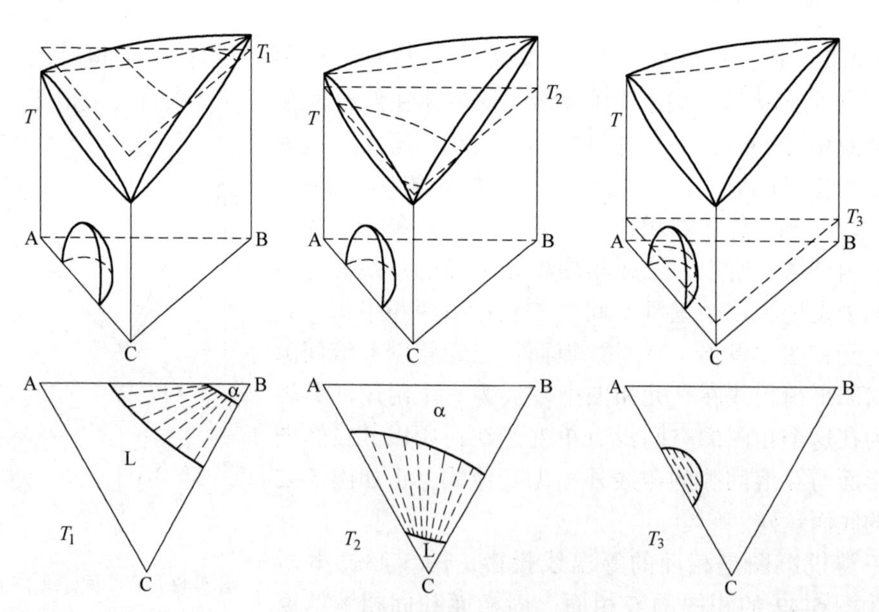

图 5-44　图 5-42 所示三元相图的几个恒温截面

虽然连结线要由实验测出，但是，对于例如液-固平衡的特定情况，可以根据组元熔点的高低顺序来判断液-固平衡的连结线方向，连结线总是偏离成分点与相应顶点连线，

并沿着组元熔点高低顺序方向有一定的偏转。这是以固相从液相结晶出来时结晶相中高熔点组元含量和低熔点组元含量之比总比液相中的这一比值高的原理（选分结晶原理）为判据的。

例 5-9　说明在恒温面上两相平衡连结线总是偏离成分点与相应顶点连线，并沿着组元熔点高低顺序方向有一定的偏转。

解：图 5-45 所示为 A-B-C 三元系的一个恒温截面，这个三元系中 B 组元熔点最高，C 组元熔点最低。在截面上含有 L 相和 α 相平衡区。o 成分体系处于两相平衡，过 B 点与 o 点连与 AC 边相交于 f 点，如果连结线也是这一方向，则评估的固相和液相中的 w_A/w_C 相等，这不符合选分结晶原理，所以连结线不可能处在 Bo 的连线上；若要符合选分结晶的要求，连结线只可能与 Bo 连线按组元熔点高低顺序方向有一定的偏转，如图中两相区中的实线连结线，这时：

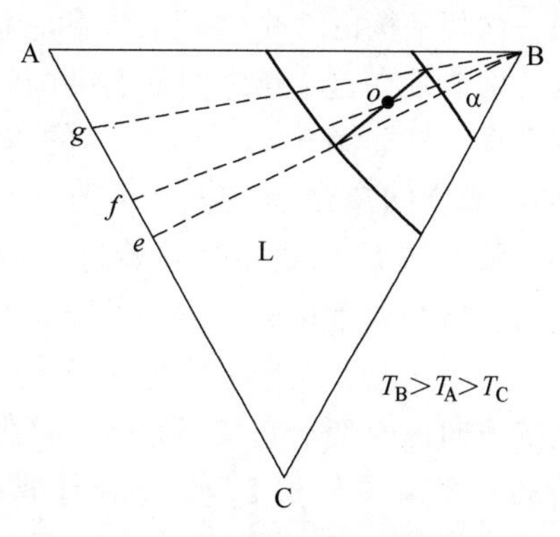

图 5-45　由三元相图的恒温截面上连结线方向的判定

$$\left(\frac{w_A^S}{w_C^S}=\frac{Cg}{Ag}\right) > \left(\frac{w_A^L}{w_C^L}=\frac{Ce}{Ae}\right)$$

这表明在固相中高熔点组元的含量比液相中的高，从而符合选分结晶原理。

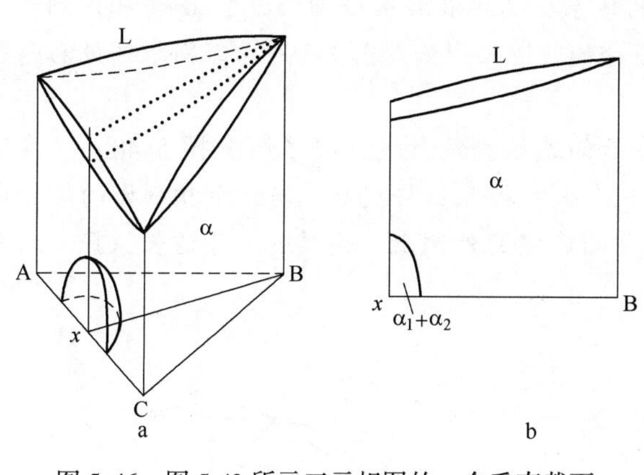

图 5-46　图 5-42 所示三元相图的一个垂直截面
a—立体相图；b—xB 垂直截面

垂直截面和两相平衡共轭面截出一对曲线（图 5-46），这两条线并非平衡的共轭线，因为两相平衡共轭线一般都不在同一个垂直截面上。虽然垂直截面的两相区在形貌上和二元相图的相似，但本质上是不同的，任何一条水平线和垂直截面两相区的两条边界线相交的线一般并非连结线，所以，我们只能从垂直截面了解体系在什么温度下处于什么样的平衡，平衡相是什么，但不能在截面上得出平衡相的成分。

过 $w_A=0$（或 $w_B=0$，或 $w_C=0$）的等元线作的垂直截面，即三维相图的 3 个侧面，这些都是特殊的垂直截面，它们就是 B-C（或 A-C，或 A-B）二元相图。只有在这些特殊截面的两相区边界线才是平衡共轭线。这样可以看出，当三元相图的某一个两相平衡区和二元系的两相平衡区相连接时，则三元相图的共轭面是二元相图的共轭线向空间发展而成的面。

最后要注意的是：在讨论截面上相区邻接关系时，由于相图维数减少了 1，在截面上相区邻接维数也比三维相图中邻接的维数相应减少 1。

现在看三元体系在冷却过程中穿过两相区时两平衡相成分的变化。过三元体系中某成分点作垂直于成分三角形的垂线，若这条线穿过某一两相平衡的 2 个共轭面，和它们相交于 2 点，则体系在这 2 点之间的温度间隔中存在两相平衡。例如图 5-47 中 x 成分的体系在 L_1 点和 α_4 点之间存在液-固两相平衡。L_1 点所在的温度就是体系在冷却时开始进入两相区的温度，在这个温度的连结线（图 5-47 中的 $L_1\alpha_1$ 线）必过 L_1 点。随着温度下降，连结线在空间的方向也改变，它按组元熔点高低顺序方向转动，液相成分从 L_1 点起沿着液相面变化，它走过的轨迹 $L_1L_2L_3L_4$ 是液相面上一个空间曲线。同样，固相成分以固相面的 α_1 为起点沿固相面变化，它走过的轨迹 $\alpha_1\alpha_2\alpha_3\alpha_4$ 是固相面上的一条空间曲线，曲线终止于体系成分点 α_4 上。这两条曲线连同连结线投影到底面上形成一个蝴蝶状的图形。在不同温度下两相平衡连结线不会保持在同一个垂直面上，这就可以看出在一般情况下为什么不能在垂直截面上找到两个平衡相的成分。

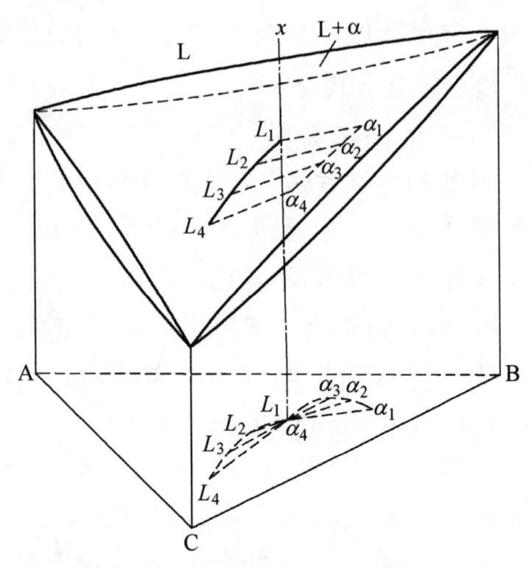

图 5-47 两相平衡连结线随温度的变化及它们的投影

在加热时所发生的变化是上述过程的逆变化，不再详细讨论。

例 5-10 A-B-C 三元系中成分为 x 的体系从高温液相区冷却经过 L+α 两相区到达 α 单相区，它在两相区两个共轭面上平衡成分的轨迹投影如图 5-48a 所示。判断该投影是否正确，正确的投影应该是怎样的？

解：这个投影是不正确的。将凝固最后的连结线投影线 lx 延长（见图 5-48b），在这条线左侧的 α 相平衡成分投影线上任找一点 α_2，按照杠杆规则，与这个相平衡的液相成分比，在过这一点 α_2 并通过原来成分点 x 的连线的外侧上，连接 α_2x 并延长，找不到与其平衡的 L 相成分，所以这是不正确的。

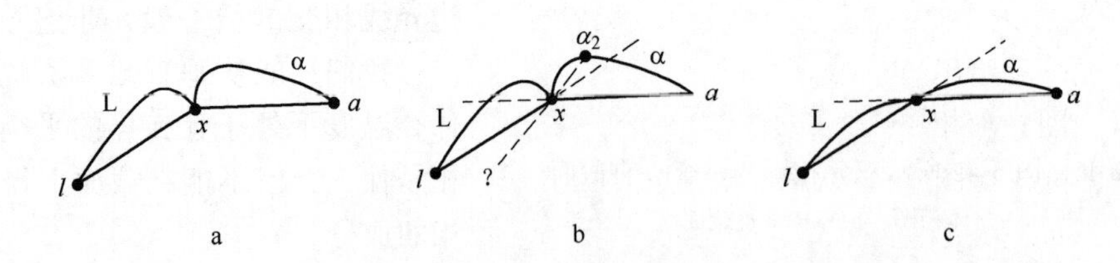

图 5-48 两相平衡成分随温度变化轨迹的投影
a，b—不正确的方式；c—正确的方式

从图 5-48b 中看出，避免出现这种情况的投影必须是：平衡液相成分的投影线不能超越最终的连结线投影（图中的 lx 线）的延长线。同理，投影的固相成分线不能超越最初的连结线投影（图中的 ax 线）的延长线。即是说，这对平衡成分投影构成的蝴蝶状曲线的两条蝴蝶翅膀线应该在原始成分点 x 处与 ax 线和 lx 线相切，如图 5-48c 所示。

5.5.5.2 只含一个三相区的简单三元相图

图 5-49 所示为只含一个共晶型三相反应的 A-B-C 三元系恒压相图。其中 A-C 二元系是固、液相完全互溶，A-B 和 B-C 二元系都是液态完全互溶、固态有限溶解并包含一个共晶反应。三元相图空间只有三相平衡的 3 条单变量线（图 5-49 中 3、4 和 5 线）。由于 A-B 和 B-C 两个二元系的三相反应是同一个三相反应 L→α+β，所以它们在空间发展连成同一个三相区。三相区由 3 条单变量线组成的 3 个面围成，但是这个三相区空间在两侧的二元系上收缩为一条水平线。三相区和 L+α、L+β 和 α+β 三个两相区邻接。L+α 两相平衡共轭面是 α 液相面（19、21、20 和 4 线围成的面）和 α 固相面（9、16、8 和 3 线围成的面），这两个面分别和二元系L+α两相平衡的共轭线连接。L+α 两相区在三维相图中终止于L+α+β 三相区的一个面（1、2、3 和 4 线围成的面）。L+β 两相平衡共轭面是 β 液相面（17、18 和 4 线围成的面）和 β 固相面（5、6 和 7 线围成的面），这两个面也分别和二元系的 L+β 两相平衡的共轭线连接。L+β 两相区在三维相图中终止于 L+α+β 三相区的一个面（1、4、2 和 5 线围成的面）。α+β 两相平衡共轭面是两个固态溶解度面（12、3、13 和 15 线围成的面以及 10、14、11 和 5 线围成的面），它们和二元系的固态溶解度共轭线连接。α+β 两相区在三维相图中开始于 L+α+β 三相区的一个面（1、3、2 和 5 线围成的面），而终止于相图的底面。两个液相面以上的空间是 L 相单相区。α 相固相面和 α 相固溶度面左侧的空间是 α 相单相区。β 相固相面和 β 相固溶度曲面右侧的空间是 β 相单相区。为了便于对相图的了解，把图 5-49 所示相图各个相区拆开表示于图 5-50 中。

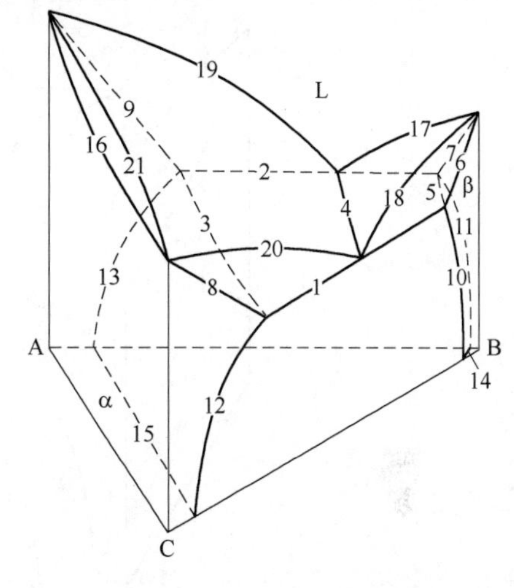

图 5-49 只含有一个共晶三相区的三元相图

因为图 5-49 所示的相图空间只含 3 条单变量线，所以它的投影图就是这 3 条线的投影，如图 5-51 所示。通常在投影图上用箭头表示单变量线的降温方向，同时还把投影面的恒温截面一起给出。在图 5-51 中的虚线（图中的 α′和 β′线）给出的是 α 和 β 固溶度面的截线。图中液相单变量线（图中的 L 线）分开的两块面积分别是 α 和 β 液相面的投影；α 单变量线（图中的 α 线）以左的面积是 α 固相面的投影；β 单变量线（图中的 β 线）以右的面积是 β 固相面的投影；3 条单变量线两两围成的面积是三相区 3 个面的投影，由 α 线和 L 线所围的面积以及由 β 线和 L 线所围的面积是三相区在高温下两个面的投影，而由 α 线和 β 线所围的面积是三相区在低温面的投影；由 α 线和 α′线所围的面积以及由 β 线和 β′线所围的面积是 α 和 β 固溶度面的投影。

图 5-52 所示为只含一个共晶型三相区的三元相图的恒温截面，注意到恒温截面上的三相区是直边三角形，并且截面的三相区三角形的顶点是领头朝着单变量线的降温方向移动的。

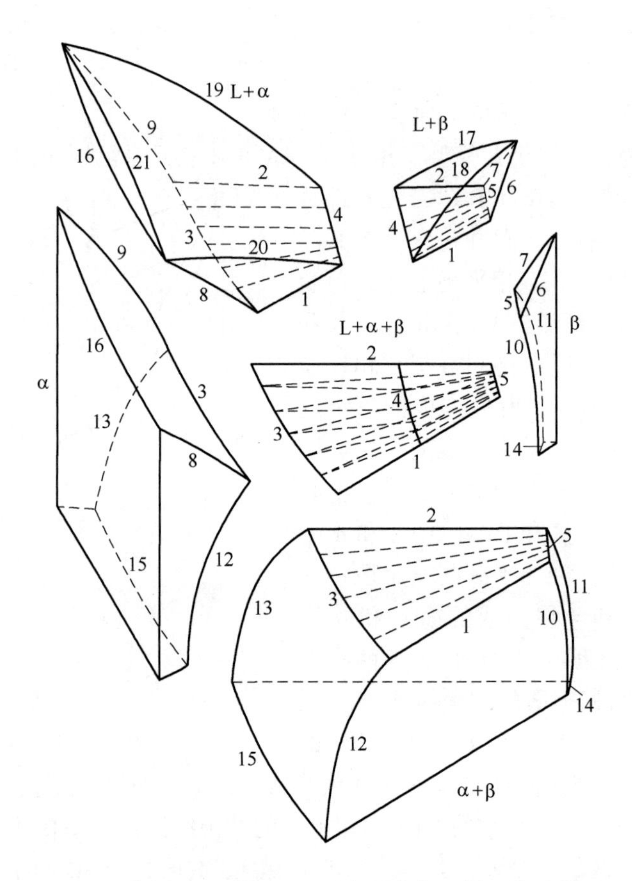

图 5-50 将图 5-49 所示三元系相图各相区拆开的示意图

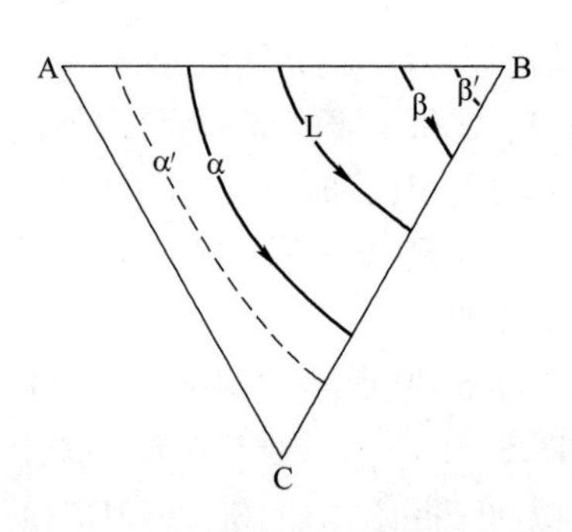

图 5-51 图 5-59 所示相图的投影图

连结三角形顶点单相区的相线必须遵从外延规则：在顶点上两条相线外延一定同时落入三相区（例如图 5-52 所示截面图的 L 和 β 相线）或者同时落在三相区之外（例如图 5-52 所示投影图中的 α 相线），并且两外延线的夹角一定小于 180°。违背这一规则的相图是不正确的。

图 5-53 所示为只含一个共晶型三相区的三元相图的垂直截面。图 5-53a 所示为相图的立体图形，其中截面的成分线是 BX；图 5-53c所示为截出的垂直截面图。因为投影图相当于把相图在垂直底面方向压缩成为一个平面，所以除了温度信息外，投影图包含相图其他的一切信息，如果同时给出相面的等温线投影，那么也可以知道温度信息。因为如此，根据投影图可以画出垂直投影图。在投影图上画出垂直截面的成分线，这条线和投影图各单变量线投影相交得出的各个线段是相图空间各相面的投影，如果知道各交点的确切温度，就可以比较准确地画出垂直截面；如果不知道这些温度，根据对该相图特征的了解，也可以画出截面的示意图。例如在图 5-53b所示的投影图上画出垂直截面的成分线 BX，把它与各单变量线投影（包括投影

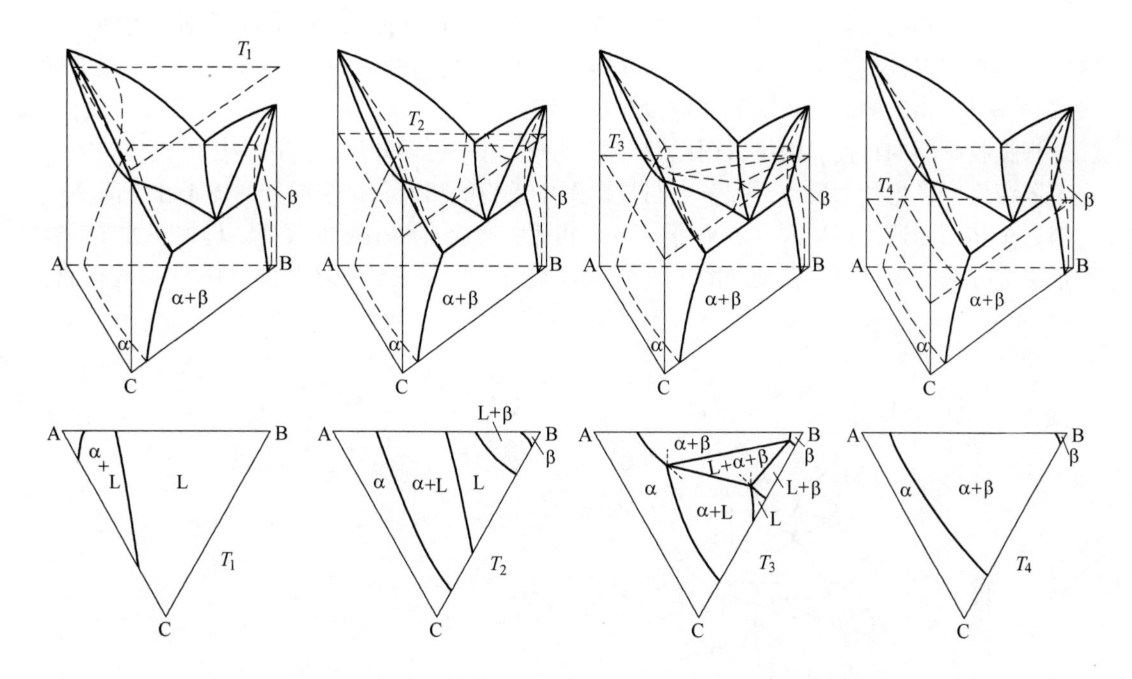

图 5-52 含共晶类型三相反应三元相图的一些恒温截面

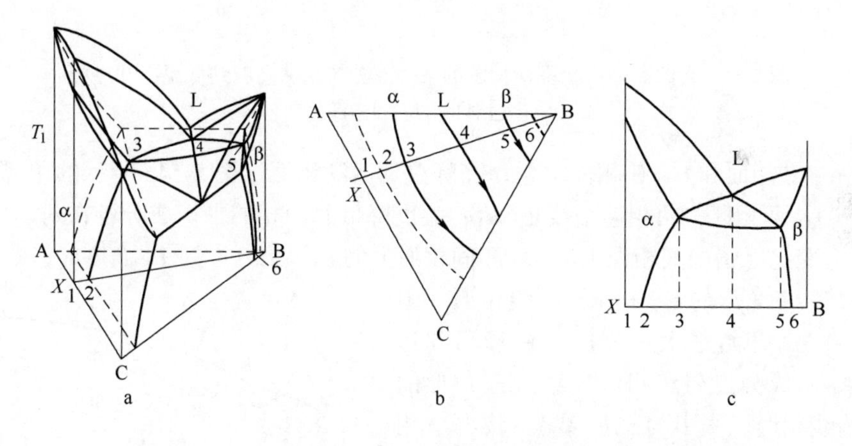

图 5-53 含共晶类型三相反应的三元相图的一个垂直截面

a—立体图；b—投影图；c—截面图

面为水平截面上的相线）的交点分别编号。可以看出，3—4、4—5 和 3—5 分别是三相区 3 个面的投影，根据它们的成分位置，在空间画出三相区；1—4 和 4—B 分别是 α 相和 β 相的液相面投影，在相应的空间画出 α 相和 β 相的液相线，这两条液相线都应该与三相区的液相点相连；1—3 和 5—B 分别是 α 相和 β 相的固相面投影，在相应的空间画出 α 相和 β 相的固相线，这两条固相线都应该分别与三相区对应的固相点相连。要注意相线在截面图两侧边的连接，因为在侧边已不是三元系，如图 5-53b、c 中的 B*X* 截面，左边的 *X* 是二元系，右边的 B 是单元系。单元系两相平衡在固定温度，所以截面图上在 B 边 β 固相线与液相线重合，而二元系两相平衡存在一个温度范围，所以截面图上在 *X* 边 α

固相线不与液相线重合。2—3 和 5—6 分别是 α 和 β 的固溶度面，这两条线都分别和三相区对应的相点以及投影面上对应的截点连接。对于只含三相区的相图，在作出垂直截面时最好先作出三相区的截面，因为其他截线都与三相区相关。

根据投影图的特性，由投影图以及对相图的了解，可以知道三元系中任何成分的体系在不同温度会发生什么反应。成分点与投影图中重叠的相面，这个成分的体系在空间一定会与这个相面相遇，每进入（或离开）一个相面，必会有相平衡的改变。例如，如图5-54所示 x 成分的冷却过程。在投影图（图 5-54b）上看到，x 成分点按降温顺序与 α 液相面，

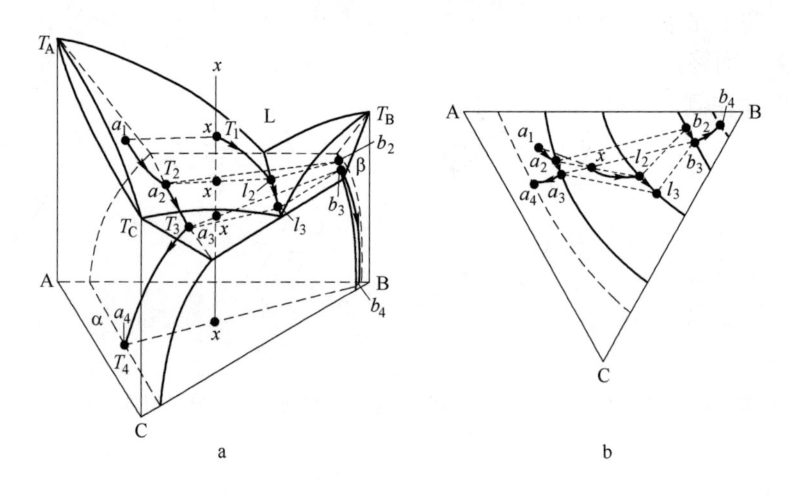

图 5-54　含共晶型三相平衡相图的某一成分体系从高温到低温冷却过程

a—立体图；b—投影图

三相区的 α、L 相面和 α、β 相面重叠。当降温到达液相面（图 5-54a 所示的 T_1 温度）时开始进入 L+α 两相区，两相连结线是 xa_1；温度降低时两相的平衡成分各在对应的液相面和固相面上变化（图中液相面上的 xl_2 和固相面上的 a_1a_2 线）；到 T_2 温度时，x 成分点与三相区连结线三角形的 α、L 相平衡线相遇（图中的 a_2l_2 线），开始进入三相区；在降温到达 T_3 温度时，x 成分点与三相区连结线三角形的 α、β 平衡线相遇（图中的 a_3b_3 线），离开三相区；最后进入 α、β 两相平衡区。图 5-54b 所示为 x 成分体系冷却时各平衡相成分变化的投影，注意最后的 a_4、x、b_4 三点在一条直线上（在图 5-54b 中没有表示出来）。

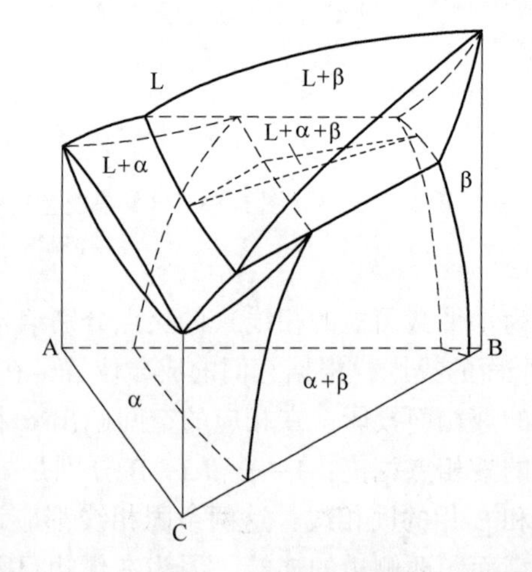

图 5-55　只含有一个包晶三相区的三元相图

详细讨论了共晶型三元相图后，用类似的分析方法便容易分析其他含有三相反应的相图。图 5-55 所示为只含一个包晶型三相反应的 A-B-C三元系恒压相图。其中 A-C 二元系是固、液相完全互溶，A-B 和 B-C 二元系都是液态完全互溶、固态有限溶解并包含一个包晶反应。三元相图空间只有三相平衡的 3 条单变量

线。由于 A-B 和 B-C 两个二元系的三相反应是同一个三相反应 L+β→α，所以它们在空间发展连成同一个三相区。三相区由 3 条单变量线组成的 3 个面围成，但是这个三相区空间在两侧的二元系上收缩为一条水平线。三相区和 L+β、L+α 和 α+β 三个两相区邻接。L+β 两相平衡共轭面是 β 液相面和 β 固相面，这两个面分别和二元系 L+β 两相平衡的共轭线连接。L+β 两相区在三维相图中终止于 L+α+β 三相区上侧的一个面。L+α 两相平衡共轭面是 α 液相面和 α 固相面，这两个面也分别和二元系L+α两相平衡的共轭线连接。L+α 两相区在三维相图中开始于 L+α+β 三相区下侧的一个面。α+β 两相平衡共轭面是两个固溶度面，它们和二元系的固溶度共轭线连接。α+β 两相区在三维相图中开始于L+α+β 三相区的一个面，而终止于相图的底面。两个液相面以上的空间是 L 相单相区。α 相固相面和 α 相固溶度面左侧的空间是 α 相单相区。β 相固相面和 β 相固溶度曲面右侧的空间是 β 相单相区。

图 5-56 所示为图 5-55 的两个恒温截面：T_1 恒温截面（图 5-56a）和 T_A 恒温截面（图5-56b），T_A 为 A 组元的熔点温度。从两个恒温截面看出，截面的三相区三角形的底边是领头朝着单变量线降温方向移动的。另外在 T_A 温度的恒温截面，因为 T_A 是 A 组元的熔点温度，单元系只在一个温度发生两相平衡，所以，在这个截面上的 L+α 两相区在 A 点汇合为一个点。

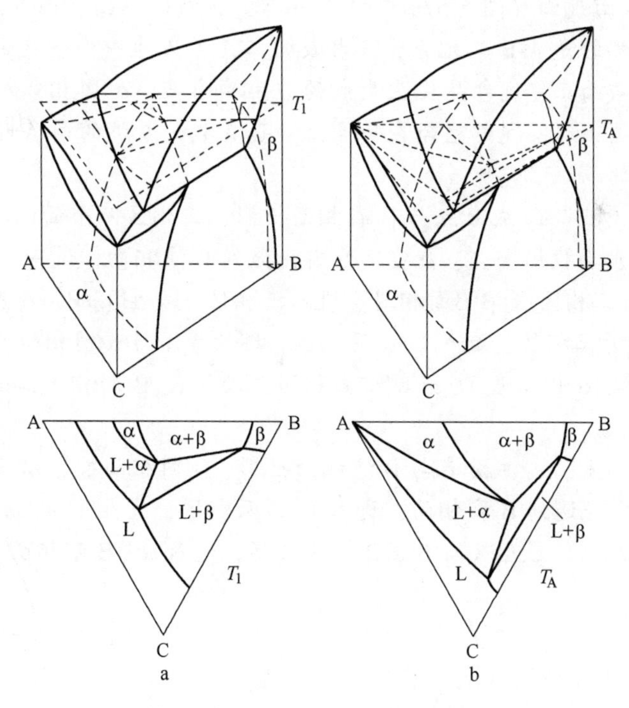

图 5-56　图 5-55 的两个恒温截面

a—T_1 恒温截面；b—T_A 恒温截面

例 5-11　图 5-57a 所示为一个含三相反应的 A-B-C 三元相图的投影图，（1）根据不变线的相对关系和温度走向，说出其三相反应的类型；（2）画出过 *XY* 线的垂直截面示意图；(3) 说明成分 x_2 体系从高温冷却到室温所经历的相变；(4) 说明成分 x_1 体系从高温冷却到室温所经历的相变，并求出在室温下相的相对量。

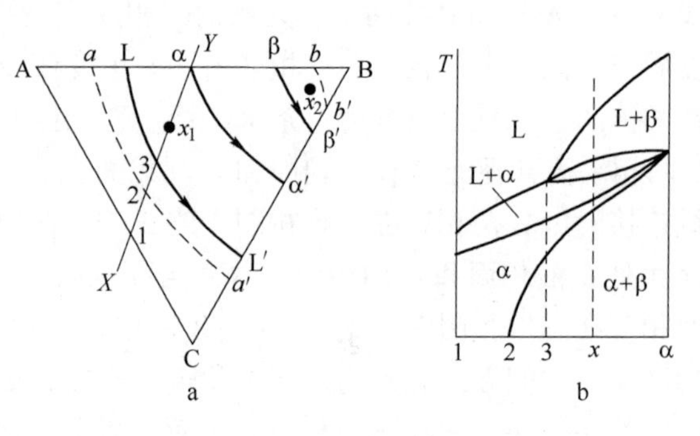

图 5-57 含一个包晶反应的 A-B-C 三元相图

a—投影图；b—XY 垂直截面图

解：(1) 在投影图上有 3 根单变量线：LL′、αα′和 ββ′。因为液相单变量线 LL′在另外两根固相单变量线的一侧，说明这个三相反应是包晶型的，是液相和另一边的固相反应生成中间的固相：L+β→α。

(2) 为了画出垂直截面，应先了解空间各个相面在投影图的位置。ACL′L 面积是 α 液相面投影，LL′B 面积是 β 液相面投影；ACα′α 面积是 α 固相面投影，*bb*′B 面积是 β 固相面投影；LL′β′β 面积、LL′α′α 面积和 αα′β′β 面积分别是三相区 3 个面的投影；*aa*′α′α 面积和 ββ′*b*′*b* 面积分别是 α 相和 β 相固溶度面的投影。

从投影图看，*XY* 垂直截面截过 α 液相面（图5-57a中的 1—3 线）、β 液相面（图 5-57a 中的 3—α 线）、三相区的两个面（图 5-57a 中的 3—α 线）、α 固相面（图 5-57a 中的 1—α 线）以及 α 固溶度面（图 5-57a 中的 2—α 线），截面图画在图 5-57b 上。应该注意的是：垂直截面右端的是 A-B 二元系，三相反应二元系发生一个恒定的温度，所以三相区在此闭合；另外截面正好过包晶反应生成的 α 相成分点，α 固相线及 α 固溶度线也过该点，所以在截面图上这些线都重合在一点上。垂直截面左端的是 A-C 二元系，L+α 两相区在左端是开口的。

(3) 从投影图看出，x_1 成分点与 β 液相面投影、三相区两个面的投影面、α 固相面投影以及 α 相固溶度面投影重叠，在空间它首先遇到 β 液相面，进入 L+β 两相区，发生 L→β 反应；然后与三相区LL′β′β面相遇。进入三相区，发生 L+β→α 反应；再与三相区 LL′α′α 面相遇，离开三相区，进入 L+α 两相区；继续降温与 α 固相面 ACα′α 面相遇，进入 α 单相区；最后与 α 固溶度面 *aa*′α′α 面相遇，进入 α+β 两相区，这两相平衡保持到室温。

(4) 从投影图看出，x_2 成分点与 β 液相面投影、β 固相面投影以及 β 相固溶度面投影重叠，在空间它首先遇到 β 液相面，进入 L+β 两相区，发生 L→β 反应；再与 β 固相面相遇，进入 β 单相区，最后又与 β 固溶度面相遇，进入 α→β 两相区，这两相平衡保持到室温。

在三元系中可能存在这样的三相区：在变温过程会从一种类型的三相平衡转换为另一种类型的三相平衡。图 5-58a 所示为一个包含从包晶型三相反应转化到共晶型三相反应的 A-B-C 三元相图，在转化的温度三相平衡的连结三角形退化为一直线（图中的 a_3g 线），在转化温度以上，连结三角形是底边朝降温方向的，是包晶型反应：L+α→β；在转化温度以下，连结三角形是顶点朝降温方向的，是共晶型反应：L→α+β。图 5-58b 是三条单变量线的投影，在投影图上可以用切线规则来判定它们的反应类型。

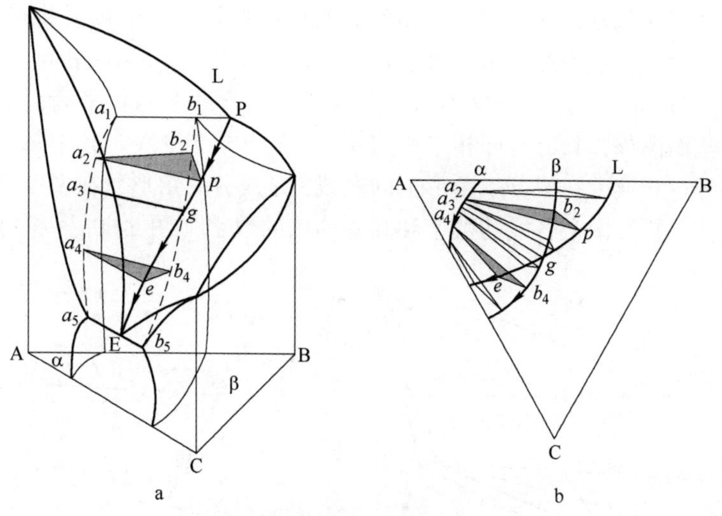

图 5-58　一个包含从包晶型三相反应转化到共晶型三相反应的 A-B-C 三元相图
a—立体图；b—投影图

在三元系中还可能存在自身终结在三元系中的三相区，即它既不与二元系的三相平衡连接，也不与三元系中的四相平衡连接，而是终止在三元系内。例如，图 5-59a 所示的 A-B-C 三元系中，其中 A-C 和 B-C 二元系均为固态（α 相）无限互溶，但 A-B 二元系含有 α 相的互溶间隙，它终止在三元系内的三相平衡区，所以这个三相反应为 L→α+α′共晶反应。互溶区的两个共轭面在三元相图中闭合，所以在最低温度的三相区连结线三角形锐变为一条两相共轭直线，即存在 L 和 α 相平衡。图 5-59b 是投影图。

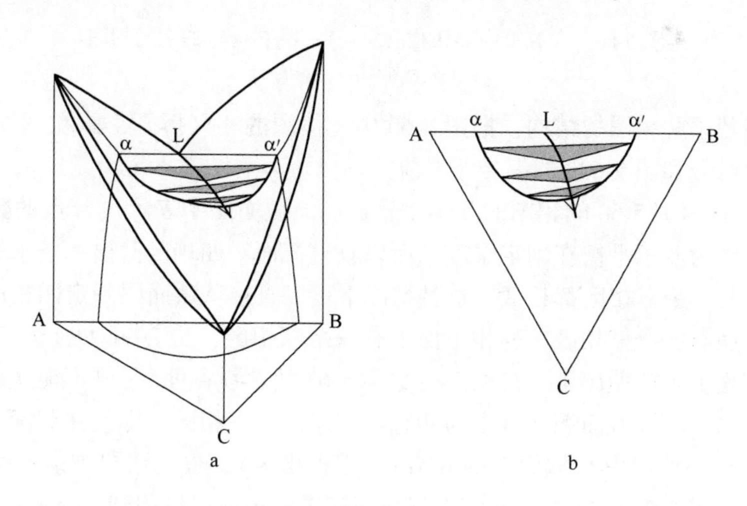

图 5-59　其他类型三相平衡的单变量线及其一些连结三角形的投影图
a—立体图；b—投影图

5.5.5.3　只含一个四相区的简单三元相图

图 5-60a 所示为一个只含一个第一类四相平衡的三元相图。其中 A-B 二元系有一个 L→α+β 共晶反应，B-C 二元系有一个 L→β+γ 共晶反应，A-C 二元系有一个 L→α+γ 共晶反应。这 3 个共晶型三相平衡在三元相图中汇聚在四相平面，四相平面下面与 α+β+γ 三

相区相连，这个三相区延伸向低温。四相反应的反应相是这 3 个相区共有的相：L，生成相上四相平面下面的三相区的 3 个相：α+β+γ，即发生 L→α+β+γ 三相共晶反应。图 5-60b是图 5-60a 所示立体图的投影图，因为相图只含一个四相平衡，所以投影图上除了在投影面的截面图外，只有与四相平衡连接的 12 条单变量线。其中每三根都与四相平衡的一个相成分点相连。在成分三角形上的虚线，是成分三角形可在温度（或室温）的恒温截面图上的线。投影图上各线的数字和其立体图的数字（图 5-60a）相对应。

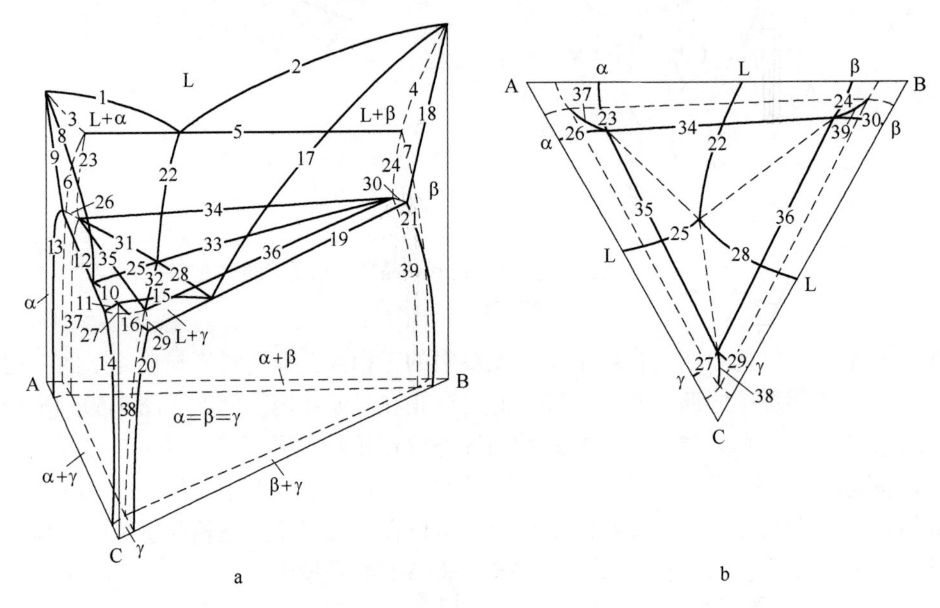

图 5-60　含有第一类四相反应（L→α+β+γ）的三元相图

a—立体图；b—投影图

为了更清楚了解相图的结构，把图 5-60 中立体图的相区拆开，画在图 5-61 上，这个图上每条线的编号和图 5-60a 的编号相对应。

图 5-62 所示为图 5-60 的相图的几个垂直截面。截面图中表示成分点的数字与投影图的数字对应。因为四相平衡在固定温度，所以垂直截面对四相区截出一条水平线。图 5-62 中的 *R-S* 截面与 4 个三相区都相截，这种情况下可以直接从截面图判定四相反应类型。因在四相平面上面有 3 个三相区，四相平面下有一个三相区，是 L→α+β+γ 三相共晶反应。如果在垂直截面上不能截出 4 个三相区（如图 5-62 的 *P-Q* 截面），则不能从截面图判别四相平衡类型。另外，在截面图上截出与四相区相连接的三相区，即使在截面截到三相区的 3 个面（如图 5-62 所示 *P-Q* 截面上的 L+α+β 三相相区），也无法单纯从截面图判定它的三相反应类型。图 5-62 中的 *X-Y* 截面没有与四相平面相遇，只截到 L+α+γ 三相区，因为截面只遇到三相区的两个面，所以也无法从截面图判定其反应类型。

从投影图分析体系冷却或加热过程中发生的变化上是经常应用的。现分析图 5-62 中的投影图上几个有代表性的成分区域（图中的Ⅰ~Ⅵ区域）的体系从高温到低温所发生的反应：

（1）Ⅰ区域。冷却时首先经过 α 相液相面，发生 L→α 反应；然后遇到 α 相固相面，凝固完毕进入 α 相区直至室温。

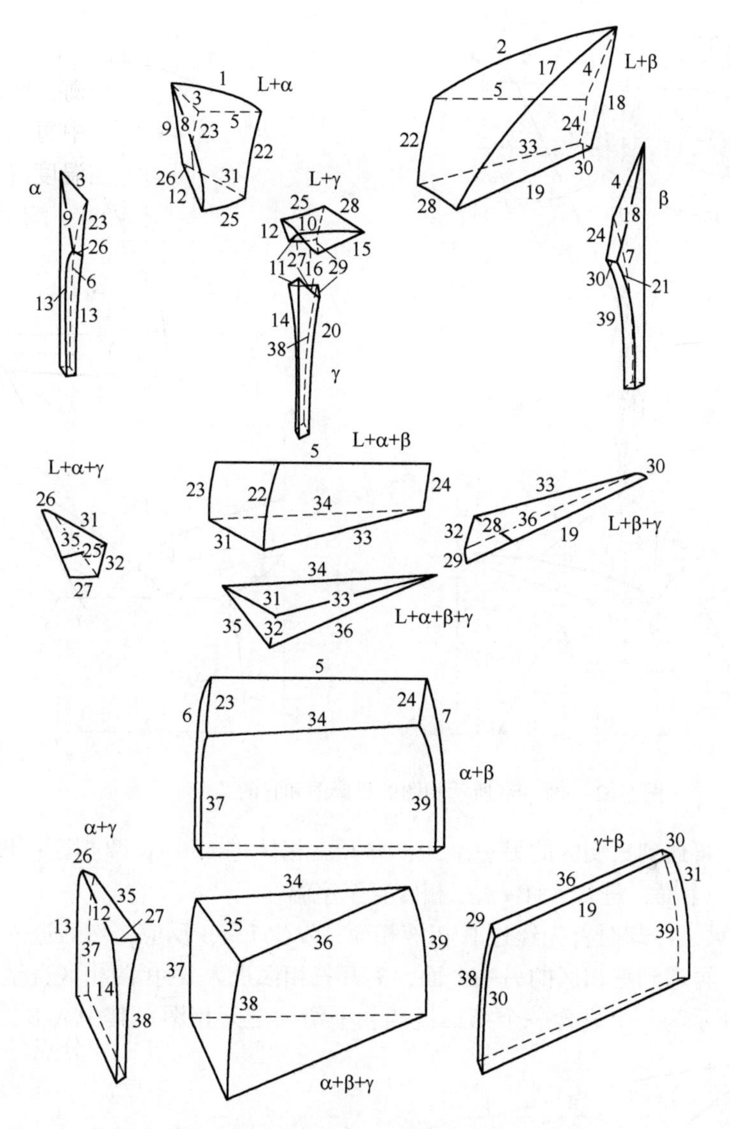

图 5-61 含有第一类四相反应的三元相图的相区拆开的示意图
(各线的编号和图 5-60a 相同)

(2) Ⅱ区域。冷却时首先经过 α 相液相面，发生 L→α 反应；然后遇到 α 相固相面，凝固完毕进入 α 相区；最后遇到 α 固溶度面，进入 α+β 两相区，由于 α 和 β 相的固溶度随温度降低而下降，所以，它们之间互相析出，室温时是 α 相基体中有析出的 β 相。

(3) Ⅲ区域。冷却时首先经过 α 相液相面，发生 L→α 反应；然后遇到 α 相固相面，凝固完毕进入 α 相区；再遇到 α 固溶度面，进入 α+β 两相区，由于 α 和 β 相的溶解度随温度降低而下降，所以，它们之间互相析出；最后又进入 α+β+γ 三相区直至室温。

(4) Ⅳ区域。冷却时首先经过 α 相液相面，发生 L→α 反应；然后进入三相区，发生 L→α+β 反应；再遇到四相平面，发生 L→α+β+γ 反应；离开四相平衡区后，进入 α+β+γ 三相区直至室温。

(5) Ⅴ区域。冷却时首先经过 α 相液相面，发生 L→α 反应；然后进入三相区，发生

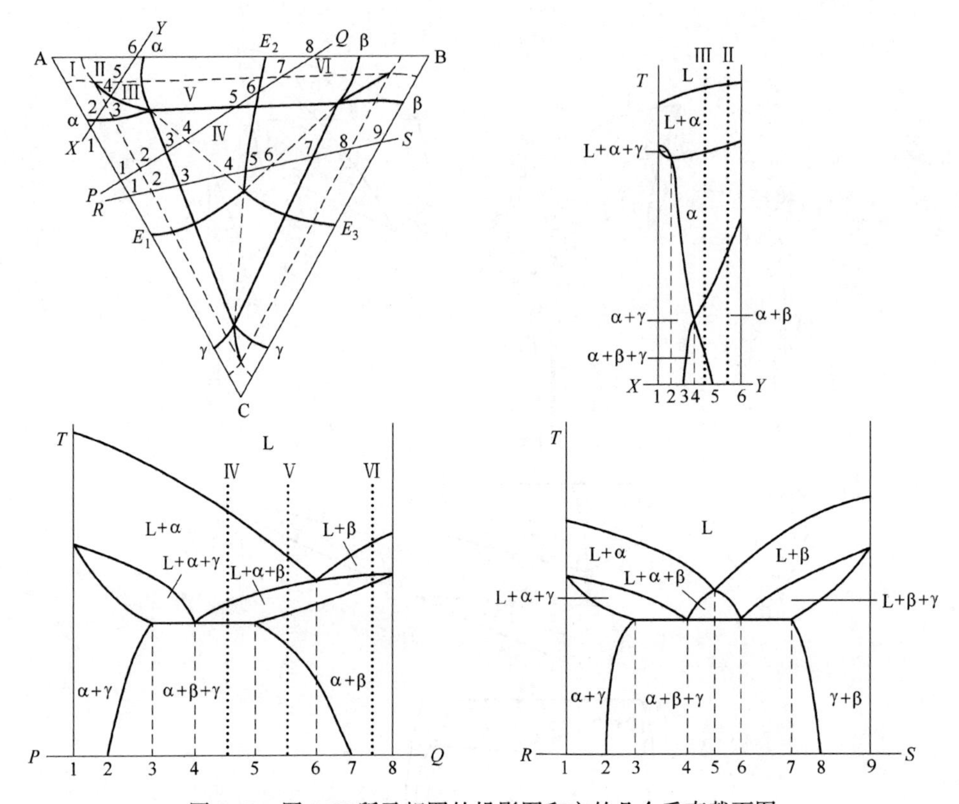

图 5-62 图 5-60 所示相图的投影图和它的几个垂直截面图

L→α+β 反应，再遇到三相区的另一个面，离开三相区进入 α+β 两相区；最后还遇到 α+β+γ 三相区的一个面，进入 α+β+γ 三相区直至室温。

（6）Ⅵ区域。冷却时首先经过 β 相液相面，发生 L→β 反应；然后进入三相区，发生 L→α+β 反应，再遇到三相区的另一个面，离开三相区进入 α+β 两相区直至室温。

图 5-63a 所示为一个只含一个第二类四相平衡的三元相图。其中 A-B 二元系有一个

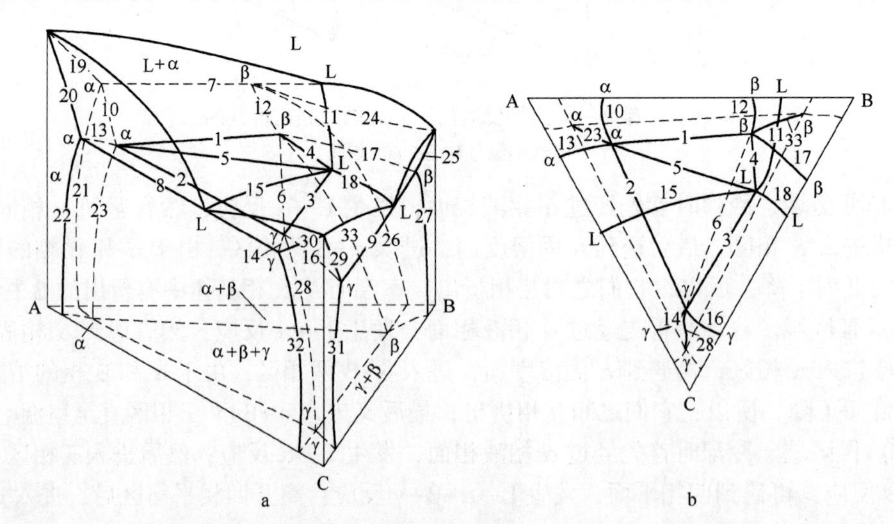

图 5-63 含有第二类四相反应（L+α→β+γ）的三元相图

a—立体图；b—投影图

L+α→β包晶反应，A-C 二元系有一个 L→α+β 共晶反应，B-C 二元系也有一个 L→β+γ 共晶反应。L+α+β 和 L+α+γ 两个三相区在三元相图中从高温汇聚在四相平面，L+β+γ 和两个 α+β+γ 三相区在低温与四相平面连接，L+B+γ 走向 B-C 二元系，α+β+γ 走向低温。反应相是四相平衡上面两个三相区共有的相：L+α，生成相是四相平衡下面两个三相区共有的相：β+γ，即四相反应是 L+α→β+γ 三相包共晶反应。图 5-63b 是图 5-63a 所示立体图的投影图，因为相图只含一个四相平衡，所以投影图上除了投影面的截面图外，只有与四相平衡的 12 条单变量线。每三根都与四相平衡的一个相成分点相连。投影图上各线的数字和其立体图（图 5-63a）的数字相对应。

图 5-64 是图 5-63 立体相图各相区分拆图，这个图中每条线的编号和图 5-63a 的编号相对应。

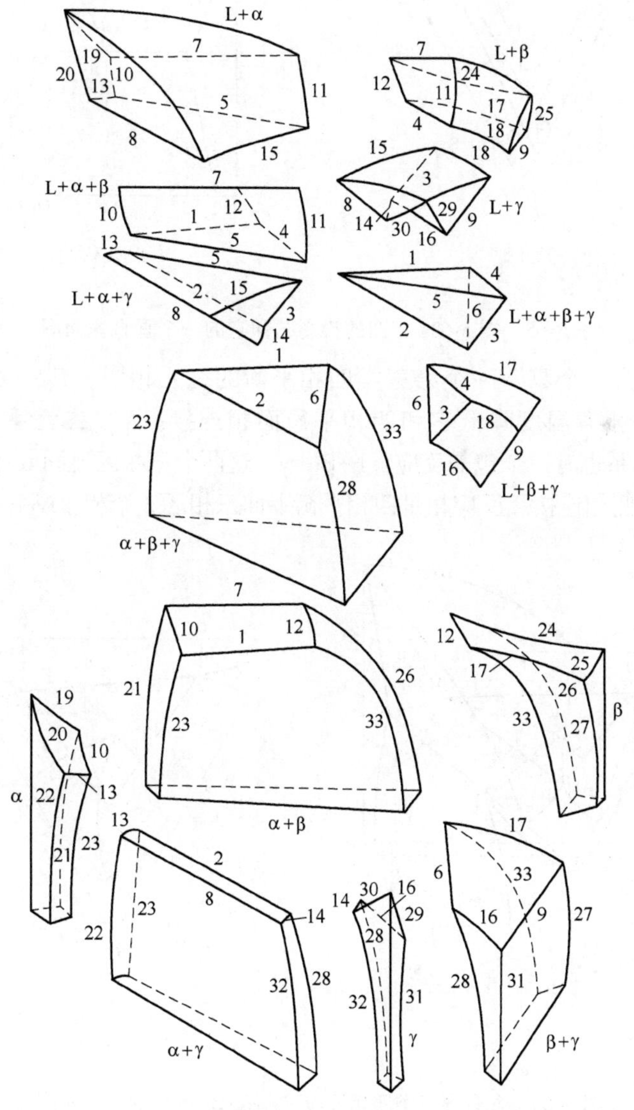

图 5-64 含有第二类四相反应的三元相图的相区拆开的示意图
（各线的编号和图 5-63a 相同）

图 5-65 所示为图 5-63a 相图的一个垂直截面。截面图中表示成分点的数字与投影图的数字对应。因为四相平衡在固定温度，所以垂直截面对四相区截出一条水平线。截面截出与四相区相连的 4 个三相区，这种情况下可以直接从截面图判定四相反应类型。因为在四相平衡温度上、下各截出两个三相区，所以它是 L+α→β+γ 包晶反应。这个截面通过 A-C 二元系的共晶温度，因为二元系三相平衡是在一个固定温度发生，所以，在截面上的左侧（A-C 二元系）L 相区、L+α 相区和 L+α+γ 相区都汇聚在一点。

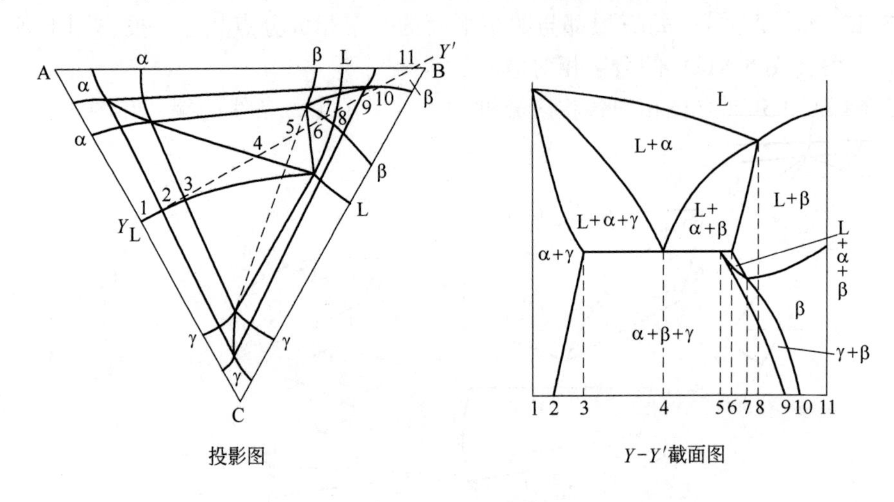

图 5-65 图 5-63a 相图的投影图和它的一个垂直截面图

图 5-66a 所示为一个只含一个第三类四相平衡的三元相图。其中 A-B 二元系有一个 L→α+β共晶反应，随着温度降低它和四相平衡面相连接；A-C 二元系有一个包晶反应：L+α→γ，B-C 二元系也有一个包晶反应：L+β→γ。这两个三相区连同 α+β+γ 三相区在三元相图中四相平面下侧相连接。反应相是四相平衡上面三相区 3 个相：L+α+β，生成相是四相

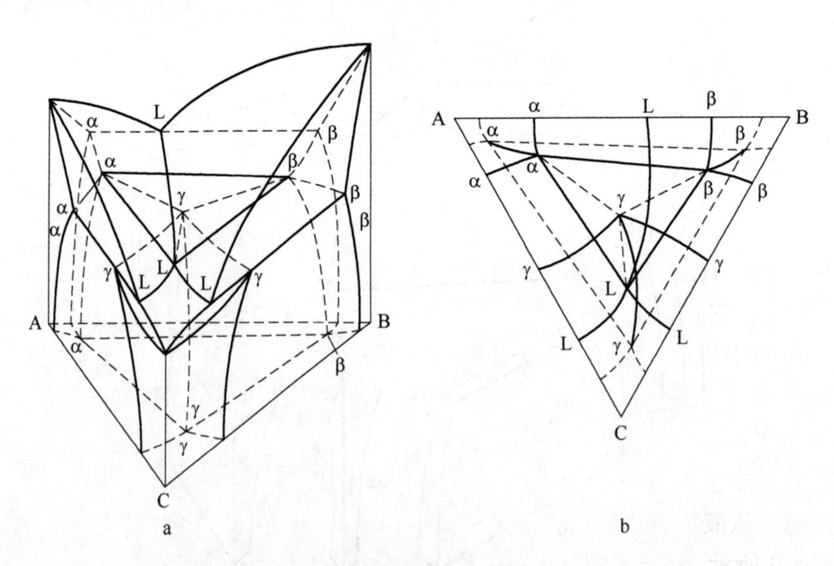

图 5-66 含有第三类四相反应（L+α+β→γ）的三元相图

a—立体图；b—投影图

平衡下面 3 个三相区共有的相：γ，即四相反应是包晶反应：L+α+β→γ。图 5-66b 是图 5-66a所示立体图的投影图，因为相图只含一个四相平衡，所以投影图上除了投影面的截面图外，只有与四相平衡连接的 12 条单变量线。每三根都与四相平衡的一个相成分点相连。

图 5-67 所示为图 5-66 的相图的两个垂直截面。截面图中表示成分点的数字与投影图的数字对应。因为四相平衡在固定温度，所以垂直截面对四相区截出一条水平线。这两个截面其中一个只截出与四相区相连的 3 个三相区，另一个则没有与四相区相截，所以都不能够从这两个截面判定四相反应类型。

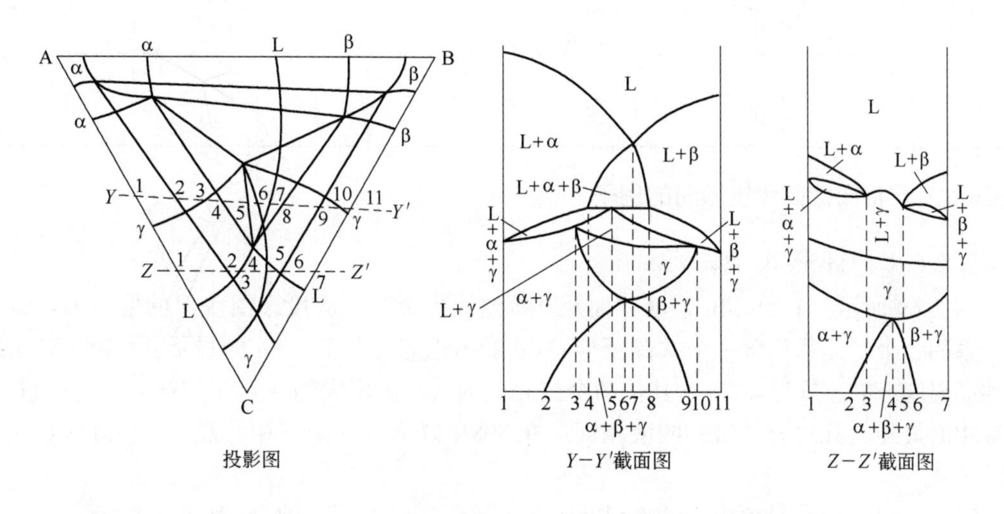

图 5-67 图 5-66 相图的投影图和它的两个垂直截面图

5.5.5.4 含有二元化合物和三元化合物的三元相图的液相面投影图

图 5-68 是 A-B-C 三元相图的液相面投影图，3 个组元各自对其他组元都没有溶解度。这个体系的 B-C 二元系中含有两个二元化合物：δ 和 ε，它们都是线性化合物（见图 5-68 右上侧所附的二元相图），ε 是同分熔化的稳定化合物，δ 是异分熔化化合物。体系还含有两个三元化合物：η 和 ζ，它们也是线性化合物。为了简化，在图中没有给出液相面的等温线，只在液相的单变量线以箭头表示降温方向。图中的各个液相面对应的固相分别写在括弧中，例如，（γ）表示的是 γ 的液相面。从液相面投影的液相单变量线的走向知道这个 A-B-C 三元系包含 7 个四相平衡，如表 5-3 所示。

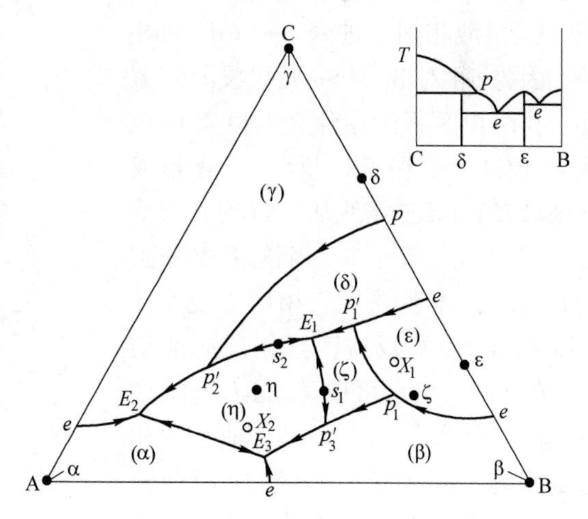

图 5-68 A-B-C 三元系的液相面投影图

（A、B 和 C 没有溶解度，所有化合物都是线性化合物）

因为各组元都没有溶解度，各个化合物都是线性化合物，所以，可以从投影图得出这个三元系任何成分冷却时经历的变化以及平衡相的成分和相的相对量。

表 5-3 图 5-68 相图中包含的四相平衡

相变温度点	液相单变量线的温度走向	反 应 式	相变温度点	液相单变量线的温度走向	反 应 式
p_1 点	(ζ) (ε) (β)	L+ε+β→ζ	E_1 点	(δ) (η) (ζ)	L→ζ+η+δ
p_1'点	(δ) (ζ) (ε)	L+ε→δ+ζ	E_2 点	(γ) (η) (α)	L→γ+η+α
p_2'点	(γ) (δ) (η)	L+δ→η+γ	E_3 点	(η) (α) (β)	L→η+α+β
p_3'点	(η) (ζ) (β)	L+ζ→η+β			

5.5.6 三元相图截面和投影图的例子

5.5.6.1 Cd-Sn-Bi 系三元相图

图 5-69 所示为 Cd-Sn-Bi 系液相面及其等温线投影图。从投影图获得的信息为：组成三元系的 3 个二元系都含一个共晶反应；Cd 的熔点温度最高，Sn 的最低；Cd-Sn 二元系的共晶温度最高，靠近 448K，其他两个二元系的共晶温度大约在 423～398K 之间；（Cd）的液相面最陡，其次为（Bi）的液相面；在 398K 以下有一个三相共晶 L→(Cd)+(Sn)+(Bi)反应。

讨论其中 a 成分体系从液相冷却过程的变化：冷却时首先在 473K 遇到（Cd）液相面，进入 L+(Cd)两相区。因为 Cd 对 Bi 和 Sn 几乎没有溶解度，在两相区不论在什么温度都可以认为（Cd）是纯 Cd，所以，液相成分则沿着 Cd-a 连结线从 a 点到 b 点变化（图中箭头表示）。当液相成分到达 b 点时，体系进入三相区，发生 L→Cd+(Bi)三相反应，三相反应前结晶出的 Cd 相对量可以从 Cd-b 连结线由杠杆规则算出：ab/Cd-b，液相的相对量则是 Cd-a/Cd-b。继续冷却则液相成分沿着液相单变量线变化，直到三相共晶温度 E 点，进入 L+Cd+Sn+Bi 四相区，在进入四相区前的一瞬间

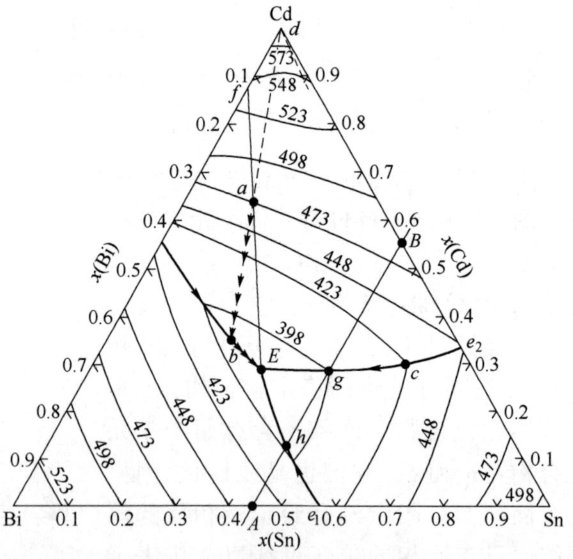

图 5-69 Cd-Sn-Bi 系液相面（等温线）投影图
（图中等温线数字的温标是 K）

体系有(Bi)+Cd 两相共晶、单相 Cd 和液相，即体系除了液相外，是（Bi）和 Cd 两个相。液相成分是 E 点，因其他两个组元在（Bi）的溶解度很低，近似看做是纯 Bi，这时，（Bi）和 Cd 两个相混合物的成分必在 Cd-Bi 的连线上，即在 E 与 a 点连线外延与 Cd-Bi 线相交的 f 点上。这样，E 点成分的液相的相对量是 af/Ef，而这部分液相会全部转变为三相

共晶，所以三相共晶的相对量也就是 af/Ef。冷却后体系的组织是共晶前的初生相 Cd、Cd+Bi两相共晶和 Cd+Bi+Sn 三相共晶，它们的相对量分别是 $ab/\text{Cd-}b$、$1-ab/\text{Cd-}b-af/Ef$ 和 af/Ef。

图 5-70 所示为 Cd-Sn-Bi 系在 423K 的恒温截面。截面温度在 Cd-Sn 二元共晶温度以下，在其他两个二元系共晶温度以上，所以只截出 L+Cd+Sn 的三相区——在图中的 dcb 连结三角形。截面截出 4 个两相区：Cd+(Sn)、L+(Sn)、L+(Bi)和 L+Cd，在图中还给出了两相区中的连结线（例如 Bi+L 两相区的 r-p-q 线，它们是由实验测出的，并注意它们是不会相交的）。L 相单相区与 3 个两相区连接的相区边界线都是和图 5-69 中的液相面 423K 等温线相同的。实际上，3 个组元之间的溶解度都很低，为了看清楚，在图 5-70 中这些相图的范围都是夸大了的。

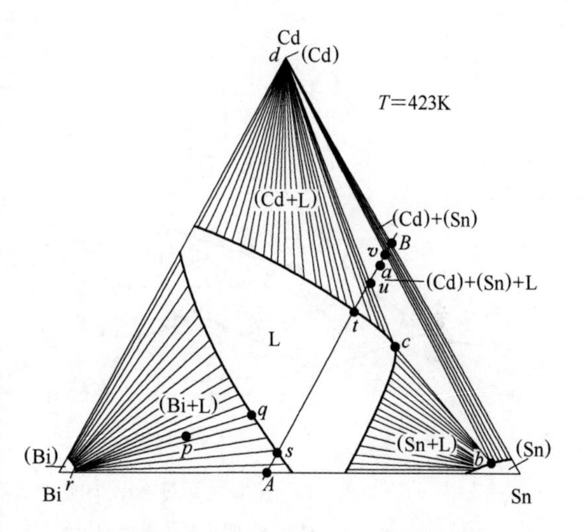

图 5-70 Cd-Sn-Bi 系在 423K 的恒温截面

图 5-71 所示为 Cd-Sn-Bi 系相应于图 5-70 中的 AB 垂直截面，截面上的小写字母也与图 5-69、图5-70中的相对应。在 A 和 B 两端都是二元系。截面中的四相区是一水平（恒温）线，四相温度以上连接两个三相区：L+(Bi)+(Sn)、L+(Cd)+(Sn)，四相温度以下连接一个三相区：(Cd)+(Bi)+(Sn)。L+(Bi)+(Sn)和 L+(Cd)+(Sn)三相区各在二元系闭合。因为截面图只截出与四相区相连的 3 个三相区，所以不能从这个截面看出四相反应类型。同时，根据讨论图 5-70 的理由，这里的单相区范围是有所夸大的。

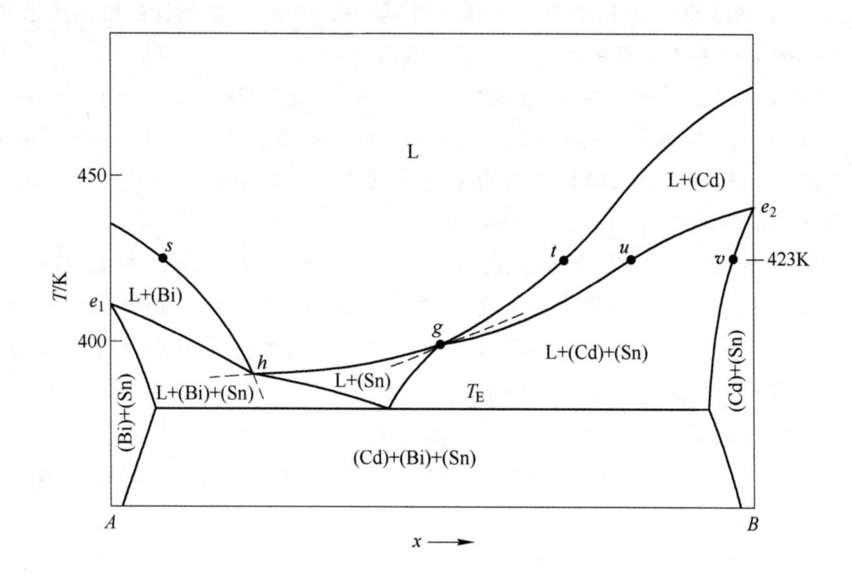

图 5-71 Cd-Sn-Bi 系的 AB（图 5-70）垂直截面

例 5-12 在图 5-72 的投影图中画出所有的四相平衡的四相平面。讨论成分 X_1 和 X_2 体系在液态冷却过程的各平衡相成分的走向，计算室温下组织相对量和相的相对量。

解：因为这个相图中的 7 个四相平面投影会发生重叠，所以把它们分别画在图5-72a、b 中。

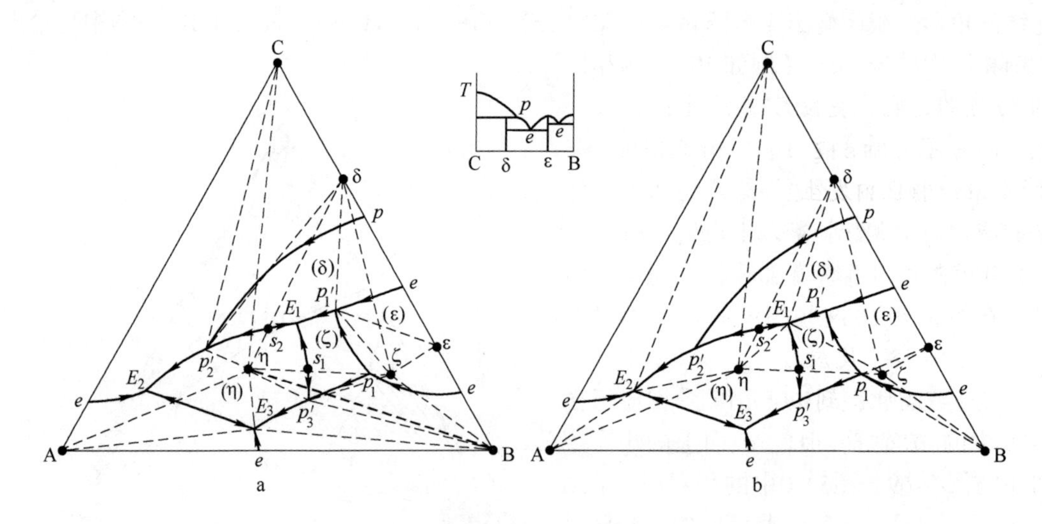

图 5-72 具有多个四相平衡的 A-B-C 三元相图

a—p_1'、p_2'、p_3'和 E_3 四相平衡平面的投影；b—p_1、p_2、p_3 和 E_2 四相平衡平面的投影

p_1 点：L+ε+B→ζ。在四相平面上只连接 L+ε+B 三相区，所以四相平面就是图 5-72b 中的 Bp_1ε 三角形；四相平面下连接 3 个三相区，这 3 个三相区是在四相平衡三角形中的 ζ 相点与 3 个顶点连线的 3 个三角形：Bp_1ζ、p_1ζε 和 εζp_1。

p_1'点：L+ε→δ+ζ。在四相平面上连接 L+δ+ε 和 L+ε+ζ 两个三相区，四相平面就是图 5-72a 中的 εδp_1'ζ 四边形；四相平面下连接另外两个三相区，这两个三相区是在四相平衡四角形中被另一条对角线分开的两个三角形：δp_1'ζ 和 εδζ。

p_2'点：L+δ→η+C。在四相平面上连接 L+C+δ（p_2'Cδ 三角形）和 L+η+δ（三角形 p_2'ηδ）两个三相区，四相平面就是图 5-72a 中的 Cp_2'ηδ 四边形；四相平面下连接另外两个三相区，这两个三相区是在四相平衡四角形中被另一条对角线分开的两个三相区：C+L+η（三角形 Cp_2'η）和 C+η+δ（三角形 Cηδ）。

p_3'点：L+ζ→η+B。在四相平面上连接 L+ζ+η（三角形 p_3'ζη）和 L+B+ζ（三角形 p_3'Bζ）两个三相区，四相平面就是图 5-72a 中的 p_3' Bζη 四边形；四相平面下连接另外两个三相区，这两个三相区是在四相平衡四角形中被另一条对角线分开的两个三相区：L+B+η（三角形 p_3'Bη）和 B+η+ζ（三角形 Bηζ）。

E_1 点：L→ζ+η+δ。在四相平面上连接 L+ζ+δ（三角形 E_1ζδ）、L+δ+η（三角形 E_1δη）和 L+η+ζ（三角形 E_1ηζ）3 个三相区，四相平面就是图 5-72b 中的 δηζ 三角形；四相平面下连接 δηζ 三相区，它与四相平面重合。

E_2 点：L→C+η+A。在四相平面上连接 L+A+C（三角形 AE_2C）、L+C+η（三角形 E_2ηC）和L+A+η（三角形 E_2Aζ）3 个三相区，四相平面就是图 5-72b 中的 AηC 三角形；

四相平面下连接 A+η+C 三相区，它与四相平面重合。

E_3 点：L→η+A+B。在四相平面上连接 L+A+B（三角形 AE_3B）、L+B+η（三角形 BE_3η）和L+A+η（三角形 AE_3η）3 个三相区，四相平面就是图 5-72a 中的 AE_3η 三角形；四相平面下连接 A+η+B 三相区，它与四相平面重合。

讨论图 5-73a 中 X_1 成分体系冷却时各相成分变化，为了看清过程中各相成分变化，把相图相关部分放大如图 5-73b 所示。X_1 成分体系在冷却时首先遇到 ε 液相面，进入 L+ε 两相区，因为 ε 是线性化合物，它的成分不随温度变化，所以任一温度的连结线都是 ε 与 X_1 点的连线，液相成分在这连线上从 X_1 点走向单变量线；到液相成分变为 a 点成分时，体系进入 L+ε+ζ 三相区，此时液相的相对量是 $X_1\varepsilon/\varepsilon a$（字母符号指图中的线段长度）。在三相区内发生 L+ε→ζ 包晶反应，继续冷却液相成分沿着液相单变量线变化，到达 p_1'点进入四相区，进入四相区前一刻的三相平衡区是图中的 $p_1'\varepsilon\zeta$ 三角形，由这三角形可以计算在这温度下的 L、ε 和 ζ 相的相对量，因包晶反应消耗 ε 相和液相，所以 ε 相的相对量减少，液相的相对量也减少，现在液相的量是 $X_1b/p_1'b$。经过四相区发生四相反应：L+ε→ζ+δ，反应后 ε 相完全消失，进入 L+ζ+δ 三相区，继续冷却液相成分仍沿着液相单变量线变化，到达 E_1 点进入 L+δ+ζ+η 四相区。进入四相区前一刻的三相平衡区是图中的 δE_1ζ 三角形，由这三角形可以计算在这温度下的 L 的相对量为 X_1d/E_1d。经过四相区发生四相反应：L→η+ζ+δ，反应后全部液相变为三相共晶，即最后的三相共晶量液就是 X_1d/E_1d。在室温三相平衡（η+ζ+δ）的连结三角形与四相平衡时的一样，是 ηζδ 三角形。室温下的 η 相的相对量是 $X_1r/\eta r$，δ 相的相对量是 $X_1t/\delta t$。

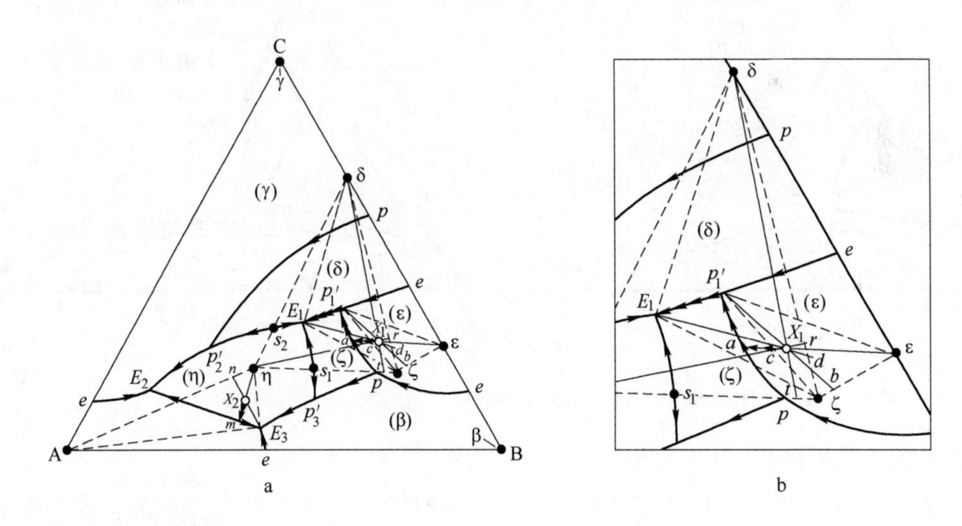

图 5-73　在液相面投影图（所有固相上没有溶解度或是线性化合物）讨论体系冷却时的变化

a—投影图；b—X_1 成分合金冷却时各相成分变化的轨迹

图 5-73 中的 X_2 成分体系，在冷却时首先遇到 η 液相面，进入 L+η 两相区，进入两相区后，液相成分的走向是沿着 η 点与 X_2 点连线一直到液相单变量线相交的点 m，进入三相区。这根液相线的温度走向不是唯一的，判定其走向是向右的，发生 L→η+A 反应，反应前的 η 相的相对量是 $X_2m/\eta m$，液相的相对量是 $\eta X_2/\eta m$，继续冷却液相成分到达 E_3 点，即进入 L+η+A+B 四相区。在进入四相区前的三相平衡连结线三角形是 AE_3η，此时

液相的相对量是 nX_2/nE_3，这部分的液相全部发生三相共晶反应 L→η+A+B，全部变为三相共晶体。最后的组织是先共晶的 η 相（相对量是 $X_2m/\eta m$）、三相共晶 η+A+B 体（相对量是 nX_2/nE_3）以及两相共晶 η+A 体（相对量是 $1-X_2m/\eta m-nX_2/nE_3$）。

5.5.6.2 Fe-C-B 系三元相图（富 Fe 一角）

图 5-74 所示为 Fe-C-B 三元系在富 Fe 一角的 2 个温度的恒温截面。在恒温截面上，只要给出单相区，其他相区都可以知道了。因为 2 个单相区间邻接的一定是由 2 个单相区的相组成的两相区；三相区一定是三角形，3 个顶点连接的单相区的 3 个相就是这个三相区的 3 个相。在图中有一些相区没有标明存在的相，根据上述原则，它们所含的相是明确的。在截面上有 3 个三相区，有 2 个三相区的相是相同的：$\gamma+Fe_{23}(C,B)_6+Fe_3(C,B)$。对比 900℃ 及 800℃ 两个温度下的截面（或者把 2 个截面重叠起来看），不难看出这 2 个三相反应是包晶型的：看图中的 X_1 成分，在 900℃ 时是有三相：$\gamma+Fe_{23}(C,B)_6+Fe_3(C,B)$，可是到 800℃ 时，恰好只余下 $Fe_{23}(C,B)_6$ 一个相，这就看出其反应式应是 $\gamma+Fe_3(C,B)\rightarrow Fe_{23}(C,B)_6$。另一个三相区是 $\gamma+Fe_3(C,B)+Fe_2B$。对比两个温度下的 X_2 成分和截面图，可知它也是包晶型三相反应，因为三相区向低温的走向是以底边领前的。它的反应式是 $\gamma+Fe_2B\rightarrow Fe_3(C,B)$。

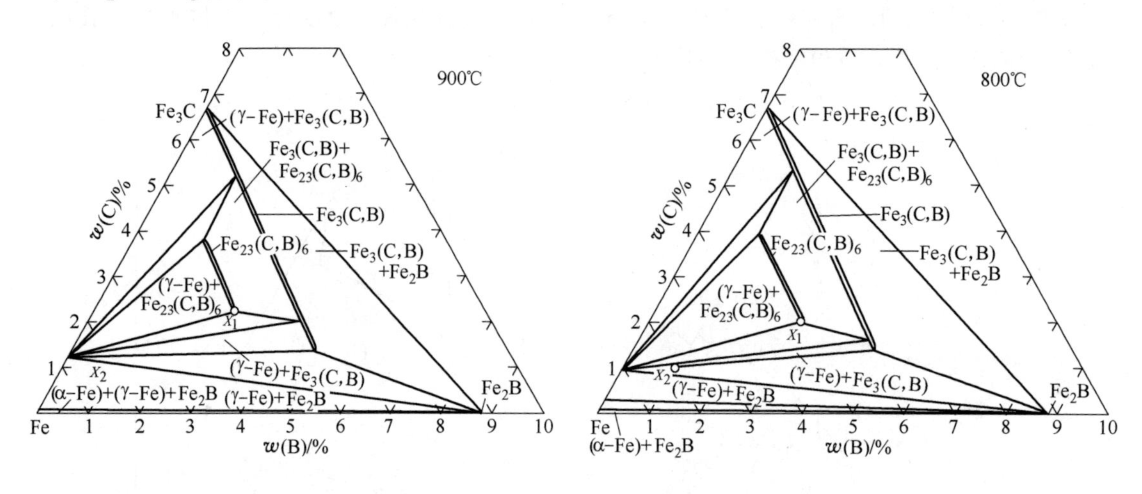

图 5-74 Fe-C-B 三元系在富 Fe 一角的 2 个恒温截面

5.5.6.3 Fe-Mo-C 系三元相图

图 5-75 所示为 Fe-Mo-C 三元系的 $w(Mo)=2\%$ 的富 Fe 一侧的垂直截面。在图中有 4 个单相区：L、δ、γ、α（相图中还有 $M_{23}C_6$、M_2C、M_6C、Fe_2MoC、Fe_3C 等化合物相，其中 M 代表金属）。图中的两相区除了标明 δ+L、δ+γ、L+γ、$L+Fe_3C$、$\gamma+Fe_3C$、α+γ、$\gamma+M_6C$、$\gamma+M_2C$、$\gamma+Fe_2MoC$、$\gamma+M_{23}C_6$、$\alpha+M_6C$、$\alpha+M_2C$、$\alpha+Fe_2MoC$、$\alpha+M_{23}C_6$ 及 $\alpha+Fe_3C$ 之外，剩余的 4 个两相区没有标出它所含的相，这可由两旁的单相区来确定。相图中有 16 个三相区，全部没有标出各相区所含的相，它们也可以从三相区两旁的两相区来确定。例如在相图下部中间的那个三相区，左边是 $\alpha+M_{23}C_6$ 两相区，右边是 $\alpha+Fe_3C$ 两相区，所以它一定是 $\alpha+M_{23}C_6+Fe_3C$ 三相区。其他的也可以按同样的方法定出相区所含的

相。在这些三相区中，只有 2 个是可以从截面判断它的反应的：在稍低于 1500℃的 δ+L+γ 相区，它的曲边三角形是顶点向下的，所以是包晶反应。三角形两旁的那 2 个单相是反应相，故反应式是：L+δ→γ；在 1100~1200℃之间的 L+γ+Fe_3C 相区，它的曲边三角形是顶点向上的，所以是共晶反应，顶点所连的单相是反应相，故反应式为 L→γ+Fe_3C。相图中的其他三相区都和四相水平线相接，在垂直截面上不能判定它们是什么反应。相图中共有 5 个四相区，它们都是水平线。根据水平线上下的三相区所含的相，可以确定四相区所含的四个相。这 5 个四相区中，除了 γ+Fe_3C+$M_{23}C_6$+Fe_2MoC 四相区外，其他 4 个四相区所邻接的 4 个三相区在截面图上都被截出来了，所以可以根据 4 个三相区在四相线上下的分布来确定四相反应。这 4 个四相面上下各有 2 个三相区，都属于准包晶反应。从温度高低顺序看，首先是 γ+M_6C+α+M_2C 相区，四相面以上的两相是 γ+M_6C，四相面以下是 α+M_2C，因而其反应是γ+M_6C→α+M_2C。紧接下面的是 γ+α+M_2C+Fe_2MoC 四相区，四相面以上的两相是 γ+M_2C，四相面以下的两相是 α+Fe_2MoC，因而其反应是 γ+M_2C→α+Fe_2MoC。再下面的是 γ+α+Fe_2MoC+$M_{23}C_6$四相区，四相面以上的两相区是 γ+Fe_2MoC，四相面以下的两相是 α+$M_{23}C_6$，因而其反应是γ+Fe_2MoC→α+$M_{23}C_6$。最后一个四相区含 α+γ+$M_{23}C_6$+Fe_3C 四相，四相平面以上的两相区为 γ+$M_{23}C_6$，四相平面以下的是 α+Fe_3C，因而其反应为 γ+$M_{23}C_6$→α+Fe_3C，所有四相平衡的 4 个相的成分都不能从截面上确定出来。

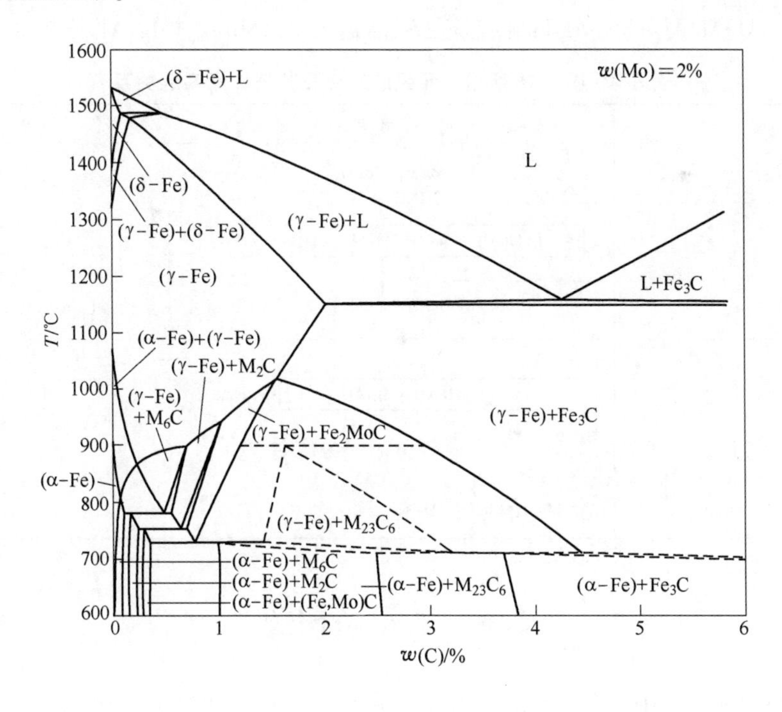

图 5-75　Fe-Mo-C 三元相图的 w(Mo) = 2%垂直截面

5.5.6.4　Al-Mg-Mn 三元系（亚稳系）富 Al 一角的投影图

图 5-76 给出了 Al-Mg-Mn 三元系（亚稳系）富 Al 一角的投影图。从图中看出它有 2

个四相区，(P)：L+Mg_5Al_8+$MnAl_3$+$MnAl_4$和 (E)：L+$MnAl_4$+Mg_5Al_8+(Al)。从液相成分变温线的温度走向可知前者的平衡温度比后者的高。L+$MnAl_4$+Mg_5Al_8三相区和这 2 个四相区连接。三元系的反应和相应的二元系的关系列于表 5-4 中。

以图 5-76 中的成分Ⅰ和Ⅱ为例讨论合金冷却过程所发生的变化。成分为Ⅰ的合金冷却时首先结晶出 (Al)，然后直接到达 L+(Al)+$MnAl_4$+Mg_5Al_8四相平面发生三相共晶，三相共晶的相对量可用杠杆定理从 cE 线求出，为 75.6%，初生 (Al) 相的相对量为(100－75.6)%＝24.4%。成分为Ⅱ点的合金冷却时首先结晶出 Mg_5Al_8，随后发生 L→Mg_5A_8＋$MnAl_3$的两相共晶，由于不知道开始两相共晶时的连结线三角形，故无法计算初晶 Mg_5Al_8的相对量。此合金继续冷却经过第一个四相平面时，发生 L+$MnAl_3$→$MnAl_4$+Mg_5Al_8四相反应，反应后余下 L+$MnAl_4$+Mg_5Al_8三相，再冷却经过第二个四相平面，发生 L→Al+$MnAl_4$+Mg_5Al_8四相反应，最后进入 Al+$MnAl_4$+Mg_5Al_8三相区。

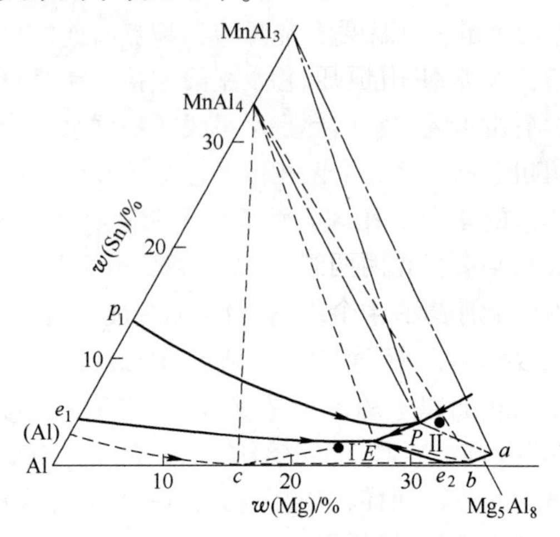

图 5-76 Al-Mg-Mn 三元相图富 Al 一角投影图

表 5-4 图 5-76 所示三元系的反应及其与二元系的关系

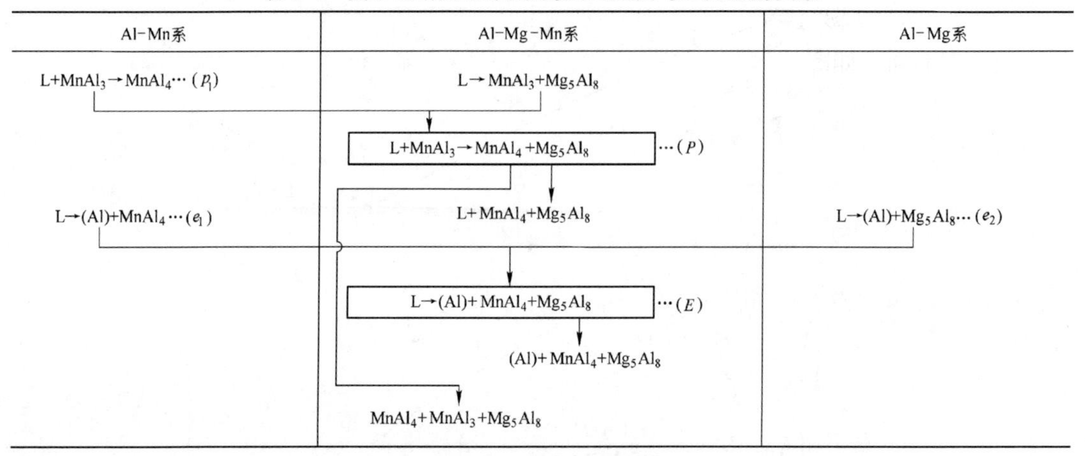

Al-Mn系	Al-Mg-Mn系	Al-Mg系
L+$MnAl_3$→$MnAl_4$···(P_1)	L→$MnAl_3$+Mg_5Al_8	
	L+$MnAl_3$→$MnAl_4$+Mg_5Al_8 ···(P)	
L→(Al)+$MnAl_4$···(e_1)	L+$MnAl_4$+Mg_5Al_8	L→(Al)+Mg_5Al_8···(e_2)
	L→(Al)+$MnAl_4$+Mg_5Al_8 ···(E)	
	(Al)+$MnAl_4$+Mg_5Al_8	
	$MnAl_4$+$MnAl_3$+Mg_5Al_8	

5.6 多元系相图

在实际应用的合金中经常遇到多元合金，有些合金甚至超过 10 个组元，因此，多元相图是很重要的。组元数目超过 3 的多元系相图，即使在恒压条件下，也不能用三维空间来表达。正因为多元相图的复杂拓扑关系，通常根据需要，要求一个或多个组元的成分或温度保持为常量，获得低维 (3-D 或 2-D) 图形，最常用的是 2-D 图形。对这些截面的诠释和其结构的拓扑规律和三元相图截面是相同的，在图中的各个相区表明存在的平衡相，但平衡相的连结线一般不会躺在截面上，所以不能从截面上获得平衡相的成分。

因为多元相图的复杂性，所以迄今为止只完全研究了很少量的四元相图。在恒压下，四元相图要用四维（4-D）图形表述3个成分和一个温度。由于建立4-D图形的困难，经常使用恒压、恒温的3-D图形，或者更简化的2-D图形。四元系的等温、等压相图用图5-77a所示的等边的四面体表示，它的4个角表示4个纯组元，6条边分别表示4个组元两两组成的二元系成分线，4个面分别表示4个组元三-三组成的三元系成分面。在四面体中，任一个表象点表示四元系的一个成分，例如P点成分：经P点作平行于AD边的线，此线与BCD面相截于a点，同样，过P点作平行于AB边的线与ACD面相截于b点，过P点作平行于AC边的线与ABC面相截于d点，过P点作平行于BD边的线与ABC面相截于d点，$Pa+Pb+Pc+Pd$总长等于四面体的边长。以Pa的长度表示A的含量，Pb的长度表示B的含量，Pc的长度表示C的含量，Pd的长度表示D的含量，四元系的成分表达与三元系和二元系的表达一致。如果对某个温度下固定B组元成分的体系感兴趣，就选用与B所对的平面（即ACD面）平行的截面，它是平行于四面体基面的面，如图5-77b所示的xyz截面。如果对固定两个组元成分的比值感兴趣，例如$w_B/w_C=K$（常数），则在BC边上取x点，令$Cx/Bx=K$，四面体的xAD面就是所感兴趣的截面，如图5-77c所示的AxD截面。如果对其中一个组元的成分与另外两个组元成分的比值相同，例如$w_B/w_C=w_B/w_D=K$（常数），则在BC边取x点，BD边取y点，令$Cx/Bx=Dy/By=K$，四面体的Axy面就是所感兴趣的截面，如图5-77d所示的Axy截面，其中xy平行于DC边。

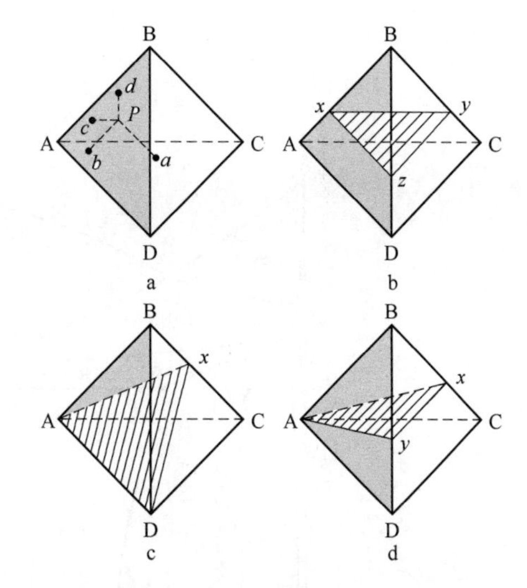

图5-77 恒温四元系相图的示意图

a—在等边四面体中成分的描述；b—B含量恒定的截面；c—B含量与C含量之比为恒定的截面；d—B含量与C含量之比及和D含量之比相等并恒定的截面

n元系可能具有n种类型的不变反应，例如三元系有3种不变反应。因为反应相的数目不多，所以可以直接给出反应类型的名字，如L→α+β+γ称共晶型反应、L+β→α+γ称准包晶型反应等等。当多元系参与平衡的相的数目较多时，不易给出名字，一般以反应前后的相的数目来表示这一反应的名字，例如：L+ε→α+β+γ称为2→3反应，L+β+γ→α称为3→1反应。

图5-78所示为Fe-Cr-V-C四元系的两个二维相图。图5-78a是Cr和V保持为常量，温度和C成分为变量的相图。在以温度为轴的截面图中的水平线表示在这个温度出现不变平衡，一般规律是：如果是n元系，则这个不变平衡有（$n+1$）个相平衡。图5-78a是四元系的二维相图，所以图中的AB水平线是五相平衡：$\alpha+\gamma+M_7C_3+MC+C_{em}$，其中M代表金属元素（Fe、Cr和V），$C_{em}$是合金渗碳体$(Fe, M)_3C$，在这个截面上五相区与3个四相区相连接。图5-78b是$w(C)=0.3\%$，温度为850℃的等温相图。虽然是等温截面，也不能在图中获得平衡相的成分。

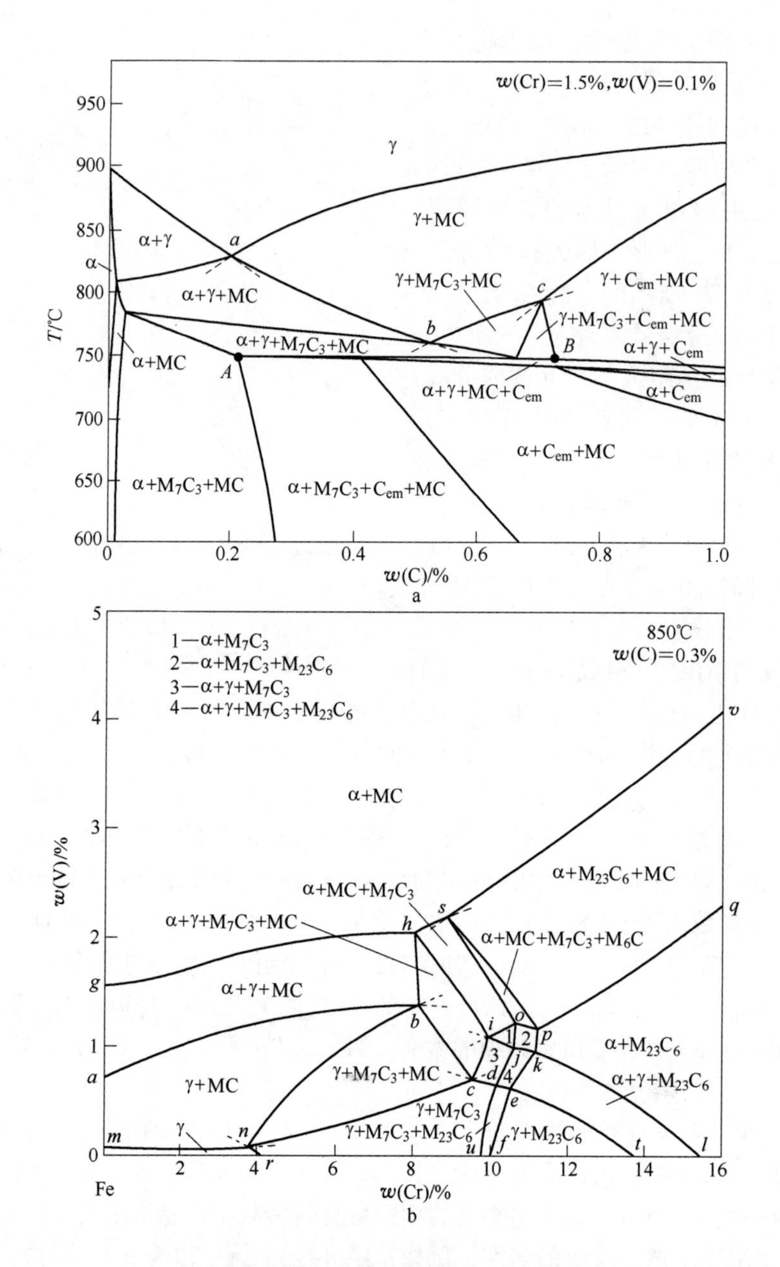

图 5-78 Fe-Cr-V-C 系的两个二维相图

a—Cr 和 V 保持为常量的相图；b—850℃，$w(\mathrm{C}) = 0.3\%$的相图

5.7 相图几何关系

在前面讨论二元相图时已经说过一些相图的基本几何规则，尽管不同类型的相图表现不同的几何结构，但所有“真实相图”都服从相同的几何规则。

5.7.1 真实相图截面的一般几何规则

真实相图的所有截面上的相区是以相区边界线封闭的，在前面讨论相图时也已经介绍了一些相区邻接规则，现在把邻接规则再作概括总结。总的规则是：相邻相区中相的数目相差1（见式（5-11）），即从一个相区进入相邻的另一个相区时，会消失一个相或增加一个相。在真实相图截面上有些相区可能由一个面积退化为一条直线或一个点，例如在二元 T-x 相图的不变反应（三相区）、在三元相图垂直截面上的四相平衡都是一条水平线，应该把它考虑为一个退化的无限窄的相区，则相区连接规则可以适用。又例如在单元系的 T-P 相图中（见图5-5~图5-7）两个单相区相隔的线以及三相区的点，应该把它们看做是退化的无限窄的相区，相区连接规则是适用的。

在真实相图中4条相区边界线会汇聚在一个节点上，其中一个相区所包含的相在4个相区是共同的，则该相区边界线的交汇关系服从Schreinemaker规则：N相区的边界线外延必须一起进入（N+1）相区或一起进入（N+2）相区。例如图5-79a中的（α_1，α_2，…，α_N）N相区的边界线外延同时进入（N+1）相区。这一外推规律的例子还有图5-78a中的 a、b 和 c 点，图5-78b中的 b、c、n、i 和 s 点，图5-71中的 h 和 g 点。除此之外，这一规律对本章所有真实相图都是适用的，不一一列举。对于退化相图，必须把退化相区"打开"，仍然认为是4个相区汇聚的节点。例如，图5-79b中的二元相图，其中 α 或 γ 相区边界线与三相不变线相连，应该认为三相线是三相区的退化，是两条线的极限位置，这样，这些交点仍是4条相区边界线的交点，这些相区共有的单相区（α 或 γ）边界线外推一定要进入两相区，否则是错误的。又例如，三元系在恒温截面三相区的3个顶点都与单相区相连接，它是4条相区边界线的交点，如图5-79c所示，单相区的相是节点联系的4个相区共有的相，它的边界线外延一定同时进入三相区或同时进入两相区。

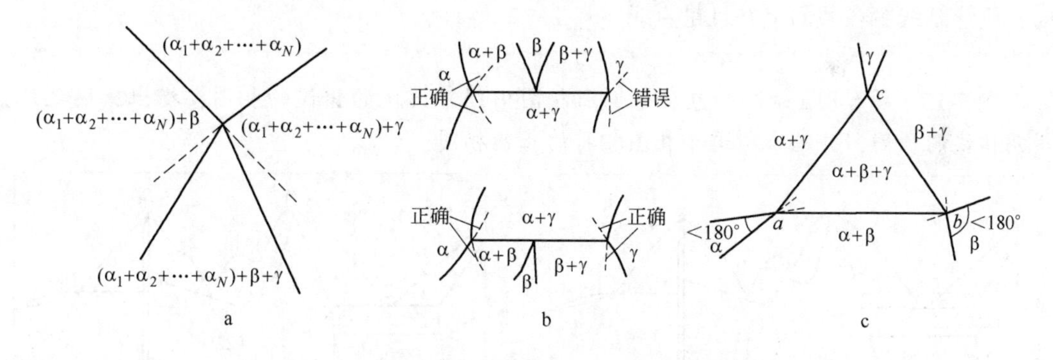

图5-79 真实相图截面节点的Schreinemaker规则的说明

注意，在恒压二元 T-x 相图中，两相区的最高或最低点（图5-80）不是4个相区的汇聚点，它只是两相区两条相线的接触点，并且在这点的斜率为0，在这个点不能应用Schreinemaker规则。推广来看，在其中一个轴是"势"的 n 组元相图中，n 相区边界合成一点，其斜率为0（最大或最小值），例如恒压四元 T-x 相图中分隔两个三相区的四相区边界的最大或最小点，也不能应用Schreinemaker规则。

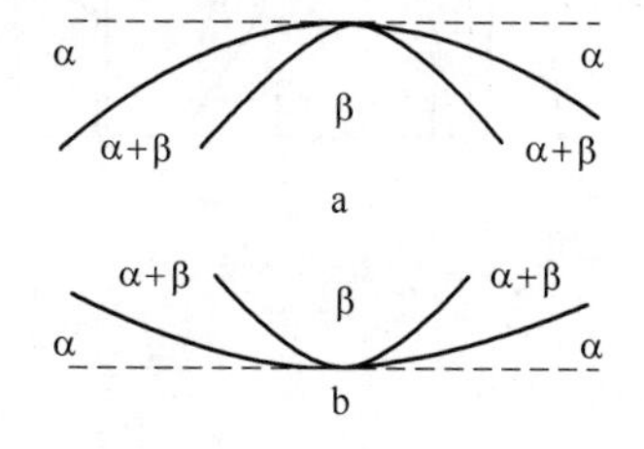

图5-80 一个轴是"势"的 n 组元相图中的 n 相区的边界汇聚为一点

a—成分具有最高共同点；b—成分具有最低共同点

5.7.2 零相分数（ZPF）线

所谓某个相的零相分数线是指在 ZPF 线的一侧含有这个相，在 ZPF 线的另一侧不含这个相。在这个相的 ZPF 线上，此相的分数为 0，所以称它为零相分数线。例如图 5-78b 中对 α 相的 *abcdet* 线，对 γ 相的 *ghijkl* 线，对 MC 相的 *mnciopq* 线，对 M_7C_3 相的 *rnbhspkef* 线，对 $M_{23}C_6$ 相的 *udjkpsv* 线等都是 ZPF 线。

对于含有退化相区的相图，例如恒压二元相图的不变量线，乍一看，好像不符合 ZPF 线的定义，但是如上面讨论，这条线是两条相区边界线重叠的部分，如果把它“打开”，就看到它是符合 ZPF 线定义的。如图 5-16 所示的二元相图中，*abecd* 线是液相的 ZPF 线，*aecf* 线是（Al）相的 ZPF 线，*debpmg* 线是（Zn）相的 ZPF 线，其中的 *bec* 和 *pm* 线都看做是退化的相区线。ZPF 线的概念对相图的热力学计算的一般算法的扩展是很有用的。

5.7.3 连结线

只有当各种势（T，p，μ_i）保持为常量时，所有的连结线才会躺在相图截面上，此时，各平衡相的成分才可以在截面图上读出，同时杠杆规则才可以应用。例如，恒压三元系相图的恒温截面，如图 5-70 所示，所有的两相平衡连结线及三相平衡连结三角形都躺在截面上。如果广延变量比率（例如成分）在截面上保持常量，如图 5-71、图 5-75 和图 5-78 所示，则连结线一般不躺在截面上。

如果各种势（T，p，μ_i）保持为常量，两个轴都是成分，并且 n_i 比值的分母都相同时，则连结线躺在截面上并且是直线。

例 5-13 图 5-81a 是一个包含了恒压相图中经常出现的错误的相图，指出错误之处，说明错误的原因，并给出与这个相图相符的正确相图。

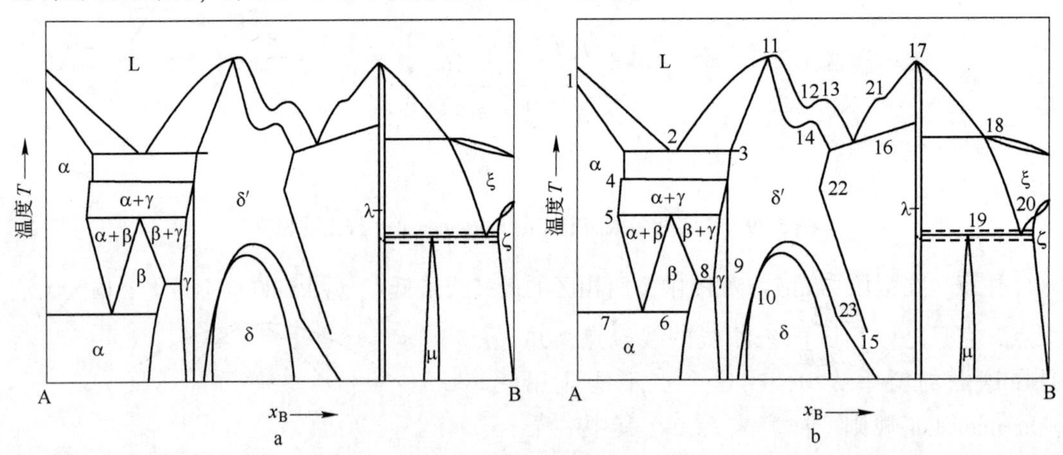

图 5-81 一个包含错误的相图
a—标记前；b—标记后

解：这个相图有 23 处错误，其中各个错误标记在图 5-81b 中。按错误编号说明错误原因如下：

(1) 在单元系两相平衡的自由度数为0，所以两相平衡不能在一个温度范围存在。

(2) 二元系的三相平衡的自由度数为0，参与平衡的液相的成分是唯一的，所以两条液相线应该相交于一点。

(3) 一条连结线必须终止在相的边界线。

(4) 在不变反应温度同一个相的两个溶解度线（两个液相线、两个固相线、固相线与溶解度线）必须相遇（相交）在同一成分点。在同一温度相边界线应该有两个成分值。

(5) 相边界线经过不变反应点外推必须进入两相区。

(6) 两个单相（在这个例子中是α和β）区不应该以一个水平线分隔（不变反应线分隔两个两相区）。

(7) 一个单相（在这个例子中是α）区不能以一条线分为两个子区。在这个图中，已经作了一条不变线（6点，它是错误的），把它扩展到单相区（α），更添加了一个错误。

(8) 在二元系，不变线应该包含3个平衡相。

(9) 在两个单相区之间应该有一个包含这两个相的两相区分隔，两个单相区只能在一个点相遇（在二级即高级转变则不服从这一规则）。

(10) 当两个相的边界线相遇在一点时，这个点只能是临界点（它的相线的切线斜率为0）。

(11) 液相线和固相线（或两个相边界线）相遇在一点，它们在这点的斜率必须为0。并且这一例子中，固相有很大的成分区间，即不是一个非常稳定的化合物，固相线在熔点不可能非常锋锐和呈现不连续性。

(12) 一个有局域最低点的单相区（在这个例子中的液相区）一定会有附加的线与其相遇。这个例子中，可能漏了一条水平偏共晶不变线。

(13) 在单相区下部不可能单独存在局域最高点，除非在它的下面（较低温度）有一个偏共晶、偏共析、综晶不变反应存在，或者，在13点和一个固相线接触。

(14) 在单相区上部不可能单独存在局域最高点，除非它和一个偏共晶、偏共析、综晶不变反应线接触。当有14点这样的错误存在，必然导致和上述13点相反的错误。

(15) 一个相的边界线不能终止在一个单相区内（如果因缺乏资料使此线不能全画出，则此线末端用虚线表示，并加以说明）。

(16) 二元相图的不变线温度是常数，即反应线是水平线。

(17) 液相线在熔点不能是锋锐的有奇异点的不连续线。此规则对在液态仍然保留为化合物的情况（理想结合的情况）不适用。

(18) 在不变反应的三相成分必须不同。

(19) 在二元系，不能有四相平衡。

(20) 两相平衡的共轭相线在二元系内不能相交于一点。

(21) 相边界线转折相靠太近。

(22) 只有在与相边界线相关的相（这个例子中是δ和λ相）中的一个或两个热力学性质点随温度有突然变化时才可能出现相边界线走向方向的突然变化。在这个相图中，很难由成分-自由能的函数解释22点的方向突然变化。

(23) 一个单相区边界线斜率的不连续变化应反映出这个相热力学性质随成分变化关

系有突然改变，很难解释为什么会有这样的关系。如果δ′相确有这样的变化，则这条相边界线共轭的另一边相边界线也应该有斜率的不连续变化。

根据上述讨论，正确的相图应是如图5-82所示的那样。

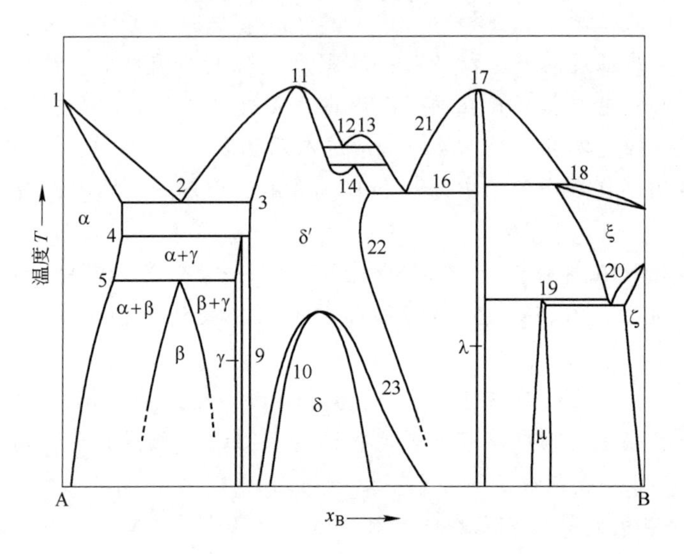

图5-82 图5-81a相图的改正

5.8 相图热力学与相图的计算

相图是相平衡时热力学变量轨迹的几何表达，因此相图和热力学是密切相关的。一方面可以通过由实验测定的相图提取某些热力学数据，另一方面，由已有的热力学资料，通过计算也可以构造相图。近年来由于溶体模型、数值方法和计算软件的发展，可以定量地把热力学应用到相图的分析中。对于很多系统来说，现在可以同时对现有的相图进行测量以及对现有的热力学数据库进行正确的评估，为了实现对每个相的吉布斯自由能方程的优化，这些相的信息在这些方程中能最好地反映出来，这些方程是热力学原理和溶体理论一致的。这组自洽方程描述了体系的所有热力学性质和相图，并可以根据它们计算平衡相图，也可以计算亚稳相的边界。更方便的是，所有热力学性质及相图可以用少量的系数表达和储存。另外，非常重要的是，对于三元系或多元系，可以由它们包含的二元子系的评定资料来估算它们的热力学性质和相图。所以，对二元系的分析是开拓多元系数据库的第一步，也是最重要的一步。

不论是实验方法测定还是计算构造相图，其基本任务都是求出各个温度下体系达到平衡后各相的平衡成分。根据热力学原理简单地看，一个相稳定的判据是：

$$\left(\frac{\partial \Phi_i}{\partial q_i}\right)_{\Phi_{j\neq i},\ q_N,\ q_{(N+1)},\ q_{(N+2)},\ \cdots,\ q_{(C+2)}} \geqslant 0 \tag{5-27}$$

这一方程的意思是：如果N元系中一个相是稳定的，则当除了（Φ_i，q_i）之外其他共轭变量对保持为恒量时，Φ_i永远随其共轭变量q_i的增加而增加。这意味着在恒温恒压下二元系平衡的吉布斯自由能-成分曲线通常是凹的，如果吉布斯自由能曲线是凸的，则系统不稳定，这个相会分解为两个相。

我们主要讨论的是凝聚态，因为在一般的温度和压力变化下，凝聚态的体积变化很小，所以在讨论时，往往忽略亥氏自由能 F 和吉布斯自由能 G 的区别。

从体系看，体系在恒温恒压下达到平衡的条件是体系的总摩尔吉布斯自由能 G 达最小。设体系有 φ 个相，第 i 个相的摩尔分数为 ζ^i，则 $\sum_{i=1}^{\varphi}\zeta^i=1$。第 i 个相的摩尔吉布斯自由能为 G^i，则体系的总摩尔吉布斯自由能为：

$$G=\sum_{i=1}^{\varphi}\zeta^i G^i \tag{5-28}$$

平衡时 G 趋向于最小。

相平衡的判据是要求任一组元在各相的化学势相等，即：

$$\mu_j^{(1)}=\mu_j^{(2)}=\cdots=\mu_j^{(i)}=\cdots=\mu_j^{(\varphi)} \tag{5-29}$$

式中，$\mu_j^{(i)}$ 是第 j 组元在第 i 相的化学势。应该注意系统中各相处于平衡，不一定是系统的最终平衡，因为这些平衡的相可能是亚稳定相而不是稳定相，所以式（5-28）和式（5-29）有时是等价的，有时是不等价的。无论计算相平衡或是计算系统的稳定平衡都涉及各个相的吉布斯自由能，获得体系中各个相的摩尔吉布斯自由能随成分变化的关系是构造和计算相图的基础，所以我们首先讨论摩尔吉布斯自由能和成分间的函数表达式。在这里假设每一个相都足够大，以使表面能对摩尔吉布斯自由能的贡献可以忽略，因而讨论的摩尔吉布斯自由能不包括表面能。如果遇到需要考虑表面能的特定情况，再加以说明（参见本章 5.9 节）。另外，下面的讨论以二元系为主，对于多元系，其基本原理是相似的。

5.8.1 溶体的吉布斯自由能函数的表达式

二元系 A-B 在温度 T 时组元 A 和 B 在 υ 相中的化学势为：

$$\mu_A^{\upsilon}=G_A^{0(\upsilon)}+RT\ln a_A^{\upsilon}=G_A^{0(\upsilon)}+RT\ln x_A^{\upsilon}+RT\ln\gamma_A^{\upsilon} \tag{5-30}$$

$$\mu_B^{\upsilon}=G_B^{0(\upsilon)}+RT\ln a_B^{\upsilon}=G_B^{0(\upsilon)}+RT\ln x_B^{\upsilon}+RT\ln\gamma_B^{\upsilon} \tag{5-31}$$

式中，$G_A^{0(\upsilon)}$ 和 $G_B^{0(\upsilon)}$ 分别表示纯组元 A 和 B 以 υ 相结构存在时的摩尔吉布斯自由能；a_A^{υ} 和 a_B^{υ} 是 υ 相中组元 A 和 B 的活度；γ_A^{υ} 和 γ_B^{υ} 是 υ 相中组元 A 和 B 的活度系数。这样，成分为 x_B、x_A（$x_A=1-x_B$）的某相的摩尔吉布斯自由能为：

$$\begin{aligned}G&=x_A\mu_A+x_B\mu_B\\&=x_AG_A^0+x_BG_B^0+RT(x_A\ln x_A+x_B\ln x_B)+RT(x_A\ln\gamma_A+x_B\ln\gamma_B)\end{aligned} \tag{5-32}$$

如果是理想溶体，则 $\gamma_A=\gamma_B=1$，上式简化成：

$$G^{\mathrm{I}}=x_AG_A^0+x_BG_B^0+RT(x_A\ln x_A+x_B\ln x_B) \tag{5-33}$$

式中，G^{I}表示理想溶体的摩尔吉布斯自由能。式（5-33）等号右边前两项是纯组元吉布斯自由能的线性叠加，后一项是溶体中的混合吉布斯自由能 $\Delta G_{mix}^{\mathrm{I}}$项（称形成溶体自由能），在这项中只包含混合熵项，表明两组元的混合焓 $\Delta H_{mix}=0$。由于混合熵相对于成分的对称性，它在 $x_A=x_B=0.5$ 处有一极小值。理想溶体的摩尔吉布斯自由能曲线如图 5-83 所示。

把实际溶体的摩尔吉布斯自由能和理想溶体的摩尔吉布斯自由能之差称为**过剩吉布斯自由能或超额吉布斯自由能**，以 G^E 表示。过剩摩尔吉布斯自由能 G^E 为：

$$G^E = RT(x_A \ln\gamma_A + x_B \ln\gamma_B) \qquad (5\text{-}34)$$

这样，实际溶体的摩尔吉布斯自由能 G 又可以表示为：

$$G = x_A G_A^0 + x_B G_B^0 + RT(x_A \ln x_A + x_B \ln x_B) + G^E \qquad (5\text{-}35)$$

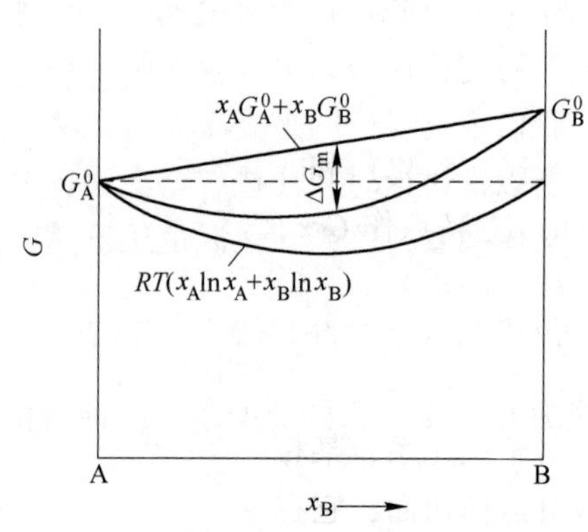

图 5-83　理想溶体的摩尔吉布斯自由能曲线

过剩摩尔吉布斯自由能 G^E 反映实际溶体和理想溶体的差别，反映组元之间的交互作用。它的数值可以是正的也可以是负的。实际溶体的吉布斯自由能（式（5-35））中线性部分之外的称混合吉布斯自由能 ΔG_{mix}，它等于理想溶体的 ΔG_{mix}^I 与剩余自由能 G^E 之和：

$$\Delta G_{mix} = RT(x_A \ln x_A + x_B \ln x_B) + G^E = \Delta G_{mix}^I + G^E \qquad (5\text{-}36)$$

上式右边第一项 ΔG_{mix}^I 是理想溶体自由能的混合项，也就是理想溶体的混合熵，它总是取负值的，当成分确定后，它是温度的线性函数。第二项 G^E 是剩余摩尔吉布斯自由能，它随温度的变化通常比 ΔG_{mix}^I 小。G^E 对摩尔吉布斯自由能曲线的形状有很大的影响，从而对相图的结构形貌有很大的影响。

5.8.2　图解法求化学势

当获得某相的摩尔吉布斯自由能对于成分的函数后，根据化学势的定义可以求出化学势：

$$\mu_i = \left(\frac{\partial G}{\partial x_i}\right)_{T,\ P,\ x_j(j\neq i)} \qquad (5\text{-}37)$$

还可以用图解法求出化学势。A-B 二元系某一相（成分为 x_B）的摩尔吉布斯自由能 G 为（参看式（5-32））：

$$G = x_A \mu_A + x_B \mu_B \qquad (5\text{-}38)$$

将上式微分，得：

$$dG = x_A d\mu_A + \mu_A dx_A + x_B d\mu_B + \mu_B dx_B \qquad (5\text{-}39)$$

根据吉布斯-杜亥姆方程（参看式（5-5）），恒温恒压下有：

$$x_A d\mu_A + x_B d\mu_B = 0 \qquad (5\text{-}40)$$

则式（5-39）可简化为：

$$dG = \mu_A dx_A + \mu_B dx_B \qquad (5\text{-}41)$$

上式两端乘以 x_A/dx_B，并利用 $dx_A = -dx_B$，得：

$$x_A \frac{dG}{dx_B} = -\mu_A x_A + \mu_B x_A$$

把上式和式（5-38）相加，得：

$$\mu_B = G + x_A \frac{dG}{dx_B} = G + (1 - x_B)\frac{dG}{dx_B} \qquad (5\text{-}42)$$

同理，有：

$$\mu_A = G + (1 - x_A)\frac{dG}{dx_A} \tag{5-43}$$

从式（5-42）和式（5-43）可看出，若某相的成分为 x_B，对应 G-x 曲线上 M 点（图 5-84），过 M 点作 G-x 曲线的切线，在 $x_B = 0$ 和 $x_B = 1$ 轴上的截距分别等于 μ_A 和 μ_B。

对于多元系，同样可以获得：

$$\mu_i = G + (1 - x_i)\frac{dG}{dx_i} \tag{5-44}$$

对于三元系，某相的摩尔吉布斯自由能随成分变化的曲线是一个曲面，则过曲面上指定成分点作切面，它在 $x_A = 1$、$x_B = 1$ 和 $x_C = 1$ 三个轴的截距，分别表示该相在指定成分的 μ_A、μ_B 和 μ_C。例如图 5-85 表示的 A-B-C 三元系中 α 相自由能曲面，成分为 X 的三元合金对应自由能曲面的 M 点，过 M 点对自由能曲面做切面，它与相图 A、B 和 C 三个轴的交点便是 α 相的 μ_A、μ_B 和 μ_C。

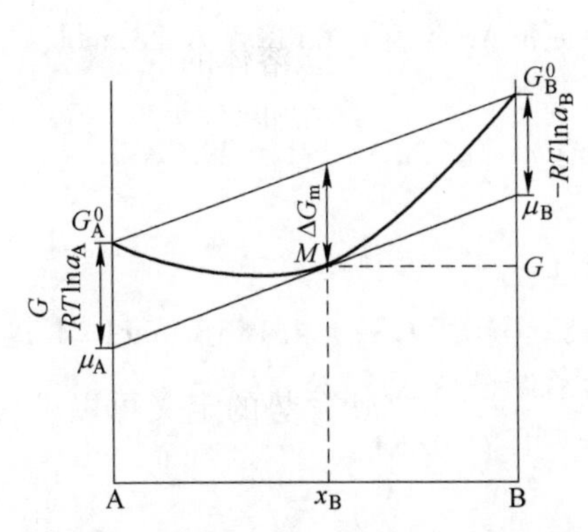

图 5-84　A-B 二元系中某相的 G-x 曲线以及用切线求化学势

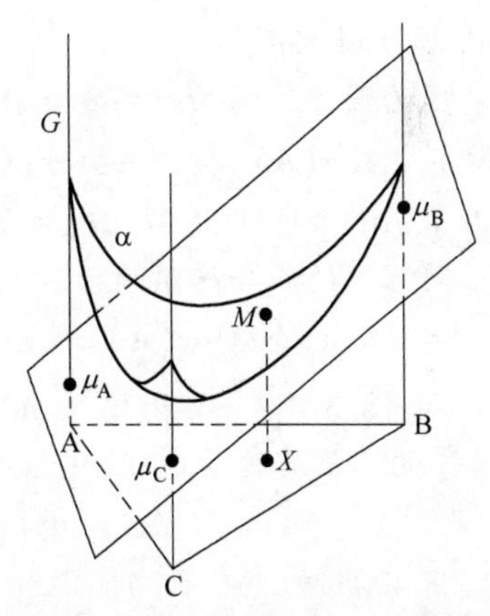

图 5-85　A-B-C 三元系中 α 相的自由能曲面以及 X 成分 α 相的化学势

用图解法求化学势比较简便。因为相平衡是组元在两个相的化学势相等，所以，在某一温度下两相的自由能曲线（曲面）的公切线（公切面）切点的成分，就是两平衡相的成分。例如，图 5-86 所示的 A-B 二元系中 α 和 β 相在 T 温度下的 G-x 曲线，如在两相平衡时，应有 $\mu_A^\alpha = \mu_A^\beta$，$\mu_B^\alpha = \mu_B^\beta$ 关系，即过 α 相和 β 相的吉布斯自由能曲线平衡成分对应的点所作的切线在两端垂直轴（$x_A = 0$ 和 $x_A = 1$）的截距相等，这两条切线只能是重叠的线，即是公切线。切点 a 和 b 对应的 α 和 β 相成分 x_B^α 和 x_B^β 就是在 T 温度下 α 和 β 两相的平衡成分。由于吉布斯自由能曲线的绝对值不能确定，所以吉布斯自由能曲线的高低位置是有任意性的，但是如果两条吉

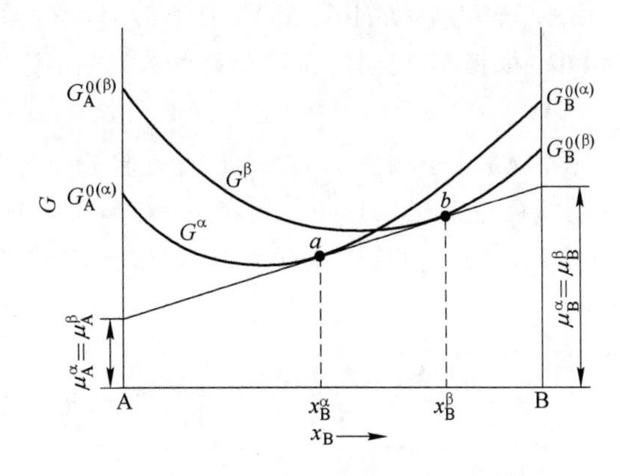

图 5-86　α 和 β 相的吉布斯自由能曲线用公切线求两平衡相的成分

布斯自由能曲线都选择同一个标准态，就不会影响两条曲线的相对位置以及公切点的成分。处在两个切点之间成分的体系，如果以两个平衡相存在，则体系的吉布斯自由能比以单独的 α 相或 β 相存在时更低，所以，两切点之间的成分范围是两相区。

利用对吉布斯自由能曲线作共切线求出平衡相成分从而构造相图的方法，称**几何热力学**方法。

例 5-14 Au(10g)和 Ag(25g)混合组成单相理想固溶体。(1) 这有多少摩尔固溶体？(2) Au 和 Ag 的摩尔分数是多少？(3) 计算此固溶体的混合摩尔熵和总混合熵。(4) 计算在 400℃ 的摩尔自由能混合项 ΔG_m。(5) 在 400℃ 时此固溶体中 Au 和 Ag 的化学势是多少（假设纯 Au 和 Ag 的自由能为 0）？(6) 如果在 400℃ 加入一个 Au 原子，固溶体的自由能变化多少？

解：(1) Au 和 Ag 的相对原子质量分别为 196.97 和 107.87，10g Au 的物质的量是 10/169.97 = 0.0588mol，25g Ag 的物质的量是 25/107.87 = 0.232mol。因此，有 0.0588 + 0.232 = 0.291mol 固溶体。

(2) 因为固溶体的物质的量是 0.291mol，而 Au 和 Ag 各有 0.0588 和 0.232mol，所以它们的摩尔分数 $x(\mathrm{Au})$ 和 $x(\mathrm{Ag})$ 分别是：

$$x(\mathrm{Au}) = 0.0588/0.291 = 20.22\% \qquad x(\mathrm{Ag}) = 0.232/0.291 = 79.78\%$$

(3) 固溶体的混合摩尔熵为：

$$\Delta S_{mix} = -R[x(\mathrm{Au})\ln x(\mathrm{Au}) + x(\mathrm{Ag})\ln x(\mathrm{Ag})]$$

$$= -8.314 \times (0.2022 \times \ln 0.2022 + 0.7978 \times \ln 0.7978) = 4.186\mathrm{J/(mol \cdot K)}$$

固溶体的总物质的量是 0.291mol，所以系统的总混合熵 ΔS_{mix} 为：

$$\Delta S_{mix} = 4.186 \times 0.291 = -1.218\mathrm{J/K}$$

(4) 在 400℃ 的摩尔自由能混合项 ΔG_{mix} 为：

$$\Delta G_{mix} = -T\Delta S_{mix} = -(400 + 273) \times 4.1186 = -2817.19\mathrm{J/mol}$$

(5) 假设纯 Au 和纯 Ag 的自由能为 0，固溶体中 Au 和 Ag 的化学势分别为：

$$\mu_{Au} = G_{Au}^0 + RT\ln x(\mathrm{Au}) = 0 + 8.314 \times (400 + 273)\ln 0.2022 = -8944.1\mathrm{J/mol}$$

$$\mu_{Ag} = G_{Ag}^0 + RT\ln x(\mathrm{Ag}) = 0 + 8.314 \times (400 + 273)\ln 0.7978 = -1264.0\mathrm{J/mol}$$

(6) 根据式 (5-41)，即如果加入的 Au 量足够少，自由能的变化可简化为：

$$\mathrm{d}G = \mu_{Au}\mathrm{d}x_{Au}$$

一个 Au 原子相当于 $1/N_A$（N_A是阿伏伽德罗常数）mol，即$(6.022 \times 10^{23})^{-1}$mol，系统的物质的量是 0.291mol，故在 400℃ 加入一个 Au 原子，固溶体中 Au 的摩尔浓度变化是 $(6.022 \times 10^{23})^{-1}/0.291$，而固溶体的物质的量是 0.291mol，故固溶体的自由能变化 ΔG 为：

$$\Delta G = 0.291 \times \mu_{Au}\mathrm{d}x_{Au} = -\frac{8944.1}{6.022 \times 10^{23}} = 1.485 \times 10^{-19}\mathrm{J}$$

5.8.3 规则溶体模型

对于真实溶体，自由能包括剩余项，计算 ΔG_m 遇到的主要困难在于求过剩摩尔吉布

斯自由能 G^{E} 的值。这个问题解决了，相图的热力学分析和计算就能解决。现在文献中已给出了许多有关 G^{E} 的表达式。在这里主要介绍规则溶体模型。

对于理想溶体，假设溶体的混合焓 $\Delta H_{mix}=0$，实际上，这只是一种特殊情况。通常混合过程不是吸热就是放热。规则溶体考虑了 $\Delta H_{mix}\neq 0$，但假设溶体中的摩尔形成熵及偏摩尔熵与理想溶体的近似相同，即保留了随机混合的假设，溶体的混合熵 ΔS_{mix} 仍然是理想溶体的混合熵，即规则溶体中过剩自由能 G^{E} 不含熵项，$G^{E}=\Delta H_{mix}$。利用准化学近似，假设 ΔH_{mix} 仅由邻近原子间的键能引起。要使这一假设成立，必须认为纯组元的体积相等，在混合时不发生变化，从而原子间距和键能与成分无关。这样，可以得到在全部温度和成分范围内的 ΔH_{mix} 为：

$$G^{E}=\Delta H_{mix}=x_{A}x_{B}(\Omega-\eta T) \tag{5-45}$$

式中，Ω 和 η 是与温度和成分无关的常数，Ω 称交互作用参数。把式（5-45）代入式（5-44）获得规则溶体的偏摩尔量：

$$G_{A}^{E}=x_{B}^{2}(\Omega-\eta T),\qquad G_{B}^{E}=x_{A}^{2}(\Omega-\eta T) \tag{5-46}$$

规则溶体的混合摩尔吉布斯自由能 ΔG_{mix} 是：

$$\Delta G_{mix}=\Delta H_{mix}-T\Delta S_{mix}=x_{A}x_{B}(\Omega-\eta T)+RT(x_{A}\ln x_{A}+x_{B}\ln x_{B}) \tag{5-47}$$

通常把 ηT 项忽略，根据式（5-46），规则溶体中组元的化学势是：

$$\begin{aligned}\mu_{A}&=G_{A}^{0}+RT\ln x_{A}+\Omega(1-x_{A})^{2}\\ \mu_{B}&=G_{B}^{0}+RT\ln x_{B}+\Omega(1-x_{B})^{2}\end{aligned} \tag{5-48}$$

规则溶体理论发展的热力学函数表达适用于简单的与理想溶体偏差不是很大的置换溶体，对于其他情况，需要发展其他更合适的溶体模型。

下面讨论交互作用参数 Ω 的物理意义。Ω 和组元的 A-A、B-B、A-B 原子对结合能有关。设溶体中最近邻配位数为 z，1mol 溶体中原子总数为 N_{A}（阿伏伽德罗常数），则 1mol 溶体中 A 原子总数为 $n_{A}=x_{A}N_{A}$，B 原子总数为 $n_{B}=x_{B}N_{A}$，在每个原子的最近邻原子中有 zx_{A} 个 A 原子，有 $zx_{B}=z(1-x_{A})$ 个 B 原子。因此，溶体中 A-A 原子对总数 n_{AA}、B-B 原子对总数 n_{BB} 以及 A-B 原子对总数 n_{AB} 分别为：

$$n_{AA}=\frac{1}{2}zN_{A}x_{A}^{2}$$

$$n_{BB}=\frac{1}{2}zN_{A}(1-x_{A})^{2}$$

$$n_{AB}=zN_{A}x_{A}(1-x_{A})$$

设每一对原子的交互作用只与原子种类有关而与原子分布无关，同时，溶体的内能只考虑为最近邻原子间的交互作用能的总和，又忽略了由组元之间原子半径差异所引起的畸变能。以 u_{AA}、u_{BB} 和 u_{AB} 分别表示 A-A、B-B 和 A-B 原子的结合能，考虑到原子分离到无限远处的状态能为零，因此 u_{AA}、u_{BB} 和 u_{AB} 都是负值，键越强，其值越负。如果用最近邻近似，则 u_{AA}、u_{BB} 可以用摩尔升华热 ΔH_{s} 来估算：

$$u=\frac{2\Delta H_{s}}{zN_{A}} \tag{5-49}$$

在 0K 时，1mol 溶体的内能 u_{0} 可表示为：

$$u_{0}=n_{AA}u_{AA}+n_{BB}u_{BB}+n_{AB}u_{AB}$$

$$= \frac{1}{2}zN_A[x_A^2 u_{AA} + (1-x_A)^2 u_{BB} + 2x_A(1-x_A)u_{AB}]$$

$$= \frac{1}{2}zN_A[x_A u_{AA} + (1-x_A)u_{BB} + x_A(1-x_A)(2u_{AB} - u_{AA} - u_{BB})] \tag{5-50}$$

式中前两项是纯组元 A 和 B 形成溶体之前的内能，它相当于 0K 时摩尔吉布斯自由能表达式中的 $x_A G_A^0 + x_B G_B^0$ 项，第三项是形成溶体时内能的改变 Δu_0，即：

$$\Delta u_0 = zN_A x_A(1-x_A)[u_{AB} - (u_{AA} - u_{BB})/2] = n_{AB}\varepsilon \tag{5-51}$$

其中
$$\varepsilon = u_{AB} - (u_{AA} + u_{BB})/2 \tag{5-52}$$

上式是溶体的能量参数，称为原子的**互换能**。它的物理意义是从纯组元 A 和 B 晶体的内部各取出一个原子互换，互换后两个晶体内能增值的一半。

由于我们已假设规则溶体的形成熵近似和理想溶体一样，并且我们讨论的是凝聚态，内能和焓的差别可以忽略，所以式（5-51）的 Δu_0项就是规则溶体和理想溶体在 0K 温度的吉布斯自由能差。当温度不是 0K 时，吉布斯自由能应增加一项，如下式所示：

$$K(x,\ T) = \int_0^T c_p \mathrm{d}T - T\int_0^T \frac{c_p}{T}\mathrm{d}T$$

这一项随成分变化不大，随温度变化关系可近似看成是线性的，所以忽略 $K(x,T)$ 这一项完全不影响讨论结果。这样规则溶体的摩尔过剩吉布斯自由能（混合焓）为：

$$\Delta H_{mix} = zN_A x_A(1-x_A)[u_{AB} - (u_{AA} - u_{BB})/2]$$

$$= zN_A x_A(1-x_A)\varepsilon = \Omega x_A x_B \tag{5-53}$$

得交互作用参数 Ω 为：

$$\Omega = zN_A\varepsilon = zN_A[u_{AB} - (u_{AA} + u_{BB})/2] \tag{5-54}$$

从规则溶体的 ΔH_{mix} 表达式（5-53）可知，ΔH_{mix}-x_B 曲线在 $x_B = 0$ 或 1 时的斜率等于 Ω，如图 5-87 所示（这里假设 $\Omega>0$）。而当 $x_B = 0.5$ 时，$\Omega = 4\Delta H_{mix}$。

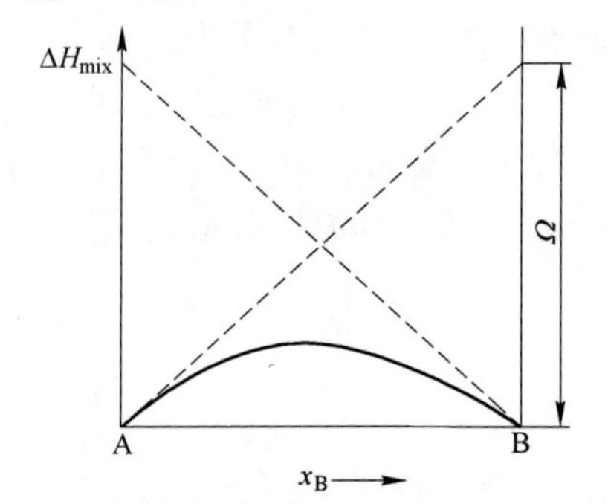

图 5-87　规则溶液的混合焓 ΔH_{mix} 随成分的变化

从更广泛意义来看，可以通过实验方法估计 Ω 的值，也可以根据组成溶体的组元间电负性、原子尺寸等因素导出 Ω 的近似值。如果 $\Omega = 0$，即 $\varepsilon = 0$，则 $\Delta H_{mix} = 0$，溶体是理想溶体。Ω 值可正可负，即 ΔH_{mix} 值可正可负。如果 $\Omega<0$，即 $\varepsilon<0$，说明 u_{AB} 结合能比 u_{AA} 与 u_{BB} 的平均结合能更负，溶体中原子倾向于被异类原子包围，溶体中原子倾向有序。如果 $\Omega>0$，即 $\varepsilon>0$，说明 u_{AA} 和 u_{BB} 的平均值比 u_{AB} 更负，溶体中溶质原子和溶剂原子有排斥的倾向，溶质原子和溶剂原子倾向丛聚。

图 5-88a 给出了 A-B 二元规则溶体 $\Delta H_{mix}<0$ 时的混合焓 ΔH_{mix} 以及混合熵 ΔS_m（和理想溶体的混合熵相同）随成分变化的曲线，它们都是以 $x_B = 0.5$ 成对称的。图 5-88b 是不同温度下混合自由能 $\Delta G_m(=\Delta H_{mix} - T\Delta S_{mix})$ 随成分变化的曲线，因为 ΔH_{mix} 和 $T\Delta S_{mix}$ 两项都是负值，所以 ΔG_{mix} 曲线是向下凹的，这也说明 A 和 B 混合（甚至有序）是降低能量的。随着温度升高，$-T\Delta S_{mix}$ 项的值越大，ΔG_{mix} 曲线下凹得越大。

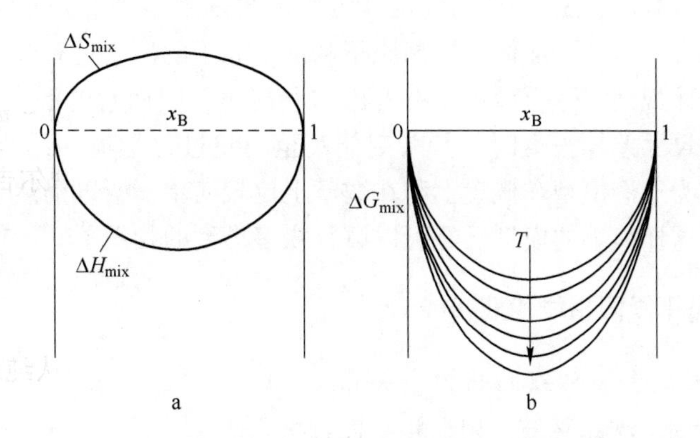

图 5-88 规则溶体的 $\Delta H_{mix}(<0)$-x 和 ΔS_{mix}-x 曲线(a)及不同温度下的 ΔG_{mix}-x 曲线（b）

图 5-89a 给出了 A-B 二元规则溶体 $\Delta H_m>0$ 时的混合熵 ΔS_{mix} 以及混合焓 ΔH_{mix} 随成分变化的曲线，它们也都是以 $x_B=0.5$ 成对称的。图 5-89b 是不同温度下混合自由能 ΔG_{mix} 随成分变化的曲线，因为 ΔH_{mix} 是正的，在 0K 时 $T\Delta S_{mix}$ 项是 0，ΔG_m 就是 ΔH_{mix}，曲线是向上凸的；在 0K 以上温度范围内，$-T\Delta S_{mix}$ 总取负值。ΔS_{mix} 曲线在两端点（$x_A\to1$ 和 $x_B\to1$）处的斜率为：

$$\lim_{x_A\to1}\frac{d(\Delta S_{mix})}{dx_A}=\lim_{x_B\to1}\frac{d(\Delta S_{mix})}{dx_B}\to\infty \tag{5-55}$$

而 ΔH_m（即剩余自由能 G^E）在两端的斜率总是有限的值（符合亨利定律）。所以，除了 0K 外，不论温度多低，当 $x_A\to1$ 和 $x_B\to1$ 时 ΔG_m 始终取负值，这就会使 ΔG_{mix} 曲线出现 2 个下凹的峰。这也说明 A 和 B 有发生丛聚的倾向。随着温度升高，$-T\Delta S_{mix}$ 项的值越大，最终 $T\Delta S_{mix}$ 项的负值完全抵消 ΔH_{mix} 的正值，整条 ΔG_{mix} 曲线往下凹。

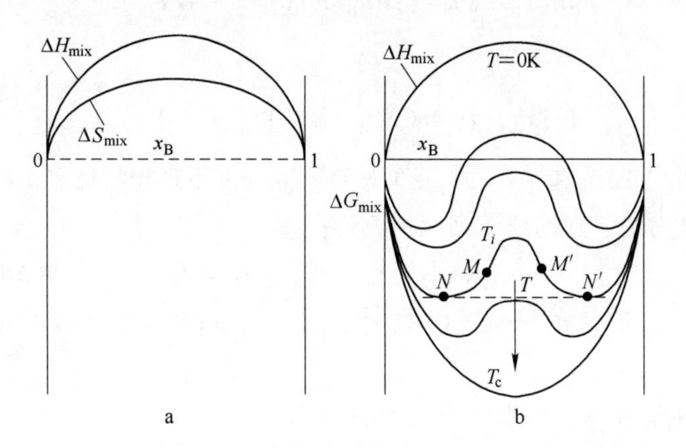

图 5-89 规则溶体的 $\Delta H_{mix}(>0)$-x 和 ΔS_{mix}-x 曲线(a)及不同温度下的 ΔG_{mix}-x 曲线（b）

最后，要注意的是，规则溶体假设溶体的熵和理想溶体的熵相同，即保留了随机混合的假设，而发生丛聚或有序时，体系的熵显然要比理想溶体的低，这是规则溶体模型没有考虑到的。而熵对自由能的贡献是熵乘以温度，所以熵对自由能的影响随着温度升高而加剧。这样，随着温度升高，ΔH_{mix}值对自由能的影响也随着温度上升而降低，规则溶体模型偏离实际溶体越大。另外，液体中溶剂原子和溶质原子的尺寸是有差异的，溶质原子加入会引起畸变能，而规则溶体模型也没有考虑这些能量，因而它的混合焓是过低估计的。当溶质和溶剂原子尺寸差异很大时，其畸变能甚至会超过化学项（结合能）而起主导作用。尽管如此，因为这一模型在概念上和在数学上比较简单，所以仍然十分有吸引力。在下面我们将看到，这样简单的模型已经可以解释众多类型的相图了。

5.8.4 固态和液态平衡固相线和液相线

5.8.4.1 固相线和液相线的热力学关系

设 A-B 二元系固、液相平衡，根据相平衡判据：

$$\mu^{L}_{A(x^{L}_{B})} = \mu^{S}_{A(x^{S}_{B})} \qquad \mu^{L}_{B(x^{L}_{B})} = \mu^{S}_{B(x^{S}_{B})} \tag{5-56}$$

式中，x^{L}_{B} 和 x^{S}_{B} 分别是平衡的液相和固相的成分，而

$$\mu^{L}_{B} = G^{0(L)}_{B} + RT\ln a^{L}_{B} \qquad \mu^{S}_{B} = G^{0(S)}_{B} + RT\ln a^{S}_{B} \tag{5-57}$$

式中，$G^{0(L)}_{B}$ 和 $G^{0(S)}_{B}$ 是纯 B 液相和固相的自由能，把式（5-57）代入式（5-56），得：

$$G^{0(S)}_{B} - G^{0(L)}_{B} = RT\ln(a^{L}_{B}/a^{S}_{B}) \tag{5-58}$$

式中，左端是 B 凝固时自由能的变化值 ΔG^{0}_{fB}。如果近似把各温度的焓变和熵变看做常数，并用两相平衡时的 ΔH^{0}_{fB} 和 ΔS^{0}_{fB} 表示，代入上式，得：

$$RT\ln(a^{L}_{B}/a^{S}_{B}) = \Delta H^{0}_{fB}(1 - T/T_{fB}) \tag{5-59}$$

若溶体均为理想溶体，可以用 x 代替活度，则：

$$\ln(x^{L}_{B}/x^{S}_{B}) = (\Delta H^{0}_{fB}/R)(1/T - 1/T_{fB}) \tag{5-60}$$

同理可得：

$$\ln(x^{L}_{A}/x^{S}_{A}) = (\Delta H^{0}_{fA}/R)(1/T - 1/T_{fA}) \tag{5-61}$$

由已知的 ΔH^{0}_{fA}、ΔH^{0}_{fB} 和 T_{fA}、T_{fB} 便可计算不同温度下理想溶体平衡时的 x^{L}_{A}、x^{S}_{A}、x^{L}_{B}、x^{S}_{B}。在求解平衡成分时，还需要下列两个方程：

$$x^{L}_{A} + x^{L}_{B} = 1 \qquad x^{S}_{A} + x^{S}_{B} = 1 \tag{5-62}$$

或者相反，从已知二元相图得出的 x^{L}_{A}、x^{S}_{A}、x^{L}_{B}、x^{S}_{B} 和 T 实验数据，则可求 ΔH^{0}_{fA} 和 ΔH^{0}_{fB}。

5.8.4.2 Ge-Si 相图及固相线和液相线的计算

用 Ge-Si 相图作为例子讨论固相线和液相线的计算。图 5-90 所示为 Ge-Si 相图以及在 3 个温度下固相 S 和液相 L 的摩尔吉布斯自由能 G^{S}-x 和 G^{L}-x 曲线。$G^{0(S)}_{Ge}$ 和 $G^{0(S)}_{Si}$ 分别是纯组元 Ge 和 Si 固态的摩尔吉布斯自由能，$G^{0(L)}_{Ge}$ 和 $G^{0(L)}_{Si}$ 分别是纯组元 Ge 和 Si 液态的摩尔吉布斯自由能；$\Delta G^{0}_{f(Si)} = (G^{0(L)}_{Si} - G^{0(S)}_{Si})$ 是纯 Si 的标准熔化摩尔自由能；$\Delta G^{0}_{f(Ge)} = (G^{0(L)}_{Ge} - G^{0(S)}_{Ge})$ 是纯 Ge 的标准熔化摩尔自由能。

一级近似看，ΔH_f^0 和 ΔS_f^0 都和温度无关，所以 ΔG_f^0 近似是温度的线性函数。如果 $T>T_f^0$，ΔG_f^0 为负值；$T<T_f^0$，则 ΔG_f^0 为正值。因此，随着温度下降，G^S 曲线相对 G^L 曲线往下落，如图 5-90 所示。在 1500℃时，所有成分的 $G^L<G^S$，根据在恒温恒压下系统力求处在自由能最小的状态原理，这时，所有成分处在液体状态是稳定状态。在 1300℃时，G^S 和 G^L 曲线交叉，两曲线的共切线的切点是 P_1 和 Q_1，在两个切点之间的成分体系不论是以单一的液相或以单一的固相存在的自由能，都比分成以 P_1 成分的液相以及以 Q_1 成分的固相共同存在的自由能高，因为根据杠杆定则知道两相共存时体系的自由能是处在公切线上的，所以在 P_1 和 Q_1 之间的成分范围的稳定相是 P_1 成分的液相和 Q_1 成分的固相。同样道理，在 1100℃时，在公切点 P_2 和 Q_2 之间的成分范围的稳定相是 P_2 成分的液相和 Q_2 成分的固相。在 $T<937$℃时，$G^S<G^L$，所有成分系统的固相都是稳定相。

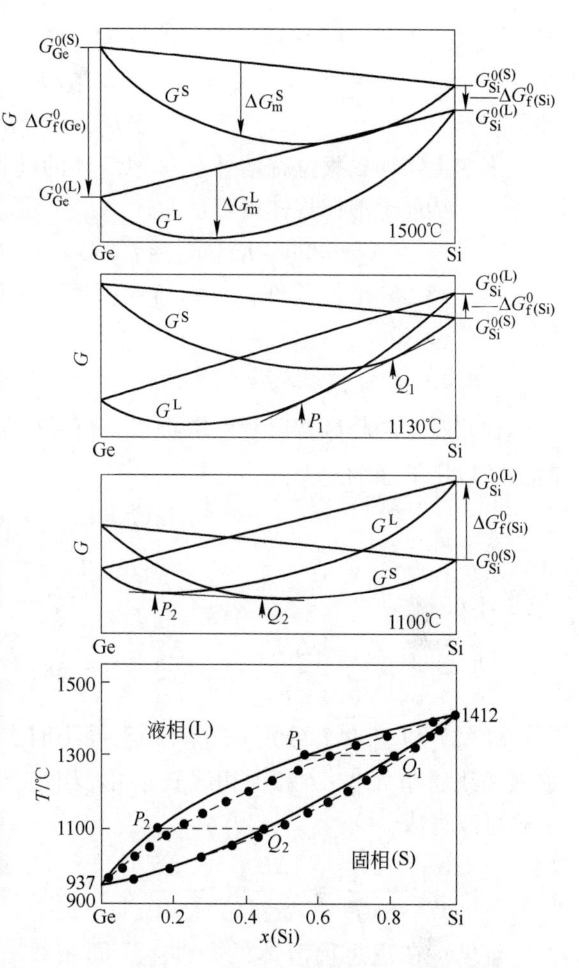

图 5-90 Ge-Si 相图及在 1500℃、1300℃和 1100℃的固相及液相吉布斯自由能曲线

Ge 和 Si 的晶体结构相同，都是金刚石型结构，具有相近的物理和化学性质，它们之间形成连续固溶体，把这固溶体看成是理想溶体，根据式（5-60）：

$$\ln(x_{Ge}^L/x_{Ge}^S)=(\Delta H_{f(Ge)}^0/R)(1/T-1/T_{f(Ge)}) \tag{5-63}$$

$$\ln(x_{Si}^L/x_{Si}^S)=(\Delta H_{f(Si)}^0/R)(1/T-1/T_{f(Si)}) \tag{5-64}$$

应用式（5-62），将上面的两个方程联立就可以计算出 Si 和 Ge 的固相线和液相线。Si 与 Ge 的熔化热分别为 50.62kJ/mol 和 36.94kJ/mol，熔点分别是 1685K 和 1210.4K。用这些数据，由式（5-63）和式（5-64）可以计算出固相线和液相线，在图 5-90 的相图中的虚线是计算结果。从图 5-90 看出，在稀溶体处计算值和实测值符合得比较好，其他地方有些偏差，因为是按理想溶体模型计算的，稀溶体与理想溶体更为接近。

5.8.4.3 凝固潜热（ΔH_f^0）的计算

上面讨论了已知组元的凝固潜热计算固相线和液相线，反过来，可以从已测量的相图给出的 T_{fB} 以及 x_B^L、x_B^S 数据来反推凝固潜热。根据数据，可由式(5-56)计算 ΔH_{fB}^0。在接近 T_{fA} 温度时，式(5-60)可简化为：

$$\ln(x_A^L/x_A^S)=(\Delta H_{fA}^0/R)\cdot(-\Delta T/T_{fA}^2) \tag{5-65}$$

当 $x_A^S \to 1$ 时，因 $x_A^L = 1 - x_B^L$，所以 x_B^L 也很小，这时 $\ln(1 - x_B^L) = -x_B^L$，上式可简化为：

$$-x_B^L = (\Delta H_{fA}^0/R) \cdot (-\Delta T/T_{fA}^2)$$

即
$$\Delta H_{fA}^0 = T_{fA}^2 R x_B^L/\Delta T \tag{5-66}$$

事实上，如果根据稀溶体是理想溶体的前提，可以直接而简便地导出式(5-58)和式(5-59)。从理想溶体规律得到：

$$\mu_A - G_A^0 = RT\ln a_A = RT\ln x_A = RT\ln(1 - x_B) \qquad (x_B \ll 1) \tag{5-67}$$

用式(5-56)平衡条件，得到与式(5-59)一样的关系式，然后类推，再引用式(5-66)便得到式(5-67)。

5.8.4.4　固相线及液相线间距

在相图上两相区宽窄程度取决于两相吉布斯自由能曲线的相对位置。当 x_B^L 和 x_B^S 很小时，可以用下面的近似式：

$$\ln x_A^S = \ln(1 - x_B^S) = -x_B^S$$
$$\ln x_A^L = \ln(1 - x_B^L) = -x_B^L$$

由式(5-65)得：

$$-x_B^L + x_B^S = \frac{\Delta H_{fA}^0}{R} \cdot \left(-\frac{\Delta T}{T_{fA}^2}\right) \tag{5-68}$$

$x_B^L/\Delta T$ 和 $x_B^L/\Delta T$ 分别是 x_B^L 和 x_B^S 很小时的液相线斜率 dx_B^L/dT 和固相线斜率 dx_B^S/dT，上式可改写成：

$$\frac{dx_B^S}{dT} - \frac{dx_B^L}{dT} = -\frac{\Delta H_{fA}^0}{RT_{fA}^2} = -\frac{\Delta S_{fA}^0}{RT_{fA}} \tag{5-69}$$

可见，在理想稀溶体的条件下，固相线和液相线斜率之差为一常数，即液相线下降越陡的合金系，其固相线下降也越陡，并且组元的形成熵（熔化熵）ΔS_f^0 越大，固相线和液相线之间的间隔就越大。为了说明 ΔS_f^0 对两相区宽窄的影响，讨论几个假想的二元系。设 A 的熔点 T_A = 800K，B 的熔点 T_B = 1200K。纯 A 和纯 B 的熔化熵相等并和温度无关，A 和 B 构成的液态和固态溶体都是理想溶体，图 5-91 给出了 ΔS_f^0 = 3、10 和 30J/(mol·K)时计算所得的 3 个假想相图。从图中可看出 ΔS_f^0 的影响，熔化熵越大，固、液两相区越宽。一般典型的金属的凝固熵约为 10J/(mol·K)。对于离子化合物，它们的 ΔS_f^0 比较大，所以，二元系离子键的盐类或氧化物的相图中的两相区都比较宽阔。

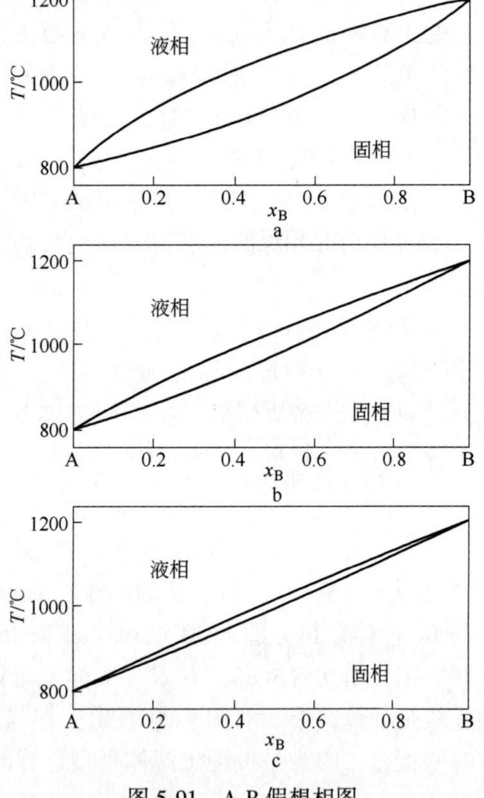

图 5-91　A-B 假想相图
（A 和 B 的液态及固态都是理想溶液；T_A = 800K，T_B = 1200K）
a—ΔS_f^0 = 30J/(mol·K)；b—ΔS_f^0 = 10J/(mol·K)；c—ΔS_f^0 = 3J/(mol·K)

对于实际溶体，$G^E\neq0$。溶体偏离理想溶体，$G^E>0$ 是正偏差，$G^E<0$ 是负偏差。从规则溶体来看，如果 2 个组元倾向于结合，即 $u_{AB}<(u_{AA}+u_{BB})/2$，交互作用参数 Ω 为负值，$G^{E(L)}<0$。如果液相的 $G^{E(L)}$ 比固相的 $G^{E(S)}$ 更负，即 $G^{E(L)}<G^{E(S)}$，也就是说，液相中两组元更倾向于结合。这样，G^L 曲线会比 G^S 曲线更往下凹，在一定低的温度下吉布斯自由能曲线的相对位置可能出现图 5-92a 所给出的形式。在一些温度下吉布斯自由能曲线会出现 2 条公切线，两对公切点为 P_1、Q_1 和 P_2、Q_2。这时同一温度下有 2 个液相和固相两相平衡区。随着温度降低，这 2 个两相区接近。最后，相图的固-液相区出现最低共同点。图 5-92b 给出了固相和液相两相区具有最低共同点的 Cu-Au 相图。在 5.4.6 节恒压二元相图的例子中，固相和液相两相区具有最低共同点的相图有：图 5-15 的 Au-Ni 系的（Au，Ni）相，图 5-21 的 Fe-Ni 系的（γ-Fe，Ni）相等。

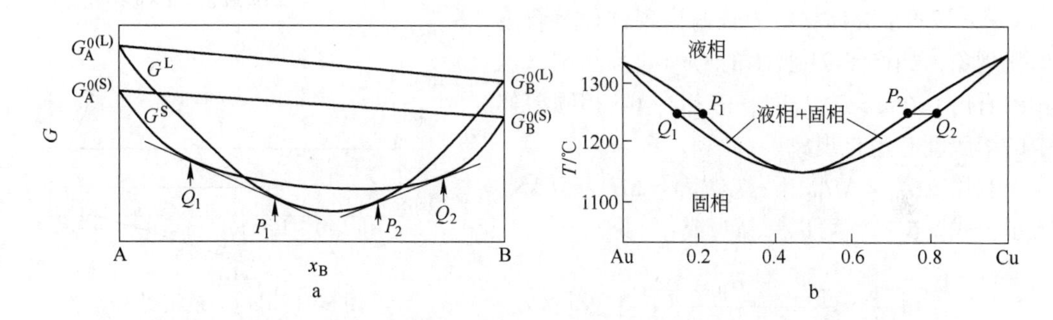

图 5-92　A-B 二元相图在某一温度下液相和固相的吉布斯自由能曲线（a）与 Cu-Au 系相图的液相线和固相线（b）

和上述情况相反时，即 $G^{E(L)}>G^{E(S)}$，组元在固相中更倾向于结合，当 $G^{E(L)}$ 比 $G^{E(S)}$ 大得更多时，相图中的固相和液相两相区会出现最高共同点。对于合金系，这种最高共同点成分往往会出现金属间化合物。在 5.2.6 节恒压二元相图的例子中，固相和液相两相区具有最高共同点的相图有：图 5-18 的 Ti-Al 系的（β-Ti）相，图 5-19 的 Ni-Nb 系的 β 相，图 5-20 的 Fe-Sb 系的 ε 相，图 5-23 的 Na_2O-SiO_2 系的 $Na_2Si_2O_5$ 相等。

例 5-15　证明两相平衡时在两相的相线出现最高（最低）共同点处 $dT/dx_B=0$。

解：根据 Gibbs-Duhem 关系，对于液相和固相有如下关系：

$$S^L dT + x_A^L d\mu_A + x_B^L d\mu_B = 0$$
$$S^S dT + x_A^S d\mu_A + x_B^S d\mu_B = 0$$

上面两个式子相减，并除以 dx_B，得：

$$-(S^L - S^S)\frac{dT}{dx_B} = (x_A^L - x_A^S)\frac{d\mu_A}{dx_B} + (x_B^L - x_B^S)\frac{d\mu_B}{dx_B}$$

因 $(S^L - S^S) = \Delta H_f/T_f \neq 0$，其中 ΔH_f 和 T_f 分别是摩尔形成焓和平衡温度，而在最高（最低）共同点处 $(x_A^L - x_A^S)$ 和 $(x_B^L - x_B^S)$ 都等于0，而 $d\mu_A/dx_B$ 及 $d\mu_B/dx_B$ 不会趋于无穷大，故 $dT/dx_B = 0$。

上面的讨论假设固相和液相都是理想溶体，更一般地看，可以把液相看做是理想溶体，而固相看做是规则溶体。这样，式(5-60)变成：

$$\ln \frac{x_B^S}{x_B^L} = \frac{\Delta H_{fB}^0}{RT}\left(1 - \frac{T}{T_{fB}}\right) - \ln\gamma_B^S \tag{5-70}$$

而 $\ln\gamma_B^S = \overline{H}_B/RT$，$\overline{H}_B$ 是形成固相溶体时的偏摩尔混合焓，所以：

$$\ln \frac{x_B^S}{x_B^L} = \frac{\Delta H_{fB}^0}{RT}\left(1 - \frac{T}{T_{fB}}\right) - \frac{\overline{H}_B}{RT} = \frac{\Delta H_{fB}^0}{RT}\left(\frac{T_{fB} - T}{T_{fB}}\right) - \frac{\overline{H}_B}{RT} \tag{5-71}$$

当溶质的熔点 T_{fB} 低到使 $T>T_{fB}$ 时，则上式右端第一项也变为负值，即使 $\overline{H}_B$ 较小也会使最大溶解度的温度“退化”到较高的温度，相应的固相线称作“退化固相线”。在经常使用以 Si 或 Ge 为基的半导体材料中普遍出现这种溶解度退化现象，如图 5-93 所示的 Cu-Ge 系相图，从相图看出，在 $T>T_{f(Cu)}$ 时，液相在 Ge 相固溶体中的溶解度有退化现象。

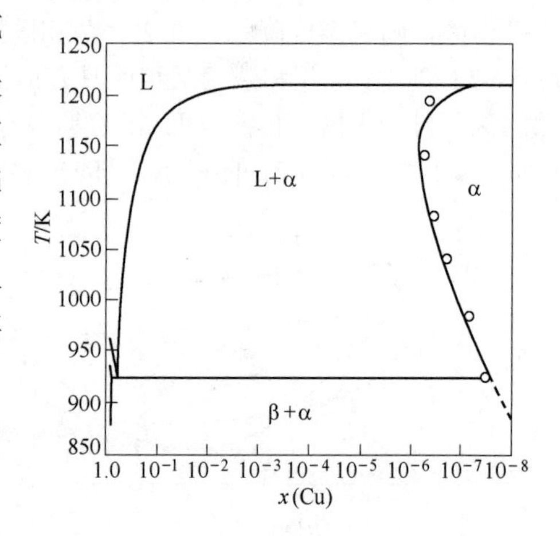

图 5-93 Cu-Ge 系相图

利用 $\Delta G_{fB}^0 = \Delta H_{fB}^0(1 - T/T_{fB}) = \Delta H_{fB}^0 - T\Delta S_{fB}^0$ 式子，式（5-71）可以重新写成：

$$\ln \frac{x_B^S}{x_B^L} = \frac{\Delta H_{fB}^0 - \overline{H}_B}{RT} - \frac{\Delta S_{fB}^0}{R} \tag{5-72}$$

可见，熔化时或有其他相变时，若 ΔS_{fB}^0 或其他相变熵有较大的增加，也会出现退化现象。

5.8.5 固溶度线与互溶间隙

上面讨论过，若溶体的剩余吉布斯自由能 $G^E>0$，即规则溶体的混合焓 $H_m>0(\Omega>0)$，在 0K 时曲线是全部上凸曲线，而在 0K 以上的温度，溶体的吉布斯自由能曲线没有像理想溶体那样下凹，并在两端各出现下凹的谷（图 5-89b）。根据公切线方法，可以获得同一种溶体不同成分的两个平衡的相，见图 5-89b 中 T_i 温度自由能曲线的 N 和 N' 点，这就是出现互溶间隙。当温度高于某一个汇溶温度 T_c 后，在全部范围内 ΔS_m 的负值足够大，以抵消 ΔH_m 的正值，吉布斯自由能曲线变成一条下凹线，互溶间隙消失。当吉布斯自由能曲线出现两个下凹峰时，这种曲线必出现两个拐点，见图 5-89b 中 T_i 温度自由能曲线的 M 和 M' 点。在自由能曲线的拐点处：

$$\frac{d^2\Delta G_m}{dx_B^2} = 0$$

对于规则溶体，上式的结果是：

$$\frac{d^2\Delta G_m}{dx_B^2} = RT\left(\frac{1}{x_B} + \frac{1}{1 - x_B} - \frac{2\Omega}{RT}\right) = 0 \tag{5-73}$$

即

$$\frac{1}{x_B} + \frac{1}{1 - x_B} - \frac{2\Omega}{RT} = 0 \tag{5-74}$$

上式就是吉布斯自由能曲线的拐点方程，拐点方程也可以写成：

$$T = 2x_B(1 - x_B)\Omega/R \tag{5-75}$$

如果 x_B^c 是拐点汇合的成分，则对应的温度就是互溶间隙消失的临界温度 T_c，即：

$$T_c = 2x_B^c(1 - x_B^c)\Omega/R \qquad (5\text{-}76)$$

根据上式可以由相图的临界温度 T_c 求出 Ω。

从式(5-76)看出，因为 T_c 必须是正的，所以出现互溶间隙的 Ω 也必须是正的。如果 $x_B^c = 0.5$，则：

$$T_c = \Omega/2R = z\varepsilon/2k_B \qquad (5\text{-}77)$$

这也再次说明只有 $\Omega>0$ 而且温度 $T<\Omega/2R$ 时，吉布斯自由能曲线才会出现两个分开的拐点。而 $T=T_c=\Omega/2R$ 时，两个拐点重合，即 T_c 是互溶间隙消失的临界温度（汇溶温度）。

虽然固相产生互溶间隙，但在液相中原子间束缚不如固相那么强烈，它的影响也比固相的弱，在液相不一定产生互溶间隙。然而因为固相的剩余吉布斯自由能 $G^{E(S)}$ 比液相的剩余吉布斯自由能 $G^{E(L)}$ 大，所以出现固相互溶间隙往往伴随着出现液相线和固相线的最低共同点。图 5-94 给出了 Au-Ni 系相图以及一些温度下的固相吉布斯自由能曲线，这些图是说明出现固溶度间隙的例子。图 5-94 最上面的图是在 1200K 固相理想溶体混合自由能 $(\Delta G_m^S)^I$ 及剩余自由能 $G^{E(S)}$ 随成分变化的曲线，两者之和是实际溶体的混合自由能项 ΔG_m^S。可以看到，$(\Delta G_m^S)^I$ 的负值都足以抵消 ΔG_m^S 的正值，体系的 ΔG_m^S 曲线是整根往下凹的（如图 5-94 中间图中的 1200K 曲线所示），即在此温度下体系是连续固溶体。在比较低的温度（如 1000K、800K 和 600K），ΔG_m^S 曲线出现两个凹点，即在这些温度产生了互溶间隙。从 Au-Ni 相图看到，相应有液固相线的最低共同点。

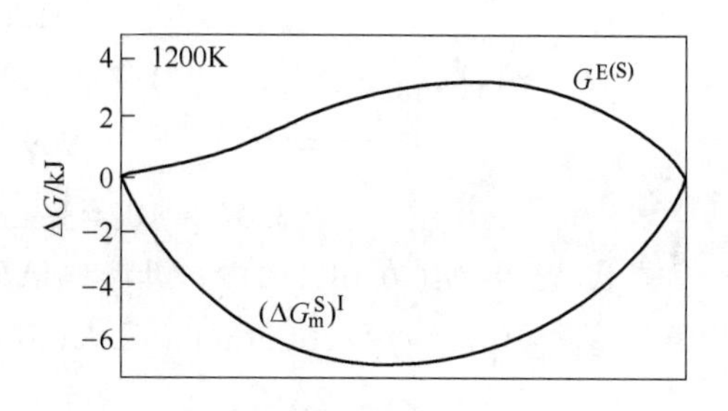

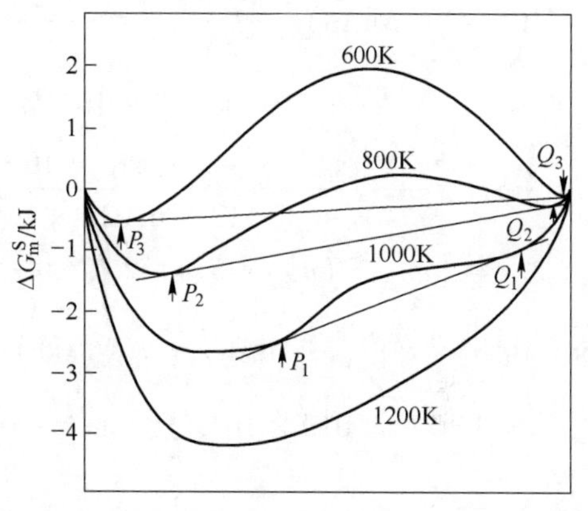

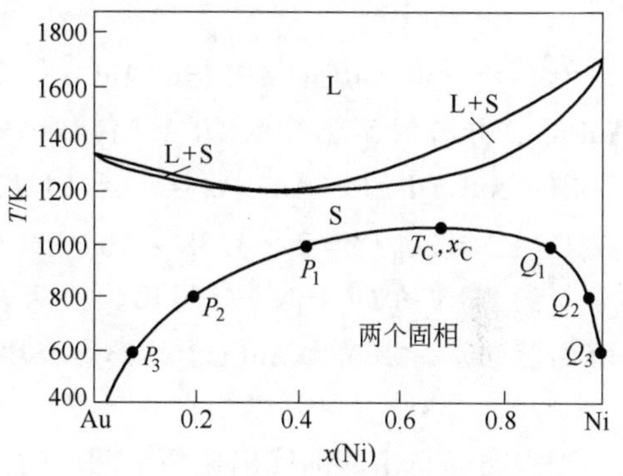

图 5-94　Au-Ni 系相图及一些温度下的固相吉布斯自由能曲线

例 5-16　设 Au-Ni 固溶体是规则溶体，根据 Au-Ni 相图（图 5-94）的固溶度间隙的临界温度 T_c 求出固溶体的 Ω(AuNi)、ε 和 u(AuNi)。

解：根据式(5-76)：$T_c = 2x_B^c(1 - x_B^c)\Omega/R$，由 Au-Ni 相图查得 $T_c = 810.3$℃，$x_B^c = 0.706$。故：

$$\Omega(\text{AuNi}) = RT_c/[2x_B^c(1 - x_B^c)]$$

$$= 8.314 \times (810.3 + 273)/[2 \times 0.706(1 - 0.706)]\,\text{J/mol}$$

$$= 21.696\text{kJ/mol}$$

而 $\Omega = zN_A[u_{AB} - (u_{AA} + u_{BB})/2] = zN_A\varepsilon$（见式(5-54)），故：

$$\varepsilon = \Omega/zN_A = 21.969 \times 10^3/12 \times 6.022 \times 10^{23}$$
$$= 3.04 \times 10^{-21}\text{J/atom}$$

查找 Au 和 Ni(在 0K)的摩尔升华热 ΔH^S，分别等于-368kJ/mol 和-428kJ/mol。利用升华热估算 $u(\text{AgAg})$和$u(\text{CuCu})$，见式(5-49)：

$$u(\text{AuAu}) = \frac{2\Delta H^S_{(\text{Au})}}{zN_A} = -\frac{2 \times 368 \times 10^3}{12 \times 6.022 \times 10^{23}}\text{J/atom}$$
$$= -1.018 \times 10^{-19}\text{J/atom} = -0.64\text{eV}$$

$$u(\text{NiNi}) = \frac{2\Delta H^S_{(\text{Ni})}}{zN_A} = -\frac{2 \times 428 \times 10^3}{12 \times 6.022 \times 10^{23}}\text{J/atom} = -1.185 \times 10^{-19}\text{J/atom} = -0.74\text{eV}$$

因 $\varepsilon = [u_{AB} - (u_{AA} + u_{BB})/2]$，故：

$$u(\text{AuNi}) = \varepsilon + [u(\text{AuAu}) + u(\text{NiNi})]/2 = 3.04 \times 10^{-21} - \frac{(1.018 + 1.185) \times 10^{-19}}{2}$$
$$= -1.019 \times 10^{-19}\text{J/atom} = -0.636\text{eV}$$

例 5-17 由 Au-Cu 相图查出 AuCu Ⅰ 互溶间隙的汇溶温度 $T_c = 385℃$（658K），计算 Ω(AuCu)，并与例 5-16 中的 Ω(AuNi)作比较。

解：AuCu Ⅰ 的 $x(\text{Au}) : x(\text{Cu}) = 1:1$，所以 $\Omega = 2RT_c$

$$\Omega(\text{AuCu Ⅰ}) = 2k_BT_c = 2 \times 1.38 \times 10^{-23} \times 658/1.602 \times 10^{-19}\text{eV} = 0.113\text{eV} = 10.901\text{kJ/mol}$$

与例 5-16 的 Ω(AuNi)数据比较，两者都是正的，并且 $\Omega(\text{AuNi}) > \Omega(\text{AuCu})$，Au-Ni 互溶间隙的汇溶温度比 AuCu Ⅰ 的高是合理的。

当吉布斯自由能曲线出现两个凹峰时，公切线切点成分就是互溶间隙在该温度下的固溶度。按规则溶体模型，吉布斯自由能曲线上各点的斜率可由下式确定：

$$\frac{\mathrm{d}G}{\mathrm{d}x_B} = G_B^\ominus - G_A^\ominus + RT\left[\frac{\Omega}{RT}(1 - 2x_B) + \ln\frac{x_B}{1 - x_B}\right] \tag{5-78}$$

式中，$G_B^\ominus - G_A^\ominus$ 就是 $G_A^\ominus$ 和 $G_B^\ominus$ 连线的斜率。公切线斜率和这条线的斜率相等，即公切点成分必须满足：

$$\frac{\Omega}{RT}(1 - 2x_B^{sat}) + \ln\frac{x_B^{sat}}{1 - x_B^{sat}} = 0 \tag{5-79}$$

这就是固溶度方程，x_B^{sat} 是固溶度（摩尔分数）。不过要注意，上式是假设自由能曲线是对称的，即根据 $u_{AA} = u_{BB}$得出的，否则需要用公切线求解。当固溶度很小时，$1-x_B^{sat}$ 及 $1-2x_B^{sat}$ 均接近于 1，上式近似简化为：

$$x_B^{sat} \approx \exp\left(-\frac{\Omega}{RT}\right) \tag{5-80}$$

这是由规则溶体模型导出的，它只考虑了组元最近邻的交互作用，并假设原子混合的随机性。形成固溶体时往往会引起畸变能，如果把这一项也考虑进去，以 E_ε 表示形成 1mol 溶体的畸变能，则固溶度方程修改为：

$$\frac{z(N_A\varepsilon + E_\varepsilon)}{RT}(1 - 2x_B^{sat}) + \ln\frac{x_B^{sat}}{1 - x_B^{sat}} = 0 \tag{5-81}$$

因为 E_ε 总是正的，它总是使固溶度下降。如果把形成溶体带来的振动熵变化 ΔS_B 也考虑进去，对于稀固溶体，式(5-81)修改为：

$$x_B^{sat} \approx \exp\left(\frac{\Delta S_B}{R}\right)\exp\left[-\frac{z(N_A\varepsilon + E_\varepsilon)}{RT}\right] \tag{5-82}$$

上面的讨论是以连续固溶体为基础的，连续固溶体可以看做是一个组元在另一个组元的连续溶解形成的固溶体，而在此的互溶间隙是一个组元在另一个组元的固溶度极限。当我们把这些讨论的概念推广到一般的固溶度时要注意，严格来说，固溶度应该是一个相在另一个相的固溶度。例如在图 5-22 的 Fe-Fe_3C 相图中，γ-Fe 与 Fe_3C 平衡的相线和 α-Fe 与 Fe_3C 平衡的相线应称为 Fe_3C 在 γ-Fe 和 Fe_3C 在 α-Fe 的固溶度曲线。

实际上对于二元相图的实验结果，固溶度常有如下经验关系式：

$$x_B^{sat} = K_1\exp\left(-\frac{\Delta H_B}{RT}\right) \tag{5-83}$$

式中，K_1 是实验系数，它相当于 $\exp(\Delta S_B/R)$；ΔH_B 为形成溶体的形成焓（溶解热），如果是稀规则溶体，相当于 Ω。固溶度方程两端取对数，得：

$$\ln x_B^{sat} = \ln K_1 - \frac{\Delta H_B}{R}\cdot\frac{1}{T} \tag{5-84}$$

$\ln x_B^{sat}$ 与 $1/T$ 呈线性关系，因直线的斜率是 $\Delta H_B/R$（若 ΔH_B 的量纲是 eV/atom，则 R 应改为 k_B），由斜率可获得溶解焓 ΔH_B；由直线外推到 $1/T\to 0$ 的截距可以获得溶解熵 ΔS_B。一般 ΔH_B 是正的，溶解度随温度增加而增加。稀规则溶体 $\Delta H_B=\Omega$，查找（或通过升华热估算）u_{AA} 和 u_{BB} 后，也可以计算 A-B 的结合能 u_{AB}。图 5-95 给出了几种元素在 Al 中的溶解度 $\ln x_B^{sat}$-$1/T$ 直线。在这些体系中，与 Al 固溶体平衡的是固溶体和中间相而不是纯结构相同的 B，所以应注意到有些溶解焓 ΔH_B 包括考虑了由 1mol（设具有 β 结构）B 转化为与 Al 的固溶体平衡的另一种结构的相（设为 α 相）标准态的改变。如果这两种结构的焓的差别为 $\Delta H_B^{\alpha\beta}$，则：

$$\Delta H_B = \Delta H_B^{\alpha\beta} + \Omega \tag{5-85}$$

还要注意到，ΔH_B 的值越大，ΔS_B 的值也越大。因为 ΔH_B 的值往往与溶体中溶质引起的畸变相关，ΔH_B 的值越大，说明溶质在晶体中引起的畸变越大，它降低了周围原子的振动频率，从而增加了熵值。

对于溶剂和溶质晶体结构相同的情况，稀规则溶体 $\Delta H_B=\Omega$。Ni、Mn、Cu 的晶体结构为 fcc，和 Al 的相同，又因 $\ln x_B^{sat}$ 与 $1/T$ 线的斜率是 $\Delta H_B/R$，从图 5-95 所示 Ni、Mn、Cu 在 Al 中的溶解度曲线的斜率看出，它们与 Al 的交互作用参数 Ω 值依 Cu、Mn、Ni 次序降低。

表 5-5 列举了一些 fcc 二元置换固溶体用原子嵌入势方法（EAM）计算的以及由实验获

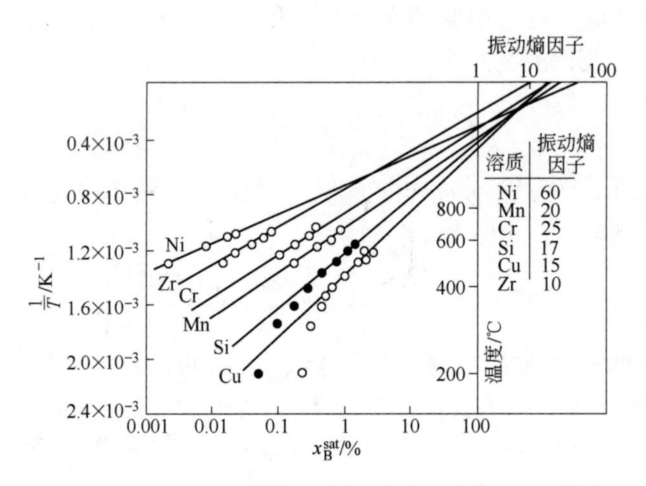

图 5-95 几种元素（B）在 Al 的溶解度 $\ln x_{\mathrm{B}}^{\mathrm{sat}}$-$1/T$ 直线

得的溶体形成焓，其量纲是 eV/atom。计算值与实验值符合得比较好，也与相图一致。例如，Ni-Ag 系组元直到熔点温度都几乎不溶解，在表 5-5 中看到它们的溶体形成焓非常高；对于 Pt-Au 系，在很大的成分范围有一互溶间隙，在表 5-5 中看到它们的溶体形成焓是正的；对于 Pd-Pt 系，在高温形成连续固溶体，但在 1050K 左右有互溶间隙，在表 5-5 看到它们的溶体形成焓是正的，但数值不大；对于 Pt-Ag 系，形成有序相和化合物，说明比起相同组元，不同组元之间更是相互吸引的，在表 5-5 中看到它们的溶体形成焓是负的。

表 5-5 一些 fcc 二元置换固溶体用原子嵌入势方法（EAM）计算的溶体形成焓

（eV/atom）

置换原子	母体					
	Cu	Ag	Au	Ni	Pd	Pt
Cu		0.18	-0.12	0.06	-0.33	-0.38
		0.25	-0.13	0.11	-0.39	-0.30
Ag	0.11		-0.11	0.42	-0.36	-0.18
	0.39		-0.16		-0.11	
Au	-0.18	-0.11		0.30	-0.15	0.07
	-0.19	-0.19		0.28	-0.20	
Ni	0.04	0.38	0.08		-0.15	-0.25
	0.03		0.22		0.09	-0.33
Pd	-0.34	-0.24	-0.12	0.07		0.03
	-0.44	-0.29	-0.36	0.06		
Pt	-0.54	-0.07	0.09	-0.28	0.04	
	-0.53			-0.28		

固溶度线也会出现退化现象，这种固溶度线称“退化固溶度线”。例如，Cu-Zn 系相图（见图 5-17）中与 β 相平衡的 α 固溶度线有这种退化现象。这是因为 β 相的振动熵大，根据式(5-69)可看到熵项的影响，虽然在 450℃ 以下 β′在 α 相中的固溶度随温度升高而增

大，但当超过 450℃后，β 在 α 相中的固溶度随温度升高而反常地减小，出现固溶度线退化现象。可以简单地从自由能公切线说明退化现象。图5-96所示为 α 相和 β 相的自由能曲线示意图，其中 $T_1>T_2$。根据公切线原理，在 T_2 温度时（图 5-96 中的虚线），β 相在 α 相的溶解度是 x_2，当温度提高至 T_1 时，由于 β 相自由能的熵很大，所以 $-T_1S$ 项的数值增加很大，使自由能曲线相对于 α 相自由能下降更多，如图 5-96 中的实线所示，根据公切线原理，β 相在 α 相的溶解度是 x_1，它处在 x_2 的左侧，即是说，在高温（T_1）的溶解度比在低温（T_2）的溶解度低。

组成二元系的两个组元的电负性相差大时会出现中间相，中间相的自由能比纯组元的低，则固溶体对中间相的溶解度会降低，中间相越稳定，它在相应的固溶体的溶解度越低。图 5-97 为 A-B 二元系中形成的中间相 ε 的自由能曲线示意图，图中的 x_β、x_ε 和 $x_{\varepsilon'}$ 分别表示 β 相、ε 相和 ε′相在 α 相的溶解度。从图中看出，出现中间相 ε 后，中间相在 α 相的溶解度降低，如果中间相是更稳定的 ε′相，则其在 α 相的溶解度会更低。

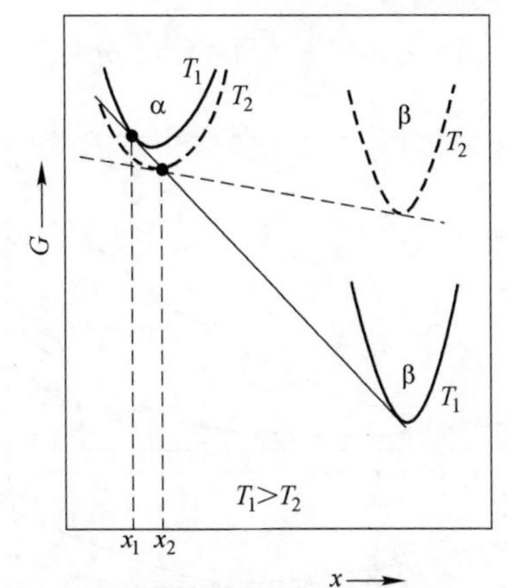

图 5-96　固溶度随温度上升而减小的自由能曲线示意图

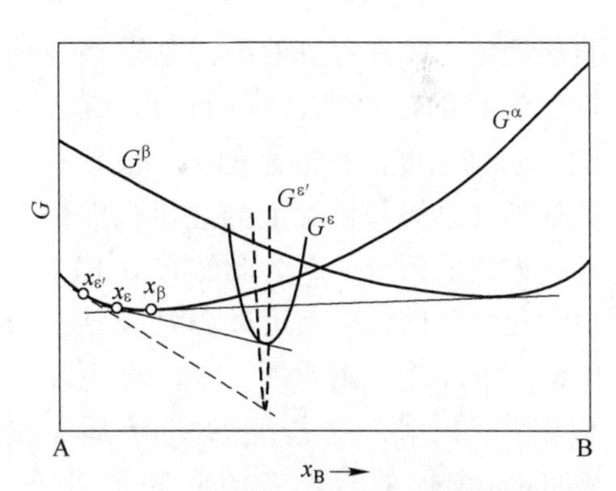

图 5-97　形成中间相以及中间相的稳定性对端际固溶体溶解度的影响

5.8.6　简单共晶系相图

上一小节讨论过两个固态结构相同的组元构成的二元系，如果两组元形成的固溶体的过剩吉布斯自由能 $G^{E(S)}>0$，因为一般都会有 $G^{E(S)}>G^{E(L)}$ 的情况，所以在固态会出现互溶间隙，而固相线和液相线会出现最低共同点。$G^{E(S)}$ 越大，固溶度间隙越宽，$G^{E(S)}$ 与 $G^{E(L)}$ 相比越大，固相线和液相线的最低共同点越低。如果 $G^{E(S)}$ 足够大，以使临界温度 T_c 比固相线的最低共同点温度高时，就会出现共晶反应，图 5-98 就是这样的情况。

如果两个组元的固态结构不同就不可能有一个在全部成分范围内连续互溶的固溶体存在，这样就一定存在两条不同结构的固态吉布斯自由能曲线。图 5-99 给出了这种情况下构成的简单共晶系相图的示意图。在这种情况下，构造和计算相图所遇到的困难是如何计算吉布斯自由能曲线。例如图 5-99 所示相图中，A 组元是 hcp 结构（α 相），B 组元是 fcc 结构（β 相）。不论在什么温度下 B 组元都不会获得 α 相结构，因而 $G_B^{0(\alpha)}$（称点阵稳定参数）就不能直接确定，同理，$G_A^{0(\beta)}$ 也不能直接确定，这使得吉布斯自由能曲线也难以

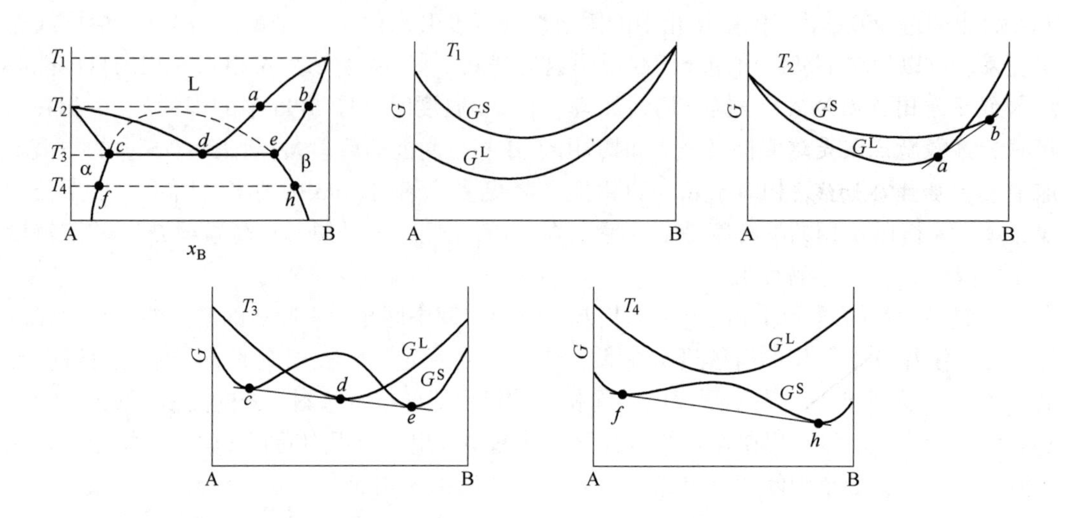

图 5-98 晶体结构相同的两个组元形成共晶的相图以及一些温度下的自由能-成分曲线

直接确定。通常解决的办法是适当地选取化学势的标准态，例如选取 $G_B^{0(\alpha)}=G_A^{0(\alpha)}$，即活度的标准态相同。虽然这样的处理可以解除概念上的危机，但仍有不可逾越的困难。因为既然将 α 相中 A 组元化学势的标准态定义为纯 A 结构的 β 相，那么当 x_A 趋近于1时，a_A^α 明显地和 x_A^α 不相等，这是明显的矛盾。在 Kaufman 和他的合作者的共同推进下，国际"相图计算（CALPHAD）"组织对解决这问题做了很多工作，他们根据某一种稳定存在的结构在一定 T、p 下的热力学数据对一些金属作外推计算，而对另一些金属一方面进行理论估算，另一方面通过分析大量相图，选择对大多数系统都比较合适的数值作为数据。他们编辑了很多金属液态、fcc、hcp 和 bcc 结构的"点阵稳定参数"，即给出一组 $G^{0(L)}$、$G^{0(fcc)}$、$G^{0(hcp)}$ 和 $G^{0(bcc)}$ 的相对值。这就解决了计算吉布斯自由能曲线的问题。根据自由能曲线的公切线就可得出两平衡相的成分。

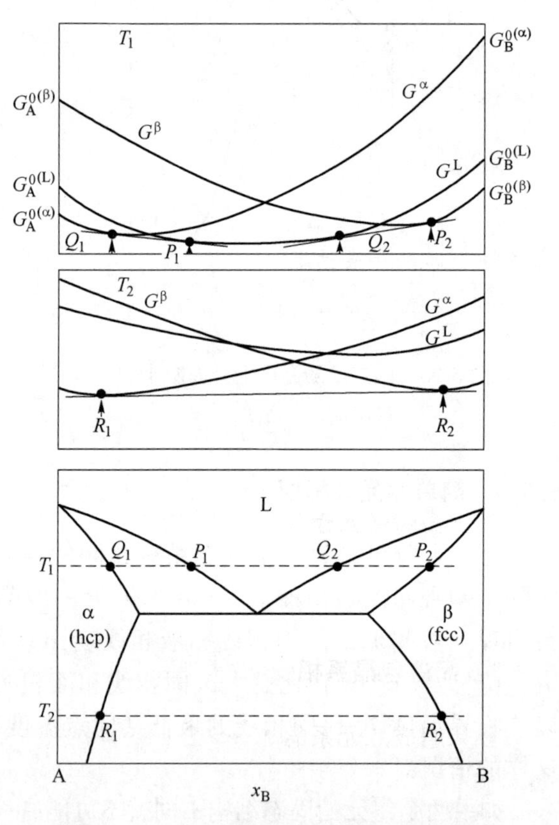

图 5-99 具有不同晶体结构的组元构成的简单二元系的吉布斯自由能曲线及相图

例 5-18 含共晶反应的简单 A-B 二元系，A 和 B 的熔点分别为 1500K 和 1300K。设在液态两组元完全互溶，形成理想溶液，在固态两组元互不相溶。设 A 和 B 的熔化熵都是

8.4J/(mol·K)，液态和固态的比热容相同。计算共晶温度和共晶成分。

解：图5-100a是题目所设的相图示意图。图5-100b所示为在共晶温度 T_E 下各相自由能曲线示意图，因为A和B完全不互溶，所以它们的自由能曲线可近似看做是底边垂直的线，其最低点就是这个温度纯A和纯B固相的自由能 G_A^S 和 G_B^S。在共晶温度时，3个相的自由能曲线公切线点成分就是3个平衡相的成分：A、x_B^E 和B。而共晶成分液相的化学势也分别为 $\mu_A^L=G_A^S$ 和 $\mu_B^L=G_B^S$。因假设液体是理想溶液，根据图5-100b知：

$$\Delta G_A=-RT_E\ln x_A^E \qquad \Delta G_B=-RT_E\ln x_B^E$$

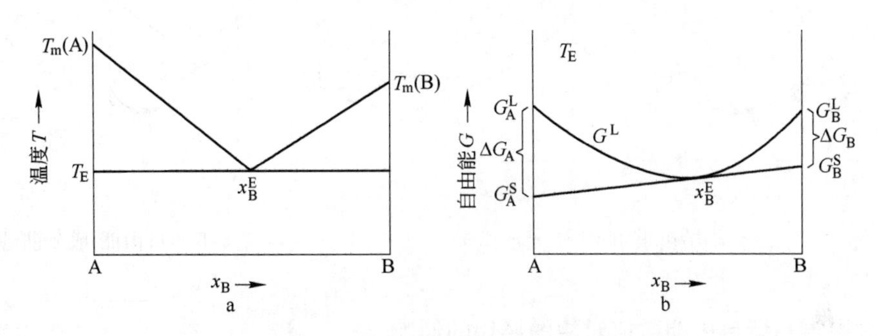

图5-100 含共晶反应的A-B二元系

a—相图；b—在共晶温度 T_E 各相自由能曲线示意图

又假设液态和固态的比热容相同，则 $\Delta G=\Delta S_m\Delta T$。这样，$\Delta G_A$ 和 ΔG_B 又可表达为：

$$\Delta G_A=\Delta S_m(A)[T_m(A)-T_E] \qquad \Delta G_B=\Delta S_m(B)[T_m(B)-T_E]$$

把上述两种表达联合起来，得：

$$-RT_E\ln x_A^E=\Delta S_m(A)[T_m(A)-T_E]$$
$$-RT_E\ln x_B^E=\Delta S_m(B)[T_m(B)-T_E]$$

把题目所给数据代入上式，得：

$$-8.314T_E\ln(1-x_B^E)=8.4\times(1500-T_E)$$
$$-8.314T_E\ln x_B^E=8.4\times(1300-T_E)$$

解上面的联立方程，最后得：

$$x_B^E=0.56 \qquad x_B^E=0.44 \qquad T_E=826\text{K}$$

5.8.7 简单包晶系相图

如果组成二元系的两个组元的固态结构相同，并且固相的 $G^{E(S)}>0$，同时又足够大以使固相可以产生互溶间隙而且 T_c 也足够高，加之如果液相的 $G^{E(L)}>0$ 也足够大，以保证不产生液相线和固相线最低共同点。若未达到 T_c 温度时固相已经熔化的话，这样就会出现包晶反应。图5-101所示为从吉布斯自由能曲线构造这种相图的示意图。

如果两个组元的固态结构不相同，不可能有像图5-101那样存在一个在整个成分范围内连续互溶的固溶体，则必有两条不同结构的固态吉布斯自由能曲线，如图5-102所示。这两条吉布斯自由能曲线的计算和分析所遇到的问题已在讨论共晶相图时讨论过，不再重复。

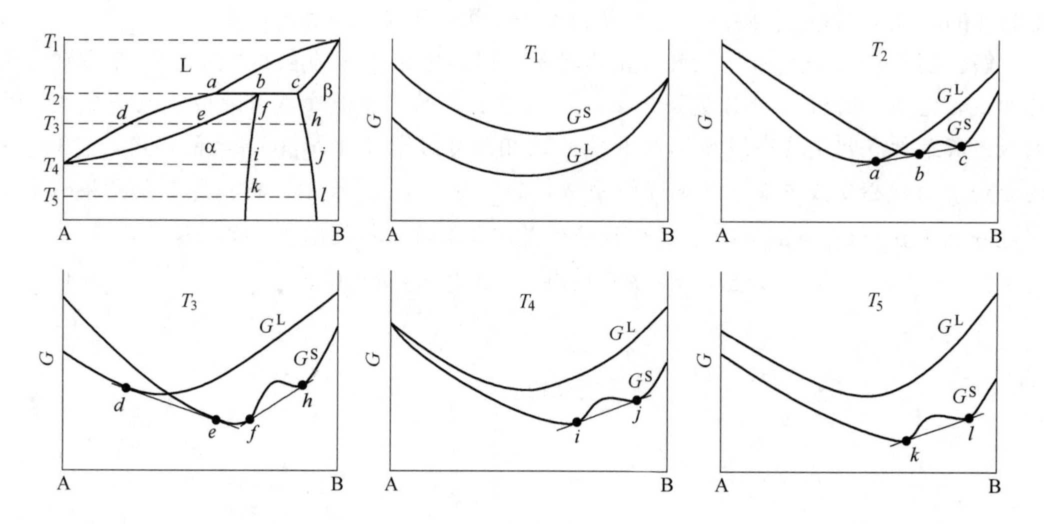

图 5-101　晶体结构相同的两个组元形成包晶的相图以及一些温度下的自由能-成分曲线

5.8.8　过剩吉布斯自由能数值对相图形貌的影响

从上面几节的讨论已经了解了固相和液相的过剩吉布斯自由能对相图形貌的影响，这里以液态和固态均形成规则溶体、两组元固态结构相同并且不形成中间相的假想二元系为例加以总结性的说明。假设组元 A 和 B 的熔化熵均等于 10.0J/(mol · K)(一般金属的典型值)，A 和 B 的熔点分别为 800K 和 1200K，固相的交互作用参数 Ω^S 分别等于 -15、0、15、30kJ/mol，液相的交互作用参数 Ω^L 分别等于 -20、-10、0、10、20、30kJ/mol，将用这些数据计算的一组相图列于图 5-103 中。其中图 5-103n 是固相和液相均为理想溶体的相图；图 5-103n 左侧两列相图的 Ω^L 为负值，右侧三列相图的 Ω^L 为正值；图 5-103 n 上侧两行相图的 Ω^S 为正值，下侧一行相图的 Ω^S 为负值。图 5-103l~图 5-103t 是根据 $G^{E(L)}$-$G^{E(S)}$ 的符号不同，固相线和液相线发生最低或最高共同点的相图，$|G^{E(L)}$-$G^{E(S)}|$的值越大，产生共同点的温度越低或越高；图 5-103h 是液相为理想溶体，固相具有正偏差从而产生互溶间隙，最终形成共晶反应的相图。对比图 5-103h 和图 5-103c，看到 $G^{E(S)}$ 增加而使固溶间隙变宽，即固相溶解度减小。图 5-103e、j、k 中液相

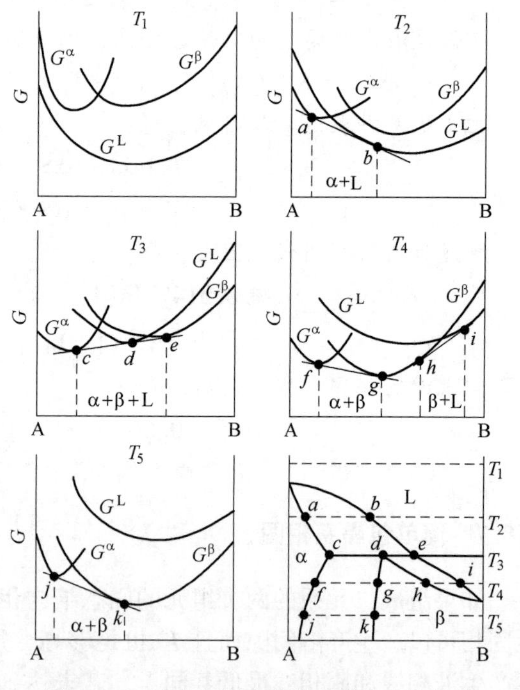

图 5-102　从吉布斯自由能曲线构造简单的包晶系相图的示意图

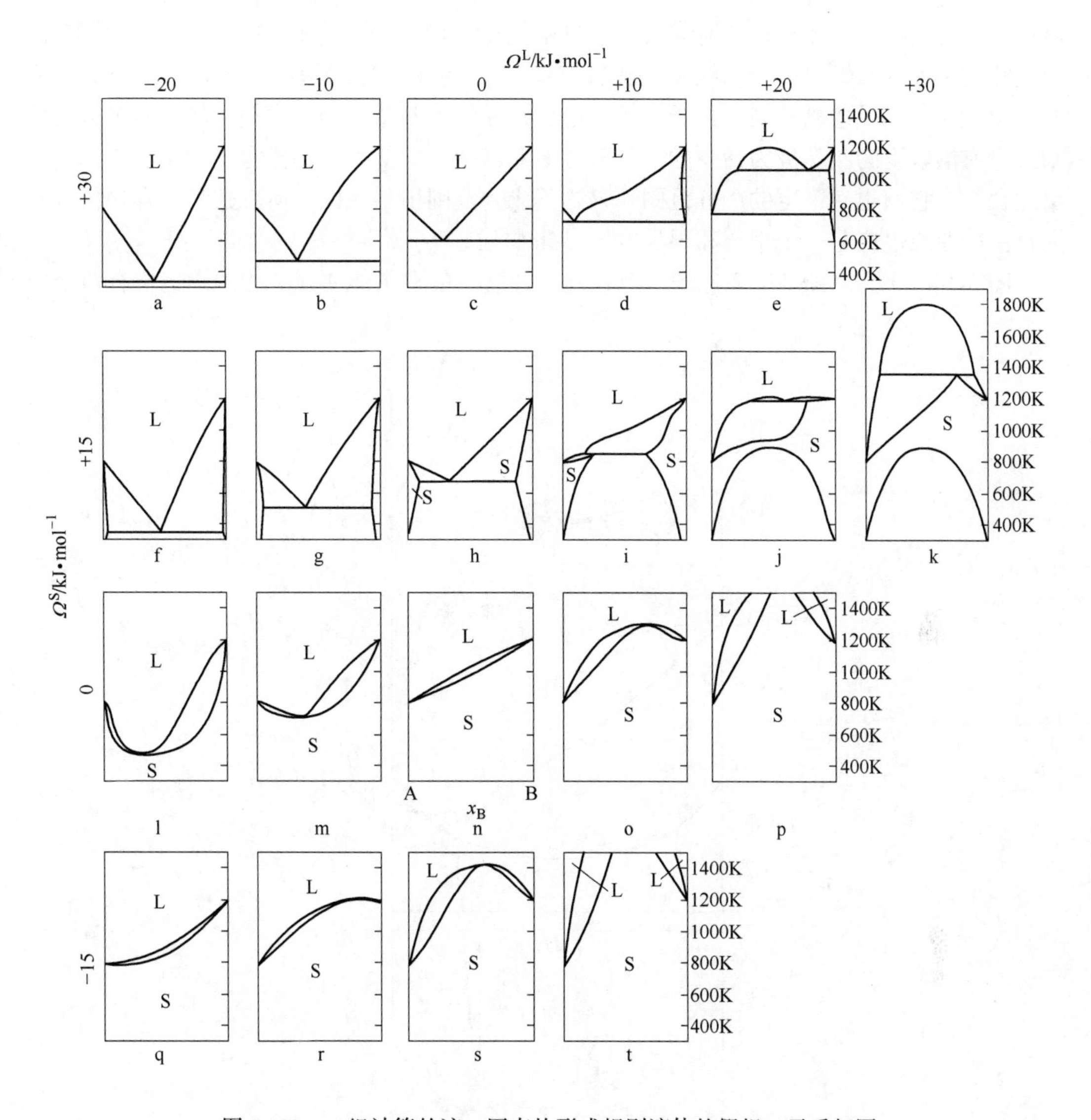

图 5-103　一组计算的液、固态均形成规则溶体的假想二元系相图

（A 和 B 的熔点分别为 800K 和 1200K，A 和 B 的熔化熵均为 10.0J/(mol·K)）

吉布斯自由能曲线发生正偏差，而出现液相互溶间隙。图 5-103d 和图 5-103i 中虽然液相吉布斯自由能发生正偏差，但偏差值不足够大，未能发生互溶间隙，但从液相线某处开始变平（成 *S* 状），说明出现互溶间隙的倾向。对于图 5-103i，固相吉布斯自由能正偏差与液相吉布斯自由能正偏差相比不是大很多，出现包晶反应。

图 5-103d 中富 B 固溶体的最大溶解度对应的温度比共晶温度高，即是说明出现退化现象。从这一组假想相图再一次看到，即使用简单的规则溶体模型也可以说明由组元间差异的不同所引起的相图的多样性。

5.8.9　含中间相的二元系

中间相出现于相图中部，它是否全部都是化合物现仍有争议，但是只要出现中间相，就说明组元间按某一比例结合时其吉布斯自由能比以溶体形式存在的低，因而一般来说，中间相的恒温吉布斯自由能曲线都是比较窄的 U 形曲线。特别是对于化合物，当成分离开理想配比时能量急剧升高。化合物越稳定，则曲线下凹越窄和越尖锐。经过精确分析可知，没有溶解度的相是极为稀少的，甚至是不存在的。即使符合定比定律的化合物，即计量化合物，它们也有一定的成分范围，只是其成分范围很小而已，所以这种化合物的吉布斯自由能曲线也应是一个很窄和很尖锐的 V 形曲线。

图 5-104 所示为 Ag-Mg 系相图以及在几个温度下的自由能曲线。相图中包含有两个中

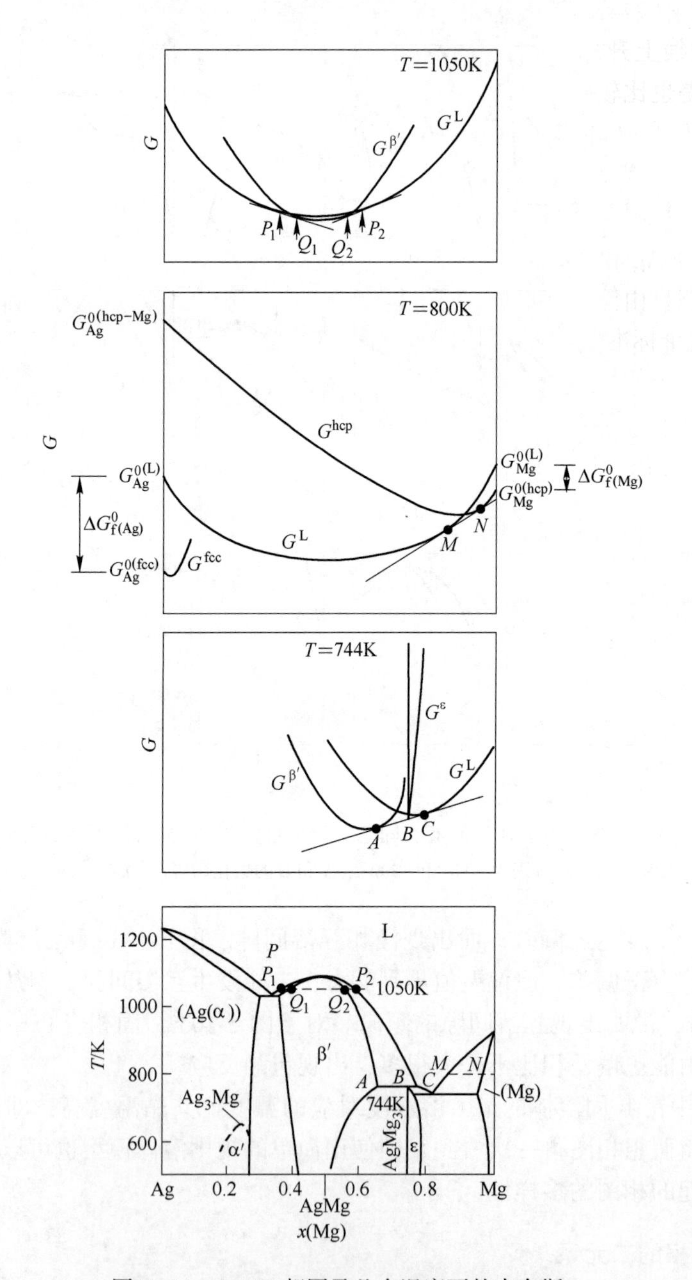

图 5-104　Ag-Mg 相图及几个温度下的吉布斯自由能曲线的示意图

间相化合物：β′和 ε(AgMg$_3$)相，它们都有一定的成分范围。β′相区随着温度降低而收窄，计量成分大约是 1∶1 AgMg 化合物。图 5-104 中 1050K 的自由能曲线显示，β′相的吉布斯自由能曲线在 x(Mg)= 0.5 两侧上升较快，这反映了 Ag 和 Mg 在 x(Mg)= x(Ag)= 0.5 的配比时形成稳定的晶体结构。由于 β′相的吉布斯自由能曲线凹峰处在液相的吉布斯自由能曲线之下，所以有两条吉布斯自由能公切线，切点分别是 P_1、Q_1 和 P_2、Q_2，在 Q_1 和 Q_2 之间是 β′相稳定区，这反映了 β′相的固相线和液相线有一个最高共同点。虽然这个最高共同点的成分接近 x(Mg)= 0.5 但却并不精确为 x(Mg)= 0.5。从热力学上看，这是可能的。图 5-104 中 744K 的自由能曲线显示，ε 相的吉布斯自由能曲线的成分范围很窄，在 Ag 的一侧曲线上升得很快，几乎是垂直线，表明 Ag 几乎不溶于 AgMg$_3$ 相，而在 Mg 的一侧曲线上升得也比较快，但 Mg 在 AgMg$_3$ 相仍有一定的溶解度。744K 是 ε 和（Mg）的共晶温度，ε、L 和（Mg）相自由能曲线有公切线，3 个切点是 A、B 和 C。从图 5-104 所示的 800K 的 L、（Mg）相和（Ag）相的自由能曲线看出，在这个温度下，L 和（Mg）相自由能曲线公切线的切点是 M 和 N，是 L 和（Mg）相的平衡成分。图中的 $\Delta G^0_{f(Ag)}$ 和 $\Delta G^0_{f(Mg)}$ 分别是纯 Ag 和纯 Mg 的凝固焓。$G^{0(Mg\text{-}hcp)}_{Ag}$ 是纯（假想）hcp 结构 Ag 的标准态自由能，这个标准态自由能是因溶媒不同而不同的，例如，同样是 Ag，它溶入同样是 hcp 结构的 Cd 中，这个标准态自由能是不同的。G^0_{Ag} 与 $G^{0(Mg\text{-}hcp)}_{Ag}$ 之间的差别越大，它与液相自由能曲线的公切线的切点 N 越是向高 Mg 浓度方向移动，Ag 在（Mg）中的溶解度越小。

图 5-105 给出了 Na-Bi 相图，它含有两个符合理想配比的计量化合物：Na$_3$Bi 和 NaBi。Na$_3$Bi 是同分熔化化合物，NaBi 是异分熔化化合物。在相图上部给出了在 700℃时吉布斯

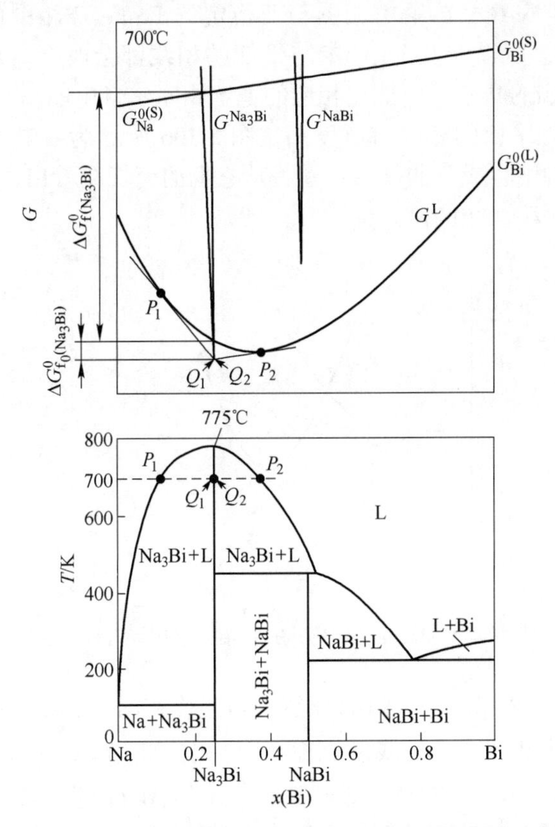

图 5-105 Na-Bi 相图及在 700K 的吉布斯自由能曲线示意图

自由能曲线示意图。因为Na_3Bi和NaBi都是计量化合物，它们的自由能曲线都是非常窄和有非常尖锐的凹峰的。这是由于Na和Bi的电负性差异很大，它们形成的化合物可以看成是半离子化合物，当成分偏离其理想配比成分时，必会使Bi取代Na的位置或相反，这显然会使能量急剧上升。从700℃的吉布斯自由能曲线示意图看出，液相吉布斯自由能曲线和Na_3Bi的吉布斯自由能曲线的公切线有两条：P_1Q_1和P_2Q_2，公切点Q_1和Q_2非常接近，虽然严格来说两者并不完全重合，但是由于这两点太近，在相图中不足以分辨为两个点，所以往往以一个点表示。在Na_3Bi和液相线产生最高共同点处，液相线的斜率为零，说明化合物在液态是完全解离的。Na-Bi相图中另一个化合物NaBi，它在包晶反应温度已分解。虽然我们从原则上强调了这些化合物的吉布斯自由能曲线是有宽度的，但在计算这类相图时，为了方便，往往近似地把这些化合物的吉布斯自由能曲线看做是没有宽度的。这样，在计算时只需要知道吉布斯自由能曲线最低点的值就够了。这一点的值通常用化合物凝固吉布斯自由能$\Delta G^0_{f(Na_3Bi)}$以及化合物形成吉布斯自由能$\Delta G^0_{f_0(Na_3Bi)}$等表示。

5.8.10 亚稳相图，T_0曲线

上面讨论的是平衡相图，但由于相变时形核的热力学和动力学原因（参阅第7章），可能出现非最终平衡的亚稳定相，也可能因动力学原因，稳定相形成极慢而被亚稳相取代，Fe-Fe_3C相图就是亚稳平衡相图的典型例子。亚稳相与其他相（包括平衡相）的平衡关系也遵循化学势相等的关系，因此，只要获得亚稳相的自由能-成分曲线，就可按公切线原理构造亚稳相图。亚稳相图的形貌与平衡相图的主要差别在于与亚稳相平衡的相线，例如图5-22是稳定的Fe-C（石墨）相图与亚稳定的Fe-Fe_3C相图的叠加，因为$Fe_3C\rightarrow$Fe+C而形成平衡相图，所以涉及Fe_3C参与平衡的相线都会改变。从自由能-成分曲线的公切线看，因为亚稳相的摩尔自由能比相应的稳定相摩尔自由能高，所以与亚稳相平衡的相的溶解度比与稳定相平衡的相的溶解度高。图5-106所示为α相与稳定β相、亚稳β′相在T_1温度的摩尔自由能-成分曲线示意图，从它们的公切线看出，稳定相β在α相的溶解度x^α小于亚稳相β′在α相的溶解度x'^α。

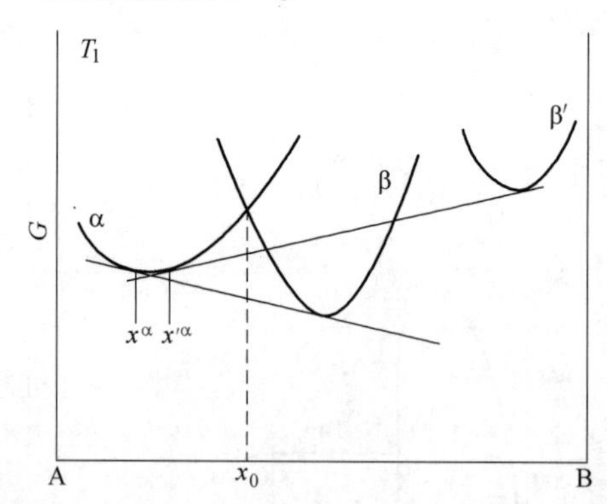

图5-106 α相与稳定β相、亚稳β′相在T_1温度的摩尔自由能-成分曲线示意图

图5-107所示为Al-Fe富Al一侧部分稳定和亚稳相图，其中Al_3Fe是稳定相，Al_6Fe是亚稳相。实线是稳定相图，点划线是亚稳相图，虚线是T_0线。从相图看到，与亚稳相Al_6Fe平衡的液相成分（Al_6Fe的液相线）比和稳定相Al_3Fe平衡的液相的成分（Al_3Fe的液相线）靠右，即亚稳相在液相的溶解度比稳定相的大。因为Al的液相线在这两种情况

是一样的，所以，亚稳相图的共晶温度有所降低，共晶点成分向右移动。

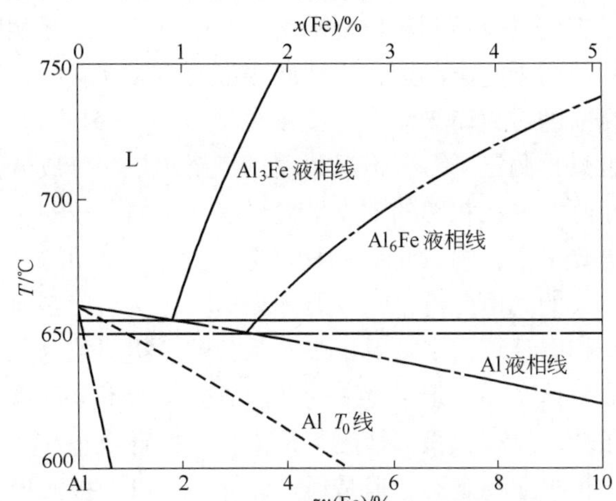

图 5-107　Al-Fe 富 Al 一侧部分稳定和亚稳相图

从图 5-106 看出，在 T_1 温度下，x_0 成分的 α 相和 x_0 成分的 β 相的自由能相等，并且对于成分 x 小于 x_0 的体系，β 相可以转变为同成分的 α 相。在相图中把每个温度下这样的成分连起来，标示为 T_0 线。图 5-107 中的虚线就是 Al 的 T_0 线；从温度看，当体系快冷到 T_0 温度以下时，就有可能转变为同成分的新相。当液相快速冷却到 T_0 温度以下，就有可能直接转变为同成分的固相。经历这种转变形成的同成分新相，可能是稳定相，也可能是亚稳定相。

对于含 α+β 共晶反应的简单相图，α 相和 β 相可能的 T_0 线如图 5-108 所示。如果固相线弯曲急降到低温，T_0 线也急降到低温，如图 5-108a 所示，这样不管液相是什么成分，急冷都不可能获得同成分的固相。这样的体系在共晶成分附近急冷容易获得玻璃。如果 α 相和 β 相的晶体结构相同，固相线随温度的变化不是很急剧，则这两个相的 T_0 线会连接起来，如图 5-108b 所示。如果 α 相和 β 相的结构不同，则它们的 T_0 线不会连接，如图 5-108c所示。图 5-108b、c 的体系不容易形成玻璃。在相图所有的两相区中都会存在类似的 T_0 线。相图中的 T_0 线对于急冷发生的相变是很重要的，将在第 7、8 和 10 章讨论。

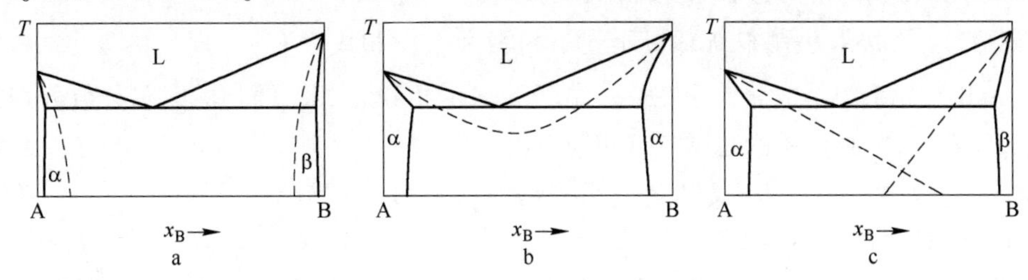

图 5-108　简单共晶系可能出现的 T_0 线

5.8.11　相图计算方法

人类测定相图的历史已有百余年，经测定并且经审定所汇编的二元相图约 2380 个，尚有一千多个体系的相图尚未测定或尚未审定。这些遗留下来的体系的相图，大多数是难以测定的，因为其中有的是体系成分难以控制；有些是熔点很高使测定相图时要涉及高温技术；另外有一些则是它们难以达到相稳定平衡。在已审定的二元相图中，也有相当一部分相图是限于历史条件而尚未完全测定，或即使测定而不够准确的，这些相图需要进一步校准。对于三元系，目前的研究尚未涉及三元系总数（$C_{83}^3=91881$）的2%。对于那些已研究的三元系，一般也只是测定了一些恒温截面，甚至还是部分成分范围的恒温截面。测定三元相图的工作量比测定二元相图的工作量大得多，例如，按测定相图所需要的样品数目来说，如果二元系需要 x 个，则三元系一般需要 x^2 个。由此可见，如果再考虑多元系，测定相图的工作量是巨大的。由此看来，发展计算相图方法是很必要的。对于二元系或恒温三元系，可以把整个相图计算出来。对于多元系，由于相图难以几何表达，所以通常是按需要来计算某确定成分体系在指定温度下的平衡成分，而不是计算整个相图。

实际物质体系的相转变过程，很多情况下是依其亚稳定状态存在或依亚稳定状态变化的。测定的平衡图无法预报亚稳定态，但是通过计算，可以预报亚稳定状态。

前面已经说过，建立和计算相图都要依赖于溶体的吉布斯自由能曲线，我们已经讨论了溶体的吉布斯自由能曲线的数学表达以及按不同模型或按经验式描述的过剩吉布斯自由能。原则上讲，溶体吉布斯自由能的有关热力学参数可以根据物质结构基本原理计算出来，然后再根据热力学参数计算吉布斯自由能。这种从热力学参数一直到相图全部都通过计算来获得的方法，称为“从头计算方法”。由于体系中原子间交互作用的复杂性，用这种方法来计算相图还有待长时间的探索。另一种更常用的方法是由实验测定或者根据一定模型从已测定的相图来提取吉布斯自由能表达式中的热力学参量，据此再计算相图。这种方法称为热力学和相图的计算机耦合法（The Computer Coupling of Thermodynamics and Phase Diagrams）。目前所谓的计算相图，一般指的就是这种方法。

不论是以体系吉布斯自由能最小或者以组元在各个相中化学势相等作为依据来计算相图，都会遇到非线性函数。若按体系吉布斯自由能最小作为依据来计算，这就是非线性最优化问题；若按组元在各相化学势相等来计算，这就是求解非线性方程组问题。解决这些问题只能用数值方法。这样的方法运算工作量一般是很大的，需要采用计算机计算。现在发展的优化方法和求解非线性方程组的方法很多，相图的计算方法也在发展，下面只从原则上和以一些比较简单的方法来介绍相图的计算。

5.8.11.1 以体系吉布斯自由能最小判据求平衡相成分

设A-B二元系中某成分体系在某一温度下有α相和β相，两相的摩尔分数分别为 ζ^{α} 和 ζ^{β}，$\zeta^{\alpha}+\zeta^{\beta}=1$，则体系的总摩尔吉布斯自由能 G 为：

$$G=\zeta^{\alpha}G^{\alpha}+\zeta^{\beta}G^{\beta}=\zeta^{\alpha}G^{\alpha}+(1-\zeta^{\alpha})G^{\beta} \tag{5-86}$$

式中，G^{α} 和 G^{β} 可按式(5-32)计算。计算时，$G_A^{0(\alpha)}$、$G_B^{0(\alpha)}$、$G_A^{0(\beta)}$、$G_B^{0(\beta)}$ 从数据库查找，是已知热力学参数，$G^{E(\alpha)}$ 和 $G^{E(\beta)}$ 按假设的溶体模型或给定的经验式算出，而其中交互作用参数也从数据库查找或按给定模型计算获得，作为已知的热力学参数。当α和β成分改变时，ζ^{α} 和 ζ^{β} 量改变（用杠杆规则计算），G^{α} 和 G^{β} 也改变，从而体系总吉布斯自由能 G 也改变。现在要求α相和β相的成分为何值时体系吉布斯自由能趋于最小。一般用最急下降法解决这个问题。首先选择适当的近似值 $(x_B^{\alpha})_1$ 和 $(x_B^{\beta})_1$ 作为计算的成分起点，然后在这个点周围上、下、左、右取几个参考点（参看图5-109）。

$$b:[(x_B^\alpha)_1+\varepsilon,\ (x_B^\beta)_1];\quad d:[(x_B^\alpha)_1-\varepsilon,\ (x_B^\beta)_1]$$
$$c:[(x_B^\alpha)_1,\ (x_B^\beta)_1+\varepsilon];\quad e:[(x_B^\alpha)_1,\ (x_B^\beta)_1-\varepsilon]$$

其中 ε 是一个微量，计算时任意选取。把上列成分代入式(5-32)计算各点成分所对应的 α 相和 β 相的吉布斯自由能，然后代入式(5-86)中计算各点对应的体系的总吉布斯自由能。比较这些吉布斯自由能，选取最小值处的点，又以它为原始点重复上述计算，逐次向降低吉布斯自由能的方向推进，如图 5-109 所示。假设运算第 n 次后，成分为 $(x_B^\alpha)_n$、$(x_B^\beta)_n$，周围没有更低的 G 值点，再缩小范围（即减小 ε 值，图中的 ε'），作同样的探索。作了相当量的探索后，ε 小于规定数值，并且所得成分 x_B^α 和 x_B^β 点周围又没有更低的吉布斯自由能 G 值点，则这成分就是该温度下的相平衡成分。改变温度，用最急下降法作同样的计算，就可以求得不同成分下的两相平衡成分，从而获得相平衡共轭线。

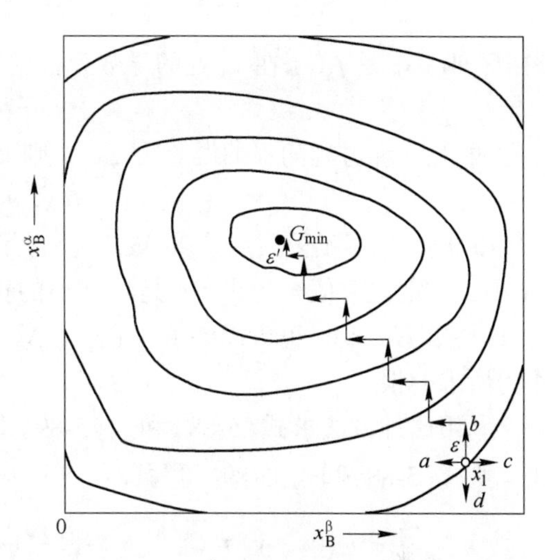

图 5-109 最急下降法的示意图
（图中曲线是自由能等高线）

根据上述原则，可以编制一个程序在计算机上进行计算。

5.8.11.2 以平衡相的化学势相等原理求平衡（不一定是最稳定平衡）相成分

某相的第 i 组元的化学势表达式为：

$$\mu_i = G_i^0 + RT\ln x_i + \overline{G}_i^E \tag{5-87}$$

式中，$\overline{G}_i^E$ 是组元 i 在所讨论的相中的偏摩尔过剩吉布斯自由能，它可以根据不同溶体模型或 G^E 的经验式计算出来。设 A-B 二元系在某温度下 α 相和 β 相平衡，则 $\mu_A^\alpha=\mu_A^\beta$，$\mu_B^\alpha=\mu_B^\beta$，即：

$$RT\ln\frac{x_A^\alpha}{x_A^\beta} = G_A^{0(\beta)} - G_A^{0(\alpha)} + \overline{G}_A^{E(\beta)} - \overline{G}_A^{E(\alpha)} \tag{5-88}$$

$$RT\ln\frac{x_B^\alpha}{x_B^\beta} = G_B^{0(\beta)} - G_B^{0(\alpha)} + \overline{G}_B^{E(\beta)} - \overline{G}_B^{E(\alpha)} \tag{5-89}$$

式中，$G_A^{0(\beta)}-G_A^{0(\alpha)}$ 以及 $G_B^{0(\beta)}-G_B^{0(\alpha)}$ 分别是组元 A 和组元 B 由 α 相转变为 β 相的相变吉布斯自由能，上面说过，它们大多数可以从文献或一些热力学数据库查找出来。上面的方程组的未知数就是 x_B^α 和 x_B^β（或 x_A^α 和 x_A^β），解方程组就可以求出平衡相的成分。现在已经有很多方法求解这种方程组，牛顿-拉普森法是应用较广泛的一种，这种方法还可以推广到多元系。

设有一个一元高次方程 $f(x)=0$，现求方程的根。先任选一个初始近似值 x_0，假设 x_0 和方程的根之间的误差为 Δx_0，则有：

$$f(x_0 + \Delta x_0) = 0 \tag{5-90}$$

用泰勒公式展开上式，并忽略 Δx_0 的二次及高次项，得：

$$\Delta x_0 = -\frac{f(x_0)}{f'(x_0)} \tag{5-91}$$

式中，$f'(x_0)$ 是 $f(x)$ 在 x_0 处的导数。根据上式，获得第 1 个近似值 x_1：

$$x_1 = x_0 + \Delta x_0 \tag{5-92}$$

再设 x_1 和方程的根的误差为 Δx_1，则又有：

$$f(x_1 + \Delta x_1) = 0$$

同样，用泰勒公式展开求 Δx_1，获得第 2 个近似值 x_2。如此反复逐次迭代直至误差 Δx 小于规定误差值 ε 为止。ε 是一很小的正数，它代表计算的精度。假设迭代的次数为 n，即要求 $\Delta x_n<\varepsilon$。也可以要求 $|f(x_n + \Delta x_n)| < \varepsilon$。当符合这些条件后，所得的 x_n 值就作为所求的根。

利用这种方法求式(5-88)和式(5-89)联合方程的解，为了书写方便，令 $x = x_B^\alpha$，$y = x_B^\beta$，则式(5-88)和式(5-89)可写成：

$$F_A(x, y) = G_A^{0(\beta)} - G_A^{0(\alpha)} + \overline{G}_A^{E(\beta)} - \overline{G}_A^{E(\alpha)} + RT\ln\frac{1-y}{1-x} = 0 \tag{5-93a}$$

$$F_B(x, y) = G_B^{0(\beta)} - G_B^{0(\alpha)} + \overline{G}_B^{E(\beta)} - \overline{G}_B^{E(\alpha)} + RT\ln\frac{y}{x} = 0 \tag{5-93b}$$

设有近似值 x_0、y_0 与上式的真值的误差为 Δx_0 和 Δy_0，代入上式有：

$$F_A(x_0 + \Delta x_0, y_0 + \Delta y_0) = 0$$

$$F_B(x_0 + \Delta x_0, y_0 + \Delta y_0) = 0$$

用多变量泰勒公式展开，并忽略 Δx_0 和 Δy_0 的二次及高次项，得：

$$F_A(x_0, y_0) + \Delta x_0\frac{\partial F_A}{\partial x} + \Delta y_0\frac{\partial F_A}{\partial y} = 0 \tag{5-94}$$

$$F_B(x_0, y_0) + \Delta x_0\frac{\partial F_B}{\partial x} + \Delta y_0\frac{\partial F_B}{\partial y} = 0 \tag{5-95}$$

解此方程组，得：

$$\Delta x_0 = \frac{\begin{vmatrix} -F_A & \dfrac{\partial F_A}{\partial y} \\ -F_B & \dfrac{\partial F_B}{\partial y} \end{vmatrix}}{\begin{vmatrix} \dfrac{\partial F_A}{\partial x} & \dfrac{\partial F_A}{\partial y} \\ \dfrac{\partial F_B}{\partial x} & \dfrac{\partial F_B}{\partial y} \end{vmatrix}} \qquad \Delta y_0 = \frac{\begin{vmatrix} \dfrac{\partial F_A}{\partial x} & -F_A \\ \dfrac{\partial F_B}{\partial x} & -F_B \end{vmatrix}}{\begin{vmatrix} \dfrac{\partial F_A}{\partial x} & \dfrac{\partial F_A}{\partial y} \\ \dfrac{\partial F_B}{\partial x} & \dfrac{\partial F_B}{\partial y} \end{vmatrix}} \tag{5-96}$$

以 $x_1 = x_0 + \Delta x_0$，$y_1 = y_0 + \Delta y_0$ 再次代入式(5-96)求出下一对近似值 $x_2 = x_1 + \Delta x_1$，$y_2 = y_1 +$

Δy_1。如此反复逐次迭代直至（假设迭代了 n 次）$|F_A(x_n, y_n)| < \varepsilon$ 以及 $|F_B(x_n, y_n)| < \varepsilon$ 为止。ε 为规定误差，它是一个很小的正数，代表计算精度。

例 5-19 设二元系固相和液相都是规则溶体，写出用牛顿-拉普森法计算液相线和固相线的方程。

解：把式(5-88)的 β 相看做液相，α 相看做固相。对于规则溶体，有：

$$\overline{G}_A^{E(L)} = \Omega^L(x_B^L)^2; \quad \overline{G}_B^{E(L)} = \Omega^L(1 - x_B^L)^2$$

$$\overline{G}_A^{E(S)} = \Omega^S(x_B^S)^2; \quad \overline{G}_B^{E(S)} = \Omega^S(1 - x_B^S)^2$$

另外

$$G_A^{0(L)} - G_A^{0(S)} = \Delta H_{f(A)}^0 - T\Delta S_{f(A)}^0 \tag{5-97}$$

$$G_B^{0(L)} - G_B^{0(S)} = \Delta H_{f(B)}^0 - T\Delta S_{f(B)}^0 \tag{5-98}$$

ΔH_f^0 和 ΔS_f^0 是在 T 温度下纯组元的熔化焓和熔化熵，把 ΔH_f^0 和 ΔS_f^0 近似看做不随温度变化，在 A 组元的理论熔化温度 $T_{m(A)}$ 下，$G_A^{0(L)} = G_A^{0(S)}$，故 $\Delta H_{f(A)}^0 = T_{m(A)}\Delta S_{f(A)}^0$。同理，在 B 组元理论熔化温度 $T_{m(B)}$ 下，$\Delta H_{f(B)}^0 = T_{m(B)}\Delta S_{f(B)}^0$，式(5-97)和式(5-98)变成：

$$G_A^{0(L)} - G_A^{0(S)} = \Delta S_{f(A)}^0(T_{m(A)} - T) \tag{5-99}$$

$$G_B^{0(L)} - G_B^{0(S)} = \Delta S_{f(B)}^0(T_{m(B)} - T) \tag{5-100}$$

这时，式(5-94)和式(5-95)的具体形式是：

$$F_A(x, y) = \Delta S_{f(A)}^0(T_{m(A)} - T) + RT\ln\frac{1 - y}{1 - x} + \Omega^L y^2 - \Omega^S x^2 = 0 \tag{5-101}$$

$$F_B(x, y) = \Delta S_{f(B)}^0(T_{m(B)} - T) + RT\ln\frac{y}{x} + \Omega^L(1 - y)^2 - \Omega^S(1 - x)^2 = 0 \tag{5-102}$$

$F_A(x, y)$ 对 x 和 y 的一阶导数是：

$$\frac{\partial F_A}{\partial x} = RT\frac{1}{1 - x} - 2\Omega^S x \tag{5-103}$$

$$\frac{\partial F_A}{\partial y} = - RT\frac{1}{1 - y} + 2\Omega^L y \tag{5-104}$$

$F_B(x, y)$ 对 x 和 y 的一阶导数是：

$$\frac{\partial F_B}{\partial x} = - RT\frac{1}{x} - 2\Omega^S(1 - x) \tag{5-105}$$

$$\frac{\partial F_B}{\partial y} = - RT\frac{1}{y} + 2\Omega^L(1 - y) \tag{5-106}$$

当查找出 $\Delta S_{f(A)}^0$ 和 $\Delta S_{f(B)}^0$ 以及 Ω^L 和 Ω^S 后，就可以编程计算两相平衡成分。或者利用计算工具（例如 MATLAB）对式（5-105）和式（5-106）联立方程计算给出温度的成分数据，或者直接对联立方程求成分与温度的方程。

设 A 和 B 的熔点分别为 1200K 和 800K，$\Omega^L = 1$，$\Omega^S = 2$，A 的熔化熵为5J/(mol · K)，B 的熔化熵为 20J/(mol · K)，计算 S+L 两相平衡共轭线。把数据代入式（5-105）和式（5-106）：

$$5(1200 - T) + 8.314T\ln\frac{1 - y}{1 - x} + y^2 - 2x^2 = 0$$

$$20(800 - T) + 8.314T\ln\frac{y}{x} + (1 - y)^2 - 2(1 - x)^2 = 0$$

用以下程序

```
* * * * * * * * * * * * * * *
syms x y
for t=800: 20: 1200
[X, Y] =vpasolve (5* (1200-t) + (8.314* (log (1-y) -log (1-x) ) ) *t+y^2-2
*x^2, 20* (800-t) + (8.314* (log (y) -log (x) ) ) * t+ (1-y) ^2-2* (1-x) ^2);
Xx ( (t-780) /20) = X;
Yy ( (t-780) /20) = Y;
end
* * * * * * * * * * * * * * *
```

获取数据，用 MATLAB 画图，如图 5-110 所示：

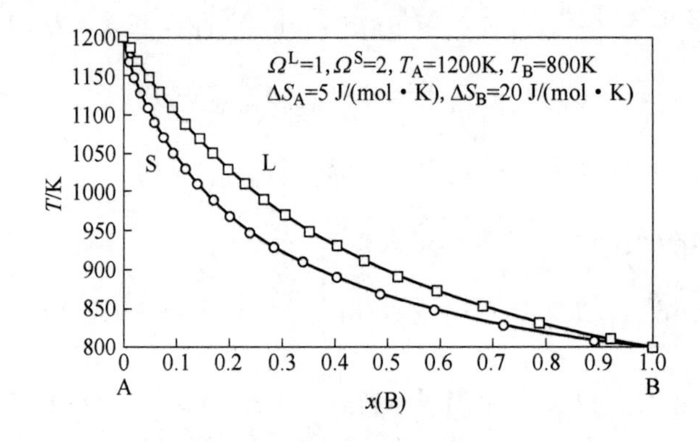

图 5-110　MATLAB 绘图结果

5.8.11.3　从二元相图计算三元相图

近年来，已经有一些用热力学方法由二元系相图估算三元或更高元相图的有效途径，很多关键性文章发表在 Calphad Journal 上。

这些方法的第一步是分析组成三元相图的 3 个二元系相图，获得一组二元相的自由能数学表达式（见前面的讨论），然后基于溶体模型根据二元相的自由能用内插方法来估算三元相的自由能曲面，最后借助计算机用公切面方法求化学势或根据总自由能最小求出平衡相成分。

例如 A-B-C 三元系液相面的超额摩尔吉布斯自由能近似用 3 个二元系的液相超额摩尔吉布斯自由能表示（图 5-111）：

$$G^{E(L)} = (1 - x_A)^2 G_{B/C}^{E(L)} + (1 - x_B)^2 G_{C/A}^{E(L)} + (1 - x_C)^2 G_{A/B}^{E(L)} \quad (5\text{-}107)$$

式中，x_A、x_B 和 x_C 是三元系的液相成分，$G_{B/C}^{E(L)}$、$G_{C/A}^{E(L)}$ 和 $G_{A/B}^{E(L)}$ 分别是与三元系该点成分比率相同的二元系超额摩尔吉布斯自由能。如果三元系相与 3 个二元系相都是规则溶体，则式(5-107)是精确的。一般情况下，式(5-107)的物理诠释是：如果不管 C 组元的作用，A 组元与 B 组元之间的交互作用在 x_A/x_B 相同时是恒值，根据规则溶体理论，若考虑 C 组元的溶入，则该项还应乘以 $(1-x_C)^2$。

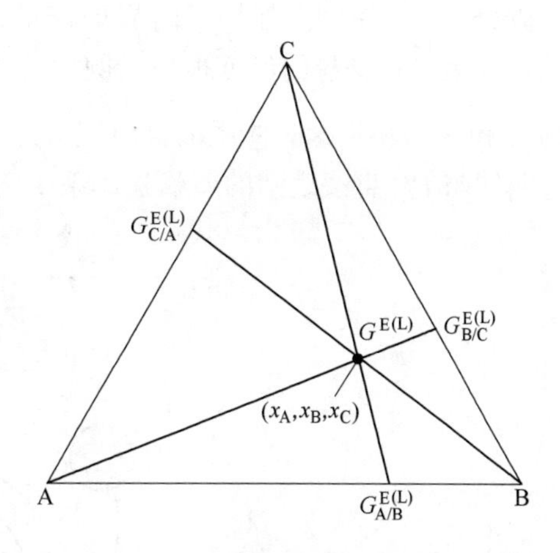

图 5-111　以规则溶体模型用二元系数据推算 A-B-C 三元系液相面的超额摩尔吉布斯自由能

为了改进计算结果与实验结果的符合程度，通常还可以在式(5-107)的基础上加入一些“三元项”，例如：$ax_Ax_Bx_C$，这项在所有 3 个二元系中都为 0。a 是一个根据实验数据最佳拟合的系数，当然，这样就要求做一些三元系实验，但是，只要少量实验即可。

还有其他一些类似的利用规则溶体理论扩展的方法以及其他方法，这里不做详细论述，读者可以参阅相关文献。

5.8.12　相图合成法

上面介绍了相平衡计算方法，根据这些方法我们可以确定具体体系的一对平衡共轭相线，但相图是由多个平衡组合成的，因而在相平衡计算完成以后，仍需按一定的策略合成相图。

合成相图通常有两种方法。第一种方法是在变量空间内，按一定规律布置网格，计算每个格点处所有可能的平衡，比较该格点处各种平衡态下的系统吉布斯自由能，选取最低的稳态平衡。连接各网格点的稳定平衡，就可以合成整个相图。第二种方法是首先计算不变平衡（自由度为 0 的平衡）及单变量平衡，先不考虑它们是否属于稳定平衡。单变量平衡可由边缘子系（例如，二元系相图边缘子系就是组成二元系的两个单元系）开始计算，在子系中这些平衡就是不变平衡。相图由这些单变量平衡及不变平衡确定。这两种方法都被成功地用以合成相图。对比起来，第一种方法的工作量很大，而第二种方法却受到人工干预过多，不易提高合成的自动化程度。实际上，人们往往采用这两种方法的折中方法。

5.9　在纳米颗粒中的两相平衡

前面讨论一般平衡相图时都不计入相界面能的影响，如果是单相纳米材料，自由能加入界面能项，使恒温自由能-成分曲线提高。如果小颗粒系统（例如纳米颗粒）中的相平衡，因为界面占系统的体积分数不能忽略，所以界面能的作用是很重要，要把相界面能计入自由能中，使得两相平衡时体系自由能再不是两相相对量的线性函数，即不能用一般的自由能曲线的公切线构造平衡相图。图 5-112 描述 A-B 二元系 α 和 β 两相的摩尔自由能

G-成分 x 的示意图。如果忽略界面能的影响，α 和 β 两相平衡时体系的自由能是 PQ 直线。当第二相颗粒的尺度很小，例如是纳米级的尺度，因为增加的两项界面能不能忽略，则 α 和 β 两相平衡时体系的自由能 $\tilde{G}_{\alpha\beta}$ 不能由 PQ 直线决定，是由图中的 PQ 曲线决定，这曲线与 PQ 直线之间的差就是体系中两相的总界面能 $\gamma_{\beta/\alpha}$。

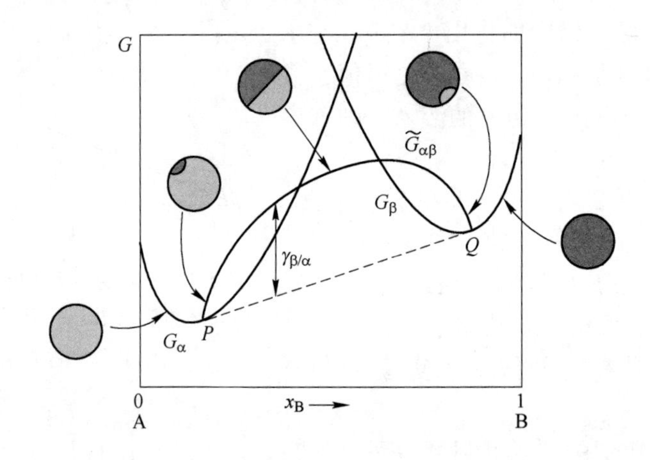

图 5-112　A-B 二元系 α 和 β 两相的摩尔自由能 G-成分 x 的示意图

为了计算不同粒径的相图（更确切的说，现在已经不是平衡相图，称之为稳性图），需要对状态方程进行假设。这里介绍一个简单的模型理论（P. Bunzel，G. Wilde 等）来计算纳米颗粒尺寸对颗粒中两相平衡相图的影响。采用的简单模型是：假想的含共晶反应的二元系，在固相两组元相互完全不溶解，两相的熔点温度相同，宏观的平衡相图如图 5-113a 所示；设颗粒是球状的，两相的二面角等于 90°，相的相对量不同反映了在颗粒内相的形状不同，球颗粒如图 5-113b 所示。

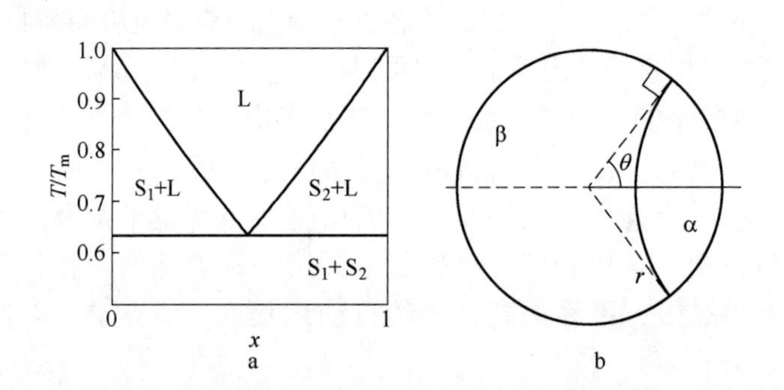

图 5-113　纳米颗粒尺寸对颗粒中两相平衡相图的影响
a—大尺寸的平衡二元相图，其中 T_m 是熔点温度，S_1 和 S_2 是两个固相；
b—颗粒中两相平衡，其中 α 和 β 代表（S_1、S_2 或 L）任意一种相，β 相的中心角是 θ

计算固相摩尔自由能-成分曲线（G-x）时，不计球颗粒外界面（球面）能量的影响，因为计算相图只关心自由能的相对值，故假设 $G^{S_1}=G^{S_2}=0$，固相的界面能用熔化热（第 4 章式(4-10)）计算，液相看成是理想溶体。根据这些条件，计算不同温度的液相摩尔自由能-成分曲线（G^{L}-x），两个固相混合的摩尔自由能-成分曲线（G^{SS}-x），固相与液相两相共存时的摩尔自由能-成分曲线（$\tilde{G}^{SL}$-x，x 为系统成分），以最低自由能确定相图中的相共存区域。图 5-114 所示为根据计算的 G^{L}-x、G^{SS}-x 和 $\tilde{G}^{SL}$-x 构造系统尺寸 $D=5$nm 的相图。

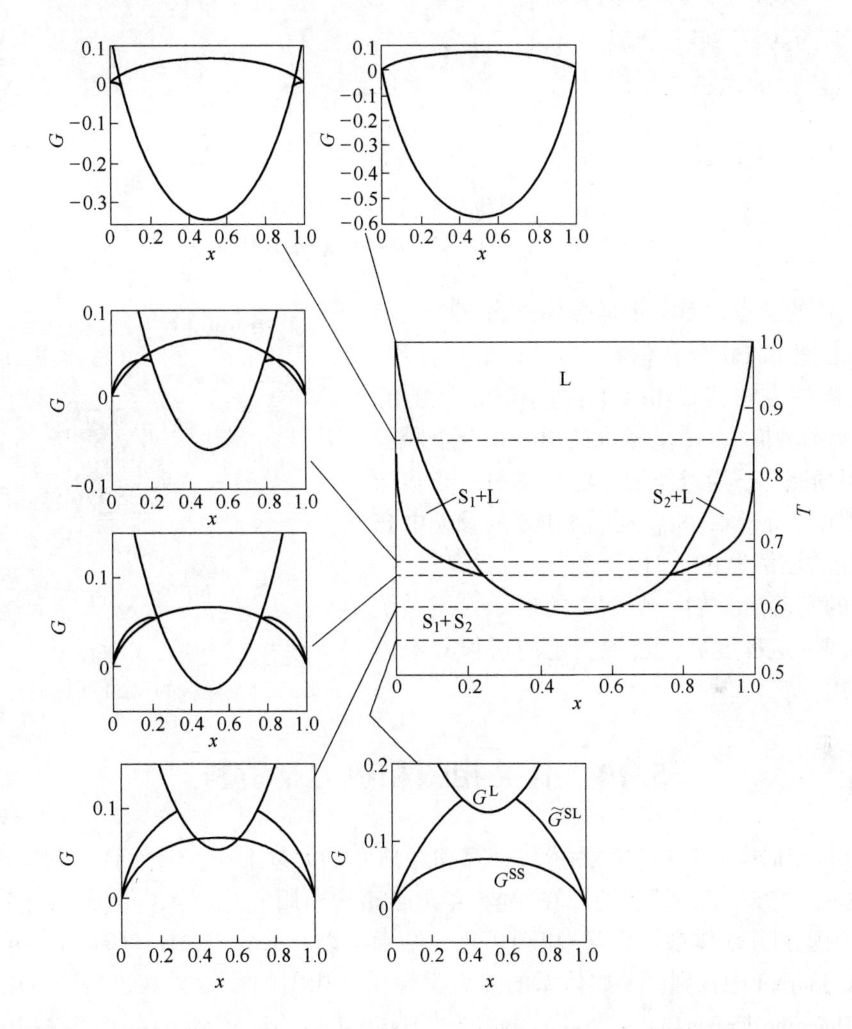

图 5-114　根据计算的不同相存在状态（L、SS 和 SL）的自由能曲线构造的相图

体系尺寸不同，相图也不同。体系尺寸越小，偏离宏观相图越远。图 5-115 所示为宏观相图及尺寸 $D=50$nm 和 $D=5$nm 的相图。图中黑线为相区分界线；虚线和点线或点划线表示 3 个任选成分体系中的液相（在单相区或在两相区）的等成分线，阴影表示宏观相图。在小尺寸的相图中不出现三相共存状态，此时宏观相图的共晶点退化为一条不连续熔化曲线，从两相平衡（S_1+S_2）过渡到单相液态。用不连续熔化曲线分割可以与相律协调。体系尺寸越小，不连续熔化线的成分范围（Δx_d）越大。

采用特别的技术测量这样的相图。研究低熔点合金时，把它嵌入熔点比较高的基体中来进行实验。研究的例子是 Bi-Cd 合金体系，Bi 和 Cd 在固相是互不溶解的，也不溶于

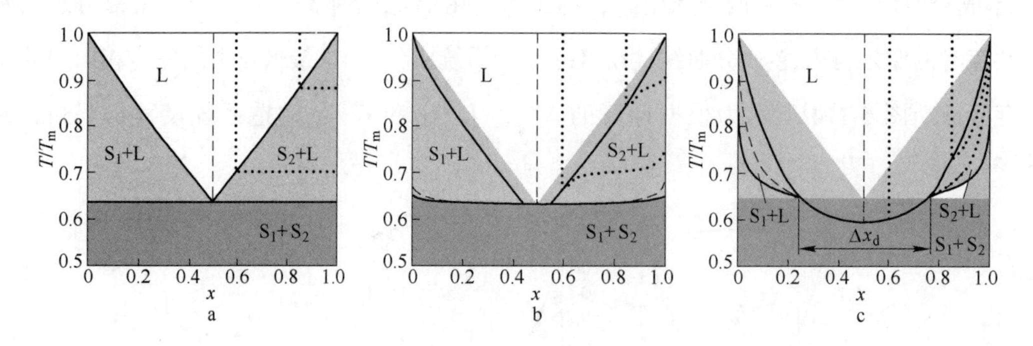

图 5-115 计算的不同颗粒尺寸的相图

a—$D\to\infty$，宏观相图；b—$D=50$nm；c—$D=5$nm

Al，并且 Al 的熔点比 Bi-Cd 合金体高得多，用熔融纺丝技术把 Bi-Cd 合金颗粒嵌入 Al 的基体中，可以用这样的方法测量 Bi-Cd 合金颗粒的相图。图 5-116 所示为嵌入 Al 基体中的 Bi-Cd 合金颗粒的 TEM 明场照片。通过能量过滤式透射电子显微镜（EFTEM）分辨 Cd 相，在图 5-116 的颗粒中 Bi 相与 Cd 相的比例为 69∶31。

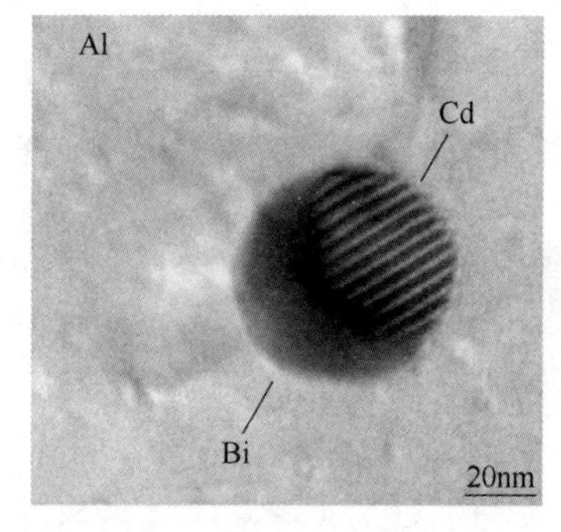

图 5-116 嵌入 Al 基体中的 Bi-Cd 合金颗粒的 TEM 明场照片

这样的实验给我们一个重要的启示，当系统的尺寸小到一定程度后，宏观测定的规律并不一定还能适用。

5.10 有关相图和热力学资料

在 20 世纪研究者对相图的测量、计算和评估做了大量工作。二元合金相图的经典汇编是 Hansen（1958 年）编制的，在 1985 年重新整理出版（见本章参考文献［5］）。关于合金、陶瓷和其他体系热力学/相图优化的结果可以在 CALPHAD（Calculation of Phase Diagrams）Journal 中找到。一些体系的热力学性质和相图的参考文献数据库可以从 Thermodata（Domaine Universitaire, Saint-Martin d' Here, France）得到。关于查找相图和热力学资料的更多和更详细的介绍，可从本章的参考文献［2］所指文章中最后一节查到，该参考文献有中译本。

练 习 题

5-1 组元 A 和组元 B 的熔点分别为 1000℃ 和 800℃，A 和 B 在室温完全互溶，如果 $x_B=0.7$ 的固溶体在平衡条件下加热，在 600℃ 固相转变为同成分的液相。构造一个合理的 A-B 二元相图。

5-2 组元 A 和组元 B 的熔点分别为 1000℃ 和 650℃，室温时 B 在 A 中的固溶体 α 的固溶度是 $x_B=0.05$，A 在 B 中的固溶体 β 的固溶度是 $x_A=0.35$，在 700℃ 有一个零变量平衡，在此温度下 α 的成分是 $x_B=0.10$。一个成分为 $x_B=0.30$ 的体系在稍高于 700℃ 时有 50%α 相和

50%的液相，在稍低于700℃时有α和β两相，α和β相量的比值为1/3。构造一个合理的A-B二元相图。

5-3 图5-117所示为MgO与其他两个氧化物NiO和CaO的两个二元相图。根据晶体特性判断哪一个相图是MgO-NiO相图，哪一个是MgO-CaO相图？标出相图中相区所含的相以及确定其不变反应。

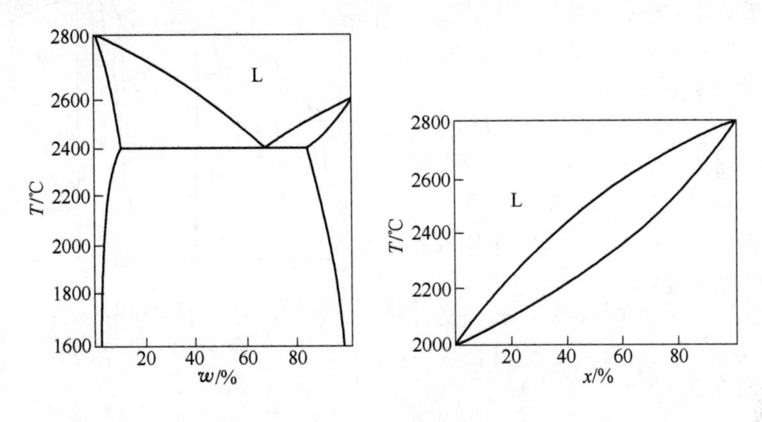

图5-117 二元相图

5-4 根据下列资料，作出A-B二元相图。

$T_A=1100℃$ $T_B=250℃$

800℃ α(13)+L(25.5)→β(22)

760℃ β(25)+L(30)→γ(26.5)

640℃ γ(34)+ε(36.5)→ζ(35)

640℃ γ(42)→ε(38.5)+L(58.5)

590℃ γ(32)+ζ(33)→δ(32.5)

586℃ β(24.6)→α(16)+γ(25.5)

582℃ ζ(34)→δ(33)+ε(36)

520℃ γ(27)→α(16)+δ(32.5)

415℃ ε(37.5)+L(92)→η(59)

350℃ δ(32.7)→α(11)+ε(36)

227℃ L(98)→η(61)+B

在150℃时B在α的溶解度为1%。在150℃时ε相成分范围是36%~37.5%，ε相线和γ相线在676℃有最高共同点，共同点成分为38%。在150℃时η相成分范围为61%~62%，η相有一个有序转变，在含B低一侧有序化温度为189℃，在含B高一侧有序化温度为186℃。A几乎不溶于B。

5-5 图5-118所示为Ti-Al相图。(1) 组元有没有同素异构转变，转变温度是多少？(2) 哪个中间相是计量化合物，它是同分熔化还是异分熔化？(3) 给出相图中各个不变反应的反应式。(4) 在Ti-Al合金中不希望出现Ti_3Al，因为它的存在对其韧性有有害影响，因此，Ti-Al合金中铝含量应不超过多少？

5-6 根据$Fe\text{-}Fe_3C$相图，(1) 计算$w(C)$为0.2%以及1.1%的铁碳合金在室温时平衡状态下相的相对量，计算共析体（珠光体）的相对量。(2) 计算$w(C)$为3.6%的铁碳合金在室温时平衡状态下相的相对量。计算刚凝固完毕时初生γ相（奥氏体）和共晶体的相对量。计算在共析温度下由全部初生γ相析出的渗碳体占总体（整个体系）量的百分数。计算在共晶体中最后转变生成的共析体占总体（整个体系）量的百分数。

5-7　图 5-119 所示为 Ba_2TiO_4-TiO_2 相图。（1）相图中有哪些相有多型性转变，转变温度是多少？（2）有哪些中间相，哪些是同分熔化，哪些是异分熔化？（3）给出相图中各个不变反应的反应式。（4）示意性画出 1200℃各相的自由能-成分曲线，并与相图中各平衡相的成分对应。

5-8　图 5-120 所示为 A-B-C 三元成分三角形，（1）定出图中的 P、R、S 三点的成分。问由 2kg$P$、4kg$R$、7kg$S$ 混合后的体系的成分是什么？（2）从图中定出含 C 为 80%，而 A 和 B 组元浓度比等于 S 成分的合金的成分。（3）若有 2kg$P$ 成分合金，问要配什么样成分的合金才能混合成 6kg$R$ 成分的合金？

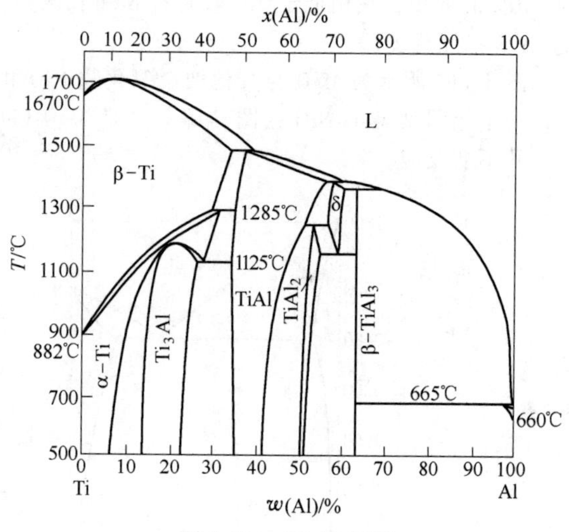

图 5-118　Ti-Al 相图

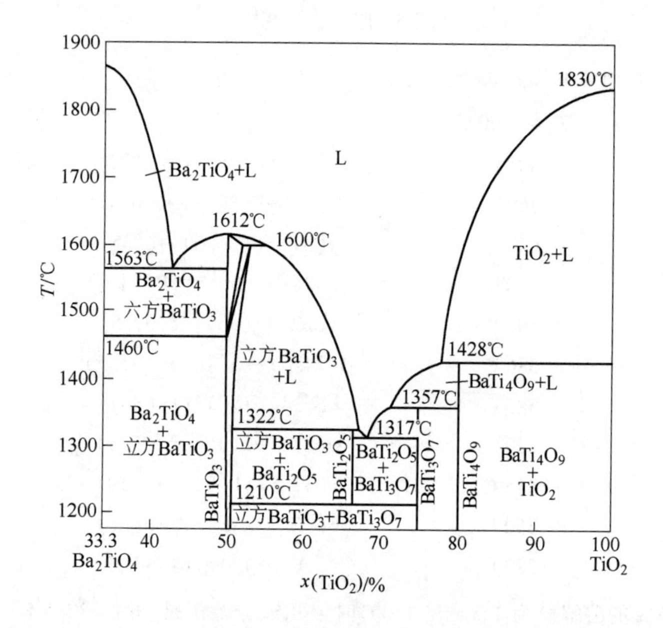

图 5-119　Ba_2TiO_4-TiO_2 相图

5-9　图 5-121 所示为 Cu-Mn-Zn 液相面的等温线投影图。写出Ⅰ、Ⅱ点的成分及它们的熔点。

5-10　根据图 5-122 所示的投影图示意地画出 XY 及 ZT 的垂直截面示意图，并说明Ⅰ及Ⅱ成分合金冷却时发生的变化。

5-11　根据图 5-123 所示的投影图，画出 XY 及 ZT 的垂直截面示意图，说明Ⅰ及Ⅱ成分合金冷却时所发生的变化。

5-12　图 5-124 给出了 Fe-Cr-C 系中 w(Cr) = 17%的垂直截面。（1）把各相区中各相的名称填上。（2）从截面上能判断出哪一些三相区的三相反应类型，是什么反应？（3）有哪几个四相区，哪些四相区能从截面上判断四相反应类型，是什么反应？（4）1.5%C-17%Cr-Fe 合金加热时不出现液相的最高温度是多少？

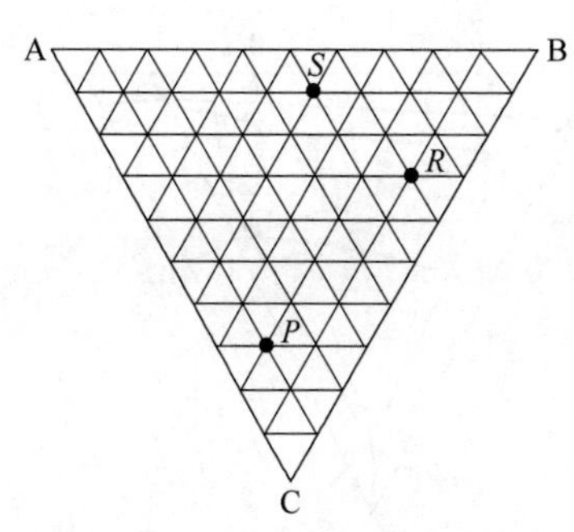

图 5-120 A-B-C 三元成分三角形

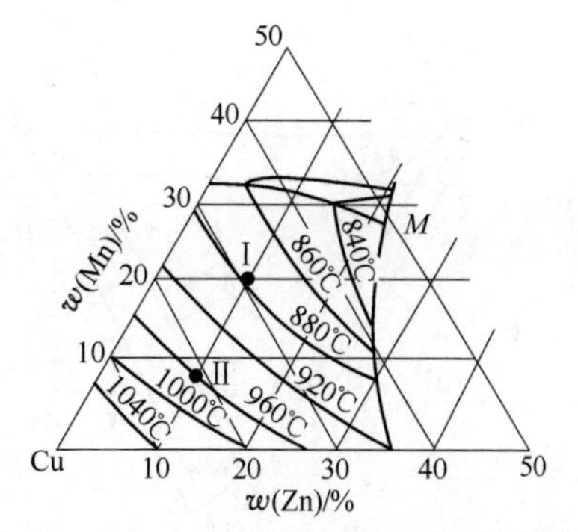

图 5-121 Cu-Mn-Zn 液相面的等温线投影图

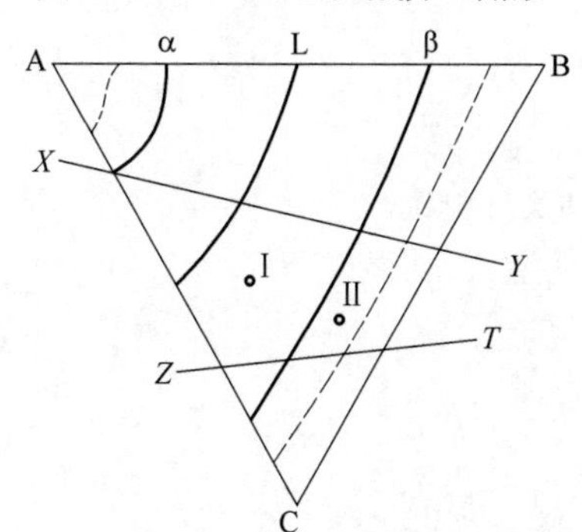

图 5-122 投影图

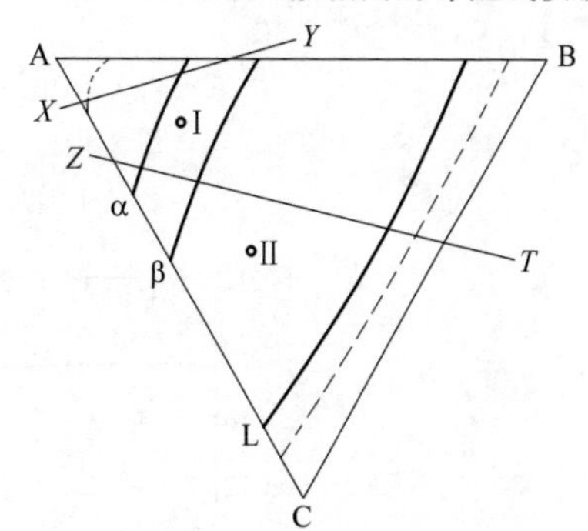

图 5-123 投影图

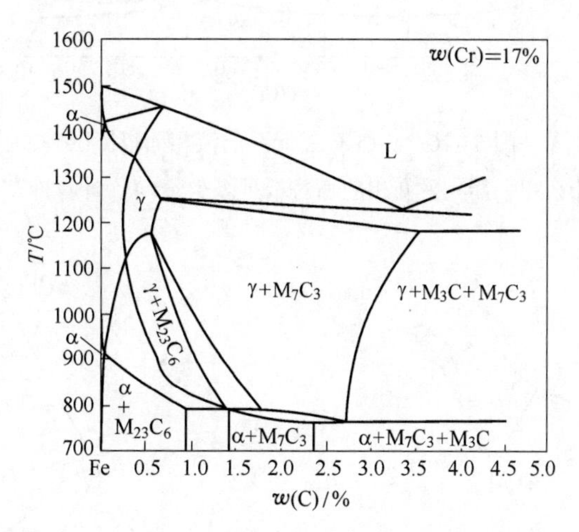

图 5-124 Fe-Cr-C 系中 $w(\mathrm{Cr})=17\%$的垂直截面图

5-13 图 5-125 所示为含有四相平衡的 A-B-C 三元相图的投影图。(1) 示意地画出其中的 XY 和 ZT 的垂直截面图。(2) 说明其中Ⅰ和Ⅱ成分的合金的冷却过程中的变化。

5-14 图 5-126 给出了 V-Cr-C 三元系的液相面投影图。列出所有的四相反应的反应式。

5-15 图 5-127 所示为 A-B-C 三元系液相面投影图，AB 系有一个稳定化合物 D，设 A、B、C 和 D 都具有极小的溶解度。分析和写出所有的三相反应及所有的四相反应。画出这个体系的投影图。

5-16 图 5-128 所示为 A-B-C 三元系液相面的等温线投影图，已知 A、B 和 C 在固态对其他组元都没有溶解度：(1) 写出二元系及三元系零变量平衡的反应式。(2) X 成分体系在平衡条件下冷却，在投影图上画出液相成分的变化轨迹；画出冷却温度(T)-时间 (τ) 曲线，并把转折点温度标出。(3)

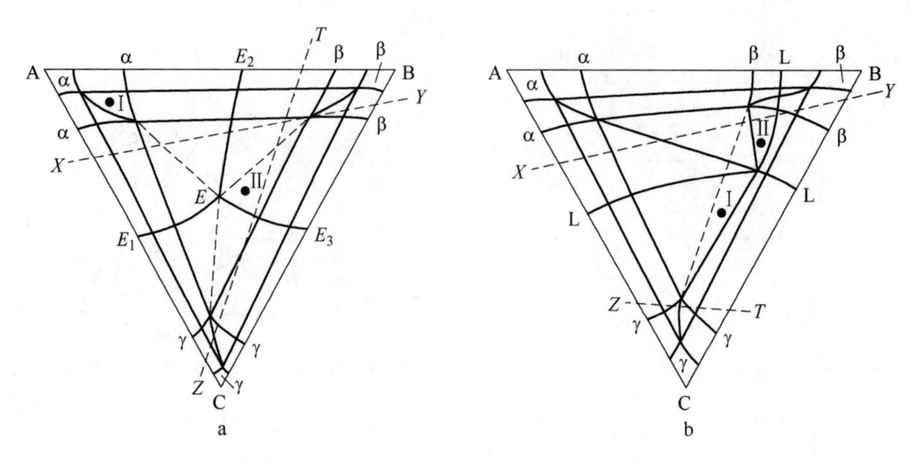

图 5-125 两个三元系相图的投影图

a—含第Ⅰ类四相反应；b—含第Ⅱ类四相反应

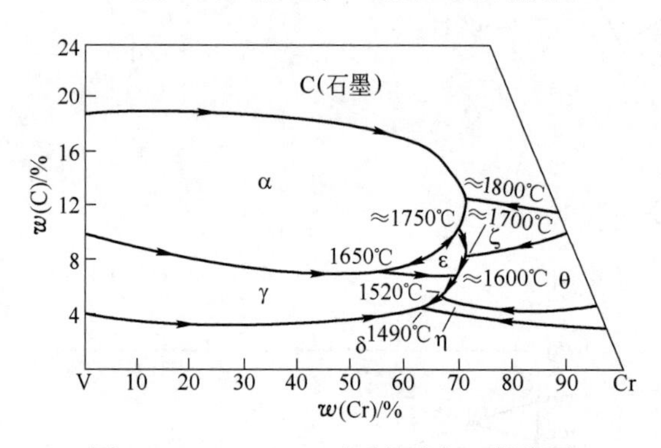

图 5-126 V-Cr-C 三元系的液相面投影图

在 T_6 和 T_7 温度有什么相平衡？平衡相的相对量是多少？(4) 计算冷却后各组织的相对量以及各组织的成分。

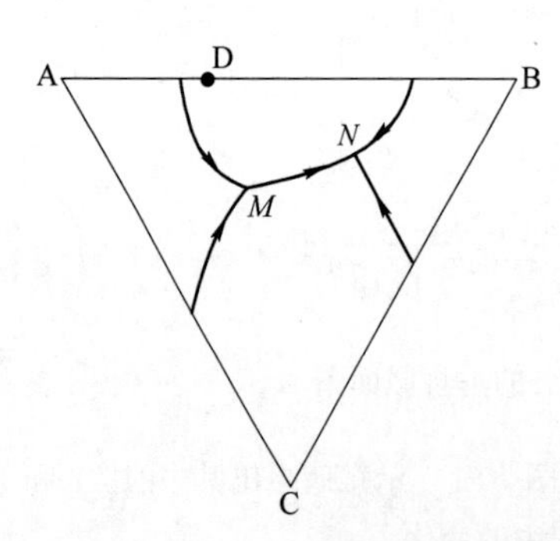

图 5-127 A-B-C 三元系液相面投影图

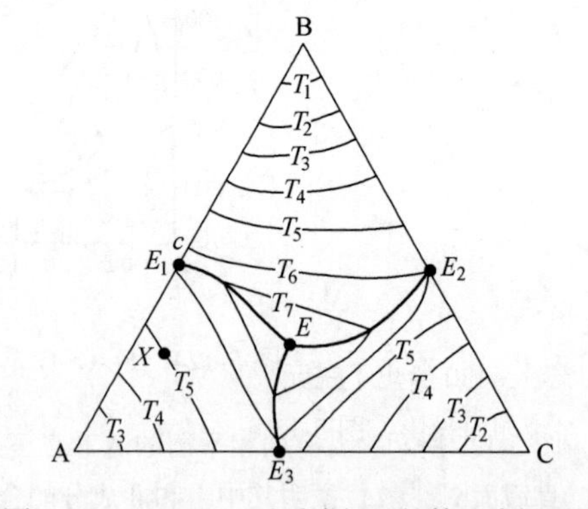

图 5-128 A-B-C 三元系液相面的等温线投影图

5-17 图 5-129 是 Pb-Cd-Bi 三元系的液相面投影图和 Pb-Bi 二元系相图，并已知在固态 Bi 和 Cd 对其他组元没有溶解度。E_T 温度为 93.3℃。

(1) 写出四相反应的液相成分和四相反应式。(2) 给出 M 点 Q 点 2 个合金的成分。画出它们的冷却曲线，在曲线转折点上标上近似温度，并计算冷却后的组织相对量。(3) 画出 Pb-Bi 二元系在 150℃的各相自由能-成分曲线，并标明与相图对应的各相平衡成分。

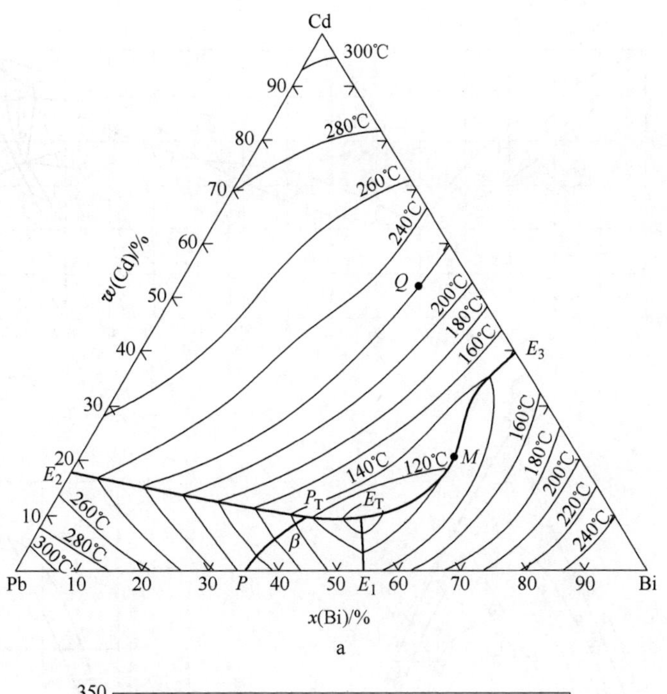

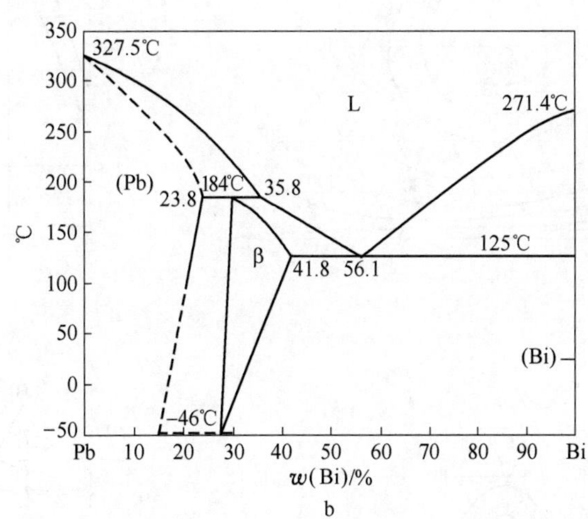

图 5-129　Pb-Cd-Bi 三元系液相面等温线投影图（a）及 Pb-Bi 二元系相图（b）

5-18　图 5-130 给出了三元系 A-B-C 的一些资料：图 5-130a 是 A-B、B-C、C-A 的二元相图，图 5-130b 是液相面投影，图 5-130c 是 500℃恒温截面，图 5-130d 是 40%C 和 20%C 恒元垂直截面。画出 70%C 的恒元垂直截面以及 $A_{50}B_{50}$-C 的垂直截面。

5-19　图 5-131 给出了三元系 A-B-C 的一些资料：图 5-131a 是 A-B、B-C、C-A 的二元相图，图 5-131b 是液相面投影图，图 5-131c 是 3 个温度的三相平衡区投影，其中虚线是室温截面图。画出 w(B) = 30%以及 w(C) = 65%的垂直截面。

5-20　图 5-132 给出了 Au-Sb-Ge 三元系的一些资料：图 5-132b 是液相面投影图以及两个四相平衡投影，图 5-132c 是 460℃的恒温截面，图 5-132d 是 50%Sb 的垂直截面。作出 500℃以及室温的恒温截面。作出 x(Ge) = 10%的垂直截面。用表 5-4 的方式描述 Au-Sb-Ge 系发生的反应。

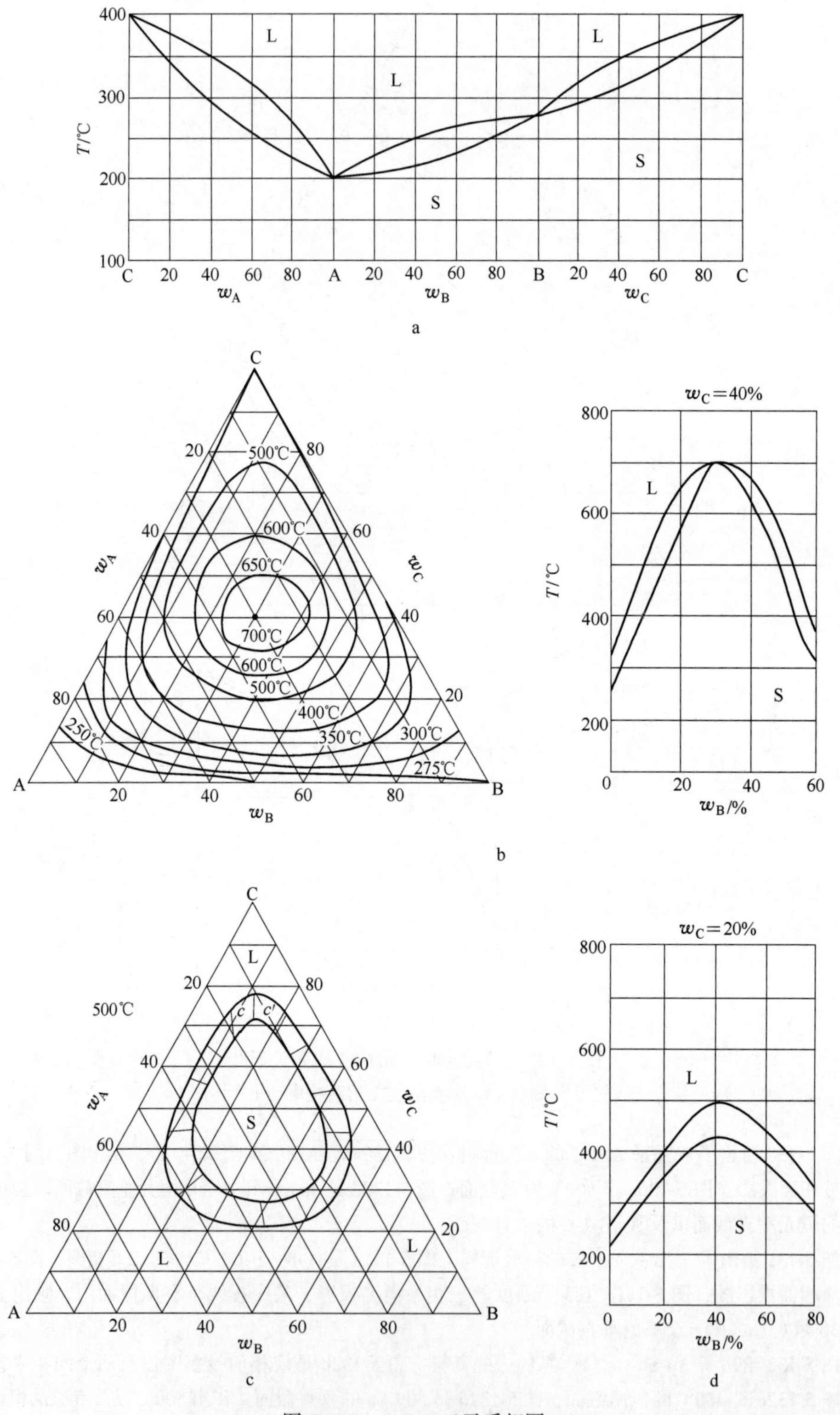

图 5-130 A-B-C 三元系相图

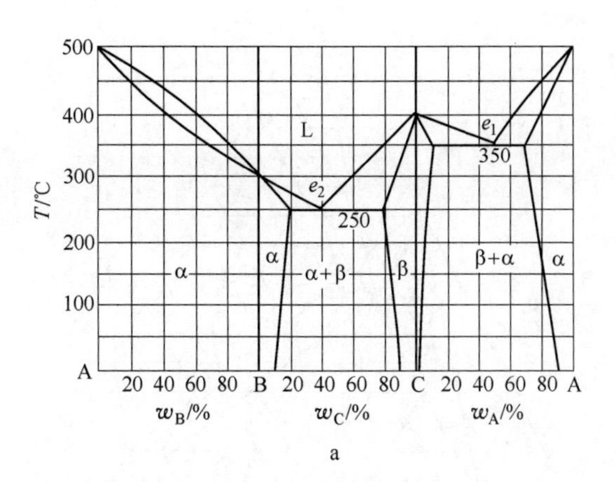

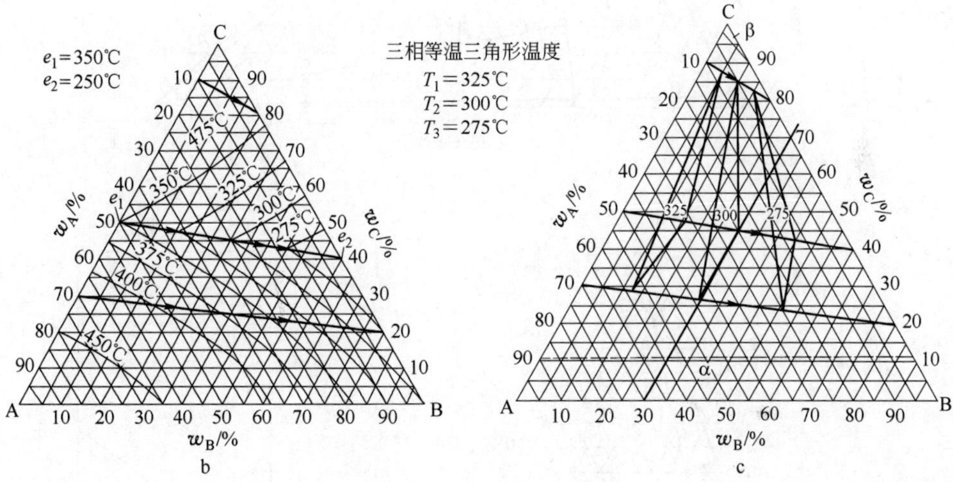

图 5-131　A-B-C 三元相图

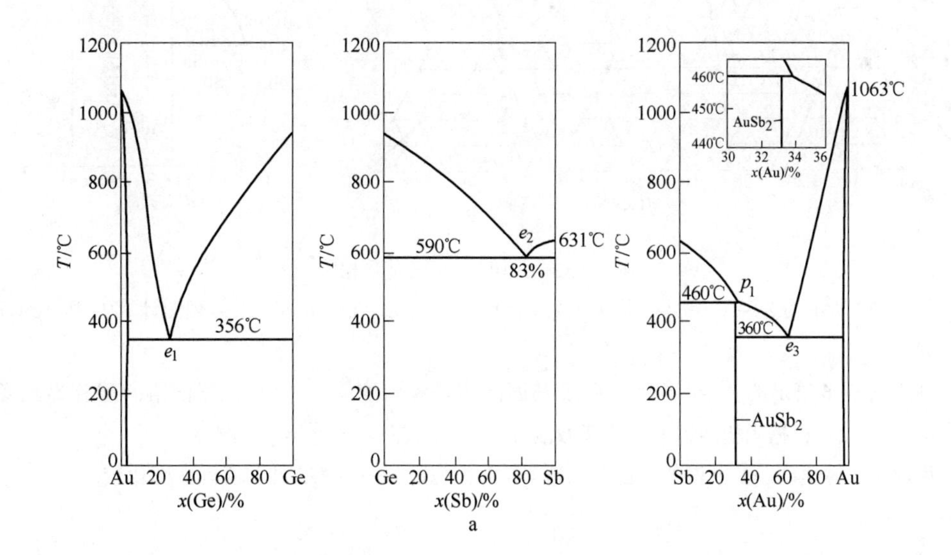

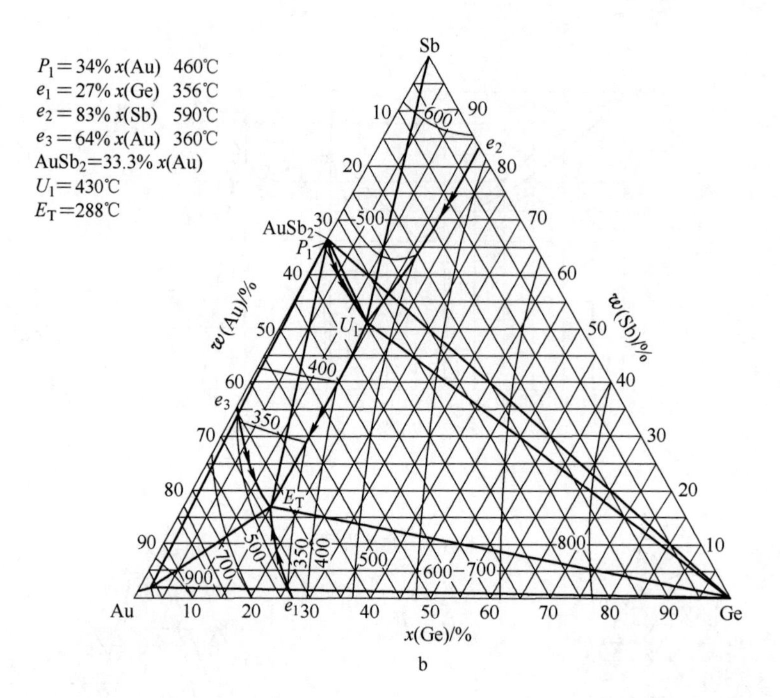

b

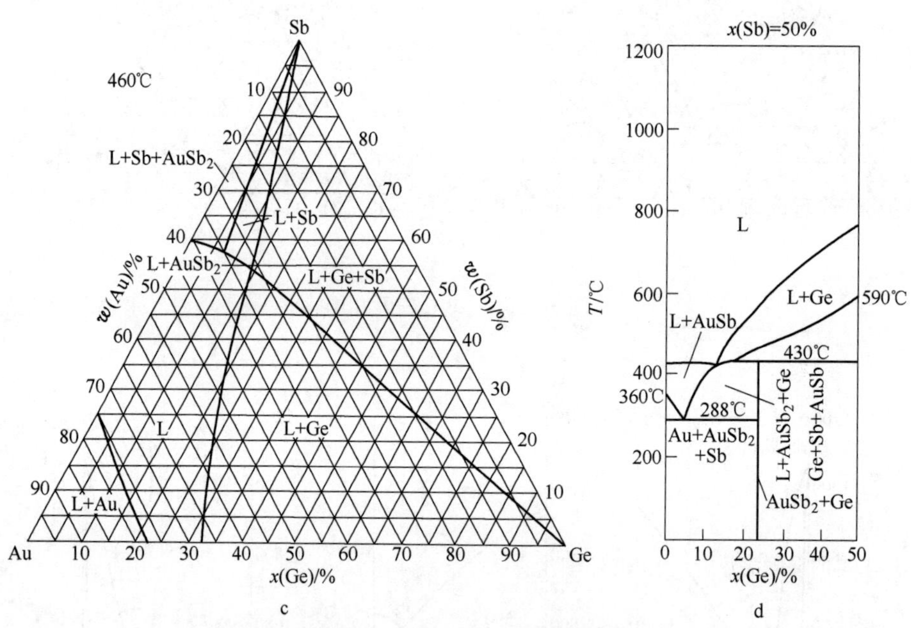

c d

图 5-132 Au-Sb-Ge 三元系相图

5-21 图 5-133 所示为 Ag-Cu 相图，假设（Ag）和（Cu）都是规则溶体，根据相图计算 Ω 和 Ag-Cu 结合能 u_{AgCu}。

5-22 利用图 5-16 给出的 Al-Zn 相图，假设其固溶体是规则溶体。（1）根据固溶间隙临界温度估算 Ω_{AgZn}；（2）根据固相溶解度线估算 Ω_{AgZn}；（3）比较两者的差异，并解释。

5-23 用规则溶体模型以及下面的数据，构造 Cu-Ni 固态部分的相图，并与实际相图比较。

x(Cu)	在 973K 的 G/J
0.1	−1737.2

0.2	−2419.5
0.3	−2737.6
0.4	−2842.3
0.5	−2792.1
0.6	−2616.3
0.7	−2340.0
0.8	−1963.2
0.9	−1398.1

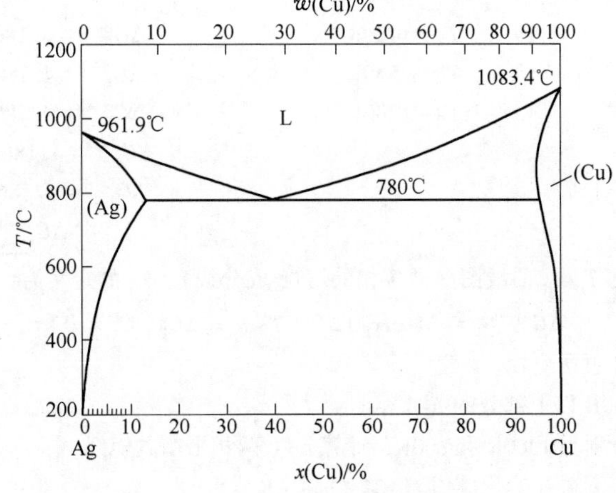

图 5-133 Ag-Cu 相图

5-24 在 550℃时 Si 在 Al 中的固溶度为 $x(Si)=1.25\%$，在 450℃时为 $x(Si)=0.46\%$。请推测在 200℃时的固溶度。

5-25 根据铁碳相图获得 γ-Fe_3C 平衡时 γ-Fe 的浓度和温度关系（如下所示），求 Fe_3C 在 γ-Fe 的溶解热。

温度/℃	727	780	820	860	900	940	980	1020	1060	1100	1140
$w(C)/\%$	0.770	0.881	0.987	1.100	1.213	1.333	1.474	1.619	1.760	1.912	2.074

5-26 用吉布斯自由能曲线以及公切线方法说明某些中间相存在的成分范围有可能不包含其理想配比的成分。

5-27 图 5-134 给出了 Bi-Cd 二元相图，设 Bi-Cd 液相构成理想溶体。（1）求 Bi 和 Cd 的凝固潜热。（2）利用求得的凝固潜热资料，计算 Bi-Cd 相图，并和实际相图比较。

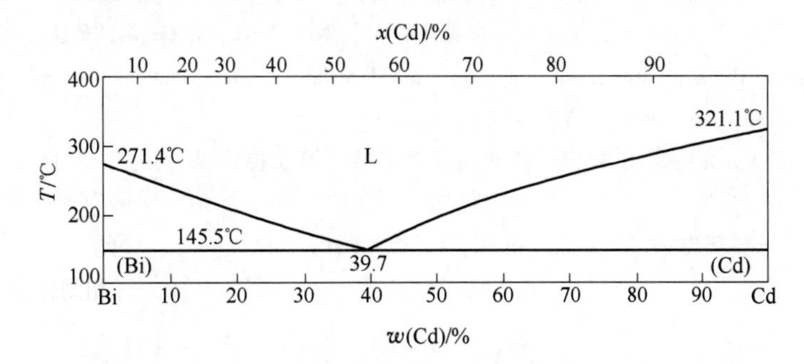

图 5-134 Bi-Cd 相图

5-28 设 A-B 二元合金系，无论液相或固相都形成理想溶体。纯 A 金属的相变吉布斯自由能数据（单位：J/mol）如下：

β(bcc)→L	熔点 $T_A^\beta=2900K$	$\Delta G_A^{\beta\to L}=4.186(5800-2.0T)$
ε(hcp)→L	熔点 $T_A^\varepsilon=1900K$	$\Delta G_A^{\varepsilon\to L}=4.186(3800-2.0T)$
α(fcc)→L	熔点 $T_A^\alpha=1530K$	$\Delta G_A^{\alpha\to L}=4.186(3300-2.15T)$
β→ε		$\Delta G_A^{\beta\to\varepsilon}=8372$
α→ε		$\Delta G_A^{\alpha\to\varepsilon}=4.186(-500-0.15T)$
α→β		$\Delta G_A^{\alpha\to\beta}=4.186(-2500-0.15T)$

纯 B 金属的相变吉布斯自由能数据如下：

β→L	熔点 $T_B^\beta=1420K$	$\Delta G_B^{\beta\to L}=4.186(3980-2.8T)$
ε→L	熔点 $T_B^\varepsilon=2550K$	$\Delta G_B^{\varepsilon\to L}=4.186(5100-2.0T)$
α→L	熔点 $T_B^\alpha=1730K$	$\Delta G_B^{\alpha\to L}=4.186(4980-2.8T)$
β→ε		$\Delta G_B^{\beta\to\varepsilon}=4.186(-1120-0.8T)$
α→ε		$\Delta G_B^{\alpha\to\varepsilon}=4.186(-120-0.8T)$
α→β		$\Delta G_B^{\alpha\to\beta}=4186$

（1）作出涉及液相的 T_0-x_B 曲线图（即各相的熔点-成分线）。T_0 的定义为：

$$\Delta G^{u_1\to u_2} = (1-x_B)\Delta G_A^{u_1\to u_2} + x_B\Delta G_B^{u_1\to u_2} = 0$$

其中 u_1 和 u_2 代表任意两个相。

（2）计算并作出 1500K 以上部分的 A-B 相图。

5-29 设 A 和 B 的熔点分别为 1200K 和 800K，计算 α+L 两相平衡共轭线。

（1）$\Omega^L=1$，$\Omega^S=2$，A 和 B 熔化熵均为 10J/(mol·K)；

（2）$\Omega^L=1$，$\Omega^S=2$，A 和 B 熔化熵均为 20J/(mol·K)；

（3）$\Omega^L=1$，$\Omega^S=2$，A 的熔化熵均为 5，B 的熔化熵均为 20J/(mol·K)。

说明熔化熵对相线形状的影响。

参考文献

[1] Kostorz G. Phase Transformations in Materials[M]. 2nd ed. Weinheim: Wiley-VCH Verlag GmbH & Co., 2001.

[2] Robert T, DeHoff. Thermodynamics in Materials Science[M]. New York: McGraw-Hill, 1993.

[3] Arthur D. Pelton. Thermodynamics and Phase Diagrams. in Physical Metallurgy. Fifth edition. Elsevier Science BV. eds. D. E. Laughlin and K. Hono. 2014, Vol. 1: 203-303.

[4] Hillert Mats. Phase Equilibria, Phase Diagrams, and Phase Transformations: Their Thermodynamic Basis [M]. 2nd ed. Cambridge, New York, et al.: Cambridge University Press, 2008.

[5] Hansen M, Anderko K. Constitution of Binary Alloys[M]. New York: McGraw-Hill Book Co., 1958.

[6] Haasen P. Phase transformations in materials, in Materials science and technology, a comprehensive treatment[M]. New York, et al.: Wiley-VCH, 1993.

[7] 卡恩 R W，哈森 P，克雷默 E J. 材料科学与技术丛书（第 5 卷）：材料的相变[M]. 北京：科学出版社，1998.

[8] 徐祖耀，李麟. 材料热力学[M]. 2 版. 北京：科学出版社，2000.

6 金属和合金中的扩散

实践经验告诉我们：除了一些特殊情况外，一个成分不均匀的单相体系，会趋向于变成成分均匀的体系。把一滴红墨水滴入一杯静止的清水中，开始发觉墨水沉入杯底，这是重力引起的物质宏观传质；过几天后发觉有从底层向上几个厘米的红色液层，并且颜色从底部向上减弱；再过若干天后发觉整杯水变为均匀的浅红色，这一均匀化过程是原子（分子）扩散的过程。扩散过程的实质是原子（分子）无规则布朗运动，这种运动导致整杯液体均匀混合。在气体中，扩散过程以每秒几厘米的速率进行；在液体中，扩散过程以每秒几分之一毫米的速率进行；在固体中，扩散过程是非常慢的，并且扩散速率随温度降低而急剧减小，而在熔点温度附近，扩散速率也只有每秒约 1μm 的大小，而在熔点的一半温度下扩散速率则降为每秒约 1nm。但是，因为气体和液体可以发生对流运动，所以物质的输运主要不是靠扩散，而在固体中不发生对流，传质过程主要是扩散过程。

由热力学可知，在一般情况下，成分均匀体系同时也是平衡的体系。从不均匀体系到平衡体系的过程是一个不可逆过程，也是体系熵增过程。

扩散过程原子的迁移主要分为两类，一类是化学扩散，它是由于扩散物质在晶体中分布不均、在化学浓度梯度的推动下产生的扩散。图 6-1 是 A 和 B 接合在一起后的扩散情况示意图。若 A 和 B 能完全互溶，在 A 和 B 之间出现 A（B）或 B（A）的固溶体，直至

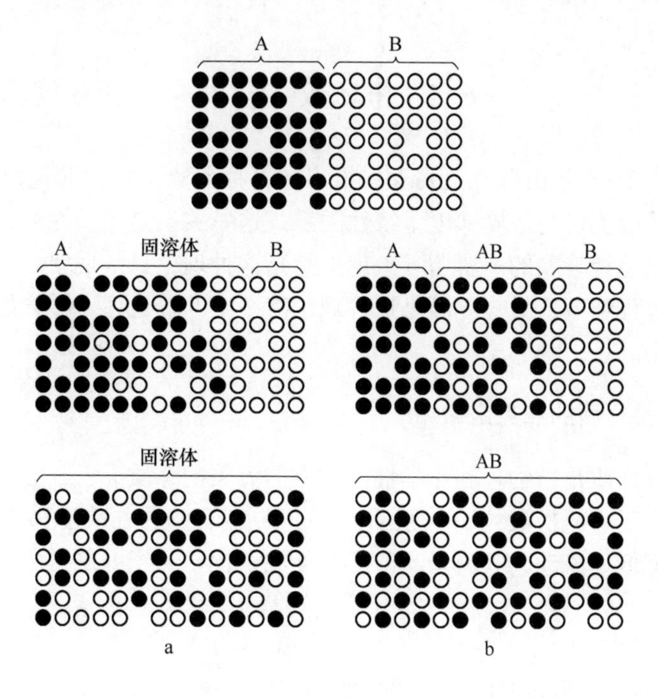

图 6-1　纯 A 和纯 B 接合在一起所发生的扩散
a—A 与 B 形成固溶体；b—A 与 B 形成化合物

完全均匀的固溶体，这个过程的速度取决于个别原子或离子的扩散速度，如图 6-1a 所示；如果 A 和 B 之间形成新的化合物（例如 AB），则材料通过中间层扩散要求连续的反应，这种扩散称反应扩散，过程的速度取决于反应的速度，如图 6-1b 所示。另一类是自扩散，在没有化学浓度梯度下，仅由于热振动而产生扩散。在以后各章的讨论将会看到，在固体中发生的很多重要物理化学过程都和扩散过程相联系。

固态扩散的科学起源于 19 世纪初，扩散科学所依托的最主要的基石有：（1）连续统一体（连续统）理论，它是由 A. Fick 在气体及盐在水中扩散实验的启发下创建的。（2）布朗运动，它是由植物学家 R. Brown 发现，在几十年后由 A. Einstein 作出解释的微粒子相互碰撞引起的无规运动。这一理论提供了扩散的统计基础以及力学与热力学联系的桥梁。（3）J. Frenkel 和 W. Schottky 指出的点缺陷对晶态材料性质扮演非常重要的角色，它们是扩散的控制因素，并由此影响晶态材料的很多性质。

描述和研究扩散大致可以归纳为两个方面：宏观描述和微观描述。宏观描述是从宏观的角度按照不可逆过程热力学描述扩散流量（单位时间通过单位面积的物质量）和导致扩散流的热力学力之间的关系。这种关系是线性的，它们间的比例系数称唯象系数。在这个基础上，根据物质守恒，还可以导出物质浓度随时间变化的微分方程。已知唯象系数，根据一定的边界条件可以解出（解析解或数值解）某一瞬间的浓度场。微观描述主要是描述扩散过程的原子机制，即原子以何种方式从一个平衡位置跳到另一个平衡位置。显然，这里最重要的参数是这种原子跳动的频率。与唯象系数不同，这些参数都有明确的物理意义，而唯象系数只是一个比例系数。如果扩散机制很清楚，那么唯象系数最终可以用原子跳动频率以及有关参数来描述。

下面按照扩散科学的发展历史顺序先从连续统理论开始讨论，然后再从不可逆热力学讨论。

6.1 扩 散 方 程

扩散方程是在 1855 年由菲克（Fick）给出的，称菲克定律。菲克定律是描述扩散物质输运的规律：扩散流量与浓度梯度呈线性关系。这一关系是经验性的，并不需要从基本概念来导出，所以是纯唯象的。所谓唯象理论是指这种理论只是现象之间的联系，不涉及对象系统的原子过程细节，另一方面是这种理论有一定的普遍性。尽管如此，并不妨碍这些定律的广泛应用。

6.1.1 在各向同性介质的菲克定律

所谓各向同性介质是指物理和化学性能与方向无关的介质。

在各向同性介质中，扩散粒子（原子、分子或离子）沿着浓度梯度的反向移动，即从浓度高处向浓度低处流动，其流量与浓度梯度成正比。对于一维扩散，有如下关系：

$$J = -D\frac{\partial c}{\partial x} \tag{6-1}$$

式中，J 是扩散流量，是单位时间流过单位面积的物质量（$\mathrm{mol/(m^2\cdot s)}$ 或 $\mathrm{kg/(m^2\cdot s)}$）；c 是体积浓度（$\mathrm{mol/m^3}$ 或 $\mathrm{kg/m^3}$）；D 是比例系数，称扩散系数（$\mathrm{m^2/s}$）。对于三维扩散，很容易把式(6-1)推广为：

$$\boldsymbol{J} = -D\nabla c \tag{6-2}$$

这是一个矢量方程，∇是哈密顿算子，也称向量算子，表达为：

$$\nabla = \frac{\partial}{\partial x}\boldsymbol{i} + \frac{\partial}{\partial y}\boldsymbol{j} + \frac{\partial}{\partial z}\boldsymbol{k} \tag{6-3}$$

式中，$\boldsymbol{i}$、$\boldsymbol{j}$、$\boldsymbol{k}$ 分别是笛卡儿坐标 3 个方向的单位矢量。∇算子作用在浓度标量场 $c_{(x,y,z)}$，就是浓度梯度场∇c。式(6-1)和式(6-2)就是扩散的菲克第一定律。并且注意到因为介质是各向同性的，故各个方向的扩散系数是相同的。

如果讨论的系统没有物质的源和阱，在扩散过程中也没有化学反应，因为扩散方程是连续方程，在系统的一个体积元 $\Delta\mathcal{V}$ 中，流入这体积元的物质与流出这体积元的物质的差值($\nabla\cdot\boldsymbol{J}$)就是这个体积元在这一时间段的物质积聚或消失($\partial c/\partial t$)，遵从物质守恒，则有如下关系：

$$\nabla\cdot\boldsymbol{J} + \frac{\partial c}{\partial t} = 0 \tag{6-4}$$

如果存在物质的源和阱，上式则在源和阱的地方加上物质的产生或消失量。把式(6-2)代入式(6-4)，得：

$$\frac{\partial c}{\partial t} = \nabla\cdot(D\nabla c) \tag{6-5}$$

上式是菲克第二定律。在一般情况下，扩散系数 D 是浓度的函数，从而也就是坐标的函数，这一方程是非线性的。如果 D 不是浓度的函数，则菲克第二定律变为线性方程：

$$\frac{\partial C}{\partial t} = D\nabla^2 c \tag{6-6}$$

式中，$\nabla^2 = \nabla\cdot\nabla$是拉普拉斯算子，它表示为：

$$\nabla^2 = \frac{\partial^2}{\partial x^2} + \frac{\partial^2}{\partial y^2} + \frac{\partial^2}{\partial z^2} \tag{6-7}$$

实际上，除了自扩散，因为溶质原子的交互作用，D 一般都是浓度的函数，特别是在高浓度溶体中是这样。有时，D 还是时间的函数，扩散体系随时间发生温度变化就是这种例子。但是为了计算方便，在讨论的浓度场浓度变化的幅度不大时，或者作为近似计算，常用讨论浓度场中 D 的平均值来代替整个浓度场的扩散系数。

一个体积中物质的积累或消失的量仅取决于体积边界的流量，例如一维扩散：

$$\frac{\partial N}{\partial t} = \int_{x_1}^{x_2}\frac{\partial c}{\partial t}A\mathrm{d}x = \int_{x_1}^{x_2}\frac{\partial}{\partial x}\left(D\frac{\partial c}{\partial x}\right)A\mathrm{d}x = [J(x_1,\ t) - J(x_2,\ t)] \tag{6-8}$$

式中，N 是扩散通过面积 A 的物质量，对于三维情况：

$$\frac{\partial N}{\partial t} = \int_V \frac{\partial c}{\partial t}\mathrm{d}V = \int_V -\nabla\cdot\boldsymbol{J}\mathrm{d}V = -\int_S \boldsymbol{J}(\boldsymbol{r},\ t)\cdot\boldsymbol{n}\mathrm{d}A \tag{6-9}$$

式中，S 是 V 的边界；$\boldsymbol{n}$ 是 $\mathrm{d}A$ 的单位法线矢量；$\boldsymbol{J}(\boldsymbol{r},t)$ 是 t 时刻通过 $\mathrm{d}A$ 的扩散流量。这一方程的体积分是通过高斯定理转换为面积分的。

6.1.2 与菲克定律类似的其他物理定律

在菲克定律出现之前已经有类似的方程——热流方程：

$$\boldsymbol{J}_{\mathrm{q}} = -k\nabla T \tag{6-10}$$

式中，$\boldsymbol{J}_{\mathrm{q}}$ 是热流；T 是温度场；k 是热导率。同样$\nabla\cdot\boldsymbol{J}_{\mathrm{q}}$ 是体积元中热焓的变化，所以得出与式(6-5)相似的式子：

$$\begin{aligned}\rho c_p\frac{\partial T}{\partial t} &= -\nabla\cdot(-k\nabla T)\\ \frac{\partial T}{\partial t} &= -\nabla\cdot\left(-\frac{k}{\rho c_p}\nabla T\right) = \nabla\cdot(a\nabla T)\end{aligned} \tag{6-11}$$

式中，ρ 是密度；c_p 是比热容（假设为常数）；$\rho c_p\Delta T$ 就是单位体积由温度变化引起的热量变化；$a=k/\rho c_p$ 称热扩散系数。同样，该方程假设系统没有热源和热阱。菲克定律是描述物质输运，傅里叶方程是描述热输运，这些输运都服从相同的规律。另外，还有一个描述电荷输运的方程——欧姆（Ohm）定律：

$$\boldsymbol{J}_{\mathrm{e}} = -\sigma_{\mathrm{d}}\nabla U \tag{6-12}$$

式中，$\boldsymbol{J}_{\mathrm{e}}$ 是电流密度；U 是电势场；σ_{d} 是电导率。这与上述的输运方程是相似的。

可以把 Fick 定律推广应用到所有其他的流量场。例如对于守恒量内能 u，有：

$$\frac{\partial u}{\partial t} = -\nabla\cdot\boldsymbol{J}_u \tag{6-13}$$

式中，u 是内能密度。又例如对于非守恒量熵 S，有：

$$\frac{\partial s}{\partial t} = -\nabla\cdot\boldsymbol{J}_s + \dot{\sigma} \tag{6-14}$$

式中，s 和 $\dot{\sigma}$ 分别是单位体积中的熵和产生的熵。

6.1.3 菲克定律在不同坐标系的表达形式

在讨论不同的扩散问题时，除了一般常用的笛卡儿坐标系外，有时可能采取柱坐标系或球坐标系更为方便。图 6-2 表示空间一点 P 在这 3 种坐标系中的不同描述方法。

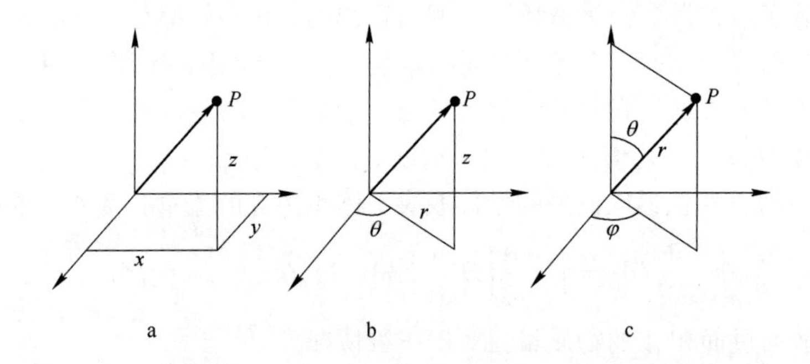

图 6-2 笛卡儿坐标系、柱坐标系和球坐标系

a—笛卡儿坐标；b—柱坐标；c—球坐标

线性扩散方程式(6-6)（扩散系数与浓度无关）在这 3 种坐标的表达形式是：

笛卡儿坐标
$$\frac{\partial c}{\partial t} = D\left(\frac{\partial^2 c}{\partial x^2} + \frac{\partial^2 c}{\partial y^2} + \frac{\partial^2 c}{\partial z^2}\right) \tag{6-15}$$

柱坐标 $$\frac{\partial c}{\partial t}=\frac{D}{r}\left[\frac{\partial}{\partial r}\left(r\frac{\partial c}{\partial r}\right)+\frac{\partial}{\partial\theta}\left(\frac{1}{r}\cdot\frac{\partial c}{\partial\theta}\right)+\frac{\partial}{\partial z}\left(\frac{1}{r}\cdot\frac{\partial c}{\partial z}\right)\right] \tag{6-16}$$

球坐标 $$\begin{aligned}\frac{\partial c}{\partial t}&=\frac{D}{r^2}\left[\frac{\partial}{\partial r}\left(r^2\frac{\partial c}{\partial r}\right)+\frac{1}{\sin\theta}\cdot\frac{\partial}{\partial\theta}\left(\sin\theta\frac{\partial c}{\partial\theta}\right)+\frac{1}{\sin^2\theta}\left(\frac{\partial^2 c}{\partial\varphi^2}\right)\right]\\&=D\left[\frac{\partial^2 c}{\partial r^2}+\frac{2}{r}\frac{\partial c}{\partial r}+\frac{1}{r^2\sin^2\theta}\left(\frac{\partial^2 c}{\partial\varphi^2}\right)+\frac{1}{r^2}\left(\frac{\partial^2 c}{\partial\theta^2}\right)+\frac{1}{r^2}\cot\theta\left(\frac{\partial c}{\partial\theta}\right)\right]\end{aligned} \tag{6-17}$$

扩散的实验研究通常都选用简单的几何设定，选用简单对称的浓度场，这样可以简化扩散方程。例如浓度场是轴对称的，则沿轴方向 r 的扩散有：$\partial/\partial\theta=\partial/\partial z=0$，式(6-16)简化为：

$$\frac{\partial c}{\partial t}=\frac{D}{r}\left[\frac{\partial}{\partial r}\left(r\frac{\partial c}{\partial r}\right)\right]=D\left(\frac{\partial^2 c}{\partial r^2}+\frac{1}{r}\frac{\partial c}{\partial r}\right) \tag{6-18}$$

又例如浓度场是球对称的，则沿球的矢径方向 r 的扩散有：$\partial/\partial\theta=\partial/\partial\varphi=0$，式(6-17)简化为：

$$\frac{\partial c}{\partial t}=D\left(\frac{\partial^2 c}{\partial r^2}+\frac{2}{r}\frac{\partial c}{\partial r}\right) \tag{6-19}$$

对于这些对称问题，扩散方程通常都会有解析解。

6.1.4 在各向异性介质中的菲克定律

晶体及准晶大都是各向异性的，在各向异性介质中，任意方向的扩散流方向并不一定与等浓度面垂直。各向异性介质中菲克定律的一般形式是：

$$\boldsymbol{J}=-\boldsymbol{D}\nabla c \tag{6-20}$$

式中，$\boldsymbol{D}$ 是二阶张量。若以 i 和 j（都可以为1，2，3）分别是笛卡儿坐标3个方向，上式的展开形式是：

$$\begin{bmatrix}J_1\\J_2\\J_3\end{bmatrix}=-\begin{bmatrix}D_{11}&D_{12}&D_{13}\\D_{21}&D_{22}&D_{23}\\D_{31}&D_{32}&D_{33}\end{bmatrix}\begin{bmatrix}\partial c/\partial x\\\partial c/\partial y\\\partial c/\partial z\end{bmatrix} \tag{6-21}$$

或者写成：

$$J_i=-\sum_j D_{ij}\frac{\partial c}{\partial x_j} \tag{6-22}$$

由不可逆热力学知，$\boldsymbol{D}$ 矩阵是对称矩阵，即 $D_{ij}=D_{ji}$，所以一般系统有6个独立的扩散系数。在第4章讨论应力张量时说过，一个物理学定律描述的物理现象本质不应该依赖描述它的坐标系，所谓张量分析就是提供一种数学工具，它可以满足一切物理学定律的特性而与坐标系的选择无关。式(6-20)就是一个张量方程，它的表达与坐标系无关。只要证明张量方程在一个选定的坐标下是正确的，则它在所有坐标系下都是正确的，无需再在每个坐标系下去验证。当分析问题时会引入坐标系，张量在不同坐标系下的具体形式会不同，正因为张量的物理本质不变，所以在不同坐标系下它必须遵循一定的变换规则。如果由一个坐标系转换到另一个新坐标系的变换矩阵是 $\boldsymbol{A}$（参见第1章式(1-8)），则新坐标系下的扩散系数 $\boldsymbol{D}'$ 与老坐标系下的扩散系数 $\boldsymbol{D}$ 间的关系为：

$$D' = ADA^{-1} \tag{6-23}$$

因为一般情况下有6个独立扩散系数，故扩散方程大大复杂化。但是，矩阵都有特征方程和特征根，而对称矩阵的特征根都是实根，设 $\boldsymbol{D}$ 矩阵的特征根分别为 D_1、D_2 和 D_3，称之为主扩散系数。以特征方向（主方向）为坐标，$\boldsymbol{D}$ 矩阵只有3个扩散系数，为：

$$\boldsymbol{D} = \begin{bmatrix} D_1 & 0 & 0 \\ 0 & D_2 & 0 \\ 0 & 0 & D_3 \end{bmatrix} \tag{6-24}$$

因为不同晶系的对称性不同，具有独立的扩散系数的数目不同。例如立方晶系晶体，它的3个晶轴就是主方向，并因它的体对角线是三次对称轴，所以 $D_1 = D_2 = D_3 = D$，只有一个独立的扩散系数。对于三斜晶系、单斜晶系和正交晶系，3个主扩散系数是不等的：$D_1 \neq D_2 \neq D_3$，同时，在这些晶系中，只有正交晶系才有可能3个晶轴与主轴重合。表6-1列出了不同晶系在列出的主方向轴与晶轴的关系下所具有的独立扩散系的数目。表6-2列出了hcp金属晶体的主扩散系数，其中∥符号表示平行于 c 轴方向，⊥符号表示垂直于 c 轴方向。D_0 和 Q 分别是频率因子和扩散激活焓，见6.3节讨论。从密排六方晶系资料看出，对于 $c/a>1.633$ 的金属（例如Cd和Zn），(0001) 没有紧密堆垛，所以在垂直于 c 轴方向的扩散系数 $D(\perp)$ 比平行于 c 轴的扩散系数 $D(/\!/)$ 大，相反，$c/a<1.633$ 的金属，垂直于 c 轴的扩散系数 $D(\perp)$ 比平行于 c 轴的扩散系数 $D(/\!/)$ 小。

表6-1 不同晶系以及主方向轴与晶轴的关系所具有的独立扩散系的数目

三斜晶系	单斜晶系	正交晶系	六方晶系 四方晶系 菱方晶系	立方晶系
6	4	3	2	1
		主轴与晶轴重合	一个主轴平行于晶轴 c	各向同性

表6-2 一些六方和四方晶系金属的主扩散系数

金属	晶体结构	$D_0(/\!/)$/cm²·s⁻¹	$D_0(\perp)$/cm²·s⁻¹	$Q(/\!/)$/kJ·mol⁻¹	$Q(\perp)$/kJ·mol⁻¹	$D(\perp)/D(/\!/)$
Be	hcp	0.52	0.68	157	17.1	0.31
Cd	hcp	0.18	0.12	82.0	78.1	1.8
α-Hf	hcp	0.28	0.86	349	370	0.87
Mg	hcp	1.5	1.0	136	135	0.78
Tl	hcp	0.4	0.4	95.5	95.8	0.92
Sb	hex	0.1	56	149	201	0.098
Sn	bct	10.7	7.7	105	107	0.40
Zn	hcp	0.18	0.13	96.4	91.6	2.5

如果选择坐标轴是主轴，扩散方程可以简化，式(6-21)的3个方程为：

$$\begin{aligned} J_x &= -D_1 \frac{\partial c}{\partial x} \\ J_y &= -D_2 \frac{\partial c}{\partial y} \\ J_z &= -D_3 \frac{\partial c}{\partial z} \end{aligned} \tag{6-25}$$

它们表示在3个主方向的扩散流量。如果在某一方向，它与3个主方向的夹角余弦分别为α_1、α_2和α_3，根据式(6-23)，这个方向的扩散系数$D(\alpha_1,\alpha_2,\alpha_3)$是：

$$D(\alpha_1,\ \alpha_2,\ \alpha_3) = \alpha_1^2 D_1 + \alpha_2^2 D_2 + \alpha_3^2 D_3 \tag{6-26}$$

上式是基于主轴表述的。这样，各向异性介质的扩散可以完全由主扩散系数来描述。在主方向为坐标系下的扩散第二定律表达为：

$$\frac{\partial c}{\partial t} = D_1 \frac{\partial^2 c}{\partial x^2} + D_2 \frac{\partial^2 c}{\partial y^2} + D_3 \frac{\partial^2 c}{\partial z^2} \tag{6-27}$$

为了计算方便，如果把主方向的x、y、z按如下方式进行扩张或缩放，则扩散方程会变得更简单：

$$\begin{aligned} x &= \frac{D_1^{1/2}}{(D_1 D_2 D_3)^{1/6}} \xi_1 \\ y &= \frac{D_2^{1/2}}{(D_1 D_2 D_3)^{1/6}} \xi_2 \\ z &= \frac{D_3^{1/2}}{(D_1 D_2 D_3)^{1/6}} \xi_3 \end{aligned} \tag{6-28}$$

此时，扩散第二定律表达为：

$$\frac{\partial c}{\partial t} = \mathcal{D}\left(\frac{\partial^2 c}{\partial \xi_1^2} + \frac{\partial^2 c}{\partial \xi_2^2} + \frac{\partial^2 c}{\partial \xi_3^2}\right) \tag{6-29}$$

式中，$\mathcal{D}=(D_1 D_2 D_3)^{1/3}$。这一方程和各向同性的扩散方程相似，只是坐标长度进行了一定的修改。用这一方程求解后，把坐标用式(6-28)换回原来的x、y、z坐标系就可求得在原坐标系表达的解。

例6-1 证明在立方系晶体的扩散系数必是各向同性的。

解：以3个晶轴为坐标x、y、z轴，设扩散系数具有一般形式：

$$\begin{bmatrix} D_{11} & D_{12} & D_{13} \\ D_{21} & D_{22} & D_{23} \\ D_{31} & D_{32} & D_{33} \end{bmatrix}$$

现沿坐标系x、y、z建立一个浓度梯度，数值为g，则这三个方向的流量分别为：

$$-g\begin{bmatrix} D_{11} \\ D_{12} \\ D_{13} \end{bmatrix} \qquad -g\begin{bmatrix} D_{21} \\ D_{22} \\ D_{23} \end{bmatrix} \qquad -g\begin{bmatrix} D_{31} \\ D_{32} \\ D_{33} \end{bmatrix}$$

因为立方对称，平行于三个梯度方向的流量应相等，即$-gD_{11}$，$-gD_{22}$，$-gD_{33}$应相等，所以$D_{11}=D_{22}=D_{33}$。为了保证x、y、z轴的四次对称轴特性，要求垂直梯度方向的组元流量为0。所以$gD_{12}=gD_{23}=gD_{31}=0$，但是，$g$不等于0，所以$D_{12}=D_{23}=D_{31}=0$。最后，扩散系数为：

$$\boldsymbol{D} = \begin{bmatrix} D_{11} & 0 & 0 \\ 0 & D_{22} & 0 \\ 0 & 0 & D_{33} \end{bmatrix} = D\begin{bmatrix} 1 & 0 & 0 \\ 0 & 1 & 0 \\ 0 & 0 & 1 \end{bmatrix}$$

设从晶体坐标系（经转动）转换为任一新坐标系的变换矩阵是 $\boldsymbol{A}$，根据式(6-21)，有：

$$\boldsymbol{D}' = \boldsymbol{ADA}^{-1} = \boldsymbol{DAIA}^{-1} = \boldsymbol{DIAA}^{-1} = \boldsymbol{D}$$

式中，$\boldsymbol{I}$ 是单位矩阵。这就证明立方晶系的扩散系数是各向同性的。

6.1.5 扩散方程的解

在上一节根据质量守恒定理给出了在无源和无化学反应系统的扩散微分方程(式(6-5)和式(6-6))，一般情况下，D 是浓度的函数，扩散微分方程是非线性的(式(6-5))，这需要用数值方法求解。如果假设 D 和成分无关，则扩散微分方程是线性的(式(6-6))，这样，在适当的边界条件和初始条件下可以获得解析解。

当我们已经知道了扩散系数，就可以根据具体边界和初始条件下的扩散方程来预测某一瞬时的浓度场；同样也可以通过确定的边界和初始条件下进行扩散实验，从测定的浓度场反过来求出扩散系数。

具体边界条件不同，扩散方程的解是不同的，在这一节中我们只讨论二元系一维扩散这种最简单情况的解，并且也不太着重其中的数学过程，仅以此建立解的基本概念和介绍解的基本应用。有关详细的论述可参考一些专门的论著。

6.1.5.1 稳态扩散

当扩散的浓度场各处的浓度保持不变时，即浓度场不随时间而变，这称稳态扩散，这是一种特别简单的情况。扩散的稳态条件通常是在恒边界条件（边界浓度保持不变）下，有限尺寸的试样经历比较长的时间扩散后达到的。当扩散系数是常数时，因为 $\partial c/\partial t=0$，所以式(6-6)简化为拉普拉斯方程：

$$\nabla^2 c = 0 \tag{6-30}$$

拉普拉斯方程的解是调和函数。

A 一维扩散

扩散系数为常数，并且一维情况下上式拉普拉斯方程的通解是：

$$c(x) = A + Bx \tag{6-31}$$

式中，A 和 B 是常数，根据边界条件定出。

考虑通过一个厚度为 d 的薄板的扩散。扩散系数为 D，板的两侧表面 $x=0$ 和 $x=d$ 的浓度分别为 c_1 和 c_2。扩散经过相当时间后，达到稳态。把边界条件代入通解式(6-31)，得：

$$c_1 = A + B\times 0 \qquad c_2 = A + B\times d$$

得

$$A = c_1 \qquad B = (c_2 - c_1)/d$$

把 A 和 B 代回通解，得在薄板中的浓度分布 $c(x)$ 为：

$$c(x) = \frac{x}{d}(c_2 - c_1) + c_1$$

$c(x)$ 如图 6-3 所示。通过板的任一处的扩散流量是相等的。即：

$$J = -D\frac{c_2 - c_1}{d}$$

如果知道板厚 d 和板表面的浓度 c_1 和 c_2，就可以从实验得到的流量 J 求出扩散系数 D。

B 圆柱管的（二维）扩散

一个壁厚为 d 的圆柱管，内壁半径为 r_1，外壁半径为 r_2，管的长度为 l，当有扩散物质从管内通过管壁不断向外扩散，达到稳态后，内壁浓度为 c_1，外壁浓度为 c_2，如图 6-4 所示。求解管壁的浓度分布。

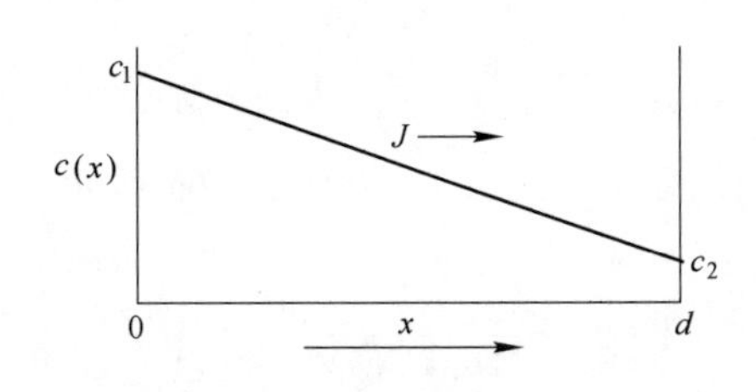

图 6-3 通过薄板稳态扩散的浓度分布

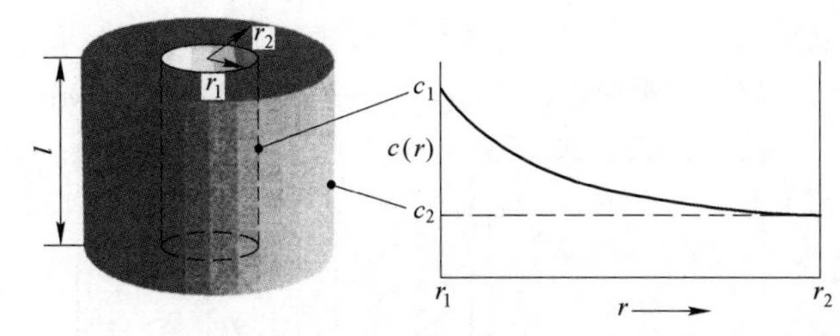

图 6-4 通过管壁的稳态扩散

因为这是轴对称问题，采用柱坐标，式(6-30)拉普拉斯方程表达为(见式(6-18))：

$$\frac{\mathrm{d}}{r}\left(r\frac{\mathrm{d}c}{\mathrm{d}r}\right)=0 \tag{6-32}$$

这个方程的通解是：

$$c=A+B\ln r \tag{6-33}$$

式中，A 和 B 是根据边界条件定出的系数。因 $r=r_1$ 时 $c=c_1$；$r=r_2$ 时 $c=c_2$，即：

$$c_1=A+B\ln r_1 \qquad c_2=A+B\ln r_2$$

故

$$B=\frac{c_2-c_1}{\ln(r_2/r_1)} \qquad A=c_1-\frac{c_2-c_1}{\ln(r_2/r_1)}\ln r_1$$

把 A 和 B 代回通解式(6-33)，得出：

$$c=c_1+\frac{c_2-c_1}{\ln(r_2/r_1)}\ln(r/r_1)=\frac{c_1\ln(r_2/r)+c_2\ln(r/r_1)}{\ln(r_2/r_1)} \tag{6-34}$$

在管壁各处的浓度梯度为：

$$\frac{\mathrm{d}c}{\mathrm{d}r}=\frac{1}{r}\cdot\frac{c_2-c_1}{\ln(r_2/r_1)} \tag{6-35}$$

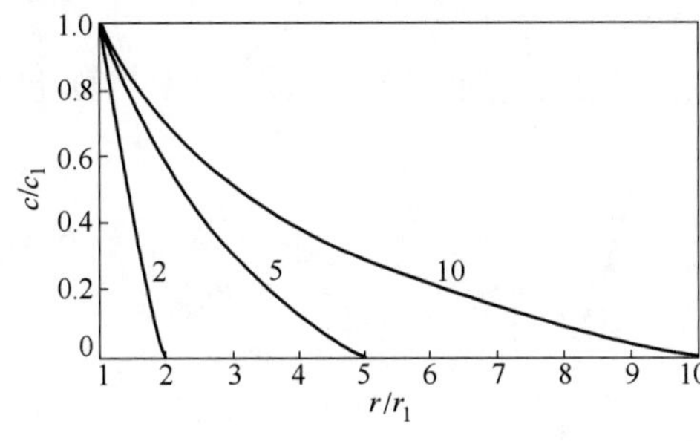

图 6-5 $c_2=0$，$r_2/r_1=2$、5、10 时管壁的浓度分布

由此看出，和薄板的情况不同，在管壁各处的浓度梯度是不同的，但它们不随时间而变。图 6-5 所示为 $c_2=0$，$r_2/r_1=2$、5、10 时管壁的浓度分布。在管壁各处的扩散流量为：

$$J=D\frac{1}{r}\cdot\frac{c_1-c_2}{\ln(r_2/r_1)} \tag{6-36}$$

扩散 t 时刻后，单位长度管子扩散的物质量是：

$$M = 2\pi rtJ = 2\pi tD \frac{c_2 - c_1}{\ln(r_2/r_1)} \tag{6-37}$$

当测量出经 t 时刻后的扩散物质 M 后，可以计算出扩散系数 D。

例 6-2 一块厚度为 d 的薄板，在 T_1 温度下两侧的浓度分别为 c_1，$c_0(c_1>c_0)$，当扩散达到稳态后，给出（1）扩散系数为常数，（2）扩散系数随浓度增加而增加，（3）扩散系数随浓度增加而减小三种情况下浓度分布示意图。并求出第（1）种情况下板中部的浓度。

解：对于稳态，$\nabla \cdot \boldsymbol{J}=0$。一维扩散时 $D(\mathrm{d}c/\mathrm{d}x)=$ 常数。

（1）扩散系数为常数时，$\mathrm{d}c/\mathrm{d}x$ 也应为常数，故浓度分布是直线，如图 6-6a 所示，其中部的浓度 $c=(c_1+c_0)/2$。

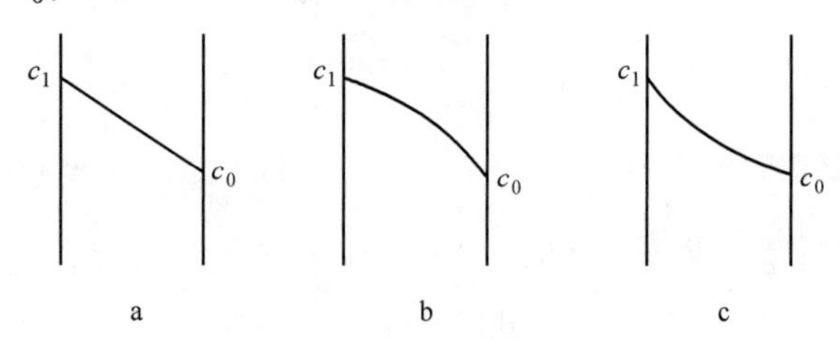

图 6-6 不同扩散系数下的薄板浓度分布

（2）扩散系数随浓度增加而增加时，$\mathrm{d}c/\mathrm{d}x$ 应随浓度增加而减小，浓度分布曲线是上凸的曲线，如图 6-6b 所示。

（3）扩散系数随浓度增加而减小时，$\mathrm{d}c/\mathrm{d}x$ 应随浓度增加而增加，浓度分布曲线是下凹的曲线，如图 6-6c 所示。

对于第（1）种情况，因为浓度分布是线性的，所以在板中部的浓度为 $(c_1+c_0)/2$。

6.1.5.2 非稳态扩散

A 扩散系数不是常数的一维扩散方程的一般解

这种情况要直接对式（6-5）求解。我们讨论一维扩散的简单情况，此时式（6-5）为：

$$\frac{\partial c}{\partial t} = \frac{\partial}{\partial x}\left(D \frac{\partial c}{\partial x}\right) \tag{6-38}$$

上式是非线性偏微分方程，以 $c=c(\lambda, t)$ 对上式作变量置换，其中 $\lambda = x/\sqrt{t}$，则上式变成常微分方程：

$$-\frac{\lambda}{2} \cdot \frac{\mathrm{d}c}{\mathrm{d}\lambda} = \frac{\mathrm{d}}{\mathrm{d}\lambda}\left(D \frac{\mathrm{d}c}{\mathrm{d}\lambda}\right) \tag{6-39}$$

这就是大家所知的玻耳兹曼方程。将这个方程右端展开并整理得：

$$-\frac{\lambda}{2} \cdot \frac{\mathrm{d}\lambda}{D} = \frac{\mathrm{d}D}{D} + \frac{\mathrm{d}\left(\frac{\mathrm{d}c}{\mathrm{d}\lambda}\right)}{\frac{\mathrm{d}c}{\mathrm{d}\lambda}} \tag{6-40}$$

上式对 λ 积分一次，得：

$$-\int_0^{\lambda}\frac{\lambda}{2D}\mathrm{d}\lambda = \ln D + \ln\frac{\mathrm{d}c}{\mathrm{d}\lambda} - \ln k_2 \tag{6-41}$$

再积分一次，最后得：

$$c(\lambda,\ t) = k_1 + k_2\int_0^{\lambda}\frac{\mathrm{d}\lambda}{D}\exp\left[\int_0^{\lambda}\left(-\frac{\lambda}{2D}\mathrm{d}\lambda\right)\right] \tag{6-42}$$

式中，k_1 和 k_2 是积分常数。因为 D 和浓度 c 有关，即与 λ 有关，所以它不能提到积分号之外。把 λ 换回 x 变量，上式变为：

$$c(x,\ t) = k_1 + k_2\int_0^{x/\sqrt{t}}\frac{1}{D\sqrt{t}}\exp\left[\int_0^{x/\sqrt{t}}\left(-\frac{x}{2Dt}\mathrm{d}x\right)\right]\mathrm{d}x \tag{6-43}$$

这个积分方程并不是一个严格的解，还需要根据边界和初始条件用数值方法才能获得具体的解。

B　扩散系数为常数的一维扩散方程的误差函数解

a　半无限长扩散偶的误差函数解

半无限长的扩散偶是由不同成分（c_2 和 c_1，$c_2>c_1$）的两根半无限长试样焊接在一起而构成的，如图 6-7a 所示，这种条件下的扩散是一维扩散。

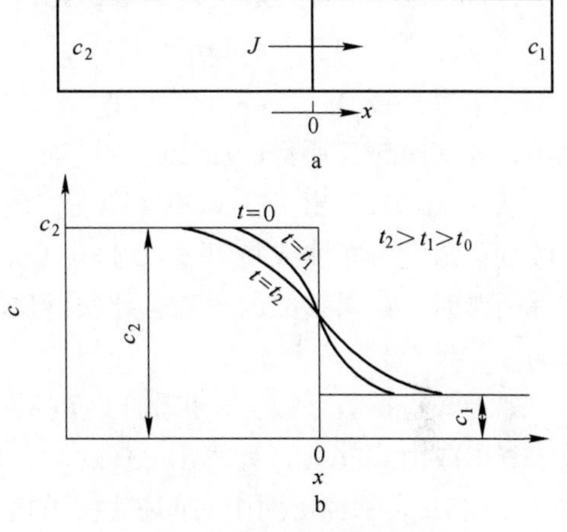

图 6-7　半无限长扩散偶的扩散
a—扩散偶；b—经不同时间扩散后试样中的浓度分布

扩散偶实验是最广泛采用测量扩散系数的方法，也是很多工业过程常用的方法。当 D 为常数时，式(6-43)中的 D 可以拿到积分号外，变为：

$$c(x,\ t) = k_1 + \frac{2k_2}{\sqrt{D}}\int_0^{x/2\sqrt{Dt}}\mathrm{e}^{-x^2/4Dt}\mathrm{d}\frac{x}{2\sqrt{Dt}} \tag{6-44}$$

即：

$$c(x,\ t) = k_1 + \frac{k_2\sqrt{\pi}}{\sqrt{D}}\mathrm{erf}(\beta) \tag{6-45}$$

其中：

$$\beta = \frac{x}{2\sqrt{Dt}}\quad \mathrm{erf}(\beta) = \frac{2}{\sqrt{\pi}}\int_0^{\beta}\mathrm{e}^{-\zeta^2}\mathrm{d}\zeta \tag{6-46}$$

$\mathrm{erf}(\beta)$ 是误差函数，它是一个标准数学函数，ζ 是一个哑变量，这个函数如图 6-8 所示。误差函数也是一个列表函数，它的一些主要值参阅本章附录。这个函数有如下性质：

$$\mathrm{erf}(-\beta) = -\mathrm{erf}(\beta);\quad \mathrm{erf}(0) = 0;\quad \mathrm{erf}(\infty) = 1 \tag{6-47}$$

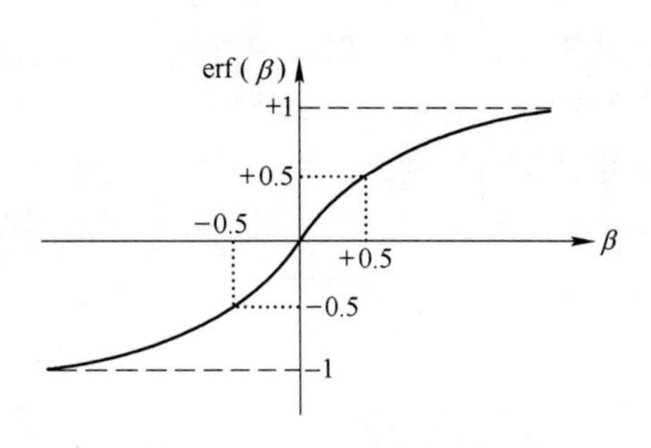

图 6-8　描述误差函数特征的示意图

除了用列表形式表达误差函数值外，还可以

用下式相当精确地表达误差函数值：

$$\mathrm{erf}(\beta)=[1+\pi\exp(-2\beta^2/3)/4\beta^2]^{-1/2}\quad(\beta>0)\tag{6-48}$$

当 $\beta<0$ 时，利用 $\mathrm{erf}(-\beta)=-\mathrm{erf}(\beta)$ 可得相应的函数值。这一式子对变量所有范围 $(-\infty<\beta<\infty)$ 的函数值最大误差不超过0.4%。

回到我们讨论的问题，图6-6a中扩散偶的边界条件和初始条件是：

$$\left.\begin{aligned}&c(x>0,\ t=0)=c_1;\quad c(x<0,\ t=0)=c_2\\&c(x=\infty,\ t>0)=c_1;\quad c(x=-\infty,\ t>0)=c_2\end{aligned}\right\}\tag{6-49}$$

把边界条件代入式(6-45)，得：

$$k_1=\frac{c_1+c_2}{2}\qquad k_2=\frac{c_1-c_2}{2}\sqrt{\frac{D}{\pi}}$$

最后，获得半无限长扩散偶在式(6-49)所表达的边界和初始条件下扩散方程的解：

$$c(x,\ t)=c_1+\frac{c_2-c_1}{2}\left[1-\mathrm{erf}\left(\frac{x}{\sqrt{4Dt}}\right)\right]=c_1+\frac{c_2-c_1}{2}\mathrm{erfc}\left(\frac{x}{\sqrt{4Dt}}\right)\tag{6-50}$$

$1-\mathrm{erf}(\beta)$ 通常称为余误差函数，记作 $\mathrm{erfc}(\beta)$。余误差函数有如下性质：

$$\mathrm{erfc}(-\infty)=2,\quad \mathrm{erfc}(+\infty)=0,\quad \mathrm{erfc}(0)=1\tag{6-51}$$

如果以 $(c-c_1)/(c_2-c_1)$ 作纵坐标，以 $x/2\sqrt{Dt}$ 作横坐标，那么不论 c_1 和 c_2 为何值，也不论任何时刻，所得的曲线是相同的。

从式(6-50)看出，在 $x=0$（即在扩散偶接合面）处的浓度等于 $(c_2+c_1)/2$，并不随时间改变；浓度分布曲线是以 $x=0$ 呈中心对称的。上面所说的无限大是数学概念，在讨论实际问题时，如果扩散的距离远比实际试样或工件小得多，就可以认为试样或工件是无限大的。

如果知道扩散系数，在扩散 t 时刻后，对不同 x 值求出 $x/[2(Dt)^{1/2}]$，然后从误差函数表查出或由式(6-48)计算出 $\mathrm{erf}(x/[2(Dt)^{1/2}])$ 的值，根据上式就可以获得浓度分布曲线，图6-7b表示经历两个时间扩散后的浓度分布。当确定了初始值(c_1 和 c_2)以及要求的浓度值（c）后，误差函数的值以及 $x/[2(Dt)^{1/2}]$ 的值也就确定了，即 x 正比于 $[2(Dt)^{1/2}]$，所以，经常将 $x/[2(Dt)^{1/2}]$ 的值近似为扩散的距离。

扩散偶实验广泛用来测定扩散系数。把欲测定扩散系数的体系按成分要求设计扩散偶，在要求的温度下保温一定时间，再把扩散偶快速冷却到室温，然后剖开试样，精确地测出浓度分布曲线，根据浓度分布曲线来测定扩散系数。

如果扩散系数是常数，直接用浓度分布曲线和相应边界条件下的解的式子拟合，从而提取扩散系数。一般有两种简单的方法可以达到此目的：第一种方法是把浓度分布曲线上各点的相对浓度和距离描绘在一种所谓几率纸上，此时曲线变为直线，根据直线来提取扩散系数；另一种方法是量出浓度分布曲线在坐标原点处(图6-9中的 P 点)的切线在 $c=c_1$ 上所截的距离 d，由 d 计算 D。从图中可以看出，浓度曲线在 $x=0$ 处的斜率等于 $-(c_2-c_1)/2d$。另外，根据式(6-50)又得：

$$\left(\frac{\mathrm{d}c}{\mathrm{d}x}\right)_{x=0}=\frac{c_1-c_2}{2\sqrt{\pi Dt}}\tag{6-52}$$

这样，获得扩散系数 D 为：

$$D = d^2/\pi t \tag{6-53}$$

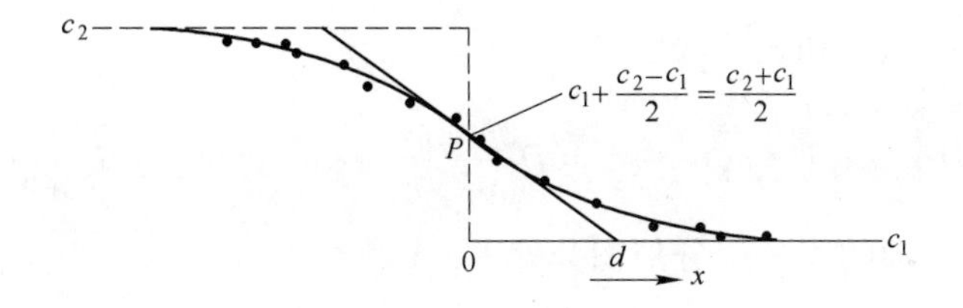

图 6-9 由扩散偶实验的扩散曲线提取 Z 值

b 表面浓度保持不变的扩散

利用扩散偶界面浓度维持常数这一特点，对很多表面浓度维持常数而尺度可看做是半无限长的实际扩散问题，可以套用这种解。若试样表面浓度为 c_s，试样原始浓度为 c_1，则式(6-45)中的系数 $k_1=c_s$，系数 $k_2=(c_1-c_s)\sqrt{D/\pi}$，这时的解为：

$$c(x,\ t) = c_s - (c_s - c_1)\operatorname{erf}\left(\frac{x}{2\sqrt{Dt}}\right) \tag{6-54}$$

还应该注意，在这种情况下，当 $x<0$ 时是没有意义的。经 t 时刻后从表面扩散渗入的总量 $Q(t)$ 是 (c_s-c_1) 在整个空间的积分（从 0 到 ∞ 积分），积分后得：

$$Q(t) = \frac{2}{\sqrt{\pi}}(c_s - c_1)\ \sqrt{Dt} \tag{6-55}$$

如果设 $c_1=0$，以 c/c_s 和 $x/[2(Dt)^{1/2}]$ 为坐标，按式(6-54)给出不同渗入深度 $2(Dt)^{1/2}$ 下的曲线，如图 6-10 所示。

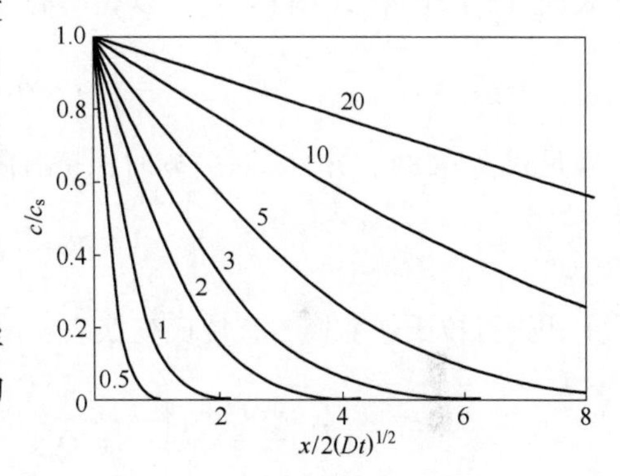

图 6-10 不同渗入深度 $2(Dt)^{1/2}$（曲线上的数字）的浓度曲线

可以用拉普拉斯（Laplace）积分变换（拉氏积分变换，简称拉氏变换）求表面浓度保持常数的半无限大介质的扩散问题的解。$f(t)$ 乘以 $\exp(-pt)$ 从 0 到∞积分

$$\tilde{f}(p) = \int_0^\infty f(t)\exp(-pt)\,\mathrm{d}t$$

$\tilde{f}(p)$ 记为 $L[f(t)]$，称拉氏积分变换。反过来，由 $L[f(t)]$ 返回到原函数 $f(t)$ 称拉氏逆变换，记为：

$$f(t) = L^{-1}[\tilde{f}(p)]$$

称 $f(t)$ 为拉氏逆变换 $L^{-1}[\tilde{f}(p)]$ 的象原函数。对于一维扩散方程

$$\frac{\partial c}{\partial t} = D\frac{\partial^2 c}{\partial x^2}$$

两边乘以 $\exp(-pt)$ 并对 t 从 0 到∞积分：

$$\int_0^\infty \exp(-pt)\,\frac{\partial c}{\partial t}\mathrm{d}t = D\int_0^\infty \exp(-pt)\,\frac{\partial^2 c}{\partial x^2}\mathrm{d}t \tag{6-56}$$

上式等号右边项改变微分和积分次序，得

$$D\int_0^\infty \exp(-pt)\,\frac{\partial^2 c}{\partial x^2}\mathrm{d}t = D\,\frac{\partial^2}{\partial x^2}\int_0^\infty c\exp(-pt)\,\mathrm{d}t = D\,\frac{\partial^2 \tilde{c}}{\partial x^2}$$

式（6-56）等号左边项的积分用分部积分处理，得

$$\int_0^\infty \exp(-pt)\,\frac{\partial c}{\partial t}\mathrm{d}t = [c\exp(-pt)]_0^\infty + p\int_0^\infty c\exp(-pt)\,\mathrm{d}t$$

根据初始条件（$t=0$，$c=0$，$x>0$）以及 $t=\infty$ 时，上式的方括弧项的指数项为 0，得

$$\int_0^\infty \exp(-pt)\,\frac{\partial c}{\partial t}\mathrm{d}t = p\int_0^\infty c\exp(-pt)\,\mathrm{d}t = p\tilde{c}$$

故式（6-56）的偏微分方程缩减变为常微分方程：

$$D\,\frac{\partial^2 \tilde{c}}{\partial x^2} = p\tilde{c} \tag{6-57}$$

表面（$x=0$）浓度保持为 c_s，以相同的办法处理 $x=0$ 的边界条件（$c=c_s$，$x=0$，$t>0$）：

$$\tilde{c} = \int_0^\infty c_s\exp(-pt)\,\mathrm{d}t = \frac{c_s}{p} \qquad x=0 \tag{6-58}$$

满足式（6-58），并且当 $x\to\infty$ 时保持有限值，式（6-57）的解：

$$\tilde{c} = \frac{c_s}{p}\exp\left(-\sqrt{\frac{p}{D}}\right)x$$

上式进行拉氏逆变换，查拉氏变换表：

$$\frac{1}{p}\exp\left(-\sqrt{\frac{p}{D}}\right)x \text{ 的逆变换为 } \mathrm{erfc}\left(\frac{x}{2\sqrt{Dt}}\right)$$

最后，获得解为：

$$c = c_s\mathrm{erfc}\left(\frac{x}{2\sqrt{Dt}}\right) = c_s\left[1-\mathrm{erf}\left(\frac{x}{2\sqrt{Dt}}\right)\right]$$

这和当 $c_1=0$ 的式（6-54）相同。

包含误差函数形式的解一般称为误差函数解。这类解可用于讨论金属表面渗层（例如钢的表面渗碳，渗氮，渗金属，硅的掺杂预沉积等）或脱层（如钢的脱碳）。因为渗层相对于工件尺寸小得多，工件可近似看做无限大，如果渗层时表面保持或近似保持浓度不变，并且扩散系数近似看做常数时，可以直接使用这些式子求近似解。

例 6-3 一块厚钢板（Fe-C 合金），$w(\mathrm{C})=0.1\%$，在 930℃从表面渗入碳，表面碳浓度保持在 $w(\mathrm{C})=1\%$，设扩散系数为常数，$D=0.738\exp[-158.98(\mathrm{kJ/mol})/RT]\,\mathrm{cm^2/s}$。(1) 问距表面 0.05cm 处碳浓度 $w(\mathrm{C})$ 升至 0.45%所需要的时间。(2) 若在距表面 0.1cm 处获得同样的浓度（0.45%）所需时间又是多少？(3) 扩散系数为常数时，导出在同一温度下渗入距离和时间关系的一般表达式。(4) 要在什么温度下渗碳才能像第（1）问所述在距离表面 0.05cm 处获得碳浓度 $w(\mathrm{C})$ 为 0.45%所需要的相同时间内使距离表面

0.1cm 处获得 0.45%的碳浓度？

解：先求出在 930℃ 的扩散系数：

$$D = 0.738\exp[-158.98(\text{kJ/mol})/RT]\text{cm}^2/\text{s}$$
$$= 0.738\exp[-158.98(8.314 \times 1203)]\text{cm}^2/\text{s} = 9.22 \times 10^{-8}\text{cm}^2/\text{s}$$

按题意，浓度分布符合式(6-54)给出的误差函数解。现在 $c_s = 1$、$c_0 = 0.1$、$c = 0.45$（注意，菲克定律中的浓度是体积浓度，现在题目给出的是质量浓度，应该把质量浓度换算为体积浓度，但是我们所用的误差函数解的等号两侧都有浓度，近似认为两侧浓度的换算系数相等，所以直接用质量浓度计算。下面遇到类似问题也是如此处理，不再解释），代入式(6-54)，求得误差函数：

$$\text{erf}\left(\frac{x}{2\sqrt{Dt}}\right) = \frac{c_s - c}{c_s - c_0} = \frac{1 - 0.45}{1 - 0.1} = 0.611$$

查误差函数数值表（或用式(6-48)近似计算），得：

$$\beta = 0.61 = \frac{x}{2\sqrt{Dt}}$$

（1）$x = 0.05$cm 浓度为 0.45%所需要的时间 t 为：

$$t = \frac{x^2}{4D \times 0.61^2} = \frac{0.05^2}{4 \times 9.22 \times 10^{-8} \times 0.61^2} = 1.822 \times 10^4\text{s} = 5.061\text{h}$$

（2）因渗入浓度与第（1）问相同，故 erf(β)相同，亦为 0.611，即 β 为常数。在同一温度下，两个不同距离 x_1 和 x_2 所对应的时间 t_1 和 t_2 有如下关系：

$$\frac{x_1}{\sqrt{Dt_1}} = \frac{x_2}{\sqrt{Dt_2}} \quad 即 \quad t_2 = \left(\frac{x_2}{x_1}\right)^2 t_1$$

在距表面 0.1cm 处获得同样的浓度（0.45%）所需时间 t_2 为：

$$t_2 = \left(\frac{0.1}{0.05}\right)^2 \times 1.822 \times 10^4\text{s} = 7.288 \times 10^4\text{s} = 20.24\text{h}$$

（3）根据（2）的解释，同一温度下渗入距离和时间关系的一般表达式为：

$$x = k\sqrt{t}$$

式中，k 为与扩散系数有关的常数，这就是著名的渗入距离与时间的方根关系。

（4）因要求的渗入浓度与第（1）问的相同，故 erf(β)也等于 0.611，即 β 为常数。也就是说，在相同时间内，两个不同温度 T_1 和 T_2 相对应的扩散系数 D_1 和 D_2 有如下关系：

$$\frac{x_1}{\sqrt{D_1}} = \frac{x_2}{\sqrt{D_2}} \quad 即 \quad \frac{\exp(-Q/RT_2)}{\exp(-Q/RT_1)} = \left(\frac{x_2}{x_1}\right)^2$$

整理上式得：

$$T_2 = \frac{T_1}{1 - 2T_1(R/Q)\ln(x_2/x_1)} = \frac{1203}{1 - 2 \times 1203 \times (8.314/158980)\ln 0.5} = 1318\text{K}$$

前面说过，只要扩散距离小于工件的尺寸，都可以直接应用无限长扩散偶的解。如果工件比较小或扩散的时间很长，扩散的距离比工件尺寸大，则这些式子不能应用。有限长的工件表面保持供应渗入物质，在扩散足够长时间后，其中的浓度会趋于均匀。若厚度为 $2L$ 的板内物质浓度为 c_0，板的两侧表面浓度保持为 c_s，若 $c_0>c_s$，物质将会逸出表面。在 $t>0$ 的任一时刻，板内的平均浓度 $\bar{c}$ 比较可靠地近似为：

$$\bar{c} = c_s - \frac{8}{\pi^2}(c_s - c_0)\exp\left(-\frac{\pi^2}{L^2}Dt\right) \tag{6-59}$$

这个式子的有效范围是 $(\bar{c} - c_0)/(c_s - c_0) > 0.8$，也就是说，是长时间扩散的情况。图 6-11 所示为板、球和圆柱的平均浓度随时间变化的曲线。用一个无量纲参数 $\sqrt{Dt}/L$（L 是半板厚、球半径、圆柱半径）来衡量浓度均匀化的程度，对于板当 $\sqrt{Dt}/L=1.51$、对于圆柱当 $\sqrt{Dt}/L=1.01$、对于球当 $\sqrt{Dt}/L=0.751$ 时均匀化基本完成（$(\bar{c}-c_0)/(c_s-c_0)>0.98$），这些关系可以作为在给定条件下扩散控制过程完成时间的快速估算。

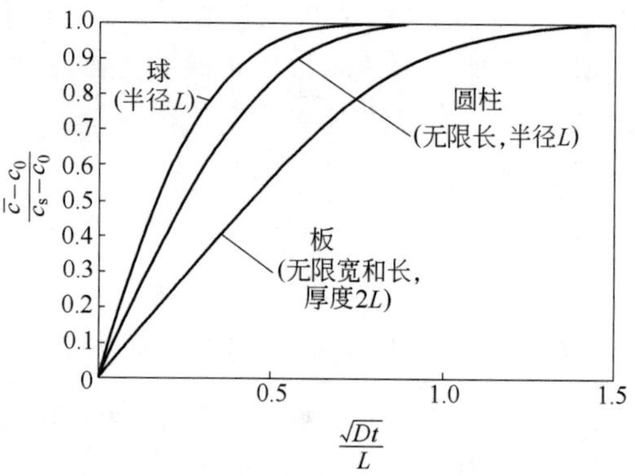

图 6-11　原始浓度为 c_0 的板、圆柱和球，表面保持恒定浓度 c_s，扩散时平均浓度 c_m 浓度的饱和分数 $(\bar{c}-c_0)/(c_s-c_0)$ 与 $\sqrt{Dt}/L$ 的关系

c　误差函数解的推广

从式(6-49)的边界条件看到，扩散偶两侧初始成分分布是均匀的，在接合面处成分有突变。根据这一点，把误差函数解推广到初始时几个不同成分具有一定厚度的片层接合在一起并且整体近似是无限长时的扩散情况。这时，可以把解写成包含若干个误差函数的线性式，其中每一个误差函数的距离变量对应每一个成分突变位置，然后根据边界条件求出式中的系数来获得解。下面以一个例子说明这种求解方法。把一段长为 $2h$ 成分为 c_2 的试样，两端各焊合成分为 0 的半无限长试样，在给定温度保温进行扩散。如果把坐标原点放在成分为 c_2 的那段的中点，这种情况的解是在式(6-45)中引入 2 个误差函数，两个误差函数分别为 $\mathrm{erf}\left(\frac{x-h}{2\sqrt{Dt}}\right)$ 和 $\mathrm{erf}\left(\frac{x+h}{2\sqrt{Dt}}\right)$，则扩散方程的解写为：

$$c(x,\ t) = k_1 + k_2\mathrm{erf}\left(\frac{x-h}{2\sqrt{Dt}}\right) + k_3\mathrm{erf}\left(\frac{x+h}{2\sqrt{Dt}}\right) \tag{6-60}$$

k_1、k_2 和 k_3 是待定系数，根据边界条件：$t=0$ 及 $-h<x<h$ 时，$c=c_2$ 得：

$$c_2 = k_1 - k_2 + k_3$$

又根据 $t>0$ 及 $x=\pm\infty$ 时，$C=0$，得：

$$0 = k_1 + k_2 + k_3$$

$$0 = k_1 - k_2 - k_3$$

联立上列 3 个方程，解出：

$$k_1 = 0,\quad k_2 = -\frac{1}{2}c_2,\quad k_3 = \frac{1}{2}c_2$$

代回式(6-60)得：

$$c(x,\ t)=\frac{1}{2}c_2\left[\mathrm{erf}\left(\frac{h+x}{2\sqrt{Dt}}\right)+\mathrm{erf}\left(\frac{h-x}{2\sqrt{Dt}}\right)\right] \tag{6-61}$$

图 6-12 给出了以 c/c_2 和 x/h 为坐标的上式在 $t=0$ 以及几个不同 $\sqrt{Dt}/h$ 值时的浓度分布曲线。

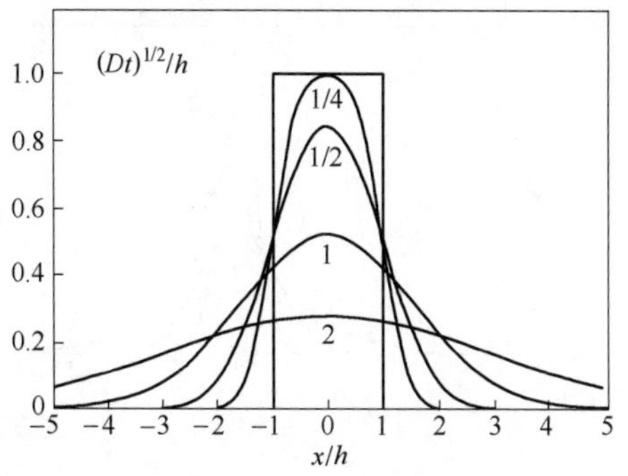

图 6-12 式（6-61）的浓度分布曲线

（曲线上的数字是 $\sqrt{Dt}/h$）

C 扩散系数为常数的高斯解

先讨论平面扩散源的高斯解。把式(6-61)的板厚设为 Δx，并把坐标原点移至板厚的左侧，则式(6-61)改写为：

$$\begin{aligned}c(x,\ t)&=\frac{1}{2}c_2\left[\mathrm{erf}\left(\frac{x}{2\sqrt{Dt}}\right)+\mathrm{erf}\left(\frac{\Delta x-x}{2\sqrt{Dt}}\right)\right]\\&=\frac{c_2}{\pi}\left(\int_0^{x/\sqrt{4Dt}}\mathrm{e}^{-\zeta^2}\mathrm{d}\zeta-\int_0^{(x-\Delta x)/\sqrt{4Dt}}\mathrm{e}^{-\zeta^2}\mathrm{d}\zeta\right)\\&=\frac{c_2}{\pi}\int_{(x-\Delta x)/\sqrt{4Dt}}^{x/\sqrt{4Dt}}\mathrm{e}^{-\zeta^2}\mathrm{d}\zeta\end{aligned}$$

当 Δx 很小趋于零时，上式积分的结果为：

$$c(x,\ t)=\frac{c_2\Delta x}{\sqrt{4\pi Dt}}\mathrm{e}^{-x^2/(4Dt)}=\frac{M}{\sqrt{4\pi Dt}}\mathrm{e}^{-x^2/(4Dt)} \tag{6-62}$$

把上式对 x 从 $-\infty$ 到 $+\infty$ 积分，因上式是 x 的偶函数，故积分为：

$$\int_{-\infty}^{\infty}\frac{M}{2\sqrt{\pi Dt}}\mathrm{e}^{-x^2/(4Dt)}\mathrm{d}x=\int_0^{\infty}\frac{M}{\sqrt{\pi Dt}}\mathrm{e}^{-x^2/(4Dt)}\mathrm{d}x=M \tag{6-63}$$

说明式(6-62)中 $M=c_2\Delta x$ 是扩散组元浓集层中的扩散物质量，即如果在 $x=0(\Delta x\to 0)$ 处单位面积有浓集 M 扩散物质量（面源）时，扩散后的浓度分布由式(6-62)描述。因为这种解具有高斯分布的形式，并且扩散物质浓集在平面，所以这种解也称平面源的高斯解。图 6-13a 所示为具有平面源的扩散试样，图 6-13b 所示为面源扩散下 3 个不同时刻的浓度分布。

从式(6-62)还看到，$\partial^2 c/\partial x^2$ 也是 x 的偶函数，而 $\partial c/\partial x$ 则是 x 的奇函数，见图 6-14。因扩散流量 $\boldsymbol{J}\propto\partial c/\partial x$，所以 $\boldsymbol{J}$ 是 x 的奇函数，在 $x=0$ 处 $\boldsymbol{J}=0$；物质积累 $\partial c/\partial t\propto\partial^2 c/\partial x^2$，所以它是 x 的偶函数，在 $|x|$ 很小时为负值，而在 $|x|$ 很大时为正值。

式(6-62)提供了一个很方便测量自扩散系数 D^* 的方法，在试样表面沉积一薄层放射性同位素，经扩散退火后测量同位素 c^* 的浓度分布，对式(6-62)取对数得：

$$\ln c^*=\text{常数}-\frac{x^2}{4D^*t} \tag{6-64}$$

由 c^*-x^2 线的斜率 $-1/4D^*t$ 就可求出扩散系数。

如果扩散系数为常数，以面源扩散实验，单位面积面源的物质量为 M，在 T 保温 t_1 时间，快速冷却测得扩散后的浓度分布曲线后，量出实验扩散曲线的半峰宽度（FWHM）就可求得扩散系数。例如，如图 6-15 所示浓度分布曲线，因为在 $x=0$ 的浓度 $c(0,\ t_1)$ 是扩散曲线的峰值，它为：

$$c(0,\ t_1)=\frac{M}{2\sqrt{\pi D t_1}}$$

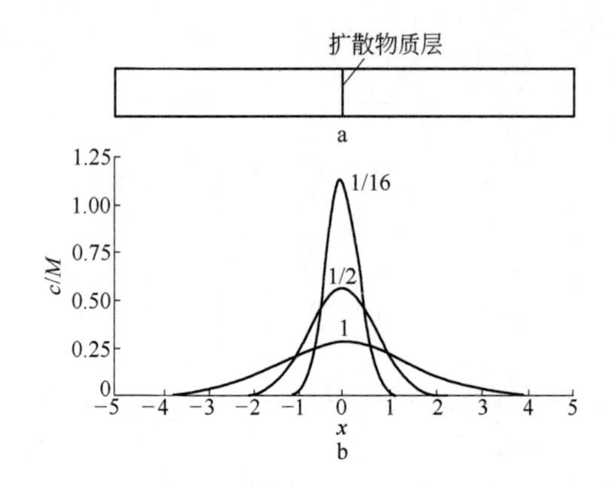

图 6-13　平面源扩散

a—平面源扩散试样；b—扩散不同时间后的浓度分布曲线（图中的数字是 Dt 的值）

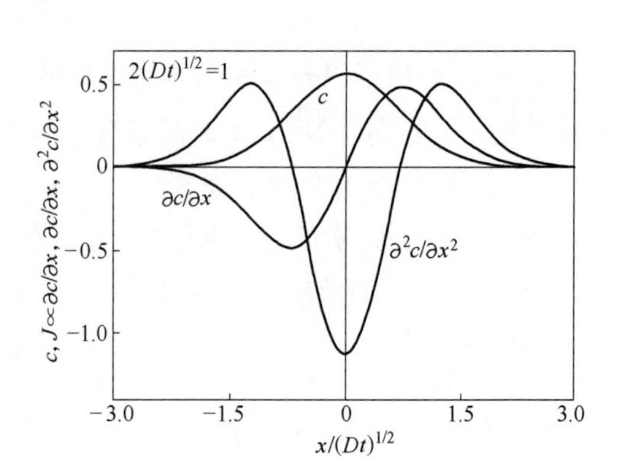

图 6-14　高斯解以及 $\partial c/\partial x$ 和 $\partial^2 c/\partial x^2$ 随 x 的变化

当浓度是 $c(0,\ t_1)$ 的一半（即半峰高）时所对应的 x 为：

$$\frac{M}{4\sqrt{\pi D t_1}}=\frac{M}{2\sqrt{\pi D t_1}}e^{-x^2/(4Dt_1)}$$

即 $x=2\sqrt{Dt_1}\times\sqrt{\ln 2}$

半峰宽度 FWHM = $2x$；所以，在 T 温度的扩散系数 D 为：

$$D=\frac{(\text{FWHM})^2}{16t_1\ln 2} \tag{6-65}$$

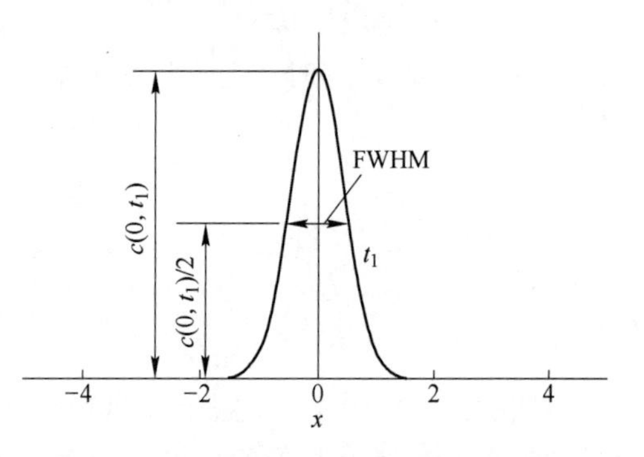

图 6-15　物质量 M 的面源在 T 温度扩散 t_1 的浓度分布曲线

当扩散过程中存在一堵不可穿透的“墙”时，例如，扩散物质抵达自由表面时，物质不可能穿越表面而消失，扩散物质仍滞留在试样之中。为了解决这样的问题，假想在墙的另一侧存在着另一系统，它是真实系统的镜面像，这堵墙就成为了真实系统和假想系统的对称平面。这个假想系统在真实系统一侧的扩散物质以及浓度分布就作为真实系统扩散物质遇到墙后反射回来的物质和浓度分布的描述。真实的扩散过程用这 2 个系统在不存在“墙”的情况下的解的叠加来近似描述。利用这种“反射”概念，可以把高斯解推广解决一些更特殊的扩散问题。

例如，扩散组元在开始时浓集于无限长试样的一侧表面，扩散组元只能向试样一侧扩散，表面也就成为扩散到另一侧的“墙”。利用反射概念，这时对称平面就是表面。真实系统和假想系统在不存在“墙”时的浓度分布都一样。如果把表面处定为 $x=0$，并且 x 的正向指向系统内，这种情况下扩散方程的解应是式(6-62)的两倍，即：

$$c(x,\ t)=\frac{M}{\sqrt{\pi D t}}e^{-x^2/(4Dt)} \tag{6-66}$$

显然，当 $x<0$ 时，这个式子是没有意义的。

又例如，厚度为 d 的板在一侧涂上扩散物质，如果扩散时间比较短，扩散物质到达另一侧表面的量可以忽略时，如图 6-16a 所示，那么浓度分布直接可用式(6-66)描述。如果扩散的距离比板厚 d 大，就应该用“反射”概念来计算扩散物质的浓度分布。这时以板的另一侧自由表面为对称平面，放入一个假想系统，如图 6-16b 虚线所示。这两个系统在不存在“墙”时的浓度分布都可用式(6-66)表示：

$$c(x,\ t)=\frac{M}{\sqrt{\pi Dt}}\mathrm{e}^{-x^2/(4Dt)} \quad \text{（真实系统）}$$

$$c(x,\ t)=\frac{M}{\sqrt{\pi Dt}}\mathrm{e}^{-(x-2d)^2/(4Dt)} \quad \text{（假想系统）}$$

扩散过程的真实浓度分布是上面两者的叠加：

$$c(x,\ t)=\frac{M}{\sqrt{\pi Dt}}\left[\mathrm{e}^{-x^2/(4Dt)}+\mathrm{e}^{-(x-2d)^2/(4Dt)}\right] \tag{6-67}$$

当然，这个解在 $x=0\sim d$ 时才是有效的。如果扩散的距离比 $2d$ 大，那么上式的第二项（即假想系统）会在 $x=0$ 处又遇到“墙”，因而要以 $x=0$ 为对称平面，在 $x=-2d$ 处再附加一个新的假想系统，如图 6-16c 虚线所示，在板内浓度分布应该是：

$$c(x,\ t)=\frac{M}{\sqrt{\pi Dt}}\left[\mathrm{e}^{-x^2/(4Dt)}+\mathrm{e}^{-(x-2d)^2/(4Dt)}+\mathrm{e}^{-(x+2d)^2/(4Dt)}\right] \tag{6-68}$$

同样，这个解也是在 $x=0\sim d$ 时才是有效的。如果扩散时间很长，则可按这样的办法逐渐增加假想系统的数目。在解决实际问题时究竟要采用多少个假想系统，视扩散时间 t 而定，一般只需要考虑距离大约为 $2\sqrt{Dt}$ 之内那些镜面像的假想系统。在后面知道，$2\sqrt{Dt}$ 是一维扩散距离的大约估计。

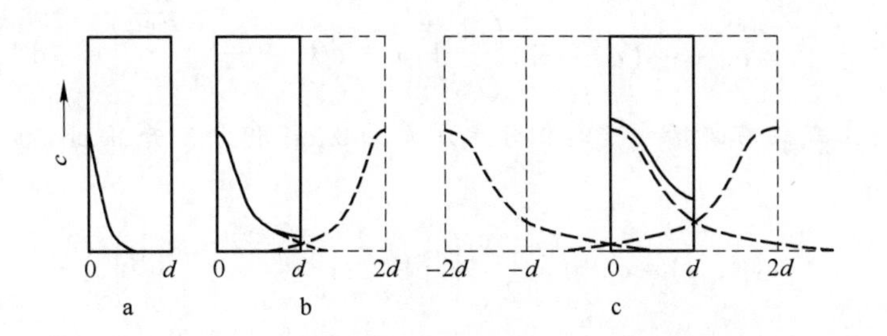

图 6-16　厚度为 d 的板在一侧表面涂上扩散物质的扩散情况

（图中实线是最终结果）

a—扩散距离小于板厚；b—扩散距离大于板厚；c—扩散距离大于两倍板厚

例 6-4　试由高斯解导出误差函数解。

解： 图 6-17a 表示一侧浓度为 c_2 另一侧浓度为 c_1 的无限长扩散偶（设截面积为 1），把浓度为 c_2 一侧分成厚度为 $\mathrm{d}x'$（趋于无穷小）的无穷多个小片，每片含$(c_2-c_1)\mathrm{d}x'$的扩散物质量，每一片都可以看做是面扩散源。所有这些无穷多个面源的扩散叠加就是这个扩散偶的扩散解。式(6-62)给出的是面源放在原点（$x=0$）的高斯解，现在应用高斯解时，要注意每片扩散源的位置的变化。对于处在 x'处的面源，其高斯解的形式是：

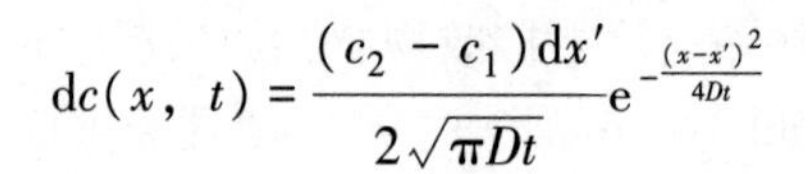

$$\mathrm{d}c(x,\ t)=\frac{(c_2-c_1)\mathrm{d}x'}{2\sqrt{\pi Dt}}\mathrm{e}^{-\frac{(x-x')^2}{4Dt}}$$

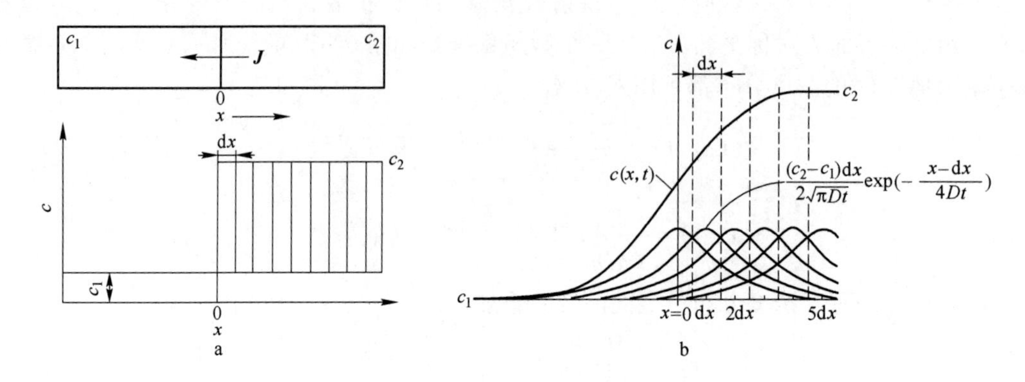

图 6-17 由高斯解导出误差函数解

现把所有的面源扩散的贡献(图 6-17b)叠加起来，并且注意到我们把扩散偶原来的浓度作为 c_1，故：

$$\begin{aligned}
c(x,\ t)&=c_1+\int_{-\infty}^{0}\mathrm{d}c(t,\ x)=c_1+\int_{-\infty}^{0}\frac{c_2-c_1}{2\sqrt{\pi Dt}}\mathrm{e}^{-(x-x')^2/(4Dt)}\mathrm{d}x'\\
&=c_1-\frac{1}{2}(c_2-c_1)\frac{2}{\sqrt{\pi}}\int_{\infty}^{x/\sqrt{(4Dt)}}\mathrm{e}^{-(x-x')^2/(4Dt)}\mathrm{d}\frac{x-x'}{\sqrt{4Dt}}\\
&=c_1+\frac{1}{2}(c_2-c_1)\left(\frac{2}{\sqrt{\pi}}\int_{x/\sqrt{(4Dt)}}^{\infty}\mathrm{e}^{-\beta^2}\mathrm{d}\beta\right)\\
&=c_1+\frac{1}{2}(c_2-c_1)\left(\frac{2}{\sqrt{\pi}}\int_{0}^{\infty}\mathrm{e}^{-\beta^2}\mathrm{d}\beta-\frac{2}{\sqrt{\pi}}\int_{0}^{x/\sqrt{(4Dt)}}\mathrm{e}^{-\beta^2}\mathrm{d}\beta\right)
\end{aligned}$$

可以看出，上式最右面括号中的积分是误差函数 erf 积分，并且 $\mathrm{erf}(\infty)=1$，$\mathrm{erf}(0)=0$，故：

$$\begin{aligned}
c(x,\ t)&=c_1+\frac{c_2-c_1}{2}\left(1+\frac{2}{\sqrt{\pi}}\int_{0}^{x/\sqrt{(4Dt)}}\mathrm{e}^{-\beta^2}\mathrm{d}\beta\right)\\
&=c_1+\frac{c_2-c_1}{2}\left[1+\mathrm{erf}\left(\frac{x}{\sqrt{4Dt}}\right)\right]
\end{aligned}$$

这就是误差函数解。注意：这一式子与式（6-50）略有不同，现在的 c_2 在扩散偶的右侧。

对于二维情况，设一根物质棒（单位长度的扩散物质量是 M，物质棒的直径趋于 0）在无限大介质中扩散，很容易用一维解式(6-62)的乘积得出解：

$$\begin{aligned}
c(x,\ y,\ t)&=\frac{M_x}{\sqrt{4\pi Dt}}\mathrm{e}^{-x^2/(4Dt)}\times\frac{M_y}{\sqrt{4\pi Dt}}\mathrm{e}^{-y^2/(4Dt)}\\
&=\frac{M}{\sqrt{4\pi Dt}}\mathrm{e}^{-r^2/(4Dt)}
\end{aligned}$$

式中，$M_x \times M_y = M$，从对上式积分知道，M 就是单位长度的扩散物质量，物质棒就是扩散的线源。$r^2 = x^2 + y^2$，这个结果是柱对称的。同样，如果在无限大介质中放入一物质球（扩散物质量是 M，球的直径趋于 0），这一物质球就是点扩散源。表 6-3 列出了点、线和面源扩散方程的解。

表 6-3　点、线和面源扩散方程的解（扩散系数为常数）

解的类型	∇^2的对称部分	基 本 解
一维扩散		
在 1D 的点源 在 2D 的线源 在 3D 的面源	$\frac{d^2}{dx^2}$	$c(x,\ t) = \frac{M}{(4\pi Dt)^{1/2}} e^{-x^2/(4Dt)}$
二维扩散		
在 2D 的点源 在 3D 的线源	$\frac{1}{r}\frac{d}{dr}r\frac{d}{dr}$	$c(r,\ t) = \frac{M}{4\pi Dt} e^{-r^2/(4Dt)}$
三维扩散		
在 3D 的点源	$\frac{1}{r^2}\frac{d}{dr}r^2\frac{d}{dr}$	$c(r,\ t) = \frac{M}{(4\pi Dt)^{3/2}} e^{-r^2/(4Dt)}$

例 6-5　试由点源扩散解导出一维平面源扩散解。

解：设在 $x=0$ 的 $y-z$ 平面单位面积上分布了 m 个物质强度为 M' 的物质，在 $y-z$ 平面半径为 $2\pi r\mathrm{d}r$ 的环内的扩散物质为 $m2\pi rM'\mathrm{d}r$，经扩散后它引起的浓度分布 dc 为：

$$\mathrm{d}c = m2\pi rM'\mathrm{d}r \frac{1}{(4\pi Dt)^{3/2}} \exp[-(x^2 + r^2)/4Dt]$$

在 $y-z$ 平面的全部物质扩散引起的浓度分布应为上式对 r 从 0 到 ∞ 的积分：

$$c = \frac{m2\pi M'}{(4\pi Dt)^{3/2}} \exp(-x^2/4Dt) \int_0^\infty \exp(-r^2/4Dt) r\mathrm{d}r$$

$$= \frac{M}{2(\pi Dt)^{1/2}} \exp(-x^2/4Dt)$$

式中，$M = mM'$ 是平面源单位面积的扩散物质。上式就是一维平面源扩散解。

D　扩散系数为常数的富氏级数解

分离变量是解偏微分方程的一种数学方法，一维扩散的 Fick 第二定律式(6-6)含 x 和 t 两个变量，它的解一定可以表达为以 x 为变量的函数 $X(x)$ 和以 t 为变量的函数 $T(t)$ 的乘积：

$$c(x,\ t) = X(x)T(t) \tag{6-69}$$

把它代回式（6-6），得：

$$\frac{1}{T} \cdot \frac{\partial T}{\partial(Dt)} = \frac{1}{X} \cdot \frac{\partial^2 X}{\partial x^2} = -\lambda^2 \tag{6-70}$$

由于 x 和 t 是独立变量，所以上式左端和右端必然等于同一个常数，以 λ^2表示。这样上式可以分作如下两个常微分方程：

$$\frac{1}{T}\cdot\frac{\partial T}{\partial(t)}=-\lambda^2 D \tag{6-71}$$

$$\frac{1}{X}\cdot\frac{\partial^2 X}{\partial x^2}=-\lambda^2 \tag{6-72}$$

由这两个微分方程很易解得：

$$T=\mathrm{e}^{-\lambda^2 Dt}$$

$$X=A\cos\lambda x+B\sin\lambda x$$

结果，解的形式为：

$$c(x,\ t)=(A\cos\lambda x+B\sin\lambda x)\mathrm{e}^{-\lambda^2 Dt} \tag{6-73}$$

式中，A 和 B 是积分常数。由于扩散系数为常数时的扩散方程是线性的，它的通解应由上面类型的式子叠加，得：

$$c(x,\ t)=\sum_{n=0}^{\infty}(A_n\cos\lambda_n x+B_n\sin\lambda_n x)\mathrm{e}^{-\lambda_n^2 Dt} \tag{6-74}$$

式中，A_n和 B_n也是常数。从上面的解看出，式(6-72)的常数取负值（$-\lambda$）是为了使浓度对时间 t 收敛。这种形式的解用于初始状态（$t=0$）时浓度不均匀分布的情况是十分方便的。因为任何一个初始浓度分布 $c=f(x)$总可以把它展开为富氏级数，式(6-74)中 A_n、B_n和 λ_n相应也可求出来。$\mathrm{e}^{-\lambda_n^2 Dt}$ 是各级谐波振幅随时间的衰减因子。$t=0$ 的式(6-74)就是初始的浓度分布。随着时间延长，振幅下降，这是一个均匀化过程。一个成分不均匀的材料，经保温扩散以使其成分均匀的处理，称均匀化退火。

a　浓度是正弦型分布的一维扩散

设初始浓度沿一维分布是正弦形式的：

$$c(x,\ t=0)=c_0+(\Delta c)_0\sin\frac{\pi x}{l} \tag{6-75}$$

式中，$(\Delta c)_0$是初始状态时的浓度振幅；$2l$ 是浓度分布的周期(如图 6-18 所示)。根据式(6-75)，这种情况的解是：

$$c(x,\ t)=c_0+(\Delta c)_0\sin\frac{\pi x}{l}\mathrm{e}^{-\pi^2 Dt/l^2} \tag{6-76}$$

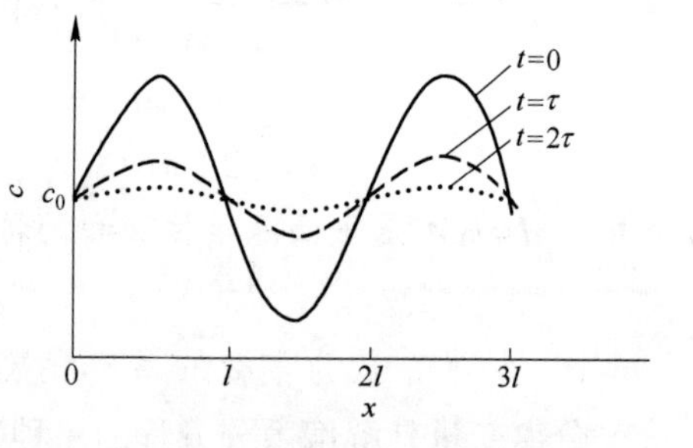

图 6-18　初始浓度是正弦分布，扩散退火时浓度振幅的衰减

衰减因子中包含（$-t/l^2$）项，所以原始浓度分布的波长越短，振幅衰减的速度就越大。例如，两个相同的合金都具有相同的不均匀成分，但其中一个经塑性变形压缩，厚度被压为原来的 1/10，即不均匀成分分布的波长也被压缩为原来的 1/10。设未压缩试样成分的半波长为 l_1，压缩试样成分半波长 $l_2=l_1/10$，2 个合金放在同一个温度下进行均匀化退火，使压缩试样成分振幅衰减为原来的 1/e（0.368 倍)，即衰减因子等于 1/e 时：

$$e^{-\pi^2 Dt/l_2^2} = e^{-100\pi^2 Dt/l_1^2} = \frac{1}{e} \quad 即 \quad \frac{\pi^2 Dt}{l_1^2} = \frac{1}{100}$$

而对于未压缩试样，在相同时间内的衰减为：

$$e^{-\pi^2 Dt/l_1^2} = e^{-1/100} = 99.00\%$$

即是说，压缩试样成分振幅衰减了(1−0.368) = 63.2%时，未压缩试样成分振幅只衰减了1%。从此可看出，波长对衰减速度的影响是非常大的。

例 6-6 板厚为 $l(0 < x < l)$ 的初始浓度分布及边界条件为：

$$c(x=0,\ t)=0 \quad c(x=l,\ t)=0 \quad c(x,\ t=0)=c_0\sin(\pi x/l)$$

设扩散系数为常数。(1) 求板的中部 ($l/2$) 浓度降低为 $c_0/2$ 的扩散时间 $t_{0.5}$。(2) 如果板的表面扩散流量为0，扩散时间比第 (1) 问中的长还是短？

解：(1) 这个问题的浓度分布 $c(x,\ t)$ 可直接由式(6-76)得出，即：

$$c(x,\ t) = c_0 \sin\frac{\pi x}{l} e^{-\pi^2 Dt/l^2}$$

在板的中部 ($x=l/2$) 的浓度为：

$$c(x=l/2,\ t) = c_0 e^{-\pi^2 Dt/l^2}$$

当 $c(x=l/2,\ t_{0.5}) = c_0/2$ 时：

$$e^{-\pi^2 Dt_{0.5}/l^2} = 1/2 \quad 即 \quad t_{0.5} = \frac{l^2}{\pi^2 D}\ln 2$$

(2) 如果板的表面扩散流量为0，意味着板中的浓度完全均匀，即所有扩散物质全部离开板。此时 $c(x,\ t)=0$，即 $e^{-\pi^2 Dt/l^2}=0$，而 l 不会等于0，那么 t 应是∞。显然时间要比第 (1) 问所需要的长得多。

b 浓度为波长 ($2l$) 周期分布的一维扩散

如果原始成分不是正弦型分布，但是波长为 $2l$ 的周期分布，这样可以把原始成分用富氏级数描述它，即把它分解成一系列谐波。将初始浓度分布 $c(x,\ 0)$ 展成富氏级数为：

$$c(x,\ 0) = \frac{A_0}{2} + \sum_{n=1}^{\infty}\left(A_n\cos\frac{\pi nx}{l} + B_n\sin\frac{\pi nx}{l}\right) \tag{6-77}$$

其中

$$A_n = \frac{1}{l}\int_{-l}^{+l} c(\zeta,\ 0)\cos\frac{\pi n\zeta}{l}\mathrm{d}\zeta$$

$$B_n = \frac{1}{l}\int_{-l}^{+l} c(\zeta,\ 0)\sin\frac{\pi n\zeta}{l}\mathrm{d}\zeta$$

显然，其中 $A_0/2$ 等于平均浓度 $\bar{c}$。原来的浓度分布分解为半波长为 l，$l/2$，$l/3$，…，l/n，…无限个谐波叠加。按式(6-74)，这时的解为：

$$c(x,\ t) = \bar{c} + \sum_{n=1}^{\infty}\left(A_n\cos\frac{n\pi x}{l} + B_n\sin\frac{n\pi x}{l}\right)\exp\left[-\frac{(n\pi)^2 Dt}{l^2}\right] \tag{6-78}$$

每一种谐波都按其自身的衰减因子 $\exp[-(n\pi/l)^2 Dt]$ 衰减。因为高阶谐波的波长短，衰减速度快，所以控制均匀化过程速度的是几个低阶谐波。式(6-74)中级数每项的特征弛豫时间是：

$$\frac{l^2}{(n\pi)^2 D} \quad (n = 1, 2, 3, \cdots)$$

在相同时间内当主波（$n=1$）振幅衰减到原来的 1/e（0.368 倍）时，次级（$n=2$）及第三级($n=3$)谐波衰减为原来的 0.018 倍和 0.00012 倍。可见，高阶谐波的振幅以比主波快得多的速度衰减。这样，浓度分布很快就变成正弦（或余弦）分布，所以，对于这类问题，特别是扩散时间较长时，为了方便，常以单一的正弦（或余弦）波来近似描述。

我们注意到这种解中有一些特殊位置在整个过程中浓度保持不变，即位相为 0、π、2π，以及和这些位置相当的地方，它们的浓度始终等于平均浓度(图 6-18)。利用这点可以把这种解应用到两侧表面浓度保持不变的有限厚度板的扩散过程中去。例如，将一块板放在某种气氛中，维持两侧表面某一组元浓度不变的情况下渗入或脱去这组元的过程就是这一类扩散过程。在初始时刻，板的浓度是均匀的，但表面浓度却不同于板内浓度（比板内的高或低）。这样，以板的厚度为半波长，以表面浓度和板内浓度之差为振幅，把浓度分布开拓成富氏级数，最后套用式(6-74)就可获得这个问题的解。

设板厚为 l，板的初始浓度为 c_0，在维持表面浓度为 c_s 条件下向板内渗入某一扩散组元。现把坐标原点放在板的一侧，把原来浓度分布开拓成假想的周期函数，如图 6-19 所示，其中一个周期初始时刻的浓度分布是：

$$c(0 < x < l,\ t = 0) = c_0$$

$$c(l < x < 2l,\ t = 0) = 2c_s - c_0$$

把初始浓度分布展开成富氏级数，它的形式和式(6-74)一样。因为原始浓度分布为奇函数，所以系数 $A_n(n \neq 0)$ 必为 0，现在的系数是：

$$A_0 = \frac{1}{l}\int_0^l c_0 \mathrm{d}x + \frac{1}{l}\int_l^{2l}(2c_s - c_0)\mathrm{d}x = 2c_s$$

$$B_n = \frac{1}{l}\int_0^l c_0 \sin\frac{n\pi x}{l}\mathrm{d}x + \frac{1}{l}\int_l^{2l}(2c_s - c_0)\sin\frac{n\pi x}{l}\mathrm{d}x$$

$$= -\frac{4}{n\pi}(c_s - c_0)$$

式中，n 为奇数。把 A_0、B_n 代回式(6-74)，并且以 $2j+1$ 取代 n 以便级数求和项 j 可以连续取值 0，1，2，3，…得：

$$c(x, 0) = c_s - \frac{4(c_s - c_0)}{\pi}\sum_{j=0}^{\infty}\frac{1}{2j+1}\sin\frac{2j+1}{l}\pi x \tag{6-79}$$

图 6-19 给出上式 $n=1$，3，5，7，9 等几个谐波曲线。虽然把初始浓度分布开拓成无限空间中的级数，但是，在这一实际问题中，只有 $0<x<l$ 的区间才有意义。这种初始条件下的扩散方程的解是：

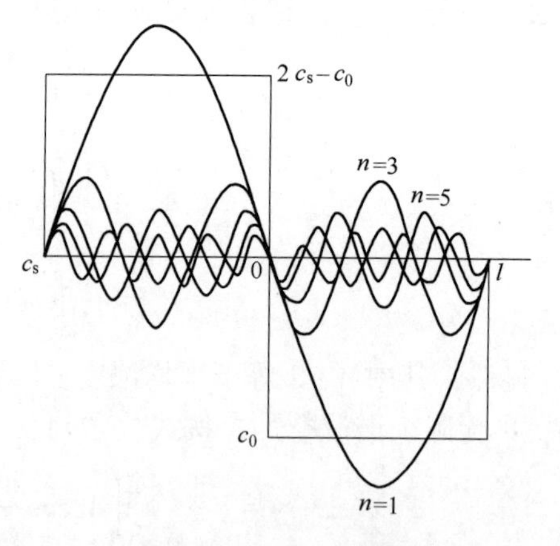

图 6-19 厚度为 l 的板，原始浓度为 c_0，把浓度分布展开成振幅为 c_s-c_0 的富氏级数

$$c(x,\ t)=c_{\mathrm{s}}-\frac{4(c_{\mathrm{s}}-c_0)}{\pi}\sum_{j=0}^{\infty}\frac{1}{2j+1}\sin\left(\frac{2j+1}{l}\pi x\right)\exp\left[-\left(\frac{2j+1}{l}\pi\right)^2 Dt\right] \tag{6-80}$$

上式每一项的特征弛豫时间 τ 为：

$$\tau_j=\frac{l^2}{(2j+1)^2\pi^2 D}\quad (j=0,\ 1,\ 2,\ 3,\ \cdots) \tag{6-81}$$

同样，随着 j 加大，τ 急剧减小，也就是说，当长时间扩散后，用级数的一项或两项就足够了。有时，需要知道板中的平均浓度 $\bar{c}$，它应为：

$$\bar{c}=\frac{1}{l}\int_0^l c(x,\ t)\mathrm{d}x \tag{6-82}$$

把式(6-80)代入积分，得：

$$\bar{c}(t)=c_{\mathrm{s}}-\frac{8(c_{\mathrm{s}}-c_0)}{\pi^2}\sum_{j=0}^{\infty}\frac{1}{(2j+1)^2}\exp\left(-\frac{t}{\tau_j}\right) \tag{6-83}$$

式(6-80)是讨论 $c_{\mathrm{s}}>c_0$ 即物质渗入板的情况，对于 $c_{\mathrm{s}}<c_0$，这一式子也是适用的，此时是描述从板中脱去扩散物质的过程。当 $t\gg\tau_1$ 时，弛豫时间 τ_j 可简化为只考虑一项：

$$\tau_0=\frac{l^2}{\pi^2 D} \tag{6-84}$$

同时，式(6-80)也可以简化为只考虑 $j=0$ 一项：

$$c(x,\ t)=c_{\mathrm{s}}-\frac{4(c_{\mathrm{s}}-c_0)}{\pi}\sin\left(\frac{\pi x}{l}\right)\exp\left(-\frac{t}{\tau_0}\right)$$

两侧表面流入（或流出）的总流量 $|\boldsymbol{J}|$ 为：

$$|\boldsymbol{J}|=2D\left(\frac{\partial c}{\partial x}\right)_{x=0}=\frac{8D(c_{\mathrm{s}}-c_0)}{l}\exp\left(-\frac{t}{\tau_0}\right) \tag{6-85}$$

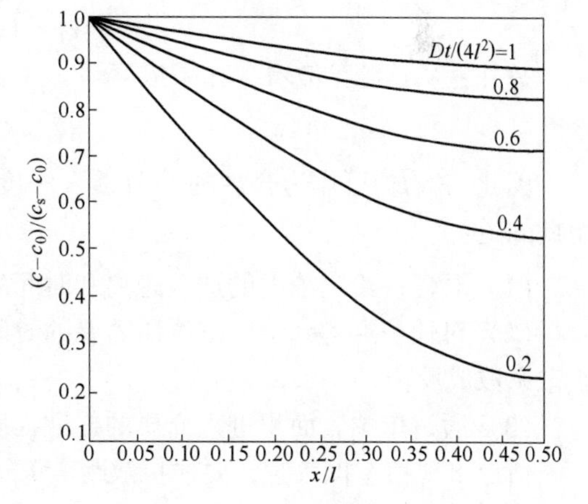

图 6-20　厚度为 l、原始浓度为 c_0 的板，表面浓度为 c_{s} 时，在不同的 $Dt/(4l^2)$ 下渗入物质的浓度分布

图 6-20 给出厚度为 l、原始浓度为 c_0 的板，表面浓度为 c_{s} 时，在不同的 $Dt/(4l^2)$ 下渗入物质的浓度分布曲线，因为浓度分布是以板的中面对称的，所以图中只给出半板厚的浓度分布。

例 6-7　用式(6-83)导出式(6-59)。

解： 式(6-59)是描述初始浓度为 c_0 厚度为 L 的板，在板的两侧表面浓度保持为 c_{s} 经长时间扩散后的板内平均浓度。式(6-83)给出同样条件下板的浓度分布。因为扩散时间很长，式(6-83)中的三角级数中只取第一级的主波就足够了，这时解的形式简化（取 $j=0$ 一项）为：

$$c(x,\ t)=c_{\mathrm{s}}-\frac{4(c_{\mathrm{s}}-c_0)}{\pi}\sin\frac{\pi x}{L}\exp\left[-\left(\frac{1}{L}\pi\right)^2 Dt\right]$$

现要求平均浓度 $\bar{c}$，$\bar{c}$ 为：

$$\bar{c}=\frac{1}{L}\int_0^L c(x,\ t)\mathrm{d}x=c_s-\frac{1}{L}\cdot\frac{4(c_s-c_0)}{\pi}\exp\left[-\left(\frac{1}{L}\pi\right)^2 Dt\right]\int_0^L \sin\frac{\pi x}{L}\mathrm{d}x$$

$$=c_s-\frac{4(c_s-c_0)}{L\pi}\exp\left[-\left(\frac{\pi}{L}\right)^2 Dt\right]\frac{L}{\pi}\cos\frac{\pi x}{L}\bigg|_0^L$$

$$=c_s-\frac{4(c_s-c_0)}{L\pi}\exp\left[-\left(\frac{\pi}{L}\right)^2 Dt\right]\frac{L}{\pi}(-1-1)$$

$$=c_s+\frac{8(c_s-c_0)}{\pi^2}\exp\left[-\left(\frac{\pi}{L}\right)^2 Dt\right]$$

这就导出了式（6-59）。

E 估计扩散透入的距离和接近稳态的时间

从误差函数解式(6-54)看到,当$[c(x,t)-c_s]/(c_1-c_s)=3/4$时，或者等效于$\mathrm{erf}[x/2(Dt)^{1/2}]=3/4$时，相应：

$$x\approx 1.6\sqrt{Dt} \tag{6-86}$$

另外，从点源扩散看，如果浓度是$x=0$处浓度的$1/e$，此处的x约为：

$$x\approx 2\sqrt{Dt} \tag{6-87}$$

因此,$2\sqrt{Dt}$可作为合理的扩散透入深度的估计。这一关系就是著名的平方根关系，由此知道：

（1）对任一给定浓度的透入距离和时间的平方根$\sqrt{t}$成正比。

（2）对任一点达到给定浓度所需要的时间和该点与表面的距离的平方x^2成正比，和扩散系数成反比。

（3）通过单位表面积进入介质的扩散物质量随时间的平方根而变。

估计出现稳态扩散时，要让扩散距离等于此扩散系统的最大特征长度。如果一个扩散体的线性特征长度是L，那么，达到稳态扩散的时间$\tau >> L^2/D_{\min}$，$D_{\min}$是在扩散体中最小的扩散系数。当然，有很多实际系统是永远达不到稳态扩散的，例如上面讨论的半无限长棒扩散，又例如边界条件是时间的函数等都是无法达到稳态扩散的。

6.2 扩散机制

材料由原子、分子、离子等粒子构成，这些粒子是怎样运动才使得物质发生宏观迁移的？在本章开始时已经提到，对于每一个粒子，在一定温度下都会发生无规的热运动，每一类粒子的热运动规律是相同的。当系统中存在扩散物质的浓度梯度，即各处的扩散物质量（粒子量）不同时，每一个粒子都作相等的无规跳动，就会使原来粒子多的地方的粒子数减少，原来粒子少的地方的粒子数增加，结果就发生了宏观的物质流动。在一个浓度均匀的材料系统中，粒子也是在不断的无规热运动，也会产生宏观的物质流动，这种过程称自扩散。因为所有的粒子是相同的，除非我们将某部分粒子打上记号（实际的做法是采用同位素示踪原子），否则我们不会感知系统的自扩散。

在晶态固体中，粒子呈空间的周期排列，它不像气体和液体的粒子那样简单地随机跳动，晶体点阵限制了粒子跳动的方向和距离。这一节讨论在晶体固体中粒子（原子、分子或离子）从一个平衡位置跳离到另一平衡位置的方式，这些方式决定了粒子跳动的距离和速度，从而决定扩散速度。

6.2.1　间隙机制

在间隙固溶体中，处在间隙位置的原子，从一个平衡的间隙位置跳到相邻的另一个平衡间隙位置上去，在中间过程间隙原子把基体原子挤开从而要克服挤开的最大畸变，当这一过程完成后，基体原子恢复原状而不留下永久的位移。这是一种简单的机制，称直接间隙机制。在金属或其他材料中如 H、C、N 和 O 等小的间隙溶质原子的扩散机制就是这种机制。图 6-21 是这种机制扩散的示意图。

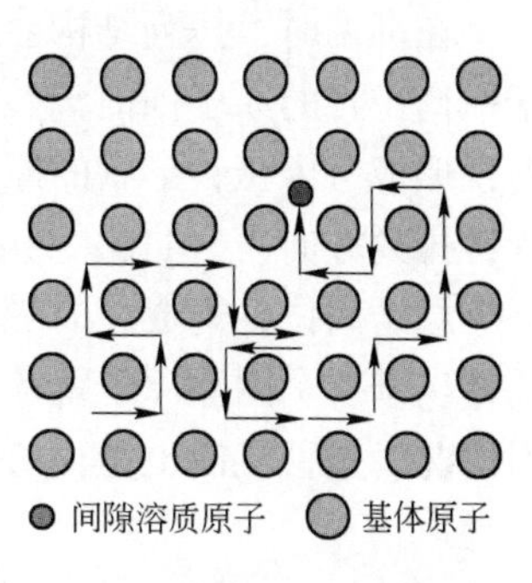

图 6-21　扩散的直接间隙机制示意图

6.2.2　挤列机制

对于间隙原子或尺寸和基体原子差不多的溶质原子的扩散，它们作为间隙原子的形成能很高，这种间隙原子的平衡浓度十分低，直接间隙机制对扩散的贡献可以忽略。但是，如果晶体处于非平衡态，例如晶体经受塑性变形或是辐照后，这类间隙原子浓度大幅度增加，则这些间隙原子对扩散的贡献不可忽略。因为这类间隙原子的尺寸和基体原子相当，如果它们像图 6-21 那样从一个间隙位置挤到另一个间隙位置，在中间过程引起的畸变能很高，这种直接间隙机制难以实现，它们可以以一种挤列机制（间接间隙机制）进行扩散。

间接的间隙机制是间隙原子把相邻的处在平衡位置的原子挤入相邻的间隙，自己进入这一平衡位置来完成一次移动，间隙原子和被挤开的原子是共同移动的，所以这种机制也可以认为是协同机制的一种（见下面讨论）。因为一个原子邻近不止一个间隙位置，被挤出的原子既可以按直线方向挤入共线的间隙位置，也可以以一定的角度跳动入相邻的其他间隙位置，前者是共线跳动，后者是非共线跳动。图 6-22 是共线跳动的间接间隙机制示意图。

在金属和合金中，间隙原子的中心往往并不正好处在间隙位置的中心上。例如，金属在低温经辐照后，间隙原子形成一种挤列结构。这种挤列结构由排在一列的相邻几个原子构成，由 n 个原子占据 $n-1$ 个原子位置，如图 6-23 所示。这时，这 n 个原子中没有一个

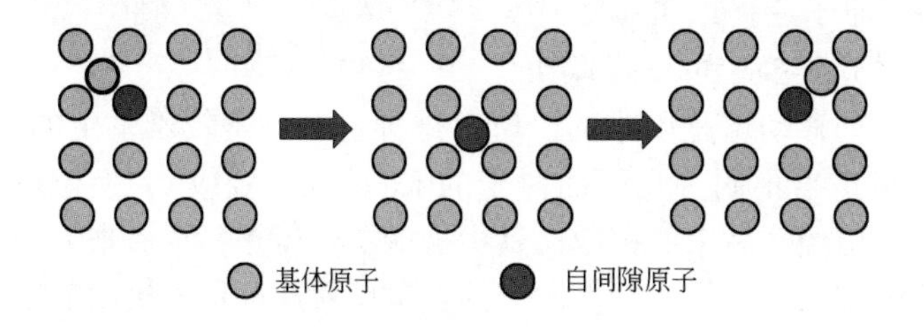

图 6-22　扩散的间接间隙机制（共线跳动）示意图

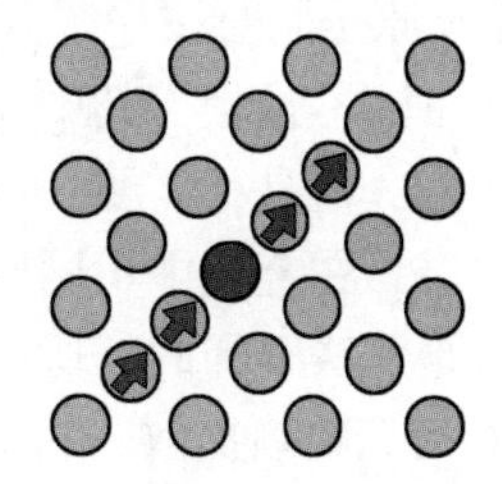

图 6-23　间隙原子形成一种挤列结构

原子的中心和间隙位置的中心相重合。当这一挤列向前推进一个小距离时，挤列的最后一个原子回到平衡位置，把挤列前面一个原子纳入挤列，这相当于一个间隙原子在这个方向移过了一个原子间距。

在高温时，挤列结构会转化成一种所谓“哑铃”结构，即一个间隙原子迫使一个处于平衡位置的原子同时离位，这两个原子以原来平衡位置为中心，沿某一方向成对称排列，形成一个哑铃形状的原子对。面心立方晶体哑铃排列方向为〈100〉；体心立方晶体哑铃排列方向为〈110〉。扩散时，哑铃原子对中的一个原子跳到邻近一个位置，使邻近一个原子离位，构成新的哑铃原子对，而原来哑铃原子对的另一原子回复到平衡位置，这也相当于一个间隙原子跳动了一个原子间距。图 6-24 表示哑铃原子对以及跳动前后的排列情况。这种机制也是由好几个原子协同动作完成的，所以，也可以看做是协同机制的一种。

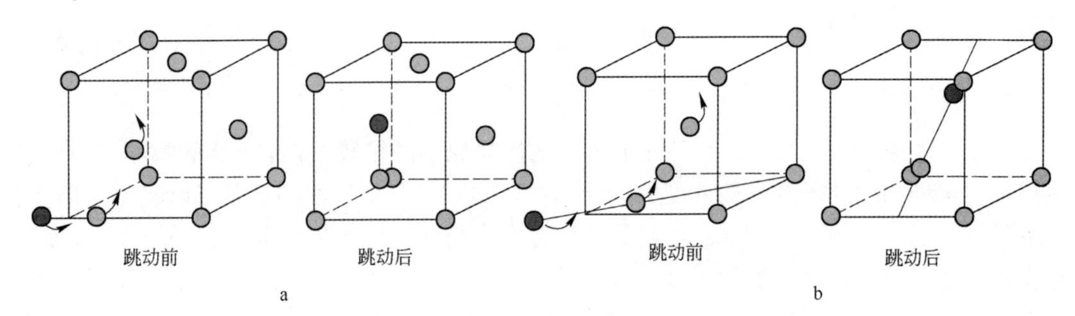

图 6-24　间隙式原子对以及原子跳动前后的排列情况
a—面心立方；b—体心立方

6.2.3　协同机制

协同扩散机制的基元行为是由两个或两个以上（n 个）原子的协同运动来完成的。置换溶质原子或基体自身原子扩散跳动可以由直接换位机制完成，即相邻两个原子直接相互换位，图 6-25 中表述了这一过程。在密排晶体中，由于这种直接换位过程使附近点阵产生很大的畸变，故需要很大的激活能，所以这种机制几乎不会发生。Zener 提出一种可以降低换位激活能的所谓回旋式换位机制：n 个原子同时按一个方向回旋使原子迁移，图 6-25 中也表述了这一过程，其中 $n=4$。虽然这样换位可以降低换位激活能，但是，需要一群原子同步地移动也是困难的，所以这种机制也是较难发生的。后来知道，在合金中不同原子的扩散速度不同（见下面讨论的 Kirkendall 效应），换位机制对此是无法解释的，所以这些机制已经在后来的扩散文献中被淘汰。但是，再后来人们发现了“无缺陷扩散”机制（例如 B 在 Cu 中作为置换原子的扩散就有这种扩散机制的证据），这样，对换位机制才又重新产生兴趣。

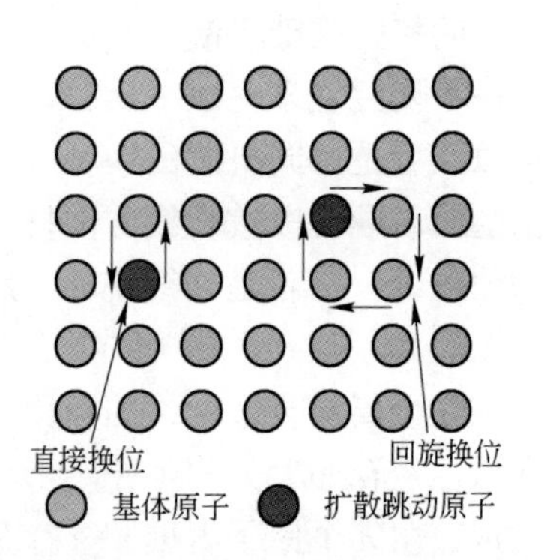

图 6-25　直接换位和回旋式换位机制

好几个原子（分子）成链状或毛虫状一起蠕动的协同机制在无定形结构系统中是常见的，例如在聚合物中分子扩散就是以分子链蠕动的方式进行的。在氧化物玻璃中碱离子的协同跳动过程对离子传导起重要作用。

6.2.4 空位机制

金属和合金中存在一定的空位浓度，在接近熔点时，空位浓度达 $10^{-3}\sim10^{-4}$ 位置分数。单个原子可以直接和它旁边的空位交换位置而移动，这是扩散的单空位机制，如图 6-26 所示。在空位与原子交换的过程中也会撑开邻近的原子，即也会引起畸变，但要比间隙机制小得多，这是晶体中最常发生的扩散机制。

在晶体中，除了存在单空位外，还存在一些空位团：例如双空位、三空位等。扩散原子也可以通过与空位团换位来移动，图 6-27 是在密排结构中扩散的双空位机制示意图。双空位与单空位数量的比值随温度增加而增加，故双空位对扩散的贡献也随温度增加而增加。此外，在 fcc 金属晶体中，双空位的迁移率比单空位的高，但在温度低于熔点温度 T_m 的 2/3 时，还是单空位扩散机制起主要作用。

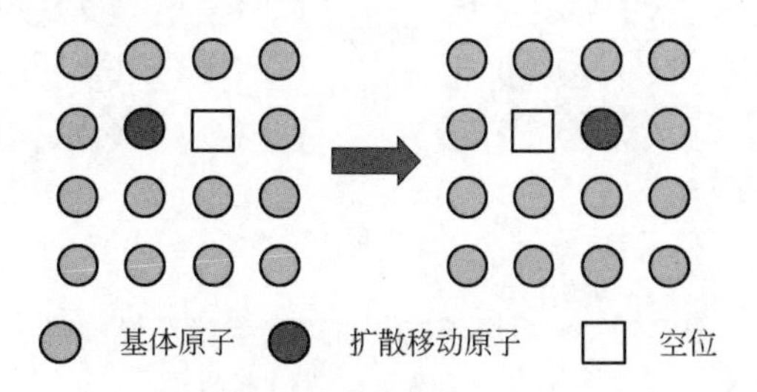

图 6-26 扩散的单空位机制

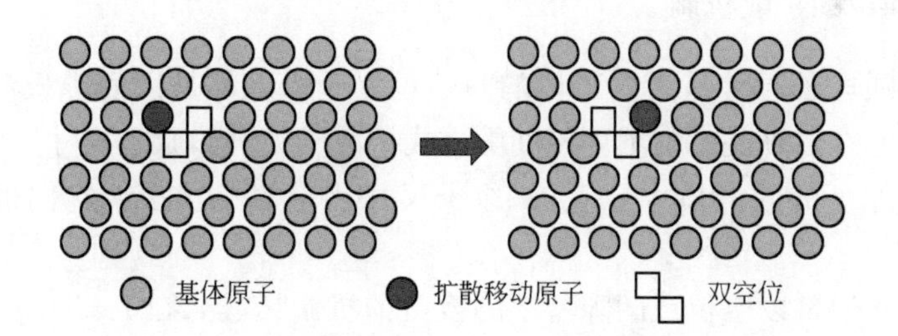

图 6-27 在密排结构中扩散的双空位机制

在稀溶体中，溶质和空位通常会结合，结果形成溶质原子-空位对，它们也对扩散有贡献。根据分子动力学计算，在高温时，原子跳动频率略有增大，在先后两次跳动之间有动力学相关作用，使空位移动可以超过一个原子距离，这种所谓空位双重跳动在高温时对扩散亦有相当的影响。

6.2.5 间隙-置换互换机制

某些原子（B）在基体（A）形成固溶体时可以是间隙原子（B_i）或是置换原子（B_s），这类溶质原子称“混杂溶质原子”，它在基体扩散的机制是间隙-置换互换机制，如图 6-28 所示。图 6-28a 所示为原来溶质作为间隙原子，通过间隙扩散遇到空位进入空位变为置换原子，这种机制称溶入机制；图 6-28b 所示为原来溶质作为间隙原子，通过间隙扩散后把基体一个原子踢出成为自间隙原子，它却成为置换原子，这种机制称踢出机制。这类溶质以间隙原子形式存在的溶解度比以置换原子形式存在的低，相反，以间隙机制扩散的扩散系数比以置换机制扩散的扩散系数高。

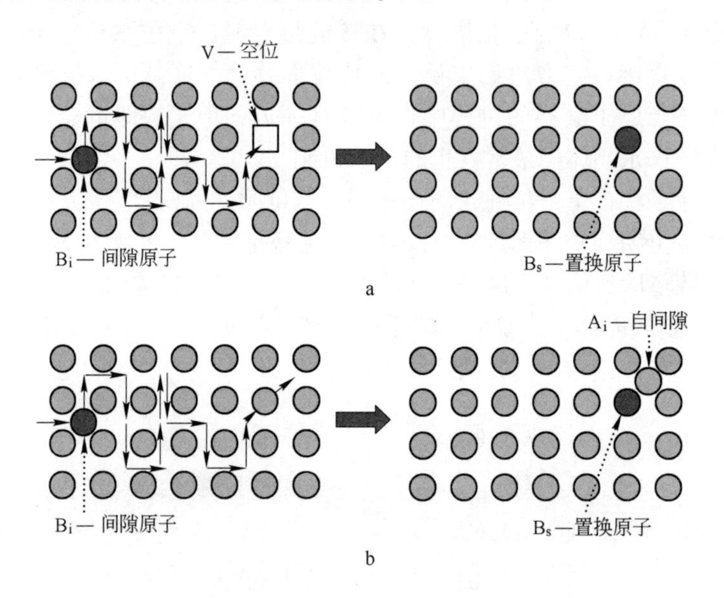

图 6-28 溶质原子扩散的间隙-置换互换机制
a—溶入机制；b—踢出机制

6.2.6 各种材料中的扩散机制

尺寸小的溶质原子通常是占据基体的间隙位置，所以都是以间隙机制扩散。例如 H 原子尺寸最小，它在各种晶态材料中以间隙方式扩散。又例如原子尺寸比较小的 C、N 原子，以它为溶质原子的固溶体中，C、N 原子尺寸比基体小得多，它们也是以间隙机制扩散。

置换溶质原子通常以空位或间隙型缺陷换位的机制扩散。在 fcc、bcc 和 hcp 金属中，因为晶体的排列比较致密，自扩散主要是空位机制，但在某些情况下间隙机制对扩散也有少量的贡献。在结构较为开放的 Ge（共价键，金刚石结构）中，自扩散通常以空位机制进行。作为微电子器件材料的 Si 的结构与 Ge 相同，在低温时自扩散也是以空位机制进行，但在较高温时则以间隙机制进行。因为 Si 的晶体结构比较开放，它有足够的空间容纳间隙原子，因而间隙机制能起作用是不奇怪的。

对于离子晶体，扩散机制比较复杂和多样性。例如 Ni 在 NiO 中的自扩散机制是空位机制；在碱卤化物中，空位缺陷是主要的，其正离子和负离子扩散机制都是空位机制。在占主导的缺陷类型难以预测的离子晶体中，例如在 AgBr 中空位-间隙对缺陷是主要的，则较小的 Ag 正离子是以间隙机制扩散的。

置换溶质原子可以有不同的机制扩散。在很多系统中这些溶质原子以与基体原子自扩散相同的机制扩散。但是，如果存在溶质原子与基体原子间有交互作用，或与缺陷有键合的情况，原子迁移的细节就复杂得多，某些溶质原子可能有不止一种扩散机制。例如，溶质原子 Au 在 Si 中平衡时主要是置换型的，少量是间隙型的，间隙型的 Au 原子的迁移速度比置换型的 Au 原子的大几个数量级，所以，这少量的间隙 Au 原子对整体扩散有重要的贡献。在 Si 中好几种溶质原子都会既有置换也有间隙行为，它们的扩散可能有间隙-置换互换的“溶入”或“踢出”机制。

6.3　无规行走理论、原子跳动过程与扩散系数

从微观角度看，扩散的本质过程是原子和分子的布朗运动。大多数固体都是晶体，在晶体中原子扩散是以原子在点阵中的单一跳动。在晶体点阵中一个原子和邻近的空位换位或者间隙原子的跳动这一基元过程所持续的时间约为德拜频率（约 10^{-13}s）的倒数，这个时间比起原子在点阵位置停留的时间短得多。因此，在点阵中扩散问题可以分为两个部分讨论：(1) 首先是粒子在点阵中或多或少的无规行走。扩散跳动是单个原子以固定距离的跳动，这一距离与点阵常数为同一数量级。此外，在晶体中原子跳动经常是以空位或(和) 间隙原子为媒介。所以，扩散是以描述这些基元跳动的物理量表述的，这些物理量是：原子的跳动速度，跳动距离，前后跳动的相关性（相关系数）等。(2) 如何触发每次跳动，由于跳动过程都是热激活的，因而跳动频率应服从 Arrhenius 规律，因而扩散系数是温度的强函数。

6.3.1　无规行走与扩散系数

我们从简单的情况开始讨论：在简单立方晶体中的间隙原子扩散。间隙原子的溶解度都是很低的，从一个间隙位置到相邻的间隙位置的距离即间隙原子扩散跳动的距离为 d，见图 6-29。设跳动速度为 Γ (单位时间成功跳出的次数)，图6-29中在 Ⅰ 面单位面积的间隙原子数为 n_1，在 Ⅱ 面单位面积的间隙原子数为 n_2，在不存在任何跳动的驱动力的情况下，原子向三面六方（即上、下、左、右、前、后）跳动的速度相同，则从 Ⅰ 面跳到 Ⅱ 面的净流量 J 为：

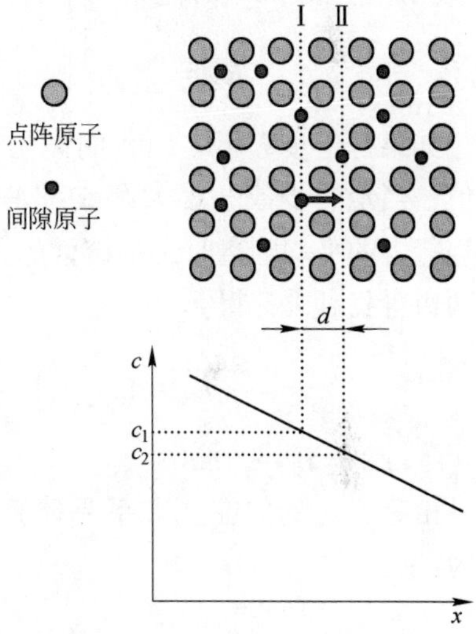

图 6-29　间隙原子跳动的示意图

$$J=\frac{1}{6}(n_1-n_2)\Gamma \tag{6-88}$$

Ⅰ 面和 Ⅱ 面的体积浓度为，$n_1/d=c_1$，$n_2/d=c_2$，上式变为：

$$J=\frac{1}{6}(c_1-c_2)d\Gamma \tag{6-89}$$

由于 d 是很短的，所以 $\partial c/\partial x\approx(c_2-c_1)/d$，代入上式得：

$$J=-\frac{1}{6}\Gamma d^2\frac{\partial c}{\partial x} \tag{6-90}$$

上式与菲克定律对比，得：

$$D = \frac{1}{6}d^2\Gamma \tag{6-91}$$

扩散系数取决于原子跳动距离 d 的平方和跳动频率 Γ 的乘积。但是，上面的式子是在最简单的情况下得出的，它隐含着两个假设：（1）原子跳动是随机的，事实上原子跳动并不完全随机，这将在后面的讨论中修正；（2）各方向每一次跳动的距离 d 都是相同的，这只适用于立方系，对于非立方系晶体，不同方向跳动距离和迁移频率都不相同，所以各个方向的扩散系数是不同的。

6.3.2　原子在点阵中随机行走

原子在点阵中随机行走，每一步的大小是相同的，但行走的去处只有相邻的等同位置，设第 i 次行走步距（矢量）以 $\boldsymbol{r}_i$ 表示，经 n 步后，它的最终位置是所有行走步距的加和，以 $\boldsymbol{R}_n$ 表示（见图6-30），即：

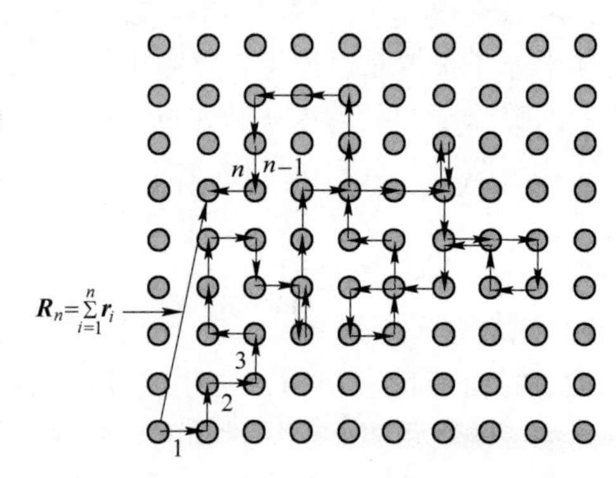

图 6-30　原子在点阵跳动的次序

$$\boldsymbol{R}_n = \sum_{i=1}^{n}\boldsymbol{r}_i \tag{6-92}$$

如果行走步数不多，我们无法估计 $|\boldsymbol{R}_n|$ 的数值，当走的步数 n 很大，或者是求大量原子无规行走的平均距离时，从统计的角度看，这个问题是可以解决的。为了求 $\boldsymbol{R}_n$ 的模，上式两边自我点乘，得：

$$R_n^2 = \left(\sum_{i=1}^{n}\boldsymbol{r}_i\right)\cdot\left(\sum_{i=1}^{n}\boldsymbol{r}_i\right) = \sum_{i=1}^{n}r_i^2 + 2\sum_{i=1}^{n-1}\sum_{j=1}^{n-i}\boldsymbol{r}_i\cdot\boldsymbol{r}_{i+j} \tag{6-93}$$

$\boldsymbol{r}_i\cdot\boldsymbol{r}_{i+j} = r_i\cdot r_{i+j}\cos\theta_{i,\ i+j}$，$\theta_{i,\ i+j}$ 是 $\boldsymbol{r}_i$ 和 $\boldsymbol{r}_{i+j}$ 之间的夹角。因为假设原子每次跳动的距离是相等的（例如在立方系晶体），每一次可能跳动的方向都是等几率的，则式(6-93)变为：

$$R_n^2 = nr^2\left(1 + \frac{2}{n}\sum_{i=1}^{n-1}\sum_{j=1}^{n-i}\cos\theta_{i,\ i+j}\right) \tag{6-94}$$

上式给出一个原子经 n 次跳动后的 R_n^2，我们考虑大量原子，其中每一个都经过平均 $\bar{n}$ 次跳动，每个原子的 R_n^2 并不相同，大量原子跳动距离的平均值 $\overline{R^2}$ 为：

$$\overline{R^2} = \bar{n}r^2\left(1 + \frac{2}{n}\left\langle\sum_{i=1}^{n-1}\sum_{j=1}^{n-i}\cos\theta_{i,\ i+j}\right\rangle\right) \tag{6-95}$$

式中，〈 〉表示平均值。因为原子跳动在各方向都是等几率的，这样，任一个 $\cos\theta_{i,\ i+j}$ 的正负值出现的几率是相等的。所以，式(6-95)中有关的余弦平均值为零，得：

$$\sqrt{\overline{R_n^2}} = \sqrt{\bar{n}}\,r \tag{6-96}$$

一个原子跳动的频率 $\Gamma = \bar{n}/t$，所以原子迁移的均方根距离和时间的平方根成正比（$\propto\sqrt{t}$），如果把 $\sqrt{\overline{R_n^2}}$ 作为宏观扩散距离的量度，那么原子真实迁移距离 nr 和宏观扩散距离的比为：

$$\frac{\bar{n}r}{\sqrt{\bar{n}}\,r} = \sqrt{\bar{n}} = \sqrt{\Gamma t}$$

Γ 是对温度非常敏感的函数。设在某一温度下 $\Gamma = 10^{10}\mathrm{s}^{-1}$，经 1h 扩散后，原子真实迁移距离是宏观扩散距离的 $\sqrt{10^{10} \times 3600} = 6 \times 10^6$ 倍，即是说，宏观扩散距离为 1mm，而每个原子平均迁移的总距离为几公里。

有很多方法把扩散系数和无规行走联系起来，最简单的办法就是直接把式(6-91)代入式(6-96)，注意到其中 d 和 r 是相当的，故：

$$\overline{R_n^2} = \bar{n}r^2 = \Gamma t d^2 = 6Dt \tag{6-97}$$

这个式子再一次说明为什么常把 $\sqrt{Dt}$ 作为宏观扩散距离的估计。

6.3.3 相关因子

上面讨论的每一次原子扩散跳动是独立的，和前一次跳动无关，即没有记忆的，这种跳动次序称为马尔可夫链跳动序，只有少数扩散机制的原子跳动才会是这类独立的跳动。例如简单的间隙扩散机制，因为间隙固溶体溶质浓度都很低，所以可以认为每一个间隙原子邻近的间隙位置几乎都是空着的，间隙原子从一个间隙到邻近另一个间隙的跳动在所有方向上几乎都是等几率的，所以可以认为每次跳动都是独立的。

但是，很多扩散机制的原子跳动并非如此，它们的跳动是与前一次的跳动相关的，即有记忆效应。例如，空位机制的扩散过程中，原子每次跳动都不是完全独立的，我们用一个二维密排堆垛结构的例子说明这个问题。如图 6-31 所示的一个示踪原子（原来位置 6）和邻近的空位（原来位置 7）换位后（示踪原子处在位置 7，空位处在位置 6），下一次的跳动的去向可能是相邻的 1、2、3、4、5 和 6 位置。如果示踪原子返回原来的位置 6，直接和空位换位就可以了。如果示踪原子要跳到位置 1，那么要等待位置 1 的原子和空位交换位置后才有可能。如果示踪原子要跳到位置 2，那么要等待空位和其他原子换位若干次换到位置 2 才有可能。这样看来，示踪原子第二次向邻近各位置跳动的难易程度是不同的，显然，跳回原来位置的机会最大，其次是跳到 1 或 5 位置，再次为 2 或 4 位置，跳到位置 3 的机会最小，这就说明原子的每次跳动不是独立的，而是和上次跳动相关的。对于自间隙原子的扩散，无论是挤列式或非挤列式机制，每次跳动也是有一定程度的相关。总的说来，原子扩散跳动不涉及媒介的（例如间隙原子直接跳到相邻的间隙位置）则没有相关效应，而原子扩散跳动涉及一定媒介的（例如空位机制，原子跳动要涉及以空位作媒介）就会有相关效应。

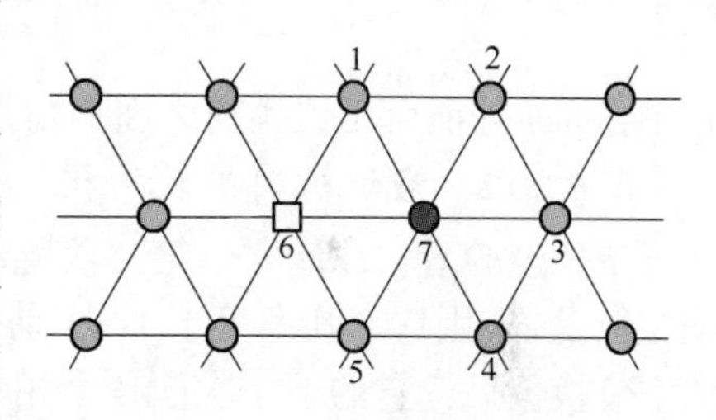

图 6-31　二维密排结构中基体原子跳动相关性的说明

原子跳动的相关性使真实扩散系数 D_{act} 和以原子完全随机跳动导出的扩散系数 D_{ran} 有差异，定义这 2 个扩散系数的比值 f_0 为相关因子：

$$f_0 = \frac{D_{\mathrm{act}}}{D_{\mathrm{ran}}} \tag{6-98}$$

因为原子每次跳动的非完全独立性，式(6-95)的第二项不能为零，根据式(6-95)得：

$$f_0 = 1 + \lim_{n\to\infty} \frac{2}{n}\langle \sum_{i=1}^{n-1}\sum_{j=1}^{n-i}\cos\theta_{i,\ i+j}\rangle \tag{6-99}$$

当考虑了相关效应后，式(6-91)的扩散系数应该写成：

$$D = \frac{1}{6}f_0 d^2 \Gamma \tag{6-100}$$

很明显，相关因子对扩散机制是非常敏感的。很多研究者用不同方法计算相关因子，这里不逐一介绍这些方法，而是介绍一些例子来帮助理解其物理概念。

6.3.3.1 直接间隙机制及挤列机制（非直接间隙机制）扩散的相关效应

上面说过，直接间隙机制原子跳动是无记忆性的，所以相关因子 $f_0=1$。但是，对于挤列（非直接间隙）机制，原子的跳动涉及其他原子的协同动作，所以有相关效应。间隙原子与置换原子经常互换位置，当一个间隙原子置换邻近的原子并把原来的基体原子推入另一个间隙位置中时，这个新的间隙原子返回原来位置的跳动机会要比随机跳动的几率大一些，因此 $\langle\cos\theta_{1,\ 2}\rangle$ 为负值，但第三次跳动（它现在处在自间隙位置）再次可以随机方向跳动，即从间隙位置跳入正常位置的方向是随机的，而从正常位置跳到间隙位置是相关的。以 A_i 和 A_s 分别表示自间隙和正常位置，相关效应发生在 $A_i \to A_s \to A_i$ 跳动，$\overline{\cos\theta_{i,\ i+1}} \equiv \overline{\cos\theta} \neq 0$；而 $A_s \to A_i \to A_s$ 跳动是不相关的，$\overline{\cos\theta} = 0$。把这些关系都代入式(6-99)，得：

$$f_0 = 1 + \overline{\cos\theta} \tag{6-101}$$

式中，$\overline{\cos\theta}$ 是前后相关跳动之间夹角余弦的平均值。

6.3.3.2 空位机制扩散的相关效应

单凭经验看，原始空位第一次跳动时，它跳到任一个相邻位置的几率是相同的，如果配位数是 z，则这个几率等于 $1/z$。前面已经说过，当置换原子（或基体原子）与其相邻的空位换位后，它的下一次向各个相邻位置跳动的几率就不相同，跳回原来位置的几率最大，但这样的跳动不会导致净位移，也即取消了上一次的跳动。换句话说，跳动的有效次数不再是 n 而是 $n(1-2/z)$。扩散系数会降低，相关因子等于：

$$f_0 \approx 1 - \frac{2}{z} \tag{6-102}$$

线性原子链扩散是一个极端的例子，这时 $z=2$，则 $f_0=0$。假设原子链上有一个空位，和空位相邻的原子仅能与空位反复换位，从而不会导致长程的移动，这就是 $f_0=0$ 的原因。式(6-102)指出，在三维晶体扩散时，因为配位数 z 大于2，f_0 不会为0。

下面再作进一步讨论。对于立方系晶体，因为每次跳动的方向不同，而跳动的距离是相同的。可以对式（6-95）作进一步讨论，$\overline{\cos\theta_{i,\ i+j}}$ 这一平均对每一个 i 的平均值是相同的，所以它可以由任一次前后跳动的夹角余弦的平均值（$\overline{\cos\theta_1}$，$\overline{\cos\theta_2}$ 等）代替，$\overline{\cos\theta_1}$ 是考虑第 i 次与第 $i+1$ 次的相关，$\overline{\cos\theta_2}$ 是第 i 次与第 $i+2$ 次的相关等。对于空位机制，Compaanh 和 Haven 指出，$\overline{\cos\theta_i} = (\overline{\cos\theta_1})^i$，这样，式(6-99)变为：

$$f_0 = 1 + 2(\overline{\cos\theta_1})^1 + 2(\overline{\cos\theta_1})^2 + 2(\overline{\cos\theta_1})^3 + \cdots = \frac{1+(\overline{\cos\theta_1})}{1-(\overline{\cos\theta_1})} = \frac{1+(\overline{\cos\theta})}{1-(\overline{\cos\theta})} \tag{6-103}$$

上式是把 $\overline{\cos\theta_1}$ 简写为 $\overline{\cos\theta}$。作为例子，我们还是用图 6-31 的二维密排点阵来讨论如何计算 $\overline{\cos\theta}$。当示踪原子刚从位置 6 与空位换位到 7 位置，已经说过，它的下一步跳动其相邻的 6 个位置的几率不会是完全相同的。以 P_k 表示它跳到第 k 个近邻的几率，θ_k 表示 6→7 位置矢量与 7→k 位置矢量的夹角，设跳动原子有 z 个最近邻（现在的具体问题是 $z=6$），则：

$$\overline{\cos\theta} = \sum_{k=1}^{z} P_k \cos\theta_k \tag{6-104}$$

其中：

$$P_k = n_{1k}P_{1k} + n_{26}P_{2k} + \cdots = \sum_{i=1}^{m} n_{ik}P_{ik} \tag{6-105}$$

式中，P_{ik} 是第一次跳动（即空位从 7→6）后，空位经 i 次跳动时示踪原子到达 k 位置的几率；n_{ik} 是完成上述过程可能的跳动路径数目；m 是根据设定的精度采取计算的允许跳动最大次数。注意，我们在这里所有的讨论是假设空位浓度很低，在这些过程中不会再遇到其他空位。空位每次跳到最近邻的几率应是 $1/z$（z 是配位数，现在的例子是 1/6），经 i 次跳动到达某一位置的几率应是 $(1/z)^i$（现在的例子是 $P_{i6}=(1/6)^i$）。

考虑最简单的 $m=1$ 的情况，即允许空位跳动一次。示踪原子跳动一次到达 6 位置只能跳回原位，式(6-105)的 $P_{16}=1/z$，$n_{16}=1$，$\cos\theta=-1$，$n_{i6}=0(i\neq1)$，则 $\overline{\cos\theta}=1-2/z$。这和从简单经验得出的式(6-102)完全相同。

进一步计算，$\overline{\cos\theta} \approx -1/z$，最后获得与式(6-102)相似的相关因子的式子：

$$f_0 \approx \frac{z-1}{z+1} = 1 - \frac{2}{z+1} \tag{6-106}$$

很多研究者对一些材料自扩散的相关因子做了精确计算，其结果列于表 6-4 中。

表 6-4 不同研究者计算的一些材料自扩散相关因子

点阵类型	扩散机制	相关因子	点阵类型	扩散机制	相关因子
一维原子链	空位	0	fcc	双空位	0.4579
蜂窝状	空位	1/3	bcc	双空位	0.335~0.469
二维方形	空位	0.467	fcc	〈100〉哑铃间隙	0.4395
二维方形二维六角形	空位	0.56006	任何点阵	直接间隙	1
金刚石	空位	1/2	金刚石	共线间接间隙	0.727
简单立方	空位	0.6531	CaF_2（F）	非共线间接间隙	0.9855
bcc	空位	0.7272（0.72149）	CaF_2（Ca）	共线间接间隙	4/5
fcc	空位	0.7815	CaF_2（Ca）	非共线间接间隙	1

用式(6-106)这一近似式计算自扩散相关因子，例如简单立方、体心立方和面心立方的配位数分别为 6、8 和 12，估算的 f_0 分别为 0.71、0.78 和 0.85，和表 6-4 的值比较，误差不超过 10%。从表 6-4 看出，相关效应对自扩散系数的影响并不是很大，所以通常忽略相关效应对扩散系数的影响。但是相关效应理论还是重要的，根据它可以通过采用不同方法测量扩散系数来求出 f_0，从而确定扩散机制。

例 6-8 对于简单立方点阵的空位机制自扩散，假设原子和空位换位后跳回空位的几率是 p，只考虑最近邻跳动，给出相关因子和自扩散系数的式子。讨论原子的第二次跳动是不相关随机跳动、一定跳回原位和一定不跳回原位的相关因子。

解：首先求出相关因子。在简单立方中每个阵点有 6 个最近邻，阵点与最近邻的距离为 a（点阵常数）。6 个可以跳动的方向是$[a00]$，$[\overline{a}00]$，$[0a0]$，$[0\overline{a}0]$，$[00a]$，$[00\overline{a}]$，每一次跳动的 $\cos\theta$ 的值可能是 1，-1，0，0，0。当一个原子跳入最近邻的空位，下一次跳动跳回原来位置的 $\cos\theta=-1$，跳到其最近邻位置的 $\cos\theta=1$，0，0，0，它们的几率都是 $(1-P)/5$。所以：

$$\overline{\cos\theta} = (-P) + (0+0+0+0+1)\frac{1-P}{5} = \frac{1}{5}(1-6P)$$

代入相关因子的式子，得：

$$f_0 = \frac{1+\overline{\cos\theta}}{1-\overline{\cos\theta}} = \frac{3(1-P)}{2+3P}$$

根据式(6-100)，自扩散系数 D^* 为：

$$D^* = \frac{1}{6}f_0 d^2 \Gamma = \frac{\Gamma a^2}{2}\cdot\frac{1-P}{2+3P}$$

如果是不相关的随机行走，$P=1/6$，$f_0=1$；如果跳动是非常相关的，即一定跳回原来位置，$P=1$，$f_0=0$；如果跳动一定不能跳回原来位置，$P=0$，$f_0=3/2$，即扩散系数是完全不相关的随机跳动的 1.5 倍，扩散比随机跳动的情况还要快。

例 6-9 对于图 6-30 的二维密排点阵中 $m=4$ 的情况（即允许空位跳动 4 次），计算示踪原子扩散的相关因子 f_0。

解：空位每次跳到最近邻的几率应是 $1/z$，现在的例子是 1/6。先计算 P_6：很明显，$P_{16}=1$，$n_{16}=1$；空位跳动 2 次使示踪原子到达 1 位置的路径是没有的，$n_{21}=0$；空位跳动 3 次可以使示踪原子到达 6 位置的路径有 5 种，$n_{36}=5$；空位跳动 4 次可以使示踪原子到达 6 位置的路径有 8 种，$n_{46}=8$；所以：

$$P_6 = n_{16}P_{16} + n_{26}P_{26} + \cdots = 1/6 + 0 + 5\,(1/6)^3 + 8\,(1/6)^4 = 0.1960$$

P_5：从图 6-30 看出，$P_5=P_1$，空位跳动 1 次可以使示踪原子到达 5 位置的路径是没有的，$n_{15}=0$；空位跳动 2 次可以使示踪原子到达 5 位置的路径只有 1 种，$n_{25}=1$；空位跳动 3 次可以使示踪原子到达 5 位置的路径也只有 1 种，$n_{35}=1$；空位跳动 4 次可以使示踪原子到达 5 位置的路径有 11 种，$n_{45}=11$；所以：

$$P_5 = P_1 = n_{15}P_{15} + n_{25}P_{25} + \cdots = 0 + (1/6)^2 + (1/6)^3 + 11\,(1/6)^4 = 0.0409$$

同样的方法考虑 $P_4=P_2$ 和 P_3：

$$P_4 = P_2 = 0 + 0 + (1/6)^3 + 2\,(1/6)^4 = 0.0062$$

$$P_3 = 0 + 0 + 0 + 2(1/6)^4 = 0.0015$$

对比 P_6和 P_3，它们是示踪原子跳回原来空位位置和跳到空位位置相反方向的几率，P_6 约是 P_3 的 100 倍，可见恢复原来位置的几率是非常大的。$\theta_1=180°$，$\theta_3=0°$，$\theta_5=$

120°，则：

$\overline{\cos\theta} = (-1) \times 0.196 + 2 \times (-1/2) \times 0.0409 + 2 \times (1/2) \times 0.0061 + 1 \times 0.0015 = -0.2293$

根据式(6-103)，相关因子为：

$$f_0 = \frac{1 + \overline{\cos\theta}}{1 - \overline{\cos\theta}} = \frac{1 - 0.2293}{1 + 0.2293} = 0.627$$

这个结果和表6-4给出的 $f_0 = 0.56$ 相比是大一些，这是因为我们计算只限于跳动4次，所以，所有跳动的几率（即 $P_1 \sim P_6$）之和只等于0.2917而不是1。当计算允许跳动的次数加大时，相关性会逐步降低。

6.3.4 扩散系数

上面讨论从原子的无规行走导出扩散系数式(6-100)，扩散系数和原子每次跳动距离的平方 d^2 以及跳动频率 Γ 成正比，d 和基体点阵类型以及点阵常数有关。对于典型的金属晶体，它们的原子倾向于密堆排列，所以 d 的差别不大。Γ 和扩散原子能跳离平衡位置的频率 ω、扩散原子相邻的位置数（配位数）z 及这些邻近位置可以接纳扩散原子的几率 P 有关，Γ 表示为：

$$\Gamma = zP\omega \tag{6-107}$$

ω 对温度非常敏感，对于空位扩散机制，p 也对温度敏感，所以 Γ 对温度是敏感的。虽然温度发生改变，热膨胀使 d 有所变化，但是，D 对温度的非常强烈的关系主要来源于温度对 Γ 的影响。

6.3.4.1 间隙固溶体中间隙溶质原子扩散

间隙原子是以直接间隙机制扩散的。间隙原子从一个间隙位置跳到邻近一个间隙位置时必须经历一个使点阵中溶剂原子挤开的过程，如图6-32所示，即间隙原子到第二个间隙的中间位置时要克服能垒 $\Delta\mathcal{G}_{mo}$，这个能垒称迁移激活能。一个间隙原子能够获得这种跳动的机会取决于 $\Delta\mathcal{G}_{mo}$ 和原子平均能量 k_BT 的比值，故 ω 为：

$$\omega = \nu\exp\left(-\frac{\Delta\mathcal{G}_{mo}}{k_BT}\right) \tag{6-108}$$

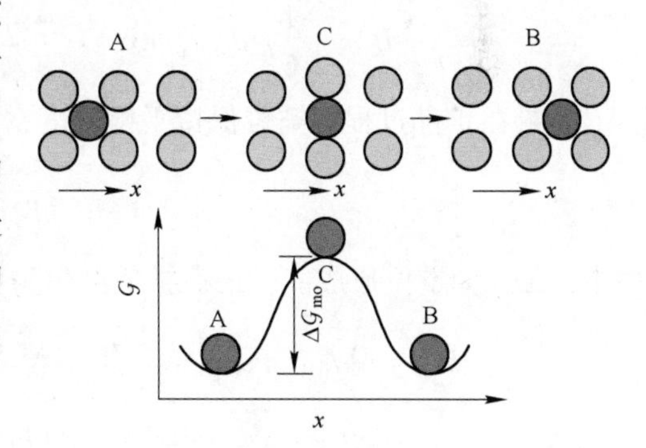

图6-32 间隙原子从一个平衡位置（A）跳到相邻的平衡位置（B）过程所经历的中间过程（C）及需要克服的能垒的示意图（置换固溶体中溶质原子的扩散）

式中，ν 为原子的振动频率（德拜频率）。温度升高，原子平均动能加大，$\Delta\mathcal{G}_{mo}/k_BT$ 减小，扩散原子能跳入邻近间隙位置的几率增大。另外，因为间隙固溶体的饱和浓度都很低，可以近似看做间隙原子周围的间隙位置都是空着的，都可以让扩散原子跳入，所以 $p \approx 1$。显然原子跳动前后无相关性，$f_0 = 1$，故：

$$D = \frac{1}{6}d^2 z\nu\exp\left(-\frac{\Delta\mathcal{G}_{mo}}{k_BT}\right)$$

$$= \frac{1}{6}d^2 z\nu \exp\left(-\frac{\Delta \mathcal{G}_{mo}}{RT}\right) \tag{6-109}$$

把原子迁移激活自由能写成 $\Delta \mathcal{G}_{mo} = \Delta \mathcal{H}_{mo} - T\Delta \mathcal{S}_{mo}$，其中 $\Delta \mathcal{H}_{mo}$ 是每原子迁移激活焓，$\Delta \mathcal{S}_{mo}$ 是每原子迁移激活熵，或摩尔迁移激活自由能写成 $\Delta G_{mo} = \Delta H_{mo} - T\Delta S_{mo}$，其中 ΔH_{mo} 是每摩尔原子迁移激活焓，ΔS_{mo} 是每摩尔原子迁移激活熵，上式变为：

$$D = \frac{1}{6}d^2 z\nu \exp\left(\frac{\Delta \mathcal{S}_{mo}}{k_B}\right)\exp\left(-\frac{\Delta \mathcal{H}_{mo}}{k_B T}\right) = \frac{1}{6}d^2 z\nu \exp\left(\frac{\Delta S_{mo}}{R}\right)\exp\left(-\frac{\Delta H_{mo}}{RT}\right) \tag{6-110}$$

对于面心立方晶体，间隙位置的配位数 $z=12$，$d=a\sqrt{2}/2$，a 是点阵常数，而对于体心立方晶体，$z=4$，$d=a/2$。

一般扩散系数的经验表达式为：

$$D = D_0 \exp\left(-\frac{Q}{k_B T}\right) = D_0 \exp\left(-\frac{Q}{RT}\right) \tag{6-111}$$

式中，D_0 近似看做不随温度变化的常数，称指数前因子或频率因子；$Q=\Delta \mathcal{H}_{mo}$，称扩散激活能。对比式(6-110)，对于直接间隙扩散机制，有：

$$D_0 = \frac{1}{6}d^2 z\nu \exp\left(\frac{\Delta \mathcal{S}_{mo}}{k_B}\right) = \frac{1}{6}d^2 z\nu \exp\left(\frac{\Delta S_{mo}}{R}\right) \tag{6-112}$$

6.3.4.2 在纯晶体材料中自扩散

在纯晶体材料中自扩散是以空位机制进行的，原子与邻近空位换位时，也需要克服一个在过渡位置的能量位垒 $\Delta \mathcal{G}_{mo}$，所以 ω 的表达式也和式(6-108)相同。因为扩散原子要和空位换位，所以，邻近位置可以让扩散原子跳入的几率 $p=x_\nu$，x_ν 为空位浓度。故自扩散系数为：

$$D^* = \frac{1}{6}f_0 d^2 z x_\nu \nu \exp\left(-\frac{\Delta \mathcal{G}_{mo}}{k_B T}\right) = \frac{1}{6}f_0 d^2 z x_\nu \nu \exp\left(-\frac{\Delta G_{mo}}{RT}\right) \tag{6-113}$$

如果在扩散过程中空位保持平衡浓度，空位的平衡浓度(参见第 3 章式(3-6))是：

$$x_\nu = \exp\left(-\frac{\Delta \mathcal{G}_f}{k_B T}\right)$$

式中，$\Delta \mathcal{G}_f$ 为空位形成能，最后扩散系数为：

$$D^* = \frac{1}{6}f_0 d^2 z\nu \exp\left(-\frac{\Delta \mathcal{G}_{mo} + \Delta \mathcal{G}_f}{k_B T}\right) = \frac{1}{6}f_0 d^2 z\nu \exp\left(-\frac{\Delta G_{mo} + \Delta G_f}{RT}\right) \tag{6-114}$$

$\Delta \mathcal{G}_f = \Delta \mathcal{H}_f - T\Delta \mathcal{S}_f$，$\Delta \mathcal{H}_f$ 和 $\Delta \mathcal{S}_f$ 分别是每空位形成焓和形成熵，故：

$$\begin{aligned} D^* &= \frac{1}{6}f_0 d^2 z\nu \exp\left(\frac{\Delta \mathcal{S}_{mo} + \Delta \mathcal{S}_f}{k_B}\right)\exp\left(-\frac{\Delta \mathcal{H}_{mo} + \Delta \mathcal{H}_f}{k_B T}\right) \\ &= \frac{1}{6}f_0 d^2 z\nu \exp\left(\frac{\Delta S_{mo} + \Delta S_f}{R}\right)\exp\left(-\frac{\Delta H_{mo} + \Delta H_f}{RT}\right) \end{aligned} \tag{6-115}$$

对于面心立方晶体，$z=12$，$d=a\sqrt{2}/2$；对于体心立方晶体，$z=8$，$d=a\sqrt{3}/2$。

如果扩散过程中空位浓度不是平衡浓度，则扩散系数不能采用式(6-115)，而要把真实的空位浓度代入式(6-114)。例如某一材料在高温 T_2 保温后激冷到 T_1 温度，在 T_1 温度下进行扩散，若忽略了从 T_2 激冷到 T_1 过程消失的空位，在刚到达 T_1 时，空位浓度仍保

持 T_2 温度下的平衡浓度，这时的扩散系数应是：

$$D^* = \frac{1}{6}f_0\alpha^2 z\nu\exp\left(-\frac{\Delta\mathcal{G}_{\mathrm{f}}}{k_{\mathrm{B}}T_2}\right)\exp\left(-\frac{\Delta\mathcal{G}_{\mathrm{mo}}}{k_{\mathrm{B}}T_1}\right)$$

随着在 T_1 温度扩散时间延长，空位浓度逐渐到达 T_1 温度的平衡浓度，上式的 T_2 应改回 T_1，即扩散系数回复到式(6-115)的形式。

对比式(6-115)和式(6-110)，对于代位自扩散机制，有：

$$D_0^* = \frac{1}{6}f_0 d^2 z\nu\exp\left(\frac{\Delta S_{\mathrm{f}} + \Delta S_{\mathrm{mo}}}{k_{\mathrm{B}}}\right) = \frac{1}{6}f_0 d^2 z\nu\exp\left(\frac{\Delta S_{\mathrm{f}} + \Delta S_{\mathrm{mo}}}{R}\right)$$

$$Q = \Delta\mathcal{H}_{\mathrm{f}} + \Delta\mathcal{H}_{\mathrm{mo}}$$

和间隙扩散机制不同，空位扩散机制的 D_0 还包含相关因子和有关空位形成熵项，而且扩散激活焓是空位形成焓和迁移激活焓的总和。在下面讨论的扩散系数中，不再同时写出每原子或每摩尔的扩散激活能和扩散激活熵的表达式，在扩散系数的指数项，如果给出的激活能或激活熵是每个原子的，则其分母用玻耳兹曼常数 k_{B}；如果给出的激活能或激活熵是每摩尔的，则其分母用气体常数 R。

6.3.4.3 在密排结构中溶质原子以空位机制的扩散

在稀的合金置换固溶体中，溶质原子以空位机制扩散要比自扩散复杂得多，一般溶质原子和基体原子的扩散速度是不同的。因为空位与溶质之间有交互作用，使得空位再不是随机分布。如果空位与溶质原子是相互吸引的，即空位-溶质原子对的键合能 $\Delta\mathcal{G}_{\mathrm{B}}<0$，则倾向于形成溶质-空位对，这会强烈地影响溶质的扩散，用简单的二维密排点阵（图 6-33）来讨论这一影响。如图中有一个单独的溶质与空位为邻，有 3 种可能的跳动频率：Γ_1——溶质与空位换位的频率，这种跳动没有拆散溶质-空位对，只是空位和溶质原子调换了位置；Γ_2——空位与近邻的紧靠溶质原子的基体原子换位的频率，这种跳动也没有拆散溶质-空位对，只是溶质-空位对转动了一个角度；Γ_3——空位与基体原子换位的频率（基体原子不与溶质相邻），这种换位跳动伴随着拆散空位对，所以需要的激活能除了移动激活能 $\Delta\mathcal{G}_{\mathrm{mo}}$ 外，还要有拆散溶质-空位对的能量 $\Delta\mathcal{G}_{\mathrm{B}}$，所以需要的总激活能是 $\Delta\mathcal{G}_{\mathrm{mo}} + |\Delta\mathcal{G}_{\mathrm{B}}|$。而 Γ_1 和 Γ_2 方式跳动的激活能不受 $\Delta\mathcal{G}_{\mathrm{B}}$ 的影响。

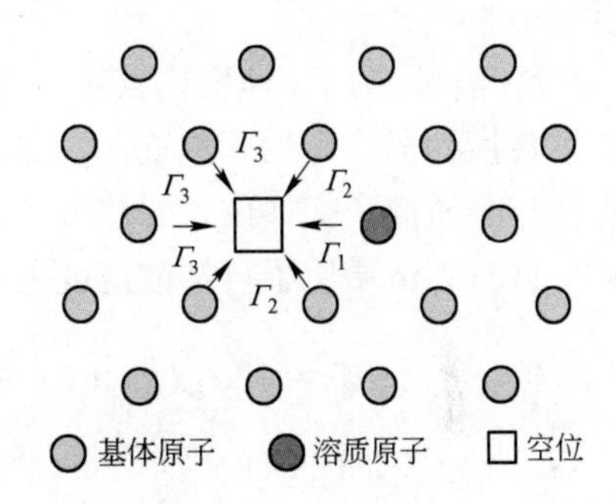

图 6-33 在密排原子面上一个与空位为邻的溶质原子，空位有 3 种不同的与相邻原子换位的频率

考虑两种极端的情况：A 情况：$\Gamma_1 \gg \Gamma_2 \gg \Gamma_3$；B 情况：$\Gamma_2 \gg \Gamma_1 \gg \Gamma_3$。

A 情况：这种情况有非常强的相关效应。因为 Γ_3 比较小，空位-溶质对保留的时间比较长，溶质原子与键合的空位以比较高的 Γ_1（比 Γ_2 和 Γ_3 高得多）频率重复交换位置(振动模式)。但是，空位最终会与靠近溶质的基体原子以 Γ_2 的换位频率交换位置，这只在原来空位-溶质对振动模式的旁边形成一个新的空位-溶质对振动模式。如果这种情况重复进行，溶质原子以振动轴像翻筋斗似的进行长距离的迁移。这时控制溶质的自扩散速度主要是 Γ_2，所以溶质自扩散系数正比于 Γ_2：

$$D_2^* = \alpha_A \Gamma_2 \tag{6-116}$$

式中，α_A 是包括各种几何因子的常数。对于很长时间扩散（扩散过程包括有很多 Γ_3 形式的跳动）的扩散系数的表达式，可以由简单的空位-溶质键合的最近邻模型获得。空位在基体原子旁边出现的几率就是空位在基体的平衡浓度 x_ν，而空位在溶质原子最近邻出现的几率 p 一定不同于 x_ν，这是因为空位与溶质原子的交互作用，按照 Boltzmann 统计分布，p 为：

$$p = x_\nu \exp\left(-\frac{\Delta \mathcal{G}_B}{k_B T}\right) \tag{6-117}$$

当 $\Delta\mathcal{G}_B>0(\Delta\mathcal{G}_B<0)$，则 $p>(<)x_\nu$。系统的溶质浓度为 x_s 时，单位体积被溶质键合的空位数目为 $12x_s p$，因为 $12x_\nu p \ll 1$，任何时间在溶质近邻找到多于一个空位的几率是非常小的。因此，与空位键合的溶质原子分数也近似为 $12p$，经长时间后，任何一个溶质原子与空位键合的时间分数也是 $12p$。这时，式(6-116)应乘上 $12p$ 的因子，把空位平衡浓度的式子及式(6-117)一起代入，得：

$$D_2^* = 12\alpha_A \Gamma_2 x_\nu \exp\left(-\frac{\Delta\mathcal{G}_B}{k_B T}\right) = 12\alpha_A \Gamma_2 \exp\left(-\frac{\Delta\mathcal{G}_f + \Delta\mathcal{G}_B}{k_B T}\right) \tag{6-118}$$

这样，溶质的自扩散系数正比于空位在它旁边键合的速度而不是它与空位换位的速度。

B 情况：因为 Γ_2 速度比较快，空位经常在溶质原子周围，即它从溶质原子近邻的一个位置转换到另一个近邻位置，使空位与溶质原子键合的总时间比较长，但是仍然有一定的空位与溶质原子交换位置的速率 Γ_1。这样的过程不断进行，使得溶质原子发生长程的迁移。这时，溶质原子自扩散速度主要是 Γ_1。按照讨论 A 情况相似的分析，得：

$$D_2^* = 12\alpha_A \Gamma_1 x_\nu \exp\left(-\frac{\Delta\mathcal{G}_B}{k_B T}\right) = 12\alpha_A \Gamma_1 \exp\left(-\frac{\Delta\mathcal{G}_f + \Delta\mathcal{G}_B}{k_B T}\right) \tag{6-119}$$

与 A 情况不同，这时溶质的自扩散系数正比于它与空位换位的速度。

如果空位-溶质原子的键合能可以忽略，则图 6-33 中所有的跳动速率都几乎相等，溶质原子的自扩散速度与基体原子的自扩散速度相等。此外，还有“三频率模型”和“五频率模型”等分析讨论溶质原子和基体原子扩散，这里不多作介绍。

6.3.4.4 在 fcc 中自间隙原子以挤列机制（非直接间隙机制）扩散

在 Cu 中自间隙原子在〈100〉方向成哑铃结构，它以挤列机制迁动（见图 6-24），这种跳动是不相关的，$f_0=1$，最近邻的距离是 $a/2^{1/2}$，所以：

$$D_i^* = \frac{\Gamma d^2}{6} = \frac{\Gamma a^2}{12} \tag{6-120}$$

$$\Gamma = z\omega = 8\nu \exp\left(\frac{\Delta\mathcal{S}_{mo}^i}{k_B}\right)\exp\left(-\frac{\Delta\mathcal{H}_{mo}^i}{k_B T}\right) \tag{6-121}$$

$$D_i^* = \frac{2}{3}a^2\nu \exp\left(\frac{\Delta\mathcal{S}_{mo}^i}{k_B}\right)\exp\left(-\frac{\Delta\mathcal{H}_{mo}^i}{k_B T}\right) \tag{6-122}$$

式中，$\Delta\mathcal{S}_{mo}^i$ 和 $\Delta\mathcal{H}_{mo}^i$ 分别是哑铃式自间隙原子跳动的激活熵和激活焓。哑铃式自间隙原子的配位数 z（最近邻位置数）等于 8。

如果自间隙的形成能不是很大，它的平衡浓度也足以对自扩散有贡献。在这种情况下自扩散类似通过空位机制的扩散，把式(6-115)中的空位形成熵和形成焓改为自间隙原子的形成熵和形成焓即可。因为自间隙以挤列机制跳动是前后相关的，所以其相关因子 f_0 小于1。例如，在Cu中⟨100⟩方向哑铃结构的自间隙原子的形成能比空位形成能大得多，它在基体中的平衡浓度很小，但是，因为它们跳动换位时引起的畸变比空位-原子换位引起的畸变小得多，迁移激活能也比空位-原子换位的小得多，所以，这种扩散机制对自扩散也有可观的贡献。

6.3.4.5 自扩散同位素效应

为了感知自扩散，在研究和测量自扩散系数时都采用同位素作示踪原子，假设同位素原子和非同位素原子的化学性质是完全相同的，但是，事实上这两者还是有少许差别的，这些差别就引起所谓的“同位素效应”，有时称为质量效应。它们的原子质量差别使得它们的振动频率有差异，结果，较重的同位素原子扩散就比较轻的非同位素原子扩散得慢。如果迁移近似为单原子过程，则扩散差异的影响是来自质量的差异。设 m_1 和 m_2 是同一元素的同位素和非同位素原子的质量，则两者的自扩散系数之比为：

$$\frac{D^*_{m_1}}{D^*_{m_2}} = \frac{\Gamma_1}{\Gamma_2} = \frac{\nu_1 \exp(-\Delta \mathcal{G}_{mo}/k_B T)}{\nu_2 \exp(-\Delta \mathcal{G}_{mo}/k_B T)} = \frac{\nu_1}{\nu_2} \tag{6-123}$$

根据谐振子理论，原子振动频率 ν 与其质量 m 的平方根成反比，所以上式变为：

$$\frac{D^*_{m_1}}{D^*_{m_2}} = \frac{\nu_1}{\nu_2} = \sqrt{\frac{m_2}{m_1}} \tag{6-124}$$

如果原子迁移涉及多体（n）协同跳动时，上式就不适用。如果扩散的原子跳动是协同式的，若一次协同跳动的原子数为 n，则：

$$\frac{D^*_{m_1}}{D^*_{m_2}} = \frac{\nu_1}{\nu_2} = \sqrt{\frac{(n-1)\bar{m} + m_2}{(n-1)\bar{m} + m_1}} \tag{6-125}$$

式中，$\bar{m}$ 是原子的平均质量。

6.3.4.6 纯金属的自扩散系数与宏观性质的关系

固体的熔点、熔化热和弹性模量等都反映了点阵稳定性的热力学性质，因此它们与扩散行为有一定的关系是不奇怪的。此外，扩散还有动力学性质，所以还不能单独地只和热力学性质相关。下面所给出的相关资料，虽然只是经验性的，但是对于固态扩散领域有很重要的贡献。

A 熔点性质与自扩散

很早以前，人们认为各种晶体在熔点温度的扩散系数 $D(T_m)$ 是常数，但在后来比较多和比较精确的实验说明，只有在给定键合类型和一定的晶体结构下 $D(T_m)$ 才是常数。图6-34给出了不同类型的晶态固体在熔点时的自扩散系数。从图看出，晶体的键合类型对 $D(T_m)$ 有很大影响，例如共价键的Si和Ge晶体，在熔点温度的自扩散系数比一般金属的自扩散系数小3~4个数量级。

在熔点的扩散系数为常数意味着 D_0 和 $Q/(k_B T_m)$ 为常数，D_0 项大体上与温度无关，$Q/(k_B T_m)$ 为常数虽然没有明确的物理解释，但是，Q 是移动激活焓及空位形成能之和，这都与破断邻近的键有关，而熔点可近似认为是破断所有键合能的温度，这个温度也是和键合能大小有关，所以 $Q/(k_B T_m)$ 的值会近似是常数。图 6-35 给出了不同类型的晶态固体自扩散的 $Q/(k_B T_m)$ 值。

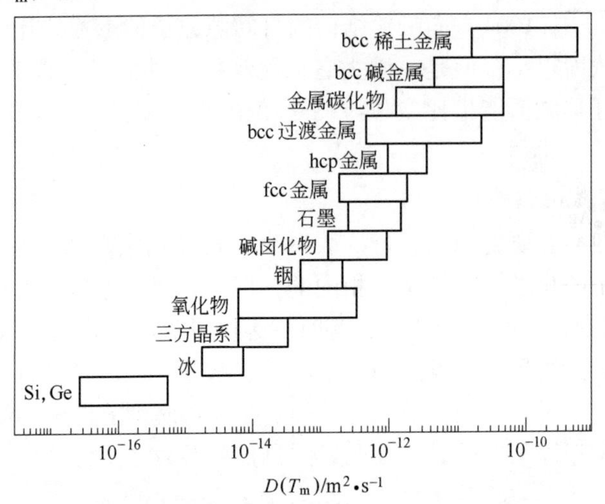

图 6-34 不同类型的晶态固体在熔点的自扩散系数

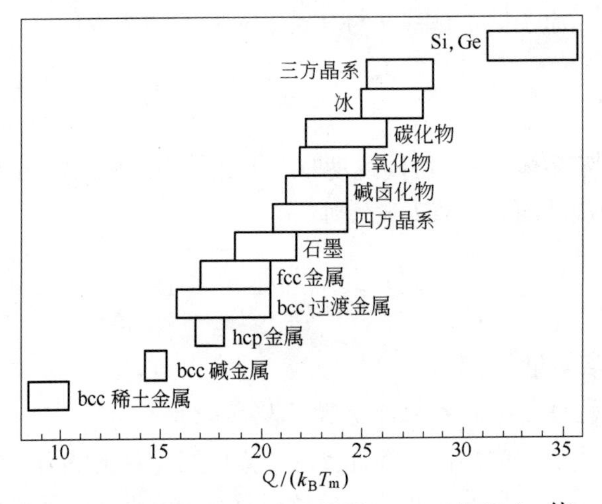

图 6-35 不同类型的晶态自扩散的 $Q/(k_B T_m)$ 值

对于纯金属，从扩散的角度传统上分为正常和非正常金属。而近年来，把扩散区分为在 bcc 金属扩散以及相对于 bcc 金属在密排相（例如 fcc 金属和 hcp 金属）扩散。正常金属遵循如下 3 个经验规律：

（1）扩散系数服从 Arrhenius 关系：$D=D_0\exp(-Q/RT)$；

（2）D_0 的范围是 $5\times10^{-6}\sim5\times10^{-4}m^2/s$；

（3）扩散激活能与熔点 T_m(K) 的关系是 $Q\approx0.1422T_m$(kJ/mol)。这一行为称为 Van Liempt关系。对于密堆结构（例如 fcc 结构）的金属，基本服从 Van Liempt 关系，见图 6-36a，而 bcc 金属则很多偏离 Van Liempt 关系，见图 6-36b。前面称之为（扩散）非正常金属的如 β-Hf、γ-U、ε-Pu、γ-La、δ-Ce、β-Pr、γ-Yb、β-Gd、β-Ti 和 β-Zr 这十个

bcc 金属，它们的频率因子 D_0 和扩散活能 Q 都很低，在接近熔点时，这些金属的 D 比正常金属的 D 高一两个数量级，严重地偏离 Van Liempt 关系。

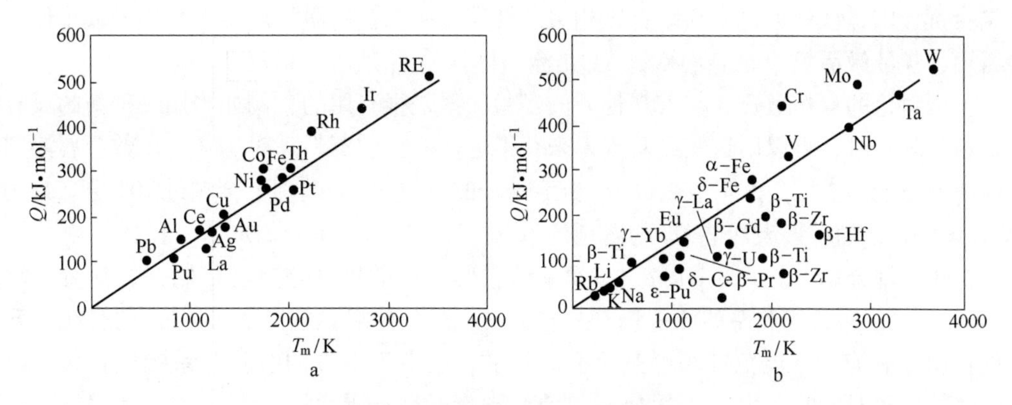

图 6-36 金属的 Van Liempt 关系

a—fcc 金属；b—bcc 金属，直线表示 $Q=0.1422T_m$（kJ/mol）Van Liempt 关系，与 fcc 金属相反，bcc 金属数据相对于直线比较分散

图 6-37 所示为金属扩散系数的 Arrhenius 关系。所有金属相对于直线都有所弯曲。所谓正常金属（如 Al，Ag，Au，Cu 和 Ni 等）的曲线在高温时略向上弯曲，也有些是在整个温度范围都有所弯曲的。而 bcc 金属则多数或多或少偏离 Arrhenius 的直线关系，曲线发生比较严重的弯曲。

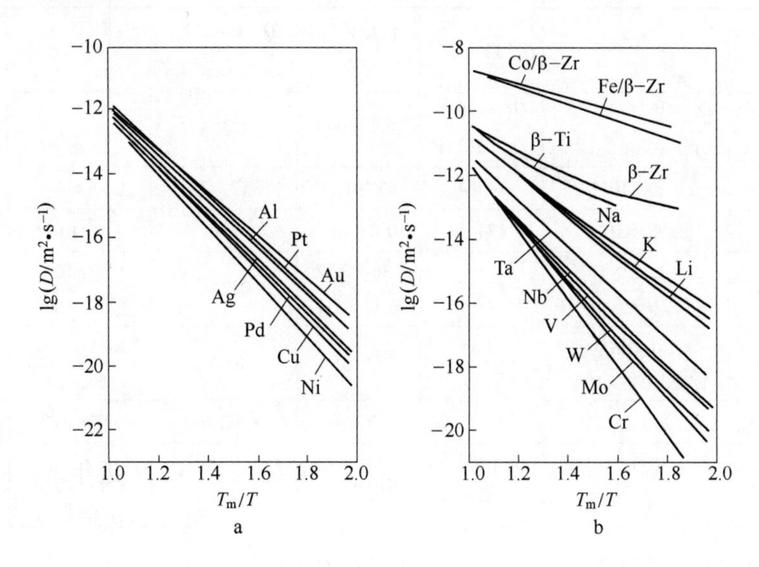

图 6-37 金属自扩散系数的 Arrhenius 关系，温标以归一化温度坐标 T_m/T 表示

a—fcc 金属，各元素的扩散系数数值分布在比较窄的范围，而大多服从直线关系，若有弯曲也是很小；b—bcc 金属，各元素的扩散系数数值相差很大，曲线弯曲也比较严重

同样，熔化潜热 L_m、升华热 L_s 也表征晶体的结合键能，所以自扩散激活焓 Q 也与这些参数成正比：$Q\approx15.2L_m$，$Q\approx0.7L_s$。

B 自扩散的激活参数与弹性模量的关系

扩散时，原子迁移跳动必须把邻近的原子挤开而发生弹性畸变，或者空位形成也要破断结合键，因弹性模量也是与结合键相关的性质，所以扩散激活焓与弹性模量成正比。经验得出，扩散激活焓 $Q \approx \Delta V/4K_0$，ΔV 是激活体积，K_0 是压缩系数。

上面讨论的自扩散资料与宏观性质的经验关系是很有用的，例如当用一种新的没有扩散资料的材料时，可以用这些经验规律来获得近似的扩散资料。对于在大多数金属溶剂中置换溶质原子的扩散，其扩散系数 D_2 与溶剂扩散系数 D_1 的差别不会超过 100 倍（$1/100<D_2/D_1<100$），而扩散激活能 Q_2 与溶剂的 Q_1 差小于 25%（$0.75<Q_2/Q_1<1.25$）。

对于密堆金属(fcc 和 hcp)，大家都承认它们的扩散机制是空位机制，但是对于它们偏离 Arrhenius 的直线关系的原因仍有一些争议。有 3 种解释偏离 Arrhenius 的直线关系的假设：(1) 在整个温度范围都以空位机制扩散，但由于空位的线膨胀系数比较大，或由于弹性模量随温度的变化，从而 D_0 和 Q 都随温度升高有所增加。(2) 空位和双空位机制对扩散都有贡献，而在高温时双空位机制的贡献加大。(3) 空位和双空位的连续跳动的动力学相关效应（参见 6.3.4.2 节）。

对于 bcc 金属，上述的 3 种原因都不能解释为什么它们的扩散激活能偏离 Van Liempt 关系和扩散系数偏离 Arrhenius 关系，现在的实验指出，这可能与其电子结构有关。表 6-5 列出了一些纯金属的自扩散资料。

表 6-5 一些纯金属的自扩散资料

元素	晶体结构	T_m/K	$D_0/m^2 \cdot s^{-1}$	$Q/kJ \cdot mol^{-1}$	温度范围 /K	$Q=1.422T_m$ Van Liempt 关系	$D(T_m)$ $/m^2 \cdot s^{-1}$	D(相变) $/m^2 \cdot s^{-1}$
Ag	fcc	1234	$D_{01}=0.046\times10^{-4}$ $D_{02}=3.3\times10^{-4}$	$Q_1=169.8$ $Q_2=218.1$	594 ~994	175.5	4.9×10^{-11}	
Al	fcc	933	2.25×10^{-4}	144.4	673~883	132.7	1.85×10^{-12}	
Au	fcc	1336	0.084×10^{-4}	174.1	1031~1333	190	1.3×10^{-12}	
Be	hcp	1560	$\perp c$ 0.52×10^{-4} $/\!/c$ 0.62×10^{-4}	157.4	836~1342 841~1321	221.8	2.79×10^{-10} 1.85×10^{-10}	
Cd	hcp	594	$\perp c$ 0.18×10^{-4} $/\!/c$ 0.12×10^{-4}	82 77.9	420~587	85.4	1.11×10^{-12} 1.69×10^{-10}	
Cr	bcc	2130	1280×10^{-4}	441.9	1073~1446	302.9	1.86×10^{-12}	
Cu	fcc	1357	$D_{01}=0.13\times10^{-4}$ $D_{02}=4.6\times10^{-4}$	$Q_1=198.5$ $Q_2=238.6$	1010~1352	193	5.97×10^{-13}	
αFe	bcc	α/γ1183	121×10^{-4}	281.6	1067~1168	257.2*		4.45×10^{-15} (1183K)
γFe	fcc	γ/δ	0.49×10^{-4}	284.1	1444~1634	257*		1.4×10^{-17} (1183K) 5.83×10^{-14} (1663K)
δFe	bcc	1809	2.01×10^{-4}	240.7	1701~1765	257.2	2.25×10^{-11}	5.5×10^{-12} (1663K)

续表 6-5

元素	晶体结构	T_m/K	$D_0/m^2 \cdot s^{-1}$	Q/kJ · mol^{-1}	温度范围/K	$Q=1.422T_m$ Van Liempt 关系	$D(T_m)$ /$m^2 \cdot s^{-1}$	D(相变) /$m^2 \cdot s^{-1}$
In	tetr	430	⊥c 3.7×10^{-4} //c 2.7×10^{-4}	78.5	312~417	1.08×10^{-13} 7.85×10^{-14}		
Mg	hcp	922	⊥c 1.75×10^{-4} //c 1.78×10^{-4}	138.2 139	775~906	131.1	2.59×10^{-12} 2.37×10^{-12}	
Mo	bcc	2893	8×10^{-4}	488.2	1360~2773	411.4	1.22×10^{-12}	
Na	bcc	371	$D_{01}=57\times10^{-4}$ $D_{02}=0.72\times10^{-4}$	$Q_1=35.1$ $Q_2=48.1$	194~370	52.7	1.75×10^{-11}	
Nb	bcc	2740	0.524×10^{-4}	395.6	1354~2690	389.6	1.5×10^{-12}	
Ni	fcc	1726	$D_{01}=0.92\times10^{-4}$ $D_{02}=370\times10^{-4}$	$Q_1=278$ $Q_2=357$	815~1193	245.4	9.35×10^{-13}	
Pb	fcc	601	0.887×10^{-4}	106.8	470~573	85.4	4.63×10^{-14}	
Pd	fcc	1825	0.205×10^{-4}	266.3	1323~1773	259.5	4.9×10^{-13}	
Sb	trig	904	⊥c 0.1×10^{-4} //c 56×10^{-4}	149.9 201	773~903	128.5	2.17×10^{-14} 1.36×10^{-14}	
Se	hcp	494	⊥c 100×10^{-4} //c 0.2×10^{-4}	135.1 115.8	425~488	70.2	5.18×10^{-17} 1.1×10^{-17}	
Sn	trig	505	⊥c 21×10^{-4} //c 12.8×10^{-4}	108.4 108.9	455~500	71.8	1.29×10^{-14} 6.9×10^{-15}	
β-Ti	bcc	1940	$D=3.5\times10^{-4}\exp(-328/RT)\times\exp[4.1(T_m/T)^2]$		1176~1893	275.8	3.11×10^{-11}	5.4×10^{-14} (1155K)
V	bcc	2175	1.79×10^{-4} 26.81×10^{-4}	331.9 372.4	1323~1823 1823~2147	309.3	3.05×10^{-12}	
W	bcc	3673	$D_{01}=0.04\times10^{-4}$ $D_{02}=46\times10^{-4}$	$Q_1=525.8$ $Q_2=665.7$	1705~3409	522.3	1.7×10^{-12}	
Zn	hcp	693	⊥c 0.18×10^{-4} //c 0.13×10^{-4}	96.3 91.7	513~691	98.5	9.92×10^{-11} 1.59×10^{-12}	
α-Zr	hcp	α/β1136	无值	Arrhenius 线弯曲	779~1128	302*		≈5×10^{-18} (1136)

注：1. fcc—面心立方，bcc—体心立方，hcp—密排六方，tetr—正方，trig—三方；

2. D_{01}和D_{02}以及对应的Q_1和Q_2是对于某些有弯曲的 Arrhenius 线，把线分为两段直线的数据；

3. 温度范围是指实验测定数据的温度范围；

4. 关于 Van Liempt 关系，对于一些没有熔点的相（例如同素异形转变的相）在数据上加上＊。

6.3.4.7　有“陷阱”的扩散（H 在 α-Fe 中扩散的例子）

晶体中的缺陷如位错、晶界、显微空洞及夹杂等是间隙溶质原子的低能位置，间隙溶质原子经常陷入这些位置，即上述的晶体缺陷常捕获这些间隙原子，它们是这些溶质原子的“陷阱”，这种捕获行为越在低温越是显著。间隙原子陷入“陷阱”后，它们的扩散速度将会降低。以 H 原子在金属中扩散为例（对它研究比较多，并且对 H 的扩散感兴趣的原因是 H 在金属中会导致氢脆）讨论这一问题。H 在金属中以间隙机制扩散，并且扩散速度比其他元素快得多。例如，图 6-38 所示的在 1000K 到室温范围 H、C 和 Fe 在 α-Fe 的扩散系数和跳动频率，看出 H 在 α-Fe 中的扩散比 C 快得多，在 300K（约是室温）时 H 每秒可以改变位置 10^{12} 次，而 C 则需要 10s 才改变一次位置，而对于 Fe 原子则要 100 年才会改变一次位置。

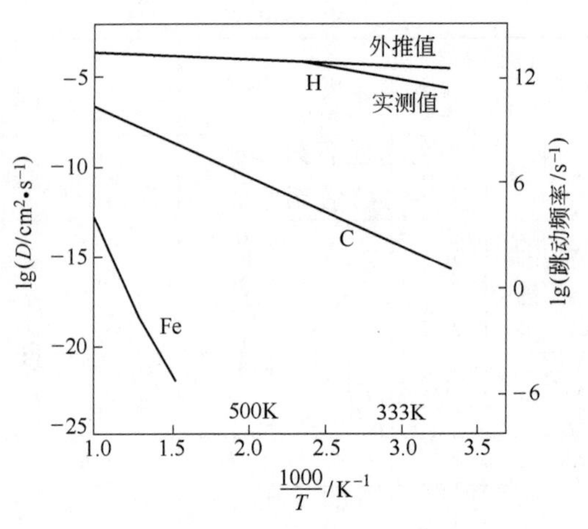

图 6-38 H、C 和 Fe 在 α-Fe 中的扩散系数和跳动频率（1000K 至室温）

把在高温测得的 H 的扩散系数数值外推到低温，发现这个外推值比在低温实测的高（见图 6-37），测得在高温时扩散激活能为 8kJ/mol，而低温则是 25kJ/mol，这是因为原子陷入陷阱的 H 要离开陷阱需要更大的激活能量，平均激活能增加。现从质量守恒出发求有效扩散系数 D_e 与在完整（无缺陷）晶体的扩散系数 D_1 的关系，因为 H 原子是存在于完整晶体点阵位置或是存在于“陷阱”中的，总的浓度随时间的变化为：

$$\frac{\partial c}{\partial t}=\frac{\partial c_1}{\partial t}+\frac{\partial c_t}{\partial t}=D_1\nabla^2 c_1 \tag{6-126}$$

式中，c_1 和 c_t 是在完整点阵和在陷阱的浓度。假设 H 原子在完整点阵和在“陷阱”的浓度有一平衡关系，即 $c_t=f(c_1)$。式(6-126)变为：

$$\frac{\partial c}{\partial t}=\frac{D_1}{1+\mathrm{d}c_t/\mathrm{d}c_1}\nabla^2 c_1 \tag{6-127}$$

有效（表观）扩散系数 D_{app} 定义为：

$$D_{app}=\frac{D_1}{1+\mathrm{d}c_t/\mathrm{d}c_1} \tag{6-128}$$

如果在缺陷的浓度不随点阵的浓度改变，则 $D_{app}=D_1$；而在缺陷的浓度比点阵的浓度增加更快时，则 $D_{app}<D_1$。在式(6-126)的基础上，可以进一步讨论原子陷入各类“陷阱”的有效扩散系数。

6.3.4.8 扩散系数与温度和压力的关系

前面已经给出扩散系数服从 Arrhenius 规律(见式(6-111))：

$$D=D_0\exp\left(-\frac{Q}{k_B T}\right)$$

对上式两端取对数，得：

$$\ln D=\ln D_0-\frac{Q}{k_B T} \tag{6-129}$$

即 $\ln D$ 与 $1/T$ 呈线性关系。当 $T^{-1}\to 0$，可获得频率因子 D_0，由 $\ln D\sim 1/T$ 直线斜率求得扩散激活焓 Q：

$$Q=-k_B\frac{\partial \ln D}{\partial(1/T)} \tag{6-130}$$

图 6-39 给出了各元素在 Pb 中的扩散系数（包括自扩散）与温度间的关系，它们与式(6-129)是相符的。

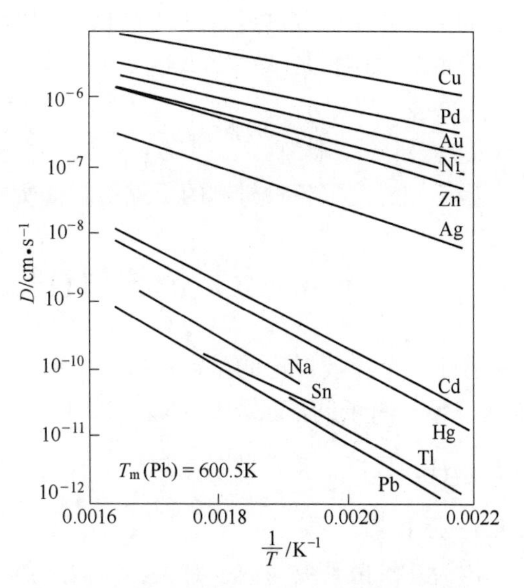

图 6-39 各元素在 Pb 中的扩散系数（包括自扩散）与温度间的关系

如果扩散过程有好几种机制同时起作用，它们相应的扩散系数为 D_{I}，D_{II}，…，相应的激活焓为 Q_{I}，Q_{II}，…，则各种机制的扩散系数为：

$$D = D_{0\mathrm{I}}\exp\left(-\frac{Q_{\mathrm{I}}}{k_{\mathrm{B}}T}\right)、\quad D_{0\mathrm{II}}\exp\left(-\frac{Q_{\mathrm{II}}}{k_{\mathrm{B}}T}\right)、\cdots \tag{6-131}$$

随着温度的增加（降低），则具有的最大（最小）激活焓的过程起主要作用，有效（或称表观）激活焓 Q_{app} 是：

$$Q_{\mathrm{app}} = Q_{\mathrm{I}}\frac{D_{\mathrm{I}}}{D_{\mathrm{I}} + D_{\mathrm{II}} + \cdots} + Q_{\mathrm{II}}\frac{D_{\mathrm{II}}}{D_{\mathrm{I}} + D_{\mathrm{II}} + \cdots} + \cdots \tag{6-132}$$

实际上扩散系数的指数前项（频率因子）是包括熵项($\exp(\Delta\mathcal{S}/k_{\mathrm{B}})$)的，如果把它重新并入指数项中，则扩散系数含 $\exp(-\Delta\mathcal{G}/k_{\mathrm{B}}T)$项，$\Delta\mathcal{G}$ 是扩散激活自由能。从热力学知道，在等温条件下激活自由能 $\Delta\mathcal{G}$ 对压力 p 的导数是激活体积 $\Delta\mathcal{V}$：

$$\Delta\mathcal{V} = \left(\frac{\partial\Delta\mathcal{G}}{\partial p}\right)_T \tag{6-133}$$

对于自扩散，因为激活自由能包括移动激活能和空位形成能，所以，激活体积包括了移动激活体积 $\Delta\mathcal{V}_{\mathrm{m}}$ 和空位形成的激活体积 $\Delta\mathcal{V}_{\mathrm{f}}$。对于溶质的空位机制扩散，因为扩散激活能含空位与溶质键合能项，因此也要考虑由此引起的激活体积。由式(6-129)得到的激活体积是：

$$\Delta\mathcal{V} = -k_{\mathrm{B}}T\left(\frac{\partial \ln D}{\partial p}\right)_T + k_{\mathrm{B}}T\frac{\partial(f_0 d^2 z\nu/6)}{\partial p} \tag{6-134}$$

上式右端的第一项对 $\Delta\mathcal{V}$ 的贡献是主要的，例如在 800KAu 的自扩散，第一项的 $\Delta\mathcal{V}$ 为 $0.76V_{\mathrm{at}}$，V_{at}是原子体积。一般第二项的贡献不大（约为 0.01～$0.03V_{\mathrm{at}}$），常常可以忽略。表 6-6 列出了一些金属扩散的激活体积与原子体积之比 $\Delta\mathcal{V}/V_{\mathrm{at}}$的资料。

表 6-6 一些金属的 $\Delta\mathcal{V}/V_{\mathrm{at}}$

金 属	$\Delta\mathcal{V}/V_{\mathrm{at}}$	金 属	$\Delta\mathcal{V}/V_{\mathrm{at}}$
固体自扩散		间隙溶质扩散	
Ag	0.9	C 在 Fe（250K）	0.003
Cu	0.72	N 在 V（433K）	0.1
Au	0.9	Cu 在 Pb（600K）	0.004
Li	0.28		
Na	0.32，0.59		
Pb	0.73		

同样，如果扩散过程有好几种机制同时起作用，它们相应的扩散系数为 D_{I}，D_{II}，…相应的激活体积是 $\Delta\mathcal{V}_{\mathrm{I}}$，$\Delta\mathcal{V}_{\mathrm{II}}$，…有效（表观）激活体积是：

$$\Delta\mathcal{V}_{\mathrm{app}} = \Delta\mathcal{V}_{\mathrm{I}} \frac{D_{\mathrm{I}}}{D_{\mathrm{I}} + D_{\mathrm{II}} + \cdots} + \Delta\mathcal{V}_{\mathrm{II}} \frac{D_{\mathrm{II}}}{D_{\mathrm{I}} + D_{\mathrm{II}} + \cdots} + \cdots \tag{6-135}$$

因不同温度下各种机制的贡献不同，所以 $\Delta\mathcal{V}_{\mathrm{app}}$ 是和温度有关的。

6.4　互扩散和柯肯德尔（Kirkendall）效应

在上一节主要讨论的是自扩散，当系统存在浓度梯度时，原子的跳动就更为复杂，基体（溶媒）原子和溶质原子都会因梯度的存在而扩散，这时的扩散系数称互扩散系数（记为 $\tilde{D}$），显然，互扩散系数与浓度有关。

6.4.1　互扩散

因为互扩散系数与浓度有关，所以一维 Fick 定律式(6-38)中的扩散系数（现在用互扩散系数 $\tilde{D}$ 取代式(6-38)中的 D）不能提到微分算符外。经 $\lambda = x/\sqrt{t}$ 的参数变换后，变成非线性常微分方程：

$$-\frac{\lambda}{2} \cdot \frac{\mathrm{d}c}{\mathrm{d}\lambda} = \frac{\mathrm{d}}{\mathrm{d}\lambda}\left(\tilde{D} \frac{\mathrm{d}c}{\mathrm{d}\lambda}\right) \tag{6-136}$$

注意，这是把空间 x 和时间 t 变量合并在一起。这一方程可以直接由浓度分布曲线推演出与浓度有关的互扩散系数。考虑二元半无限大的扩散偶，初始条件是：

$$c(x < 0,\ t = 0) = c_1;\quad c(x > 0,\ t = 0) = c_2 \tag{6-137}$$

经 t 时间扩散后，其浓度分布如图 6-40 所示。对式(6-136)从浓度 c_1 到某一浓度 c' 积分，得：

$$-\frac{1}{2}\int_{c_1}^{c'} \lambda \mathrm{d}c = \tilde{D}\left(\frac{\mathrm{d}c}{\mathrm{d}\lambda}\right)_{c'} - \tilde{D}\left(\frac{\mathrm{d}c}{\mathrm{d}\lambda}\right)_{c_1} \tag{6-138}$$

因为 $(\mathrm{d}c/\mathrm{d}\lambda)_{c_1} = 0$，从上式得在浓度为 c' 的互扩散系数 $\tilde{D}(c')$ 为：

$$\tilde{D}(c') = -\frac{\dfrac{1}{2}\displaystyle\int_{c_1}^{c'} \lambda \mathrm{d}c}{(\mathrm{d}c/\mathrm{d}\lambda)_{c'}} \tag{6-139}$$

把参数 λ 换回 x，得：

$$\tilde{D}(c') = -\frac{1\displaystyle\int_{c_1}^{c'} x \mathrm{d}c}{2t(\mathrm{d}c/\mathrm{d}x)_{c'}} \tag{6-140}$$

根据物质守恒，上式的积分必须满足的条件为：

$$\int_{c_1}^{c_2} x \mathrm{d}c = 0 \tag{6-141}$$

因此式(6-140)的坐标原点由上式得出。该坐标原点所在平面称 Matano（俣野）平面。为了获得 Matano 平面，在浓度曲线的 $c_1 \sim c_2$ 范围内，找出一个 $x=0$ 的坐标平面，这个平面与两侧浓度曲线及 $c=c_1$ 和 $c=c_2$ 边所围成的面积（如图 6-40 中水平线所画的面积）

相等，此面就是 $x=0$ 的平面，即是 Matano 平面。确定了 Matano 平面后，为了求得某一浓度 c' 的互扩散系数，首先找出 $\int_{c_1}^{c'} x\mathrm{d}c$，如图 6-40 中的 A^* 面积所示，然后找出浓度曲线在 c' 处的切线斜率 $(\mathrm{d}c/\mathrm{d}x)_{c'}$，如图 6-40 中的 S 线所示，把这些数据代入式(6-140)就求出 $\tilde{D}(c')=-A^*/(2tS)$。

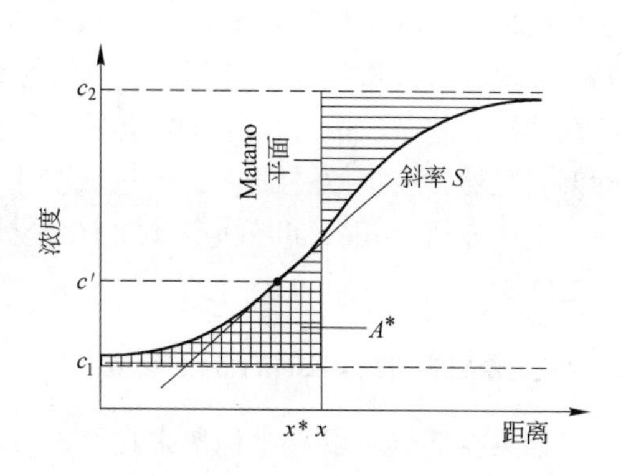

图 6-40 浓度分别是 c_1 和 c_2 的二元扩散偶扩散后的浓度分布示意图

使用上述方法必须注意如下几点：（1）因为讨论的是无限长扩散偶，所以实验要求扩散的距离要比使用的试样长度小得多；（2）选择讨论的浓度 c' 不要离 Matano 平面太远，否则因为 A^* 和 S 的测量误差都会很大，从而 $\tilde{D}(c')$ 的误差很大；（3）扩散应该不会引起体积变化。

6.4.2 讨论扩散的坐标架

虽然在上一节讨论时用了一个扩散系数（互扩散系数），实际上，从简单的相关效应看，基体原子和溶质原子的扩散相关性不同，从而扩散系数是不同的，Kirkendall 和他的合作者于 1947 年在铜与黄铜组成的扩散偶中首先观察和证明了这一点，这一效应称柯肯德尔（Kirkendall）效应。因为两种组元的扩散速度不同，所以它们分别有各自的扩散系数，A-B 二元系中两个组元的扩散系数分别用 D_A 和 D_B 表示，称组元的禀性扩散系数。但是系统中 A 与 B 的混合只有一个扩散过程，但现在有两种扩散系数，这个明显的矛盾事实上是与如何定义扩散过程的坐标架密切相关的。

当讨论纯金属自扩散或在化学均匀的系统中 i 组元的自扩散时，扩散过程中晶体点阵框架呈刚性保持不动，所以这些晶体点阵面构成单一的参考坐标架，称它为晶体坐标架或 C-坐标架。显然，组元相对这种坐标架的自扩散流量不会相同，即扩散系数不会相同。以空位机制扩散并且扩散速度不同的两个组元 A-B 组成扩散偶，设 $\boldsymbol{J}_B>\boldsymbol{J}_A$，如果在某个固定点阵面（如图 6-41 中虚线表示的面）观察，流过这个面的所有扩散流量（包括空位流量）之和（矢量和）为 0。在原始富 A 一侧因获得净质量使体积增加，在原始富 B 一侧获得净空位流量，当这些空位在空位阱（例如位错）湮没时发生体积收缩。因为在扩散偶两端基本上扩散流量为 0，不涉及体积变化，上述的体积变化只是局部性的，这就引起观察的点阵面向富扩散快组元一侧（富 B 侧）以一定的速度 v 移动，如图 6-41 所示。这样，点阵框架不再是保持不动的刚性框架，观察发现所固定的某个点阵面是在移动的。若以某个固定点阵面作为坐标架（称局域 C-坐标架），这个坐标架在扩散过程中移动。因为

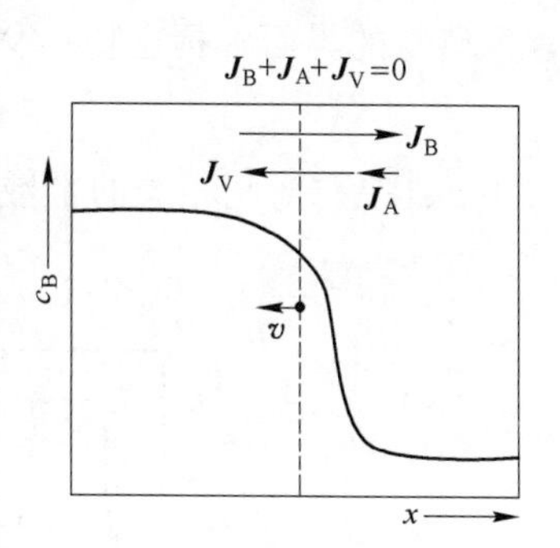

图 6-41 在二元材料中以空位机制互扩散时组元的流量关系的示意说明

在扩散偶各处的扩散流量不同，$\boldsymbol{J}_B$ 和 $\boldsymbol{J}_A$ 的流量差不同，所以各处的点阵面移动的速度不同，在离扩散区域很远处（例如扩散偶的端部）$\boldsymbol{J}_B$ 和 $\boldsymbol{J}_A$ 都等于0，即 $v=0$。把一个坐标放在这里，整个扩散过程对这个坐标架没有影响，这个坐标架称体积固定坐标架或 V-坐标架。显然，在扩散过程中 C-坐标架相对于 V-坐标架移动。

下面介绍 Kirkendall 效应和讨论 C-坐标架和 V-坐标架之间、互扩散系数与禀性扩散系数之间的关系。

6.4.3 禀性扩散和 Kirkendall 效应

如果在某个局域 C-坐标架来观察扩散流，往往以惰性标志物嵌镶在点阵中来显示局域 C-坐标架。所谓惰性标志物就是它不参与所讨论的扩散过程，例如一些相对于所讨论的扩散偶材料的熔点高得多的材料，它在扩散偶扩散温度下的扩散可以忽略。相对这个局域 C-坐标架，A-B 扩散偶中 Fick 第一定律可以写成两个方程：

$$J_A = -D_A\frac{\partial c_A}{\partial x} \qquad J_B = -D_B\frac{\partial c_B}{\partial x} \tag{6-142}$$

式中，J_A 和 J_B 分别为相对于局域 C-坐标架的 A 和 B 的扩散流量，称它们为禀性扩散流量；D_A 和 D_B 为禀性扩散系数。这两个流量不等导致互扩散过程伴随有净物质流通过扩散偶的结合面，使得扩散偶体积一侧增加另一侧减小。Kirkendall 和他的合作者把 Cu 和 $w(\text{Zn})=30\%$的 Cu-Zn 合金焊合起来，如图6-42a 所示，在原始焊合面放入细钼丝作为惰性标志物，钼丝的熔点比铜高很多，在钼丝中空位形成能和迁移能也比周围材料高得多，结果，标志物随点阵一起移动，所以，放置标志物的面可作为局域 C-坐标架，这个面又称为 Kirkendall 平面。在高温扩散后，标志面移向富 Zn 的一侧，说明 Zn 的扩散速度比 Cu 快（当 $w(\text{Zn})=22.5\%$时，Darken 计算得 $D_{Zn}/D_{Cu}=2.3$）。标志面在扩散过程中移动的现象称为 Kirkendall 效应。图 6-42b 是 Cu 和 $w(\text{Zn})=30\%$的 Cu-Zn 合金组成的试样在 785℃保温测得的界面（标志物）移动距离与时间的关系。扩散距离 x_K 与 $\sqrt{t}$ 成正比：

$$x_K = B\sqrt{t} \tag{6-143}$$

式中，B 是与时间相关的常数。这一抛物线规律也说明它是扩散控制的过程，Kirkendall

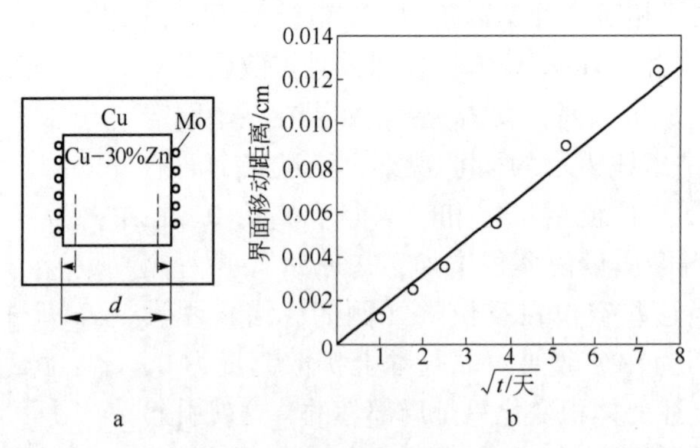

图 6-42 Smigelskas 和 Kirkendall 实验

a—实验试样；b—界面移动距离与时间的平方根的关系

面（局域 C-坐标架）移动速度 v_K 是：

$$v_K = \frac{dx_K}{dt} = \frac{x_K}{2t} \tag{6-144}$$

由 Kirkendall 面的位置可以得出两个组元在此处浓度（x_A 和 x_B）下的禀性扩散系数的比值：

$$\frac{D_A}{D_B} = \frac{\overline{V}_A}{\overline{V}_B}\left(\frac{x_A^R\int_{-\infty}^{x_K}\frac{x_A - x_A^L}{V_m}dx - x_A^L\int_{x_K}^{\infty}\frac{x_A^R - x_A}{V_m}dx}{-x_B^R\int_{-\infty}^{x_K}\frac{x_A - x_A^L}{V_m}dx - x_B^L\int_{x_K}^{\infty}\frac{x_A^R - x_A}{V_m}dx}\right) \tag{6-145}$$

式中，$\overline{V}_i$ 是 i 组元的偏摩尔体积；$V_m = x_A\overline{V}_A + x_B\overline{V}_B$ 是合金的摩尔体积；x_i^R 和 x_i^L 分别是扩散偶右边和左边未进行扩散的初始浓度。注意，这里所用的符号 x_K 是表示距离，而带元素符号下标的 x_A 和 x_B 等是表示元素的摩尔浓度。

Kirkendall 效应是研究固态扩散的一个重要发现，在这之前，大家都认为扩散是采用直接原子换位或协同换位机制进行的，如果是这样，两种组元的扩散速度一定相同，标志面就不会移动。但是，如果扩散是空位，因为两种组元与空位的换位速度可以不相同，标志面就会移动。所以，Kirkendall 的实验证明可以摒弃这些直接换位机制或协同换位机制，为空位机制提出了间接的证明。

6.4.4 Kirkendall 平面移动速度 v_K

如果系统中第 i 组元在某处相对于某一参考坐标架的移动速度为 v_i，并且在那里的体积浓度为 c_i，则这个组元在该处相对于所选参考坐标架的流量 $\boldsymbol{J}_i$ 为：

$$\boldsymbol{J}_i = c_i v_i \tag{6-146}$$

因组元相对不同的参考坐标架的运动速度不同，从而相对特定坐标架的流量也不同。讨论扩散过程中常遇到不同的参考坐标架，它们在描述不同的扩散过程有各自的作用。以相对 V-(实验)坐标架的扩散流量记为 $\boldsymbol{J}^0$，在扩散过程中，若在某处 C-(点阵)坐标架相对于 V-坐标架的运动速度为 v_K，则在该处相对于两种参考坐标架的流量之间的关系为：

$$\boldsymbol{J}_i^0 = \boldsymbol{J}_i + c_i\boldsymbol{v}_K = c_i(v_i + v_K) \tag{6-147}$$

对于空位机制，“组元”应包括空位，为了突出空位的作用，把空位流量另外写出，表示为 $\boldsymbol{J}_v$（或 $\boldsymbol{J}_v^0$），因而，以后的 $\boldsymbol{J}_i$ 中的 i 组元不包括空位。设系统中含有 n 个组元，系统的体积浓度 c 应为：

$$c = \sum_{i=1}^{n} c_i \tag{6-148}$$

上式的 i 也不包括空位，因为空位浓度非常低，在计算其他组元浓度时可以忽略它。相对于 C-(点阵)坐标架，由于点阵是固定的，所以通过 C-坐标架的流量总和为零，即：

$$\sum_{i=1}^{n}\boldsymbol{J}_i + \boldsymbol{J}_v = 0 \tag{6-149}$$

如果在扩散过程中能保持空位平衡浓度，即空位行为对不可逆过程的熵增不起作用，若采用 V-(实验) 坐标架，由于 V-坐标架相对于试样端部固定，相对于这个坐标架的空位流量为零，故其他各组元流量之和为零，即：

$$\sum_{i=1}^{n} \boldsymbol{J}_i^0 = 0 \tag{6-150}$$

联合式(6-147)、式(6-148)和式(6-150)，获得这两个参考坐标架间相对运动速度 v_K 和流量之间的关系：

$$v_K = -\frac{1}{c}\sum_{i=1}^{n} \boldsymbol{J}_i = \frac{1}{c}\sum_{i=1}^{n} D_i \nabla \boldsymbol{c}_i \tag{6-151}$$

应再次强调，上式中的求和项不包含空位流量。上式的负号表明 C-(点阵)坐标架移动的方向是总流量方向的反向。这个式子所表达的物理意义是很容易理解的，例如一维扩散，若流向 C-(点阵)坐标架左侧的物质流量大于流向右侧的物质量，而空位保持平衡浓度的话，则有净物质流流入左侧，在保持宏观尺寸不变时，C-(点阵)坐标架就向右侧推进了。

6.4.5 Darken 公式

互扩散和 Kirkendall 效应的最早理论分析是由 Darken 给出的。对于简单的 A-B 二元系，根据式(6-151)，Kirkendall 平面的移动速度（也称 Kirkendall 速度）v_K 为：

$$v_K = -\frac{1}{c}(\boldsymbol{J}_A + \boldsymbol{J}_B) \tag{6-152}$$

把上式代入式(6-147)，并注意到 $x_i = c_i/c$ 的关系，得：

$$\boldsymbol{J}_A^0 = -\boldsymbol{J}_B^0 = x_B\boldsymbol{J}_A - x_A\boldsymbol{J}_B \tag{6-153}$$

这就是组元在两个坐标架下的流量间的关系。把式(6-142)代入上式，得：

$$J_A^0 = -J_B^0 = -x_B D_A \frac{dc_A}{dx} + x_A D_B \frac{dc_B}{dx_B} = -(x_A D_B + x_B D_A)\frac{dc_A}{dx} = -\tilde{D}\frac{dc_A}{dx}$$

从上式看到，互扩散系数 $\tilde{D}$ 与禀性扩散系数 D_A 和 D_B 的关系是：

$$\tilde{D} = x_B D_A + x_A D_B \tag{6-154}$$

当 x_B 趋于 0 时，$\tilde{D} \approx D_B$。在下面的讨论中，如果不特别强调，都是在 V-坐标架讨论，为了简单，这时所给出的扩散流量 $\boldsymbol{J}$ 都是互扩散下在 V-坐标下讨论的流量。还可以看到，如果测量了扩散偶中某一成分处的 $\tilde{D}$，同时也测出此处的点阵移动速度 v_K，联合式(6-152)和式(6-154)，就可以求出该成分的禀性扩散系数 D_A 和 D_B。

在 A-B 二元固溶体中组元 B 的迁移速度 v_B 与它所受的“力” $\boldsymbol{F}_B$ 成正比，即：

$$v_B = M_B \boldsymbol{F}_B \tag{6-155}$$

式中，比例系数 M_B 是 B 组元的迁移率。我们说过，扩散的根本驱动力是化学势梯度，对于一维扩散，$F_B = -\partial\mu_B/\partial x$，$\mu$ 是化学势。假设 B 组元的化学势梯度对 A 组元没有交互作用，故：

$$J_B = c_B v_B = -c_B M_B \frac{\partial\mu_B}{\partial c_B}\cdot\frac{\partial c_B}{\partial x} \tag{6-156}$$

所以，B 组元的禀性扩散系数 D_B 是：

$$D_B = c_B M_B \frac{\partial \mu_B}{\partial c_B} \tag{6-157}$$

因为

$$\mu_B = \mu_B^0 + RT\ln a_B = \mu_B^0 + RT\ln \gamma_B x_B$$

式中，a_B 和 γ_B 分别是 B 组元的活度和活度系数，$\partial\mu_B/\partial c_B$ 为：

$$\frac{\partial \mu_B}{\partial c_B} = RT\frac{\partial \ln a_B}{\partial c_B} = \frac{RT}{c_B}\left(1 + \frac{\partial \ln \gamma_B}{\partial \ln x_B}\right) \tag{6-158}$$

把上式代回式(6-157)，得：

$$D_B = M_B RT\left(1 + \frac{\partial \ln \gamma_B}{\partial \ln x_B}\right) \tag{6-159}$$

同理

$$\frac{\partial \mu_A}{\partial c_A} = \frac{RT}{c_A}\left(1 + \frac{\partial \ln \gamma_A}{\partial \ln x_A}\right) \tag{6-160}$$

$$D_A = M_A RT\left(1 + \frac{\partial \ln \gamma_A}{\partial \ln x_A}\right) \tag{6-161}$$

式(6-159)和式(6-161)说明组元禀性扩散系数和组元迁移率成正比。根据吉布斯-杜亥姆方程，在等温和等压条件下，式(6-159)和式(6-161)中的括弧相相等，得：

$$\left(1 + \frac{\partial \ln \gamma_A}{\partial \ln x_A}\right) = \left(1 + \frac{\partial \ln \gamma_B}{\partial \ln x_B}\right) = \Phi \tag{6-162}$$

Φ 称二元系的热力学因子，对于纯组元，活度系数为 1，故示踪原子的自扩散系数 D_i^* 为：

$$D_B^* = M_B RT \qquad D_A^* = M_A RT \tag{6-163}$$

即

$$D_B = D_B^* \Phi \qquad D_A = D_A^* \Phi \tag{6-164}$$

把上式代回式(6-154)，得：

$$\tilde{D} = (x_A D_B^* + x_B D_A^*)\Phi \tag{6-165}$$

式(6-163)和式(6-165)称 Darken 公式。雷诺等人以 Au-Ni 二元系扩散实验结果验证了上列方程。Au-Ni 在高于 800℃时组成完全互溶固溶体，如图 6-43a 所示。图 6-43b 是根据热力学计算在 900℃ Au-Ni 合金的热力学因子 Φ，图 6-43c 是实验测得的在 Au-Ni 合金中 Ni 和 Au 的自扩散系数 $D_{Ni^*}^{Au\text{-}Ni}$ 和 $D_{Au^*}^{Au\text{-}Ni}$。图 6-43d 中的实线是根据 Darken 公式用图 6-43b和 c 数据计算的互扩散系数，虚线是实验测得的互扩散系数，计算值和实验值在误差范围内是符合的。

6.4.6 达肯-曼宁（Darken-Manning）公式

置换合金的扩散是以空位机制进行的，Darken 公式是在互扩散过程空位保持平衡浓度得出的。发生 Kirkendall 效应时，在互扩散区域一个位置产生一个空位必须在另一个位置湮灭一个空位以保持平衡浓度，这暗示了在扩散偶中空位源和阱是充足的。扩散引起的“空位风”效应，即还要考虑组元之间的交互作用，这样 Darken 公式需要修正。式

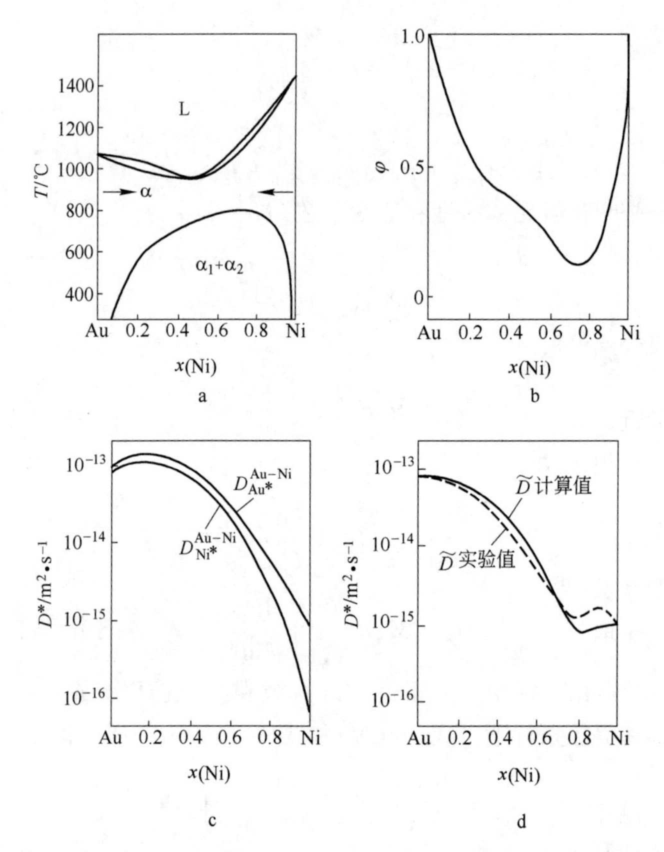

图 6-43 Au-Ni 合金的互扩散系数

a—Au-Ni 相图；b—900℃下的热力学因子；c—900℃下测得的 $D_{Au^*}^{Au\text{-}Ni}$ 和 $D_{Ni^*}^{Au\text{-}Ni}$；d—实验测得的 $\tilde{D}$ 和由 b 及 c 的数据计算的 $\tilde{D}$

(6-164)修正为：

$$D_B = D_B^* \Phi r_B \qquad D_A = D_A^* \Phi r_A \tag{6-166}$$

式中，r_A 和 r_B 称空位风因子，它们是：

$$r_A = \frac{f_{AA} - x_A f_{AB}^A / x_B}{f_A} \quad 和 \quad r_B = \frac{f_{BB} - x_B f_{AB}^B / x_A}{f_B} \tag{6-167}$$

式中，f_i是示踪的相关因子；f_{ij}是联合相关因子亦称相关函数。修正的 Darken 公式是：

$$\tilde{D} = (x_A D_B^* r_B + x_B D_A^* r_A)\Phi = (x_A D_B^* + x_B D_A^*) S\Phi \tag{6-168}$$

式中，S 称总空位风因子，亦称 Manning 因子：

$$S = \frac{x_A D_B^* r_B + x_B D_A^* r_A}{x_A D_B^* + x_B D_A^*} \tag{6-169}$$

修正了的式(6-168)称 Darken-Manning 公式。Manning 在随机合金模型的框架给出了 Manning 因子的近似表达式。所谓随机合金模型是认为虽然 A 和 B 原子与空位换位的速度不同，但是空位、A 和 B 原子是在同一点阵随机分布的。r_A 和 r_B 近似为：

$$r_A = 1 + \frac{1-f}{f} \cdot \frac{x_A(D_A^* - D_B^*)}{x_A D_A^* + x_B D_B^*} \qquad r_B = 1 + \frac{1-f}{f} \cdot \frac{x_A(D_B^* - D_A^*)}{x_A D_A^* + x_B D_B^*} \tag{6-170}$$

式中，f是自扩散示踪原子的相关因子。为了方便，设 $D_A^* \geqslant D_B^*$ ，那么，r_A 和 r_B 数值的范围是：

$$1.0 \leqslant r_A \leqslant \frac{1}{f} \quad 和 \quad 0.0 \leqslant r_B \leqslant 1.0 \tag{6-171}$$

在这基础上，Manning 还给出总空位风因子 S 的近似式：

$$S = 1 + \frac{(1-f)}{f} \cdot \frac{x_A x_B (D_A^* - D_B^*)^2}{(x_A D_A^* + x_B D_B^*)(x_A D_B^* + x_B D_A^*)} \tag{6-172}$$

从这一式子看出，S 只有很窄的范围：

$$1 \leqslant S \leqslant 1/f$$

其数值和 1 接近。Manning 因子发表已经三十多年，对简单立方、fcc 和 bcc 随机合金的广泛计算机模拟指出，Manning 公式并没有一般想象的那样精确，但是，当原子空位的换位速度的比率离 1 不太远时，它还是一个较合理的近似。

Darken 公式和 Darken-Manning 公式中都含有热力学因子 Φ 项，有时，Φ 随成分或温度的变化远比扩散系数中其他项厉害得多，因为 Φ 和二元系摩尔自由能与成分的二阶导数有关，自由能对 x 取二阶导数，整理后得：

$$\Phi = \frac{x_A x_B}{RT} \cdot \frac{d^2 G}{dx_B^2} \tag{6-173}$$

在含有固溶度间隙的二元系中，当成分接近拐点线时，$d^2G/dx_B^2 \to 0$，即 $\Phi \to 0$，从而使扩散系数大幅度减小。当成分处在拐点线之内时，$d^2G/dx_B^2 < 0$，从而扩散系数为负值，组元扩散的方向变成从低浓度区向高浓度区。这称之为“上坡”扩散。

例 6-10 根据图 6-43b 和 c 给出的数据，计算 $x(\text{Ni}) = 0.4$ 以及 $x(\text{Ni}) = 0.6$ 两种合金在 900℃时的互扩散系数并和实测数据进行比较。

解：从图中得到：

x_{Ni}	Φ	$D_{Ni^*}^{Au\text{-}Ni}$	$D_{Au^*}^{Au\text{-}Ni}$
0.4	0.4	8.8×10^{-14}	10^{-13}
0.6	0.24	2.45×10^{-14}	4.08×10^{-14}

把上表中数据代入 $\tilde{D} = (x_A D_{B^*}^{AB} + x_B D_{A^*}^{AB})\Phi$ ，得到：

$$\tilde{D}_{Ni=0.4} = 3.7 \times 10^{-14} m^2/s \qquad \tilde{D}_{Ni=0.6} = 7.82 \times 10^{-15} m^2/s$$

可以看出，计算结果和实测数据接近。

6.4.7 Kirkendall 面的稳定性

扩散控制的合金混合（均匀化）过程标志面移动的速度 $v_K = x_K/2t$，若要确定 x_K 必须找出 Kirkendall 面（以下简称 K 面）的原始（$t=0$）位置。如果在互扩散过程中总的体积不变，K 面就是找出的 Matano 平面，并认为 K 面是唯一的。但是 K 面的唯一性长时间受到质疑，最近十多年的实验研究工作发现，扩散偶界面原始标志物的行为，在时空上都比较复杂，它有多重性，可以是稳定的也可以是不稳定的。

为了研究标志面的移动速度 v_K，在扩散偶内设置多个标志面，实验作出 v_K-x 曲线，扩散偶的 K 面的本质取决于 v_K-x 曲线与 $v_K=x_K/2t$ 直线的交点的斜率。例如，一个假想的 A-B 扩散偶，扩散偶两端的成分分别是 A_yB_{1-y} 和 A_zB_{1-z}，$y>z$。设想在扩散偶富 A 区域 A 扩散较快，而在扩散偶富 B 区域 B 扩散较快。图 6-44 示意表示了 v_K-x 曲线和 K 面的不同稳定情况。图 6-44a 有一个稳定的 K 面。因为 $v_K=x_K/2t$ 直线与 v_K-x 曲线相交点（k 面）的斜率为负，如果 K 面处在 k 面右侧，则 K 面移动速度比 k 面移动速度慢，如果 K 面处在 k 面左侧，则 K 面移动速度比 k 面移动速度快，所以 k 面是一个稳定的 K 面。图6-44b 中 $v_K=x_K/2t$ 直线与 v_K-x 曲线相交点（“k”面）的斜率为正，发生与图 6-44a 讨论相反的情况，所以“k”面是不稳定的。图 6-44c 中 $v_K=x_K/2t$ 直线与 v_K-x 曲线有 3 个相交点，从上面讨论可知，k_1 和 k_3 面是稳定的 K 面，k_2 则是不稳定的 K 面，即有两个稳定的 K 面。

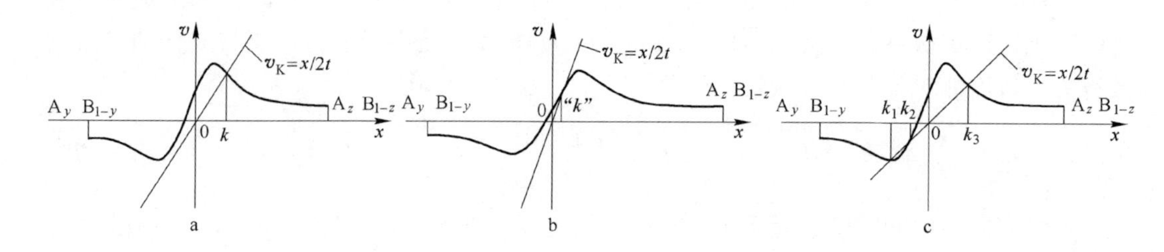

图 6-44　左端成分为 A_yB_{1-y}，右端成分为 A_zB_{1-z}，$y>z$ 扩散偶，富 A 区域 A 扩散较快富 B 区域 B 扩散较快情况下的 v_K-x 曲线

a—有一个稳定的 K 面；b—没有稳定的 K 面；c—有两个稳定的 K 面

K 面的稳定与不稳定性在 Ni-Pd 和 Fe-Pd 的扩散偶中得到证明，在 Ni-Pd 中稳定的 K 面确实处在$v_K=x_K/2t$直线与 v_K-x 曲线相交点的斜率为负处；而在 Fe-Pd 中则发现不稳定的 K 面处在 $v_K=x_K/2t$ 直线与 v_K-x 曲线相交点的斜率为正处。

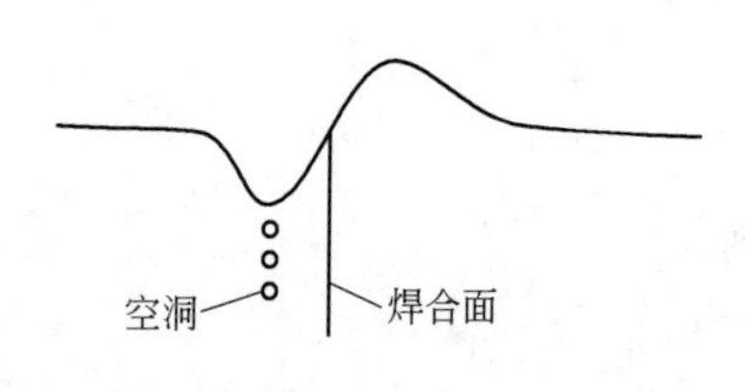

图 6-45　Frenkel 效应的示意图

还要注意到上面讨论迁移时是假设扩散时体积没有发生变化，即扩散时没有物质的堆积。Kirkendall 效应经常伴随有另一种称为 Frenkel 效应的现象，在退火时焊合面的一侧发生收缩，并出现微空洞，称 Kirkendall 孔洞，另一侧则有物质堆积，如图 6-45 所示。这是因为扩散快的组元交换回来的空位多，如果在局部区域的空位浓度超过饱和浓度就会沉积形成空洞，空洞出现在扩散快的组元一侧。这时在扩散区域内物质不再守恒，所以上面的讨论导出的式子不再适用。

例 6-11　Cu 和 $w(\text{Al})=10\%$的 Cu-Al 合金组成扩散偶，在接合面放上惰性标志物，扩散退火后知道 $D_{Al}>D_{Cu}$。示意画出退火后 Al 在扩散偶中的浓度分布曲线；指出标志面移动方向，如果产生 Kirkendall 孔洞，它们在什么地方生长最快？

解：图 6-46 为 Cu 和 $w(\mathrm{Al}) = 10\%$ 的 Cu-Al 合金组成扩散偶经一定时间扩散退火后的浓度分布曲线示意图。因为 $D_{\mathrm{Al}} > D_{\mathrm{Cu}}$，标志面（K 面）向富扩散快组元的一侧移动，即向 Cu-Al 合金一侧移动。如果产生 Kirkendall 孔洞，因为 Al 与空位换位的速度比 Cu 快，所以在 K 面富 Al 侧边上的空位浓度最大，在那里最易产生空洞，并且空洞也易于长大。不过须注意，因为产生了孔洞，已经不存在实际意义的 K 面。

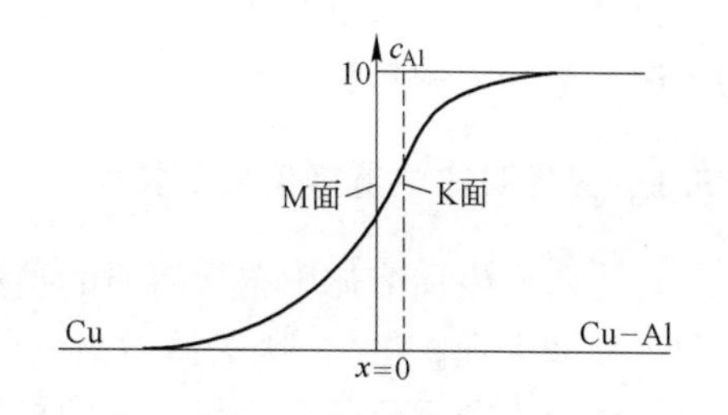

图 6-46　Cu 与 Cu-Al 的扩散偶经某一时间扩散后的浓度分布

6.4.8　扩散系数的综合比较

到现在为止，已经提出了 4 种类型的扩散系数：在纯金属中的自扩散系数 D^*；在二元系溶体中第 i 组元的自扩散系数 D_i^*；在化学不均匀系统中第 i 组元的禀性扩散系数 D_i；在化学不均匀系统中的互扩散系数 $\tilde{D}$，这些扩散系数是在不同坐标架系统中应用的。为了应用时不混淆，把它们总结列于表 6-7 中。

表 6-7　描述扩散的扩散系数及扩散方程

符　号	名　字	关 系 式	相应的坐标架
D^*	在纯金属中的自扩散系数		C-坐标架或 V-坐标架
D^* 是在化学均单元系统中的自扩散系数，它通常由其惰性放射同位素来测定。因为没有质量流动，所以 C-坐标架或 V-坐标架是相同的			
D_i^*	在二元系中组元 i 的自扩散	$D_i \cong \left(1 + \dfrac{\partial \ln \gamma_i}{\partial \ln x_i}\right) D_i^*$	C-坐标架或 V-坐标架
D_i^* 是在均匀的二元系中组元 i 的自扩散，D_i 是与 D_i^* 相关的，D_i^* 通常用同位素来测定。因为没有质量流动，所以 C-坐标架或 V-坐标架是相同的			
D_i	禀性扩散系数 $D_i = D_i^* \Phi r$	$J_i = -D_i \nabla c_i$ $J_i^0 = -D_i \nabla c_i + v c_v$	局域 C-坐标架 V-坐标架
D_i 是在不均匀系统中的组元 i 和成分有关的禀性扩散系数。在二元系中它是 i 组元流量与相应的浓度梯度联系的系数，Fick 定律在局域 C-坐标架下应用，这个坐标架相对于 V-坐标架以 v 的速度移动			
$\tilde{D}$	互扩散系数	$J_i^0 = -\tilde{D} \nabla c_i$ $\tilde{D} = (x_A D_B + x_B D_A)$	V-坐标架 V-坐标架
$\tilde{D}$ 是在不均匀系统中和成分有关的互扩散系数。在二元系中它是 A 和 B 组元流量与浓度梯度联系的系数，Fick 定律在 V-坐标架下应用			

6.5　二元合金的扩散

在根据 6.4 节中的讨论知道在二元或多元合金中的扩散，由于溶质和溶质之间的交互作用，计算扩散系数复杂化，但是可以根据一些基本的常识预测合金中由组元的加入引起的扩散系数变化的趋势。

6.5.1 极稀溶体中置换溶质的扩散

首先考虑极稀溶体中置换溶质的扩散，这种溶体中的溶质浓度不超过1%，所以这类扩散也称“杂质扩散”。因为浓度极低，杂质原子与杂质原子基本不相邻，即它们自己没有交互作用，杂质原子和溶剂原子的自扩散都是以单空位机制进行扩散。在这种情况下，溶质原子的扩散系数相当于溶质浓度趋于零时的禀性扩散系数。一般来说，溶质原子的跳动频率及邻近位置接纳扩散原子的几率与溶剂的有差异，从而溶质和溶剂的扩散系数不相同。这些差异的原因可以从两方面解释：一方面是原子价不同，另一方面是原子尺寸不同。

从原子价差异来看，如果溶质原子的价数比溶剂高，当溶质原子取代一个溶剂原子后，这个位置形成高价正离子。虽然这也使得附近的电子密度增加，但总的来说，它对正电荷是排斥的，如果它旁边出现空位，可以使系统能量降低。即是说，在溶质原子附近的空位形成能比溶剂的其他地方低，这使得溶质附近的空位浓度高，即提高了接纳扩散原子的几率。又因为溶质原子和空位相吸引，也降低了溶质原子的迁移激活能，即提高了跳动频率。结果，溶质原子扩散系数比溶剂的大。如果溶质原子的原子价比溶剂的低，会有相反的结果。图6-47给出了各种不同原子价的置换型溶质原子在银和铜中的扩散激活能，从图看到，除了一些过渡金属元素（Ru、Ni、Co和Fe等）外，其他元素都和理论分析相符。和理论分析相符的置换杂质在溶剂中的扩散称置换杂质原子“正常”扩散。图6-48给出了杂质在Ag中扩散系数和Ag的自扩散系数和温度的关系，这些数据和电价模型讨论的结果是相同的。

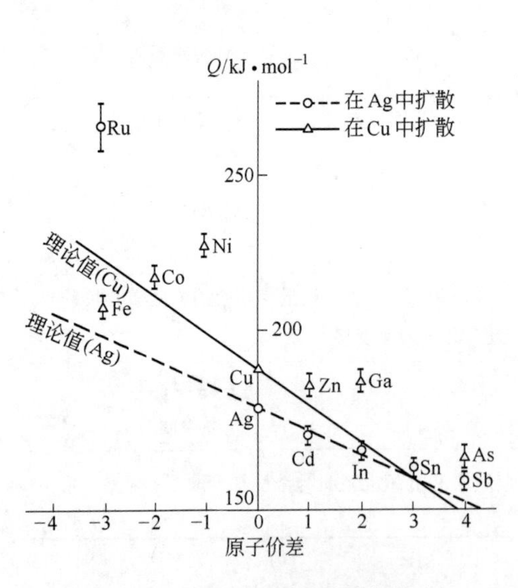

图6-47 不同原子价的溶质原子在Ag和Cu中的扩散激活能

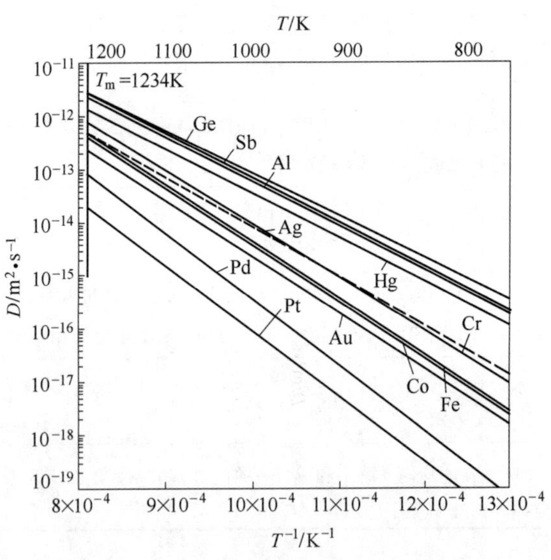

图6-48 杂质在Ag中的扩散系数与Ag的自扩散

置换杂质原子在fcc金属（Cu、Au、Ni）以及在hcp金属（Zn、Cd）中也有类似杂质原子在 Ag 中的扩散行为。置换杂质原子“正常”扩散的扩散系数 D_2 与溶剂的自扩散系数 D^* 之间有如下关系：

（1）D_2 的数值在 D^* 附近很窄的范围，在溶剂熔点 $T_m \sim 2T_m/3$ 之间的温度范围，D_2 与 D^* 的比值范围是：

$$1/100 \leqslant D_2/D^* \leqslant 100$$

（2）D_2 与 D^* 的指数前因子（频率因子）比值通常的范围是：

$$0.1 \leqslant D_0(溶质)/D_0(自扩散) \leqslant 10$$

（3）杂质扩散激活焓 ΔQ_2 与溶剂自扩散激活焓 ΔQ^* 相差不大：

$$0.75 \leqslant \Delta Q_2/\Delta Q^* \leqslant 1.25$$

对于过渡金属杂质原子在贵金属以及碱金属、两价的镁、三价的铝等溶剂中的扩散，按上述的电价差模型计算的 ΔQ 与实验测量值不符（见图 6-47），原因可能是：对于一些过渡族金属，由于它们在晶体中的原子价不是十分确定，所以，应用这种模型是会有问题的。另一方面，从原子尺寸差异来看，如果溶质原子尺寸比溶剂的大，它使邻近溶剂发生弹性畸变，为了降低能量，在附近吸引空位以松弛其畸变，因而在溶质附近的空位形成能比在溶剂其他地方的低，这就提高了接纳扩散原子的几率。原子尺寸大的溶质原子使溶剂点阵膨胀，这使溶质原子迁移激活能降低，从而提高了跳动几率值；相反，原子尺寸小的溶质原子使溶剂的点阵收缩，使溶质原子的迁移激活能增加。但是，这种效应对极稀固溶体的溶剂的扩散系数几乎没有影响。还有要注意的是，电价差模型只考虑了扩散激活焓而没有考虑扩散系数指数前的因子的影响。

虽然 Al 也是 fcc 金属，但 Al 是三价的，从图6-49给出的杂质在 Al 中扩散系数和 Al 的自扩散系数与温度的关系看出，杂质原子在 Al 中的扩散与杂质原子在贵金属中的扩散显著不同。大多数的过渡金属的扩散系数比 Al 的自扩散系数低得多；而扩散激活能很高，与上面电价模型预测的有很大差异；并且频率因子超出杂质原子“正常”扩散的范围。

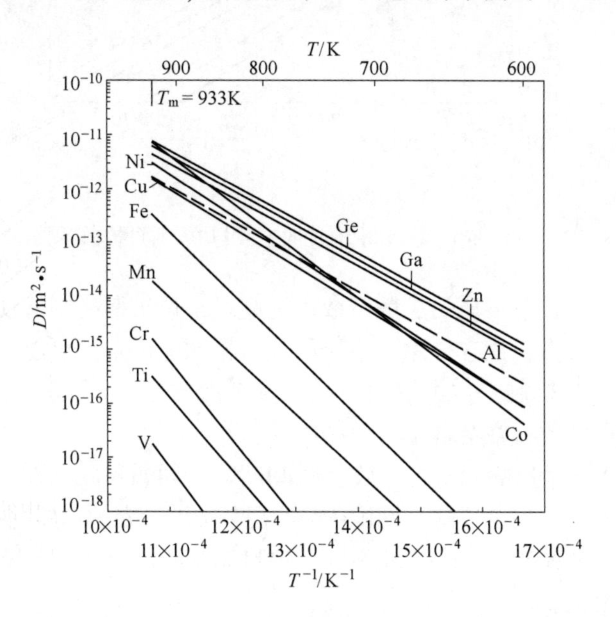

图 6-49 杂质在 Al 中扩散系数与 Al 的自扩散系数

非过渡元素杂质的扩散系数与 Al 的自扩散系数相似或略大一些，而激活焓与 Al 的自扩散激活焓相近并与杂质的电价无关。研究压力对扩散系数的影响得出，非过渡金属（Zn、Ge）的激活体积约等于原子体积，而过渡金属（Co、Mn）的激活体积却非常高，在2.7~1.67V_{at}范围。由局域密度函数理论“从头计算”过渡金属溶质与空位的交互作用能对此作出合理的解释，但是该计算不能正确解释过渡金属异常大的扩散激活体积。

杂质原子在“开放”金属中以溶入机制扩散，此时扩散速度非常快。所谓“开放”是指溶剂和溶质原子半径差别很大，相对比较小的溶质原子可以在溶剂中快速扩散。图6-50 给出了杂质在“开放”金属 Pb 中的扩散系数和 Pb 的自扩散系数与温度的关系。从图看出，一些杂质（Tl、Sn）的扩散显示正常行为，但是，贵金属、Ni 族和 Zn 等杂质在 Pb 中的扩散系数比 Pb 的自扩散系数大 3 个或更高的数量级。3d 过渡金属在一些高价金属（In、Sn、Sb、Ti、Zr、Hf）中以及贵金属在 Na 中的高速扩散行为也被观察到。贵金属溶质在ⅣB 族金属 Sn、在ⅢB 族金属 In 和 Tl 中的扩散也是高速扩散，过渡元素在ⅣA 族中的金属（α-Ti，α-Zr 和 α-Hf）中也是高速扩散的元素。

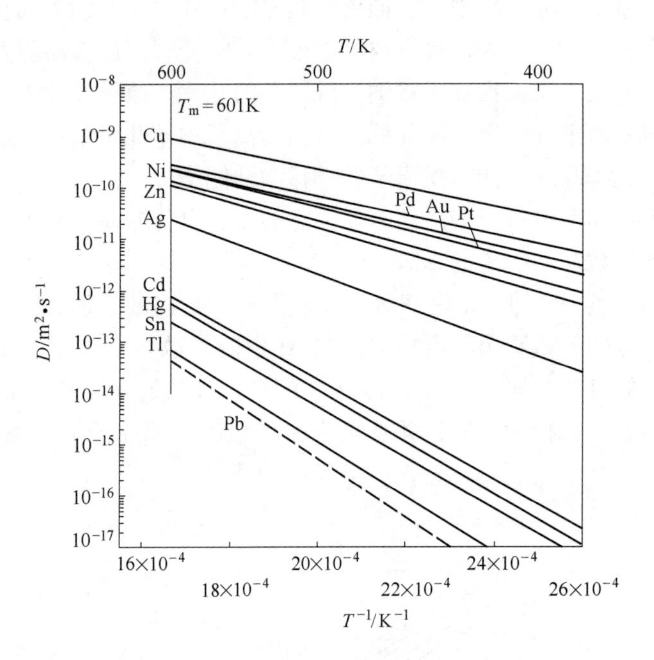

图 6-50 杂质在 Pb 中的扩散系数与 Pb 的自扩散系数

在开放金属中快速扩散溶质的扩散系数远远超过空位扩散机制所预期的范围，但是溶剂和溶质的原子都比较大，这也排除了溶质原子占据间隙位置的可能，因此这种快速扩散的机制应该是“溶入”机制，这类溶质原子称混杂溶质原子（见 6.2.5 节）。这类溶质原子有一定的间隙原子性质，在溶剂中有较高的迁移率。

在半导体元件中 Si 和 Ge 元素与开放金属 Pb 和 Sn 同属Ⅳ族元素，在 Si 和 Ge 中也看到混杂溶质原子快速扩散现象，这是间隙-置换互换机制造成的。Cu 在 Ge 中的扩散机制是溶入机制，Si 自间隙原子及 Au 在 Si 中的扩散机制是踢出机制，Pt 和 Zn 等在 Si 中快速扩散的机制也是踢出机制。

6.5.2 在合金中溶剂和溶质原子的扩散

合金置换固溶体中由于溶质原子数量比较多，除了溶质原子扩散随浓度变化以外，溶剂原子的扩散系数也受溶质浓度的影响。合金中对扩散的主要影响来自空位-溶质、溶质-溶质的交互作用，从而影响空位跳动的频率。

在很稀的溶体中，大多数溶剂原子不与溶质原子作近邻，因此溶剂原子的扩散与在纯的溶剂中的扩散一样。而溶质的扩散取决于溶质原子与空位的交互作用能，它可能吸引或排斥空位，或者取决于在溶质原子近邻的溶剂原子的跳动速率。当溶质浓度增加时，与溶质原子作近邻的溶剂原子数目增加，因在溶质近邻空位的能量状况不同，一些溶质可以加速溶剂的扩散，而另一些则会减慢溶剂的扩散。在溶质浓度为 x_B 的 A-B 稀溶体中，溶剂的自扩散系数为：

$$D_A^*(x_B) = D_A^*(0)\exp(bx_B) \tag{6-174}$$

式中，b 为常数。如果 $x_B<1$，上式的指数可以展开，近似为：

$$D_A^*(x_B) = D_A^*(0)(1 + b_1x_B + \cdots) \tag{6-175}$$

式中，b_1x_B 项是归因于与溶质原子相邻的溶剂原子跳动速度的改变，而 x_B 二次方项相应于 B 原子对的影响。b_1 有时称为线性增强因子。对于溶质扩散系数有类似的表达式：

$$D_B^*(x_B) = D_B^*(0)(1 + B_1x_B + \cdots) \tag{6-176}$$

式中，$D_B^*(0)$ 是在无限稀的溶体中溶质的扩散系数，即上面讨论的杂质扩散系数。B_1 是溶质对的影响。实验观察指出：如果在固溶体中溶剂和溶质的扩散机制相同，则 b 和 B 的符号相同，并且数值也大体相同。表 6-8 列出了一些面心立方稀溶体在一些温度下 D_B^*/D_A^* 的比值和 b 系数。

表 6-8　一些面心立方稀溶体中的扩散系数

合 金	T/K	D_B^*/D_A^*	b	合 金	T/K	D_B^*/D_A^*	b
Ag-Cd	1060	3.8	4	Cu-Au	1133	1.15	8.1
	1133	3.28	9.2	Cu-Cd	1076	10.2	35
	1197	2.96	13.7	Cu-Co	1133	0.81	0
Ag-In	1064	5.7	17.5	Cu-Fe	1293	1.1	−5
Ag-Sn	1043	5.8	15.6	Cu-In	1089	11.4	43
Ag-Zn	1010	4.1	12.6	Cu-Mn	1199	4.2	5
	1153	3.9	12.7	Cu-Ni	1273	0.36	−5
Au-In	1075	8.6	71	Cu-Sb	1005	24.1	79
	1175	7.5	49	Cu-Sn	1014	15.5	40
Au-Sn	1059	16.4	130		1089	14.1	48
Au-Zn	1058	6.2	24	Cu-Zn	1168	3.56	7.5
	1117	5.7	23		1220	3.4	8.8

注：连字符后面的元素是溶质。

置换固溶体中溶质浓度进一步提高，溶质原子不单与溶剂原子相邻，并且溶质和溶质相邻的情况也增多，溶质和溶剂的交互作用更为复杂，空位的跳动更不是随机的。只有对少数的合金系，例如 Ag-Au、Au-Ni、Co-Ni、Cr-Ni、Cu-Ni、Fe-Ni、Fe-Pd、Ge-Si、Nb-Ti 和 Pb-Te 等合金研究过它们的二元系在全部成分范围的扩散系数，研究指出：溶剂和溶质的扩散系数 D_A 和 D_B 仍然遵从式（6-175）和式（6-176）的规律，在同一成分下，D_A 和 D_B 的差别一般不会超过 1 个数量级。如果差别超过 1 个数量级，则说明溶剂和溶质原子的扩散机制不同。

对于一些没有精确测定扩散资料的合金系，而冶金工作者需要知道这些资料时，往往根据合金系相图作出合理的近似估计。下面的一般性的规律可以参考应用：

（1）如果加入 A 会降低 B 的熔点或液相线，则它在任何温度都会增大 $\tilde{D}$，反之亦然；在液相线温度 $\tilde{D}$ 粗略为常数，或者扩散激活焓 ΔH 与液相线温度 T_L 之比 $\Delta H/T_L$ 为常数（见图 6-51）。

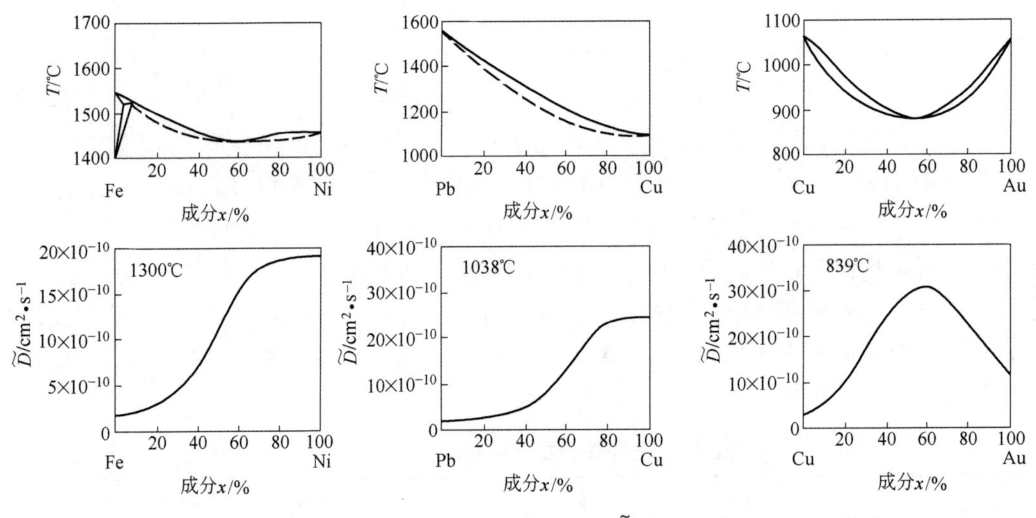

图 6-51 二元合金液相线温度与 $\tilde{D}$ 之间的关系

（2）给定金属在给定温度和成分下，在 bcc 中扩散的互扩散系数比其他密排金属的大。这个规律无论对溶剂或间隙溶质扩散都适用。例如在 910℃时 C 在纯 Fe 中的扩散：$D(\alpha)/D(\gamma)=100$；在 850℃时 Fe 在 Fe 中扩散：$D(\alpha)/D(\gamma)=100$；在 825℃时 Zr 的 bcc 结构（β）与 hcp 结构（α）扩散系数之比 $D(\beta)/D(\alpha)=10^5$。这些都可以由非密排结构的排列相对比较松散，扩散激活能比较低来解释。

6.6 二元金属中间相的扩散

金属间相是金属或金属与半金属之间的化合物，在第 2 章已经讨论了它们的晶体结构，它们的晶体结构要比组成它的组元复杂得多，从而扩散机制也比金属和金属固溶体复杂得多。因为金属间化合物种类很多，这里不一一讨论，只以 B2 型化合物作为例子讨论，从中了解研究和讨论金属间化合物的复杂性。

CuZn（β 黄铜）是典型的 B2 结构相，其他的 B2 结构相还有 FeAl、FeCo、CoAl、NiAl、CoGa、PdIn、AuZn、AuCd 等。图 6-52 给出一些 B2 型金属间化合物的自扩散系数，从图中可以看到有些化合物中两个组元的自扩散系数比值接近于 1，如 FeCo、CuZn、AuCd 等；有些化合物中两个组元的自扩散系数比值却又大于 1，如 NiGa、CoGa 等。

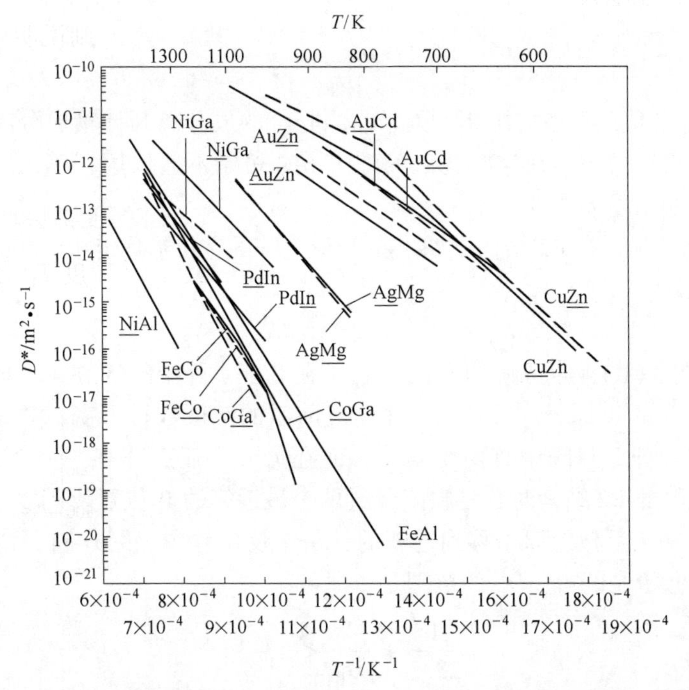

图 6-52 B2 型金属间化合物的自扩散系数(化合物名称中有底线的是扩散元素)

金属间化合物中扩散的一个重要的问题是,点缺陷(空位)怎样移动才能保持化合物的长程有序性？扩散过程要么避免出现无序,要么有一种补偿的方式来维持有序。如果有序能很高,则每种组元有可能以次近邻跳动在自身的亚点阵中扩散。在离子晶体或简单氧化物晶体中会用这种方式扩散,但是在 B2 的有序结构中很难以这种方式扩散,它以一种两个组元共同协同的保持有序的机制扩散：

(1) 6 次跳动循环换位（6JC）机制。这是一种保持有序的空位跳动机制，空位经过 6 次连续的最近邻跳动时原子换到相邻位置而保持有序，这种机制的几种方式如图 6-53 所

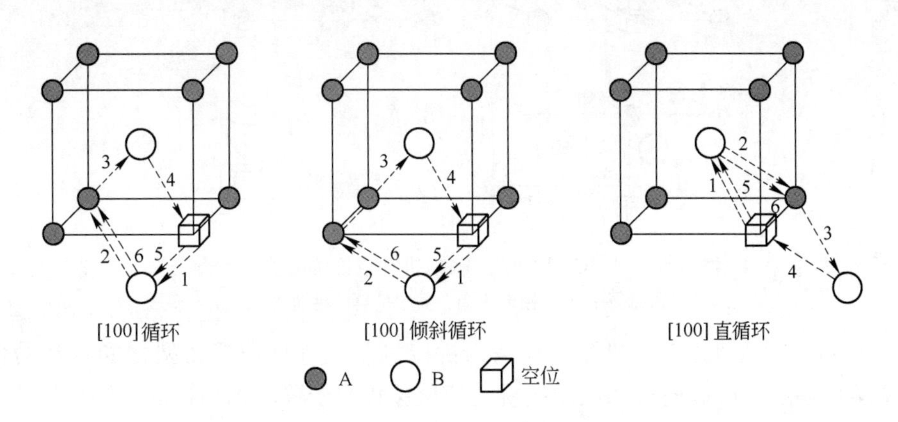

图 6-53 在 B2 结构中 6JC 机制空位跳动的示意图
（图中箭头是空位跳动方向，数字是空位跳动的次序）

示，图中的数字表示空位跳动的先后次序，空位经 6 次跳动换位后，把 B 原子移到最邻近的另一个 B 位置。因为参与这种跳动的原子跳动次数的比率都是固定的，两个组元的自扩散系数不会相差很大：

$$\frac{1}{q} < \frac{D_A}{D_B} < q \tag{6-177}$$

q 等于 2.034，这数值已经考虑了相关因子。当合金的成分离开计量成分时，即有些 A 或 B 原子处在“错误”位置，在这些扰乱的地方 6JC 机制不起作用，D_A/D_B 有一些无序的数值，所以它会超出上述范围。

（2）三缺陷机制。在 B2 结构中如果在 B 亚点阵的空位形成能很高，通常会按如下反应出现三缺陷无序：

$$A_A + V_A + V_B \rightleftharpoons 2V_A + A_B \tag{6-178}$$

$V_A(V_B)$是在 A(B)亚点阵中的空位，A_B是在 B 亚点阵中的 A 原子，即在 B 亚点阵中有一个“反位置”的 A 原子。三缺陷无序反应前后的空位数目不变，并没有改变合金的成分，只不过在一种亚点阵中有两个空位，而在另一个亚点阵有一个“反位置”原子。当存在这种三缺陷的 B2 结构时，三缺陷经过两个最近邻的 B 位置跳动以及旁边两个最近邻 A 位置跳动，原来反位置原子移到近邻的另一个反位置中。图 6-54 示意描述了这种扩散机制，这种扩散机制的 D_A/D_B 的范围是：

$$\frac{1}{13.3} < \frac{D_A}{D_B} < 13.3 \tag{6-179}$$

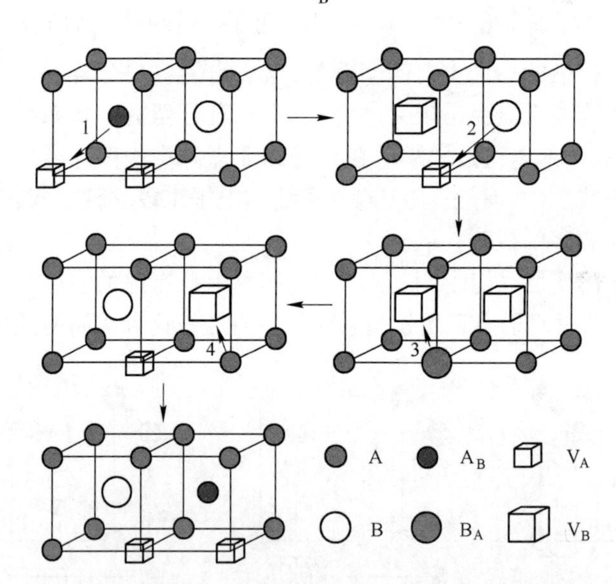

图 6-54　在 B2 结构中三缺陷机制空位跳动的示意图
（图中箭头是空位跳动方向，数字是空位跳动的次序）

（3）反结构桥接（ASB）机制。反结构桥接机制或称反位置桥接，如果在结构中存在一些反结构缺陷，可以通过空位桥接跳动使反位置原子移动到临近的另一个反位置上去的跳动，如图 6-55 所示。以 ASB 机制作长程扩散需要有一定浓度的反位置原子，以达到一定的渗漏阈值。从 Monte Carlo 模拟得出这个阈值的反位置浓度约为 6%，对于一些在相图上占比较宽浓度范围的B2结构经常可以含有这样的反位置浓度，这种扩散机制是起作用的。

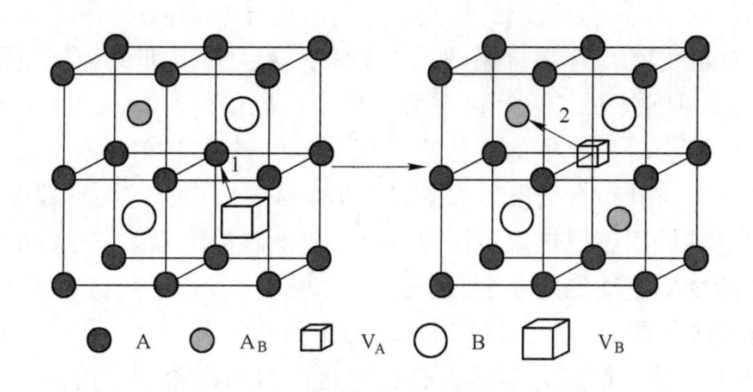

图6-55 在B2结构中ASB机制空位跳动的示意图
（图中箭头是空位跳动方向，数字是空位跳动的次序）

（4）空位对机制。在两个亚点阵之间的最近邻位置存在空位，两个组元以这种空位对作为媒介连续地相关跳动，相当于以空位对跳动进行扩散。

由ⅧB族金属（Co，Fe，Ni，Pd等）与ⅢA族金属（Al，Ga，In等）组成的B2结构扩散机制主要是三缺陷机制，FeCoB2结构以及由贵金属（Cu，Ag，Au）与二价金属（Mg，Zn，Cd）组成的B2结构，6JC机制是扩散的主选机制。对于偏离计量成分很远的B2结构，因为反位置浓度很高，扩散的反结构桥接机制变得重要。

6.7 不可逆过程热力学与扩散

一切传输过程如扩散、离子导电、热输运等都是不可逆过程，是非平衡状态，引起不可逆过程是因为存在各种梯度：温度梯度、浓度梯度、势梯度等，它们都是使过程发生的“广义力”。当不止一种广义力作用在系统时，这些力的叠加会引起一些新的效应，这称交叉或共轭效应。例如，温度梯度会引起浓度梯度（特别在凝聚态系统），反之亦然；电势梯度亦会引起浓度梯度，反之亦然。不可逆过程热力学对这些过程提供了普适的唯象理论。不可逆过程热力学也称非平衡热力学。我们在这里只介绍一些最基本的概念。

6.7.1 不可逆过程热力学的基本假设

这里讨论的是线性不可逆过程热力学，它是建立在如下的3个假设的基础上：

（1）流量与其共轭的广义力的关系。不可逆过程热力学假设流量（原子、热、电子）$\boldsymbol{J}_i$与其共轭的广义热力学力$\boldsymbol{X}_i$呈线性关系，i组元流量之和的唯象表达为热力学力的线性关系：

$$\boldsymbol{J}_i = \sum_{j=1}^{n} L_{ij}\boldsymbol{X}_j \tag{6-180}$$

这一关系是Onsager传输方程。L_{ij}称唯象系数或传输系数，系数矩阵称Onsager矩阵或简单称$\boldsymbol{L}$矩阵。唯象系数的重要性在于它们与驱动力无关，例如，在固态扩散问题中，$\boldsymbol{L}$矩阵是温度和压力的函数而与驱动扩散的驱动力（化学势梯度）无关。

（2）Onsager倒易关系。$\boldsymbol{L}$矩阵中对角线项L_{ii}称直接系数，是每个广义力与其共轭流量联系的系数。例如，化学势梯度与广义力引起的扩散流量之间由材料的扩散系数联系。类似的，温度梯度这个广义力引起的热流量之间由热导率联系。

$\boldsymbol{L}$矩阵的非对角线项L_{ij}称耦合系数，是确定广义力对其非共轭流量的耦合效应（交叉效应），例如，一种原子的浓度梯度对另一种原子流量的影响；在电场中，作用在金属电子的力产生的电流会对系统中的热流有交叉影响，这称Peltier效应，相反，温度梯度引起的热流又会对电荷分布有交叉影响，这称Thomson效应，这两种效应的联合成为热电器件的基础：热电堆可用作把热流转换为电流，热电偶是由温差产生的电势。金属中的电势场引起电迁移的物质流动也是一个例子。

$\boldsymbol{L}$矩阵是对称的，即$L_{ij}=L_{ji}$，这称为Onsager倒易关系。

（3）熵的产生。非平衡热力学的中心思想是，作用在流量上的热力学力耗散自由能并产生熵。不可逆过程的特点就是熵的产生（增加），熵增（产生）速率$\dot{\sigma}$是这一理论的基础。经典热力学中系统的熵值S是不能直接测量的，但可以沿从一个参考态到讨论系统态的可逆路径对$\mathrm{d}S=\delta q_{\mathrm{rev}}/T$积分计算出来，其中$q_{\mathrm{rev}}$是可逆过程的热。对于非平衡态，不可能有可逆过程路径，因而不能用这办法来计算熵。从统计力学看，熵可通过系统在固定能量下的微观状态数计算，但对于一般的不可逆过程，这种微观状态数也是难以得到的。解决这个问题的方法是，把系统分成很多个相互邻接无限小的微单元，在每个微单元中的热力学温度、化学势和其他热力学势用微单元中这些值的平均值表示。即使系统整体是非平衡的，但可假设每个微单元是局部平衡的，这样在微单元中可以应用热力学定律：

$$\mathrm{d}\mathcal{U} = T\mathrm{d}\mathcal{S} - \delta W + \sum_{i=1}^{n}\mu_i \mathrm{d}N_i \tag{6-181}$$

式中，μ_i和N_i分别是i组元的化学势和粒子数；δW是系统对外做的功（不包括化学功）。上式除以微单元体积$\mathcal{V}_0$，变为：

$$T\mathrm{d}s = \mathrm{d}u + \delta w - \sum_{i=1}^{n}\mu_i \mathrm{d}c_i \tag{6-182}$$

式中，$T\mathrm{d}s$是产生的熵（熵增）；δw是功密度，包含了所有外场（应力场、电场、磁场、温度场等）做的功。若以Φ_j表示某种场的广义强度量（例如应力场的应力，电场的电势等），ξ_j表示与广义强度量共轭的广延量密度（应变、电量密度、磁矩密度等），则$\mathrm{d}w_j=\Phi_j\mathrm{d}q_j$，如果把化学势做功也包括进去，则式（6-182）综合写成：

$$T\mathrm{d}s = \mathrm{d}u - \sum_j \Phi_j \mathrm{d}q_j \tag{6-183}$$

这个式子可用于测量和描述连续统的熵变化量。

局域熵的增加速度为$\dot{\sigma}$，在体积$\mathcal{V}$中熵增的总速度是$\int_V \dot{\sigma}\mathrm{d}\mathcal{V}$，对于孤立系统$\mathrm{d}\mathcal{S}/\mathrm{d}t=\int_V \dot{\sigma}\mathrm{d}\mathcal{V}$，但对一般的系统，总的熵增除了考虑在系统内产生多少熵外，还要考虑有多少净熵流通过边界流入。将式(6-183)对时间微分，得：

$$\frac{\partial s}{\partial t} = \frac{1}{T}\cdot\frac{\partial u}{\partial t} - \frac{1}{T}\sum_j \Phi_i \frac{\partial q_j}{\partial t} \tag{6-184}$$

根据式（6-13）和式（6-14），上式变为：

$$\frac{\partial s}{\partial t} = -\frac{1}{T}\nabla\cdot\boldsymbol{J}_u - \frac{1}{T}\sum_j \Phi_i \nabla\cdot\boldsymbol{J}_j \tag{6-185}$$

根据标量场 A 与矢量场 $\boldsymbol{B}$ 的运算规则：

$$A\nabla\cdot\boldsymbol{B} = -\boldsymbol{B}\cdot\nabla A + \nabla\cdot(A\boldsymbol{B}) \tag{6-186}$$

式（6-185）可写为：

$$\frac{\partial s}{\partial t} = \left(\boldsymbol{J}_u\cdot\nabla\frac{1}{T} - \sum_j \boldsymbol{J}_j\cdot\nabla\frac{\Phi_i}{T}\right) - \nabla\cdot\left(\frac{\boldsymbol{J}_u - \sum_j \phi_j \boldsymbol{J}_j}{T}\right) \tag{6-187}$$

对比式（6-14），上式右端第二项是熵流量 $\boldsymbol{J}_s$ 引起的变化，第一项则是熵的产生 $\dot{\sigma}$ 引起熵的变化，即：

$$\boldsymbol{J}_s = \nabla\cdot\left(\boldsymbol{J}_u - \sum_j \Phi_j \boldsymbol{J}_j\right) \tag{6-188}$$

$$\dot{\sigma} = \boldsymbol{J}_u\cdot\nabla\frac{1}{T} - \sum_j \boldsymbol{J}_j\cdot\nabla\frac{\Phi_i}{T} \tag{6-189}$$

如果引入热流量，根据热力学第一定律，有：

$$\mathrm{d}u = \frac{\mathrm{d}Q}{\mathcal{V}} + \sum_j \phi_i J_j \tag{6-190}$$

Q 是传输到微单元中的热量，上式改写为：

$$\boldsymbol{J}_u = \boldsymbol{J}_q + \sum_j \Phi_j \boldsymbol{J}_j \tag{6-191}$$

把上式代入式（6-189），得：

$$\dot{\sigma} = \boldsymbol{J}_q\cdot\nabla\frac{1}{T} - \sum_j \frac{\boldsymbol{J}_j}{T}\cdot\nabla\Phi_i \tag{6-192}$$

用 T 乘以上式，得：

$$T\dot{\sigma} = -\frac{\boldsymbol{J}_q}{T}\cdot\nabla T - \sum_j \boldsymbol{J}_j\cdot\nabla\Phi_i \tag{6-193}$$

上式右端都是流量与热力学势梯度的点乘，结果都是标量，是能量耗散量，单位都是 $\mathrm{J/(m^3\cdot s)}$，因此每一项中的热力学势梯度就是该流量的共轭力 $\boldsymbol{X}$。表 6-9 列出了一些系统中 i 组元的共轭的力和流量以及相关的经验流量定律。更广泛地看，还可以有应力场、重力场和离心力场等引起的流量。

表 6-9 一些系统中流量和共轭的力以及相关的经验定律

广延量	流　量	共轭力 $\boldsymbol{X}$	经验的力-流量定律
热	$\boldsymbol{J}_q$	$-(1/T)\nabla T$	傅里叶　$\boldsymbol{J}_\mathrm{q} = -k\nabla T$
组元 i	$\boldsymbol{J}_i$	$-\nabla\mu_i = \nabla\Phi_i$	修正的菲克　$\boldsymbol{J}_i = -M_i C_i \nabla\mu_i$
电荷	$\boldsymbol{J}_\mathrm{e}$	$\boldsymbol{E} = -\nabla U$	欧姆　$\boldsymbol{J}_\mathrm{e} = -\sigma_\mathrm{d}\nabla U$

注：k 是热导率，σ_d 是电导率，M_i 是 i 组元迁移率，U 是电压。

应用上述的关系。例如在电场 $\boldsymbol{E}$ 下的离子系统，带 q_i 电荷的第 i 种离子在电场下所受的力 $\boldsymbol{F}_i = q_i\boldsymbol{E}$，存在浓度梯度的系统恰当的热力学力是化学势梯度 $\nabla\mu_i$。这样，热力学力 $\boldsymbol{X}_i$ 是电场对 i 粒子施加的外力及化学势梯度施加 i 粒子的力的总和：

$$\boldsymbol{X}_i = \boldsymbol{F}_i - \nabla \mu_i \tag{6-194}$$

这里的化学势梯度只是浓度梯度的贡献不包括温度梯度的贡献。当熵增速度 $\dot{\sigma}=0$ 时达到热力学平衡。

例 6-12 用熵产生理论说明在等温下电导率 σ_d 的代数符号是正的还是负的。

解：根据熵产生的式(6-193)，在等温时为：

$$T\dot{\sigma} = -\boldsymbol{J}_e \cdot \nabla U$$

而欧姆定律 $\boldsymbol{J}_e = -\sigma_d \nabla U$(见表 6-9)，上式可写成：

$$T\dot{\sigma} = \sigma_d |\nabla U|^2$$

因为熵产生的代数符号一定是正的，所以 σ_d 的代数符号也一定是正的。

6.7.2 恒温扩散的唯象方程

唯象方程对解决扩散过程是非常有效的，但是它的表达很繁琐，所以这里只给出一些简单的描述。

我们考虑恒温扩散的唯象方程。对于二元系，$\boldsymbol{L}$ 矩阵中有 3 个传输系数——即两个对角线系数，一个非对角线系数；对于三元系，则更要考虑 $\boldsymbol{L}$ 矩阵中 6 个传输系数。这样就有一个非常重要的问题：非对角线系数能否忽略？如果能忽略，则可以大大简化分析。我们在本章第 5 节中讨论二元系的 Darken 公式就是忽略了这些非对角线系数导出的。在下面的讨论中可以看到，不是什么情况下忽略非对角线系数都是合理的。

6.7.2.1 在单元素晶体中的示踪原子自扩散

设在 A 固溶体中 A^* 是示踪原子，A 和 A^* 构成理想溶液。现以空位机制扩散，所以空位也是一个组元。为了简单，只讨论一维情况，翁萨格（Onsager）传输方程有 3 个方程：

$$\begin{aligned}
\boldsymbol{J}_{A^*} &= L_{A^*A^*}\boldsymbol{X}_{A^*} + L_{A^*A}\boldsymbol{X}_A + L_{A^*V}\boldsymbol{X}_V \\
\boldsymbol{J}_A &= L_{A^*A}\boldsymbol{X}_{A^*} + L_{AA}\boldsymbol{X}_A + L_{AV}\boldsymbol{X}_V \\
\boldsymbol{J}_V &= L_{A^*V}\boldsymbol{X}_{A^*} + L_{AV}\boldsymbol{X}_A + L_{VV}\boldsymbol{X}_V
\end{aligned} \tag{6-195}$$

假设在恒温扩散时空位的源和阱（例如位错）数量足够多，并且在扩散过程中它们是能积极起作用的，则空位能经常保持热平衡。在这种条件下，空位的化学势是处处相同的，即 $\boldsymbol{X}_V=0$。这样，组元的流量方程可直接用实验坐标架描述：

$$\begin{aligned}
\boldsymbol{J}_{A^*} &= L_{A^*A^*}\boldsymbol{X}_{A^*} + L_{A^*A}\boldsymbol{X}_A \\
\boldsymbol{J}_A &= L_{A^*A}\boldsymbol{X}_{A^*} + L_{AA}\boldsymbol{X}_A
\end{aligned} \tag{6-196}$$

以 μ_A 和 μ_{A^*} 分别表示 A 和 A^* 的化学势，它们的化学势是：

$$\begin{aligned}
\mu_{A^*} &= \mu_{A^*}^0(P,\ T) + k_B T\ln x_{A^*} \\
\mu_A &= \mu_A^0(P,\ T) + k_B T\ln x_A
\end{aligned} \tag{6-197}$$

式中，$\mu_{A^*}^0$ 和 μ_A^0 是相对参考态的化学势，它们仅和温度、压力有关而与浓度无关。相应的力为 $\partial\mu/\partial x$，这里没有下标的 x 是距离。这可以调整参考态项 μ_i^0，使 $\partial\mu_i^0/\partial x=0$，获得：

$$X_{A^*} = -k_B T \frac{1}{c_{A^*}} \cdot \frac{\partial c_{A^*}}{\partial x}$$
$$X_A = -k_B T \frac{1}{c_A} \cdot \frac{\partial c_A}{\partial x} \tag{6-198}$$

上式已把摩尔浓度 x 换成体积浓度 c。对于组元的示踪原子自扩散，有如下关系：

$$\boldsymbol{J}_{A^*} + \boldsymbol{J}_A = 0 \tag{6-199}$$

因为 $c_{A^*}+c_A$ 等于常数，并且 $\partial c_{A^*}/\partial x = -\partial c_A/\partial x$，故：

$$J_{A^*} = -\left(\frac{L_{A^*A^*}}{c_{A^*}} - \frac{L_{A^*A}}{c_A}\right) k_B T \frac{\partial c_{A^*}}{\partial x}$$
$$J_A = -\left(\frac{L_{AA}}{c_A} - \frac{L_{A^*A}}{c_{A^*}}\right) k_B T \frac{\partial c_A}{\partial x} \tag{6-200}$$

因为 $J_{A^*}=-J_A$，所以：

$$\frac{L_{A^*A^*}}{c_{A^*}} - \frac{L_{A^*A}}{c_A} = \frac{L_{AA}}{c_A} - \frac{L_{A^*A}}{c_{A^*}} \tag{6-201}$$

把式(6-200)与 Fick 定律对比，可知 $D_A^{A^*}$：

$$D_A^{A^*} = \left(\frac{L_{A^*A^*}}{c_{A^*}} - \frac{L_{A^*A}}{c_A}\right) k_B T = \left(\frac{L_{AA}}{c_A} - \frac{L_{A^*A}}{c_{A^*}}\right) k_B T \tag{6-202}$$

又因为示踪原子扩散经常是 $c_{A^*} \ll c_A$，L_{A^*A}/c_A 可以忽略，则：

$$D_A^{A^*} = \frac{L_{A^*A^*}}{c_{A^*}} k_B T = \left(\frac{L_{AA}}{c_A} - \frac{L_{A^*A}}{c_{A^*}}\right) k_B T \tag{6-203}$$

上式右端第一项 $D_A^A = L_{AA} k_B T / c_A$ 通常称为“真”自扩散系数，即不存在示踪原子的自扩散系数。它与示踪自扩散系数的关系是：

$$D_A^{A^*} = \left(1 - \frac{L_{A^*A}}{L_{AA}} \cdot \frac{c_A}{c_{A^*}}\right) D_A^A \tag{6-204}$$

上式括号包含的内容的物理意义是示踪自扩散的相关因子 f。如果 $L_{A^*A}=0$，则 $f=1$。

6.7.2.2 在二元合金中置换原子的扩散

用 Onsager 方程讨论以空位机制扩散的二元合金扩散，设在恒温并无外力作用即 $\boldsymbol{X}_q = 0$ 和 $\boldsymbol{F}_i = 0$ 的扩散。现在有 A、B 和空位三个组元，Onsager 方程如下：

$$\begin{aligned} \boldsymbol{J}_A &= L_{AA}\boldsymbol{X}_A + L_{AB}\boldsymbol{X}_B + L_{AV}\boldsymbol{X}_V \\ \boldsymbol{J}_B &= L_{AB}\boldsymbol{X}_A + L_{BB}\boldsymbol{X}_B + L_{BV}\boldsymbol{X}_V \\ \boldsymbol{J}_V &= L_{AV}\boldsymbol{X}_A + L_{BV}\boldsymbol{X}_B + L_{VV}\boldsymbol{X}_V \end{aligned} \tag{6-205}$$

因为 A 和 B 在同一点阵中与空位换位，相对于点阵坐标（C-坐标架）的扩散流有如下关系：

$$\boldsymbol{J}_A + \boldsymbol{J}_B + \boldsymbol{J}_V = 0 \tag{6-206}$$

把式（6-205）代入上式，考虑到 X_i 不为 0，则：

$$0 = (L_{AA} + L_{AB} + L_{AV})\boldsymbol{X}_A$$
$$0 = (L_{AB} + L_{BB} + L_{BV})\boldsymbol{X}_B$$

$$0 = (L_{AV} + L_{BV} + L_{VV})\boldsymbol{X}_V$$

上式表达为：

$$\begin{aligned} L_{AA} + L_{AB} &= - L_{AV} \\ L_{AB} + L_{BB} &= - L_{BV} \\ L_{AV} + L_{VB} &= - L_{VV} \end{aligned} \tag{6-207}$$

这一方程说明空位流的动力学系数是与原子流的动力学系数相关的。把上式的关系代回式(6-205)，得：

$$\begin{aligned} \boldsymbol{J}_A &= L_{AA}(\boldsymbol{X}_A - \boldsymbol{X}_V) + L_{AB}(\boldsymbol{X}_B - \boldsymbol{X}_V) \\ \boldsymbol{J}_B &= L_{AB}(\boldsymbol{X}_A - \boldsymbol{X}_V) + L_{BB}(\boldsymbol{X}_B - \boldsymbol{X}_V) \end{aligned} \tag{6-208}$$

这里只有浓度场，热力学力来源于化学势梯度，即：

$$\begin{aligned} \boldsymbol{J}_A &= - L_{AA}\frac{\partial(\mu_A - \mu_V)}{\partial x} - L_{AB}\frac{\partial(\mu_B - \mu_V)}{\partial x} \\ \boldsymbol{J}_B &= - L_{AB}\frac{\partial(\mu_A - \mu_V)}{\partial x} - L_{BB}\frac{\partial(\mu_B - \mu_V)}{\partial x} \end{aligned} \tag{6-209}$$

空位流量则是：

$$\boldsymbol{J}_V = L_{AV}(\boldsymbol{X}_A - \boldsymbol{X}_V) + L_{BV}(\boldsymbol{X}_B - \boldsymbol{X}_V) = - L_{AV}\frac{\partial(\mu_A - \mu_V)}{\partial x} - L_{BV}\frac{\partial(\mu_B - \mu_V)}{\partial x} \tag{6-210}$$

如果假设空位在各处保持平衡浓度，即空位的化学势是处处相同的，$\boldsymbol{X}_V = 0$。式(6-209)变为：

$$\begin{aligned} \boldsymbol{J}_A &= - L_{AA}\frac{\partial\mu_A}{\partial x} - L_{AB}\frac{\partial\mu_B}{\partial x} \\ \boldsymbol{J}_B &= - L_{AB}\frac{\partial\mu_A}{\partial x} - L_{BB}\frac{\partial\mu_B}{\partial x} \end{aligned} \tag{6-211}$$

真实溶体的化学势为：

$$\mu_i = \mu_i^0(P,\ T) + k_B T\ln(x_i\gamma_i)$$

式中，γ_i 和 x_i 分别是 i 组元的活度系数和摩尔浓度。因 $c_V \ll (c_A + c_B)$，$x_A + x_B = 1$。则：

$$\begin{aligned} \boldsymbol{J}_A &= -\left(\frac{L_{AA}}{x_A} - \frac{L_{AB}}{x_B}\right)k_B T\Phi\frac{\partial x_A}{\partial x} \\ \boldsymbol{J}_B &= -\left(\frac{L_{BB}}{x_B} - \frac{L_{AB}}{x_A}\right)k_B T\Phi\frac{\partial x_B}{\partial x} \end{aligned} \tag{6-212}$$

注意，上式 x_i 是 i 组元的摩尔浓度，而没有下标的 x 是距离。Φ 是热力学因子(见式(6-162))。对于三元或多元系，会有不止一个热力学因子。从上式得出禀性扩散系数 D_A 和 D_B：

$$\begin{aligned} D_A &= \frac{L_{AA}}{C_A}\left(1 - \frac{L_{AB}x_A}{L_{AA}x_B}\right)k_B T\Phi \\ D_B &= \frac{L_{BB}}{C_B}\left(1 - \frac{L_{AB}x_B}{L_{BB}x_A}\right)k_B T\Phi \end{aligned} \tag{6-213}$$

相对离扩散区域很远的坐标架（V-坐标架）而言，扩散流量$\boldsymbol{J}'$为：

$$\boldsymbol{J}'_i = \boldsymbol{J}_i + c_i \boldsymbol{v} \tag{6-214}$$

式中，$\boldsymbol{v}$是扩散区域的点阵面(局域 C-坐标架)相对远离扩散区域（V-坐标架）的移动速度，前面讨论知这种移动起因于 A 和 B 的扩散速度不同，并且$\boldsymbol{v}$就是 Kirkendall 速度 v_{K}。对于 V-坐标架，$\boldsymbol{J}'_{\mathrm{A}}+\boldsymbol{J}'_{\mathrm{B}}=0$，得：

$$v = -\frac{1}{c_{\mathrm{A}} + c_{\mathrm{B}}}(\boldsymbol{J}_{\mathrm{A}} + \boldsymbol{J}_{\mathrm{B}}) = -\frac{1}{c}(\boldsymbol{J}_{\mathrm{A}} + \boldsymbol{J}_{\mathrm{B}}) \tag{6-215}$$

把$\boldsymbol{J}_{\mathrm{A}}$和$\boldsymbol{J}_{\mathrm{B}}$代入式（6-215），注意到 $\partial c_{\mathrm{A}}/\partial x = -\partial c_{\mathrm{B}}/\partial x$，结果：

$$v = -\frac{1}{c_{\mathrm{A}} + c_{\mathrm{B}}}(\boldsymbol{J}_{\mathrm{A}} + \boldsymbol{J}_{\mathrm{B}}) = \frac{1}{c}(D_{\mathrm{A}} - D_{\mathrm{B}})\frac{\partial c_{\mathrm{A}}}{\partial x} \tag{6-216}$$

将式（6-216）代入式(6-214)，因为相对 V-坐标架二元系互扩散的独立扩散流量只有一个，所以其扩散流量直接写为$\boldsymbol{J}$，即：

$$\boldsymbol{J} = \boldsymbol{J}_{\mathrm{A}} + \frac{c_{\mathrm{A}}}{c}(D_{\mathrm{A}} - D_{\mathrm{B}})\frac{\partial c_{\mathrm{A}}}{\partial x} = -D_{\mathrm{A}} + x_{\mathrm{A}}(D_{\mathrm{A}} - D_{\mathrm{B}})\frac{\partial c_{\mathrm{A}}}{\partial x} = -(x_{\mathrm{A}}D_{\mathrm{B}} - x_{\mathrm{B}}D_{\mathrm{A}})\frac{\partial c_{\mathrm{A}}}{\partial x} \tag{6-217}$$

也可看出，互扩散系数 $\tilde{D} = (x_{\mathrm{B}}D_{\mathrm{A}} + x_{\mathrm{A}}D_{\mathrm{B}})$，与前面讨论的式(6-154)相同。

6.7.2.3 在二元合金中间隙原子的扩散

在 A-B 二元间隙固溶体中的间隙原子扩散是间隙机制扩散，原子在跳动过程中既没有和基体原子换位也没有和空位换位，所以只有一个 Onsager 传输方程：

$$\boldsymbol{J}_{\mathrm{B}} = L_{\mathrm{BB}}X_{\mathrm{B}} = -L_{\mathrm{BB}}\nabla\mu_{\mathrm{B}} \tag{6-218}$$

因为间隙固溶体的浓度都是很低的，$c_{\mathrm{B}} \ll c_{\mathrm{A}}$，所以 $x_{\mathrm{B}} \approx c_{\mathrm{B}}/c_{\mathrm{A}}$，则：

$$\mu_{\mathrm{B}} = \mu_{\mathrm{B}}^0(P,\ T) + k_{\mathrm{B}}T\ln(x_{\mathrm{B}}K)$$

式中，K 是常数。把$\nabla\mu_{\mathrm{B}}$ 变换为∇c_{B}：

$$\nabla\mu_{\mathrm{B}} = \frac{k_{\mathrm{B}}T}{c_{\mathrm{B}}}\nabla c_{\mathrm{B}} \tag{6-219}$$

式（6-218）变为：

$$\boldsymbol{J}_{\mathrm{B}} = -L_{\mathrm{BB}}\frac{k_{\mathrm{B}}T}{c_{\mathrm{B}}}\nabla c_{\mathrm{B}} \tag{6-220}$$

可以由间隙原子的迁移率来计算 L_{BB}。B 原子的迁移速度 v_{B} 等于：

$$v_{\mathrm{B}} = M_{\mathrm{B}}\nabla\mu_{\mathrm{B}} = -\frac{M_{\mathrm{B}}k_{\mathrm{B}}T}{c_{\mathrm{B}}}\nabla c_{\mathrm{B}} \tag{6-221}$$

间隙原子流量$\boldsymbol{J}_{\mathrm{B}}$是：

$$\boldsymbol{J}_{\mathrm{B}} = v_{\mathrm{B}}c_{\mathrm{B}} = -M_{\mathrm{B}}k_{\mathrm{B}}T\nabla c_{\mathrm{B}} \tag{6-222}$$

和式(6-216)对比，得：

$$L_{\mathrm{BB}} = M_{\mathrm{B}}c_{\mathrm{B}} \tag{6-223}$$

在稀溶体中，可认为 M_{B} 与 B 浓度无关，式(6-220)说明扩散流量与浓度梯度呈线性关系。扩散系数 D_{B} 是：

$$D_{B}=L_{BB}\frac{k_{B}T}{c_{B}}=M_{B}k_{B}T \tag{6-224}$$

上式表达了扩散系数与迁移率间的关系，称 Nernst-Einstein 关系。对于间隙原子扩散，因为 $c_B \ll c_A$，所以 $D_B \approx \tilde{D}$。

6.8 外驱动力与扩散

在 6.5 节已经叙述了驱动原子扩散的内、外驱动力。前面说过，各种“广义力”之间有交叉效应，在外场如电场、温度场、应力场、重力场和离心力场等作用下，也会引起原子的飘移。

电场是外驱动力普遍的例子，离子晶体的导电是由离子迁移来完成的，电场对扩散有特别重要的意义。在讨论金属中电子迁移时必须考虑电流和原子流的交互作用。在金属中离子是由导电电子屏蔽的，一个离子的有效电荷与其离子核的电荷是十分不同的。一个电流同样对原子也施加力，这个力起源于在离子核的电子散射和伴随的动量传递。金属在高温时这种电子和原子流的耦合会引起电迁移，这是微电子器件金属连接失效的主要原因。

6.8.1 附加飘移的修正 Fick 方程

设扩散粒子的外驱动力为 F_D，在该力作用下粒子的飘移速度 v_D 为：

$$v_{D}=MF_{D} \tag{6-225}$$

式中，M 是迁移率。总的扩散流量是：

$$J=-D\frac{\partial c}{\partial x}+cv_{D} \tag{6-226}$$

上式第一项是一般不存在外力的扩散流量，第二项就是外力引起的飘移流量。把式（6-226）与连续方程式（6-5）联合，得：

$$\frac{\partial c}{\partial t}=\frac{\partial}{\partial x}\left(D\frac{\partial c}{\partial x}\right)-\frac{\partial}{\partial x}(vc)$$

如果驱动力与浓度无关，从而与飘移速度以及扩散系数和距离无关，则上式为：

$$\frac{\partial c}{\partial t}=D\frac{\partial^{2}c}{\partial x^{2}}-v_{D}\frac{\partial c}{\partial x} \tag{6-227}$$

用如下的变换可以简化上式：

$$c=c'\exp\left(\frac{v_{D}}{2D}-\frac{v_{D}^{2}t}{4D}\right) \tag{6-228}$$

把式(6-228)代入式(6-227)，获得一个对 c' 的线性微分方程：

$$\frac{\partial c'}{\partial t}=D\nabla c' \tag{6-229}$$

因此，可以在给定边界条件通过上式获得解，从而也就获得式(6-227)的解。

在恒外驱动力下薄膜扩散面源的解可以直接应用以 c' 表达的式(6-62)，再用式(6-228)把 c' 换回 c 即可，最后得：

$$c(x,\ t) = \frac{M}{\sqrt{4\pi Dt}}\exp[-(x-v_{D}t)^{2}/4Dt] \tag{6-230}$$

这相当于高斯分布解，但其中心以速度 v_D 移动。这个解很好地说明式(6-230)的意义：指数前项是浓度分布随时间不断宽化，指数项是分布中心随时间不断移动。这现象如图 6-56 所描述，扩散结果包含两部分：浓度呈高斯分布说明扩散粒子的随机跳动，而外力却使粒子定向移动。另一方面，这两个过程都涉及粒子的基元跳动，这指出 D 和 v_D 必须相互有关联，这种关系称 Nernst-Einstein 关系。

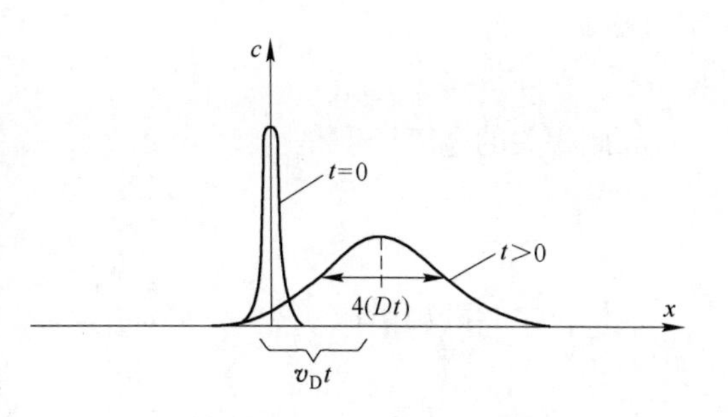

图 6-56　扩散与飘移的定性描述

6.8.2　Nernst-Einstein 关系

考虑具有移动组元的系统，如果由合适的外力引起的流量可以抵消由浓度梯度引起的扩散流量，这外力与浓度梯度共同使系统进入稳态。由式（6-226）得：

$$0 = -\tilde{D}\frac{\partial c}{\partial x} + cv_{D} \tag{6-231}$$

上式用的是互扩散系数。上式的解是：

$$c = c_{0}\exp\left(-\frac{v_{D}}{\tilde{D}}x\right) \tag{6-232}$$

式中，c_0 是 $x=0$ 处的固定浓度。再设外力 $\boldsymbol{F}_D$ 是由某势场 $\boldsymbol{U}$ 引起的：

$$\boldsymbol{F}_{D} = -\frac{\partial \boldsymbol{U}}{\partial x} \tag{6-233}$$

在热力学平衡时，没有交互作用的粒子分布服从 Boltzmann 分布，即：

$$c(x) = \alpha\exp\left(-\frac{U}{k_{B}T}\right) \tag{6-234}$$

式中，α 是常数。上式对 x 微分，得：

$$\frac{\partial c}{\partial x} = -\frac{c}{k_{B}T}\cdot\frac{\partial U}{\partial x} = \frac{cF_{D}}{k_{B}T} \tag{6-235}$$

把上式代入式(6-227)，得：

$$\tilde{D} = \frac{v_{D}}{F_{D}}k_{B}T = Mk_{B}T = M\frac{RT}{N_{A}} \tag{6-236}$$

式中，N_A 是阿伏伽德罗常数，这一关系称 Nernst-Einstein 关系，是广义力场下的 Nernst-Einstein 关系。在不同的场作用下，求出粒子的迁移率，就可以解决在不同场作用下的扩散问题。

6.8.3　在离子导体中的带电离子扩散

含稀正离子溶质的离子材料溶体中，在电场 E 作用下，带 q 正电荷的离子以间隙机制扩散，如表 6-9 所列的电势梯度，扩散驱动力是 $\boldsymbol{F}_{\mathrm{D}}=q\boldsymbol{E}$。如果不存在浓度梯度，根据式(6-226)和式(6-236)，在电场下的离子流量为：

$$\boldsymbol{J}=v_{\mathrm{D}}c=\frac{qc\tilde{D}}{k_{\mathrm{B}}T}\boldsymbol{E} \tag{6-237}$$

与此相关的电流密度是：

$$\boldsymbol{J}_q=q\boldsymbol{J}=\frac{q^2c\tilde{D}}{k_{\mathrm{B}}T}\boldsymbol{E} \tag{6-238}$$

把这式子与欧姆定律 $\boldsymbol{J}_q=-\sigma_{\mathrm{d}}\boldsymbol{E}$ 对比，σ_{d} 是电导率，得：

$$\sigma_{\mathrm{d}}=\frac{q^2c\tilde{D}}{k_{\mathrm{B}}T} \tag{6-239}$$

可见，导电率与扩散系数成正比。上面讨论是假设离子间没有交互作用的，如果粒子间的交互作用不能忽略，则式(6-239)应为：

$$\sigma_{\mathrm{d}}=\frac{q^2c\tilde{D}}{k_{\mathrm{B}}T}\left(\frac{\partial\ln N}{\partial\mu}\right) \tag{6-240}$$

式中，μ 是粒子的化学势；N 是粒子的位置分数。上式是离子导体的 Nernst-Einstein 关系。

6.8.4 在金属中的电迁移

间隙原子本身可看做是一种缺陷，它对电子有散射作用，在金属中存在电势梯度时，带电粒子扩散流与导电电子流的交叉作用会引起电迁移。当电场加在稀的金属间隙固溶体上时，在系统中有两种流量：传导电子流量 $\boldsymbol{J}_q$ 和间隙原子流量 $\boldsymbol{J}_{\mathrm{i}}$。间隙原子流量 $\boldsymbol{J}_{\mathrm{i}}$ 是：

$$\boldsymbol{J}_{\mathrm{i}}=-D\nabla c \tag{6-241}$$

在金属中的电流对扩散离子产生一个力 $\boldsymbol{F}_{\mathrm{ie}}$，它正比于该处的电流密度。这个力来源于在间隙原子周围的电子电荷自洽分布的改变。$\boldsymbol{F}_{\mathrm{ie}}$ 与电势梯度 $\boldsymbol{E}$ 成正比，即：

$$\boldsymbol{F}_{\mathrm{ie}}=\beta\boldsymbol{E} \tag{6-242}$$

式中，β 是常数。这力引起扩散离子的迁移速度 $v_{\mathrm{ie}}=M_{\mathrm{ie}}F$，仿照式(6-237)的迁移率，间隙原子在电场 $\boldsymbol{E}$ 的作用下的扩散流量 $\boldsymbol{J}_{\mathrm{ie}}$ 为：

$$\boldsymbol{J}_{\mathrm{ie}}=v_{\mathrm{ie}}c=M_{\mathrm{ie}}\boldsymbol{F}_{\mathrm{ie}}c=\frac{Dc\beta}{k_{\mathrm{B}}T}\boldsymbol{E} \tag{6-243}$$

结果，总的扩散流量 $\boldsymbol{J}$ 是：

$$\boldsymbol{J}=-D\left(\nabla c-\frac{c\beta}{k_{\mathrm{B}}T}\boldsymbol{E}\right) \tag{6-244}$$

在很多系统中都观察到间隙原子的电迁移现象，当电场梯度与浓度梯度相反时，扩散经一定时间后会达到准稳态，即上式的流量等于 0，上式中所有的实验量都可以测量，从而可以测出常数 β。扩散的电迁移也可用作把间隙原子赶到试样的一端来提纯试样。

在集成电路器件中含很窄的金属导体，电迁移现象（见例 6-13）在这些窄的金属导体中起很重要的作用。现在的器件越来越小，集成度越来越高，其中的金属导体越来越窄，使其电流密度越来越大，电场诱使置换原子以空位机制迁移的作用更为重要。在某些情况下，电迁移现象严重到可以把电路中金属导体薄的部分的物质全部迁走，使电路形成开路（断路）而损坏器件。此外，因在薄区域电流密度的提高而增加发热量，进一步加快它的损坏。

例 6-13 设在纯金属中置换原子以空位机制扩散，系统中只有空位和原子移动，系统中有足够的空位源和阱以使空位处处保持平衡浓度。导出这种情况下具有如下的电迁移表达式：

$$\boldsymbol{J}_{\mathrm{A}}=-\frac{D_{\mathrm{v}}c_{\mathrm{v}}\beta}{k_{\mathrm{B}}T}\boldsymbol{E}$$

式中，D_{v} 和 c_{v} 分别是空位扩散系数和空位浓度。

解：空位是缺陷，它对导电电子散射从而遭受力，这力诱发空位流动。空位流动使发生一个与其方向相反的原子流。与讨论在电场中间隙原子的扩散相似，空位受力 $\boldsymbol{F}_{\mathrm{ve}}$ 与电势梯度 $\boldsymbol{E}$ 成正比，$\boldsymbol{F}_{\mathrm{ve}}=-\beta\boldsymbol{E}$。这力引起扩散空位的迁移速度为 $v_{\mathrm{v}}=M_{\mathrm{v}}\boldsymbol{F}$，仿照式(6-243)的迁移率，空位在电场 $\boldsymbol{E}$ 的作用下的扩散流量 $\boldsymbol{J}_{\mathrm{ve}}=-\boldsymbol{J}_{\mathrm{A}}$ 为：

$$\boldsymbol{J}_{\mathrm{A}}=-\boldsymbol{J}_{\mathrm{ve}}=-v_{\mathrm{ve}}c_{\mathrm{v}}=-M_{\mathrm{ve}}\boldsymbol{F}_{\mathrm{ve}}c_{\mathrm{v}}=-\frac{D_{\mathrm{v}}c_{\mathrm{v}}\beta}{k_{\mathrm{B}}T}\boldsymbol{E}$$

6.8.5 在热梯度的物质扩散

在含稀间隙组元的系统中，在热梯度下会同时存在间隙原子 B 的热流和扩散流。根据式(6-180)和表 6-9 列出的驱动力，流量为：

$$\boldsymbol{J}_{\mathrm{B}}=-L_{\mathrm{BB}}\nabla\mu_{\mathrm{B}}-\frac{L_{\mathrm{BQ}}}{T}\nabla T \tag{6-245}$$

式中，L_{BQ}是扩散流量与热共轭力间的比例系数。现在的化学势梯度是浓度和温度的函数，所以：

$$\mathrm{d}\mu_{\mathrm{B}}(c_{\mathrm{B}},T)=\left(\frac{\partial\mu_{\mathrm{B}}}{\partial c_{\mathrm{B}}}\right)_{T}\mathrm{d}c_{\mathrm{B}}+\left(\frac{\partial\mu_{\mathrm{B}}}{\partial T}\right)_{c_{\mathrm{B}}}\mathrm{d}T \tag{6-246}$$

式中，$(\partial\mu_{\mathrm{B}}/\partial T)_{c_{\mathrm{B}}}=\bar{S}_{\mathrm{B}}$，$\bar{S}_{\mathrm{B}}$ 是偏原子熵。最后，结合式(6-219)、式(6-224)和与电场相类比的式(6-243)，式(6-245)为：

$$\boldsymbol{J}_{\mathrm{B}}=-D_{\mathrm{B}}\nabla c_{\mathrm{B}}-\frac{D_{\mathrm{B}}c_{\mathrm{B}}Q_{\mathrm{B}}^{\mathrm{Tr}}}{k_{\mathrm{B}}T^{2}}\nabla T \tag{6-247}$$

式中，$Q_{\mathrm{B}}^{\mathrm{Tr}}$ 是传输热，具有能量的量纲：

$$Q_{\mathrm{B}}^{\mathrm{Tr}}=\frac{L_{\mathrm{BQ}}}{L_{\mathrm{BB}}}-T\bar{S}_{\mathrm{B}} \tag{6-248}$$

式(6-247)指出，浓度梯度和温度梯度或者两者共同都可以导致质量扩散。质量扩散与热梯度耦合的程度取决于传输热 $Q_{\mathrm{B}}^{\mathrm{Tr}}$。当温度梯度与浓度梯度共同引发的扩散达到准稳态时，$\boldsymbol{J}_{\mathrm{B}}=0$，可以用式(6-247)计算传输热 $Q_{\mathrm{B}}^{\mathrm{Tr}}=k_{\mathrm{B}}T^{2}\nabla c_{\mathrm{B}}/(c_{\mathrm{B}}\nabla T)$。例如，间隙 C 原子在 bcc αFe 中向试样热端扩散，说明在系统中传输热是负的。表 6-10 列出了实验测得的一些间隙合金的 $Q_{\mathrm{B}}^{\mathrm{Tr}}$。

表 6-10 实验测得的一些间隙合金的 Q_B^{Tr}

溶 剂	溶 质	Q_B^{Tr}/kJ · mol^{-1}	溶 剂	溶 质	Q_B^{Tr}/kJ · mol^{-1}
bcc			fcc		
α-Fe	H	-23.5	Ni	H	-0.84
α-Fe	D	-22	Ni	D	-3.4
α-Fe	C	-59	Ni	C	-12.2
V	H	7.5	Co	C	6.3
V	D	20	Pd	H	6.3
V	C	-20.5	Pd	C	35

注：D 是重氢，氘。

例 6-14 组元 B 沿着等温的长棒扩散，导出伴随这一质量扩散的热流量表达式。这一现象中热流是由什么引起的？

解：根据 Onsager 传输方程以及质量和热传输流量的共轭力，得：

$$\boldsymbol{J}_B = -L_{BB}\nabla\mu_B - L_{BQ}\frac{1}{T}\nabla T$$

$$\boldsymbol{J}_q = -L_{QB}\nabla\mu_B - L_{QQ}\frac{1}{T}\nabla T$$

用恒温条件得：

$$\boldsymbol{J}_B = -L_{BB}\nabla\mu_B$$

$$\boldsymbol{J}_q = -L_{QB}\nabla\mu_B$$

上两式相除，根据式(6-244)，有：

$$\boldsymbol{J}_q = \frac{L_{QB}}{L_{BB}}\boldsymbol{J}_B = T\bar{S}_B\boldsymbol{J}_B + Q_B^{Tr}\boldsymbol{J}_B$$

式中，$\bar{S}_B$ 是由原子流携带的偏原子熵，是沿棒长变化的。热流由两部分组成：第一项是熵流引起的，因为 $\bar{S}_B = \partial S/\partial N_B$，一个原子流将会传输一个热流 $\boldsymbol{J}_q = T\boldsymbol{J}_s = T\bar{S}_B\boldsymbol{J}_B$。第二项是正比于质量流的“交叉效应”，比例系数就是传输热 Q_B^{Tr}。

6.8.6 在应力场中的物质扩散

考虑小的原子 B 在大的基体原子 A 点阵的间隙扩散，根据二元系间隙原子扩散 Onsager 传输方程式(6-218)以及与迁移率的关系式(6-223)，得：

$$\boldsymbol{J}_B = -L_{BB}\nabla\mu_B = -M_B c_B \nabla\mu_B \tag{6-249}$$

如果材料中加上均匀应力场，间隙原子的能量和它处的位置无关，也就是间隙原子在应力场中没有力的作用。但是，当间隙原子从一个位置跳动到另一个位置时，因为要挤开基体原子发生畸变从而反抗应力场做功 $\mathcal{W}$。所以当存在应力场时，原子跳动除了要附加移动激活能 $\Delta\mathcal{G}_{mo}$ 外还要附加 $\mathcal{W}$ 的能量，跳动频率正比于 $\exp[-(\Delta\mathcal{G}_{mo}+\mathcal{W})/k_BT]$。对大多数实际情况，$\mathcal{W}/k_BT$ 都非常小，所以 $\exp[-\mathcal{W}/k_BT]\approx 1-\mathcal{W}/k_BT$，$\exp[-(\Delta\mathcal{G}_{mo}+\mathcal{W})/k_BT]$ 可写成 $\exp(-\Delta\mathcal{G}_{mo}/k_BT)(1-\mathcal{W}/k_BT)$。从弹性力学看，这功是应力张量 σ_{kl} 的线性函数。

在晶体中间隙原子在各方向跳动引起的畸变不同，即反抗应力场做功 $\mathcal{W}$ 大小不同，所以间隙原子在各个方向的迁移率 M_B 不同，迁移率 $\boldsymbol{M}$ 也是张量，其分量 M_{ij} 表达为：

$$M_{ij} = M_{ij}^0 + \Sigma_{kl} M_{ijkl} \sigma_{kl} \tag{6-250}$$

上式右端第二项是和应力相关的项，一般它是比较小的。对于置换原子在应力场的扩散情况，可以按上面讨论间隙扩散的类似方法讨论。

当存在不均匀应力场即存在应力梯度时，扩散粒子就经受一个指向减小与应力场交互能方向的力。在第 4 章讨论在刃位错附近形成的溶质原子气团就是这种情况的例子。

例 6-15 给出溶质原子在刃位错附近的流量方程。

解： 刃位错具有准静压力场，这个应力场作用于溶质原子会诱发溶质原子扩散移动。式(3-85)给出了刃位错的准水静压力 p 为：

$$p = \frac{\mu(1+\nu)b}{3\pi(1-\nu)} \cdot \frac{\sin\theta}{r} = \frac{\mu(1+\nu)b}{3\pi(1-\nu)r} \cdot \frac{y}{x^2+y^2}$$

式中，各符号的定义见式(3-85)。应力场对溶质原子 B 做功（交互作用能）$\mathrm{d}W = -p\Delta V_{\mathrm{at(B)}}\mathrm{d}c$。$\Delta V_{\mathrm{at(B)}}$ 是溶质原子 B 在溶体中引起的体积变化。图 6-57 中的实线表示在各向同性弹性体中的刃位错与溶质原子交互作用等势能线。溶质原子所受总力 $\boldsymbol{F}_B$ 为：

$$\boldsymbol{F}_B = -\nabla(\mu_B + \Delta V_{\mathrm{at(B)}} p)$$

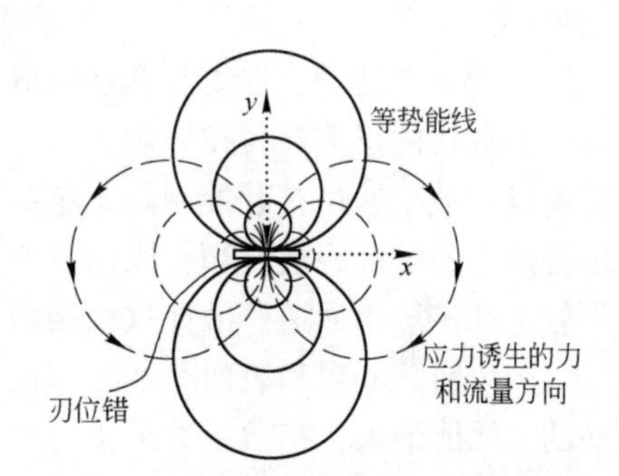

图 6-57 在各向同性弹性体中的刃位错
（实线是溶质原子与位错交互作用等势能线，
虚线是位错应力场对溶质原子等
作用力线和原子流的方向）

相应“弹性-化学”型的扩散势是：

$$\Phi_B = \mu_B + p\Delta V_{\mathrm{at(B)}}$$

根据式(6-180)，结合 B 原子受力 $\boldsymbol{F}_B$，则：

$$\boldsymbol{J}_B = L_{BB}\boldsymbol{F}_B = -L_{BB}\nabla\Phi_B = -L_{BB}\nabla(\mu_B + p\Delta V_{\mathrm{at(B)}}) = -D_B\left(\nabla c_B + \frac{c_B \Delta V_{\mathrm{at(B)}}}{k_B T}\nabla p\right)$$

从上式知道，流量有两部分：第一部分是浓度梯度引起的；第二部分是刃位错的水静压力引起的，位错应力场对溶质原子作用使原子流的方向如图 6-57 中的虚线所示。对于间隙溶质原子，$\Delta V_{\mathrm{at(B)}}>0$。当 $y>0$ 时，即在正号位错滑移面上侧，$p>0$，溶质原子沿着水静压力梯度方向迁移，即从滑移面上侧移向滑移面下侧，形成位错的溶质原子气团。

6.9 沿捷径扩散（高扩散率）通道扩散

在晶体中存在如表面、晶界、相界面、位错等缺陷，在这些地方原子排列不像完整晶体那样规则，原子排布是比较复杂的。由于这里的原子排列不是完全规则的，它的体积密度比较小，所以在这些地方原子跳动的速率比在完整点阵的快，即在这些地方的扩散系数比完整点阵的高。因为扩散较快，这些地方称为高扩散率通道，也称捷径扩散通道。图 6-58 示意地比较了点阵扩散距离与这些高扩散率通道的扩散距离，扩散源在上表面，如果沿点阵扩散，其扩散距离近似是 $(D_1 t)^{1/2}$，D_1 是在完整点阵的扩散系数，而在晶界、

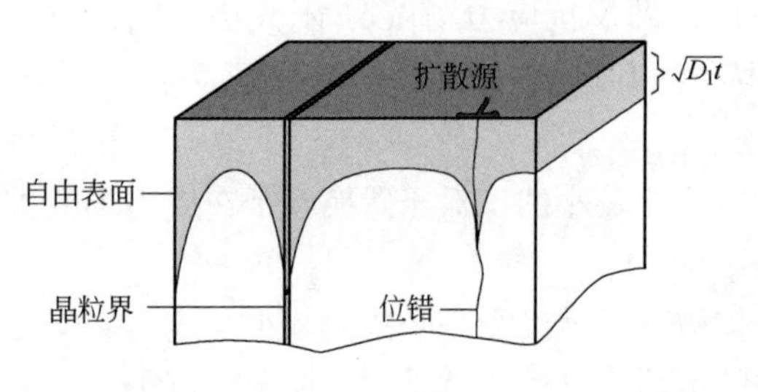

图 6-58　在固体中各扩散率通道示意图

位错和表面的扩散距离都大于 $(D_l t)^{1/2}$。晶界和位错是最常遇到的内部快速扩散通道。

对高扩散通道感兴趣的原因是：首先，它们对测量点阵扩散系数有怎样的影响？其次，通过设计一些特别实验，可以测量沿这些通道扩散的扩散系数，并推演出它们的一些特征参数，反过来研究它们的结构以及研究原子在那里是怎样移动的。再次，有一些动力学过程是由高扩散率通道扩散控制的，例如多晶体在 $0.6T_m$ 以上（T_m 是熔点温度）晶界扩散起主要作用，蠕变、不连续脱溶、扩散诱发晶界迁动、在结晶和烧结等过程都是由晶界扩散控制的。

在现代的很多高科技领域，如薄膜微电子器件、光电器件、磁存储器件等的结构变化是由高扩散率通道扩散控制的。这些器件是由多层膜构成的，而每层膜的厚度与在它们使用温度下的扩散距离相当，因而快速扩散会破坏薄膜的完整性或使层间的成分混合而导致失效。高扩散率通道扩散在这些领域是非常重视的问题。

与位错、晶界和表面等地方相比，在完整晶体点阵中原子跳动受的约束最大，原子迁动的激活能最大，扩散系数最小。实验知道，在完整点阵的自扩散系数 D_l^*，沿位错扩散的自扩散系数 D_d^*，沿晶界扩散的扩散系数 D_b^* 以及沿表面扩散的扩散系数 D_s^* 的大小顺序是：

$$D_l^* \ll D_d^* \leqslant D_b^* \leqslant D_s^* \tag{6-251}$$

在完整点阵的扩散激活焓 ΔH_l，沿位错扩散的扩散激活焓 ΔH_d，沿晶界扩散的扩散激活焓 ΔH_b 以及沿表面扩散的扩散激活焓 ΔH_s 的大小顺序是：

$$\Delta H_l > \Delta H_d \geqslant \Delta H_b > \Delta H_s \tag{6-252}$$

图 6-59 是在金属中这些类型的扩散系数与约化温度 T/T_m 的关系的示意图。在金属晶界自扩散的激活焓 ΔH_b 与点阵自扩散的激活焓 ΔH_l 之比 $\Delta H_b/\Delta H_l$ 一般在 0.4~0.6 之间。

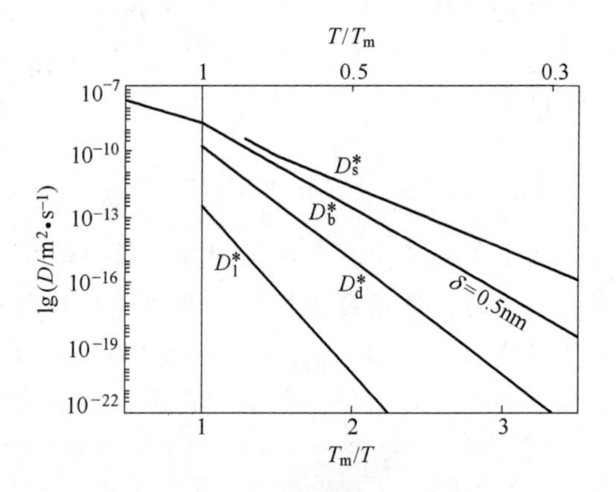

图 6-59　金属中沿不同路径扩散的扩散系数示意图（δ 是晶界宽度）

6.9.1　沿晶界扩散

在多晶体中包含晶界网络，原子可以同时在晶粒内部点阵和在晶界层扩散，所以多晶体扩散是复杂过程。因为晶界扩散比点阵扩散快，而晶界可能是侧面扩散的“源”或“阱”，扩散过程还包括由晶界向侧面点阵的扩散。所以，扩散过程因晶粒尺寸 d、晶界层的宽度 δ（一般晶界的 $\delta \approx 0.5$nm）、温度 T、扩散时间 t 不同以及在扩散时晶界是否迁动等而有很大的差异。

图 6-60 是 Chellali 等用原子探针体积重构对沿晶界扩散的研究。研究是在钨尖端试样的尖端溅射 Ni 和 Cu 的薄膜，薄膜包住钨试样的尖端，薄膜的晶粒尺寸是 20~30nm，如

图 6-60a 右侧所示。试样经在 630K 退火 45 分钟，在 Cu/Ni 双层（700 万原子）原子重构，看到 Ni 明显地沿 Cu 的晶界输运，如图 6-60a 左侧所示，看到 Ni 沿晶界的扩散结果。图 6-60b 是在靠近晶界三叉连接点垂直晶界的局部分析，其成分分布符合高斯分布，最大浓度达 33. 1at. %，半峰高宽度为 2. 46nm。

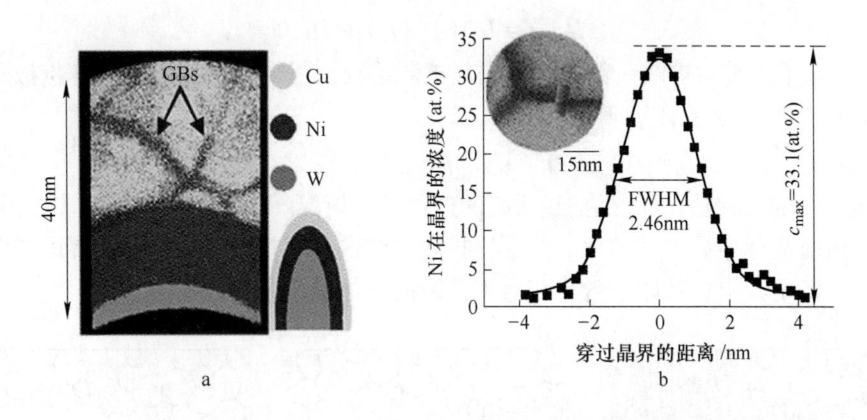

图 6-60 Chellali 等（2012）用原子探针对沿晶界扩散的研究

沿晶界的三叉棱的扩散比晶界快。Chellali 等的研究也清楚地显示扩散沿晶界的三叉点（棱）浓集，如图 6-61a 所示。大量的原子探针提供的沿晶界三叉（棱）和晶界的扩散系数，说明沿晶界三叉棱的扩散激活焓比晶界的扩散激活焓小，扩散系数比晶界的扩散系数大两、三个数量级。图 6-61b 是测得的 Ni 在 Cu 中沿晶界和沿晶界三叉棱的扩散系数，图中的 D_{gb} 和 D_{tj} 分别表示沿晶界即沿晶界三叉棱的扩散系数；Q_{gb} 和 Q_{tj} 分别表示沿晶界即沿晶界三叉棱的扩散系数激活能。

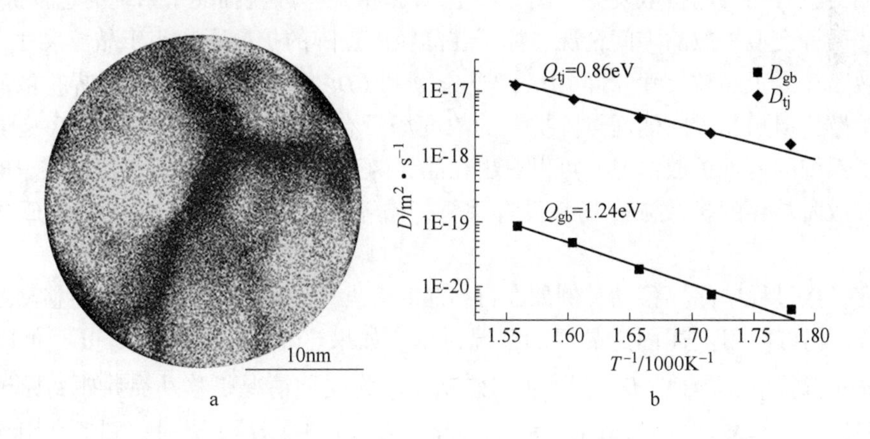

图 6-61 Chellali 等用原子探针体积重构显示 Ni 原子沿着 Cu 的晶界和晶界三叉棱浓集（a）和沿晶界三叉棱的扩散系数（b）

6.9.1.1 沿晶界扩散概述

先用简单的自扩散讨论。对于晶界不动的简单情况，当扩散时间足够长时，即在点阵中扩散距离 $(D_1^* t)^{1/2}>d$ 时，原子可以同时在晶粒内部点阵和在晶界层（至少一些晶界层）扩散，并且从晶界向侧面点阵扩散的浓度场发生重叠。每个原子在晶粒内点阵扩散的时间与在晶界层中扩散的时间的比例应该是晶粒内原子数目与晶界层中原子数目之比。在单位体积内晶界层所占的体积$f \approx p\delta/d$，p 是取决于晶粒形状的因子，对于立方体近似，$p=3$。每一个原子沿晶界跳动的均方距离是 $D_b^* ft$，而在晶粒内点阵跳动的均方距离是 $D_l^*(1-f)t$。总的均方距离是上述两者之和：

$$D_{app}^* t = D_l^*(1-f)t + D_b^* ft \tag{6-253}$$

式中，D_{app}^* 是系统平均扩散系数，也称表观扩散系数。因为$f \ll 1$，当在点阵扩散距离大于晶粒尺寸时，即 $D_l^* t > d^2$，得：

$$D_{app}^* = D_l^* + D_b^* f = D_l^* + (p\delta/d) D_b^* \tag{6-254}$$

图 6-62 中的 A 型情况就是描述系统的这种扩散情况。因为扩散场涉及多个晶粒尺寸，所以这种情况又称多晶界型扩散。沿晶界扩散比较快，在扩散区域前沿晶界的扩散区是突出尾部区，但是其中扩散原子数目相对于扩散的整体很小，可以忽略。

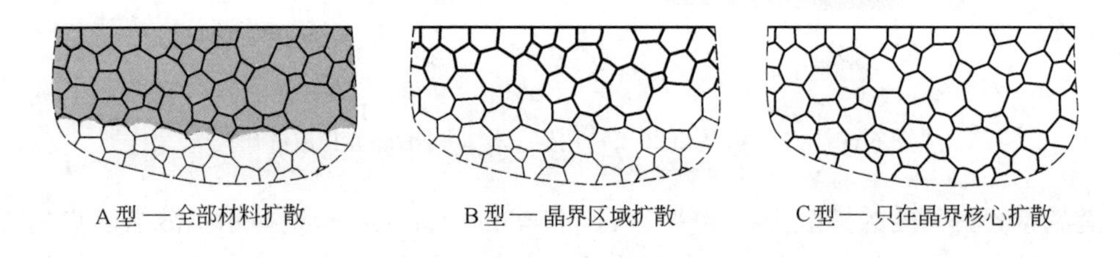

图 6-62　在固定晶界的多晶体中自扩散的 3 种模式

极端情况下，在低温时，原子在点阵中扩散的距离比原子间距 λ 小，即 $(D_l^* t)^{1/2} < \lambda$，而在晶界扩散距离比原子间距 λ 大，即 $(D_b^* t)^{1/2} > \lambda$。这时在晶粒内没有扩散的情况下在晶界就有相当的扩散发生，图 6-62 的 C 型情况扩散就描述了系统的这种扩散情况。

上述两种类型扩散的中间情况，原子在晶粒内点阵的扩散距离小于晶粒尺寸，而在晶界的扩散距离大于晶粒尺寸，即 $(D_l^* t)^{1/2} < d$ 和 $(D_b^* t)^{1/2} > d$，即在晶界扩散的同时亦有点阵扩散，但从晶界向侧面点阵扩散的浓度场没有发生重叠。图 6-62 的 B 型情况扩散就描述了系统的这种扩散情况，可以看出在晶界两旁以及表面附近有点阵扩散。B 和 C 两种类型扩散时晶界的扩散浓度场都没有重叠，晶界是独立扩散的，所以又称孤立晶界型扩散。

当在扩散过程中晶界移动，例如在再结晶时会发生这种情况。如果晶界移动速度 v 很慢，$vt<\lambda$，仍可以用上述固定晶界的情况讨论。如果 $|(D_l^* t)^{1/2} + vt| > d$，可以应用多晶界模式扩散描述，即使 $(D_l^* t)^{1/2}$ 可以忽略，因为这种情况是移动晶界碰到原子而不是相反，所以式（6-253）仍然适用。相反，当 $|(D_l^* t)^{1/2} + vt| < d$ 时，则适合用孤立晶界型扩散描述。

无论是晶界固定或是晶界移动，扩散过程是哪种情况取决于点阵扩散距离 $(D_l^* t)^{1/2}$、晶粒尺寸 d、原子间距 λ、晶界移动速度 v 等参数，这些参数与各种扩散模式之间的关系总结于图 6-63 中。因为晶粒尺寸与原子间距有好几个数量级的差别，为了把小尺度范围的情况表示清楚，所以图中采用对数坐标。图的左侧晶界移动的距离小于原子间距，是固定晶界的情况，在这个区域因点阵扩散距离 $(D_l^* t)^{1/2}$ 从小到大分成上述的 A、B、C 型三种扩散情况，其中S·I·XL是固定晶界（Stationary Boundaries）、孤立晶界扩散（Isolated boundary diffusion）、晶体（XL）点阵扩散的英文缩写，即固定晶界的孤立晶界扩散的同时有点阵扩散。同样，S·I·NXL表示固定晶界的孤立晶界扩散但没有点阵扩散。当晶界移动距离大于原子间距时，则是在扩散时晶界移动的情况，如图6-63的右侧所示，其中M·I·XL和M·I·NXL只是把S·I·XL和S·I·NXL前面的S改为M，表示是晶界移动的孤立晶界扩散的同时有点阵扩散以及孤立晶界扩散并没有点阵扩散情况。但是，当晶界移动距离与晶粒尺寸相当时，即扩散区域前沿所有沿晶界的扩散都起作用，变为多晶界型扩散。所以，孤立晶界型扩散模式的总范围由 $(D_1^* t)^{1/2} = d$ 的水平线和 $vt = d$ 的垂直线所包围。

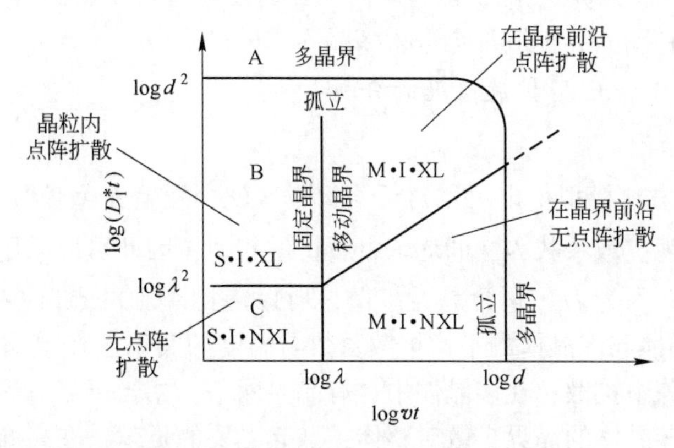

图6-63 多晶体在不同晶粒尺寸 d、原子间距 λ、点阵的扩散距离 $(D_1^* t)^{1/2}$、晶界是否移动等情况下所可能发生的扩散行为

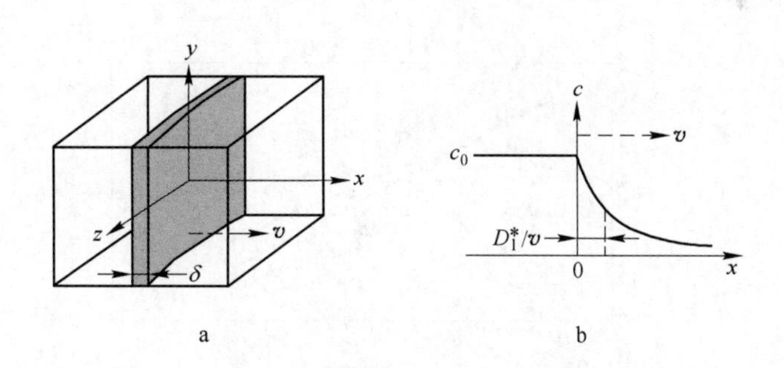

图6-64 以恒速 v 移动的晶界

a—固定在晶界上的坐标系；b—扩散的浓度分布

图6-64a所示为一个以恒速移动的晶界。当示踪原子扩散进入晶界时，很快沿着晶界层内侧向外扩散，同时也向晶界前面的晶粒点阵垂直晶界方向扩散，但是晶界还向前移动，使有原子沉积在晶界后面，固定在移动晶界的坐标系下会建立准稳态，这时：

$$-\nabla \cdot \boldsymbol{J} = -\frac{\mathrm{d}}{\mathrm{d}x}\left(-D_1^* \frac{\mathrm{d}c}{\mathrm{d}x} - vc\right) = 0 \tag{6-255}$$

式（6-255）的解是：

$$D_1^* \frac{\mathrm{d}c}{\mathrm{d}x} + vc = A \tag{6-256}$$

式中，A 是常数。在晶界前面很远的地方认为 $\mathrm{d}c/\mathrm{d}x \to 0$ 和 $c \to 0$，所以 $A=0$。对上式积分，最后得：

$$c = c_0 \exp\left(-\frac{vx}{D_1^*}\right) \tag{6-257}$$

式中，c_0 是在晶界保持的浓度。在界面侧向的浓度分布描述于图 6-64b 中。对于移动界面，按照式(6-257)，当 $D_1^*/v < \lambda$ 时，晶界前面的浓度可以忽略，所以，在图 6-63 中分隔 M·I·XL 和 M·I·NXL 的直线是 $D_1^* t = \lambda vt$，不是水平线。

图 6-63 的描述是高度近似的，但对于理解多晶体发生的各种模式扩散是很有帮助的。在图 6-59 中反映系统的状态点随扩散时间的增加而逐渐远离原点，当扩散时间足够长时，无论固定晶界或是移动晶界扩散都会进入多晶界扩散模式。

6.9.1.2 A，B 和 C 型扩散情况的分析

A A 型扩散情况

用 Monte Carlo 方法模拟得出 $(D_1^* t)^{1/2} \geqslant d/0.8$ 就会发生 A 型扩散情况，从宏观上看，这种情况和具有表观扩散系数 D_{app}^* 的均匀材料扩散相似，因此可以采用前面讨论均匀材料扩散的结果来分析。因为 D_{app}^* 包含晶界扩散，所以它比单独的点阵扩散系数 D_1^* 大。图 6-65描述了 Ag 单晶体和多晶体的平均扩散系数与温度的关系。在单晶体中是没有晶界存在的，相当于在点阵中扩散；在多晶体中，有晶界网络，相当于多晶界扩散。在低温或很细的晶粒尺寸时，多晶体的晶界扩散对整体扩散起主要的贡献，在高温或晶粒很粗时，一方面由于晶界和晶内的结构差异减少了，晶界中原子占整体原子的分数减小了，晶内扩散对整体扩散起主要的贡献。

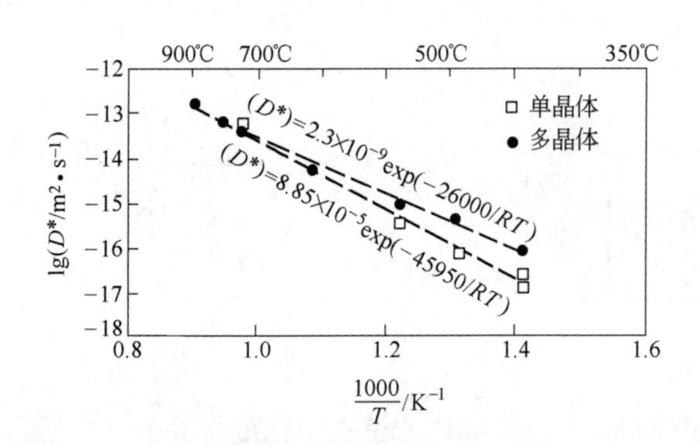

图 6-65 Ag 的单晶体和多晶体的平均扩散系数与温度的关系

B B 型扩散情况

B 型扩散虽然有点阵扩散，但晶界之间的侧向点阵扩散产生的浓度场互不重叠，即 $(D_1^* t)^{1/2} < d$。对这个问题已经有一些在各种边界条件下不同精确程度的近似解，所有解的焦点都集中在晶界扩散参数 $p=\delta D_{\mathrm{b}}$ 和点阵扩散系数 D_1 上。现在介绍一个简单的近似方法——Fisher 模型（图6-66），其中晶界垂直于表面，扩散物质平铺在表面上。这里只介绍模型的建立以及得出的解，对获得解的详细过程不做叙述。

在图 6-66 所设坐标下，在晶界及点阵的 Fick 扩散方程是：

$$\frac{\partial c_1}{\partial t} = D_1^*\left(\frac{\partial^2 c_1}{\partial x^2} + \frac{\partial^2 c_1}{\partial y^2}\right) \quad |x| \geqslant \delta/2$$
$$\frac{\partial c_b}{\partial t} = D_b^*\left(\frac{\partial^2 c_b}{\partial x^2} + \frac{\partial^2 c_b}{\partial y^2}\right) \quad |x| \leqslant \delta/2 \tag{6-258}$$

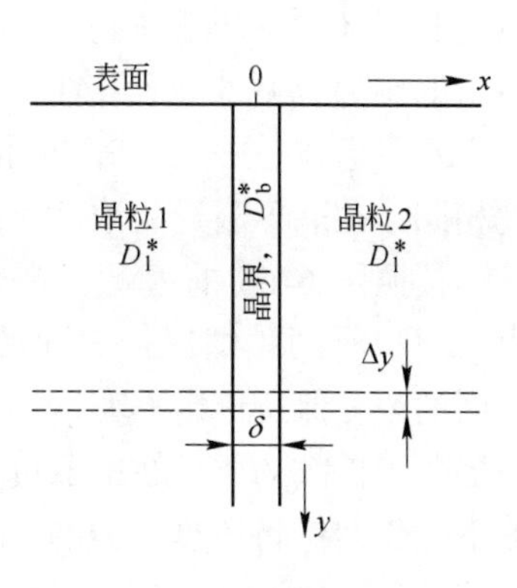

图 6-66 固定孤立晶界扩散的 Fisher 模型

因为浓度的连续性，要求在任何时刻晶界层与晶粒间的界面的浓度和扩散流量相等：

$$c_1(\pm\delta/2, y, t) = c_b(\pm\delta/2, y, t)$$
$$D_1^*\left[\frac{\partial c_1}{\partial x}\right]_{|x|=\delta/2} = D_b^*\left[\frac{\partial c_b}{\partial x}\right]_{|x|=\delta/2}$$

由于晶界厚度 δ 非常小（约 0.5nm），$D_b^* \gg D_1^*$，故假设晶界浓度和厚度方向 x 无关。这样，可以导出一组耦合方程：

$$\frac{\partial c_1}{\partial t} = D_1^*\left(\frac{\partial^2 c_1}{\partial x^2} + \frac{\partial^2 c_1}{\partial y^2}\right) \quad |x| \geqslant \delta/2 \tag{6-259}$$

$$\frac{\partial c_b}{\partial t} = D_b^* \frac{\partial^2 c_b}{\partial y^2} + \frac{2D_1^*}{\delta}\left(\frac{\partial c_1}{\partial x}\right)_{x=\delta/2} \quad |x| < \delta/2 \tag{6-260}$$

上面第一个方程和式(6-258)的第一个方程完全一样，是点阵的扩散方程。式(6-260)右端中第一项是反映由晶界层扩散引起的浓度变化，第二项是反映有晶界层透入其侧面的点阵中的扩散引起的浓度变化。

选择合适的初始和边界条件可以简化式(6-259)和式(6-260)的解。习惯采用正常化变量，即：

$$\xi \equiv \frac{x-\delta/2}{\sqrt{D_1^* t}} \qquad \eta \equiv \frac{y}{\sqrt{D_1^* t}}$$
$$\beta \equiv \frac{(\Omega-1)\delta}{2\sqrt{D_1^* t}} \approx \frac{\delta D_b^*}{2D_1^*\sqrt{D_1^* t}} = \alpha\Omega \qquad \alpha = \frac{\delta}{2\sqrt{D_1^* t}} \tag{6-261}$$

式中，ξ 是以 $\sqrt{D_1^* t}$ 量度离开晶界的距离；η 是量度离开表面的距离。这里的 $\Omega \equiv D_b^*/D_1^*$ 是无量纲参数。β 是量度晶界层扩散比点阵扩散快捷的程度，粗略地说，可以把 β 看成是在晶界层内传输量 $c_b D_b^* \delta$ 与晶界边缘进入点阵（宽度为 $(D_1^* t)^{1/2}$）的传输量 $c_1 D_1^*(D_1^* t)^{1/2}$ 之比。

将式(6-259)和式(6-260)的解分别写成在晶粒内部和在晶界层的两个解。在晶粒内扩散的解可分成两部分：

$$c_1(\xi, \eta, \beta) = c_1(\eta) + c_2(\xi, \eta, \beta) \tag{6-262}$$

第一部分是描述从表面源直接扩散进入晶粒点阵的浓度，第二部分是描述从晶界层向两侧扩散进入点阵的浓度。当 $\sqrt{D_1^* t} \gg \delta$ 时，直接由晶界扩散入点阵的贡献可以忽略。在晶界层扩散的解为：

$$c(\eta) = c_b(\eta) \tag{6-263}$$

无论是孤立晶界或是多晶界扩散，都可以看到在晶界附近浓度场的等浓度线比远离晶界（扩散不受晶界影响）处有突出的尾部。随着 β 减小，突出的尾部也减小甚至趋向于变为水平，如图 6-67 所示，图中水平虚线是 $D_b^* = D_1^*$ 的情况，即晶界层与点阵扩散速度相同，在晶界附近的浓度场的等浓度线不会有突出尾部。

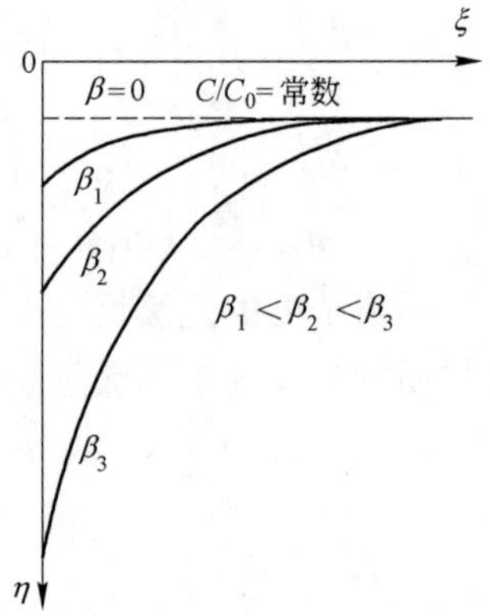

按照图 6-66 的模型，在表面铺设的扩散物质（表面源）可以有两种情况：表面源物质是可以无穷供应的，使表面的浓度保持恒定不变，这种情况称“恒源”；表面放入一层薄膜扩散物质，在扩散过程中它是不断耗损的，表面浓度不能长期保持不变，这种情况称“瞬时源”又称“薄膜源”。

图 6-67　不同 β 值的扩散等浓度线

a　恒源解

设在表面的浓度为 c_0，扩散过程保持不变。其初始条件和边界条件是：

$$c(x,\ 0,\ t) = c_0 \qquad t > 0$$
$$c(x,\ y,\ 0) = 0 \qquad y > 0$$
$$c(x,\ \infty,\ 0) = 0$$

在这样的边界条件下，式(6-262)第一部分的解是：

$$c_1 = c_0 \mathrm{erfc}(\eta/2) \tag{6-264}$$

式(6-262)第二部分的解是：

$$c_2(\xi,\ \eta,\ \beta) = \frac{c_0}{2\sqrt{\pi}}\int_1^{\Omega}\frac{\exp(-\eta^2/4\sigma)}{\sigma^{3/2}}\mathrm{erfc}\left[\frac{1}{2}\left(\frac{\Omega-1}{\Omega-\sigma}\right)^{1/2}\left(\xi+\frac{\sigma-1}{\beta}\right)\right]\mathrm{d}\sigma \tag{6-265}$$

式中，σ 是积分变量，注意，时间变量已包含在 η 和 β 中。当温度固定时，$\beta \propto t^{-1/2}$，即 β 随时间增加而减小。

b　瞬时源解

这种情况的初始和边界条件是：

$$c(x,\ y,\ 0) = M\delta(y)$$
$$c(x,\ y,\ 0) = 0 \qquad y > 0$$
$$c(x,\ \infty,\ t) = 0$$
$$\left[\frac{\partial c(x,\ y,\ t)}{\partial y}\right]_{y=0} = 0$$

式中，M 是初始时表面单位面积的扩散物质量；$\delta(y)$ 是源函数（Dirac delta 函数，在现在讨论的情况，当 $y=0$ 时 $\delta(y)$ 为 ∞，$y\neq 0$ 时为 0）。式(6-262)第一部分的解是：

$$c_1 = \frac{M}{\sqrt{\pi D_1^* t}}\exp\left(-\frac{\eta^2}{4}\right) \tag{6-266}$$

这是描述表面薄膜扩散源物质扩散进入晶体点阵的，反映从晶界层向两侧扩散进入晶粒点阵的式(6-262)第二部分的解是：

$$c_2(\xi,\ \eta,\ \beta) = \frac{M}{\sqrt{\pi D_1^* t}}\int_1^{\Omega}\left(\frac{\eta^2}{4\sigma}-\frac{1}{2}\right)\frac{\exp(-\eta^2/4\sigma)}{\sigma^{3/2}}\mathrm{erfc}\left[\frac{1}{2}\left(\frac{\Omega-1}{\Omega-\sigma}\right)^{1/2}\left(\xi+\frac{\sigma-1}{\beta}\right)\right]\mathrm{d}\sigma \tag{6-267}$$

比较恒源和瞬时源的解可以看出，如果把恒源解用 $(D_1^* t)^{1/2}\partial/\partial\eta$ 算子变换并把 c_0 换成 M 则成为瞬时源的解。瞬时源第二部分的解 c_2 对 η 从 0 到∞积分为 0，即：

$$\int_0^\infty c_2(\xi,\ \eta,\ \beta)\mathrm{d}\eta = 0 \tag{6-268}$$

说明扩散物质只由体积扩散进入晶体点阵中，因为物质守恒，在晶体点阵中的全部物质量应等于 M。图 6-68 所示为 $\beta=50$ 的恒源（图 6-68a）和瞬时源（薄膜源，图 6-68b）的浓度分布。瞬时源在靠近表面的 c_2 项是负的，原因是：晶界扩散很快，很快消耗表面源的扩散物质，在靠近表面的晶界层的浓度比两侧点阵中的浓度小，成为扩散物质的“阱”，使晶界旁边的点阵把扩散物质供应给晶界。在离表面一定深度后，在晶粒点阵内直接由点阵的扩散可以忽略，而晶界扩散快，使得那里的晶界浓度比两侧点阵的浓度高，晶界成为扩散物质的“源”。

如果对图 6-68a 作一个等浓度截面，如图 6-69a 所示，在图中靠近表面距离约等于 $(3\sim4)\sqrt{D_1^* t}$ 的区域的扩散主要是直接从表面到晶粒内点阵的扩散，即式(6-258)的 c_l；其他区域的扩散主要是从晶界侧向到晶粒内点阵的扩散。图 6-69b 是描述与表面平行的每层平均浓度与表面距离的关系，从图得出，在主要从晶界侧向到晶粒内点阵的扩散区域（突出尾部）的 $\log(\bar{c})$ 与 $y^{6/5}$ 成正比。

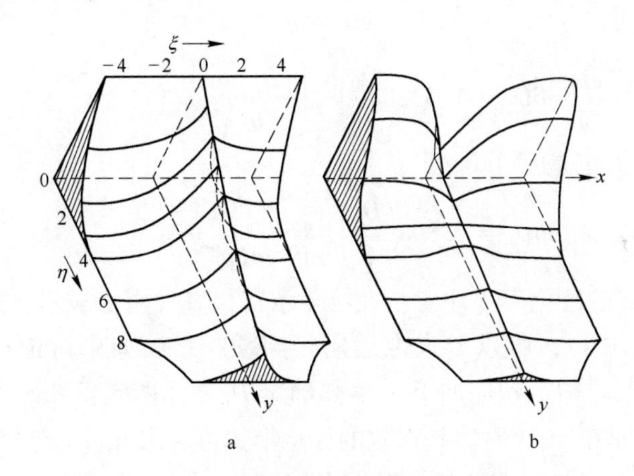

图 6-68 $\beta=50$ 的恒源和瞬时源(薄膜源)的浓度分布
a—恒源；b—瞬时源

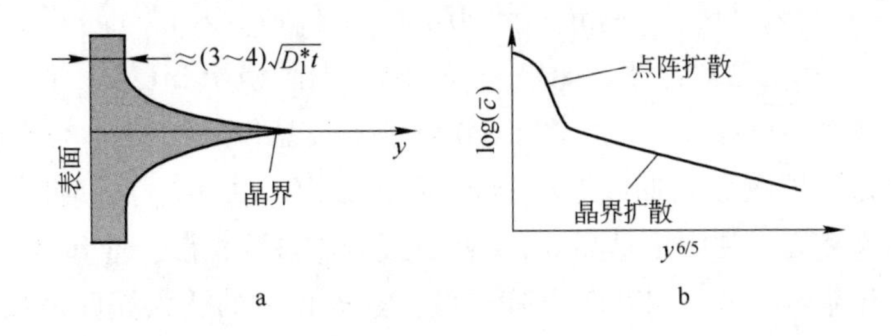

图 6-69 B 扩散情况晶界两侧的浓度分布（a）及与表面平行的每层平均浓度和表面距离的关系（b）

试验测定每一 Δy 层的平均浓度是容易的，并且是很有用的，所以通常以至表面某一距离 y 的平均浓度 $\bar{c}$ 作为实验与理论分析的对比来作出理论分析的评价。以双晶做实验（见图 6-66），在 Δy 层理论平均浓度值是：

$$\bar{c} = \frac{1}{LL_z\Delta y}\int_{-L_z/2}^{+L_z/2}\int_{-L/2}^{+L/2}\int_{y-\Delta y/2}^{y+\Delta y/2}[c(x, y, t) + c_b(x, y, t)]\mathrm{d}z\mathrm{d}x\mathrm{d}y \tag{6-269}$$

式中，L 和 L_z 分别是试样在 x 和 z 方向的长度，$LL_z\Delta y$ 是截层体积。假设截层很薄，在 y 方向内浓度是常数，并考虑到浓度分布是以晶界为平面对称的，上式可简写为：

$$\bar{c}(y, t) = \frac{\delta}{L}\bar{c}_b(y, t) + \frac{2}{L}\int_{\delta/2}^{L/2}c_l(x, y, t)\mathrm{d}x$$

若忽略在晶界层中的扩散物质，则上式变为：

$$\bar{c}(y, t) = \frac{2}{L}\int_{\delta/2}^{L/2}c_l(x, y, t)\mathrm{d}x$$

把式(6-266)和式(6-267)的浓度场代入，因 c_1 在 x-z 面是常数，故：

$$\bar{c}(y, t) = c_1(y, t) + \frac{2}{L}\int_{\delta/2}^{L/2}c_2(x, y, t)\mathrm{d}x \tag{6-270}$$

一般对 $\bar{c}$ 最感兴趣的是在 $\eta>3\sim4$ 的情况，因为这时直接从表面的点阵扩散可以忽略，对于恒源的扩散解是：

$$s\delta D_b = 1.322\left(\frac{D_1}{t}\right)^{1/2}\left[-\frac{\partial\bar{c}}{\partial(y^{6/5})}\right]^{-5/3} \tag{6-271}$$

对于瞬时源的扩散解是：

$$s\delta D_b = 1.308\left(\frac{D_1}{t}\right)^{1/2}\left[-\frac{\partial\bar{c}}{\partial(y^{6/5})}\right]^{-5/3} \tag{6-272}$$

式中，s 是溶质在晶界的富化率（注意：在第 4 章富化率采用 β 表示，这里为了避免和本节的 β 符号重复，改用 s），所以上式也适用于溶质扩散，如果讨论自扩散，上两式的 $s=1$。注意，现在是同时确定 δD_b 而不是单独确定 D_b。上两式仅在 y 大于点阵扩散距离（例如 $4(D_1^*t)^{1/2}$，即 $\beta>10$）时才是有效的。从上式可看出 $\ln(\bar{c})$ 与 $y^{6/5}$ 的线性关系。

如果在没有晶界的单晶表面放置扩散源，则 $\ln(\bar{c})$ 与 y^2 呈线性关系（因为透入浓度随 y 是高斯或误差函数分布），当存在晶界并且晶界对扩散是主要的贡献时，则 $\ln(\bar{c})$ 与 $y^{6/5}$ 呈线性关系(见式(6-272))。透入浓度 $c(y)$ 可写成：

$$c(y, t) = A_{\mathrm{I}}\exp(-y^2/4D_1^*t) + A_{\mathrm{II}}\exp(-y^{6/5}/b) \tag{6-273}$$

式中，A_{I}、A_{II} 和 b 都是已知常数。如果 $\ln(\bar{c})$ 随 y 下降慢于 $\ln(\bar{c}) - y^2$，说明除了点阵扩散外还有高扩散率通道参与扩散。图 6-70 所示是细晶粒 Au-1.2Ta 合金表面放置 Au^{159} 放射性示踪瞬时源的扩散透入曲线，扩散温度是 253℃（$0.4T_m$），时间是 7.776×10^5 s。曲线分三段拟合为直线，其中 Ⅰ 是 $\ln(\bar{c}) - y^2$ 直线对应点阵扩散，Ⅱ 和 Ⅲ 是 $\ln(\bar{c}) - y^{6/5}$ 直线对应于亚晶界和晶界扩散。相对于点阵扩散，晶界扩散的透入深度是很大的。$\ln(\bar{c})$ 与 $y^{6/5}$ 的直线关系，对测定一些重要的晶界扩散参数是非常有用的。

C　C 型扩散情况

这时的扩散基本没有点阵扩散，只有沿晶界扩散，也没有晶界侧向的点阵扩散。这种

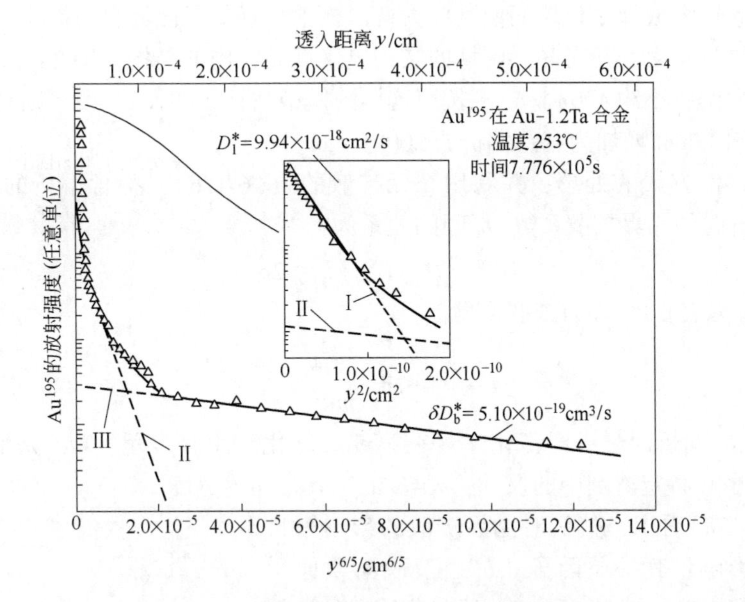

图 6-70 Au* 从表面扩散入 Au-1.5Ta 合金的透入曲线

Ⅰ—点阵扩散；Ⅱ—沿亚晶界扩散；Ⅲ—沿晶界扩散

情况发生在足够低的温度下扩散退火或非常短时间内退火，这时 $\sqrt{D_1^* t} \ll \delta$。实际上当 $\sqrt{D_1^* t} < \delta/20$ 时已经足够符合这种扩散情况。沿晶界透入的深度平均值对恒源是正比于误差函数，即：

$$\bar{c}(y) \approx \bar{c}_{\mathrm{b}}(y) \propto \operatorname{erfc}\left(\frac{y}{2\sqrt{D_{\mathrm{b}} t}}\right) \tag{6-274}$$

对瞬时源是正比于高斯函数，即：

$$\bar{c}(y) \approx \bar{c}_{\mathrm{b}}(y) \propto \exp\left(-\frac{y^2}{4D_{\mathrm{b}} t}\right) \tag{6-275}$$

因为 C 型扩散情况只有很小量的扩散物进入晶界，测量是困难的，所以研究 C 型扩散情况是困难的。

6.9.1.3 晶界偏析的影响

前面讨论已经指出，因为晶界的体积密度比较小，在晶界的扩散激活能 Q_{b} 比在晶粒内的扩散激活能 Q_1 小，Gibbs 和 Harris 给出一个 Q_{b} 与 Q_1 之间的关系式：

$$Q_{\mathrm{b}} = Q_1 - N_{\mathrm{A}} \alpha' \gamma_{\mathrm{b}} a^2 \tag{6-276}$$

式中，a^2 是原子的横截面面积（这里的原子体积是 $a^3 = M/\rho N_{\mathrm{A}}$，$M$ 是相对原子质量，ρ 是密度）；γ_{b} 是晶界能；α' 是取决于置换或间隙扩散的结构因子。这一式子说明 Q_{b} 随着晶界能 γ_{b} 增加而减小，因为晶界能越低其晶界结构越规则（例如孪晶界），在晶界中原子的迁动行为越接近在晶粒内的迁动行为。如果晶界有溶质原子的偏析，偏析引起晶界能的变化 $\Delta\gamma_{\mathrm{b}}$，因此引起晶界扩散激活能的改变为：

$$Q_{\mathrm{b}}^{\mathrm{seg}} = Q_{\mathrm{b}} + N_{\mathrm{A}} \alpha' a^2 \Delta\gamma_{\mathrm{b}} \tag{6-277}$$

按照这个一般模型，溶质原子的偏析是使晶界扩散激活能增加的。这是因为溶质原子在晶界处在高压缩或伸张位置而使其应力得以松弛，降低了晶界自由能，并因它占据空位位置而增加体积密度，使得晶界区域的结构更接近晶粒内的结构。磷在纯铁的晶界偏析引起晶界能最大值减小约 400mJ/m²，按照这样的模型估计，如设 $\alpha'=2$，则晶界扩散系数从纯晶界的 175kJ/mol 增加为有磷偏析的 200kJ/mol。

采用更严格方式的处理，并利用二元扩散的式(6-176)，得含偏析的晶界扩散系数 D_b^{seg} 与无偏析时的晶界扩散系数 D_b 间的关系为：

$$D_b^{seg}=D_b[1+(b-2\alpha)x_b] \tag{6-278}$$

式中，b 的值见表 6-8，α 为浓度比率：

$$\alpha=s\frac{a_{sv}^2}{ma_{su}^2} \tag{6-279}$$

式中，s 为晶界偏析因子，即富化率（在第 5 章富化率用 β 表示）；a_{sv} 是溶质原子尺寸；a_{su} 是溶质原子在特定溶剂中的尺寸，$m=\delta/a_{sv}$；δ 是晶界宽度。

从式(6-278)看出，偏析对晶界扩散的影响来自两个相反的影响：其一是因子“b”，反映溶质原子对溶剂扩散的影响，其二是“s”，反映溶质在晶界偏析的影响。由于 b 一般是在 10～100 范围（见表 6-8），而 s 却可在 1000～10000 范围。所以，晶界偏析大都是降低晶界扩散系数的。图 6-71 所示为 Fe-Sn 合金在 888K 时晶界自扩散系数的预测值以及实验值与 Sn 在晶界偏析含量的关系，图中显示晶界偏析降低晶界自扩散系数。

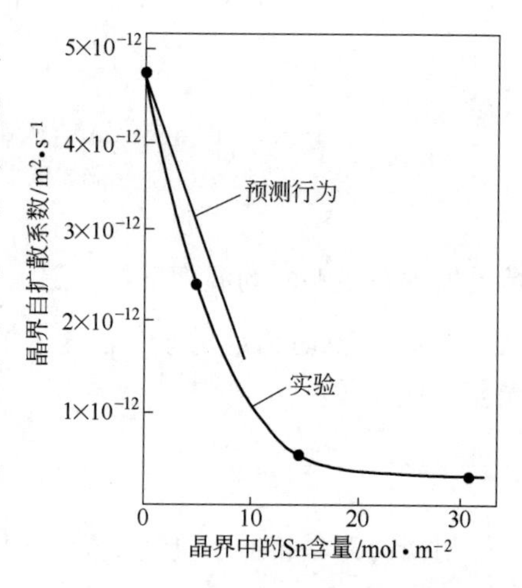

图 6-71 Fe-Sn 合金在 888K 时晶界自扩散系数的预测值以及实验值与 Sn 在晶界偏析含量的关系

当晶界存在偏析时，假设晶界在全部深度（全部 y）偏析保持局域平衡；晶界的偏析因子只随温度变化而不随浓度变化，如果利用下面的等式，即：

$$sc_l(\pm\delta/2,\ y,\ t)=c_b(\pm\delta/2,\ y,\ t) \tag{6-280}$$

上面的 6.9.1.1 节和 6.9.1.2 节对自扩散的讨论可以完全适用。

在 A 型扩散情况中的表观扩散系数因偏析使溶质原子在晶界层与在晶粒内的分配改变，以 τ 和 $1-\tau$ 分别表示溶质原子在晶界层与在晶粒内所占的分数，则表观扩散系数变为：

$$D_{app}=D_l(1-\tau)+D_b\tau \tag{6-281}$$

把自扩散表观扩散系数式(6-253)中的 f 和 $(1-f)$ 乘以相应的 c_l 和 c_b，则：

$$\tau=\frac{fc_b}{fc_b+(1-f)c_l}\approx\frac{sf}{1+sf}=\frac{ps\delta/d}{1+ps\delta/d} \tag{6-282}$$

当 $d\gg s\delta/2$ 时，则 $\tau\approx sf$，同时，即使偏析富化率 s 很大，仍有 $sf\ll1$，故式(6-281)简化为：

$$D_{app}\approx D_l+sfD_b \tag{6-283}$$

在讨论 B 型和 C 型扩散情况时，因晶界偏析的存在，相当于晶界的有效宽度变大，在讨论中用 $s\delta$ 代替 δ 即可。

6.9.1.4 晶界扩散的原子机制

在一般的多晶体中，各晶粒是随机取向，因此，相邻晶粒之间的取向关系必然是多种多样的。晶界的性质，包括原子的输运特性，取决于晶粒的取向差，也取决于晶界面相对于晶粒的取向。但对于如通过相符点阵的特殊晶界，这些晶界具有周期结构的特征，这些有序结构通常比普通的大角度晶界具有更低的晶界能和更低的扩散率。但是，随着温度升高，晶界的有序会逐渐降低，它的性质也逐渐与大角度晶界相近。图 6-72 是 MD 模拟铜的 $\Sigma5$（310）晶界在各个温度经 10ns 平衡后的结构。在低温（图 6-72a）晶界结构有开放的通道，导致扩散系数显著各向异性。随着温度的升高，会出现偏离这种有序结构的现象，在熔点附近（图 6-72f），晶界变成液体。

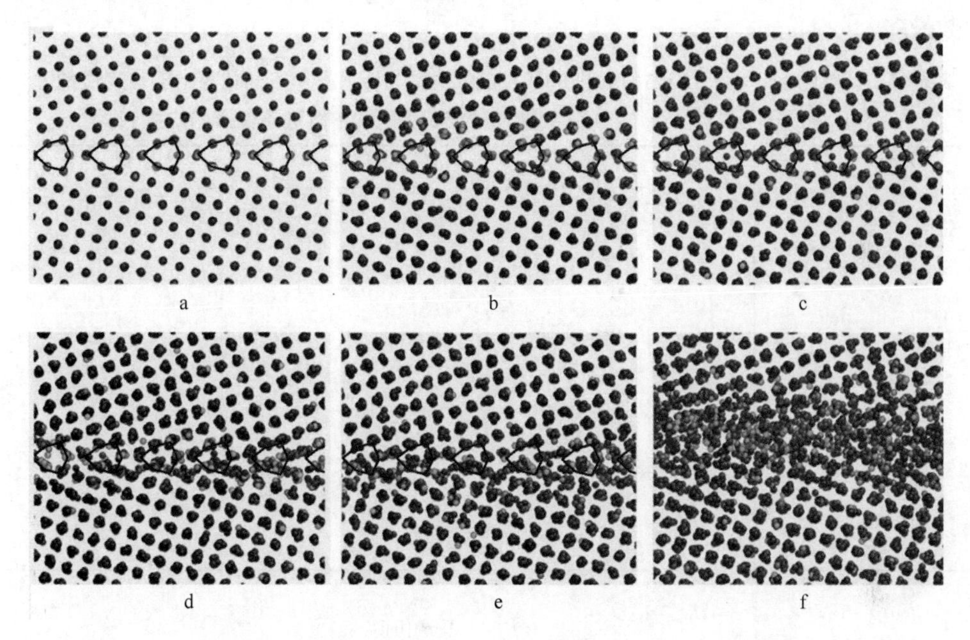

图 6-72 MD 模拟铜的 $\Sigma5$（310）晶界在 10ns 平衡后的结构

a—200K；b—700K；c—800K；d—900K；e—1000K；f—1300K

（经 Divinski et al.（2012）允许复制。此图彩色版本，请参阅 Divinski，S. V.，Edelhoff，H.，Prokofjev，S.，2012. Phys. Rev. B. 85，144104）

在晶界扩散的原子机制现在还不是十分清楚，因为晶界只占有材料的小部分，所以很难由实验获得重要信息，大多数的看法都是由计算机模拟获得的。模拟结果综合如下：在晶界的空位形成能比在点阵中的低，但在不同位置的空位形成能不同，而间隙原子与空位的形成能大致相同，因此，它们对晶界扩散有同等的重要性（空位与间隙原子的形成能数据参考表 6-11）。扩散是空位还是间隙机制取决于晶界结构。晶界扩散的各向异性也和晶界结构有关，例如不同结构的倾转晶界中沿倾转轴的扩散比垂直于倾转轴可能快或可能慢；空位在晶界可以是单个移动也可以是几个空位同时移动；间隙原子占据原子间比较开放的位置，它们可以直接或间接的间隙机制移动，哑铃式间隙原子通常如它们在点阵中那样以 3 个或多个原子集体跳动。

图 6-73 所示为一个用计算机以对势模型分子动力学模拟晶界扩散原子跳动轨迹的例子。图中的晶界是 bccFe 的 $\Sigma=5(130)[001]/36.9°$对称倾转晶界，但为了看清原子跳动

的轨迹，把［001］方向尺度处理为［310］和［$\bar{1}$30］方向的5倍。图6-73下侧的箭头显示右边面上开始时在B位置嵌入空位的跳动轨迹，空位优先在平行倾转轴方向的A、B、C和D位置之间跳动，然后才跳入靠近晶界中面的E、F和G，黑线和箭头表示跳动轨迹和顺序。在图6-73的中部箭头显示B位置原子跳进间隙原子I位置，产生一个空位和另一个间隙原子，I位置的间隙原子形成能比较低，与空位形成能相当。最上侧箭头显示B与I，B与B，I与B'的换位。$B \to D \to B$及$B \to C \to B$的跳动是最频繁的，平行倾转轴的移动比垂直倾转轴的移动快。表6-11列出了计算的bcc Fe的$\Sigma=5(130)[001]/36.9°$对称倾转晶界中不同位置的空位形成能E_V和间隙原子形成能E_I，同时也给出空位在1300K的195次跳动中跳进该位置的次数N_V。从表中的数据可以看出，形成能低的位置原子跳入的次数最多。

表6-11　计算的bcc Fe的$\Sigma=5(130)[001]/36.9°$对称倾转晶界中不同位置的空位形成能E_V和间隙原子形成能E_I，空位在1300K的195次跳动中跳进该位置的次数N_V

位　置	E_V/kJ · mol^{-1}	E_I/kJ · mol^{-1}	N_V
在点阵中	130	458	0
A	128	247	3
B	90	247	126
C	121	319	20
D	113	224	32
E	—	—	7
F	—	—	6
G	—	—	1
I	—	103	—

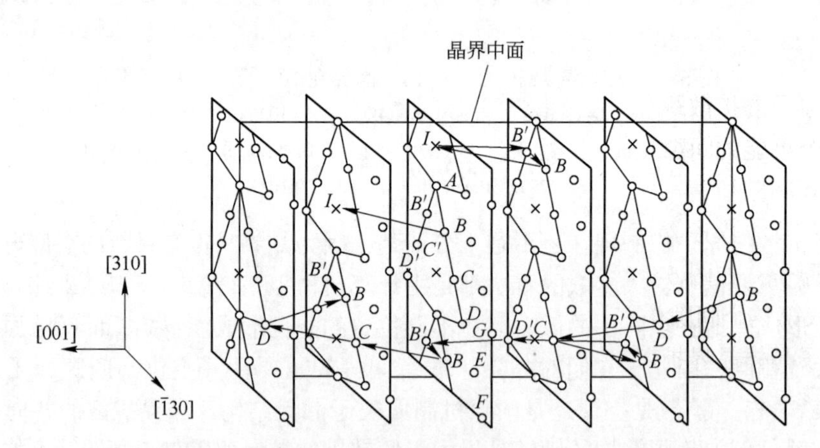

图6-73　模拟的bcc Fe的$\Sigma=5(130)[001]/36.9°$对称倾转晶界中扩散时点缺陷跳动的情况（Balluffi et al. ，1981）

“环”、空位、挤列和间隙机制。图6-74a所示为最低能的晶界结构，晶界中灰色原子不需要点缺陷的帮助直接与近邻原子以“环”转动机制换位。换位过程是灰色原子连同 7 号和 8 号原子同时按逆时针方向转动，结果灰色原子置换 8 号、8 号置换 7 号、7 号置换灰色原子，如图 6-74b 所示。

图 6-74 中灰色原子可以用空位机制完成相同的跳动，如图 6-75 所示。这时，在灰色原子近邻存在空位，灰色原子与空位换位完成跳动。

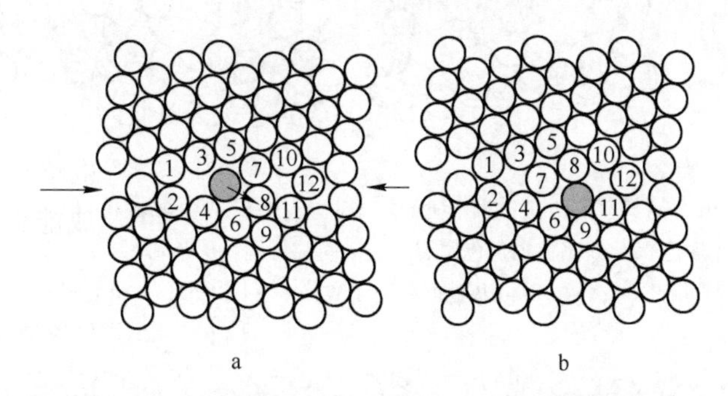

图 6-74　晶界扩散的“环”转动机制示意图
（从 a 到 b，灰色原子置换 8 号原子，8 号置换 7 号，7 号置换灰色原子）

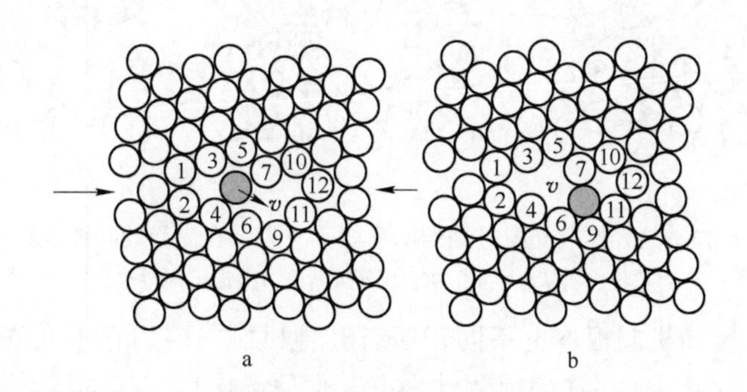

图 6-75　晶界扩散的空位换位机制示意图
（从 a 到 b，灰色原子与近邻的空位换位）

在晶界原子的扩散跳动可以间隙点缺陷机制进行，如图 6-76 所示。图 6-76a 中除了用★表示的 3 个可能的间隙点缺陷位置外，其他与图 6-74a 表示的低能的晶界结构相同。如果在第一个★间隙位置引入间隙缺陷（13 号原子），如图 6-76b 所示，间隙原子（13 号原子）可以按如下次序置换灰色原子：灰色原子被挤入第二个★间隙位置，然后 13 号原子置换灰色原子，如图 6-76c 所示。随后的置换次序是：灰色原子置换 8 号原子，搬移把 8 号原子挤入第三个间隙位置，如图 6-76d 所示，这种转移方式通常称作挤列机制。这种机制对于离子晶体晶界扩散是有利的，它可以避开因离子直接置换另一离子时发生的大量的离子核心排斥。

灰色原子也可以单纯地作为间隙原子迁移，如图 6-77 所示。从低能结构晶界（图 6-77a）开始讨论，若在第一个间隙位置引入灰色原子，如图6-77b所示，它可以简单地直接跳进第二个间隙位置，如图6-77c所示。由于涉及原子从一个间隙位置跳入另一个间隙位置，它仍然是间隙原子，所以这种转移方式通常称为间隙机制。这种机制一般是在点阵占据间隙位置的溶质原子的晶界扩散机制，也可能是尺寸小的置换溶质原子在比较疏松晶界的扩散机制。

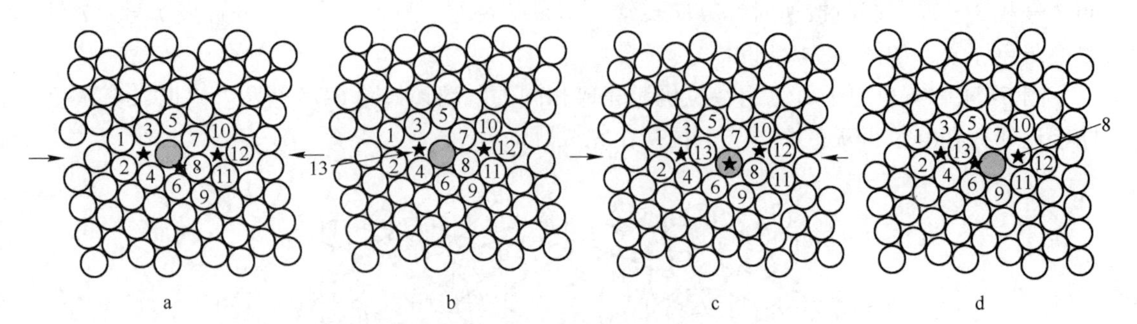

图 6-76　晶界扩散的挤列机制的示意图（★表示在晶界的间隙位置）

（从 a 到 b，相应 13 号原子间隙缺陷占据灰色原子近邻的间隙位置；从 b 到 c，13 号原子间隙缺陷置换灰色原子搬移把它挤入间隙位置；从 c 到 d 灰色间隙原子置换 8 号原子搬移，把它挤入第三个间隙位置）

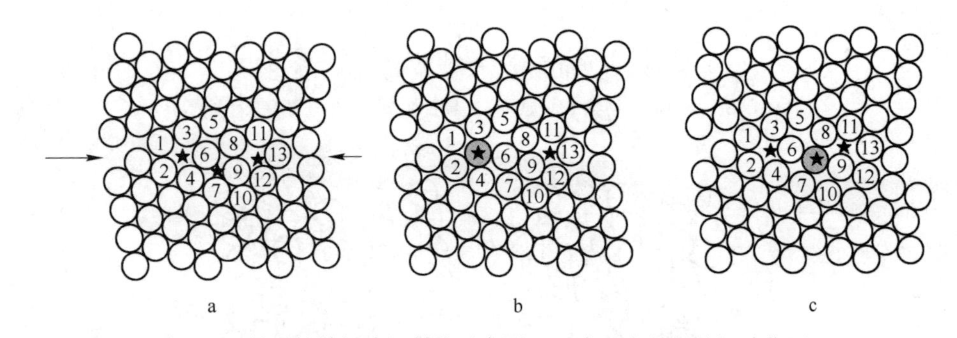

图 6-77　晶界扩散间隙机制的示意图（★表示在晶界的间隙位置）

（从 a 到 b，灰色原子占据一个间隙位置；从 b 到 c，灰色原子 4 号和 6 号原子间跳过，7 号原子占据第二个间隙位置）

注意到“环”转动机制根本上不同于所有其他机制，因为它不允许沿着晶界有净的原子数量的运输，给定原子每次向前跳动必有其他原子向后交换的跳动的平衡。而空位、挤列和间隙等缺陷机制则允许有净原子流。间隙缺陷机制允许有净原子流；空位互换机制必有与空位流相等和方向相反的原子流；挤列机制和间隙机制有净原子流发生，并且不需要伴随相反的缺陷流。

实际上，可能有更复杂和比上述的更高阶机制发生。因为晶界有较大的自由体积，点缺陷在晶界的形成能和迁移能都显著比在晶粒内同类点缺陷的形成能和迁移能小，但是，晶界结构不是点阵，所以这些缺陷形成能的对称性随着所处局部环境强烈变化，而且，空位和类间隙缺陷的形成能接近，所以他们都对原子输运有贡献。更为复杂的是，空位和类间隙缺陷还会分裂成碎块。所以晶界扩散机制是非常多样的，在低温，似乎可能是单一的缺陷机制；而在高温，晶界变得更无序，同时因有热激活的帮助，晶界原子可以发生长程的多种机制的复合跳动，涉及复合缺陷的跳动有重要贡献。在这样的条件下，对于固定的晶界取向的晶界的扩散系数仍然很好服从 Arrhenius 关系，这说明对给定晶界，扩散的主要机制或多种机制的激活能足够接近。但是，扩散系数和扩散机制却从一晶界到另一晶界会有很大的变化。

6.9.2　沿位错扩散

设位错为一个半径是 a 的圆管道，虽然严格来说原子在位错中的扩散系数是随与位错中心的距离变化的，但这样的情况是非常难以处理的，现在仍设位错中的扩散系数是常数。描述沿位错扩散的方法类似于描述沿晶界扩散，采用类似于描述晶界扩散的 Fisher 模型的 Smoluchowski 模型，模型假设位错线与表面垂直，如图 6-78 所示。在表面放置的扩散源，扩散物从表面沿位错和晶体点阵扩散进入，因在位错扩散比在点阵扩散快，在位错扩散渗入的深度比周围点阵的大，同时，物质也从位错管道向周围的点阵扩散。因此，根据扩散的深度不同，也可分为类似于晶界扩散的 A、B 和 C 型 3 种情况。

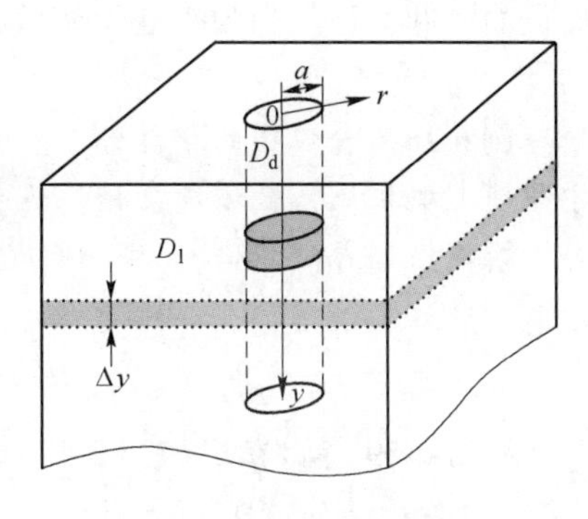

图 6-78 沿位错扩散的 Smoluchowski 模型

A A 型扩散情况

当 $D_l^* t > 1/\rho_d$（其中 ρ_d 是位错密度），即点阵扩散的距离大于位错的平均距离时，是 A 型扩散情况，把式(6-254)表观扩散系数中的 f 用 $\pi a^2\rho_d$ 取代，D_b^* 用位错的扩散系数 D_d^* 取代即可：

$$D_{app}^* = D_l^* + D_d^* f = D_l^* + \pi a^2 \rho_d D_d^* \tag{6-284}$$

B B 型扩散情况

当 $\lambda < D_l^* t < 1/\rho_d$，即位错间侧向的点阵扩散不发生重叠时是 B 型扩散情况。因为假设位错为圆筒状，所以扩散方程用柱坐标表达更为方便，在图 6-78 的坐标下：

$$\begin{aligned} \frac{\partial c_l}{\partial t} &= D_l^* \left[\frac{1}{r}\frac{\partial}{\partial r}\left(r\frac{\partial c_l}{\partial r}\right) + \frac{\partial^2 c_l}{\partial y^2}\right] \qquad |r| \geqslant a \\ \frac{\partial c_d}{\partial t} &= D_d^* \left[\frac{1}{r}\frac{\partial}{\partial r}\left(r\frac{\partial c_d}{\partial r}\right) + \frac{\partial^2 c_d}{\partial y^2}\right] \qquad |r| < a \end{aligned} \tag{6-285}$$

同样，因表面是恒源和瞬时源有两种解。我们还是最关心扩散场突出尾部的浓度分布和在该区域与表面不同距离的层面的平均浓度 $\bar{c}$，由解得出 $\log(\bar{c})$ 与 y 呈线性关系，其斜率为：

$$\frac{\partial \log(\bar{c})}{\partial y} = \frac{-A}{a[s(D_d/D_l) - 1]^{1/2}} \tag{6-286}$$

式中，A 是随时间变化的函数；s 是溶质在位错偏析的富化率，如果讨论自扩散，$s=1$。在这里，注意到和晶界扩散的区别，这里 $\log(\bar{c})$ 与 y 呈线性关系，而晶界扩散则是 $\log(\bar{c})$ 与 $y^{6/5}$ 呈线性关系。

C C 型扩散情况

当 $D_l^* t < a$，即基本不发生位错侧向的点阵扩散时，是 C 型情况，温度足够低或扩散时间很短就是这种情况。在固定扩散时间时，与表面不同距离的层面的平均浓度对数 $\log(\bar{c})$ 与 y^2 呈线性关系：

$$\frac{\partial \log(\bar{c})}{\partial (y^2)} = -\frac{1}{4D_d t} \tag{6-287}$$

利用这种情况，很容易测定扩散系数 D_d。

在低层错能密排金属中的全位错会分解并扩展，沿扩展位错的扩散速度随着位错扩展加宽而降低，这是因为扩展位错核心比不扩展位错的核心排列规则得多。

例 6-16 含位错的单晶体自扩散，估计在 $T_m/2$（T_m 是熔点温度）下位错密度多大时才能使表观扩散系数增加 2 倍。设位错核心半径为 0.6nm，扩散系数采用图 6-59 的资料。

解：根据式(6-284)，解出位错密度 ρ_d：

$$\rho_d = \frac{1}{\pi a^2} \cdot \frac{D_l^*}{D_d^*}\left(\frac{D_{app}^*}{D_l^*} - 1\right)$$

从图 6-59 得出在 $T=T_m/2$ 时 $D_d^*/D_l^* \approx 10^6$。根据题意，要求 $D_{app}^*/D_l^* = 2$，故：

$$\rho_d = \frac{1}{\pi a^2} \cdot \frac{D_l^*}{D_d^*}\left(\frac{D_{app}^*}{D_l^*} - 1\right) \approx \frac{1}{\pi \times (0.6 \times 10^{-9})^2} \times 10^{-6}(2-1) = 8.84 \times 10^{11} \text{m}^{-2}$$

$$= 8.84 \times 10^7 \text{cm}^{-2}$$

一般退火状态金属中的位错密度约为 $10^6 \sim 10^8 \text{cm}^{-2}$，可见，在 $T=T_m/2$ 时，位错对扩散系数的影响已经足够大。

6.9.3 沿表面扩散

由第 4 章的讨论知道，处在晶体表面的原子，因它的很多键被割断了，所以，表面原子不像晶体内部原子那样规则排列，表面原子会发生弛豫或重构，出现较为松散的表面层，所以表面也是高扩散率通道。

如果把图 6-66 中的一个晶粒（例如晶粒 1）去掉，换为真空，那么，晶界就变成了表面，把式(6-260)稍加改变就可以应用于表面扩散。设表面层厚度为 δ，应用这些方程的解以及通过实验测量浓度分布可以求出 $D_s\delta$，D_s 是表面扩散系数。

一般来说，表面的结构是比较复杂的，它因处于表面的晶面不同而有很大差异，同时也因温度的变化而变化，所以表面的扩散机制往往不止一种。表面张力会引起物质沿表面输运以改变表面形状，往往利用这一现象来研究表面扩散。

如果一个不光滑的表面，原子化学势 μ 与表面曲率 κ 及比表面能 γ 有关，$\mu=-V_{at}\kappa\gamma$，V_{at}是原子体积。可见，突出高峰处的原子化学势（$\mu>0$）最高，在谷底的原子化学势（$\mu<0$）最低。因此原子由表面突起处向凹处扩散移动。例如图 6-79 所示的一个在 x 方向是正弦形的表面，原子有 3 种途径移动使表面光滑化：通过外表面周围气相的体积扩散，通过表面扩散，通过固体中的体积扩散。设扩散发生在表面一个厚度为 δ 的薄层，通过单位长度表面的扩散流量 J_s 是：

$$J_s = \frac{D_s\delta}{RT} \cdot \frac{\partial \mu}{\partial x} \tag{6-288}$$

讨论一种如图 6-79 表示的正弦形表面，正弦波是 $y=a\sin(\omega x)$，其中 a 是波幅，$\omega=(2\pi/\lambda)$是波数。曲率 $\kappa=a\omega^2\sin(\omega x)$，所以原子化学势 $\mu(x,t)=V_{at}\gamma a(t)\omega^2\sin(\omega x)$，把这些参数代入上式，得：

$$J_s = -\frac{D_s\delta}{RT}V_{at}\gamma a(t)\omega^3\cos(\omega x) \tag{6-289}$$

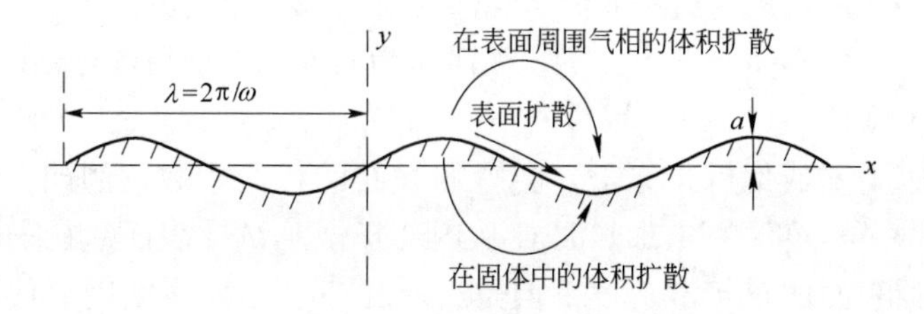

图 6-79　一个正弦形固体表面使表面平滑的传输过程

表面各处的化学势不同也引起固体内的体积扩散，设在固体中垂直表面的扩散是稳恒态，$\nabla^2 c_1=0$，根据给出的化学势以及现在的边界条件（远离表面的浓度为常数），得出在固体中垂直表面的扩散流量 J_1：

$$J_1 = -\frac{D_1 c_0}{RT} V_{at} \gamma a(t) \omega^3 \sin(\omega x) \tag{6-290}$$

式中，c_0 是扩散组元的体积浓度，对于纯材料，$c_0 V_{at}=1$。通过表面外侧的气相的扩散流量与上式相似，只是把 D_1 和 c_0 换成气相的扩散系数 D_{va} 和浓度 c_{va} 就可以了。但是，因为表面外侧气相的蒸气压很低，所以通过表面外侧的气相的扩散可以忽略。最后，总扩散流量是 J_s+J_1。

在扩散过程进行的同时，表面的波幅不断衰减。按照 Fick 第二定律，有：

$$\frac{\partial y}{\partial t} = -V_{at}\frac{\partial J_s}{\partial x} - V_{at} J_1 \tag{6-291}$$

把式（6-289）和式（6-290）代入上式，得出表面波幅随时间的变化：

$$\frac{\mathrm{d}a}{\mathrm{d}t} = -(A\omega^4 + B\omega^3)a$$

$$A = D_s \delta \gamma V_{at}/RT \qquad B = D_1 \gamma V_{at}/RT \tag{6-292}$$

上式考虑了 $c_0 V_{at}=1$。对上式积分可以获得 a 随时间的变化。因为 $\mathrm{d}\ln a/\mathrm{d}t$ 是与 a 无关的数值，所以通常考察 $\ln a$ 随时间 t 的变化：

$$\frac{\partial \ln a}{\partial t} = -(A\omega^4 + B\omega^3) = -A\omega^4\left(1+\frac{D_1\lambda}{2\pi D_s\delta}\right) = \frac{16\lambda\pi^4 V_{at}}{RT}\cdot\frac{\delta D_s}{\lambda^4}\left(1+\frac{D_1\lambda}{2\pi D_s\delta}\right) \tag{6-293}$$

从上式可以看到，当波长 λ 很短时，表面扩散是波幅衰减的扩散因素；而波长很长时则体积扩散是波幅衰减的扩散因素。

一个露出表面的晶界，在高温下出现的沟槽就是通过表面扩散形成的。假设开始时晶界和表面垂直，在晶界张力 γ_b 作用下，晶界力图在 y 方向缩小其长度，直到表面张力 γ_s 与其平衡，如图 6-80 所示。在晶界与表面的交点处局部平衡时，γ_b 和 γ_s 的关系为：

$$\gamma_b = 2\gamma_s \sin\theta \tag{6-294}$$

由于 γ_b 的作用，在晶界与表面相交处出现沟槽。形成沟槽后，两旁的表面出现曲面，此处的原子比平面处具有更高的化学势，它驱使表面原子从晶界位置向两侧表面扩散。在界面张力以及表面扩散共同作用下，沟槽会逐渐加深加宽。按这样的分析计算可以得出 γ_s 和 D_s。采用这种方法分析时，应该扣除体积扩散以及表面挥发或凝聚的影响，同时还应不使表面受污染。

表面扩散使表面形状改变对蠕变和烧结过程都是非常重要的。

表面的结构因晶面不同而不同，不同晶面作为表面的扩散系数是不同的，所以采用表面扩散数据时要注意这一点。

如果表面有吸附（或偏析）原子，会影响表面的扩散系数。例如，具有清洁表面的含 C 的 Cu 或 Ni 试样，在高真空加热时 C 从内部扩散到试样表面，在表面形成富 C 的表面层后会大大降低表面的自扩散速度。但是，S 在 Cu 或 Ag 表面则会使表面自扩散系数 D_s 增加几个数量级。特别是在这些贵金属表面维持 Pb、Tl 或 Bi 的蒸气压时，这一影响更为显著。图 6-81 中给出了纯 Cu、Ag 和 Au 的表面扩散系数 D_s 与温度的关系，并给出了在表面吸附原子形成吸附层对表面扩散系数的影响，从图看到，形成吸附层后，表面扩散系数大幅度增加。

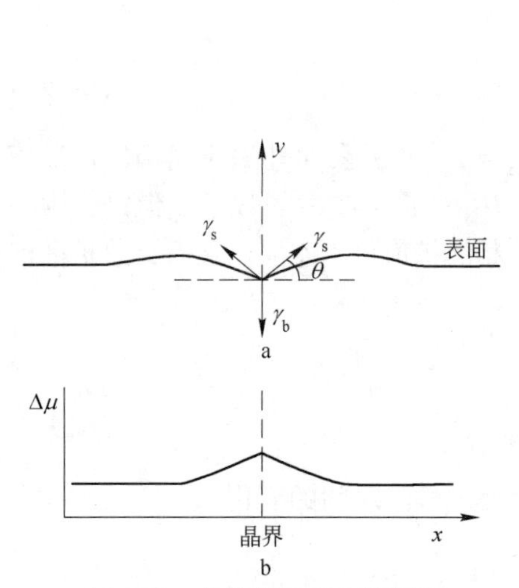

图 6-80 晶体表面形成的沟槽

a—在 γ_b 的作用下，晶界与表面相交处出现沟槽；
b—沟槽附近的化学势分布

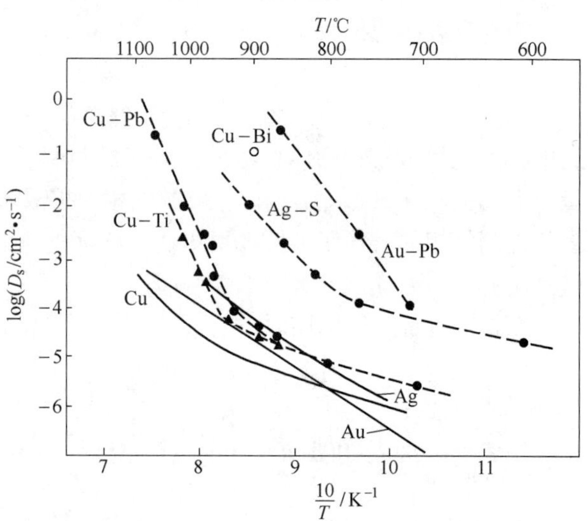

图 6-81 纯 Cu、Ag 和 Au 的表面扩散系数 D_s 以及吸附层对表面扩散系数的影响（虚线）

6.9.4 在多晶体中的扩散

对于小角度和奇异晶界的多晶体，因为晶界结构的各向异性，在晶界中的扩散系数也会出现各向异性。一般大角度晶界的多晶体，晶界扩散基本是各向同性的。

因为晶界是高扩散率的通道，所以多晶体的表观扩散速度与晶粒大小密切相关。晶粒比较大的多晶体，晶界中原子占整体的比率很低，如果不是在高温（或长时间）扩散，晶界扩散的贡献可以忽略。晶粒很细的多晶体却不完全如此，因为随着晶粒尺寸减小，处在晶界中的原子数量比例增大。例如，平均尺寸为 5nm 的多晶体有约 50% 的原子处在晶界中，而平均尺寸为 10nm 的多晶体有约 20% 的原子处在晶界中。因此，对于这样小的晶粒的多晶体，表观扩散系数的增加是非常可观的。

6.9.4.1 小角度和奇异晶界扩散

小角度晶界由位错构成，这种晶界扩散的快速效应主要是由位错扩散起作用，所以小角度晶界的转动轴、取向差和晶界位置等对晶界扩散系数都有影响。对于倾转晶界，相同的倾转轴，倾转的角度不同，晶界中的位错间距不同。当倾转角加大时，晶界中的位错密度增加，即晶界中的快速扩散通道数目增加，从而使晶界的扩散系数增加。因为实验不容易测量晶界的宽度 δ，所以常把 $D_b\delta$ 作为一个参数来研究晶界扩散。图 6-82 是 Ag 的［100］倾转不同角度的晶界的 $\lg(D_b\delta)$ 与温度倒数 $1/T$ 之间的关系，从图可看出，对于同一类型小角度晶界，随着取向差 θ 加大扩散系数加大。除非取向差角很大，一般表观扩散激活焓相差不大。

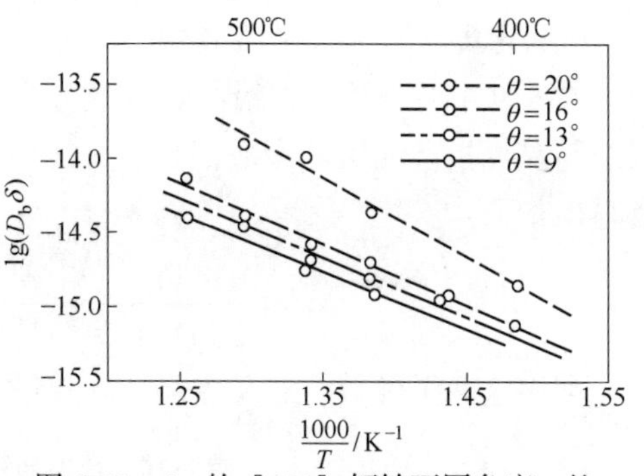

图 6-82 Ag 的［100］倾转不同角度 θ 的晶界的 $\lg(D_b\delta)$ 与温度倒数 $1000/T$ 之间的关系

由于倾转晶界的位错（或二次位错）平行于倾转轴，可以想象，平行于倾转轴的晶界扩散系数 $D_b(/\!/)$ 要比垂直于倾转轴的晶界扩散系数 $D_b(\perp)$ 大，显示出晶界扩散的各向异性。另外还要注意到，小角度晶界中位错之间基本上就是完整点阵，所以小角度晶界的扩散其实就是位错扩散和完整点阵扩散共同贡献，$D_b(/\!/)/D_b(\perp)$ 的比值约等于 $D_b(/\!/)/D_l$。随着取向差加大，位错核心靠近，晶界扩散的各向异性减小，这可以从图 6-83 的曲线看出。图 6-83 所示为 Ag[100]轴倾转晶界的 $\delta D_b(/\!/)/\delta D_b(\perp)$ 与取向差的关系，其他金属也有相似的关系。

在取向差增大到一定程度时，晶界的位错模型已不适用。在某些旋转轴和某些取向差的晶界会出现奇异晶界，例如某些通过重合位置点阵面的晶界，这些晶界结构会或多或少变得有序，扩散系数会降低。最极端的情况是 fcc 的 $\Sigma=3$ 的孪晶界，晶界完全共格，因此无论平行或垂直倾转轴的扩散系数都和点阵扩散系数相当。图 6-84 所示为 Zn 在 Al 双晶的［110］倾转轴晶界中平行与垂直倾转轴方向的扩散渗入的深度。［110］是二次旋转对称轴，但是在图 6-84 中的资料没有完全反映出这种对称性，相信这是由实验采用双晶的取向差测量误差引起的。

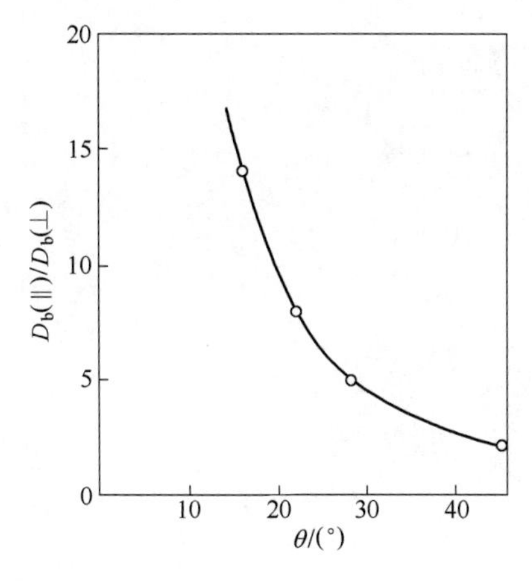

图 6-83 Ag 的［100］轴倾转晶界的 $\delta D_b(/\!/)/\delta D_b(\perp)$

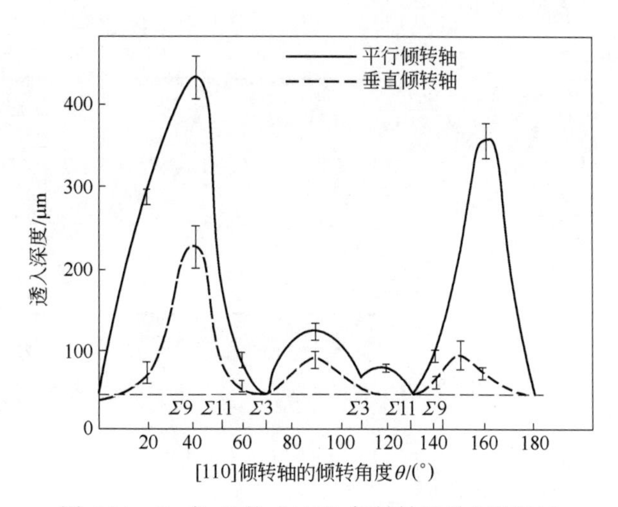

图 6-84 Zn 在 Al 的［110］倾转轴晶界中平行与垂直倾转轴方向的渗入深度

6.9.4.2 晶粒尺寸的影响

在6.9.1节讨论中把沿晶界扩散分为A型、B型和C型三种扩散情况，为了方便，把两个与晶界扩散相关的参数(见式(6-261)，这里讨论溶质扩散，并考虑了晶界偏析）再重复写出如下：

$$\alpha \equiv \frac{s\delta}{2\,(D_1 t)^{1/2}} = \frac{s\delta}{2L_1} \qquad \beta \equiv \frac{s\delta D_{\mathrm{b}}}{2D_1^{3/2}t^{1/2}} = \left(\frac{L_{\mathrm{b}}^{\mathrm{B}}}{L_1}\right)^2 \tag{6-295}$$

利用这两个参数，定义多晶体中扩散的特征长度，如表6-12所列。

表6-12 在多晶体中扩散的各个特征长度

点阵扩散长度	$L_1=(D_1t)^{1/2}$	有效晶界宽度	$s\delta$
平均晶粒尺寸	d	在晶界内扩散长度（C型扩散）	$L_{\mathrm{b}}^{\mathrm{C}} = (D_{\mathrm{b}}t)^{1/2}$
晶界宽度	δ	在晶界内扩散有效长度（B型扩散）	$L_{\mathrm{b}}^{\mathrm{B}} = \frac{(sD_{\mathrm{b}}\delta)^{1/2}}{(4D_1)^{1/4}}t^{1/4}$

根据各种特征长度之间的关系，在图6-62表示的多晶体扩散A、B和C型情况基础上再进一步作细致划分，如图6-85所示。其中C型扩散的条件是：$L_1 \ll s\delta/2 \ll L_{\mathrm{b}} \ll d$，即沿晶界内的有效扩散深度$L_{\mathrm{b}}$比晶界有效宽度$s\delta$和点阵扩散深度$L_1$大得多，但比晶粒尺寸小得多，同时点阵的扩散深度比晶界有效宽度小，这时点阵扩散可以忽略，扩散物只进入晶界，深度不超过一个晶粒尺寸。C′型扩散的条件是：$L_1 \ll s\delta/2 \ll d \ll L_{\mathrm{b}}$，即沿晶界内的有效

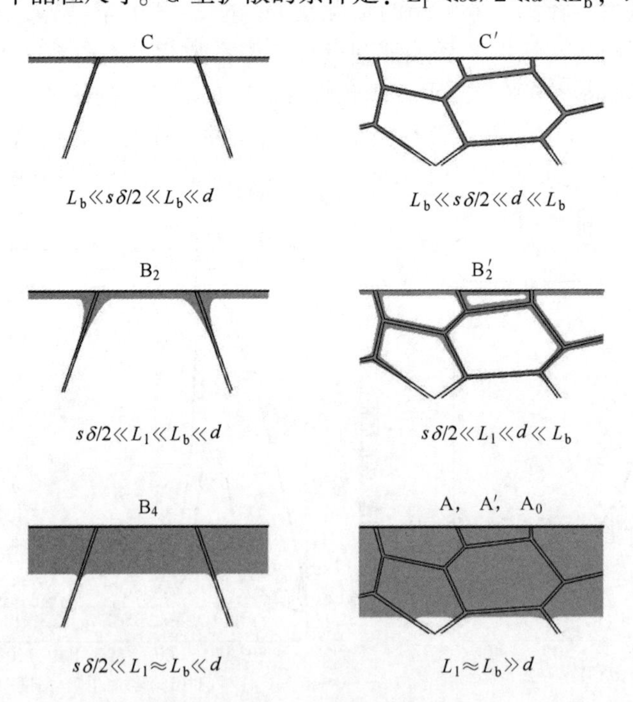

图6-85 多晶体中扩散模式在图6-62划分的基础上进一步的细划分

扩散深度 L_b 比晶界有效宽度 $s\delta$、点阵扩散深度 L_l 和晶粒尺寸都大得多，同时点阵的扩散深度比晶界有效宽度小，这时点阵扩散可以忽略，扩散进入晶界的深度超过晶粒尺寸。B_2型扩散的条件是：$s\delta/2 \ll L_l \ll L_b \ll d$，即沿晶界内的有效扩散深度 L_b 比晶界有效宽度 $s\delta$、点阵扩散深度 L_l 大得多，但比晶粒尺寸小得多，同时点阵扩散的深度比晶界有效宽度大得多；这时点阵扩散不能忽略，晶界的扩散深度不超过晶粒尺寸，而在表面和在已渗入的晶界两侧有薄层的点阵扩散。B_2'型扩散的条件是：$s\delta/2 \ll L_l \ll d \ll L_b$，即沿晶界内的有效扩散深度 L_b 比晶界有效宽度 $s\delta$、点阵扩散深度 L_l 和晶粒尺寸都大得多，但点阵扩散的深度比晶粒尺寸小得多而比晶界有效宽度大得多，这时扩散渗入的晶界深度超过晶粒尺寸，在表面和已渗入的晶界两侧有薄层的点阵扩散。B_4 型扩散的条件是：$s\delta/2 \ll L_l \approx L_b \ll d$，即沿晶界内的有效扩散深度 L_b 与点阵扩散深度 L_l 差不多，并比晶界有效宽度 $s\delta$ 大得多，但比晶粒尺寸小得多，这时距表面不论在晶界或在点阵内有一比晶粒尺寸小的扩展层。A 型扩散的条件是：$L_l \approx L_b \gg d$，即沿晶界内的有效扩散深度 L_b 与点阵扩散深度 L_l 差不多，而比晶粒尺寸大得多，这时距表面不论在晶界或在点阵内有一比晶粒尺寸大的扩展层。

按多晶体的晶粒尺寸，可分为粗晶粒、细晶粒、超细晶粒几种级别。在固定温度下，不同级别多晶体的扩散模式随时间都有各自的发展序列，这些发展序列列于表 6-13 中。

表 6-13　在固定温度下不同级别多晶体的扩散模式随时间的序列发展

多晶体的级别	随时间扩散模式的序列发展	多晶体的级别	随时间扩散模式的序列发展
粗晶粒	$C \to B_2 \to B_4 \to A$	超细晶粒	$C \to C' \to B'_2 \to A'$
细晶粒	$C \to B_2 \to B'_2 \to A'$	特别超细晶粒	$C \to C' \to A_0$

A　粗晶粒情况

开始时，点阵扩散可以忽略，扩散只进入晶界，即 C 型扩散。如果所有晶界都垂直于表面，因表面源不同，沿晶界浓度有高斯或误差函数分布形式。在实际晶体中，晶界与表面相交的角度不同，扩散系数 D_b 可以由测量的曲线推出。因为 $D_b \gg D_l$，所以 $L_b^C > L_l$，忽略晶界侧向点阵的扩散也意味着 $L_l \ll s\delta/2$。随着时间增加，点阵扩散距离 L_b 也增加，迟早都会使 $L_l \gg s\delta/2$，这时扩散进入 B_2 型扩散形式，在表面附近有点阵扩散，扩散深度约 L_l。在靠近表面的晶界附近有晶界侧向的点阵扩散，等浓度曲线在晶界旁边出现突出的尾部，拖尾的深度是 L_b。从 C 型扩散转变到 B_2 型扩散的转折点是 $L_b^C = L_b^B$，转变的时间 t' 及渗入深度 L' 为：

$$t' = \frac{(s\delta)^2}{4D_l} \qquad L' = \frac{s^2\delta}{2}\sqrt{\frac{D_b}{D_l}} \tag{6-296}$$

注意，B_2 型扩散是从晶界优先扩散透入的，$L_b^B \gg L_l$，$\beta \gg 1$。

从表 6-12 看出，点阵扩散长度 L_l 的增长比 L_{gb}^B 的增长更快，总会有某一时刻 L_l 赶上 L_b^B，这一刻 $L_l = L_b^B$，这时的特征时间 t''和特征长度 L''为：

$$t'' = \frac{(s\delta D_b)^2}{4D_l^3} \qquad L'' = \frac{s\delta D_b}{2D_l} \tag{6-297}$$

这标志着扩散从 B_2 型转变为 B_4 型，这时扩散区域的前沿近似为平面，因表面源的不同（恒源或瞬时源），浓度分布符合高斯或误差函数解。

这里所讨论的粗晶粒是指 $L''\gg d$，即晶界扩散保持孤立扩散的形式，从 C 型扩散到达 B_4 型扩散仅是点阵扩散深度赶上晶界扩散深度，但都未能达到晶粒尺寸的大小，一旦点阵和晶界扩散深度到达晶粒尺寸的大小，则进入 A 型扩散，这将在下面讨论。

B 细晶粒情况

当 $L'\ll d\ll L''$ 时是细晶粒情况，随着扩散时间增加，扩散模式是 $C\rightarrow B_2\rightarrow B'_2\rightarrow A'$（参看表 6-13 和图 6-85）。和讨论粗晶粒情况一样，扩散开始时只有孤立晶界扩散（C 型），扩散时间增加，$t\gg t'$ 后，开始 B_2 型的扩散，当晶界扩散有效长度 L_b^B 达到并超过晶粒平均尺寸 d 后，$L_b^B\gg d\gg L_1\gg s\delta/2$，扩散转入 B'_2 型。在晶界扩散原子的透入深度大于晶粒尺寸，但晶界的侧向的点阵扩散仍没有重叠。

与粗晶粒扩散情况一样，B_2 型扩散的主要特征与晶粒形状无关。大概的原因是：当 $L_b^B\gg d$ 时在晶界周围晶粒的浓度分布大体是相同的。因为 $d\gg L_1$，原子从晶界扩散进入晶粒的行为与孤立平面晶界扩散非常相似，所以，扩散的特征与晶粒形状无关。在 $L_b^B\gg d\gg L_1$ 时如果把 Fisher 模型（见 6.9.1.2 节）中的 δ 换成 g/A（g 是晶界的体积分数，A 是单位体积中的晶界面积）则是适用的，而 g/A 与 δ 的差别只是约等于 1 的几何因子。

扩散时间进一步延长，点阵扩散长度大于晶粒尺寸，晶界两侧的点阵扩散发生重叠，扩散模式变为 A' 型扩散，这个模式与粗晶粒的 A 型扩散不同。虽然都是 $L''\gg d$，但对于粗晶粒情况，表观扩散系数主要由点阵扩散控制，而在细晶粒情况，表观扩散系数主要由沿晶界扩散控制。

C 超细晶粒情况

当 $d\ll L'$ 时是超细晶粒情况。随着扩散时间增加，扩散模式是 $C\rightarrow C'\rightarrow B'_2\rightarrow A'$（参看表 6-13 和图6-85）。开始时 $L_1\ll s\delta/2$，扩散模式是 C 型扩散。随着扩散时间增加，晶界渗入深度达到或超过晶粒尺寸即 $L_b^B\gg d\gg s\delta/2\gg L_1$ 时，扩散模型改变为 C' 型，这时晶界两侧没有点阵扩散。$L_b^B=d$ 时扩散模式从 C 型转变为 C' 型，由此估计从 C 型转变为 C' 型的时间 $t_0=d^2/D_b$。利用式（6-296）t_0 又可表达为 $t_0=(dL')^2t'$，因为 $d\ll L'$，所以 $t_0\ll t'$。因此，扩散模式进入 B'_2 型之前就进入 C' 型。当扩散时间到达 t' 后，$L_b^B\gg d\gg L_1\gg s\delta/2$，扩散才进入 B'_2 型，此时 t' 就是 C' 型扩散的时间上限。扩散时间再延长，扩散进入 A' 型模式。

在上面对超细晶粒的讨论中，虽然晶粒非常小，但还是大于 $s\delta/2$。当有很强的晶界偏析或者特别是有超细晶粒（例如纳米晶粒）时，$s\delta/2$ 有可能超过晶粒尺寸。这样，随着扩散时间增加，扩散模式会是 $C\rightarrow C'\rightarrow A_0$（参看表 6-13 和图 6-85）。当 d 的大小接近 $s\delta/2$ 时，B'_2 型模式收缩和消失，经过短时间的 C 型扩散和 C' 型扩散就直接进入 A_0 型扩散模式。

对于纳米多晶材料，由于这些材料通常是通过远离热力学平衡的途径合成的，具有高密度的晶界和三叉棱，再加上在这些缺陷中的原子的高体积分数（高达 30%~50%），一般情况下，沿着晶界和三叉棱的扩散系数值很高，甚至在低温条件下，纳米结构材料的有效扩散系数异常高。

但是，晶界扩散对晶界结构状态非常敏感，而不同路线合成的纳米晶界结构也有很大的差异。所以，研究纳米多晶的扩散要与微观组织研究相结合，因为从微观组织的演变、稳定性、杂质含量、溶质偏析、点缺陷、线缺陷的密度和排列等方面对扩散动力学有很大的影响。扩散与这些因素的相互依赖的详细关系是复杂的：晶界扩散机制是否与晶粒尺寸有依赖性？尽管在对纳米材料扩散的理解上取得了相当大的进展，但许多其他的基本问题仍然没有得到解决，如：晶界结构与相应的能量和动力学性质之间的关系是什么，在纳米结构材料中，人们可以应用“平均晶界”的概念吗，纳米多晶生产路线的影响是什么，哪些是纳米结构材料的主要扩散短路路径等？关于具体的不同路线合成纳米材料的扩散问题，可查阅相关的文献。

6.10 多元合金中的扩散

在多元系中，任一个溶质组元的扩散除了受溶剂的影响外，还受另一溶质组元的影响，有时这种影响还是很激烈的，所以扩散过程比二元系扩散复杂。在这里只介绍一个Darken所做的有名的实验，从中分析第三组元对扩散的影响。Darken将 $w(C)=0.414\%$ 的Fe-C合金及 $w(C)=0.478\%$、$w(Si)=3.89\%$ 的Fe-Si-C的合金组成扩散偶，在1050℃扩散退火13天，然后测量碳浓度的分布。在原来的扩散偶中，碳浓度基本是均匀分布的，而扩散退火后，在接合面处出现碳浓度的跳跃，两侧出现碳的浓度梯度，出现了上坡扩散现象，如图6-86所示。因为扩散的驱动力是热力学力-化学势梯度，出现上坡扩散并不奇怪。在大多数情况下，浓度梯度和化学势梯度是一致的，但在一些特殊情况下，浓度梯度和化学势梯度不一致，这个例子就是这种不一致的情况。

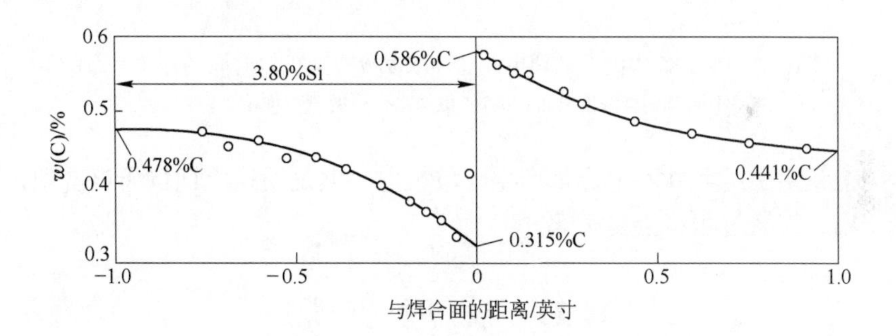

图6-86 Darken实验：Fe-0.441%C和Fe-0.478%C-3.89%Si合金组成的扩散偶在1050℃保温13天后的浓度分布曲线

因为C是间隙扩散，所以扩散流量 $\boldsymbol{J}$ 是：

$$\boldsymbol{J}=-L_{CC}\nabla\mu_C \tag{6-298}$$

而 $\mu_C=\mu_C^0+k_BT\ln a_C$，$a_C$ 是间隙原子C的活度，所以：

$$\boldsymbol{J}=-\frac{L_{CC}k_BT}{a_C}\nabla a_C \tag{6-299}$$

式中，L_{CC}是正的，所以C是向着活度降低的方向流动。因为C在高硅一侧的活度高于无硅一侧的活度，所以碳从高硅一侧流向无硅一侧。同时，Si也进行扩散，它也是从高硅一侧流向无硅一侧。由于碳是间隙原子，硅是代位原子，硅的扩散比碳慢得多，所以在早期主要是碳的扩散。开始时，界面两侧碳的化学势不连续跳跃，促使碳很快地从高硅一侧向低硅一侧转移，并逐渐调整界面两侧浓度以使在界面上两侧碳的化学势相等，即在界面两侧碳的浓度分别维持某一固定值（见图 6-87a）。虽然碳的化学势在界面相等，但在界面两侧仍存在碳的化学势梯度，碳继续从高硅一侧流向低硅一侧（见图 6-87a 的 t_1、t_2 曲线）。当保温时间足够长时，硅的扩散不能忽略，而硅的扩散又影响碳的化学势。当硅的浓度成连续分布时，在界面上硅的浓度相等，导致碳的浓度也相等，碳的浓度分布如图 6-87a 的 t_3 曲线所示。随后碳的扩散受硅的扩散控制。如果扩散偶有限长，最后，当硅扩散沿扩散偶分布均匀后，碳也随之均匀分布。图 6-87b 为在三元相图恒温截面上示意地表示扩散偶接合面两侧相应两个对称位置的浓度随时间的变化。最后的成分达到 C 点，即达到均匀化。

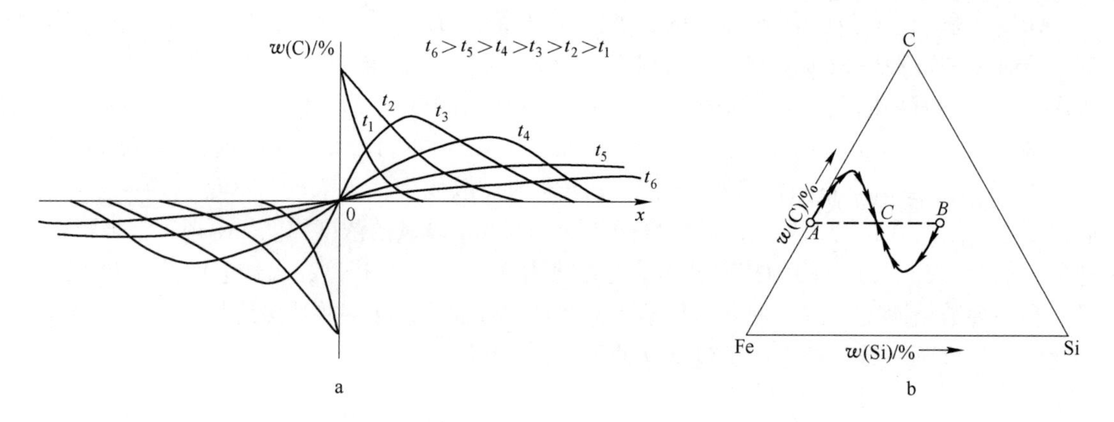

图 6-87　图 6-86 中的扩散偶中碳和硅浓度分布随扩散时间的变化示意图
a—不同时刻碳浓度分布；b—扩散偶接合面两侧对称位置浓度变化

当然，三元系中组元并不一定都产生上坡扩散，但是通过上面例子可看到，由于组元间的交互作用，扩散过程将会复杂化。

6.11　反应扩散

如果在 A-B 不形成连续固溶体，扩散偶经一定时间扩散后会在 A 的固溶体（α 相）和 B 的固溶体（β 相）两相相遇的界面出现平衡，要求界面反应扩散才得以继续进行。若相图中存在中间相，则扩散偶经一定时间扩散后会形成化合物，出现化合物后，扩散偶通过中间化合物层扩散要求连续的反应。这些扩散过程的连续进行都要求界面反应发生相变，这类扩散问题称反应扩散。

以一个简单的二元系来讨论这个问题。一个 A-B 二元系的相图如图 6-88a 所示。现以纯 A（α 相）和纯 B（β 相）组成扩散偶，并在 T_1 温度保温。图 6-88b 表示 A-B 二元系在 T_1 温度的 α 和 β 相的自由能曲线。我们看扩散偶界面处 B 在 α 相及 β 相的化学势，它们可以用通过对 α 相及 β 相的自由能曲线所作的切线和纯 B 的纵坐标交点值来表示。在开始扩散时，α 相中 B 组元浓度趋于零，β 相的 B 组元浓度趋于 1。B 在 α 相的化学势就是图 6-88b 中的 $(\mu_B^\alpha)_0$ 点（严格说，化学势应该是无穷小），B 在 β 相的化学势就是 $(G_B^\beta)_0$。这样，在扩散偶的接合面处有化学势的跳跃，使得 B 原子以很大的速度从 β 相转

移入 α 相。同理，A 原子以很大速度转移入 β 相。随着扩散时间的延长，界面上 α 相一侧 B 浓度上升，β 相一侧 B 浓度下降。保温 t_1 时间后，设界面上 α 相一侧 B 浓度提高为 x_1^{α}，β 相一侧 B 浓度下降为 x_1^{β}（见图 6-88d 的 t_1 曲线），B 组元在界面两侧的化学势分别为 $(\mu_B^{\alpha})_1$ 和 $(\mu_B^{\beta})_1$，在界面上仍存在化学势的跳跃（见图 6-88c 的 t_1 曲线），B 从 β 相向 α 相以及 A 从 α 相向 β 相的转移继续进行。随着保温时间增加，界面两侧的浓度差减小，界面两侧的化学势差也减小（见图 6-88c 和 d 的 t_2 曲线）。当扩散时间达到某一时刻（例如 t_3）时，界面两侧浓度分别达到在 T_1 温度下两相平衡浓度 x^{α} 和 x^{β}，这时界面上两侧化学势相等，$\mu_B^{\alpha}=\mu_B^{\beta}$（见图 6-88c 和 d 的 t_3 曲线），即在界面上两相达到局部平衡，这时没有原子经过界面。但是，界面两侧扩散仍在继续进行。扩散的结果是使界面 β 相一侧的 B 浓度升高，超过 x^{β}；使界面 α 相一侧的 B 浓度降低，低于 x^{α}。这样，打破了界面的平衡，界面两侧又产生了化学势的跳跃，界面 α 相一侧 B 的化学势高于 μ_B^{α}，β 相一侧 B 的化学势低于 μ_B^{β}，B 原子从 β 相跨过界面向 α 相转移，相反 A 原子从 α 相跨过界面向 β 相转移。扩散就是在不断维持界面平衡与打破界面平衡的过程中连续反复进行。在整个扩散过程中，两相界面维持成分不连续跳跃，并且不会出现一个两相混合的区域。

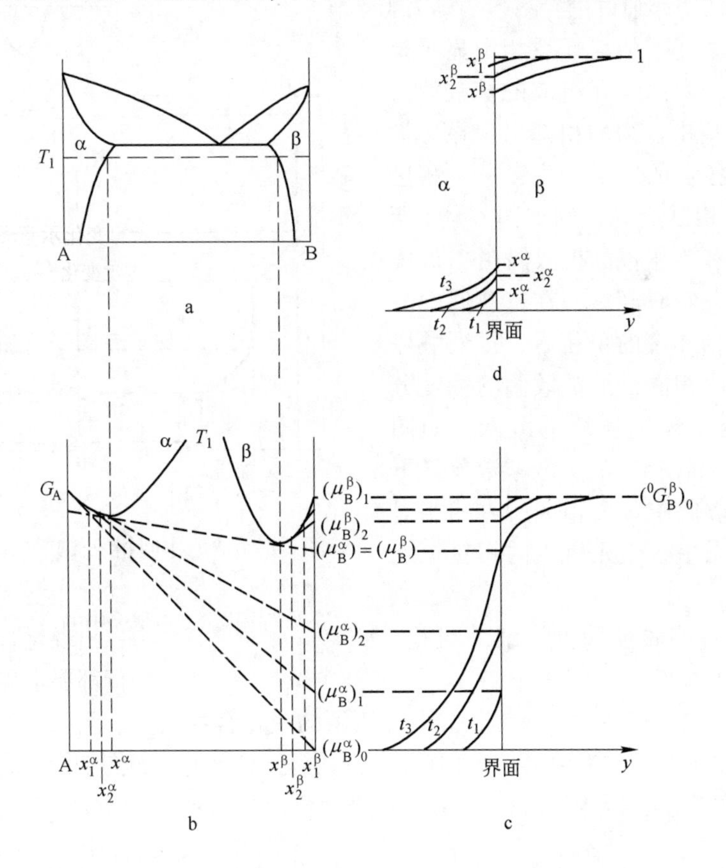

图 6-88　不完全互溶的 A 和 B 组成的扩散偶扩散

a—A-B 二元系相图；b—在 T_1 温度下 α 相和 β 相的自由能-成分曲线；c—A-B 扩散偶界面附近在不同时刻的化学势分布；d—界面附近的浓度（x_B）分布（$t_3>t_2>t_1$）

在扩散过程中，界面两侧的扩散流量不同，为了维持界面平衡，必然会引起界面的推移，推移速度取决于组元在两侧的扩散速度和界面两侧的浓度差。现以 $c^{\alpha\beta}$ 和 $c^{\beta\alpha}$ 表示两侧 α 相和 β 相的平衡体积浓度，D_α 和 D_β 表示在 α 和 β 相的扩散系数。若界面在 Δt 时间内向 β 方向（图 6-88d 中的 y 方向）推移了 Δy 距离，那么在单位面积上必须通过扩散把多余的量为 $\Delta y(C^{\beta\alpha} - C^{\alpha\beta})$ 的组元量输运走，在 Δt 通过界面输运的 B 组元物质量为：

$$\left[D^{\alpha}\left(\frac{\partial c^{\alpha}}{\partial y}\right)_{\text{界面}} - D^{\beta}\left(\frac{\partial c^{\beta}}{\partial y}\right)_{\text{界面}}\right]\Delta t \tag{6-300}$$

故

$$\Delta y(c^{\beta\alpha} - c^{\alpha\beta}) = \left[D^{\alpha}\left(\frac{\partial c^{\alpha}}{\partial y}\right)_{\text{界面}} - D^{\beta}\left(\frac{\partial c^{\beta}}{\partial y}\right)_{\text{界面}}\right]\Delta t$$

界面推移速度为：

$$v = \frac{D^{\alpha}(\partial c^{\alpha}/\partial y)_{\text{界面}} - D^{\beta}(\partial c^{\beta}/\partial y)_{\text{界面}}}{c^{\beta\alpha} - c^{\alpha\beta}} \tag{6-301}$$

相界面移动的详细讨论参阅第 7 章 7.4.4 节。

当在研究温度下的二元系相图显示金属间化合物时，由两组元组成的扩散偶可以预期所有这些化合物的相都出现在扩散区，根据它们各自的组成顺序，一个相区接着一个相区相继启动。例如图 6-89a 所示，那么由 A 和 B 组成的扩散偶在 T_1 温度下保温并扩散一定时间后，在扩散偶中分别出现一系列相邻接的单相区，排列顺序和相图中的顺序相同，沿扩散偶的浓度分布在相界面处出现不连续的跳跃，如图 6-89b所示。如果各相中的扩散系数差异不很大时，在扩散偶中各个相区所占的相对宽度大体和相图中各组元所占的相对宽度成比例。

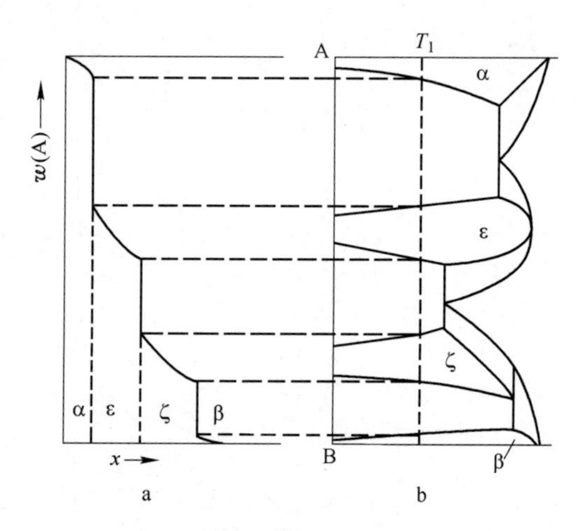

图 6-89　含有中间相的 A-B 二元系的扩散
a—A-B 二元相图；b—A 和 B 组成的扩散偶在 T_1 温度下扩散很长时间后的浓度曲线

关于界面的扩散推移更详细的讨论，参看第 7 章 7.4.4 节。

金属间化合物的存在范围通常非常小（所谓的线化合物），结果，穿过这一金属间相的浓度梯度几乎消失，这有时会使人们误以为这类化合物的生长可能非常缓慢，那么，扩散能进行吗？事实上，因为浓度的微小差异仍然可以导致明显的驱动力，扩散还是会进行的。

这样的扩散机制是什么？因为扩散机制是原子-空位换位机制。虽然没有组元原子的浓度梯度，因为空位的化学势在扩散偶两侧不同，使得空位相化学势低的一侧移动，扩散是由空位浓度梯度引起的。例如 A-B 二元系，其中有 AB 线性化合物，空位的化学势在 A 最高，在 B 最低，A 和 B 组成的扩散偶退火保温时，反应生成薄层 AB 后，空位继续从 A

侧通过 AB 向 B 侧扩散，从而产生新 AB 化合物，使 AB 层增厚。图 6-90 是扩散步骤的简单示意图。在 AB 层与 A 层间，B 向 A 层移动并反应形成新的 AB，并在 B 层留下一个空位 V_B，接着 B 原子以空位扩散机制在 AB 中移动，最后 B 侧的 B 原子扩散进入 AB 层。这样的扩散过程，使 AB 向 A 侧不断增厚。

时间			1 2	
0s	原始状态	A A A A	*B A B* *A B A*	B B B B B
1s	B 原子从 AB 向 A 外扩散	A A A A	←*B A B* *A B A*	B B B B B
6s	化学反应形成一个新的 AB 分子和一个空位 V_B	A A A	*A* V_B↖ *A B* *B A B A*	B B B B B
7s	B 原子以空位机制在 AB 中扩散	A A A	*A B A B*↙ *B A* V_B *A*	B B B B B
8s		A A A	*A B A* V_B←B *B A B A*	B B B B
9s	B 原子中 B 侧外扩散进入 AB	A A A	*A B A B* *B A B A*	B B B B

图 6-90 在线性化合物中扩散的示意说明

在 Ni-Bi 二元系中，相图如图 6-91 所示，其中含 Ni_3Bi 和 NiBi 线性化合物，Ni 和 Bi 都基本没有互溶度，但空位在 Ni 的化学势比在 Bi 的高。由 Ni 和 Bi 组成的扩散偶，经两次在 200℃退火，每次保温 50 小时后，在扩散偶的横截面中看到在 Ni 和 Bi 之间出现一层 Ni_3Bi，如图 6-92a 所示。扩散偶再在 200℃退火 100 小时，在相同地方的截面上，看到在原来的 $NiBi_3$层继续向 Ni 层推进，如图 6-92b 所示。

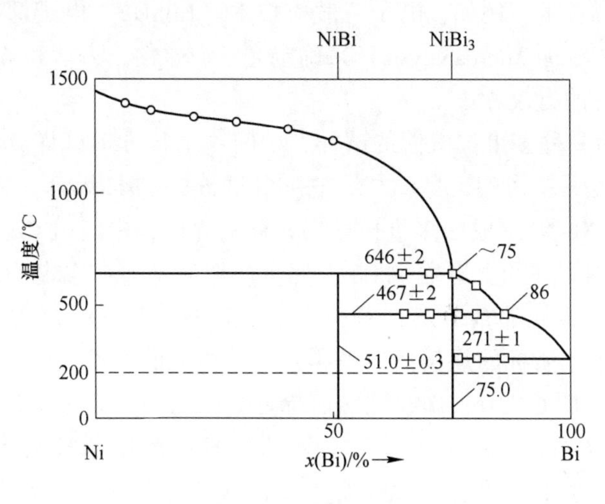

图 6-91 Ni-Bi 相图

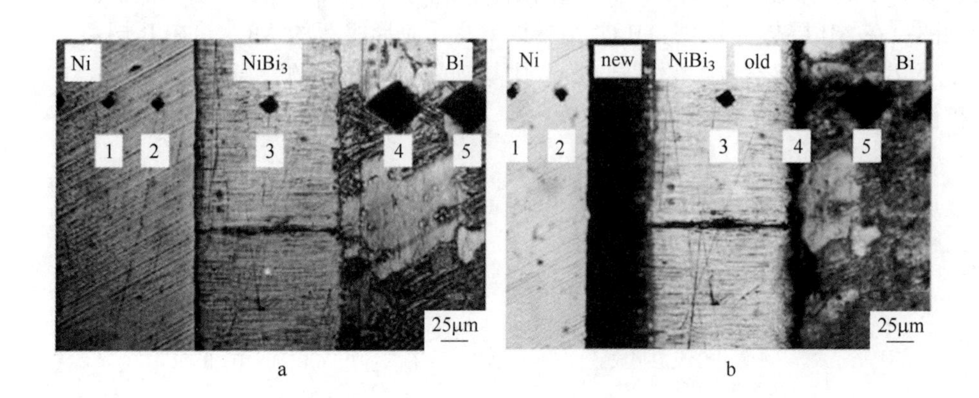

图 6-92 Ni-Bi 扩散偶在 200℃保温后的组织

6.12 “多重扩散偶”的应用

在这一节，简单介绍近年来发展的“多重扩散偶”测定相图和有关平衡相的一些物理性质的方法。所谓多重“扩散偶”方法是用 3 个或更多的金属或合金结合成的“扩散偶”，然后长时间退火，在扩散偶接合处建立不同成分的固溶体之间以及与金属间化合物相的平衡。利用显微扫描工具和显微测量技术（测量显微尺度的光学、磁学、机械和其他众多性能的技术）获得“多重扩散偶”中各相的成分分布、各相中不同成分的性能(如硬度、弹性模量、热导率等)。这种方法可以简单和高效率地获得大量新的合金相以及这些新合金相的成分资料，利用这些资料可以有效地描绘相图、相的性质和形成相的动力学等。同样这种方法亦可以高效率地获得很多关键性合金的资料：如相图，扩散系数，硬度，弹性模量和热导率，脱溶动力学，脱溶硬化效应等。现在，还可以用这种方法同时配合相应的显微扫描技术，例如：电子背散射技术（EBSD）、电子探针 X 射线显微分析等（EPMA Electron Probe Microanalysis）来确定光学、磁性、力学和其他性质。因此，这方法也是对合金设计的有效方法。

图 6-93a 所示为一种多重扩散偶的试样，中间 4 个长方形试样分别是 4 种纯组元试样，上下层盖有时是另一种组元的试样，它们如图 6-93 那样焊合起来。例如，图 6-93b 所示为由 Co-Cr-Mo-Nb-Ni 组成的多重扩散偶试样的界面，中间由 Cr、Mo、Nb、Ni 的长方形试样组成，外围圆柱和上下盖是 Co 组元。这样的试样在选定的温度保温扩散，使在各组元界面（或三组元邻接节点）获得平衡，这样，从这一多重扩散偶的组元连接的边上（图 6-93b 中┇所标的连接面）获得这 5 个组元的固溶体两两平衡的信息；同时在三组元邻接节点（图 6-93b 中虚线圆圈所标处）获得三元系平衡信息；在中间 4 个组元连接的棱上获得 Cr-Mo-Nb-Ni 四元系平衡的信息；在这条棱与上下盖连接处获得 Co-Cr-Mo-Nb-Ni 五元系平衡的信息。所以多重扩散偶方法是一种高效获得大量信息的方法。

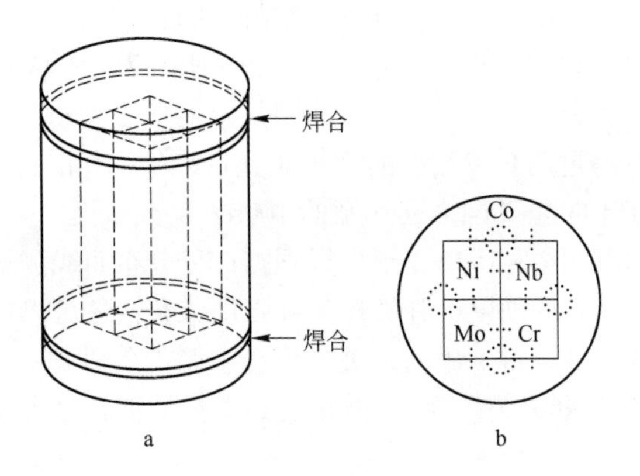

图 6-93 Co-Cr-Mo-Nb-Ni 组成的多元扩散偶
a—试样立体图；b—扩散偶试样的截面

图 6-94 所示为 Cr-Mo-Nb-Ni 多重扩散偶在 1000℃保温 1000h 后，过三组元邻接节点截面的 SEM 照片，照片显示在组元之间完好的互扩散以及形成的金属间化合物。在这些截面同时获得 Co-Nb-Ni、Co-Cr-Nb、Co-Mo-Ni 和 Co-Cr-Mo 等三元系在 1000℃的平衡信息。

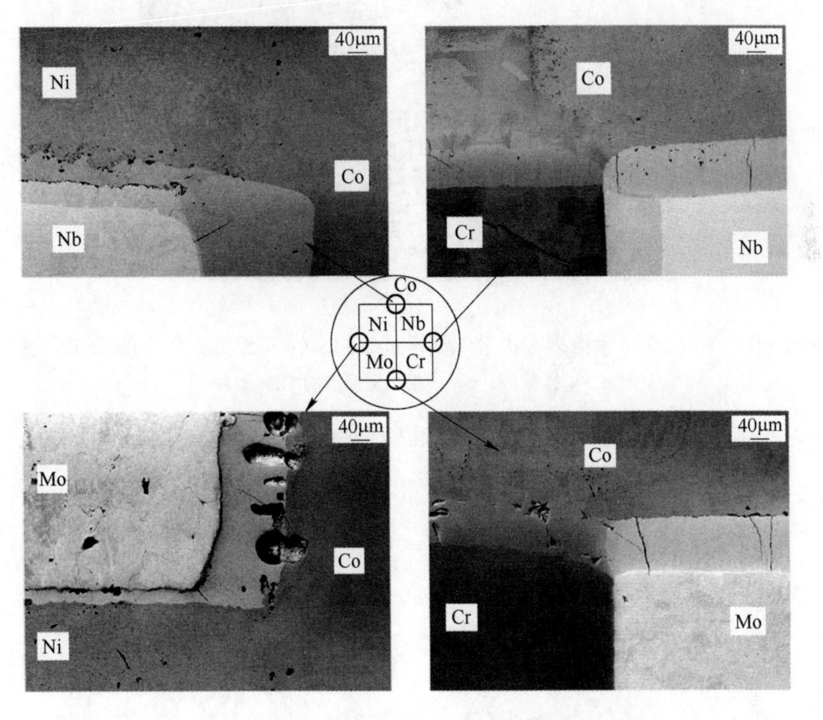

图 6-94 图 6-93 的试样在 1000℃保温 1000h 后的
过三组元邻接节点截面的 SEM 照片

以 Mo-Cr-Co 为例简单介绍测量的恒温三元系截面，图 6-95 所示为过 Mo-Cr-Co 三组元连接点的扫描电子显微镜（SEM）照片（和图 6-94 右下角的照片相当）。用电子探针

（EPMA）测量横过相界面的成分，图中跨过相界面的直线是探针所扫的轨迹，这样就可以获得三元相图在1000℃恒温截面的信息。图6-96a所示为EPMA测量的成分分布，因为在单相区能获得周密的测量成分点，在两相区则只有很少的成分点，这样就可以根据成分点的排列密度（特别是跨过两个单相区的测量成分）来估计相区边界。图6-96b就是根据图6-96a的成分资料画出的Mo-Cr-Co三元系的1000℃恒温截面。

多元扩散偶除了用以测量相图外，还可以根据成分分布曲线测量扩散系数；用原子力探针的纳米压痕测量三元系的硬度、弹性模量和强度分布；还可以根据成分估算其他一些物理性能。利用测量的各种资料，用到有关这个合金系的各种热力学和动力学等过程中。图6-97所示为示意描述多重“扩散偶”，并配合显微扫描工具对合金设计，以及发现新的功能材料的相关流程。

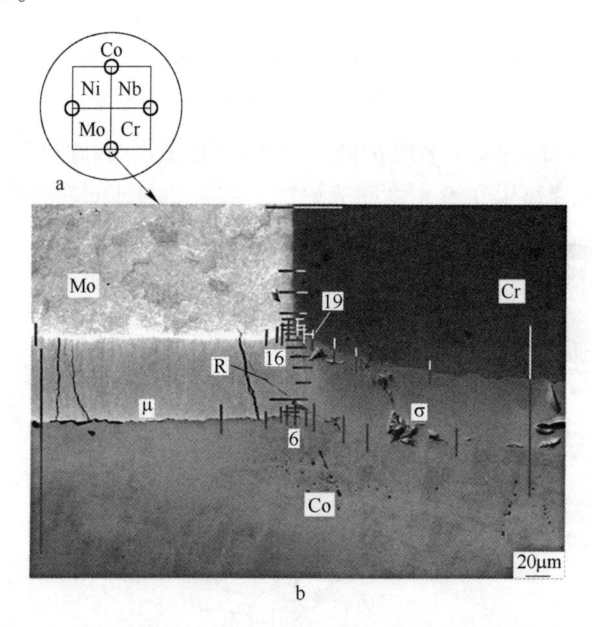

图6-95　图6-93所示的多重扩散偶试样过Mo-Cr-Co三组元连接点的SEM照片

a—试样截面；b—三组元连接点的SEM照片

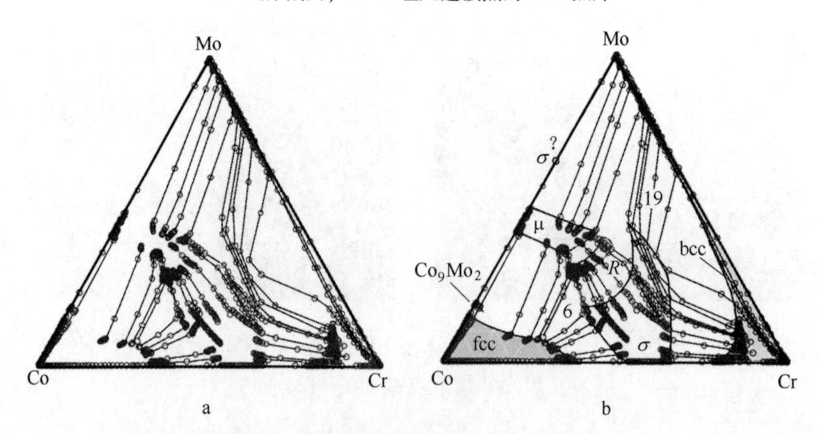

图6-96　EPMA测量的Co-Cr-Mo三元系资料

a—所有的测量成分点；b—估计的相区边界（灰色部分是单相区）

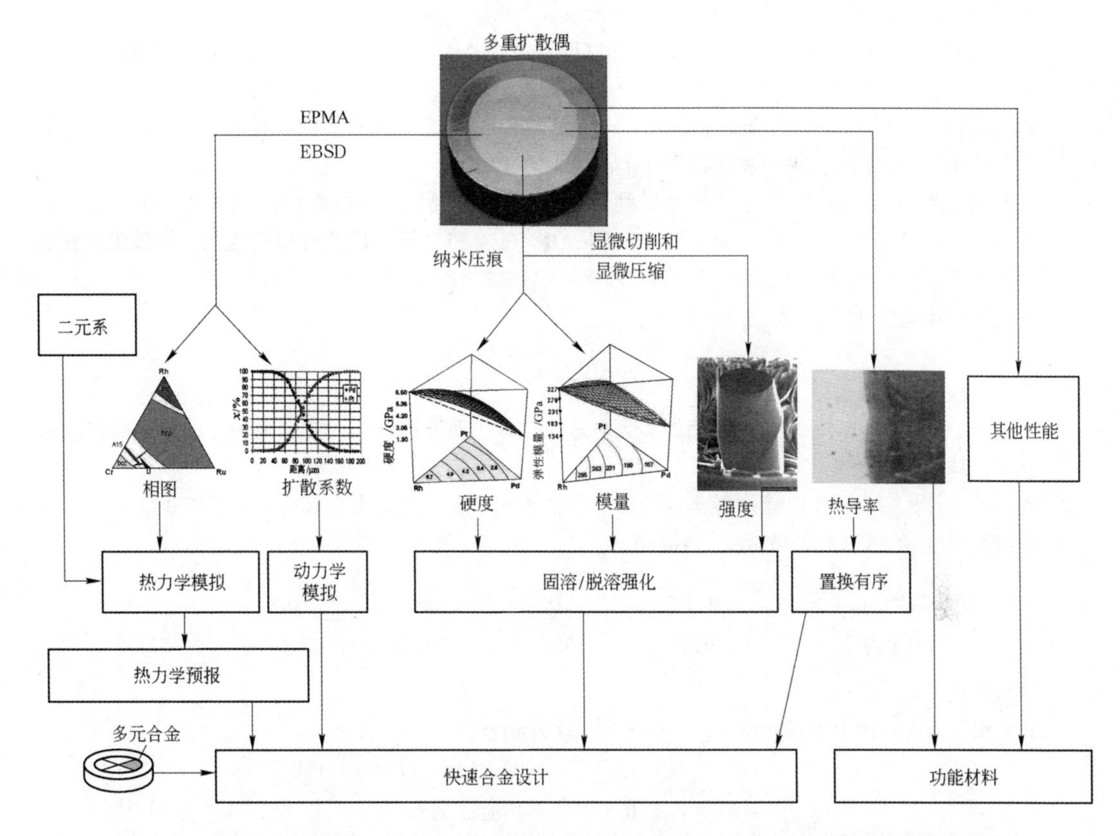

图 6-97　多重“扩散偶”及配合显微扫描工具对合金设计和发现新的功能材料的相关流程

（详细内容请参阅 Zhao J-C，Zheng X，Cahill D G. Materials Today8(10)，2005：28 和 Zhao J-C. Progr. Mater. Sci.，2006，51：557）

练 习 题

6-1　测量六方晶系晶体中不同方向自扩散：在试样表面沉积一层薄的面源然后扩散退火。在垂直表面方向测量扩散系数 D，如果这个方向与晶体的 c 轴夹角是 θ，证明测量的 $D(\theta)$ 有如下关系：

$$D(\theta) = D_{33}\cos^2\theta + D_{11}\sin^2\theta$$

6-2　在无限大的石墨晶体中有一点热源，确定其温度场 $T(x,y,z,t)$。画出如下几种情况的等温线随时间的变化：(1) 包含点源的基面；(2) 包含点源并且法线与 c 轴成 60°的面；(3) 包含点源和 c 轴的面。

6-3　一块厚度为 $d=2$mm 的薄板，在 T_1 温度下两侧的浓度分别为 $w_1=1.4\%$，$w_0=0.15\%$。w_1 和 w_0 浓度的扩散系数分别为 $D_{w1}=7.7\times10^{-11}\text{m}^2/\text{s}$，$D_{w0}=2.5\times10^{-11}\text{m}^2/\text{s}$。问板两侧表面的浓度梯度的比值为多大？已知 $w=0.8\%(\equiv\rho=60\text{kg/m}^3)$，问扩散流量为多少（设扩散系数随浓度线性变化）？

6-4　一个封闭钢管，外径为 1.16cm，内径为 0.86cm，长度为 10cm。管内为渗碳气氛，管外为脱碳气氛。在 1000℃保温 100h 后（达到平稳态扩散），共有 3.60g 碳逸出钢管。钢管的碳浓度分布如下所示：

r/cm	w(C)/%	r/cm	w(C)/%
0.553	0.28	0.491	1.09
0.540	0.46	0.479	1.20
0.527	0.65	0.466	1.32
0.516	0.82	0.449	1.42

计算各个浓度下的扩散系数，画出浓度-扩散系数曲线。

6-5 两层材料组成的空心圆管，内径是 R_{in}，每层厚度都为 ΔR，外径 $R_{out}=R_{in}+2\Delta R$。内层材料的扩散系数是 D_{in}，外层的扩散系数是 D_{out}。管内壁的浓度 $c(r=R_{in})=c_{in}$，管外壁的浓度 $c(r=R_{in}+\Delta R)=c_{out}$。(1) 求稳态扩散时的浓度分布，并求扩散通量。(2) 若内壁和外壁的材料互换，扩散流量有没有改变（设在内壁层和外壁层的界面上浓度相同）？

6-6 由材料 A 和 B 组成双层平板，A 板的厚度是 L，B 板的厚度是 $2L$。扩散组元在 A 板一侧表面的浓度为 $c=c_0$（常数），在 B 板一侧表面的浓度 $c=0$，在 A 和 B 板界面浓度保持连续，扩散组元在 A 和 B 板中的扩散系数均为常数，分别为 D_A 和 D_B。求扩散在稳态时的扩散流量 J。

6-7 球对称的流量场如下：

$$\boldsymbol{J} = \frac{\boldsymbol{r}}{r^3}$$

(1) 求过任一不包括原点的封闭面的扩散通量；(2) 说明通过以任一原点为中心的球面的扩散通量与此球的半径无关。

6-8 在纯铜圆柱体一个顶端电镀一层薄的放射性同位素铜。在高温退火 20h 后，对铜棒逐层剥层测量放射性强度 α（α 正比于浓度），数据如下：

距顶端距离 x/cm	0.1	0.2	0.3	0.4	0.5
α（任意单位）	5012	3981	2512	1413	524.8

求铜的自扩散系数。

6-9 在一维无限大介质中，其初始浓度呈如下的周期方波分布：

$$c(x,\ t=0)=\begin{cases} c_0 & n\lambda \leqslant x+n\lambda \leqslant n\lambda+\lambda/2 \\ 0 & \text{其他情况} \end{cases}$$

式中，n 是包括正或负的全部整数。(1) 求浓度分布；(2) 在 $x=\lambda/4$ 处当 $Dt/\lambda=0.002$ 时，若得到的浓度与由全部级数系列的精确解误差在 1%以内，则要采用级数解中的多少项？

6-10 α-Fe 薄板中含有一定量的氢，均匀分布。在 20℃下脱氢。设表面浓度为零，若薄板厚度为 10mm，问把全部氢的 90%除掉要多长时间？氢在 α-Fe 中的扩散系数：$D_0=0.0011\text{cm}^2/\text{s}$，$Q=11.53\text{kJ/mol}$。除了用解析解外，设计一个程序，用计算机求解，对比所得结果。

6-11 一维扩散问题的边界条件如下：

$$c(x,\ t)=\begin{cases} 0 & x>h \\ M(1-x/h)/h & 0<x<h \\ M(1+x/h)/h & -h<x<0 \\ 0 & x<-h \end{cases}$$

$$\frac{\partial c}{\partial x}(x=\pm\infty,\ t)=0$$

(1) 用叠加的方法求解；

(2) 当$2(Dt)^{1/2}\gg h$ 时，说明 (1) 中的解简化为平面扩散源的标准解；当 ε 很小时，可以用如下近似式：

$$\text{erf}(\beta+\varepsilon)=\text{erf}(\beta)+\frac{2\varepsilon}{\sqrt{\pi}}\text{e}^{-\beta^2}+\cdots \qquad \text{e}^{\varepsilon}=1+\varepsilon+\cdots$$

6-12 设一钢板在 920℃分隔两种气氛，钢板的厚度为 10mm，原始碳含量 $w(\text{C})$为0.1%，钢板一侧和气氛的平衡碳势为 0.9%，另一侧为 0.4%。(1) 求 20h 后钢板的浓度分布。(2) 钢板内的扩散达到平稳态后，碳以多大的流量从钢板的一侧扩散到另一侧？（用数值解得 $D=8.072\times10^{-8}\text{cm}^2/\text{s}$）

6-13 敏感的红外探测器是由在衬底上相继气体沉积 13nm 的 HgTe 和 CdTe 层构成的，由于发生互扩散，在 162℃经 55h 或在 110℃经 250h 后失去其敏感性。(1) 计算互扩散激活能，(2) 估算在 25℃下探测器的寿命。

6-14　若以热扩散率 $a=\lambda/\rho c_p$（其中 λ 是导热系数，ρ 是密度，c_p是比恒压热容）代替扩散方程的扩散系数，温度代替浓度，则可得到传热方程(式(6-11))。图 6-98 是钢的顶端淬火试样的图样及顶端淬火的情况，顶端淬火试样加热至 915℃并保温后取出，在底端喷水冷却，水温维持 24℃。设冷却过程只从底面散热，忽略冷却时钢的转变潜热，并设 λ、c_p等不随温度而变。求冷却 5s 后以及 1min 后沿棒长的温度分布曲线(画出距顶端 0，0.2，0.6，1.0，2.0，4.0，8.0cm 处的温度即可)，并求出各点在 725℃时的冷却速度（$a=0.127\text{cm}^2/\text{s}$）。

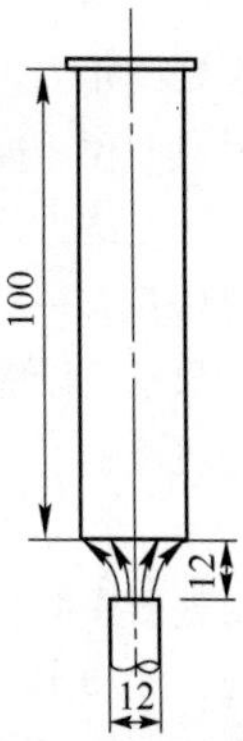

图 6-98　钢的顶端淬火试样的图样及顶端淬火的情况

6-15　在 10^5Pa（1atm）25℃下，氢分子平均运动速度是 13×10^4cm/s，运动的平均自由程是 19×10^{-6}cm，计算氢分子的扩散系数。

6-16　在介质中放入一定量 M 的扩散物质，扩散物质近似为一个点，其体积可以忽略。扩散物质三维扩散，其扩散方程解为：

$$c(r,\ t)=\frac{M}{8(\pi Dt)^{3/2}}\exp\left(-\frac{r^2}{4Dt}\right)$$

(1) 导出在 $r\sim r+\mathrm{d}r$ 球壳内发现扩散物质的几率；

(2) 导出 t 时刻扩散原子所走的平均距离 $\overline{r^2}$；

(3) 导出 $D=\Gamma d^2/6$。

6-17　在 α-Fe 固溶体中碳的平均振动频率为 10^{13}s^{-1}，α-Fe 的点阵常数 $a=2.904\times10^{-10}$m，查得 $D_0=0.0081\text{cm}^2/\text{s}$，因 $D_0=\dfrac{1}{6}d^2Z\nu\exp\left(\dfrac{\Delta S_\mathrm{m}}{R}\right)$，求碳的扩散激活熵。

6-18　在纯金属中若存在空位浓度梯度时会引起空位扩散流，证明空位扩散系数 D_v和自扩散系数 D_s有如下关系：$D_\mathrm{v}/D_\mathrm{s}=(f_0x_\mathrm{v})^{-1}$，其中 x_v 是空位的原子浓度。

6-19　Au 中过饱和空位在退火时消散。(1) 若空位的移动激活焓 $\Delta H_\mathrm{m}=79$kJ/mol，$D_{0\mathrm{v}}=0.245\text{cm}^2/\text{s}$，估算在 40℃的空位扩散系数 D_v；(2) 如果空位扩散的弛豫时间 $\tau_0=l^2/\pi^2D_\mathrm{v}$，若在 40℃时 $\tau_0=200$h，空位阱的平均距离为多大？(3) 双空位的扩散激活焓 $\Delta H_{\mathrm{m}2}$为 60kJ/mol，假设双空位和单空位扩散系数的 D_{02}和 D_0 相等，计算在 40℃双空位和单空位扩散系数比值 D/D_2。

6-20　设简单立方点阵中发生无规行走，并且假设每步行走是不相关的，说明 $f_0=1$。

6-21　在 hcp 点阵中发生无规行走，在基面内跳动的最近邻距离是 a，跳动的几率是 p。在基面之间跳动的距离是 $(a^2/3+c^2/4)^{1/2}$，跳动的几率是 $(1-p)$。若 x 和 y 轴在基面，导出主扩散系数 D_1 和 D_3 的如下表达式：

$$D_1=\frac{a^2N_\mathrm{r}p}{4\tau}+\frac{a^2N_\mathrm{r}(1-p)}{12\tau}\qquad D_3=\frac{c^2N_\mathrm{r}(1-p)}{8\tau}$$

式中，N_r是在 τ 时间内跳动的总次数。

6-22　设扩散粒子在正交 P 点阵中作无规行走，不考虑相关效应。x、y 和 z 轴放在 3 个晶轴上，在 x 方向有 n_x 次跳动，每次跳动的距离是 a，在 y 方向有 n_y 次跳动，每次跳动的距离是 b，在 z 方向有 n_z 次跳动，每次跳动的距离是 c。晶体的扩散系数张量是：

$$\boldsymbol{D}=\begin{bmatrix}D_1 & 0 & 0\\ 0 & D_2 & 0\\ 0 & 0 & D_3\end{bmatrix}$$

(1) 找出以跳动次数表达均方根位移的式子。

(2) 找出以 3 个主扩散系数和扩散时间表达的另一个均方根位移的式子。

6-23 面心立方点阵的点阵常数是 a，在点阵中空位扩散，设它跳进最近邻位置的几率为 p，跳进次近邻的几率为（$1-p$），p 为何值时，这两种跳动对扩散的贡献相同？

6-24 在二维正方点阵中示踪原子以空位机制扩散，计算 $\overline{\cos\theta}$ 和相关因子 f_0。设空位只与最近邻换位，并且空位浓度很低。

6-25 一个二维方格点阵，点阵常数 $a=0.5\text{mm}$，总面积是 $5\times5\text{cm}^2$。设空位跳动频率 $\Gamma=1000\text{s}^{-1}$，在点阵中只有一个空位，空位每次跳动只与最近邻交换位置，在整个跳动过程空位都在点阵中。(1) 如果空位以随机行走机制扩散，求空位扩散系数；(2) 一个处在点阵中心的示踪原子，在点阵中随机位置引入一个空位，求示踪原子的扩散系数；(3) 估计示踪原子从中心到达点阵边缘所需的时间。

6-26 根据图 6-43b 和 c 给出的资料，计算 $x(\text{Ni})=0.4$ 以及 $x(\text{Ni})=0.6$ 两种合金在 900℃时的互扩散系数，并和实测数据作比较。

6-27 由纯 A 和纯 B 组成的扩散偶，在 A-B 接合面处以及靠近纯 A 端处各放入惰性标志物。若 $D_A>D_B$，定性画出扩散到某一时间的浓度分布曲线，并讨论两个标志面位置的移动情况。

6-28 一纯铜棒和另一个 $x(\text{Zn})=29.4\%$ 的 Zn-Cu 合金棒焊合成扩散偶，退火 360h 后，Zn 浓度和距离 y 的关系如下：

$x(\text{Zn})/\%$	0.3	1.5	4.4	8.8	14.7	20.6	23.5	25.0	26.5	27.9	28.8	29.1
$y/10^{-3}\text{cm}$	35.1	33.2	31.5	30.0	28.2	24.7	21.6	19.1	15.8	10.2	4.0	0.0

确定 Matano 平面的位置，计算 $x(\text{Zn})=5\%$处的互扩散系数。

6-29 纯铜和 $w(\text{Zn})=30\%$ 的 Zn-Cu 合金组成扩散偶，在焊合面上插入标记丝，在 785℃保温 56 天后，测得标记丝移动了 0.0105mm，标记平面的 $x(\text{Zn})=22\%$，浓度梯度 $(\partial x(\text{Zn})/\partial x)=-0.089\text{mm}^{-1}$，$\int_0^{0.22} x\text{d}N_{\text{Zn}}=0.0161\text{mm}$，求浓度$x(\text{Zn})=22\%$合金的互扩散系数和禀性扩散系数。问扩散偶中的标记丝向扩散偶的哪一侧移动？

6-30 分析当热力学因子 $\Phi>1$ 或 $\Phi<1$ 时在浓度梯度下的禀性扩散系数 D_B 与禀性自扩散系数 D_B^* 的差别，并解释差别的原因。

6-31 一个刃位错突然插入间隙溶质原子浓度均匀的基体中，(1) 求在初始时通过以位错为中心轴半径为 R 的扩散流量。(2) 找出长时间物质流量停止后的浓度梯度表达式。

6-32 由 A 和 B 金属组成的热电偶，如图 6-99 所示，热电偶的焊合点温度是 T_1，开端温度是 T_2，$T_1>T_2$。在两种材料中有相同浓度的间隙原子，在材料 A 中的传输热 $Q_i^{\text{Tr}}=-84\text{kJ/mol}$，在另一种材料 B 中的传输热 $Q_i^{\text{Tr}}=0$。设在焊合处（T_1）间隙浓度相同，导出稳态时在 T_2 两个金属支腿间的间隙原子浓度差。

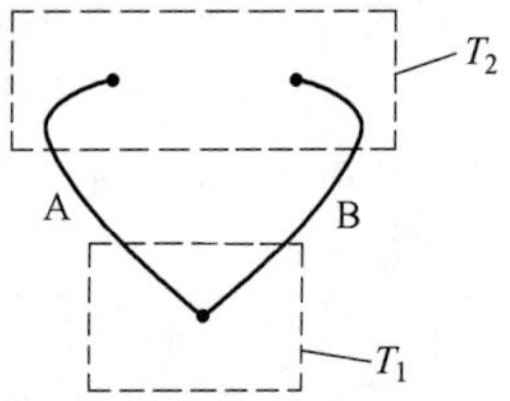

图 6-99 A 和 B 金属组成的热电偶

6-33 一厚度为 $L(0<x<L)$ 的薄片，其边界条件是：

$$T(x=0,\ t)=0 \qquad T(x=L,\ t)=0 \qquad T(x,\ t=0)=T_0\sin(\pi x/L)$$

设热扩散系数 a 是常数。(1) 给出薄片的温度随时间的变化；(2) 求当在薄片中间面的温度将为原始温度的一半即 $T_0/2$ 时的时间 $t_{1/2}$；(3) 如果在薄片表面的热流量为 0，那么 $t_{1/2}$ 比在 (2) 中计算的长些还是短些？

6-34 假设两相体系中在基体上分布着分散的细碳化物颗粒，碳化物颗粒在基体的平衡溶解度为 $c=c^0\exp(-\Delta H/k_BT)$。这种材料的棒，沿棒的长度有一个很陡的温度梯度，C 向着棒的冷端移动，在冷端的碳化物颗粒长大，在热端的碳化物颗粒溶解。解释这一现象（假设碳化物颗粒与基体的界面保持局部平衡，界面迁移是扩散控制的，ΔH 是正的，其数值比热传输的大得多）。

6-35 单晶体银在 500℃时自扩散系数的实测值比高温外推所得值高约 2 个数量级，可能的原因是什么？设每个原子面间距的位错线“包含”约 10 个原子，沿位错线的扩散系数 $D_d = 0.1\exp[-(82\text{kJ/mol})/RT]\text{m}^2/\text{s}$，估计晶体的位错密度 ρ，以点阵常数 a 为单位表示。

6-36 银的体积扩散系数 $D_l = 7.2\times10^{-5}\exp[-(190\text{kJ/mol})/RT]\text{m}^2/\text{s}$；晶界扩散系数 $D_b = 1.4\times10^{-5}\exp[-(90\text{kJ/mol})/RT]\text{m}^2/\text{s}$；一个多晶体，晶粒尺寸为 2×10^{-5}m，晶界厚度为 5×10^{-10}m，求 527℃、727℃及 927℃的有效扩散系数，在哪一个温度下晶界扩散的贡献可以忽略？

6-37 立方晶系的对称倾转小角度晶界，晶界两侧晶粒的取向差为 θ 角，位错的柏氏矢量为 $\boldsymbol{b}$，位错宽度为 δ。设沿位错线的自扩散系数 D_d^* 比在点阵的自扩散系数 D_l^* 大得多，即 $D_d^* \gg D_l^*$。求平行晶界倾转轴的晶界自扩散系数 $D_{b(//)}^*$ 以及垂直倾转轴的晶界自扩散系数 $D_{b(\perp)}^*$。

6-38 在倾转角为 θ 的非对称倾转小角度晶界中，晶界法线与对称面夹角是 ϕ，导出在晶界平行倾转轴的扩散系数表达式。如果 $D_d \gg D_l$，写出通过垂直晶界中位错的晶界截面的扩散通量 I。

6-39 从 6-38 题可以想象，上述的倾转小角度晶界扩散系数是各向异性的，找出平行位错线方向的扩散系数 $D_b(//)$ 与垂直位错方向的扩散系数 $D_b(\perp)$ 之比的表达式。

6-40 设位错是半径为 a 的圆筒，位错密度是 ρ_d，沿位错的扩散系数及点阵扩散系数分别为 D_d 和 D_l，导出 A 型扩散的表观扩散系数 D_{app}。

6-41 图 6-100 是 A-B 二元系在温度 T_1 时的摩尔自由能-成分（摩尔分数）图。设一块 B 浓度为 x_1 的 α 相和浓度为 x_2 的 β 相焊合在一起。(1) 问在这个温度下 A 和 B 原子迁移的方向是什么？(2) 指出两相到达平衡时的浓度。(3) 若原来 α 相的厚度为 l_1，β 相的厚度为 l_2，当整块合金达到平衡后，在自由能-成分图上表示系统的自由能降低量是多少？两相界面距原来焊合面多远（设 A 和 B 的相对原子质量分别为 M_A 和 M_B，忽略 A 和 B 的摩尔体积的差异）？

6-42 A-B 二元系如图 6-101 所示，A 和 B 组成扩散偶，在 T_1 温度保温，当 α 和 β 界面达到平衡后，求界面的推移速度。设扩散系数和成分无关，在 T_1 温度 B 原子在两相中的扩散系数分别为 $D_B^\alpha = 7.4\times10^{-13}\text{cm}^2/\text{s}$，$D_B^\beta = 2.0\times10^{-13}\text{cm}^2/\text{s}$。

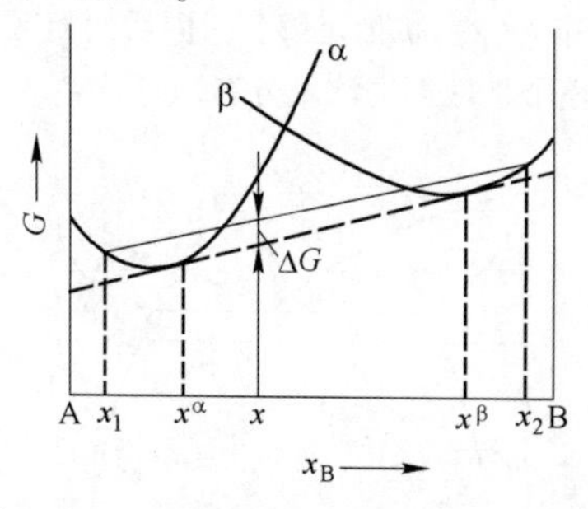

图 6-100 假想的 A-B 二元系在 T_1 温度 α 和 β 相的成分-自由能曲线

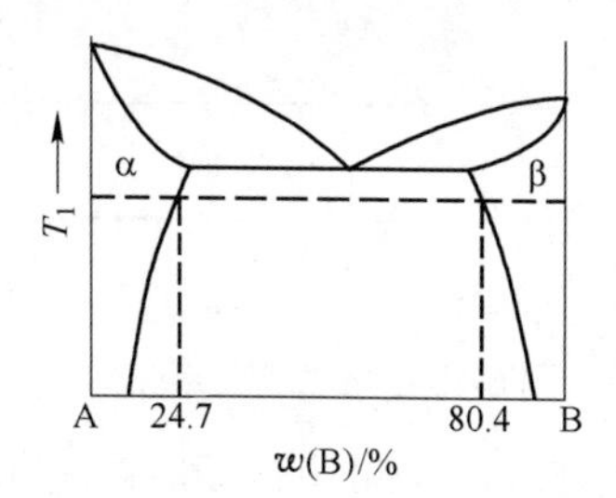

图 6-101 A-B 二元系相图

6-43 用以下资料画出 $\ln D-1/T$ 的曲线图，假设所有误差集中在 D 上，用最小二乘法求 D_0 和 Q。

$D/\mathrm{cm^2\cdot s^{-1}}$	10^{-8}	10^{-9}	10^{-10}	10^{-11}
T/K	1350	1100	950	800

6-44 $w(\mathrm{C})=0.5\%$的碳钢制作的齿轮，要求在900℃渗碳10h。在这个温度渗碳的成本每小时为1000（任意单位），在1000℃渗碳获得相同效果的齿轮，渗碳成本每小时为1500（任意单位）。从经济角度看，应在哪一个温度渗碳才合理？除了经济条件外，还应考虑哪些因素？（碳在γ-Fe的扩散激活能是137.72kJ/mol。）

6-45 图6-102所示的一条细的金属丝，中间一段（Ⅱ）的晶粒尺寸比其他（Ⅰ和Ⅲ）段的晶粒尺寸大3倍，晶粒界的厚度是δ。体积扩散系数是D_l，晶界扩散系数是D_b，扩散系数为常数。在某温度保温扩散，扩散开始时，沿丝的浓度分布是线性的，左侧浓度大于右侧。（1）估计这两段金属丝扩散系数的差异ΔD。（2）估计扩散开始时的扩散流量；扩散流量随时间会发生怎样的变化？（3）在长久扩散后，金属丝的组织和形状会发生什么变化？

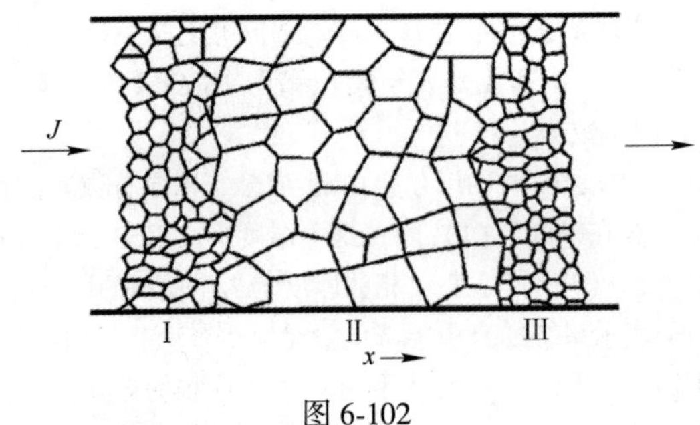

图6-102

6-46 A-B二元系相图如图6-103a所示，由纯A、纯B和中间一段α+β平衡的半无限大扩散偶，如下图b所示，扩散偶在T_1温度保温。（1）示意描述经扩散一段时间后，A（α）和B（β）（包括在两相区的α和β相）的浓度分布；（2）扩散足够长时间后两相区会消失吗？示意描述两相区变化过程；（3）描述长时间扩散后整个扩散偶的浓度分布。

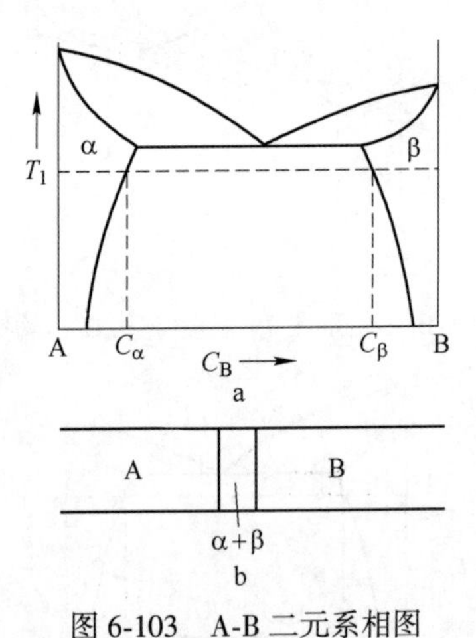

图6-103 A-B二元系相图

6-47 沿位错每隔10^3b长度有一个割阶，外力场在滑移面滑移方向的分切应力为$5\times10^5\mathrm{Pa}$，求位错在室温（约300K）下的滑移速度。$b=0.3\mathrm{nm}$，自扩散系数$D_s=0.009\exp(-1.9\mathrm{eV}/kT)\mathrm{cm^2/s}$。

附 录

误差函数 erf(β) 表（β 值由 0~2.7）

β	0	1	2	3	4	5	6	7	8	9
0.0	0.0000	0.0113	0.0226	0.0338	0.0451	0.0564	0.0676	0.0789	0.0901	0.1013
0.1	0.1125	0.1236	0.1348	0.1459	0.1569	0.1680	0.1790	0.1900	0.2009	0.2118
0.2	0.2227	0.2335	0.2443	0.2550	0.2657	0.2763	0.2869	0.2974	0.3079	0.3183
0.3	0.3286	0.3389	0.3491	0.3593	0.8694	0.3794	0.3893	0.3992	0.4090	0.4187
0.4	0.4284	0.4380	0.4475	0.4569	0.4662	0.4755	0.4847	0.4937	0.5027	0.5117
0.5	0.5205	0.5292	0.5379	0.5465	0.5549	0.5633	0.5716	0.5798	0.5879	0.5959
0.6	0.6039	0.6117	0.6194	0.6270	0.6346	0.6420	0.6494	0.6566	0.6638	0.6708
0.7	0.6778	0.6847	0.6914	0.6981	0.7074	0.7112	0.7175	0.7288	0.7800	0.7861
0.8	0.7421	0.7480	0.7588	0.7595	0.7651	0.7707	0.7761	0.7814	0.7807	0.7918
0.9	0.7969	0.8019	0.8068	0.8116	0.8183	0.8209	0.8254	0.8299	0.8342	0.8385
1.0	0.8427	0.8468	0.8508	0.8548	0.8586	0.8624	0.8661	0.8698	0.8733	0.8768
1.1	0.8802	0.8835	0.8868	0.8900	0.8931	0.8961	0.9991	0.9020	0.9048	0.9076
1.2	0.9103	0.9130	0.9155	0.9198	0.9205	0.9229	0.9252	0.9275	0.9297	0.9319
1.3	0.9340	0.9361	0.9381	0.9400	0.9419	0.9438	0.9456	0.9473	0.9490	0.9507
1.4	0.9523	0.9539	0.9554	0.9569	0.9583	0.9597	0.9611	0.9624	0.9637	0.9649
1.5	0.9661	0.9673	0.9687	0.9695	0.9706	0.9716	0.9726	0.9736	0.9745	0.9755
1.55	0.9716									
1.6		0.9763								
1.65			0.9804							
1.7				0.9838						
1.75					0.9867					
1.8						0.9891				
1.9							0.9928			
2.0								0.9953		
2.2									0.9981	
2.7										0.9999

参 考 文 献

[1] Crank J. The Mathematics of Diffusion[M]. 2nd ed. Oxford: Clarendon Press, 1979.

[2] Zoltan Balogh and Guido Schmitz, Diffusion in Metals and Alloys, in Physical Metallurgy. Fifth edition. Elsevier Science BV. eds. D. E. Laughlin and K. Hono. 2014, Vol. 1: 389-559.

[3] Shewmon P. Diffusion in Solid[M]. 2nd ed. Washington USA: Minerals, Metals & Materials Society, 1989.

[4] Balluffi R W, Allen S M, Carter W C. Kinetics of Materials[M]. Hoboken, New Jersey: John Wiley & Sons Inc., 2005.

[5] Kostorz G. Phase Transformations in Materials[M]. 2nd ed. Weinheim: Wiley-VCH Verlag GmbH & Co., 2001.

[6] Mehrer H. Diffusion in Solids: Fundamentals, Methods, Materials, Diffusion-Controlled Processes[M]. New York: Springer, 2007.

[7] Bocquet J L, Brébec G, Limoge Y. Physical Metallurgy (Part Ⅰ): Diffusion in metals and alloys [M]. 3rd ed. Amsterdam, et al: North-Holland Physics Publishing, 1983.

[8] Haasen P, Cahn R W, Haasen P, et al. Materials science and technology, a comprehensive treatment (Vol. 5): Phase transformations in materials[M]. New York, et al.: Wiley-VCH, 1993.

[9] Zhao J C. Phase Diagram Determination Using Diffusion Multiples[M]. New York: Elsevier, 2007.

[10] 卡恩 R W，哈森 P，克雷默 E J. 材料科学与技术丛书（第1卷）：固体结构[M]. 北京：科学出版社，1998.

相变理论概述

材料结构转变是材料科学一个很重要的课题，因为大多数工业合金在经过铸造成型及成型后的冷却过程都会发生固态转变；此外，很多工业合金通常要经过特定的热处理，在热处理过程中通过固态转变改变了它的组织和性能。这里所说的结构转变包括转变时晶体结构发生变化的相变，也包括转变时晶体结构不发生变化而只有电子自旋方式的变化或有序程度的变化，还包括只有组织形貌发生变化，晶体结构不变的再结晶过程（它不是相变）。虽然相变与再结晶过程有一些相似的地方，但是在转变的驱动力、转变的形核等方面有本质的区别，这章只讨论相变所发生的结构转变，而再结晶将在第 11 章讨论。

在第 5 章相图中已知道，材料结构受温度、压力、外场（电场、磁场、应力场）的影响，在不同条件下会发生结构变化。为了更清楚地剖析结构转变的本质，从热力学、动力学、晶体学及形貌变化特征的角度描述结构转变。

本章涉及相变的基本概念，虽然转变的类型众多，但有效的学习方式是从各种相变共有的本质过程入手，然后再讨论各种相变过程的个性特点，使学习者更容易以一种相互关联的角度看待相变。本章介绍相变分类、转变的热力学和动力学规律。具体的各种相变将在第 8 章和第 10 章讨论。

7.1 相变分类

相变的分类方法有多种：

（1）按热力学分类。按相变时热力学参数变化的特征分类，把相变分为一级相变和高级（二级，三级，…）相变。

由一个相（标为Ⅰ相）转变为另一个相（标为Ⅱ相）时，两相的化学势相等，$\mu_{\mathrm{I}}=\mu_{\mathrm{II}}$，但化学势的一阶偏微商不相等，这类相变称一级相变。一级相变时：

$$\left.\begin{aligned}\left(\frac{\partial\mu_{\mathrm{I}}}{\partial T}\right)_p &\neq \left(\frac{\partial\mu_{\mathrm{II}}}{\partial T}\right)_p\\ \left(\frac{\partial\mu_{\mathrm{I}}}{\partial p}\right)_T &\neq \left(\frac{\partial\mu_{\mathrm{II}}}{\partial p}\right)_T\end{aligned}\right\}\tag{7-1}$$

而

$$\left(\frac{\partial\mu}{\partial T}\right)_p=-S\qquad\left(\frac{\partial\mu}{\partial p}\right)_T=V$$

所以，在一级相变时，有体积和熵（及焓）的突变。用焓的突变表示相变时，有相变潜热的释放或吸收：

$$\left.\begin{aligned}\Delta V\neq 0\\ \Delta S\neq 0\end{aligned}\right\}\tag{7-2}$$

图 7-1 表示一级相变时自由能 G、熵 S、体积 V 及焓 H 的变化。从图看到，在转变时

熵、体积和焓都有突变。晶体的凝固、沉积、升华和熔化，金属及合金中多数固态相变都属一级相变。

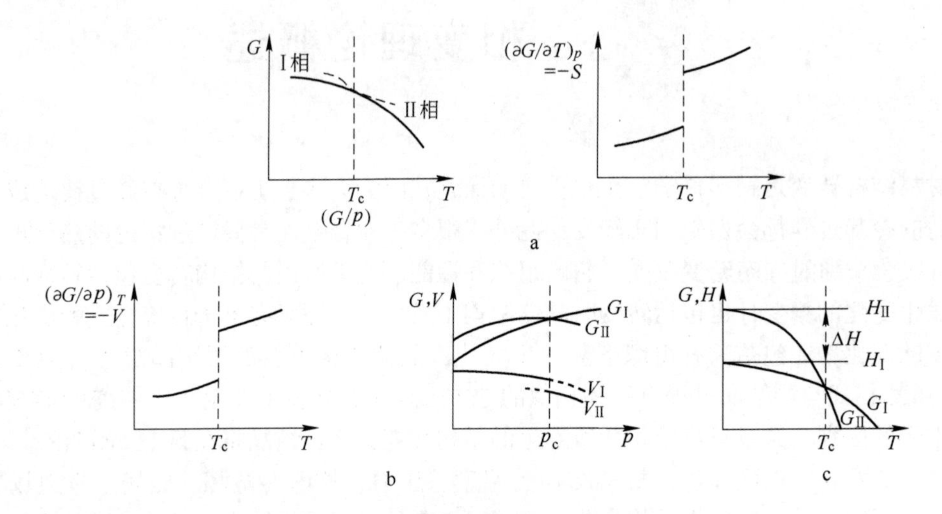

图 7-1　一级相变时自由能 G、熵 S（a）、体积 V（b）及焓 H（c）的变化

由一个相(Ⅰ)转变为另一个相(Ⅱ)时，两相的化学势相等，$\mu_{\mathrm{I}}=\mu_{\mathrm{II}}$，化学势的一阶偏微商也相等，即相变时无体积、熵(和焓)的突变，但化学势的二阶偏微商不相等，这类相变称二级相变。因为化学势的二阶偏微商可用材料的压缩系数、膨胀系数及比热容来表达，所以相变时有比热容、膨胀系数和压缩系数的突变。二级相变时：

$$\mu_{\mathrm{I}}=\mu_{\mathrm{II}} \qquad \left(\frac{\partial \mu_{\mathrm{I}}}{\partial T}\right)_p=\left(\frac{\partial \mu_{\mathrm{II}}}{\partial T}\right)_p \qquad \left(\frac{\partial \mu_{\mathrm{I}}}{\partial p}\right)_T=\left(\frac{\partial \mu_{\mathrm{II}}}{\partial p}\right)_T$$

即在二级相变时，在相变温度 $\partial G/\partial T$ 没有明显的变化，体积和焓也没有突变，但是：

$$\left.\begin{array}{l}\left(\dfrac{\partial^2 \mu_{\mathrm{I}}}{\partial T^2}\right)_p \neq \left(\dfrac{\partial^2 \mu_{\mathrm{II}}}{\partial T^2}\right)_p \\ \left(\dfrac{\partial^2 \mu_{\mathrm{I}}}{\partial p^2}\right)_T \neq \left(\dfrac{\partial^2 \mu_{\mathrm{II}}}{\partial p^2}\right)_T \\ \left(\dfrac{\partial^2 \mu_{\mathrm{I}}}{\partial T \partial p}\right) \neq \left(\dfrac{\partial^2 \mu_{\mathrm{II}}}{\partial T \partial p}\right)_T\end{array}\right\} \tag{7-3}$$

而

$$\left.\begin{array}{l}\left(\dfrac{\partial^2 \mu_{\mathrm{I}}}{\partial T^2}\right)_p = \left(\dfrac{\partial S}{\partial T}\right)_p = -\dfrac{c_p}{T} \\ \left(\dfrac{\partial^2 \mu_{\mathrm{I}}}{\partial p^2}\right)_T = \left(\dfrac{\partial V}{\partial p}\right)_T = -V\beta \\ \left(\dfrac{\partial^2 \mu_{\mathrm{I}}}{\partial T \partial p}\right) = \left(\dfrac{\partial V}{\partial T}\right)_p = \alpha V\end{array}\right\} \tag{7-4}$$

式中，$\beta=-(\partial V/\partial p)_T/V$ 是材料的压缩系数，$\alpha=-(\partial V/\partial T)_p/V$ 是材料的膨胀系数。因

此，从式(7-4)看到，二级相变时：

$$\left.\begin{array}{l}\Delta c_p \neq 0 \\ \Delta\beta \neq 0 \\ \Delta\alpha \neq 0\end{array}\right\} \tag{7-5}$$

即二级相变时，c_p、β 和 α 有突变。

图 7-2a 表示二级相变时自由能 G、熵 S 和体积 V 的变化，从图看到，相变时，熵 S 和体积 V 都没有突变。图 7-2b 表示二级相变时焓 H、热容 c_p 和有序参数 ξ 的变化。相变时焓也是没有突然变化，但热容有突变，而长程有序参数则是从 1 连续变化至 0。磁性转变、有些合金中的有序无序转变、超导态转变等属于二级相变。

如此类推，相变时两相的化学势的$(n-1)$阶偏微商相等，而 n 阶偏微商不等，这称为 n 级相变。二级以上的高级相变不常见。

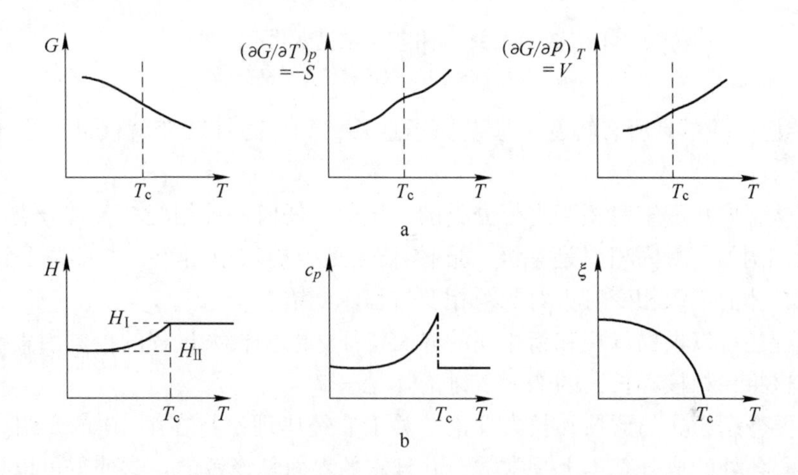

图 7-2　二级相变时自由能 G、熵 S、体积 V（a）及焓 H、热容 c_p（b）和有序参数 ξ 的变化

（2）按相变方式分类。相变过程一般经历结构和成分涨落，吉布斯把涨落分成两类。一类是在很大范围（大体积）中的原子发生轻微重排的涨落，在转变的早期就像一个成分波，在相变的起始状态和终态之间存在一系列连续的状态时，可以由这种涨落连续地长大成新相，这类相变称为连续型相变，调幅分解就是这类相变。图 7-3a 示意描述了这类相变过程的成分变化。另一类是在很小范围（很小体积）中原子发生相当强烈重排的涨落；由涨落形成新相核心，然后向周围长大。由于形成了核心，核心和母相间有锋锐的界面存在，因而引入了不连续区域，就这个意义看，相变是非均匀的、不连续的，也有人称之为非均匀或不连续相变。由于在材料科学中非均匀和不连续这两个词常常另有别的意义(如非均匀形核，不连续脱溶)，为了不致引起混乱，不采用这种名称。通常把这类相变称为形核和长大型转变。图 7-3b 示意描述了这类相变过程的成分变化。

（3）按相变时原子迁移特征分类。在相变过程中，相变依靠原子(或离子)的扩散来进行的，称为扩散型相变；若相变过程没有原子(或离子)的扩散，或虽存在扩散，但不是相变所必需的或不是主要过程，称无扩散型相变。

当母相转变到新相时，只引起结构的对称性改变，相变过程以有序参量表征，这称为

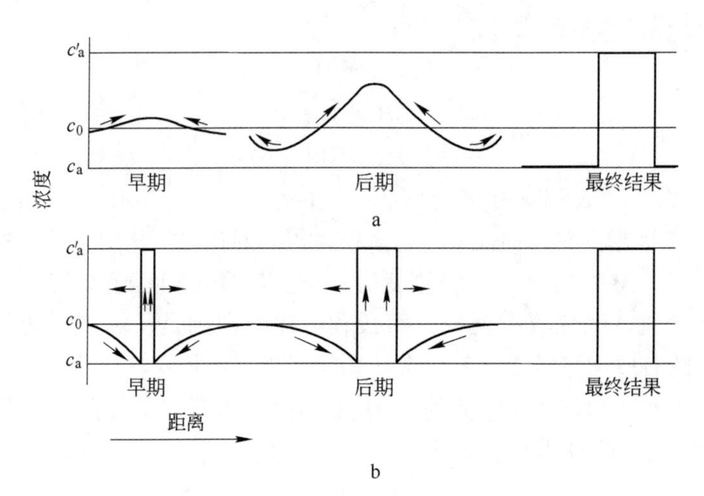

图 7-3 两种类型相变的浓度变化示意图

a—调幅分解；b—形核和长大型相变

有序-无序转变。并不是所有转变都涉及原子迁移，例如磁性转变就仅涉及电子旋转方向的改变。

上面是从不同角度来对相变进行分类的。显然，任何一种相变在各种分类中都会有它自己的位置。例如，凝固相变是一级、形核-长大型、扩散型相变。本章主要讨论一级相变，在讨论具体的二级相变时再对二级相变过程作介绍。

相变过程还可以根据母相和新相间的界面特征、新相长大过程的控制因素等进行更细致的分类，这将在相核心长大的 7.3 节讨论（见表 7-4）。

本章主要介绍经典的形核和长大理论，关于非经典理论将在第 10 章介绍。经典形核模型假设核心各处的成分基本上是常数，并且它的界面是锋锐的，这使得可以把体积自由能和界面能分开处理。

7.2 相变驱动力

当母相失稳而新相具有较高稳定性时，相变过程就自发进行。如果是封闭体系，相变过程会引起摩尔熵的增加；若体系处在恒温、恒压下，则会使摩尔吉布斯自由能降低。在恒温恒压条件下，通常把摩尔吉布斯自由能的净降低量不大严格地称为相变驱动力。根据转变前后的自由能变化，可以计算各种转变（如珠光体转变、马氏体转变、贝氏体转变以及再结晶等）的转变驱动力，虽然这种转变驱动力的表达式各有差异，但它们的基本思路是一致的。

7.2.1 纯组元相变的驱动力

该类转变可包括纯组元的凝固或同素异构转变。若在降温时发生 $\alpha \rightarrow \beta$ 的转变，母相 α 转变成新相 β 的相变驱动力 $\Delta G^{\alpha\rightarrow\beta}$（J/mol）为：

$$\Delta G^{\alpha\rightarrow\beta} = \Delta H^{\alpha\rightarrow\beta} - T\Delta S^{\alpha\rightarrow\beta} \tag{7-6}$$

式中，$\Delta H^{\alpha\rightarrow\beta}$ 及 $\Delta S^{\alpha\rightarrow\beta}$ 分别表示从每摩尔 α 转变为 β 的焓及熵的变化。其实，$\Delta H^{\alpha\rightarrow\beta}$ 就

是相变潜热。图 7-4 所示为 α 相和 β 相的自由能随温度变化的曲线，当相变温度 T 等于两相平衡温度 T_0 时，$\Delta G^{\alpha\to\beta}=0$，两相平衡。根据式(7-6)，在平衡温度时：

$$\Delta H_0^{\alpha\to\beta} = T_0\Delta S_0^{\alpha\to\beta} \qquad \Delta S_0^{\alpha\to\beta} = \Delta H_0^{\alpha\to\beta}/T_0 \tag{7-7}$$

只有 $T<T_0$ 时 $\Delta G^{\alpha\to\beta}<0$，即在此时才有相变的驱动力。在冷却过程发生的转变，$T_0-T=\Delta T$ 称过冷度，即降温发生的相变必须有过冷度相变才能进行。相反，如果是升温发生的相变，此时 $T-T_0=\Delta T$ 称过热度，升温发生的相变必须有过热度相变才能进行。当转变温度离平衡温度不远时，$\Delta H^{\alpha\to\beta}$ 和 $\Delta S^{\alpha\to\beta}$ 可近似看做常数，并用两相平衡时的 $\Delta H_0^{\alpha\to\beta}$ 和 $\Delta S_0^{\alpha\to\beta}$ 表示。这时 $\Delta G^{\alpha\to\beta}$ 可表达为：

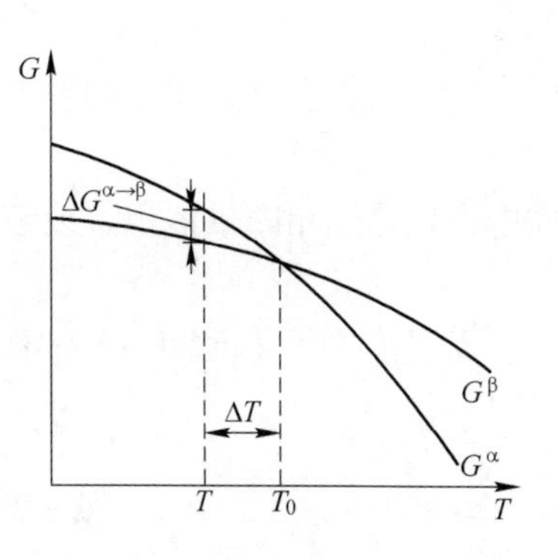

图 7-4 α 相和 β 相的自由能随温度变化

$$\Delta G^{\alpha\to\beta} = \Delta H_0^{\alpha\to\beta}\frac{\Delta T}{T_0} = \Delta S_0^{\alpha\to\beta}\Delta T \tag{7-8}$$

表 7-1 列出了金属相变的典型相变潜热值，从表看出，在同一过冷度下，固态多形性转变的相变潜热比凝固转变小得多。如果过冷度比较大，$\Delta H_0^{\alpha\to\beta}$ 和 $\Delta S_0^{\alpha\to\beta}$ 不能看做常数，这时应按标准的热力学方法求出相变驱动力 ΔG。

表 7-1 金属转变潜热

元 素	转 变	潜热/kJ · mol^{-1}	T_0/K	元 素	转 变	潜热/kJ · mol^{-1}	T_0/K
Fe	液→固	−15.5	1809	Fe	fcc→bcc	−0.9	1183
Ti	液→固	−18.9	2133	Ti	bcc→hcp	−3.5	1155

上面的讨论都是假设两个相是无限大的，即忽略了相块的曲率对自由能的影响，认为从曲率无限大的相转变为另一个曲率无限大的相。但是，实际的相不可能是无限大的，相块的曲率对相变的平衡温度是有影响的。

7.2.2 压力和曲率对平衡温度的影响

根据热力学理论，压力是一个自由变量，即使是单元系，压力的改变也会改变相平衡温度。根据克-克方程(见式(5-14))：

$$\frac{\mathrm{d}p}{\mathrm{d}T} = \frac{\Delta S}{\Delta V}$$

当温度离平衡温度不太远时，可以近似认为 $\Delta S=\Delta S_0$，利用式(7-7)，上式可写成：

$$\frac{\mathrm{d}T}{\mathrm{d}p} = \frac{T_0\Delta V}{\Delta H_0} \tag{7-9}$$

对于一般的金属，$\Delta V<0$，所以，平衡温度随压力增加而升高。实际上由压力变化导致熔点的改变是很小的。对多数金属，$\mathrm{d}T/\mathrm{d}p$ 仅约为 $10^{-2}\,\mathrm{K}/10^5\,\mathrm{Pa}$，所以用改变压力来改变平衡温度的办法没有很大实用价值。

由于表面张力的作用，一个曲面两侧会产生压力差(式(4-101))。设相界面平均曲率为 $\kappa=(r_1^{-1}+r_2^{-1})/2$，相界面能为 γ，界面张力所产生的压力为：

$$\Delta p = 2\kappa\gamma \tag{7-10}$$

这一压力会导致固体的吉布斯自由能增加，摩尔吉布斯自由能的增加量 ΔG 为：

$$\Delta G = V\Delta p = 2\kappa\gamma V_S \tag{7-11}$$

式中，V_S是固相摩尔体积。纯组元两相平衡时，两相的吉布斯自由能差为零，即：

$$\Delta H - T\Delta S + 2\kappa V_S\gamma = 0 \tag{7-12}$$

当温度和平衡温度相差不大时，可以认为 $\Delta S = \Delta S_0$ 以及 $\Delta H = \Delta H_0$。同时利用式(7-7)得：

$$T_0 - T = \Delta T \frac{2\kappa V_S\gamma}{\Delta S_0} = \frac{2\kappa V_S\gamma T_0}{\Delta H_0} = 2\kappa\Gamma T_0 \tag{7-13}$$

式中，$\Gamma = V_S\gamma/\Delta H_0 = \gamma/\Delta h_0$，称为 Gibbs-Thomson 系数，界面能的作用称“毛细管效应”。

由上式可见，曲率越大（曲率半径越小），实际平衡温度越低。图 7-5 是假设固相是球状（即 $\kappa = 1/r$）描述毛细管效应对相图的液相-固相平衡的影响，其中下标 S 和 L 分别代表固相和液相。下图是靠纯 A 的部分相图，上左图是纯 A 的自由能与温度的关系。当固相的曲率半径不是无限大时，因增加表面能使固相摩尔自由能升高，看到 A 组元的熔点从界面曲率为∝的 T_f下降为 T_f^r。上右图是在 T_1 温度的自由能 G-x_B 曲线。当固相的曲率半径不是无限大时，因增加表面能使固相摩尔自由能升高，看到使两个平衡相的溶质 B 浓度 x_B降低。右下图说明固相的曲率半径不是无限大时，相图的固、液相线向低温移动。大多数金属 Γ 的值约为 10^{-4}m · K 数量级，因此 γ 的影响只有在尺寸小于约 10mm 时才会比较显著。所以在相变形核、界面扰动、枝晶尖端、共晶等过程毛细管效应起很大作用。

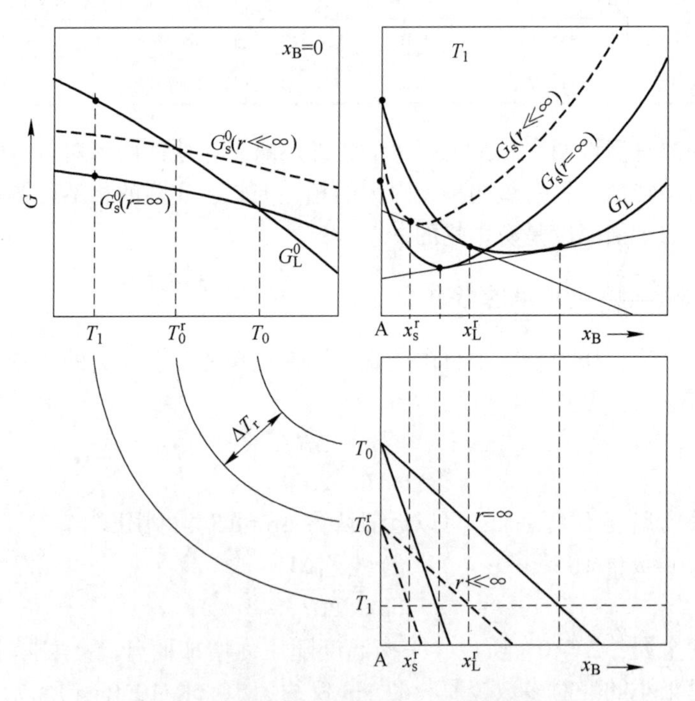

图 7-5 毛细管效应（$\kappa = 1/r$）对相图的影响

对于固溶体，它的曲率越大（曲率半径越小），其溶解度越大（见图 7-82a），这就是吉布斯-汤姆逊效应(参见式(7-183))。当溶解度加大时，相应地平衡温度降低。

7.2.3　脱溶转变的驱动力

一个亚稳定的过饱和固溶体 α，它析出第二相 β 而自身变为稳定的固溶体 α′（α′相的结构和 α 相一样，但是成分不同，在讨论脱溶时，可看做是一个新相），这种反应称为脱溶反应，反应式可写为 α→α′+β。析出的 β 相可以是稳定相也可以是亚稳定相。在图 7-6a 所示的 A-B 二元相图中，成分为 x_0（以 B 的摩尔分数表示）的 α 相，在温度 T_1 发生 α→α′+β 脱溶反应，当相变终了系统达稳定平衡态后，即 α 相和 β 相的成分都是该温度的平衡成分时，两相的成分由 G^{α}-x 曲线和 G^{β}-x 曲线的公切线切点确定，即图 7-6b（如果 α 相和 β 相结构相同，则 α 和 β 的 G-x 曲线是共同的一条曲线，如图 7-6c 所示）中的 x^{α} 和 x^{β}。这时相变的驱动力 $\Delta G^{\alpha\to\alpha'+\beta}$ 为：

$$\Delta G^{\alpha\to\alpha'+\beta} = G^{\alpha'+\beta} - G^{\alpha} \tag{7-14}$$

式中，$G^{\alpha'+\beta}$ 是(α′+β)混合组织的摩尔吉布斯自由能；G^{α} 是转变前 α 相的自由能，$\Delta G^{\alpha\to\alpha'+\beta}$ 的大小相当于图 7-6b 或图 7-6c 中 DC 的长度，根据热力学关系式 $G=\Sigma x_i\mu_i$，其中 μ_i 是 i 组元的偏摩尔自由能（化学势），G^{α} 为：

$$G^{\alpha} = (1 - x_0^{\alpha})\mu^{\alpha}_{A(x_0^{\alpha})} + x_0^{\alpha}\mu^{\alpha}_{B(x_0^{\alpha})} \tag{7-15}$$

而 $G^{\alpha'+\beta}$ 为：

$$G^{\alpha'+\beta} = (1 - x_0^{\alpha})\mu^{\alpha}_{A(x^{\alpha})} + x_0^{\alpha}\mu^{\alpha}_{B(x^{\alpha})} \tag{7-16}$$

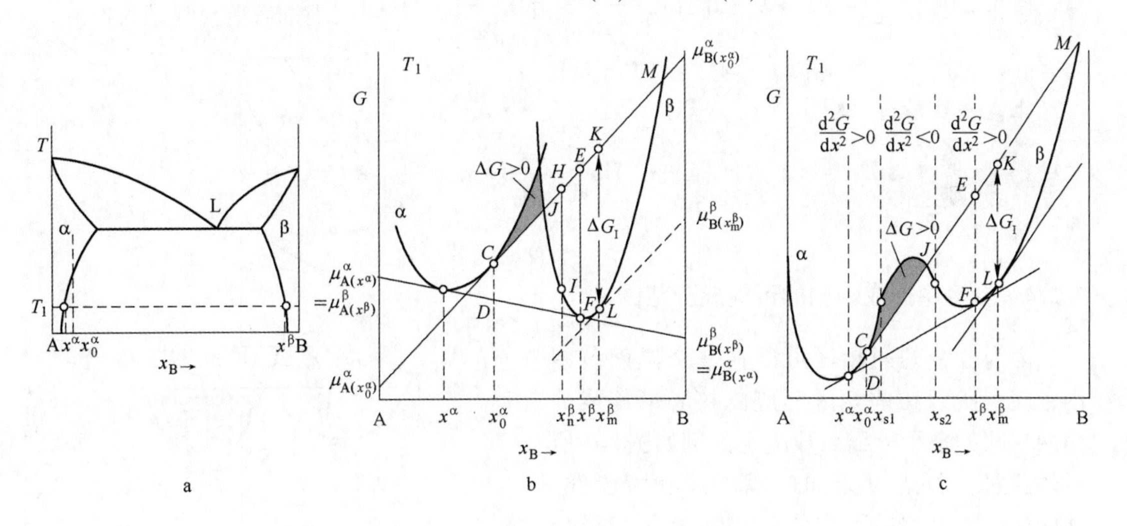

图 7-6　二元合金中脱溶反应的例子

a—A-B 二元相图；b—α 相和 β 相结构不同时在温度 T_1 的 G-x 图；c—α 相和 β 相结构相同时在温度 T_1 的 G-x 图

上两式中的化学势如图 7-6b 中所示用自由能曲线相应成分点的切线在 A 轴和 B 轴的截距定义。把式(7-15)和式(7-16)代入式(7-14)，得：

$$\Delta G^{\alpha\to\alpha'+\beta} = (1 - x_0^{\alpha})(\mu^{\alpha}_{A(x^{\alpha})} - \mu^{\alpha}_{A(x_0^{\alpha})}) + x_0^{\alpha}(\mu^{\alpha}_{B(x^{\alpha})} - \mu^{\alpha}_{B(x_0^{\alpha})}) \tag{7-17}$$

将 $\mu_i^{\Phi} = G_i^{\Phi} + RT\ln a_i^{\Phi}$（见式（5-30），其中 a_i^{Φ} 是 i 组元在 Φ 相中的活度）代入上

式，得：

$$\Delta G^{\alpha\to\alpha'+\beta}=RT\left[(1-x_0^{\alpha})\ln\frac{a^{\alpha}_{A(x^{\alpha})}}{a^{\alpha}_{A(x_0^{\alpha})}}+x_0^{\alpha}\ln\frac{a^{\alpha}_{B(x^{\alpha})}}{a^{\alpha}_{B(x_0^{\alpha})}}\right] \tag{7-18}$$

如果有活度数据，可以准确地求出 $\Delta G^{\alpha\to\alpha'+\beta}$，否则需要按假设的溶体模型求出自由能的过剩项对上式进行估算。如果 α 相是理想溶体，活度和成分相等，则上式可简化为：

$$\Delta G^{\alpha\to\alpha'+\beta}=RT\left[(1-x_0^{\alpha})\ln\frac{1-x^{\alpha}}{1-x_0^{\alpha}}+x_0\ln\frac{x^{\alpha}}{x_0^{\alpha}}\right]$$

为了表示简单，略去上标 α，即所示成分都默认为 α 成分，则上式变为

$$\Delta G^{\alpha\to\alpha'+\beta}=RT\left[(1-x_0)\ln\frac{1-x}{1-x_0}+x_0\ln\frac{x}{x_0}\right] \tag{7-19}$$

例 7-1 设 α 相是规则溶体，导出式(7-18)的最终表达式。

解：根据式(5-48)，A-B 二元合金规则溶体的化学势 μ_A 和 μ_B 分别是：

$$\mu_A=G_A^0+RT\ln x_A+\Omega(1-x_A)^2$$
$$\mu_B=G_B^0+RT\ln x_B+\Omega(1-x_B)^2$$

把它们代入式(7-17)，得：

$$\Delta G^{\alpha\to\alpha'+\beta}=RT\left[(1-x_0)\ln\frac{1-x}{1-x_0}+x_0\ln\frac{x}{x_0}\right]+\Omega\{(1-x_0)(x^2-x_0^2)+x_0[(1-x)^2-(1-x_0)^2]\}$$

上式整理后得：

$$\Delta G^{\alpha\to\alpha'+\beta}=RT\left[(1-x_0)\ln\frac{1-x}{1-x_0}+x_0\ln\frac{x}{x_0}\right]+\Omega(x_0-x)^2$$

7.2.4 合金中形成新相的可能成分范围

因为合金的两相区可以在一个温度范围内存在，所以在两相区形成的核心平衡成分由两相间的平衡分配系数决定。例如图4-19所示的两种不同温度走向的固相线和液相线，在两相区内固相平衡成分 w^S 和液相平衡成分 w^L 的关系由分配系数 k_0 联系：$w^S/w^L=k_0$（更详细的讨论参看第 8 章 8.2.1 节）。图 7-7 所示为在 T_0 温度 α 相和 β 相的自由能-成分曲线，从图看出，若 x_0 成分的 α 相和 β 相的自由能相等，可以共存；x_0 成分的 α 相除了析出成分为 x^β 的平衡 β 相外，都可能析出亚稳的 β 相，亚稳 β 相的成分在如图中灰色区域范围，因为这样的转变也都使自由能降低。

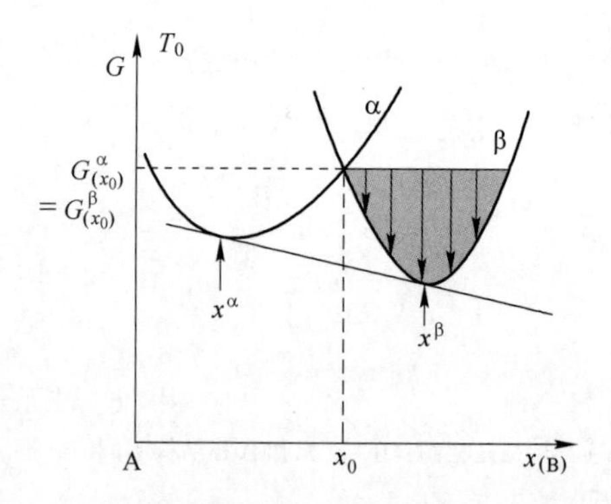

图 7-7 从成分为 x_0 的 α 相转变为亚稳 β 相的可能成分范围

7.3　不连续型（形核长大型）相变

形核过程可以是扩散的或无扩散的。扩散形核过程可以同时完成晶体结构和成分的变化，也可以使成分不变仅使晶体结构改变(如块形相变)或使结构不变仅成分改变(如一些脱溶相变)。马氏体相变的形核是无扩散形核，这种核心只改变结构而不改变成分(参见第10章10.7节)。在各种固态相变类型中，多数是扩散形核。了解扩散形核的基本模型和动力学，对研究相变过程的规律以及利用这些规律解决工业实际问题都是重要的。在这一节讨论扩散型相变。

形核-长大型相变一般经历如图7-8所描述的几个阶段：

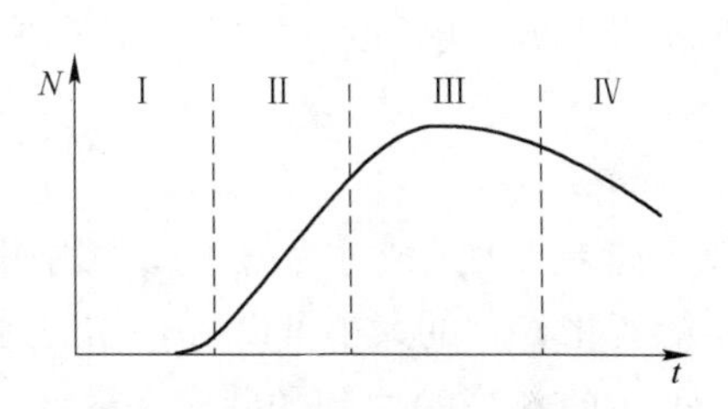

图7-8　在恒温下，相变时形成的新相颗粒数目 N 随时间 t 的变化

第Ⅰ阶段：是孕育期阶段，母相处于亚稳态，没有形成稳定的新相粒子。但是，有一些原子团簇(几个甚至上千个原子的聚集,具有宏观新相的性质,又称胚)存在，它们是最终稳定相连续形成的前身。随着时间增加，这些团簇尺寸分布发展产生比较大的集团，它们不大可能回复到母体，终于发展成为新相的核心，长久地保留在系统中并连续长大。这时，就开始顺利地形核。

第Ⅱ阶段：是准稳态形核阶段。此时团簇尺寸分布建成准稳态，稳定的核心以恒速产生。

第Ⅲ阶段：在这阶段形核率减小，到达某点时，在系统的稳态小颗粒数目几乎是常数。这通常是因为形核驱动力减小(例如过饱和溶体脱溶时的过饱和度降低引起)。

第Ⅳ阶段：是后期阶段，新的形核颗粒可以忽略。早期形成的核心长大，熟化效应(大颗粒并吞小颗粒效应,将在7.6节讨论)使新相颗粒总数减少。

形核理论主要涉及上述的第Ⅰ和第Ⅱ阶段。形核分均匀形核和非均匀形核两类。如果核心不依附任何靠背自发形成，在均匀的母相中各处形成核心的几率相同，这称均匀形核或自发形核；如果核心依附母相中存在的某些“靠背”（例如液相中的杂质,承载液体的模子的模壁,固相中的晶界、位错等缺陷)形成，这称为非均匀形核或非自发形核。下面讨论知道，非均匀形核要克服的势垒比均匀形核的小得多，在相变的形核过程中通常都是非均匀形核优先进行。

7.3.1　形核的驱动力和核心成分

上面讨论的是体系从始态到转变终态时的摩尔吉布斯自由能变化，即相变的总驱动力。如果讨论的是单元系，形核的驱动力就是相变的驱动力，而核心成分当然就是母相成分。

如果讨论的是如固溶体脱溶等由一个相析出另一个成分不同的相的过程，相变驱动力一般不等于形核驱动力，新相核心成分也不一定是新相的平衡成分。因为从母相开始形成新相核心时，析出新相的量相对母相的量来说是很少的，这时自由能变化不能用式(7-18)计算。当从大量的浓度为 x_0 的 α 相中析出很少量浓度为 x_β 的 β 相时，可以近似认为母相的成分不变，即把成分为 x_β 的少量物质由 α 相移至 β 相，这时自由能的变化 $\Delta G_{\rm I}$就是形核的驱动力：

$$\begin{aligned}\Delta G_{\rm I} &= (1-x^\beta)\mu^\alpha_{{\rm A}(x^\alpha)} + x^\beta\mu^\alpha_{{\rm B}(x^\alpha)} - \left[(1-x^\beta)\mu^\alpha_{{\rm A}(x^\alpha_0)} + x^\beta\mu^\alpha_{{\rm B}(x^\alpha_0)}\right] \\ &= RT\left[(1-x^\beta)\ln\frac{a^\alpha_{{\rm A}(x^\alpha)}}{a^\alpha_{{\rm A}(x^\alpha_0)}} + x_\beta\ln\frac{a^\alpha_{{\rm B}(x^\alpha)}}{a^\alpha_{{\rm B}(x^\alpha_0)}}\right]\end{aligned} \tag{7-20}$$

从图 7-6b 看出，上式的 $(1-x^\beta)\mu^\alpha_{{\rm A}(x^\alpha)} + x^\beta\mu^\alpha_{{\rm B}(x^\alpha)}$ 相当于图中的 F 点，它的物理意义是成分为 x_β 的 β 相的摩尔自由能，$(1-x^\beta)\mu^\alpha_{{\rm A}(x^\alpha_0)} + x^\beta\mu^\alpha_{{\rm B}(x^\alpha_0)}$ 相当于图中的 E 点，它的物理意义是在大量的成分为 x_0的 α 相中取出少量的成分为 x^β 的物质的摩尔自由能。$\Delta G_{\rm I}$ 的大小相当于 FE 线长度。如果 α 相是理想溶体，式(7-20)的活度可以用成分代替：

$$\Delta G_{\rm I} = RT\left[(1-x^\beta)\ln\frac{1-x^\alpha}{1-x^\alpha_0} + x^\beta\ln\frac{x^\alpha}{x^\alpha_0}\right] \tag{7-21}$$

如果从大量成分为 x_0 的 α 相中析出少量任意成分为 x^β 的 β 相，按上面分析可知，自由能变化 $\Delta G_{\rm I}$ 的大小可以由 β 相的自由能曲线与过 x_0 成分点的 α 相自由能曲线切线(图 7-6b 中的 CE 线)之间的距离来量度。因此，从图 7-6b 和 c 看，由 x^α_0 成分的 α 相析出的 β 相核心的成分在 J 和 M 点对应的成分范围都有形核驱动力，而形成在 x^α_0 成分到 J 点成分之间（如图中的灰色区域）形核的 $\Delta G_{\rm I}>0$，没有形核驱动力。虽然形成核心的成分可以在很大范围内变化，但是核心成分不同，形核的驱动力大小不同。例如，若图 7-6b 中析出 β 相的成分为 $x^\beta_{\rm n}$，则 $\Delta G_{\rm I}$ 大小为图中 IH 长度。对 β 相自由能-成分曲线作一条平行于 CE 的切线，当核心成分对应于切点成分 $x^\beta_{\rm m}$ 时，形核驱动力为最大。这时形核驱动力相当于图中的 LK 长度。以最大驱动力形成的核心的成分一般不是平衡 β 相的成分(x^β)。当 β 相的自由能-成分曲线比较窄时，x^β 和 $x^\beta_{\rm m}$ 差别不大，形核驱动力可以近似由式（7-20）求出。如果 β 相的自由能-成分曲线比较平缓，则 $x^\beta_{\rm m}$ 和 x^β 差别比较大，不能按式（7-20）求驱动力。这时应该首先求出核心成分，然后再求形核驱动力。

根据平行切线的数学关系式，有：

$$\left[\frac{\partial G^\alpha}{\partial x}\right]_{x^\alpha_0} = \left[\frac{\partial G^\beta}{\partial x}\right]_{x^\beta_{\rm m}} \tag{7-22}$$

以及式（5-32）的自由能表达式，按照选定的溶体模型，把上面的等式具体化，就可以求出核心成分 $x^\beta_{\rm m}$。以核心成分 $x^\beta_{\rm m}$ 再求形核驱动力 $\Delta G_{\rm I}$。因为两条切线平行，所以形核驱动力 $\Delta G_{\rm I}$(LK 长度)可以用 $\mu^\beta_{{\rm B}(x^\beta_{\rm m})} - \mu^\alpha_{{\rm B}(x^\alpha_0)}$ 或 $\mu^\beta_{{\rm A}(x^\beta_{\rm m})} - \mu^\alpha_{{\rm A}(x^\alpha_0)}$ 表达，即：

$$\Delta G_{\rm I} = \mu^\beta_{{\rm A}(x^\beta_{\rm m})} - \mu^\alpha_{{\rm A}(x^\alpha_0)} = \Delta^0 G^{\alpha\to\beta}_{\rm A} + RT\ln\frac{a^\beta_{{\rm A}(x^\beta_{\rm m})}}{a^\alpha_{{\rm A}(x^\alpha_0)}} \tag{7-23}$$

式中，$\Delta^0 G^{\alpha\to\beta}_{\rm A}$ 是纯 A 从 α 相转变为 β 相的摩尔吉布斯自由能变化。按给定的溶体模型，可对上式进行估算。但是因为核心成分 $x^\beta_{\rm m}$ 还是未知量，需要求出。如果 α 相和 β 相都是理想溶体，根据 $\mu^\beta_{{\rm B}(x^\beta_{\rm m})} - \mu^\alpha_{{\rm B}(x^\alpha_0)} = \mu^\beta_{{\rm A}(x^\beta_{\rm m})} - \mu^\alpha_{{\rm A}(x^\alpha_0)}$，得：

$$\Delta^0 G^{\alpha\to\beta}_{\rm B} - \Delta^0 G^{\alpha\to\beta}_{\rm A} + RT\ln\frac{x^\alpha_0}{1-x^\alpha_0} = RT\ln\frac{x^\beta_{\rm m}}{1-x^\beta_{\rm m}} \tag{7-24}$$

与 $\Delta^0 G_{\mathrm{A}}^{\alpha\to\beta}$ 的意义相似，$\Delta^0 G_{\mathrm{B}}^{\alpha\to\beta}$ 是纯 B 从 α 相转变为 β 相的摩尔吉布斯自由能变化，它们也称为晶格稳定参数。当纯组元相变的热焓变化 $\Delta H_i^{\alpha\to\beta}$ 和熵变化 $\Delta S_i^{\alpha\to\beta}$ 已知或直接知道晶格稳定参数时，可对式（7-24）用试探解法求出核心成分 x_{m}^{β}。然后用 x_{m}^{β} 和 x_0^{α} 成分取代式（7-23）中的活度，得理想溶体时的形核驱动力：

$$\Delta G_{\mathrm{I}} = \Delta^0 G_{\mathrm{A}}^{\alpha\to\beta} + RT\ln\frac{1 - x_{\mathrm{m}}^{\beta}}{1 - x_0^{\alpha}} \tag{7-25}$$

如果 α 相和 β 相的结构相同，则用图 7-5c 讨论，结果是相同的。事实上，这种用平行切线来求形核驱动力的方法只有在当纯 A 的 β 相和纯 B 的 β 相的偏摩尔体积相等即 $\overline{V}_{\mathrm{A}}^{\beta} = \overline{V}_{\mathrm{B}}^{\beta}$ 时才是正确的，否则需要进一步修正。

从上面讨论可知，当两相（例如 α 相和 β 相）平衡时，从任何一相（例如 α 相）析出另外一相（β 相）时，驱动力的大小是过 α 相自由能曲线平衡成分点的切线与该平衡 β 相自由能之间的距离，因为这两相的平衡成分是两相自由能曲线的公切点，所以，驱动为 0，即两相平衡时，任一个相析出另一个相都是不需要驱动力的。这也是为什么两相平衡时两个相的相对量不是确定的。这样的讨论可以推广到多相平衡，甚至可以推广到亚稳平衡中。

因为形成新相核心时，新相和母相之间分隔有相界面，由于相界面存在界面能，α 相和 β 相的自由能都会改变，这会引起核心的成分改变。现假设这种表面效应仅集中在析出相 β 中，这样 β 相的自由能-成分曲线将会升高，如图 7-9 中的 β^* 线所示。自由能曲线升高的大小和 α 相与 β 相间的表面自由能 γ 以及核心的尺寸有关。核心的尺寸越小，析出的新相的总表面积越大，引起新相的总表面能越大，从而使自由能数值越高。通过 α 相的自由能-成分曲线上对应成分为 x_0^{α} 的点作切线（如图中的 CK 线），如果它也恰好和 β 相某一核心尺寸 r^* 相对应的成分-自由能曲线相切，显然，这个切点对应的成分 x^* 就是考虑了表面效应的核心成分，同时 r^* 也是相应的临界核心尺寸，LK 线长度就是这种情况下的形核驱动力。过 L 点作 β 相的自由能-成分曲线的切线，一般来说这条切线和 CK 线并不平行，所以不能用式(7-24)来确定核心的成分。当某相存在压强 p 时，其自由能将增加 pV，V 为某相的摩尔体积。表面效应表现为界面两侧存在压强差 Δp，Δp 和界面能 γ 的关系可表示为(参见式(7-10))：

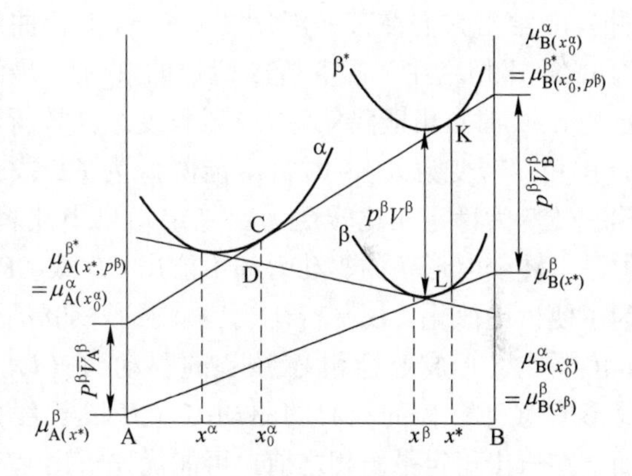

图 7-9　表面效应（仅集中在 β 相）对自由能-成分曲线的影响

$$\Delta p = \gamma\left(\frac{1}{r_1} + \frac{1}{r_2}\right)$$

式中，r_1 和 r_2 是界面的主曲率半径。

为了简化讨论，设新相核心为球体，即 $r_1 = r_2$，并只取析出相的压强，即令 $p^{\alpha}=0$，$\Delta p = p^{\beta} = 2\gamma/r$。也就是说，曲率半径为 r 的 β 相，其自由能曲线升高的值为 $p^{\beta}V^{\beta} =$

$2\gamma V^{\beta}/r$。图 7-9 中两条切线在 A 轴和 B 轴的截距差分别为 $\mu^{\beta}_{A(x^*,\ p^{\beta})} - \mu^{\beta}_{A(x^*)}$ 以及 $\mu^{\beta}_{B(x^*p^{\beta})} - \mu^{\beta}_{B(x^*)}$，其中下标 p^{β} 表明 β 相压强为 p^{β}。显然，这两个截距差分别为 $p^{\beta}\bar{V}^{\beta}_{A}$ 及 $p^{\beta}\bar{V}^{\beta}_{B}$。这样就说明了只有 $\bar{V}^{\beta}_{A} = \bar{V}^{\beta}_{B}$ 时，用上述的平行切线法求核心成分及形核驱动力才是正确的。当 $\bar{V}^{\beta}_{A} \neq \bar{V}^{\beta}_{B}$ 时，从图 7-9 看出：

$$\frac{\mu^{\alpha}_{B(x^{\alpha}_{0})} - \mu^{\beta}_{B(x^*)}}{\mu^{\alpha}_{A(x^{\alpha}_{0})} - \mu^{\beta}_{A(x^*)}} = \frac{\bar{V}^{\beta}_{B}}{\bar{V}^{\beta}_{A}} \tag{7-26}$$

根据第 5 章中式（5-30），上式变为：

$$\Delta^{0}G^{\alpha\to\beta}_{B} + RT\ln\frac{a^{\beta}_{B(x^*)}}{a^{\alpha}_{B(x^{\alpha}_{0})}} = \frac{\bar{V}^{\beta}_{B}}{\bar{V}^{\beta}_{A}}\left(\Delta^{0}G^{\alpha\to\beta}_{A} + RT\ln\frac{a^{\beta}_{A(x^*)}}{a^{\alpha}_{A(x^{\alpha}_{0})}}\right) \tag{7-27}$$

当知道活度和偏摩尔体积，或者按照给定的溶体模型就可以求出 β 相的核心成分 x^*。

7.3.2 亚稳平衡过渡相的形成

从相变的总体看，相变应以转变成最稳定相告终。从恒温过程看，这个过程的总吉布斯自由能降低是最多的。例如，A-B 系中和 α 相平衡的有稳定的 β 相以及亚稳定的 β′相，图 7-10 给出它们在某一温度 T 下的自由能曲线。成分为 x_0 的 α 相，在 T 温度析出稳定的 β 相，最终变为稳定的 α+β 时自由能降低为 CD 段长度。如果析出亚稳定的 β′相，转变为 α+β′时自由能降低为 CE 段长度。显然，转变为稳定相比转变为亚稳定相自由能降低更多。但是，转变时形核的驱动力却不能用 CD 或 CE 来表示。为了使讨论简化，用平行切线法来求形核驱动力。从图 7-10 看出，形成亚稳相 β′核心的驱动力（LK 的长度）比形成稳定相 β 的核心的驱动力（JI 段长度）大，因而，在析出稳定平衡相之前，可能优先析出 β′亚稳相。

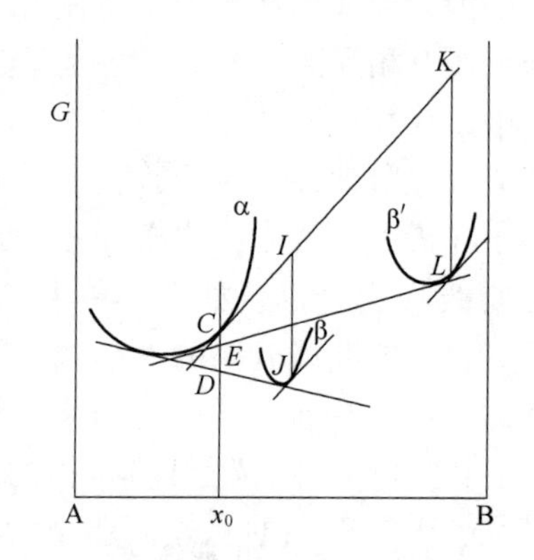

图 7-10 α 相和稳定 β 相以及亚稳定 β′相的自由能-成分曲线

另一种情况，如果亚稳相核心与母相之间的界面能比平衡相与母相之间的界面能低，或者亚稳定新相核心引起的弹性应变能比稳定相核心引起的弹性应变能低，这样形成亚稳相核心的阻力比较低，亚稳相形核的势垒比稳定相的低（参见下面 7.3.3 节），也可能形成亚稳相。

但从总的平衡趋势看，亚稳相将最终消失。因为 β′是在转变为平衡相之前的一种过渡性产物，往往称为过渡亚稳相。这种过渡亚稳相能够存在多久，还要看相变的动力学条件。铁-碳合金中的 Fe_3C 相是亚稳定相的典型例子，在铁-碳合金中，石墨是稳定相，但由于它形成十分缓慢，以至于我们常看到的是亚稳定的 Fe_3C 相而不是石墨。

7.3.3 均匀形核

7.3.3.1 临界核心

经过孕育期后，在母相上通过涨落发展成较稳定的小的团簇，这种小的团簇若能长成稳定（或亚稳定）结构，它就是新相核心。经典形核模型是由 Volmer 和 Weber 以及 Becker 和 Doring 对气-液和气-固相变提出的，并且由 Becker 首先将其应用于固态相变。

在亚稳 α 母相形成稳定的 β 相核心，必须有某些 α 相转变为 β 相的晶胚，在亚稳母相中形成新相晶胚颗粒，这些晶胚有一些重新转回母相，另一些长大为稳定的新相。小的新相晶胚有很大的表面积/体积比率，因此界面能比较大，它是形成晶胚的阻力，成为形成新相核心的势垒。

形成一个有 $\mathcal{N}$ 个原子（或分子）的新相晶胚使体系能量有两方面的变化：一方面新相形成使系统自由能降低，降低量为 $\mathcal{N}(\mu^{\beta}-\mu^{\alpha})$，其中 μ^{i} 是分摊在每个原子（分子）的化学势，也可以表达为 $V\Delta g$，其中 V 是晶胚的体积，而 Δg 是形成新相与母相的体积自由能差，不严格地说，它们称为形核驱动力。另一方面，因为生成新的界面增加系统能量，增加量为 $\gamma A_{\beta/\alpha}$，其中 $A_{\beta/a}$ 是新相晶胚的表面积。如果以新相晶胚的 $\mathcal{N}$ 表达，可表达为 $\eta\mathcal{N}^{2/3}\gamma$，其中 η 是形状因子。这一项是形核时要消耗的能量，它是形核的势垒，不严格地说，它称为形核阻力。结果，形成 β 相的晶胚引起的自由能变化为：

$$\Delta\mathcal{G}_{\mathcal{N}}=\mathcal{N}(\mu^{\beta}-\mu^{\alpha})+\eta\mathcal{N}^{2/3}\gamma \tag{7-28}$$

或者写为：

$$\Delta\mathcal{G}=V_{\beta}\Delta g+A_{\beta}\gamma \tag{7-29}$$

如果在二元系中的相变形核，上两式中的 $\Delta\mathcal{G}$ 或 $(\mu^{\beta}-\mu^{\alpha})$ 形核驱动力应换为按式(7-20)讨论的形核驱动力 $\Delta\mathcal{G}_{\mathrm{I}}$ 或分摊到每原子的驱动力 $\Delta\mathcal{G}_{\mathrm{I}}$。若相界面能是各向同性的，晶胚为球状使界面能最小。设晶胚半径为 r，则球的体积 V^{β} 等于 $4\pi r^{3}/3=\mathcal{N}V_{\mathrm{at}}$，$r=(3\mathcal{N}V_{\mathrm{at}}/4\pi)^{1/3}$，$V_{\mathrm{at}}$ 是原子体积；球的表面积 A^{β} 等于 $4\pi r^{2}=4\pi(3\mathcal{N}V_{\mathrm{at}}/4\pi)^{2/3}=(36\pi)^{1/3}(V_{\mathrm{at}}\mathcal{N})^{2/3}$，所以形状因子 $\eta=(36\pi)^{1/3}(V_{\mathrm{at}})^{2/3}$。在经典形核模型中，认为晶胚的相界面能与大块晶体的比相界面能相等，晶胚的性质与大块晶体的相同。

式（7-28）和式（7-29）的第一项（体积项）是负的，第二项是界面能项是正的，它们随 $\mathcal{N}$（或体积 V^{β}）的变化曲线如图 7-11a 中的虚线所示。小尺寸的晶胚界面能项起主导作用，所以在小尺寸时，总能量 $\Delta\mathcal{G}_{\mathcal{N}}$ 是升高的；但是，因为体积项的值正比于晶胚的 $\mathcal{N}$（或者晶胚尺寸的 3 次方），而界面能项的值只正比于晶胚的 $\mathcal{N}^{2/3}$（或晶胚尺寸的 2 次方），当晶胚尺寸大到某一尺度时，体积的负项将抵消面积的正项而取得负值。在这个尺度之前必存在一个能量的最大值 $\Delta\mathcal{G}^{*}$ 的尺寸（$\mathcal{N}^{*}$），如图 7-11a 实线所示。这个尺寸的晶胚长大和消失的概率是相同的，当一个原子附加上这样的胚后（$\mathcal{N}^{*}+1$），它继续长大是使能量降低的，因此它长大的几率大于缩小的几率，所以它就成为稳定的核心。这个尺寸为 $\mathcal{N}^{*}$ 的核心称临界核心，其尺寸 $\mathcal{N}^{*}$ 称临界核心尺寸，相应的最大值 $\Delta\mathcal{G}^{*}$ 就是形成 β 相核心要克服的能垒，称临界核心形成功。

从 $\mathrm{d}\Delta\mathcal{G}_{\mathcal{N}}/\mathrm{d}\mathcal{N}=0$ 求出临界核心尺寸 $\mathcal{N}^{*}$ 和临界核心形成功 $\Delta\mathcal{G}^{*}$，设 γ 是各向同性的情况，得：

$$\mathcal{N}^{*}=-\frac{8}{27}\left(\frac{\eta\gamma}{\mu_{\beta}-\mu_{\alpha}}\right)^{3} \tag{7-30}$$

$$\Delta\mathcal{G}^{*}=\frac{4}{27}\frac{(\eta\gamma)^{3}}{(\mu^{\beta}-\mu^{\alpha})^{2}}=\frac{1}{3}\eta\gamma\mathcal{N}^{*\,2/3}=\frac{1}{3}A^{*}\gamma \tag{7-31}$$

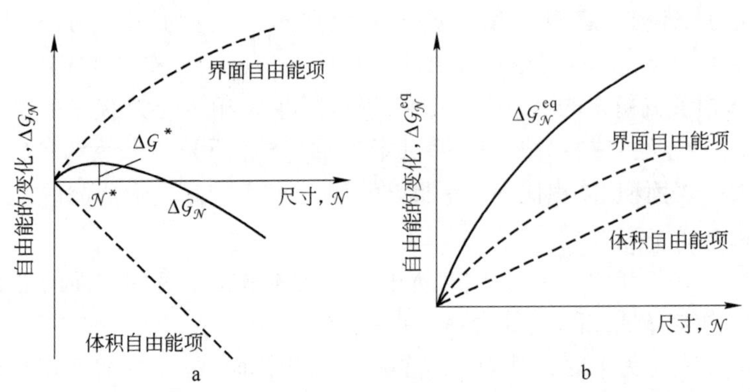

图 7-11　晶胚自由能 $\Delta\mathcal{G}_{\mathcal{N}}$ 随晶胚尺寸 $\mathcal{N}$ 的变化

a—形核时系统处于非平衡态；b—系统处于平衡态

式中，A^* 是临界晶核的表面积，所以，临界核心形成功等于临界晶核界面能的 1/3，即从亚稳定相形成稳定相临界晶核的自由能降低仅能补偿它的界面能的 2/3。如果核心是球状，临界核心尺寸和临界核心形成功可写成：

$$r^* = \frac{2\gamma}{\Delta g_{\mathrm{I}}} \tag{7-32}$$

$$\Delta\mathcal{G}^* = \frac{16\pi}{3} \cdot \frac{\gamma^3}{(\Delta g_{\mathrm{I}})^2} = \frac{4}{3}\pi(r^*)^2\gamma = \frac{1}{3}A^*\gamma \tag{7-33}$$

如果是纯组元转变，并且忽略了弹性畸变能（例如纯组元凝固），考虑到式（7-8）ΔG 与过冷度 ΔT 的关系，并把摩尔熔化焓 ΔH_0 换成体积熔化焓 Δh_0，得临界晶核 r^* 和临界晶核形成功 $\Delta\mathcal{G}^*$ 与过冷度间的关系为：

$$r^* = \frac{2\gamma T_0}{\Delta T \Delta h_0} \tag{7-34}$$

从式（7-13）看到，$T_0 - \Delta T$ 其实就是尺寸为 r^* 的平衡熔点温度。

$$\Delta\mathcal{G}^* = \frac{16\pi\gamma^3 T_0^2}{3(\Delta h_0 \Delta T)^2} \tag{7-35}$$

随着相变的过冷度（或过热度）加大，临界晶核尺寸 r^* 和临界核心形成功 $\Delta\mathcal{G}^*$ 相应减小。

例 7-2　铜的 $\Delta H_0 = 13290\mathrm{J/mol}$，$T_0 = 1356\mathrm{K}$，$\gamma_{S/L} = 0.177\mathrm{J/m^2}$，求在过冷度为 10K、180K、200K、220K 下的临界晶核形成功 $\Delta\mathcal{G}^*$。

解：根据式(7-35)，因式中的 Δh_0 是体积熔化热，而题目给出的是摩尔熔化热 ΔH_0，所以首先要把 ΔH_0 转化为 Δh_0。查得 Cu 的相对原子质量为 63.55，密度为 $8.93 \times 10^6 \mathrm{g/m^3}$。因此，其摩尔体积 V_m = 摩尔质量/密度：

$$V_m = \frac{相对原子质量}{密度} = \frac{63.55}{8.93 \times 10^6}\mathrm{m^3/mol} = 7.12 \times 10^{-6}\mathrm{m^3/mol}$$

则 Δh_0 为：

$$\Delta h_0 = \frac{\Delta H_0}{V_m} = \frac{132901}{7.12 \times 10^{-6}} = 1.88 \times 10^9 \text{J/m}^3$$

把题目给出的各项数值代入 ΔG^* 的式子，得过冷度为 10K 的临界晶核形核功：

$$\Delta G^*_{(10K)} = \frac{16\pi (0.177)^3 \times (1356)^2}{3(1.88 \times 10^9 \times 10)^2} = 4.84 \times 10^{-16} \text{J}$$

同理，过冷度为 180K、200K、220K 的临界晶核形核功分别为：

$$\Delta G^*_{(180K)} = \frac{16\pi (0.177)^3 \times (1356)^2}{3(1.88 \times 10^9 \times 180)^2} = 1.49 \times 10^{-18} \text{J}$$

$$\Delta G^*_{(200K)} = \frac{16\pi (0.177)^3 \times (1356)^2}{3(1.88 \times 10^9 \times 200)^2} = 1.208 \times 10^{-18} \text{J}$$

$$\Delta G^*_{(220K)} = \frac{16\pi (0.177)^3 \times (1356)^2}{3(1.88 \times 10^9 \times 220)^2} = 9.987 \times 10^{-19} \text{J}$$

过冷度为 10K 时的形核功非常大，在这样的过冷度下的形核功比过冷度 180K 以下的形核功大约两个数量级，在 10K 过冷度下难以均匀形核。

利用均匀形核和核心长大原理制作纳米颗粒。当核心（纳米颗粒）被特殊的吸附元素/分子/气氛所包围时，形成了一个保护层，其表面能将比纯态时减小，因而总的自由能也相应减小。这时，纳米相颗粒尺寸的增加会要求系统破坏保护层，即重新增加颗粒的表面能，同时改变表面结构，其长大过程在热力学和动力学上都会受到阻碍，因而抑制进一步长大，形成纳米颗粒。如图 7-12a 描述一般核心成长和附加变性抑制的热力学曲线。图 7-12b、c 和 d 是表面变性的具体的例子。b 所示为颗粒表面同性电荷集中（表面静电效应），造成颗粒之间相斥，不搭接，无合拼长大的物理条件；c 所示为热力学效应，表面金属离子与分子或离子结合，络合形成很稳定的新的离子颗粒表面，抑制颗粒正大；d 所示为表面静态惰性化，由大分子团（聚合物）覆盖，成为惰性颗粒。

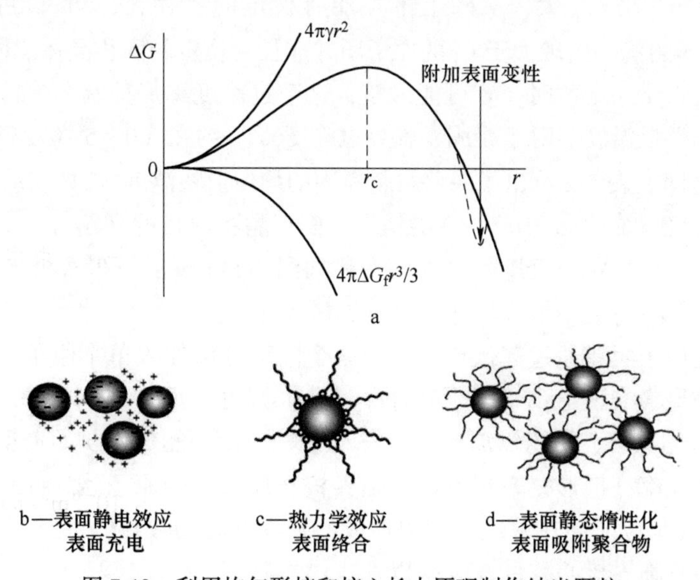

图 7-12　利用均匀形核和核心长大原理制作纳米颗粒

7.3.3.2 准稳态形核率

首先考虑在稳态平衡条件下的情况。一般情况下，在 α 相系统中会含有不同尺寸 β 相晶胚的平衡分布。设 α 相单位体积含 N 个原子，尺寸为 $\mathcal{N}$ 的 β 相晶胚的能量可用式(7-31)计算，对于稳态平衡，$(\mu^{\beta}-\mu^{\alpha})>0$，晶胚自由能 $\Delta\mathcal{G}_{\mathcal{N}}$ 随其尺寸 $\mathcal{N}$ 变化如图 7-11b 所示。当系统存在不同尺寸的 β 相晶胚分布时，系统的总自由能量变化 $\Delta\mathcal{G}$ 为：

$$\Delta\mathcal{G}=\Sigma_{\mathcal{N}}N_{\mathcal{N}}\Delta\mathcal{G}_{\mathcal{N}}-TS_{\mathrm{m}} \tag{7-36}$$

式中，$N_{\mathcal{N}}$ 是单位体积中尺寸为 $\mathcal{N}$ 的晶胚数目，S_{m} 是系统存在晶胚的组态熵。系统能量处于最小，并且 $N>>\Sigma_{\mathcal{N}}N_{\mathcal{N}}$ 时，获得的晶胚平衡分布为：

$$\frac{N_{\mathcal{N}}}{N}\approx\exp\left(-\frac{\Delta\mathcal{G}_{\mathcal{N}}}{k_{\mathrm{B}}T}\right) \tag{7-37}$$

上式说明在平衡条件下 α 相中会存在 β 相晶胚，它的浓度（单位体积中的数目）随着它的尺寸的加大而迅速减小。例如在 1m^3 液态铜中，在平衡熔点时半径为 0.3nm 的原子团有 104 个，但半径为 0.6nm 的原子团则只有 10 个。虽然这种估计是非常粗糙的，但确实说明在每一个温度下存在一个最大的原子团尺寸 $\mathcal{N}_{\max}$（$r_{\max}$），从仪器可观察到的角度看，大于这个尺寸的原子团实际存在的概率已小到难以观察到。因 $N_{\mathcal{N}}$ 对温度是敏感的，当温度降低（即过冷度加大）时，$\Delta\mathcal{G}_{\mathcal{N}}$ 也减小，$\Delta\mathcal{G}_{\mathcal{N}}/k_{\mathrm{B}}T$ 整体是减小的，结果使 $N_{\mathcal{N}}$ 增大。如果以同一个概率来定义 $\mathcal{N}_{\max}$（$r_{\max}$），则 $r_{\max}$ 是随温度降低而加大的。把临界晶核尺寸 r^* 随温度变化和 $r_{\max}$ 随温度变化的曲线描绘在一起（如图 7-13 所示），这两条曲线有一交点，交点所对应的过冷度记为 ΔT^*。在小的过冷度（$\Delta T<\Delta T^*$）下，r^* 比 $r_{\max}$ 大，实际上不可能有稳定的核存在；当过冷度大时（$\Delta T\geqslant\Delta T^*$），就有足够的概率出现大于 r^* 的原子团并成长为稳定的固相晶体。所以只有在某温度下，即过冷度大于一定值时，才可能形核，这个过冷度称形核临界过冷度 ΔT^*，相应的温度就是所谓形核温度。对于凝固，临界过冷度 ΔT^* 约在（0.15~0.25）T_{m}（T_{m} 为绝对温标的熔点）之间。表 7-2 给出了一些材料凝固的均匀形核温度 T^* 的实验数据。

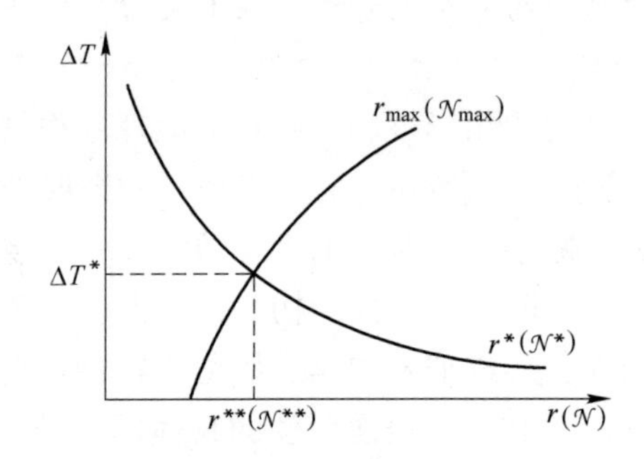

图 7-13 $r^*(\mathcal{N}^*)$ 和 $r_{\max}(\mathcal{N}_{\max})$ 随过冷度 ΔT 的变化

现在考虑亚稳系统即$(\mu^{\beta}-\mu^{\alpha})<0$ 的情况，β 相晶胚数目的平衡分布原则上也可用式(7-37) 计算，但这时 $\Delta\mathcal{G}_{\mathcal{N}}$ 随其尺寸 $\mathcal{N}$ 的变化如图 7-11a 所示，在 $\mathcal{N}=\mathcal{N}^*$ 时 $\Delta\mathcal{G}_{\mathcal{N}}$ 有最大值($\Delta\mathcal{G}^*$)，相应 $N_{\mathcal{N}}$ 有最小值($N_{\mathcal{N}^*}$)，如图 7-14 所示。

因为晶胚是原子团簇通过起伏形成的，一个团簇可以加入单个原子（或多个）以增大其尺寸，或相反失去单个（或多个）原子减小其尺寸，而加入和失去一个原子是最可能（最大几率）的反应，所以以加入或失去一个原子来讨论团簇的反应速率。定义 $\beta_{\mathcal{N}}$ 为 $\mathcal{N}\rightarrow\mathcal{N}+1$ 反应的速率，把形核率只看成是临界核心加入一个原子 $\mathcal{N}^*+1$ 的反应速率，则稳态形核速率 I（单位时间在单位体积中形成的临界核心的数目，也经常简称为形核率）可以合理地认为是临界核心数目 $N_{\mathcal{N}^*}$ 乘以 $\beta_{\mathcal{N}^*}$：

$$I=\beta_{\mathcal{N}^*}N_{\mathcal{N}^*}=\beta_{\mathcal{N}^*}N\exp\left(-\frac{\Delta\mathcal{G}^*}{k_BT}\right) \tag{7-38}$$

表 7-2 一些材料凝固的均匀形核温度

材料	T_m/K	T^*/K	ΔT^*/K	$\Delta T^*/T$	材料	T_m/K	T^*/K	ΔT^*/K	$\Delta T^*/T$
水银	234.3	176.3	58	0.247	CCl_4	250.2	200.2 ±2	50	0.202
锡	505.7	400.7	105	0.208	H_2O	273.2	232.7 ±1	40.5	0.148
铅	600.7	520.7	80	0.133	C_5H_5	278.4	208 ±2	70.4	0.252
铝	931.7	801.7	130	0.140	萘	353.1	258.7 ±1	94.4	0.267
锗	1231.7	1004.7	227	0.184	LiF	1121	889	232	0.21
银	1233.7	1006.7	227	0.184	NaF	1265	984	281	0.22
金	1336	1106	230	0.172	NaCl	1074	905	169	0.16
铜	1356	1120	236	0.174	KCl	1045	874	171	0.16
铁	1803	1508	295	0.164	KBr	1013	845	168	0.17
铂	2043	1673	370	0.181	KI	958	799	159	0.15
三氟化硼	144.5	126.7	17.8	0.123	RbCl	988	832	156	0.16
二氧化硫	197.6	164.6	33	0.167	CsCl	918	766	152	0.17

这个式子首先是 Volmer 和 Weber 提出的。式(7-38)表达的形核率是比较简化的描述，仔细考察这个式子，显然它存在一个非常严重的问题：当临界核心作为核心长大以后，就减少了临界核心的数目。形成新的临界核心的数目总是补偿不了由于长大而减少的数目，所以，真实存在的临界核心数目远比平衡数目 $N_{\mathcal{N}^*}$ 少。实际上团簇尺寸分布是随着时间变化的，以 $N_{\mathcal{N}}(t)$ 表示在 t 时刻的团簇尺寸分布，考虑了 $\mathcal{N}+1\rightarrow\mathcal{N}$ 的反应后，由尺寸为 $\mathcal{N}$ 的团簇长大为 $\mathcal{N}+1$ 的团簇的净速率为：

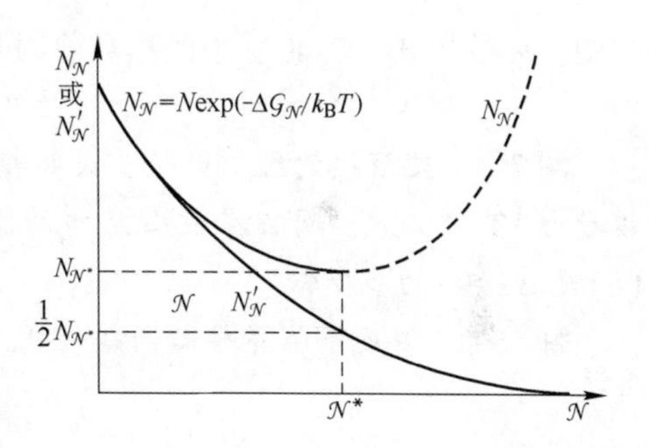

图 7-14 $N_{\mathcal{N}^*}$ 与 $N'_{\mathcal{N}^*}$ 随 $\mathcal{N}$ 的变化关系

$$I_{\mathcal{N}}(t)=\beta_{\mathcal{N}}N_{\mathcal{N}}(t)-\alpha_{\mathcal{N}+1}N_{\mathcal{N}+1}(t) \tag{7-39}$$

式中，$\alpha_{\mathcal{N}+1}$是从尺寸为 $\mathcal{N}+1$ 的 β 相团簇失去一个原子回到 α 相的速率。其他过程（例如团簇相遇）发生的几率很小，所以忽略。进一步考虑 $\beta_{\mathcal{N}}$ 与 $\alpha_{\mathcal{N}+1}$的关系，然后把这个关系代回式（7-39）获得一个微分方程，求解这个方程得出 $N_{\mathcal{N}}(t)$（其中数学过程不做详细介绍，有兴趣的读者可参阅本章所列参考书目），最后得出稳态形核率为：

$$I=Z\beta_{\mathcal{N}^*}N\exp\left(-\frac{\Delta\mathcal{G}^*}{k_BT}\right)=I_0\exp\left(-\frac{\Delta\mathcal{G}^*}{k_BT}\right) \tag{7-40}$$

上式称为 Becker-Doring 方程，$I_0=Z\beta_{\mathcal{N}^*}N$，其中 Z 称为 Zeldovich 非平衡因子，它表达为：

$$Z=\left[\frac{\Delta\mathcal{G}^*}{3\pi(\mathcal{N}^*)^2k_BT}\right]^{1/2} \tag{7-41}$$

这样，Z 将虚拟的平衡(稳态)形核率式(7-38)改变为真实的稳态形核率，Z 的典型值大约是 1/20。考虑了非平衡因子 Z 后，稳态的临界核心浓度（数目）$N'_{\mathcal{N}*}$ 约为平衡的浓度 $N_{\mathcal{N}*}$ 的 1/2。

式（7-40）中的 $\beta_{\mathcal{N}*}$ 取决于系统的类型，例如液-固、固-固等。如果是从液态结晶出固相，它是下列两项的乘积：(1) 在相界面边的母相原子跨过界面的原子(或溶质原子)数 z^*，它等于 $A^* x_\alpha/a^2$，其中 A^* 是核心与母相间的有效界面积(供原子跃迁的面积)，它和核心形状有关，a 是点阵常数，x_α 是母相中溶质原子浓度。(2) 跨过界面的原子的跃迁频率 Γ，根据式（6-97），$\Gamma = 6D/d^2 \approx 6D/a^2$，其中用点阵常数 a 近似取代跳动距离 d，D 为体积扩散系数。略去 Γ 中的数字因子，得：

$$\beta_{\mathcal{N}*} = A^* Dx_\alpha/a^4 \approx z^* x_\alpha \nu \exp(-\Delta\mathcal{G}_{mo}/k_B T) \tag{7-42}$$

式中，ν 是原子振动频率；$\Delta\mathcal{G}_{mo}$ 是原子迁动激活能（即是扩散激活能）。把 $\beta_{\mathcal{N}*}$ 代回式（7-40），形核率为：

$$I = ZNz^* x_\alpha \nu \exp\left(-\frac{\Delta\mathcal{G}^* + \Delta\mathcal{G}_{mo}}{k_B T}\right) \tag{7-43}$$

把 $\Delta\mathcal{G}^*$ 与过冷度的关系式（7-35）代入式（7-40），形核率变为：

$$I = I_0 \exp\left[-\frac{16\pi\gamma^3 T_0^2}{3\Delta h_m^2 k_B T}\cdot\frac{1}{(\Delta T)^2}\right] \tag{7-44}$$

式中，I_0 等于式（7-40）中的指数前因子，$I_0 \approx ZNz^* x_\alpha \nu \exp(-\Delta\mathcal{G}_{mo}/k_B T)$。

例 7-3 按形核的经典理论，设某相变在过冷度为 $\Delta T(0)$ 时存在的临界核心尺寸的团簇数为 10^0 个/m³，问临界核心尺寸的团簇数增加为 10^6 个/m³ 所需要增加的过冷度 $\Delta T(6)$ 是 $\Delta T(0)$ 的多少倍？

解：在 T 温度下临界核心团簇数 $N_{\mathcal{N}}$ 为(见式(7-37))：

$$N_{\mathcal{N}} \approx N\exp\left(-\frac{\Delta\mathcal{G}_{\mathcal{N}}}{k_B T}\right)$$

一般金属单位体积中的形核位置数目是 $N=10^{28}/\text{m}^3$，上式取对数得：

$$\ln(N_{\mathcal{N}}) = 64.5 - B/\Delta T^2$$

根据式(7-35)，式中 B 为：

$$B = \frac{16\pi\gamma^3 T_m^2}{3\Delta h_m k_B T}$$

则

$$\Delta T = \left[\frac{B}{64.5 - \ln(N_{\mathcal{N}})}\right]^{1/2}$$

如果温度变化不大，B 看做常数，把 $\Delta T(0)$ 和 $\Delta T(6)$ 导入 ΔT 式子，得：

$$\frac{\Delta T(6)}{\Delta T(0)} = \left[\frac{64.5}{64.5 - \ln(10^6)}\right]^{1/2} = 1.12$$

可见，当过冷度增加约 10%，则临界尺寸团簇数目增加 10^6 倍。过冷对形核的影响是巨大的。

例 7-4 若认为每秒每 1cm^3 产生一个核心可以察觉形核，估算形核功 $\Delta\mathcal{G}_0^*$ 的大小（以 k_BT 表示）；若形核功增加 $2\Delta\mathcal{G}_0^*/10$ 或减小 $2\Delta\mathcal{G}_0^*/10$，形核率是多少？

（凝固过程形成的固相核心，式（7-43）中的 $Z\approx10^{-1}$，$z^*x_a\approx10^2$，$v\approx10^{13}\ \text{s}^{-1}$，$N\approx10^{23}\text{cm}^{-3}$，$\exp\ (-\Delta\Gamma_{mo}/k_BT)\approx10^{-3}$）

$$I = 10^{33}\exp\left(-\frac{\Delta\mathcal{G}^*}{k_BT}\right)\text{cm}^3/\text{s}$$

解： 每秒每 cm^3 产生一个核心，即

$$1 = 10^{33}\exp\left(-\frac{\Delta\mathcal{G}^*}{k_BT}\right)$$

故

$$\Delta\mathcal{G}^* = \ln 10^{33}k_BT = 76k_BT$$

形核率随 $\exp(-\Delta\mathcal{G}^*/k_BT)$ 变化，而 $\Delta\mathcal{G}^*$ 与 γ^3 成正比，对于固/固相界面能的典型值约为 500 mJ/m^2，若是共格界面则约小 3 倍多，所以在核心的界面与基体共格或界面能很低时才会均匀形核，这与实验观察相符。

估算要求发生可察觉形核的临界核心形成功 $\Delta\mathcal{G}^*$ 的大小通常是有用的。例如，凝固过程形成的固相核心，由例 7-4 可知，如果设 $I\approx1\text{cm}^{-3}\cdot\text{s}^{-1}$ 可以察觉形核，则 $\Delta\mathcal{G}^*\approx76k_BT$。这样 $\Delta\mathcal{G}^*$ 必须等于或小于 $76k_BT$ 才有可能察觉形核事件的发生。这和前面讨论的临界过冷度 ΔT^* 和形核温度的概念是一致的。

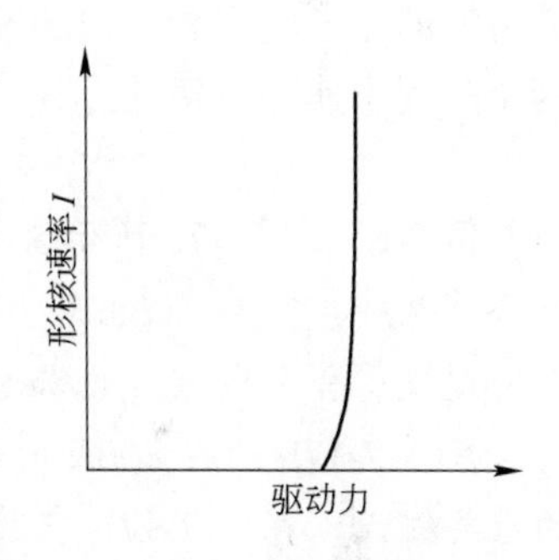

图 7-15　形核率与形核驱动力间的关系

因为形核率对形核驱动力 Δg_1 的大小也是非常敏感的，所以，形核率是温度的强函数。$\Delta\mathcal{G}^*$ 反比于形核驱动力的平方，形核驱动力随过冷度或脱溶的过饱和度增加（即形核的驱动力 Δg_I 增加）而增加。当过冷度小时，形核的驱动力 Δg_I 很小，形核率很小，实验难以察觉，直至过冷度（过饱和度）增大至某一值，即驱动力 Δg_I 达某一值时，形核率才爆发式地增加，如图 7-15 示意描述的那样。

由于实验条件的限制，测量爆发式形核率门槛是非常困难的，又由于会发生熟化效应，难以数出真实的核心数目而又附加了困难。所以，通常以发生可察觉形核率所需要的驱动力（它相对来说比较容易量化），然后看与由资料及理论获得的 $\Delta\mathcal{G}^*$ 的差别来衡量是否正确。因为形核率对 $\Delta\mathcal{G}^*$ 非常敏感，所以形核率表达式中的其他参数不必知道它们的非常精确的值，用各种近似获得的表达式也不会引起很大的误差。

式(7-43)中的形核率大小取决于 $\exp(-\Delta\mathcal{G}_{mo}/k_BT)$ 因子与 $\exp(-\Delta\mathcal{G}^*/k_BT)$ 因子的乘积。$\Delta\mathcal{G}^*$ 反比于过冷度的平方，$\exp\ (-\Delta\mathcal{G}^*/k_BT)$ 则随过冷度加大先增加而后降低，如图 7-16 虚线所示。当过冷度大时，不能忽略温度对扩散的影响。$\Delta\mathcal{G}_{mo}$ 基本不随温度而变化，$\exp\ (-\Delta\mathcal{G}_{mo}/k_BT)$ 项随过冷加大而单调降低，如图 7-16 点线所示。在这一项的影响，使最大形核率温度有所上升，如图 7-16 实线所示。对于固态相变，固体的扩散激活能与临界形核功相差不是很大，所以过冷对最大形核温度影响很大。对于金属的凝固过

程，因为金属的结构比较简单，同时受非均匀形核的影响（见下节），很难获得很大的过冷，所以不会出现形核率随温度降低而降低的情况。对于升温的相变，随着过热度的增加，无论原子集团具有超额能量为 $\Delta\mathcal{G}^*$ 的几率和原子扩散能力都增加，所以，形核率随过热增加一直增加的。

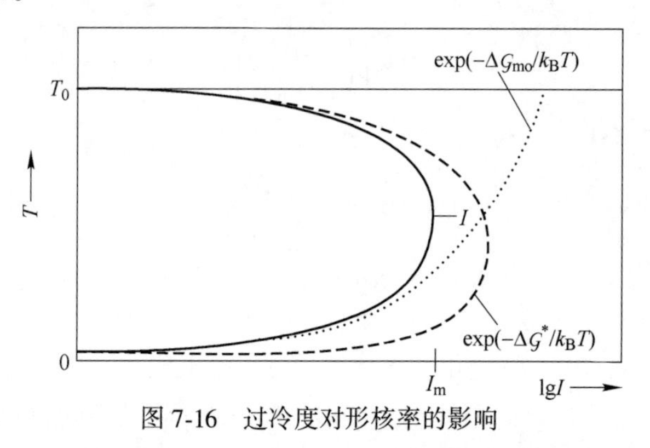

图 7-16　过冷度对形核率的影响

在二元系中的相变形核，因为核心成分不同于母相，因此形核率不但要考虑原子从核心旁边的原子跳入和跳出的速率，还要考虑较远的原子扩散来的速率，控制形核率的是这两个过程中速率最慢的过程。

例 7-5　图 7-17a 所示为 A-B 二元系相图，成分为 $x_B = 30\%$ 的合金在 1200K 均匀化后急冷到 800K 保温，析出 β 相的均匀形核率为 $10^6/(m^3 \cdot s)$。因为形核速率太小而难以探测。现改变合金成分（增加过饱和度），以前面相同的处理获得均匀形核率为 $10^{23}/(m^3 \cdot s)$。用图 7-17b 的在 800K 的体积自由能-成分曲线，估算此时的合金成分，并说明你分析的重要假设。在图 7-17b 中获得形核驱动力（转化为体积自由能）Δg_I 为 $-9\times10^7 J/m^3$，界面能 $\gamma = 75mJ/m^2$（图 7-17 是示意表示）。

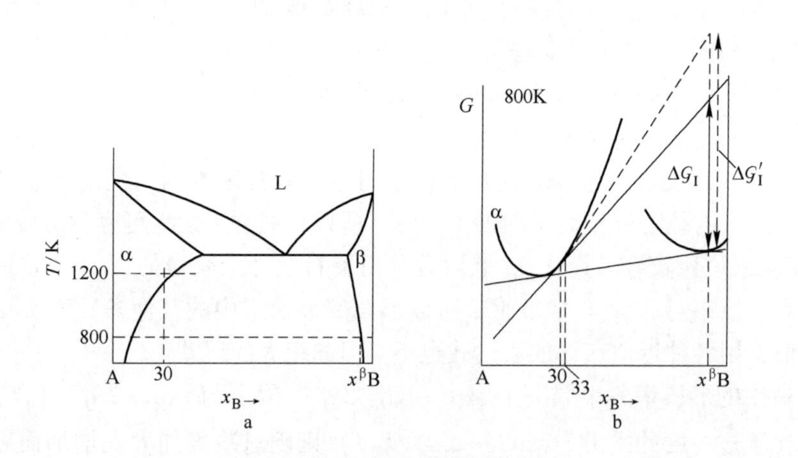

图 7-17　假想的 A-B 二元系
a—相图；b—在 800K 的自由能曲线

解：重要假设：界面能是各向同性的，并且形核的弹性应变能并不重要，这样核心是球状。

先计算临界核心形成功 $\Delta \mathcal{G}^*$。根据式（7-33），$\Delta \mathcal{G}^*$ 为：

$$\Delta \mathcal{G}^* = \frac{16\pi}{3} \cdot \frac{\gamma^3}{(\Delta g_{\mathrm{I}})^2} = \frac{16\pi(75 \times 10^{-3})}{3 \times (-9 \times 10^7)^2} = 8.73 \times 10^{-19}\mathrm{J}$$

注意到在800K 的 $k_{\mathrm{B}}T = 1.38\times10^{-23}\times800\mathrm{J} = 1.10\times10^{-20}\mathrm{J}$，所以，在800K 成分 $x_{\mathrm{B}} = 30\%$ 时的 $\Delta \mathcal{G}^* \approx 79k_{\mathrm{B}}T$。根据前面的讨论，$\Delta \mathcal{G}^*$ 必须小于 $76k_{\mathrm{B}}T$ 才有可能察觉形核事件的发生。因为现在 $x_{\mathrm{B}} = 30\%$ 合金在800K 的 $\Delta \mathcal{G}^*$ 接近 $76k_{\mathrm{B}}T$，所以是难以察觉到形核的。

稳态形核率正比于 $\exp(-\Delta \mathcal{G}^*/k_{\mathrm{B}}T)$，在800K 成分 $x_{\mathrm{B}} = 30\%$ 时有：

$$10^6 = C'\exp(-79)$$

式中，C' 是比例常数。现要求形核率为 10^{21}，则要求其临界形核功 $\Delta \mathcal{G}^*$ 为：

$$\frac{10^6}{10^{21}} = \frac{\exp(-79)}{\exp(-\Delta \mathcal{G}^*/k_{\mathrm{B}}T)}$$

或 $$\ln 10^{-15} = -79 + \frac{\Delta \mathcal{G}^*}{k_{\mathrm{B}}T} \quad \text{即} \quad \Delta \mathcal{G}^* \approx 44.5k_{\mathrm{B}}T = 4.91 \times 10^{-19}\mathrm{J}$$

根据式（7-33），求出要求的形核驱动力 $\Delta g'_{\mathrm{I}}$：

$$\Delta g'_{\mathrm{I}} = \left(\frac{16\pi\gamma^3}{3\Delta \mathcal{G}^*}\right)^{1/2} = \frac{16\pi \times (75 \times 10^{-3})^3}{3 \times 4.91 \times 10^{-19}} = -12 \times 10^7 \mathrm{J/m^3}$$

最后，把体积自由能 $\Delta g'_{\mathrm{I}}$ 转化回摩尔自由能 $\Delta G'_{\mathrm{I}}$ 从图 7-17b 在 B 轴的公切线点按比例往上量出 $\Delta G_{\mathrm{I}}'$ 长度的点，过这点向 α 自由能曲线作切线，切点成分约等于 $x_{\mathrm{B}} = 33\%$。这个计算说明形核率对过饱和度是非常敏感的。

7.3.3.3 与时间相关的形核率

由于形成临界核心要经历一系列原子反应过程，原子扩散过程需要时间，所以形核过程是有孕育期的。这样，形核率需要经过一段过渡时间才能逐渐地增加到稳态值。在气相中，孕育期大约为微秒数量级，但在固相中，由于原子扩散速度慢，即使溶质原子是间隙原子，孕育期一般需要秒的数量级。在达到稳态值以前的形核率 $I(t)$ 随时间变化的关系一般表达为：

$$I(t) = I\exp\left(-\frac{\tau}{t}\right) \tag{7-45}$$

式中，τ 为孕育期。当保温时间 t 比孕育期大得多时，$I(t)\to I$。显然保温时间 t 只在小于完成相变时间时才是有意义的，所以，建立稳态形核率所需的时间与完成相变的有效时间之比是一个重要的参数，它的大小依赖于形核功。若形核功小，形核容易，这个比值小，则在整个相变过程中，形核对时间的依赖并不重要。形核功增大时，形核困难，这个比值大，则形核的过渡期间显得重要。

进一步的讨论，Trinkaus 和 Yoo（1984年）导出的 $I(t)$ 为：

$$I(t) = I\frac{1}{(1-E^2)^{1/2}}\exp\left[-\frac{\pi Z^2 E^2 (1-\mathcal{N}^*)^2}{1-E^2}\right] \tag{7-46}$$

式中 $$E = \exp\left(-\frac{t}{\tau}\right) \tag{7-47}$$

$$\tau = \frac{1}{2\pi Z^2 \beta_{\mathcal{N}^*}} \tag{7-48}$$

这里的 τ 是反映动力学问题的自然时间标尺，Z 的定义与式（7-41）相同。Shi（1990 年）则得到：

$$I(t) = I\exp\left[-\exp\left(-2\frac{t-\lambda\tau}{\tau}\right)\right] \tag{7-49}$$

式中
$$\lambda = (\mathcal{N}^*)^{1/3} - 1 + \ln\{3\sqrt{\pi}Z\mathcal{N}^*[1-(\mathcal{N}^*)^{1/3}]\} \tag{7-50}$$

虽然式（7-46）和式（7-49）的数学形式不同，但这两个近似解是十分接近的。图 7-18 所示为几个临界尺寸晶核的与时间相关的形核率 $I(t)$ 与稳态形核率 I 的比值随 t/τ 的变化，其中虚线是 Trinkaus 和 Yoo 方程，实线是 Shi 等方程预测的结果。当时间在 τ 以内时，形核率是非常低的，当时间大于 τ 时，形核率急剧上升直至稳态形核率。孕育期的时间与晶核的临界尺寸以及原子加入临界核心的速率 $\beta_{\mathcal{N}^*}$ 有关，临界核心尺寸越小，$\beta_{\mathcal{N}^*}$ 越大，则孕育期越短。

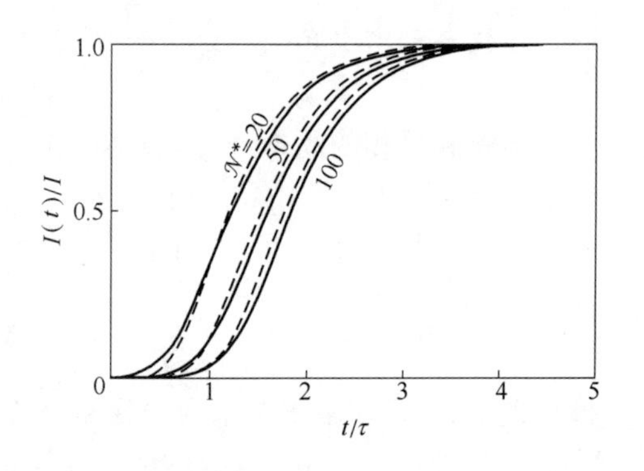

图 7-18　几个临界尺寸晶核的与时间相关的形核率 $I(t)$ 与稳态形核率 I 的比值随时间的变化关系（虚线是 Trinkaus 和 Yoo 的方程，实线是 Shi 等的方程）

上面讨论的是在孕育期形核率与时间的关系，在另外的一些情况下也可以导致稳态形核率随时间改变。例如脱溶反应时，随着脱溶的进行，母相的过饱和度降低，即脱溶的驱动力随时间而降低，使稳态形核率随时间而改变。又例如当相变产物是复相时，也可能导致形核率随时间改变：设第一种相在母相的晶界形核，第二种相在第一种相的晶界以恒定的速度（单位面积单位时间形核数目）形核，那么，总的形核率随时间变化的关系就和第一种相表面积随时间变化的关系相同。第一种相表面积的增长和第一种相的形核率以及第一种相长大速度有关，因而在不同系统中形核率对时间依赖的关系会很不相同。

7.3.3.4　相界面能的影响

从式(7-28)(或式(7-29))可知，形成核心必须付出核心界面能的能量，不严格地说，它是形核的“阻力”，在形核过程中起很重要的作用。在液态凝固的结晶过程中，如果晶体/液相间的比界面能是各向同性的，相界面能的 γ 图是球状的，在相同体积下球状的表面积最小，所以核心一般是球状的。如果相界面能是各向异性的，特别是母相和新相都是晶体时，比相界面能一般都是各向异性的。如果新相和母相都是同一类晶体结构，为了降低核心的总界面能，在球状核心的基础上，按 Wulff 图使核心外表面为共格的小面或光滑的小曲面块。图 7-19 所示为几种计算的 fcc 新相在 fcc 母相均匀形核的核心形状。这时，式(7-29)的界面能表达为核心外表面的小面和光滑的小曲面块的界面能的总和：

$$\Delta\mathcal{G}_{\mathcal{N}}^{\text{界面}} = \Sigma_i\gamma_i A_i = \mathcal{N}^{2/3}\Sigma_i\gamma_i\eta_i \tag{7-51}$$

式中的加和项是对核心所有分离的界面 A_i 加和，γ_i 是第 i 种界面的比界面能，η_i 是第 i 种界面的几何因子。

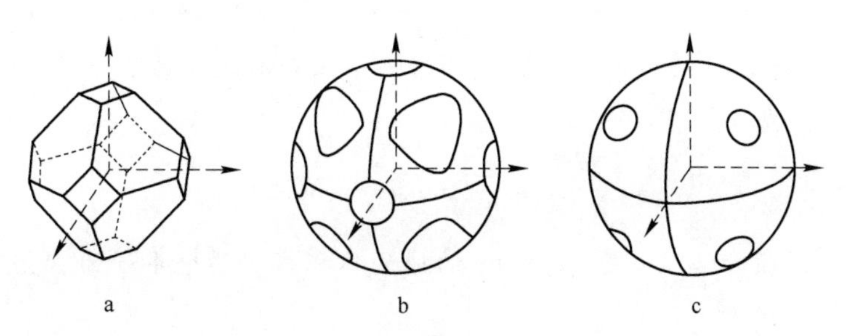

图 7-19 几种计算的 fcc 新相在 fcc 母相均匀形核的核心形状
（各个界面都是共格的）

如果新相和母相的晶体结构不同，若新相核心和母相有某种取向关系，相界面可以是完全共格界面或是半共格的界面，这样核心有最低的总表面能，从而减小形核功，使形核过程易于进行。如果母相和稳定的新相的晶体结构差异很大，以至于不管新、母相如何调整取向关系也不可能形成共格的低能界面，则有可能形成与母相呈共格界面关系的另一种亚稳定相晶核。

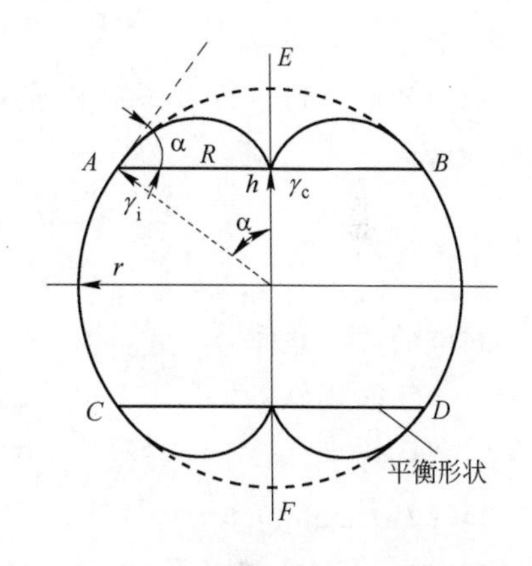

图 7-20 析出相界面的 γ 图的一个截面，它显示了具有共格（或半共格）界面的析出相的圆盘形状

如果新相和母相的某个取向关系可以出现一个低能的共格或半共格界面，一般来说，不再会有其他匹配良好的面。即是说，即使新相和母相选择一定的取向关系可以出现共格或半共格界面，这样的取向关系也不可能使一个三维的晶核的所有界面都是共格或半共格，还一定会有部分界面是高能的非共格界面。如果作出新相界面取向和界面能的关系图（γ 图），它大致成球状，但在垂直于共格（半共格）面方向有两个很深的脐点，如图 7-20 所示。按照 Wulff 法则可以得到新相的平衡形状是圆盘状，圆盘面平行于新相和母相的良好匹配面。圆盘的直径和厚度的比值 $A(r/h)$ 等于非共格界面能 γ_i 和共格（半共格）界面能 γ_c 的比值（γ_i/γ_c）。实际观察到的析出相的形状可能偏离这些理想形状，因为上面的讨论没有考虑体积弹性应变能；另外，在长大时由于共格（半共格）面的迁移速度比非共格面低，所以圆盘的直径和厚度比要比上述的大得多。

根据上面讨论的道理可以知道，新相往往在平行于母相的特定面析出，母相的这个面称为惯习面（Habit Plane），这样又可推测：片状析出相一般和母相都会有一定的取向关系。有取向关系的典型例子有：Al-Ag 合金中的 Al（母相，fcc 结构）-γ（析出相，hcp 结构），它们间的取向关系是 $(111)_{fcc}/\!/(0001)_{hcp}$；$\langle 110\rangle_{fcc}/\!/\langle 11\bar{2}0\rangle_{hcp}$，惯习面是 $(111)_{fcc}$。又如 Al-Cu 合金中的 Al（母相，fcc 结构）-θ（析出相，tet 结构），它们间的取相关系是 $(001)_{fcc}/\!/(001)_{tet}$；$\langle 100\rangle_{fcc}/\!/\langle 100\rangle_{tet}$，惯习面是 $(100)_{fcc}$。

有一些体系新相和母相之间仅有匹配好的方向，例如 Fe-Cu 系，$\langle 110\rangle_{fcc}/\!/\langle 111\rangle_{bcc}$，析出相是针状的。

例 7-6　根据图 7-20 的条件，证明此时的临界核心形成能 $\Delta\mathcal{G}^*$ 与完全非共格界面的球状临界核心形成功 $\Delta\mathcal{G}_i^*$ 之比为：

$$\frac{\Delta\mathcal{G}^*}{\Delta\mathcal{G}_i^*}=\frac{1}{2}(3\cos\alpha-\cos^3\alpha)$$

解：图 7-20 的核心体积 $\mathcal{V}$ 是半径为 r 的球的体积减去两个半径为 R 底边圆的球冠的体积。球冠的体积 $\mathcal{V}'$ 是：

$$\mathcal{V}'=\pi r^3\left(\frac{2-3\cos\alpha+\cos^3\alpha}{3}\right)$$

核心体积为：

$$\mathcal{V}=\frac{4}{3}\pi r^3-2\pi r^3\left(\frac{2-3\cos\alpha+\cos^3\alpha}{3}\right)=2\pi r^3\left(\cos\alpha-\frac{\cos^3\alpha}{3}\right)$$

核心的非共格界面面积 A_{in} 是半径为 r 的球的表面面积减去两个半径为 R 底边圆的球冠的顶面面积 A_{qg}，而 A_{qg} 为：

$$A_{qg}=2\pi r^2(1-\cos\alpha)$$

故

$$A_{in}=4\pi r^2-4\pi r^2(1-\cos\alpha)=4\pi r^2\cos\alpha$$

核心的共格界面面积 $A_{co}=2\pi R^2=2\pi r^2\sin^2\alpha$。从图 7-20 看出，$\gamma_c/\gamma_i=\cos\alpha$。最后，形核的自由能变化 $\Delta\mathcal{G}$ 为：

$$\begin{aligned}\Delta\mathcal{G}&=\mathcal{V}\Delta g_{\mathrm{I}}+A_{in}\gamma_i+A_{co}\gamma_c=2\pi r^3\Delta g_{\mathrm{I}}(\cos\alpha-\cos^3\alpha/3)+4\pi r^2\gamma_i\cos\alpha+2\pi r^2\gamma_c\sin^2\alpha\\&=(2\pi r^3\Delta g_{\mathrm{I}}+6\pi r^2\gamma_i)(\cos\alpha-\cos^3\alpha/3)\end{aligned}$$

$\Delta\mathcal{G}$ 对 r 求最小值，得 $r^*=2\gamma_i/\Delta g_{\mathrm{I}}$（注意，临界核心半径与完全非共格球形临界核心半径相同），把 r^* 的数值代回 $\Delta\mathcal{G}$ 的式子，得此时的临界核心形成功 $\Delta\mathcal{G}^*$。

$$\begin{aligned}\Delta\mathcal{G}^*&=\left[-2\pi\left(\frac{2\gamma_i}{\Delta g_{\mathrm{I}}}\right)^3\Delta g_{\mathrm{I}}+6\pi\left(\frac{2\gamma_i}{\Delta g_{\mathrm{I}}}\right)^2\gamma_i\right]\left(\cos\alpha-\frac{\cos^3\alpha}{3}\right)\\&=\frac{16}{3}\times\frac{\pi\gamma_i}{(\Delta g_{\mathrm{I}})^2}\cdot\frac{1}{2}(3\cos\alpha-\cos^3\alpha)=\Delta\mathcal{G}_i^*\ \frac{1}{2}(3\cos\alpha-\cos^3\alpha)\end{aligned}$$

式中，$\Delta\mathcal{G}_i^*$ 是完全非共格球形临界核心形成功，所以：

$$\frac{\Delta\mathcal{G}^*}{\Delta\mathcal{G}_i^*}=\frac{1}{2}(3\cos\alpha-\cos^3\alpha)$$

如果新相界面的 γ 图是各向同性的，即 γ 图近似球状，这样析出的新相核心是球状的。在两种情况下新相界面取向的 γ 图是球状的：其一是当母相和新相的结构相同，两者的点阵常数又相近的情况，例如 Al-Ag 合金中脱溶析出的“G. P 区”就是近球状的；其二是当母相和新相之间完全找不到可以匹配良好的晶面和晶向的情况，这时新相界面的任何取向都只能是非共格界面，核心也是球状的。

对于共格界面，界面两侧原子排列的失配是由两相的弹性应变能承担的。当新相长大到较大尺寸时，共格引起的弹性应变能太大，将会在界面上引入位错网络来吸纳弹性应变能，这时界面变成半共格界面。当新相长大到更大尺寸时，共格（半共格）关系减少的总界面能不足以补偿维持共格（半共格）所引起的弹性能，新相和母相间就失去共格（半共格）关系。另外，如果转变过程中因再结晶或晶粒长大改变了母相的晶体取向，也会使新相和母相间的共格关系丧失（在 7.4.6 节讨论）。

7.3.3.5 应变能的影响

形成的新相的比容一般与母相不同，所以形成的新相核心会有体积和形状变化。如果是气相、液相的相变或是从液相结晶形成固相的相变，因为气相和液相的弹性模量几乎为 0，它们可以容纳这一体积和形状的变化。如果从固相内部转变为另一固相时，核心的体积和形状变化会受到周围母相的约束，在新相核心和母相中均产生弹性应力和应变场，从而产生弹性应变能 $\Delta\mathcal{G}_{st}$。由于弹性能都是正的，它抵消一部分形核驱动能，它和相界面能项一起成为形核的阻力。

假设晶胚和基体是线弹性连续系统。在 α 相基体中形成 β 相晶胚的弹性能的计算步骤如下：在 α 相基体中把 β 相晶胚（模拟为一弹性夹杂物）切割出，在基体留下一个空洞，松弛基体和夹杂物的所有应力，这时夹杂物的形状与空洞的形状会不同，即产生了“转变应变” ε^{T}。对夹杂物表面施加牵引力以使它能放回基体的空洞中，这也要求产生应变。夹杂物塞回基体空洞后产生晶胚/基体间的相界面（它可能是共格、半共格或非共格界面）。最后加一个与牵引力方向相反的力以去除此牵引力，使系统回复到原始状态。根据弹性理论可以计算出这些过程最终的弹性应变能 $\Delta\mathcal{G}_{st}$。

弹性应变能的大小取决于夹杂物的形状、两相的弹性性质以及相界面的共格程度。在相界面是完全共格或者是完全非共格的情况下，一些简单的形状晶胚如球、盘、针状等可以用不同轴比的椭球的弹性解求出。如果晶胚界面是半共格的或者界面是由不同程度共格的小平面组成的，这种情况就比较复杂（Eshelby，1957）。

（1）非共格的情况。一般假设跨过这种界面的任何切应力都会由界面滑动而很快松弛掉，这样的界面仅承受正应力。这个由非共格界面所封闭的材料内部的行为就像承受水静压力的流体。Nabarro 用各向同性弹性理论获得非共格夹杂物的弹性能与其形状间的关系，以半轴长为 a、b、c 的椭球描述它的形状，其形状为：

$$\frac{x^2}{a^2}+\frac{y^2}{b^2}+\frac{z^2}{c^2}=1 \tag{7-52}$$

当 3 个半轴长相等时是球状，$c \ll a$ 时是薄圆盘状，$c \gg a$ 时是针状。单位体积夹杂物的应变能 Δg_{st}是：

$$\Delta g_{st}=6\mu\varepsilon^2\mathcal{E}(c/a) \tag{7-53}$$

式中，μ 是切变模量；ε 是膨胀转变应变；$\mathcal{E}(c/a)$ 是量纲为 1 的形状函数，如图 7-21 所示。从图中看出，如果夹杂物是很薄的圆片，其弹性能很低，但是这样的形状会有很大的表面积，相应的界面能会很高。所以，形核的合适形状是考虑应变能和界面能的总和应最低。

（2）共格的情况。在共格界面要维持界面两侧的连续，产生共格应变（参见图 4-145）。对于 α→β 的情况，通常都把 α 相作为参考点阵，当两相界面间的失配度加大时，会产生失配位错，在附近产生应力场（参见图 4-149）。图 7-22a 所示为在 α 相中的共格球状 β 晶胚以及图 7-22b 中颗粒长大到一定程度，引入失配位错以松弛界面的弹性应力场的例子。

第一种情况：β 晶胚引起的转变应变是纯膨胀应变，即各方向的膨胀应变相同：$\varepsilon_{xx}^{T}=$

$\varepsilon_{yy}^{T}=\varepsilon_{zz}^{T}$，在弹性均匀系统，每单位体积的弹性应变能 Δg_{st} 与晶胚的形状无关，为：

$$\Delta g_{st}=\frac{2\mu(1+\nu)}{1-\nu}(\varepsilon_{xx})^{2} \tag{7-54}$$

式中，ν 是泊松比；μ 是切变模量。

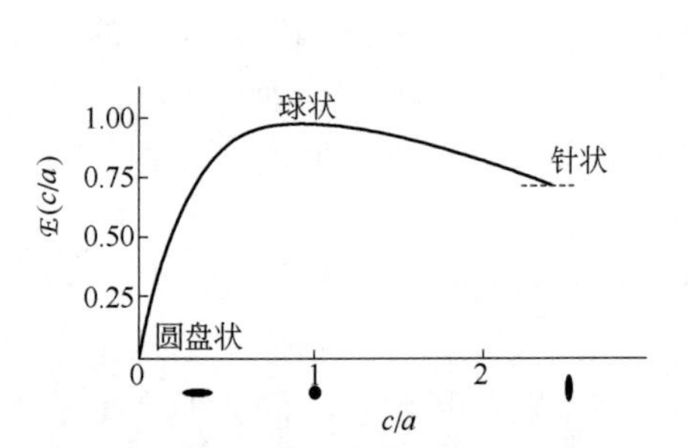

图 7-21　非共格椭球夹杂物的 $E(c/a)$ 与半轴比 c/a 间的函数关系

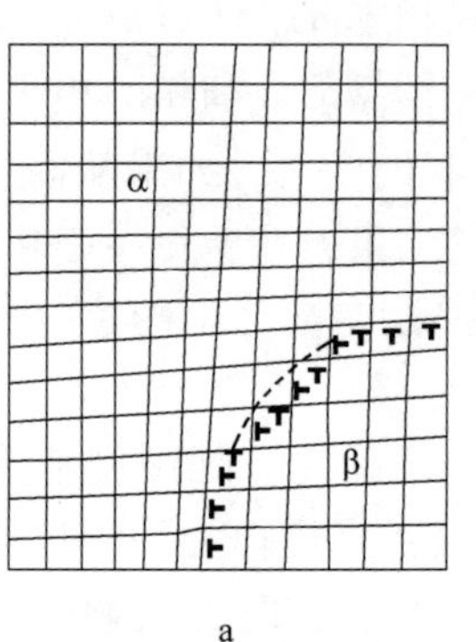

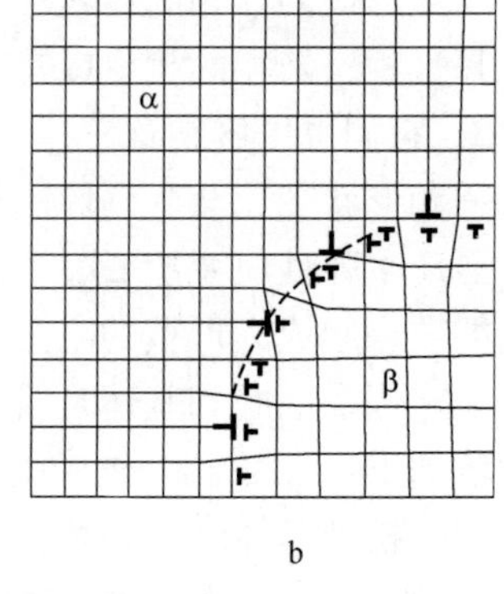

图 7-22　α 相基体与 β 相粒子的界面结构
a—共格，仅存在共格位错；b—半共格，有反共格位错（失配位错）以松弛颗粒周围的弹性应力

如果系统的弹性性质是非均匀的，即 α 相的切变模量不同于 β 相的切变模量的情况，则弹性应变能 Δg_{st}（非均匀）与形状有关。图 7-23 所示为在各种 μ^{α} 和 μ^{β} 下不同 c/a 轴的椭球的 Δg_{st}(非均匀)/Δg_{st}(均匀)的关系。从图看到，β 相的刚性比基体的大时，粒子是球状时应变能最低，而 β 相的刚性比基体的小时，粒子是盘状时应变能最低。

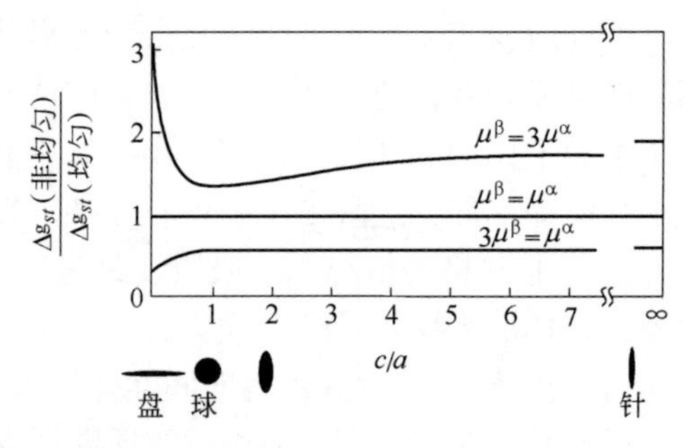

图 7-23　各种 μ^{β} 和 μ^{α} 下不同的共格 β 相椭球颗粒的弹性应变能与轴比 c/a 的关系

第二种情况：β 晶胚引起的转变应变是膨胀应变：$\varepsilon_{xx}^{T}\equiv\varepsilon_{x}$，$\varepsilon_{yy}^{T}\equiv\varepsilon_{y}$，$\varepsilon_{zz}^{T}\equiv\varepsilon_{z}$，则

$$\Delta g_{st}=\frac{\mu}{1-\nu}\{\varepsilon_{x}^{2}+\varepsilon_{y}^{2}+2\nu\varepsilon_{x}\varepsilon_{y}-[\pi c/(32a)]$$

$$[13(\varepsilon_{x}^{2}+\varepsilon_{y}^{2})+2(16\nu-1)\varepsilon_{x}\varepsilon_{y}-8(1-2\nu)(\varepsilon_{x}+\varepsilon_{y})\varepsilon_{x}-8\varepsilon_{z}^{2}]\} \tag{7-55}$$

在这种情况下，对于盘状粒子，因为它很薄，上式的最后一项可以忽略，变得与形状无关。此时，上式和式（7-54）相同。

第三种情况：β 晶胚引起的转变应变是纯切变应变：$\varepsilon_{xz}^{T}=\varepsilon_{zx}^{T}\equiv s/2$，$s$ 为工程切应变（一般以 γ 表示，但这里 γ 用以表示界面能，故改用 s 表示），其他切应力分项为 0，则：

$$\Delta g_{st}=\frac{\pi\mu}{8}\cdot\frac{2-\nu}{1-\nu}\cdot s^{2}\cdot\frac{c}{a} \tag{7-56}$$

对于盘状粒子，因为它很薄，这样的弹性能可以忽略。

第四种情况：β 晶胚引起的转变应变是不变平面应变：$\varepsilon_{xz}^{T}=\varepsilon_{zx}^{T}\equiv s/2$，$\varepsilon_{zz}^{T}\equiv\varepsilon_{z}$，其他应

变分量为0。这种情况可以简单地看成是在面上的切变加上在面的垂直正应变。其弹性能可以由式（7-55）和式(7-56)叠加，它也与 c/a 成正比，所以颗粒以盘状并躺在切面上时应变能最低。

另外考虑的其他一些应变能问题是：弹性各向异性、弹性不均匀性、非椭圆形状、颗粒间的弹性交互作用等。但是对于形核时新相颗粒很小的情况，这些因素通常都可以忽略。但是对于大颗粒，这些因素就不能忽略，将在7.6节讨论。

7.3.3.6 核心形状与最小能量

弹性应变能与界面能共同构成均匀形核的势垒，两者都是核心形状的函数，核心的形状应是两者之和最小的形状。如上所述，对于没有应变能的凝固相变的简单情况，核心形状是 Wulff 图给出的形状。但是固/固转变都存在弹性应变能，问题就变得复杂。

很多因素对核心形状都起作用：因界面的共格程度而影响的界面能的各向异性；因核心的转变应变、共格程度及系统的弹性性质而影响的弹性应变能等。由于问题太复杂，没有一个关于核心形状最低能的解析分析。因为应变能正比于核心的体积，而界面能正比于核心表面积，而核心都是体积很小的，表面积与体积的比值很大，所以一般都预期在这许多影响因素中界面能是控制的因素。

看一种最简单的情况，界面能是各向同性的，核心是椭球，轴比 $\mathcal{E}=c/a$，椭球的弹性应变能随 c/a 的变化见图7-23。形成这样的椭球晶胚的自由能变化为：

$$\Delta\mathcal{G}=\frac{4}{3}\pi a^3\mathcal{E}[\Delta g_{\mathrm{I}}+\Delta g_{\mathrm{st}}(\mathcal{E})]+\pi\alpha^2\gamma[2+\Lambda(\mathcal{E})] \tag{7-57}$$

式中，$\Lambda(\mathcal{E})$ 是形状因子，等于：

$$\Lambda(\mathcal{E})=\begin{cases}(2\mathcal{E}^2/\sqrt{1-\mathcal{E}^2})\tanh^{-1}\sqrt{1-\mathcal{E}^2} & (\mathcal{E}<1)\\ 2 & (\mathcal{E}=1)\\ (2\mathcal{E}^2/\sqrt{1+\mathcal{E}^2})\sin^{-1}\sqrt{1-\mathcal{E}^{-2}} & (\mathcal{E}>1)\end{cases} \tag{7-58}$$

式（7-57）中 $\Delta\mathcal{G}$ 对 a 和 $\mathcal{E}$ 求最小值，获得晶核临界尺寸为：

$$a^*=-\frac{\gamma[2+\Lambda(\mathcal{E})]}{2E[\Delta g_{\mathrm{I}}+\Delta g_{\mathrm{st}}(\mathcal{E})]} \tag{7-59}$$

和

$$\Delta\mathcal{G}^*(\mathcal{E})=\frac{\pi\gamma^3[2+\Lambda(\mathcal{E})]^3}{12[\Delta g_{\mathrm{I}}+\Delta g_{\mathrm{st}}(\mathcal{E})]^2} \tag{7-60}$$

如果假设核心是球状的，即 $\mathcal{E}=1$，并假设弹性应变能 $\Delta g_{\mathrm{st}}(\mathcal{E})$ 为0，则式（7-59）和均匀形核的式（7-32）相同，$\alpha^*=r^*$；式（7-60）回到式（7-33）的形式。把式（7-33）的均匀形核功 $\Delta\mathcal{G}^*$ 记为 $\Delta\mathcal{G}^*_{(\mathrm{I})}$，式（7-60）可写成：

$$\Delta\mathcal{G}^*(\mathcal{E})=\Delta\mathcal{G}^*_{(\mathrm{I})}\frac{[2+\Lambda(\mathcal{E})]^3}{\{8\mathcal{E}[1+\Delta g_{\mathrm{st}}(\mathcal{E})/\Delta g_{\mathrm{I}}]\}^2} \tag{7-61}$$

为了表示应变能对核心形状的影响，把上式在不同的 $\Delta g_{\mathrm{st(I)}}/\Delta g_{\mathrm{I}}$（$\Delta g_{\mathrm{st(I)}}$ 是球状核心的应变能）比值下 $\Delta\mathcal{G}^*(\mathcal{E})/\Delta\mathcal{G}^*_{(\mathrm{I})}$ 与 $\mathcal{E}$ 间的关系描画在图7-24中。当弹性应变能小于形核驱动力绝对值的85%时，核心形状保持为球状时形核功最小；而当弹性应变能大于形核驱动力绝对值的85%时，核心形状是 $\mathcal{E}$ 约为0.2的盘状时形核功最小。一般来说，当 $|\Delta g_{\mathrm{st}}|$ 与 $|\Delta g_{\mathrm{I}}|$ 相当时弹性应变能才对核心形状有强烈影响。在大多数情况下，因为 $\Delta\mathcal{G}^*(\mathcal{E})$ 太大，难以均匀形核。但是也有例外的情况：当相界面的界面失配度很小，界面

共格能特别小时，$\Delta\mathcal{G}^*_{(\mathrm{I})}$和$\Delta\mathcal{G}^*(\mathcal{E})$都小到足以均匀形核，这时才会看到应变能的核心形状的影响。

当母相点阵存在过饱和浓度空位时，非共格界面一般是很有效的空位源和阱。如果核心的转变应变ε_{xx}^T是正的，则过饱和空位会在晶胚/基体的界面湮没降低应变能，这样，过饱和空位提供形核驱动力，式(7-29)改写成：

$$\Delta\mathcal{G} = V_{\mathrm{at}}\mathcal{N}(\Delta g_{\mathrm{I}} + \Delta\mathcal{G}_V) + \eta\mathcal{N}^{2/3}\gamma \quad (7\text{-}62)$$

式中，V_{at}是原子体积；$\Delta\mathcal{G}_V$是空位在相界面湮没引起的自由能变化。对于弹性均匀的球状晶胚，在没有空位松弛时的均匀膨胀ε_{xx}^T下，$\Delta\mathcal{G}_V$为：

$$\Delta\mathcal{G}_V = -\frac{3\varepsilon_{xx}^T}{V_{\mathrm{at}}}k_{\mathrm{B}}T\ln\left(\frac{x_V}{x_0}\right) + \frac{9(1-\nu)}{4(V_{\mathrm{at}})^2E}\left[k_{\mathrm{B}}T\ln\left(\frac{x_V}{x_0}\right)\right]^2 \quad (7\text{-}63)$$

式中，E是杨氏模量。如果ε_{xx}^T是负值，则空位会阻碍形核。

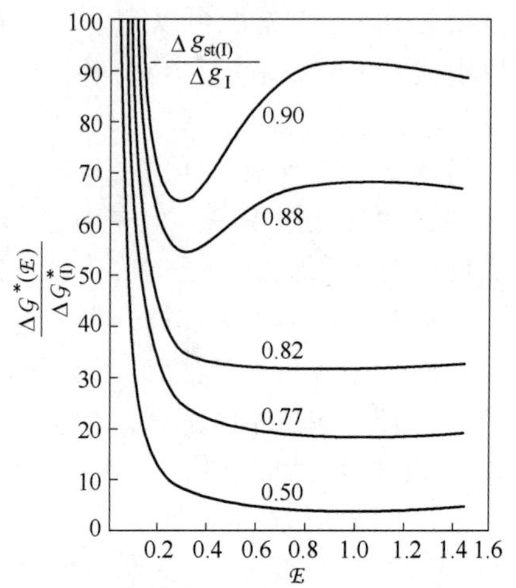

图 7-24　在不同的$-\Delta g_{\mathrm{st(I)}}/\Delta g_{\mathrm{I}}$比值下，形成椭圆核心的能量$\Delta\mathcal{G}^*(\mathcal{E})$与$\mathcal{E}(c/a)$间的关系

例 7-7　导出式（7-63）。

解：先考虑膨胀应变ε_{xx}^T使过饱和空位在界面湮没引起的能量变化。设晶胚体积为$\mathcal{V}$，转变应变引起的体积变化$\Delta\mathcal{V}=3\varepsilon_{xx}^T\mathcal{V}$，设空位体积近似为原子体积，则要求空位的数量$N=3\varepsilon_{xx}^T\mathcal{V}/V_{\mathrm{at}}$，因消除这些空位的自由能变化$\Delta\mathcal{G}$为：

$$\Delta\mathcal{G}' = -\frac{3\varepsilon_{xx}^T\mathcal{V}}{V_{\mathrm{at}}}k_{\mathrm{B}}T\ln\frac{x_V}{x_0}$$

如果N个空位湮没，基体除去了NV_{at}体积，利用式（7-54）得由此产生的应变能$\Delta\mathcal{G}'$：

$$\Delta\mathcal{G}' = \frac{2\mu(1+\nu)N^2V_{\mathrm{at}}^2}{9(1-\nu)\mathcal{V}}$$

湮没空位的能量$\Delta\mathcal{G}''_V = Nk_{\mathrm{B}}T\ln(x_V/x_0)$，总能量$\Delta\mathcal{G}''$为：

$$\Delta\mathcal{G}'' = \frac{2\mu(1+\nu)N^2V_{\mathrm{at}}^2}{9(1-\nu)\mathcal{V}} - Nk_{\mathrm{B}}T\ln\left(\frac{x_V}{x_0}\right)$$

以$\partial\Delta\mathcal{G}''/\partial N=0$求出$\Delta\mathcal{G}''$的最小值，得：

$$\Delta\mathcal{G}''_{\min} = -\frac{9(1-\nu)\mathcal{V}}{4EV_{\mathrm{at}}}\left[k_{\mathrm{B}}T\ln\left(\frac{x_V}{x_0}\right)\right]^2$$

把$\Delta\mathcal{G}$与$\Delta\mathcal{G}''_{\min}$相加，最后获得空位在相界面湮没引起的自由能变化$\Delta\mathcal{G}_V$为：

$$\Delta\mathcal{G}_V = -\frac{3\varepsilon_{xx}^T}{V_{\mathrm{at}}}k_{\mathrm{B}}T\ln\left(\frac{x_V}{x_0}\right) + \frac{9(1-\nu)}{4(V_{\mathrm{at}})^2E}\left[k_{\mathrm{B}}T\ln\left(\frac{x_V}{x_0}\right)\right]^2$$

7.3.3.7　经典形核模型的局限与优点

经典形核模型定量解释有关实验事实该存在不少困难：

（1）缺少界面能的可靠资料。因为经典形核模型假设核心的界面能与大块晶体的界面能相等，但晶核只含几十或几百原子集团，它的界面是非常漫散的。特别是脱溶转变的母相成分接近调幅分解成分时，并没有明确的相界面（参见图 7-3a）。这样漫散的相界面，界面的体积占晶胚体积的一个可观分数，所以，认为晶胚的界面能与大块晶体的界面能相等显然只能是一种近似。只有在受界面严重影响的区域非常薄，也就是界面的厚度比核心尺寸小得多的情况，即在 $\Delta g_{\rm I}$小（过冷度小）以及 N 比较大的情况，这种近似才是合理的近似。另外，因为界面的漫散，形成晶胚的能量不可能简单地分成体积项和面积项。

（2）对弹性应变能的估计也存在同样的困难。

（3）晶核出现后，随着熟化过程也开始（参看后面讨论），熟化效应会使一些成长的核心再度溶解而消失，这些尚无十分可靠的方法计算。

（4）目前有关形核的实验数据的精确度都不太高，为理论分析带来困难。

但是，经典形核模型还是有很大的优点：这个模型简单，并且对解释很多相变实际问题还是成功的。最突出的例子是形核理论可以成功地解释形核率随过冷度微弱增加，或者脱溶因过饱和度微弱的变化而急促增加的事实，见例 7-2 和例 7-3。

由前面的讨论可知，如果形核功为 $76k_{\rm B}T$，则形核率为 $1{\rm cm}^{-3}\cdot{\rm s}^{-1}$。若形核功降低为 $55k_{\rm B}T$（以 $T=1000{\rm K}$ 估算，$55k_{\rm B}T=0.76\times10^{-18}{\rm J}$），形核率增加为 $1.3\times10^{9}\ {\rm cm}^{-3}\cdot{\rm s}^{-1}$，即每 ${\rm cm}^3$ 每秒有 1.3 亿个核心；相反，若果形核功增加至 $95k_{\rm B}T$（以 $T=1000{\rm K}$ 估算，$95k_{\rm B}T=1.24\times10^{-18}{\rm J}$），形核率减少为 $9.9\times10^{-9}{\rm cm}^{-3}\cdot{\rm s}^{-1}$，即约 3.2 年才会在 $1{\rm cm}^3$ 中形成一个核心；图 7-25 以形核功为 $76k_{\rm B}T$ 为讨论起点，形核功在 $55\sim95k_{\rm B}T$ 之间变化，则每秒每 $1{\rm cm}^3$形成 1 亿个核心～每秒每 $1{\rm cm}^3$形成 1 个核心需要 3.2 年的时间。

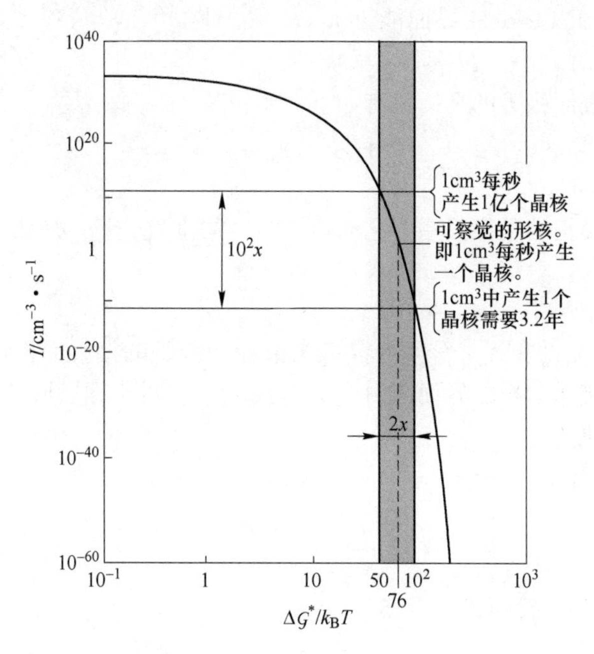

图 7-25　形核功的小量变化引起形核率的巨大变化

经典形核理论获得的形核率对形核功（从而对界面能 γ）非常敏感，如果能降低界面能 γ 则可以使形核率大幅度增加，这可以解释在脱溶反应中经常出现一些与母相在界面上匹配较好的亚稳相的事实。类似的原因，形核理论还可以解释新相和母相间出现的各种取向关系，因为这些取向关系会导致界面能 γ 有最低的值（这些将在下一节进一步讨论）。另一个对经典形核定性支持的事实是，形核所需的过冷比上述均匀形核模型预期的小，因为核心大都趋向于在母相存在的某些缺陷（例如晶界、位错等）上形成，可以消耗某些现存缺陷的能量，从而降低形核的势垒。这就是下面要讨论的非均匀形核。

7.3.4　非均匀形核

非均匀形核的核心不是在母相内部而是在某些现存的界面或缺陷上形成的，这些界面和缺陷是凝固时的模壁、液态中的夹杂物或人为加入的旨在细化晶粒的非均匀形核剂；在固体母相中的晶界、相界、位错、堆垛层错等。在这些地方形核可以去掉部分缺陷，消失的那一部分缺陷的自由能可克服形核位垒，从而降低形核势垒，所以在这些地方有利于形核。由于在缺陷上形核，形核位置不是完全随机均匀分布的，故称非均匀形核。

另一种特殊的非均匀形核是离子诱导形核，它是晶胚在带电粒子或在分子的离子周围形核，由于静电力增强了核心中心与形核分子间的交互作用，同样降低了形核势垒。本章不讨论这种非均匀形核。

7.3.4.1　凝固时在靠背上形核

假设在靠背杂质（或模壁）M 平面上形成球冠状的 α 相晶核，核心的曲率半径为 r，与杂质靠背的接触面是半径为 R 的圆，如图 7-26 所示。图中的 θ 角是固相和靠背杂质间的润湿角，晶核的大小取决于 α-L 界面能 $\gamma_{\alpha/L}$、α-M 界面能 $\gamma_{\alpha/M}$ 以及 L-M 界面能 $\gamma_{L/M}$ 的相对大小。在核心、液体与模壁三相交点处，由于表面张力的平衡，有如下关系：

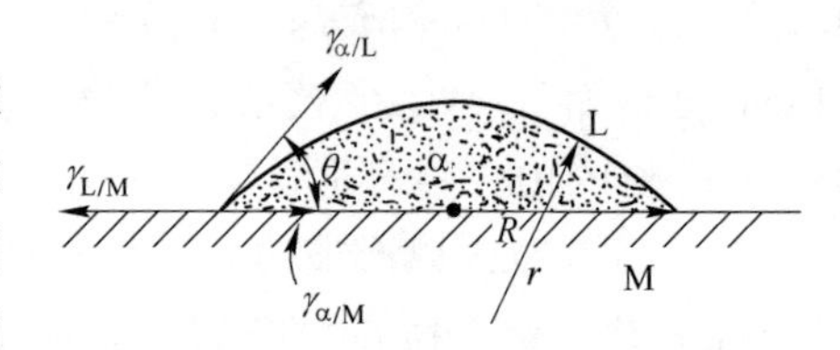

图 7-26　在平直靠背上形成球冠状的晶核

$$\cos\theta = \frac{\gamma_{L/M} - \gamma_{\alpha/M}}{\gamma_{L/\alpha}} \tag{7-64}$$

注意，上式并不是真正的平衡关系，它忽略了 $\gamma_{\alpha/L}$ 的垂直分量。形成球冠状晶胚引起总的吉布斯自由能变化为：

$$\Delta\mathcal{G}_{het} = \mathcal{V}_{\alpha}\Delta g_{\mathrm{I}} + A_{\alpha/L}\gamma_{\alpha/L} + A_{\alpha/M}(\gamma_{\alpha/M} - \gamma_{L/M}) \tag{7-65}$$

式中，$\mathcal{V}_{\alpha}$ 为晶核体积；$A_{\alpha/M}$ 和 $A_{\alpha/L}$ 分别为晶胚与液相和模壁的接触面积。因为晶胚依附在靠背杂质上，它们的接触面积的界面能由 $\gamma_{\alpha/M}$ 取代 $\gamma_{L/M}$。对于球冠形晶核，$A_{\alpha/M}$、$A_{\alpha/L}$ 和 $\mathcal{V}_{\alpha}$（参见例 7-6）分别为：

$$A_{\alpha/M} = \pi R^2 \qquad A_{\alpha/L} = 2\pi r^2(1 - \cos\theta) \tag{7-66}$$

$$\mathcal{V}_{\alpha} = \pi r^3\left(\frac{2 - 3\cos\theta + \cos^3\theta}{3}\right) \tag{7-67}$$

式中，$R = r\sin\theta$。把这些关系代回式（7-65），得：

$$\Delta\mathcal{G}_{het} = \left(\frac{4}{3}\pi r^3\Delta g_{\mathrm{I}} + 4\pi r^2\gamma_{\alpha/L}\right)\left(\frac{2 - 3\cos\theta + \cos^3\theta}{4}\right) = \Delta\mathcal{G}_{ho}f(\theta) \tag{7-68}$$

上式前一个括号内的值相当于均匀形核时的能量变化 $\Delta\mathcal{G}_{ho}$，后一个括号内的值是和润湿角 θ 有关的函数，以 $f(\theta)$ 表示。和均匀形核相比，非均匀形核的能量变化多了一个

$f(\theta)$因子，根据式（7-32）和式（7-33），不需再运算就可以直接写出非均匀形核的临界核心半径 r^* 和临界核心形成功 $\Delta\mathcal{G}_{het}^*$：

$$r^* = \frac{2\gamma_{\alpha/L}}{\Delta g} \tag{7-69}$$

$$\Delta\mathcal{G}_{het}^* = f(\theta)\frac{16\Delta\gamma_{\alpha/L}^3}{3(\Delta g)^2} = f(\theta)\Delta\mathcal{G}_{ho}^* \tag{7-70}$$

须特别注意的是，在相同的过冷度下，非均匀形核的临界曲率半径和均匀形核临界半径是相同的。从物理概念看，不同曲率半径的粒子的熔点是不同的，所谓过冷度 ΔT，就是曲率半径无限大的粒子熔点 T_m与曲率半径为 r^* 的粒子熔点 T 之差（参看式（7-13）和图7-9）。因为和润湿角有关的 $f(\theta)$ 总是小于 1 的，所以非均匀形核的临界形核功总比均匀形核的小。图 7-27 所示为 $f(\theta)$ 随 θ 的变化关系曲线，θ 越小，即晶核和模壁的润湿越好，$f(\theta)$也越小，模壁促发形核的作用越大。润湿的好坏取决于晶核和靠背基体间接触的结构，如果它们的原子排列能有较好的匹配，晶格参数接近，则 $\gamma_{\alpha/M}$ 就越小，即润湿越好。

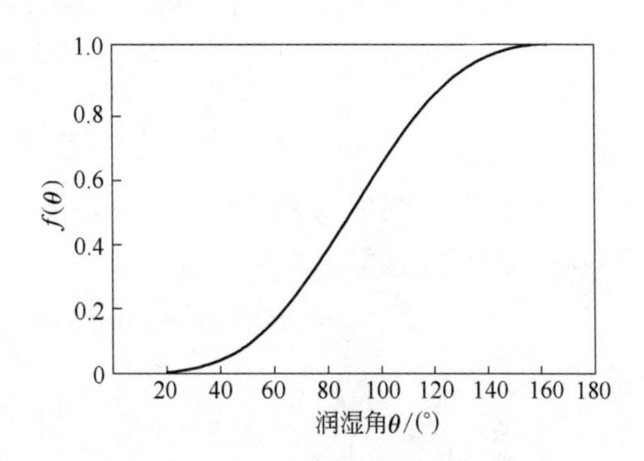

图 7-27 $f(\theta)$ 随 θ 的变化关系

图 7-28 描述润湿角对核心形状和大小的影响。若 $\theta=0°, f(\theta)=0$，相当于基底和晶核结构相同，$\Delta\mathcal{G}_{he}^*=0$，这样就不存在形核的问题，可以直接长大，这种长大称为外延生长。若 $\theta=180°, f(\theta)=1$，晶核和基底完全不润湿，基底不起作用，$\Delta\mathcal{G}_{het}^* = \Delta\mathcal{G}_{ho}^*$，相当于均匀形核。根据计算，当 $\theta=45°$ 时，$f(\theta)=0.58$；$\theta=90°$ 时，$f(\theta)=0.5$；$\theta=135°$ 时，$f(\theta)=0.943$。说明即使 θ 很大，基底对非均匀形核的作用也十分可观。

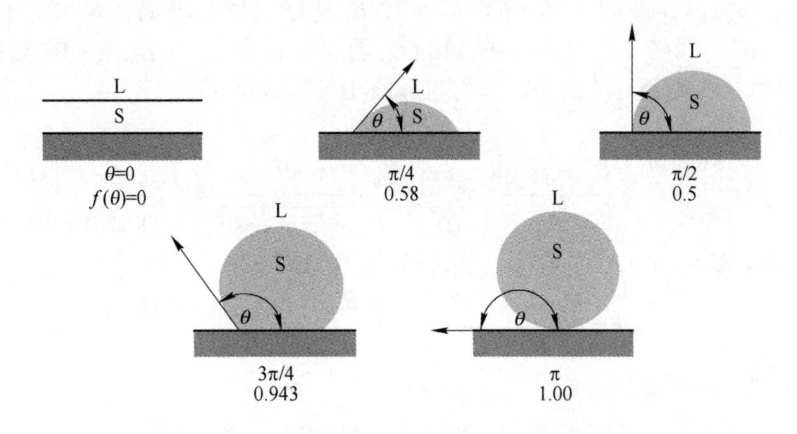

图 7-28 润湿角对核心形状和大小的影响

上面的讨论是假设杂质靠背在微观上是平坦的。实际上作为靠背的基底一般是不光滑的，现在讨论靠背基底曲率对形核的影响。很易得出，不论是均匀形核或是非均匀形核，临界晶核形成功与临界晶核的体积 $\mathcal{V}^*$ 都有如下的关系（见练习题 7-12）：

$$\Delta\mathcal{G}^* = \frac{1}{2}\mathcal{V}^*\Delta g \tag{7-71}$$

若形核的靠背不是平面，在同一过冷度下，即 r^* 相同情况下，为了保持相同的润湿角，凸曲面基底（图 7-29 中的 c）的晶核体积比平直基体（图 7-29 中的 b）的大，从而形核功大。相反，凹曲面基体（图 7-29 中的 a）的晶核体积比平直基体的小，从而形核功小。所以，凹的基体催发非均匀形核的能力更大。

例如，在半径为 R_p 的球面上形成半径为 r 的截球形核心，如图 7-30 所示，核心体积等于半径为 r 高为 h_1 的球冠与半径为 R_p 高为 h_2 的球冠体积之差，即：

$$\mathcal{V}_{het} = \frac{\pi}{3}r^3(2 - 3\cos\psi + \cos^3\psi) - \frac{\pi}{3}R_p^3(2 - 3\cos\varphi + \cos^3\varphi) \tag{7-72}$$

式中，ψ 和 φ 角如图 7-30 所示，并且 ψ-φ 等于润湿角 θ。核心与靠背球间的接触面积 $A_{\alpha/M}$ 以及核心与液相间接触的面积 $A_{\alpha/L}$ 为：

$$A_{\alpha/M} = 2\pi R_p^2(1 - \cos\varphi) \qquad A_{\alpha/L} = 2\pi r^2(1 - \cos\psi) \tag{7-73}$$

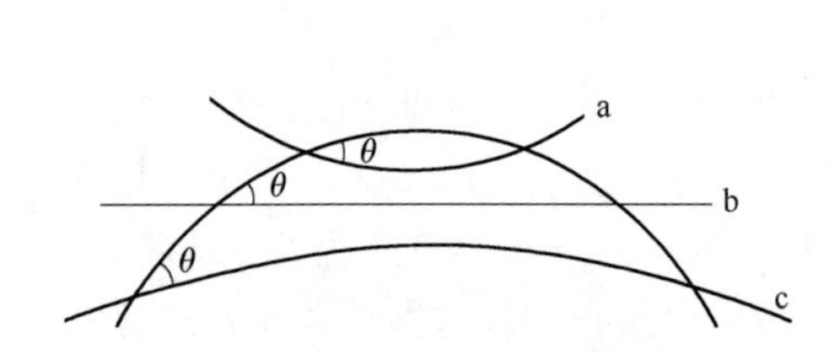

图 7-29 靠背基底的曲率不同对临界晶核体积的影响

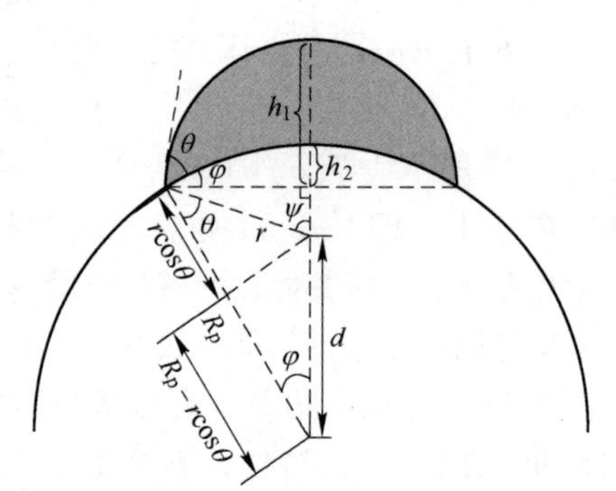

图 7-30 在球面上非均匀形核时核心与靠背球间的几何关系

当靠背是平面时，即图 7-30 中的 $h_2 = 0$，h_1 是球冠核心的高，$\varphi\to 0$，$\psi=\theta$，则式(7-72)与式(7-67)、式(7-73)与式(7-66)相同。若找出 ψ 和 φ 与润湿角 θ 的关系就可以得出 $\mathcal{V}_{het}$ 与润湿角 θ 的关系，从而获得非均匀形核功与润湿角 θ 的关系。

从图 7-30 看出：

$$\cos\varphi = \frac{R_p - r\cos\theta}{d} = \frac{R_p - r\cos\theta}{\sqrt{r^2 + R_p^2 - 2rR_p\cos\theta}} = \frac{X - M}{d_X} \tag{7-74}$$

式中，$X = R_p/r$，$M = \cos\theta$，$d_X = d/r$。从图 7-30 还可看出：

$$\cos\psi = \frac{R_p\cos\varphi - d}{r} = -\frac{r - R_p\cos\theta}{d} = -\frac{1 - XM}{d_X} \tag{7-75}$$

因此，非均匀临界晶核形成功 $\Delta\mathcal{G}_{het}^*$ 为：

$$\Delta\mathcal{G}_{het}^* = \Delta g_{\mathrm{I}}\mathcal{V}_{het}^* + \gamma_{\alpha/L}A_{\alpha/L}^* + (\gamma_{S/M} - \gamma_{L/M})A_{\alpha/M}^* \tag{7-76}$$

式中各项的上标 * 表示临界核心。把式（7-72）和式（7-73）代入上式，得：

$$\Delta\mathcal{G}_{het}^* = \frac{2\pi(r^*)^2\gamma_{\alpha/L}}{3}\left[1 - \cos^3\psi + \left(\frac{R_p}{r}\right)^3(2 - 3\cos\varphi + \cos^3\varphi) - 3\cos\theta\left(\frac{R_p}{r}\right)^2(1 - \cos\varphi)\right] \tag{7-77}$$

上式又可写成：

$$\Delta \mathcal{G}_{het}^{*} = f_G \frac{4\pi (r^{*})^2 \gamma_{\alpha/L}}{3} = f_G \Delta \mathcal{G}_{ho}^{*} \tag{7-78}$$

式中，$\Delta \mathcal{G}_{ho}^{*}$ 是均匀形核的临界核心形成功，f_G为：

$$f_G = \frac{1}{2}\left\{1 + \left(\frac{1-XM}{d_X}\right)^3 + X^3\left[1 - 3\left(\frac{X-M}{d_X}\right) + \left(\frac{X-M}{d_X}\right)^3 + 3MX^2\left(\frac{X-M}{d_X} - 1\right)\right]\right\} \tag{7-79}$$

所有的 X 和 M 的值都小于 1，所以 $0<f_G \leqslant 1$，即非均匀形核的形核势垒小于均匀形核的势垒，如图 7-31 所示。

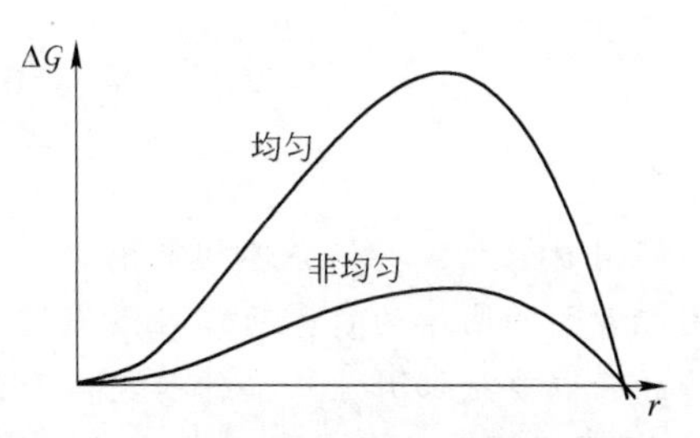

图 7-31 均匀形核及非均匀形核时晶胚形成能与晶胚半径间的函数关系

虽然非均匀形核的形核功比均匀形核的形核功小得多，但还不能立即说非均匀形核的形核率一定比均匀形核的形核率高，因为非均匀形核率还取决于是否存在靠背以及靠背的多少。实际上，在凝固时液相中都含有大量的形核靠背，例如盛放液体的容器模壁、液体中含的微小固态微粒等。所以，实际的凝固过程中非均匀形核率总比均匀形核的形核率要高得多。即使 $\Delta \mathcal{G}_{het}^{*}$ 与 $\Delta \mathcal{G}_{ho}^{*}$ 相差不很大，大量靠背的存在也使非均匀形核率比均匀形核的形核率高很多。非均匀形核使临界过冷度大幅度减小，形核温度大大提高，所以凝固过程不能获得大的过冷度。特别是对于金属和合金的凝固来说，除了非均匀形核外，再加上它有很大的结晶倾向，更是难以用一般的手段获得较大的过冷。

有时为了凝固后获得细小的晶粒，常常人为地在液相中加入作为形核靠背的形核剂。形核剂与结晶的固相间的界面能越低，催发形核的能力越大；形核剂越细越弥散，提供的形核靠背就越多，这样细化晶粒的效果就越好。对于铸造业，如何选择合适的形核剂是一个重要问题。

另外，有人还研究了振动对过冷液体形核的影响。用足够强的脉冲可促进过冷镍液或水的形核。这被认为是脉冲使液体的空穴破裂产生很高的压力，它可能达数千兆帕，这个压力显著改变液体的熔点，从而促进形核。但也有人认为振动促进成核的原因是晶粒破碎引起晶粒增殖。

例 7-8 模壁表面上的微裂纹、小孔实质上是凹面基底的一种特殊形式，它们对形核过程有相当重要的作用。讨论铸模壁的裂缝在表面的张角在非均匀形核中的作用。裂缝在表面张口宽度是如何影响非均匀形核的？

解：看一个半角为 α 的圆锥形裂缝，如图 7-32a 所示，θ 是固相与模壁间的润湿角。晶核的形状由 α 和 θ 决定。在给定过冷度下，均匀形核与非均匀形核的临界核心形成功之比等于两者的临界核心体积之比（把这个比值称作形状因子）：

$$B = \frac{\Delta \mathcal{G}_{het}^{*}}{\Delta \mathcal{G}_{ho}^{*}} = \frac{\mathcal{V}_{het}^{*}}{\mathcal{V}_{ho}^{*}}$$

从图 7-32a 可以看出，形状因子 B 随 α 角减小而减小，若核心在裂缝根部形成，即使

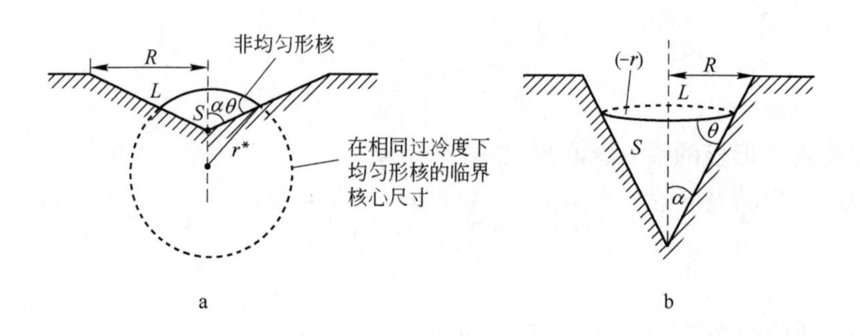

图 7-32 在模壁表面圆锥形裂缝非均匀形核

a—圆锥半角 α 较大；b—圆锥半角 α 较小

润湿角 θ 很大，其临界体积也很小，在裂缝根部也可以形成核心。当 $\alpha<(90°-\theta)$ 时，固相表面的曲率为负，可以在没有过冷的情况下向前长大。但是，要使晶体长出裂缝，裂缝的开口要足够大。当晶体长大直至到达圆锥裂缝的棱边时，进一步向液相中长大则要求固/液界面半径能越过其最小半径（裂缝圆锥的最大半径 R，见图 7-32b）。这时晶体的曲率半径 r 与 R 相同，与曲率半径为 R 所对应的过冷度 ΔT 为：

$$R=\frac{2\gamma T_{\mathrm{m}}}{\Delta h_{\mathrm{m}}\Delta T}$$

即要求过冷度为：

$$\Delta T=\frac{2\gamma T_{\mathrm{m}}}{\Delta h_{\mathrm{m}}R}$$

裂缝张口（R）越大，进一步长大要求的过冷度越小。

例 7-9 在包含很多非常细的固相颗粒的纯液体中，这些固相细颗粒可以促发凝固非均匀形核，它的形核率随时间指数减少。建立一个简单的模型解释这一现象。

解：简单的模型建立在非均匀形核的形核位置随时间的变化上。在存在颗粒的情况下，经过孕育期后，形核率的式（7-40）应写成：

$$I=Z\beta_{\mathcal{N}^*}n_{\mathrm{p}}N_{\mathrm{p}}\exp\left(-\frac{\Delta\mathcal{G}^*}{k_{\mathrm{B}}T}\right)$$

式中，n_{p} 是单位体积中颗粒的数目，N_{p} 是每个颗粒的形核位置数目。一旦在某颗粒上发生形核事件后，固相很快长大并包围了这一颗粒，这个颗粒就不再是非均匀形核的地方，所以激活形核的颗粒数目随时间减少的速率就是形核率的负数：

$$\frac{\mathrm{d}n_{\mathrm{p}}}{\mathrm{d}t}=-I=-An_{\mathrm{p}}$$

式中，A 是形核率式子中与时间无关的常数。上式积分得：

$$n_{\mathrm{p}}=n_{\mathrm{p}}(0)\exp(-At)$$

所以

$$I=An_{\mathrm{p}}=An_{\mathrm{p}}(0)\exp(-At)$$

7.3.4.2 固/固相变的非均匀形核

在固体母相中的晶界、相界、位错、堆垛层错是相变非均匀形核的地方。

A 在晶界形核

设在 α 相中形成 β 相，β 相在 α 相晶界上形核，在晶界的不同地点（晶界面、晶粒棱边和角隅）形核降低形核势垒的程度不同。假设母相晶界的界面能 $\gamma_{\alpha/\alpha}$ 和新/母相间的相界面能 $\gamma_{\alpha/\beta}$ 都是各向同性的并和自身曲率无关，它们的比值 $K=\gamma_{\alpha/\alpha}/\gamma_{\alpha/\beta}$，核心的相界面是非共格的并忽略弹性应变能。这样，在晶界上形成核心的最适合形状是以母相晶界面对称的两个相接的球冠，如图7-33a所示。图 7-33b 所示为这种情况的 Wulff 图结构，因为假设 α 相晶粒界能是各向同性的，所以 α 相晶粒界能的 Wulff 图是球形的，若核心和母相间的润湿角是 θ，则核心形状是两个 Wulff 球相交并且交角为 θ 的双球冠。这时核心和界面交线处的静力平衡条件为：

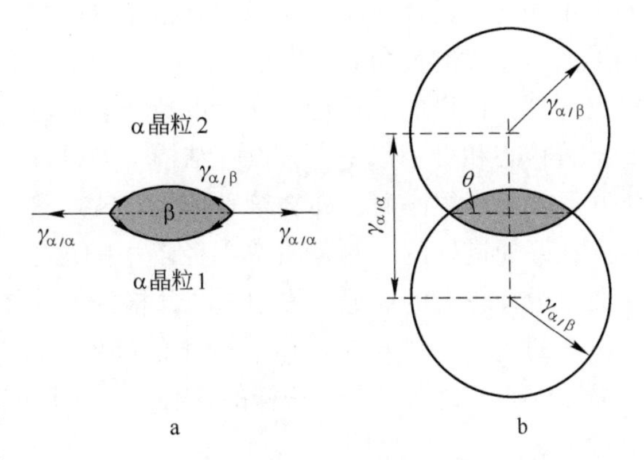

图 7-33 非共格新相 β 在母相 α 晶粒界上形成双球冠的晶核

a—双球冠的晶胚形状；b—晶胚的 Wulff 图

$$\cos\theta = \frac{\gamma_{\alpha/\alpha}}{2\gamma_{\alpha/\beta}} = \frac{K}{2} \tag{7-80}$$

若 $2\gamma_{\alpha/\beta}<\gamma_{\alpha/\alpha}$，新相完全“润湿”晶界，则不存在形核势垒。第二相是液相时会发生这种情况，这时，第二相将被毛细管力作用拉到晶界上，整个晶界被一层第二相薄膜所覆盖（参见第 4.3.5 节的讨论）。在晶界上形成双球冠晶胚（如图 7-33a 所示）的能量变化 $\Delta\mathcal{G}_b$ 为：

$$\Delta\mathcal{G}_b = \mathcal{V}_\beta\Delta g_{\mathrm{I}} + A_{\alpha/\beta}\gamma_{\alpha/\beta} - A_{\alpha/\alpha}\gamma_{\alpha/\alpha} \tag{7-81}$$

式中，$\mathcal{V}_\beta$ 是核心体积；$A_{\alpha/\beta}$ 是新产生的新相界面面积；$A_{\alpha/\alpha}$ 是形成胚时消失的母相晶界面积（如图 7-33a 中的虚线所示）。把球冠的面积和体积（参见式(7-66)和式(7-67)）代入上式，可获得球冠的临界半径 r^*，它和母相的界面能无关，为：

$$r^* = \frac{2\gamma_{\alpha/\beta}}{\Delta g_{\mathrm{I}}} \tag{7-82}$$

再次看到，非均匀形核和均匀形核的临界核心半径是相同的。临界核心形成功 $\Delta\mathcal{G}_b^*$ 为：

$$\Delta\mathcal{G}_b^* = \frac{1}{2}\Delta\mathcal{G}_{ho}^*(1-\cos\theta)^2(2+\cos\theta) = \frac{1}{2}\Delta\mathcal{G}_{ho}^*(2-3\cos\theta+\cos^3\theta) \tag{7-83}$$

式中，$\Delta\mathcal{G}_{ho}^*$ 是均匀形核时的临界核心形成功。

上面讨论的是核心与它所邻接的母相各个晶粒的界面能都相同的情况，如果核心的晶体点阵和相邻接的母相晶粒之一的晶体点阵匹配良好，那么，若核心和这个晶粒间的界面全部或部分共格（半共格）的话，可以进一步减小形核功。当核心和这个晶粒仅存在一种特定取向关系的低能共格（半共格）界面时，则核心在这个晶粒的一侧的形状是被切一角的球冠，这个切面是一个低能的界面。图 7-34 所示为以 Wulff 构图描述的新相具有共格界面的形状，其中新相 β 与在母相晶界一侧的 α 晶粒以共格低能界面 BH 存在，这个低能相界面与 α 晶粒界夹角为 φ，图中灰色区域就是核心形状。这样的形状与图 7-33 所示的大不相同，具体形状取决于非共格相界面能 $\gamma_{\alpha/\beta}$ 与共格相界面能 $\gamma^{c}_{\alpha/\beta}$ 的比值以及共格相界面与晶界的夹角 φ。当相界面取向与晶界平行时，即 $\varphi \rightarrow 0$ 时，形核的势垒减为最小。根据计算，这样的形核势垒甚至可减小至百分之一。

若核心和母相都是立方点阵结构，如果核心点阵和邻接的母相晶粒之一的点阵匹配良好并且错配度很小时，那么核心仍是双球冠状，但这两个球冠是不对称的，如图 7-35a 所示。在匹配良好的一侧是曲率半径较小的球冠，界面是共格（或半共格）的；另一侧则是曲率半径较大的球冠，界面是非共格的，如图 7-35b 所示。图 7-35c 所示为在晶界形核和长大的例子：在 α-βCu-In 合金中的晶界三叉节点处的 α 脱溶物，其中 A 和 B 是非共格界面，C 是半共格界面。这样的核心不但对核的形成有重要意义，同时对核心长大也有重要意义。

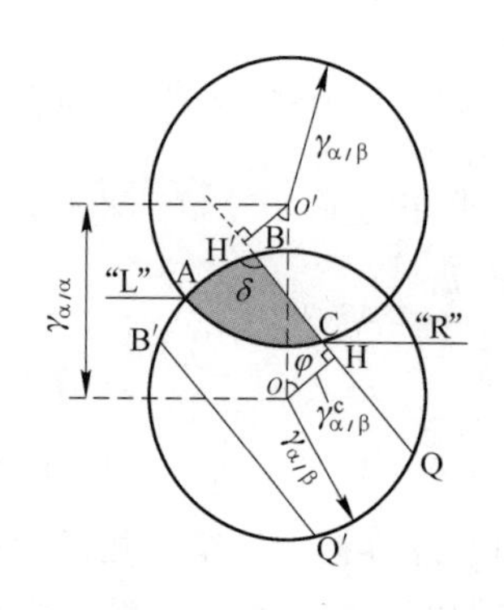

图 7-34　以 Wulff 构图描述的新相具有共格界面的形状，BH 是共格界面，ABC 区域是新相核心

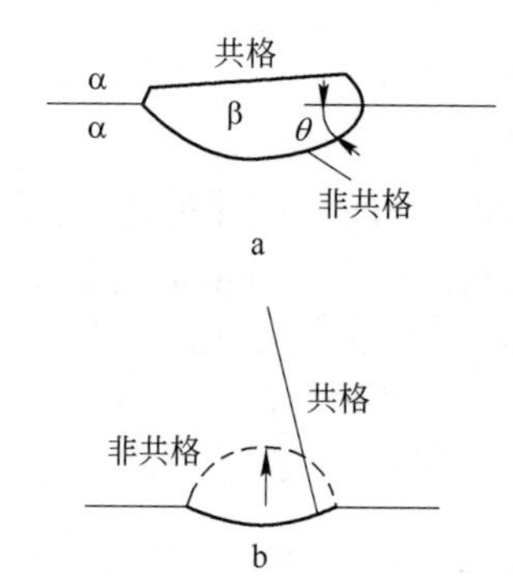

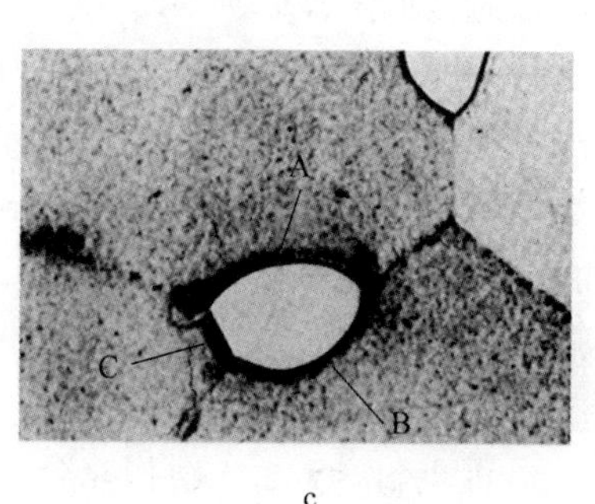

图 7-35　在界面（或角隅）上形成的新相核心
a，b—和母相的一个晶粒形成共格（半共格）界面；
c—α-βCu-In 合金中的晶界三叉节点处的 α 脱溶物，
其中 A 和 B 是非共格界面，C 是半共格界面

核心还可以在晶粒棱边和晶粒角隅上形核。如图 7-35c 以及图 7-36a 和 b 所示，这样形核势垒降低更多，即形核功更低。它们的形核功表达的形式和式（7-78）相似，都是 $\cos\theta$ 的函数，只是函数形式有所不同。把在晶界面、晶粒棱边和角隅的临界核心的形成功和均匀形核的临界核心形成功的比值统一写成：

$$f_i = \frac{\Delta \mathcal{G}_i^*}{\Delta \mathcal{G}_3^*} \qquad (7\text{-}84)$$

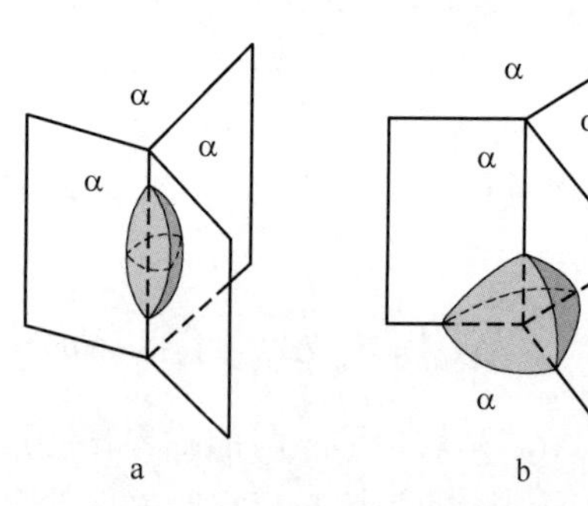

图 7-36　在晶界不同部位形核
a—在棱边上；b—在角隅上

上式各符号的下标 i（$i=0, 1, 2, 3$）的数值表示形核所依附的地点的维数。即在体积形核（均匀形核）时为 3，在界面上形核时为 2，在晶粒棱边上形核时为 1，在晶粒角隅上形核时为 0。根据前面讨论知道，$f_3(\cos\theta)=1$，$f_2(\cos\theta)=(2-3\cos\theta+\cos^3\theta)/2$。$f_i$ 和 $K=2\cos\theta$ 的关系表示于图 7-37 中。可以看出，在所有的 K 值下都有 $f_0<f_1<f_2<f_3$ 的关系。$K=2\cos\theta \geqslant$

$\sqrt{3}$时，棱边形核自由能位垒变为零；$K=2\cos\theta\geqslant 2\sqrt{2}/\sqrt{3}$时，角隅形核自由能位垒为零。

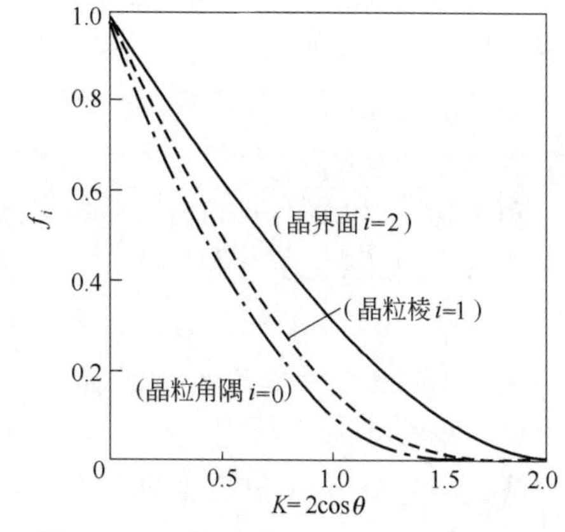

图 7-37　函数 f_i 随 $K=2\cos\theta$ 的变化关系

虽然非均匀形核的形核功都比较小，但并不意味着非均匀形核的形核率一定高，因为形核率除了和形核功有关外还和单位体积中形核位置的原子数 N 有关。以 N_i 表示在单位体积中不同形核位置的原子数，i 的定义和前面一样。显然，N_i 按 i 从3→0的顺序大幅度减小。若设晶粒尺寸为 L，晶界厚度为 d，则 N_i和 N_3的关系为：

$$N_i = N_3\left(\frac{d}{L}\right)^{3-i} \tag{7-85}$$

根据式（7-40）、式（7-84）和式（7-85），得：

$$\frac{I_i}{I_j} = \left(\frac{d}{L}\right)^{j-i} \exp\left[-\frac{(f_i - f_j)\Delta \mathcal{G}_3^*}{k_B T}\right] \quad (i,\ j = 0,\ 1,\ 2,\ 3) \tag{7-86}$$

式中，i 和 j 分别表示形核的不同位置。$(d/L)^{(3-i)}$ 的数值随着 i 的变化是很大的，若 L 平均值为 50μm，d 为 0.5nm，则形核位置数的比值为 $(d/L)^{(3-0)}:(d/L)^{(3-1)}:(d/L)^{(3-2)}:(d/L)^{(3-3)} = 10^{15}:10^{10}:10^5:1$。对式（7-86）取对数，整理后得：

$$\frac{k_B T}{\Delta \mathcal{G}_3^*}\ln\frac{I_i}{I_j} = (i-j)A - (f_i - f_j) \tag{7-87}$$

式中，$A \equiv (k_B T/\Delta \mathcal{G}_3^*)\ln(L/d)$，它是一个比较在晶界各种位置形核的形核率的一个重要的参数。从上式看出，若要 $I_i>I_j$，则必须$(i-j)A-(f_i-f_j)>0$。设 $i>j$，$(f_i-f_j)>0$，所以，$(i-j)A>(f_i-f_j)$时才会有 $I_i>I_j$。若令 $I_i=I_{i+1}$，则：

$$A = f_{i+1} - f_i \tag{7-88}$$

式（7-88）右边是 $K=2\cos\theta$ 的函数，据此，画出了各种形核位置形核率相等时的 A-K 曲线后，这些线划分了不同位置形核获得最大形核率的区域，如图 7-38 所示。在图中的 $abcde$ 曲线表示某一固定形核率 A 随 K 的变化。图 7-38 中的曲线的细节取决于导出 f_i 值时所作的假设，因而对于各个真实系统，各曲线的形状略有不同。但一般来说，小的 K 值、大的晶粒尺寸 L 以及大的形核驱动力（小的 $\Delta \mathcal{G}_3^*$）有利于均匀形核；相反则有利于在角隅处形核。原则上，若驱动力增加（过冷度加大），开始时主要在角隅处形核，然后依次是晶粒棱边、晶界面，最后是均匀形核。等温相变时，可能整个相变过程只在一种形核地点（最大形核率的形核地点）上形核，也可能在相变早期阶段，居支配地位的形核地点已

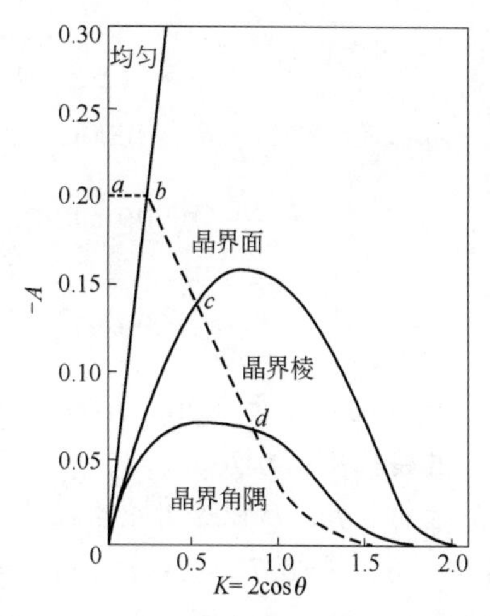

图 7-38　均匀形核以及在晶界不同位置形核获得最大形核率的 A 和 K 范围

被相变产生的新相全部占据，即这类形核地点被形核饱和了，这时只有在另一种相对来说形核率较大的地点形核。由于在不同位置形核的形核率可以相差很大，所以，在很多情况下，处于支配地位的形核位置被形核饱和后，实际上就停止形核了。

例 7-10 (1) 写出均匀形核与在晶界面上非均匀形核分界的 $A-\cos\theta$ 的表达式。(2) 合金中 γ 为母相，β 为析出相，$\gamma_{\gamma/\beta}$ 界面能为 $0.6J/m^2$，$\gamma_{\gamma/\gamma}$ 界面能为 $0.45J/m^2$，在 1000K 时 γ→β 的形核驱动力为 $1.2\times10^7 J/m^3$（其中已扣除了弹性应变能的影响）。设晶界的厚度为 1nm，问晶粒尺寸为 20μm 和 1000μm 时是否能在晶内形核？如果不是，会在晶界何处形核？

解：(1) 在 $A-\cos\theta$ 图上均匀形核与在晶界面上非均匀形核分界线上 $I_3=I_2$。根据式 (7-88)，得：

$$0=(2-3)A-(f_3-f_2)$$

因为 $f_3=1$，$f_2=(1-\cos\theta)^2(2+\cos\theta)/2$，故 $A-\cos\theta$ 的表达式为：

$$A_{2-3}=-(f_3-f_2)=\frac{(1-\cos\theta)^2(2+\cos\theta)}{2}-1=\frac{\cos^3\theta-3\cos\theta}{2}$$

(2) β 相在 γ 相界面上形核是双球冠状，其润湿角 θ 为：

$$\cos\theta=\frac{\gamma_{\gamma/\gamma}}{2\gamma_{\gamma/\beta}}=\frac{0.45}{2\times0.6}=0.375$$

$I_3=I_2$ 时的 A 值为：

$$A_{2-3}=\frac{\cos^3\theta-3\cos\theta}{2}=\frac{(0.375)^3-3\times0.375}{2}=-0.536$$

当实际的 $A<-0.536$ 时，在晶内形核有利；反之，$A>-0.536$ 时，在晶界面或晶界其他地方形核有利。

现在计算在 1000Kγ→β 的均匀形核的临界形核功 $\Delta\mathcal{G}_3^*$：

$$\Delta\mathcal{G}_3^*=\frac{16\pi}{3}\frac{(\gamma_{\gamma/\beta})^3}{(\Delta g_{\mathrm{I}})^2}=\frac{16\pi}{3}\times\frac{0.6^3}{(1.2\times10^9)^2}=2.513\times10^{-18}J$$

晶粒尺寸为 20μm 和 1000μm 时在 1000K 形核时的 $A=(k_BT/\Delta\mathcal{G}_3^*)\ln(d/L)$ 值分别为：

$$A(20\mu m)=\frac{1.83^{-23}\times1000}{2.513\times10^{-18}}\ln\frac{1}{20\times10^3}=-0.07$$

$$A(1000\mu m)=\frac{1.83^{-23}\times1000}{2.513\times10^{-18}}\ln\frac{1}{1000\times10^3}=-0.12$$

因为晶粒尺寸为 20μm 和 1000μm 时的 A 值都比 $A_{(2-3)}$ 的大，所以都不会在晶内形核。当晶粒尺寸为 20μm 时，从图 7-38 查得 $A=-0.07$，$2\cos\theta=0.75$ 的点落在晶界角隅优先形核的区域，所以这时应在晶界角隅形核；当晶粒尺寸为 1mm 时，从图 7-38 查得 $A=-0.12$，$2\cos\theta=0.75$ 的点落在晶界棱优先形核的区域，所以这时应在晶界棱形核。

图 7-39 所示为在晶粒角隅和晶界形核的例子。图示为对低碳钢(w(S)= 0.021%)从高温以 2K/s 冷却速度冷却动态观察 δ→γ 形核和长大过程的照片（相图参见图 5-22）。γ 相

倾向于在δ晶粒角隅和晶界上形核，当在晶界形成一定量核心并长大后，在晶界的γ相相遇，连成覆盖δ晶界的γ层。

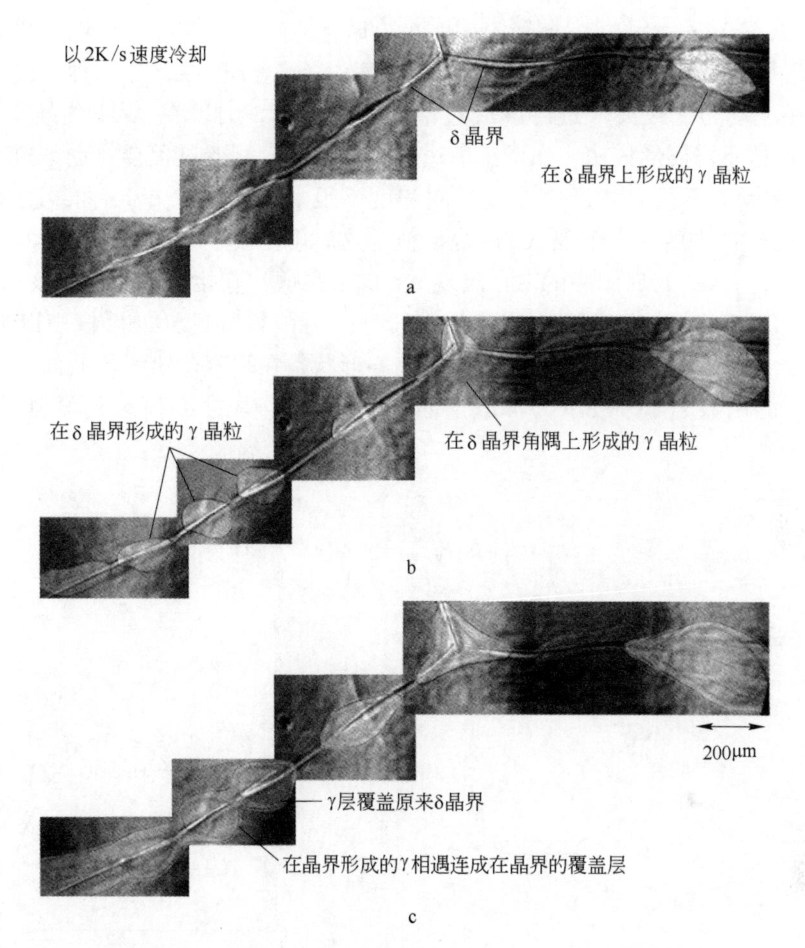

图 7-39　低碳钢以 2K/s 冷却速度冷却 δ→γ 转变的动态观察

a—1706K；b—1700K；c—1694K

B　在位错上形核

大量实验观察表明，位错可以以几种方式帮助形核。首先，在位错上形核可以松弛一部分位错的畸变能，使形核功减小；其次，位错附近的溶质原子气团以及位错可作为快速扩散通道为形成富溶质的核心提供有利条件。

按 Cahn 等的分析，假设一个非共格核心沿位错线析出，在位错单位长度上形成一个半径为 r 的圆柱形的新相核心，如图 7-40a 所示，形核后自由能改变为：

$$\Delta \mathcal{G} = \pi r^2 \Delta g_{\mathrm{I}} + 2\pi r \gamma - A \ln \frac{r}{r_0} \tag{7-89}$$

式中，A 是位错能量的常数(见第 3 章，$A=\mu b^2/4\pi K$，K 值因位错类型而定)；r_0是位错中心区域的大小。上式的第一项（新母相的体积自由能差值）和第三项（位错能量）都是负值，第二项（表面能量）是正值。如果形核时产生应变能，可以包括在第一项中来扣除。由 $\partial \Delta \mathcal{G}/\partial r = 0$ 求出临界半径 r^*：

$$r^* = \frac{\gamma}{2\Delta g_{\mathrm{I}}}\left[-1 \pm \left(1 + \frac{2A\Delta g_{\mathrm{I}}}{\pi\gamma^2}\right)^{1/2}\right] \tag{7-90}$$

以 α 表示 $2A\Delta g_{\mathrm{I}}/\pi\gamma^2$，因形核驱动能是负值，所以 α 是负值，因此，只有 $\alpha \geqslant -1$ 时 r^* 才有实根，当 $\alpha < -1$ 时，r^* 无实根，图 7-41 表示了 $\Delta \mathcal{G}$-r 曲线的这两种情况。这样，当 $\alpha < -1$ 即形核驱动力比较大（过冷度或过饱和度比较大）时，在 $\Delta \mathcal{G}$-r 曲线上没有极点，即在位错上形核不需要形核功。如果扩散过程允许的话，相变过程会自动地进行。但当 $\alpha \geqslant -1$ 即形核驱动力不很大（过冷度或过饱和度不很大）时，在 $\Delta \mathcal{G}$-r 曲线上出现两个极点，在 $r=r'$ 处（图中的 A）出现 $\Delta \mathcal{G}$ 的最低值，这时可粗略地看做和位错自发形成的溶质气团相类似。在 $r=r^*$ 处（图中的 B）出现 $\Delta \mathcal{G}$ 的最高值，它相当于临界形核功。

实际上相对于临界核心尺寸来说，位错线是“无限长”的，如果核心以临界半径在位错线形成，则核心形成功是很大的。设想核心形状是在垂直位错线的截面上呈圆形，核心半径 r 是 z 的函数 $r(z)$，如图 7-40b 所示。从图 7-41 中的 A 稳态到 B 亚稳定态的能量为：

$$\Delta \mathcal{G} = \int [\Delta \mathcal{G}(r) - \Delta \mathcal{G}(r^*)]\mathrm{d}z \tag{7-91}$$

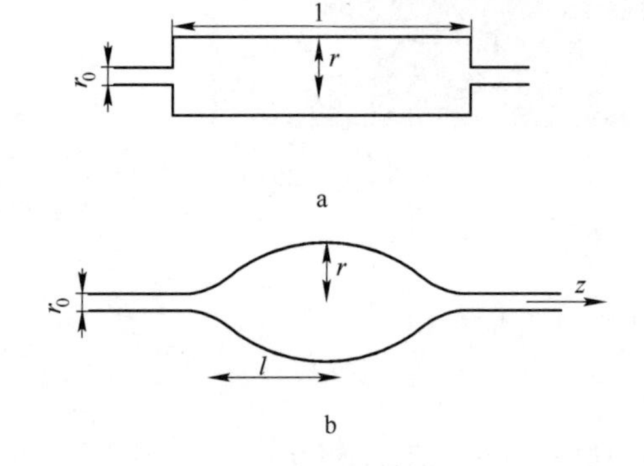

图 7-40　位错上的核心形状的示意图
a—长度等于 1 的圆柱形核心；b—椭球形核心

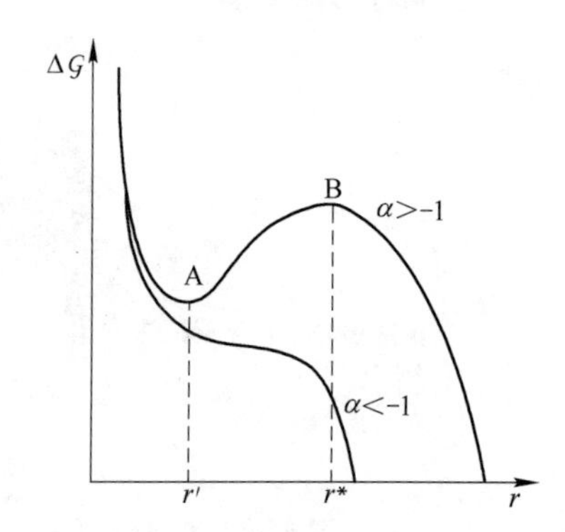

图 7-41　在位错上形核时形核自由能 $\Delta \mathcal{G}$ 与核的半径的关系

把式（7-89）和式（7-90）代入，得：

$$\Delta \mathcal{G} = \int_{-\infty}^{\infty}\left\{\pi\Delta g_{\mathrm{I}}(r^2 - r'^2) - A\ln\left(\frac{r}{r'}\right) + 2\pi\gamma\left[r\sqrt{1 + \left(\frac{\mathrm{d}r}{\mathrm{d}z}\right)^2} - r'\right]\right\}\mathrm{d}z \tag{7-92}$$

$r(z)$ 由变分法求出，这个问题的求解比较复杂。从解的结果得出临界核心形成功 $\Delta \mathcal{G}_{\mathrm{D}}^*$ 与均匀形核的形成功 $\Delta \mathcal{G}_{\mathrm{ho}}^*$ 的比值和 α 的关系，如图 7-42 所示。

与均匀形核相比，在位错上形核的形核功是小的。当 $|\alpha| \geqslant 0.4 \sim 0.7$ 时，在位错上的形核就比较明显。如果位错密度为 $10^8\mathrm{cm}^{-2}$，取合理的界面能值（$\gamma = 0.2\mathrm{J/m^2}$），以及一定的过冷度（过饱和度约 30%），相应 $\alpha^{\mathrm{D}} = -0.6$，按 Cahn 等的理论计算得 $r' = 0.2\mathrm{nm}$，$r^* = 1\mathrm{nm}$，这些数值是比较合理的。据此计算所得的形核率是 $10^{14}\mathrm{m}^{-3}\cdot\mathrm{s}^{-1}$。根据式（7-39）计算的均匀形核的形核率则是 $10^{-64}\mathrm{m}^{-3}\cdot\mathrm{s}^{-1}$，由此可见，除了在过冷度（过饱和度）

很高时实现的共格均匀形核外，一般均匀形核是难以实现的。

如果形成共格的核心，核心的弹性应变场与位错在基体引起的弹性应变场的交互作用可以促发形核。对于具有膨胀应变场的核心，它与刃位错的弹性应力有强的交互作用。如果核心具有正的膨胀应变，它在刃位错滑移下侧靠近位错核心形成可以松弛部分应力；相反，如果核心具有负的膨胀应变，它在刃位错滑移上侧靠近位错核心形成也可以松弛部分应力。核心与螺位错的交互作用一般比较弱，但对发生很大切应变分量的转变，螺位错的促发形核作用也是重要的。

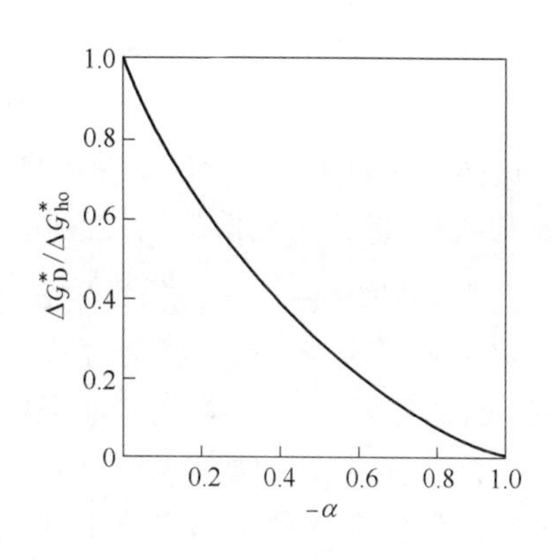

图 7-42　在位错形核的临界形核功与均匀形核功的比值和 α 的关系

在金属或合金的晶界上存在晶界位错，核心在晶界上可以不依赖一般晶界结构而是依附晶界上的位错形核。Desalos 等观察到控轧低碳钢因为形变增加铁素体在奥氏体晶界的形核速度，如图 7-43 所示，这暗示因奥氏体晶界吸收了大量位错而促进在晶界上形核。

Butler 和 Swann 给出了在小角度晶界上（晶界台阶和晶界位错）形核的直接证据，如图 7-44所示。图中给出 Al-Zn-Mg 合金在晶界析出脱溶物的电镜照片，图 7-44a 是合金钢淬火下来的照片，箭头所指是晶界台阶，黑衬度线是位错；图 7-44b 所示为经 240℃时效 75s 同一处的照片，从照片中看到在这些台阶和位错处择尤形核。

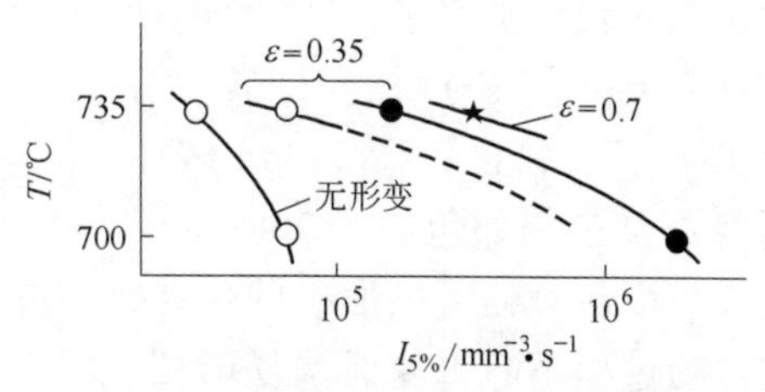

图 7-43　控轧低碳钢无形变量及在两种形变量（ε=0.35，0.7）下，5%奥氏体转变为铁素体时的形核速度 $I_{5\%}$

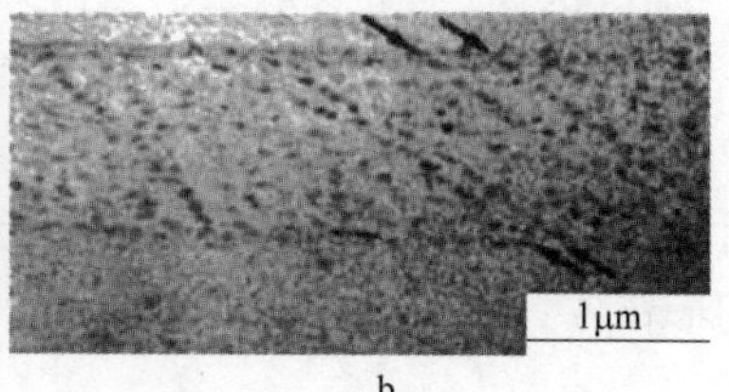

a　　b

图 7-44　Al-Zn-Mg 合金在晶界析出脱溶物的电镜照片
a—合金钢淬火下来的照片；
b—经 240℃时效 75s 同一地方的照片

C　在层错上形核

在 fcc 晶体中，如果层错能比较低，全位错会分解为扩展位错。扩展位错中的层错实际上是几个原子层的 hcp 晶体。如果从 fcc 母相中析出 hcp 新相，则层错已准备了结构条件，只需成分涨落来形核。如果层错中有铃木气团，层错也可能为形核准备了成分条件，所以层错是这类转变的促发形核的潜在位置。根据层错结构的特点，这类核心必然存在如下的取向关系：

$$(111)_{母相} // (0001)_{新相}$$

$$[1\bar{1}0]_{母相} // [11\bar{2}0]_{新相}$$

这样的取向关系又保证了获得良好适配的低能的共格（或半共格）界面。Al-Ag 合金中 α 相（fcc 结构）脱溶析出过渡相 γ′（hcp 结构）的形核是在层错形核的典型例子。

在 fcc 晶体中一个全位错发生 $a[110]/2 \rightarrow a[111]/3 + a[11\bar{2}]/6$ 的反应，两个部分位错夹着一个层错带。其中的 $a[111]/3$ 是弗兰克部分位错的柏氏矢量，它在层错所在的(111)面攀移可以放出空位。如果析出新相体积比原母相大，或者产生的弹性应变能大，可以在弗兰克位错（层错边缘）形核，伴随弗兰克位错的攀移，核心形成和长大可吸收因位错攀移放出的空位来降低它的应变能。这类形核和长大的典型例子是含 Nb 的奥氏体不锈钢中析出 NbC 化合物，析出过程的示意图如图 7-45 所示。图 7-45a 表示 NbC 在层错（E）一端的弗兰克位错（F）上形核；图7-45b 表示位错的割阶（J）移动提供空位使 NbC 长大；图 7-45c 表示弗兰克位错的连续攀移一方面使 NbC 长大，另一方面扩大了层错区；图 7-45d 表示弗兰克位错全部包围了 NbC 而又形成一个新鲜的可供形核的位错。这样的过程不断重复而重复形核。

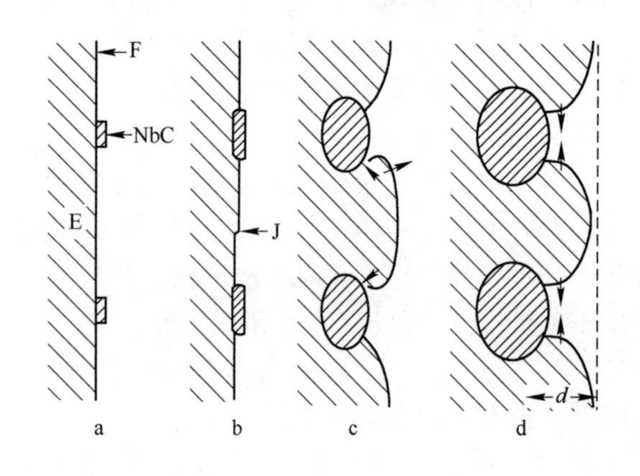

图 7-45 NbC 在弗兰克部分位错上形核和长大的示意图

D 超额空位对形核的影响

如果基体含有超额浓度空位，例如合金脱溶处理时从高温快冷到低温时效温度，高温的高浓度空位在冷却时来不及散逸，保留到低温成为过饱和的超额空位，这些空位是不平衡的，会以各种途径消散。空位有相互聚集成空位团的趋势，一些空位片可以塌陷成位错环，这些位错环可以吸收更多的空位而长大。已经存在的刃位错也可以攀移吸收空位，直的螺位错可以因空位而转化为更长的螺旋形刃位错。因此，超额空位的湮灭有可能提供更多的非均匀形核位置。

7.4 核心的长大

晶核形成后，原子必须连续地进入新相晶体才能使晶核长大。核心的长大就是核心/基体间的相界面向基体母相迁移的过程。首先讨论在核心长大时相界面的平衡问题，因为相变都需要有过冷，因此这时系统总是偏离平衡的，偏离平衡的程度不同，界面推移速度也不相同。表 7-3 列出了新相长大时相界面两侧的可能的平衡状况。

第 I 种整体平衡情况，通常只在长时间保温退火时才可能获得，在这样的条件下系统不会随着时间发生变化，只有继续冷却（或加热）才会发生进一步的变化。只有在冷却转变中，非常缓慢冷却，以保证冷却到的每个温度都有足够时间达到平衡才会出现这种情况。实际上，要实现这种要求是要经历“地质年代”的时间。但是，在我们讨论的层次，如果冷却（或加热）非常慢，每个温度都很接近平衡，可以近似地认为是这种情况。在这种情况下，每个温度都可以根据相图应用杠杆定则来计算相的相对量。

表 7-3　相变时相界面的平衡层次

Ⅰ	完全（整体）平衡 （1）不存在化学势梯度（各相的成分是均匀的）； （2）不存在温度梯度； （3）可以根据相的平衡成分应用杠杆规则	Ⅲ	相界面的亚稳平衡 （1）当稳定相不能形核或者长大不足够快时是重要的； （2）由亚稳相图给出界面的条件
Ⅱ	相界面局部平衡 （1）越过界面两侧的化学势是连续的； （2）相图只给出界面的温度和成分； （3）对界面曲率（吉布斯-汤普逊效应）进行修正	Ⅵ	相界面不平衡 （1）相图不能给出相界面的成分和温度； （2）在相界面两侧的化学势不相等； （3）不能由自由能函数导出相变的准则

第Ⅱ种相界面局部平衡情况。在合金相变时，通常新相和母相成分不同，从而在新相和母相的界面两侧存在浓度梯度，又因为有相变潜热放出（特别对于凝固过程是特别重要的），在新相和母相的界面两侧又存在温度梯度，所以，在系统中化学势是不均匀的。但是，在界面两侧保持平衡，在界面上两相的化学势相等，所以，越过相界面化学势是连续的。界面上的平衡应包括因界面曲率的修正（见 7.2.2 节）。局部平衡不总是严格有效的，它是基于界面局部平衡比整体平衡快得多的概念引出的。这个概念广泛地应用于各种相变过程。

第Ⅲ种相界面亚稳平衡情况。当稳定相形核驱动力比亚稳相小（见 7.2.3 节），或者稳定相长大非常慢时，往往出现亚稳相。因为亚稳相同样可以有亚稳相图，亚稳相界面可以按亚稳相图局部平衡。亚稳相可以是出现平衡相前的过渡相，例如固溶体的预脱溶；也可以是长期保留下来的相，例如 Fe-C 合金中的 Fe_3C。在适当的条件下亚稳相总会消失而出现平衡相，例如 Fe-C 合金的石墨化，使 $Fe_3C \rightarrow 3Fe + C$(石墨)或者开始就生成稳定石墨相。各种含石墨的铸铁就是产生稳定相的平衡体系。

第Ⅳ种相界面不平衡情况。冷却转变时，当高速冷却或者在很大的过冷度下，溶质几乎不发生扩散，在各处把原来的溶质分布“冻结”下来，这种分布不是冷却后的平衡分布，所以是非平衡态，这时越过相界面化学势不是连续的。在急冷凝固常出现这种情况。

因为相变过程通常还会伴随有相变潜热的变化，如果这些热不输运出去（或进来），界面是不能迁移的。对于固态相变，相变潜热很小，它的输运问题往往可以忽略。对于凝固相变，凝固潜热很大，热输运也是要考虑的主要问题。

根据相变时物质和热输运的情况，类似于晶界面的迁移，相界面的迁移又可分保守迁移和非保守迁移两类。保守迁移不需要物质/热长程扩散流入或流出相界面，而非保守推移需要长程物质/热扩散流入或流出相界面。显然，滑动型界面迁移和成分相同的固态相变的界面迁移属于保守界面迁移。

界面迁移在第 4 章已经作过比较详细的讨论，其中很多概念对于相界面迁移是相同的或是相似的。控制核心长大过程的因素是：原子跨过界面的反应、热扩散、质量扩散和界面张力等。这些因素的相对重要性不仅取决于物质本身，还取决于相变的条件。

7.4.1 相界面结构与核心长大

核心长大是母相原子（分子）跨过界面贴附到新相核心的过程，因而界面的结构对新相长大速度有决定性的影响。

关于固/固相界面的结构，在第 4 章已经做了介绍。从核心长大的角度看，固/固相界面可以有两种类型：滑动型和非滑动型界面。滑动型界面的迁移靠位错滑动而迁移，这种滑动型界面的迁移对温度是不敏感的，是所谓非热激活迁移。非滑动型界面，是靠单个原子从母相越过界面转移到新相，原子摆脱母相转移需要额外能量，即需要热激活提供。所以，这种迁移对温度是非常敏感的。

相界面滑动型迁移是原子以整体按队列方式协调运动越过界面，使母相切变转化为新相。正因为如此，这种相变又称为队列式相变。队列式转变时任一个原子的最近邻在转变前后基本不变，所以这类相变的新相和母相成分相同。马氏体转变属于此类转变。机械孪生的界面（它不是相变）也属于滑动型界面。

相对于队列式相变，相界面热激活迁移的相变称非队列式转变。非队列式转变的母相和新相成分可以相同也可以不相同。若成分没有变化，相界面迁移速度取决于原子跨过界面的速度，所以，界面迁移是由界面过程控制的。若母相和新相的成分不同，这时相界面迁移由两个过程组成：其一是源自从母相跨过界面转移到新相的界面过程；另一是满足新相不同成分的长程扩散物质输运的扩散过程。若界面反应很快，即环绕界面的源/阱易于动作，原子跨过界面是容易的，只有在扩散能达到相变要求时相界面才能迁移，这种迁移是扩散控制的。相反，如果环绕界面的源/阱缺乏或难以动作，界面反应速度比扩散慢得多，界面迁移则由界面过程控制。当界面反应速度和扩散速度相当时，相界面迁移是由界面和扩散两个过程混合控制的。

上面讨论的固/固相界面迁移以及转变按迁移类型分类综合列于表 7-4 中，这种分类是 Christain 建议的。为了便于比较，也把一些非相变的转变（再结晶、晶粒长大）列于表中。尽管很多转变可以按上述方式分类，但也有一些转变是难以明确分类的。

表 7-4 以界面迁移方式对形核和长大型转变的分类

类 别	队列式	非队列式			
温度的影响	非热激活的	热激活的			
界面类别	滑动型（共格或半共格）	非滑动型（共格或半共格、非共格、固/液）			
母相、新相成分	成分相同	成分相同	成分不同		
扩散过程本质	无扩散	短程扩散（跨越界面）	长程扩散（通过点阵）		
控制过程	界面控制	界面控制	界面控制	扩散控制	混合控制
例 子	马氏体、孪生、对称倾转晶界	多型性转变、块型转变、有序化、凝聚（凝固）、汽化、再结晶、晶粒长大	脱溶、解溶、凝聚、汽化	脱溶、解溶、凝固、汽化	脱溶、解溶、共析、胞状脱溶

对于液/固相界面，因为液相是各向同性的，并且其弹性模量可以看做0，所以，液/固相界面结构没有固/固相界面结构那样复杂。液/固界面结构主要有两种类型："光滑"以及"非光滑"或"粗糙"结构。

Jackson 用最近邻键模型从热力学角度讨论了液/固、气/固界面结构。他假设原来的界面是平面，在平面上加入的原子是随机排列的。以 $\Delta\mathcal{H}_m$ 表示平均每个原子的熔化焓，它等于 $\Delta H_m/N_A$（N_A 是阿伏伽德罗常数），则在晶体内部每一个邻接键的结合能为 $\Delta\mathcal{H}_m/z$（z 为晶体的配位数）。如果整个界面都铺上一层原子，这层原子失去上侧的键，所以在界面上的原子的结合能是：

$$\frac{\Delta\mathcal{H}_m}{z}(z_S + z_{in})$$

式中，z_S 和 z_{in} 分别是源自在表面层的配位数和表面层与下层联系的配位数。设在界面上有 n_i 个能加入原子的位置，加入了 n_A 个原子后，表面原子所占的位置分数为 $X=n_A/n_i$，则表面上原子实际的结合能是：

$$\frac{\Delta\mathcal{H}_m}{z}(z_S X + z_{in})$$

因此，表面没有铺满时每个表面原子引起的焓的差为：

$$\frac{\Delta\mathcal{H}_m}{z}(z_S + z_{in}) - \frac{\Delta\mathcal{H}_m}{z}(z_S X + z_{in}) = \frac{\Delta\mathcal{H}_m}{z} z_S(1 - X)$$

在界面表面有 $n_A=n_iX$ 个原子，设 $\xi=z_S/z$，它是修正界面上平均近邻数的晶体学因子，当在平衡温度下时表面引起焓的变化为 $n_iX(1-X)\xi\Delta\mathcal{H}_m$。$n_A$ 个原子在 n_i 个位置排列所引起的组态熵为 $-n_ik_B[X\ln X+(1-X)\ln(1-X)]$。因而，在平面上随机加入 n_A 个原子引起的吉布斯自由能变化 $\Delta\mathcal{G}_S$ 为：

$$\Delta\mathcal{G}_S = n_ik_BT_m[\alpha X(1 - X) + X\ln X + (1 - X)\ln(1 - X)] \qquad (7\text{-}93)$$

式中，$\alpha=\xi\Delta\mathcal{H}_m/k_BT_m$。根据上式作出不同 α 值下的 $\Delta\mathcal{G}_S/n_ik_BT_m$-$X$ 曲线，如图7-46所示。表7-5列出了一些材料晶体与不同的液相或气相连接的界面的 α 值。

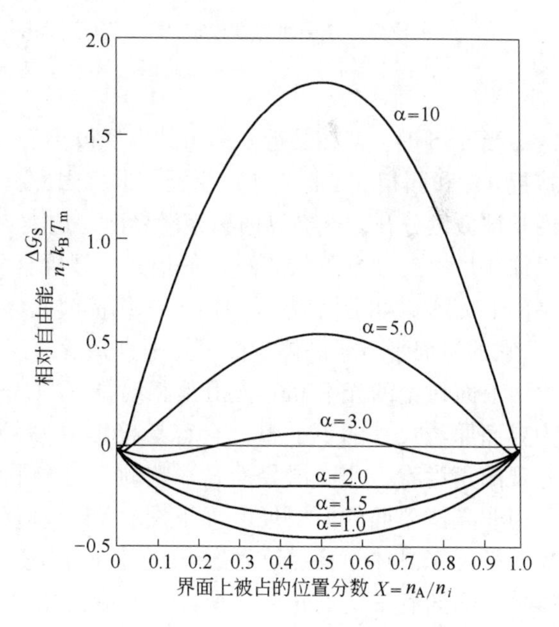

图7-46 不同 α 值下的界面相的吉布斯自由能 $\Delta\mathcal{G}_S/n_ik_BT_m$ 随 n_A/n_i 的变化

从式(7-93)可以看出，当 $\alpha\leqslant 2$ 时，在 $X=0.5$ 处有一个极小值。实际界面结构应使 $\Delta\mathcal{G}_S$ 最小，在这种情况下 X 应等于0.5，即实际界面上应有一半位置被固相原子随机占据。同样，已连接在固相界面上的第一层原子面上也应该有一半位置被固相原子随机占据。这样，从原子尺度看，这种界面是不平整的，存在着一个约几个原子厚的过渡层，在这个过渡层内，两相不能截然分开，这类界面通常称为粗糙或非光滑界面。图7-47所示为 Hoyt 给出的分子动力学模拟的完全有序固相与无序的液相之间过渡的粗糙界面结构：界面形貌是连续的，很少突变，扩张了几个原子的距离。在这界面层中，原子或分子（或结构单元）的有序程度是随时间而变的，在熔点温度下，跨过界面的单元移动不会显著改变。这种界面模型与第5章所讨论的界面T-L-K模型是相同的。

表7-5　一些材料的晶体与不同熔融液相或气相连接的界面α值

α值	材　料	与晶体连接的相	形　貌	α值	材　料	与晶体连接的相	形　貌
约1	金属	熔融液体	粗糙	约6	分子晶体	溶液	光滑
约1	晶态聚合物	熔融液体	粗糙	约10	金属	气相	光滑
2~3	半导体	溶液	粗糙/光滑	约100	聚合物	熔融液体	光滑
2~3	半金属	溶液	粗糙/光滑				

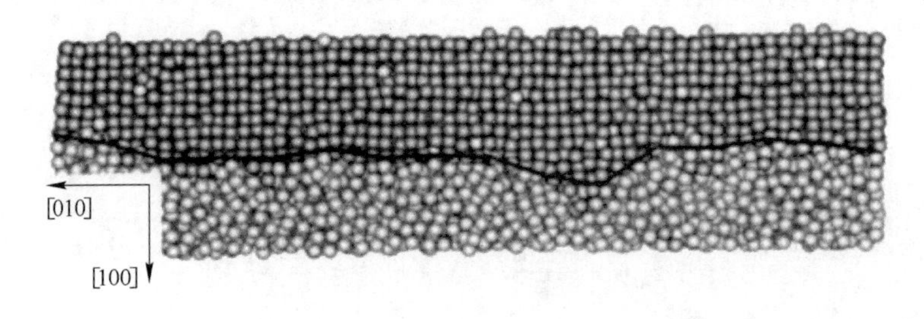

图7-47　分子动力学模拟的完全有序固相与无序的液相之间过渡的粗糙界面结构
（上层是完全有序结构，下层是无序结构）

当$\alpha>5$时，X在接近0和1处出现极小值。此时界面上几乎所有的位置都被液相（X接近0）和固相（X接近1）原子占据，因此，从原子级尺度看，界面是光滑的，液、固两相被截然分开，这类界面称光滑界面。这类界面的能量和晶体学位向的关系很密切，所以往往呈坪台（台阶状的面）的形式，以保证界面的大部分面积处于能量较低的晶体学平面上。图7-48所示为$Na_2O \cdot SiO_2$结晶时晶体与液体间的界面形貌，这是分子晶体，$\alpha>5$，它的界面平行于晶体学面，是平直光滑的。

上面讨论的光滑和非光滑是相对原子（分子）水平而言的。对于非光滑界面，因为界面原子尺寸的不平整，它容易接纳（从液相来的）原子，界面容易迁移，所以从介观的角度看，非光滑界面是平整的，这个平整面与液相熔点等温线平行。图7-49a所示为非光滑界面的原子尺度（下图）和介观尺度（上图）模型。对于光滑界面，因为界面平行于晶体学面，在晶体学的小面上是光滑的，但是在介观的尺度下，低能的晶体学界面间有一定的角度，所以从介观的角度看，光滑界面不是平整的而是有突变的。图7-49b所示为光滑界面的原子尺度（下图）和介观尺度（上图）模型。光滑界面是难以移动的，要在很大的过冷下以及在界面突变的棱上（如图中箭头所指出）才易于接纳原子。

实验证明，大多数金属和合金的液/固界面是粗糙型的，多数无机化合物的液/固界面是光滑型的，某些半金属如Bi、Sb和Si等的界面是两类界面的过渡型，这与表7-5的理论预测相符合。

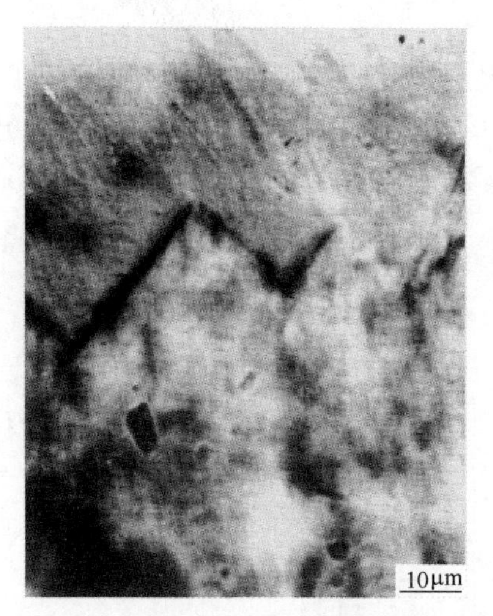

图 7-48 $Na_2O \cdot SiO_2$ 结晶时晶体与液体间的界面形貌

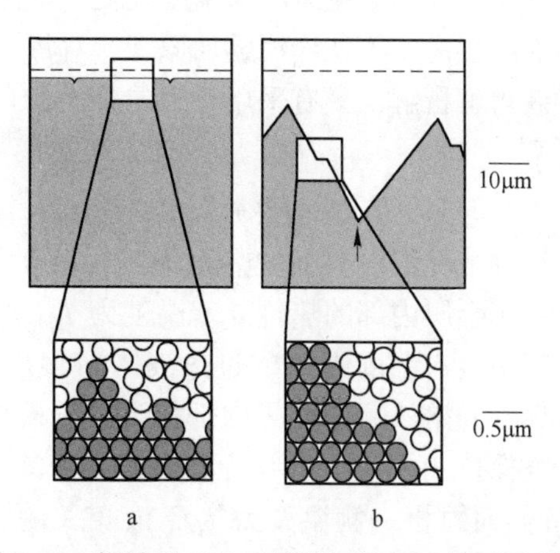

图 7-49 粗糙型（a）及光滑型（b）界面示意图
（Fundamentals of Solidification，by Kurz，Fisher，3rd Ed，1992）

7.4.2 热传导控制的长大

凝固过程的相变潜热是很大的，如果潜热不被输运出去，在相界面前的温度上升，甚至使界面停止迁移。对于纯物质，凝固发生在某一温度下，固相和液相被一个明确的移动界面所分隔。对于混合物、合金及非纯材料，凝固发生在一个温度范围内，液相和完全凝固的固相被一个移动的两相区分隔。作为例子，这里仅介绍简单的纯物质的一维长大问题。

当固/液相被一个明确的界面分离时，这一界面上所需满足的基本条件为：

（1）界面上相邻两相的温度相等，即固相温度 T_S 与液相温度 T_L 相等。通常可近似认为这个温度等于熔点 T_m，即 $T_S = T_L = T_m$。

（2）在界面上必须满足能量平衡，即通过界面的总热流量应和凝固放出的潜热相等。如果不考虑凝固时由密度变化（相应体积变化）而造成的对流，根据能量平衡，一个平直的界面凝固移动时，通过界面的总热流量是从固相流出的热流量 q^S 和从液相流入的热流量 q^L 之差($q^S - q^L$)，与单位时间内单位界面移动所释放的潜热（$\rho \Delta H_m (\mathrm{d}x_S/\mathrm{d}t)$）相等，即：

$$-(q^S - q^L) = \rho \Delta H_m \frac{\mathrm{d}x_S(t)}{\mathrm{d}t} \tag{7-94}$$

$x_S(t)$ 为边界位置，$\mathrm{d}x_S(t)/\mathrm{d}t$ 是界面向 x 正向移动的速度，也可表达为 v_x。等式左边的负号是因为热流的方向和界面移动方向相反而引入的。设热扩散系数 a 为常数，根据热传导方程式（6-10），上式变为：

$$k_S \frac{\partial T^S}{\partial x} - k_L \frac{\partial T^L}{\partial x} = \rho \Delta H_m \frac{\mathrm{d}x_S(t)}{\mathrm{d}t} \tag{7-95}$$

式中，k_S 和 k_L 分别为固相和液相的热导率；ρ 是密度。上式就是界面热能平衡方程。在讨论凝固中界面推移时，除了根据特定的边界条件解热传导方程之外还必须使解满足界面的能量平衡条件。

如果认为热导率 k 不随温度改变，则热传导方程是线性的，但液/固相界面的边界条件是非线性的，不能应用叠加原理，对每一种情况必须分别予以处理，这样在多数情况下极难获得解析解，只有采用有限差分法、有限元法等数值求解。这里介绍两种简单情况的解析解。

7.4.2.1 理想冷却情况

这种情况假设界面的热阻为零，温度分布完全依赖于金属内部的热传导。温度为 T_0（$T_0<T_m$）的模子中注入温度为 T_i 的过热液体（$T_i>T_m$），凝固从模壁开始然后向模子内部推进。设模外壁温度始终保持 T_0 不变，并认为在凝固开始的一瞬间液/固界面固相一侧温度为 T_0，液相一侧温度为 T_i，然后界面两侧的温度都跃变为 T_m，即液/固界面处液相和固相的温度都等于 T_m。如果以模壁处为 $x=0$，x 的正向指向模内，液/固界面的位置 $x_S(t)$，图 7-50 所示为这种冷却情况凝固时的温度分布示意图。

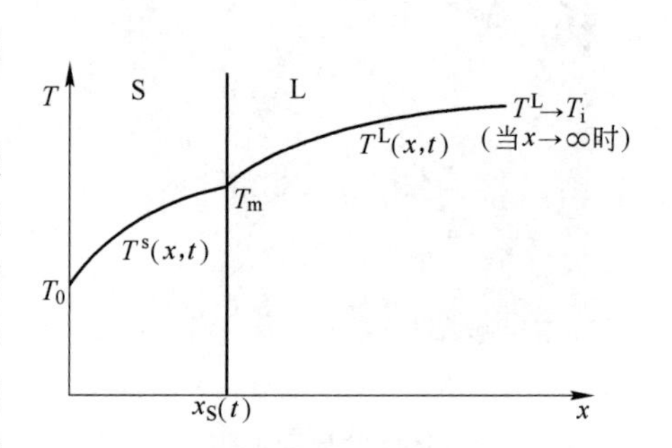

图 7-50 理想冷却凝固的液、固相温度分布及边界条件

根据式（6-11），固相热传导方程为：

$$\frac{\partial^2 T^S}{\partial x^2}=\frac{1}{a_S}\cdot\frac{\partial T^S}{\partial t}\qquad (0<x<x_S(t),\ t>0) \tag{7-96}$$

按上述的边界条件，固相的热传导相当于以模外壁为边界并保持温度不变（$T^S=T_0$）的半无限长传热的情况，参照半无限长扩散方程的解（式(6-45)）得：

$$T^S(x,\ t)=A_S+B_S\mathrm{erf}(x/2\sqrt{a_S t}) \tag{7-97}$$

式中，A_S 和 B_S 是常数。把固相的初始条件及边界条件 $T^S(0,\ 0)=T^S(0,\ t)=T_0$，$T^S(x_S,\ t)=T_m$ 代入，得：

$$A_S=T_0B_S=\frac{T_m-T_0}{\mathrm{erf}[x_S/(2\sqrt{a_S t})]}=\frac{T_m-T_0}{\mathrm{erf}(\lambda)}$$

式中，$\lambda=x_S/2\sqrt{a_S t}$，把 A_S 和 B_S 代回式(7-97)，得：

$$\frac{T^S(x,\ t)-T_0}{T_m-T_0}=\frac{\mathrm{erf}[x/(2\sqrt{a_S t})]}{\mathrm{erf}(\lambda)} \tag{7-98}$$

同理，液相热传导方程为：

$$\frac{\partial^2 T^L}{\partial x^2}=\frac{1}{a_L}\cdot\frac{\partial T^L}{\partial t}\qquad (x_S(t)<x<\infty) \tag{7-99}$$

同样，根据上述的边界条件，液相的热传导相当于以固/液界面为边界并保持温度不变（$T^L=T_m$）的半无限长传热的情况。参照半无限长扩散方程的解（式(6-45)）并考虑界面位置是在改变的，得：

$$T^L(x,\ t)=A_L+B_L\{1-\mathrm{erf}[x/(2\sqrt{a_L t})]\} \tag{7-100}$$

式中，A_L 和 B_L 是常数，把液相的初始条件及边界条件 $T^L(x_S,\ t)=T_m$；$T^L(\infty,\ t)=T_i$ 代

入，得：

$$A_L = T_i B_L = \frac{T_m - T_i}{1 - \mathrm{erf}[x_S/(2\sqrt{a_L t})]} = \frac{T_m - T_i}{1 - \mathrm{erf}[\lambda\sqrt{a_S/a_L}]}$$

把 A_L 和 B_L 代回式（7-100），得：

$$\frac{T^L - T_i}{T_m - T_i} = \frac{1 - \mathrm{erf}[x/(2\sqrt{a_L t})]}{1 - \mathrm{erf}(\lambda\sqrt{a_S/a_L})} \tag{7-101}$$

上面获得的固相和液相的温度场方程式(7-98)和式(7-101)还不是完全的解，因为其中的 λ 包含了界面位置 S，它也是一个待求的量。为了获得完整的解，要求获得 λ。考虑到在界面上满足能量平衡，把式(7-98)和式(7-101)代入界面能量平衡方程式(7-95)，得到如下超越方程：

$$\frac{\exp(-\lambda)}{\mathrm{erf}(\lambda)} + \frac{T_m - T_i}{T_m - T_0}\left(\frac{a_S}{a_L}\right)^{\frac{1}{2}}\frac{k_L}{k_S}\cdot\frac{\exp(-\lambda\sqrt{a_S/a_L})}{1 - \mathrm{erf}(\lambda\sqrt{a_S/a_L})} = \frac{\lambda\Delta H_m\sqrt{\pi}}{C_{ps}(T_m - T_0)} \tag{7-102}$$

式中，C_{ps} 是固相比热容。这个方程只含 λ 一个未知数，用它可以求出 λ。但是这个方程是非显性的，需要用试探方法求解，用人工试探比较麻烦，一般利用计算机求解。一旦求出 λ 后，从式（7-98）和式（7-101）可求出固相及液相的温度分布。因为界面迁移速度为：

$$v = \frac{\mathrm{d}x_S}{\mathrm{d}t} = \frac{\sqrt{a_S}}{\lambda\sqrt{t}} \tag{7-103}$$

界面的移动速度也相应求出。

7.4.2.2 牛顿冷却情况

这种情况假设固相/铸模界面热阻很大，可以忽略固相和铸模内部温度梯度。铸模温度始终为 T_0，界面及固相的温度始终为 T_m，液相的温度也处处为 T_m，凝固过程中温度分布如图 7-51 所示。在这种极端情况下，固相和液相的温度场已经确定，只需求出固/液相界面移动速度或界面随时间推移的位置 S。凝固放出的潜热以“对流”方式传给铸模，对流传热的牛顿定律为：

$$Q = kA\Delta T \tag{7-104}$$

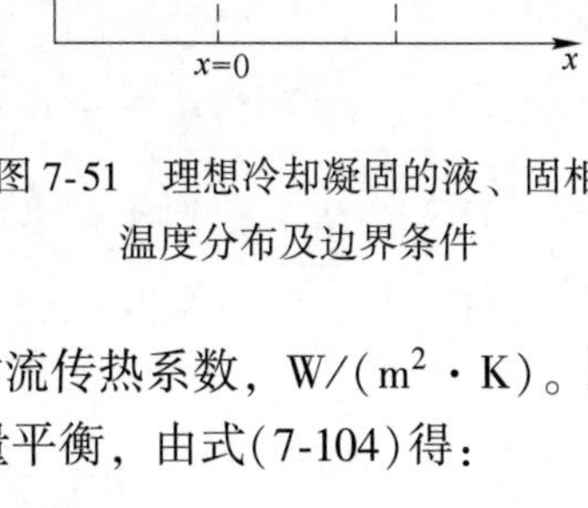

图 7-51 理想冷却凝固的液、固相温度分布及边界条件

式中，Q 为单位时间对流传输的热量，W；ΔT 为介质不同部分的温度差；A 为垂直于热流方向的截面面积；k 为对流传热系数，W/($m^2 \cdot K$)。影响 k 的因素较复杂，k 一般用实验方法测出。考虑界面热量平衡，由式(7-104)得：

$$\rho_S\Delta H_m\frac{\mathrm{d}x_S}{\mathrm{d}t} = k(T_m - T_0) \tag{7-105}$$

式中，ρ_S 是固相密度。将上式积分可得：

$$x_S = \frac{k(T_m - T_0)}{\rho_S\Delta H_m}t \tag{7-106}$$

上述的两个例子是定向凝固的两种极端情况，通常用 Biot 数来衡量在什么条件下可以近似使用这些结果。Biot 数是衡量固相金属内热传导和金属铸模界面传导的相对作用的参数，它定义为：

$$Bi = \frac{kx}{k_L} \tag{7-107}$$

式中，x 为特征尺度（定义为 x=体积/表面积）。分析表明，$Bi<0.1$ 时可以认为是牛顿冷却，$Bi>10$ 则可认为是理想冷却。

7.4.3 新相与母相成分相同时界面过程控制的长大

纯物质的相变是新相和母相成分相同，除此之外，合金在快速冷却到 T_0 温度（参阅第 5 章图 5-107 和图 5-108）以下，也有可能以同成分从母相转变为新相。界面过程是指在界面母相一侧原子转移到新相一侧上的过程，界面过程的具体机制以及难易程度取决于界面的结构。根据界面两侧原子在界面推移过程迁动的方式不同，界面过程可以分为热激活和非热激活两种。

7.4.3.1 热激活长大

A 粗糙液/固界面及非共格相界面迁移

粗糙液/固界面及非共格相界面很易吸纳原子，界面的推移靠单个原子随机独立地跨越界面而进行，这种长大方式是连续的。原子的跳迁需要克服一定位垒，这需要热激活帮助。所以界面的这种迁动是热激活的，界面迁动速度对温度是非常敏感的。如果忽略了新相和母相的密度差别，则相界面迁移速度和热激活型晶界迁移速度相似，可以直接引用热激活晶界迁移速度式子式（4-115），但把界面迁移的驱动力 $\Delta\mathcal{G}$ 换成 $\alpha\to\beta$ 转变的驱动力 $\Delta\mathcal{G}_{\alpha/\beta}$（实际上由于新相的界面耗费了一部分能量，使得长大驱动力总是比 $\Delta\mathcal{G}_{\alpha/\beta}$ 小）。式子指数前的系数写成 B，它包括了新相接纳原子的能力，这时界面移动的速度为：

$$v = B\exp\left(-\frac{\Delta\mathcal{G}_{mo}}{k_B T}\right)\left[1 - \exp\left(-\frac{\Delta\mathcal{G}_{\alpha/\beta}}{k_B T}\right)\right] \tag{7-108}$$

当恒温转变时，长大速度是常数。当过冷度小时，转变驱动力 $\Delta\mathcal{G}_{\alpha/\beta}$ 很小，$\Delta\mathcal{G}_{\alpha/\beta}\ll k_B T$，$1-\exp(\Delta\mathcal{G}_{\alpha/\beta}/k_B T)\approx\Delta\mathcal{G}_{\alpha/\beta}/k_B T$，上式简化为：

$$v = B\frac{\Delta\mathcal{G}_{\alpha/\beta}}{k_B T}\exp\left(-\frac{\Delta\mathcal{G}_{mo}}{k_B T}\right) \approx \frac{D}{k_B T}\cdot\frac{\Delta\mathcal{G}_{\alpha/\beta}}{\delta} \tag{7-109}$$

式中，D（或 D_b）是原子在母相（或界面）的扩散系数；δ 是晶界的宽度。界面的迁移率 M 为：

$$M = \frac{v}{\Delta\mathcal{G}_{\alpha/\beta}} = B\frac{\exp\left(-\frac{\Delta\mathcal{G}_{mo}}{k_B T}\right)}{k_B T} \approx \frac{D}{k_B T}\cdot\frac{1}{\delta} \tag{7-110}$$

过冷度小时，$\Delta\mathcal{G}_{\alpha/\beta}$ 正比于过冷度 ΔT（见式(7-8)），同时把 $D_b/k_B T$ 近似为常数，界面迁移速度近似正比于过冷度，则式(7-109)近似写成：

$$v \approx \frac{D}{k_B T\delta}\cdot\frac{\Delta H_m\Delta T}{N_A T_m} = \mu_1\Delta T \tag{7-111}$$

式中，μ_1 是常数，单位是 cm/(s · K)。新相晶体长大需要的过冷称动力学过冷，金属和合金凝固结晶时一般都很难有大的过冷，μ_1 估计约为 100cm/(s · K)，因此在很小的过冷下就可获得很高的长大速度。

例 7-11 纯镍单晶凝固相界面以平面长大，界面迁移速度为 10^{-3}cm/s 时，界面的动力学过冷近似为多大？设 $D=5\times10^{-5}$cm/s，$\Delta H_m=-18057.6$J/mol。

解： 根据式(7-111)，动力学过冷 ΔT 为：

$$\Delta T \approx \frac{v\delta RTT_m}{D\Delta H_m}$$

镍的熔点温度是 1728K。设界面厚度约为一个原子的尺度，约为 0.3nm，又因为过冷度不大，设 $T\approx T_m$，故：

$$\Delta T \approx \frac{v\delta RTT_m}{D\Delta H_m} = \frac{10^5 \times 0.3 \times 10^{-9} \times 8.314 \times (1728)^2}{5 \times 10^{-7} \times 18057.6} = 8.24 \times 10^{-6}\text{K}$$

从上面的结果可见，金属结晶所需要的动力学过冷是很小的。因为金属的液/固界面是粗糙型的，非常容易吸纳原子，并且液态原子扩散速度很大，所以只需要很小的过冷，界面就会迁移长大。

当过冷度很大，即 $\Delta\mathcal{G}_{\alpha/\beta}$ 很大时，$\Delta\mathcal{G}_{\alpha/\beta}\gg k_BT$，可以认为 $\exp(-\Delta\mathcal{G}_{\alpha/\beta}/k_BT)\to0$，式(7-108) 的界面迁移速度 v 为：

$$v = B\exp\left(-\frac{\Delta\mathcal{G}_{mo}}{k_BT}\right) \approx \frac{D_b}{\delta} \tag{7-112}$$

金属和合金难以有很大的过冷度，非金属黏性液体如氧化物、有机物等才可能有大的过冷度。

B 光滑液/固界面迁移

界面光滑时，原子在光滑的固相表面的附着能力很低，若单个原子从液体附着到光滑的固体表面处，则很容易重新回到液体中去。但是如果原子附着在坪台的突壁和扭折处，则附着在固相的机会就大得多。所以，设想在光滑界面长大时，首先在晶体表面形成一个原子厚度的二维晶核（如图 7-52 所示），然后原子再附着在二维晶核所造成的突壁上，即二维晶核侧向长大，直至铺满整个原子层，然后重复这一过程，每铺满一层原子后，界面向前前进一个原子尺度。因为侧向长大的速度是很大的，所以晶核的长大速度由二维核的形核速度所控制。和导出三维形核的形核率方法相似，导出这种情况下长大速度为：

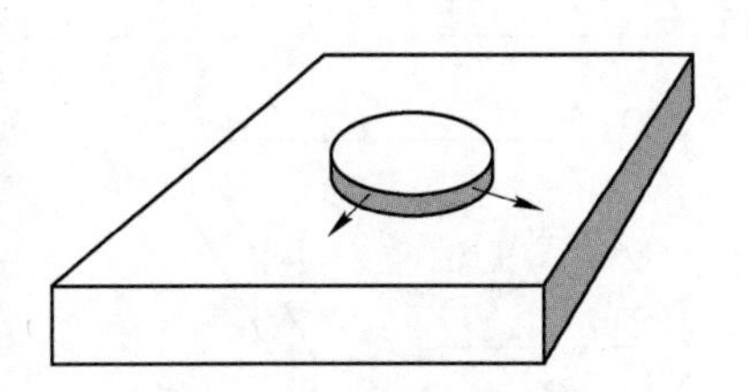

图 7-52 凝固时在固相光滑表面上形成的二维晶核

$$v = \mu_2\nu\exp(-B/\Delta T) \tag{7-113}$$

式中，μ_2、B 为常数，B 取决于用以分析的模型，但一般是正比于二维晶核边缘的表面能的平方。这种长大机制的实验数据不多。实际上，在过冷度不大时，二维晶核的临界晶核

尺寸 r^* 相当大，依靠涨落来克服形核能垒（即形核功）是十分困难的，所以，要在相当大的过冷度下才可能以这种方式长大。

实际晶体内部存在着各种缺陷，有些缺陷可以提供某种连续长大的突壁。例如，螺位错在晶体表面露头就是这种突壁（如图 7-53a 所示）。螺位错在晶体表面产生螺旋的突壁，原子可以很容易进入螺旋突壁侧面，这种侧向长大永远不会使螺旋面消失，因而晶体可以不断地沿螺旋面长大。如果原子以相等速度进入突壁的各个部位，也就是说，突壁侧向各处延伸的线速度是相同的，由于突壁有一处（位错露头处）不动，所以突壁侧向各处的角速度不同，靠近位错露头处的最大，远离位错露头处的小。因此，随着长大进行，突壁发展为螺线状台阶，图 7-53b～e 示意描述这一过程。以这种方式长大的长大速度为：

$$v = f\nu a_0\left[1 - \exp\left(-\frac{\Delta\mathcal{G}_{L/S}}{k_B T}\right)\right] \tag{7-114}$$

式中，a_0 为台阶高度；f 是从液体中长大时在界面上有利的长大位置的分数，近似为：

$$f \approx \frac{\Delta T}{2\pi T_m} \tag{7-115}$$

f 随过冷而增加，反映为过冷增大，卷曲的位错变成更紧密的螺线，减小了位错棱间的距离。从式（7-114）看到，若过冷不是很大，1-exp（$\Delta\mathcal{G}_{L/S}/k_B T$）$\approx \Delta\mathcal{G}_{L/S}/k_B T$，而 $\Delta\mathcal{G}_{L/S}$ 正比于 ΔT，则长大速度与过冷度平方成正比，即：

$$v = \mu_S(\Delta T)^2 \tag{7-116}$$

式中，μ_S 是一个材料常数。这种长大方式在具有光滑界面的物质凝固过程中常常被观察到。图 7-54 是碘化镉晶体在其溶液中长大出现的表面螺线的干涉相衬显微镜照片。

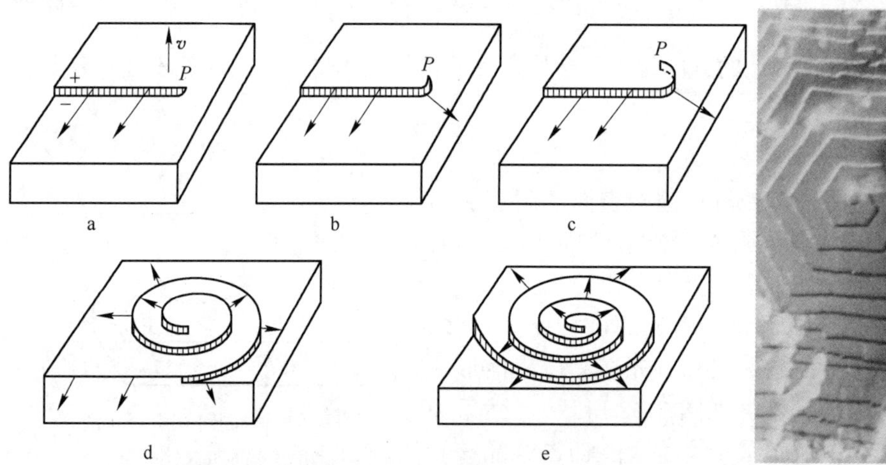

图 7-53 晶体借助于螺位错露头长大

a—在固/液界面上的螺位错露头（P 点）产生的台阶；b—原子加入使台阶旋转；c～e—台阶突壁发展成螺线的过程

图 7-54 碘化镉晶体在其溶液中长大时的表面螺线

（干涉衬度显微镜照片，1025×）

把上面讨论的凝固时 3 种界面控制长大方式的长大速度和表面过冷度 ΔT 的关系综合描绘于图 7-55 中。从图看出，在小的过冷度下，具有光滑界面的物质是借助螺位错方式长大的；在较大的过冷度下，按类似粗糙界面的连续长大的方式长大。因为过冷度小时，二维晶核不可能形成，而当过冷度大时，又易于按连续方式进行。所以，以二维形核方式长大的可能性是很小的。从定性的角度考虑，对于以小面（光滑平面）形态长大的材料，如金属间化合物和矿物质，高指数界面固有的粗糙容易接纳原子，因此长大得很快，其结果是高指数界面消失，长大较慢的低指数界面成为晶体的表面。这样，表面往往是平直的或棱角形的（图 7-56a）。对于以连续长大机制长大的材料，因为界面的粗糙特性，如果长大前沿区域有过冷，粗糙突出部分可以凸出长大，形成树枝状的形态（图 7-56b）。

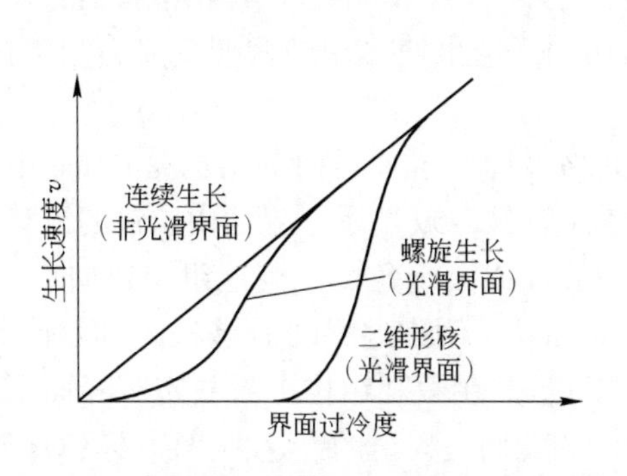

图 7-55　凝固时 3 种典型的界面长大过程的长大速度与过冷度的关系

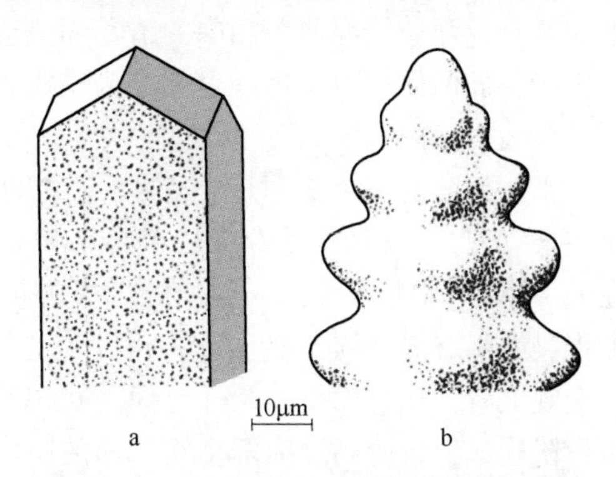

图 7-56　小平面界面(a)和粗糙型界面(b)晶核长大形态

例 7-12　晶体生长时两个邻接向前推进的光滑界面：Ⅰ和Ⅱ，推进速度分别为 v_1 和 v_2，如图 7-57 所示，它们之间的夹角为 θ，讨论什么条件下晶体生长过程中Ⅰ面（或Ⅱ面）会覆盖Ⅱ面（或Ⅰ面）。

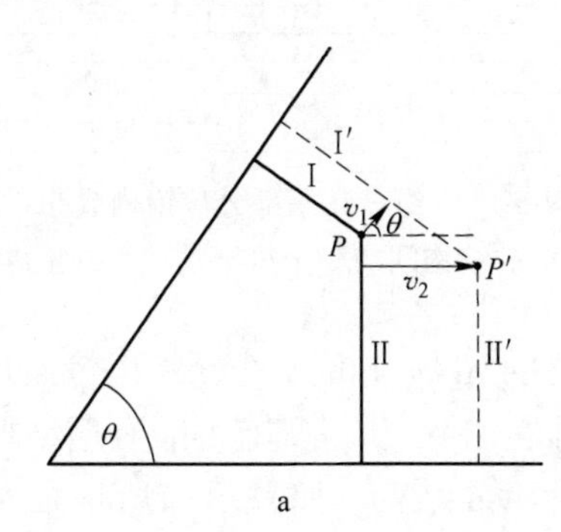

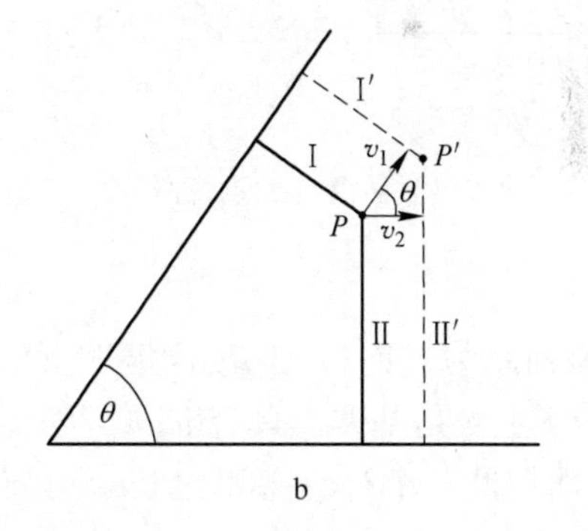

图 7-57　晶体生长时两个邻接向前推进的光滑界面

a—$v_1 < v_2 \cos\theta$；b—$v_2 < v_1 \cos\theta$

解：图 7-57 所示的两个晶面同时生长。如果 $v_1 < v_2 \cos\theta$，则Ⅰ面将会扩大，Ⅱ面将会缩小，如图7-57a 所示；相反，如果 $v_2 < v_1 \cos\theta$，则Ⅱ面将会扩大，Ⅰ面将会缩小，如图 7-57b 所示。

7.4.3.2　非热激活长大

界面迁移时原子从母相迁移到新相并不需要跳离原来位置，也不改变相邻的排列次序，而是靠切变方式使整层母相原子转变为新相。这个过程不需要热激活，是非热激活长大。

如果新相的界面是半共格界面，由界面上的位错滑动引起界面向母相迁动，这就是非热激活长大过程。以这种方式移动的界面与滑动型晶界的迁动相似，但是，并非所有半共格界面都是滑动相界面。滑动界面的首要条件是界面所在的晶面不是界面上位错的滑移面，并且界面位错在两个相中的滑移面是连续的，但不一定要求平行。位错滑移后，使每一个滑移面两侧相对发生一个大小为柏氏矢量的切动，结果使母相结构切变成新相结构。图 7-58 是滑动界面的示意图。

滑动界面的一个实例是 fcc 与 hcp 之间的半共格界面，这种界面的结构是在 fcc 中每隔一层（111）面依次地存在一个肖克莱不全位错，如图 7-59 所示。界面中位错的滑移面在 fcc 和 hcp 中是连续的，位错的柏氏矢量和宏观界面成一定角度。当这组位错向 fcc 一侧推进，引起 fcc→hcp 转变；相反，当这组位错向 hcp 一侧推进，则引起 hcp→fcc 转变。从宏观上看，相界面是一个任意面（可以是无理面），但在微观结构上看，宏观界面由一组台阶构成，台阶高度为两个密排面的厚度，台阶的宽面是共格的。这种界面必然对应于两相的如下取向关系：

$$(111)_{fcc} /\!/ (0001)_{hcp}$$
$$\langle 1\bar{1}0 \rangle_{fcc} /\!/ \langle 11\bar{2}0 \rangle_{hcp}$$

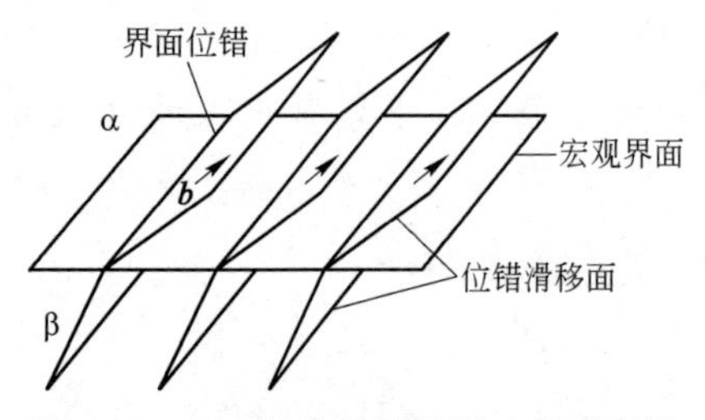

图 7-58　界面的非热激活滑动的示意图

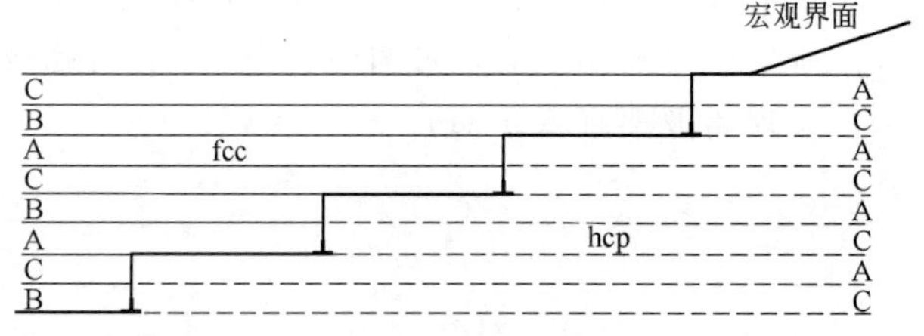

图 7-59　一组肖克莱部分位错构成 fcc 结构与 hcp 结构间的一个可滑动的半共格界面

图 7-60 所示为过饱和 Al-Ag 固溶体析出共格的 $AlAg_2$ 相的高分辨率电镜照片，是上述界面的例子。上侧是基体，具有 fcc 结构，下侧是 $AlAg_2$ 相，具有 hcp 有序结构，基体每两层(111)面扫过一个肖克莱不全位错就转变成 hcp 结构。照片箭头所指是界面上的台阶，即位错所在处。

如果界面的肖克莱位错的柏氏矢量相同，则界面移动会使晶体发生很大的宏观形状变化，如图7-61a所示，从而引起很大的弹性应变能。为了不引起这样大的应变，一般在界面上包含 fcc 结构中(111)面上 3 种肖克莱位错（例如柏氏矢量分别为 $a/[11\bar{2}]6$、$a/[1\bar{2}1]6$、$a/[\bar{2}11]6$ 的位错），并且这 3 种位错的数量相等，这些位错滑动使滑动面两侧原子发生的排列次序和由单一种位错滑动时的相同。这样的晶界滑动后就不再会发生宏观的整体变形，如图 7-61b 所示。

γ′相（Ag_2Al，hcp 结构）在 fcc 基体上析出长大也是这类滑动界面的例子，析出的惯习面是 {111}，台阶侧向移动靠肖克莱不全位错环（$\boldsymbol{b}=\langle 11\bar{2}\rangle/6$）在{111}面滑动来推进，每个位错环的扩展使两个原子层的 fcc 转变为 hcp。但是，如果相变伴随成分改变，界面侧向移动还需要伴随长程扩散，这是具有非扩散-扩散双重特征的核心长大，其详细的机制还在探索中。图 7-62 所示为 $w(Ag)=15\%$ 的 Al-Ag 合金在 500℃ 固溶处理后淬火至 360℃ 保温 60s 的电镜照片，在照片中看到在移动的不全位错后的片状的 γ' 相。

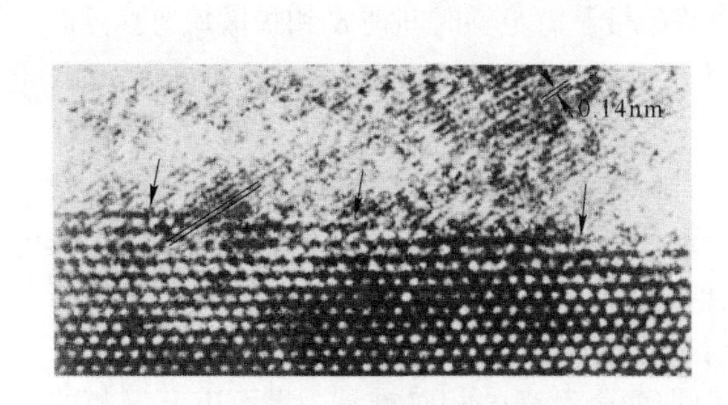

图 7-60 $w(Ag)=4.2\%$ 的 Al-Ag 合金中的析出相 $AlAg_2$ 与基体间的界面的高分辨率电镜照片

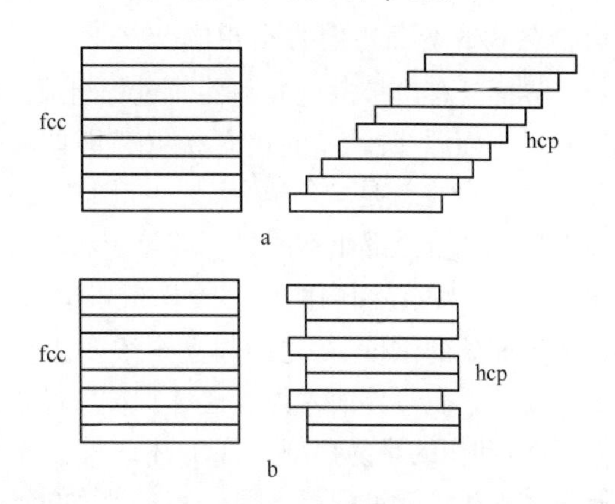

图 7-61 fcc 的密排面以不同方式切变成 hcp 结构的示意图
a—只用一种肖克莱部分位错；
b—用 3 种同等数目的肖克莱部分位错

其他的滑动界面比上述的复杂得多，但上面所讨论的原则仍是适用的。这类界面推移的速度往往是很大的，推移速度对温度不敏感。

7.4.4 新相与母相成分不相同时相界面迁移

新相与母相成分不同时，新相核心长大必伴随物质输运，即伴随扩散过程。新相核心的相界面迁移时由两个过程组成：原子跨过界面和长程扩散过程。因而长大过程可能受界面过程控制或受扩散过程控制，也可能同时受界面过程和扩散过程控制，这要取决于界面过程的难易程度。一般扩散过程是比较慢的，所以多数相变的核心长大是由扩散过程控制的。但是在某些特殊情况下，界面过程就很难以单个原子跨越界面进行，以至于界面过程速度远慢于扩散完成速度，这时，相界面迁移是界面控制的，或者是同时由界面过程和扩散过程控制的。

图 7-62 $w(Ag)=15\%$ 的 Al-Ag 合金在 500℃ 固溶处理后淬火至 360℃ 保温 60s 后的电镜照片

7.4.4.1 相界面迁移时界面源/阱动作耗散能量分析

当体系确定后，相界面迁移的总驱动能也就确定了，问题是此驱动能在界面的界面过程和扩散过程是如何耗散分配的。下面以二元系从过饱和母相析出新相为例分析相界面迁移的驱动力的耗散以及界面源/阱动作效率 η（见第 4 章）。

图 7-63a 所示为一假想的 A-B 二元系，其中 α 相和 β 相在 T_1 温度的自由能-成分曲线

如图 7-63b 所示。设在 T_1 温度从大量过饱和母相 α 中析出少量新相 β，新相 β 的成分为平衡成分 x_{eq}^{β}，分摊在每原子新相界面迁移的总驱动能为 $\Delta\mathcal{G}$，如图 7-63b 中的 *IK* 段长度所示（在实际应用时，应把它换算成体积能量 Δg）。因为 β 相富 B，一般来说，析出 β 相后，在 β/α 界面边上的 α 相成分贫 B，远离界面处的 α 相成分比平衡成分 x_{eq}^{α} 略低，为 $\bar{x}^{\alpha}$。界面迁移由扩散过程和界面过程组成。讨论两个极端情况：（1）当界面源/阱难以动作时，界面源/阱动作的效率 $\eta\to0$，即界面过程很慢，有足够时间使 α 相扩散均匀，界面前 α 相成分也就是均匀成分 $\bar{x}^{\alpha}$，如图 7-63c 所示。这时界面迁移过程只由界面过程控制，界面过程耗费全部驱动能量，即等于 $\Delta\mathcal{G}$。（2）当界面源/阱极易动作时，界面源/阱动作的效率 $\eta\to1$，界面两侧边上的 β 相和 α 相保持平衡成分，而在 α 相从界面处的浓度 x_{eq}^{α} 到远离界面处的浓度 $\bar{x}^{\alpha}$ 之间建立了浓度梯度，如图 7-63e 所示，这时要等待 α 相扩散打破界面间的平衡，界面才得以迁移，扩散过程耗费全部界面迁移驱动能，也等于 $\Delta\mathcal{G}$。当界面源/阱动作的难易程度处在上述两种极端情况之间时，界面源/阱动作的效率 $0<\eta<1$，界面过程和扩散过程都需要一定的驱动能，根据两个过程的相对难易，界面边上 α 相的成分调整为某一$(x^{\alpha})'$值，如图 7-63d 所示。这时从图7-63b看出，扩散过程的驱动能为 $\Delta\mathcal{G}_{Di}$，即 *IJ* 长度；界面过程驱动能为 $\Delta\mathcal{G}_{In}$，即 *JK* 长度。两个过程的驱动能作适当分配后，使界面迁动吸收的溶质原子速率恰好和扩散所提供的溶质原子速率相平衡，这时界面迁动是由界面过程及扩散过程共同控制的。调整界面上 α 相的成分，可以调整界面迁移的两个过程的驱动能的分配。

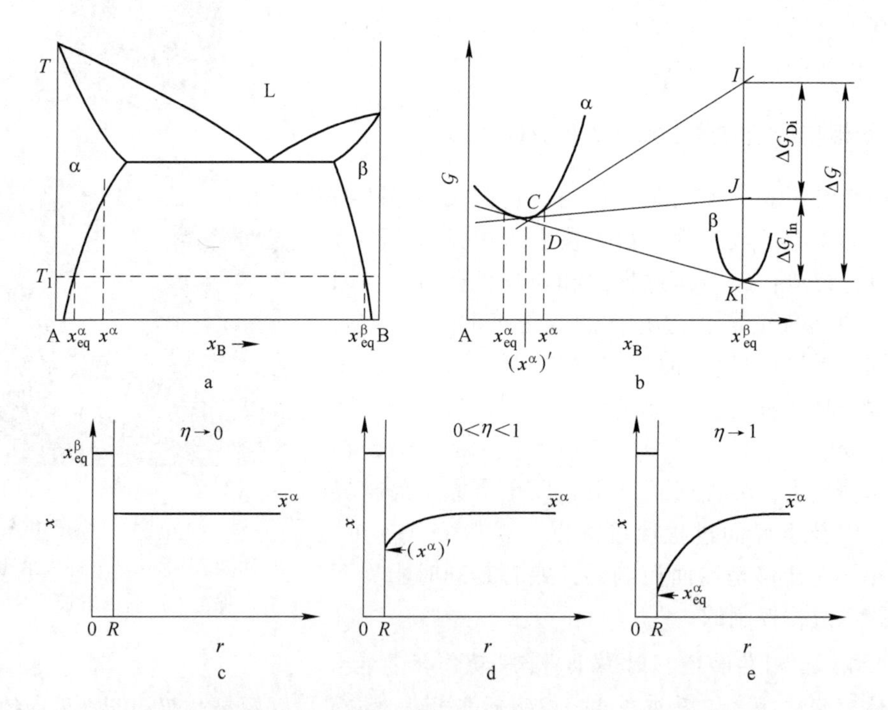

图 7-63　二元系过饱和母相析出新相时相界面迁移驱动力的耗散以及界面源/阱动作效率 η

a—A-B 二元系相图；b—在 T_1 温度 α 相和 β 相的分摊每原子的自由能-成分曲线；

c~e—几种界面源/阱动作效率 η 情况下界面前沿 α 相成分分布

7.4.4.2 界面过程控制的三层体系相界面迁移

考察如图 7-64a 所示的 α/β/γ 三层体系的相界面迁移，事先对界面迁移过程没有作是扩散控制或是界面过程控制的任何假设，看在什么条件下界面控制可能是主要的控制过程。图 7-64b 所示为这个体系相图的一部分，体系在 T_0 温度保温。为了简单，设 α 相和 γ 相扩散很慢，使得它们的浓度保持固定（局部平衡浓度，即分别为 $c_{eq}^{\alpha\beta}$ 和 $c_{eq}^{\gamma\beta}$）。还假设在 β 相的互扩散系数是常数，并且浓度分布是线性的，扩散没有引起整体体积变化。当界面保持局部平衡时，在 β 相内的浓度分布如图 7-64a 中虚线所示。在 β 相内发生扩散后，在 β 相的两个界面的浓度不再是平衡浓度，如图 7-64a 中实线所示。为了恢复界面局部平衡，就会产生界面反应。用界面反应速度常数 K 来描述界面 x_{S1} 和 x_{S2} 的溶质流量：

$$J^{\beta} = K_1(c_{eq}^{\beta\alpha} - c^{\beta\alpha}) \tag{7-117}$$

$$J^{\beta} = K_2(c^{\beta\gamma} - c_{eq}^{\beta\gamma}) \tag{7-118}$$

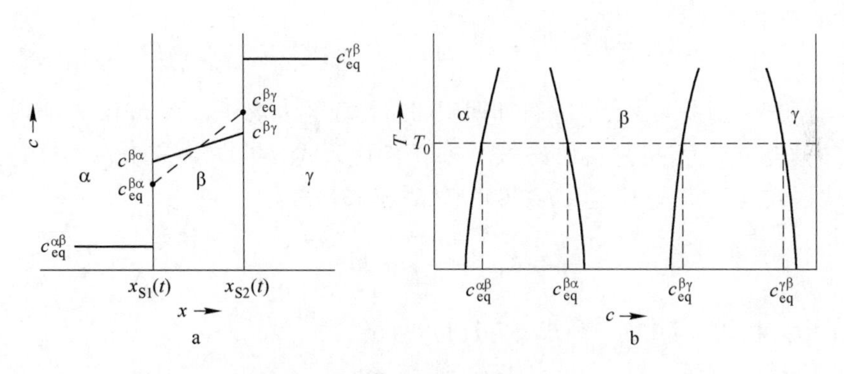

图 7-64 α/β/γ 三层体系的相界面迁移

a—在 T_0 温度退火的三层 α/β/γ 体系的浓度分布 $x_{S1}(t)$ 和 $x_{S2}(t)$ 分别是 α/β 和 β/γ 界面；b—相应的相图

因为反应速度常数是正的，而 $c^{\beta\alpha} \geqslant c_{eq}^{\alpha\beta}$ 和 $c^{\beta\gamma} \leqslant c_{eq}^{\beta\gamma}$，所以 J^{β} 是负的，即是 x 的负向。界面反应的流量必然引起界面迁移：

$$J^{\beta} = \frac{dx_{S1}}{dt}(c^{\beta\alpha} - c_{eq}^{\alpha\beta}) \tag{7-119}$$

$$J^{\beta} = \frac{dx_{S2}}{dt}(c^{\beta\gamma} - c_{eq}^{\gamma\beta}) \tag{7-120}$$

而在 β 相内的扩散流量为：

$$J^{\beta} = -\frac{\tilde{D}^{\beta}(c^{\beta\gamma} - c^{\beta\alpha})}{x_{S2} - x_{S1}} \tag{7-121}$$

联合式（7-117）和式（7-121），得：

$$c_{eq}^{\beta\alpha} - c^{\beta\alpha} = \varphi_1(c^{\beta\alpha} - c^{\beta\gamma}) \tag{7-122}$$

式中

$$\varphi_1 = \frac{\tilde{D}^{\beta}}{K_1(x_{S2} - x_{S1})} \tag{7-123}$$

从式（7-122）看出，当参数 φ_1 很小时，$c_{eq}^{\beta\alpha} \approx c^{\beta\alpha}$，而当参数 φ_1 很大时，$c^{\beta\alpha} \approx c^{\beta\gamma}$。

φ_1很小表明 $\tilde{D}^{\beta}$ 比较小或（$x_{S2}-x_{S1}$）比较大，使得在 β 相内的扩散比较慢，而反应速度常数 K_1 比较大，使跨过界面的原子过程比较快，这就容易在界面建立局部平衡。当参数 φ_1 很大时，情况相反，扩散过程足够快，消除在 β 相层内的化学势梯度。联合式（7-118）和式（7-121），得：

$$c_{eq}^{\beta\gamma} - c^{\beta\gamma} = \varphi_2(c^{\beta\alpha} - c^{\beta\gamma}) \tag{7-124}$$

式中

$$\varphi_2 = \frac{\tilde{D}^{\beta}}{K_2(x_{S2} - x_{S1})} \tag{7-125}$$

类似地，当参数 φ_2很小时，$c_{eq}^{\beta\gamma} \approx c^{\beta\gamma}$，而当参数 φ_2很大时，$c^{\beta\alpha} \approx c^{\beta\gamma}$。

根据 φ_1和 φ_2的相对大小，可以发生 4 种情况：φ_1和 φ_2都很小、φ_1和 φ_2都很大、φ_1很大和 φ_2很小、φ_1很小和 φ_2很大。当 φ_1和 φ_2都很小时，$c_{eq}^{\beta\alpha} \approx c^{\beta\alpha}$ 和 $c_{eq}^{\beta\gamma} \approx c^{\beta\gamma}$，β 相层长大是扩散控制的。把这些条件代入式（7-119）和式（7-120），并相加得：

$$x_S \mathrm{d}x_S = \tilde{D}^{\beta}(c_{eq}^{\beta\gamma} - c_{eq}^{\beta\alpha})\left(\frac{1}{c_{eq}^{\beta\alpha} - c_{eq}^{\alpha\beta}} - \frac{1}{c_{eq}^{\beta\gamma} - c_{eq}^{\gamma\beta}}\right)\mathrm{d}t \tag{7-126}$$

式中，$x_S \equiv x_{S2}-x_{S1}$。上式积分，获得如期望的抛物线长大规律。当 φ_1和 φ_2都很大时，$c^{\beta\gamma} = c^{\beta\alpha} = \bar{c}$，这时是界面过程控制的。把这些条件代入式（7-117）和式（7-119），同样把这些条件代入式（7-118）和式（7-120），然后相减，得：

$$\frac{\mathrm{d}x_S}{\mathrm{d}t} = K_1\frac{\bar{c} - c_{eq}^{\beta\alpha}}{\bar{c} - c_{eq}^{\alpha\beta}} + K_2\frac{\bar{c} - c_{eq}^{\beta\gamma}}{\bar{c} - c_{eq}^{\gamma\beta}} \tag{7-127}$$

浓度 $\bar{c}$ 由方程式（7-117）和式（7-118）得出：

$$\bar{c} = \frac{K_1 c_{eq}^{\beta\alpha} + K_2 c_{eq}^{\beta\gamma}}{K_1 + K_2} \tag{7-128}$$

对式（7-127）积分，获得线性长大规律，长大速度由两个界面的反应速度常数控制。进一步分析知道，当 φ_1和 φ_2中一个很大另一个很小时，也是界面过程控制的，β 相层的长大速度是由大的那个 φ（相应小的反应速度常数）所控制的。

这样，φ_i就是确定长大控制类型的关键参数。φ_i的大小直接取决于反应速度常数 K 的大小。确定 K 的数值则要求知道界面源（或阱）的行为细节。界面源（或阱）的行为机制参阅第 4 章 4.2.2.9 节。

实验观察的结果表明，在早期 β 层很薄时，所有层的长大都是界面过程控制的，这时因为 φ_i很大。当 β 层增厚而随之 φ_i减小，到达某一厚度时，长大由线性模式转到抛物线模式，即转变为扩散控制模型。在如一些电子装置的多层系统中，会产生复杂的行为，例如某一层先长大，然后又收缩，而某些层永远不出现等。有些简单的体系，在观察时间内，它的长大始终保持界面过程控制或是扩散控制。

例 7-13 说明当 φ_1很小、φ_2很大时，图 7-64 中 β 层增厚与时间的关系是线性的。

解： 当 φ_1很小时，根据式（7-122），$c^{\beta\alpha} \approx c_{eq}^{\beta\alpha}$；类似地，根据式（7-124），当 φ_2很大时，$c^{\beta\alpha} \approx c^{\beta\gamma}$；这样就有 $c^{\beta\gamma} \approx c^{\beta\alpha} \approx c_{eq}^{\beta\alpha}$。联合式（7-118）和式（7-119），得：

$$\frac{\mathrm{d}x_{S1}}{\mathrm{d}t}(c_{eq}^{\beta\alpha} - c_{eq}^{\alpha\beta}) = K_2(c_{eq}^{\beta\alpha} - c_{eq}^{\beta\gamma})$$

联合式（7-118）和式（7-120），得：

$$\frac{\mathrm{d}x_{S2}}{\mathrm{d}t}(c_{eq}^{\beta\alpha}-c_{eq}^{\gamma\beta})=K_2(c_{eq}^{\beta\alpha}-c_{eq}^{\beta\gamma})$$

上两式相减，得：

$$\frac{\mathrm{d}x_S}{\mathrm{d}t}=\frac{\mathrm{d}(x_{S2}-x_{S1})}{\mathrm{d}t}=K_2\left(\frac{c_{eq}^{\beta\alpha}-c_{eq}^{\beta\gamma}}{c_{eq}^{\beta\alpha}-c_{eq}^{\gamma\beta}}-\frac{c_{eq}^{\beta\alpha}-c_{eq}^{\beta\gamma}}{c_{eq}^{\beta\alpha}-c_{eq}^{\alpha\beta}}\right)$$

上式右端是常数，所以β层增厚与时间的关系是线性的。

7.4.4.3 扩散控制的界面迁移

当发生扩散时，两相的密度不同，在同一个相中因组元原子尺寸不同和因浓度不同也会使一个相各处的密度不同。因此，扩散及界面迁移会引起体积变化，要解决这样的扩散及界面迁移就比较复杂。如果忽略了在一个相内因浓度不同而引起的体积变化，即在一个相内的扩散可以建立相应的 V-坐标架，并且可以用一个互扩散系数 $\tilde{D}$ 来描述。但是，如果两相的密度不同，当组元跨过相界面进入或离开某一相时，界面就扩张或收缩，系统总的体积就会变化。处理这种情况时，要将各相引入各自的 V-坐标架来讨论。

A 在（α/β）平直界面的 Stefan 条件

考虑如图 7-65 所示的二元合金中在 T_0 温度下的一个移动的 α/β 相界面，α 相和 β 相（在 V-坐标架）相互有体积置换。Stefan 条件写为：

$$[J_i^{V^\beta}]_{\alpha/\beta}-v_{\alpha/\beta}^{V^\beta}c_i^{\beta\alpha}=[J_i^{V^\alpha}]_{\alpha/\beta}-(v_{\alpha/\beta}^{V^\beta}-v_{V^\alpha}^{V^\beta})c_i^{\alpha\beta}\qquad(i=\mathrm{A,\ B})\tag{7-129}$$

$$v_{V^\alpha}^{V^\beta}=v_{\alpha/\beta}^{V^\beta}-v_{\alpha/\beta}^{V^\alpha}$$

式中 $[J_i^{V^\alpha}]_{\alpha/\beta}$ ——以 α 相的 V-坐标架量度的 i 组元在界面进入 α 相的流量；

$[J_i^{V^\beta}]_{\alpha/\beta}$ ——以 β 相的 V-坐标架量度的 i 组元在界面进入 β 相的流量；

$v_{\alpha/\beta}^{V^\alpha}$ ——以 α 相的 V-坐标架量度的界面迁移速度；

$v_{\alpha/\beta}^{V^\beta}$ ——以 β 相的 V-坐标架量度的界面迁移速度；

$c_i^{\beta\alpha}$ ——在界面 β 侧的 i 组元浓度；

$c_i^{\alpha\beta}$ ——在界面 α 侧的 i 组元浓度。

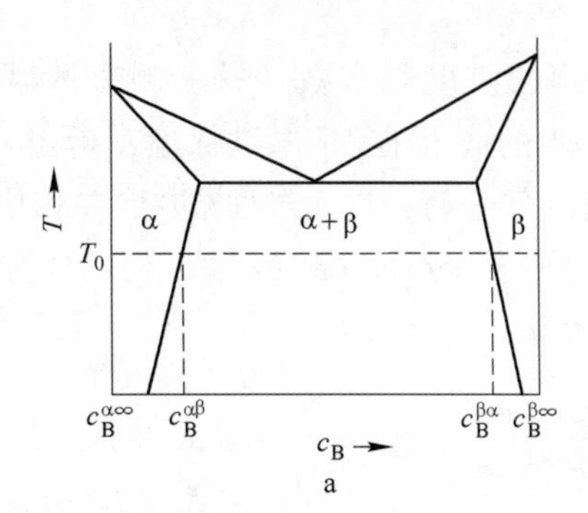

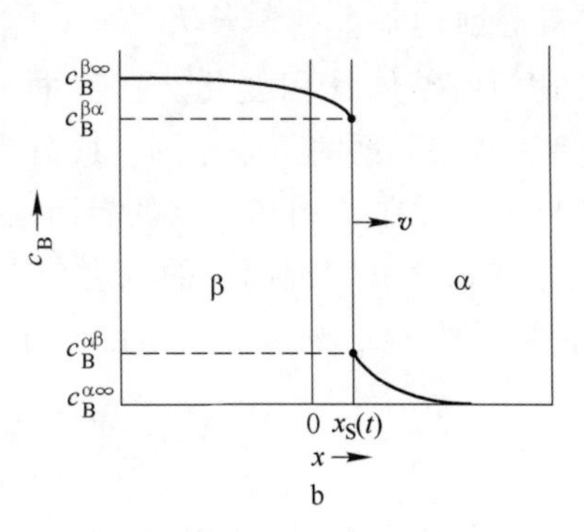

图 7-65 A-B 二元系 α/β 平直界面移动

a—A-B 二元相图；b—纯 A 和纯 B 扩散偶在 T_0 保温时在两相中的成分分布

式（7-129）是按质量守恒得出的。式子左端是界面的 β 侧的质量变化，右端是界面 α 侧质量的变化。设界面是平直界面，以 i 表示 A 或 B 组元，设互扩散系数为常数，分别解两相的扩散流量，并考虑体积的总体变化，由式（7-129）得：

$$v_{\alpha/\beta}^{V^\beta} = -Q^\beta \frac{\tilde{D}^\beta}{c_B^{\beta\alpha} - c_B^{\alpha\beta}}\left[\frac{\partial c_B^\beta}{\partial x}\right]_{\alpha/\beta} + Q^\alpha \frac{\tilde{D}^\alpha}{c_B^{\beta\alpha} - c_B^{\alpha\beta}}\left[\frac{\partial c_B^\alpha}{\partial x}\right]_{\alpha/\beta} \tag{7-130}$$

和

$$v_{V^\alpha}^{V^\beta} = -\varepsilon^\beta \frac{\tilde{D}^\beta}{c_B^{\beta\alpha} - c_B^{\alpha\beta}}\left[\frac{\partial c_B^\beta}{\partial x}\right]_{\alpha/\beta} + \varepsilon^\alpha \frac{\tilde{D}^\alpha}{c_B^{\beta\alpha} - c_B^{\alpha\beta}}\left[\frac{\partial c_B^\alpha}{\partial x}\right]_{\alpha/\beta} \tag{7-131}$$

Q 和 ε 系数分别为：

$$Q^\beta = \frac{V_{(at)A}^\beta c_A^{\alpha\beta} + V_{(at)B}^\beta c_B^{\alpha\beta}}{V_{(\alpha t)A}^\beta \Delta} \qquad Q^\alpha = \frac{1}{V_{(at)A}^\alpha \Delta}$$

$$\varepsilon^\beta = \frac{1 - V_{(at)A}^\beta c_A^{\alpha\beta} - V_{(at)B}^\beta c_B^{\alpha\beta}}{V_{(at)A}^\beta \Delta} \qquad \varepsilon^\alpha = \frac{1 - V_{(at)A}^\alpha c_A^{\beta\alpha} - V_{(at)B}^\alpha c_B^{\beta\alpha}}{V_{(at)A}^\alpha \Delta} \tag{7-132}$$

$V_{(at)_i}$是 i 组元原子体积，Δ 为：

$$\Delta = \frac{c_B^{\beta\alpha} c_A^{\alpha\beta} - c_B^{\alpha\beta} c_A^{\beta\alpha}}{c_B^{\beta\alpha} - c_B^{\alpha\beta}} \tag{7-133}$$

在特殊情况下，当 $V_{(at)A}^\alpha = V_{(at)A}^\beta$ 和 $V_{(at)B}^\alpha = V_{(at)B}^\beta$，$\varepsilon^\alpha = \varepsilon^\beta = 0$ 和 $Q^\alpha = Q^\beta = 1$，即没有整体体积变化。这时，式（7-130）为 0，因没有整体体积变化，α 相或 β 相的 V-坐标架是相同的，即不论从 α 相还是 β 相的 V-坐标架看，界面迁移速度是相同的。式（7-130）变为：

$$v_{\alpha/\beta} = -\frac{\tilde{D}^\beta}{c_B^{\beta\alpha} - c_B^{\alpha\beta}}\left(\frac{\partial c_B^\beta}{\partial x}\right)_{\alpha/\beta} + \frac{\tilde{D}^\alpha}{c_B^{\beta\alpha} - c_B^{\alpha\beta}}\left(\frac{\partial c_B^\alpha}{\partial x}\right)_{\alpha/\beta} \tag{7-134}$$

这个式子的意义是明显的：界面向 x 方向迁移 dx，需要把 dx 厚度的 α 相转变为 β 相，需要在 dt 时间通过单位界面面积流入 $(c_B^{\beta\alpha} - c_B^{\alpha\beta})\mathrm{d}x$ 物质量 B 组元到 β 相。这些物质流量要靠扩散来完成，在 dt 时间通过界面的扩散流 $(J_B^\beta + J_B^\alpha)_{\alpha/\beta} = [-\tilde{D}^\beta (\mathrm{d}c_B^\beta/\mathrm{d}x)_{\alpha/\beta} + \tilde{D}^\alpha (\mathrm{d}c_B^\alpha/\mathrm{d}x)_{\alpha/\beta}]\mathrm{d}t$，当两者相等时，就得出式(7-134)。这个式子和式（6-301）相同。

B　平直界面的扩散控制长大

设相变时没有整体体积变化，在界面一侧的浓度是常数，另一侧有浓度梯度。图 7-66a所示为 A-B 二元系的部分相图，成分为 c^α 的 α 相在 T_1 温度保温，析出片状 β 相，如图 7-66b 所示。设在 α 相和 β 相的界面保持局部平衡，界面过程很快，β 相核心长大是扩散控制的，在 α/β 相界面两侧的浓度分布如图 7-66c 所示。因为 β 相的成分不变，是 T_1 温度的平衡浓度 $c^{\beta\alpha}$，所以式（7-134）简化为：

$$v_{\alpha/\beta} = \frac{\tilde{D}^\alpha}{c^{\beta\alpha} - c^{\alpha\beta}}\left(\frac{\partial c^\alpha}{\partial x}\right)_{x_S} \tag{7-135}$$

为了求界面迁移速度，必须先求得在界面前沿 α 相的浓度分布。因为界面移动，不能简单地应用扩散方程的解。但是，由于界面移动距离和 $\sqrt{\tilde{D}^\alpha t}$ 成正比，所以可套用误差

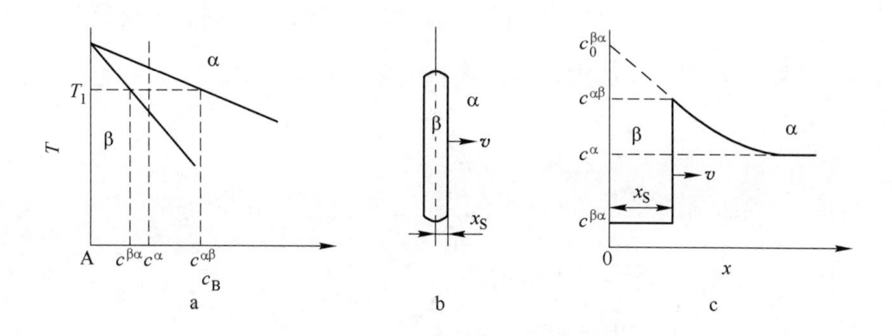

图 7-66　片状新相平直界面的扩散控制长大

a—A-B 二元部分相图；b—成分为 c^{α} 的 α 相在 T_1 温度析出片状 β 相；c—β 相核心两侧的成分分布

函数解。假想开始时（$t=0$）界面处浓度保持为某一不变的值 $c_0^{\beta\alpha}$，求这种情况下的渗入浓度分布。把浓度为 $c^{\beta\alpha}c^{\alpha\beta}$ 处看做界面的位置 x_S，即 $c(x_S)=c^{\beta\alpha}c^{\alpha\beta}$ 。随着时间延长，浓度为 $c^{\beta\alpha}c^{\alpha\beta}$ 的位置逐渐向 α 相一侧推移，把这一推移看做界面推移，根据式(6-54)，得：

$$c = c^{\alpha} + (c_0^{\beta\alpha} - c^{\alpha})\left[1 - \mathrm{erf}\left(\frac{x}{2\sqrt{\tilde{D}^{\alpha}t}}\right)\right] \tag{7-136}$$

现在的 $c_0^{\beta\alpha}$ 是未知的，要靠 $c(x_S)=c^{\beta\alpha}c^{\alpha\beta}$ 来求出，把 $x=x_S$ 及相应的浓度 $c^{\beta\alpha}c^{\alpha\beta}$ 代入上式，得：

$$c^{\beta\alpha}c^{\alpha\beta} = c^{\alpha} + (c_0^{\beta\alpha} - c^{\alpha})\left[1 - \mathrm{erf}\left(\frac{x_S}{2\sqrt{\tilde{D}^{\alpha}t}}\right)\right] \tag{7-137}$$

由此得：

$$c_0^{\beta\alpha} - c^{\alpha} = \frac{c^{\beta\alpha}c^{\alpha\beta} - c^{\alpha}}{1 - \mathrm{erf}(x_S/2\sqrt{\tilde{D}^{\alpha}t})} \tag{7-138}$$

最后得：

$$c = c^{\alpha} + (c^{\beta\alpha}c^{\alpha\beta} - c^{\alpha})\frac{1 - \mathrm{erf}(x/2\sqrt{\tilde{D}^{\alpha}t})}{1 - \mathrm{erf}(x_S/2\sqrt{\tilde{D}^{\alpha}t})} \tag{7-139}$$

根据上式求界面处 α 相的浓度梯度 $(\mathrm{d}c/\mathrm{d}x)\,x_S$ ，得：

$$\left(\frac{\partial c}{\partial x}\right)_{\alpha/\beta} = \frac{c^{\beta\alpha}c^{\alpha\beta} - c^{\alpha}}{\sqrt{\pi\tilde{D}^{\alpha}t}} \cdot \frac{\exp(-x_S^2/4\tilde{D}^{\alpha}t)}{1 - \mathrm{erf}(x_S/2\sqrt{\tilde{D}^{\alpha}t})} \tag{7-140}$$

把上式代入式（7-135），就获得界面迁移速度：

$$v_{\alpha/\beta} = \frac{\tilde{D}^{\alpha}(c^{\alpha} - c^{\beta\alpha})}{\sqrt{\pi\tilde{D}^{\alpha}t}\,(c^{\alpha\beta} - c^{\beta\alpha})} \cdot \frac{\exp(-x_S^2/4\tilde{D}^{\alpha}t)}{1 - \mathrm{erf}(x_S/2\sqrt{\tilde{D}^{\alpha}t})} = \frac{\sqrt{\tilde{D}^{\alpha}}}{\sqrt{\pi t}}\Omega\frac{\exp(-x_S^2/4\tilde{D}^{\alpha}t)}{1 - \mathrm{erf}(x_S/2\sqrt{\tilde{D}^{\alpha}t})} \tag{7-141}$$

式中，$\Omega = (c^{\alpha} - c^{\beta\alpha})/(c^{\alpha\beta} - c^{\beta\alpha})$ 为过饱和度。严格来说，上式还不能算是一个实用式子，因为界面位置 x_S 仍是一个待求值。因为扩散距离正比于 $\sqrt{\tilde{D}^{\alpha}t}$，故把晶界移动距离 x_S 定义为：

$$x_S = \lambda_1\sqrt{t} \tag{7-142}$$

其中 λ_1 是一个速度系数，故：

$$v_{\alpha/\beta} = \frac{dx_S}{dt} = \frac{\lambda_1}{2\sqrt{t}} \tag{7-143}$$

对比式（7-141），λ_1 必须满足如下方程：

$$\lambda_1 = \frac{2\sqrt{\tilde{D}^{\alpha}}}{\sqrt{\pi}}\Omega\frac{\exp(-\lambda_1^2/4\tilde{D}^{\alpha})}{1-\mathrm{erf}(\lambda_1/2\sqrt{\tilde{D}^{\alpha}})} \tag{7-144}$$

这是一个超越方程，难以有解析解。通过数值解求出 λ_1 后，代入式（7-142）和式（7-143）就可以得出界面位置和界面迁移速度。把式（7-144）代入式（7-143）得相界面迁移速度 $v_{\alpha/\beta}$：

$$v_{\alpha/\beta} = \frac{\sqrt{\tilde{D}^{\alpha}}}{\sqrt{\pi t}}\Omega\frac{\exp(-\lambda_1^2/4\tilde{D}^{\alpha})}{1-\mathrm{erf}(\lambda_1/2\sqrt{\tilde{D}^{\alpha}})} \tag{7-145}$$

当 $\lambda_1 \ll \sqrt{\tilde{D}^{\alpha}}$（过饱和度小）和 $\lambda_1 \gg \sqrt{\tilde{D}^{\alpha}}$（过饱和度大）时，式（7-144）可以简化为：

$$\lambda_1 = 2\sqrt{\frac{\tilde{D}^{\alpha}}{\pi}}\Omega \qquad \lambda_1 \ll \sqrt{\tilde{D}^{\alpha}}$$

$$\lambda_1 = \sqrt{2\tilde{D}^{\alpha}}\Omega^{1/2} \qquad \lambda_1 \gg \sqrt{\tilde{D}^{\alpha}} \tag{7-146}$$

当如图 7-66b 所示界面两侧都有浓度梯度时，可以按照类似的方法求出式（7-134）的界面迁移速度。这时的速度系数为：

$$\lambda_1 = \frac{2\sqrt{\tilde{D}^{\alpha}}}{\sqrt{\pi}}\left(\frac{c^{\alpha\infty} - c^{\alpha\beta}}{c^{\beta\alpha} - c^{\alpha\beta}}\right)\frac{\exp(-\lambda_1^2/4\tilde{D}^{\alpha})}{1-\mathrm{erf}(\lambda_1/2\sqrt{\tilde{D}^{\alpha}})} + \frac{2\sqrt{\tilde{D}^{\beta}}}{\sqrt{\pi}}\left(\frac{c^{\beta\infty} - c^{\beta\alpha}}{c^{\beta\alpha} - c^{\alpha\beta}}\right)\frac{\exp(-\lambda_1^2/4\tilde{D}^{\beta})}{1-\mathrm{erf}(\lambda_1/2\sqrt{\tilde{D}^{\beta}})} \tag{7-147}$$

式中，$c^{\alpha\infty}$ 和 $c^{\beta\infty}$ 是指远离界面的 α 相和 β 相的浓度。同样，求出 λ_1 后，代入式（7-142）和式(7-143)就可以得出界面位置和界面迁移速度。

C　球状新相核心的扩散控制长大

设如图 7-66 所示的二元合金从 α 相析出球状 β 相，和讨论平直新相界面的情况相似，这时扩散方程用球坐标求解。同样，界面迁移速度用式（7-143）表示，但速度系数改为 λ_3。

$$\lambda_3^3 = \sqrt{\tilde{D}^{\alpha}}\,\Omega\frac{\exp(-\lambda_3^2/4\tilde{D}^{\alpha})}{(1/\lambda_3)\exp(-\lambda_3^2/4\tilde{D}^{\alpha}) - \sqrt{\pi}\,\mathrm{erfc}(\lambda_3/2\sqrt{\tilde{D}^{\alpha}})} \tag{7-148}$$

求出 λ_3后，就可以求出界面迁移速度。当 $\lambda_3 \ll \sqrt{\tilde{D}^\alpha}$ 和 $\lambda_3 \gg \sqrt{\tilde{D}^\alpha}$ 时，式（7-148）可以简化为：

$$
\begin{aligned}
\lambda_3 &= \sqrt{\tilde{D}^\alpha}\,(2\Omega)^{1/2} \qquad \lambda_3 \ll \sqrt{\tilde{D}^\alpha} \\
\lambda_3 &= \sqrt{\tilde{D}^\alpha}\,(6\Omega)^{1/2} \qquad \lambda_3 \gg \sqrt{\tilde{D}^\alpha}
\end{aligned} \tag{7-149}
$$

D 扩散控制长大的近似求解

一般情况下，必须从式(7-144)、式(7-147)或式(7-148)求得速度系数 λ，才能求得相界面迁移速度。由于 λ 式子是一个隐式方程，除了用计算机试探求解外，无法直接解出，所以发展了一些近似求解方法。最简单和常用的一种近似解是线性梯度近似解。它假设新相界面前沿母相的浓度梯度是线性的。根据物质守恒，对于片状析出物平面一维长大，以片状物中线作 x 坐标的原点，图 7-67 中影线面积应相等，即 $x_d = 2x_S(c^{\beta\alpha}-c^\alpha)/(c^\alpha-c^{\alpha\beta})$，称有效扩散距离。故：

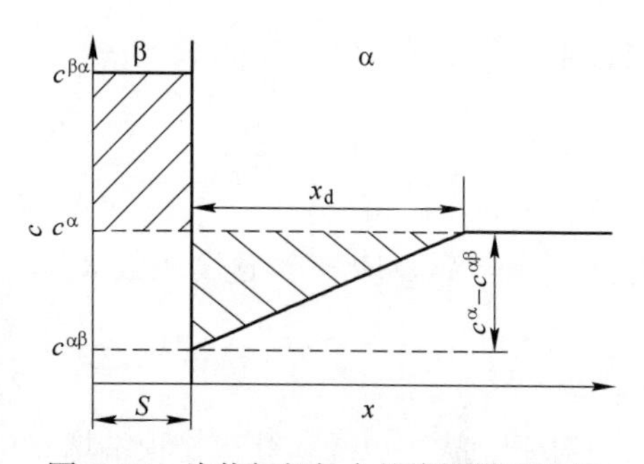

图 7-67 片状新相长大的线性梯度近似

$$
\left.\frac{\mathrm{d}c}{\mathrm{d}x}\right|_{\alpha/\beta} = \frac{c^\alpha - c^{\alpha\beta}}{x_d} = \frac{(c^\alpha - c^{\alpha\beta})^2}{(c^{\beta\alpha} - c^\alpha)} \cdot \frac{1}{2x_S} \tag{7-150}
$$

因为在 β 相中无扩散，把式（7-150）代入式（7-135），并联合式（7-142），得：

$$
v_{\alpha/\beta} = \frac{c^\alpha - c^{\alpha\beta}}{2(c^{\beta\alpha} - c^{\alpha\beta})^{1/2}(c^{\beta\alpha} - c^\alpha)^{1/2}}\sqrt{\frac{\tilde{D}^\alpha}{t}} = \frac{\lambda_1^*}{2\sqrt{t}} \tag{7-151}
$$

这时速度系数 λ_1^* 是：

$$
\lambda_1^* = \frac{c^\alpha - c^{\alpha\beta}}{(c^{\beta\alpha} - c^{\alpha\beta})^{1/2}(c^{\beta\alpha} - c^\alpha)^{1/2}}\sqrt{\tilde{D}^\alpha} \tag{7-152}
$$

随着平直界面向前推移，溶质不断消耗，x_d 必然连续地增加，这导致长大速度连续地下降。

对于三维（球状）核心的长大，只有在高过饱和浓度下即 $c^{\beta\alpha}-c^\alpha \ll c^{\beta\alpha}-c^{\alpha\beta}$时上述的线性浓度梯度近似才是有效的。这时溶质原子只在新相粒子周围很薄一层贫化。因为$c^{\beta\alpha}-c^\alpha \ll c^{\beta\alpha}-c^{\alpha\beta}$，所以，$(c^\alpha-c^{\alpha\beta})/(c^{\beta\alpha}-c^{\alpha\beta}) \approx 1$，由式（7-151）看出，这时的长大系数会很大，利用式（7-136）及式（7-139）中 $\lambda_j \gg \sqrt{\tilde{D}^\alpha}$ 的式子，得 $\lambda_3^* \approx \sqrt{3}\lambda_1^*$。

在低过饱和度下，即 $c^{\beta\alpha}-c^\alpha >> c^\alpha-c^{\alpha\beta}$时，通常用固定界面的稳态解近似，$\partial C/\partial t = 0$，这时扩散方程变成拉普拉斯方程：

$$
\nabla^2 c = 0 \tag{7-153}
$$

在界面保持局部平衡，在 β 相核心边界 α 相的浓度为 $c^{\alpha\beta}$，在无限远处浓度为 c^α。根据此边界条件，上式的解为：

$$
c = c^\alpha + \frac{r}{R}(c^{\alpha\beta} - c^\alpha) \tag{7-154}
$$

式中，r 是球状核心半径；R 是距球心中心的距离。故：

$$\left(\frac{\mathrm{d}c}{\mathrm{d}R}\right)_{\alpha/\beta} = \frac{1}{r}(c^{\alpha} - c^{\alpha\beta}) \tag{7-155}$$

在这种情况下用等效扩散距离 x_{d} 来近似计算界面浓度梯度，因界面是凸向母相的，x_{d} 大体正比于凸出的曲率半径 R。把式（7-155）代入式（7-135），注意在 β 相无扩散，得：

$$v_{\alpha/\beta} = \frac{\tilde{D}^{\alpha}}{r} \cdot \frac{c^{\alpha} - c^{\alpha\beta}}{c^{\beta\alpha} - c^{\alpha\beta}} = \frac{\tilde{D}^{\alpha}}{r}\Omega \tag{7-156}$$

而式中 $r = \lambda_3^* \sqrt{t}$，上式变为：

$$v_{\alpha/\beta} = \frac{\tilde{D}^{\alpha}}{\lambda_3^* \sqrt{t}} \cdot \frac{c^{\alpha} - c^{\alpha\beta}}{c^{\beta\alpha} - c^{\alpha\beta}} = \frac{\tilde{D}^{\alpha}}{\lambda_3^* \sqrt{t}}\Omega$$

对比 $v_{\alpha/\beta} = \lambda_3^* / 2\sqrt{t}$，得速度系数 λ_3^*：

$$\lambda_3^* = \sqrt{2\tilde{D}^{\alpha}} \frac{(c^{\alpha} - c^{\alpha\beta})^{1/2}}{(c_{\mathrm{B}}^{\beta\alpha} - c_{\mathrm{B}}^{\alpha\beta})^{1/2}} = \sqrt{2\tilde{D}^{\alpha}\Omega} \tag{7-157}$$

对于盘状物边缘和针状物顶端增长的计算是比较复杂的，增长速度随边缘或顶端曲率不同而不同，但是由实验观察知道它们是以恒速增长的，这说明它们的曲率半径是不变的，在它们的前面有一个稳态的扩散场。盘状边缘及针状顶端的曲率半径对应最大长大速度时的曲率半径，它和体系的过饱和度有关。Ivantsov 首先给出盘状边缘及针状顶端的扩散控制长大的数学解析解，这将在第 8 章讨论凝固时枝晶长大以及在第 10 章讨论过饱和固溶体脱溶时作详细的讨论。

在这里讨论的扩散控制相界面迁移过程中，假设新相周围的扩散场不相遇的情况，如果新相的体积量增加到一定程度，它们的浓度场会发生重叠，这称“软碰撞”。发生软碰撞时扩散场的浓度梯度会减小，上述的长大速度式子要作适当的修正。

例 7-14 在讨论扩散控制生长时，假设在各相中的互扩散系数不随浓度而变，并且获得相界面移动与时间的关系是抛物线关系。如果互扩散系数与浓度有关，界面移动与时间的关系还符合抛物线关系吗？

解： 还符合抛物线关系。在第 6 章式（6-39）把 $\lambda = x/\sqrt{t}$ 变换扩散方程，如果进一步把扩散系数包括进去以 $\eta = x/\sqrt{2Dt}$ 变换扩散方程：

$$\frac{\partial}{\partial t} = \frac{\partial \eta}{\partial t} \cdot \frac{\partial}{\partial \eta} \qquad \frac{\partial}{\partial x} = \frac{\partial \eta}{\partial x} \cdot \frac{\partial}{\partial \eta}$$

扩散方程变为：

$$-2\eta \frac{\mathrm{d}c}{\mathrm{d}\eta} = \frac{\mathrm{d}^2 c}{\mathrm{d}\eta^2}$$

上式为扩散控制界面移动在 x 空间的固定边界条件，它在 η 空间也是固定边界条件。当 $\tilde{D}$ 随浓度变化时，整个扩散层增长的边界值问题可以转化为 η 空间问题，由于固定边界条件要求在 η 空间界面也是恒值，所以界面移动与时间的关系也呈抛物线关系。

7.4.4.4 界面控制、侧向长大

如果同素异形性转变时新相和母相具有完全共格界面，单个原子随机地从母相跳到新相去会增加很大能量，这时界面过程需要很大的驱动力。例如图 7-68a 所示的$(0001)_{hcp}$ $//(111)_{fcc}$的共格界面，一个原子从 fcc 一侧跳到 hcp 一侧，在这个原子周围出现“部分位错环”，并且在这个原子相接的界面是一个高能层错面，如图 7-68b 所示，结果形成了高能的不稳定结构。如果从 fcc 一侧同时转移 2 个原子到 hcp 一侧，也会出现类似的高能结构，如图 7-68c 所示。只有同时加入 3 个、5 个或 6 个原子才能构成比较合理的结构，如图 7-68d、e 所示。这样看来，共格界面的接纳能力是很低的，它是很难迁动的，相界面迁移是界面过程控制的。

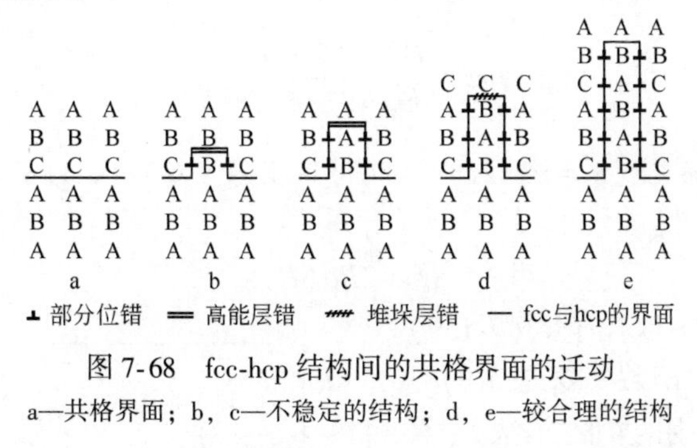

图 7-68 fcc-hcp 结构间的共格界面的迁动

a—共格界面；b，c—不稳定的结构；d，e—较合理的结构

若相界面有现存的台阶，如图 7-69a 中的 AB、CD 和 EF 是共格界面，BC、DE 面是长大台阶，台阶面是非共格的。对于共格的台阶面，除非两个相的晶体结构相同，否则难以单个原子随机加入到共格平面上，而非共格的台阶面上容易接纳原子，原子可以加入台阶面使台阶侧向移动，这是扩散控制过程。当台阶伸展把界面覆盖后，界面沿法线方向推移了 1 个台阶厚度。当现存的“台阶”都沿界面推进长大完了之后，需要等待新的台阶出现。新台阶是靠在宽面上以非均匀形核的方式形成的，这是界面控制过程。虽然台阶沿侧向伸展是容易的，但是形成新台阶是困难的，所以台阶机制长大往往由共格宽面上形核产生新台阶的过程所控制。图 7-69b 所示为 Al-1.5%Mg_2Si 合金中析出的 Mg_2Si（β 相）的电子显微镜图像，图 7-69c 是根据观察和测量描绘的析出新相颗粒的晶体学示意图。

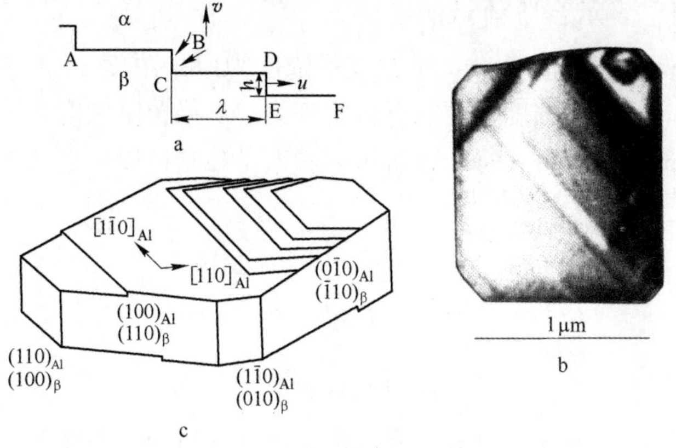

图 7-69 “台阶”长大机制

a—界面靠台阶侧向伸展而迁动的示意图；b—Al-1.5%Mg_2Si 合金中的析出相 Mg_2Si（β）的台阶长大的照片；c—b 照片的晶体学示意图

台阶的宽面是半共格（或共格）界面，窄面是非共格界面。由于半共格（或共格）界面迁移是界面过程控制的，难以迁移，但非共格界面侧向长大是扩散控制的，侧向靠扩散长大而使整个界面向前推进。设台阶宽度是 d，台阶高度是 h，台阶侧向长大速度是 u，则界面（台阶平面）推移速度 v 为：

$$v = uh/d \tag{7-158}$$

设相图是图 7-66 中成分为 c^{α}的合金析出 β 相，在析出温度的过饱和度 $\Omega=(c^{\alpha}-c^{\alpha\beta})/(c^{\beta\alpha}-c^{\alpha\beta})$，对于单个台阶以恒速移动的稳态情况，台阶侧向长大和盘状物边缘增长相似，精确地解扩散方程求台阶附近的浓度场是复杂的，常用式(7-156)作侧向长大速度 u 的近似估计。设有效扩散距离 $x_{d} \approx kh$（k 是一个约为 1 的数值常数），得：

$$u = \frac{\tilde{D}^{\alpha}}{hk} \cdot \frac{c^{\alpha} - c^{\alpha\beta}}{c^{\beta\alpha} - c^{\alpha\beta}} \tag{7-159}$$

定义溶质的 Peclet 数（$P = uh/2\tilde{D}^{\alpha}$，同时参阅第 8 章式(8-116)和式(8-117)），则上式可写成：

$$\Omega = 2P\alpha(P) \tag{7-160}$$

这里仅是用 $\alpha(P)$ 取代了式(7-159)中的 k, $\alpha(P)$ 是 P 的函数，这是 k 的更广泛的表达。可以用数值方法估算 $\alpha(P)$。P 的典型值约为：$\Omega=0.1$ 时，$P=0.03$；$\Omega=0.2$ 时，$P=0.08$；$\Omega=0.4$ 时，$P=0.24$。在一个移动的台阶周围的溶质浓度场分布的距离是有限的，如图 7-70 所示。图中的距离尺度以台阶高度为单位，实线曲线为在不同过饱和度下台阶周围的等浓度轮廓线，Γ_{g}是归一化的过饱和度，等于 $1-\Omega'/\Omega, \Omega'=(c-c^{\alpha\beta})/(c^{\beta\alpha}-c^{\alpha\beta})$，表示剩余的过饱和度。图中 $\Gamma_{g}=1$ 时，表示台阶前沿的溶质浓度达到局部平衡浓度；而 $\Gamma_{g}=0$ 时，表示浓度为原始浓度 c^{α}。当过饱和度增加以及台阶移动速度增加时，溶质浓度场更靠近台阶密集。如果台阶宽度 d（台阶间距）比扩散场范围大时，即扩散场不重叠，每个台阶可以看做是独立地以稳态速度移动。这时界面移动速度 $v_{\alpha/\beta}$是：

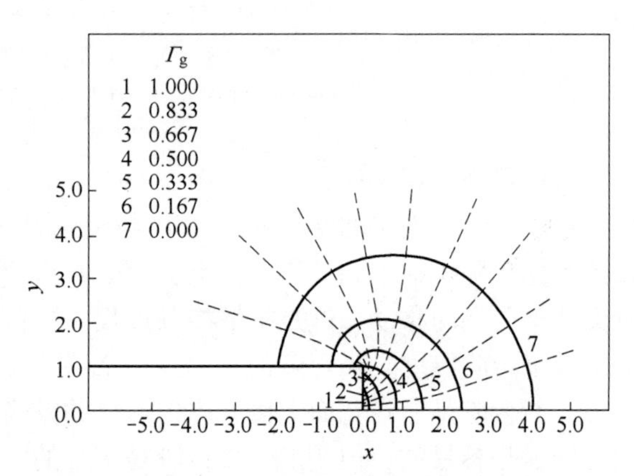

图 7-70　在移动台阶周围溶质的浓度场

（$\Gamma_{g}=1-\Omega'/\Omega$，为剩余饱和度）

$$v_{\alpha/\beta} = \frac{\tilde{D}^{\alpha}}{\alpha(P)d} \cdot \frac{c^{\alpha} - c^{\alpha\beta}}{c^{\beta\alpha} - c^{\alpha\beta}} \tag{7-161}$$

或者写成：

$$v_{\alpha/\beta} = 2\tilde{D}^{\alpha}P/d \tag{7-162}$$

只要各个析出物的扩散场不重叠，界面推移速度就与台阶高度无关，反比于台阶间距(即台阶宽面的宽度 d)。但是，式（7-162）是假定小台阶有恒定的距离 d 得出的，这需要在长大过程中不断提供新的台阶。在宽面上一般靠重复表面形核或其他机制来产生新台阶，除螺旋长大外(图 7-53)，其他各种机制提供的台阶都很难具有恒定的 d。一般的情况是，当界面存在台阶时，台阶侧向长大使界面有较快的推移速度，一旦台阶侧向长大而消耗尽后，界面几乎不能再推进，等待下一批台阶形成后才能使界面再推进。新台阶靠形成二维核、螺旋长大等方式产生。图 7-71 所示为 w(Ag)= 15%的 Al-Ag 合金在 400℃时析出片状 γ 相长大的情况，图中黑圆点是 γ 相随时间增厚的数据。从数据看出，增加一定厚度后，接着在一段时间间隔内，厚度几乎不增加，这正是等待形成新台阶的阶段。另外，各阶段增厚的速度不同，这表明台阶形核是速度的控制过程(界面过程控制)。作为比较，图 7-71 中给出同一系统由扩散控制长大时非共格平直界面增厚的上限和下限曲线。

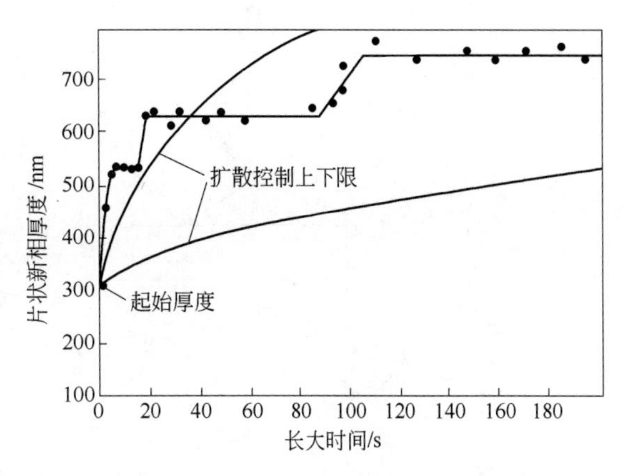

图 7-71 w(Ag)= 15%的 Al-Ag 合金在 400℃时 γ 相片层厚度随时间的变化

一般来说，在驱动力足够大的情况下，所有类型的界面均可以扩散控制连续长大，驱动力小于某个临界值时需要以台阶机制（界面过程控制和扩散控制）长大。对于结构非常漫散的界面（例如大角度界面)，这个临界驱动力很低，以致几乎在所有条件下都是连续长大；而对于结构非常陡的界面（例如共格界面)，临界驱动力太高，以致几乎都是台阶式长大。

对于一些复杂的相界面，例如 fcc-bcc 间的半共格界面只能靠台阶机制长大，而长大台阶的侧面可能存在相当程度的共格性，它也并不是完全由扩散控制的过程。

7.4.5 热传导与物质扩散同时控制长大

当热传导很慢时，整个体系不能维持等温状态，温度梯度与浓度梯度同时起着重要作用，这时界面迁移过程比较复杂，在这里仅简要地讨论这一问题。考虑二元相图如图 7-72a所示的成分为 c_0 液态合金的凝固，由 x 方向散热，界面向 x 正向迁移，在固相和液相的温度梯度均为正的梯度。冷却时，在 T_0 温度开始形成固相，其成分为 c_0^{SL}，它比液相的成分低，所以它排出溶质到液相，使界面前沿的液相成分提高，在界面前沿形成浓度“尖峰”，如图 7-72b 所示。

界面保持局部平衡，所以要进一步冷却界面才能迁移。界面温度是时间的函数 $T^{\mathrm{LS}}(t)$，在每个温度下界面保持局部平衡，成分分别为 $c^{\mathrm{LS}}(t)$ 和 $c^{\mathrm{SL}}(t)$，它们也即是时间的函数。在这个例子中，界面迁移速度 v，即凝固速度，同时取决于在两相的物质扩散速度和热传导速度。应用于界面的两种 Stefan 条件为：

（1）质量流条件是：

$$[c^{\mathrm{LS}}(T^{\mathrm{LS}})-c^{\mathrm{SL}}(T^{\mathrm{SL}})]v=-D^{\mathrm{L}}\left(\frac{\partial c^{\mathrm{L}}}{\partial x}\right)_{x=x_{\mathrm{S}}(t)}+D^{\mathrm{S}}\left(\frac{\partial c^{\mathrm{S}}}{\partial x}\right)_{x=x_{\mathrm{S}}(t)} \tag{7-163}$$

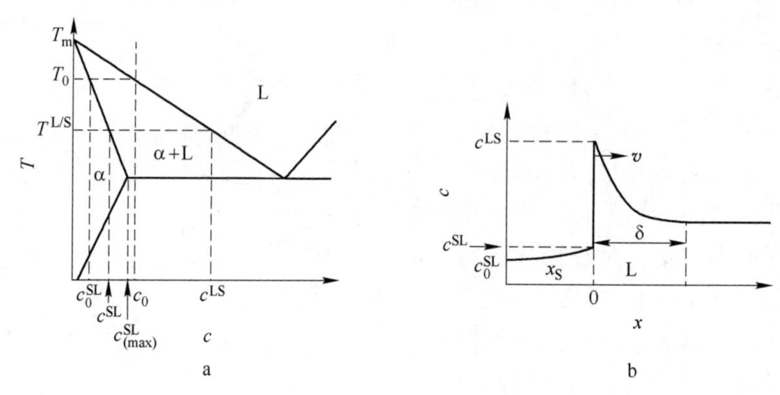

图 7-72　二元合金液相凝固

a—相图，固相线和液相线近似为直线；b—在界面（$x=0$）两侧的浓度分布，界面保持局部平衡

（2）热流条件是：

$$\rho\Delta H_m v = \kappa_S\left(\frac{\partial T^S}{\partial x}\right)_{x=x_S(t)} - \kappa_L\left(\frac{\partial T^L}{\partial x}\right)_{x=x_S(t)} \tag{7-164}$$

此外，在界面还应有如下边界条件：

$$T^S[x_S(t)] = T^L[x_S(t)] = T^{L/S} \qquad c^S[x_S(t)] = c^{SL} \qquad c^L[x_S(t)] = c^{LS} \tag{7-165}$$

完全的解要求求出在两相满足所有边界条件以及耦合两种 Stefan 条件的浓度场和温度场，这是一个极具挑战的任务。对一些简单条件下的浓度场分布将在第 8 章中讨论。

7.4.6　共格核心长大时共格的丧失

共格核心的共格应变能与核心体积 $\mathcal{V}$ 成正比，而核心的界面能与核心体积的 3/2 次方成正比，如图 7-73 所示。当核心尺寸小时，界面积与体积之比是大的，所以界面能是主要项，核心倾向于共格减小界面能从而减小总的能量；而核心长大其尺寸增加时，应变能逐渐变为主要项，这时，它在界面引入位错以减小应变能，使总的能量减小，相应就丧失共格。

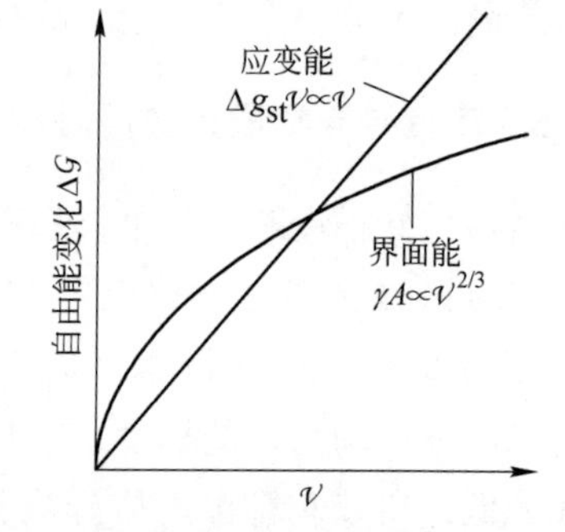

图 7-73　共格核心的应变能 $\Delta g_{st}\mathcal{V}$ 和界面能 γA 随核心体积 $\mathcal{V}$ 的变化

具体来看，如果核心的界面是共格的，它具有共格应变能，这一共格应变能随着核心长大而增加。为了简单，以球形的核心讨论。一个体积为 $\mathcal{V}=4\pi r^3/3$ 的球形核心的共格应变能为(见式(7-54))：

$$\Delta G = \Delta g_{st}\mathcal{V} \approx 8\pi\mu r^3\varepsilon^2 \tag{7-166}$$

如果核心是非共格的，则共格应变能应该完全被松弛，界面只有一般的非共格界面能 $A\gamma=4\pi r^2\gamma$，A 是界面积，γ 是比相界面能。当核心长大到一定程度时，晶体变为非共格时有更低的能量，所以晶体会从共格变为非共格，这一转变的临界条件为：

$$4\pi r_{cr}^2\gamma = 8\pi\mu r_{cr}^3\varepsilon^2$$

即丧失共格的临界半径 r_{cr} 为：

$$r_{cr}=\frac{\gamma}{2\mu\varepsilon^2} \tag{7-167}$$

如果 ε 很小，会形成半共格界面，半共格界面的界面能与 ε 成正比，此时转变为半共格界面的临界半径 r_{cr} 反比于 ε：

$$r_{cr}\propto\frac{1}{\varepsilon} \tag{7-168}$$

在失去共格形成半共格界面时会伴生环绕晶体的位错环，实际上这可能是比较困难的，所以经常看到共格丧失变为半共格的尺寸比预测的临界尺寸大得多。共格丧失的最简单的几种途径如图 7-74 所示。图 7-74a 所示为在界面上碰击出位错；图 7-74b 所示为新相颗粒直接从基体吸引具有合适柏氏矢量的基体位错，使它在新相颗粒周围缠绕起来，这种机制一般难以发生，如果附加形变则有助于这种机制；图 7-74c 所示为新相是片状的情况，在片的边缘有较高的应力，它可能超过基体的理论强度而使位错形核，在片的长大过程中形核还会重复进行以保持位错间距大略相等；图 7-74d 所示为空位被吸引到共格相界面上并凝聚成棱柱位错环，并扩张穿过晶体。这几种机制都要求新相尺寸比预期的尺寸（r_{cr}）大。

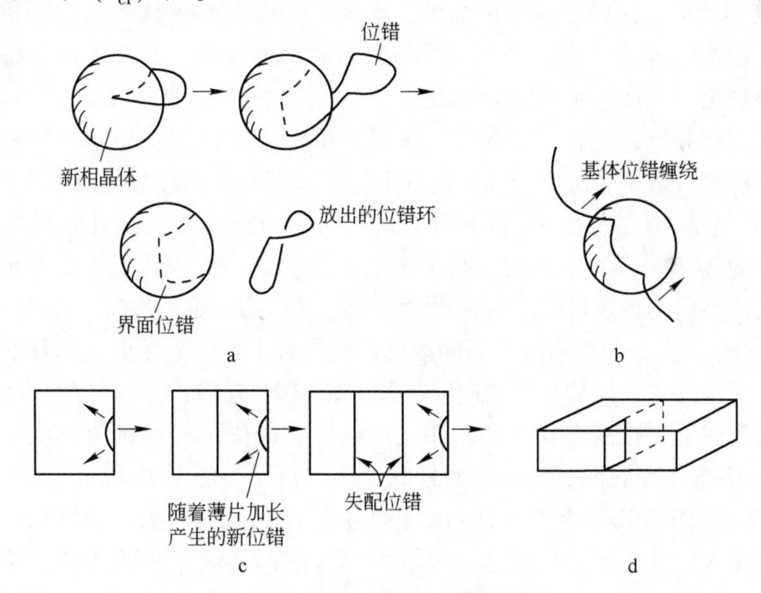

图 7-74 丧失共格的几种机制

a—界面上碰击出位错；b—俘获基体位错；c— 随着新相片增长在边缘处位错反复形核；d—空位在新相颗粒界面上沉淀形成位错环并穿过晶体扩张

7.4.7 长大时界面的稳定性

若在相界面迁移过程中界面上有任何小的区域偶然的凸出，如果它们可以保留下来并继续地向凸出方向长大，界面是不稳定的，相反，则界面是稳定的。在凝固时，这种界面不稳定的情况是经常出现的，这将在第 8 章 8.2.6 节讨论。

对于固相的长大，假设在 α 相析出新相 β 相，β 相长大是扩散控制的，在平面界面

（x=0 的位置）有偶然突出，设突出形状简单的是正弦形，如图 7-75 所示。界面形状表示为：

$$x = \delta(t)\sin\omega y \tag{7-169}$$

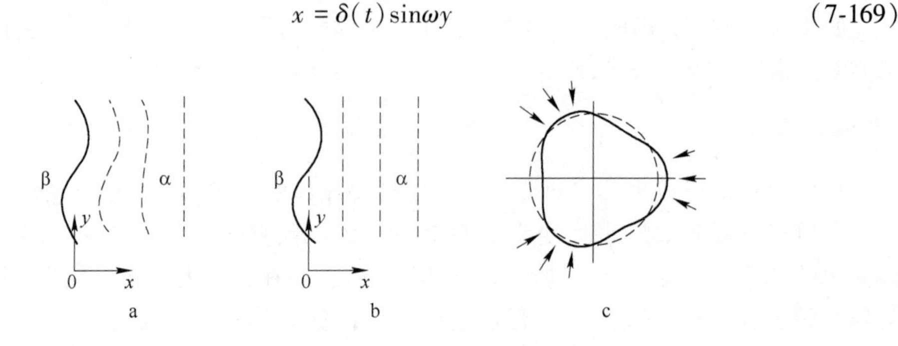

图 7-75　扩散控制长大界面的稳定性

（Mullins and Sekerka，1963）

波长 $2\pi/\omega$ 比波幅 δ 不要很大，否则曲率对平衡浓度的影响就可以忽略。图 7-75 显示了两种极端的情况：图 7-75a 显示了在界面前沿 α 相的等浓度线保持界面突出形状，这样，在 β 相突出处的前沿的浓度梯度加大，增加了界面向前迁移的速度；相反，在 β 相凹下处的前沿的浓度梯度减小，降低了界面向前迁移的速度，结果界面波幅随时间而加大，使界面不稳定。又如一个球状的析出第二相，界面小量突出，如图 7-75c 所示。隆起部分比它的邻近部分导致从扩散场集中更多的扩散流，这称“流量集中”效应。在这样的条件下隆起的地方继续长大，引起界面的不稳定。但是因为界面的曲率改变，界面各处的平衡浓度不同。根据吉布斯-汤普逊效应，在曲率为正（即突出处）的母相平衡浓度高，而在曲率为负（即凹下处）的母相平衡浓度低。这一效应降低界面突出的波幅，发挥稳定的作用。界面的稳定性受这两种因素控制，界面的稳定性取决于波长 $2\pi/\omega$ 和波幅 δ 的相对变化。原则上，如果沿着界面的浓度恰好是整个弯曲界面上 α 相和 β 相的平衡浓度，则界面是稳定的，按这样的形状向前迁移，如图 7-75b 所示。

在特定的条件下，在固态相变的新相也可能像在凝固那样呈现树枝状形貌，图 7-76 和图 7-77 是在固态转变观察到的新相树枝状形貌的例子。图 7-76 所示为 $w(\mathrm{S}) = 0.021\%$ 的低碳钢从 1720K 以 50K/s 冷却到 1695K（即过冷 11K）后保温，观察到 δ→γ 时的由组分过冷（参见第 8 章 8.2.5 节）引起 δ/γ 界面不稳定，形成 γ 相的枝晶，其中 A、B、C 和 D 处是独立形成的 γ 晶粒。另外还可以看到，在半共格的 δ/γ 晶界，新相晶核只向晶界的一侧长大。图 7-77 所示为 Cu-Zn 合金从过饱和 β 相脱溶析出的 γ 相颗粒的树枝状形貌。

但是，总的说来，由于下述原因固态转变的界面不稳定性通常（但不总是）可以忽略，原因是：

（1）界面能的强烈各向异性以及界面不易移动。当界面具有 γ 图的脐点取向时，这种界面是难动的（见图 7-20）。界面的任何凸出不单只增加了界面面积，同时凸出部分的界面能比原来脐点取向时的界面能高得多。这样界面上偶然的凸出能量急剧增加，使这个凸出不会稳定。

（2）沿晶界扩散以及析出相内扩散。一般凸起部分前沿浓度梯度比较大，虽然这有利于凸起部分继续向前长大，但是，沿界面的快速扩散以及析出相中的扩散可以减弱凸起部分前沿的浓度梯度，起稳定界面作用。

(3) 界面迁移可能是界面控制或界面-扩散混合控制，降低了颗粒前的浓度梯度，从而减小流量集中效应，促进界面稳定。

还有一些其他因素例如新相的间距比较小或是具有长厚比率比较大的新相粒子等促使界面稳定。

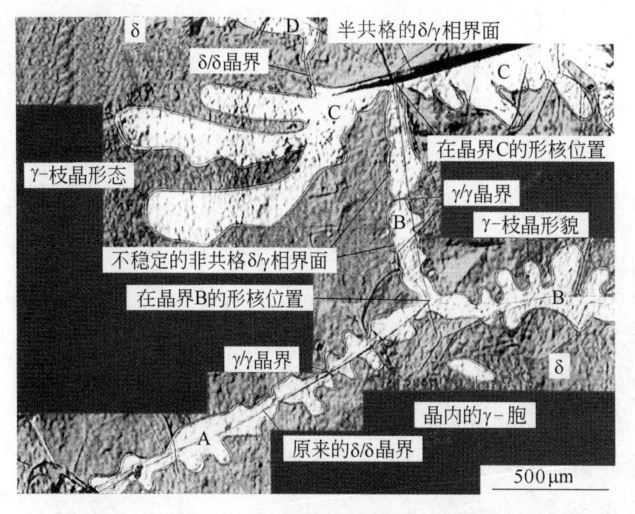

图 7-76 $w(\text{S})=0.021\%$的低碳钢从 1720K 以 50K/s 冷却到 1695K（即过冷 11K）后保温，观察到 δ→γ 时 δ/γ 界面不稳定，形成 γ 相的树枝晶形貌

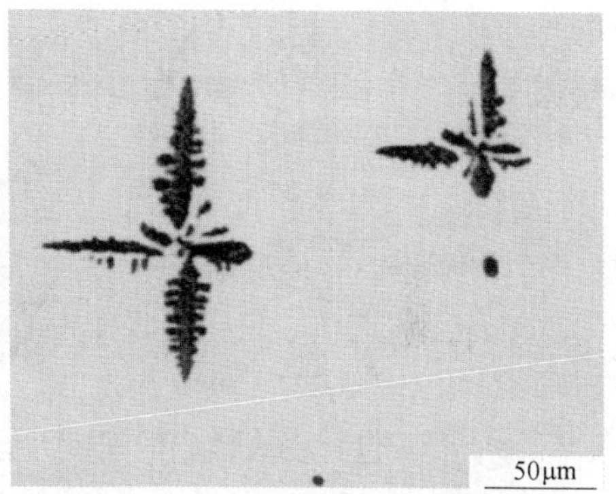

图 7-77 Cu-Zn 合金从过饱和 β 相脱溶析出的 γ 相颗粒的枝晶形貌（Bainbridge and Doberty，1969）

7.5 形核长大型相变动力学

前面单独讨论了形核和长大过程，在整体转变中，这两个过程是相互影响的。考虑最简单的在三维体系中均匀形核，核心一旦形成后，随着它的长大则在母相中可以转变的体积减小，体系整体的形核数目随时间而减少。已经形成的核心不会无限地长大，当靠近表面的核心颗粒遇到表面后便在表面方向停止长大。同样，两个核心颗粒长大相遇时，在它们接触的方向也停止长大。在过饱和母相中析出的新相颗粒逐渐增加和长大，使母相的过饱和度减低，也使长大速度受到限制。因而在考虑整体转变速度时，必须考虑这些问题。

Kolmogorov、Johnson 和 Mehl、Avrami 等是首先处理这一动力学问题的。

设在τ时刻形成一个核心，它在 3 个垂直方向的长大速度分别为 v_1、v_2和 v_3，则它的体积 $\mathcal{V}_\tau$为：

$$\begin{aligned} \mathcal{V}_\tau &= \eta v_1 v_2 v_3 (t-\tau)^3 \qquad (t>\tau) \\ \mathcal{V}_\tau &= 0 \qquad (t<\tau) \end{aligned} \tag{7-170}$$

式中，η 是形状因子。若假想晶核颗粒之间不相碰，即没有发生“硬碰撞”，并且未转变体积不改变，则在 t 时刻内单位体积中获得新相所占的体积 ζ_{ex}为：

$$\zeta_{\text{ex}} = \int_0^t \mathcal{V}_\tau I \mathrm{d}\tau = \int_0^t \eta v_1 v_2 v_3 (t-\tau)^3 I \mathrm{d}\tau \tag{7-171}$$

式中，I 为形核率（单位时间在单位体积中的形核数目）。因为在转变过程中，未转变体积不断减少，故上式的计算是偏高的，是假想的转变量。设在单位体积中转变体积所占的分数为 ζ，余下未转变体积分数则为$(1-\zeta)$，真实的转变增量 $d\zeta$ 和上面讨论的假想情况下转变增量 $d\zeta_{ex}$ 应有如下关系：

$$d\zeta = (1-\zeta)d\zeta_{ex} \tag{7-172}$$

上式积分得：

$$\zeta_{ex} = -\ln(1-\zeta) \tag{7-173}$$

把式(7-173)代回式(7-171)，得：

$$-\ln(1-\zeta) = \int_0^t \eta v_1 v_2 v_3 (t-\tau)^3 I d\tau$$

或

$$\zeta = 1 - \exp\left[-\int_0^t \eta v_1 v_2 v_3 (t-\tau)^3 I d\tau\right] = 1 - \exp\left(-\int_0^t \mathcal{V}_\tau I d\tau\right) \tag{7-174}$$

在特殊情况下，各方向长大速度相同，都等于 v，它和形核率 I 不随时间而变，得：

$$\zeta = 1 - \exp(-\eta v^3 I t^4/4) \tag{7-175}$$

必须强调：在一般情况下求 ζ 应该用式(7-174)而不是式(7-175)。

Avrami 假设核心只在某些优越位置形成，而这些形核位置会逐渐枯竭。如果在开始时母相单位体积中的形核位置为 ${}^vN_0$，在 dt 时间间隔内形核位置减少 $d{}^vN = -{}^vNu_1 dt$，其中 u_1 是每个形核位置变成核心的速度。这样得，${}^vN = {}^vN_0\exp(-u_1 t)$，单位体积的形核率为：

$$I = -d{}^vN/dt = {}^vN_0 v_1 \exp(-u_1 t) \tag{7-176}$$

把现在的 $I_{t=\tau}$ 代入式（7-174），并设各方向长大速度相同，都等于 v，对积分项进行分部积分，得：

$$\zeta = 1 - \exp\left\{(6\eta^v N_0 v^3/u_1^3)\left[\exp(-u_1 t) - 1 + u_1 t - \frac{u_1^2 t^2}{2} + \frac{u_1^3 t^3}{6}\right]\right\} \tag{7-177}$$

这个方程有两种极限的形式：$u_1 t$ 非常小和非常大的情况。$u_1 t$ 非常小时，从式(7-166)看出，I 近似为常数。式（7-177）中 $\exp(-u_1 t)$ 展开，最后获得极限值与式(7-175)相同的式子。$u_1 t$ 非常大时，意味着 ${}^vN$ 很快趋于 0，在反应早期阶段所有潜在核心位置耗竭尽（即所谓的位置饱和）。式（7-177）的极限值为：

$$\zeta = 1 - \exp(-\eta^v N_0 v^3 t^3) \tag{7-178}$$

因此，从 Avrami 的两个极限式子，可以概括为：

$$\zeta = 1 - \exp(-kt^n) \tag{7-179}$$

式中，k 称速度常数，对温度很敏感。这一方程通常称为 JMAK(Johnson-Mehl, Avrami, Kolmogorov）方程。方程中 t 的指数 n 一般不随温度变化，只取决于长大的几何因素。n 在 3~4 范围，覆盖了全部不同形核率的情况，即从相应形核率 I 随时间减小函数的 $n=3$ 一直到形核率为常数的 $n=4$。若形核率随时间增加，$n>4$。

在晶界形核并且形核位置饱和后，这时没有形核事件，可以采用式（7-178）。新相在垂直界面一维长大，如果是界面控制，新相体积随 t 线性增加，所以 t 的指数 $n=1$。如果是扩散控制，核心每维增长的厚度正比于 $t^{1/2}$，新体积随时间 $t^{1/2}$ 增加，所以 t 的指数 $n=1/2$。

在晶粒棱边形核并且形核位置饱和后，这时也没有形核事件，可以采用式（7-178）。

新相在垂直界面二维长大，如果是界面控制，新相体积随 t^2 线性增加，所以 t 的指数 $n=2$。如果是扩散控制长大，核心每维增长的厚度正比于 $t^{1/2}$，现在是二维长大，新体积随时间 t 增加，所以 t 的指数 $n=1$。

如果新相核心是扩散控制的三维长大，并且形核率是常数，新相体积随时间 $t^{3/2}$ 增加，根据式(7-174)，指数项积分后 t 的指数 $n=5/2$。如果新相核心是扩散控制的三维长大，但没有形核事件（即零形核率），这时采用式（7-179），t 的指数 $n=3/2$。

按照上面讨论的方法，根据形核和长大的条件不同，得出 t 的指数 n 值列于表 7-6 中。只要形核机制没有变化，n 值和温度无关。k 值与形核和长大速度有关，所以，它对温度是敏感的。因为 $\exp(-0.7)=0.5$，转变量为 50% 的转变时间（$t_{0.5}$）为 $k(t_{0.5})^n=0.7$，即：

$$t_{0.5}=\left(\frac{0.7}{k}\right)^{1/n} \tag{7-180}$$

这和预料的一样，k 值越大，即形核和长大速度越大，转变越快。

表 7-6 JMAK 动力学方程[$\zeta=1-\exp(-kt^n)$]中的 n 值

情况	n 值
1. 多形性相变，不连续沉淀，共析分解，界面控制长大等	
形核率增加	>4
形核率为恒值	4
形核率减小	3~4
零形核率（点形核位置饱和后）	3
晶界棱形核（形核位置饱和后）	2
晶界面形核（形核位置饱和后）	1

情况	n 值
2. 扩散控制长大	
所有形状新相晶核由小尺寸长大，形核率增加	>5/2
所有形状新相由小尺寸长大，形核率为恒值	5/2
所有形状新相由小尺寸长大，形核率减小	3/2~5/2
所有形状新相由小尺寸长大，零形核率	3/2
新相具有相当尺寸长大	1~3/2
针状、片状新相具有有限长度	1
长柱体（针）的加厚（端际完全相遇）	1
很大片状新相的加厚（边际完全相遇）	1/2
薄膜长大	1
丝状长大	2
位错上沉淀长大（很早期）	约 1/2

JMAK 方程仅是预测长大相只含扩散场软碰撞情况的一个近似，一旦长大相直接相碰（硬碰撞），其界面移动就是晶界移动而不是相界移动。但是，这一方程在确认正确的形核率和长大速率下给出了综合动力学的一个简单图像。对于生物学的在岩石上生长的二维地衣的扩展，这个方程是非常好的描述。这个方程还普遍地描述了形变基体的再结晶速度（见第 11 章）和应用于玻璃特别是金属玻璃恒温晶化过程的研究。Rollettet 等提出应用 JMAK 方程所需的关键条件是，讨论的反应的驱动力在空间是均匀的。对于结构变化的相变，这一过程的驱动力是化学自由能的变化，它不随空间的晶粒而变化，JMAK 方程是有效的。如多晶体形变材料的再结晶过程，不同晶粒的形变状态不同，即驱动力在各晶粒间不同，JMAK 方程不再有效。但如上所述，往往忽略了晶粒间的驱动力差异，仍普遍地利用 JMAK 方程描述再结晶以及很多转变过程的动力学。

图 7-78 所示为在 25℃锰的同素异型 β→α 转变的动力学曲线，因为转变引起电阻率的变化，图中的转变量由测量的电阻率表示。这是典型的恒温转变动力学曲线形貌，曲线

呈 S 形状。不论 JMAK 方程中的指数 n 值是多少，ζ 相对于 t 的曲线的形状都是相似的：开始时转变的体积缓慢地增加，然后很快地增加，最后又再次缓慢增加。而 JMAK 方程中的 k 则是影响曲线的尺度。如果作出 lglg[1/(1-ζ)]-lg$t$ 曲线，则曲线斜率就是 n。图 7-79 所示为在不同温度下锰的同素异型 β→α 转变的 lglg[1/(1-ζ)]-lg$t$ 直线，在不同温度下，直线是平行的，可见，各个温度下的 n 是相同的。

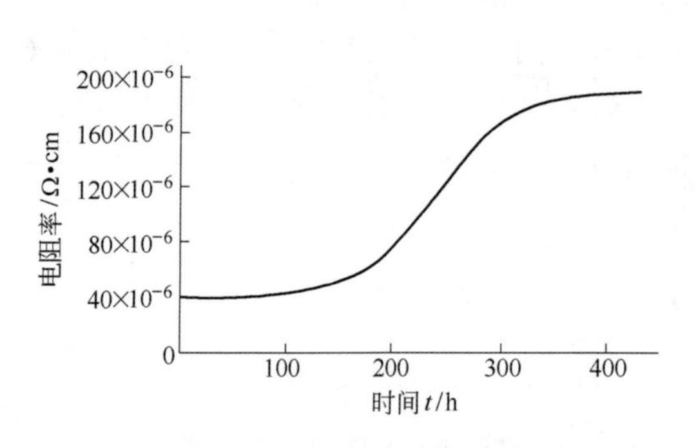

图 7-78　在 25℃由测量电阻率获得的锰的同素异型 β→α 转变的动力学曲线

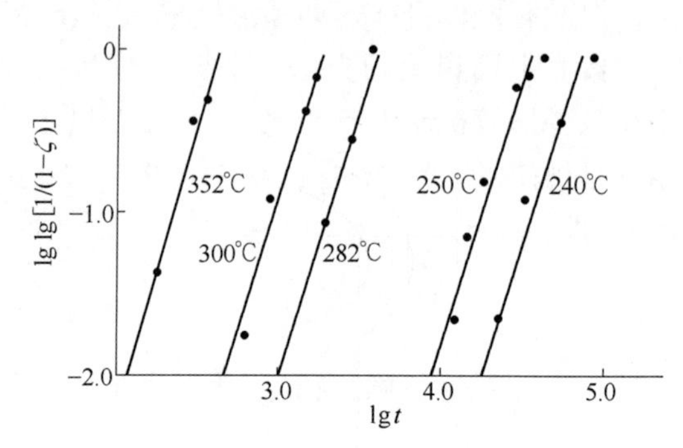

图 7-79　不同温度下锰的同素异型 β→α 转变的 lglg[1/(1-ζ)]-lg$t$ 直线

根据 Avrami 方程，转变量随时间变化的曲线如图 7-80a 下图所示，把每个温度开始转变的时间和转变终了的时间分别连接起来，这个曲线称恒温转变动力学曲线（时间-温度-转变量曲线即 *TTT* 曲线）。这一曲线的转变量 ζ（分数）是 0~1 范围，如果这一曲线应用到脱溶转变，转变终了的平衡脱溶量不会是 100%，所以这时的 ζ 表示为在 t 时刻的脱溶量与最终平衡的脱溶量的比值。

形核率和长大速度都与温度有关，因此恒温转变速度不是温度的简单函数。但是，在冷却发生的所有反应中，形核率和长大速度都由玻耳兹曼型方程决定，其中的激活能随温度降低而急剧降低（比线性降低还激烈，见图 7-16），即形核率随过冷度（或过饱和度）增加而急剧增加。相反，长大速度的激活能几乎与温度无关，因此长大速度随温度降低而减小。这两个相反的因素使整体转变开始时随着温度降低而加快，然后再随温度降低而减慢，结果，使 *TTT* 曲线具有 C 型曲线的特征，俗称 C 曲线，如图7-80a上图所示。在足够低的温度时，形核率非常高，以致在反应的早期形核位置就“饱和”，即形核位置都已被核心占满，则长大速度是综合转变速度的控制因素。

动力学曲线的 C 形状可以由形核动力学定性解释，由式(7-43)的形核率式子可知，形核率 I 可简单表达为：

$$I \propto \exp\left(-\frac{\Delta \mathcal{G}^* + \Delta \mathcal{G}_{mo}}{k_B T}\right)$$

其中 $\Delta \mathcal{G}^*$ 也可简单表示为 $A/(\Delta T)^2$（见式(7-35)），A 是包括界面能和熔化潜热的常数，这样形核率与温度的关系是：

$$I \propto \exp\left[-\frac{\Delta \mathcal{G}_{mo} + A/(T_0 - T)^2}{k_B T}\right] \tag{7-181}$$

当上式的指数最小时获得最大的形核率，最大的形核率的温度 T_{max}，即相应于 C 曲线“鼻子”温度是：

$$T_{max} = T_0 \left(1 - \frac{\sqrt{1 + \mathcal{G}_{mo} T_0/A} - 1}{\mathcal{G}_{mo} T_0/A}\right) \tag{7-182}$$

T_{max}的典型值约为$T_0/2$。若从低温相转变为高温相，常随温度的提高（即过热度的增加），无论相变驱动力及扩散能力都增大，所以相变速度亦增加，不会出现C型曲线的特征，如图7-80b所示。

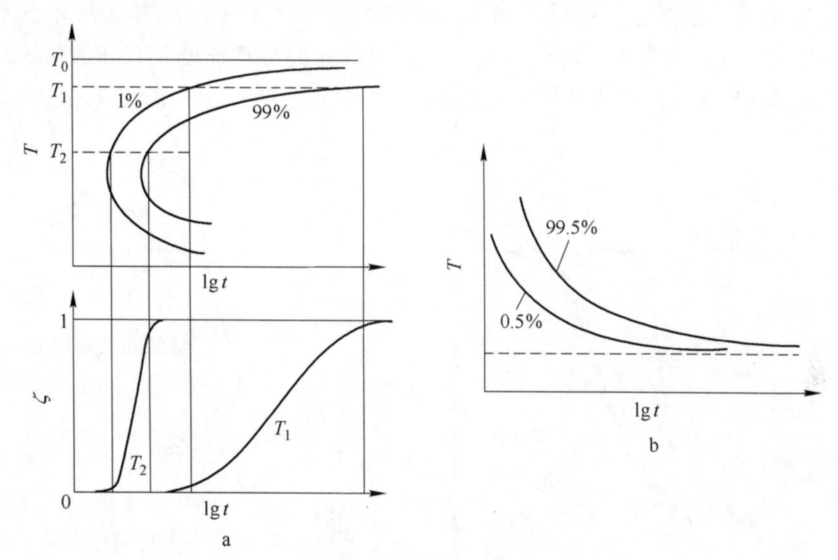

图7-80　相变的综合动力学曲线（*TTT* 曲线）

a—降温反应；b—升温反应

例7-15　某一转变的动力学遵循Avrami方程，并知参数$n=1.7$，若经100s转变进行了50%，问转变到99%所需的时间是多少？

解：根据Avrami方程$\zeta=1-\exp(-Bt^n)$，先用100s转变进行了50%的信息，求出系数B，设τ时刻转变进行99%，则有：

$$1 - 0.5 = \exp(-B \times 100^{1.7})$$

$$B = -\frac{\ln 0.5}{100^{1.7}} = 2.759 \times 10^{-4}$$

设转变进行99%需要τ秒，则有：

$$1 - 0.99 = \exp(-2.759 \times 10^{-4} \times \tau^{1.7})$$

即
$$\tau^{1.7} = -\frac{\ln 0.01}{2.759 \times 10^{-4}} = 16691.45\mathrm{s}^{1.7}$$

结果
$$\tau = 304.7\mathrm{s}$$

虽然Avrami方程是描述恒温的转变动力学的，但有研究者假设转变动力学只与转变时间有关而与温度无关，把Avrami方程应用到连续冷却转变动力学中。这时，转变时间t根据冷却速度v(K/s)与冷却到的过冷度$\Delta T=(T_0-T)$（T_0是转变的临界温度，T是冷却到的某一温度）来计算，即 $t=\Delta T/v$，同时考虑冷却转变的孕育期 t_0，实际转变时间为 $(t-t_0)$。如果认为在固定的冷却速度下整个转变过程的形核和长大机制不变，则在整个转变过程中 Avrami 方程的 k 和指数 n 为常数。但是，k 和 n 是随冷却速度而变化的。

对纯 Al 和 Al-0.3%Ti-0.02%B（其中的数字是质量分数）合金的连续冷却凝固过程进行实验分析，用中子衍射测量液相的结构因子以及固相布拉格衍射峰强度来定出转变时各个温度下的液相和固相相对量，再以冷却速度把转变温度转换成转变时间，获得转变量随时间的变化曲线。根据这个曲线拟合 Avrami 方程中的 k 和 n。图 7-81 所示为对纯 Al 和 Al-0.3%Ti-0.02%B 合金在不同冷却速度下（图 7-81a 的冷却速度是 0.06K/min，图 7-81b 的冷却速度是 0.6K/min）的固相体积分数与转变时间的关系，其中实线是按 Avrami 方程拟合的曲线。

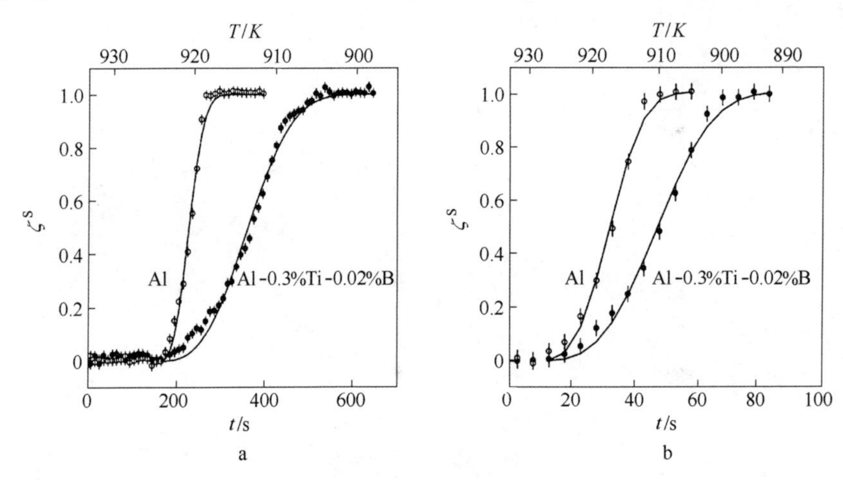

图 7-81　纯 Al 和 Al-0.3%Ti-0.02%B 合金的固相体积分数与转变时间的关系

a—冷却速度为 0.06K/min；b—冷却速度为 0.6K/min

表 7-7 列出了纯 Al 和 Al-0.3%Ti-0.02%B 合金以两个冷却速度冷却的实验的连续转变曲线按 Avrami 方程拟合所得的 k 和 n，表中的 t_0 是开始转变时间，$t_{1/2}-t_0=[\ln(2)/k]^{1/n}$ 是开始转变到一半的时间。当温度下降到达 $T_0=933\mathrm{K}$（结晶的临界温度）时，设 $t=0$。

表 7-7　Al 和 Al-0.3%Ti-0.02%B 合金连续冷却转变量与时间之间的拟合 Avrami 方程中的 k 和 n

试　样	冷却速度/$\mathrm{K\cdot min^{-1}}$	n	k/min^{-n}	t_0/min	$t_{1/2}-t_0$/min
Al	0.06	2.9	3.3×10^{-6}	160	76.6
	0.60	3.1	5.0×10^{-5}	10	21.9
Al-0.3%Ti-0.02%B	0.06	2.7	5.0×10^{-7}	160	197.4
	0.60	3.1	9.1×10^{-6}	10	37.4

表 7-7 获得的数据显示，无论纯铝或者是 Al-0.3%Ti-0.02%B 合金的速度常数 k 是因冷却速度加大而增加的，在所讨论的两个速度下，都约增加一个数量级；而在同一冷却速度下，Al-0.3%Ti-0.02%B 合金的 k 值比纯铝的低一个数量级。这是因为在 Al 中的 Ti 和 B 是作为形核剂加入的，它们促发形核，但这些超额的 Ti 存在于合金的溶体中，会降低

晶体的长大速度，所以降低速度常数 k，这是和实验结果相符合的。同时还看到，Al-0.3%Ti-0.02%B 合金转变到一半的时间 $t_{1/2}-t_0$ 也是比纯铝长得多。

用 Avrami 方程来描述连续冷却转变动力学所用的假设是否合适，实用的意义如何，是否具有普适性，还应期待有更多的实验来证实。

7.6 竞争粗化，Ostwald 熟化

一个分散的第二相颗粒系统，系统中第二相的量接近平衡时的数量。由于分散的第二相颗粒使系统具有很高的总界面能，此时系统仍是不稳定的。为了减小总的界面能，颗粒将以大颗粒长大，小颗粒溶解的方式粗化。这种在成分接近平衡的基体中脱溶颗粒的竞争性长大一般称作 Ostwald 熟化。在固溶体脱溶中这一过程往往会损害材料的性能。

对于形状是等轴的第二相颗粒随机分布的情况，即使这样简单的粗化情况实际上也是很难处理的。事实上，这个问题至今还没有一个十分满意的解决模型。Lifshitz 和 Slyozov 以及 Wagner 独立地提出的经典平均场理论（也称 LSW 理论模型）解决了这一问题，但因这个模型做了大幅度的简化，只是部分成功地解释了现有的资料。尽管如此，模型包含粗化现象的许多基本元素，这对解决这一问题起了核心作用，它可以作为解决这一问题的有用起点。为简单起见，这里采用 Greenwood 简化模型，它得出的结果与用比较完整理论得出的结果几乎相同。

考虑如图 7-82a 所示的 A-B 二元系，在富 A 的 α 相基体分布着富 B 的 β 相（简单设为纯 B），A 和 B 原子在这两个相中都是形成置换固溶体，假设颗粒是球状，相界面能是各向同性的，忽略相变时的体积变化，并且界面迁移是扩散控制的。根据吉布斯-汤姆逊效应，与颗粒相邻接的基体中的溶质浓度随颗粒曲率半径不同而不同，大的颗粒的溶解度比小颗粒的溶解度小：

$$c_{\mathrm{eq}(r)}^{\alpha} \approx c_{\mathrm{eq}(\infty)}\left(1+\frac{2\gamma V_{\mathrm{at}}}{k_{\mathrm{B}}Tr}\right)=c_{\mathrm{eq}(\infty)}\left(1+\frac{2\gamma V_{\mathrm{m}}}{RTr}\right) \tag{7-183}$$

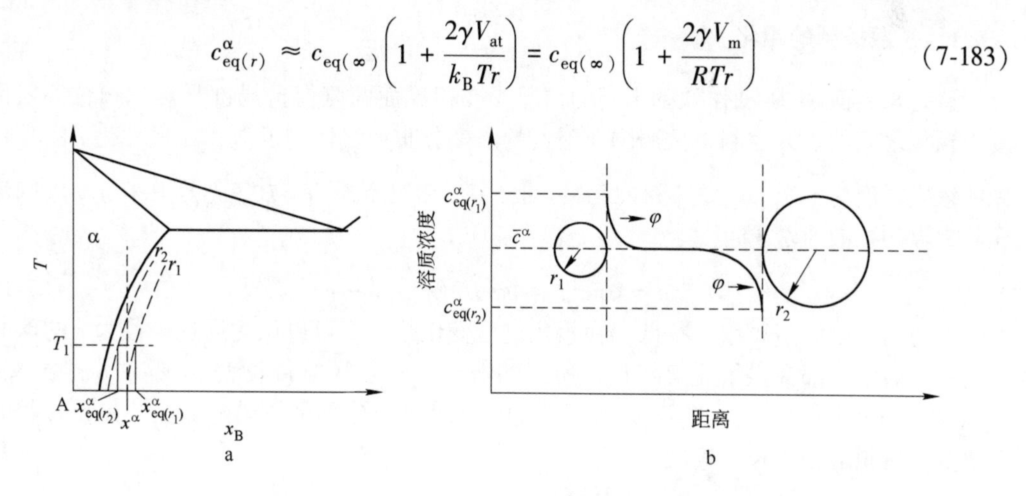

图 7-82 A-B 二元系脱溶颗粒的粗化

a—A-B 二元相图，x 是原子（或摩尔）分数；b—不同尺寸的析出相颗粒之间的浓度分布，c 是体积浓度

在吉布斯-汤姆逊式中颗粒半径为 r 和∞ 的平衡浓度应是摩尔浓度 $x_{\mathrm{eq}(r)}^{\alpha}$ 和 $x_{\mathrm{eq}(\infty)}^{\alpha}$，式

(7-183）两边的浓度是近似地换成体积浓度 c，γ 是相界面能，V_{at}和 V_m分别是原子体积和摩尔体积。在大颗粒 r_2与小颗粒 r_1之间的基体就有 B 组元的浓度场，如图 7-82b 所示。B 原子从小颗粒（作为源）边上通过基体扩散到大颗粒（作为阱）边上，引起（1）小颗粒收缩；（2）大颗粒长大；（3）颗粒总数减少；（4）颗粒平均尺寸增加。根据颗粒与基体界面的源/阱效率不同，颗粒粗化可能是扩散过程控制或是界面过程控制的。

不同尺寸的颗粒在基体的分布多少是随机的，要以严格方式解决在它们之间的基体的扩散输运问题显然是困难的。如果颗粒所占的体积分数比较小，即颗粒中心的平均距离的最低限度要有几个颗粒直径这样大。这样的颗粒系统将会在颗粒周围建立一个准稳态扩散场，这个扩散场是非常局部化的，它的梯度从颗粒向外扩展的距离只有颗粒半径的数量级。以现在的情况，我们可以直观地把离开颗粒半径以外的地方的基体的体积浓度以一个平均浓度 $\bar{c}^{\alpha}$ 表示，如图 7-82b 所示。这个“平均场”浓度比小颗粒平衡浓度低，比大颗粒的平衡浓度高。

设在 t 时刻体系中颗粒尺寸（r）分布为 $f(r, t)$，单位是 m^{-4}，则在单位体积中尺寸在 r 与 $r+dr$ 之间的颗粒数目 $n(r, r+dr)$ 为：

$$n(r, r+\mathrm{d}r)=f(r, t)\mathrm{d}r \tag{7-184}$$

设颗粒在粗化过程溶体中 B 原子的数目保持不变，颗粒从溶体中吸收一个 B 原子，则体积增加 V_{at}。所以，颗粒的总体积保持不变（当脱溶还没有完成时的颗粒粗化则不是这种情况），即：

$$\frac{\mathrm{d}}{\mathrm{d}t}\sum_{p}\frac{4\pi}{3}r^3=0 \tag{7-185}$$

式中求和是对所有颗粒（p）求和。上式为：

$$\sum_{p}r^2\frac{\mathrm{d}r}{\mathrm{d}t}=0 \tag{7-186}$$

7.6.1 扩散控制的粗化

这是相界面源/阱动作效率很高的情况，在相界面两侧保持局部平衡，颗粒的粗化速度由颗粒之间的扩散控制。按照颗粒附近的浓度分布为线性的近似，在尺寸为 r 的颗粒周围的浓度梯度为 $(c^{\alpha}_{eq(R)}-\bar{c}^{\alpha})/r$（见式(7-155)），扩散流量 $J=\tilde{D}^{\alpha}(c^{\alpha}_{eq(R)}-\bar{c}^{\alpha})/r$，则流进颗粒边界的扩散通量 I 为：

$$I=4\pi r^2J=4\pi r\tilde{D}^{\alpha}(c^{\alpha}_{eq(R)}-\bar{c}) \tag{7-187}$$

因为基体中的溶质浓度很低，在粗化过程变化很小，可以认为通过半径为 r 的球面流入的扩散通量全部提供了脱溶相长大所需的溶质：脱溶颗粒每长大 Δr 吸收 $4\pi r^2\Delta r(c^{\beta}-c^{\alpha}_{eq(r)})\approx 4\pi r^2\Delta r(c^{\beta}-c^{\alpha})$ 的溶质原子，式中的 c^{β}和 c^{α}分别是在讨论温度下 β 和 α 相的平衡浓度。故脱溶颗粒长大速度为：

$$\frac{\mathrm{d}r}{\mathrm{d}t}=-\tilde{D}^{\alpha}\frac{c^{\alpha}_{eq(r)}-\bar{c}^{\alpha}}{r(c^{\beta}-c^{\alpha})} \tag{7-188}$$

联合式（7-186），得：

$$\sum_{p}r(c^{\alpha}_{eq(R)}-\bar{c}^{\alpha})=0 \tag{7-189}$$

把表达 $c^{\alpha}_{eq(R)}$ 的式（7-183）代入上式，得：

$$\sum_p r\left[\bar{c}^{\alpha} - c^{\alpha}_{eq(\infty)}\left(1 + \frac{2\gamma V_m}{RTr}\right)\right] = 0 \tag{7-190}$$

上式可以写成：

$$\sum_p r(\bar{c}^{\alpha} - c^{\alpha}_{eq(\infty)}) - \sum_p c^{\alpha}_{eq(\infty)} \frac{2\gamma V_m}{RT} = 0$$

再把上式重排列，即：

$$(\bar{c}^{\alpha} - c^{\alpha}_{eq(\infty)})\sum_p r = c^{\alpha}_{eq(\infty)} \frac{2\gamma V_m}{RT}\sum_p 1$$

因为 $\sum_p 1$ 等于颗粒的总数目，$\sum_p r/\sum_p 1$ 等于颗粒的平均尺寸$\bar{r}$，上式变为：

$$\bar{c}^{\alpha} = c^{\alpha}_{eq(\infty)}\left(1 + \frac{2\gamma V_m}{RT\bar{r}}\right) \tag{7-191}$$

上式也是吉布斯-汤姆逊方程。把上式的 $\bar{c}^{\alpha}$ 及式(7-183)表达的 $c^{\alpha}_{eq(r)}$ 代入式(7-188)，得：

$$\frac{dr}{dt} = \frac{2\tilde{D}^{\alpha}\gamma V_m c^{\alpha}_{eq(\infty)}}{Rr(c^{\beta} - c^{\alpha})}\left(\frac{1}{\bar{r}} - \frac{1}{r}\right) \tag{7-192}$$

上式是平均场理论的结果，颗粒的行为仅取决于颗粒的尺寸 r 与平均尺寸$\bar{r}$ 的相对大小：如果 $r < \bar{r}$，dr/dt 是负值，颗粒溶解；$r > \bar{r}$，dr/dt 是正值，颗粒长大。图 7-83 所示为两种尺寸分布的颗粒按式(7-192)所得的长大速度，其中 $\bar{r}_2 = 1.5\bar{r}_1$。

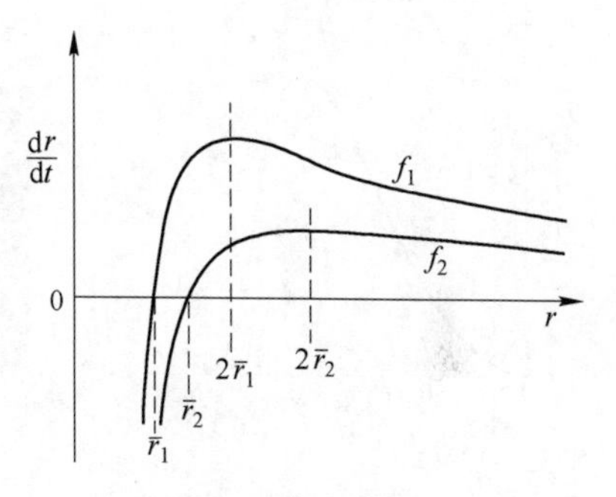

图 7-83　两种不同的颗粒尺寸分布的颗粒长大速度（$\bar{r}_2 = 1.5\bar{r}_1$）

求最大长大速度的颗粒尺寸 r_{max} 满足如下方程：

$$\frac{d}{dr}\left(\frac{dr}{dt}\right) = 0 = \frac{2\bar{r} - r_{max}}{r^3_{max}\bar{r}} \tag{7-193}$$

因此，最大长大速度的颗粒尺寸 $r_{max} = 2\bar{r}$。

很多实验观察的结果正如式(7-192)预言的那样，大于 r_{max}的颗粒长大速度减慢，而小于 r_{max} 但比 $\bar{r}$ 大的颗粒长大速度很快。颗粒平均尺寸 $\bar{r}$ 随时间而增大，当 $\bar{r}$ 增加时，各种尺寸的长大速度都相应降低。$\bar{r}$ 随时间增大对刚刚大于 $\bar{r}$ 的颗粒有致命的影响，它的长大速度比尺寸等于 $\bar{r}$ 的颗粒慢，因此它将被 $\bar{r}$ 超越而最终消失，结果，尺寸为 $2\bar{r}$ 大的颗粒将是很少的。

为了定量描述颗粒尺寸分布随时间的演化，建立一个由 r 表述可视化的“颗粒尺寸”空间，在这空间中长大/收缩颗粒构成颗粒密度流量 φ 为：

$$\varphi = f(r,\ t)\frac{dr}{dt} \tag{7-194}$$

因此，溶质原子总数目守恒导致如下连续方程：

$$\frac{\partial f(r,\ t)}{\partial t} = -\frac{\partial \varphi}{\partial r} = -\frac{\partial}{\partial r}\left[f(r,\ t)\frac{\partial r}{\partial t}\right] \tag{7-195}$$

把式(7-188)代入上式，得：

$$\frac{\partial f(r,\ t)}{\partial t}=-\frac{2\tilde{D}^{\alpha}\gamma V_{\mathrm{m}}c_{\mathrm{eq}(\infty)}^{\alpha}}{RT(c^{\beta}-c^{\alpha})\bar{r}}\cdot\frac{\partial}{\partial r}\left[\frac{(r-\bar{r})f(r,\ t)}{r^{2}}\right] \tag{7-196}$$

如果给出了初始的尺寸分布（例如假设为戈斯分布），则可用上式计算下一时间的尺寸分布。上式的这种类型粗化得出如下结果：

（1）当$t\to\infty$时获得准稳态分布，如图 7-84 所示。此分布大约是对称的，出现最大频率的尺寸是 1.13 $\bar{r}$，尺寸大于 1.5$\bar{r}$ 的颗粒几乎不出现，这个尺寸是截断尺寸 $r_{\text{cut-off}}$。

（2）在退火保温时，颗粒平均尺寸随保温时间延长而增加，颗粒总数目减少。

（3）根据长大速度式(7-192)及颗粒尺寸分布的连续方程式(7-196)导出平均尺寸与时间的关系：

$$\bar{r}^{3}(t)-\bar{r}^{3}(0)=\frac{8\tilde{D}^{\alpha}\gamma V_{\mathrm{m}}c_{\mathrm{eq}(\infty)}^{\alpha}}{9RT(c^{\beta}-c^{\alpha})}t=K_{\mathrm{D}}t \tag{7-197}$$

式中，K_{D} 是扩散控制颗粒粗化的速度常数。可以用最大长大速度的颗粒尺寸随时间的变化来近似平均尺寸随时间的变化，得出的结果与上式相似，只是其速度常数中的 8/9 变为 3/2。实验观察到扩散控制的颗粒粗化尺寸 $\bar{r}$ 与 $t^{1/3}$ 规律，与式(7-197)的理论预测相符。图 7-85 是对半固态的 Pb-Sn 合金颗粒粗化过程的观察，其粗化规律与平均场理论预测的规律相符。

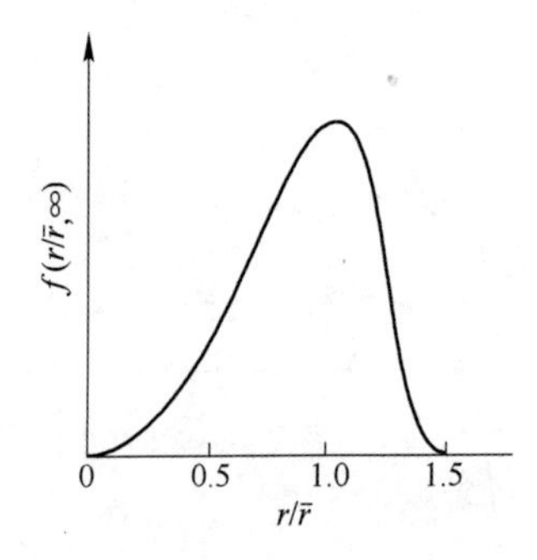

图 7-84　扩散控制颗粒粗化的最终颗粒尺寸准稳态分布

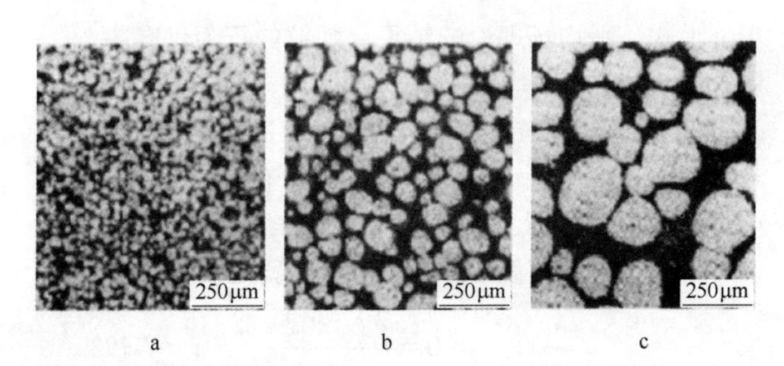

图 7-85　对半固态 Pb-Sn 合金不同时间的颗粒分布的观察（颗粒体积分数是 0.64）

a—5min；b—75min；c—1020min

通常把 lg$\bar{r}$ 相对于 lg$t$ 描画成直线，图 7-86 所示为 Ni-Cr-Al 和 Ni-Si-Al 合金实验的 lg$\bar{r}$-lg$t$ 直线，直线斜率分别是 0.33 和 0.32。LSW 模型获得的斜率一般为 0.33，而 Ni-18.2%Cr-6.2%Al 和 Ni-7%Si-6.0%Al。这两个合金析出颗粒与母相间的失配度仅分别为 0.008%和 0.10%，它们引起的弹性应变能非常小，粗化过程主要由界面能控制，所以与 LSW 模型符合得很好。

求出单位体积脱溶相颗粒数目 N_V 与 $\bar{r}$ 的关系，并且注意到脱溶相的平衡体积分数 ζ_{eq}($\zeta_{\mathrm{eq}}^{\beta}=4\pi\bar{r}^{3}N_V/3$) 与在 t 时间的脱溶相体积分数 ζ_{t} 之差($\zeta_{\mathrm{eq}}-\zeta_{\mathrm{t}}$)也随脱溶时效时间 $t^{-1/3}$ 变化，根据式（7-197），得 N_V 与 t 的关系为：

$$N_V^{-1}(t)-N_V^{-1}(0)=\frac{32\tilde{D}^{\alpha}\gamma V_{\mathrm{m}}c_{\mathrm{eq}(\infty)}^{\alpha}}{27RT(c^{\beta}-c^{\alpha})\zeta_{\mathrm{t}}}t \tag{7-198}$$

当 $\bar{r}=r^*$（r^*是临界半径），并且 $\bar{r}(t)\gg\bar{r}(0)$ 时，式（7-197）导出剩余过饱和度 $\Delta c(t)$ 为：

$$\Delta c(t)=\left[\frac{1}{9}\times\frac{\tilde{D}R^2T^2}{V_m\gamma^2\,(c^{\alpha}_{eq(\infty)})^2}\right]^{-1/3}t^{-1/3} \tag{7-199}$$

式（7-197）的导出是基于一系列的简化假设的，例如假设溶体是稀溶液，并且是理想溶液，析出物的相对体积变化可以忽略等。如果更细致地考虑，粗化的更一般的表达式是：

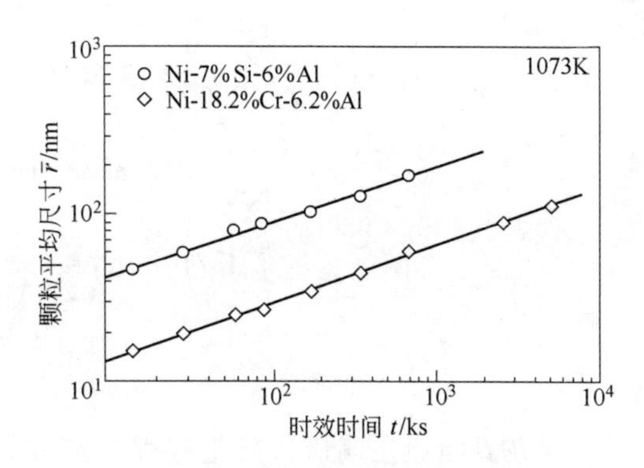

图 7-86 Ni-Cr-Al 和 Ni-Si-Al 合金实验的 $\lg\bar{r}$-$\lg t$ 直线

$$\bar{r}^3(t)-\bar{r}^3(0)=\frac{8}{9}\times\frac{\gamma\tilde{D}^{\alpha}x^{\alpha}(1-x^{\alpha})V_m}{RT(1+\mathrm{dln}\gamma_a/\mathrm{dln}x^{\alpha})\,(x^{\beta}-x^{\alpha})^2}t \tag{7-200}$$

上式的浓度 x 是原子（摩尔）分数。这式子包含了颗粒的浓度 x^{β}，所以如果析出的相是中间相化合物，则式（7-200）相对式（7-197）的变化是非常大的。若在 A 基体上析出的 A_nB 相颗粒，这导致颗粒粗化速度增加大约 $(n+1)^2$倍。例如，Ni_3Al 颗粒在 Ni 基体中粗化速度增加 16 倍；Al_6Mn 在 Al 基体中粗化速度增加将近 50 倍。

例 7-16 含有 Co 脱溶颗粒 Cu-Co 合金在 $T_1=527$℃保温 14h 后，颗粒平均尺寸为原始平均尺寸的 2 倍，即 $\bar{r}_t=2\bar{r}_0$；而在 $T_2=577$℃保温 8h 后，$\bar{r}_t=3\bar{r}_0$，计算这个过程的激活能。设颗粒粗化过程由体积扩散控制，在所讨论温度范围内相界面能 γ、摩尔体积 V_m为常数，c^{β}和 c^{α} 视为常数，根据式（7-197）（把系数 8/9 改为更普遍式子的 3/2），有：

$$\bar{r}_t^3-\bar{r}_0^3=\frac{3}{2}\times\frac{\gamma DV_m c^{\alpha}t}{RT(c_{\beta}-c_{\alpha})}$$

解： 该过程是体积扩散控制的，所以过程的激活能就是扩散激活能。因为 γ、V_m和（$c_{\beta}-c_{\alpha}$）都是不变的，所以粗化式子可以写成：

$$\bar{r}_t^3-\bar{r}_0^3=A\frac{Dt}{T}$$

式中，A 为常数。

对于 $T_1=800\mathrm{K}$，$\bar{r}_t=2\bar{r}_0$，$t_1=5\times10^4\mathrm{s}$，$D=D_1=D_0\exp\left(-\frac{Q}{R\times800}\right)$，得：

$$\bar{r}_0^3(8-1)=7\bar{r}_0^3=A\times D_1\times5\times10^4/800$$

对于 $T_2=850\mathrm{K}$，$\bar{r}_t=3\bar{r}_0$，$t_2=2.88\times10^4\mathrm{s}$，$D=D_2=D_0\exp\left(-\frac{Q}{R\times850}\right)$，得：

$$\bar{r}_0^3(27-1)=26\bar{r}_0^3=A\times D_2\times2.88\times10^4/850$$

上两式左、右两端相除，得：

$$\frac{7}{26}=\frac{\exp\left(-\frac{Q}{R\times 800}\right)\times 5/800}{\exp\left(-\frac{Q}{R\times 850}\right)\times 2.88/850}=1.85\exp\left[-\frac{Q}{8.314}\left(\frac{1}{800}-\frac{1}{850}\right)\right]$$

$$\ln(0.146)=-\left(\frac{Q}{8.314}\right)\times 7.35$$

$$Q=2.2\times 10^5\text{J/mol}$$

如果在界面存在偏析，粗化过程的扩散原子要越过这一界面偏析层，这使得粗化过程变慢。例如，Boyd 和 Nicholson 发现在 $w(\text{Cu})=4\%$ 的 Al-Cu 合金中加入质量分数为 1%的 Cd，显著地降低了在 473K 保温析出的 θ′相的平均尺寸与保温时间的增长关系，他们还测得因为 Cd 的加入，θ′相与基体间的界面能从 1530mJ/m² 降为 250mJ/m²，说明这是 Cd 在界面偏析所致。又例如在 Fe-N 合金中加入锑、氧、磷和锡等，会显著降低氮化物的粗化速度，图 7-87 所示为氮化物颗粒在 643K 在纯 Fe 和加入不同 Sn 量的 Fe-Sn 基体中尺寸随时间的变化。从图看出，随着 Sn 的加入，粗化速度降低一个数量级。

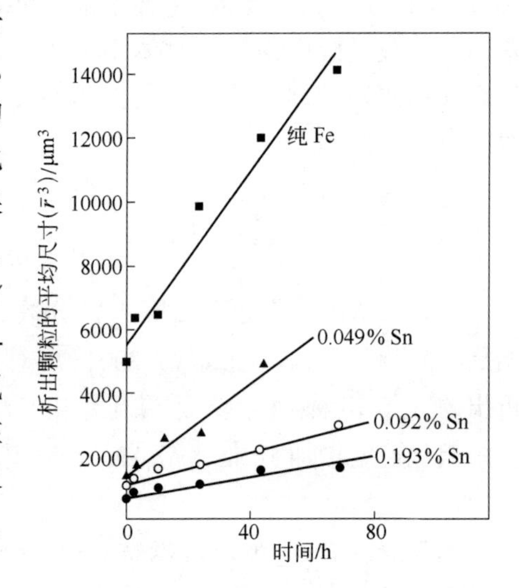

图 7-87 Fe-N 合金中加入不同的 Sn 量后氮化物颗粒尺寸随时间的变化

7.6.2 板状或针状（圆柱状）颗粒的粗化

有些合金体系的第二相颗粒形状类似针状，在 bcc 结构 Fe 中的 fcc 结构 Cu 相就是这样的例子，这是因为沿着 fcc⟨110⟩方向与 bcc⟨111⟩方向间的原子排列是良好匹配。实验表明，如果颗粒的轴比 A（板长或针状的长度 a_y 和板厚度或针状的直径 h 的比值 a_y/h）约为 4 的常数，颗粒粗化表观上仍表现为扩散控制。对于片状的颗粒，例如 Al-Ag 合金中的脱溶相 Ag_2Al，它的轴比 A 非常大，$A>100$，远比平衡形状的轴比（见图 7-20）$A_{eq}\approx 3$ 大得多。Ferrante 和 Doherty 对非共格的板边缘的平衡溶解浓度 c_r 以及半共格的板面的平衡溶解浓度 c_f 用修正的吉布斯-汤姆逊方程表示为：

$$c_r=c^{\alpha}_{eq(\infty)}\left[1+\left(\frac{1-c^{\alpha}_{eq(\infty)}}{c^{\beta}-c^{\alpha}_{eq(\infty)}}\right)\left(1+\frac{A}{A_{eq}}\right)\frac{\gamma_r V_m}{RTa_y}\right] \tag{7-201}$$

$$c_f=c_{\infty}\left[1+\left(\frac{1-c^{\alpha}_{eq(\infty)}}{c^{\beta}-c^{\alpha}_{eq(\infty)}}\right)\frac{\gamma_r V_m}{RTa_y}\right] \tag{7-202}$$

式中，c^{β} 是颗粒相的浓度；a_y 是板（或针）的半长度；γ_r 是板（或针）边缘的非共格界面能。如果 $A\gg A_{eq}$，即使粗化时间很长，颗粒形状也难以向期望的平衡形状改变。因为 $c_f<c_r$，溶质由板的边缘扩散到板面是增厚（从而改变形状）反应的机制，但是由于板的半共格界面移动需要有表面台阶，表面缺乏台阶而不易迁动，板片粗化增加长度非常快，

使板片保持 $A \gg A_{eq}$。以非常粗略的近似并认为平均轴比 $\bar{A}$ 保持不变的情况下，导出板状颗粒平均半长度 $\bar{a}_y$ 的增长式子：

$$\bar{a}_y^3(t) = \bar{a}_y^3(0) + \frac{3A\tilde{D}\gamma_r V_m}{2\pi RT}\left(1 + \frac{A}{A_{eq}}\right)\frac{c^\alpha(1 - c^\alpha)}{(c_y - c^\alpha)^2}t \tag{7-203}$$

虽然上式以非常粗略的近似导出，但是，非常惊奇地看到，即使平均轴比不能保持常数，上式仍与实验数据非常吻合。

板片状脱溶颗粒界面的台阶是板增厚的关键，若颗粒与颗粒接触，在相交处提供有效的长大台阶的源，在脱溶物量多时，即大的原始过饱和母体脱溶时常发生这种情况。同时，大的过饱和母体也易于触发界面台阶的形核。

对 Al-Cu 合金脱溶出 θ′相的研究发现，θ′相的 A 很大并且其数值也很分散，Al-Ag 合金析出的 θ′相的 A 也很大，它们在粗化时 A 向着平衡值 A_{eq}（约等于 20）变化。若脱溶相密度大时，A 下降的速度很快，这很清楚地暗示：高的脱溶相密度导致脱溶物相互接触从而作为台阶的源的机会加大。图 7-88 所示为 Al-Cu 合金在不同条件时效析出片状脱溶物 θ′的轴比随时效时间的变化，时效温度为 225℃。从图看出，脱溶物密度大的合金平均轴比 $\bar{A}$ 下降得快，同时还看出，脱溶前的预应变会加快平均轴比 $\bar{A}$ 下降的速度。

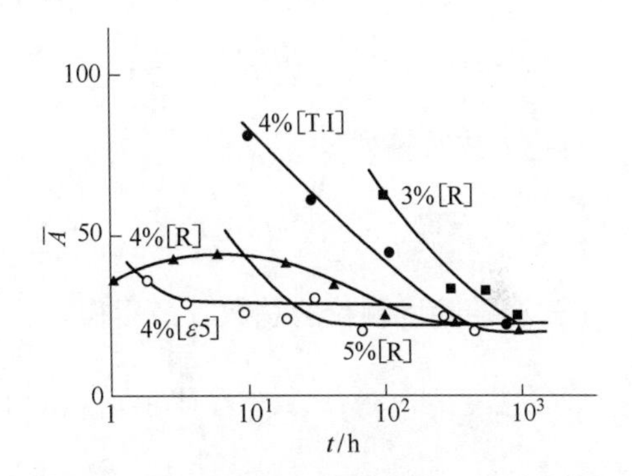

图 7-88　Al-Cu 合金片状脱溶相 θ′的平均轴比 $\bar{A}$ 随时效时间的变化

（T. I 表示从固溶温度直接到时效温度；
R 表示先淬火到室温然后加热到时效温度；
ε5 表示在室温预应变 5%再到时效温度；
各曲线的数字，表示 Cu 的摩尔分数）

7.6.3　界面源/阱控制的粗化

界面源/阱控制粗化时，若环绕颗粒的界面表现为弱的源/阱，则粗化速度取决于颗粒之间的扩散流在颗粒界面的接纳情况，粗化过程速度则由界面过程控制。通过界面单位面积从基体进入颗粒的 B 原子数量等于 $Kc_{(r)}^\alpha$，其中 $c_{(r)}^\alpha$ 是在界面处基体的浓度（注意，此时并非是平衡浓度），K 是速度常数；相反，从颗粒回到基体的 B 原子数量则正比于基体与颗粒的平衡浓度 $c_{eq(r)}^\alpha$，设想 B 原子进入颗粒和返回基体的反应速度常数相同，则从基体跨过界面进入颗粒的净溶质通量 I' 为：

$$I' = 4\pi r^2 K(c_{(r)}^\alpha - c_{eq(r)}^\alpha) \tag{7-204}$$

颗粒长大速度是：

$$\frac{dr}{dt} = K\frac{c_{(r)}^\alpha - c_{eq}^\alpha}{c^\beta - c^\alpha} \tag{7-205}$$

如果在颗粒之间的基体中扩散很快或者 K 很小，在短时间就扩散均匀，则颗粒界面边上的基体浓度等于平均浓度，$c_{(r)}^\alpha = \bar{c}^\alpha$，这时粗化过程也就是界面过程控制。式（7-205）变为：

$$\frac{dr}{dt} = K\frac{c_{eq(r)}^\alpha - \bar{c}^\alpha}{c^\beta - c^\alpha} \tag{7-206}$$

上式与式（7-186）联合，得：

$$\sum_p r^2(c_{\mathrm{eq}(r)}^{\alpha} - \bar{c}^{\alpha}) = 0 \tag{7-207}$$

把表达 $c_{\mathrm{eq}(r)}^{\alpha}$ 的式（7-183）代入上式，得

$$c_{\mathrm{eq}(r)}^{\alpha} \approx c_{\mathrm{eq}(\infty)}\left(1 + \frac{2\gamma V_{\mathrm{at}}}{k_{\mathrm{B}}Tr}\right) = c_{\mathrm{eq}(\infty)}\left(1 + \frac{2\gamma V_{\mathrm{m}}}{RTr}\right)$$

$$\sum_p r^2\left[\bar{c}^{\alpha} - c_{\mathrm{eq}(\infty)}^{\alpha}\left(1 + \frac{2\gamma V_{\mathrm{m}}}{RTr}\right)\right] = 0 \tag{7-208}$$

上式可以写成：

$$\sum_p r^2(\bar{c}^{\alpha} - c_{\mathrm{eq}(\infty)}^{\alpha}) - \sum_p r^2 c_{\mathrm{eq}(\infty)}^{\alpha}\frac{2\gamma V_{\mathrm{m}}}{RTr} = 0$$

再把上式重排列：

$$(\bar{c}^{\alpha} - c_{\mathrm{eq}(\infty)}^{\alpha})\sum_p r^2 = c_{\mathrm{eq}(\infty)}^{\alpha}\frac{2\gamma V_{\mathrm{m}}}{RT}\sum_p r \tag{7-209}$$

上式两端除以颗粒的总数，最后得：

$$\bar{c}^{\alpha} = c_{\mathrm{eq}(\infty)}^{\alpha}\left(1 + \frac{2\gamma V_{\mathrm{m}}}{RT}\cdot\frac{\bar{r}}{\overline{r^2}}\right) \tag{7-210}$$

把上式及式（7-183）代入式（7-205），得：

$$\frac{\mathrm{d}r}{\mathrm{d}t} = \frac{2Kc_{\mathrm{eq}(\infty)}^{\alpha}\gamma V_{\mathrm{m}}}{RT(c^{\beta} - c^{\alpha})}\left(\frac{\bar{r}}{\overline{r^2}} - \frac{1}{r}\right) \tag{7-211}$$

上式积分，得：

$$r^2(t) - r^2(0) = \frac{4K\gamma V_{\mathrm{m}}c_{\mathrm{eq}(\infty)}^{\alpha}}{RT(c^{\beta} - c^{\alpha})}\left(\int_0^t \frac{\bar{r}r}{\overline{r^2}}\mathrm{d}t - t\right) \tag{7-212}$$

对上式按平均计算，最后得：

$$\bar{r}^2(t) - \bar{r}^2(0) = \frac{64K\gamma V_{\mathrm{m}}c_{\mathrm{eq}(\infty)}^{\alpha}}{81(c^{\beta} - c^{\alpha})RT}t = K_{\mathrm{S}}t \tag{7-213}$$

式中，K_{S}是界面控制颗粒粗化的速度常数。

7.6.4 颗粒粗化的一般公式

综合上面的讨论，一般情况下颗粒粗化的式子可以表达为：

$$\overline{d^n} = \overline{d_0^n} + \alpha\bar{G}t \tag{7-214}$$

式中，d_0是在 $t=0$ 时刻 d（颗粒尺寸）的值；$\bar{G}$ 是物质传输的参数；α 是取决于颗粒几何的量纲为 1 的系数。指数 n 的值：当黏性流动时，$n=1$；界面控制时，$n=2$；粗化过程在所有相都是体积扩散时，$n=3$；界面扩散时，$n=4$；管道（例如沿位错）扩散时，$n=5$。表 7-8 列出了式（7-214）中在各种情况下 $\bar{G}$ 的意义和表达以及 n 和 α 的值。

表 7-8 式（7-214）中的系数

控制速度的过程	颗粒形状	式（7-214）中系数的表达		
		n	α	$\overline{G}$
体积扩散	球状	3	8/9	$D_l\gamma c_\alpha V/RT$
	片状	3	$3A'(1+A'/A'_{eq})$	$D_l f\gamma c_\alpha V/2pRT$
晶界扩散	球状	4	9/32	$D_b f\gamma c_\alpha V\delta/ABRT$
位错扩散	球状	5	$(1.03)^5(3/4)^4 5/6\pi$	$D_d\gamma c_\alpha VqN\eta/RT$
界面限制长大		2	64/81	$\gamma Kc_\alpha V/RT$

注：各符号的意义或表达式为：

A 参数，$A=2/3-(\gamma_b/\gamma)+(\gamma_b/\gamma)^2/24$

A'，A'_{eq}——颗粒平均和平衡的长宽比；

D_l，D_b，D_d——在基体、在晶界和在位错管道的扩散系数；

N——一个颗粒与位错交截的数目；

q——一个位错扩散的横截面；

δ——晶界宽度；

$\gamma(\gamma_b)$——晶界能（相界能）。

B 参数，$B=\ln(1/f)/2$

$c_\alpha=c^2_{eq(\infty)}/(c_\beta-c_\alpha)$

c_α，c_β——基体和颗粒的浓度；

f——函数 $f=c(1-c_\alpha)/(c_\beta-c_\alpha)^2$；

p——参数，当颗粒很大时，它趋于 π；

K——包括界面迁移率的速度常数；

η——几何参数。

7.6.5 经典平均场理论的局限

上面建立平均场模型时已经提到，经典平均场理论假设颗粒所占的体积分数 ζ^β 比较小并且为常数，ζ^β 比较小以使得能在颗粒周围建立一个准稳态扩散场。平均场还假设颗粒近似为球状，颗粒周围的扩散是球对称的。如 Ni-Al、Co-Cu 和 Li-Al 等比较理想的体系，它们中的颗粒体积分数比较小，颗粒大体可近似为球状，相界面是非共格并有高密度的台阶，它们是溶质原子的高效率的源/阱，符合经典平均场的扩散控制长大条件。实验证明，在这些体系中的颗粒粗化规律为 $\bar{r}^3=A+Bt$，并且，其中的系数 B 与式（7-197）理论计算的结果比较符合。

平均场理论所描述的准稳态颗粒尺寸分布有一个截断尺寸 $r_{cut\text{-}off}=1.5\bar{r}$，实际的颗粒尺寸分布没有这一截断尺寸，并且尺寸分布比平均场理论导出的宽。图 7-89 所示为 Ni-8.74%Ti 合金在 692℃时效给定时间后测得的析出 γ'颗粒的尺寸分布，从图可看出实际分布与 LSW 理论所得的分布间的差别。

事实上，当颗粒体积分数大时，颗粒间的距离小，基体的浓度场不再能以平均场描述，平均场理论没有考虑这样的体积分数效应。颗粒体积分数对颗粒尺寸分布以及颗粒长大动力学都有影响。严格说来，只有颗粒体积分数趋于 0 时，平均场理论才是正确的。实验证明，扩散控制颗粒粗化的式（7-197）的形式对所有不同的体积分数都是适用的，但是其系数 K_D 随着体积分数 ζ^β 单调增加。由于固/固体系中界面有潜在的很强的共格应力影响，所以液相/固相体系中颗粒粗化的实验资料与理论预测的符合程度远优于固/固体系。Hardy 和 Voorhees 对 Pb-Sn 合金富 Sn 和富 Pb 的共晶液体中在体积分数为 0.6~0.9 范围的实验资料(图 7-90)证明了体积分数效应的作用，系数 K_D 随着体积分数 ζ^β 单调增加。

另外，固-固体系中颗粒的弹性交互作用会影响颗粒的形状，甚至还影响颗粒的空间分布，这些都是平均场理论所不能考虑的。

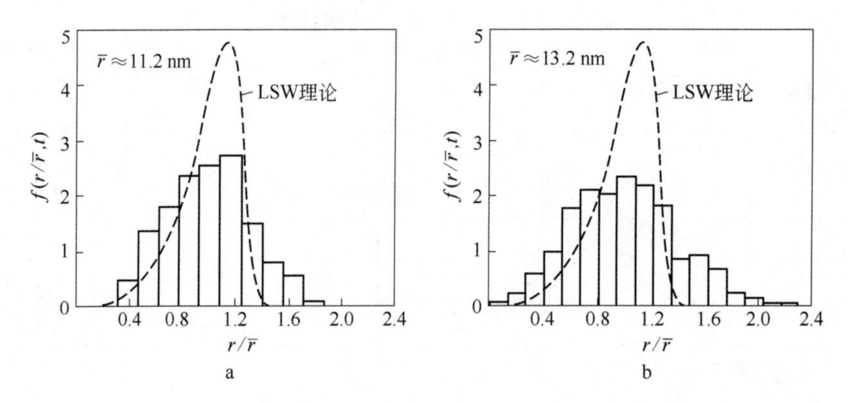

图 7-89 Ni-8.74%Ti 合金在 692℃时效给定时间后测得的析出 γ′颗粒的尺寸分布
（虚线是 LSW 理论曲线）
a—时效时间 480min；b—时效时间 1455min

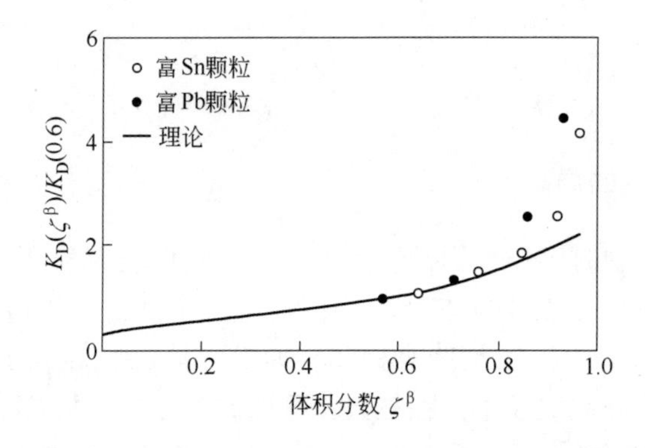

图 7-90 Pb-Sn 合金富 Sn 和富 Pb 的共晶液体中在颗粒体积分数为
0.6~0.9 范围的 $K_D(\zeta^\beta)$ 与 ζ^β 等于 0.6 的 $K_D(0.6)$ 的比值

7.6.6 共格应变及应力场对颗粒粗化机制和动力学的影响

上面讨论的 LSW 理论假设颗粒粗化过程的驱动力是源于界面能，但是，若存在较大的弹性应变能时，弹性应变能包括颗粒自身的弹性应变能和颗粒之间的弹性交互作用能，就不能不考虑它们对粗化机制和动力学的影响。

除了考虑系统中颗粒与母相的弹性常数差异外，其他因素如弹性各向异性、界面能的各向异性、颗粒的晶体结构、颗粒间弹性交互作用等对颗粒粗化形貌起重要作用。例如 Ni-36.1%Cu-9.8%Si（数字代表摩尔分数）以及 Ni-47.4%Cu-5.0%Si（数字代表摩尔分数）合金析出的第二相颗粒的点阵错配很大，约为 1.3%，这两个合金中的颗粒形状是立方体，若以立方体棱长的一半作为颗粒半径，这两个合金的 $\lg\bar{r}$-$\lg t$ 直线斜率分别为 0.28 和 0.17，与 LSW 模型的约 0.33(图 7-86)相差很大。斜率随点阵错配增加和析出物体积分数增加而减小，同时颗粒尺寸分布变窄。

在 bcc 母相析出 DO_3 类型的颗粒也观察到类似现象：点阵错配小的 Fe-Al-Cr 和 Fe-Al-Ge 合金，粗化的颗粒形状为球状，如图 7-91a 所示，粗化动力学符合 LSW 理论模型，

$\lg\bar{r}$-$\lg t$ 直线斜率为 0.334；而点阵错配比较大的 Fe-Si-V 合金，粗化的颗粒形状为立方体状，如图 7-91b 和 c 所示，颗粒沿〈100〉方向排列（对大多数立方晶体〈100〉方向是弹性软的方向），并且粗化过程到某一阶段后就停止。

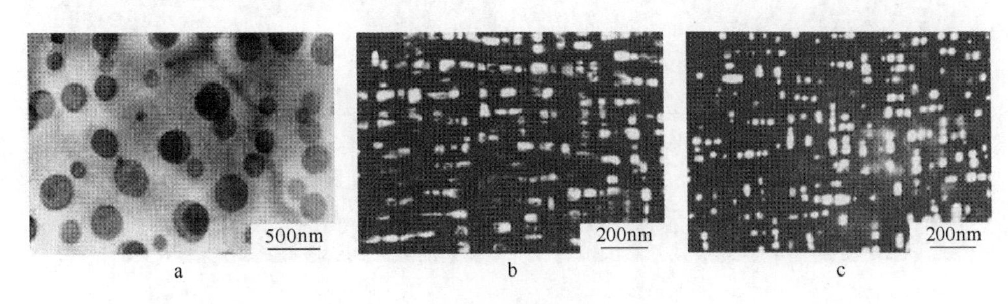

图 7-91　在 923K 时效的颗粒的排列

a—Fe-13.5%Al-4.4%Ge 合金；b—Fe-8%Si-8%V 合金；c—Fe-5%Si-10%V 合金

如果共格颗粒有很强的弹性应变，并且存在弹性各向异性，在颗粒的弹性交互作用下颗粒会分裂，或者分裂为两部分，或者分裂为 8 部分。图 7-92 所示为在 bcc 基体中时效过程颗粒分裂的透射电镜照片，它分别是上述的两种分裂情况的例子。图 7-92a 所示为 Fe-8%Si-8%V（数字代表摩尔分数）合金在 993K 时效 18ks 后的 DO_{22} 颗粒分裂情况，每对平行的颗粒是由单个立方体分裂出来的，裂开方向都是弹性软的方向〈100〉（与图 7-91b 对比）；图 7-92b 所示为 Ni-12%Si 合金（数字代表摩尔分数）在 1103K 时效 72ks 后的 γ′颗粒分裂情况，8 个立方 γ′颗粒组是由单个立方体分裂出来的，裂开方向也是〈100〉（与图 7-91b 对比）。当合金慢冷到稍低于固溶线温度长时间保温，析出相颗粒数量密度非常低时最容易观察到颗粒的裂化。

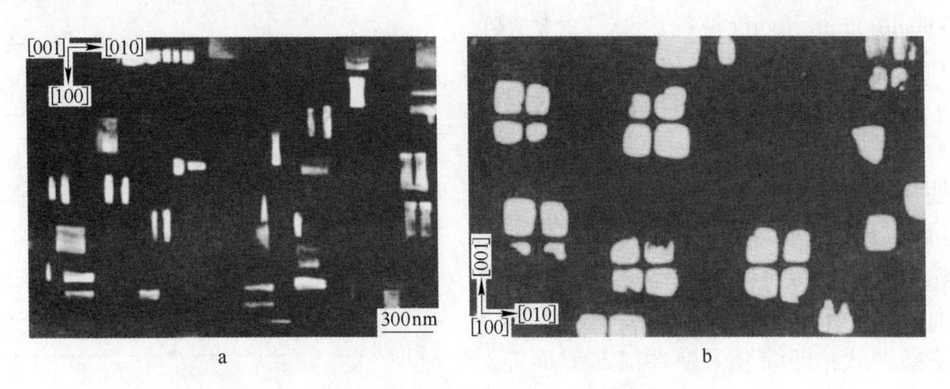

图 7-92　bcc 基体中时效时颗粒分裂的透射电镜照片

a—Fe-8%Si-8%V 合金在 993K 时效 18ks，每对 DO_{22} 颗粒是由单个立方体分裂出来的；

b—Ni-12%Si 合金在 1103K 时效 72ks，8 个立方 γ′颗粒组是由单个立方体分裂出来的

图 7-93 所示为 Ni-23.4%Co-4.7%Cr-4%Al-4.3%Ti（数字代表质量分数）高温合金时效时 γ′颗粒粗化过程中分裂的扫描电镜照片。母相是 fcc 结构，具有 3 个〈100〉方向的四次对称轴，在这些弹性软的方向裂开。

颗粒的裂化是系统能量降低的过程。例如，对于一分为二的裂化，裂化前后颗粒的自身弹性能没有改变，但是增加了界面能，同时有两个颗粒的交互作用能，颗粒沿弹性软方

a

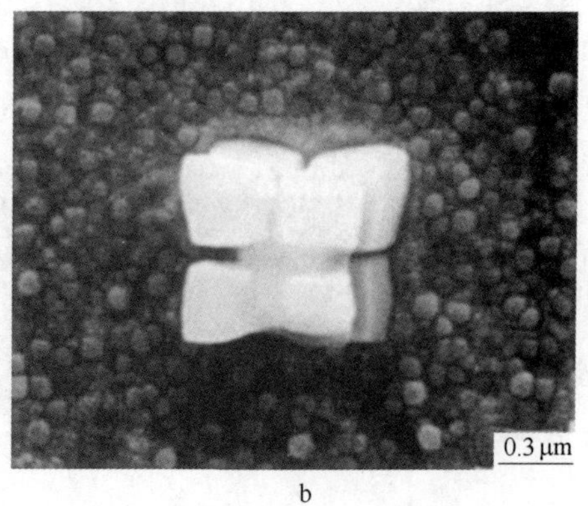

b

图 7-93 在 Ni-23.4%Co-4.7%Cr-4%Al-4.3%Ti 高温合金时效时 γ'颗粒粗化分裂早期的扫描电镜照片

向排列其交互作用能是负的，这项负的弹性交互作用能抵消界面能的增加后仍有盈余，所以系统的能量是降低的。对于一分为八的裂化，虽然计算交互作用能比较复杂，但是原理是相同的。

Doi 和 Miyazaki 引入一个 $\Delta'=\varepsilon/\gamma$ 的因子，其中 ε 和 γ 分别为点阵错配应变和界面能，当 $\Delta'<0.2$ 时，表面能是主要控制因素，颗粒不会裂化，Ni-7%Al，Ni-7%Si，Ni-20%Cr-10%Al（数字代表摩尔分数）以及因康镍 50 合金等是这种情况的例子；$0.2<\Delta'<0.4$ 时，颗粒裂化为 8 块，Ni-10%Al-4%Si，Ni-12%Si，Ni-8%Al-5%T（数字代表摩尔分数）以及尼莫尼克 115 合金等是这种情况的例子；而 $\Delta'>0.4$ 后，颗粒裂化为两块，Ni-12%Al，Ni-11%Ti，Ni-40%Cu-6%Si 和 Ni-18%Cr-5%Si（数字代表摩尔分数）等是这种情况的例子。

Thompson 和 Voorhees 提出另一个量纲为 1 的因子 $L=\delta^2 C_{44} l/\gamma$ 来描述颗粒的形状。L 因子中 δ 是线性失配度（相当于前面讨论的膨胀转变应变 ε），C_{44}是弹性各向异性立方系的弹性常数（相当于(100)面[010]方向的切变模量），l 是颗粒尺寸（等于 $3V^{1/3}/4\pi$，V 是颗粒体积）。从 L 的含义看，它就是弹性能与界面能的比率的特征值。用 L 的大小描述颗粒平衡形状，即综合了弹性能与界面能对颗粒平衡形状的影响。以 a^R 描述平衡形状对称特征的参数，$a^R=0$ 是四次对称，$a^R\neq 0$ 是二次对称。图 7-94 所示为具有四次对称的立方系颗粒的 a^R 与 L 的关系。颗粒很小即 L 很小时，界面能对形状的控制起主要作用，颗粒为球状；当 L 小时，其平衡形状是具有四次对称的立方体，但其棱和角都是圆滑的。随着 L 增加，应变能的影响变得越来越重要，当 L 增加到某一临界值时（即颗粒尺寸达到某一临界值），则会分裂为一个在沿着〈100〉3 个方向（弹性软的方向）成片状的颗粒。裂化的 L 值大小取决于弹性各向异性的大小和两个相的弹性常数差。

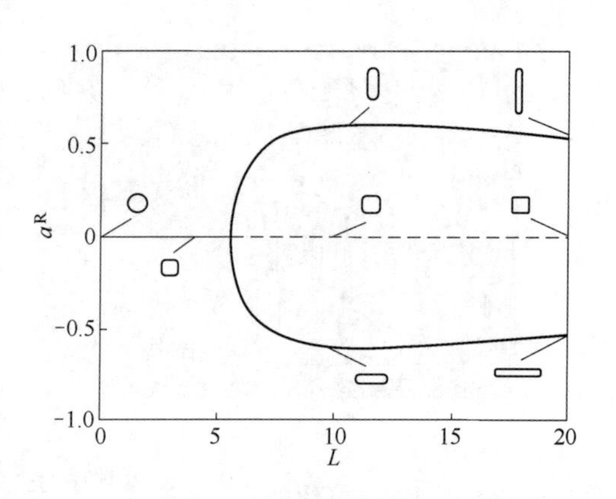

图 7-94 立方系颗粒 a^R 与 L 的关系

应该再次强调，如果颗粒的数量密度比较大时，颗粒间的交互作用已使颗粒按弹性软的方向排列，就不会发生裂化。关于这一裂化过程的具体机制有多种说法，但都是和在局部应变场下的扩散有关，还有待更多的探讨。

不存在应力场时，不管界面能是否是各向异性，颗粒的界面一般都是外凸的，但当存在应力场时，具有四方错配的弹性各向异性系统中，会出现界面非凸状的亚稳形状颗粒。在各向异性系统中当颗粒的弹性足够低时，在界面上还会出现针槽状沟。当然，这些过程不能由降低界面能来驱动，实际上它是增加界面能的，这些过程是由降低应变能来实现的，也即需要足够大的 L 值才会发生。

有些系统颗粒粗化后不形成球状，这是因为界面能的各向异性很强烈。例如，含 N 的 $x(\mathrm{Mo})=3\%$的 Fe-Mo 合金中，$(\mathrm{Fe,Mo})_{16}\mathrm{N}_2$型的析出相以轴比约为 0.1 的盘状以母相$\{100\}_{\alpha\text{-Fe}}$为惯习面析出，因为盘状氮化物在惯习面平面的界面能（0.05J/m^2）比在盘边的界面能（约 0.3J/m^2）低得多，因此，颗粒粗化长大时只是盘片长大而其厚度基本保持不变。图 7-95 所示为含 N 的 $x(\mathrm{Mo})=3\%$的 Fe-Mo 合金在 600℃时效不同保温时间的场离子显微镜照片，因为场离子试样是针尖半球形，故片状析出相呈现弯曲状，析出的$(\mathrm{Fe,Mo})_{16}\mathrm{N}_2$颗粒随保温时间延长而长大，在开始时（$t=0$h）其盘片厚与盘直径比为 0.1，到保温时间 $t=623$h 时变为 0.04；而盘片的厚度却从开始时的 0.7nm 变化为 1.0nm，即变化很少，比起直径的变化可以忽略。

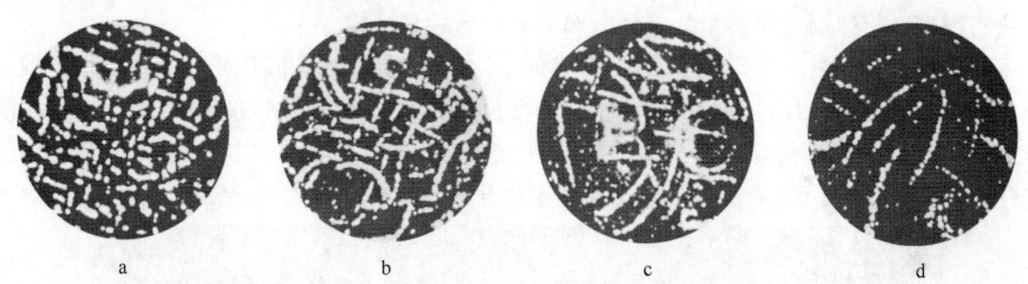

图 7-95 在 600℃时效不同保温时间$(\mathrm{Fe,Mo})_{16}\mathrm{N}_2$(亮)在 α-Fe（黑）基体上形状的场离子显微镜照片
a—0h；b—6h；c—168h；d—623h

弹性交互作用可以改变粗化的动力学过程，计算表明，两个形状固定的颗粒系统，在强烈的弹性交互作用下可以发生反粗化的过程，即小颗粒可以消耗大颗粒而长大，系统多于两个颗粒的弹性交互作用时，反粗化仍然可以发生。这时，颗粒的形状的改变必须共同与系统的扩散场和弹性应力场协调。如果 L 足够大，系统同时是弹性各向异性和弹性不均匀的，则颗粒粗化时，颗粒是任意形状都有可能是稳定的。所有这些都说明系统弹性的不均匀性是决定颗粒粗化的稳定形貌非常重要的因素。

7.6.7 粗化在整体脱溶过程的作用

在讨论形核和长大过程时已经指出，在这些过程中颗粒粗化也在进行，即形核、长大和粗化过程是重叠和相互竞争的。显然，把这样复杂的过程分解为独立的形核、长大和粗化阶段来处理是不合适的。而针对每一阶段独立发展的动力学理论都是基于一些理想化的假设，它们常与实际情况不符，VWBD 的经典形核理论就是这种情况。这些理论还假设整个过程的过饱和度不变，这也只有形核初期才能满足。扩散长大理论只是描述大小均匀的脱溶相尺寸随时间的变化，而实际的颗粒是存在尺寸分布的。最后，粗化理论是基于线性吉布斯-汤姆逊方程(式(7-183))的，并假设过饱和度接近于0。要真正描述实际的相变整体过程，需要建立更合适的理论。

有关的理论模型有Langer和Schwartz提出的模型（LS模型），后来，Wendt和Haasen对它作了改正，再后来Kampmann和Wagner作了进一步的改进（MLS模型），使它能用于描述高过饱和介稳态脱溶相形成和长大动力学过程。Kampmann和Wagner在经典粗化和长大理论的框架内提出一个精确描述脱溶反应全过程的计算方法，称之为N模型。所有这些模型都力图解决脱溶相变的整体动力学问题，但需要继续探索。这里不详细介绍这些模型的理论，有兴趣的读者可以参阅相关文献。

7.7 相场动力学简介

相场模型是以热力学和动力学基本原理为基础而建立起来的一个用于预测固态相变过程中微结构演化的有力工具。在相场模型中，相变的本质由一组连续的序参量场所描述。微结构演化则通过求解控制空间上不均匀的序参量场的时间关联的相场动力学方程而获得。相场模型对相变过程中可能出现的瞬时形貌和微结构不做任何事先的假设。通过序参量在空间上的依赖关系，可以确定非均匀组分和结构的相场，并对相场动力学及其结构形态进行模拟。可以通过序参量的空间分布而获得形貌和结构。

相场模型已经被广泛应用于各种扩散和无扩散相变的微结构演化研究。本书不详细介绍相场理论的细节，在各章只引用一些相场模拟的例子。例如，通过基体各组元的平均浓度 c_0，结合其在沉淀颗粒近表面的扩散分布，可以确定沉淀物微结构颗粒度分布的动态变化。图7-96是Al-Cu系合金中熟化和亚稳相分解的相场二维模拟。

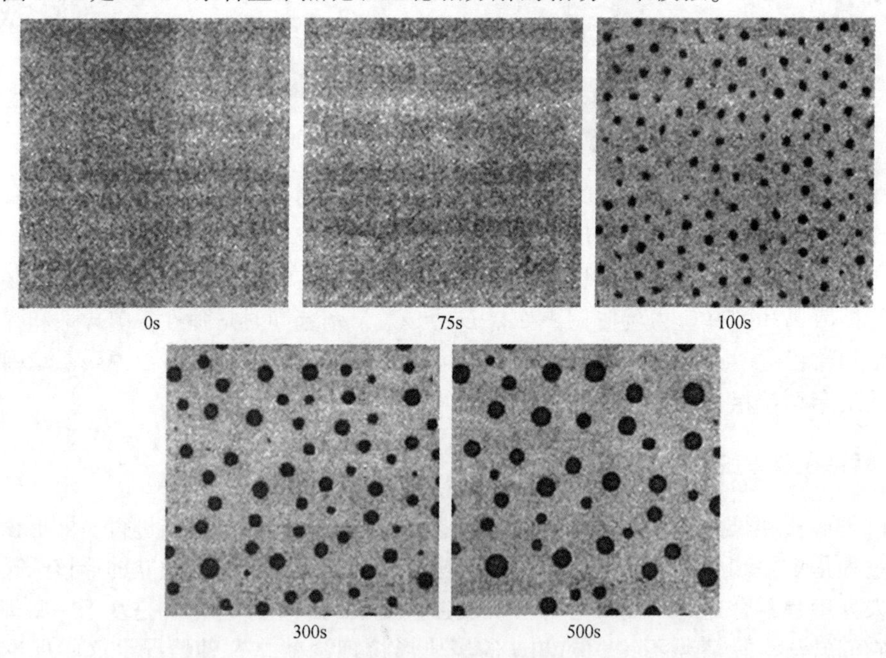

图7-96 Al-Cu系合金中熟化和亚稳相分解的相场二维模拟

练 习 题

7-1 由内耗法测出 Fe_3C 在 α-Fe 中的平衡溶解度为：

$$x = 0.736\exp\left(\frac{-4850}{T}\right)$$

式中，T(K)为温度。求在627℃ Fe_3C 的颗粒半径为10nm、100nm以及1000nm时它在α-Fe中的溶解度。问颗粒的曲率半径为多大时才对溶解度有实质性的影响。α-Fe_3C 的界面能为 0.71J/m^2，Fe_3C 的摩尔体积为 23.4cm^3/mol。

7-2 估计 1cm^{3}的铜在熔点温度含10个原子和60个原子的原子团数目。已知液态下铜原子体积为 1.6×10^{-29}m^3，γ_{SL}为 0.177J/m^2，$T_m = 1356$K。

7-3 纯金属同素异形转变 α→β 在某一过冷度下两相体积吉布斯自由能差为 7×10^5kJ/m^3，α/β 界面能为 0.6J/m^2。若忽略形核的应变能，求形成球状、立方体以及直径（D）和厚度（t）比（D/t）为20的圆盘状核心的临界核心尺寸和临界核心形成功。

7-4 导出二元合金中母相 α 和析出相 β 均为理想溶体以及规则溶体的相变总驱动力和形核驱动力（以J/mol表示）。设原始成分为 x_0，在脱溶温度 α 相平衡成分为 x_α，脱溶物核心成分和 β 相平衡成分近似相等为 x_β，两相交互作用系数相等，均为 Ω。

7-5 本题讨论符号和上题相同，现讨论 α 和 β 均为理想溶体的情况。在600K，$x_0 = 0.1$，$x_\alpha = 0.02$，$x_\beta = 0.95$，α/β 界面能为 0.5J/m^2，两相偏摩尔体积同为 10^{-5}m^3/mol。

（1）求相变总驱动力和形核驱动力（以单位体积的吉布斯自由能表示）。

（2）求均匀形核的临界核心尺寸（球状）。

（3）脱溶后，脱溶粒子间距为50nm，问粒子平均半径为临界核心半径 r^* 的多少倍？

（4）转变前后总吉布斯自由能降低多少？还有多少以界面能形式保留下来？

7-6 镍的平衡熔点为1728K，固相的 $V_S = 6.6$cm^3/mol，液/固相界面能 $\gamma = 2.25\times10^{-5}$J/cm^2，如球形粒子半径是1cm、1μm、0.01μm时，熔点各降低多少？设摩尔熔化焓 $\Delta H_m = 18066$J/mol。

7-7 镍在获得过冷度为平衡熔点（K）的0.18倍时均匀形核，问在大气压下的平衡熔点温度下能均匀形核所要求的压力多大？已知凝固的体积变化为 $\Delta V = -0.26$cm^3/mol。

7-8 为什么 r_{max} 会随过冷度 ΔT 而变？

7-9 设可能的形核位置数相同，核心的表面位置数相同，若非共格形核的形核率 I_i 与共格形核形核率 I_c 之比 $I_i/I_c \geqslant 10^{30}$ 则认为非共格形核是主要的，问在同一温度下，两者的临界核心形成功之差应为多大（以 k_BT 表示）？

7-10 含有非常细小的弥散颗粒的纯组元液相结晶，颗粒可作为非均匀形核地点，当颗粒一旦供作非均匀形核后，它很快就被新相所包围。形核速率随时间成指数降低。用一个简单模型解释这一现象。

7-11 均匀形核率的式（7-40）的指数前项约等于 10^{40}m^{-3}，Cu的熔点是1356K，用例7-1的结果，估算液态铜在过冷度 ΔT 等于180K、200K、220K下的均匀形核率。

7-12 证明无论对非均匀形核还是均匀形核下式均成立：$\Delta\mathcal{G}^* = \mathcal{V}^*|\Delta g|/2$，$\mathcal{V}^*$ 是临界核心的体积，Δg 是形核两相体积自由能差。

7-13 金属过饱和固溶体脱溶（基体 α 相脱溶出 β 相），假设两种相的结构使形核可以是共格均匀形核或是非共格的均匀形核，两者的形核有效位置数量相同。同时假设非共格形核时应变能可以忽略，而共格形核时则必须考虑应变能。已知：

共格界面能 $\gamma_c = 160$mJ/m^2；

非共格界面能 $\gamma_i = 800$mJ/m^2；

共格颗粒弹性应变能 $\Delta g_{\varepsilon}=2.6\times10^{9}\ \mathrm{J/m^3}$

脱溶形核驱动力 $\Delta g_{\mathrm{I}}=8\times10^{6}(T-900\mathrm{K})\mathrm{J/(m^3\cdot K)}$

根据上面给出的资料回答：

(1) 在什么温度以下非共格核心可以热激活形成?

(2) 在什么温度以下共格核心可以热激活形成?

(3) 在 510℃，你估计会形成共格还是非共格核心，用它们的形核率比值加以说明。

7-14　金的 $T_{\mathrm{m}}=1336\mathrm{K}$，$\gamma_{\mathrm{SL}}=0.132\mathrm{J/m^2}$，$\gamma_{\mathrm{LV}}=1.128\mathrm{J/m^2}$，$\gamma_{\mathrm{SV}}=1.400\mathrm{J/m^2}$，其中下标 S、L 分别表示固相和液相，V 表示气相。说明金可在 T_{m} 以下熔化（熔化潜热为 $1.2\times10^{9}\mathrm{J/m^3}$，忽略液相与固相间摩尔体积的差异）。

7-15　证明熔化熵 $\Delta S=4R$（R 为气体普适常数）时固液界面以粗糙界面最稳定，设 $\xi=0.5$。

7-16　式（7-93）中的晶体学因子 $\xi=\eta/\nu$，η 为表面层最近邻原子数；ν 为固体内部原子的最近邻原子数。界面指数越高，η/ν 越小。对于面心立方金属，η/ν 最大为 0.5，如何用熔化熵判别液固界面的类型?

7-17　过饱和 α 相脱溶析出 β 相，设两相的结构可以允许均匀共格形核和非共格均匀形核，同时，假设非共格形核时可以忽略形核的弹性应变能，但共格形核时必须考虑形核的弹性应变能。已知：共格界面能 $\gamma_{\mathrm{c}}=160\mathrm{mJ/m^2}$，非共格界面能 $\gamma_{\mathrm{i}}=800\mathrm{mJ/m^2}$，共格形核的弹性应变能 $\Delta g_{\varepsilon}=2.6\times10^{9}\mathrm{J/m^3}$，脱溶形核的驱动能 $\Delta g_{\mathrm{I}}=8\times10^{6}(T-900\mathrm{K})\mathrm{J/(m^3\cdot K)}$。

(1) 在什么温度以下共格形核和非共格形核才是热力学可能的?

(2) 可用上题的结果，判定在 500K 下脱溶时，共格形核还是非共格形核是主要的? 为了简单，设核心是球状的（严格说，共格核心不可能是球状的）。

7-18　Al-Mg 置换固溶体，估计溶质原子 Mg 产生的错配应变能，以 J/mol 和 eV/原子表达。说明你估算时所用的假设。已知 Al 的原子半径为 0.143nm，切变模量 $\mu=2.5\times10^{10}\mathrm{Pa}$，Mg 的 a 轴长 0.32nm。

7-19　设母相和析出相的切变模量 μ 相同，母相是各向同性连续介质。若形成共格的核心，导出球状和圆盘状核心长大丧失共格时的尺寸的表达式。

7-20　A-B 和 A-C 合金中，从 A(B) 和 A(C) 固溶体中分别析出富 B 和富 C 的析出物。A、B 和 C 的原子半径为 0.143nm、0.144nm 和 0.128nm。若简单地由原子半径估计错配度 δ，并简单地认为析出物的非共格界面能为 $0.5\ \mathrm{J/m^2}$，共格界面能为 $0.05\mathrm{J/m^2}$。A 的切变模量 $\mu=2.6\times10^{10}\mathrm{Pa}$，又设析出物的切变模量和 A 的相同，估计这两种析出物丧失共格的尺寸。

7-21　α 为母相，β 为析出相，α/β 界面能为 $0.5\mathrm{J/m^2}$，α/α 界面能为 $0.6\mathrm{J/m^2}$。

(1) 求 β 相在 α 相界面上形核（双球冠状）的接触角 θ 以及在界面上形核的 $f(\theta)$ 因子。

(2) 利用练习题 7-4 中数据的结果，设 α 相界面厚度 δ 和晶粒直径 D 之比 $\delta/D=10^{-5}$，求 $\ln(I_2/I_3)$（I_2 和 I_3 分别为在界面和在晶粒内形核的形核率）。

7-22　设具有立方对称的 α 固相在光滑的非晶衬底形核，以二维形核来描述晶体学对形核的影响。设 Wulff 图表示晶体外形只有{10}面，与真空连接的界面能为 $\gamma_{(10)/V}$，此外，还假设有两个与衬底连接的低能界面，界面能是：$\gamma_{(10)/\mathrm{Sub}}$ 和 $\gamma_{(11)/\mathrm{Sub}}$。衬底与真空连接的界面能是 $\gamma_{V/\mathrm{Sub}}$。在衬底上形成两种形状的核心，如图 7-97 所示。

(1) 设形成核心的驱动能为 Δg^{α}（单位面积的能量），设每种形状的核心是相对其体积总表面能为最小。

(2) 找出这两种形状核心的临界面积相等的条件。

7-23　新相 β 在母相 α 的晶界上（设界面是平面）形成双球冠的核心，设 α/β 界面能 $\gamma_{\alpha\beta}$ 是各向同性的，$\gamma_{\alpha\beta}$ 是 α 晶界能 $\gamma_{\alpha\alpha}$ 的 1.5 倍（即 $\gamma_{\alpha\beta}=1.5\gamma_{\alpha\alpha}$）。

(1) 以 $\gamma_{\alpha\beta}$ 长度 $\bar{\gamma}_{\alpha\beta}$ 等于核心临界半径 r^*（$\bar{\gamma}_{\alpha\beta}=r^*$）作出 $\gamma_{\alpha\beta}$ 的 Wulff 界面能图；

(2) 根据 Wulff 界面能图求双球冠核心在 α 晶界上的截圆直径 $2R$ 和球冠的高度 h（从原 α 界面到

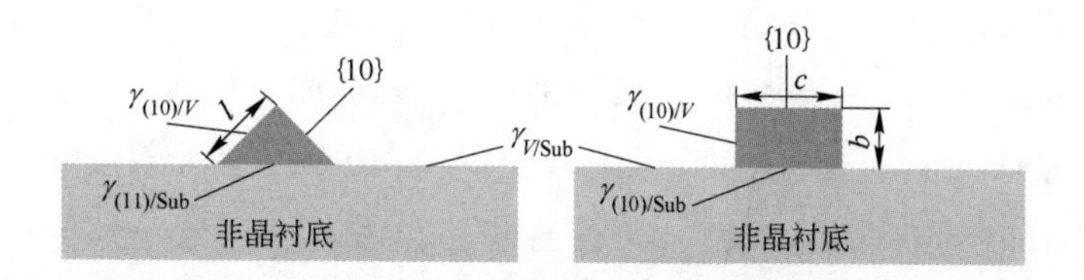

图 7-97　在非晶衬底上形成具有立方对称的两种形状核心

球冠的最高点）之比：h/R。

（3）求 β 与 α 相的润湿角 θ。

7-24　凝固时在模壁的一个锥形凹坑中形核，如图 7-98 所示，液/模，固/模和液/固的界面能分别表示为 $\gamma_{L/M}$，$\gamma_{\alpha/M}$和 $\gamma_{L/\alpha}$，并假设 $\gamma_{\alpha/M}=\gamma_{L/M}$。

（1）用经典形核模型，求在锥形凹坑中形核临界核心形成功的表达式，并和在液态中均匀形核比较（假设锥形凹坑足够深，使临界核心可以在其中形成）。

（2）确定锥形凹坑深度 D 为多大时核心才能不受限制地长大进入凹坑外的液体中。

7-25　凝固时在模壁裂缝（如图 7-99 所示）非均匀形核，以 $\gamma_{L/M}$、$\gamma_{S/M}$和 $\gamma_{L/S}$分别表示液体/模壁、固相/模壁和液体/固相的界面能，假设 $\gamma_{S/M}=\gamma_{L/M}$。

（1）描述核心的三维形状。

（2）用经典形核理论找出发生在裂缝中的非均匀形核的临界核心形成功，并与均匀形核比较。假设裂缝足够深，可以允许在其中形核。

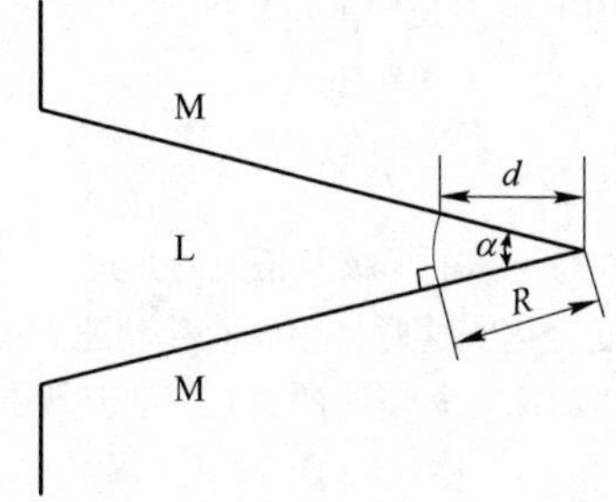

图 7-98　在模壁的一个锥形凹坑中凝固形核

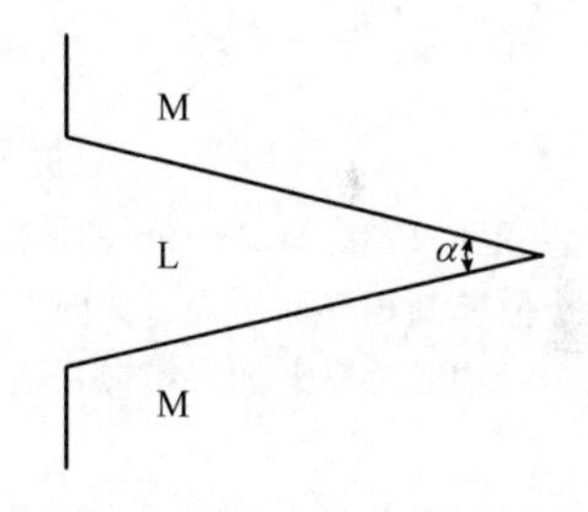

图 7-99　在模壁裂缝处非均匀形核

7-26　γ 相晶粒直径为 1mm，晶界厚度为 1nm，在 1000K 析出 α 相，γ/α 非共格界面能为 0.5J/m^2，共格界面能 0.05J/m^2，α 相在 γ 晶界上的接触角为 60°，形核驱动力 $\Delta g_1^v = 5\times10^8$J/m^3，α 和 γ 相的摩尔体积约为 10^{-5}m^3。问若在晶内以共格圆盘状（直径 D 和厚度 t 之比 $D/t=10$）均匀形核以及在晶界上非均匀形核（双球冠状，界面都是非共格），哪一种情况的形核率大？

7-27　利用练习题 7-5 的结果，设母相（fcc 结构）的 $\mu=5\times10^{10}$Pa，$\nu=0.3$，最近邻原子间距为 0.6nm。若在刃位错上形核，如果简单地假设核心是圆柱状，长度为直径的两倍，又设位错密度为 10^6cm^{-2}（简单地认为都是刃位错），位错线上每原子面包含 10 个原子，大约估计 $\ln(I_{位错}/I_{均匀})$，求核心临界直径。

7-28　纯铁发生 γ→α 多形性转变，界面是非共格的，估计在 1150K 以及 900K 时 α-Fe 界面迁移速度。晶界扩散激活能近似为 120kJ/mol，原子间距约为 0.248nm。

$$\Delta G^{\alpha\to\gamma} = A + BT + CT^2 + DT^3 + ET^4 \qquad (\text{J/mol})$$

其中系数为：

温度范围/K	A	B	C	D	E
$740<T\leqslant 860$	−269693	1294. 373	−2. 288242	1.7794×10^{-3}	-5.156663×10^{-7}
$860<T\leqslant 940$	5442896	−24104. 31	40. 02958	-2.953537×10^{-2}	8.167968×10^{-6}
$940<T\leqslant 1080$	243631. 7	−932. 2832	1. 350039	-8.736977×10^{-4}	2.126265×10^{-7}
$1080<T\leqslant 1240$	587297	−1967. 562	2. 473726	-1.382798×10^{-3}	2.898708×10^{-7}

7-29 $w(\mathrm{C})=0.25\%$的 Fe-C 合金，γ 相在 800℃保温析出 α 相，α 相只在 γ 相的晶界形核，很快形核位置饱和，即 α 铺满了所有 γ 相的晶界，再增厚长大。α/γ 界面是非共格界面，γ 相的晶粒直径为 0. 04mm，平衡成分为 $w(\mathrm{C}_\gamma)=0.32\%$；$w(\mathrm{C}_\alpha)=0.02\%$。在 800℃时，碳在 γ-Fe 中的扩散系数为 $1.34\times10^{-8}\mathrm{cm^2/s}$，α 长大时以 γ 相中浓度梯度为线性近似，求平衡时 α 相的厚度以及达到平衡时的时间（忽略形核饱和的时间）。

7-30 下面给出了金属固溶体 α 脱溶析出 β 的典型资料，并假设 β 相晶核与母相 α 的界面可以是共格或者是非共格的，同时假设非共格形核时应变能可以忽略，但共格形核时则不能忽略。用下面给出的资料回答问题：

（1）从热力学看，在什么温度以下才可能非共格形核？

（2）从热力学看，在什么温度以下才可能共格形核？

（3）在 510K，会发生共格或非共格形核，为什么？

资料：共格界面能 $\gamma_c=160\mathrm{mJ/m^2}$；非共格界面能 $\gamma_{in}=800\mathrm{mJ/m^2}$；共格粒子应变能 $\Delta g_\varepsilon=2.6\times10^9\mathrm{J/m^3}$；形核驱动力 $\Delta g_1=8\times10^6(T-900\mathrm{K})\mathrm{J/(m^3\cdot K)}=2.6\times10^9\mathrm{J/m^3}$。

7-31 锰在 282℃时 β→α 等温转变的转变量摩尔分数 x 和转变时间的关系如下所列：

x	0. 04	0. 18	0. 49	0. 89
t/s	1260	2000	2820	3900

假设转变动力学服从 Avrami 关系，求出其中指数 n，并推断可能的形核及长大的方式。

7-32 讨论扩散控制相界面平面长大时，假设扩散系数不随浓度变化，这时，相界面移动速度与实践的关系为抛物线关系。如果扩散系数与浓度有关，相界面移动速度与实践的关系是否还保持抛物线关系？

7-33 当转变时间很短时，Avrami 方程可作怎样的简化？

（1）若形核都是在晶粒角上，并且假设晶核都是在转变开始瞬间形成的，形核位置饱和，核心以恒速长大，以简单的模型，利用 Avrami 简化式子，证明指数 $n=3$。

（2）若在晶界形核，并且假设晶核都是在转变开始瞬间形成的，形核位置饱和，核心以恒速长大，以简单的模型，利用 Avrami 简化式子，证明指数 $n=1$。

7-34 A-B 二元系，富 B 的 β 相颗粒分布在 α 相中，颗粒尺寸不均匀，平均半径为 0. 1μm。α/β 界面能为 $0.5\mathrm{J/m^2}$，在 1000K，在 α 相中扩散系数为 $10^{-11}\mathrm{m^2/s}$，两相的摩尔体积近似为 $2\times10^{-7}\mathrm{m^3}$，在 1000K，α 相和 β 相的平衡浓度分别为 2%和 90%。

（1）在此时，半径为 0. 05μm 及 1. 5μm 的颗粒的界面移动速度是多大？

（2）求平均半径从 0. 1μm 长大到 0. 3μm 所需要的时间？

7-35 如图 7-100 所示的 A-B 二元系，有一薄的 α 相球壳嵌入无限大 β 相基体中，在 T_1 温度下，β 相的浓度 c^β 近似看做是纯 B，α 相是含 B 的稀溶体。球壳的平均半径为 $\bar{r}$，球壳的厚度为 δ，$\delta\ll\bar{r}$。在保温过程中，球壳会收缩。设球壳内外层表面与基体保持局部平衡，在扩散过程中没有体积变化。找出球壳收缩的平均速度 $\bar{v}$ 的表达式，并证明球壳收缩速度 $\bar{v}$ 与 $\bar{r}$ 成反比。

7-36 导出扩散控制的式（7-197）。

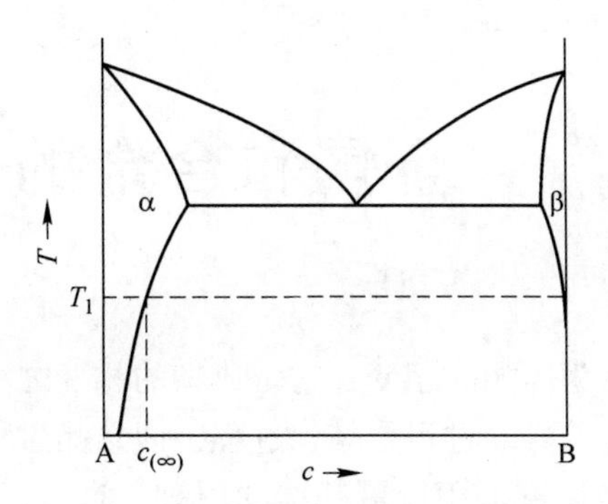

图 7-100　A-B 二元系相图

参 考 文 献

[1] Christain J W. The Theory of Transformations in Metals and Alloys[M]. 3rd ed. New York, et al.: Elsevier Ltd., 2002.

[2] Cahn R W, Haasen P. Physical Metallurgy (Vol. Ⅱ) [M]. 4th ed. Amsterdam, et al.: North-Holland Physics Publishing, 1996.

[3] Balluffi R W, Allen S M, Carter W C. Kinetics of Materials[M]. Hoboken, New Jersey: John Wiley & Sons Inc., 2005.

[4] Gottstein G. Physical Foundations of Materials Science[M]. New York: Springer-Verlag, 2004.

[5] Port D A, Eastering K E. 金属和合金中的相变[M]. 3 版. 陈冷, 余永宁, 译. 北京: 高等教育出版社, 2010.

[6] Pfeiler Wolfgang. Alloy Physics: A Comprehensive Reference[M]. Weinheim: Wiley-VCH Verlag GmbH & Co., 2007.

[7] Kostorz G. Phase Transformations in Materials [M]. 2nd ed. Weinheim: Wiley-VCH Verlag GmbH & Co., 2001.

金属和合金的凝固

凝固——即从液相转变为固相的相变，它是典型的相变之一。金属和合金的固态主要是晶体，所以，金属和合金的凝固过程是晶化过程，即结晶过程。本章讨论凝固主要是讨论液态结晶。在上一章已经讨论了相变最基本的原理，这一章在相变的基本原理的基础上，讨论凝固的特性。

在生产工艺中，铸锭、铸件、连续铸造、半导体的单晶生长、复合材料的定向凝固、现代合金和玻璃的快速凝固、焊接等都涉及凝固过程。在这些过程中，主要的相变是液相转变为固相，但是，有些过程不只是凝固过程，例如连续铸造过程还会与形变、其他相变、再结晶等过程重叠。尽管如此，还是需要了解每一种相变过程的热力学、动力学、晶体学及形貌特征等才有可能综合分析实际生产过程；了解凝固机制以及影响凝固的参数：如温度分布、冷却速度、合金化等，对控制材料凝固后的性能是重要的。

虽然对金属和合金的凝固转变的了解已经有很长时间，但对于从液态转变到固态的原子过程人们至今仍不是完全清楚，还没有比较满意的理论来描述和解释它所涉及的机制，所以这里的讨论更多是唯象水平的。

纯物质凝固的基本概念在第 7 章已经讨论过，本章主要讨论合金的凝固。

8.1　凝固的过冷与再辉

从上一章的讨论知道，要有过冷度（即 $\Delta T>0$）才可能自发地进行凝固。凝固结晶开始的温度总是在平衡熔点以下，然后，伴随着凝固潜热的释放，液相的温度又会升高，这就是所谓的再辉现象。再辉的强弱程度与环境对系统的热提取率有关，热提取率越大，再辉越不明显。对纯金属而言，一般情况下，温度回升到 T_m（熔点温度）以下某一个温度，潜热释放的速率和热提取率相等，液相温度不再改变，冷却曲线上出现一个平台，直至凝固结束以后，体系的温度又继续降低。如果环境的热提取率特别高（环境和体系的温差特别大时），则体系的温度在出现结晶以后仍会继续降低，只不过下降速率变慢。如果热提取率特别低，也会出现潜热释放使液相温度回升到 T_m 以上，导致凝固中断甚至已凝固的相发生部分重熔的现象。对于合金固溶体的凝固，因为它的凝固发生在一个温度范围，故冷却曲线不会出现平台。

图 8-1 所示为熔融 Al 在 Cu 衬底上凝固计算的离衬底两个距离处的冷却曲线。两条曲线都显示了结晶放出潜热使温度回升，在距 Cu 衬底 5μm 处比距 Cu 衬底 50μm 处传热快，所以前者回升的温度比后者低，温度回升后继续降低，直到凝固完毕；而在距 Cu 衬底 50μm 处，因传热较慢，温度回升到接近熔点温度，并出现温度平台，直到凝固完毕。

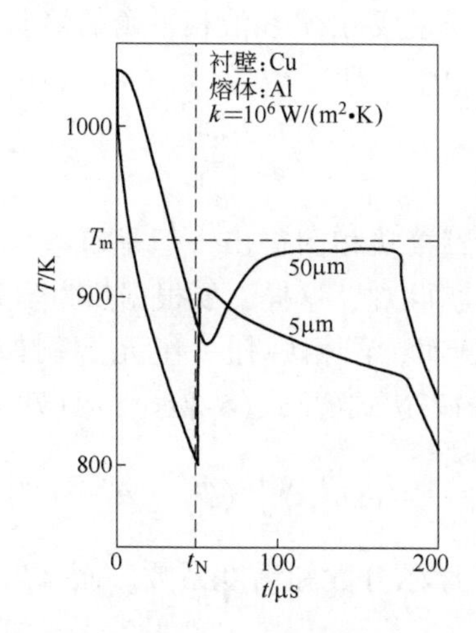

图 8-1 熔融 Al 在 Cu 衬底上凝固计算的离衬底两个距离处的冷却曲线
（t_N 为形核时间，k 为传热系数，在曲线最后的转折处凝固完毕（Clyne））

例 8-1 金在 20℃和熔点之间的热容可用 $C_p = 23.72 + 5.18\times10^{-3}T$ J/(mol · K) 表示，金的熔化热为 12570J/mol，平衡凝固温度为 1337K，试求在绝热条件下要有多大过冷度，金才能完全凝固而温度不回升到熔点？

解：过冷液体凝固放出潜热，使液体温度升高，在绝热系统中，当每摩尔液体由温度 T 上升到熔点吸收的热等于摩尔熔化热时，凝固的液体会重新熔化。

$$12570 = \int_T^{1337} C_p \mathrm{d}T = \int_T^{1337} (23.72 + 5.18 \times 10^{-3})T\mathrm{d}T$$

$$= 23.72 \times (1337 - T) + \frac{1}{2} \times 5.18 \times 10^{-3} \times (1337^2 - T^2)$$

$$= 31713.6 - 23.72T + 4629.8 - 2.59 \times 10^{-3}T^2$$

整理后得：

$$2.59 \times 10^{-3}T^2 + 23.72T - 27083.8 = 0$$

解上面方程，得两个根，舍去其中一个负根，得：

$$T = 1026.7\text{K} \qquad \Delta T = 1337 - 1026.7 = 310.3\text{K}$$

注意，这仅是理论计算的结果。在一般情况下，纯金属发生均匀形核的最大过冷度约为 $0.2T_m$（见表 7-2），另外，凝固时往往非均匀形核起主导作用，故在实际条件下不可能达到上述计算所得的过冷度。

8.2 固溶体凝固

8.2.1 分配系数

8.2.1.1 平衡分配系数 k_0

固溶体凝固是在一个温度范围内进行的，并且在两相区范围内液相和固相的平衡成分是不同的。把固相平衡的溶质质量成分 w^{S} 和液相平衡的溶质质量成分 w^{L} 的比值定义为平衡分配系数 k_0（见第 4 章图 4-19），即：

$$k_0 = \frac{w^{S}}{w^{L}} \tag{8-1}$$

如果知道了相图，k_0 可以直接从相图得出。但是有些体系相图的固相线很难准确测出，特别是多元系无法由相图获得 k_0，这样，要根据热力学数据来求出平衡分配系数。

液相与固相在温度 T 平衡时，两相中任一组元（例如第 i 组元）的化学势相等：$\mu_i^{L}(T) = \mu_i^{S}(T)$。根据化学势的表达式(见式(5-30))，$\mu_i^{L}(T) = \mu_i^{S}(T)$ 时有如下关系：

$$\frac{a_i^{S}}{a_i^{L}} = \frac{x_i^{S}\gamma_i^{S}}{x_i^{L}\gamma_i^{L}} = \exp[\mu_i^{0(L)}(T) - \mu_i^{0(S)}(T)]/RT \tag{8-2}$$

式中，a、x 和 γ 分别是活度、摩尔分数和活度系数。而摩尔分数 x 与质量分数 w 之间的关系为：

$$x_i = \frac{w_i/M_i}{\sum_i (w_i/M_i)}$$

所以，以摩尔分数表达的第 i 组元的平衡分配系数为：

$$k_0^i = \frac{w_i^{S}}{w_i^{L}} = \frac{x_i^{S}}{x_i^{L}} \times \frac{1}{F} \tag{8-3}$$

式中

$$F = \frac{\sum_i (w_i^{L}/w_i)}{\sum_i (w_i^{S}/w_i)}$$

把式(8-2)代入式(8-3)，得到第 i 组元的平衡分配系数为：

$$k_0^i = \frac{\gamma_i^{L}}{\gamma_i^{S}}\exp\left[\frac{\mu_i^{0(L)}(T) - \mu_i^{0(S)}(T)}{RT}\right]\frac{1}{F} \tag{8-4}$$

如果是理想溶体，活度系数等于 1，上式简化为：

$$k_0^i = \exp\left[\frac{\mu_i^{0(L)}(T) - \mu_i^{0(S)}(T)}{RT}\right]\frac{1}{F} \tag{8-5}$$

对于二元合金，还可以用相图中液相线斜率 m_L 和结晶潜热 ΔH_m 来计算。在 A-B 二元系中，设溶体中 B 为溶质原子，则液相和固相的理想溶体组元 A 的化学势为：

$$\mu_A^{L} = \mu_A^{0(L)}(T) + RT\ln(1 - x_B^{L}) \tag{8-6}$$

$$\mu_A^{S} = \mu_A^{0(S)}(T) + RT\ln(1 - x_B^{S}) \tag{8-7}$$

设 $\mu_A^{0(S)}$ 和 $\mu_A^{0(L)}$ 分别是纯溶剂组元固相和液相在熔点温度的标准化学势。纯溶剂组元 A 液相标准化学势与 T 温度时液相化学势差为 $\mu_A^{0(L)} - \mu_A^{0(L)}(T) = \Delta G$，而 $\Delta G = V^{L}\Delta P - S^{L}\Delta T$，在等压下：

$$\mu_A^{0(L)}(T) = S_A^{L}\Delta T + \mu_A^{0(L)} \tag{8-8}$$

这里的 ΔT 是纯溶剂组元 A 的熔点 $T_{m(A)}$ 与给定温度 T 之间的温度差，将式(8-8)代入式(8-6)，得：

$$\mu_A^{L} = \mu_A^{0(L)} + S_A^{L}\Delta T + RT\ln(1 - x_B^{L}) \tag{8-9}$$

因为$x_B^L < 1$，$\ln(1-x_B^L)$按级数展开：$\ln(1-x_B^L)=-x_B^L-(x_B^L)^2/2-(x_B^L)^3/3-\cdots$，在稀溶液时展开式可以忽略高次项，简化为$\ln(1-x_B^L)\approx -x_B^L$。式(8-9)可简化为：

$$\mu_A^L=\mu_A^{0(L)}+S_A^L\Delta T-RTx_B^L$$

同理

$$\mu_A^S=\mu_A^{0(S)}+S_A^S\Delta T-RTx_B^S$$

两相平衡时，$\mu_A^S=\mu_A^L$，即：

$$\mu_A^{0(S)}+S_A^S\Delta T-RTx_B^S=\mu_A^{0(L)}+S_A^L\Delta T-RTx_B^L$$

由于纯组元在熔点温度时液相和固相的标准化学势相等，故上式变为：

$$(S_A^L-S_A^S)\Delta T=RT(x_B^L-x_B^S) \tag{8-10}$$

即

$$-\Delta S_A\Delta T=RT(x_B^L-x_B^S) \tag{8-11}$$

把ΔS_A用熔化焓表示：　$\Delta S_A=-\Delta H_{m(A)}/T_m$

$$-\frac{\Delta H_{m(A)}}{T_m}\Delta T=RT(x_B^L-x_B^S) \tag{8-12}$$

如果是稀溶体，$T\approx T_m$，则上式变为：

$$-\frac{\Delta H_{m(A)}}{RT_m^2}=\frac{x_B^L-x_B^S}{\Delta T}=\frac{1}{m_L}-\frac{1}{m_S} \tag{8-13}$$

式中，m_L和m_S分别是液相线和固相线的斜率。在A-B二元合金中，设溶质为B，如果液相线和固相线均为直线，即它们的斜率为常数，则在某温度T下平衡的液相和固相的成分分别为$x^L=(T_m-T)/m_L$和$x^S=(T_m-T)/m_S$，在此温度的平衡分配系数为：

$$k_0=\frac{w^S}{w^L}\approx\frac{(T_m-T)/m_S}{(T_m-T)/m_L}=\frac{m_L}{m_S} \tag{8-14}$$

因为式(8-13)中的固相线和液相线斜率是以摩尔（原子）分数求出的，而k_0是用质量分数定义的，应该把x转换为w。式(8-14)是假设两个质量浓度的转换系数近似相等得出的（在本章下面的讨论中，经常出现这样的问题，也常按近似计算）。联合式(8-14)以及式(8-12)，最后得：

$$k_0=1+\frac{\Delta H_{m(A)}}{RT_m^2}m_L \tag{8-15}$$

因为固相曲率对平衡温度有影响，所以固相曲率对平衡分配系数也有影响。设晶体的曲率半径为r，则每摩尔固相的自由能增加$2V^S\gamma/r$（其中γ是界面能），液、固两相平衡时，两相溶剂组元的化学势相等，式(8-10)变为：

$$(S_A^L-S_A^S)\Delta T=RT(x_B^L-x_B^S)+2V^S\gamma/r \tag{8-16}$$

把ΔS_A用熔化焓表示，并且设为稀溶体，$T\approx T_m$，则上式变为：

$$\begin{aligned}-\frac{\Delta H_{m(A)}}{RT_m^2}&=\frac{x_B^L-k_0'x_B^L}{\Delta T}+\frac{2V^S\gamma}{RT_mr\Delta T}\\&=\frac{x_B^L(1-k_0')}{\Delta T}+\frac{2V^S\gamma}{RT_mr\Delta T}\\&=\frac{1-k_0'}{m_L}+\frac{2V^S\gamma}{RT_mr\Delta T}\end{aligned} \tag{8-17}$$

式中，k_0' 是晶体的曲率半径为 r 时的平衡分配系数。整理上式，得：

$$-\frac{m_L \Delta H_{m(A)}}{RT_m^2} = (1 - k_0') + \frac{2V^S\gamma}{RT_m r x_B^L} \tag{8-18}$$

最后得：

$$\frac{k_0'}{k_0} = 1 + \frac{2V^S\gamma}{k_0 r RT_m x_B^L} = 1 + \frac{2V^S\gamma}{rRT_m x_B^S} \tag{8-19}$$

在相图中液相线和固相线的温度走向不同，即液相线的斜率不同，k_0 值可以是大于 1 或小于 1 的（见图 4-19）。在下面的讨论中，如果没有特别的指出，都是讨论 $k_0<1$ 的情况。$k_0>1$ 情况的讨论和分析方法与讨论 $k_0<1$ 的情况是相同的。

还要说明的是，因为分配系数是以质量浓度的比值来定义的，如果讨论的浓度是其他浓度，例如摩尔浓度 x 或体积浓度 c，在讨论分配系数时，必须把其他浓度转换为质量浓度。但是，分配系数是固相质量浓度与液相质量浓度的比值，如果把固相浓度和液相浓度转换为其他浓度的转换系数近似看做是相同的，则分配系数也近似地以其他浓度比值来表达。

例 8-2 (1)根据相图求 $w(\text{Cu}) = 1\%$ 的 Al-Cu 合金的溶质平衡分配系数 k_0；(2) 由相图资料估算 Al 的熔化潜热 ΔH_m。

解：图 8-2 所示为 Al-Cu 相图富 Al 的一角，图中分别给出一些特殊点的质量分数和摩尔分数。

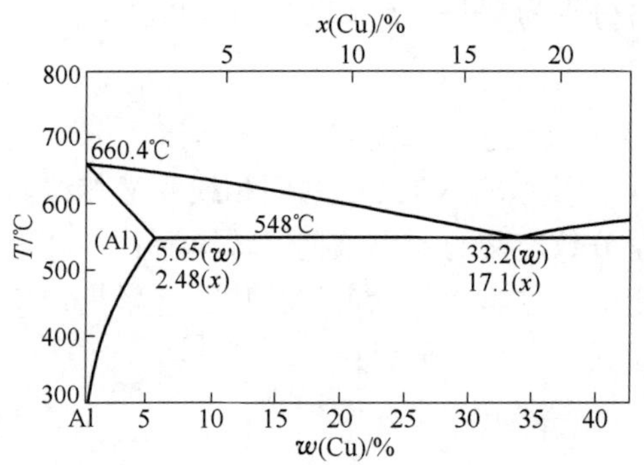

图 8-2 Al-Cu 相图富 Al 的一角

(1) 把固相线和液相线近似看成是直线，则 k_0 与成分无关。用共晶温度的成分计算 k_0：

$$k_0 = \frac{w^S}{w^L} = \frac{5.65}{33.2} = 0.17$$

(2) 根据式(8-15)，Al 的熔化热 $\Delta H_{m(Al)}$ 为：

$$\Delta H_{m(Al)} = \frac{(k_0 - 1)RT_m^2}{m_L}$$

从相图资料计算 $m_L = [(548 - 660.4)/0.171]\text{K}/x\% = -657\text{K}/x$，$T_m = 660.4 + 273 = 933.4\text{K}$。把数据代入上式，得：

$$\Delta H_{m(Al)} = \frac{(0.17 - 1) \times 8.314 \times (933.4)^2}{-657} = 9.15\text{kJ/mol}$$

$\Delta H_{m(Al)}$ 的实际试验数据为 10.47kJ/mol，两者略有差别。

例 8-3 分配系数随界面曲率变化，一个 Ni-Cu 合金，界面的固相成分 $x(\text{Cu}) = 1\%$，如果界面曲率半径为 1μm，分配系数是平衡分配系数的多少倍？合金中 Ni 的摩尔体积为 $6.59\text{cm}^3/\text{mol}$，纯镍的熔点为 1728K，液、固相的界面能为 $255\times10^{-7}\text{J/cm}^2$。

解：根据式（8-19），并把给出的数据代入，因为是以 Ni 为基的稀溶体，所以其中固相的摩尔体积可用纯 Ni 的摩尔体积表示，即：

$$\frac{k_0'}{k_0} = 1 + \frac{2V^S\gamma}{rRT_m x_B^S} = 1 + \frac{2 \times 6.59 \times 255 \times 10^{-7}}{1 \times 10^{-4} \times 8.314 \times 1728 \times 0.01} = 1.0234$$

可见，除非曲率半径非常小，否则一般曲率对平衡分配系数的影响可以忽略。

8.2.1.2 液/固相界面的成分

在第 7 章表 7-3 中列举了界面平衡的层次，如果界面处于局部平衡（表 7-3Ⅱ）的状态，界面的温度和成分直接由相图得出，界面上的固相成分 w^{*S}和液相成分 w^{*L}的关系通过平衡分配系数分析：$w^{*S}=k_0w^{*L}$。但是在快冷时，液/固相界面之间处于非平衡（表 7-3Ⅳ）的状态，不能应用相图由自由能-成分曲线公切线准则导出界面成分。例如，根据第 5 章 5.8.10 节介绍相图中的在固相线和液相线之间的 T_0线可知，在 T_0线上两相的自由能相等，即两个相有可能无扩散同成分转变，界面上两个相的成分相同。图 8-3a 所示为 A-B 二元系在某一温度的液相和固相的自由能-成分曲线，从曲线看到，x_0成分的体系的固相和液相的自由能相等，即 x_0是相图中该温度的 T_0线所对应的成分。成分小于 x_0的液相，它转变为同成分的固相后自由能是降低的。

当液/固相界面之间处于非平衡状态时，在界面上一个液相成分可能对应很多的界面固相成分，具体取决于当时的热力学和动力学条件，这时固相和液相成分的关系再不能用平衡分配系数 k_0联系。

如果界面上液相成分 $x^{*L}=x_0$，过 x_0成分点对液相的自由能曲线作切线，如图 8-3a 中的（3）线所示，从热力学看，所有小于 x_0的成分都可能为界面固相成分 x^{*S}，因为这些成分的固相自由能曲线处于液相自由能曲线切线（(3)线）以下，但它们并非都是平衡成分。如果界面上液相成分处在 x_0与液相平衡成分 x_{eq}^L 之间，例如 8-3a 中的 x_1^L，则可能出现的界面固相成分处在过 x_1^L 成分点的液相自由能曲线切线（图 8-3a 中的(2)线）与固相自由能曲线的两个交点之间，即图 8-3a 中的 J 点和 I 点之间的成分。如果界面上液相成分处在 x_0与固相平衡成分 x_{eq}^S 之间，例如 8-3a 中的 x_2^L，则可能出现的界面固相成分处在过 x_2^L 成分点的液相的自由能曲线切线（图 8-3a 中的(4)线）与固相自由能曲线的交点 N 以左的成分。当界面上的液相成分等于液相平衡成分 x_{eq}^L 时，可能出现的固相成分只有唯一的固相平衡成分 x_{eq}^S（这时，界面之间是处于平衡态）。当界面上的液相成分大于液相平衡成分 x_{eq}^L（即在相图上 x_{eq}^L 右侧成分）时，过这些成分点的液相自由能曲线的切线与固相自由能曲线无交点，即所有成分都不可能成为界面固相成分。由此看来，界面液相成分为 x_0时对应的固相范围最大，界面液相成分大于和小于这个成分所对应可能的界面固相成分范围都减小。

图 8-4 所示为在某一给定温度下界面上的液相成分与对应的界面上固相成分的范围。OB 线表示图 8-3a 的 x_0点以左的所有同成分转变的情况，B 点对应的 $x_0^L = x_0^S = x_0$，为同成分转变的最高温度和最高成分，即温度为 T_0线的成分，它相应的可能界面固相成分范围最大。图 8-4 中 E 点对应的是液相和固相的平衡成分。图 8-4 中曲线以内的成分范围是不同界面液相成分所对应的界面固相成分。虽然在图中曲线范围以内的界面固相成分

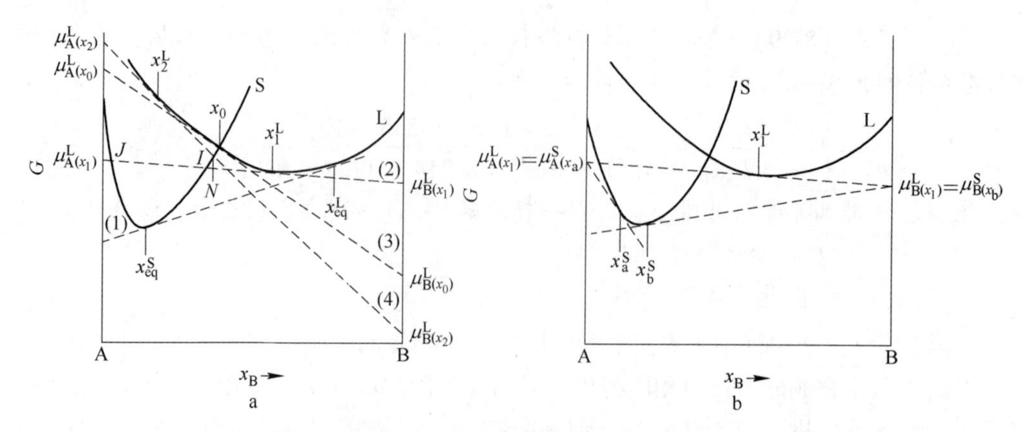

图 8-3 A-B 二元系在某一温度的液相和固相的自由能-成分曲线
a—显示不同界面液相成分对应的固相成分范围；b—在界面液相成分为 x_1^L 时液相和固相的 A 化学势相等以及液相和固相的 B 化学势相等的固相成分

都是可能的，但是，在这个成分范围内固相的 A 和 B 组元的化学势，并不都小于与之相对应的界面液相的化学势。例如，从图 8-3b 看出，当界面液相成分为 x_1^L 时，与液相组元 A 的化学势相等的固相成分为 x_a^S，与液相组元 B 的化学势相等的固相成分为 x_b^S。根据作切线求化学势可知：当固相成分小于 x_a^S 时，它的 A 组元化学势大于 x_1^L 成分液相的 A 组元化学势，即从液相转变为固相的 $\Delta\mu_A>0$；当固相成分大于 x_b^S 时，它的 B 组元化学势大于 x_1^L 成分液相的 B 组元化学势，即从液相转变为固相的 $\Delta\mu_B>0$；固相成分只有处在 x_a^S ~ x_b^S 之间时才可能同时使 $\Delta\mu_A<0$ 和 $\Delta\mu_B<0$。不同界面液相成分对应的 $\Delta\mu_A=0$ 的点连成的线和 $\Delta\mu_B=0$ 的点连线为图 8-4 中的 *OE* 线和 *PE* 线，两线间的 $a\sim b$ 范围是界面液相成分为 x_1^L 对应的 x_a^S ~ x_b^S 范围，即对应 $\Delta\mu_A<0$ 和 $\Delta\mu_B<0$ 的固相成分范围。因此，只有在图中△*OEP* 范围内区域的凝固才会是稳定的。曲线范围以内和△*OEP* 以外的区域（即 *OABEO* 区域和 *PEP* 区域）凝固时，即使这时总的自由能会降低，也会有一个组元的化学势升高。在这种情况下，该化学势升高的组元之所以能够进入固相，或者是由于被快速推进的固相裹入，或者是由于一个组元凝固但要求总自由能降低而被拉入固相的。

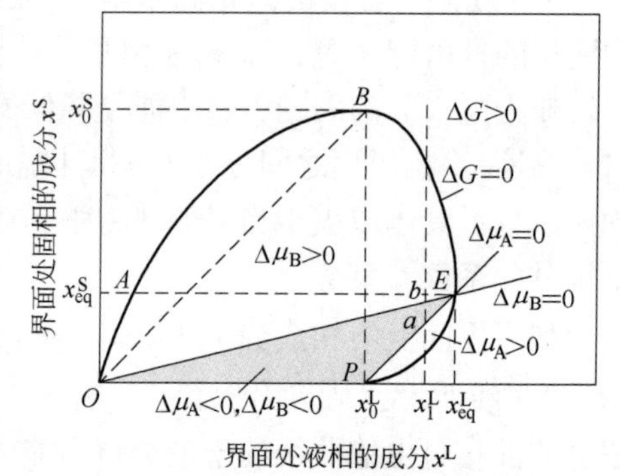

图 8-4 在某一给定温度下界面上的液相成分与对应的界面上固相成分的范围

图 8-5 所示为两种液/固相线和 T_0 线的相图。若液/固相界面的液相成分为 x^{*L}，在不同温度凝固时，可能的固相成分范围是图中灰色区域，除了图中的 x^{*S} 固相成分界面能保持局部平衡外，其他所有的固相成分的界面都是非平衡的。在图 8-5a 的 T_1 点温度恰好是 x^{*L} 成分的 T_0 温度，在这个温度以下，x^{*L} 可以转变为同成分的固相。从图 8-5b 看到，如果固相线急剧向下弯曲，T_0 线也随着弯曲，x^{*L} 成分的液相不可能转变为同成分的固相。

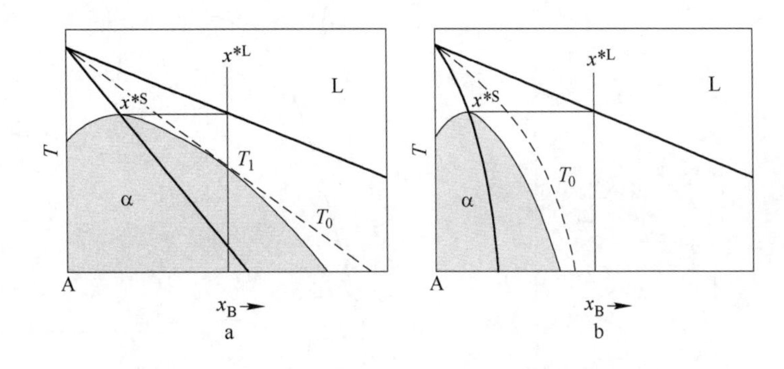

图 8-5 两种液/固相线和 T_0 线的相图

(灰色区域是界面液相成分为 x^{*L} 可能的固相成分)

8.2.1.3 界面非平衡时的溶质分配系数 k^*

当晶体凝固生长速度比较小时，$v \ll 1\text{m/s}$，局部平衡才是有效的，如果生长速度很大，液/固界面不再会是局部平衡，这样，界面的溶质分配系数取决于动力学条件(生长速度)。对于 $k_0<1$ 的情况，凝固晶体生长速度越大，则分配系数 k^* 越大，离平衡分配系数越远；生长速度越小，则 k^* 越接近 k_0。

Brice 导出光滑界面的 k^* 与晶体生长速度 v 的关系。设原子（分子）在固相和液相之间的互换速度为 v_D。c^{*S}和 c^{*L}分别为界面上固相和液相的溶质浓度，在液/固界面上，溶质原子从液相到固相或从固相到液相的交换速度分别为 $\alpha c^{*L}v_D$ 和 $\beta c^{*S}v_D$，其中 α 和 β 分别是界面固相黏着系数和解离系数。在平衡条件下两者相等：$\alpha c^{*L}v_D = \beta c^{*S}v_D$，故：

$$c^{*S}/c^{*L} = \alpha/\beta = k_0 \tag{8-20}$$

如果液/固界面以 v 速度推进，根据质量守恒，有如下关系：

$$(c^{*L} - c^{*S})v = \beta c^{*S}v_D - \alpha c^{*L}v_D \tag{8-21}$$

注意，现在界面以较高速度 v 移动，界面上浓度 c^{*S}/c^{*L}的比值已不是平衡分配系数 k_0，而是移动界面上的分配系数 k^*。整理上式得：

$$k^* = \frac{v + \alpha v_D}{v + \beta v_D} \quad 或 \quad k^* = k_0 + \frac{v(1 - k^*)}{\beta v_D} \tag{8-22}$$

Aziz、Jaxkon 等对非光滑界面得出快速生长的分配系数 k^* 与生长速度 v 的类似关系：

$$k^* = \frac{k_0 + v/v_D}{1 + v/v_D} \tag{8-23}$$

这个式子只适用于稀溶体，即成分对 k_0的影响可以忽略的情况。从式(8-22)和式(8-23)看出，在非常高的生长速度下，$v \to \infty$，则 $k^* = 1$。当 $v \ll v_D$时，$k^* \approx k_0$。v_D等于扩散系数 D 与原子间距 a 的比值。金属典型的扩散系数为 $2.5\times10^{-5}\text{cm}^2/\text{s}$，而 a 约为 0.5nm，则 v_D应小于 5m/s，实验证据指出，v_D的范围在 6~38m/s 之间。所以除非在非常高速凝固(例如急冷）下，否则大都可以使用平衡分配系数。图 8-6 所示为 Sn 在 Si 中的分配系数 k^* 与生长速度 v 间的关系，$k_0 = 0.016$。图中实线是按式(8-23)以 $v_D = 17\text{m/s}$ 计算的曲线，黑点是实验数据。从图 8-6 看出，当凝固生长速度在 10cm/s 以下时，分配系数变化不大。

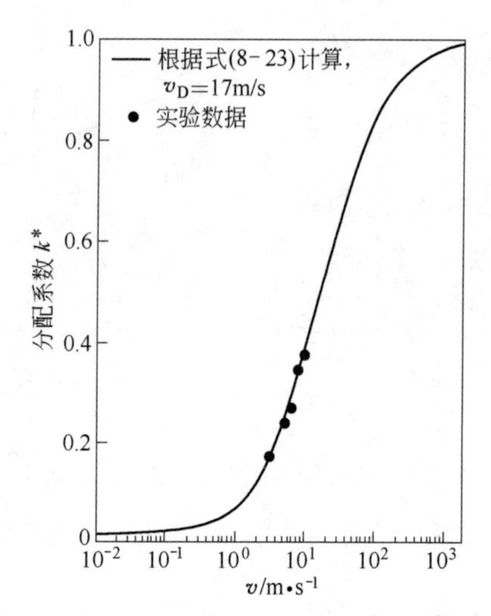

图 8-6　Sn 在 Si 中的分配系数 k^* 与生长速度 v 间的关系

（k_0=0.016，Hoaglunx 等）

例 8-4　求证式(8-22)。

解：式(8-21)写为：

$$\alpha c^{*L} = \beta c^{*S} - (c^{*L} - c^{*S})v/v_D$$

因此：

$$\frac{\alpha}{\beta} = \frac{c^{*S}}{c^{*L}} - \frac{c^{*L} - c^{*S}}{\beta c^{*L}} \cdot \frac{v}{v_D}$$

因为 $\alpha/\beta = k_0$，$c^{*S}/c^{*L} = k^*$，所以：

$$k_0 = k^* - \frac{1 - c^{*S}/c^{*L}}{\beta} \cdot \frac{v}{v_D} = k^* + \frac{k^* - 1}{\beta} \cdot \frac{v}{v_D}$$

即

$$k^* = k_0 - \frac{k^* - 1}{\beta} \cdot \frac{v}{v_D}$$

8.2.2　平衡凝固与非平衡凝固浅述

平衡凝固是指在凝固过程中固相和液相始终保持平衡，它们的成分是平衡成分，即冷却时固相和液相的平均成分分别沿着固相线和液相线变化。为了使冷却经历的每一个温度体系都保持平衡，要保证每个温度都有足够时间使固相和液相成分能扩散均匀，这要在非常缓慢的冷却条件下才能实现。现讨论图 8-7a 中的成分为 w_0的 A-B 体系的液相凝固。液相缓慢冷却到液相线温度时开始凝固，结晶的固相成分是 k_0w_0。冷却到 T_2温度时固相和液相的成分分别为 α_2和 L_2，用杠杆定理求得固相和液相的相对量分别是 10%和 90%。冷却到 T_3和 T_4温度时也存在平衡的固相和液相，不过固相的相对量增加。冷却到达固相线温度时凝固完毕，固相的成分是系统的成分 w_0。平衡凝固在每一温度下的液相和固相成分可以由相图获得，因而在每一温度下液相和固相的相对量可以用平衡的杠杆求得。因为在每个温度结晶出来的固相成分不同，在冷却过程需要有足够的时间扩散均匀。所以，这样的凝固必须在非常慢的冷却速度下才能实现。凝固经历的温度范围 ΔT 等于：

$$\Delta T = T_{st} - T_{fi} = -m_L w_0 + m_L w_L \tag{8-24}$$

式中，T_{st}和 T_{fi}分别是开始凝固的温度和结束凝固的温度，$w_L = w_0/k_0$，所以：

$$\Delta T = m_L w_0 \left(\frac{1}{k_0} - 1\right) \tag{8-25}$$

平衡凝固一般是很难实现的。当冷却速度稍大时，在每个温度间隔内固相的溶质分子不可能扩散均匀，即固相的整体成分不可能达到平衡成分，这就是非平衡凝固。

看图 8-7b 中的一个成分为 w_0的 A-B 体系的非平衡凝固过程。结晶时设液/固界面两侧固相和液相保持局部平衡，当液相合金冷却到液相线以下某温度 T_2时开始结晶，按照相图可知，这时结晶的固相成分应为 α_2，界面处的液相成分为 L_2。继续冷却，例如在 T_3下凝固的固相成分是 α_3。因为在固相中的溶质原子来不及扩散均匀（有时在液相中也是如此），这样，在 T_2和 T_3的温度间隔中固相的整体平均成分应在介于 α_2和 α_3之间的某一成分，设为 α_3'。同样，在液相中整体平均成分也应与 L_3有所偏离。因为原子在液相中的扩散能力要大得多，即使不考虑液相流动造成浓度的均匀化过程，这种偏离较之固相也要小得多。在随后的冷却过程中，这种情况不断重复进行，一直到全部液相都凝固完毕为止。这样，把冷却过程中每一个温度下固相和液相的平均成分分别连接起来，得到如图 8-7b 相图中的偏离平衡固相线和平衡液相线的两条虚线。因为原子在液相的扩散系数比在固相的大几个数量级，所以液相线偏离平衡相线很小，甚至可以忽略。冷却速度越高，固相线偏离平衡相线越大。根据杠杆定则可以发现，在同一温度下，非平衡凝固的固相量比平衡凝固的固相量少；另外，非平衡凝固完全凝固的温度比平衡凝固完全凝固的温度低，即非平衡凝固经历的温度范围比平衡凝固的大。

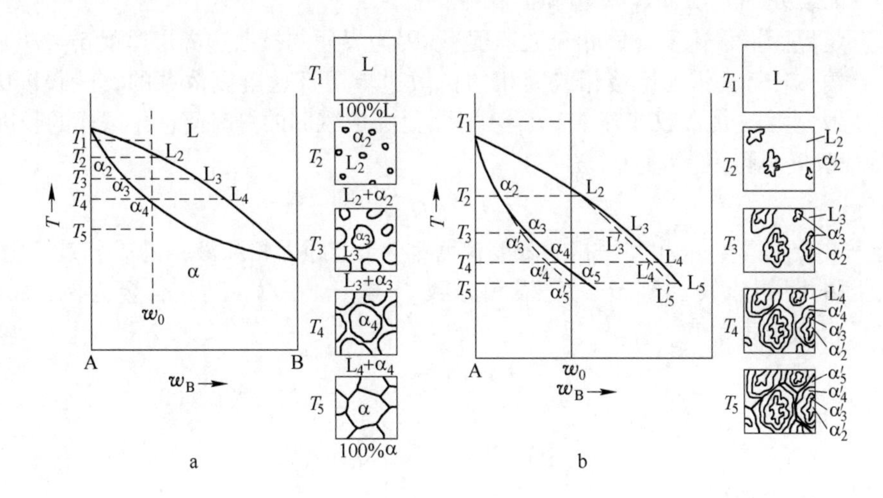

图 8-7 固溶体凝固过程的示意图

a—平衡凝固；b—非平衡凝固

由于固体中没有扩散均匀，所以在一个晶粒内从开始结晶的心部到晶粒外边缘的成分是变化的。图 8-7b 右侧示意描述了凝固过程以及在晶粒内的成分不均匀分布。成分的不

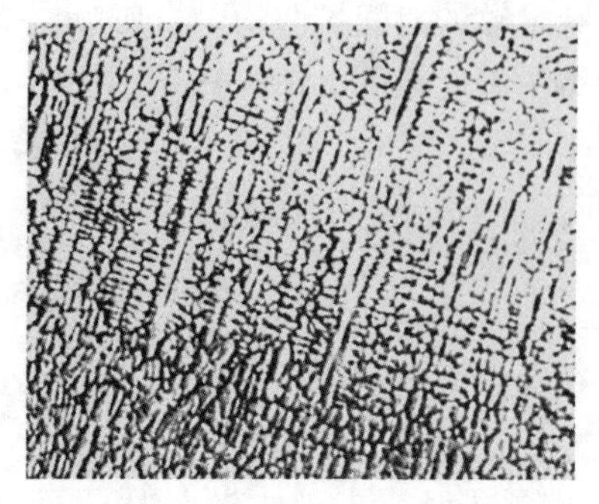

图 8-8 $x(\mathrm{Cu})=25\%$的 Ni-Cu 合金凝固的树枝状偏析合金（×10）

均匀分布称偏析。因为合金结晶通常按树枝状长大(见下面的讨论)，这种成分不均匀分布是树枝状的，同时不均匀分布的尺度只是一个晶粒的大小，所以称这种偏析为树枝状显微偏析或晶内偏析。具有这种偏析的凝固体，由于其内部成分不均匀，经浸蚀后各处的浸蚀程度不相同，在光学显微镜下会显现出树枝状的形态。图 8-8 是 $x(\mathrm{Cu})=25\%$的 Ni-Cu 合金快冷凝固后的组织，显示出凝固后的树枝偏析。凝固的这种偏析不是平衡态，如果把具有偏析的合金加热到高温，并保温足够时间，成分会重新均匀化。

8.2.3 凝固过程的溶质再分布

8.2.3.1 平衡凝固的杠杆规则

为了容易理解概念，以平直界面一维推进来讨论。考虑一个水平放置的圆棒状合金熔体，如图 8-9 所示，棒长为 l，凝固从一端开始，距端面的距离以 z 表示，界面位置记为 z_j，界面宏观上是平整的。

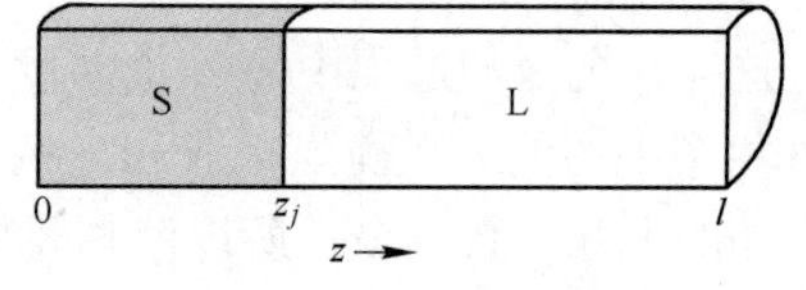

图 8-9 水平放置的圆棒状合金从一端开始顺序凝固

当平衡凝固时，固相和液相都能充分扩散，在固相和液相中都没有浓度梯度。在这种简单情况下，有如下关系：

$$D_L \gg D_S \gg lv \qquad (8\text{-}26)$$

式中，D_L和 D_S分别是溶质在液相和固相中的扩散系数；v 是界面推移速度（固相长大速度）。因为界面的扩散边界层厚度$\delta=2D/v$（见后面讨论），式(8-26)表示无论液相或固相的扩散边界层都比凝固体系的实际长度大得多。如果固相长大速度 v 是常数并等于 l/t_f，其中 t_f是完成凝固的总时间，则试样的长度 l 远比扩散的特征长度小得多，即：

$$l \ll \sqrt{D_S t_f} \qquad (8\text{-}27)$$

在这样的条件下，液相和固相的浓度梯度都为 0，即固相和液相的成分是不随棒长变化的。凝固的固相分数 ζ^S 等于 z/l，液相分数 ζ^L 等于 $1-z/l$。以 c_0 合金为例，$c^S=k_0c^L$，$\zeta^L=1-\zeta^S$。根据物质守恒，有：

$$c^S\zeta^S + c^L(1-\zeta^S) = c_0 \qquad (8\text{-}28)$$

即：

$$c^S\zeta^S + c^S(1-\zeta^S)/k_0 = c_0 \qquad (8\text{-}29)$$

整理上式，最后得：

$$c^S = \frac{k_0c_0}{1-(1-k_0)\zeta^S} \qquad (8\text{-}30)$$

这就是平衡凝固时固相成分随凝固量变化的式子，也称平衡杠杆。

8.2.3.2 非平衡凝固的溶质再分布

从式(8-27)看出，平衡凝固要在非常长的凝固时间，即非常慢的冷却速度下才可能发生，这样的条件一般是难以达到的。在讨论非平衡凝固时，因为溶质在固相的扩散系数比液相的扩散系数小几个数量级，凝固时温度消散速度比原子扩散均匀的速度大得多，随着降温结晶出来的固相不可能扩散均匀。非平衡凝固使溶质原子在凝固过程中发生再分布：一方面，在已凝固的固相中溶质成分不均匀分布，使凝固后的合金出现偏析，它对合金的性能有重要影响；另一方面，凝固时溶质原子在液相（特别在界面的前沿）富集，对于$k_0<1$的合金降低了熔点，并且由于热消散，在液相中存在温度梯度，结果可能会出现所谓的组分过冷，导致固/液界面的不稳定，从而凝固对组织形貌有重大的影响（见下面的讨论）。

凝固时在液体中的物质输运由扩散、对流（或两者共同）实现，这些过程的差异引起凝固后偏析和显微组织的显著不同。对流使物质输运的距离比扩散输运距离大得多，甚至会引起宏观偏析。虽然凝固常常出现胞状或树枝状组织，但如上述的理由所述，为了容易理解，我们还是以液/固界面是平直的一维定向凝固来讨论溶质的分布。当了解清楚这些过程后，可以用这些结果定性地讨论更复杂的情况，也可以想象在小体积元（例如在树枝晶之间）的凝固为定向的一维那样凝固。

讨论时作如下的假设：

(1) 凝固速度不是很高，晶体长大时界面始终处于局部平衡状态。

(2) 没有过冷，也不考虑长大时的动力学过冷。

(3) 界面的推移由其前沿液相的溶质扩散所控制。

(4) 一般情况下，由于溶质在液体内的扩散系数（约为$10^{-5}cm^2/s$）比固体内的（约为$10^{-8}cm^2/s$）大几个数量级，因此忽略固相内的扩散。

(5) 相图中的液、固相线均近似为直线，即平衡分配系数不随温度变化。

下面讨论几种不同的情况。

A 液相溶质完全均匀混合的情况——Scheil 方程

如上假设，固相完全不扩散，现在还设液相通过扩散以及均匀搅拌混合，这是一种非平衡凝固中最简单的情况。实践证明，在相当多的情况下，可以近似按照这一情况处理。成分为c_0的合金凝固，当凝固的固相体积分数为$\zeta^S(=z/l$，见图 8-9）时有$d\zeta^S$的固相形成，如果界面两侧固相成分（体积浓度）为c^S，液相为c^L。由溶质质量守恒可知，形成微量固相$d\zeta^S$所排出的溶质原子量$(c^L-c^S)d\zeta^S$应等于液相内溶质原子量的变化$(1-\zeta^S)dc^L$：

$$(c^L-c^S)d\zeta^S=(1-\zeta^S)dc^L \tag{8-31}$$

对上式整理，并且用$c^S=k_0c^L$关系（注意，上面说过，平衡分配系数经常以固相体积浓度和液相体积浓度比近似表达），得：

$$\frac{d\zeta^S}{1-\zeta^S}=\frac{dc^L}{c^L(1-k_0)}$$

上式两边积分，并因为$\zeta^S=0$时$c^L=c_0$，得：

$$(k_0-1)\ln(1-\zeta^S)=\ln\left(\frac{c^L}{c_0}\right)$$

即
$$
\left.\begin{aligned} c^{\mathrm{L}} &= c_0(\zeta^{\mathrm{L}})^{k_0-1} \\ c^{\mathrm{S}} &= k_0 c_0(1-\zeta^{\mathrm{S}})^{k_0-1} \end{aligned}\right\} \tag{8-32}
$$
或

式中，$\zeta^{\mathrm{L}} = 1 - \zeta^{\mathrm{S}}$ 为液相的体积分数。上式称为非平衡杠杆定律或 Scheil 方程。图 8-10 所示为不同 k_0 值（包括 $k_0>1$ 的情况）合金定向凝固时按 Scheil 方程描述的固相浓度分布。图中的固相凝固量值取到 $\zeta^{\mathrm{S}} = 0.9$，是因为凝固量接近 1 时，Scheil 方程得出的固相浓度趋于无限大，即 Scheil 方程在凝固末端是不适用的。

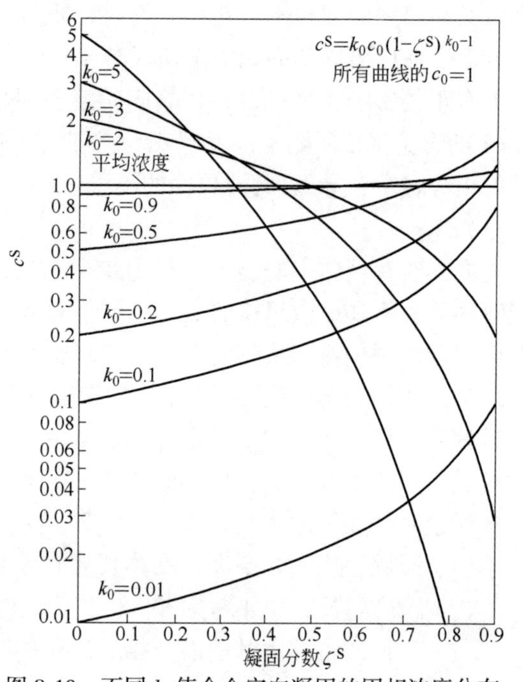

图 8-10　不同 k_0 值合金定向凝固的固相浓度分布

从式(8-32)看出，如果 $k_0<1$，随着凝固的进行，ζ^{L} 越来越少，固相及液相溶质浓度越来越高。看图 8-11a 的 A-B 合金系中 c_0 成分的合金凝固的例子，界面是平面，假设固相完全不扩散而液相均匀混合。合金液体自一端冷却，在 T_1 温度开始凝固，此时生成的固相成分为 k_0c_0，由于固相把溶质原子排到液相，液相成分比 c_0 高，如图 8-11b 所示。随着温度下降，凝固的固相成分比开始凝固时的高，同时液相富集的溶质原子越多，如图 8-11c 所示。当温度下降到共晶温度 T_{E} 时，界面上固相浓度达到固溶体最大溶解度的浓度 $c_{\max}$，而所余下液相浓度却达到共晶成分 c_{E}，这部分液相最后凝固为共晶，如图 8-11d 所示。

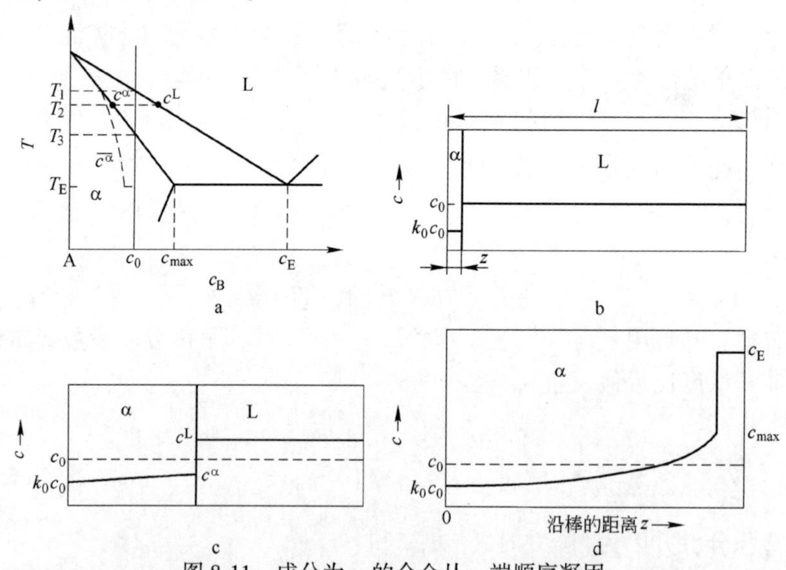

图 8-11　成分为 c_0 的合金从一端顺序凝固

a—相图中虚线是凝固过程固相的平均浓度；b—在稍低于 T_1 时的成分分布；
c—在 T_2 的成分分布；d—在 T_{E} 和稍低于 T_{E} 温度的成分分布

例 8-5 根据图 8-12 给出的二元相图。(1) 说明 $w(B)=15\%$的合金在缓慢冷却时发生的组织变化；计算组织相对量和相的相对量。(2) 如果从一端顺序冷却，设固体的扩散可以忽略，液体完全搅拌均匀，这时它的共晶量比缓慢冷却时多了多少?

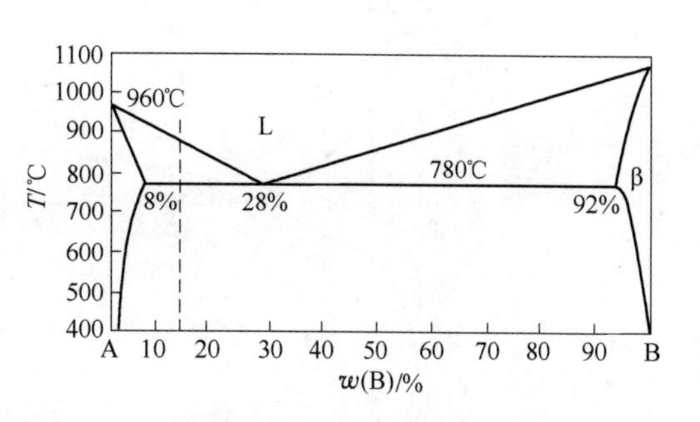

图 8-12 A-B 二元相图

解：(1) $w(B)=15\%$合金缓冷时先析出α相，到共晶温度后，进行共晶反应生成 (α+β) 共晶体，先共晶 (α) 相对量 $\zeta^{(\alpha)}$ 和共晶 (α+β) 的相对量 $\zeta^{(\alpha+\beta)}$ 分别是：

$$\zeta^{(\alpha)}=\frac{28-15}{28-8}=65\% \qquad \zeta^{(\alpha+\beta)}=1-\zeta^{\alpha}=35\%$$

α 相的相对量 ζ^{α}，β 相的相对量 ζ^{β} 分别是：

$$\zeta^{\alpha}=\frac{92-15}{92-8}=91.7\% \qquad \zeta^{\beta}=1-\zeta^{\alpha}=8.3\%$$

(2) $w(B)=15\%$合金在一端顺序冷却，固体的扩散可以忽略，结晶出的α相成分以及剩余液相成分可用式(8-32)描述。根据相图，平衡分配系数 k_0 为：

$$k_0=\frac{8}{28}=0.2857$$

液相成分变为 $w(B)=28\%$ 时，剩余的液相将全部转变为共晶组织。用式(8-32)，得：

$$c^{L}=c_0(\zeta^{L})^{(k_0-1)}=0.15(\zeta^{L})^{(0.2875-1)}\%=28\%$$

即

$$\zeta^{L}=\left(\frac{28}{15}\right)^{\frac{1}{0.2857-1}}=41.7\%$$

这部分液相随后全部转变为共晶，所以共晶量多了 41.7%-35%=6.7%。

例 8-6 图 8-13a 所示为 Cr-Ni 相图，求成分为 $w(Ni)=7.8\%$的合金冷却一维凝固后的成分分布，共晶的相对量是多少 (设液相完全均匀混合，固相无扩散)?

解：根据相图，$w(Ni)=7.8\%$的合金开始凝固温度是 1816℃，并因为在凝固的温度范围内固相线和液相线都近似为直线，所以，k_0 近似为常数。开始结晶的固相成分为 $w(Ni)=3.12\%$，则平衡分配系数 $k_0=w^{S}/w^{L}=3.12/7.8=0.4$。设一维凝固的棒长为 l，按照 Scheil 方程，凝固后沿棒长的成分分布为：

$$c_z^{S}=k_0c_0\,(1-z/l)^{(k_0-1)}=0.4\times7.8\,(1-z/l)^{(0.4-1)}=3.12\,(1-z/l)^{-0.6}$$

但是，当固相成分为 $w^{S}(Ni)$ 到达 39%后，液相成分为共晶成分，余下的液相全部形成共晶，所以上式在 $w^{S}(Ni)=39\%$后是不适用的，即图 8-13b 的虚线段是不适用的。最后的共晶相对量 ζ^{E} 为：

$$\zeta^{E}=(1-z/l)_{c=0.39}=(39/3.12)^{-1/0.6}=0.148$$

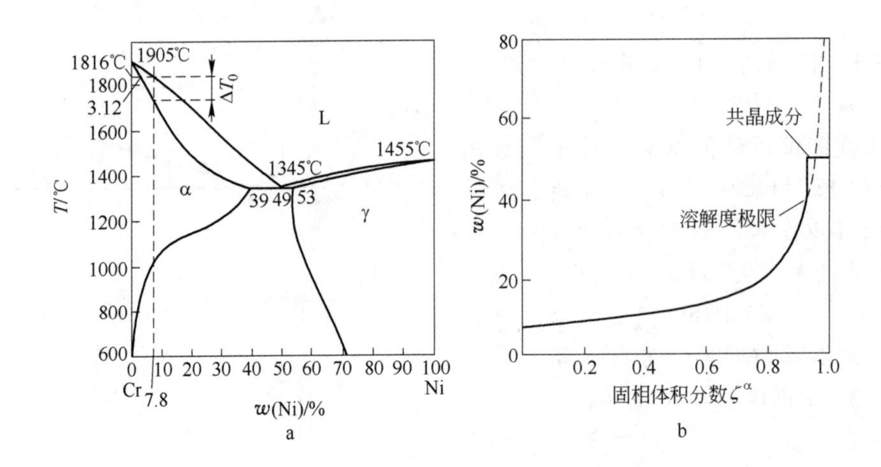

图 8-13　$w(\mathrm{Ni})=7.8\%$的 Cr-Ni 合金凝固的成分分布

a—Cr-Ni 相图；b—合金冷却一维凝固后的成分分布

对于图 8-13a 所示的相图，它的液相线可近似为直线，但固相线在低温段显然不能近似为直线，并且它在不同温度的斜率很不同，所以即使符合上述的凝固条件，Scheil 方程也还是不适用的。

Scheil 方程的假设前提是液相线和固相线是直线，即 k_0在不同温度下是常数。一般情况下，这样的条件只在开始凝固时是合适的。在随后的凝固过程中因为 k_0在变化，精确的方法是要引用每一阶段的相平衡资料作逐步分析。

此外，Scheil 方程要求的凝固条件是非常苛刻的：要求凝固过程液相成分完全均匀，单靠自然对流是不可能达到这一要求的，只有在非常强的搅拌下才有可能实现；Scheil 方程还要求固相不进行扩散，这也是不切合实际的。对置换溶质原子来说，近似地忽略它的扩散是可以接受的，但对间隙溶质原子来说，它比置换溶质原子扩散快得多，它的扩散不可能忽略。

一般固相的扩散不能忽略，特别是在凝固后期是这样，因为此时的浓度梯度比较大，固相扩散更不能忽略。如果固相发生扩散，固相在界面边上的浓度不再是平衡浓度，以 $c^{*\mathrm{S}}$表示。这样，根据质量守恒，式(8-31)应改写成：

$$(c^{\mathrm{L}}-c^{*\mathrm{S}})\mathrm{d}\zeta^{\mathrm{S}}=(1-\zeta^{\mathrm{S}})\mathrm{d}c^{\mathrm{L}}+\delta_{\mathrm{S}}\mathrm{d}c^{*\mathrm{S}}/2l \tag{8-33}$$

式中，δ_{S}是固相扩散的边界层厚度，等于 $2D_{\mathrm{S}}/v$（见式(8-52)），其中 D_{S}是溶质在固相的扩散系数，v 是界面推移速度。上式左端的量是界面推进 dz（即固相增加 dζ^{S}）时固相排出的溶质量，相当于图 8-14 中的面积 A_1；固相排出的溶质量使液相平均浓度增加 dc^{L}，上式右端第一项是液相增加的溶质量，相当于图 8-14 中的面积 A_2；液体浓度增加从而反过来使固相界面浓度以及浓度梯度增加，溶质“回扩散”使部分溶质进入固相，这相当于图 8-14 中的面积 A_3；A_3面积用三角形近似表示，相对于整体长度 l 为 $\delta_{\mathrm{S}}\mathrm{d}c^{*\mathrm{S}}/2l$，等于上式右端第二项。

因 $\delta_{\mathrm{S}}=2D_{\mathrm{S}}/v=2D_{\mathrm{S}}(\mathrm{d}t/\mathrm{d}z_j)$，$c^{*\mathrm{S}}=k_0c^{\mathrm{L}}$，即 $\mathrm{d}c^{*\mathrm{S}}=k_0\mathrm{d}c^{\mathrm{L}}$，式(8-33)变为：

$$c^{\mathrm{L}}(1-k_0)\mathrm{d}\zeta^{\mathrm{S}}=(1-\zeta^{\mathrm{S}})\mathrm{d}c^{\mathrm{L}}+\frac{k_0D_{\mathrm{S}}}{l}\cdot\frac{\mathrm{d}t}{\mathrm{d}z_j}\mathrm{d}c^{\mathrm{L}} \tag{8-34}$$

因为界面推进是扩散控制的，所以凝固的厚度 ζ^{S} 与凝固时间 t 的平方根成比例：

$$\zeta^{\mathrm{S}}=\frac{z_j}{l}=\left(\frac{t}{t_{\mathrm{f}}}\right)^{1/2} \tag{8-35}$$

式中，t_{f} 是总凝固时间。界面推移速度（凝固速度）v 的倒数 $\mathrm{d}t/\mathrm{d}z_j$ 为：

$$\frac{\mathrm{d}t}{\mathrm{d}z_j}=\frac{2(t_{\mathrm{f}}t)^{1/2}}{l}=\frac{2t_{\mathrm{f}}\zeta^{\mathrm{S}}}{l} \tag{8-36}$$

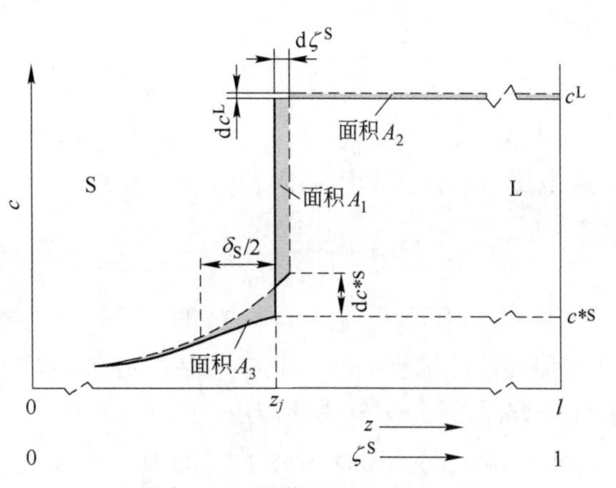

图 8-14 一维凝固时长度为 l 的单元体内的溶质浓度分布

把上式代入式(8-34)，重排列得：

$$\frac{\mathrm{d}c^{\mathrm{L}}}{c^{\mathrm{L}}}=\frac{(1-k_0)\mathrm{d}\zeta^{\mathrm{S}}}{1+\zeta^{\mathrm{S}}(2\alpha k_0-1)} \tag{8-37}$$

式中，α 是量纲为 1 的固相扩散参数（无量纲时间=Fourier 数），它等于：

$$\alpha=D_{\mathrm{S}}t_{\mathrm{f}}/l^2 \tag{8-38}$$

因扩散特征长度正比于（Dt）$^{1/2}$，α 的意义大约是在凝固的总时间内在固相扩散特征长度与实际棒长的平方比。式(8-37)积分整理后得：

$$c^{\mathrm{L}}=c_0\left[1-(1-2\alpha k_0)\zeta^{\mathrm{S}}\right]^{(k_0-1)/(1-2\alpha k_0)} \tag{8-39}$$

或

$$c^{*\mathrm{S}}=k_0c_0\left[1-(1-2\alpha k_0)\zeta^{\mathrm{S}}\right]^{(k_0-1)/(1-2\alpha k_0)} \tag{8-40}$$

这是考虑了固相扩散但液相是完全混合均匀的情况下凝固后固相浓度分布。如果固相无扩散，即$\alpha=0$，式(8-40)与式(8-32)相同，即 Scheil 方程。如果 $\alpha=0.5$，这时式（8-40）变为：

$$c^{*\mathrm{S}}=\frac{k_0c_0}{1+(k_0-1)\zeta^{\mathrm{S}}} \tag{8-41}$$

这个式子和式(8-30)相同，即 $\alpha=0.5$ 时是平衡凝固情况。

式(8-38)定义的 α 是不合理的，因为如果对于间隙溶质原子的固溶体来说，间隙溶质原子的扩散系数比较大，在一般的凝固条件下，可以近似认为是平衡凝固。从 α 的定义看，真正平衡凝固时的 α 应该很大，以 $\alpha=0.5$ 描述平衡凝固还是不适当的。但是，α 很大时固相扩散特征长度比凝固的固相甚至比整个棒长 l 都大，这样，扩散物质会“逸出”末端；当然这是不可能的，“逸出”的物质还是保留在棒以内，因此以界面移动列出的扩散物质守恒式(8-34)不再适用。根据扩散的这种端面效应，W. Kurz 等对平衡凝固时 α 值做出修正：

$$\alpha'=\alpha\left[1-\exp(-1/\alpha)\right]-\left[\exp(-1/2\alpha)\right]/2 \tag{8-42}$$

用 α'取代式(8-39)的 α 则可用于在液相扩散非常快的情况下来计算任何的固相溶质浓度分布。用 α'取代 α 后，式(8-39) 可以写成：

$$\zeta^{S}=\frac{1}{1-2\alpha'k_0}\left[1-(c^{L}/c_0)^{(1-2\alpha'k_0)/(k_0-1)}\right] \tag{8-43}$$

因 $(c^{L}/c_0)=(T_m-T)/(T_m-T_L)$，其中 T 是凝固冷却的界面温度，T_L 是 c_0 成分的液相线温度，所以，凝固的固相分数与冷却界面温度的关系为：

$$\zeta^{S}=\frac{1}{1-2\alpha'k_0}\left\{1-\left[(T_m-T)/(T_m-T_L)\right]^{(1-2\alpha'k_0)/(k_0-1)}\right\} \tag{8-44}$$

图 8-15a 所示为 $w(\mathrm{Cu})=2\%$ 的 Al-Cu 合金根据用 α' 取代 α 的式(8-39)得出的几个不同 α' 值的液相浓度曲线，其中包括两种极端情况：$\alpha'=0$，即 Scheil 方程；$\alpha'=0.5$，即平衡杠杆方程。图 8-15b 所示为 α' 值对凝固终了温度的影响。从图 8-15 看出，对符合 Scheil 方程的极端情况，在凝固终了时的液相浓度趋于无穷，而凝固终了温度是共晶温度 T_E；而在平衡凝固的极端情况，在凝固终了时的液相浓度为 c_0/k_0，凝固终了温度是平衡凝固的终了温度；在这两种极端情况之间，例如 $\alpha'=0.2$，凝固终了时的液相浓度和凝固终了时的温度在这两种极端情况之间。对比合金相图（图 8-15c）可看出，α' 值越小，凝固的温度区间越大。

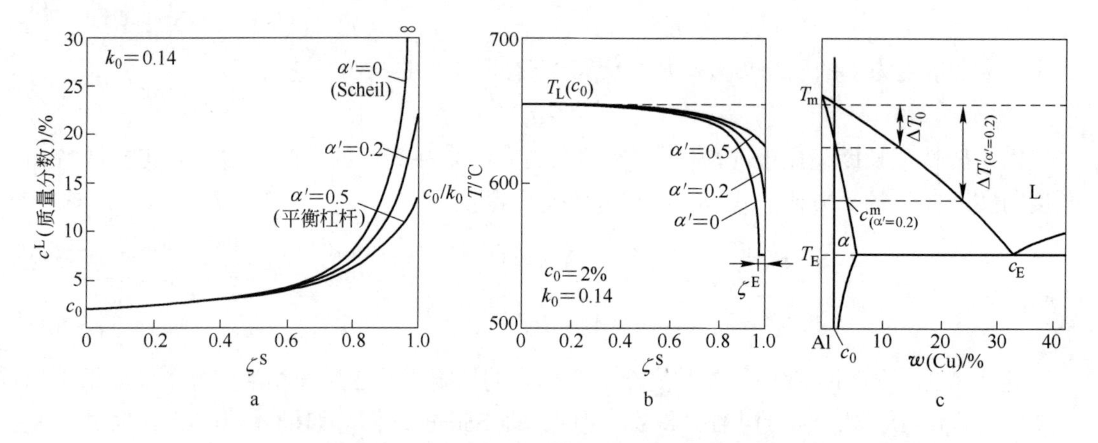

图 8-15 不同 α' 值对 $w(\mathrm{Cu})=2\%$ 的 Al-Cu 合金液相浓度及凝固终了温度的影响

a—α' 值对液相浓度的影响；b—α' 值对凝固终了温度的影响；c—Al-Cu 部分相图

已经说过，因为一般置换溶质原子扩散得很慢，以 $\alpha'=0.5$ 来描述平衡凝固还是不合理的。但对于溶剂结构比较开放的间隙固溶体，溶质扩散速度较快，则以 $\alpha'=0.5$ 来描述平衡凝固是较好的近似。

B 液相无对流，溶质原子仅通过液相中的扩散重新分布

如果没有搅拌和对流，液相内溶质原子只能靠扩散进行重新分布。图 8-16 所示为 c_0 合金在液相无对流和搅拌下一维定向凝固的不同阶段的溶质浓度分布。开始凝固时固相的溶质浓度为 c_0k_0，继续冷却，界面前沿的液相浓度必然高于 c_0，由于没有搅拌和对流，液相中离界面较远的地方仍然保持原始成分 c_0，这样在界面前沿的液相出现了浓度梯度，界面靠扩散控制向前推进，如图 8-16b 所示，这一阶段称初始瞬态阶段。界面向前推进排出溶质原子，使界面前沿液相浓度不断增加，当浓度达到 c_0/k_0 后，液相浓度维持不变，界面的温度保持固相线温度 $T_{S(c_0)}$，界面固、液相两侧的浓度分别保持为 c_0 和 c_0/k_0，如

图 8-16c 所示，这一阶段称稳态阶段。最后，当液相内的溶质富集厚度等于剩余液相区长度时，溶质扩散受到棒末端边界的阻碍，使界面两侧的固相和液相的浓度同时升高，如图 8-16d 所示，这一阶段称最终瞬态阶段。下面分别讨论这 3 个阶段的溶质浓度分布，但先从稳态阶段开始讨论。

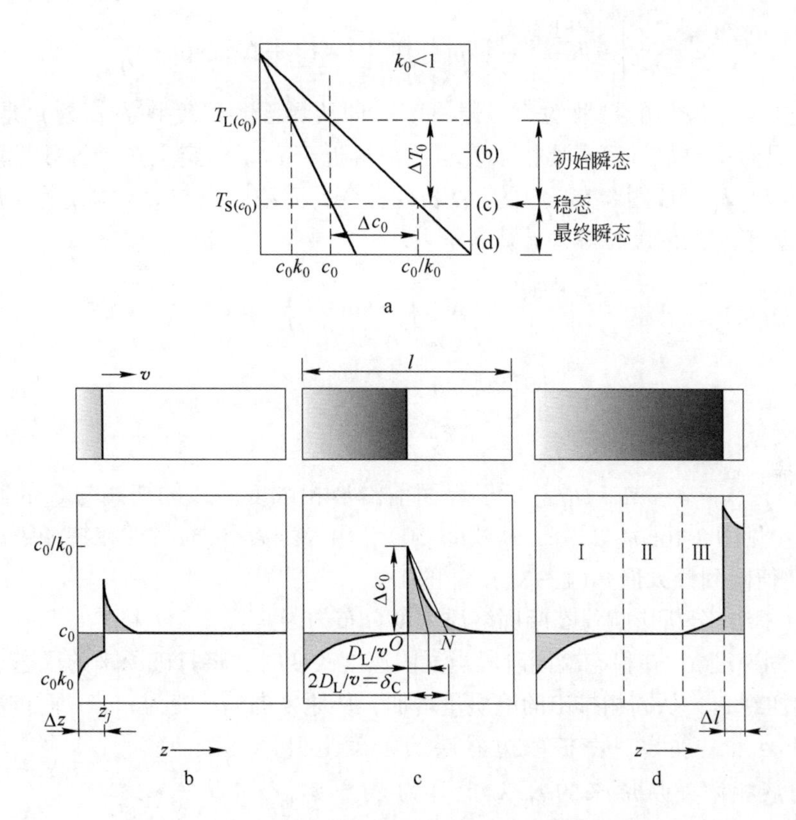

图 8-16 c_0合金在液相无对流和搅拌下的定向凝固过程

a—不同时态的固相和液相分布；b—初始瞬态；c—稳态；d—最终瞬态，其中 I 是初始瞬态区域，Ⅱ是稳态区域，Ⅲ是最终瞬态区域

a 稳态

设界面为原点 $z=0$，界面推移速度为 v，在稳态时液相的扩散流量 J^L 为：

$$J^L = -D_L \frac{\partial c^L}{\partial z} - vc^L \tag{8-45}$$

因为是稳态，在液相的扩散方程是：

$$\frac{\partial c^L}{\partial t} = -\nabla \cdot \boldsymbol{J} = D_L \frac{d^2 c^L}{dz^2} + v \frac{dc^L}{dz} = 0 \tag{8-46}$$

这个方程是常系数线性常微分方程，利用其特征代数方程求根，然后得出它的通解：

$$c^L(z) = a_1 + a_2 \exp(-vz/D_L) \tag{8-47}$$

利用现在的边界条件：

$$c^L(\infty, t) = c_0 \qquad a_1 = c_0 \tag{8-48}$$

$c^L(0,t) = c^{LS}$，其中 $c^{LS} = c^{*S}/k_0 = c_0/k_0$是界面边缘液相的浓度。因为在稳态阶段界面

边缘固相的浓度 $c^{*S}=c_0$，求出：

$$a_2 = c_0(1-k_0)/k_0 = \Delta c_0 \tag{8-49}$$

把式(8-48)和式(8-49)代入式(8-47)，最后获得稳态时界面前沿液相的溶质浓度分布为：

$$c^{L} = c_0\left[1 + \frac{1-k_0}{k_0}\exp\left(-\frac{vz}{D_L}\right)\right] = c_0 + \Delta c_0 \exp\left(-\frac{vz}{D_L}\right) \tag{8-50}$$

从理论上看，液相的扩散的边界层厚度（即从界面到浓度将为 c_0处）是无限大的，但是当离开界面一定距离后，液相浓度已经很接近于 c_0 了。定义一个等效扩散边界层厚度（特征距离）δ_C，如图 8-16b 中的 ON 长度，令界面浓度点与 ON 构成的三角形面积与整个液相中大于 c_0的浓度相等来计算 δ_C：

$$\frac{\Delta c_0 \delta_C}{2} = \Delta c_0 \int_0^{\infty} \exp\left(-\frac{vz}{D_L}\right) dz \tag{8-51}$$

结果：

$$\delta_C = \frac{2D_L}{v} \tag{8-52}$$

又因 $(dc^L/dz)_{z=0} = -v\Delta c_0/D_L$，所以界面前沿液相浓度曲线的切线与 c_0的截距就等于 $D_L/v=\delta_C/2$（见图 8-16b）。另外，从式(8-50)看出，$z=D_L/v$ 时，即在特征距离处，液相的（c_L-c_0）值降到最大值 $c_0(1-k_0)/k_0$ 的 $1/e$。

根据式(8-50)分析影响稳态凝固溶质浓度分布的因素：

（1）凝固速度 v。在稳态凝固阶段当凝固速度改变时，将打破原来的稳态。如果凝固速度从 v_1增加到 v_2，从固相排出的溶质量增加，从原来的 v_1c^L变为 v_2c^L，而扩散流量仍为 $-D_L(dc^L/dz)_{z=0}$，所以，在扩散边界层的浓度上升，界面边上的液相浓度从原来的 c_0/k_0 上升为 $c^{*L}(>c_0/k_0)$，打破原来液相浓度的平衡分布，如图 8-17a 的虚线所示。与此同时，相应在界面与之平衡的固相浓度亦增加，大于 c_0。液相浓度的非平衡分布比原来的陡，使液相扩散流量 $-D_L(dc^L/dz)$ 增加，如果凝固棒足够长，经过一段距离后会建立新的平衡，界面上液相浓度回复为 c_0/k_0，固相浓度回复为 c_0，液相浓度又变为新的平衡分布，如图 8-17a 中 v_2曲线所示，但相应的扩散边界层的厚度减小了。

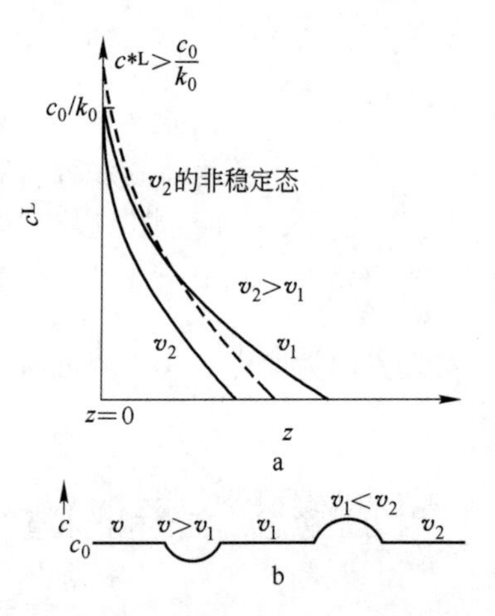

图 8-17 c_0合金在稳态凝固
a—凝固速度增加时液相浓度分布的变化（虚线）以及建立新的平衡后的液相浓度分布；b—凝固速度改变引起固相浓度分布的变化

如果凝固速度减小，会发生相反的情况。界面上的液相浓度小于 c_0/k_0，相应的固相浓度小于 c_0，足够长时间后，建立新的平衡态，界面两侧的液、固相浓度回复为 c_0/k_0和 c_0，但扩散边界层厚度增加。图 8-17b 所示为 c_0合金凝固时由凝固速度的突然改变引起凝固的固相浓度的变化。

（2）液相扩散系数 D_L。扩散系数 D_L大时，扩散比较快，在界面前沿的浓度分布比较缓，从而扩散边界层比较厚，这和式(8-52)描述的一致。图8-18a所示为扩散系数对液相浓度分布的影响。

(3) 平衡分布系数k_0。因为扩散边界层的厚度与k_0无关，当k_0小时在界面边界的液相浓度c_0/k_0比较高，在相同的扩散边界层厚度下，液相的浓度分布比较陡。图8-18b所示为平衡分配系数对液相浓度分布的影响。

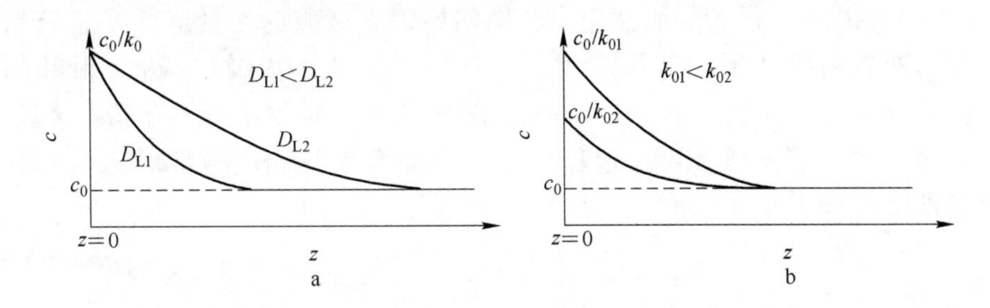

图8-18 扩散系数D_L (a) 和平衡分配系数k_0 (b) 对稳态凝固界面前沿液相浓度分布的影响

b 初始瞬态

在初始瞬态阶段，设界面液相一侧的浓度为c^{*L}，则固相一侧的浓度$c^{*S}=k_0c^{*L}$，界面移动使固相排出的溶质流量为$J_1 = vc^{*L}(1-k_0)$，而扩散流量为$J_2 = -D_L(dc^L/dz)_{z=0}$，$(dc^L/dz)_{z=0}$可以用$2(c^{*L}-c_0)/\delta_C = v(c^{*L}-c_0)/D_L$近似表示，即$J_2 = v(c^{*L}-c_0)$。这两个流量的差值应该等于单位时间内液相增加的溶质量，它近似等于扩散边界层厚度乘以单位时间内液相扩散边界层的平均浓度的增量$\delta_C d\bar{c}^L/dt = 2D_L(d\bar{c}^L/dt)/v$，即：

$$v(c_0 - k_0c^{*L}) = \frac{d\bar{c}^L}{dt}\cdot\frac{2D_L}{v} \tag{8-53}$$

把液相富集的溶质看做都处在扩散边界层内，在扩散边界层的平均浓度$\bar{c}^L = (c^{*L}+c_0)/2$，如图8-19所示，当界面推进$dz$时，界面边的液相浓度增加$dc^{*L}$，扩散边界层溶质的增量如图8-19中的灰色面积所示，所以$d\bar{c}^L = dc^{*L}/2$，又因$v=dz/dt$，把这些关系代入式(8-53)，得：

$$\frac{dc^{*L}}{c_0 - k_0c^{*L}} = \frac{v}{D_L}dz \tag{8-54}$$

式(8-54)两端积分，得：

$$\int_{c_0}^{c^{*L}}\frac{dc^{*L}}{c_0 - k_0c^{*L}} = \int_0^{z_j}\frac{v}{D_L}dz$$

得

$$\ln\left[\frac{c_0(1-k_0)}{c_0 - k_0c^{*L}}\right]^{1/k_0} = \frac{vz_j}{D_L}$$

或

$$c^{*L} = \frac{c_0}{k_0}\left[1-(1-k_0)\exp\left(-\frac{k_0z_jv}{D_L}\right)\right] \tag{8-55}$$

这是初始瞬态界面边缘液相浓度随界面推移位置z_j的变化，相应在初始瞬态区域的固相成分分布为：

$$c^{*S}=c_0\left[1-(1-k_0)\exp\left(-\frac{k_0 z_j v}{D_L}\right)\right] \tag{8-56}$$

图 8-20 所示为不同 k_0 值的 c^{*S}/c_0 随无量纲距离 vk_0z/D_L 的分布。从式(8-56)看出，当 $c^{*S}=c_0$ 时，初始瞬态结束，初始瞬态区域的长度 z_j 趋于无限大。这只是理论值，事实上，如果将 $c^{*S}=0.98c_0$ 时看做初始瞬态结束，则初始瞬态区域的无量纲长度等于 $\ln[(1-k_0)/0.02]$，据此估计初始瞬态区域长度 $z=\{D_L\ln[(1-k_0)/0.02]\}/k_0v$，很粗略地认为 $z\approx 4D_L/k_0v$。例如当 $k_0=0.1$，$v=10^{-3}$mm/s，$D_L=5\times10^{-3}$mm²/s，则初始瞬态区域长约等于200mm。从近似式子知道，凝固速度加大、扩散系数减小都使初始瞬态区域减小；k_0 增大也使初始瞬态区域减小。

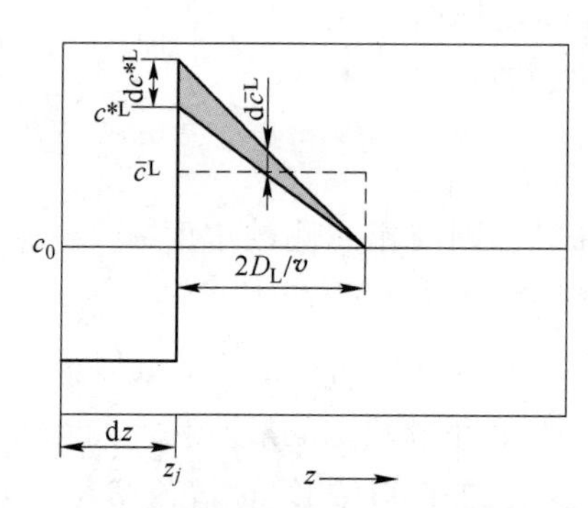

图 8-19 扩散边界层的平均浓度及其平均增量

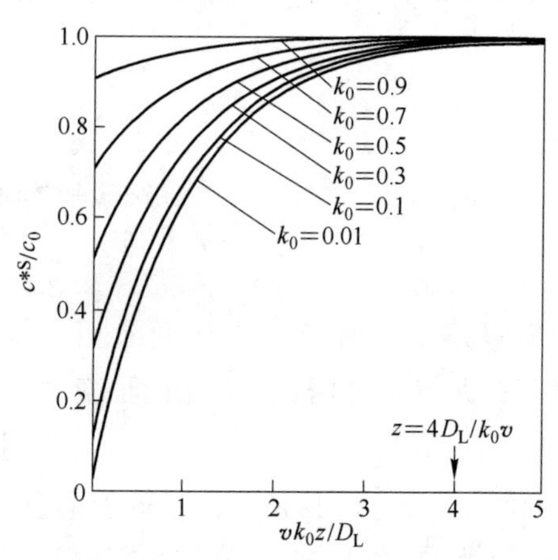

图 8-20 不同 k_0 值的 c^{*S}/c_0 与无量纲长度 vk_0z/D_L 的关系

c 最终瞬态

当扩散边界层的厚度小于剩余液相区域的长度时，再不能保持稳态凝固，从而进入最终瞬态阶段。最终瞬态区域的长度比较短，与扩散边界层厚度是同一个数量级。因为凝固棒末端是一个不可逾越的“墙”，所以在此处的扩散流量为 0，即在此处的浓度梯度 $(\mathrm{d}c^L/\mathrm{d}z)_{z=l}=0$，在界面处的浓度梯度 $(\mathrm{d}c^L/\mathrm{d}z)_{z=z_j}=v(1-k_0)c^{*L}/D_L$。如果没有这个“墙”，在“墙”外有溶质浓度分布，因为溶质不能逾越这“墙”，把“墙”外有溶质浓度保留在“墙”内，这可以想象末端边界是一个溶质原子的“源”。利用上述的边界条件，用类似图 6-16 设置对称的假想“源”的叠加办法来求解这个区域的溶质浓度分布。

如果图 8-11a 所示的合金体系存在共晶反应，最终瞬态区的液相浓度增至共晶成分，剩余的液相会全部转变为共晶。

例 8-7 Ge-Ga 合金的 $w(\mathrm{Ga})=0.01‰$，合金定向凝固，凝固速度为 8×10^{-3}cm/s，凝固时无对流，给出沿凝固长度的成分分布，给出初始固相成分、最初和最终瞬态的长度。$k_0=0.1$，$D_L=5\times10^{-5}$cm²/s。

解：凝固的固相初始成分等于 $w(\mathrm{Ga})=k_0\times0.01‰=0.001‰$。

根据式(8-56)给出的最初瞬态的固相浓度随长度 z' 的分布，并把题目给出的数据代入，即：

$$c^{*S}=c_0\left[1-(1-k_0)\exp\left(-\frac{k_0z_jv}{D_L}\right)\right]$$

$$=1\times10^{-5}\left\{1-(1-0.1)\exp\left[-\frac{0.1\times8\times10^{-3}}{5\times10^{-5}}z'(\mathrm{cm})\right]\right\}$$

$$=1\times10^{-5}\{1-0.9\exp[-16z'(\mathrm{cm})]\}$$

近似地认为最初瞬态长度 $z'_{(初始)}\approx4D_L/k_0v$，即：

$$z'_{(初始)}\approx4D_L/k_0v=4\times5\times10^{-5}/(0.1\times8\times10^{-3})\mathrm{cm}=0.25\mathrm{cm}$$

最终瞬态的长度 $z_{(终态)}$ 与扩散边界层厚度是同一个数量级，用扩散边界层厚 $\delta_C=2D_L/v$ 近似表达：

$$z_{(终态)}\approx2D_L/v=2\times5\times10^{-5}/8\times10^{-3}\mathrm{cm}=0.125\mathrm{cm}$$

图 8-21 是根据计算结果绘出的沿凝固长度的成分分布图，因为最终瞬态没有计算其浓度分布，只给出区域的长度。

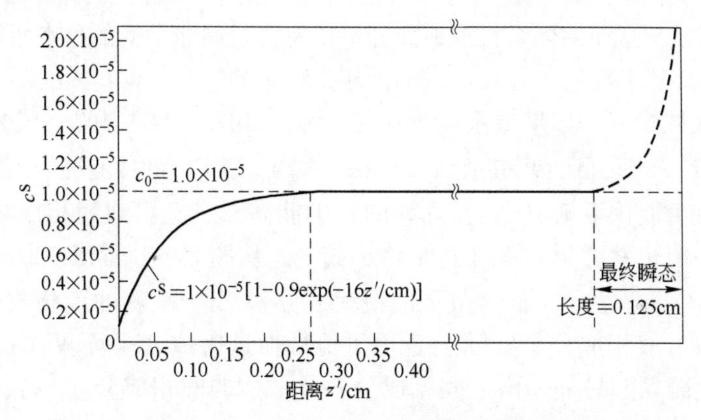

图 8-21　$w(\mathrm{Ga})=0.01‰$的 Ge-Ga 合金定向凝固的浓度分布

（无对流，凝固速度为 $8\times10^{-3}\mathrm{cm/s}$）

高速凝固的稳态条件。在稳态凝固阶段，凝固的固相与体系的成分相同。当凝固生长速度很高时，发生非平衡凝固，这时，不是任何成分的体系都可以进入稳态凝固阶段的。根据 A-B 相图的固相线、液相线和 T_0 线（图 8-22），把在 T_1 温度凝固体系的成分分为 3 个区域。

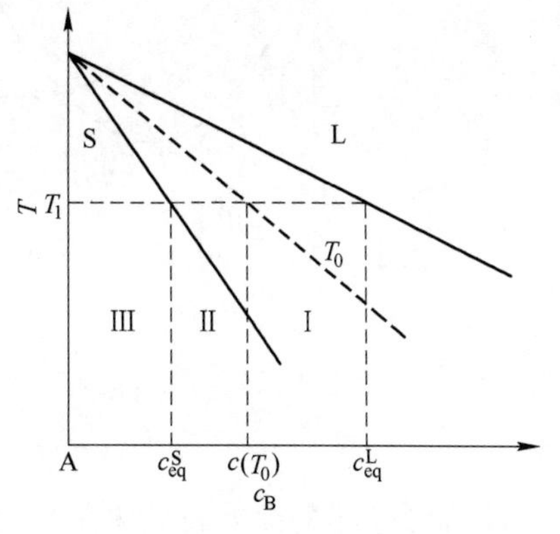

图 8-22　根据固相线、液相线和 T_0 线划分的 3 个凝固区域

(1) 在Ⅰ区域凝固。图 8-23a 和 b 所示为 A-B 二元系在 T_1 温度下固相和液相的自由能-成分曲线。如果体系成分在Ⅰ区域，如图 8-23a 中的 c_0 成分，过 c_0 点对液态自由能曲线作切线，切线与固相自由能曲线相交于 c_1^S 和 c_2^S 点，非平衡凝固的固相范围在

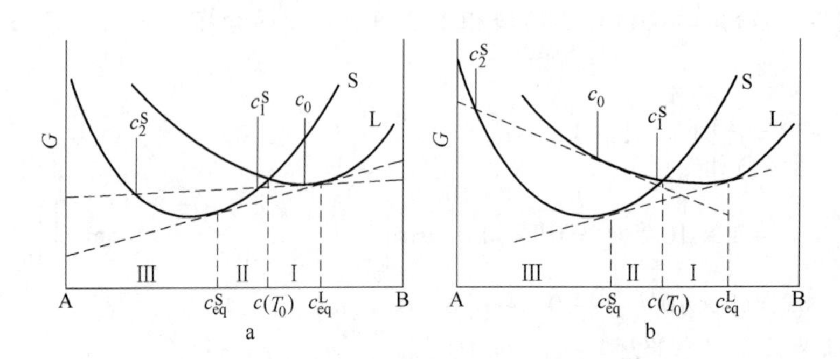

图 8-23　c_0成分的体系在Ⅰ区域凝固（a）和在Ⅲ区域凝固（b）的分析

c_2^S ~ c_1^S 之间，而稳态凝固要求的固相成分为 c_0，但现在c_0不在 c_2^S ~ c_1^S 之内，所以不可能发生稳态凝固。

（2）在Ⅲ区域凝固。如果体系成分在Ⅲ区域，如图 8-23b 中的 c_0成分，非平衡凝固的固相范围在 c_2^S ~c_1^S 之间，现在 c_0在 c_2^S ~ c_1^S 之内，所以有可能发生稳态凝固。另外，因为 $c_0 < c_{eq}^S$，如果体系按平衡凝固，无论固相还是液相的平衡成分都比体系成分 c_0高，则液相将消耗大量溶质，从而使体系自发地离开平衡态，趋向非平衡的稳态凝固。所以在Ⅲ区域凝固不但有可能稳态凝固，并且形成的固相是稳定的。

（3）在Ⅱ区域凝固。如果体系成分在Ⅱ区域，如图 8-24a 中的 c_0成分，非平衡凝固的固相范围在 c_2^S ~c_1^S 之间，现在 c_0在 c_2^S ~ c_1^S 之内，所以有可能发生稳态凝固。但是 c_0成分的固相的自由能比平衡成分 c_{eq}^S 固相的自由能高，一旦出现固相成分向下波动的情况，固相将向平衡相发展，而不可能回到 c_0成分。从图 8-24b 看出，c_0成分的固相界面的液相范围是 c_2^L ~ c_1^L 之间，而这范围的最大成分 c_1^L 小于平衡的液相成分 c_{eq}^L，要回复到稳态则必须减少液相成分，实际上是不可能的。这时或者平面界面被破坏，或者延迟到更低的温度凝固。另外，由于固相成分 c_0比平衡的固相成分 c_{eq}^S 高，固相不稳定而趋于熔化。

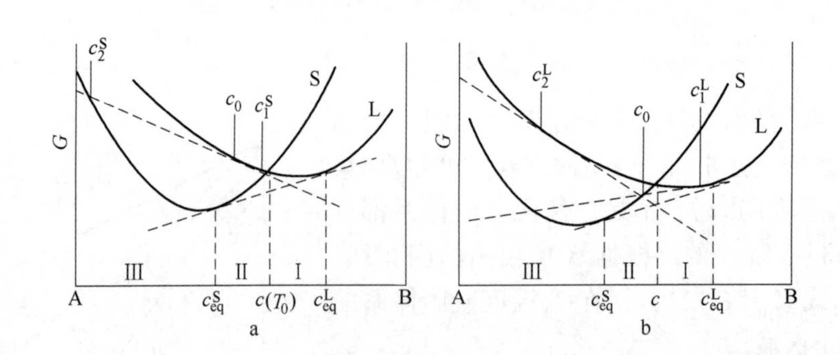

图 8-24　c_0成分的体系在Ⅱ区域凝固的分析

a—固相成分范围；b—界面液相成分范围

上面讨论非平衡凝固是指在高凝固速度下的情况，如果凝固速度很慢，c_0成分体系在固相线上凝固，稳态凝固将在局部平衡条件下进行，界面上固相和液相成分都是平衡成分。

8.2.3.3 有效分配系数

在讨论稳态凝固时，没有考虑液相对流的影响。当液相存在对流时，扩散边界层厚度 δ 必然减小，并且当 $z=\delta_C$ 时，$c^L(\delta,t)=c_0$。另外，在界面边上的 $c^L(0,t)=c^{*L}$，根据稳态凝固的通解式(8-47)和这里的边界条件，求出系数 a_1 和 a_2，最后得：

$$c^L=\frac{c_0-c^{*L}\exp[-v\delta_C/(1-k_0)D_L]+(c^{*L}-c_0)\exp(-vz/D_L)}{1-\exp(-v\delta_C/D_L)} \tag{8-57}$$

在界面两侧的固相浓度 c^{*S} 和液相浓度 c^{*L} 满足边界的 Stefan 条件(式(7-135))，即：

$$v(c^{*S}-c^{*L})=D_L\left(\frac{dc^L}{dz}\right)_{z=0} \tag{8-58}$$

根据式(8-57)，$(dc^L/dz)_{z=0}$ 为：

$$\left(\frac{dc^L}{dz}\right)_{z=0}=\frac{v}{D_L}\cdot\frac{c^{*L}-c_0}{1-\exp(-v\delta_C/D_L)} \tag{8-59}$$

把式(8-59)代入式(8-58)，并用 $c^{*S}=k_0c^{*L}$，得：

$$c^{*S}=\frac{c_0k_0}{k_0+(1-k_0)\exp(-v\delta_C/D_L)} \tag{8-60}$$

定义有效分配系数 $k_E=c^{*S}/c_0$，即在界面刚凝固的固相浓度与整个液相的浓度（$\bar{c}^L\approx c_0$）的比率为：

$$k_E=\frac{c^{*S}}{c_0}=\frac{k_0}{k_0+(1-k_0)\exp(-v\delta_C/D_L)} \tag{8-61}$$

当知道了界面推进速度 v 和扩散边界层厚度 δ_C，就可以得到 C_L^*（及 C_S^*），从而浓度场也就完全确定了，所以称 vd_C/D_L 为长大参数。

k_E 的值在 $k_0\sim1$ 范围。当 $\delta\to\infty$ 时，这种极端情况相当于液相中无对流只有扩散时的情况，这时，$k_E=1$，$c^{*S}=c_0$，$c^{*L}=c_0/k_0$。δ_C 越小，c^{*S} 越低；固相生长速度 v 越大，c^{*S} 则越接近于 c_0。当对流或搅拌的激烈程度加大，δ 减小时，为了使 c^{*S} 保持不变，则必须使特征距离 $D_L/v<\delta$，即必须增大长大速度 v。在 $\delta\to0$ 的极端情况下，$k_E=k_0$，相当于液相完全搅拌混合均匀的情况。实际生产中的凝固过程都会存在扩散，所以 k_E 一般都大于 k_0，在 $k_0\sim1$ 之间的范围。

图 8-25 所示为长大参数 vd_C/D_L 对不同 k_0 值的有效分配系数 k_E 的影响。不管原始的 k_0 值是多大，当长大参数加大时，k_E 都趋向于 1。

按照溶质质量守恒，我们仍有类似于式(8-31)的溶质分布的微分方程，即：

$$(\bar{c}^L-c^{*S})d\zeta^S=(1-\zeta^S)dc^L$$

在凝固开始即 $\zeta^S=0$ 时，$c^{*S}=k_Ec_0$。这样，只需将 Scheil 公式中的 k_0 和 c^S 用 k_E 和 c^{*S} 代替，就可得到上式的解，即：

$$c^{*S}=k_Ec_0(1-\zeta^S)^{(k_E-1)} \tag{8-62}$$

上两式称为“修正的正常偏析方程”，也是 Scheil 公式的更普遍的表达式，它适用于任何一种单相（k_E 不变）生长的稳态的情况，但在最终瞬态是不适用的。图 8-26 所示为 $k_E=1$、0.7 和 0.3 几种情况下相同成分 c_0 合金凝固后的固相成分分布以及共晶量的相对大小，图中的 c_{max} 是固相的最大溶解度，c_E 是共晶成分。当 k_E 很小时，实际与 k_0 值相等。

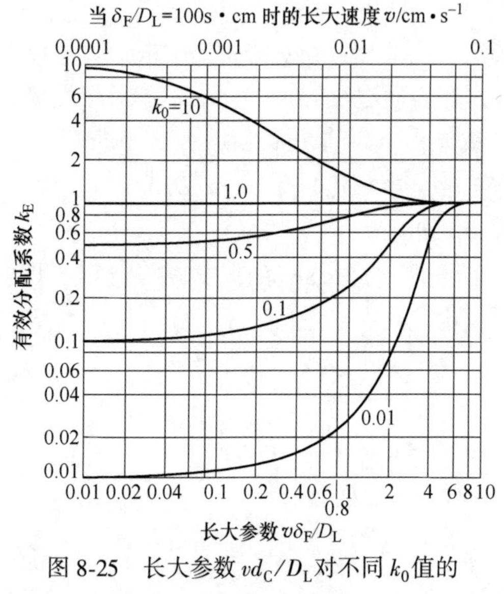

图 8-25 长大参数 vd_C/D_L 对不同 k_0 值的有效分配系数 k_E 的影响

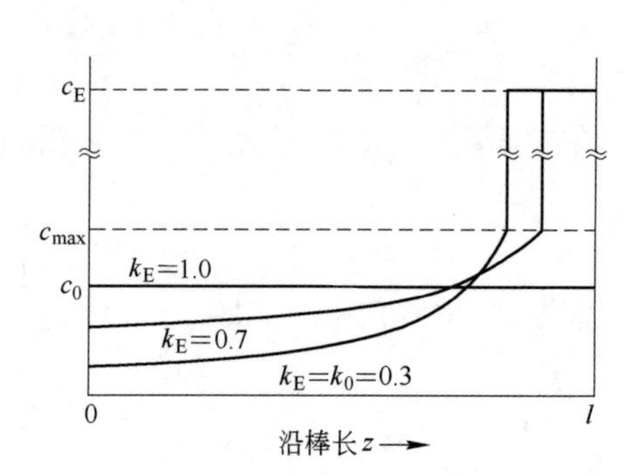

图 8-26 不同 k_E 值的 c_0 合金一维定向凝固时固相浓度的分布（忽略了初始瞬态）

8.2.4 区域提纯与区域致匀

从 Scheil 方程看出，$c^S/c_0 \leqslant 1$ 的区域可以净化。当 $c^S/c_0 = 1$ 时，Scheil 方程变为：

$$f_S^* = 1 - \frac{1}{k_0^{1/(k_0-1)}} \tag{8-63}$$

式中，f_S^* 是 $c^S/c_0 = 1$ 对应的凝固分数。图 8-27 是 $k_0<1$ 的不同 k_0 值的 c^S/c_0 随凝固分数 ζ^S 变化的曲线。

按这个原理，把 $c^S/c_0>1$ 的材料弃掉，则材料可以纯化。

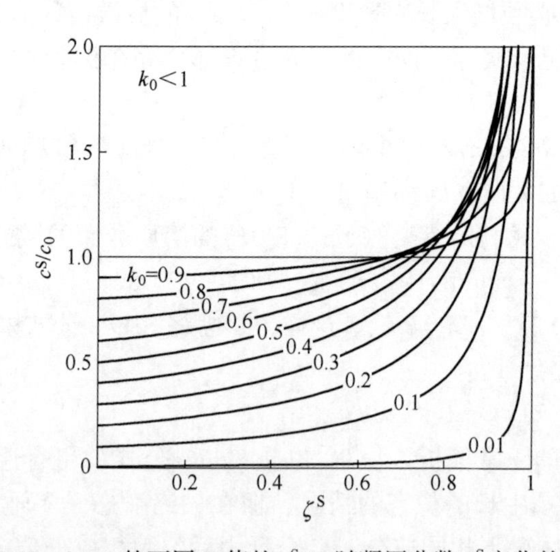

图 8-27 $k_0<1$ 的不同 k_0 值的 c^S/c_0 随凝固分数 ζ^S 变化的曲线

从图 8-27 看出，如果 $k_0>0.1$，则要掉弃的材料太多。如果凝固重复 n 次，则式(8-63)变为：

$$f_S^{*(n)}=\left[1-\frac{1}{k_0^{1/(k_0-1)}}\right]^n \tag{8-64}$$

第 1 次凝固净化区的相对杂质含量为：

$$\frac{\langle c^{S(1)}\rangle}{c_0}=\frac{k_0}{f_S^{*(1)}}\int_0^{f_S^{*(1)}}(1-f_S)^{k_0-1}\mathrm{d}f_S$$

上式积分得

$$\frac{\langle c^{S(1)}\rangle}{c_0}=\frac{k_0}{f_S^{*(1)}}[1-(1-f_S^{*(1)})^{k_0}]$$

同理，第 n 次净化相对第 1 次净化的净化区的相对杂质含量为：

$$\frac{\langle C^{S(n)}\rangle}{c_0}=\left[\frac{1-k_0^{k_0/(k_0-1)}}{1-k_0^{1/(k_0-1)}}\right]^n$$

把上式两端取对数，作出 $k_0<1$ 不同 n 值的 $\lg(c^{S(n)}/c_0)$-k_0 曲线，如图 8-28 所示，从图看出，同样，当 k_0 大于 0.1 时，净化效果就比较差了。

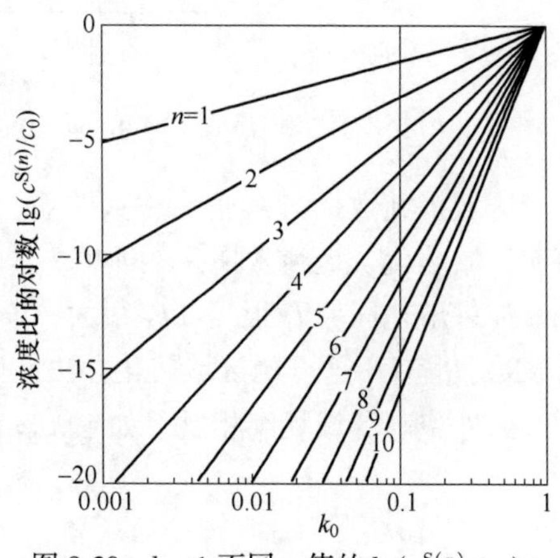

图 8-28 $k_0<1$ 不同 n 值的 $\lg(c^{S(n)}/c_0)$-k_0 曲线

根据凝固时溶质浓度再分布的原理，可以利用定向顺序凝固进行物质提纯。如果把图 8-9 的凝固方式改变，不是把样品整体同时熔化，而是平行于样品截面的一薄层区域熔化，熔区以恒定的速度 v 沿样品移动，则可以有效地提纯。这种区域熔化重复次数越多，提纯的效果越好。这种技术称区域提纯。如图 8-29 所示只有一个加热器的情况：原始试样棒长为 l，成分是均匀的 c_0，设加热器的熔化区宽度为 l_E，$l_E/l\approx0.05\sim1$。当熔化区移动 dz 时，在熔化区获得溶质量为 $(c_0-c^{*S})\mathrm{d}z$，c^{*S}是后界面的固相浓度，$c^{*S}=k_Ec^{L/S}$；k_E是有效分配系数；$c^{L/S}$ 是后界面熔化区的液相浓度。所以，在熔化区的液相浓度的变化量为：

$$l_E d\,\overline{c^L}=(c_0-k_Ec^{L/S})\mathrm{d}z \tag{8-65}$$

式中，$\overline{c^L}$ 是余下的液体平均成分，因为 l_E 比扩散边界层厚度 d_F 大得多，可认为 $c^{L/S}=\overline{c^L}$；上式积分

$$\int_{c_0}^{c^{L/S}}\frac{\mathrm{d}c^{L/S}}{c_0-k_Ec^{L/S}}=\frac{1}{l_E}\int_0^z\mathrm{d}z$$

得

$$\frac{-1}{k_E}\left[\ln\frac{c_0-k_Ec^{L/S}}{c_0(1-k_E)}\right]=\frac{z}{l_E}$$

或

$$c^{L/S}=\overline{c^L}=\frac{c_0}{k_E}-\frac{1-k_E}{k_E}c_0\exp\left(-\frac{k_E}{l_E}z\right)$$

固相成分沿棒长的分布是

$$c_S = k_E c^{L/S} = c_0[1 - (1 - k_E)\exp(-k_E z/l_E)]$$

上式在试样的末端是不适用的。

为了加快工艺过程，通常设计多个加热器，如图 8-30 所示，试样移动一次相当经过多次区域熔化。目前还没有描述经多次区域熔化后溶质浓度分布的一般方程，但可以建立第 n 次和第 $n-1$ 次的固相溶质浓度分别为 $c^S_{n(z)}$ 和 $c^S_{(n-1)(z)}$ 之间的基本微分方程，凝固过程溶质进入熔化区的量等于熔化区内溶质增加的量：

$$l_E \mathrm{d}c^S_{n(z)} = k_E[c^S_{(n-1)(z+l_E)} - c^S_{n(z)}]\mathrm{d}z \tag{8-66}$$

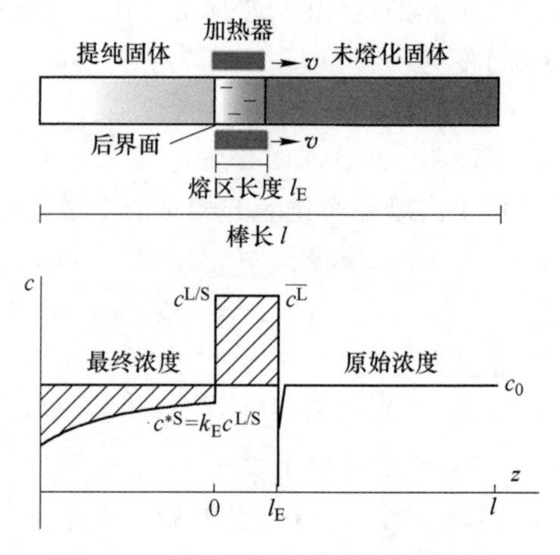

图 8-29　只有一个加热器的区域提纯

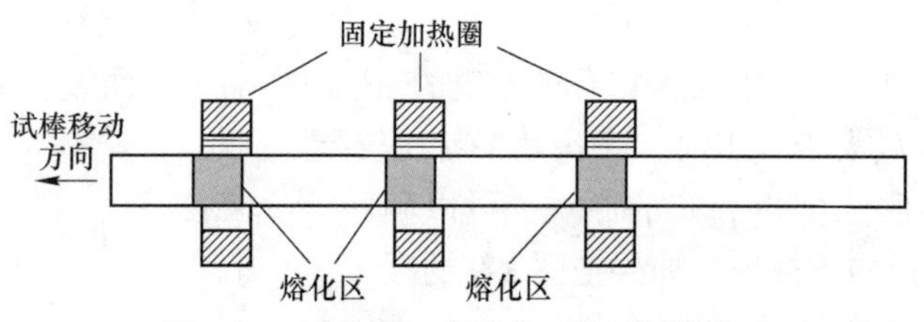

图 8-30　试棒有 3 个熔化区的区域提纯

区域提纯效果与 k_E 值有很大关系，如果 k_E 接近 1，则提纯效果非常差，即使经历几百次区域熔化，提纯效果并不理想。区域提纯在生产纯净的半导体材料方面有很重要的应用。如果熔化区域 l_E 很短，k_E 很大，通过的次数很少，试样棒整体浓度差不多是均匀的 c_0 浓度。也有用这样的区域熔化办法使试样棒均匀化的，这称做“区域致匀”。

另外，与区域提纯相反，如果 k_E>1，按同样操作，可以使材料溶质富化。图 8-31 所

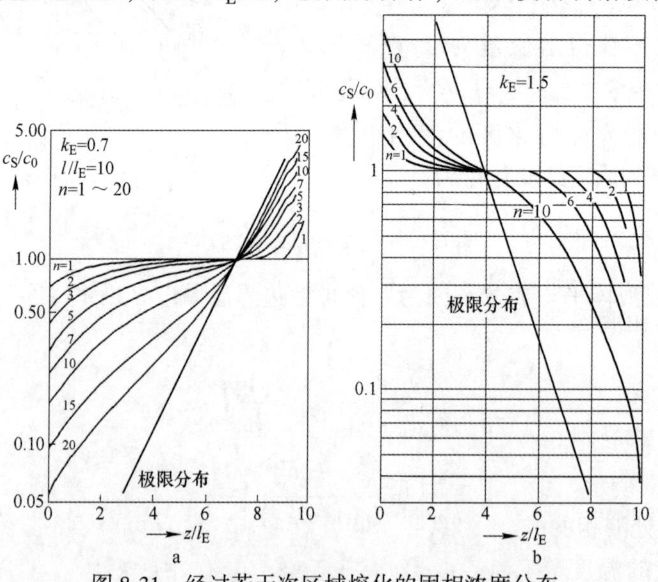

图 8-31　经过若干次区域熔化的固相浓度分布

a—k_E = 0.7；b—k_E = 1.5

示为 $k_E=0.7$ 经历从 1 到 20 次、$k_E=1.5$ 经历从 1 到 10 次区域熔化的溶质沿棒长的分布，并给出极限分布。

例 8-8 用区域熔化方法对纯材料加入溶质获得成分为常量的合金。做法是在 $z=0$ 时把所有溶质加入熔化区，然后熔化区沿棒长 z 方向移动。设 $S(z)$ 是熔化区移动到 z 处的溶质量。(1) 当熔化区长度为 l_E 时，并保持为常数，证明

$$S(z)=S(0)\exp(-k_E z/l_E)$$

和

$$c^{*S}(z)=c^{*S}(0)\exp(-k_E z/l_E)$$

注意，当 k_E 很小时，$c^{*S}(z)\approx c^{*S}(0)$。

(2) 说明按照下式连续减小每道次熔化区长度，沿棒长 c^{*L} 可以保持不变。

$$l_E(z)=l_E(0)-k_E z$$

解：(1) 熔化区移动 dz，熔化区失去的溶质量为：

$$dS(z)=-c^{*S}(z)dz=-k_E c^L(z)dz=-k_E\frac{S(z)}{l_E}dz$$

上式两端积分得：

$$\int_{S(0)}^{S(z)}\frac{dy}{y}=-\frac{k_E}{l_E}\int_0^z dz$$

得

$$S(z)=S(0)\exp(-k_E z/l_E)$$

并且

$$c^{*S}(z)=k_E c^L(z)=k_E\frac{S(z)}{l_E}=k_E\frac{S(0)}{l_E}\exp(-k_E z/l_E)$$

$$=k_E c^L(0)\exp(-k_E z/l_E)=c^{*S}(0)\exp(-k_E z/l_E)$$

(2) 因 $c^L=S/l_E$，如果 c^{*S} 为常数，c^L 必为常数，而 $dl_E/l_E=dS/S$。但上面第一个方程给出 $dS/S=-(k_E/l_E)dz$，所以 $dl_E=-k_E dz$，把此等式两边积分得：

$$\int_{l_E(0)}^{l_E(z)}dl_E=-k_E\int_0^z dz$$

故

$$l_E(z)=l_E(0)-k_E z$$

8.2.5 组分过冷

对于纯物质凝固的情况，如果液/固界面前沿液相温度梯度是正的，那么在固/液界面前沿任何地方都不存在过冷。但是，对于合金凝固的情况，即使在液/固界面前沿有正的温度梯度，在液固前沿也可能出现过冷，这是由凝固时在界面前沿溶质再分布引起的。

讨论图 8-32a 合金系的 c_0 合金凝固，设这合金系的 $k_E(<1)$ 为常数，并且设在液相中无任何对流，只有溶质的扩散。在稳态凝固时，界面前沿的溶质浓度分布可用式(8-50)来描述，如图 8-32c 所示。由于界面前沿溶质富集，相应地，界面前沿的液相的凝固点比 T_0 低，在远离界面处液相的成分保持为 c_0，所以该处液相的凝固点回复为 T_0，如图 8-32d 所示。把界面前沿的温度分布线（在相界面前沿不远的距离内可近似认为是直线，如图 8-32b所示）和液相凝固点变化线重叠起来，如图 8-32e 所示。从图看出，如果界面前无

溶质堆积，则液相的凝固点应为 T_0，在 T_0 与实际温度线之间是界面前各处的液相的过冷的大小。现在因为界面前液相的熔点降低，使过冷减小，只有图 8-32e 中的影线区上下线之间的大小。影线所对应的过冷称组分过冷。当存在组分过冷时，平直的界面的偶然扰动凸出可以持续长大下去，这样的界面是不稳定的。界面前沿的组分过冷区大小取决于实际温度场的温度梯度 $G_L=(\mathrm{d}T/\mathrm{d}z)$ 和熔点分布曲线在界面处的梯度 $(\mathrm{d}T_L/\mathrm{d}z)$，只有 $(\mathrm{d}T_L/\mathrm{d}z)_{z=0}>G_L$ 才会存在组分过冷。

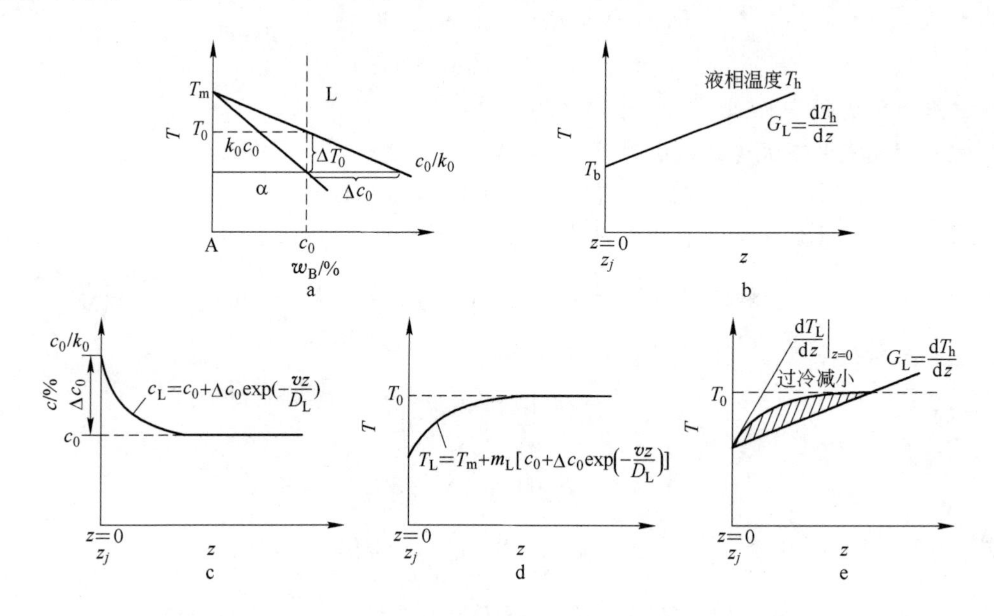

图 8-32 合金凝固的过冷减小——组分过冷

a—相图；b—界面前的温度分布；c—界面前的溶质分布；d—界面前各处的熔点；e—b 和 d 的重叠，阴影区是组分过冷区

设液相线斜率为常数 m_L，则溶质成分和液相平衡熔点 T_L 的关系可表达为：

$$T_L(z)=T_m+m_Lc_L \tag{8-67}$$

把式(8-50)代入上式，获得界面前沿平衡熔点 T_L 分布为：

$$\begin{aligned}T_L(z)&=T_m+m_Lc_0\left[1+\frac{1-k_0}{k_0}\exp\left(-\frac{vz}{D_L}\right)\right]\\&=T_m+m_L\left[c_0+\Delta c_0\exp\left(-\frac{vz}{D_L}\right)\right]\end{aligned} \tag{8-68}$$

设界面前沿液相因散热的温度梯度为 G_L，界面前沿各处的温度 $T_h(z)$ 为：

$$T_h(z)=T_b+G_Lz$$

式中，T_b 是界面温度，在稳态凝固时界面处的液相浓度为 c_0/k_0，故 $T_b=T_m+m_Lc_0/k_0$，则上式可以写成：

$$T_h(z)=T_m+\frac{m_Lc_0}{k_0}+G_Lz \tag{8-69}$$

在界面前沿的溶质浓度梯度 $G_c=\mathrm{d}c_L/\mathrm{d}z$，把式(8-50)代入，得：

$$G_c = \left[\frac{dc_L(z)}{dz}\right]_{z=0} = \frac{c_0 v}{D_L} \cdot \frac{1-k_0}{k_0} \tag{8-70}$$

按照不出现组分过冷的临界条件 $[dT_L(z)/dz]_{z=0} = G_{cT} < G_L$，从式(8-67)可知，$G_{cT}=m_L G_c$，即$m_L G_c<G_L$时不出现组分过冷，故获得不出现组分过冷（MC）的判据是：

$$\frac{G_L}{v} \geqslant \frac{|m_L|c_0}{D_L} \cdot \frac{1-k_0}{k_0} = \frac{|m_L|}{D_L}\Delta c_0 = \frac{\Delta T_0}{D_L} \tag{8-71}$$

式中，ΔT_0是c_0合金平衡凝固温度间隔（见图8-32a），$\Delta T_0 = m_L c_0(k_0-1)/k_0 = m_L \Delta c_0$，所以，凝固温度间隔越大，出现组分过冷的倾向越大。因为界面前出现组分过冷，平直界面就遭到破坏，如果凝固前沿的液相温度梯度固定，则从平面生长过渡到突出胞状生长的临界速度 v_{pc}为：

$$v_{pc} = \frac{G_L D_L}{\Delta T_0} \tag{8-72}$$

如考虑液体中存在对流，界面前沿液相的浓度分布可用式(8-57)描述，把式(8-57)代入式(8-71)，这时 $[dT_L(z)/dz]_{z=0}$ 为：

$$\left[\frac{dT_L(z)}{dz}\right]_{z=0} = \frac{|m_L|v}{D_L} \cdot \frac{c^{*L}-c_0}{1-\exp(-v\delta_C/D_L)}$$

因为 $k_0 c^{*L}=c^{*S}$，并利用 c^{*S}的表达式(式(8-60))，不出现组分过冷的判据为：

$$\frac{G_L}{v} \geqslant \frac{|m_L|}{D_L}c_0 \frac{1-k_0}{k_0+(1-k_0)\exp(-v\delta_C/D_L)} = \frac{\Delta T_0}{D_L}k_E \tag{8-73}$$

这个式子考虑了液相有对流的组分过冷判据式，当不存在对流时，$\delta_C \to \infty$，即 $k_E \to 1$，它和式(8-71)相同。当考虑了液相的对流后，则从平面生长过渡到突出胞状生长的临界速度 v'_{pc}为：

$$v'_{pc} = \frac{G_L D_L}{k_E \Delta T_0} \tag{8-74}$$

如果产生组分过冷，在界面前沿的过冷度随与界面的距离而变：$\Delta T_c(z)$，见图8-32e。$\Delta T_c(z) = T_L(z) - T_h(z)$，对于液相只有扩散而没有对流的情况，把式(8-68)和式(8-69)代入得：

$$\Delta T_c(z) = \frac{m_L c_0(1-k_0)}{k_0}\left[1-\exp\left(-\frac{vz}{D_L}\right)\right] - G_L z \tag{8-75}$$

由 $[d\Delta T_c(z)/dz] = 0$ 求得距离界面最大组分过冷的地方 z^*：

$$z^* = \frac{D_L}{v}\ln\frac{v m_L c_0(1-k_0)}{G_L D_L k_0} \tag{8-76}$$

把 z^* 的值代入式(8-75)，得到界面前沿获得的最大过冷 $\Delta T_{c(\max)}$为：

$$\Delta T_{c(\max)} = \frac{m_L c_0(1-k_0)}{k_0} - \frac{G_L D_L}{v}\left[1+\ln\frac{v m_L c_0(1-k_0)}{G_L D_L k_0}\right] \tag{8-77}$$

如果液相有对流，把上式的 c_0换成 c^{*S}就可以了。

例 8-9 Ge-Ga 合金定向凝固，原始成分 $w(\mathrm{Ga}) = 0.01‰$，生长速度 $v = 8\times10^{-3}$ cm/s。

$k_0=0.1$，$m_L=4℃/\%$，$D_L=5\times10^{-5}cm^2/s$。(1) 若完全没有对流，当合金凝固了50%时，为保持界面平直，要求界面前沿液相的浓度梯度为多大？(2) 若完全没有对流，界面前沿温度的梯度是保持界面平直的梯度的1/3，距界面多远可获得最大组分过冷？最大的组分过冷度为多大？(3) 若凝固的对流相当激烈，$k_E\approx k_0$，当合金凝固了50%时，又为保持界面平直，此时要求界面前沿液相的浓度梯度为多大？

解：(1) 设只要在界面前沿不出现组分过冷，界面就保持平直。在完全没有对流的情况下，保持界面平直的条件可用式(8-71)作为判据，把给出的相关数据代入，得保持平直界面的界面前沿温度梯度 G_L 条件为：

$$G_L \geqslant \frac{|m_L|c_0}{D_L}\cdot\frac{1-k_0}{k_0}v = \frac{4\times1\times10^{-5}}{5\times10^{-5}}\times\frac{1-0.1}{0.1}\times8\times10^{-3} = 5.76\times10^{-2}℃/cm$$

(2) 若完全没有对流，界面前沿温度的梯度是保持界面平直的梯度的1/3，即 $G_L=1.92\times10^{-3}℃/cm$，这时界面前会有组分过冷。根据式(8-76)，并把已知相关数据代入，则获得最大组分过冷距界面的距离 z^* 为：

$$z^* = \frac{D_L}{v}\ln\frac{vm_Lc_0(1-k_0)}{G_LD_Lk_0} = \frac{5\times10^{-5}}{8\times10^{-3}}\ln\frac{8\times10^{-3}\times4\times1\times10^{-5}\times(1-0.1)}{1.92\times10^{-3}\times5\times10^{-5}\times0.1} = 0.02cm$$

根据式(8-77)，把已知数据代入，得最大的组分过冷度 $\Delta T_{c(max)}$ 为：

$$\begin{aligned}\Delta T_{c(max)} &= \frac{m_Lc_0(1-k_0)}{k_0} - \frac{G_LD_L}{v}\left[1+\ln\frac{vm_Lc_0(1-k_0)}{G_LD_Lk_0}\right]\\ &= \frac{4\times1\times10^{-5}\times(1-0.1)}{0.1} - \frac{1.92\times10^{-3}\times5\times10^{-5}}{8\times10^{-3}}\times\\ &\quad\left[1+\ln\frac{8\times10^{-3}\times4\times1\times10^{-5}\times(1-0.1)}{1.92\times10^{-3}\times5\times10^{-5}\times0.1}\right]\\ &= 3.6\times10^{-4} - 5.28\times10^{-5} = 3.07\times10^{-4}℃\end{aligned}$$

(3) 如果对流强烈，扩散边界层厚度 $\delta_C\to0$，$k_E\approx k_0$，根据式(8-73)，保持平直界面的界面前沿温度梯度 G'_L 应为完全无对流时的梯度的 k_0 倍，即：

$$G'_L = k_0G_L = 0.1\times5.76\times10^{-3} = 5.76\times10^{-4}℃/cm$$

8.2.6　移动界面形貌的稳定性

凝固时，固相在生长过程中，界面前沿可能由于温度的波动、溶质从固相的排出等原因出现扰动。界面能否保持平面推进，即界面是否稳定主要看扰动能否造成凸出稳定长大。如果凸出的凸缘处于有利的生长条件，凸缘随凝固过程增长得更快，则界面是不稳定的；相反，如果凸缘面临不利的生长条件，随凝固过程而逐渐消失，则界面是稳定的。图8-33所示为用光学显微镜观察透明有机物（它的界面是非光滑型的）凝固时看到的情况。图8-33a所示的界面，因偶然扰动突出而继续向前生长，这是界面不稳定的情况，图8-33b所示的界面，因偶然扰动突出。凸缘部分会重新熔化保持平面界面，这是界面稳定的情况。

在第7章7.4.7节已经初步讨论了移动界面的稳定性，不论移动的固/固界面或液/固界面都有可能出现界面的不稳定。但是固态转变出现界面不稳定性的几率通常是比较低的，而凝固则不同，凝固放出的潜热比较大，并且因液相的扩散比固相快得多，在液/固界面前沿容易出现组分过冷等，所以在凝固时经常出现移动界面的不稳定。在不同的传热、传质及流动条件下，金属和合金在凝固过程中界面的稳定性不同，会表现出不同的液/固相界面形貌，由此对凝固后的组织及性能带来很大的影响，因此研究液/固相移动界面的稳定性，以及界面不同形貌的形成机理及影响因素在理论和实际方面均有十分重要的意义。

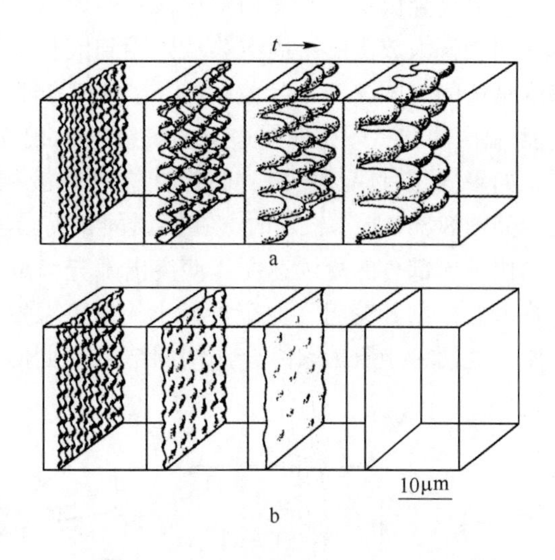

图 8-33 用光学显微镜观察透明有机物凝固粗糙型界面的发展

a—不稳定；b—稳定（按常规铸造条件下合金凝固的典型尺寸比例绘制）

8.2.6.1 纯物质凝固时液/固界面的稳定性

纯物质凝固时液/固相界面形貌由传热条件决定。考虑如图 8-34a 所示的铸件由模壁散热的凝固情况。凝固从模壁开始，液/固界面向模子的中心推进，推进的速度取决于以多快的速度把刚凝固的固相放出的凝固潜热从模壁消散出去，散热的方向是从液相中心（图 8-34a 的 C 处）通过固相直到模壁，液相中心温度 T_C 最高，温度沿着从中心到模壁的方向降低，模壁的温度 T_W 最低。从凝固的方向看，固相和液相的温度梯度都是正的。图 8-34c 的箭头表示界面散热方向和界面移动推进方向。图 8-34b 所示为液相和固相的自由能-温度曲线，图中曲线边上的虚线表示从中心的液相到凝固的固相的自由能范围。如果界面有偶然突出，因为凸缘没有过冷，会重新熔化消失保持平面状态。同时凸缘前沿的液相等温线密集，如图 8-34c 所示，这时，在凸缘前沿的液相的温度梯度加大，使更多的热流入突起的固相，使它的温度上升重新熔化而保持平面界面，这种情况界面是稳定的。

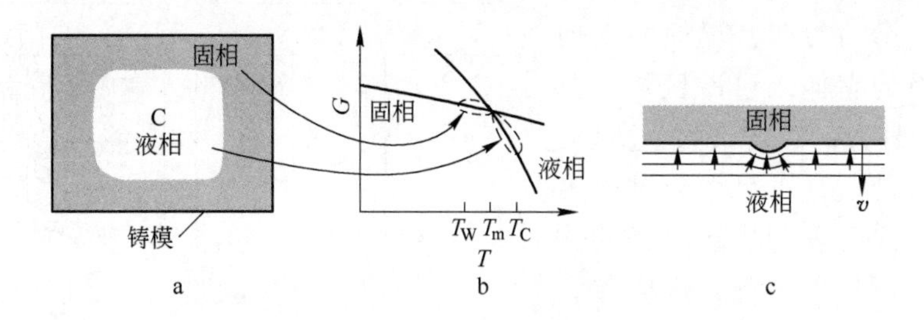

图 8-34 纯金属在铸模中凝固的情况

a—热从中心向模壁方向散出；b—相应的液相和固相的自由能-温度曲线；c—液/固界面的细节

如果纯金属在过冷液相中形核并长大，这时，固相周围都是过冷液相，如图 8-35a 所示。固相长大放出的凝固潜热从固相到液相直到模壁散出。从凝固的方向看，液相的温度梯度是负的。图 8-35c 所示为散热方向和界面推进方向。图 8-35b 所示为液相和固相的自由能-温度曲线，图中曲线边上的虚线表示现在的固相和液相的自由能范围。在这种情况下，如果固相有偶然突出，凸缘伸进过冷液相，并且在突出的固相前沿液相的等温线密集，如图 8-35c 所示，这时，在突出固相前沿液相的温度梯度加大，加大了散热速度，从而加快突出部分的凝固速度，使突出部分稳定地向前生长。但是，由凸缘的曲率引起的毛细管力会抑制其突起（曲率半径小的熔点温度低，减小此处的过冷）。因此，界面是否稳定要看这两种矛盾因素综合作用的结果（同时参阅第 7 章 7.4.7 节讨论固/固界面的稳定性）。

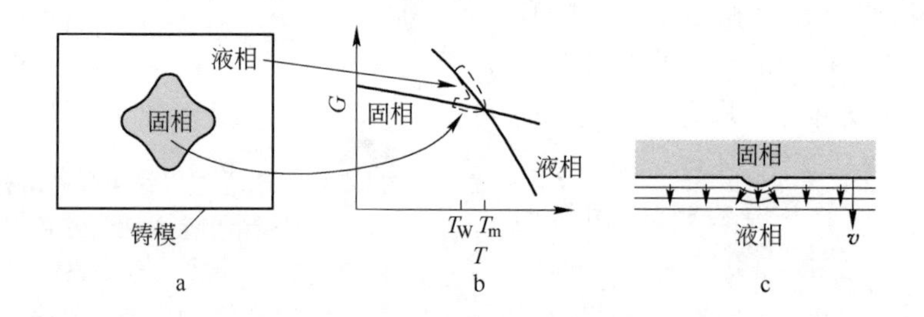

图 8-35　纯金属在过冷液相中形核并长大的情况
a—凝固潜热从固相向过冷液相直到模壁方向消散；b—相应的液相和固相的自由能-温度曲线；c—液/固界面的细节

8.2.6.2　二元合金凝固时液/固界面的稳定性

二元合金在一个温度间隔凝固，凝固时有溶质从固相排出，使凝固前沿可能出现组分过冷，式(8-71)是出现组分过冷的判据。当凝固前沿没有组分过冷时，界面的任何扰动突出，因为在那里没有过冷，凸缘会熔化，使界面保持平直，如图 8-36a 所示。当凝固前沿出现组分过冷时，界面的任何偶然突出，因为它伸入过冷区域，并且在前沿某个地方的过冷最大，所以，凸缘可以继续凸起，直至组分过冷为零的地方。同样道理，凸起部分的侧面也可能出现同样的情况，这样导致凝固出现树枝状结晶，如图 8-36b 所示。当然，凝固突出地方的曲率引起的毛细管力亦会有抑制其突起的作用。

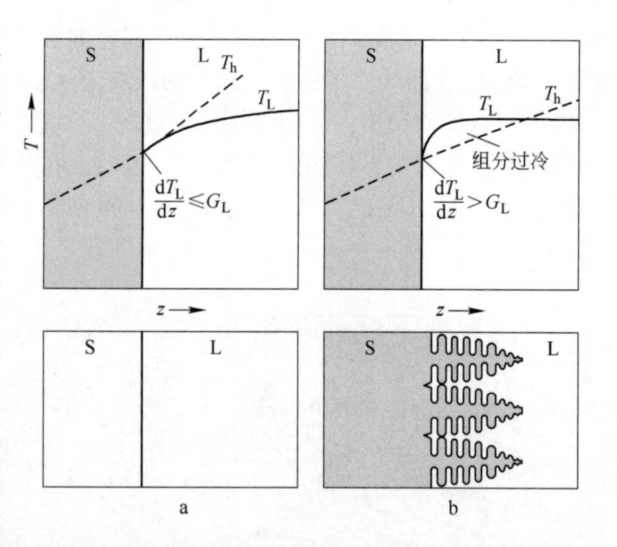

图 8-36　凝固的固相前沿不出现组分过冷，界面是平直稳定的（a）及出现组分过冷，界面一般是不稳定的，出现树枝状结晶（b）

8.2.6.3 界面扰动和稳定性分析

前面提出的组分过冷判据是过分简化的，它只考虑了温度梯度和浓度这两个相反的因素，没有考虑凝固过程移动界面的扰动，并忽略了固相和液相的传热、凝固放出的潜热以及液/固界面的界面能等因素。Mullins 和 Sekerka 提出界面稳定性的动力学理论（MS 模型）来解决这一问题，提出温度场和浓度场的扰动振幅和时间的依赖关系，以及扰动对界面稳定性的影响。

界面出现任何周期性的扰动都可以考虑为所有可能波长的正弦扰动，界面的稳定性取决于正弦波的振幅随时间的变化率：如果振幅随时间增大，则界面不稳定；相反，振幅随时间减小，则界面稳定。如第 7 章 7.4.7 节的讨论，界面出现扰动突出，使凸缘前沿的浓度场（和温度场）梯度改变，如果沿界面扩散使温度和浓度在界面均匀分布，即界面前沿的等温线保持界面突出形状，这样界面前沿浓度梯度和温度梯度加大，加快突出部分的长大，使界面不稳定，如图 7-75a 所示。这样，扰动的波长越短，越易于沿界面扩散使温度和浓度在界面均匀分布，界面越易于不稳定；而波长较大时，不易沿界面扩散使温度和浓度在界面均匀分布，会使界面趋于稳定。另一方面，还必须考虑另一个相反的影响因素，即界面能的影响。界面曲率的毛细管力会使界面突起回复平直，扰动的波长越短，这个毛细管力越大，界面越易于稳定。

把坐标架放在液/固界面上，y 轴平行于界面，z 轴垂直于界面（在扰动前，界面上 $z\equiv 0$），当界面遇到扰动后，界面几何形状（图 8-37）以正弦函数表示：

$$z = \Phi(t,\ y) = \varepsilon(t)\sin\omega y \qquad (8\text{-}78)$$

式中，ε 是正弦波的振幅；$\omega(=2\pi/\lambda)$ 是波数，λ 是波长。设 $\dot{\varepsilon} = \mathrm{d}\varepsilon/\mathrm{d}t$，振幅随时间的相对变化率为 $\dot{\varepsilon}/\varepsilon$。在第 6 章我们讨论过一个静止的正弦扰动的表面，表面能的作用引起扩散使扰动衰减（参见图 6-79），但现在讨论的界面是移动的，并且有温度场和浓度场的存在，所以情况更为复杂。除了考虑曲率不同的界面的温度和浓度平衡条件不同、物质扩散外，还必须考虑热扩散，还因界面是移动的，所以建立的扩散方程不同，界面的推进速度必须同时与物质扩散和热扩散耦合等。

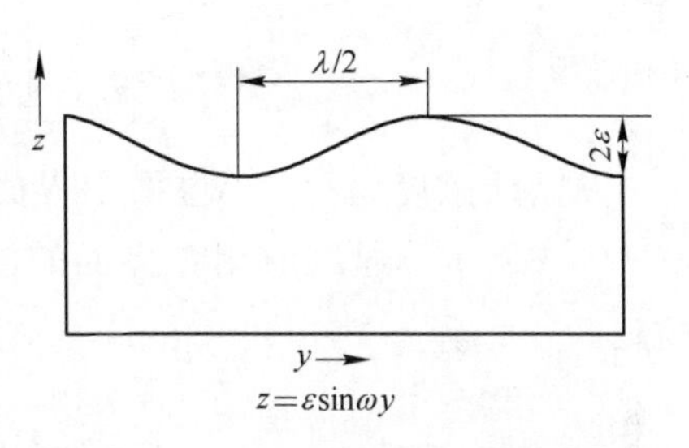

图 8-37　固/液界面的扰动的形状

现设凝固时系统处于稳态，没有对流，界面推进的速度 v 为常数。这时，温度场和溶质浓度场的扩散必须满足以下 3 个条件：

（1）根据假设条件，物质扩散及热扩散方程为：

$$\nabla^2 c + \frac{v}{D_{\mathrm{L}}}\left(\frac{\partial c}{\partial z}\right) = 0$$

$$\nabla^2 T_{\mathrm{L}(h)} + \frac{v}{\alpha_{\mathrm{L}}}\left(\frac{\partial T_{\mathrm{L}(h)}}{\partial z}\right) = 0$$

$$\nabla^2 T_{\mathrm{S}(h)} + \frac{v}{\alpha_{\mathrm{S}}}\left(\frac{\partial T_{\mathrm{S}(h)}}{\partial z}\right) = 0$$

式中，$T_{L(h)}$ 和 $T_{S(h)}$ 分别是液相和固相的温度，$\alpha=k/\rho c_p$ 是热扩散系数，其中 k 是热导率，ρ 是密度，c_p 是比热容。

（2）在距离液/固界面较远处（约几个波长之外），浓度场、温度场不受扰动的影响，即与没有扰动的情况（$\varepsilon=0$）相同。

（3）液/固界面处必须满足如下两个边界条件：

1）因界面存在曲率，所以界面上两相平衡的温度和浓度都有变化。液/固界面的温度为：

$$T_j = m_L c^{*L} + T_N$$

式中，T_j 和 c^{*L} 分别是界面的温度和界面液相的成分，T_N 是考虑了曲率的纯金属熔点温度（参见式(7-13)）：

$$T_N = T_m(1 - \Gamma\kappa) = T_m(1 - \Gamma\varepsilon\omega^2\sin\omega y)$$

式中，$\Gamma=\gamma/\Delta h_m$（此处 Δh_m 是单位体积溶剂的熔化潜热）；界面曲率 $\kappa=\varepsilon\omega^2\sin(\omega y)$。

2）用热流扩散和用溶质扩散计算的界面移动速度应相等。从热扩散看，单位面积界面移动时单位时间放出的潜热为 $v\Delta h_m$，通过固相和液相在界面的热扩散流量为（见式(6-10)）：$k_S(\partial T_{S(h)}/\partial z)_{z_j} - k_L(\partial T_{L(h)}/\partial z)_{z_j}$，$k$ 是热导率，下标 z_j 表示界面位置。所以，界面移动速度是：

$$v(z) = \frac{1}{\Delta h_m}\left[k_S\left(\frac{\partial T_{S(h)}}{\partial z}\right)_{z_j} - k_L\left(\frac{\partial T_{L(h)}}{\partial z}\right)_{z_j}\right] \tag{8-79}$$

从溶质浓度场看，单位面积界面移动时单位时间排出的溶质量等于 $v(c^{*L} - c^{*S}) = vc^{*L}(1 - k_0)$，通过液相在界面的溶质扩散流量为 $-D_L(\partial c/\partial z)_{z_j}$，所以，界面移动速度是：

$$v(z) = \frac{D_L}{c^{*L}(k_0 - 1)}\left(\frac{\partial c}{\partial z}\right)_{z_j} \tag{8-80}$$

这两种考虑的界面速度应该相等，即：

$$v(z) = \frac{1}{\Delta h_m}\left[k_S\left(\frac{\partial T_{S(h)}}{\partial z}\right)_{z_j} - k_L\left(\frac{\partial T_{L(h)}}{\partial z}\right)_{z_j}\right] = \frac{D_L}{c^{*L}(k_0 - 1)}\left(\frac{\partial c}{\partial z}\right)_{z_j} \tag{8-81}$$

在考虑到扰动界面形状为正弦波形时，界面处的温度 T_j 和浓度 c_j 表示为：

$$T_j = T_0 + A\varepsilon\sin\omega y \qquad c_j = c_0 + B\varepsilon\sin\omega y$$

式中，T_0 和 c_0 分别表示平直界面时的液相温度和浓度。等式的附加项是由于界面是正弦波形状对温度和浓度的修正。其中 A 和 B 都是界面扰动频率、界面能、浓度梯度、温度梯度的函数，它们分别表示为：

$$A = m_L B - T_m\Gamma\omega^2$$

$$B = \frac{2G_c T_m\Gamma\omega^2 + \omega G_c(g_S + g_L) + G_c(\omega^* - v/D_L)(g_S - g_L)}{2\omega m_L G_c + [(\omega^* - v/D_L)(1 - k_0)](g_S - g_L)}$$

式中，G_c 是平直界面时（$\varepsilon=0$）的溶质浓度梯度（见式(8-70)）；$g_S = (k_S/\bar{k})G_S$，$g_L = (k_L/\bar{k})G_L$，$\bar{k} = (k_S + k_L)/2$，G 是温度梯度，下标 S 和 L 表示固相和液相；ω^* 为液相中沿液/固界面溶质的波动频率：

$$\omega^* = \frac{v}{2D_L} + \left[\left(\frac{v}{2D_L}\right)^2 + \omega^2 + \frac{1}{D_L}\left(\frac{\dot{\varepsilon}}{\varepsilon}\right)\right]^{1/2} \tag{8-82}$$

根据这些边界条件，可求出扰动界面形状为正弦波形时液相和固相的温度分布、液相的浓度分布。把这些数据代入式(8-79)，整理后得：

$$v(z) = \frac{\bar{k}}{\Delta h_m}(g_S - g_L) + \frac{\bar{k}}{\Delta h_m}\{\omega[2A - (g_S + g_L)]\varepsilon\sin\omega y\} \tag{8-83}$$

由式(8-78)可得：

$$v(z) = v_0 + \frac{d}{dt}[\varepsilon(t)\sin\omega y] = v_0 + \dot{\varepsilon}\sin\omega y \tag{8-84}$$

式中，v_0是平直界面（$\varepsilon=0$）的界面速度，式(8-83)右端第一项和第二项分别对应式(8-84)右端第一项和第二项。两式的第二项相等，即：

$$\frac{\dot{\varepsilon}}{\varepsilon} = \frac{2\bar{k}\omega}{\Delta h_m}\left(A - \frac{g_S + g_L}{2}\right)$$

将A代入，整理后得：

$$\frac{\dot{\varepsilon}}{\varepsilon} = \frac{v\omega}{(g_S - g_L)[\omega^* - (v/D_L)(1-k_0)] + 2\omega m_L G_c}\{-2T_m\Gamma\omega^2[\omega^* - (v/D_L)(1-k_0)] - (g_S + g_L)[\omega^* - (v/D_L)(1-k_0)] + 2m_L G_c[\omega^* - (v/D_L)]\} \tag{8-85}$$

液/固界面的稳定性取决于$\dot{\varepsilon}/\varepsilon$是正还是负。如果是正号，扰动振幅随时间增大，界面是不稳定的，反之，如果是负号，界面是稳定的。设液相和固相的导热系数相等$k_S = k_L$；温度梯度相等$G_S = G_L$；平衡分配系数很小$k_0 \to 0$，式(8-85)简化为：

$$\frac{\dot{\varepsilon}}{\varepsilon} = \frac{v}{m_L G_c}\left(\omega^* - \frac{v}{D_L}\right)(-T_m\Gamma\omega^2 - G_L + m_L G_c) \tag{8-86}$$

$\dot{\varepsilon}=0$是稳定与不稳定的界线。有两种情况使$\dot{\varepsilon}=0$：第一种情况，上式右端第一个括号项为0，因为：

$$\omega^* = \frac{v}{2D_L} + \left[\left(\frac{v}{2D_L}\right)^2 + \omega^2\right]^{1/2} \quad 和 \quad \omega \approx \frac{2\pi}{\lambda} \tag{8-87}$$

上式得$\omega=0$，即$\lambda \to \infty$，这是平面情况。第二个括号项为0，得：

$$\lambda_{\min} = 2\pi\left(\frac{T_m\Gamma}{m_L G_c - G_L}\right)^{1/2} \tag{8-88}$$

因为出现组分过冷的条件是$m_L G_c > G_L$，如果$m_L G_c \gg G_L$，则上式还可以简化为：

$$\lambda_{\min} = 2\pi\left(\frac{T_m\Gamma}{m_L G_c}\right)^{1/2} = 2\pi\left(\frac{T_m\Gamma D_L}{vT_0}\right)^{1/2} \tag{8-89}$$

图8-38所示为$w(\mathrm{Cu}) = 2\%$的Al-Cu合金在温度梯度$G_L = 10\mathrm{K/mm}$、凝固速度$v = 0.1\mathrm{mm/s}$时液/固界面扰动波长λ的振幅发展关系。当波长很短时（小于不稳定的边缘波长$\lambda_{\min}$），$\dot{\varepsilon}/\varepsilon$是负的，扰动突出会自动消失，界面是稳定的；当波长大于$\lambda_{\min}$时，扰动突出会增强，界面是不稳定的，直至$\lambda \to \infty$时界面又趋于稳定。在$\lambda_{\min} \sim \lambda_{\infty}$之间应有一个生长速度最大的波长。

进一步分析式(8-85)的判据。式(8-85)的分母中，因$g_S > g_L$，$\omega^* > (v/D_L)(1-k_0)$

（从式(8-82)可知 $\omega^* > (v/D_L)$，而$(1-k_0) <1$)，分母的第二项 m_L和 G_c的符号总是相同的，所以式(8-85)的分母总是正的。$\dot{\varepsilon}/\varepsilon$ 的正或负只取决于式(8-85)的分子的正负号。对式(8-85)的分子进行因式分解，并因 $2[\omega^* - (v/D_L)(1-k_0)]$ 项总是正的，可以不考虑这个总为正的公因子，从而获得界面稳定性的动力学理论的普遍判据。界面稳定的条件是：

$$m_L G_c \frac{\omega^* - v/D_L}{\omega^* - (v/D_L)(1-k_0)} - T_m \Gamma \omega^2 - \frac{g_S + g_L}{2} \leqslant 0 \tag{8-90}$$

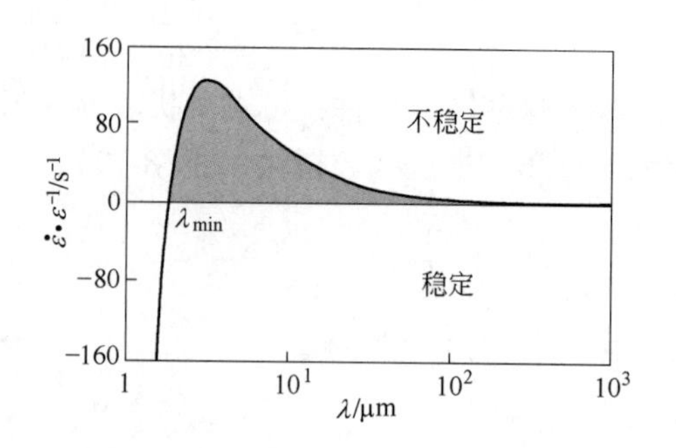

图 8-38 $w(Cu)=2\%$的 Al-Cu 合金液/固界面在组分过冷下扰动波长 λ 的振幅发展关系（$G_L=10K/mm$、凝固速度 $v=0.1mm/s$）

上式有三项，第一项中的 $m_L G_c$总是正的，它反映溶质的富集程度，溶质越富集，$m_L G_c$值越大，界面越不稳定，这是与组分过冷判据一致的；第一项的分式表明溶质沿液/固界面发生波动及进行扩散对稳定性的影响，这个分式是正值，D_L值越大，分式值越大，界面越不稳定。设想界面出现一个小突出，如果扩散使突出前沿多余的溶质和放出的潜热及时排走，在突出部分将会继续向前推进，即使界面不稳定；第二项是反映界面张力引起的毛细管力，这项（包括负号）始终为负值，即界面能对界面稳定总是有贡献，界面能增加有利于界面稳定；第三项由温度梯度决定，当温度梯度为正时有利于界面稳定，而它为负时则不利稳定，这和组分过冷判据也是一致的。综合来看，当温度梯度是正时，对于给定的空间扰动频率，若第一项大于后两项之和，界面就会失稳。

现在分析式(8-90)这一普遍的失稳判据与组分过冷判据之间的关系。如果界面长大速度很慢，$\omega^* \approx \omega \gg v/D_L$，毛细管力非常小并且完全充分扩散，式(8-90)的稳定判据简化为：

$$\frac{g_S + g_L}{2} \geqslant m_L G_c \tag{8-91}$$

当传热速度比潜热释放速度快得多，并且 $k_L G_L \approx k_S G_S$时，即 $\Delta h_m \ll 2k_L G_L$时，稳定判据进一步简化为：

$$\frac{k_L}{\bar{k}} G_L \geqslant m_L G_c \tag{8-92}$$

这也称修正的组分过冷（MCS）判据。把 G_c的表达式（式(8-70)）、g_S和 g_L的定义代入式(8-91)，得稳定判据为：

$$\frac{k_S G_S + k_L G_L}{k_S + k_L} \geqslant m_L \frac{v}{D_L} \cdot \frac{c_0(1-k_0)}{k_0} \tag{8-93}$$

如果固相和液相的温度梯度相等（$G_S=G_L$），热导率相等（$k_S=k_L$），则上式变成组分过冷的稳定判据。可以说，组分过冷判据是动力学理论普遍判据的特殊形式。

把式(8-90)中的第一项的分式记为$f(\omega)$，式(8-90)改写成：

$$f(\omega) - T_m \frac{\Gamma\omega^2}{m_L G_c} - \frac{g_S + g_L}{2m_L G_c} \leqslant 0 \tag{8-94}$$

由于上式的第三项总是负值，所以第一和第二项之和小于零时界面一定是稳定的。把第一和第二项之和用 ξ 表示，称作稳定函数，$\xi \leqslant 0$ 是绝对稳定的。若界面速度很高，界面扰动的空间频率 ω 很小，$f(\omega)$ 可简化为：

$$f(\omega) \approx \frac{D_L^2}{v^2 k_0}\omega^2 \tag{8-95}$$

即

$$\xi = \left(\frac{D_L^2}{v^2 k_0}\right)\omega^2 - \frac{T_m \Gamma}{m_L G_c}\omega^2 \leqslant 0 \tag{8-96}$$

或

$$A_0 = \frac{k_0 T_m \Gamma}{m_L G_c}\left(\frac{v^2}{D_L^2}\right) \geqslant 1 \tag{8-97}$$

A_0是一个量纲为 1 的因子。上式是界面绝对稳定（AS）的判据。上式的绝对稳定判据还可以写成：

$$m_L G_c \leqslant k_0 T_m \Gamma (v/D_L)^2 \tag{8-98}$$

或把 G_c的式(8-70)代入，又得绝对稳定判据为：

$$v_{abs} \geqslant \frac{m_L c_0 (k_0 - 1) D_L}{k_0^2 T_m \Gamma} = \frac{\Delta T_0 D_L}{k_0 T_m \Gamma} \tag{8-99}$$

因此长大速度 v 很大时界面才有可能达到绝对稳定。图 8-39 所示为不同 k_0 值的稳定函数 ξ 与 A_0 的对数之间的关系，图中每条曲线右侧是稳定的，左侧是不稳定的。

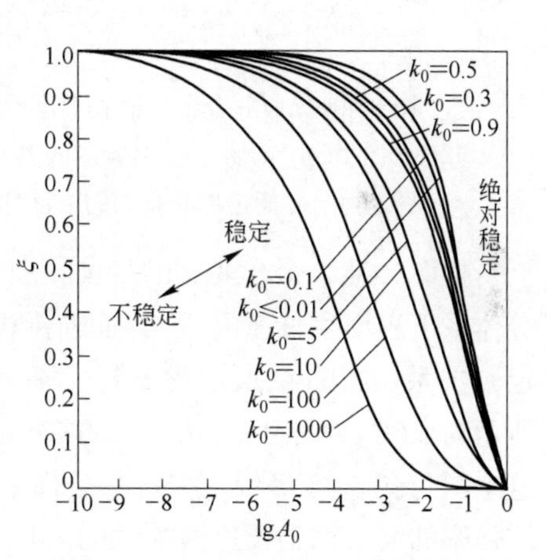

图 8-39 不同 k_0 值的稳定函数 ξ 与 A_0 的对数之间的关系

式(8-94)的界面稳定判据又可以写成：

$$\xi - \frac{k_S G_S + k_L G_L}{2\bar{k} m_L G_c} \leqslant 0 \tag{8-100}$$

根据传热原理，在固相的传热等于液相的传热与凝固放出的潜热之和，即 $k_S G_S = k_L G_L + v\Delta h_m$，再把 G_c 的表达式（式(8-70)）代入上式，最后得：

$$\frac{G_L}{v} + \frac{\Delta h_m}{2k_L} \geqslant \xi \frac{k_S + k_L}{2k_L} \cdot \frac{|m_L| c_0 (1 - k_0)}{k_0 D_L} \tag{8-101}$$

这是界面稳定的普遍判据。与组分过冷判据式(8-71)相比，上式左端多了 $\Delta h_m/2k_L$ 一项，右端多了 $(k_S + k_L)/2k_L$ 及 ξ 因子。可以看出，放出潜热是有利于界面稳定的；v 较小时，左端的第一项是主要的，第二项作用不大；v 大时，则需考虑第二项，有些非金属材料有较高的 $\Delta h_m/2k_L$ 值，这一项不能忽略；此外，某些非金属在定向凝固时 $(k_S + k_L)/2k_L$ 的值很大，达到 2，也容易失稳。

图 8-40 所示为 Al-Cu 合金凝固过程中液相温度梯度为 2.0×10^4 K/m 时界面稳定性与合金成分 c_0 和界面推移速度 v 的关系。图右边的直线是绝对稳定界线，其右侧是绝对稳定的；图左边的两条直线分别是组分过冷及修正的组分过冷判据，线的左侧是稳定的；因而

在左、右直线之间的区域是不稳定区域。曲线对应根据界面稳定理论得出的判据。图 8-41 用另一种方式给出不同成分的 Al-Cu 合金凝固时界面稳定性与各参数间的关系。图 8-41 的横坐标是界面推移速度 v，纵坐标是液相的温度梯度 G_L，图中从左而上的直线是等 $G_L v$（等于冷却速度 dT/dt）线。从图看出，在非常高的界面推移速度下，界面是绝对稳定的，这个稳定界限和液相的温度梯度无关；在很低的界面推移速度下界面也是稳定的；只有在中等的界面速度下界面才是不稳定的。这个不稳定区域范围的大小取决于合金成分和液相的温度梯度，成分越低，液相温度梯度越高，不稳定的界面速度范围越小。总的来说，合金定向凝固时组分过冷判据是很好的近似；但界面扰动的空间波长短（即 ω 大）并且界面推移速度大时，由于毛细管力的作用，界面是绝对稳定的；这个绝对稳定的界面速度取决于溶质浓度而和液相的温度梯度无关。

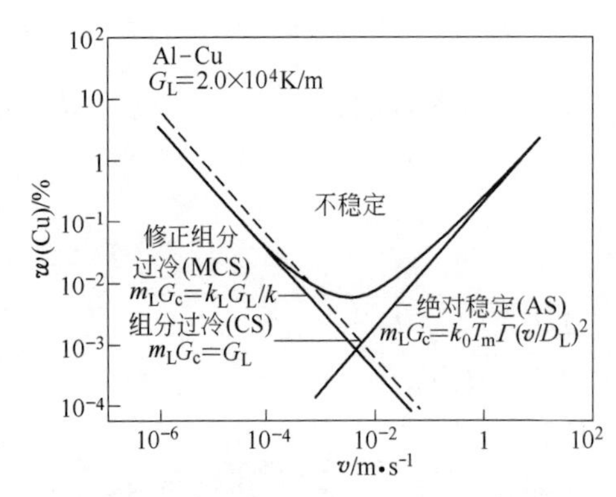

图 8-40 Al-Cu 合金在液相温度梯度为 2.0×10^4K/m 下定向凝固的界面稳定性与界面速度 v 及铜的浓度的关系

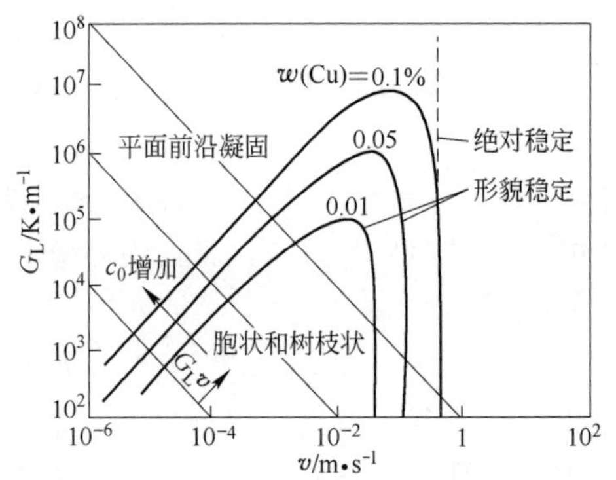

图 8-41 不同成分的 Al-Cu 合金在不同的界面速度 v 及液相温度梯度 G_L 下的界面稳定性和形貌

把图 8-38、图 8-40 和图 8-41 三种对界面稳定性的描述综合在一起，可以得出某一成分体系下界面生长速度 v、界面前沿温度梯度 G_L 以及界面扰动波长 λ 之间的稳定（不稳定）关系。图 8-42 所示为概括了稀 Al-Cu 合金的界面稳定（不稳定）的图示。图 8-42a 所示为 $w(Cu)=0.1\%$，$G_L=200K/cm$，$v=1mm/s$ 的界面波长 λ 与其振幅增强率的关系，这个图与图 8-38 等价。在这些条件下，增强率为正时界面不稳定，反之界面稳定。最大增强率的波长称生长速度最大的波长。图 8-42b 所示为 $w(Cu)=0.1\%$时界面稳定界线的 v 与 G_L的关系，这个图与图 8-41 等价。图 8-42d 所示为 $G_L=200K/cm$ 时的界面稳定速度与成分 w 的关系，这个图与图 8-40 等价。在 $w(Cu)=0.1\%$对应的稳定界线上限速度是绝对稳定速度 v_{abs}，对应的稳定界线下限是组分过冷判据的速度 v_{pc}。图 8-42c 中的封闭曲线是划分界面稳定与不稳定的 v 和 λ 界线。在封闭区域内，波长增强率是正的，因而界面是不稳定的；在封闭区域外，波长增强率是负的，因而界面是稳定的。封闭曲线左侧近似为直线，相当于 $v\lambda^2$为常数的直线（参见后面的式(8-130)讨论），封闭曲线内的虚线对应最快生长的波长。

近几十年来由于技术的发展有可能对高速凝固进行研究，高速凝固可以获得无偏析铸件（见 8.2.1.2 节）。Narayan 用脉冲激光研究 Si 合金的熔化和凝固，从胞状晶过渡为树枝状晶的转变速度在 m/s 级的范围内，并且如果把绝对稳定判据中的分配系数用于速度

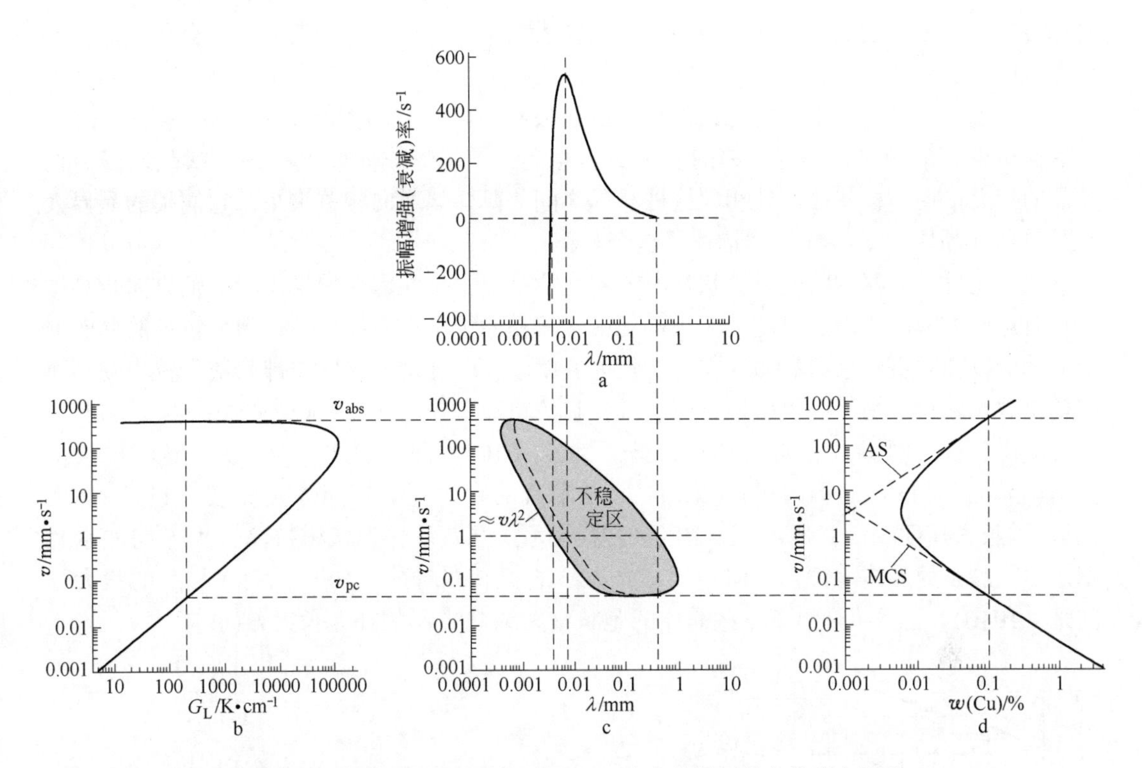

图 8-42 影响 $w(Cu)=0.1\%$的 Al-Cu 合金的界面稳定的综合结果

相关的分配系数取代则是符合得很好的。Boiztinger等对$w(Ag)$在 1%～5%范围的 Cu-Ag 合金进行研究，界面从平面转变为胞状的速度比从绝对稳定预测的大两个数量级。Hoaglunx 等用脉冲激光研究 Si-Sn 合金的熔化和凝固，用所测量的与速度相关的分配系数 k^*（见图8-6）以及与速度相关的 m_L 计算从平面失稳变为胞状的浓度 c_0与生长速度 v 的关系，如图 8-43 所示。其中虚线是按界面局部平衡计算的结果。初步实验表明，用修正的 MS 模型可以描述高生长速度的界面稳定情况。

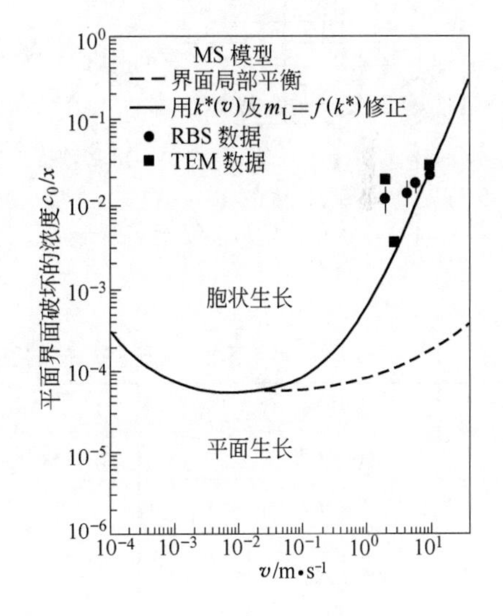

图 8-43 界面从平面到胞状的临界浓度与生长速度的关系

（虚线是根据局部平衡计算的结果，$k_0=0.01$，k^*采用图 8-6 中计算的数据。RBS 是背散射频谱）

8.2.7 凝固的显微组织

8.2.7.1 强制性生长和自由生长

熔融液体注入模子后，热通过模壁向外散逸，晶体以散热相反的方向生长（即定向凝固或柱状凝固），这通常称为强制性生长。就是说，等温线的前进速度限定了晶体的生长速度。凝固时首先在模壁上形核，它们的晶体学取向是随机的，但是，长大速度最大的晶体学方向和传热方向平行的那些晶核会更快地长大伸入液相，这样的竞争长大结果会导致晶粒的择尤取向。这些伸入液相的晶粒可能是胞状晶或树枝状晶，其形状取决于晶体前沿界面是否稳定和温度程度的大小。但无论是胞状或树枝状，因长大晶体的主干（称一次树枝晶，见后面讨论）的侧向总会与相邻的主干最后相遇，结果形成向前生长的柱状晶。因为柱状晶的择尤取向，柱状晶与其相邻接柱状晶之间的晶体学取向相差很小，它们间的晶界大都是小角度晶界。图 8-44 示意描述了这个过程。

在强制性长大时胞状或树枝状长大方向往往是以密排面形成的锥体的主轴方向，晶体生长时这些方向的长大线速度最大。这是由于液相原子易于向原子排列密度较小的晶面上堆放，所以在垂直于这些晶面的方向上长大速度较大。这是因为原子排列密度较小的晶面的配位数比较小，易于以粗糙型界面出现，它按粗糙型界面的连续长大方式长大，因此长大速度比较快。例如，立方晶系在强制长大时以（100）晶面法线方向长大，这样的长大为密排晶面（111）的侧向扩散提供了原子附着的台阶，结果晶体表面被（111）晶面（其法线长大速度较慢）所覆盖。图 8-45 所示为立方晶系的胞状树枝晶长大方向的示意图。不同晶系的晶体学长大方向不同，立方系的长大方向是〈100〉，六方晶系的长大方向是〈$10\bar{1}0$〉。表 8-1 列出了一些晶体的胞状（树枝状）晶的择尤长大方向。

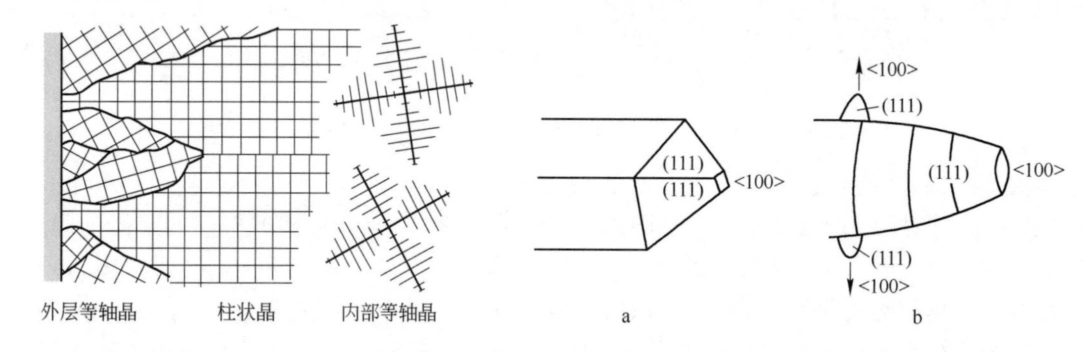

图 8-44 柱状和等轴枝晶微观组织形成过程

图 8-45 胞状树枝晶的长大方向
a—小面生长；b—非小面生长

表 8-1 一些晶体的胞状（树枝状）晶的择尤长大方向

结 构	长大方向	实 例
面心立方	〈100〉	Al
体心立方	〈100〉	δ-Fe
密排六方	〈$10\bar{1}0$〉	H_2O（雪）
	〈0001〉	$Co_{17}Sm_2$

如果液相普遍存在过冷，则在液相中各处可以独立形核和生长，这些晶核长大直至与其他晶核长大相遇为止，最后获得等轴晶粒。通常称这种长大方式为自由生长。无论强制生长或者自由生长，只要长大的界面不稳定（或简单看，前沿有过冷、组分过冷），都可能以树枝状方式长大。在强制性长大时，经常遇到的一种情况是，凝固进行到一定程度后，在柱状晶生长前沿的熔液因逐渐冷却而获得少许过冷，在模子中部就可能单独形核以自由方式长大，结果在模子中部形成等轴晶，如图 8-44 所示。

8.2.7.2 胞状晶的形成

在强制性生长的定向凝固时，若存在使界面失稳的条件，界面受到扰动就会失稳凸出。界面成为凸峰和凹谷的“正弦形状”。若体系的 $k_0<1$，凸端除了向生长方向排出溶质，还向侧向排出溶质，而凹谷处往往积累由凸端排出的多余溶质，因此凹谷处生长得慢，并且使它附近的长大受到抑制。另外，凹谷的出现又会激发起凹谷邻近区域发生另外的凸出，这时，界面形状不再是正弦形状，其间距比初始扰动的波长大得多，这样的过程最终形成胞状组织。胞状组织凸出的长度不能超过组分过冷区的长度（一般为 0.1～1mm）。图 8-46a～e 所示为凝固时从平直界面发展为胞状过程的示意图。凸出的胞晶在适当的条件下也可能发展为树枝晶，这将在下面讨论。

图 8-47 所示为胞状晶演化发展的示意图。界面前沿的组分过冷不大时，平面界面开始破坏，界面只能有凸出不大的小点，小点的边上的凹谷不会相互连接，界面前沿只有一些分离的溶质富集的小凹坑，或称之为痘点，这是平直界面遭到破坏的临界状态，见图 8-47 中 A 处。一个晶粒和液相接触的界面往往不止有一处凸出，也即是说，一个凸缘并不是对应一个晶粒。有些合金，例如四方结构的 Sn 基合金和面心立方结构的 Pb-Sn 合金，痘点排列是规则的；而密排六方结构的 Zn-Cd 合金，痘点排列是不规则的。晶体学及晶体取向对开始破坏的平面界面的形貌有很大影响。开始时，界面突起的原始波长比较短，使得可以快速长大发展成胞状晶，这时的胞状晶的波长大体是原始波长的两倍。胞状晶之间的距离并非是常数。原始胞状晶会遏制某些胞生长以减少胞状晶的数目，见图 8-47 中 B 处；或者一个胞状晶分裂为两个胞状晶以增加胞状晶的数目，这类似于图 8-47 中 A 处两个分支连续生长的情况；胞状晶形貌的这种自身调整是要获得最有利的长大形式。界面前沿的组分过冷增大，界面上的胞状晶凸出多一些。胞状晶是不规则的，边上的凹谷部分连接起来，形成断续的不规则沟槽网络。组分过冷再加大，不规则胞状晶边的凹谷沟槽完全连接起来。组分过冷继续增大，形成伸长的胞状晶，组分过冷很大时，胞晶大体是正六边形，这可能与界面张力有关，因为在一定的界面面积时六角形截面分布是最稳定的。应该注意，在一个晶粒发展起来的胞晶是亚结构，它们之间的界面是小角度晶界，取向差为 1°～5°。组分过冷继续增加，规则的胞状晶侧向出现新的突出小胞，见图 8-47 中 C 处，这说明胞状晶之间的液相也具有使界面不稳定的驱动力，这会导致树枝状晶的形成。

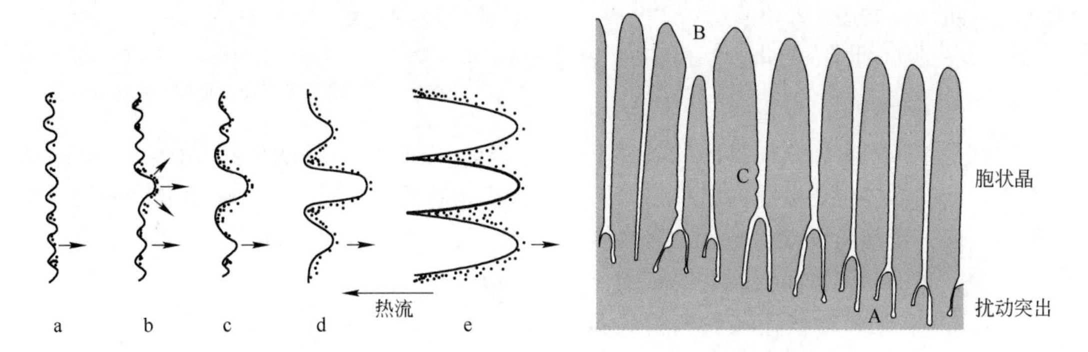

图 8-46 平面界面被破坏而变成胞状　　图 8-47 胞状晶演化发展的示意图

图 8-48 所示为 Pb 和 Sn 凝固时随着组分过冷加大的界面形貌的变化示意图，说明了

界面形貌随组分过冷加大的演化过程。图 8-49 是一些真实的界面形貌的例子。其中左侧的照片是合金在凝固过程中把液体倒掉所观察到的凝固表面形貌，组分过冷自上而下是加大的。右侧是与左侧对应的在凝固表面下附近的金相照片，在照片中观察到的溶质偏析分布和左侧照片的沟槽形状相对应，但照片的放大倍数不完全相同。

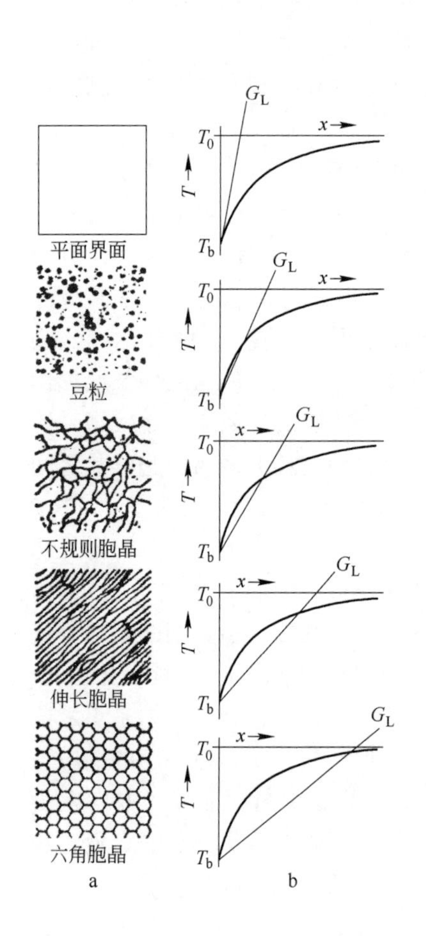

图 8-48 Pb 和 Sn 凝固时随着组分过冷加大的界面形貌的变化

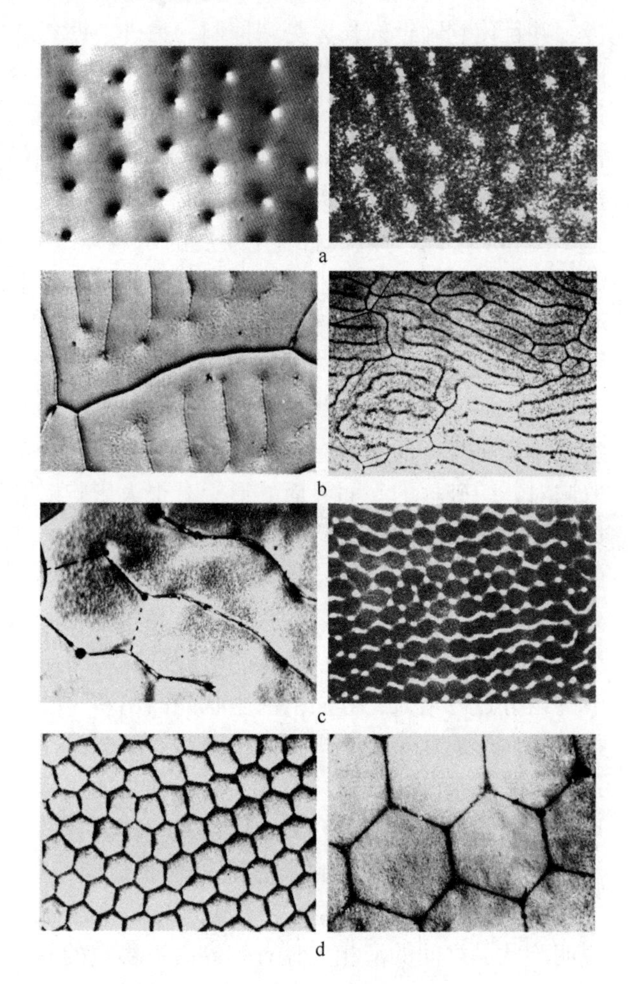

图 8-49 真实界面形貌的例子
a—左×100，右×100；b— 左×100，右×50；c—左×150，右×50；d—左×50，右×150（组分过冷自上而下是加大的）（Binoli）

胞状晶组织只有在定向凝固的条件下才能看到，图 8-44 所示的柱状晶的择尤取向是各不同取向的晶体生长竞争的结果，如果每个胞状晶单独长大，不论晶体学取向如何，生长轴的方向一定与热流方向平行，与晶体学取向无关。在非定向凝固时，因散热性质是各向同性的，看不到胞状晶组织，而看到树枝晶组织。

8.2.7.3 胞状树枝晶及柱状树枝晶

当胞状晶的侧面出现凸缘时，它也可以继续向前突出，这样的胞状晶称为胞状树枝晶。胞状树枝晶的主干称一次树枝晶臂，它平行于热流方向，一次枝晶臂间距以 λ_1 表示；主干侧面凸缘发展形成为二次树枝晶干，也称二次树枝晶臂，二次树枝晶臂间距以 λ_2 表示。对于溶质量少或凝固范围（即两相区的温度间隔）窄的合金，其胞状树枝晶形貌是在主干上长出短而密的二次树枝晶。如果凝固范围较宽和冷却速度足够大，从二次树枝晶上还可以长出三次或更高次的树枝晶。这种由胞状树枝晶发展成的高度分枝的树枝晶，称柱状树枝晶。前面说过，一个凸缘并非是一个晶粒，所以，由相邻凸缘发展而成的胞状树枝晶或柱状树枝晶会来自一个晶粒。

为了系统地看清界面从不稳定凸缘发展为胞状组织，再发展为胞状树枝晶和柱状树枝晶的过程，用透明的材料作研究。图 8-50 所示为琥珀晴-4%香豆素的液/固界面在温度梯度 6.7K/mm 下，长大速度从 0 加速到 3.4μm/s 时失稳凸缘、胞状、树枝晶的形貌演变过程。从简单的组分过冷失稳判据知道，长大速度越快，界面越易于失稳。所有失稳凸缘、胞状、树枝晶形貌都有自己的波长和排列间距，由于相邻晶体的长大竞争，大的胞晶之间的平均间距通常比平面原始凸缘的大，树枝主干的平均间距（一次枝晶间距 λ_1）比平稳的晶胞的间距大。

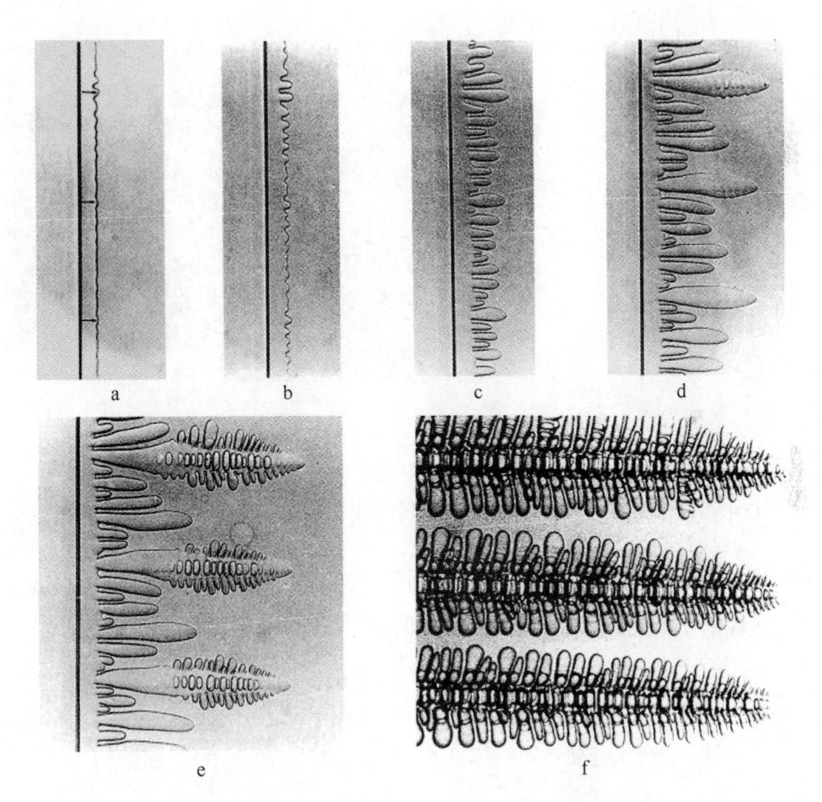

图 8-50 透明材料（琥珀晴-4%香豆素）的液/固界面在温度梯度 6.7K/mm 下，长大速度从 0 加速到 3.4μm/s 时失稳凸缘、胞状、树枝晶的形貌演变过程
（Trivedi 和 Somboonsuk）

8.2.7.4 自由树枝晶

自由树枝晶又称等轴树枝晶，这种晶体是在过冷液相中形成的。整个晶体的界面前沿温度梯度都是负的，如果液/固界面能是各向同性的，晶体呈球形时总表面能最小，因此开始时晶体是球状的，在平衡状态时可能在整个凝固过程中保持球状。但因晶体的各向异

性，晶体倾向于以低界面能的晶面露在外面，使晶体成为一个接近球形的多面体。各向异性较强的晶体（例如非金属晶体），其平衡形态是清晰的多面体。

非平衡情况的更一般情况下，因界面失稳长成树枝状，整个树枝的整体形状是等轴的，故称等轴树枝晶。因为晶体是在过冷液相中长大的，它可以在各个方向自由长大，所以这种晶体又称自由树枝晶。显然，一个树枝晶就是一个晶粒。因为结晶放出潜热，凝固的树枝变得比周围液相热，潜热向周围液相消散，长大是由溶质扩散和热扩散所控制的。但对于纯金属自由树枝晶，长大则只由热扩散控制。

因为界面能的各向异性，由于多面体棱角前沿的液相的溶质浓度梯度比较大，扩散速度比较大，从而长大速度比较高，多面体便逐渐成长为星形，进而生长出分枝成为自由树枝晶，图 8-51a~d 是这一过程的示意说明。图 8-51e 是用扫描电镜观察到的钢锭收缩处的自由树枝晶。钢锭最后的中心区域以等轴的自由树枝晶方式凝固，因为在缩孔处生长的自由树枝晶最后没有液相填补树枝间隙，所以显露出它的树枝形状。

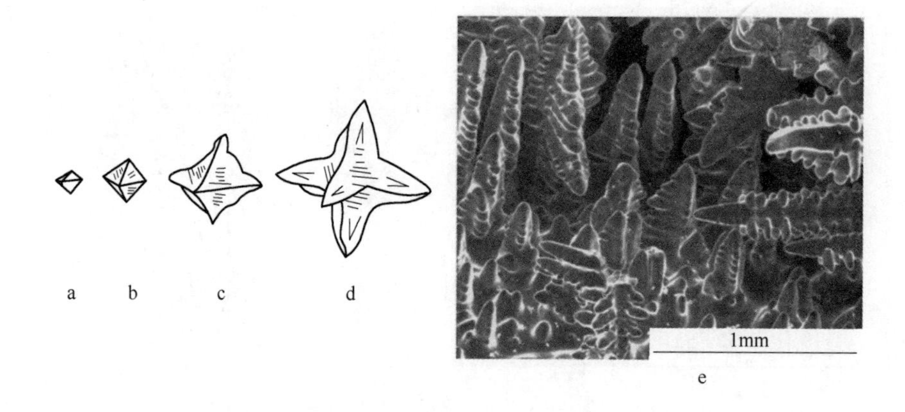

图 8-51　自由树枝晶形成过程

a~d—自由树枝晶发展的示意图；e—用扫描电镜观察钢锭缩孔处的自由树枝晶

当生长的方向不同时，热枝晶的形貌不同。图 8-52 是相场模拟的 Ni-Cu 合金溶质枝晶生长方向为｛100｝和生长方向为｛110｝的热枝晶的形貌。

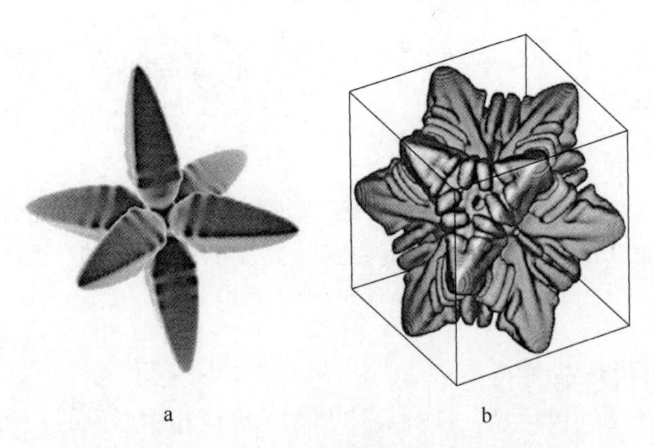

图 8-52　Ni-Cu 合金热枝晶的形貌

a—生长方向为｛100｝；b—首选生长方向为｛110｝而不是｛100｝

在合金固溶体凝固时，尽管它们都是以自由树枝方式长大的，由于在凝固完毕后所有树枝间隙都被填满，如果不经特殊处理是看不出树枝形貌的，但是因为在树枝间隙都含有比较多的溶质，这种形式的成分的不均匀分布称为枝晶偏析，故可通过深浸蚀把树枝干之间的基体去掉，或者因基体与树枝晶的衬度不同而被树枝晶显露出来。

如果是含共晶反应的合金系，对于非共晶成分的合金，凝固开始时先共晶相凝固，到达共晶温度时剩余的液相凝固为共晶。这时，先共晶相的凝固过程好像被“冻结”在共晶组织之中，所以，在凝固的最终组织可以看到先共晶相在凝固过程的形貌。例如 $x(\mathrm{Ce})=5\%$ 的 Ni-Ce 合金，合金凝固后最终组织为先共晶 Ni(Ce)固溶体（Ce 在 Ni 中几乎没有溶解度，可以简单表示为 Ni）和 Ni+Ni_5Ce 共晶，图 8-53 所示为这一合金在非强制冷却下凝固后的光学显微组织照片，照片的放大倍数从图 8-53a 的 25 倍增加到图 8-53c 的 250 倍。凝固开始时，先共晶的 Ni 相结晶，然后冷却到 1210℃发生共晶反应。因为合金在非强制冷却下凝固，先共晶的 Ni 相生长成自由树枝晶。图 8-53 照片中白的树枝晶是 Ni 相，基体是 Ni+Ni_5Ce 共晶，因放大倍数比较低，没有分辨出共晶中的两相。

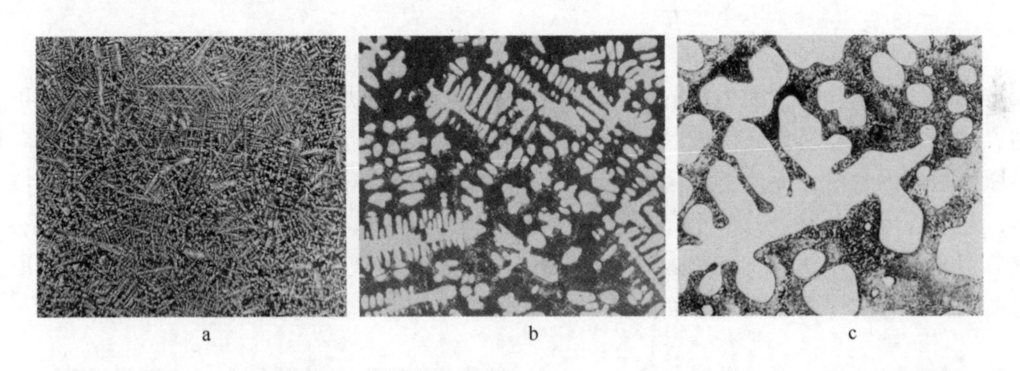
a　　b　　c

图 8-53　$x(\mathrm{Ce})=5\%$ 的 Ni-Ce 合金凝固后磨面浸蚀后的不同放大倍数的光学显微组织照片
a—×25；b—×75；c—×250

树枝晶（自由树枝晶和柱状树枝晶）的形貌取决于材料以及凝固条件。对于以高对称性金属为基的固溶体，最优的长大方向比较多（例如立方结构晶体都是〈100〉方向），形成一次树枝晶臂后，在它上面又可以长出二次枝晶臂，如果一次枝晶臂的间距足够大，在二次枝晶臂上还可以长出三次枝晶臂，当这些枝晶臂的尖端伸入相邻枝晶的扩散场时，分枝便停止长大而开始粗化，粗化原理见第 7 章 7.6 节。粗化过程使三次枝晶熔化和二次枝晶间距变大，一次枝晶臂是不会改变的。虽然同一种晶体的最优长大方向相同，但受溶质的扩散场及温度场的影响，组织形貌会很不相同。自由等轴树枝晶多为棒状结构，因为它处在过冷液相包围中，结晶潜热传出比较困难，当枝晶长大放出潜热时提高了枝晶臂之间的温度，而这里的溶质浓度较高，熔点也较低，促使局部地区熔化，使枝晶臂之间不可能连接而向前伸长，如图 8-54 所示。图 8-54b 所示为 $w(\mathrm{Si})=7\%$ 的 Al-Si 合金在凝固过程中快速倒掉液相在扫描电镜下观察到的典型柱状树枝晶，树枝晶的典型尺寸为 200μm。从 Al-Si 相图（图 8-54a）看出，树枝晶是先共晶的 Al(Si)固溶体，由于 Al 晶体的高对称性，树枝晶也有多次的枝晶。所看到的树枝晶指向相同的方向，因为它们同属一个晶粒。冰的晶体是六方结构，它的自由树枝晶长大方向是〈$11\bar{2}0$〉，结果长成六次对称的树枝晶，如图 8-55 所示。如果冷却速度很快，使扩散不可能跟上，则不再能形成树枝晶结构，而是形成球状晶。

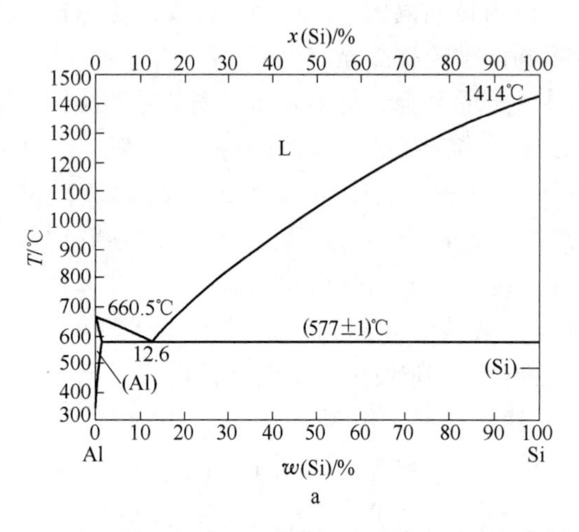

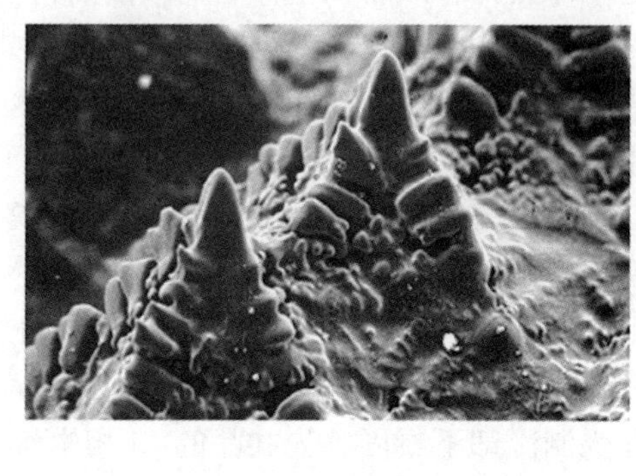

图 8-54 Al-Si 相图（a）及 w(Si) = 7%的 Al-Si 合金凝固过程的柱状树枝晶（b）

对于非金属晶体，因为它的熔化熵比较大，界面大都是光滑型的，以小晶面侧向扩展的方式长大，不容易长成树枝晶，因为在晶体棱角处向前推进会为邻近的密排晶面侧向提供原子附着的台阶，促使密排面侧向长大，使晶体始终以密排晶面所包封。所以一般情况下，它们长成薄盘状、片状和针状。图 8-56 所示为在灰口铸铁中的典型的等轴石墨片，它典型的尺寸为 500μm。如果凝固速度很快时，非金属或类金属晶体可以形成有棱角的树枝晶，但它的界面始终是界面能最小的平面。

图 8-55 冰的树枝晶形貌

图 8-56 灰口铸铁中的典型的等轴石墨片（典型尺寸为 500μm）

8.2.8 枝晶动力学

枝晶的尖端伸向液相并长大，它的生长速度和枝晶间距主要取决于枝晶端部的温度场和浓度场。对于纯物质，凝固时没有物质排出，只有在过冷液相中形成，在界面前沿存在负的温度梯度时才可能形成树枝晶。对于固溶体凝固，无论是自由长大或强制长大界面前沿都可以出现组分过冷。在强制冷却的定向凝固下，温度梯度为正，凝固放出的潜热与热流一起通过固相传出，所以，溶质扩散成为影响树枝晶生长的主要因素。在等轴凝固下，同时有热量和溶质向液相排出，两者都是影响树枝晶生长的因素。

在慢速凝固时，界面维持局部平衡。而在高速凝固时，界面是不能维持局部平衡的，而是非平衡的，这时，无论分配系数、界面成分和界面前沿过冷都是生长速度的函数。下面主要讨论慢速（即界面维持局部平衡）以及枝晶端部为半球状的情况，然后推广到更一般的情况。

8.2.8.1 树枝晶尖端的过冷

凝固时晶体生长需要动力学过冷 ΔT_{K}。但是，在树枝晶生长时，由于树枝晶尖端存在温度场，又因存在浓度和尖端的曲率对熔点的影响，因此，衡量树枝晶尖端的过冷都要考虑这些因素。图 8-57 描述了各种情况引起的温度差，上面两个图的左侧是纯物质的情况，右侧是固溶体的情况。

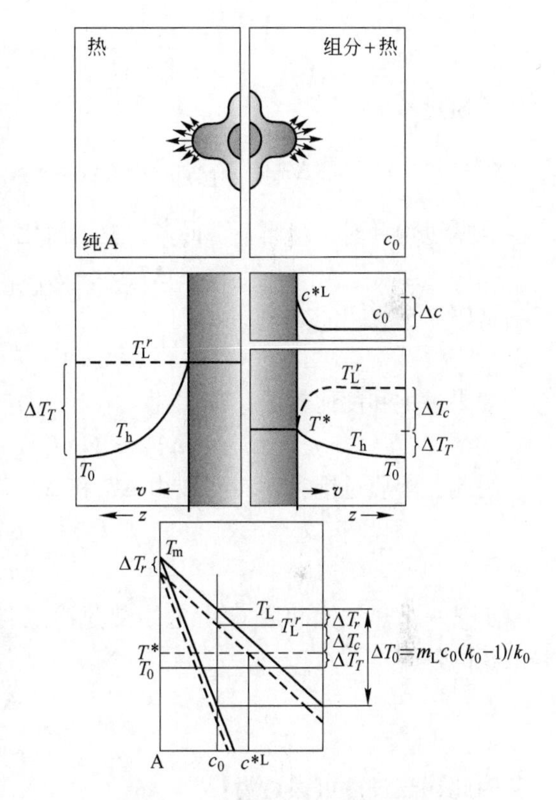

图 8-57 树枝晶尖端前沿的过冷

由界面曲率 κ 引起的过冷，称曲率过冷。树枝尖端的曲率半径 r，使熔点下降变成 T_{L}^r，平直界面固相的熔点 T_{L}，所以，$\Delta T_r = T_{\mathrm{L}} - T_{\mathrm{L}}^r$。由界面前的温差梯度 G_{L} 引起的过冷 ΔT_T，称热过冷。以 T^* 表示界面温度，T_0 表示离界面远处的温度，所以，$\Delta T_T = T^* - T_0$。由界面前的溶质浓度梯度 G_c 引起的过冷 ΔT_c，称化学过冷或溶质过冷。驱动液相扩散过程是浓度梯度，对于纯物质凝固，液相中是没有浓度梯度的；对于固溶体，界面前沿液相的浓度是 $c^{*\mathrm{L}}$，远处液相的浓度是 c_0，所以，$\Delta T_c = T^* - T_{\mathrm{L}}^r$，其中 T_{L}^r 是固相曲率为 r 的熔点温度。最后在液/固界面的耦合条件的总过冷应是这些过冷之和：

$$\Delta T = \Delta T_{\mathrm{K}} + \Delta T_c + \Delta T_T + \Delta T_r \tag{8-102}$$

因为金属和合金的融化熵很低，凝固动力学过冷很小（参阅例 7-11），因此凝固动力学过冷可以忽略。曲率 κ 对熔点影响（见式(7-13)），因它产生的过冷 ΔT_r 为：

$$\Delta T_r = 2\kappa \Gamma T_{\mathrm{m}} \tag{8-103}$$

式中，$\Gamma = \gamma/\Delta h_{\mathrm{m}}$，$\gamma$ 为液/固界面能，Δh_{m} 为单位体积熔化焓。

以量纲为 1 的 Ω（见式(8-104)）表示溶质过饱和度，它表示枝晶端部溶质向液相内部扩散的相对驱动力，Ω 的值越大，扩散越快，固相的长大速度也越大。因为枝晶尖端周围液相中的溶质可以更有效地进行再分布，所以它的扩散边界层 δ_{C}（参见式(8-52)）厚度要比平直界面的小，δ_C与尖端的曲率半径成正比，尖端的曲率半径越小，尖端前沿的扩散边界层越薄。又因为枝晶尖端的界面不是平面，所以形成的固相在稳定态时的成分再不是原始成分 c_0，即 $c^{*S} \neq c_0$。

一般来说，树枝晶前沿的曲率半径是比较大的，曲率过冷比其他的贡献小得多，可以忽略，在树枝晶端部的液相浓度 $c^{*L}(r) \approx c^{*L}$。现余下要估算溶质过冷 ΔT_c和热过冷 ΔT_T。因溶质过饱和度为：

$$\Omega = \frac{\Delta c}{\Delta c^*} = \frac{c^{*L} - c_0}{c^{*L} - c^{*S}} = \frac{c^{*L} - c_0}{c^{*L}(1 - k_0)} \tag{8-104}$$

$$c^{*L} = \frac{c_0}{1 - \Omega(1 - k_0)} \tag{8-105}$$

溶质过冷为：

$$\Delta T_c = m_L(c_0 - c^{*L}) = m_L c_0 \left[1 - \frac{1}{1 - \Omega(1 - k_0)}\right] \tag{8-106}$$

在低过饱和时，Ω 比 1 小得多，上式简化为：

$$\Delta T_c \approx - m_L c_0 \Omega(1 - k_0) \tag{8-107}$$

从图 8-57 看出：

$$- m_L c_0(1 - k_0) = k_0 \Delta T_0$$

如果过饱和度比较低，有：

$$\Delta T_c \approx \Omega \Delta T_0 k_0 \qquad \Omega \ll 1 \tag{8-108}$$

因此，溶质过饱和度 Ω 可以由 ΔT_c和 ΔT_0两个温度差的比值确定：

$$\Omega = \frac{\Delta T_c}{\Delta T_0 k_0} \tag{8-109}$$

定义一个热过饱和度 Ω_T，它由热过冷度与单位过冷（$-\Delta h_m / c_p$）的比值来表达，c_p 是液相的热容：

$$\Omega_T = \frac{\Delta T_T}{- \Delta h_m / c_p} \tag{8-110}$$

因此，热过冷可表达为：

$$\Delta T_T = - \Omega_T \frac{\Delta h_m}{c_p} \tag{8-111}$$

枝晶端总过冷是各个过冷的总和：

$$\Delta T = - m_L c_0 \Omega(1 - k_0) - \Omega_T \frac{\Delta h_m}{c_p} + 2\kappa \Gamma T_m \tag{8-112}$$

8.2.8.2 柱状树枝晶的生长速度

讨论合金固溶体凝固时，W. Kurz 等把问题简化。设合金定向强制凝固，其枝晶前端的浓度和温度分布如图 8-58 所示。要获得树枝晶的生长速度、树枝晶尖端曲率和液/固界面处液相成分之间的关系，必须建立树枝晶端部的溶质质量平衡方程。首先，把树枝晶主干形状简化，把树枝晶端部的旋转抛物线体（图 8-59a）简化为圆柱体，其端部看成是半球（图 8-59b）。圆柱体的横截面半径为 R，横截面面积$A = \pi R^2$，半球帽面积 $A_h = 2\pi R^2$。

因晶体长大单位时间排出的溶质量 I_1 为：

$$I_1 = Av(c^{*L} - c^{*S})$$

$$= \pi R^2 vc^{*L}(1 - k_0) \quad (8\text{-}113)$$

式中，v 是长大速度。在这段时间内树枝晶端部前沿的溶质扩散量 I_2 为：

$$I_2 = -D_L A_h \left(\frac{dc}{dr}\right)_R$$

$$= -2\pi R^2 D_L \left(\frac{dc}{dr}\right)_R \quad (8\text{-}114)$$

式中，r 是垂直半球面的距离。在稳态条件下，上述两种量必须相等，$I_1 = I_2$，即：

$$vc^{*L}(1 - k_0) = -2D_L \left(\frac{dc}{dr}\right)_R \quad (8\text{-}115)$$

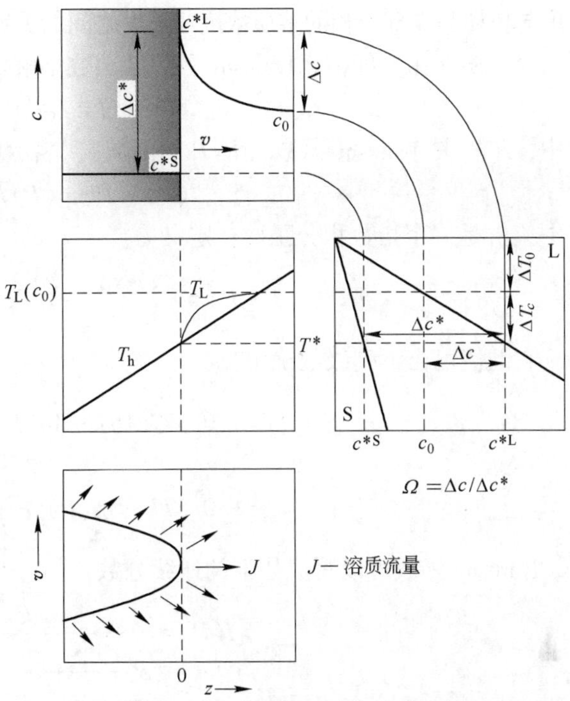

图 8-58 在直径尖端前沿的浓度场和温度场

树枝晶端部半球液相的溶质扩散有效距离近似看做是球的半径（参见第 7 章），所以树枝晶端部前沿液相浓度梯度近似为 $(c^{*L}-c_0)/R$，式(8-115)变为：

$$\frac{vR}{2D_L} = \frac{c^{*L} - c_0}{c^{*L}(1 - k_0)} = \Omega \quad (8\text{-}116)$$

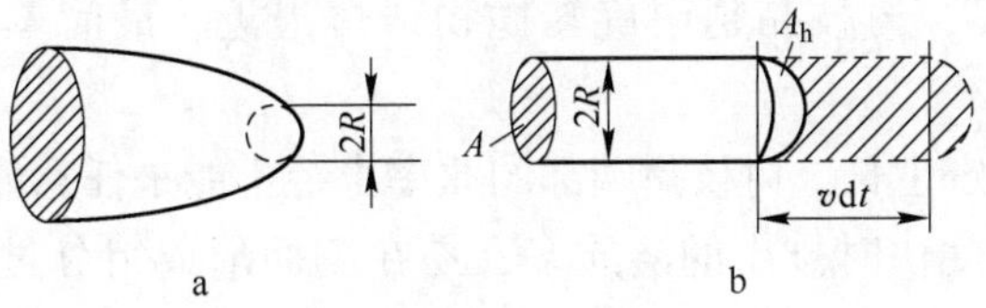

图 8-59 枝晶端部形状

a—圆柱体；b—旋转抛物线体

或写成缩写形式：

$$\Omega = P_C \quad (8\text{-}117)$$

式中，$P_C = (vR/2D_L) = R/\delta_C$ 称溶质的丕雷数（Peclet number），它是树枝晶端部曲率半径 R 与溶质扩散边界层厚度 δ_C 的比值。对于热扩散控制的树枝晶生长，热 Peclet 数表示为 $P_T = (vR/2a)$，其中 a 是热扩散系数。此时，类似式(8-117)，与 P_T 平衡的是热过饱和度，即：

$$P_T = \Omega_T = -\frac{\Delta T_T}{\Delta h_m / c_p} \quad (8\text{-}118)$$

式(8-116)和式(8-118)给出了简化的端部是半球的圆柱体枝晶的曲率半径、树枝晶生长速度与树枝晶端部液相的溶质浓度或温度之间的关系，在Ω固定的情况下，v与R成反比。

对于旋转抛物线体，Ivantsov 首先给出数学解析解：

$$\Omega = I(P) \tag{8-119}$$

式中，$I(P)$是 Ivantsov 函数（是P的函数），表示为：

$$I(P) = P\exp(P)E_1(P) \tag{8-120}$$

式中，E_1是一个指数积分函数，定义为：

$$E_1(P) = \int_P^{\infty} \frac{\exp(-z)}{z}\mathrm{d}z = -E_1(-P) \tag{8-121}$$

它的值可由下列级数确定：

$$\begin{aligned} E_1(P) &= -0.5772157 - \ln(P) - \sum_{n=1}^{\infty} \frac{(-1)^n P^n}{n \cdot n!} \\ &\approx -0.577 - \ln(P) + \frac{4P}{P+4} \end{aligned} \tag{8-122}$$

Ivantsov 函数可以写成如下的连续分数：

$$I(P) = \cfrac{P}{P + \cfrac{1}{1 + \cfrac{1}{P\cfrac{2}{1 + \cfrac{2}{P + \cdots}}}}}$$

从式中看出，函数的各截断项为：

$I_0 = P$；$I_1 = P/(P+1)$；$I_2 = 2P/(2P+1)$；$I_{\infty} = Iv(P) = P\exp(P)E_1(P)$

$I(P)$区的层次越多，树枝晶越向旋转抛物线体逼近。最简单的情况是球体，此时$I_0 = P_C$。

为了保证树枝晶稳定生长，树枝晶端部的曲率半径不能是任意值。如果枝晶端部曲率半径很小，它的生长速度快时排出的溶质多，易在侧面形成组分过冷，促使二次枝晶发展，从而减慢一次枝晶的生长速度，使曲率半径变大；如果枝晶端部曲率半径很大，枝晶端部不稳定性的发展，会使曲率半径减小，所以枝晶端部的曲率半径会稳定在某一大小才能稳定生长，稳定生长的端部曲率半径以R_S表示。Langer 等认为，R_S大约等于树枝晶端部最小的扰动波长λ_{min}，即：

$$R_S = \lambda_{min}$$

根据式(8-88)，稳定的曲率半径为：

$$R_S = 2\pi\left(\frac{T_m \Gamma}{m_L G_c - G_L}\right)^{1/2} \tag{8-123}$$

而界面前沿的溶质浓度梯度G_c可以用$(c^{*L} - c_0)/(\delta_C/2) = (c^{*L} - c_0)v/D_L$近似表示，即：

$$G_c = -\frac{v}{D_L}c^{*L}(1 - k_0) \tag{8-124}$$

从式(8-116)知：

$$c^{*L} = \frac{c_0}{1 - \Omega(1 - k_0)} = \frac{c_0}{1 - (vR/2D_L)(1 - k_0)}$$

上式是对于枝晶前沿是半球体的，即 $I_0 = P_C$ 的情况，利用式(8-119)得出更普遍的式子：

$$c^{*L} = \frac{c_0}{1 - I(P)(1 - k_0)} \tag{8-125}$$

把它代入式(8-124)的 G_c 式子，得：

$$G_c = \frac{v}{D_L} \cdot \frac{c_0}{I(P)(1 - k_0) - 1} \tag{8-126}$$

如果界面前沿是半球体，$Iv(P) = P_C$，代入上式得：

$$G_c = \frac{c_0}{R/2 - D_L/[v(1 - k_0)]} \tag{8-127}$$

把上式代入稳定的曲率半径的式(8-123)并整理，获得界面前沿是半球体的稳定曲率树枝晶的生长速度：

$$v = \frac{2D_L G_L R_S^2 + 8\pi^2 D_L \Gamma T_m}{(1 - k_0)(R_S^3 G_L - 2R_S^2 c_0 m_L + 4\pi^2 \Gamma R_S T_m)} \tag{8-128}$$

图 8-60 所示为不同温度梯度 G_L 下稳定生长枝晶端部半球面曲率半径 R 与枝晶生长速度 v 的关系。从图看出，当生长速度在某一临界值 v_{pc}($= G_L D_L / \Delta T_0$)时（见式(8-72)），v 值的微量减小，会促使 R 的急剧增加。这意味着很容易形成平面晶，这种低生长速度所表现的现象与胞晶生长相适应。G_L 值越大，越可以使胞晶在大的 v 值条件下形成平面晶。在中等或较高的生长速度时，按树枝晶生长，这时 R 与 v 呈线性关系，并且 G_L 的大小对 R 没有明显的影响，只是对开始形成树枝晶的 v_{tr} 有明显的影响。可见，胞晶生长时的 R 与 v 的关系与树枝晶生长时有很大差别。

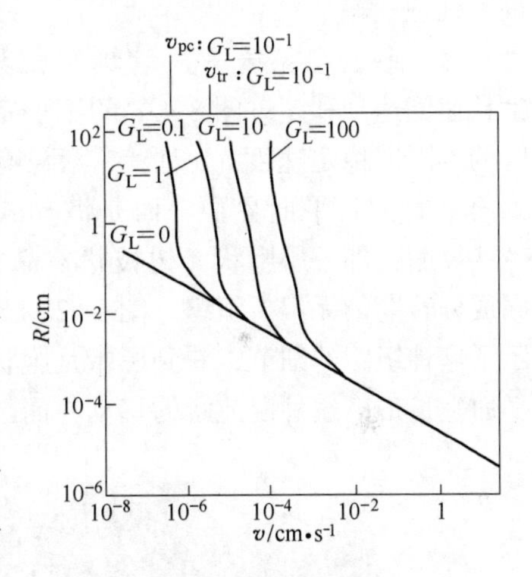

图 8-60 不同温度梯度 G_L 下稳定生长枝晶端部半球面曲率半径 R 与枝晶生长速度 v 的关系

可以按低生长速度和中高生长速度两种情况来讨论。在低生长速度的区域中，因为 R 很大，因曲率的 Gibbs-Thomson 效应可以忽略，即含 Γ 项可以忽略，式(8-128)可以简化为：

$$v = \frac{2D_L G_L}{(1 - k_0)(R_S G_L - 2c_0 m_L)} \qquad v < v_{tr}$$

即

$$R_S \approx \frac{2D_L}{v(1 - k_0)} + \frac{2m_L c_0}{G_L} \qquad v < v_{tr} \tag{8-129}$$

在中高生长速度区域中，因为 R 小，$D_L R_S^2$、R_S^3 和 $R_S \Gamma$ 都可以忽略，式(8-128)简化为：

$$v = -\frac{8\pi^2 D_L \Gamma T_m}{(1 - k_0)(2R_S^2 c_0 m_L)} \qquad v > v_{tr}$$

即

$$R_S \approx 2\pi \left(\frac{D_L \Gamma T_m}{v k_0 \Delta T_0}\right)^{1/2} \qquad v > v_{tr} \tag{8-130}$$

式中，$k_0 \Delta T_0 = - m_L c_0 (1 - k_0)$。

由式(8-129)与式(8-130)相等可求出从胞晶向树枝晶生长转变的临界速度 v_{tr}：

$$v_{tr} \approx \frac{G_L D_L}{k_0 \Delta T_0} = \frac{v_{pc}}{k_0} \tag{8-131}$$

实验发现，胞状晶与树枝状晶可以在同一生长速度下共存，在这种情况下很难计算胞晶向树枝晶生长转变的临界速度。Hunt 设想如果胞状晶前沿的温度比树枝状晶前沿的低，胞状晶就会转变为树枝状晶，如图 8-61 所示。这一设想还给出了树枝晶转回为胞状晶生长的速度上限，这一上限确实在试验中被观察到，但还没有确认的理论处理。

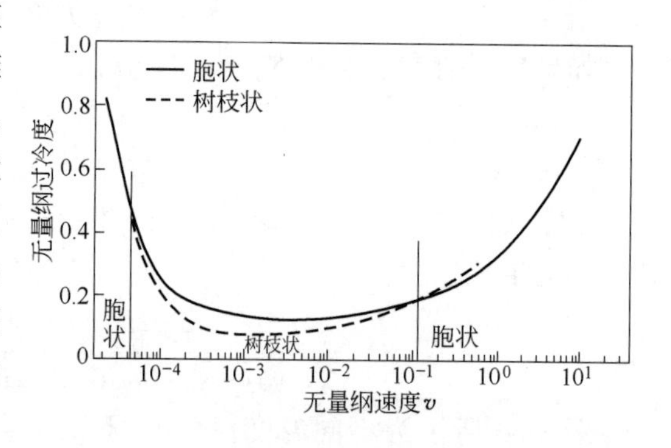

图 8-61　计算的胞状和树枝状晶前沿的无量纲生长速度与无量纲过冷度的关系
（在两曲线交点之间是从胞状晶转变为树枝状晶的范围）

对一些合金系统的大量研究发现，当生长速度达到和超过图 8-42c 的不稳定封闭区的上限即稳定速度 v_{abs}时，一般没有观察到简单的生长平面界面，而是波动式的条带状界面，即一层胞状（树枝状）晶相隔一层平面带状晶。当生长速度再增加，则出现同成分转变的无偏析组织。图8-62a 显示了激光重熔合金的这种条带状组织，图 8-62b 显示了这种组织的细节，看到黑带是胞状（树枝状）晶带，亮带是没有胞状（树枝状）的平面生长带。这种混沌式的移动界面已经被很多研究者发现，也有人做出理论分析。

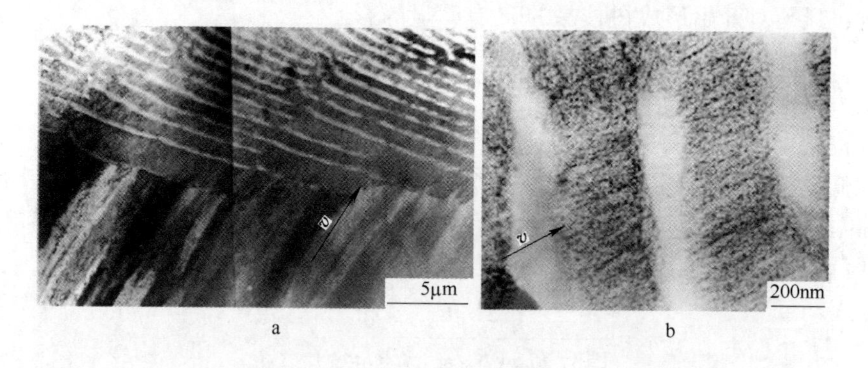

图 8-62　透射电镜观察到的激光重熔合金的条带状组织
a—共晶成分（w(Cu) = 33%）的 Al-Cu 合金，凝固速度为 0.5m/s，从下层是柱状共晶晶粒突然转变为上层的条带状组织；b—w(Fe) = 4%的 Al-Fe 合金，凝固速度为 0.7m/s，其条带状组织放大的照片，暗带是胞状树枝晶，亮带是平面推进的结晶带（Carrard 等）

为了获得稳定的平面前沿的界面，凝固速度必须比绝对稳定的临界速度 v_{zbs} 还要高，这时发生同成分的无偏析转变。图 8-63 所示为几个合金的实验结果，从图看到，凝固速度达到绝对稳定的临界速度 v_{zbs}附近产生条带状组织，凝固速度再增加一定幅度后，发生同成分的无偏析凝固。

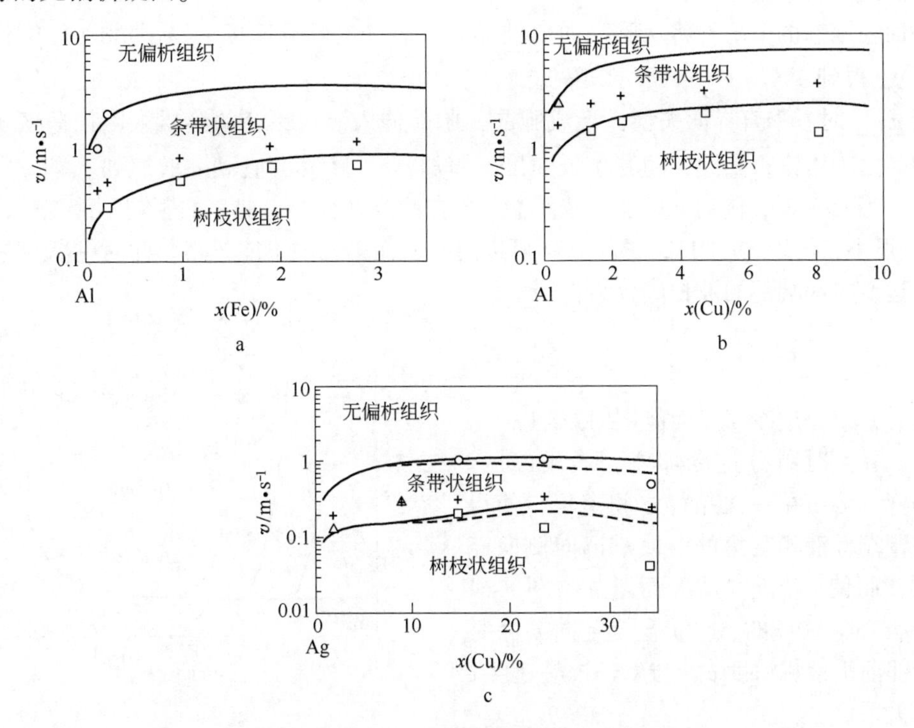

图 8-63 合金以不同速度凝固时获得的组织类型

a—Al-Fe 合金；b—Al-Cu 合金；c—Ag-Cu 合金

□—从树枝状晶转变为条带状组织；○，△—从条带状组织转变为同成分无偏析组织；

+—实验测定的绝对稳定临界速度；实线和虚线分别是对稀和浓溶体预测的界线（Carrard 等）

8.2.8.3 柱状树枝晶端部液相浓度和过冷度与生长速度的关系

枝晶端部液相的溶质浓度也受到界面稳定的影响。如果枝晶生长过程中有利于扰动增加的组分过冷作用与有利于扰动衰减的界面能作用相等时，枝晶端部将是稳定的。据此，R. Trivedi 处理得：

$$c^{*L} = \left(\frac{\delta_C}{2\delta_T} + \frac{AL}{P_C^2}\right) c_0 \tag{8-132}$$

式中，δ_C是溶质扩散边界层厚度；δ_T是热扩散边界层厚度。和溶质扩散边界层的概念相似，$\delta_T = k_0 \Delta T_0 / G_L$，按同样的概念得出曲率作用边界层厚度 $\delta_r = \Gamma T_m / \Delta T_0 k_0$。系数 A 是 δ_r 与溶质扩散边界层厚度 δ_C之比，$A = \Gamma T_m v / (2D_L \Delta T_0 k_0)$。$L$ 是取决于扰动谐波数的常数，当枝晶端部近似为半球形时，它大约在 10~28 之间。如果生长速度低，因曲率半径比较大，可以忽略曲率的影响，式(8-132)变为：

$$c^{*L} = c_0 \frac{G_L D_L}{v k_0 \Delta T_0} \tag{8-133}$$

$$k_E = \frac{k_0 c^{*L}}{c_0} = \frac{G_L D_L}{v \Delta T_0} \tag{8-134}$$

式中，k_E是有效分配系数。由此可见，温度梯度和生长速度对c^{*L}起决定作用，随着温度梯度增加或生长速度减小，c^{*L}升高。当$v=v_{pc}(=G_LD_L/\Delta T_0)$时，$k_E=1$，$c^{*L}=c_0/k_0$，即回到平面稳定态的情况。将从胞晶向树枝晶生长转变的临界速度v_{tr}（式(8-131)）代入式(8-133)，得到$c^{*L}/c_0\to 1$，即c^{*L}降低到合金的原始成分。

当$v>v_{pc}$时，平直界面失稳，形成胞晶，胞晶伸入液相深处的溶质浓度稀薄区域，溶质在胞晶之间富集，因此，随着生长速度v增加，c^{*L}下降，直到v增加到v_{tr}时c^{*L}到达最低值。当$v>v_{tr}$时，随着v增加，枝晶端部的曲率半径变小，曲率的影响不能忽略，相反δ_C/δ_T值很小，所以式(8-132)的第一项可以忽略，而第二项不能忽略。此时柱状树枝晶的分支发达，枝晶端部的液相成分为：

$$c^{*L}=c_0\frac{AL}{P_C^2} \tag{8-135}$$

这时，组分过冷与界面能同时影响c^{*L}。但是，v增大时组分过冷加剧，形成二次、三次晶臂，溶质在一次晶臂之间富集，使得一次晶臂端部液相富集的溶质难以向侧向充分扩散，而使c^{*L}随v加大而增加。图8-64所示为w(Cu)=2%的Al-Cu合金定向凝固时枝晶端部前沿液相浓度c^{*L}与生长枝晶速度v之间的关系。

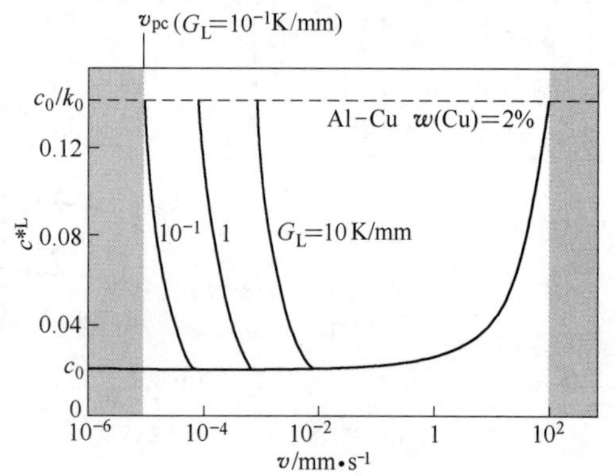

图8-64　w(Cu)=2%的Al-Cu合金定向凝固时枝晶端部前沿液相浓度c^{*L}与生长枝晶速度v之间的关系

前面式(8-112)描述了枝晶前沿的总过冷，通常动力学过冷可以忽略。在稳态生长时，如果只考虑主要部分——溶质过冷ΔT_c，若界面保持局部平衡，ΔT_c的式(8-106)中的（$c^{*L}-c_0$）近似等于$c^{*L}(1-k_0)$，则枝晶前沿的过冷为：

$$\Delta T=\Delta T_c=m_Lc^{*L}(1-k_0) \tag{8-136}$$

将式(8-133)代入上式，因忽略了曲率作用：

$$\Delta T=\Delta T_c=m_L(1-k_0)\frac{G_LD_L}{vk_0\Delta T_0}c_0 \tag{8-137}$$

从上式看出，随着生长速度v减小，端部过冷度ΔT增大。当$v=v_{pc}=G_LD_L/\Delta T_0$时，$\Delta T=m_Lc_0(1-k_0)/k_0=\Delta T_0$，$\Delta T$达到最大值，然后随着$v$加大，$\Delta T$减小。当$v=v_{tr}=v_{pc}/k_0$时，$\Delta T=m_Lc_0(1-k_0)=k_0\Delta T_0$，$\Delta T$减小到最小值。当$v>v_{tr}$时，随着$v$的加大，曲率过冷不能忽略，并起主要作用，这时式(8-136)ΔT_c中的c^{*L}采用式(8-132)的后一项，总过冷还要加上与曲率有关项ΔT_r(式(8-103))，得：

$$\Delta T=m_L(1-k_0)\frac{AL}{P_C^2}c_0+\frac{2\Gamma T_m}{R} \tag{8-138}$$

上式右端第一项的ALc_0/P_C^2等于c^{*L}(见式(8-135))，是随v加大而增加的；因为R随v加大而减小，上式右端第二项随v加大而增加。这样，总的看来，$v>v_{tr}$时，ΔT随着v而加大。

图 8-65 所示为 $w(C)=0.33\%$ 的 Fe-C 合金在凝固前沿的温度梯度为 5K/cm 下稳态凝固时过冷 ΔT 和一次枝晶间距 λ_1 与生长速度 v 之间的关系（相图参阅图 5-22)。选择这个成分是考虑可能的 δ 铁素体和 γ 奥氏体凝固的竞争，这个成分 δ 铁素体的平衡熔点温度是 1512℃，而 γ 奥氏体外推的平衡熔点温度是 1506℃，图 8-65 中曲线的不连续是由初生凝固产物从 δ 铁素体变为 γ 奥氏体引起的。这些曲线符合上述的理论讨论。图 8-65 中的 v_M 和 v_{CC} 分别是一般单晶和连续铸造所用的典型生长速度。图中的一次枝晶间距 λ_1 将在下节讨论。

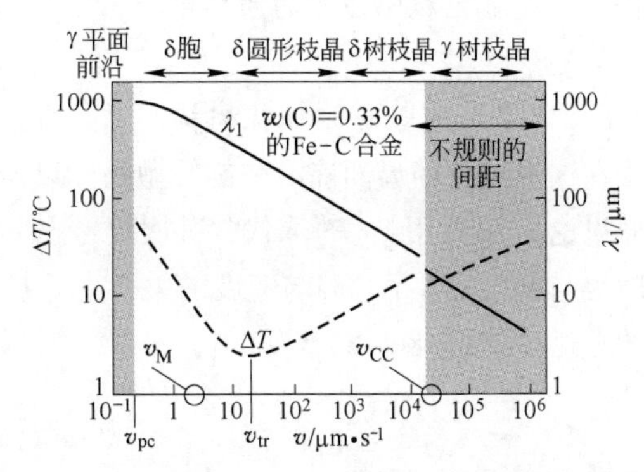

图 8-65 $w(C)=0.33\%$的 Fe-C 合金在凝固前沿的温度梯度为 5K/cm 下稳态凝固时过冷 ΔT 和一次枝晶间距 λ_1 与生长速度 v 之间的关系

（J. D. Hunt 等）

例 8-10 设生长的固相是圆柱体，端部液/固界面是半球状，描述界面曲率半径 R 与生长速度间的极限。

解： 根据式(8-116)，端部液/固界面的生长速度 v 与其端部半径 R 成反比：

$$v=\frac{2D_L}{R}\Omega$$

在给定温度（过冷度）以及过饱和度下，vR 为常数，这是扩散控制的生长速度。另一方面，曲率半径会影响界面的液相浓度 c^{*L}，根据吉布斯-汤姆逊效应的式(7-183)，c^{*L}与 R 的关系为：

$$c_{(R)}^{*L}\approx c_{eq}^{*L}\left(1-\frac{2\gamma V_{at}}{k_B TR}\right)$$

上式括号内是减号而不是加号，是因为液相的曲率是固相曲率的反号。当固相的曲率半径减小时，界面的液相浓度也减小，当它减小到 c_0时，则生长将会停止，此时的 R_0（与形核的临界半径相当）为：

$$R_0\approx\left(\frac{c_{eq}^{*L}-c_0}{c_{eq}^{*L}}\right)\frac{2\gamma V_{at}}{k_B T}$$

这是由界面能（曲率）控制的界面前沿曲率半径。根据这两种控制关系，可以得出图 8-60 所示的界面生长速度 v 与其端部半径 R 的关系的图形。而图 8-66 所示为一个实际的例子：$w(Cu)=2\%$的 Al-Cu 合金的生长速度 v 与界面顶端曲率半径 R 的关系的例子，图中两条虚线分别是扩散控制生长和曲率引起的毛细管力控制生长的线。R_M是最大生长速度的枝晶

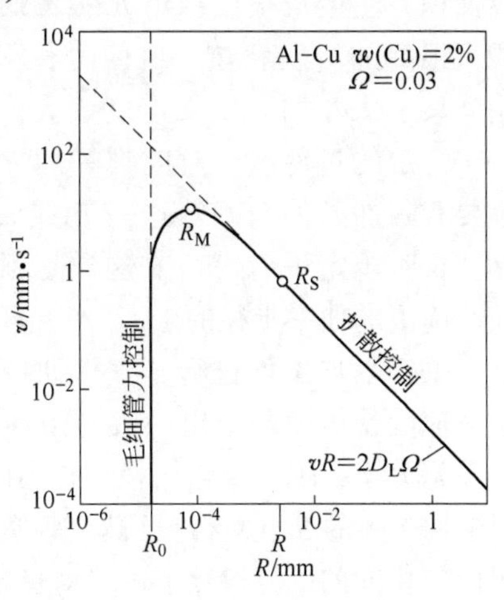

图 8-66 $w(Cu)=2\%$的 Al-Cu 合金的生长速度 v 与界面顶端曲率半径 R 的关系

半径，R_S是稳定极限边界的曲率半径。

8.2.8.4 更普遍的柱状树枝晶动力学

在这里讨论的界面前沿是旋转抛物体以及很高生长速度非平衡的更一般情况。首先，上面讨论的Ω要用$Iv(P)$取代，其次要考虑分配系数与速度的关系（从而枝晶端部的液相浓度也与速度有关）、m_L与速度的关系，并且因为高速凝固，ΔT_K不能忽略。这时，枝晶端的总过冷的式(8-138)改变为：

$$\Delta T^* = m_L[c_0 - (1-k_0)c^{*L}] + \Delta T_T + \frac{2T_m\Gamma}{R} + \frac{k_B T_m^2}{\Delta h_m V_{at}} \cdot \frac{v}{v_c} \tag{8-139}$$

上式右端第一项是ΔT_c，其中c^{*L}采用式(8-125)。$m_L(v)$为：

$$m_L(v) = m_L\left\{1 + \frac{k_0 - k^*[1 - \ln(k^*/k_0)]}{1-k_0}\right\} \tag{8-140}$$

式中，k^*就是与速度相关的分配系数（见式(8-23)）。式(8-139)右端第二项热过冷ΔT_T是把式(8-111)中的Ω_T改为$I(P_T)$。式(8-139)右端第三项是ΔT_r，第四项是动力学过冷ΔT_K(ΔT_K参阅式(7-111))，$v_c = D\delta$是动力学因子。这样，总过冷表达为：

$$\Delta T^* = m_L c_0\left[1 + \frac{m_L(v)/m_L}{1-(1-k_0)I(P_c)}\right] - I(P_T)\frac{\Delta h_m}{c_p} + \frac{2T_m\Gamma}{R} + \frac{k_B T_m^2}{\Delta h_m V_{at}} \cdot \frac{v}{v_c} \tag{8-141}$$

当给定过冷度后，按上式可以得出R和v之间的曲线，如图8-67所示，这曲线与图8-66的曲线是类似的。当R很小即曲率很大时，有很大的界面积，使生长很慢；当R很大时，在界面前沿积聚很高的溶质和热，也使生长很慢；R只有在中间某一大小时，生长速度最大。实验发现对每一个特定的过冷度，对应唯一的R和v值，但必须要有附加条件来确定这一R或v值。例如在强制生长时规定了G_L和v，这样是不能找出体系的枝晶前沿的曲率半径的。

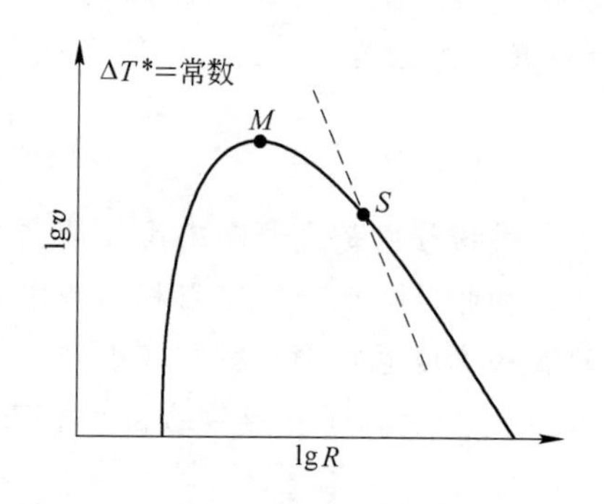

图8-67 在固定的过冷度下枝晶半径与生长速度间的关系
（M点对应最大生长速度假设，S点对应绝对稳定的低限，可与图8-66相类比）

关于附加条件进行了很多研究，对于以生长最大速度的假设所定出的R（图8-67中的M点）似乎是太小；现在通常用稳定长大的边界定出的R（图8-67中的S点），这已被一些实验所证明。这个R值等于在相同温度和速度下以及在界面前相同的成分梯度下由绝对稳定理论所预测的平面界面的不稳定的最小扰动波长。据此，不论Peclet数大小，R都可由下式得出：

$$R = 2\pi\left(\frac{T_m\Gamma}{m_L G_c^* \xi_c - G\xi_T}\right)^{1/2} \tag{8-142}$$

式中 $$\xi_c = 1 + \frac{2k^*}{1 - 2k^* - [1 + (4\pi^2 P_c^2)^{-1}]^{1/2}}$$

$$\xi_T = 1 - \frac{1}{[1 + (4\pi^2 P_T^2)^{-1}]^{1/2}}$$

式中，ξ_c和ξ_T分别是与溶质 Peclet 数P_c和热 Peclet 数P_T有关的函数，如果P_c和P_T都远小于1，则ξ_c和ξ_T都可以近似等于1；但速度逼近组分过冷或绝对稳定条件时，则会偏离1；G是以热导率为权重的温度梯度：

$$G = \frac{k_S G_S + k_L G_L}{k_S + k_L}$$

如果固相和液相的热导率相等，则G就是固相和液相的温度梯度的平均值。对于自由树枝生长，$G_S = 0$，则$G = G_L/2$。对于强制生长，则G由控制生长条件确定。用绝对稳定生长的界限条件得出的R，即式(8-142)，都可以完全描述不论强制生长或是自由生长的枝晶曲率半径。将已知的数据代入式(8-142)，同时用数值解确定在给定ΔT下的R和v。对于强制生长，指定G和v下，采用式(8-125)、式(8-126)和式(8-142)联合确定c^{*L}和ΔT。

在低的过冷下，此时表达R的式(8-142)与式(8-130)相同。

这个理论用于$w(\text{Cu}) = 15\%$的 Ag-Cu 合金在高的 Peclet 数界面非平衡条件下的自由生长的例子所得结果显示：枝晶生长速度v随过冷度增加而增加，在$\Delta T = 100\text{K}$时v急剧增加，同时相应在这一过冷时的k^*也突然增加而趋于1，即趋于同成分转变。事实上，当过冷ΔT到达200K时，枝晶生长速度和熔点与$w(\text{Cu}) = 15\%$的 Ag-Cu 合金的T_0的纯金属的生长速度相同（T_0即固相和液相的自由能相等的温度，参见第5章5.8.10节的T_0曲线）。枝晶前沿的固相成分也随过冷而增加，从低过冷的$w(\text{Cu}) = 5.5\%$（等于$k_0 c_0$）到$\Delta T = 100\text{K}$时到达$w(\text{Cu}) = 15\%$（等于c_0），这也表示过冷增加使枝晶间偏析减小，并最终趋于同成分转变。枝晶前沿曲率半径R随过冷增加而减小，但在$\Delta T = 100\text{K}$时有一突变而增大，此时k^*突然增加趋于1，使R又突然增大。

图8-68所示为这个理论用于假设界面保持局部平衡的强制生长的 Ag-Cu 合金所得结果。图8-68a所示为在强制温度梯度为10^5K/cm下不同成分 Ag-Cu 合金的R与v之间的关系，这种图原则上与图8-60和图8-61相同，对每个合金都有$vR^2 =$常数的关系（与式(8-130)相符），但是在靠近组分过冷以及绝对稳定判据条件时R趋于无限大，即界面趋向为平面。图8-68b所示为枝晶端部温度与v之间的关系，图中虚线是液相线温度。在中速时枝晶端部温度接近液相的温度，而在低速和很高速度时则接近固相线温度。这个理论的一个非常重要的结果是，在中等生长速度时，树枝晶中心的成分$k_0 c^{*L}$只比$k_0 c_0$略高，而当速度接近组分过冷以及绝对温度判据的速度时则趋于c_0，即减小枝晶内的偏析。

8.2.8.5　等轴树枝晶动力学

对于过冷熔体中的纯树枝晶，亦可以采用柱状树枝晶的处理方法，但这时是非强制生长，生长速度只取决于过冷度，即：

$$\Delta T = \Delta T_T = -\Omega_T \frac{\Delta h_m}{c_p} = \frac{\Delta h_m}{c_p} I(P_T)$$

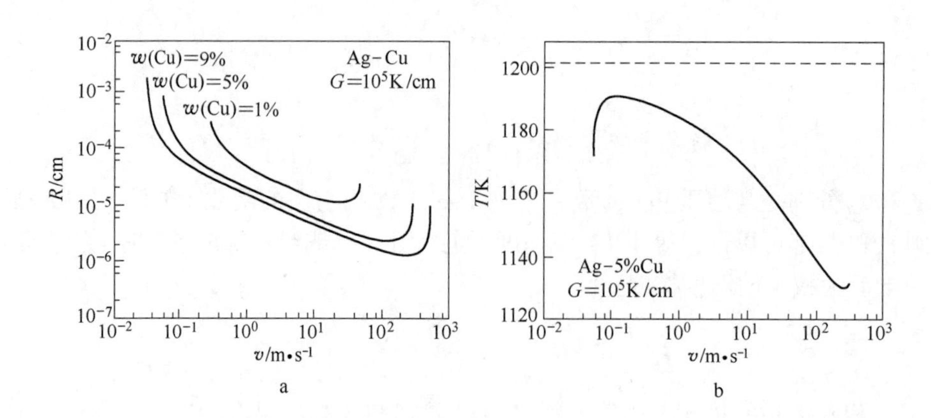

图 8-68 对 Ag-Cu 合金计算所得的枝晶端部曲率半径 R 与生长速度 v 的关系（a）及枝晶端部温度与生长速度 v 的关系（b）（Kurz 等）

对于低 P 值的简单情况，可以得到如下动力学方程：

$$v = \frac{Dc_p}{2\pi^2 \Delta h_m T_m \Gamma} \Delta T^2 \tag{8-143}$$

$$R = 4\pi^2 \frac{T_m \Gamma}{\Delta T} \tag{8-144}$$

对于合金，除了温度场外应同时考虑溶质浓度场，上两式变为：

$$v = \frac{D}{4c_0 m_L (k_0 - 1) T_m \Gamma} \Delta T^2 \tag{8-145}$$

$$R = 4 \frac{T_m \Gamma}{\Delta T} \tag{8-146}$$

等轴枝晶臂对液相中的沉积和对流非常敏感，枝晶臂在面向液流的方向生长加速，变成不完全的等轴形状。

8.2.9 枝晶臂间距

8.2.9.1 一次枝晶臂间距

在强制生长时并排生长的胞状晶或树枝晶的横向间距称一次枝晶臂间距。一次枝晶臂间距是一个重要的组织参数，它对定向生长的铸件的性能有重要的影响。对于非强制冷却的等轴晶铸件，枝晶臂间距是没有意义的，这时，影响性能的重要参数是各等轴晶核心的间距，即晶粒大小。

图 8-69a 所示为 $w(\mathrm{Cu})=26\%$ 的 Al-Cu 合金在微重力下（为了防止对流扰动）生长的柱状树枝晶（直径是 0.5mm）的横截面照片；图 8-69b 所示为这些柱状树枝晶的排列，以正六方形的密排近似树枝晶的横向排列，六边形的对角线长度表示枝晶的一次枝晶臂间距 λ_1；图 8-69c 所示为沿着图 8-69b 的 AB 线截面的正视图，$\lambda_1 = 2b$；图 8-69d 所示为枝晶前沿的椭圆体温度与相图温度的对应关系。按照这样的几何假设，根据其生长条件可以计算树枝晶前沿的高度 a 和一次枝晶间距 λ_1。

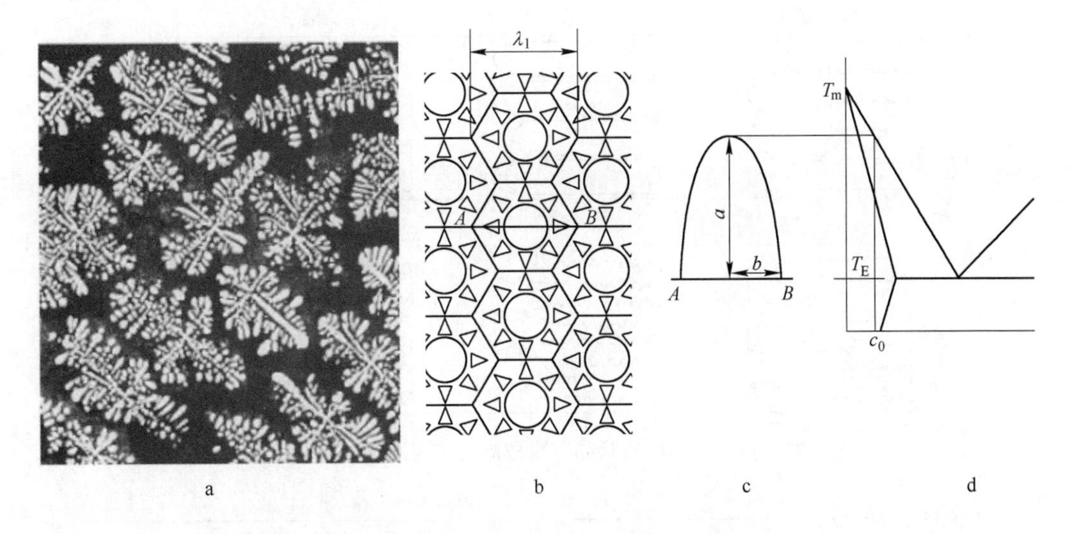

图 8-69 $w(\mathrm{Cu})=26\%$的 Al-Cu 合金在微重力下生长的柱状树枝晶（直径为 0.5mm）
a—横截面照片；b—以正六方形的密排近似树枝晶的横向排列；c—b 图中 *AB* 线截面的正视图；
d—枝晶前沿的椭圆体的温度与相图温度的对应关系

对枝晶臂间距的理论计算比较复杂，最简单的计算是假设胞晶是圆柱形，端部是半球形，等温面是平面且垂直于生长方向，界面保持局部平衡，相邻枝晶的侧面的成分是均匀的以及忽略固相的扩散等。在后来对旋转抛物体的端部以及一些改进条件下进行模拟计算，在模拟和计算过程还必须考虑胞状晶或树枝状晶近邻的交互作用。一般来说，在相同生长条件下，枝晶间距不是一个定值，而是一个范围。图 8-70 示意说明了一次枝晶间距联系的可能物理过程。对于胞状晶，最小的稳定的间距取决于邻近胞的越过覆盖；当胞的端部前沿发展为非常平整但又处在端部要分叉前的阶段时，间距有最大值；对于树枝晶，最小的稳定的间距也取决于邻近枝晶的增生；基于三次晶臂会变成新的一次臂的事实，最大间距假设为最小间距的两倍。图 8-71 和图 8-72 所示为计算的以及实验的慢速和快速凝固的一次枝晶臂间距的例子。在给定生长条件下观察到一次枝晶臂间距存在一个范围，在图 8-72 中同时给出根据 MS 理论预测的枝晶端部半径，可以看到，胞状晶一次枝晶臂间距大约是 MS 理论预测的枝晶端部半径的两倍。

在凝固条件不太接近组分过冷判据或绝对稳定判据的条件下，对一次枝晶臂间距的理论分析，通常获得 λ_1与 G_L和 v 间的指数关系为：

$$\lambda_1 = \frac{4.3}{G_L^{1/2}}\left[\frac{D_L T_m \Gamma c_0 m_L(k_0 - 1)}{k_0 v}\right]^{1/4} \tag{8-147}$$

写成简单的一般形式为：

$$\lambda_1 = A_L G_L^{-m} v^{-n} \tag{8-148}$$

对于稀合金熔体，式中 A_L大约正比于成分的 4 次方根，在给定 v 和 G_L下，浓合金比稀合金的一次枝晶臂间距大；$m\approx0.5$，$n\approx0.25$。传统上，很多研究者认为 λ_1与该处的冷却速度（$G_L v$）更相关，$m=n\approx0.5$。另一方面，对于钢，m 和 n 的数据都有很大的分散。表 8-2 列出了一些合金的实验所得的 m 和 n 值。

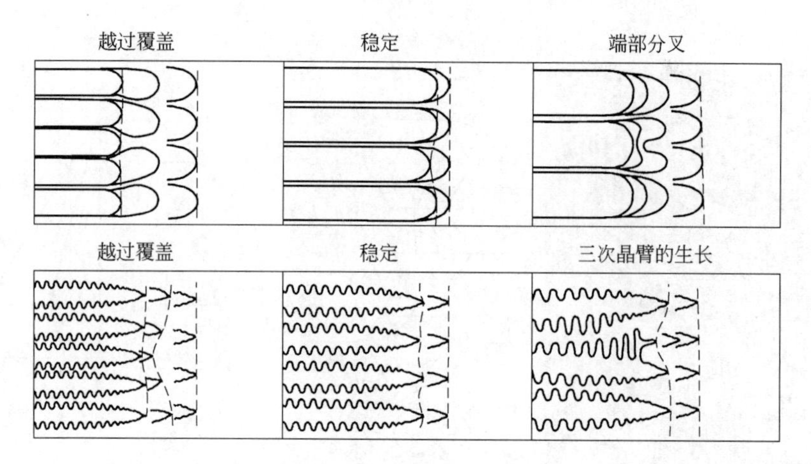

图 8-70 胞状晶核树枝状晶一次枝晶臂间距调整机制的示意图

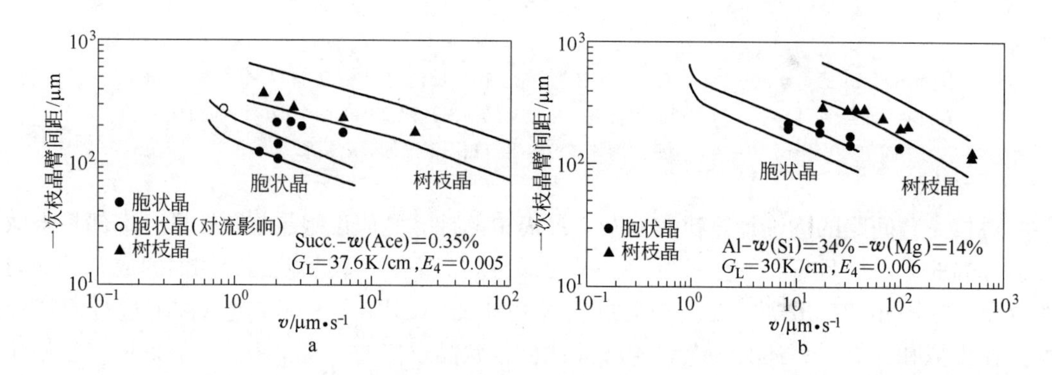

图 8-71 预测的胞状晶/树枝晶一次枝晶臂间距与实验数据比较

a—琥珀晴-0.35%丙酮；b—Al-14%Mg

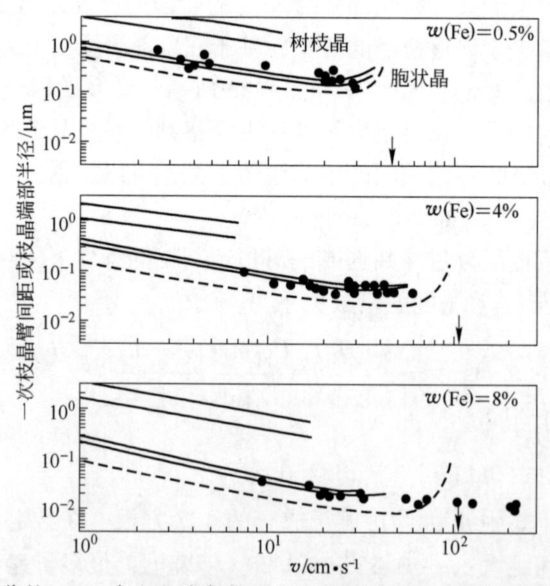

图 8-72 对几个成分的 Al-Fe 合金急冷条件下一次枝晶臂间距范围的预测值和实验资料比较

（虚线表示 MS 理论获得的枝晶端的半径，箭头指示绝对稳定的凝固速度）

表 8-2 一些合金枝晶排列的一次枝晶臂间距 λ_1 式(8-148) 中指数的实验数据

树枝晶	溶质(质量分数)/%	$-m$	$-n$
Al	2.2~10.1Cu	-0.43	-0.44
	5.7Cu	-0.36	—
	0.15Mg, 0.33Si, 0.63Mg, 1.39Si(*x*%)	-0.28	-0.55
	0.1~8.4	-0.28	-0.55
	1~27Cu	-0.5	-0.5
	1~5Sn	-0.5	-0.5
	0.1~4.8Ni	-0.5	-0.5
	5Ag	-0.5	-0.5
Pb	2~7Sb	-0.42	
	5~10Sb	-0.75	-0.45
	10~50Sn	-0.45	-0.33
	8Au	-0.44	
	10~40Sn	-0.39~-0.43	-0.3~-0.41
Fe	0.4C, 1Cr, 0.2Mo	-0.2	-0.4
	8Ni	-0.19	—
	0.6C, 1.4~1.5Mn	-0.25	-0.56
	0.35C, 0.3Si	-0.26	—

式(8-148)通常用来根据测量显微组织来估计各种急冷凝固技术参数，但是由于 λ_1 模型的复杂性并且即使是慢速冷却也常与实验值不一致，所以采用这种处理必须格外小心。

8.2.9.2 二次枝晶臂间距

对于抛物旋转体直径，在凝固演化过程中在其侧向也会扰动失稳而突出。如果是立方晶体结构的材料，在一次枝晶生长的〈100〉方向的侧面 4 个〈100〉方向突出长成侧枝晶，如图 8-45b 所示，这些侧枝晶成为二次枝晶，同一排向的二次枝晶臂的间距称二次枝晶臂间距 λ_2。图 8-73 所示为琥珀晴树枝晶（用琥珀晴材料的原因是因它是透明的，能详细观察枝晶生长演化过程）生长的演化过程，图片是由生长不同时间的照片重叠而成的，最上面一层是时间最早的照片，最下面一层是最终观察到的照片。它的侧枝沿〈100〉方向发展。

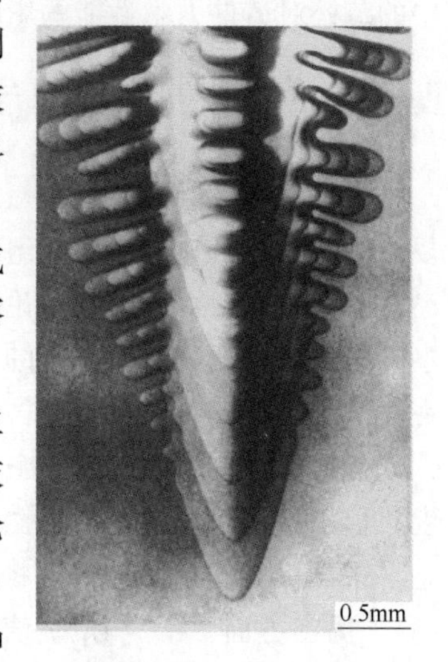

图 8-73 琥珀晴树枝晶生长的演化过程

不论是自由生长或是强制生长的枝晶，在很大范围的生长条件下，靠近一次枝晶尖端的二次枝晶间距大约是一次枝晶尖端半径的 2.5 倍，这也由前面讨论的枝晶尖端稳定理论所证明。但是因凝固时的竞争粗化（参见第 7 章 7.6 节）的影响，完全凝固后的最终二次枝晶臂间距要比在一次枝晶尖端附近刚形成的二次枝晶臂大。粗化过程的影响不能忽视，有些合金的粗化过程甚至使树枝形貌消失。

除了非常稀的熔体外，大多数合金的粗化过程主要取决于溶质在液相中的扩散速度，据此 Wunderline 得出二次枝晶臂的表达式：

$$\lambda_2 = 5.5\left(M^* t_f\right)^{1/3} \tag{8-149}$$

$$M^* = \frac{T_m \Gamma D_L \ln(c_b/c_0)}{m_L(k_0 - 1)(c_b - c_0)} \tag{8-150}$$

式中，c_b是在树枝根部最终的液体成分。若凝固以共晶反应结束，c_b就等于共晶成分。式(8-149)中的数字因子取决于粗化过程和数值结构的几何细节，应该看做是近似的。t_f是局部凝固时间，对于定向凝固可以近似为：

$$t_f = \frac{\Delta T_f}{G_L v} \tag{8-151}$$

式中，ΔT_f是枝晶尖端与枝晶根部的温度差。这样，在给定生长速度下，λ_2随着成分增加而减小。式(8-149)是在比较粗略的假设下得出的，至今它仍然是这一现象的较好描述，也与实验观察比较符合。图 8-74 所示为 w(Cu) = 4%的 Al-Cu 合金以及 w(Si) = 11%的 Al-Si 合金的二次枝晶臂间距 λ_2与冷却速度的关系，其中直线是数据拟合直线。

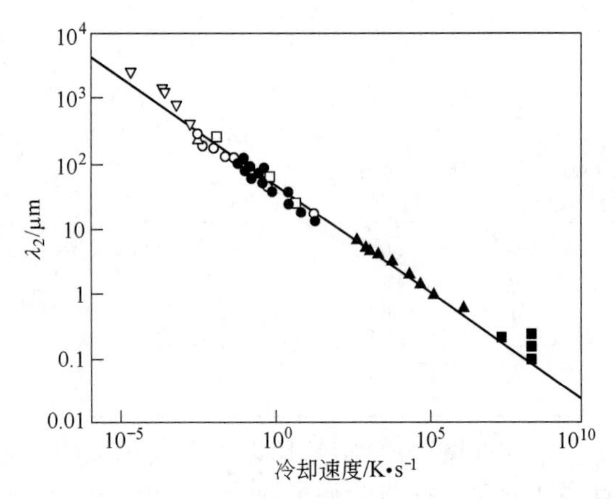

图 8-74 w(Cu) = 4%的 Al-Cu 合金以及 w(Si) = 11%的 Al-Si 合金的 λ_2与冷却速度的关系

二次枝晶臂间距与力学性能之间有明显的关系，有研究发现，二次枝晶臂间距对力学性能的影响比晶粒大小的影响还明显，这是因为晶内偏析、疏松和夹杂的分布随二次枝晶臂间距减小而趋于均匀。但这种良好作用只能在获得致密铸件时才可能发生，这很容易理解，因为致密性不好的铸件中的疏松对铸件力学性能的影响所起的坏作用远大于二次枝晶臂间距的作用。

8.2.10 单相凝固的 G_L和 v 与微观组织形态之间关系的综合图

G_L和 v（用冷却速度 $\dot{T}$ 控制）是重要的凝固参数，它们对显微组织的影响已在上面分别做了详细的讨论。为了观察方便，这里把这两个参数的影响综合在一个简图上。

一个固定的 $G_L v$（相当于冷却速度）值对应某一恒定不变的微观组织形态（平面晶、胞状晶、树枝状晶、等轴晶）；另一方面，一个 G_L/v 值相应于一个组织的不变尺度。图 8-75 概括了典型单相合金（凝固温度间隔为 50K）的

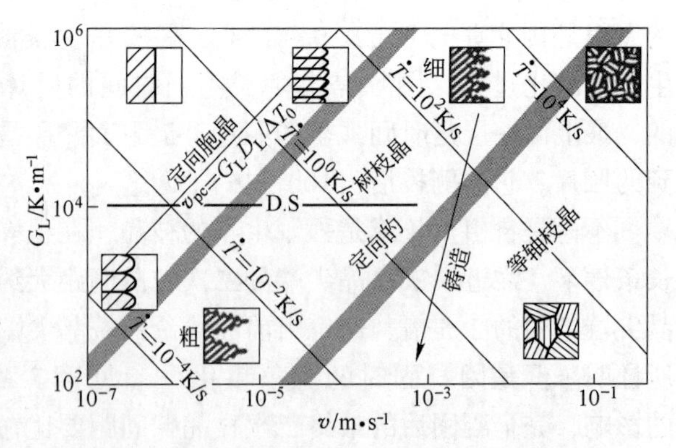

图 8-75 单相合金凝固的显微组织形貌与 G_L和 v 的关系

生长速率 v 和液相温度梯度 G_L 对单相凝固组织形貌的影响。图 8-75 中自右下方引向左上方的一组直线是等 G_Lv（等冷却速度）线，冷却速度从左下方向右上方增大，而从左下方引向右上方的线（图中灰带区）是等 G_L/v 线。随着 G_L/v 逐渐减小，凝固界面从平直状变成胞状，然后再变成树枝晶最后成为等轴树枝晶。图中两条灰带区是由平面界面转化为柱状树枝晶以及由柱状树枝晶转化为等轴树枝晶的界限。同一个 G_L/v 值下，即相应同类凝固形态下，随着 $G_Lv = dT/dt(\dot{T})$ 增加（即从图中的左下角向右上角方向推移），组织变细。这个图对实际生产控制组织是很有帮助的，例如生产单晶涡轮叶片所需的条件是在粗水平线的左上区域（D. S 即为定向凝固）。生产完善的单晶（例如生产半导体单晶硅）的条件，应在这条粗水平线的左端。对于单晶生长来说，都必须淘汰所有最初存在的晶体而剩余一个。在常规铸造中，生长条件随时间的变化大体遵循图 8-75 中倾斜的箭头方向变化。急冷凝固是在右上方很远的区域。在这样的冷却条件下，k_E 将趋近于 1。这样，当 G_L、v 能独立改变时，不论粗的和细的枝晶都可以产生，定向凝固方法的价值也就在于此。即可以将微观组织控制到某种程度以获得最佳性能。最后应该注意到，图 8-75 和图 8-41 本质上是相同的。

8.3　多相合金凝固

工业上使用的合金往往不是单相的，这样的合金在凝固过程中会出现不止一个相。这些合金通常含有共晶或包晶等反应，在凝固过程或者是先有固溶体凝固而后发生多相凝固反应，或者一开始就是多相反应。

8.3.1　共晶凝固

在多元系中两个相或多个相同时结晶称共晶，但最常见的是两个相同时结晶的共晶。在铸造工业中，共晶或靠近共晶成分的合金是非常重要的，因为：（1）有比纯组元低得多的熔点温度，使熔化和铸造操作简单；（2）凝固温度范围小或为 0，有效地限制存在枝晶状的粥样区，降低偏析和收缩孔洞，从而有优良的模子充填性；（3）有可能形成原位的复合材料。在工业应用的共晶和接近共晶的合金中，最普通的有铸铁、Al-Si 合金、耐磨合金和焊料等。很多实际枝晶状凝固的合金，往往在凝固结尾处会出现共晶凝固（见图 8-11 等）。

8.3.1.1　共晶平衡凝固浅述

图 8-76 中的相图是一个含共晶反应的 A-B 二元系相图，共晶成分合金缓慢冷却以使凝固每一过程接近平衡过程。共晶成分（$w(B) = 60\%$）的合金从液态冷却到（略低于）共晶温度 T_E 时发生共晶反应：$L_{(60\%B)} \rightarrow \alpha_{(30\%B)} + \beta_{(90\%B)}$。虽然说两个相可以同时共生，但实际上总有一个是领先结晶的相，当领先相出现后（假设领先相是成分富 B 的 β 相），它边上的液相成分一定富 A，这样就促使在它边上形成另一个成分富 A 的 α 相；同样，在富 A 的 α 相边上的液相成分一定富 B，反过来促使富 B 的 β 相在它旁边形成。如此的两相交替相互促进形成过程，最终形成两相相间的共晶组织。凝固完毕后继续冷却，共晶组织形貌不会改变，但由于 α 和 β 的平衡成分随着温度降低发生改变，共晶中 α 和 β 两个

相的相对量有所改变。图8-76左边是共晶成分合金接近平衡凝固过程的组织示意图。如果合金成分偏离共晶成分，例如图8-76中成分为$w(B)=80\%$的合金，从液态冷却时进入L+β两相区，首先结晶出β固溶体，随着温度下降，β相的相对量增多。当合金冷却到共晶温度稍高的温度（$T_E+1℃$）时，液相成分近似等于共晶成分（60%），β相成分近似等于最大溶解度成分(β_2(90%B))。冷却到共晶温度稍低的温度（$T_E-1℃$）时，共晶成分的液体全部反应成共晶体，而β相成分仍近似于β_2的成分。结果最后组织为β相和（α+β）共晶体。应该注意这时体系中也只有α和β两相，α相全部在共晶体中，而β相则一部分在共晶体中，另一部分是共晶前结晶出来的，把这部分β相称先共晶相。图8-76右边是$w(B)=80\%$的合金接近平衡冷却过程的组织示意图。从相图可看出，凡处在α_2和β_2之间成分范围的合金在平衡冷却时都会发生共晶反应，共晶的相对量取决于合金成分偏离共晶成分的大小，偏离共晶成分越远，共晶量越少。一般把成分在共晶成分左边并有共晶反应的合金称亚共晶合金，而在右边的称过共晶合金。所谓亚共晶或过共晶只是相对的，取决于相图两端组元位置如何放置。

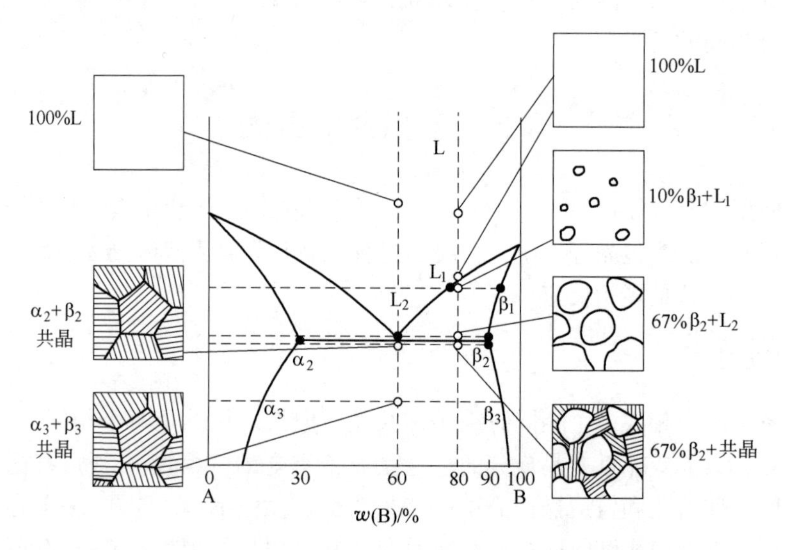

图8-76 A-B含共晶反应的二元合金缓慢冷却的平衡结晶过程

8.3.1.2 共晶的分类

由于共晶中不止一个相（大多数是两个相），在相同的凝固条件下，共晶中相的间距只有胞状或枝晶状的枝晶臂间距的1/10左右，即在共晶中的相界面面积非常大，例如在1cm^{3}共晶中一般约有1m^{2}的相界面面积。由于两个相排列的方式很多，又受总界面能的制约，所以共晶的形貌出现多样性。

Hunt和Jackson提出一个简单的分类方案：根据相的界面动力学（参看第7章7.4.1节）把共晶形貌与组成的相的熔化熵联系起来，共晶分为：(1) 两个相都是低熔化熵的，即共晶是非光滑-非光滑（nf-nf）型，大多数金属–金属（或金属间化合物）共晶是这类型；(2) 两个相中一个是低熔化熵另一个是高熔化熵的，即共晶是非光滑-光滑（nf-f）型，这类共晶一般是金属-非金属共晶；(3) 两个相都是高熔化熵的，即共晶是光滑-光滑（f-f）型，这类共晶非常少。我们主要关心前两种类型的共晶。

nf-nf型共晶（规则型共晶），两个相的α值都小于2（参见图7-46），或熔化熵都小于 4R（R 是气体常数）；因为界面在原子尺度上是粗糙的，共晶前沿的界面是平面，前沿的等温面基本上是平直的；决定其长大的是热流方向和组元在液相中的扩散。它们的形貌是规则的纤维棒状或是片层状，这取决于两个相的相对量大小：如果一个相的相对量 ζ 在 0~0.25 范围，则是纤维棒状的；如果一个相的相对量（体积分数）ζ 在 0.25~0.5 范围，则是片层状的。图 8-77b 和 d 所示为 nf-nf 型规则共晶的典型照片。图 8-77a 和 c 所示为 nf-nf 型片层状共晶和纤维棒状共晶横截面的示意图，图 8-77b 所示为 w(Cu) = 23% 的 Al-Cu 合金的片层状共晶组织；图 8-77d 所示为 Cu-Zn-Al-Ag 合金中的纤维棒状共晶组织。

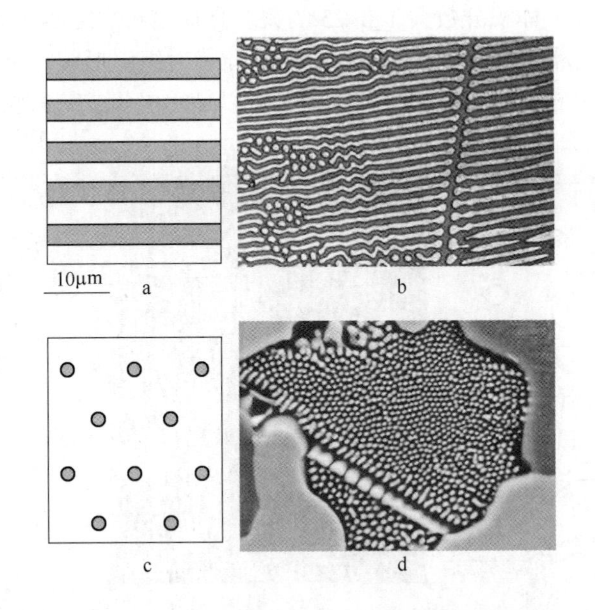

图 8-77　nf-nf 型（金属-金属）片层状和纤维棒状共晶组织
a，c—横截面的示意图；b—Al-23%Cu 的片层状共晶组织的照片；
d—Cu-Zn-Al-Ag 合金（棒状相是 Ag_2Al）的纤维棒状
共晶组织的照片（共晶的两相间距为 1μm）

因为共晶中的相界面积很大，为了降低体系的能量，共晶中两相尽量以低能的相界面连接，从而两相间有一定的取向关系，并呈片层状。为了降低总的界面能，有些合金即使共晶中一个相的相对量小于 0.25，共晶也会呈片层状。表 8-3 列出用定向凝固方法获得一些合金共晶中的取向关系。

表 8-3　一些合金的共晶的晶体学关系

共　晶	生长方向	平行界面的晶面	共　晶	生长方向	平行界面的晶面
Ag-Cu	$[110]_{Ag}$，$[110]_{Cu}$	$(211)_{Ag}$，$(211)_{Cu}$	Ni-NiBe	$[112]_{Ni}$，$[110]_{NiBe}$	$(111)_{Ni}$，$(110)_{NiBe}$
Ni-NiMo	$[1\bar{1}2]_{Ni}$，$[001]_{NiMo}$	$(110)_{Ni}$，$(100)_{NiMo}$	Al-AlSb	$[110]_{Al}$，$[211]_{AlSb}$	$(111)_{Al}$，$(111)_{AlSb}$
Pb-Sn	$[211]_{Pb}$，$[211]_{Sn}$	$(1\bar{1}\bar{1})_{Pb}$，$(0\bar{1}\bar{1})_{Sn}$			

对于 nf-f 型共晶（非规则型共晶），一个相的 α 值小于 2，另一个相的 α 值大于 2；或一个相的熔化熵小于 4R，另一个相的熔化熵大于 4R。共晶的形貌基本上也是片层状和棒状两种，也是取决于两相的相对量大小。熔化熵大于 4R 的相界面是光滑的，晶体长大的各向异性更强，液/固界面为特定的界面，虽然在共晶也是侧向扩散协同生长，但共晶前沿的界面是非平面的，前沿的等温面也不是平直的。图 8-78a 所示为 nf-f 型层状和棒状共晶的示意图，图 8-78b 所示为 nf-f 型金属-非金属层状共晶的照片。

Croker 用熔化熵对共晶组织进行分类，以熔化熵等于 23J/(mol·K) 作为分界，熔化熵小于 23J/(mol·K) 的是 nf-nf 型，即是规则型共晶；熔化熵大于 23J/(mol·K) 的是 nf-f 型或 f-f 型，即是不规则型共晶。在规则和不规则型共晶中也因两相的相对量不同而形貌有所不同，正如前面讨论的在规则型共晶中，其中一个相的体积分数小于 0.25 的大多是棒状，体积分数大于 0.25 的大多是片层状。图 8-79 所示为在生长速度为 5μm/s 时共晶中的光滑界面相的体积分数 ζ 与熔化熵对组织形貌的影响。其中规则共晶处在图中的 A 或 B 区，根据相的体积分数不同，可以是片层状或是棒状组织，和前面讨论的一致。

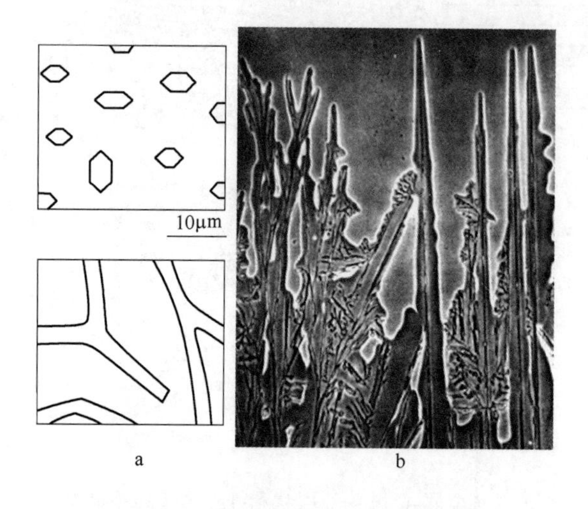

图 8-78　nf-f 型层状和棒状共晶组织
a—横截面的示意图；b—典型的 nf-f 型（金属-非金属）片层状共晶的照片

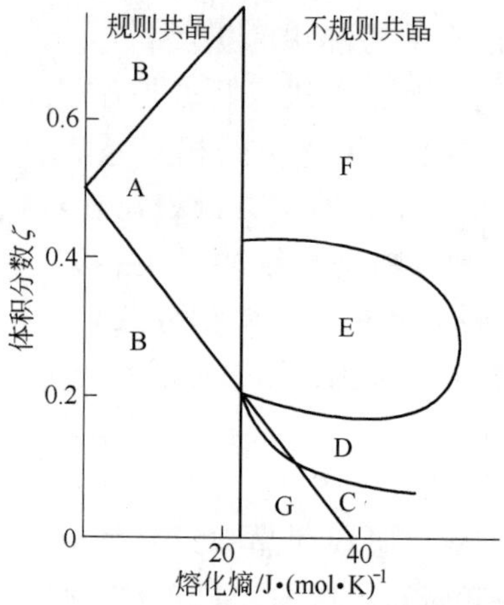

图 8-79　共晶中的光滑界面相的体积分数与熔化熵对组织形貌的影响（生长速度是 5μm/s）
A—规则片层状；B—规则棒状；C—不规则分枝片层状；D—混乱的薄片；E—复杂的规则结构；F—准规则结构；G—不规则的丝状结构

对于非规则共晶，当两相的体积分数不同时还有不同的组织形貌。最典型的是一个相的体积分数处在 10%～20% 范围（图 8-79 中的 D 区）的 Al-Si（Al-Si 相图参见图 8-54）共晶和 Fe-C(石墨)共晶，体积分数小的相呈混乱的片状（图 8-80）。图 8-80a 所示为 Al-w(Si)= 13的共晶，其中黑色的针片状的相是界面光滑的 Si 相。图 8-80b 所示为 Fe-C(石墨)共晶组织，其中黑色的片状的相是界面光滑的石墨相。在一个共晶团中界面光滑的相（Al-Si 中的 Si，Fe-C 中的石墨）往往是连接的一个整体，图 8-81 所示为这两种共晶经深侵蚀显露初生的 Si 相的三维形状（图 8-81a）和经深侵蚀显露初生的石墨相（图 8-81b）。

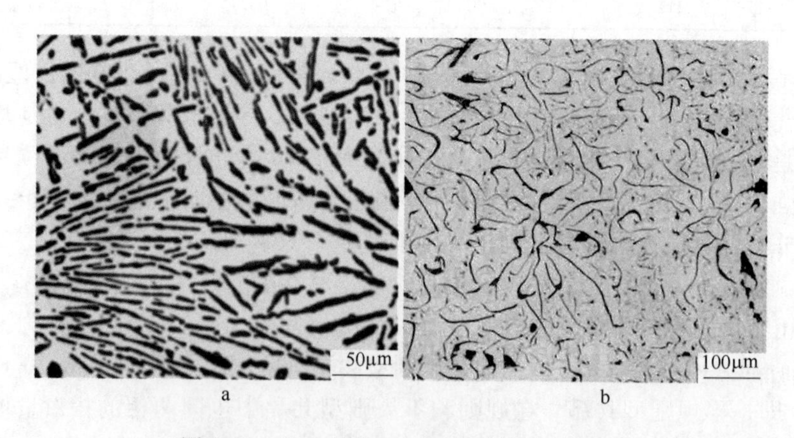

图 8-80　Al-Si 共晶和 Fe-C(石墨)共晶组织

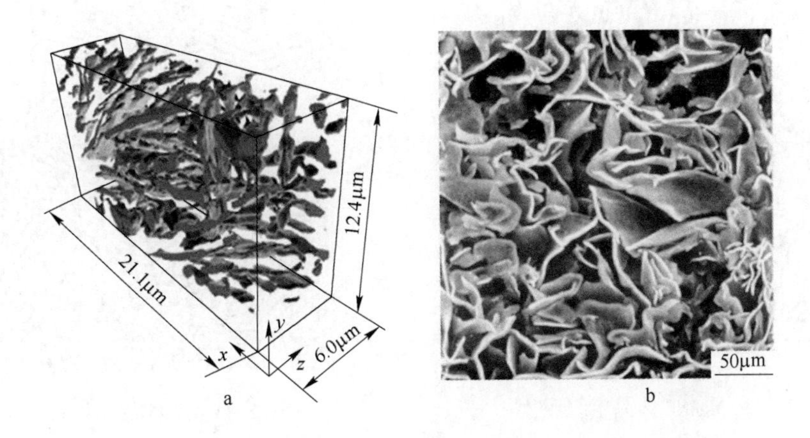

图 8-81 用深浸蚀方法显示

a—Al-Si 共晶中的 Si 相的三维形状（Lasabni 等）；b—Fe-C（石墨）共晶中的石墨相

体积分数小于 10%的非规则共晶（图 8-79 中的 C 区），共晶组织变为破断的片层结构。但在熔化熵较小时（图 8-79 中的 G 区），层、片状转变为丝状组织。

体积分数大于 40%的非规则共晶（处于图 8-79 中的 F 区），它的组织形貌为准规则的结构。γFe-Fe_3C共晶是这种共晶的典型例子。共晶中 Fe_3C 是界面光滑的相，它是领先结晶相，共晶组织是片状和棒状混合组织，如图 8-82a 所示，图中黑色组织是 γ-Fe（在室温已转变为珠光体），白色组织是 Fe_3C。通常，片层状组织的扩展方向与热流方向一致，而棒状组织则与片层状组织相垂直，如图 8-82b 所示。当液相中温度梯度减小或生长速度增加时，棒状组织的比例将会增加。

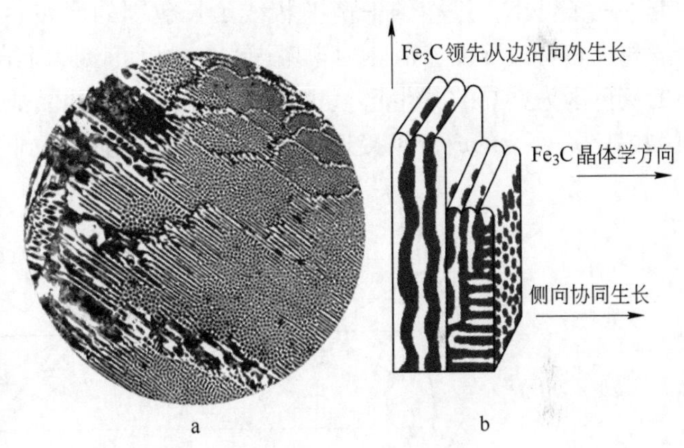

图 8-82 γFe-Fe_3C 共晶组织

a—显微组织照片；b—γFe-Fe_3C 共晶准规则结构的示意图

如果体积分数为 20%~35%时（图 8-79 中的 E 区），共晶组织为复杂的规则结构。一个例子是 Mg-Mg_2Sn 共晶，图 8-83 所示为这一共晶的组织照片，其中黑色的相是光滑界面的 Mg_2Sn 相。这一共晶的形貌比较复杂，有人称这一形貌为“中国字”形貌。

有些规则型共晶因受其中相的晶体结构影响，显露出其晶体结构的特征。如图 8-84 所示的 Zn-Mg 二元合金的 Zn-$MgZn_2$共晶，因 $MgZn_2$（和 Zn）是六方结构，它们的共晶显示六方形的片层状组织。但是，晶体结构并不总是能在组织中显示它的结构特征。

图 8-83 Mg-Mg_2Sn 共晶组织照片

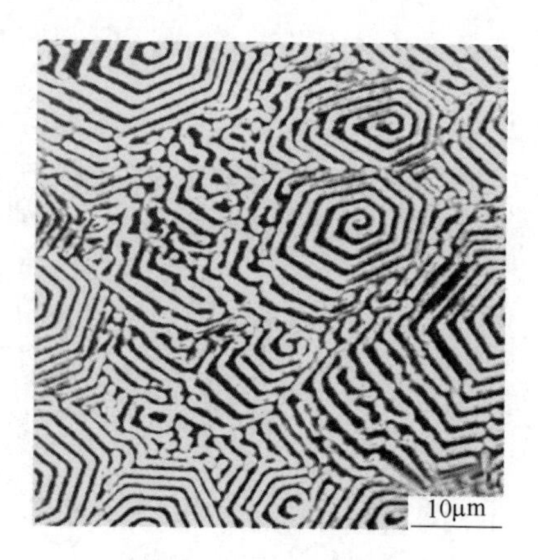

图 8-84 Zn-$MgZn_2$共晶组织

8.3.1.3 非平衡共晶的共生区

从相图看出，只有精确的共晶成分的体系才会获得两相共生的共晶组织。如果在过冷的非平衡条件下，过冷到平衡液相线延长包围的区域（如图 8-85a 中所示的灰色区），2 个固相都具有过冷度，从热力学考虑，2 个相可以同时结晶而获得完全的共晶组织，即图中的灰色区为共晶的共生区。这种离开相图中的共晶成分而获得完全的共晶组织，称为“伪共晶”。合金的成分越接近共晶成分，就越容易得到伪共晶组织。

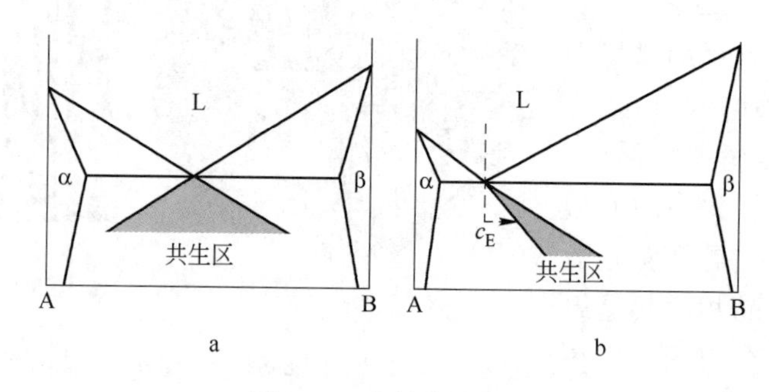

图 8-85 共晶的共生区

只有在两相的熔点相近的 nf-nf 型（即金属-金属型）共晶体系才会出现如图 8-85a 那样相对共晶成分的对称共晶共生区。对于 nf-f 型（即金属-非金属型）共晶，其共生区往往是非对称的，若相图上共晶成分点靠近金属组元一方，则共生区偏向非金属组元一方，如图 8-85b 所示，Al-Si 和Fe-C(石墨)合金的共晶共生区属于此类。从图 8-85b 看出，如果冷却速度比较大，甚至共晶成分的合金也得不到完全的共晶组织。

如果把动力学条件也考虑在内，则共晶共生区成分范围不一定和图 8-85a 的相同。无论从实验或者理论都表明，共生区的成分和温度范围都取决于生长条件，例如在定向凝固时的温度梯度或者凝固速度等。可能产生伪共晶的原因是共晶生长速度（在下面的讨论可知，共晶生长不需长程扩散）比单个孤立的枝晶生长速度快，因此，即使在非共晶成分，共晶可以超越个别枝晶生长，结果是形成完全共晶组织。相反，在高速生长时，因为两个相前沿出现的组分过冷不同，甚至在合金的共晶成分体系也可能发现有单独的一个相枝晶的生长。

图 8-86 所示为共晶的共生区与两个相（胞状晶或树枝状晶）生长速度以及共晶生长速度的关系，不论实际的温度梯度有多大，生长速度 v 大体与过冷度 ΔT 的平方成正比（见图 8-61）。图 8-86a 所示是讨论 nf-nf 型（金属-金属型）的情况，其中右图是两个相以及共晶的生长速度随过冷度的变化。在每一个温度范围内体系都以速度最高的相（或共晶）生长，例如在指定成分 c_0 下对应 3 个温度区域：在 a 点温度以上共晶生长速度最快，所以形成完全的共晶组织；在 a 点与 b 点温度之间，β 相的生长速度最快，因此开始以 β 相枝晶生长，但因 β 相是富 B 的相，它的生成排出 A 而使液相富 A，液相成分向相图 A 组元方向移动，当它进入到共生区时发生共晶转变，所以在这个温度范围凝固生成 β 相枝晶+共晶组织；在 b 点温度以下，共晶生长速度也是最高速度，所以凝固又是形成完全的共晶组织。在上述 3 个过冷度范围形成的共晶组织形态会有不同，随着过冷度加大，它从平面状共晶前沿生长到胞状（或树枝状）前沿生长到最后是等轴状生长。把体系各个成分相应的共生区的温度范围连接起来，就得到该体系共晶共生区的全貌，如图 8-86a 所示。图 8-86b 所示为 nf-f 型（金属-非金属型）的情况，因为 f 型的非金属相（相图中的 β 相）在生长时因各向异性在特定的晶向进行分枝，在高过冷度下这些过程难以进行，使得在高过冷度下，虽然金属相自身的过冷比非金属相小，由于上述原因其生长速度比非金属相高。这样，除了和图 8-86a 相似的随着温度降低发生 3 个不同的凝固阶段外，在最后大过冷下凝固还会生成 α 相枝晶+共晶组织。共生区偏向非金属一方，而不是相对相图共晶点成大体对称的形状。

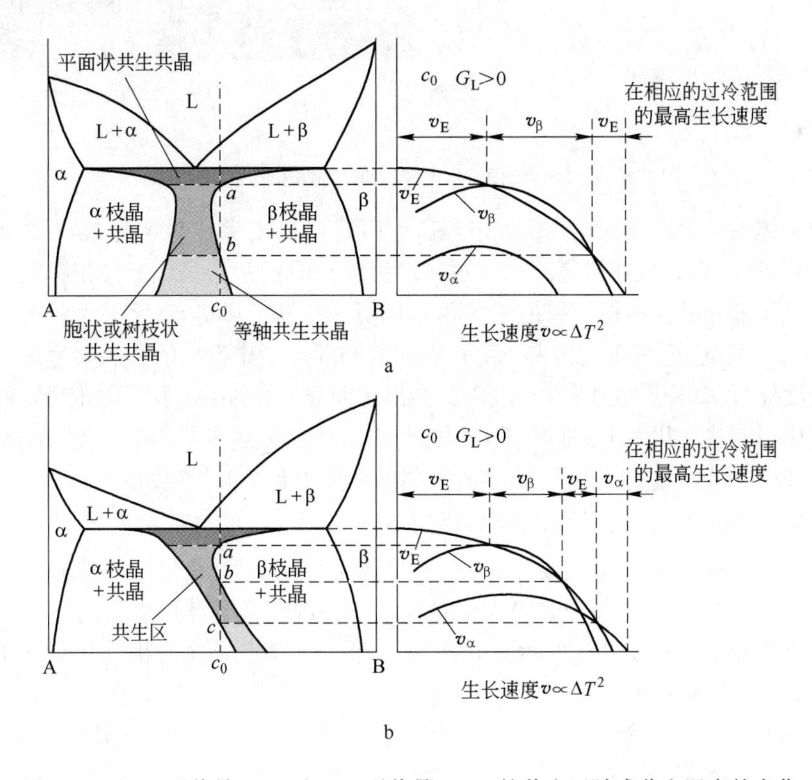

图 8-86 nf-nf 型共晶（a）和 nf-f 型共晶（b）的共生区随成分和温度的变化

如果共晶中两个组成相的熔点相差悬殊时，一般相图中的共晶点偏近低熔点一侧。一方面富高熔点组元相的成分与液相成分相差大，另一方面凝固温度下高熔点组元的扩散速度比低熔点组元的扩散速度慢，所以富高熔点组元相生长速度慢，与上面讨论的理由相同，共生区应偏向高熔点相一边，也如同图 8-86b 所示的那样。图 8-86b 为共晶成分冷却时，由于上述原因先出现低熔点相（α 相），排出高熔点组元，液相成分向高熔点组元方向移动，当液相含高熔点组元成分到达一定程度后，进入共生区而形成共晶，最后的组织是 α 相枝晶+共晶。

图 8-87b 是 $w(\mathrm{Si})=12.7\%$的 Al-Si 合金凝固后微观组织，从相图（图 8-87a）看，这成分是共晶成分，但所得却是像亚共晶成分组织。灰色的枝晶是成分为 $w(\mathrm{Si})=12.4\%$的先结晶 Al（Si），这个成分相当于共晶成分，枝晶成长是余下的液相成分富 Si，直至枝晶间隙液相成分为 $w(\mathrm{Si})=23.25\%$才转变为共晶。说明共晶的共生区向富 Si 方向移动，如图 8-87a 所示。

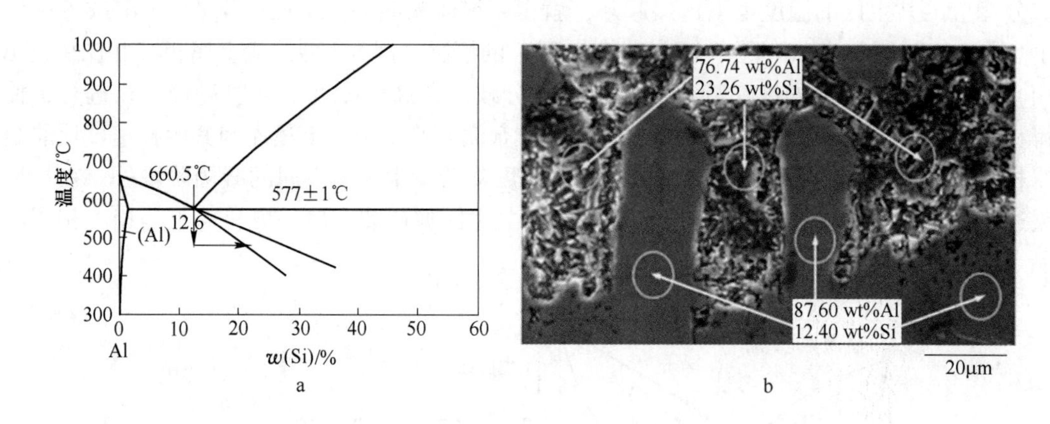

图 8-87　$w(\mathrm{Si})=12.7\%$的 Al-Si 合金凝固后微观组织

有些合金体系会出现亚稳相，例如已经广泛研究了 Fe-C 系由稳定的 Fe-石墨系到亚稳的 Fe-Fe_3C 系的转变。但一般在快速冷却（过冷度很大）时经常会出现亚稳相，同样可以用适当的动力学规律来分析各种相（包括亚稳相）的竞争生长。图 8-88 所示为对 Al-Al_3Fe（稳定共晶 $E_{\alpha\beta}$）和 Al-Al_6Fe（亚稳共晶 $E_{\alpha\gamma}$）的实验和理论工作得出的共晶共生区。当增加过冷度时，温度降至 920K 形成亚稳相 Al_6Fe，会出现亚稳共晶 Al-Al_6Fe。无论稳定相的共晶共生区或是亚稳相的共晶共生区都向富 Fe 一侧伸展。随着 Fe 含量的增加，先共晶相从平面前沿转变为圆柱状前沿。对于其他的 Al-过渡金属的合金也有类似的组织转变。

8.3.1.4　nf-nf 型（金属-金属型）共晶的凝固

这类共晶一般两相是片层相间或者一个相是棒状的组织，是规则型共晶。在非定向凝固条件下，它的生长速度在各个方向大体是相同的，因此具有球形生长前沿，在内部两相是片层状向外散射，如图 8-89a 所示。开始时，有一个领先凝固的相（例如图 8-89b 的 α 相），它形核及生长成为共晶的“核心”，它会排出（或吸收）溶质原子，使周围的液相富（或贫）溶质原子，必然有利于另一个相（例如图 8-89b 的 β 相）形成。同样的理由，β 相的生成也使它周围的液相有利于 α 相的形成，如图 8-89c 所示，结果形成了两相交替的共晶组织。共晶中两相的交替出现，并不一定靠重新单独形核，大多数情况是靠“桥

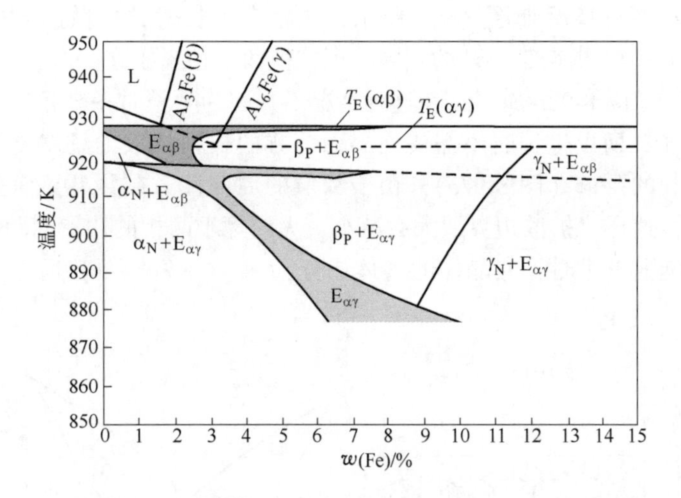

图 8-88 稳定的 Al-Al_3Fe 和亚稳的 Al-Al_6Fe 共晶的共生区
（由竞争生长分析确定界面过冷度以及合金平均成分，下标 P 和 N 分别表示生长前沿是平面和枝晶状（Trived 和 Kurz））

接”的方法使同类相的片层进行增殖，图 8-90 所示为片层共晶生长桥接过程的示意图。这样就可以由一个核心生长出一整个共晶团。这种共晶团也称为共晶晶粒或共晶领域。

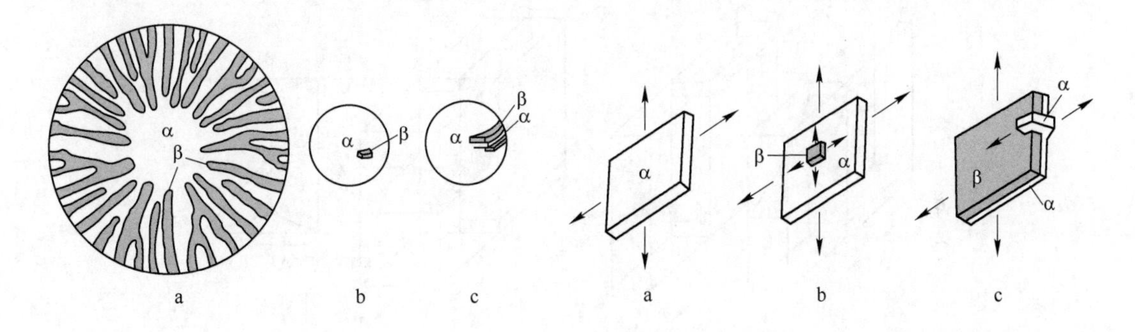

图 8-89 球状共晶团以及其形核和长大

图 8-90 片层状共晶桥接生长过程
a—α 相核心；b—在 α 相侧面形成 β 相核心；c—桥接生长

共晶的特征尺寸是共晶中两相的间距 λ（等于两个相片层厚度 S_α 和 S_β 之和），λ 与共晶生长速度 v 之间一般有 $\lambda^2 v$ 等于常数的关系，在下面将以最简单的情况为例导出这一关系。

图 8-91 所示为 A-B 二元系相图以及片层状共晶的示意图。共晶成分的体系在 ΔT 下凝固定向生长（共晶界面与散热方向垂直），片层状共晶的 α 相前沿的液相成分为 $c^{*\alpha L}$（如不特别说明，下面讨论所用的浓度都是 B 组元的浓度），β 相前沿的液相成分为 $c^{*\beta L}$，在远离前沿的液相成分仍为共晶成分 c_E。假想共晶中 α 相和 β 相单独地生长，它们的生长规律与固溶体生长的相同，α 相排出 B 原子，在界面前沿积聚 B 原子，生长过程需要长程扩散；相反，β 相排出 A 原子（吸收 B 原子），在界面前沿贫化 B 原子，生长过程也

需要长程扩散；这两种情况如图 8-92a 所示，在稳态生长时其扩散边界层（$\delta_C = 2D_L/v$）非常厚，其浓度分布与图 8-32 讨论的相同。现在把两个相紧挨在一起，它们的液/固界面在同一等温面上，如图 8-92b 所示。在这种情况下，因为生长时一个相排出 B 原子而另一个相要吸收 B 原子，所以生长时不需要在界面前方的长程扩散，只需要平行界面的侧向扩散就能满足生长的要求（图 8-92a）。由于片层的周期性，在共晶界面前侧向建立了周期分布的浓度场，这样，扩散边界层大大减小，大约等于两相的片层间距 λ。这样，当共晶协同生长界面向前推进时，共晶体的整体成分为 c_E，在离界面较远处的液体仍保留共晶成分 c_E。

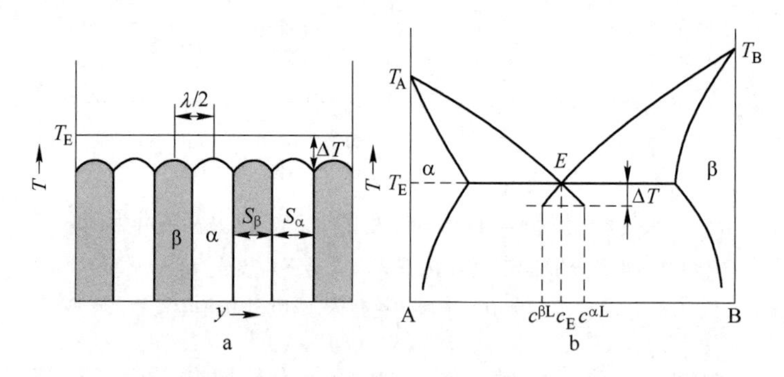

图 8-91 在 ΔT 下凝固定向生长片层共晶（a）及其对应的相图（b）

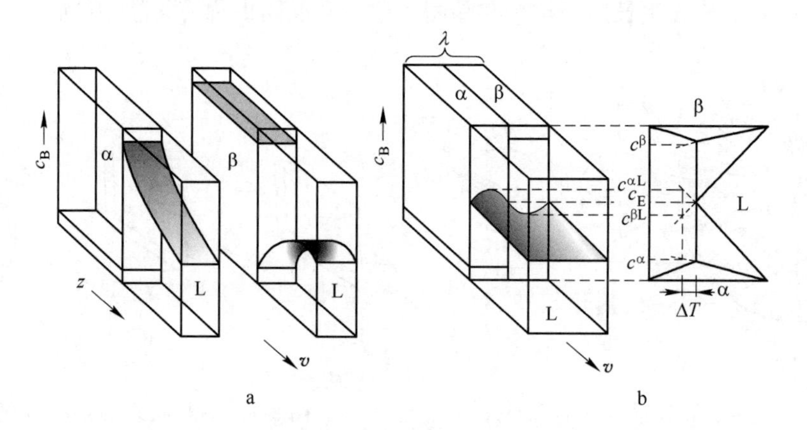

图 8-92 α 和 β 相单独生长时前沿液相的浓度的分布（a）及协同生长的共晶前沿的液相浓度分布（b）

因为共晶前沿侧向液体浓度 c^{*L} 的周期分布（图 8-92b 和图 8-93b），前沿侧向各处的熔点温度 T_L 不同，因而相对于共晶温度 T_E 的过冷度 ΔT_c 不同（图 8-93c），ΔT_c 是由成分不同引起的溶质过冷。以 α 相为例（同时参看式(8-106)）：

$$\Delta T_c = T_E - T_L = m_{L(\alpha)}(c_E - c^{*\alpha L}) = m_{L(\alpha)}\Delta c \tag{8-152}$$

式中，$c^{*\alpha L}$ 是 α 相前沿的液相浓度；$m_{L(\alpha)}$ 是 α 液相线的斜率。两相连接由界面曲率对熔点的影响，导致的过冷 ΔT_r（同时参看式(8-103)）为：

$$\Delta T_r = \frac{2T_m\Gamma}{\lambda} = \frac{K_r}{\lambda} \tag{8-153a}$$

式中，$\Gamma = \gamma/\Delta h_m$，把 K_r 定义为：

$$K_r = 2T_m\Gamma = 2T_m\gamma/\Delta h_m \tag{8-153b}$$

因为共晶在给定温度 T^* 下凝固，即在固定过冷度 $\Delta T = T_E - T^*$ 下凝固（如图 8-91 和图 8-92b 所示），所以（参见图 8-93c）：

$$\Delta T = \Delta T_c + \Delta T_r \tag{8-154}$$

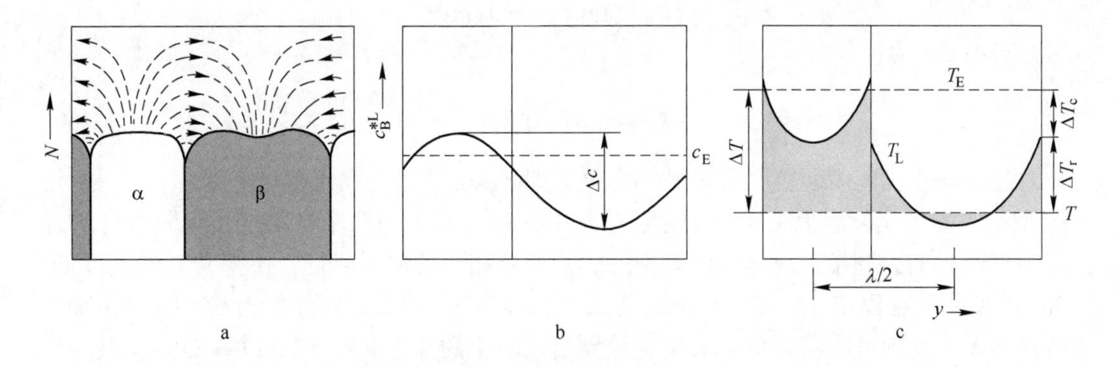

图 8-93 若浓度场如图 8-92b 那样分布

a—B 原子的扩散途径；b—共晶中两相前沿的液相浓度 c^{*L} 分布；

c—两相前沿的液相过冷度 ΔT_c 分布和曲率过冷 ΔT_r 分布

从图 8-93c 看出，在片层较宽的 β 相中心部分的 ΔT_r 是负的，即其曲率也是负的（见图 8-93a），界面前沿各处两者之和等于常数 ΔT。这种晶体表面曲率的差别自动地调整整个液/固界面前沿的过冷度，使整个界面维持给定的过冷度 ΔT。

根据上述条件建立扩散方程，可以求解界面前沿的浓度以及片层间距，这些过程是比较复杂的。为了简便，挑出最主要因素并以简化的条件用比较简单的方法求解片层间距与生长速度的关系。

假设共晶的片层状组织中两个相 α 和 β 的成分相对于共晶成分点 c_E 对称，因而 α 相和 β 相的片层厚度相等。α 相前沿液相侧向 B 组元扩散的扩散流量 J_B 为：

$$J_B = -D_L\frac{\Delta c}{\lambda/2} = -D_L\frac{c^{\alpha L} - c^{\beta L}}{\lambda/2} \tag{8-155}$$

其中侧向的浓度梯度以两相前沿的浓度差除以两相的中心间距近似表示。若 α 相以 v 速度生长，则它排出 B 组元扩散的流量 J_B 为：

$$J_B = v(c^{\alpha L} - c^{\alpha}) = vc^{\alpha L}(1 - k_0) \tag{8-156}$$

式中，k_0 是 α 相的溶质分配系数。α 相排出的 B 组元流量经扩散为同步生长的 β 相吸收。式(8-155)和式(8-156)应相等，并且因为温度比较接近 T_E，把 $c^{\alpha L} \approx c_E$，得：

$$\frac{\Delta c}{c_E(1 - k_0)} = \frac{\lambda v}{2D_L} \tag{8-157}$$

事实上，上式与讨论端部为半球状的胞晶扩散生长的式(8-116)相似，上式左端相当于式(8-116)的过饱和度（记为 Ω_E），而右端相当于共晶生长的 Peclet 数 P_E，故上式可写成：

$$\Omega_E = P_E \tag{8-158}$$

因为 $\Delta c = \Delta T_c[1/(-m_{L(\alpha)}) + 1/m_{L(\beta)}]$，把它代入式(8-157)，得：

$$\Delta T_{\mathrm{c}} = \frac{c_{\mathrm{E}}(1 - k_0)}{2D_{\mathrm{L}}(1/m_{\mathrm{L}(\beta)} - 1/m_{\mathrm{L}(\alpha)})}\lambda v = K_{\mathrm{c}}\lambda v \tag{8-159a}$$

其中把 K_{c} 定义为：

$$K_{\mathrm{c}} = \frac{c_{\mathrm{E}}(1 - k_0)}{2D_{\mathrm{L}}(1/m_{\mathrm{L}(\beta)} - 1/m_{\mathrm{L}(\alpha)})} \tag{8-159b}$$

总过冷 ΔT 为：

$$\Delta T = \Delta T_{\mathrm{c}} + \Delta T_{\mathrm{r}} = K_{\mathrm{c}}\lambda v + \frac{K_{\mathrm{r}}}{\lambda} \tag{8-160}$$

总过冷与生长速度 v 和片层间距 λ 有关。图 8-94a 所示为固定生长速度 v 下某一片层间距 λ' 的过冷大小，因为 λ 正比于片层端部的曲率半径，当曲率半径不是无限大（即端部不为平面）时总使熔点降低，所以相图的两条液相线的温度降低，使得共晶温度降低。图 8-94b 所示为在固定 v 时过冷与 λ 的关系，ΔT_{r} 随着 λ 加大而减小，而 ΔT_{c} 随着 λ 加大而线性增大，直到过冷随 λ 的加大出现最大值。在小的片层间距下（$\Delta T_{\mathrm{r}} > \Delta T_{\mathrm{c}}$），共晶生长由毛细管效应控制，在大的片层间距下（$\Delta T_{\mathrm{c}} > \Delta T_{\mathrm{r}}$），共晶生长由扩散控制。

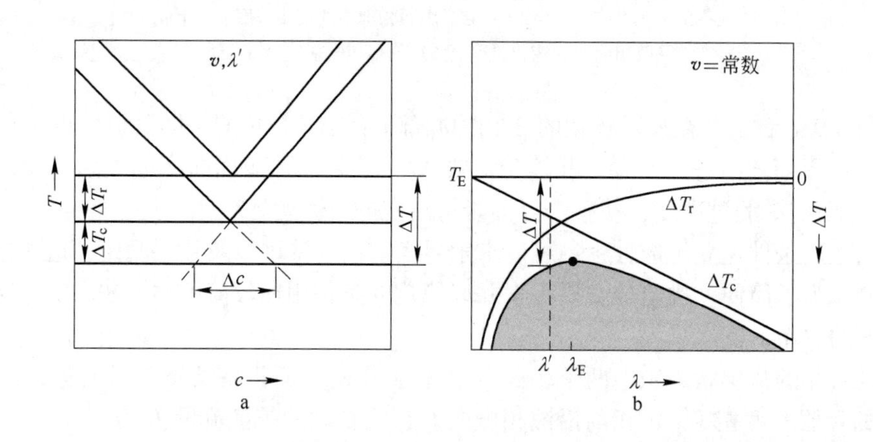

图 8-94　过冷度与片层间距 λ 的关系

a—固定生长速度 v 下某一片层间距 λ' 的过冷；b—固定生长速度 v 下过冷度与片层间距间的关系

图 8-95 所示为按式(8-160)得出的 CBr_2-C_2Cl_6 有机物共晶在不同生长速度下共晶片层间距 λ 与过冷度 ΔT 的关系。它与图 8-94b 相似，当 λ 很大时由于扩散困难，要维持一定的生长速度需要比较大的过冷；当 λ 很小时由于曲率半径很小引起的毛细管效应，同样要维持一定的生长速度也需要比较大的过冷，所以每一个生长速度对应一个最小的过冷度。

从式(8-160)看出，由于 ΔT 是 λv 的函数，所以不能只靠这一方程唯一地确定共晶的生长行为，所以必须寻找另一个方程，一般假设共晶在最小的总过冷下生长，即在 $\mathrm{d}(\Delta T)/\mathrm{d}\lambda = 0$ 条件下生长。这一假设的意义是：因为 $\Delta T = \Delta G/\Delta S_{\mathrm{m}}$（见式(7-8)），即 $\mathrm{d}(\Delta G)/\mathrm{d}\lambda = 0$，这意味着改变 λ 的驱动力为 0。从图 8-95 的实验数据看出，片层间距的平均值的过冷是接近最小值的。式(8-160)对 λ 求导数并令其为 0，得：

$$\lambda^2 v = \frac{K_r}{K_c} = 4\frac{D_L T_m \Gamma(1/m_{L(\beta)} - 1/m_{L(\alpha)})}{c_E(1 - k_0)} \tag{8-161}$$

即 $\lambda^2 v$ 等于常数。上式可改写成：

$$\lambda = \sqrt{\frac{K_r}{K_c v}} \tag{8-162}$$

把式（8-162）代入式(8-160)，整理得：

$$\frac{\Delta T}{\sqrt{v}} = 2\sqrt{K_r K_c} \tag{8-163}$$

这说明生长速度与总过冷的平方成正比。把式(8-161)代入上式，得：

$$\Delta T\lambda = 2K_r \tag{8-164}$$

这又说明片层间距与过冷度成反比。图 8-96 所示为一些合金共晶片层间距与生长速度的实验数据，它与式(8-161)基本相符。

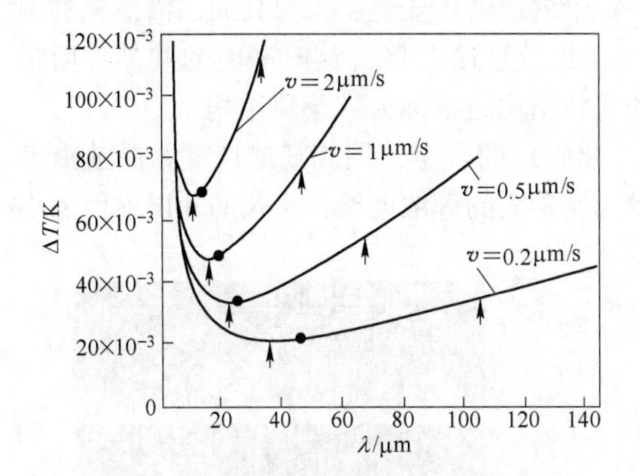

图 8-95 按式(8-106)得出的 CBr_2-C_2Cl_6 有机物共晶在不同生长速度下共晶片层间距 λ 与过冷度 ΔT 的关系
（箭头所指为稳态片层生长的（用极值法获得）最小和最大理论值，黑圈是实验所得的平均片层间距（Seetharaman 和 Trivedi））

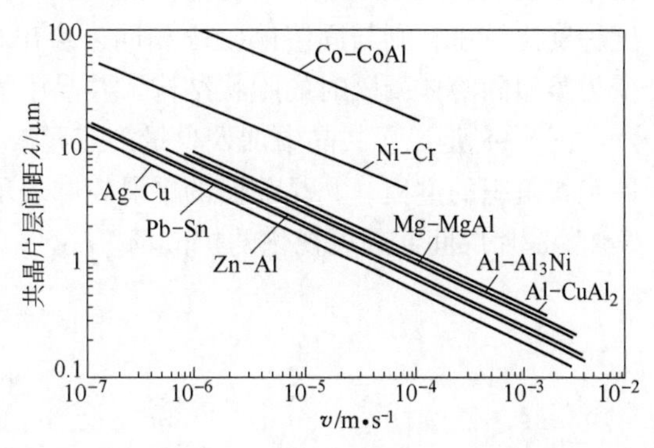

图 8-96 一些合金共晶片层间距与生长速度的关系

上面的讨论作了很多近似，是相当简化的，没有列出严格的方程和精确的求解方程，但是因为抓住了主要的本质因素，所以还是得出了和实际关系比较吻合的结果。

例 8-11 从能量观点看，片层状共晶可能的最小片层间距 λ_{min} 与过冷度有何关系？证明实际的片层 $\lambda = 2\lambda_{min}$。

解： 共晶的片层间的相界面能要耗费共晶转变的驱动力，在给定过冷度 ΔT 下，有一定的转变驱动能量，如果驱动能量全部消耗在共晶的界面能上，这时的共晶片层间距最小。

若共晶的片层间距为 λ，则每摩尔共晶体积的相界面能为 $2\gamma V_m/\lambda$，其中 γ 是相界面能，V_m 是摩尔体积。当过冷度为 ΔT 时转变的驱动能为 $-\Delta H_m \Delta T/T_E$（见式(7-8)），其中 ΔH_m 是摩尔熔化焓，T_E 是共晶温度。当相界面能与驱动能相等时获得最小的片层间距

$\lambda_{\min}$为：

$$\lambda_{\min} = \frac{2\gamma V_m T_E}{\Delta H_m \Delta T}$$

实际的片层间距与过冷度的关系为 $\Delta T\lambda = 2K_r$（见式(8-164)），而 $K_r = 2T_m \Gamma$（见式(8-153b)），$\Gamma = V_m \gamma / \Delta H_m$，把这些数据代入上式，得：

$$\lambda_{\min} = \frac{2\gamma V_m T_E \lambda}{\Delta H_m 2K_r} = \frac{\gamma V_m \lambda}{2\Delta H_m \Gamma} = \frac{\gamma V_m \lambda \Delta H_m}{2\Delta H_m V_m \gamma} = \frac{\lambda}{2}$$

这就证明了 $\lambda = 2\lambda_{\min}$。

细致的研究指出，共晶的片层间距不是一个定值而是一个分布，这个分布与生长速度有关，生长速度越大，分布越窄。图 8-97 所示为不同生长速度下共晶片层间距的分布。

如果有第三组元存在，并且它在共晶两个相中的分配系数 k_0小于 1，则在共晶生长时把第三组元排到液相中，并在界面前沿积聚，积聚的厚度比较宽，如果界面前沿液相的温度梯度比较小，则与固溶体凝固相同，会出现“组分过冷”区。这时平面的共晶界面将变为类似固溶体凝固时的胞状结构。共晶中的胞状结构通常称为“集群结构”。

图 8-98 是二元共晶中加入少量第三元素（杂质）的合金，用相场法计算共晶前沿发展胞状组织的过程。共晶前面的平滑轮廓表示三元杂质的等浓度线；生长的片层前面的小“晕”是片层间共晶可视化的扩散场。

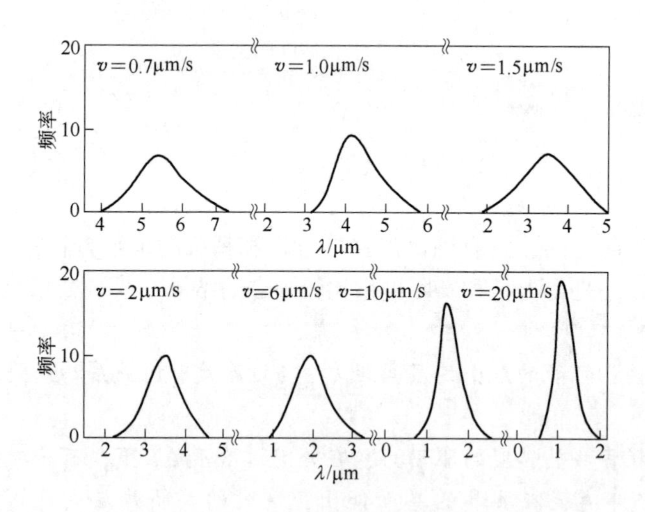

图 8-97 不同生长速度下共晶片层间距的分布（Trivedi 等）

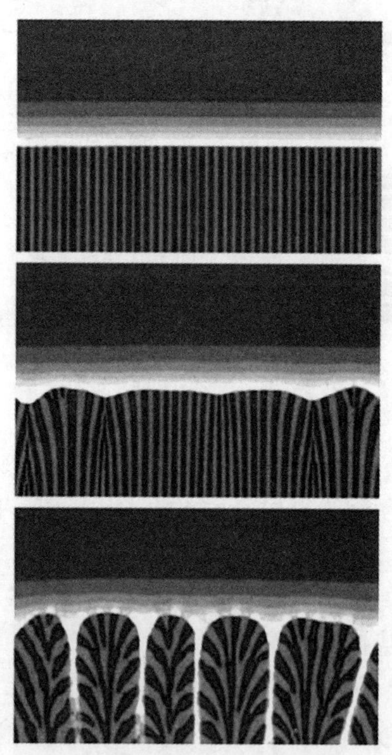

图 8-98 相场计算在二元共晶中加入少量第三元素（杂质）的合金共晶前沿的演化（Plapp 和 Karma，2002）

图 8-99 所示为定向凝固的不纯 Al-$CuAl_2$共晶集群结构的纵截面照片。从图中看出，

从一个集群到另一个集群的片层方向有所改变，在集群相遇的边沿片层会弯曲，这是因为共晶前沿是胞状突起，而片层垂直于界面。在集群内两个相的位相各自是相同的。

当第三组元的浓度较大时，或在大的凝固速度下，胞状共晶会发展为树枝状共晶，图8-99b所示为这种共晶组织的显微照片。

如果从定向凝固的横截面看，集群结构以蜂窝状排列，如图8-100所示，同样看到在集群的边缘片层变宽。在非定向凝固也看到集群结构，如图8-101所示，在图中看到的蜂窝状排列是该金相界面垂直于该集群生长方向；在图中看到的扇状排列是该金相界面平行集群生长方向。

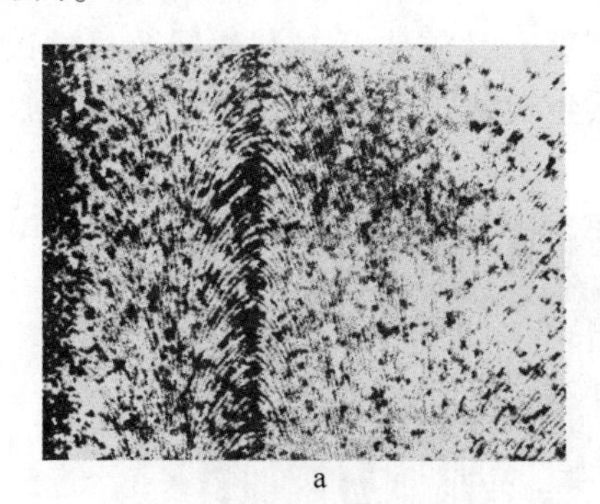

a

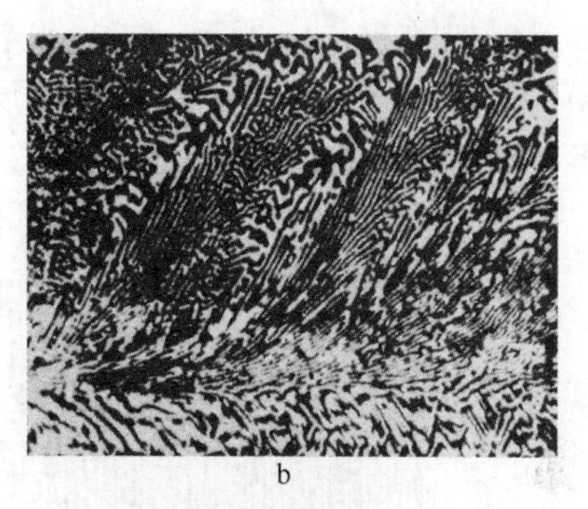

b

图8-99 定向凝固的不纯 Al-$CuAl_2$ 共晶集群结构组织

a—纵截面的显微照片；b—树枝状共晶的显微照片

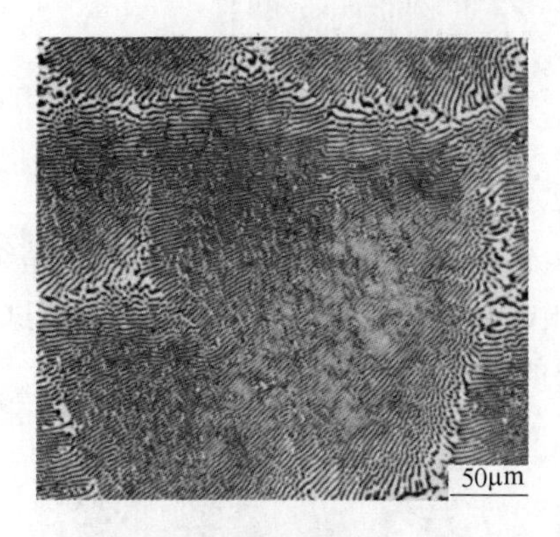

图8-100 定向生长的 Al-Mg_2Al_3 共晶横向界面（观察到集群结构呈蜂窝状排列）

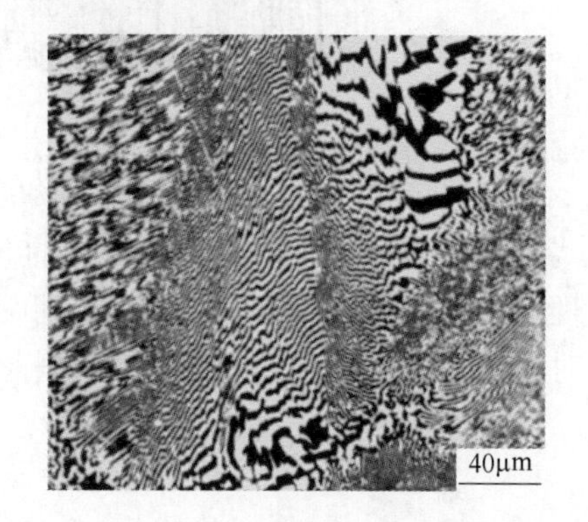

图8-101 非定向生长的 Al-$CuAl_2$ 共晶的集群结构

如果第三组元在共晶两个相中的分配系数相差较大，它在某一个相的液/固界面前沿富集较多，阻碍该相的生长，而在另一个相富集较少，这个相的生长速度较快，这样，桥接的作用使生长落后的相被生长快的相分割成筛网状组织，继续发展会变成棒状组织，如图8-102所示。通常可以看到共晶组织团的中部为片层状，而在共晶团交界处会出现棒状。原因是在共晶团之间，第三组元的浓度较大，从而造成在共晶两个相中的分配系数的差别，导致在某一个相前沿出现组分过冷，这个相突出生长，把另一个相分割而成棒状。在共晶集群相遇的边沿常会由片层状变为棒状就是这个原因。

规则共晶（片层状或棒状共晶）通常会出现片层（或棒）的错排缺陷，这是由于共晶中两个相为了获得优越的晶体学取向（低能的晶体学取向）而发生转动，或者是调整

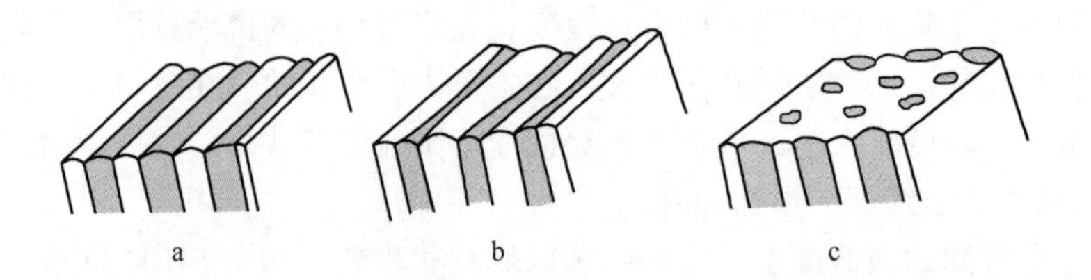

图 8-102 片层状共晶转变为棒状共晶过程的示意图

其间距以适应局部生长条件。一般有两类错排：单一型错排，即片层相对错开，但没有改变片层的数目，如图 8-103a 所示；扩展型错排，片层错开并有片层数目的改变，如图 8-103b所示。片层数目改变也可以因相邻片层生长越过而使原来片层停止生长，但此时片层间没有相对错开，如图 8-104 所示。

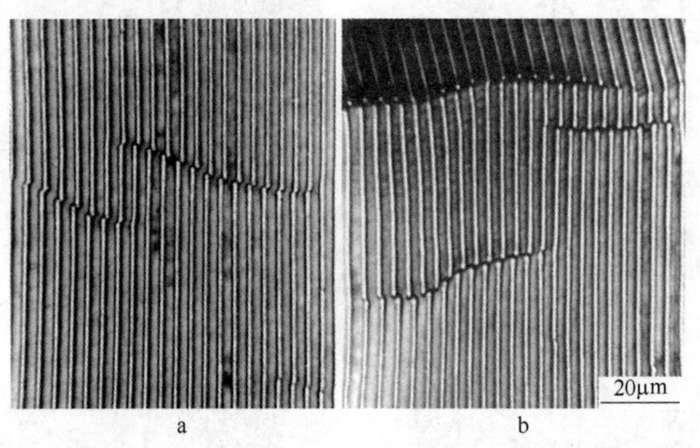

图 8-103 定向凝固的 Pb-Cd 共晶的界面观察到的片层错排缺陷

a—单一型错排；b—扩展型错排

一些过共晶成分的合金在快速冷却的高速生长（几厘米/秒）形成全部共晶组织时，往往出现不稳定生长的周期振荡的片层间距，如图 8-105 所示。规则共晶的所有这些不规则性，对利用共晶生长获得原位复合材料是重要的因素。

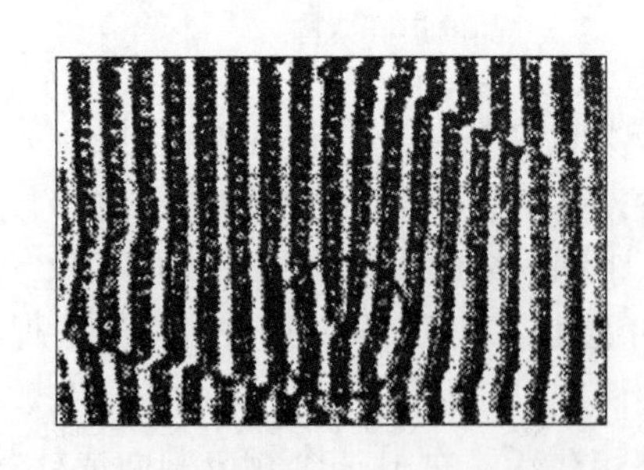

图 8-104 定向凝固的 $Al\text{-}CuAl_2$ 片层状共晶片层在生长时断开（圈中所示）的照片

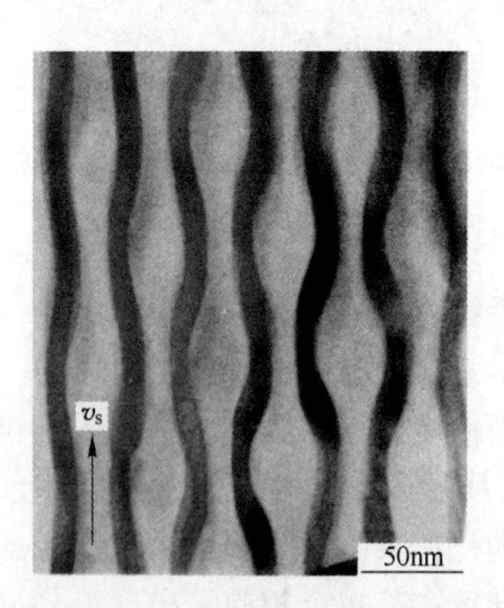

图 8-105 $Al\text{-}CuAl_2$ 共晶在快速激光重凝固条件下形成的周期振荡片层间距的共晶组织

（Zimmermann 等）

8.3.1.5　nf-f 型（金属-非金属型）共晶的凝固非规则型共晶

金属-非金属型共晶结晶的热力学与动力学原理与 nf-nf 型共晶相同，非金属与金属的生长机制不同，造成共晶形貌的不规则性。金属的液/固界面原子尺度是粗糙的，因而界面推进是连续的，没有方向性的；而非金属的液/固界面原子尺度是光滑的，其界面是特定的晶面，因此，它的生长有方向性。因此金属-非金属共晶的液/固界面不是平直的，而是参差不齐、多角形的。

金属-非金属型共晶生长也是有一个领先相，第二个相依附领先相形核，当两个相出现后，它们就协同生长。在一般的非定向凝固的条件下，一个领先相带领向外生长形成球状的共晶团（共晶“晶粒”），在共晶团中两个相相互连接在一起的紊乱分枝，见图 8-80。因为共晶的共生区往往偏向非金属组元一侧，见图 8-86b，因此共晶成分合金凝固时，若高熔点相为领先相，它出现后，低熔点相会迅速把它包围起来，形成“晕圈”，直到共生区后才协同生长成共晶组织。因此在这类共晶中常发现晕圈组织。

金属-非金属共晶生长时，非金属只能在一些方向长大，当两个邻近的非金属相向前生长时，前沿晶面处将出现非金属原子的匮乏，从而使一个或两个非金属相停止生长。相反，若当两个邻近的非金属相背向生长时，在它们之间的金属相前沿有非金属原子富集，它可能继续生长或是可以重新形核生长。金属-非金属共晶生长一般存在两种模式：(1) 协同生长模式。当一个非金属晶体由于匮乏非金属原子供应而停止生长时，它往往通过孪生（见第 10 章）或形成小角度晶界使生长方向改变到富集非金属原子区，这样就产生非金属晶体的分枝。如果按这种方式生长，非金属相是相连的。(2) 重新形核模式，在富集非金属区重新形核，如果按这种方式生长，非金属相是不相连的。图 8-106 表示了这两种模式的生长，图中两条平行的虚线表示两个时刻的液/固界面。

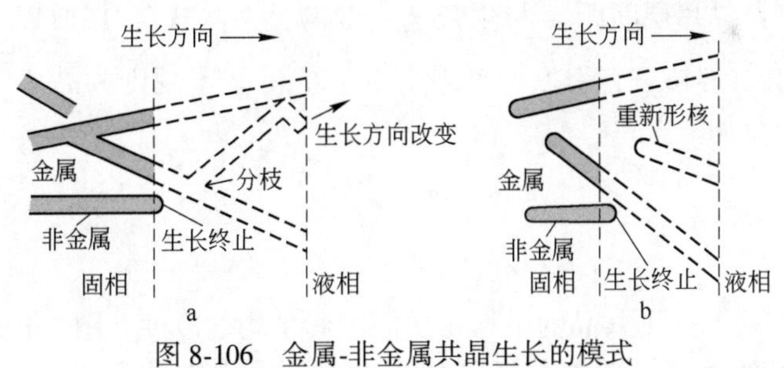

图 8-106　金属-非金属共晶生长的模式

a—非金属晶体分枝；b—非金属晶体重新形核

Al-Si 共晶和 Fe-C（石墨）共晶是按协同生长模式生长的，其中非金属相，即 Si 相和石墨相，各自是连在一起的，见图 8-81。

实验发现，金属-非金属共晶中非金属相总是领先相，这是因为非金属相有改变其生长方向的机能。例如 Al-Si 共晶中，X 射线分析表明，Si 晶体只能在{111}晶面的〈112〉或〈110〉晶向上生长，因此，生长后的晶体为片状，并且在定向凝固的 Al-Si 合金的横断面上发现有孪晶的痕迹。图 8-107a 是说明 Al-Si 共晶中 Si 晶体生长模式的示意图，图中三层孪晶（以 A、B、C 表示），Si 原子在{111}孪晶横断面的沟槽上优先吸附，〈121〉和〈110〉晶向都是可能生长的方向。这样，沟槽的存在为 Si 晶体生长过程改变生长方向提供了方便的条件。在 Al-Si 共晶凝固过程中，金属 Al 的生长要赶上非金属

Si，但由于凝固过程中的收缩不同或原子错排，会在脆弱的非金属 Si 片中引起机械孪生，从而导致 Si 晶体生长方向改变。在新生的孪晶晶体中，Si 晶体的生长方向仍是〈121〉和〈110〉晶向。

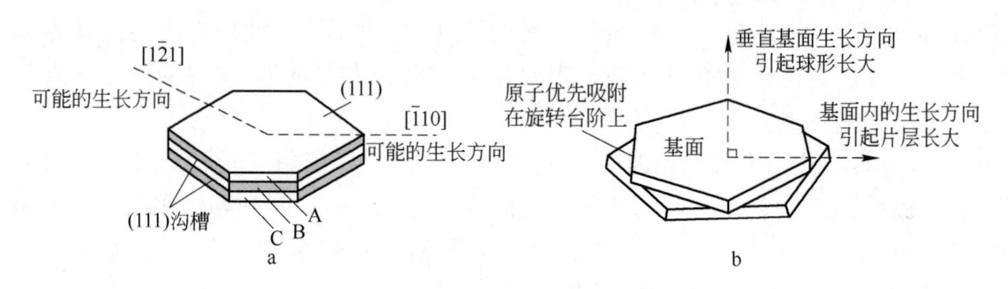

图 8-107　金属-非金属共晶生长模式

a—Al-Si 共晶中 Si 晶体生长的模型；b—Fe-C（石墨）共晶中石墨生长的模型

Fe-C（石墨）共晶的生长方式与 Al-Si 共晶相似，X 射线研究发现，在石墨的基面内含有旋转孪晶，如图 8-107b 所示，这些孪晶出现有利于石墨片垂直于棱面生长，提供了石墨生长改变方向的条件。石墨是领先相，开始时石墨是片状的，当在石墨边上形成γ-Fe（奥氏体）后，石墨与奥氏体的收缩不同或原子错排使石墨发生孪生或产生小角度晶界，从而使石墨生长改变方向，共晶中石墨分枝就是靠孪生形成的。当冷却速度增加时，奥氏体生长更频繁地超过石墨片，就使石墨更频繁地产生孪晶，使石墨更频繁地分枝和弯曲，形成过冷石墨组织。

由于非金属相生长方向的各向异性，靠晶体界面上的缺陷进行分枝，分枝是在一定过冷度下调整片层间距的基本机制，所以金属-非金属共晶片层间距的平均值比金属-金属共晶的大。利用规则共晶片层间距 λ 与生长速度 v 的关系的式(8-161)以及过冷度 ΔT 与生长速度 v 的关系的式(8-163)，引入一个因子 φ ，它等于不规则共晶片层间距的平均值 $\overline{\lambda}$ 与其极值的比率，得如下关系：

$$\overline{\lambda}^2 v = \varphi^2 K_r / K_c \tag{8-165}$$

$$\overline{\Delta T}^2 / v = [\varphi + (1/\varphi)]^2 K_r \tag{8-166}$$

式中，$\overline{\lambda}$ 和 $\overline{\Delta T}$ 分别是不规则共晶的平均片层间距和平均过冷度。图 8-108 所示为共晶的片层间距与生长速度的关系，图中包括了规则共晶、不规则共晶以及共析的片层的间距（共析转变与共晶转变相似，将在第 10 章中讨论），在相同的生长速度下，不规则共晶的片层间距最大。

对于不规则共晶，当相邻的两个片层相背生长时，由于扩散距离增加，将会在液/固界面前沿造成较大的溶质富集，结果使金属相片层中心形成凹袋（见图 8-93a 以及图 8-109b 和 c）。溶质在金属相前沿不断富集，使溶质引起的过冷 ΔT_c 增加，使其生长温度降低，这时片层间距达到最大值 λ_b（图 8-109c 所示的位置，并参看图 8-110b）。这时非金属相的片层中心也形成凹袋，出现了分枝的萌芽。当新的分枝形成后，它将面向另一片层生长（见图 8-110），结果由于扩散距离缩短，液/固界面前沿的溶质富集减弱，ΔT_c 减小，生长温度提高，当达到极限时片层间距达到最小值 λ_E（图 8-109a 所示的位置，并参看图 8-110）。如果两个片层在不改变方向的情况下继续生长，因两个相的曲率半径不同，曲率

半径小的相的 ΔT_r 大，生长温度降低，其生长速度也降低甚至停止，而另一个相的片层继续生长，从而使片层间距变大。所以，稳定生长的共晶的片层在 $\lambda_E \sim \lambda_b$ 之间变动。对于分枝困难的共晶，其片层的平均值是较大的，并且其过冷度较大，对温度梯度变化比较敏感。

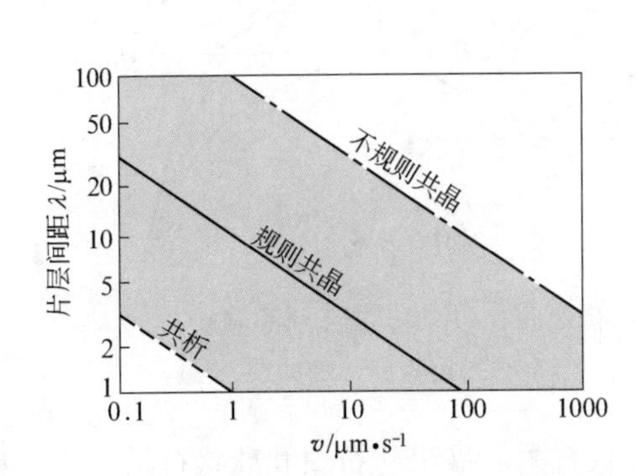

图 8-108 共晶和共析片层间距与生长速度间的关系

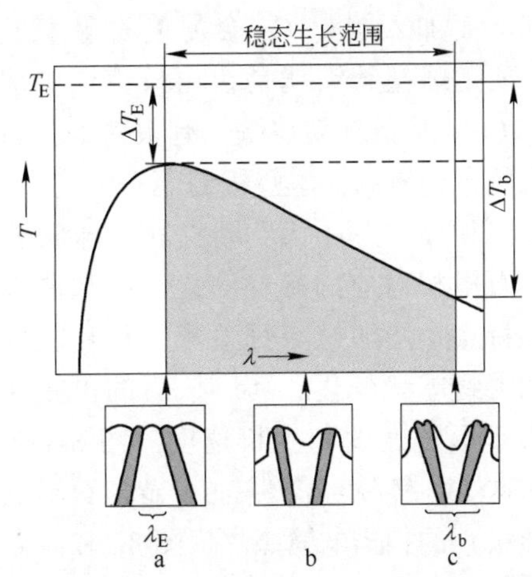

图 8-109 非规则共晶片层间距 λ 与过冷度的关系

图 8-110a 所示为在 $v=1.7\times10^{-2}\mu m/s$ 生长的 Fe-C（石墨）共晶的组织，从图可看出石墨相的分枝生长。图 8-110b 是共晶中非金属相的分枝生长的示意说明。

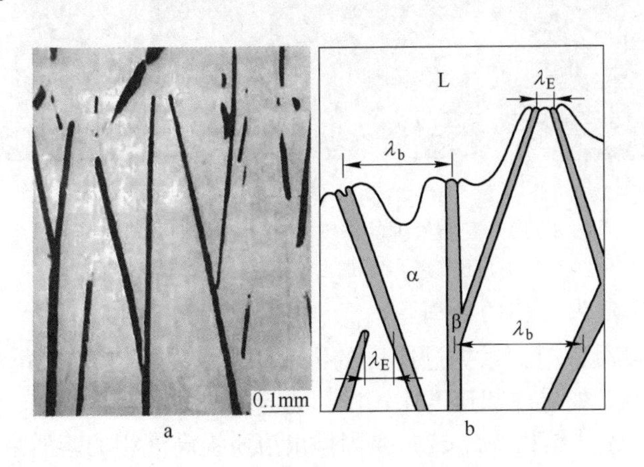

图 8-110 非规则共晶的分枝生长

a—在 $v=1.7\times10^{-2}\mu m/s$ 生长的 Fe-C（石墨）共晶的组织；

b—共晶中非金属相的分枝生长的示意说明

第三组元存在时对共晶形貌会有很大的影响。例如 Al-Si 共晶体系加入 Na（或 Sr）后，Na 吸附在 {111} 孪晶的沟槽中，抑制 Si 晶体的生长，使 Al 生长可以赶上，从而促使孪晶数目增加，即促使分枝增加，甚至分枝密集而变成近似球状的组织。

Fe-C（石墨）体系（其实，一般的 Fe-C 稳定系都是含 Si 的 Fe-Si-C 合金）是一种工业重要材料，一般未经任何处理的 Fe-C（石墨）铸铁中的都是片状，称灰口铸铁。但石墨形态可以由加入第三元素的变质处理而改变。所谓变质处理是指加入第三元素改变晶体的生长机制以及生长速度，从而影响晶体形貌的处理。变质在改变共晶合金的非金属相的结晶形貌上有着重要的应用。经变质后的石墨的形貌有瘤状、蠕虫状、球状等，蠕虫状石墨的铸铁称蠕墨铸铁，瘤状或球状石墨的铸铁称球墨铸铁。加入 O、S 会促使石墨成片状，而加入 Mg、Ce 会促使石墨变成球状，所谓球墨铸铁就是在白口铸铁中加入 Mg、Ce 而成的球墨铸铁。有很多解释石墨形态的理论机制，这些机制至今尚有争议。图 8-111 所示为片状、蠕虫状、球状三种形态石墨相对应的冷却曲线。冷却曲线的主要特点是增加过冷石墨形态从片状到蠕虫状再到球状变化。其形核后的再辉速度取决于形核速度和生长速度。图 8-112 所示为这 3 种铸铁经深侵蚀（显露石墨的立体形状）的扫描电镜照片。图 8-112a～c 分别显示片状石墨、蠕虫状石墨和球状石墨。

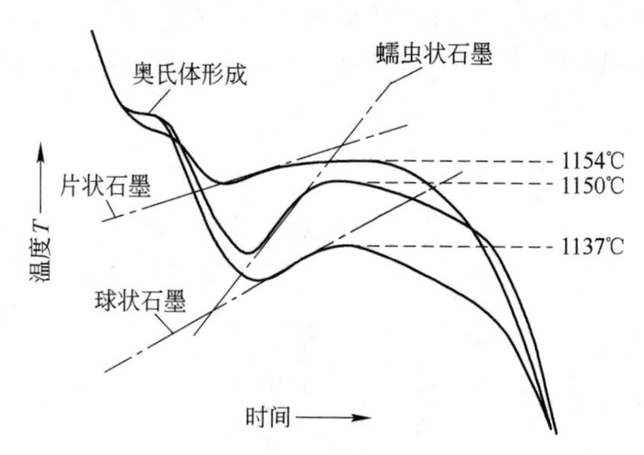

图 8-111 片状、蠕虫状和球状石墨的铸铁的冷却曲线

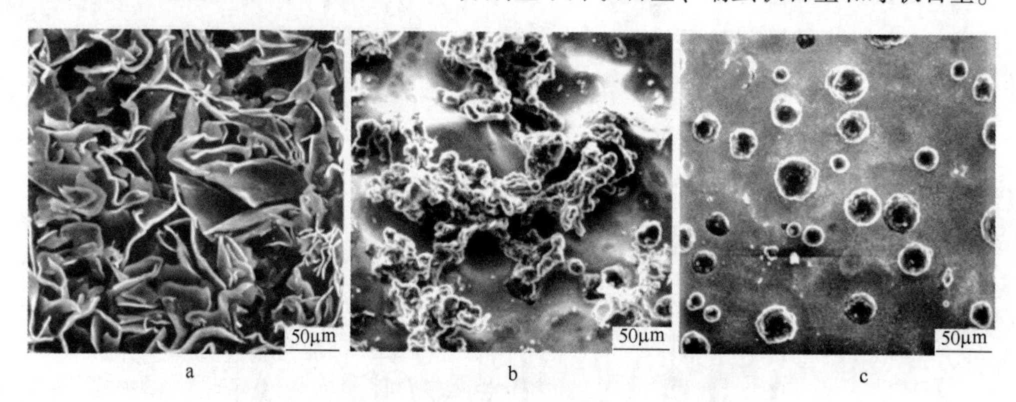

图 8-112 变质处理的铸铁经深侵蚀的扫描电镜照片
a—片状石墨；b—蠕虫状石墨；c—球状石墨

8.3.1.6 含有先共晶相的凝固

当以较快的速度凝固时，根据过冷度的大小不同，会产生非平衡完全共晶组织（参看图 8-86 的共生区）。如果冷却速度比较慢，适当的非共晶合金成分，凝固时先结晶出固溶体（先共晶相），先共晶相（$k_0<1$）凝固排出溶质提高液相的溶质浓度，当液相成分进入共生区时，便产生共晶。图 8-113 所示为说明一个亚共晶成分的合金在慢速定向凝固得到的组织示意图。图 8-113c 是该体系的相图，讨论成分为 c_0 的亚共晶合金的凝固。当液相在略低于 T_1 的温度（有少量过冷 ΔT_d）形成树枝状的先共晶 α 相，树枝主干及二次（高次）枝晶长大时把溶质排出到界面附近的液相中，当溶质富集到达共晶成分 c_E 时（或进入共生区）便凝固成共晶。α 相枝晶仍伸入到 α 相和液相的两相区内（图 8-113a）。共晶前沿的温度接近于共晶温度 T_E，而树枝尖端的温度接近于 T_1。凝固结束后，在先共晶相枝晶周围分布着共晶组织。如果冷却过程每一瞬间不能保持平衡的话，先共晶相的成分会偏离平衡成分，在心部的溶质原子含量少而在边缘的溶质原子含量多，与此同时，使共晶组织的相对量增加。图 8-114a 所示为定向凝固的 Fe-C（石墨）亚共晶的显微组织，试

样是在凝固过程中急冷到室温，其右侧是液相经急冷所得的组织；左侧是急冷前的凝固组织，是奥氏体枝晶+(奥氏体-片状石墨)共晶，还看到有奥氏体枝晶伸入到两相区。如果是非定向凝固，先共晶相以自由枝晶生长，当液相成分进入共生区时发生共晶结晶。图8-114b 所示为非定向凝固的 Al-Ge 合金的亚共晶显微组织。

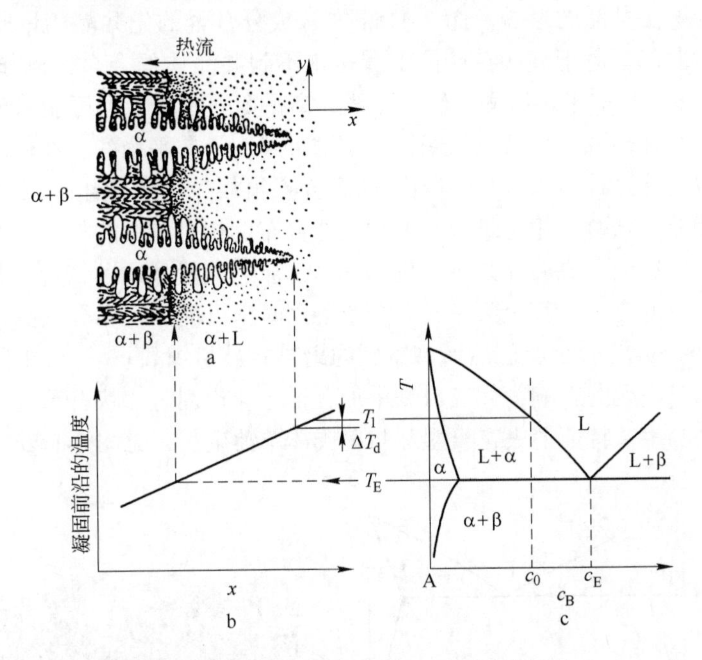

图 8-113 在某一温度梯度下亚共晶的凝固

a—凝固前沿的示意图；b—凝固前沿的温度分布；c—相图

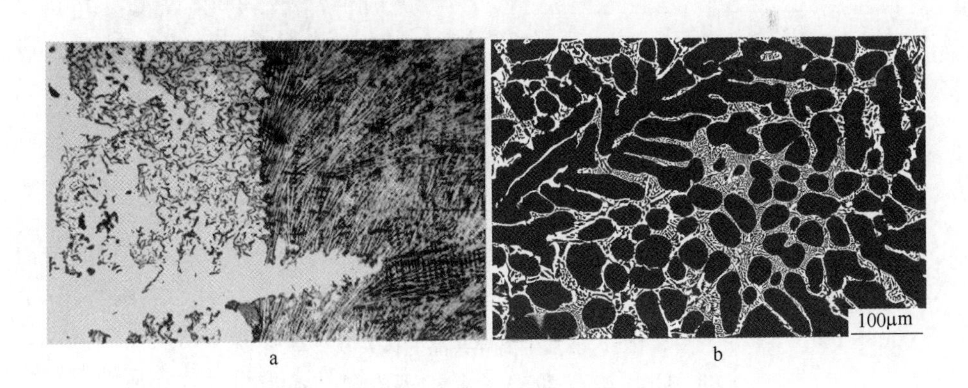

图 8-114 定向凝固的亚共晶组织

a—Fe-C 合金，白色枝晶是先共晶奥氏体（×64）；b—Al-Ge 亚共晶组织，黑色枝晶是先共晶 Al

过共晶合金的凝固与亚共晶合金相同，只是先共晶相不同。不论是亚共晶或是过共晶，如果先共晶相是非金属相，先共晶相的形貌就不一定是枝晶状，而会有其他复杂形状。

8.3.1.7 离异生长和离异共晶

共晶转变如果共晶两相不能协同共生，各自以不同速度独自离异生长，两相析出在时间和空间都是彼此分离的，形成的组织没有共生共晶的特征，这种组织称离异共晶。3种条件下易出现离异共晶：（1）当先共晶相的相对量很大，即共晶体的相对量很小时，在形成共晶时，共晶中不是先共晶相的那个相不易依附在先共晶相上形核，因而使先共晶相继续发展，把本应属于共晶的那部分相也占去了，最后共晶中的另一相分布在先共晶相晶粒边界上，从而失去共晶的形貌。图8-115a中c_0成分合金的先共晶相量非常大，所以凝固时易出现离异共晶。对于某些在相图上看是得不到共晶体的合金，例如图8-115a中的c_1成分合金，如果发生非平衡凝固，因固相线偏离平衡固相线，也可能出现共晶，但是由于共晶量很小，往往出现离异共晶组织。由于这种组织是非平衡的，在低于共晶温度长时间扩散退火可以消除这种组织。（2）当共晶成分点很靠近一个纯组元一边，即共晶体中两相的相对量相差悬殊时，相对量很小的相往往分布在相对量大的相之间的缝隙中，失去通常的共晶形貌，这会形成离异共晶。例如Sn-Al合金系就是这种情况（图8-115b），在该系共晶成分以左的合金，甚至共晶成分合金凝固时都可能出现离异共晶组织。图8-115c是x(Al)=50%的Sn-Al合金凝固后所观察到的离异共晶组织。（3）当共晶两相结构差异较大时或由于第三组元的影响，如灰口铁中加入稀土球化剂时片状石墨变为球状石墨，两相相互配合的共晶生长特征消失，石墨球与奥氏体单独生长，见图8-112c。

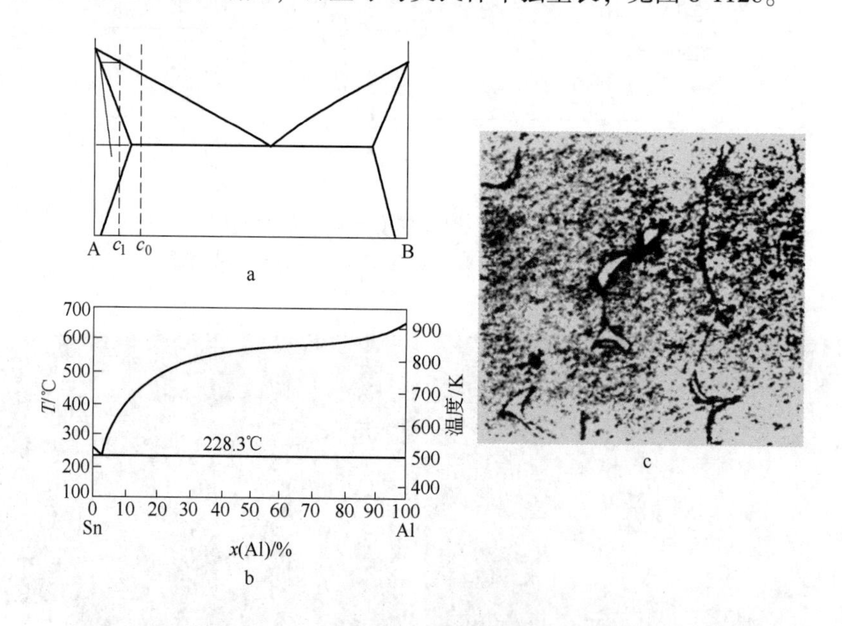

图8-115 易发生离异共晶的体系及合金

a，b—相图；c—Sn-50%Al合金凝固后的离异共晶组织

8.3.1.8 含共晶反应的三元系凝固

实际应用的合金大都是多元的，这里以简单的三元合金为例讨论凝固的特点。图8-116所示为三元共晶体系组织的示意图。因合金的成分不同，初生相、单变量两相共晶、不变反应的三相共晶的相对量和组合的情况不同。图8-117所示为两个真实三元合金的凝固组织。图8-117a是铅基合金（Pb-10Sb-5Sn-0.5Cu）凝固组织，图中显示了共晶前的初生富铅的固溶体的枝晶，以SbSn金属间化合物为基的SbSn-Pb的两相共晶，基底是Pb(黑)-SbSn(白)-Sn(白)三相共晶。图8-117b是Al-13%Cu-17%Ag（图中数字表示质量分

数）合金经在 $G_L \approx 27\times10^3$ K/m，$v=1.42\times10^{-6}$ m/s 的定向凝固获得的三相共晶组织，白色相是 Ag_2Al，浅灰色相是 Al_2Cu，深灰色相是 α(Al)。

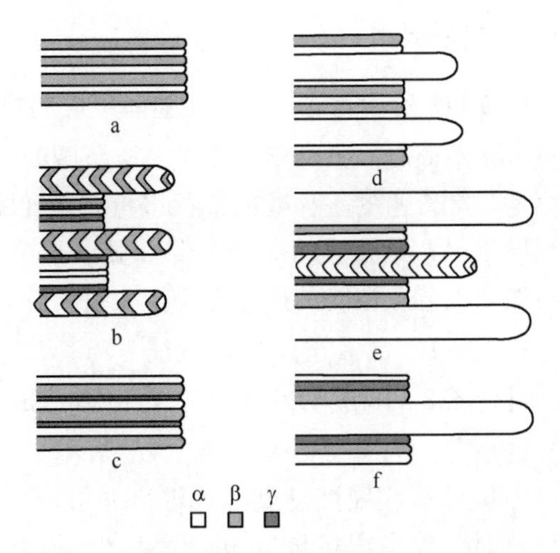

图 8-116　根据成分不同，三元系生长可能的界面

a—两相片层共晶；b—胞状两相共晶+三相共晶；c—三相共晶；d—单相胞晶+两相共晶；e—单相胞晶+胞状两相共晶+三相共晶；f—单相胞晶+三相共晶

（McCartney 等）

在讨论凝固时，要知道界面上固相的 i 组元成分 c_i^{*S} 和液相的 i 组元成分 c_i^{*L}，在三元系中，这可以由三元相图的恒温界面对单变量线交点得出。因为三元相图不易获得，所以，这通常由热力学模型计算得出。在应用 Scheil 方程时，通常液相（或固相）成分表达为液相（或固相）的体积分数 ζ 的函数，于是就有一组方程(见式(8-31))：

$$\frac{dc_i^L}{d\zeta^S} = \frac{(1-k_{0(i)})c_i^L}{1-\zeta^S} \tag{8-167}$$

如果分配系数与成分无关，即 $k_{0(i)}$ 为常数，当合金第 i 组元原始成分为 $c_{0(i)}$，则：

$$c_i^L = c_{0(i)}(1-\zeta^S)^{k_{0(i)}-1} \tag{8-168}$$

这个式子与式(8-32)相同。如果分配系数不是常数，可以利用相图的连结线得出每个温度下的分配系数用积分方法对 Scheil 方程处理获得凝固的成分分布。

同样，处理多元系的枝晶端部的动力学问题时，也可以采用 Ivantsov 对二元合金求解方法（参见 8.2.8.2 节讨论）来确定在枝晶端部每个溶质组元的成分。这里不作详细讨论。

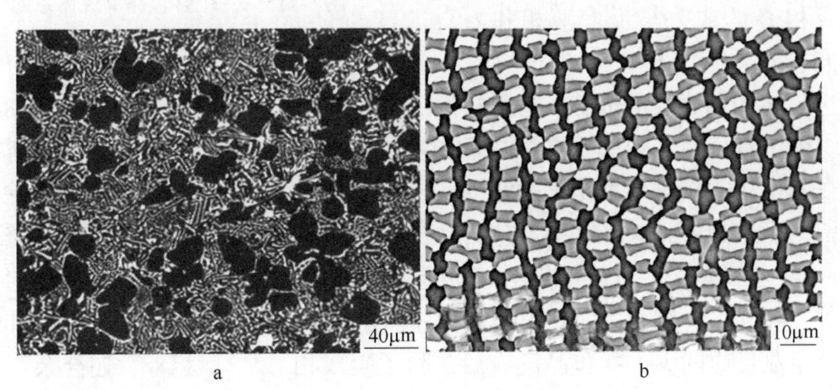

图 8-117　三相共晶组织

a—铅基合金（Pb-10Sb-5Sn-0.5Cu）凝固组织，黑的枝晶是富铅的固溶体，白长方块是 SbSn 金属间化合物；b—Al-13%Cu-17%Ag 合金经在 $G_L \approx 27\times10^3$ K/m，$v=1.42\times10^{-6}$ m/s 的定向凝固获得的三相共晶组织

8.3.2 包晶凝固

图 8-118 所示为含 L+α→β 包晶反应的典型相图，包晶反应温度为 T_p，c_p成分点称包晶点。在平衡凝固条件下，在 $c_p \sim c_\beta$ 范围的成分都可能发生包晶反应。在金属合金中包晶凝固是非常普遍的一种凝固，很多重要的工业合金如钢、铜合金、稀土永磁材料、高 T_c 的超导体（T_c是超导的临界温度）显示，在它们相图中包晶反应范围产生的相和组织对材料加工工艺及性能的选择都是至关重要的。

8.3.2.1 包晶平衡凝固浅述

讨论图 8-118 所示的 A-B 二元相图 c_0成分（60%B）的合金缓慢冷却（接近平衡凝固）的情况。当合金冷却进入 L+α 两相区（即从 α 液相线温度到包晶温度 T_p 的区域）时，发生固溶体 α 相结晶，当温度到达比包晶温度稍高的温度（例如 T_p+1℃）时，成分为 80% B 的液相（$L_{(80\%)}$）和成分为 23% B 的 α 相（$\alpha_{(23\%)}$）两相平衡，它们的相对量分别是 ζ^L=64.9%和 ζ^α=35.1%。这两个相在经过包晶温度发生包晶反应，转变为单一的成分为 c_0的 β 相（$\beta_{(60\%B)}$），所以，在比包晶温度稍低的温度（例如 T_p－1℃）全部为单一的 β 相，见图 8-118。包晶反应一般是生成相（β 相）依附于反应的固相（α 相）形核，逐渐把 α 相包围起来，把参与反应的液相和固相隔开，因生成相 β 的成分与反应液相和 α 相均不相同，必须有液相和 α 相之间的扩散才能达到 β 相所必要的成分。通过扩散靠消耗液相和 α 相使 β 相长大。图 8-118 左侧的一个组织图示意说明了包晶反应的中间过程。如果合金成分偏离 c_0成分，则在包晶反应温度存在的两相的相对量不是正好发生完全反应的比例，这样在包晶反应后除了生成相之外还会留下多余的液相（图 8-118 中 c_0以右的成分）或者留下多余的固相（图 8-118 中 c_0以左的成分）。例如图 8-118 中的 c_1（73%B）成分合金，在比包晶温度稍高的温度下也是存在 $L_{(80\%)}$和 $\alpha_{(23\%)}$两相，两相的相对量分别是 ζ^L = 73.4%和 ζ^α = 26.6%，其中液相的比例比完全包晶反应的大，在包晶反应后，除了生成相 $\beta_{(60\%B)}$相外，还会余下部分液相 $L_{(80\%)}$，相对量为ζ^L=65%。随后冷却液相继续结晶出固溶体 β 相，直至到达 β 的固相线温度时，剩余的液相全部结晶为 β 相。对于图 8-118 中 c_0成分以左的合金，在包晶反应前也是有 $L_{(80\%)}$和 $\alpha_{(23\%)}$两相，但包晶反应后余下的是 $\alpha_{(23\%)}$相，最终有 β 和 α 两相。

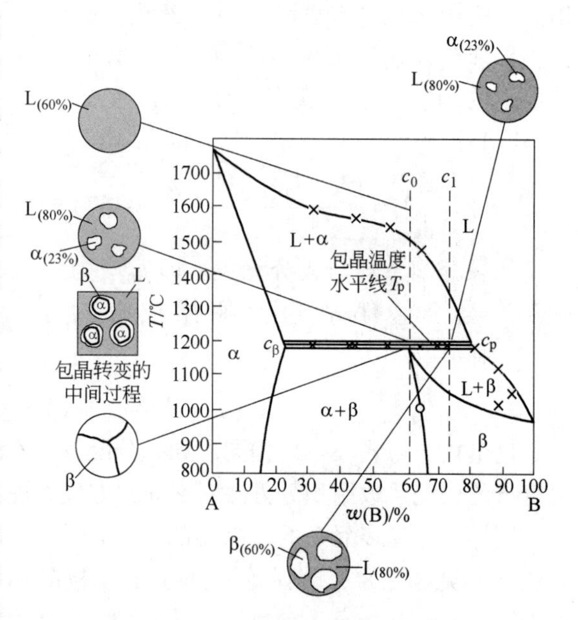

图 8-118 一个含包晶反应体系的相图及平衡凝固过程和组织

8.3.2.2 包晶凝固机制

包晶凝固过程是由一个液相和一个固相反应生成另一个固相，例如图 8-118 中的 L+α

→β，其中β是富B相。β的生成可以有3种机制：（1）在连续冷却时液相中β相不依附α相形核，直接在液相中单独生长。（2）β相依附α相形核，但B原子在液相扩散，使β相向液相推进，同时液相向α相推进，如图8-119a所示，有人把这个过程称为包晶反应。（3）β相依附α相形核，然后通过B原子在β相扩散，使β相同时向液相和α相两方扩展，如图8-119b所示，有人把这个过程称为包晶转变；第（2）种称为包晶反应的机制常在高生长速度下发生，这时，第二相（β相）的生长不仅取决于合金系还取决于生长条件。

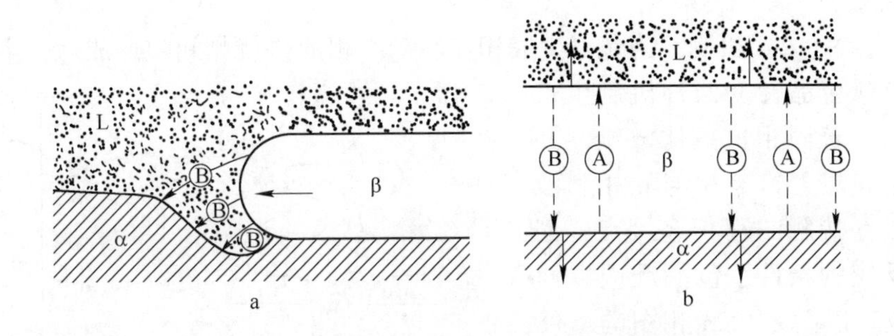

图8-119 包晶凝固的生成相形成的两种机制示意图

a—包晶反应机制；b—包晶转变机制（虚线箭头表示原子扩散方向，实线箭头表示界面移动方向）

首先讨论上述的（1）机制，在连续冷却定向凝固时经常发生这种情况。图8-120a为凝固过程组织分布示意图，图8-120b为Pb-Bi相图，其中包含L+α→β反应。在定向凝固时，设界面保持局部平衡，在每个温度下液相成分保持均匀，固相无扩散（或者固相扩散很慢，可以忽略）。如果固/液界面保持平面，处理这种情况成分分布的最简单方法是采用Scheil方程。例如，成分c_0为$w(\mathrm{Bi})=20\%$的合金定向凝固，在冷却凝固时首先结晶出α相，成分为k_0c_0，α相生长排出Bi原子，固相（或液相）成分沿凝固方向的分布按Scheil方程计算。直至液相浓度为36%（α相浓度为23%）时形成β相，因为固相无扩散，所以此时相当于成分为36%液相单独结晶出β相，β相成分沿凝固方向的分布也可

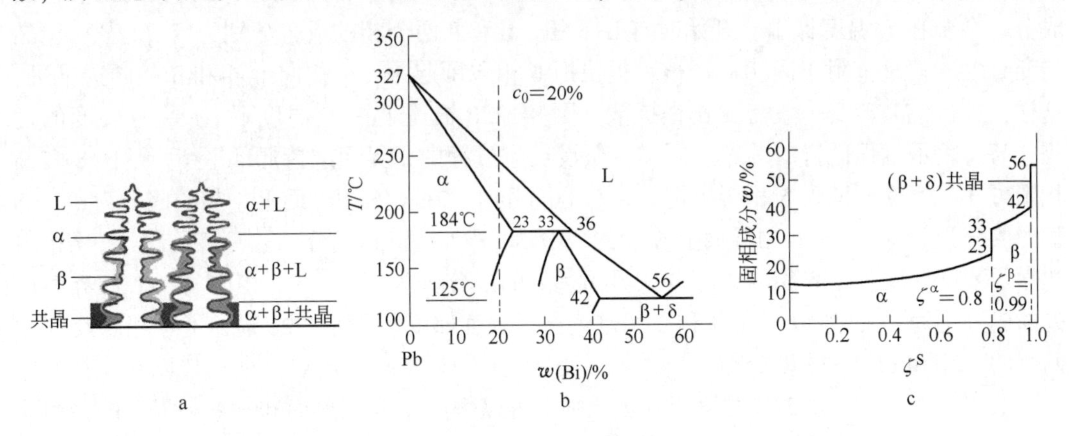

图8-120 Pb-Bi中的包晶反应L+α→β

a—液/固界面为树枝状时沿凝固方向凝固过程组织的示意图；b—相图；

c—$w(\mathrm{Bi})=20\%$的合金定向凝固按Scheil方程得出固相成分沿凝固方向分布

按 Scheil 方程计算，但是此时的 k_0 不再是原来溶质在 α 相和液相之间的分配值，而是 β 相和液相之间的分配值，这个值可以从相图近似得出，但严格的应按 k_0 与成分相关的方法求出。当液相浓度到达共晶成分（56%）时，余下的液相全部变为共晶。图 8-120c 所示为按 Scheil 方程得出的沿凝固方向固相的成分分布。

定向凝固时如果 α 相/液相界面不是平面，α 相以树枝晶生长，则 β 相在 α 相树枝晶间隙中形成，因为固相无扩散，Bi 原子只能通过液相扩散，开始时 β 相可以按上述的（2）机制生长（图 8-119a），但当 β 相把 α 相与液相隔开后，β 相向液相排出 Bi 原子单独向液相生长。

讨论上述的（2）机制。当包晶生成相在原来固相的树枝晶间隙形成后，生成相可能以包晶反应或包晶转变两种机制生长（图 8-121a），若固相扩散比较慢，并且在树枝晶间隙上的 γ 相与 δ 相和液相之间有相互接触的三相连接点，创造了包晶反应的条件，包晶反应以液相扩散完成。以图 8-122a 相图的 L+δ→γ 包晶反应作为例子看，包晶反应的液相两侧分别为 γ 和 δ 相，液相在 L/γ 界面上的浓度是 $c^{L\gamma}$，液相在 L/δ 界面上的浓度是 $c^{L\delta}$，在液相层有浓度梯度，如图 8-121b 所示。因为这种机制主要是液相扩散控制，液相扩散后，在 L/γ 界面上的浓度降低，为了维持界面的局部平衡，必须把界面液相侧的溶质浓度提高，唯一的办法是使界面向高浓度相方向推移，这样可以从高浓度相排出溶质原子来提高界面两侧的浓度，所以，界面向液相推移。液相扩散同时使在 L/δ 界面上的浓度升高，为了维持界面的局部平衡，按同样道理，界面向低浓度相方向推移，即向 δ 相移动。这样，最终完成 L+δ→γ 反应。

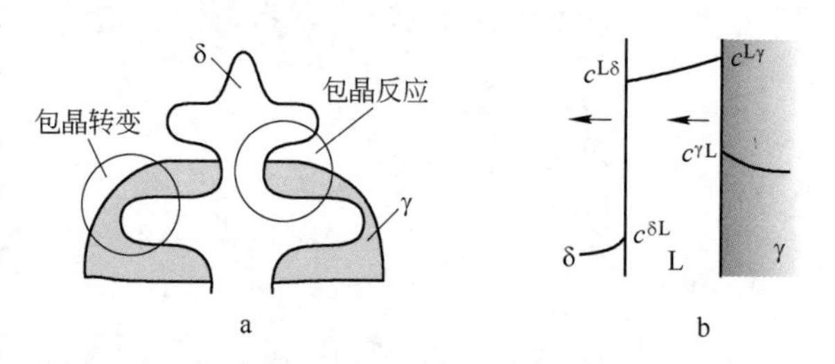

图 8-121　在树枝晶间隙形成包晶生成相的两种机制
a—包晶转变和包晶反应示意图；b—包晶反应过程在液相中的浓度分布（箭头表示界面移动方向）

讨论上述的（3）机制。同样以图 8-122a 所示的 A-B 二元系部分相图为例讨论。包晶成分 c_p 合金在 T_1 温度保温，开始时有 L+δ 相，L 和 δ 两个相的成分分别为 $c^{\delta L}$ 和 $c^{L\delta}$。包晶转变时生成相 γ 依附于固相 δ 形核，很快把 δ 相包围起来，γ 相向 L 相和 δ 相两边推进，这样，进行包晶转变一般需要长程扩散。图 8-122b 描述了在 T_1 温度下 L+δ→γ 转变的过程，箭头表示过程进行的顺序。同样，假设反应过程中相界面维持局部平衡。从图 8-122a 相图可知，当 γ 相依附 δ 相析出把 δ 相与 L 隔开时，在 γ/δ 相界面上 γ 相的成分为 $c^{\gamma\delta}$，δ 相的成分为 $c^{\delta\gamma}$；在 γ/L 相界面上 γ 相的成分为 $c^{\gamma L}$，L 相的成分为 $c^{L\gamma}$。因此，在 γ 相内建立了浓度梯度。在 δ 相内离 γ/δ 相界面远处的成分仍为 $c^{\delta L}$，在 L 相内离 γ/L 相界面远处的成分仍为 $c^{L\delta}$，所以，在 L 和 δ 相也建立了浓度梯度。图 8-122c 描述了 γ 相以及 γ 相两侧的 L 相和 δ 相的浓度分布。

参照第 7 章 7.4.4.2 节讨论的方法原则上可以解出 γ/L 相界面和 γ/δ 相界面的移动速度，并且从讨论单个界面移动速度的式(7-134)可知，γ/L 相界面是向液相推移、γ/δ 相界面是向 δ 相推移的。也可以简单地从维持界面局部平衡来看界面推移的方向。γ/L 界面两侧的浓度分布都使溶质原子扩散离开界面，为了维持界面局部平衡，必须把界面两侧的

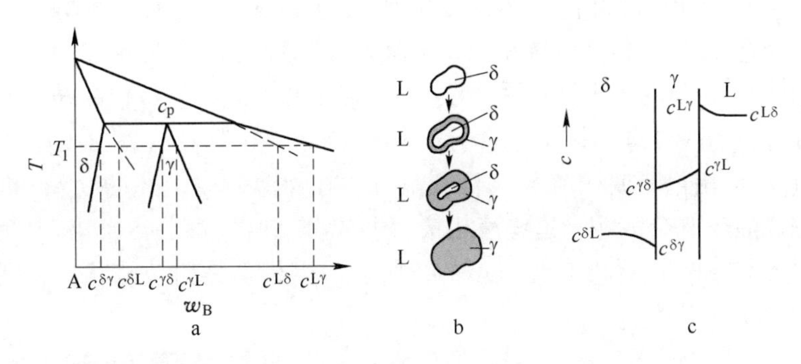

图 8-122　说明 L+δ→γ 转变过程的示意图

a—A-B 二元系部分相图；b—包晶反应的顺序（箭头方向）；
c—γ 相以及 γ 相两侧的 L 相和 δ 相的浓度分布

溶质浓度提高，唯一的办法是使界面向高浓度相方向推移，这样可以从高浓度相排出溶质原子来提高界面两侧的浓度。界面 L 相一侧的浓度比 γ 相一侧高，所以，界面向液相推移。同样道理，γ/δ 界面两侧的浓度分布都使溶质原子扩散流向界面，为了维持界面局部平衡，必须把界面两侧的溶质浓度降低，唯一的办法是使界面向低浓度相方向推移，这样生成高浓度相可以吸收溶质原子以降低界面两侧的浓度。界面 δ 相一侧的浓度比 γ 相一侧高，所以，界面向 δ 相推移。因为包晶转变需要长程扩散，如果假设扩散系数和界面成分不随温度改变，γ 相的增厚与时间的平方根成正比。又因为固相扩散比较慢，所以，这种方式的转变是非常慢的，在连续冷却时，往往不能转变完全。

图 8-123 所示为用共焦扫描激光显微镜观察在 1765K 红外影像炉中保温的 $w(C)=0.42\%$的 Fe-C 合金包晶转变 L+δ→γ 的原位动力学演化图片（Fe-C 相图见图 5-22）。在开始时（图 8-123a，0s）存在液相和 δ 相，保温 0.2s 后，在 δ 相外围包围一层 γ 相（图 8-123b,图中虚线表示 γ/δ 的相界面），保温时间延长，γ 相层向液相和向 δ 相两边推进而增厚（图 8-123c），时间继续延长，最后，大多数 δ 相块完全消失（图 8-123d）。

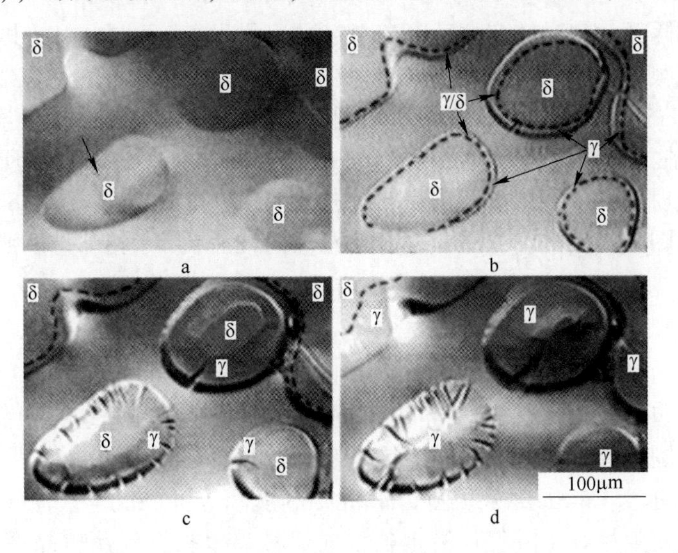

图 8-123　$w(C)=0.42\%$的 Fe-C 合金在 1765K 保温发生包晶转变 L+δ→γ 的原位动力学观察图片

a—0s；b—0.2s；c—3s；d—7s

图 8-124a 所示为 Bi-Au 相图，图 8-124b 所示为 $w(\mathrm{Au})=40\%$的 Bi-Au 合金以包晶转变机制生成的包晶组织。试样从液相冷却到 450℃保温 5h，这时有液相 L 和（Au）相，然后冷却到 300℃（在包晶平台温度 373℃以下）保温 2h，此时进行包晶转变：L+(Au)→β(Au_2Bi_3)，β 相（图 8-124b 中灰色的相）在初生的（Au）相（图 8-124b 中白色的相）上形核并把（Au）相包围使（Au）与液相隔开，在保温时以上述的（3）机制进行包晶转变。转变完成后还剩余液相，这些液相最后形成 Bi+β 共晶（图 8-124b 中黑色的基体）。β(Au_2Bi_3)化合物的液/固界面是光滑型的，所以初生相不是树枝晶状，看到它的形状是规则的有棱角的块状晶体。

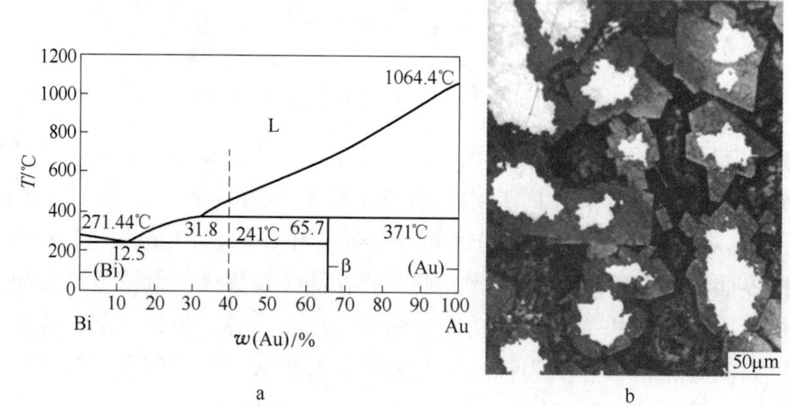

图 8-124 $w(\mathrm{Au})=40\%$的 Bi-Au 合金的包晶转变

a—Bi-Au 相图；b—$w(\mathrm{Au})=40\%$的 Bi-Au 合金从液相冷却到 450℃保温 5h，然后冷却到 300℃保温 2h，最后冷却到室温

图 8-125a 所示为 Cd-Cu 部分相图。图 8-125b 所示为 $w(\mathrm{Cu})=10\%$的 Cd-Cu 合金以包晶转变机制生成的包晶组织。试样从液相冷却到 410℃保温 20h，再冷却到 305℃（在包晶平台温度 397℃以下）保温 2h，在这个温度进行包晶转变：L+δ(Cu_5Cd_8)→ε($CuCd_3$)，ε 相（图 8-125b 中灰色的相）在初生的 δ 相（图 8-125b 中白色的相）上形核并把 δ 相包围使 δ 相与液相隔开，包晶转变之后冷却到室温，最后液相形成 ε+Cd 共晶，因为共晶中的 ε 相的相对量很小，所以形成离异共晶，在基底就是 Cd 相（黑色）。图 8-125c 的合金成分与图 8-125b 的合金相同，从液相冷却到 410℃（L+δ 两相区）保温 20h，再冷却到 275℃保温 2h，在这个温度进行包晶转变：L+δ(Cu_5Cd_8)→ε($CuCd_3$)。所获得的组织与图 8-125b 不同，此时包围 δ 相的 ε 相的量比较多，基底也是 Cd 相。因为 δ 相和 ε 相都是化合物，所以无论图 8-125b 和 c 中的初生相有没有树枝晶状，ε 相都是规则的有棱角的块状晶体。

8.3.2.3 包晶合金定向凝固的组织

在一般的定向凝固条件下包晶合金的初生相沿凝固方向按胞状或树枝晶生长，当到达包晶平台温度后包晶生成相在初生相间隙形成，生成相以包晶反应或包晶转变机制生长，最后把初生相包围，余下的液相在低温转变为其他相。

图 8-126a 所示为 Cu-Sn 部分相图。图 8-126b 所示为 $w(\mathrm{Sn})=20\%$的 Cu-Sn 合金定向凝固的组织图。初生相 α（白色）沿生长方向树枝晶生长，到达包晶平台温度后，发生 L+α→β的包晶反应，在树枝晶间隙形成 β 相（灰色），最后的液相经共晶反应形成富 Sn

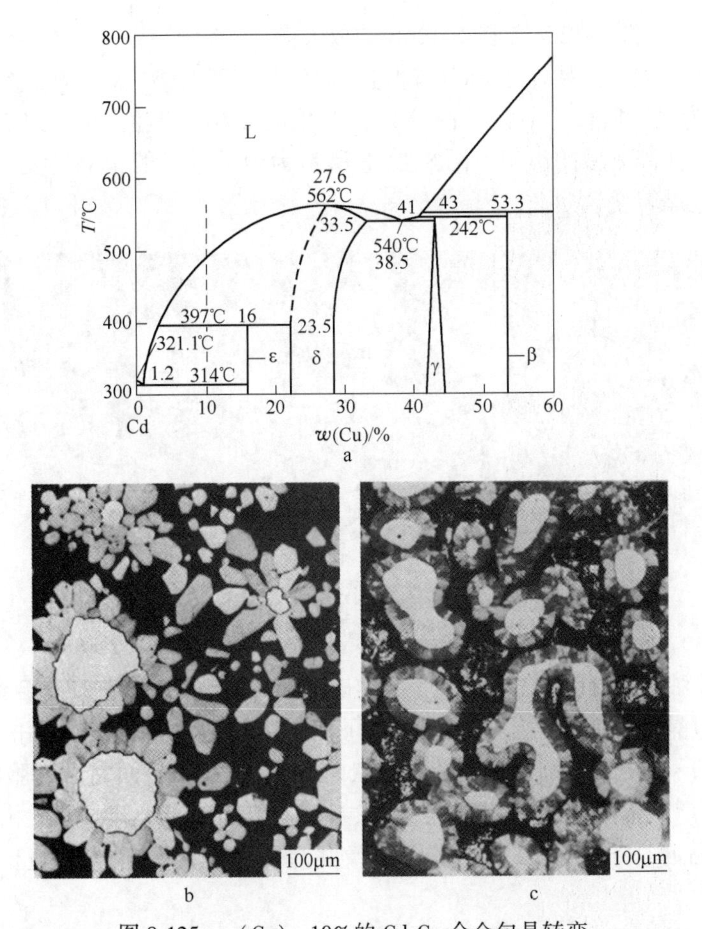

图 8-125 w(Cu) = 10%的 Cd-Cu 合金包晶转变

a—Cd-Cu 部分相图；b—w(Cu) = 10%的 Cd-Cu 合金从液相冷却到 410℃保温 20h，然后冷却到 397℃保温 2h，最后冷却到室温的组织；c—与图 b 相同的合金同样从液相冷却到 410℃保温 20h，再冷却到 275℃保温 2h，最后冷却到室温的组织

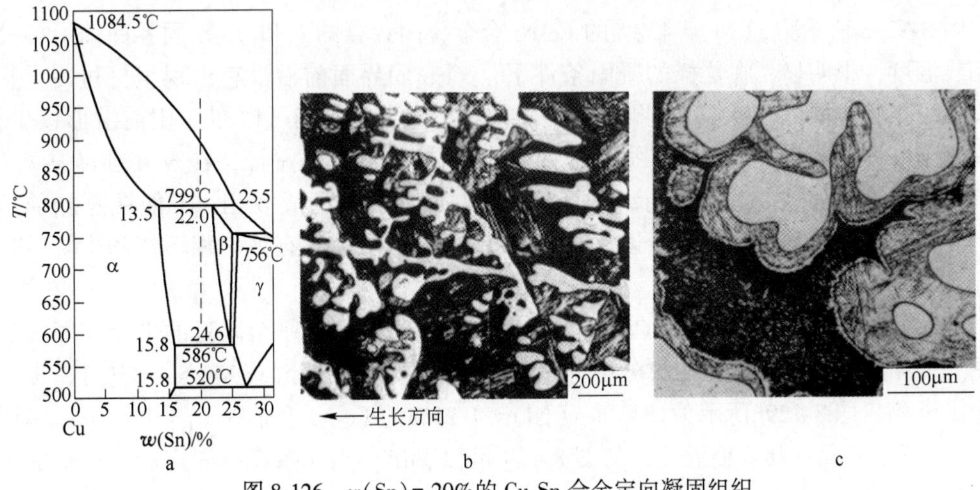

图 8-126 w(Sn) = 20%的 Cu-Sn 合金定向凝固组织

a—Cu-Sn 部分相图；b—定向凝固的组织图；c—b 的放大图

相（黑色的基底）。图 8-126c 是图 8-126b 的放大图。

图 8-127 所示为高速钢定向凝固冷却过程的包晶转变 L+δ→γ 先后三个时刻的组织图。图 8-127a 所示为最初阶段，γ 相（白色）在初生的 δ 相（黑色）上形核并把 γ 相包围，斑点色基底是液体淬火后的组织，图 8-127b 所示为随后进行的包晶转变，图 8-127c 所示为更进一步的包晶转变。

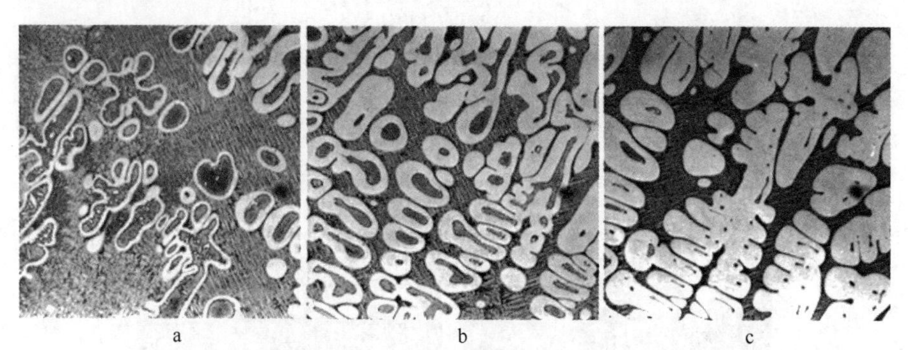

图 8-127　高速钢定向凝固冷却过程的包晶转变 L+δ→γ 先后的三个时刻的组织图（原始放大倍数×36）

Hunziker 等对定向凝固的 Fe-Ni 包晶（L+δ→γ，相图参看图 5-21）合金作了详细的讨论。不同成分包晶合金在不同定向凝固条件下获得液/固界面前沿为平面的 δ 相、液/固界面前沿为平面的 γ 相、液/固界面前沿为胞状的 δ 相、液/固界面前沿为胞状的 γ 相、液/固界面前沿均为平面的 δ 相和 γ 相带层组织、液/固界面前沿为胞状的 δ 相和液/固界面前沿为平面的 γ 相混合带层组织，甚至出现像共晶那样两相呈片层状或棒状共同生长的组织。

假设每个相形核的过冷度相同，形核速度和形核密度都足够大，若另一相在生长相界面前沿一旦形核就覆盖界面，结果，另一相在生长相的液/固界面前沿就不可能再形核，则认为在所选择的远场成分（远离界面的成分）和凝固条件下是稳定的，这个判据是考虑了形核或组分过冷的，称之为 NCU 判据。

图 8-128a 所示为 $x(\mathrm{Ni})=4.2\%$ 的 Fe-Ni 合金凝固计算的 δ 和 γ 液/固界面前沿各处的液相线温度，很明显，在这样的凝固条件下，δ 液/固界面前沿没有出现组分过冷，它以平面前沿生长，但此时 γ 液/固界面前沿出现组分过冷，γ 相可以在 δ 相前沿形核生长，并可以阻断 δ 相的生长。同样，类似地如果 γ 相液/固界面是平面，在 γ 相前沿某处有 δ 相的组分过冷，如图 8-128b 所示（灰色领域），则在此处形成 δ 相，不能在 γ 相前沿形核，M 指示最大组分过冷处。所以，只有在液/固界面前沿没有另一相形核和生长时这个相才能稳态生长。

图 8-129a 所示为用 Thermo-Calc 计算的 Fe-Ni 合金在包晶平台附近的平衡相图和亚稳相图。从相图看出，即使液相成分小于在包晶平台的 γ 相成分（$x(\mathrm{Ni})=4.33\%$），也可能凝固出 γ 相。图 8-129b所示为计算的 $x(\mathrm{Ni})=4.25\%$ 的 Fe-Ni 合金在 $G_L=12\mathrm{K/mm}$ 不同生长速度 v 下，δ 和 γ 相界面温度。从图 8-129 可以看出，当体系成分固定后，在低的生长速度时 δ 相界面的温度比 γ 相的低很多，又因 δ 相的液相线温度比 γ 相的高，所以 δ 相的过冷度比 γ 相的大得多，也即 G_L/v 约等于和小于 $1.2\times10^{-8}\mathrm{s\cdot K/m^2}$ 时凝固是以 δ 相生长

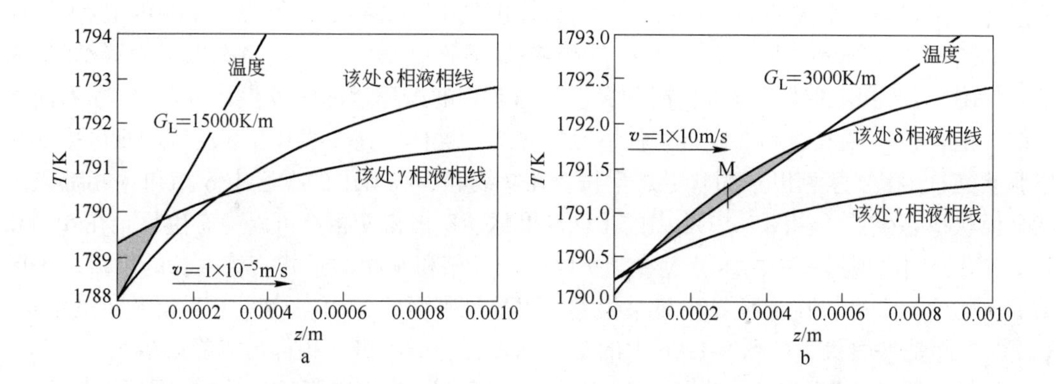

图 8-128 在给定凝固条件下（$v=10^{-5}$m/s），x(Ni)=4.2%的 Fe-Ni 合金温度梯度 G_L=15000K/m 凝固的δ和γ液/固界面前沿各处的液相线温度（a）及 x(Ni)=4.4%的 Fe-Ni 合金 G_L=3000K/m 凝固的δ和γ液/固界面前沿各处的液相线温度（b）

（O. HUNZIKER, M. VANDYOUSSEFI and W. KURZ Acta mater. Vol. 46, No. 18, pp. 6325~6336, 1998）

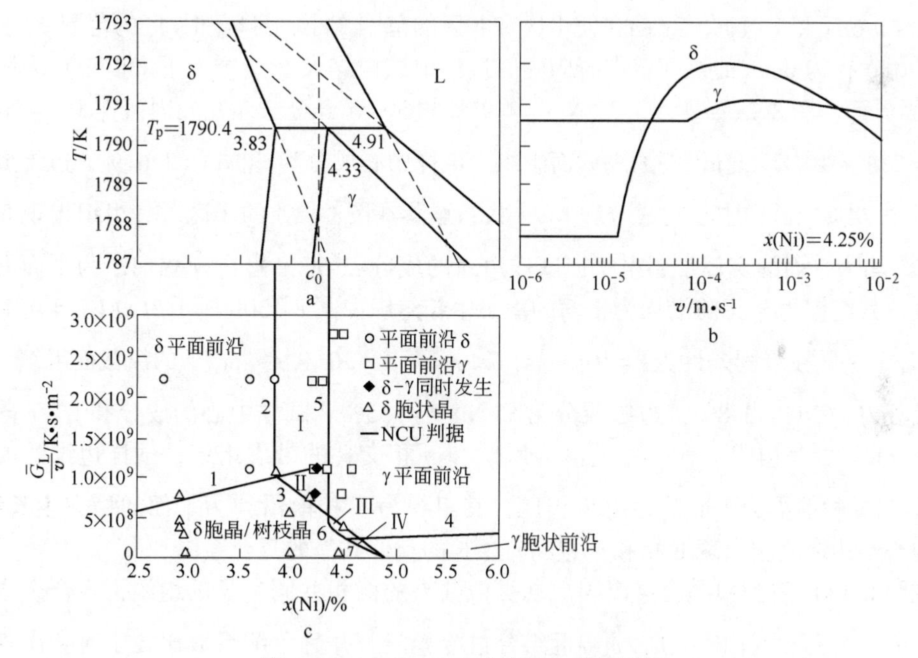

图 8-129 对 Fe-Ni 合金有关包晶的计算

a—用 Thermo-Calc 计算的 Fe-Ni 合金在包晶平台附近的平衡以及亚稳相图；b—计算的 x(Ni)=4.25%的 Fe-Ni 合金在 G_L=12K/mm 下的δ和γ相界面温度；c—按 NCU 模型获得在 $\overline{G}_L/v$、成分对应的凝固组织分布图，其中的符号是实验数据

（M. VANDYOUSSEFI {H. W. KERR and W. KURZ Acta mater. 48, 2000: 2297~2306}）

的。当 G_L/v 加大后，δ相界面的温度比γ相的高，δ相和γ相都有可能生长。

图 8-129c 是按照简单的 NCU 模型（忽略了δ相和γ相形核所需的过冷）获得的成分与 G_L/v 决定的定向组织分布图。图 8-129c 中的 2 线是以组分过冷判据(见式(8-71))计算的δ相液/固界面为平面的界线；图 8-129c 中 1 线和 4 线分别是计算的δ相和γ相的液/固界面从平面转为胞状或枝晶状(见式(8-131))的界线；在γ相液/固界面前的δ相的组

分过冷区位置随合金成分和 G_L/v 改变，当 δ 相的组分过冷发生在离开 γ 相的液/固界面处，如图 8-129b 所示，则 δ 相不能在 γ 相液/固界面上形核，γ 相稳态以平面液/固界面生长，图 8-129c 中 5 线是这种情况的界线；当 δ 相的组分过冷区发生在 γ 相液/固界面边上时，图 8-129c 中 6 线和 7 线是这种情况的界线，这样，在 6 线和 3 线所围的Ⅲ区中 δ 相以胞状稳态生长，γ 相以平面状稳态生长，在 7 线和 3 线所围的Ⅳ区中 δ 相和 γ 相都以胞状平面状稳态生长。在图 8-129c 中的Ⅰ区和Ⅱ区，δ 相和 γ 相都可以稳态生长，在 δ 相和 γ 相前沿分别出现另一相的组分过冷，所以形成 δ 相和 γ 相的带状交替生长的组织。Ⅰ区与Ⅱ区的不同点是：在Ⅰ区 δ 相和 γ 相的界面都是平面状，而在Ⅱ区中 δ 相界面是胞状，γ 相的界面是平面状。在图 8-129c 中的Ⅲ区和Ⅳ区，δ 相和 γ 相都可以稳态生长，Ⅲ区 δ 相以胞状生长，γ 相以平面状生长；而在Ⅳ区，δ 相和 γ 相都以胞状生长。在Ⅲ区和Ⅳ区中，究竟是 δ 相还是 γ 相稳态生长，取决于凝固条件，如果 δ 相凝固条件先到达这两个区域，则只有 δ 相稳态生长；相反如果 γ 相凝固条件先到达这两个区域，则只有 γ 相稳态生长。

当不忽略 δ 相和 γ 相形核所需的过冷时，组织分布图的形貌相同，不过各个区域的相对位置有所改变。例如，δ 相和 γ 相形核需有过冷时，图 8-129c 中的 2 线、3 线向右移动，5 线、6 线和 7 线向左移动，使Ⅰ区和Ⅱ区的范围变小，Ⅲ区和Ⅳ区的范围变大。

采用直径为 6mm 的试样，在凝固中间过程把试样淬火（急冷）下来以观察凝固过程的液/固界面。图 8-130a 所示为 $x(\mathrm{Ni})=3.97\%$的 Fe-Ni 合金试样在凝固条件为 $v=5\mu\mathrm{m/s}$，$\overline{G}_L/v=2.3\times10^9\mathrm{K\cdot s/m^2}$ 下的纵截面组织。试样中心成分为 $x(\mathrm{Ni})=3.61\%$，边缘成分为 $x(\mathrm{Ni})=4.24\%$。试样中心的成分和 $\overline{G}_L/v$ 状态点落在图8-129c的Ⅰ区，其组织出现 δ 相和 γ 相前沿均为平面的交替带层组织；试样边缘的成分和 $\overline{G}_L/v$ 落在 γ 相前沿为平面的稳态生长区，其组织为 γ 相前沿均为平面的稳态生长组织。图 8-130b 所示为 $x(\mathrm{Ni})=4.18\%$的 Fe-Ni 合金试样在凝固条件为 $v=10\mu\mathrm{m/s}$，$\overline{G}_L/v=1.3\times10^9\ \mathrm{K\cdot s/m^2}$ 下的纵截面组织。试样中心成分为 $x(\mathrm{Ni})=3.8\%$，边缘成分为 $x(\mathrm{Ni})=4.35\%$。试样中心的成分和 $\overline{G}_L/v$ 落在图 8-129c的Ⅱ区，其组织出现 δ 相前沿为胞状和 γ 相交替的带层组织；试样边缘的成分和 $\overline{G}_L/v$ 落在 γ 相前沿为平面的稳态生长区，其组织为 γ 相前沿均为平面的稳态生长组织。但在中心与边缘之间出现 δ 相和 γ 相同时生长的类似共晶的复合组织。

在图 8-130b 看到包晶合金凝固出现类似共晶的两相共同生长的组织，当合金成分处在两个固相的两相区内时，$\overline{G}_L/v$ 接近组分过冷界限，并且分配系数比较小时会出现这种组织。图 8-131a 所示为 $x(\mathrm{Ni})=4.49\%$的 Fe-Ni 合金试样在 $v=10\mu\mathrm{m/s}$，$\overline{G}_L/v=1.3\times10^9\ \mathrm{K\cdot s/m^2}$ 的定向凝固条件下的组织。在最上面的图是整个试样的纵截面组织图，看到在试样中心是 δ 相和 γ 相同时生长的复合组织，试样边缘是稳态生长界面为平面的 γ 相。中间的图是试样中心纵截面组织的放大图。最下面的图是试样中心横截面的组织图，看到 δ 相是片层状的，但在接近 γ 相的区域因体积分数减少，δ 相变为棒状。图 8-131b 所示为试样成分和凝固条件与图 8-131a 相同的另一试样的凝固组织。同样试样中心出现 δ 相和 γ 相同时生长的复合组织，不过在中心部分出现的是有点类似两相摆动的共晶组织（参看图 8-105），而在靠近 γ 相区域却是片层状组织。包晶合金的两相同时生长的现象尚需等待理论解释。但是，这种现象对生长原位复合材料是很有兴趣的。

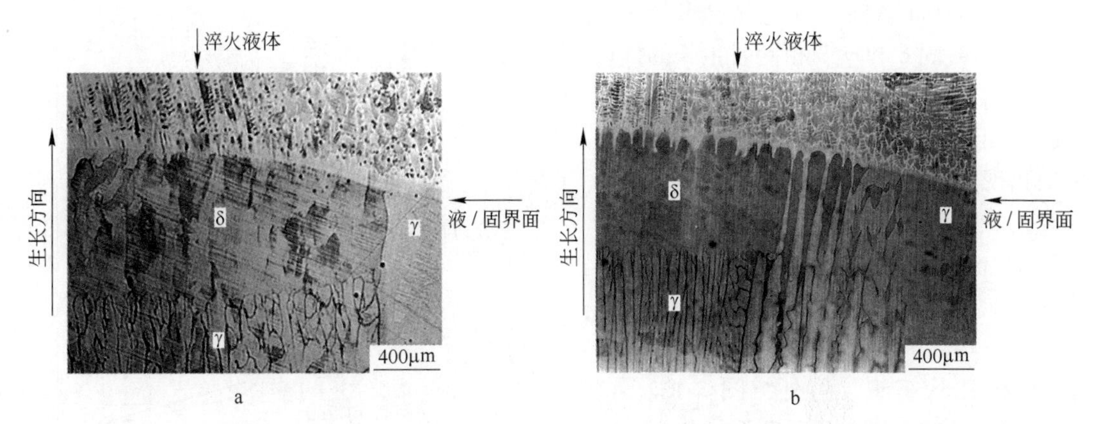

图 8-130 试样直径为 6mm 的 Fe-Ni 合金定向凝固纵截面组织

a—x(Ni) = 3.97%，凝固条件为 v = 5μm/s，$\overline{G}_L/v = 2.3 \times 10^9 \mathrm{K \cdot s/m^2}$，试样中心成分 x(Ni) = 3.61%，边缘成分为 x(Ni) = 4.24%；b—x(Ni) = 4.18%，凝固条件为 v = 10μm/s，$\overline{G}_L/v = 1.3 \times 10^9 \mathrm{K \cdot s/m^2}$，试样中心成分 x(Ni) = 3.8%，边缘成分为 x(Ni) = 4.35%

（M. VANDYOUSSEFI，H. W. KERR and W. KURZ Acta mater. 48，2000：2297～2306）

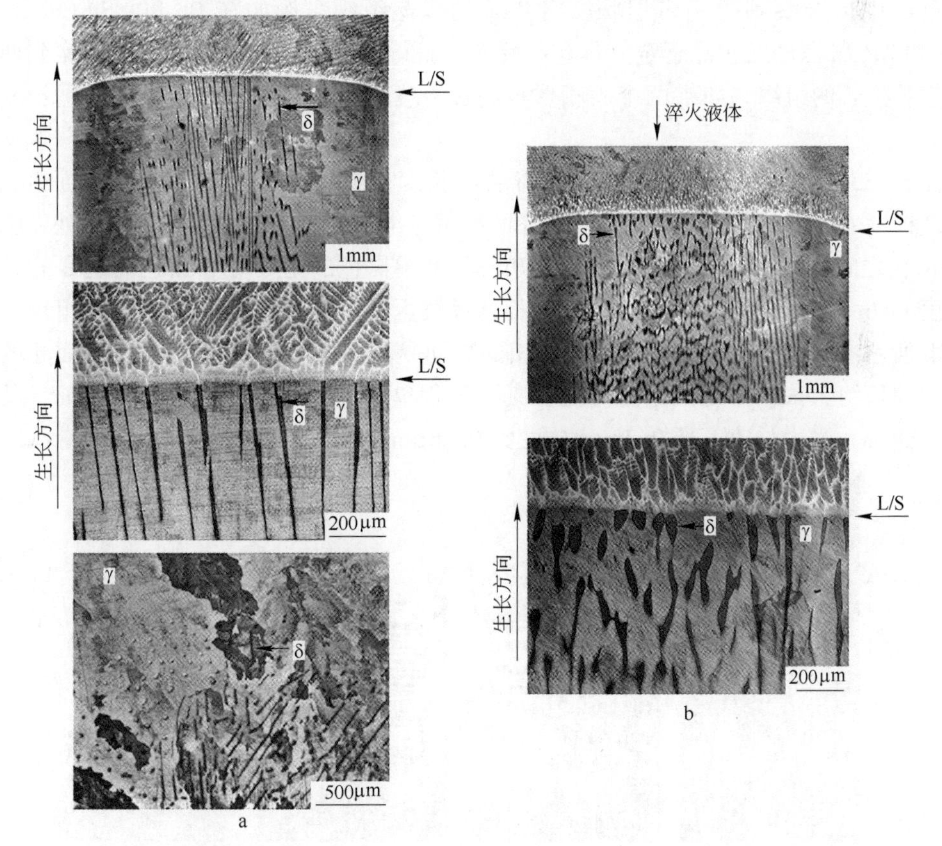

图 8-131 试样直径为 6mm，x(Ni) = 4.49%的 Fe-Ni 合金定向凝固纵截面组织

a—试样中心成分 x(Ni) = 4.22%，边缘成分为 x(Ni) = 4.58%；b—上图是 $\overline{G}_L/v = 1.3 \times 10^9 \mathrm{K \cdot s/m^2}$，试样中心成分 x(Ni) = 4.22%，边缘成分为 x(Ni) = 4.58%，下图是试样中心部分组织的放大图

把上面讨论的 Fe-Ni 包晶合金的稳态定向凝固 δ 和 γ 两相同时生长的组织总结在图 8-132 中，并在各个区域给出组织形态示意图。在高的 G_L/v 时出现两相交替带层状组织；随着 G_L/v 减小，出现两相并排的片层组织；G_L/v 继续减小，在靠左侧出现两相摆动组织，靠右侧则出现棒状并排组织；G_L/v 再减小，只有 δ 相的胞状/树枝状组织。另外，图 8-132 中虚线以及左侧线，是采用形核长大模型计算的 γ 平面前沿的界线，其中一个是设形核过冷为 0，另一个是设形核过冷为 0. 2K。

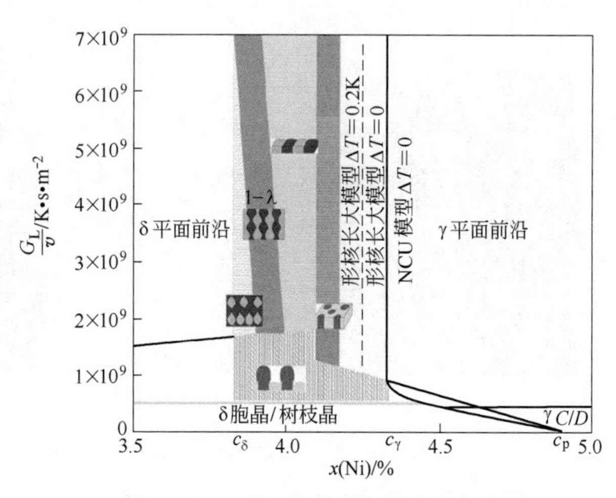

图 8-132　Fe-Ni 包晶合金的稳态定向凝固 δ 和 γ 两相组织分布图

（Dobler S，Lo T S，Plapp M，Karma A. Acta Mater 2004：52）

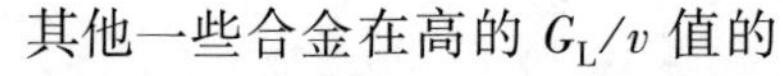

其他一些合金在高的 G_L/v 值的定向凝固中也观察到两相带层状交替生长的包晶组织。例如在 Pb-Bi、Sn-Cd、Sn-Sb、Cu-Zn和 Ag-Zn 系的亚包晶合金（即包晶反应后获得两个固相的成分）中都观察到两相带层状交替生长的组织。如果两个固相形核的过冷度都相同，则带状的距离与生长速度成反比。

图 8-133 所示为 $x(\mathrm{Bi})=33\%$的 Pb-Bi 合金长度为 100mm 凝固试样的纵截面组织，凝固温度梯度 $G_L=2.7\times10^4$K/m。图 8-133a 的组织是生长速度$v=1.4\mu$m/s，β 相处在胞状领先相 α 相之间，带状 α 胞晶间距约为 130μm，其中黑色的是 α 相，白色的是 β 相。当生长速度 $v=0.83\mu$m/s 时，在从 α 相到 β 相的过渡区域观察到两相交替的带层组织，如图 8-133b 所示。在带层组织中，α 相与液相的界面是胞状的，而 β 相的则是平面状的。带层组织伸长约 3mm，带之间的距离随着凝固过程单调地减小，开始时为 400μm，最后减小为 200μm。当生长速度从 0. 28μm/s 变到 0. 56μm/s 时，在过渡区域形成的带状组织是

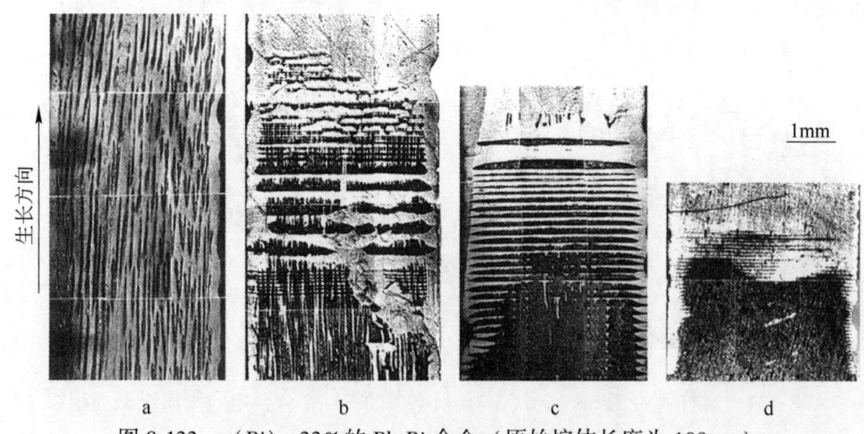

图 8-133　$x(\mathrm{Bi})=33\%$的 Pb-Bi 合金（原始熔体长度为 100mm）在 $G_L=2.7\times10^4$K/m 定向凝固的截面组织

a—生长速度 $v=1.4\mu$m/s；b—$v=0.83\mu$m/s；c—$v=0.56\mu$m/s；d—$v=0.28\mu$m/s

从平面的 α 相到平面的 β 相，然后又是平面的 α 相，重复出现。带状长度在 1～30mm 之间，见图 8-133c 和 d。

8.3.3 偏共晶凝固

偏共晶反应是由一个液相生成另一个液相和一个固相：$L_1 \rightarrow L_2 + \alpha$，其中 L_1 和 L_2 是不同成分的两个液相。工业铁基合金中的硫化物和硅酸盐夹杂都是由偏共晶凝固形成的，含铅的易削铜合金也包含偏共晶反应。因为偏共晶凝固有生产并排生长的复合材料的潜在可能性，所以对它的研究大都集中在定向凝固方面的研究。本节也集中讨论偏共晶的定向凝固。

含偏共晶反应的相图一般都与液相互溶间隙相联系，在相图中互溶间隙像一个穹顶，在穹顶的温度称汇溶温度 T_c（临界温度），根据偏共晶平台温度 T_{mo} 与 T_c 的比值（T_{mo}/T_c）的大小把偏共晶合金分为两类：$T_{mo}/T_c > 0.9$ 的称低穹合金，$T_{mo}/T_c < 0.9$ 的是高穹合金。图 8-134 所示为含低穹型偏共晶反应相图的例子：Cu-Pb 相图，其中偏共晶反应是 $L_{1(36\%)} \rightarrow L_{2(87\%)} + \alpha(Cu)$，在低温时，$L_2$ 液相发生共晶凝固：$L_{2(99.4\%)} \rightarrow \alpha(Cu) + (Pb)$。因为共晶成分十分靠近纯 Pb，所以把共晶部分的相图放大画在相图中。从相图看出 α(Cu)+(Pb)共晶中主要是 Pb 相，所以往往形成离异共晶。

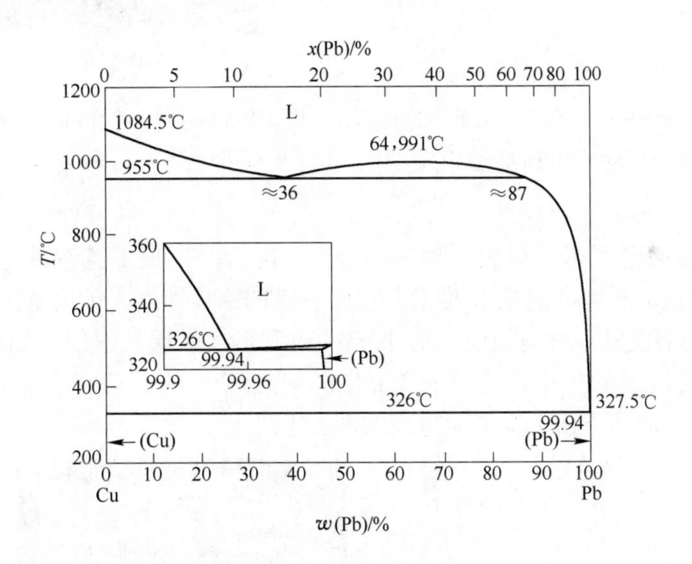

图 8-134 Cu-Pb 相图

（其中含 $L_{1(36\%)} \rightarrow L_{2(87\%)} + \alpha(Cu)$ 偏共晶反应，相图中间的图是相图共晶部分的放大图）

在定向凝固的偏共晶合金的组织形貌取决于 L_2 液相和 α 之间的浸润程度（即 L_2 液相和 α 之间的润湿角 θ 的大小）、两个液相的密度差和凝固速度。关于浸润程度主要看如下的不等式是否成立：

$$\gamma_{SL_1} + \gamma_{L_1L_2} > \gamma_{SL_2} \tag{8-169}$$

式中，γ 为界面能，下标表示两个相之间的界面。如果上述的不等式成立，则形成规则的纤维（棒状）组织，共晶生长理论经一些修正就可以应用与讨论这种情况。当不等式

(8-169)不成立，即L_2与S不浸润时，则L_1将会存在于L_2与S界面之间，即L_1择尤与S浸润而排斥L_2。这是偏共晶生长的理想浸润情况，这时L_2会在生长的S界面前沿的L_1相中形成小液滴。随着生长过程进行，L_2的液滴被界面推向前，并且液滴的尺寸增加直至达到某一临界尺寸后被生长的S相包围吞没。这个临界尺寸的大小取决于液滴周围的液流情况。当凝固速度增加时，不规则半连续的液相棒可以部分地被包围在固相中，如图8-135所示。当凝固速度再增加时，则形成由相互连接的不规则的液滴不连续地按一定程度线性排列的组织。理想浸润情况经常在低穹型偏共晶合金发生。图8-136所示为w(Pb)= 70%的Cu-Pb合金在凝固速度v=778μm/s（生长速度非常高）和G_L = 12K/mm的定向凝固组织，显示沿凝固方向不连续的液滴（转变为Pb相）分布。

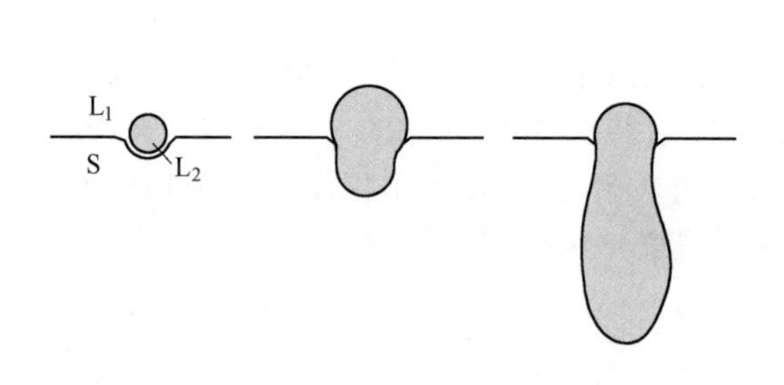

图8-135　在不规则偏共晶生长时L_2液滴被推向前、生长并被固相包围吞没的示意图

图8-136　w(Pb)= 70%的Cu-Pb合金在凝固速度v=778μm/s和G_L = 12K/mm的定向凝固组织

对于L_1和L_2的密度相差很大的偏共晶合金，能否凝固成不连续或连续的纤维（棒状）复合材料受组分过冷和能把L_2推前并包围吞没的临界速度v_{cr}的限制，只有当凝固速度大于v_{cr}时才会形成复合材料组织，而小于v_{cr}时则形成带层状组织，如图8-137a所示。图8-137b是带层组织的一个例子，它是w(Pb)= 37.37%的Cu-Pb合金在凝固速度v = 4.4μm/s下凝固方向从下而上纵截面呈现的带层组织。

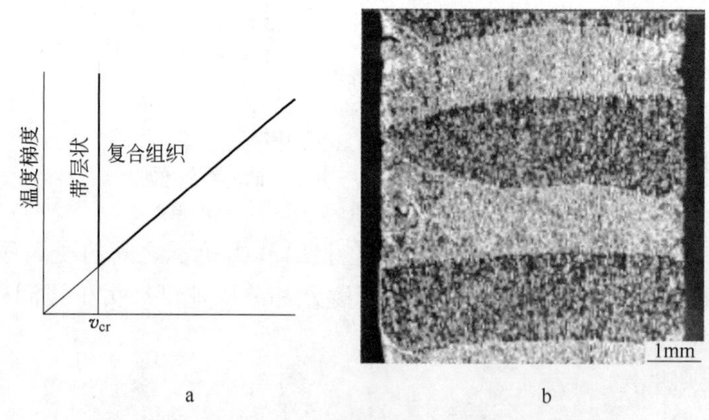

图8-137　偏共晶合金凝固组织与凝固条件的关系

a—复合组织形成受组分过冷以及v_{cr}的限制；b—w(Pb)= 37.37%的Cu-Pb合金在凝固速度v=4.4μm/s下凝固方向从下而上的纵截面呈现带层组织（I. Aoi等）

图 8-138 示意说明了 c_0 成分的 Cu-Pb 合金定向凝固形成带层组织的机制，凝固方向是从下到上。图 8-138a 所示为（密度大的）L_2 相在 L_1/S 界面上沉积，中间的图是描述凝固各层的成分，右边的是相图。图 8-138b 所示为 L_2 堆积并覆盖 L_1/S 界面（图 8-139），当产生了富 Pb 的 L_2 层后，增加 L_1/L_2 界面相对偏共晶温度的过冷。图 8-138c 所示为在富 Pb 层上 α(Cu) 相形核，同时在生长界面前沿重新回复图 8-138a 所示的过冷。如此反复就形成带层状组织。

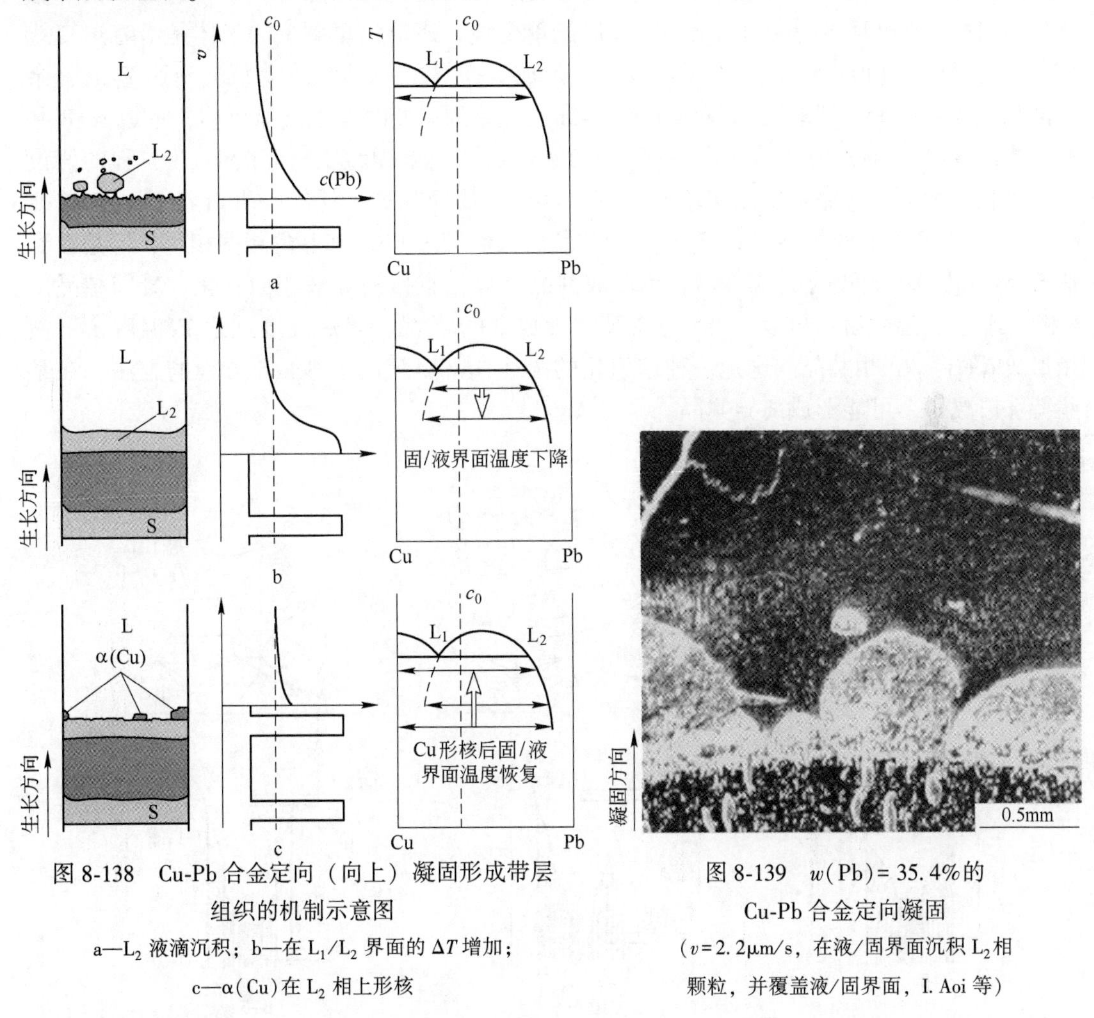

图 8-138 Cu-Pb 合金定向（向上）凝固形成带层组织的机制示意图

a—L_2 液滴沉积；b—在 L_1/L_2 界面的 ΔT 增加；c—α(Cu) 在 L_2 相上形核

图 8-139 w(Pb) = 35.4% 的 Cu-Pb 合金定向凝固

（v = 2.2μm/s，在液/固界面沉积 L_2 相颗粒，并覆盖液/固界面，I. Aoi 等）

对于高穹型偏共晶合金，不会发生理想浸润情况，当存在 S/L_1 时能量最低，则存在稳定的三相连接点（例如像第 7 章图 7-26 的三相连接），这会形成规则的均匀的纤维（棒状）复合材料组织。这种情况是最感兴趣的，因为它可以生长原位复合材料 。对于低穹型合金可以通过加入第三种元素以改变穹顶高度，使由不规则不连续的 L_2 排列变成规则连续排列的组织。不连续或连续纤维（棒状）间的间距 λ 与生长速度 v 之间有 $\lambda^2 v$ = 常数的关系，但不规则生长的常数比规则生长的常数大两个数量级。

8.3.4 按 Scheil 方程近似的三元合金凝固过程示意描述

图 8-140 用三种不同的三元相图比较合金的 Scheil 凝固过程。以下图的矩形框表示凝

固的体积。在 Scheil 方程的假设下，凝固总是从液相线温度开始。图中靠近 A 成分为黑圆点在 T_L温度开始凝固，三种情况下形成的第一个相在都是 α 相，即使这个相的微观结构实际上可能是树枝的，在示意图简单描述为胞状。降温时，即下图的矩形框向下移动，直到矩形框的整个液体部分沿着液相面富集了 B 和 C 组分。如果固溶体是纯 A（$k_B^E = k_C^E = 0$），液体成分在液相面上会遵循一个直线路径直接远离相图的一个角落里。如果 $k_B^E \neq k_C^E \neq 0$，则液体成分在液相面路径上产生曲率。随着固相比例的增加（矩形框进一步向下移动），液体成分和温度接近相图液相线表面的单变线，矩形框里剩余的液体是沿着单变线变化。对于图 8-140a，单变线是共晶反应，形成 α+β 共晶，温度在降低，到达 T_E时，余下液相形成 α+β+γ 三相共晶。对于图 8-140b，开始的单变线是也共晶反应，形成 α+δ 共晶，当温度降低到 T_2时，按相图应该发生 L+α →δ+γ 四相反应，但在 Scheil 方程的假设下，固相扩散可以忽略，所以实质上只有 L →δ+γ 反应，这个反应一直沿着 $T_2 \rightarrow T_E$ 单变线直到 T_E温度余下液相形成 α+δ+γ 三相共晶。虽然图 8-140c 和 b 的相图相同，但是在到达 α+δ 共晶的单变线的 T_1温度后，不形成共晶，液相直接沿 δ 液相面变化，凝固结晶出 δ 相，到达 T_3温度后，再沿 L →δ+γ 单变线形成 δ+γ 共晶，最后温度到达 T_E温度余下液相形成 α+β+γ 三相共晶。这是一种理想化的描述，甚至超越了 Scheil 方程的方法。在某些特殊情况下，可能形成离异共晶。

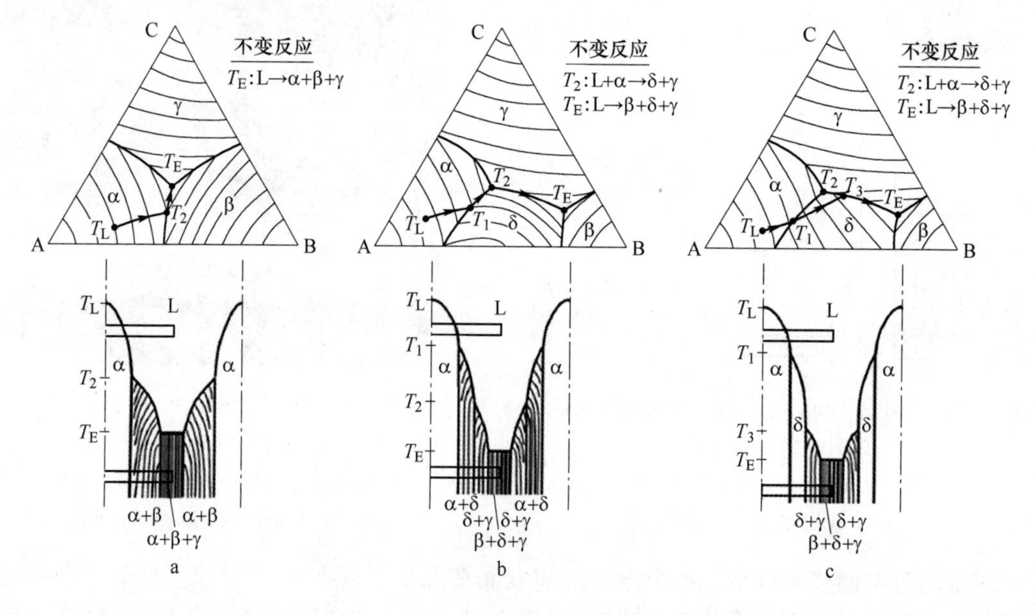

图 8-140　三种不同相图的三元合金凝固

（下侧的图是凝固时的界面形状及显微组织示意图，William J. 等，2015）

8.4　铸锭的组织和偏析

典型的铸锭组织表现为 3 个不同的区域：在铸锭的最外层是细晶区，又称激冷区，由随机取向的等轴细晶组成；然后是柱状晶区，由平行于热流方向排列的柱状晶粒组成；铸锭中心为等轴晶区，由较粗大的随机取向等轴晶粒组成。图 8-141 所示为典型的铸锭纵截面和横截面的组织示意图。铸锭的成分、凝固条件和凝固时的液体流动对这3个区域的形成和发展有很大的影响。有时铸锭中可能只有其中的一个或两个晶区。例如不锈钢常常全部是柱状晶，而经细化晶粒处理的铝合金中则全部为等轴晶。对铸锭组织的广泛研究是因为铸锭组织对铸件的力学性能有很大的影响。

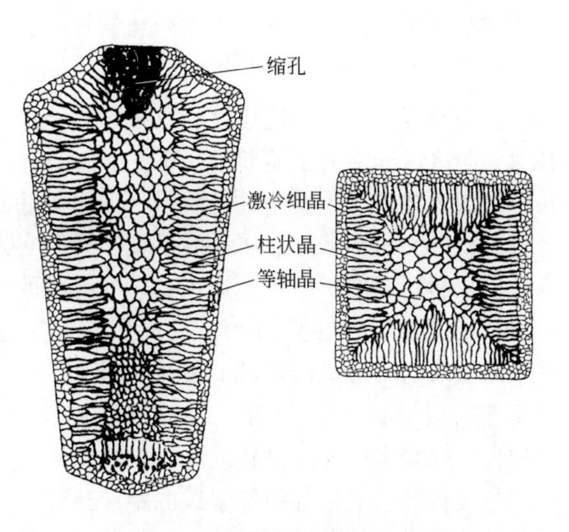

图 8-141 典型的铸锭纵截面和横截面的组织示意图

8.4.1 三个晶区的形成

8.4.1.1 细晶区（激冷区）

金属液体浇入铸模后，与温度较低的模壁接触的液体会产生强烈的过冷，加以模壁触发非自发形核的作用，在模壁产生大量的晶核，并向模内液相生长。当模壁被加热以后，这些晶体在湍流熔液的影响下，有很多从模壁上脱离下来。如果浇铸温度较低，铸锭尺寸不是很大，整个液体很快全部冷却到熔点以下，因此各处都能形核，形成全部为等轴细晶粒的组织。在一般情况下，铸模中心部分的液体会长时间停留在液相线温度以上，因此大部分离开模型的晶粒会重新熔化，只有那些仍然靠近模壁的晶粒成长而形成细晶区。

因此，激冷区组织的形成和激冷区的厚薄取决于液体金属流、金属-铸模之间的热传导、激发形核和枝晶的生长等复杂的交互作用。（1）导热性良好的铸模比导热性差的铸模（例如金属模比加热的金属模或砂模的导热性好）易使靠近模壁的液体形成大的过冷，易形成激冷区，激冷区也比较厚。（2）若浇注温度低一些，使浇注时模壁温度升高慢一些，则有利于模壁附近保持较大的过冷，即有利于激冷区形成。（3）模壁的促发形核作用越大，越易形成激冷区。例如对铸模表面不同程度的精细加工或对模壁涂层等方法改变铸模壁表面的粗糙度可以影响激冷区的形成和厚薄。图 8-142 所示为用铸模壁涂层改变铸锭组织的例子：在模壁上涂上一层光滑的炭黑，一方面炭黑层减小了模壁的热导率，即减小了靠近模壁液体的过冷度，另一方面，改变了模壁的粗糙度，降低非自发形核的几率，从而使激冷区的厚度减小（甚至消失），晶粒尺寸变大。（4）金属熔体对流可以把枝晶冲断增殖新的核心，也有利于细晶区的形成和加厚。

图 8-142 经浸蚀的一个（氧化铝坩埚）铸锭的纵截面（左侧为底部）
（模壁的一侧（图中的下侧）涂上一层光滑的炭黑，在这一侧没有激冷区，同时晶粒尺寸很大）

总之，冷的、表面粗糙的铸模，低的浇注温度和熔体的搅拌和强烈的对流，这些都有利于细晶在激冷区中形核和以增殖机制形核，从而有利于细晶区形成。

8.4.1.2 柱状晶区

当激冷区发展到一定程度后，模壁被金属加热温度不断升高，并且由于结晶时潜热的释放，激冷区前沿的温度梯度降低。随着液相温度逐渐降低，已生成的晶体向液体内生长，形成大体垂直于模壁的柱状晶。但由于晶粒生长速度是各向异性的，例如，fcc 和 bcc 合金，〈100〉是生长最快的晶向，各种取向的晶粒会竞争生长。图 8-143 所示为 3 个晶粒竞争生长的示意图，图中左边和右边的晶粒的〈100〉晶向大体垂直于等温线（与散热方向平行），中间晶粒的〈100〉晶向偏离散热方向一个 θ 角度，ΔG_L 是液相的温度梯度。每个晶粒向前（等温线方向）生长速度相同，等于 v_L，但中间的晶粒树枝晶的端部的生长速度 $v_\theta = v_L/\cos\theta$，它大于 v_L。根据强制生长的树枝晶的动力学可知，枝晶端部生长的速度越大，它端部的过冷也越大（见式(8-138)）。这样，中间晶粒的枝晶端过冷比较大，其端部与液相线温度相等的等温线的距离比较大，如图 8-143 中的 $\Delta z_\theta > \Delta z_0$，中间的枝晶前沿落后于两边的枝晶，在它的一侧一些枝晶的生长被阻，另一侧则留出空间，使邻近的枝晶发展二次枝晶和三次枝晶。这样的竞争生长使最快生长方向与散热方向不一致的枝晶在生长过程中被“淘汰”。图 8-144 所示为从激冷区发展为柱状晶的过程以及柱状晶竞争生长的宏观示意图。

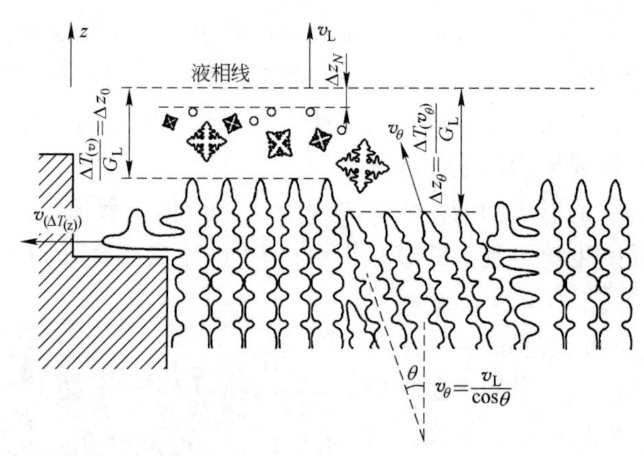

图 8-143 在铸锭中强制生长树枝晶竞争生长的过程
（发展出晶向择尤取向的柱状晶区，在柱状枝晶前沿有等轴晶形成）
（Rappaz and Gandin，1993）

在每个柱状晶都含许多一次枝晶轴，同时，因为柱状晶是择尤生长的结果，所以柱状晶通常有择尤取向，这种择尤取向称铸造织构。另外，因为形核的过冷比枝晶端部的过冷小得多，即与液相线温度等温线相距 Δz_N 直到 Δz_θ 或 Δz_0 的范围内可以形成等轴枝晶。

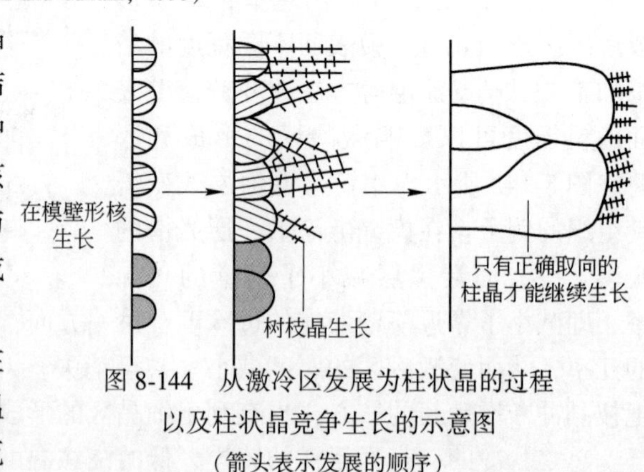

图 8-144 从激冷区发展为柱状晶的过程以及柱状晶竞争生长的示意图
（箭头表示发展的顺序）

液流对柱状晶组织有很大影响。在常规的铸锭中，侧向是沿水平方向（温度梯度是水平方向）的，如果液相对流扫过液/固界面，则柱状晶不垂直于模壁，而是沿对流方向与垂直模壁方向有一定的倾斜。如果通过磁场或铸模转动以抵消对流，则柱状晶会恢复垂直于模壁生长。

8.4.1.3 等轴晶区

在柱状晶区前面的等轴晶有足够的尺寸和数量阻止柱状晶继续生长，则发生从柱状晶区到等轴晶区（CET）的过渡。预测这一转变以及等轴晶区的尺寸，需要细致地描述等轴晶的来源以及在凝固条件下柱状晶和等轴晶的生长速度。

A 等轴晶核心的来源

主要有 3 种途径形成等轴晶核心：

（1）组分过冷驱动非均匀形核。因为在柱状树枝晶前沿的温度低于该处合金液相线温度（见图8-143），可以在这个区域非均匀形核。

（2）冲击机制（激冷等轴晶模壁脱落与游离）。初始在模壁或靠近模壁形成枝晶，在浇注液流的强烈冲击下，把部分晶粒带入液流中成为游离晶体，其中有一些因过热重新熔化而幸免留下，同时，它们还通过增殖而成为后来等轴晶区的核心。图 8-145a 所示为游离晶体形成的示意图，在模壁的激冷形成晶核，晶体与模壁的相交处熔液将会富集溶质原子（$k_0<1$），使这些地方晶粒不易生长，结果在晶体根部形成脖颈，具有脖颈的晶体不易沿模壁方向与邻近晶体连接成凝固壳，在液流强烈冲击下会断开而成游离晶体。图8-145b 所示为游离晶体增殖的示意图，由于铸模内液体的温度和成分不均匀，游离晶体在移动的过程中有可能重熔，亦可能成长。如果游离晶体以树枝晶长大，一次枝晶长大时，枝晶周围会形成溶质聚集层，当一次枝晶侧面开始长出二次枝晶时，枝晶根部的溶质浓度变得更高，相应熔点降低，其生长速度就要慢于枝晶的前端，而形成一个较细的颈部；另一方面，晶体生长时要放出潜热，液体中的对流又造成温度波动，这些都可能使部分枝晶细颈重熔导致二次枝晶和一次枝晶的脱离，这就使游离晶体增殖。柱状枝晶长大时也会按类似的机制使部分枝晶熔断而成为游离晶体。

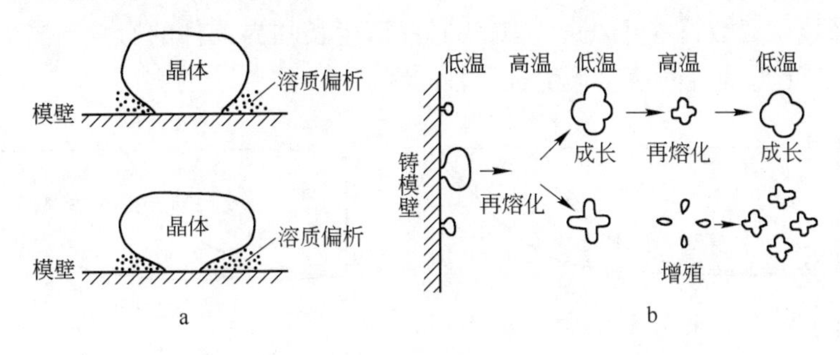

图 8-145 游离晶体的形成

a—在模壁上晶体根部脖颈的形成；b—游离晶体的增殖

（3）树枝晶的熔断。生长着的柱状枝晶在凝固界面前方熔断并游离和增殖，成为内部等轴晶晶核的来源。在液面冷却产生的晶粒下雨似地沉积到柱状晶区前方的液体中，下落过程中也发生熔断和增殖，这也是铸锭凝固时内部等轴晶晶核的主要来源。

Southin 提出铸锭中存在第四种组织区域：在铸锭的顶部因在顶端的散热不能忽视，所以此处的液体的散热方向不完全是垂直于铸模的侧向，因而在顶部形成的柱状晶或树枝晶的散热近于放射状，所以形成自由树枝等轴晶。又因为在这些地方的过冷不大，形成的核心很少，所以树枝等轴晶的尺寸比较大。这些树枝晶也会发生熔断成为中心等轴晶的来源。

内部等轴晶区的形成很可能是多种途径起作用。在某种情况下，可能是某种机理起主导作用，而在另一种情况下，可能是另一种机理在起作用，或者是几种机理的综合作用，各种作用的大小由具体的凝固条件所决定。

B 从柱状晶区到等轴晶区的过渡

为了控制铸锭的组织，了解在什么时候柱状晶区会转变为等轴晶区，什么因素影响这一转变是重要的。分析这一问题的经典模型是 Hunt 提出的：设在柱状树枝晶的界面前沿的过冷区形核并以自由树枝晶生长，如果在柱状晶前沿形成的等轴晶可以忽略，则柱状晶仍然可以向前推进；相反，如果等轴晶生长很快并占据柱状晶前沿的大部分体积（Hunt 设为 66%），结果就形成等轴晶区。据此得出液/固界面前的温度梯度 G_L 与柱状晶区或等轴晶区生长的判据式：

$$G_{L(c)} > 0.617(100N_0)^{1/3}(1-\Delta T_n^3/\Delta T_c^3)\Delta T_c \tag{8-170}$$

$$G_{L(c)} < 0.617N_0^{1/3}(1-\Delta T_n^3/\Delta T_c^3)\Delta T_c \tag{8-171}$$

式中，N_0为形核位置密度；ΔT_n为非均匀形核所需的过冷度；ΔT_c为柱状枝晶端的过冷度。式(8-170)是柱状晶区生长的条件，式(8-171)是等轴晶区生长的条件。当 G_L在这两个式子之间时，则生成柱状晶与等轴晶混合的区域。按照这一模型，促使等轴晶形成的条件是：合金有大的溶质浓度（在固定生长速度下的 ΔT_c大，见式(8-137)）；低的温度梯度，在柱状树枝晶前沿有较宽的可以形核的区域（这一条件说明为什么等轴晶区域常出现在铸锭凝固的最后区域，因为此时的温度梯度小）；小的形核势垒，从而需要小的形核过冷 ΔT_n，大量的核心等。图 8-146 所示为按 Hunt 模型对 $w(Cu)=3\%$ Al-Cu 合金铸件当$\Delta T_n=0.75K$ 时预测的结果：图 8-146a 是以 v 和 G_L表示的柱状晶区和等轴晶区生长的链接条件；图 8-146b 为形核位置数目（个/cm^3）对等轴晶区生长临界条件的影响，当形核位置数目加大时，可以在更低的凝固速度下生长等轴晶区。

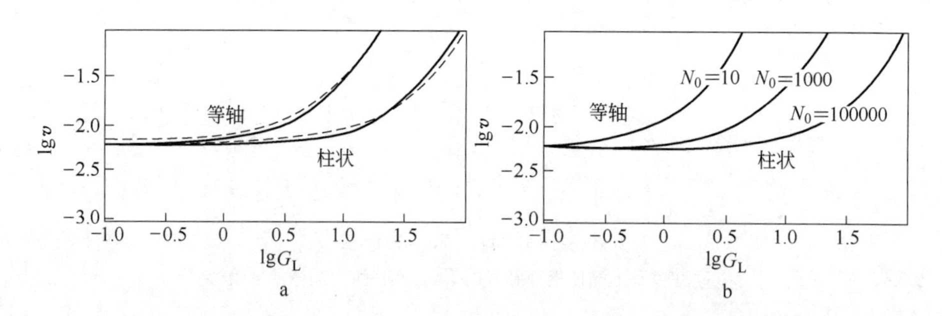

图 8-146 $w(Cu)=3\%$的 Al-Cu 合金铸件在 $\Delta T_n=0.75K$ 时预测的结果

a—实线是近似分析，虚线是精确分析；b—形核位置数 N_0（个/cm^3）对等轴晶区生长临界条件的影响

Hunt 的模型忽略了树枝晶生长和等轴晶形核的复杂性（例如忽略了液体对流的影响），并且假设形核在一个温度而不是在一个温度范围，因此不能预测凝固条件对等轴晶尺寸的影响。但是，这个模型可以帮助我们了解从柱状晶区过渡到等轴晶区的主要参数。

8.4.1.4 铸件宏观结晶组织的控制

细晶区通常只有几个晶粒大小的厚度，对铸锭性能的影响有限。决定铸锭力学性能的最重要因素是柱状晶区和中心等轴晶区的相对宽度、中心等轴晶区晶粒的大小等。所以控制铸件的宏观结晶组织主要是控制柱状晶区与等轴晶区的相对大小。

柱状晶区中常有择尤取向，相互平行的柱状晶接触面及相邻垂直的柱状晶粒界面常常聚集杂质、非金属夹杂物和气泡等，它是铸锭的脆弱结合面。例如方锭子的对角线处就是这些弱面，铸锭热加工时很容易沿这些面断裂。等轴晶没有择尤取向，没有脆弱的界面，性能是各向同性的，加载时裂纹不易生长，所以一般铸件都要求等轴晶粒组织。另一方面，柱状晶区组织较为致密，不像等轴晶区含有较多的气孔和疏松。对于塑性好的金属，有时为了获得较致密的铸锭而要求得到柱状晶。在某些情况下，如要求某一方向的特殊性能也可以用一定的工艺使铸件由取向相近的柱状晶组成。

柱状晶区和等轴晶区的大小是互补的，如果是等轴晶区容易形成，则柱状晶区范围小，相反，则柱状晶区范围大。从上面讨论的各晶区的形成和转变机制知道，铸件中各晶区的相对大小和晶粒尺寸的大小都是由过冷熔体独立形核的能力和各种形式晶粒游离、增殖或重熔的程度这两个基本条件综合作用所控制。一切能强化熔体独立形核，促进晶粒游离，以及有助于游离晶的残存与增殖的各种因素都将抑制柱状晶区的形成和发展，从而扩大等轴晶区的范围，并细化等轴晶组织。据此，控制和影响铸件等轴晶区大、小（从而柱状晶区的小、大）的条件归纳如下：

（1）有关液体金属本身的性质影响等轴晶区形成的条件为：

1）相图中液、固线间的间距，即凝固温度范围的大小。液、固线间的间距大的合金在同样的温度梯度下，一次枝晶比较长，有利于细弱的颈状二次枝晶的形成，枝晶易于熔断游离，有利于等轴晶区形成。

2）合金的熔点较低则会延迟开始凝固的时间，使液/固界面前沿保持较小的温度梯度，从而在液/固界面前沿有较大的过冷区，可以独立形核的区域大，有利于独立晶核的形成。

3）熔质的分配系数k_0小于1时，k_0越小（或$k_0>1$，则k_0越大），则凝固时偏析越大，产生的枝晶脖颈很细，更易脱离成为中心等轴晶区的籽晶。

（2）有关浇铸工艺有利于等轴晶区形成的条件为：

1）冷却条件。小的液/固界面前沿的温度梯度G_L和高的冷却速度形成宽的凝固区域和获得大的过冷，从而促进熔体独立形核和晶粒游离。例如：铸模的冷却能力高，不易促使等轴晶晶核形成。

2）合理的浇注温度。较低的浇注温度有利于保存游离晶体，防止它们重新熔化，获得较大的细等轴晶区。但过低的浇注温度将会降低液态金属的流动性，导致浇注不足和冷隔等缺陷的产生。

3）浇注方式。通过改变浇注方式（例如通过多孔浇注）强化熔体对流和对模壁激冷晶的冲刷作用，能有效地促进细等轴晶的形成。但必须注意不要因此而引起大量气体和卷入夹杂从而导致铸件产生相应的缺陷。

（3）孕育处理。浇注之前或浇注过程中向液态金属中添加少量孕育剂，孕育剂的作用主要是促进非自发形核和促进晶粒游离，达到细化晶粒并使等轴晶区扩大的效果。孕育剂能细化晶粒的原因为：

1）它含有直接作为非自发形核靠背的弥散化合物颗粒。为了提高促发形核的作用，这些颗粒能与液相较好的浸润。靠背上形核的速度随过冷按指数形式增加，因核心长大并放出潜热，温度下降到某一极限最低温度后开始再辉，局部的冷却速度减小。所以，在局部温度达到最小后并重新增加前，形核事件基本结束，随后只有已形成的核心长大。最终晶粒数量取决于形核速度和开始再辉的时间，而达到最低温度和再辉的速度又强烈地受每个核心的长大速度的影响。这样，孕育效果从孕育处理一段时间后出现孕育效果逐渐减弱。处理温度越高，孕育衰退越快。很多合金的铸件都应用孕育处理的方法来细化晶粒，例如 Al 合金通常用含 Ti、B 和 C 等的“中间合金（Master Alloy）”作孕育剂以细化晶粒，图 8-147 所示为 Al 铸件经孕育处理和未经孕育处理的铸件的显微组织照片。

2）加入的孕育剂能与液相中某些元素反应生成较稳定的化合物而产生非自发形核的靠背。

3）加入的孕育剂在液相中造成微区的溶质富集而迫使结晶相提前弥散析出而形核。

4）通过在生长界面前沿的成分富集而使晶粒根部和树枝晶分枝根部产生缩颈，促进枝晶熔断和游离而细化晶粒。通常加入孕育剂主要是利用第 1）种原因起作用。

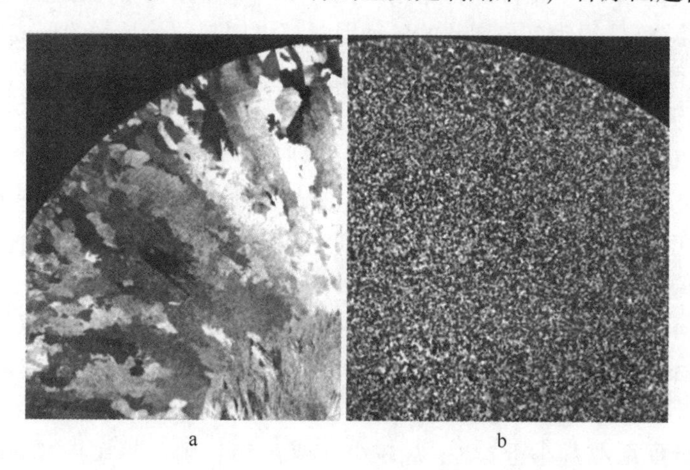

图 8-147 直径为 150mm 的 Al 合金（含少量的 Fe、Si 和 Ti）直接激冷半连铸铸锭的横截面
a—没有孕育处理；b—经孕育处理

（4）能量诱导细化。有一系列能量诱导增加形核的方法来改细化铸件的组织，典型的方法是对液体金属施加搅拌和机械振动：如超声震荡、旋转磁场、电磁搅拌、模子振动等，超声震荡可以促发形核，其他的方法都可以帮助枝晶的熔断、破碎，增加游离细晶的数目。另外这些处理还可以加快消除过热，可以保留中心等轴晶区的籽晶。

8.4.2 微观偏析和宏观偏析

合金在凝固过程中有溶质的再分布，并且凝固过程往往未能扩散均匀，使凝固后的固相的成分不均匀，这就是所谓的偏析现象。根据偏析存在的尺度大小，通常把偏析分为微观偏析和宏观偏析两大类。微观偏析是指凝固后保留在固相中的成分不均匀分布，它包括跨过胞晶或树枝晶的成分变化以及在胞晶之间和树枝晶之间形成的其他相，它存在的尺度是一次枝晶间距或晶粒大小的范围。宏观偏析是指毫米以上甚至和工件尺寸相当的尺度范围内的成分不均匀性。

8.4.2.1 微观偏析

在非平衡凝固时，由于选择结晶的结果，先凝固的晶体（$k_0<1$）含高熔点组元成分高，后凝固的晶体含低熔点的组元成分低，所以，在胞晶和树枝晶的枝晶间后凝固的地方含低熔点组元成分高（$k_0>1$ 的情况相反），这种显微偏析称枝晶偏析。前面讨论固溶体非平衡凝固时给出的 Ni-Cu 合金组织（图 8-8）就是枝晶偏析的典型例子。图 8-148 所示为用电子探针测量 Al-Cu 合金晶粒的晶粒内偏析，图中给出了 Cu 的等浓度线，线的数字越高，Cu 的浓度越高，在一些地方（图中的黑块）还出现 Al_2Cu 相。冷却速度越快，扩散越不充分，则偏析越严重；元素在固相中扩散系数 D_S 越小，偏析越严重；相图中液固相线水平距离（成分间隔）越大，偏析越严重；第三组元使某元素的溶质平衡分配系数 k_0 减小（$k_0<1$），则偏析加大。

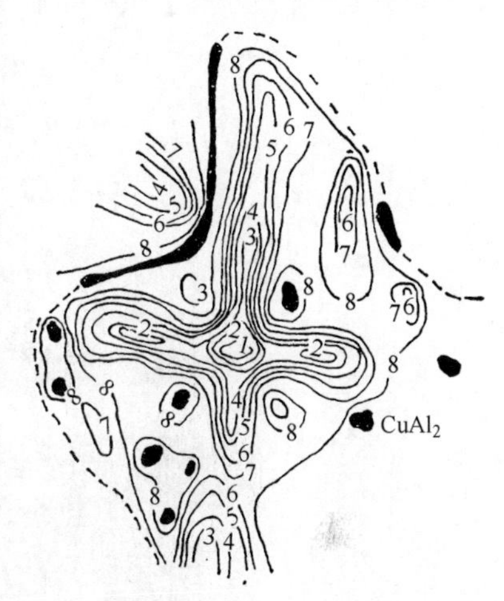

图 8-148 Al-Cu 合金等轴晶内的 Cu 等浓度线

凝固时若等轴晶晶粒的晶界与长大方向平行，由于表面能的要求，在晶界与界面相交之处会产生沟槽，典型的沟槽深约为 10^{-3}cm。若存在组分过冷时，会在晶界沟槽处产生明显的偏析。另外，若界面前堆积溶质原子（$k_0<1$），在两个长大的晶粒相碰时形成晶界，晶界收纳了较多的溶质原子，也形成偏析。这两种情况形成的偏析称晶界偏析。图 8-149a 所示为含 Cu 约为 4.4%（质量分数）含 Mg 约为 1.5%（质量分数）的 Al 合金尺寸为 610mm×1372mm 直接激冷铸锭的横截面组织，显示在晶粒界的偏析。图 8-149b 是图 8-149a 中 AB 线的 Cu 和 Mg 分布情况，在晶界附近 Cu 和 Mg 的浓度比晶粒内高好几倍。

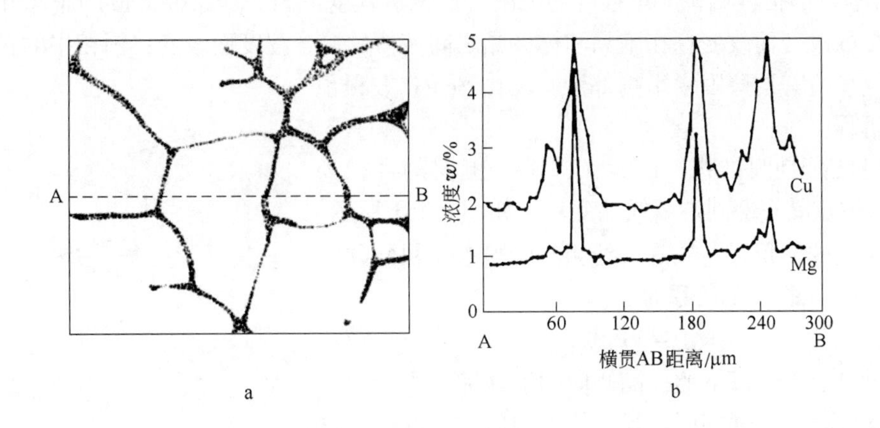

图 8-149 含 Cu 和 Mg 的 Al 合金凝固的晶界偏析
a—铸锭的横截面组织；b—a 中 AB 线的成分分布

图 8-150 相场模拟的树枝晶长大，显示固相和液相的成分变化。图 8-150a 和 c 显示固相扩散系数 D_S 和液相扩散系数 D_L 之比（$D_S/D_L=10^{-4}$）的溶质的分布，图 8-150b 和 d 显示 $D_S/D_L=10^{-1}$ 的溶质的分布。图 8-150a 和 b 显示枝晶端部区域，图 8-150c 和 d 显示枝晶间区域。合金整体浓度是 0.408，在固相中三个黑细成分轮廓线分别是：0.397、0.399 和 0.4005。可以看到，固相扩散比液相越慢，凝固后固相偏析越严重。

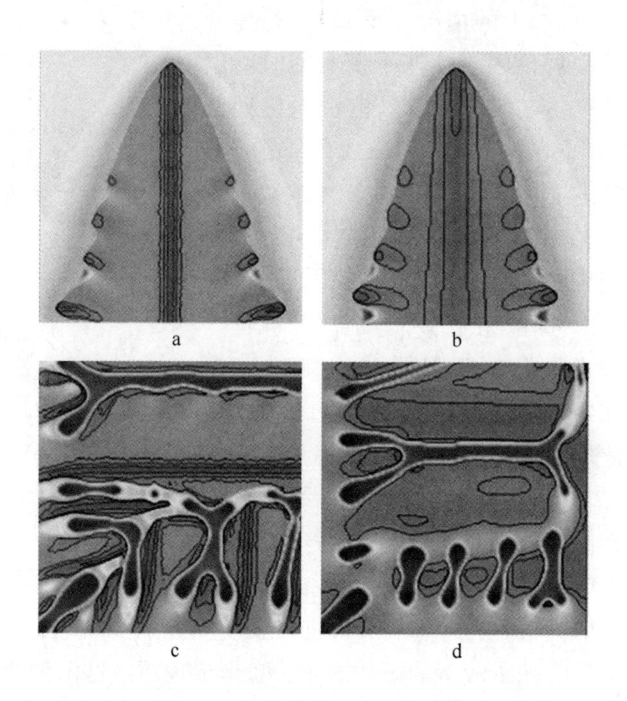

图 8-150　相场模拟的树枝晶长大，显示固相和液相的成分变化
（Warren 和 Boettinger，1995）

对显微偏析的分析的一个主要目的是预测在胞晶和一次树枝晶之间可能形成的共晶或第二相的体积分数。描述微观偏析的最简单方法是用 Scheil 方程（式(8-32)及式(8-62)），Scheil 方程可以估计偏析严重程度的上限，但偏析程度可因生产条件造成的胞晶和树枝晶端部成分的改变而改变；在胞晶和树枝晶之间液体的混合程度而改变；固相中的扩散等因素而改变。所有这些因素影响都会减弱由 Scheil 方程预测的偏析程度。

设树枝晶是圆锥状，枝晶（圆锥）侧向的半径为 r_1，它从树枝晶底部到端部线性变化，如图 8-151 所示。按图中所选的体积元，枝晶某处侧向凝固的体积分数 ζ^S 与一次枝晶间距 λ_1 的关系是：

$$\zeta^S = 1 - (r_1/\lambda_1)^2 \tag{8-172}$$

假设枝晶端部以下的枝晶侧向的液体完全混合，用局部平衡假设由温度梯度获得生长方向的成分梯度，这可获得枝晶端部的液体成分 c^{*L}，再根据质量守恒获得：

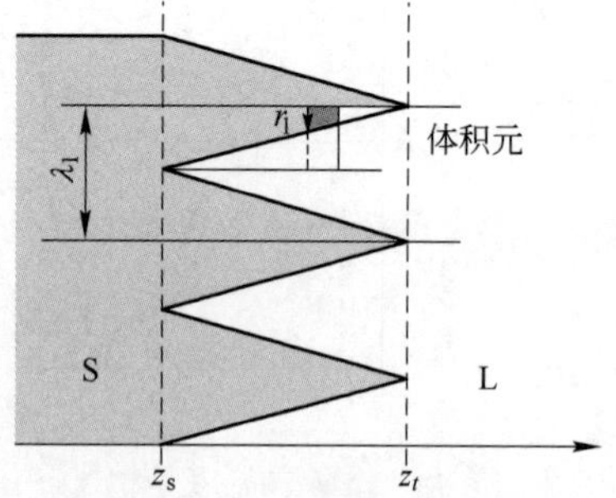

图 8-151　树枝晶侧向的凝固体积分数的描述

$$c^{S}=k_0c_0\left\{\frac{1-c^{*L}/c_0}{k_0-1}+\left[1-\frac{k_0(1-c^{*L}/c_0)}{k_0-1}\right](1-\zeta^{S})^{k_0-1}\right\} \tag{8-173}$$

式中，$c^{*L}=c_0(1-D_LG_L/m_Lvc_0)$。有一些对式(8-173)进一步修正的工作，这里不做详述。如果 $c^{*L}=c_0$，则式(8-173)变回 Scheil 方程；如果 $c^{*L}=c_0/k_0$，则式(8-173)$c^S=c_0$，与 ζ^S 无关，即界面是平面稳态推进，不发生偏析。实际上，根据枝晶端部的动力学知道，枝晶端部（$\zeta^S=0$）处不会没有溶质的富集，这样会减少枝晶间的溶质的积累，即溶质浓度比 Scheil 方程预测的低，对于共晶体系，从而减少了其后形成共晶的量。因此，上述的 Scheil 方程中的两种情况是发生微观偏析的极限情况。如果考虑凝固时固相有扩散，当把固相发生扩散加进 Scheil 方程时，固相体积分数随时间 t 的平方根变化，式(8-173)的 $(1-\zeta^S)$项应变为$[1-(1-2\alpha k_0)\zeta^S]^{-(1-2\alpha k_0)}$（见式(8-40)），显然这也会减轻显微偏析。

枝晶偏析或晶粒内偏析可以通过扩散退火来减轻或消除。偏析的均匀化速度强烈地依赖于枝晶间距（即浓度分布的间距）而不是原始浓度的最大差别。

8.4.2.2 宏观偏析

以局部地区的平均浓度 $\bar{c}^S$ 和整体的平均浓度 c_0 的差别来描述该处的宏观偏析程度。$\bar{c}^S > c_0$ 称正偏析，$\bar{c}^S < c_0$ 称负偏析。对于树枝晶凝固的组织，为了决定铸件的宏观偏析，需要确定含几个树枝臂的体积元的平均浓度。在这个体积元中已经凝固的固相的显微偏析以及在树枝晶间的富溶质液相的流动都直接影响这个体积元的平均浓度，从而影响宏观偏析的估算。根据液体的流动速度和质量守恒，假设在微元内液体浓度是均匀的，固体密度是常数，固相没有扩散，也没有空洞。据此导出液相存在对流情况下枝晶内溶质分布为：

$$c^{*S}=k_0c_0\,(1-\zeta^S)^{\frac{k_0-1}{q}} \tag{8-174}$$

这式子与 Scheil 公式相似，式中 q 是合金凝固的收缩率 β、凝固速度 v（等于 ε/G_L，ε 为冷却速度）和液体流动速度 v_L 的函数，$q=(1-\beta)(1-v_L/v)$。合金的成分一定时，β 值就确定，q 值只与 v 和 v_L 有关，因此 v 和 v_L 是影响枝晶偏析的外部决定性因素。对于 $k_0<1$ 的合金，k_0 越小（即固相线和液相线间隔越大，两相区越宽）、凝固收缩率 β 越大、冷却速度 ε 越小、液体流动速度 v_L 越大、液相温度梯度越大，则偏析程度越大。如果液体没有对流，即 $v_L=0$ 时，则式(8-174)变为：

$$c^{*S}=k_0c_0\,(1-\zeta^S)^{\frac{k_0-1}{1-\beta}} \tag{8-175}$$

这时，影响溶质分布的主要因素除了 k_0 外，就只有凝固收缩率 β 了。若固相密度 ρ_s 大于液相密度 ρ_L，则 β 为正，反之为负，由此决定偏析的性质。通常为了方便，把 v_L 用垂直于等温面的局部流动速度 v_{Lp} 表示。

用式(8-174)积分求出局部地区的溶质平均浓度 $\bar{c}^S$ 为：

$$\bar{c}^S=\int_0^1 c^{*S}\mathrm{d}\zeta^S=\int_0^1 k_0c_0\,(1-\zeta^S)^{(k_0-1)/q}\mathrm{d}\zeta^S=k_0c_0\,\frac{q}{k_0-1+q} \tag{8-176}$$

这一式子可作宏观偏析的判别式。如果凝固过程最后会出现共晶，则首先用式(8-174)求出共晶量 ζ^E，分别计算出固溶体和共晶中各自的溶质量，再求出两者的总平均溶质浓度 $\bar{c}^S$。若 $\bar{c}^S\neq c_0$，则有宏观偏析存在，以 $\bar{c}^S/c_0$ 的大小衡量宏观偏析的程度：

(1) $\bar{c}^S/c_0=1$，无宏观偏析。此时 $q=1$，即 $v_{Lp}/v=\beta/(\beta-1)$，式(8-174)变成 Scheil

方程，即没有宏观偏析，但有微观偏析。

(2) $\bar{c}^{S}/c_0 > 1$，对于 $k_0<1$ 的合金，存在正偏析（即局部区域的浓度比平均浓度高），此时 $v_{Lp}/v > \beta/(\beta-1)$。

(3) $\bar{c}^{S}/c_0 < 1$，对于 $k_0<1$ 的合金，存在负偏析（即局部区域的浓度比平均浓度低），此时 $v_{Lp}/v < \beta/(\beta-1)$。

从凝固的物理过程可以理解上述的判据。对简单的情况，假设凝固时没有收缩，则 $v_p/u>0$ 时发生正偏析，这时因为凝固生长方向和液流方向一致，液体从两相区的冷端流向热端，即由溶质浓度高的冷区向溶质少的内部热区流动，把富溶质液体推向凝固固相前方，因此产生正偏析；相反，$v_{Lp}/v<0$ 时，凝固生长方向和液流方向相反，即从溶质浓度低的内部流向溶质富集的枝晶根部，降低该处的平均浓度，从而产生负偏析。因为凝固时提及的收缩影响液体的流动，考虑提及收缩，则产生正或负的宏观偏析的判据改为大于 $v_{Lp}/v > \beta/(\beta-1)$ 和 $v_p/u < \beta/(\beta-1)$。

例 8-12 $w(\mathrm{Cu})=4.5\%$的 Al-Cu，凝固时的收缩率$\beta=0.057$，求产生正或负宏观偏析时 v_p/v 的临界值。

解：根据β值得出 q 为：

$$q=(1-\beta)(1-v_{Lp}/v)=(1-0.057)(1-v_{Lp}/v)=0.943(1-v_{Lp}/v)$$

当没有宏观偏析时，$\bar{c}^{S}=c_0$，$q=1$，此时 v_{Lp}/v 为：

$$v_{Lp}/v=1-\frac{1}{0.943}=-0.06$$

在一般的铸锭或铸件中的宏观偏析主要有正常偏析、反常偏析和密度偏析三种。

(1) 正常偏析。一般的铸件都会出现这种情况。对于 $k_0<1$ 的情况，合金在铸锭先凝固区域的溶质浓度低于后凝固的区域，并且液流方向与凝固生长方向相同，产生正偏析（$k_0>1$ 则相反）。这样的成分差异是正常的，故称为正常偏析。这种偏析通常使凝固的液/固界面呈平面状或近乎平面状才有可能产生。如果枝晶状组织得到充分发展，由于明显的枝晶偏析，铸锭中心部分不会富集很多的溶质。

(2) 反常偏析。成分分布的情况与正常偏析的情况正好相反，对于 $k_0<1$ 的合金铸锭或铸件，外层的溶质元素含量高于内层，即负偏析。引起反常偏析的原因一般认为是在枝晶最后凝固时由于体积收缩，富集溶质的液体沿枝晶间的间隙通道倒流回收缩区域，即液流方向与凝固生长方向相反，使铸锭外层溶质浓度反常的高，产生负偏析。显然凝固时膨胀的合金（这类合金很少）一定不会产生反常偏析。

(3) 比重偏析。如果结晶出来的固相和液相的密度差别很大，结晶出来的固相因重力的作用会上浮或下沉，而开始结晶的固相含溶质少（$k_0<1$），这就在铸锭上、下部造成成分的差异。由固相密度不同而引起的成分不均匀性称比重偏析。

所有上述各种偏析的结合可以形成复杂形式的宏观偏析。例如图 8-152 所示为大的镇静钢钢锭中的溶质分布的示意图。其中正号表示成分比平均成分高，称正偏析；负号表示成分比平均成分低，称负偏析。由于外壳层凝固速度很大，杂质和合金元素来不及向内转移，所以它的成分和钢的平均成分相同。在柱状晶形成和成长期间，杂质和合金元素富集在柱状晶间的隧道中。这时，一方面在钢锭中液相发生扩散，另一方面由于钢液温度比较高，密度低，产生钢液的循环流动，循环流动方向与柱状晶生长方向一致，把柱状晶前沿富集杂质和合金元素的钢液带到锭子的心部，形成正偏析。在中心等轴晶形成期间，发生游离晶体下沉，形成沉积锥，游离晶体含杂质及合金元素少，它的下沉引起钢锭下部的负偏析。锭子的上部是最后凝固的，所以在那里也浓集了杂质和溶质。在钢锭的纵截面上，还看到V形及Λ形的正偏析带。关于V形偏析带产生的原因，一般认为是与钢锭心部大小不同枝晶的V形沉积有关。沉积层发生凝固收缩时，枝晶的沉积层妨碍钢液穿过，于是形成V形偏析带。关于Λ形偏析产生的原因，有多种说法。有人认为当中心等轴晶带结晶初期晶体下沉时，被排挤的一部分钢液上升，而与此同时，钢锭在继续凝固，这部分富集杂质及合金元素的钢液被仍在生长的柱晶带留住，形成了Λ形偏析带。Λ形偏析带有多条，说明这个过程是周期性进行的。

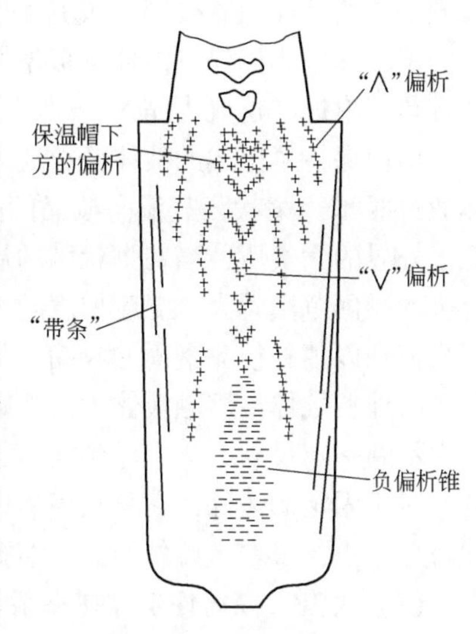

图 8-152 大的镇静钢锭中的偏析分布

总的来说，铸锭中是不希望存在偏析的，因为它对力学性能有明显的影响。显微偏析可以借助于均匀化扩散退火加以消除，但是，固相扩散太慢，这要消耗很长的时间和能源。至于宏观偏析，不可能靠扩散退火来消除，只能靠控制凝固过程来防止或减弱它。由于凝固收缩和枝晶间液相的温度差、浓度差所造成的密度差异会使两相区内液体在枝晶间隙内流动，这些液体通常是高度偏析的，它的宏观流动必然会造成宏观偏析。如枝晶间液体流动速度正好能供给局部凝固收缩所需要的物质量，即 $v_{Lp}/v=\beta/(\beta-1)$，则不会有宏观偏析产生。收缩率 β 的值一般都是很小的，因此如果凝固速度 v 的绝对值大，枝晶间液相流动速度足够小，并且两者方向相反，即 $v_{Lp}/v<0$（v_{Lp} 小、v 大），就有利于消除宏观偏析。根据上面的讨论，减小宏观偏析的措施为：

(1) 保证液相原始均匀，在凝固过程中液体的密度差别尽量小，从而降低液体流动速度。

(2) 铸锭的高度不宜过高，以避免过高的流体静压力，从而降低液体的流动速度。

(3) 加入孕育剂细化枝晶组织，或者先造成枝晶状骨架，增加流动阻力。

(4) 在凝固开始阶段，加速液体的对流，可以细化晶粒，但在后来的凝固过程，应该停止液相对流运动。如果需要，要用人为的方法（如外加磁场）使对流停止。由此看到，对于离心铸造的铸件宏观偏析是大的。

(5) 加大冷却速度，缩短两相区凝固时间，增加固液相界面推进速度 v。

(6) 较低的浇注温度和较慢的浇注速度。这可以减少凝固时间，从而减缓宏观偏析。

8.4.3 铸件中的孔洞和夹杂

铸件中的孔洞和夹杂对铸件的致密程度和力学性能有很大的影响。

(1) 孔洞。大多数的金属和合金固态的密度都比液态的大，在凝固时为了避免形成孔洞必须使液体向着凝固区域流动。在铸造实践中，往往在铸锭上端放置保温帽，维持适当的温度梯度，以保持液体从保温帽到凝固前沿的一个开放的通道，被凝固的收缩集中到铸锭顶部附近，这成为缩孔。

即使保持了上述的液体开放通道，在凝固的枝晶间隙仍可能形成孔洞。在凝固时，液体通过两相“粥状区”流向枝晶间隙以补偿枝晶间隙凝固的收缩，在粥状区液体的压力低于外界的大气压，当在粥状区的局部压力下降到某一临界值时会形成显微孔洞。显然，合金的凝固范围越大，温度梯度越小，则在粥状区的液体流动通道越弯曲不通畅，液体更不易流动以填补枝晶凝固的收缩，从而形成更多的显微孔洞。

另外，气体在熔融液体中的溶解度比在固体中的大，当凝固时气体会析出，如果气体长大不到一定尺寸不能上浮到液面，或者上浮时被枝晶阻挡留在固相中也成为显微孔洞。

对于固定的铸件，它总收缩的体积是一定的，所以，显微孔洞显著，则集中的缩孔尺寸将会减小，反之，铸件的显微缩孔越少，则集中的缩孔就越大。

（2）夹杂。在铸件中存在夹杂对材料的断裂行为有非常重要的影响，所以铸件中的夹杂引起很大的关注。一种类型夹杂是称之为一次夹杂，它包括：1）外来夹杂，如卷入的渣、模壁材料、耐火材料等；2）在熔体处理时带入的溶剂和盐；3）在铸件表面的熔体氧化产物被涡流卷入液体中等。这些夹杂之所以称为一次夹杂是因为它们在合金的液相线温度以上是固体，是以固态卷入铸造液体中的。在钢铁工业中，可通过使它们上浮黏附或溶解在熔液表面上以减少这类夹杂。在铝合金工业中往往通过对熔液过滤的办法来减少这类夹杂。

另一类称之为二次夹杂，它们在凝固后形成金属间化合物（包括脱氧产物）。因为工业合金中常带有杂质，如钢铁中常含少量的 S、Mn、O、P 等杂质元素，铝合金中常含少量的 Si、Fe 等杂质元素，在凝固时发生反应形成金属氧化物、硫化物、硅酸盐等，它们留在铸件中而成为夹杂。

8.5 连续铸造和熔焊

本节讨论对现代技术有很大影响的凝固工艺：连续铸造（连铸）和焊接。

8.5.1 连续铸造

连续铸造是近几十年来最大的技术发展之一，它取代了传统的铸锭生产而直接铸造成板坯和型坯等半成品，甚至生产供研究和高科技用的单晶。图 8-153 所示为钢的弧形连铸机的示意图。钢液从钢包到中间包再到结晶器，在结晶器形成一定厚度的凝固壳，然后，带有液芯的铸坯引入二次冷却区，在二次冷却区由夹辊和侧导辊把坯拉大向前并喷水冷却，得到全部凝固的板坯。

连铸机各部分的作用为：

（1）钢包：盛载钢液，可以在底部吹氩搅拌，使钢液成分和温度均匀，并可以去除夹杂物。

（2）中间包：是一个中间容器，由铸塞杆或滑门阀控制钢液流的浇铸速度，还可以在中间作一些如吹气、过滤及加热等冶金操作。

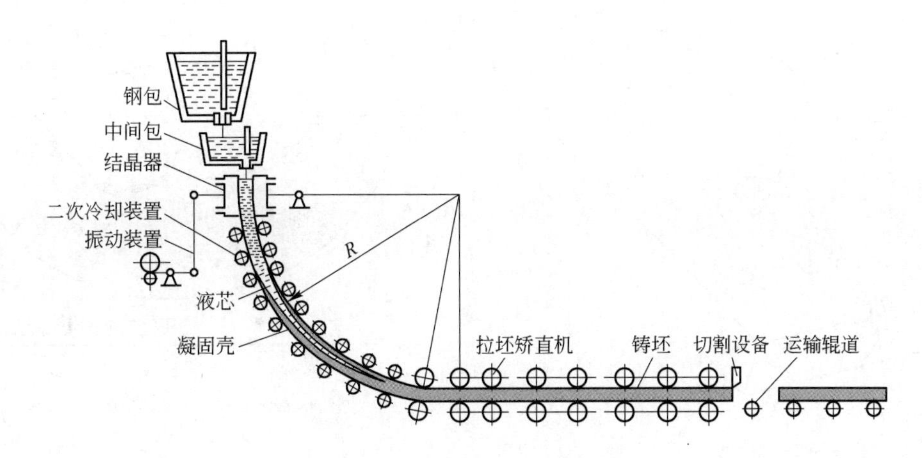

图 8-153　弧形连铸机示意图

(3) 结晶器：使铸坯形成规定形状，强制钢水冷却，保证形成足够强度和厚度的均匀坯壳。

结晶器的振动系统：使结晶器振动以防止钢坯壳黏结，避免钢坯拉漏，以得到良好的铸坯表面（光滑、浅的振痕），准确地实现钢坯圆弧轨迹。

(4) 二次冷却区：直接喷水或喷混合水和气直接冷却铸坯，使铸坯加速凝固；通过夹辊和侧导辊，对带有液芯的铸坯起支撑作用，防止并限制铸坯发生鼓肚、变形和漏钢事故；在弧形连铸机中完成对铸坯的顶弯作用。铸坯在二次冷却区完全凝固后，进入矫直区，最后切割成一定尺寸的钢坯。

在不同凝固阶段的界面情况变化、金属液体在结晶器内的运动等使实际连铸过程相当复杂，显然，适当地控制凝固壳的形成和拉壳的速度是保持工艺连续和稳定的关键。现代利用计算机技术对连铸过程模拟，可获得温度分布、凝固壳出现的位置及沿轴向尺寸的变化等资料，这些资料可为优化连铸过程和获得优质连铸坯提供依据。

8.5.2　熔焊

熔焊焊接时，焊条和基体金属之间产生电弧，基体金属和焊条熔化，形成熔池，随着焊接电弧的移动，一边产生熔池而另一边则是熔池的凝固，这个过程和连续铸造过程很相似。图 8-154a 所示为熔焊的熔池及附近的不同区域的示意图，其中有熔化区（FZ）、热影响区（HAZ）、不受影响的金属基底区（BM）三个主要区域。从冶金学角度熔化区还可以细分为好几个亚区，如图 8-154b 所示，它包括混合区（CZ）、非混合区（UZ）和在熔化区及热影响区之间的部分熔化区（PMZ）。混合区是焊条材料与基体金属混合的熔化区。非混合区是在混合区下面的一薄层没有与焊条材料混合的基体金属的区域，它随着热源移动而发生熔化和重新凝固。这一区域往往是微裂纹起源的地方，对于不锈钢，这里也是易于受腐蚀的地方。部分熔化区是焊件固相和液相共存的区域，在这里只有低熔点的夹杂物和偏析区可以熔化，这个区域在后来冷却重新凝固和收缩后也是微裂纹起源的地方。

凝固过程的冷却速度是从一般铸造的 $10^{-2}\sim10^{2}$ K/s 到快速凝固的 $10^{4}\sim10^{7}$ K/s 之间。对于焊接过程，由于熔池的区域比被焊接的基底金属小得多，在一般电弧焊条件下，熔池

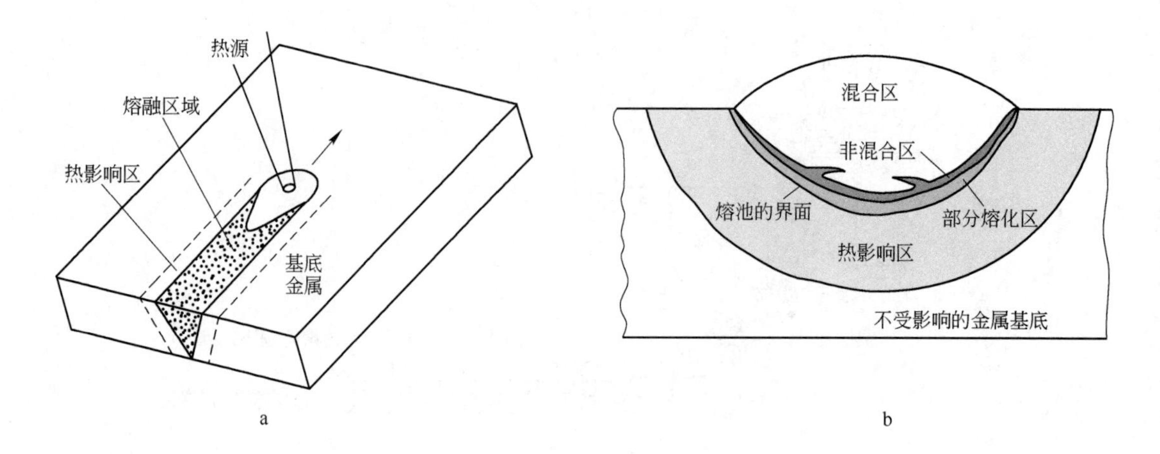

图 8-154 熔焊的熔池及熔池附近的不同区域的示意图
a—焊件中的 3 个区域示意图；b—熔池及其周围各个区域的示意图

的体积最大也只有 30cm^3，质量不超过 100g，因此，对熔池来说，基底金属是一个大的热阱，熔化的熔池的冷却速度很大，对于传统的焊接过程，其冷却速度在 10~10^{3}K/s 范围，但对于使用现代的如电子束（EB）和激光束（LW）等高能束熔化，其冷却速度达到 10^3~10^{6}K/s 范围。除此之外，在熔池内各处的局部条件和冷却速度变化也很大。因此，焊接熔池的凝固涉及两个极端即传统凝固和高速凝固的过程，要理解和分析熔池的凝固组织，都要用到前面讨论的这两方面凝固知识。还注意到在熔池中有金属-气体、金属-液体的交互作用，熔池的凝固及凝固后的固态转变，热影响区的固态转变等，使焊接后的组织非常复杂。

熔池的形状对焊接过程有重大的影响，而它与焊接速度（热源移动的速度）有关，在热的输入与热的消散之间平衡变化。对于弧焊过程，随着焊接速度增加，熔池形状由椭圆形变为液滴状。对于 EB 或 LW 高能束熔化，它的热梯度非常陡，结果，在慢速时熔池是球状，焊接速度增加变为椭圆状，最后变为液滴状。因为熔池形状不同，熔池内的熔体流动和热的散逸不同，从而影响熔池最后的凝固组织。

焊接时的凝固过程同样包括形核与长大两个阶段。

（1）形核。焊接产生的熔池的成分和基体金属相差不大，两者之间浸润性很好，润湿角几乎为 0°，所以，几乎没有形核位势垒，熔池温度稍低于平衡熔点温度就会在基体金属上形核。更准确地说，并没有独立的形核事件，只有基体金属在液/固相界面的外延生长。凝固晶体及其赖以生长的基体金属的晶粒间有相同的晶体结构和晶体学取向。

（2）长大。因为熔池中的温度梯度很大，故焊缝中柱状晶得到充分发展。在开始时晶体以平界面的方式长大，随着时间的推移，温度梯度逐渐下降，平面界面转变为胞状前沿。类似于铸锭的凝固，在凝固的初期阶段，如果某些晶粒的位向较之其他晶粒更有利于长大，这些晶粒就会长得更快，更粗大，并且阻止了位向不利的晶粒生长，而导致形成有一定取向的柱状晶组织，如图 8-155a 所示。

为满足焊接过程连续性，晶体的成长速度 v_w 和焊接速度 v_h 必须保持同步。如果晶体生长具有各向同性，为使晶体局部生长速度 v_w 跟上焊接方向热源移动的速度 v_h，则必须

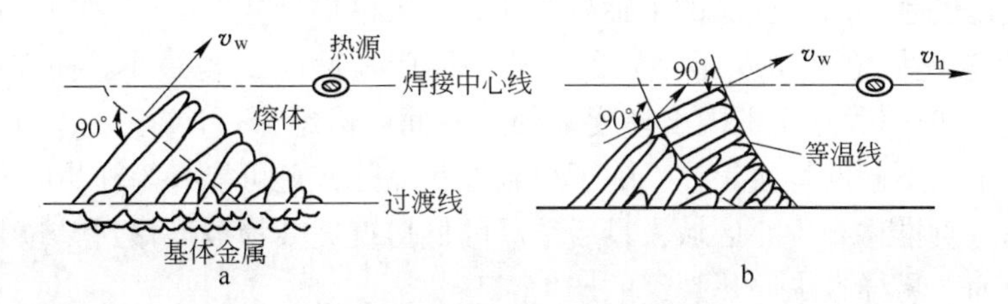

图 8-155 焊缝中柱状晶的形成

a—焊缝中的柱状晶尽量在平行温度梯度方向长大；

b—当择尤方向（主轴方向）偏离温度梯度方向时，长大方向会突然改变

满足如下关系（如图 8-156a 所示）：

$$v_w = v_h \cos\theta_1 \tag{8-177}$$

式中，θ_1为局部生长方向与焊接方向的夹角。如果晶体生长是各向异性的，则最优生长方向并不与等温线垂直，它与等温线的夹角为 θ'_1，如图 8-156b 所示，这时，v_w与 v_h之间要满足如下关系：

$$v_w = \frac{v_n}{\cos(\theta'_1 - \theta_1)} = \frac{v_h \cos\theta_1}{\cos(\theta'_1 - \theta_1)} \tag{8-178}$$

式中，v_n为垂直于等温线的生长速度。但无论焊接速度如何，在开始结晶时即熔池边缘处 θ_1总是最大（即 $\cos\theta_1$最小）的，故晶体成长速度 v_w也最小，而在中心线处($\theta_1 \approx 0°$)v_w最大，同时，此处的温度梯度最小，因为离热源的距离最大。

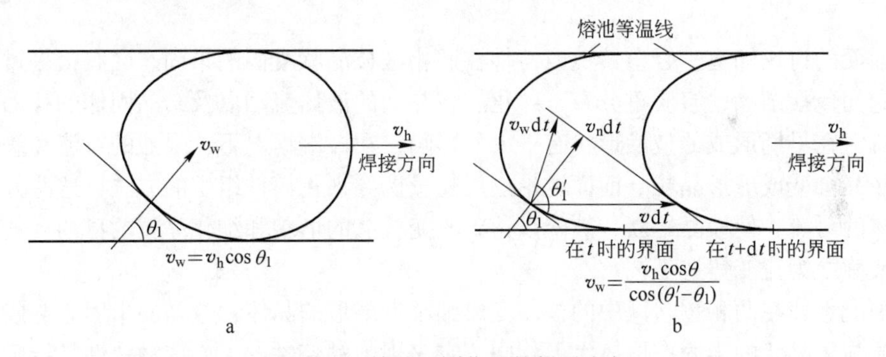

图 8-156 熔池不同位置的凝固速度

a—假设晶体生长各向同性；b—晶体生长各向异性时焊接速度与真实生长速度间的关系

因熔池金属中加热与冷却速度很快，在熔池不同区域的温度很不相同，因而各处的温度梯度也很不相同。例如，电弧焊接低碳钢或低合金钢，熔池中心温度高达 2100～2300℃，而熔池后部表面温度只有 1600℃左右，熔池平均温度为（1700±100)℃。随着热源的不断移动，对于给定的位置，温度梯度的方向也在不断改变，对于生长各向同性的晶体，成长中的柱状晶为了保持其主轴（即成长速度最大的方向）和温度梯度方向一致(即和等温面垂直)，同时又保持它们的择尤长大方向的要求，通常造成长大方向的突然改变，如图 8-155b 所示。$\cos\theta_1$由热源周围温度分布决定，而电热源周围温度分布则由焊接工艺和被焊金属的热物理性质所决定，因此，凝固组织形貌与工艺参数有十分密切的关系。焊速（热源移动速度）越大，θ_1越大，柱晶主轴的成长方向越垂直于焊缝的中心线。

相反，当焊接速度越小时，柱晶的主轴越弯曲。但无论焊接速度如何，在开始结晶时即熔池边缘处 θ_1 总是最大（即 $\cos\theta_1$ 最小）的，故晶体成长速度 v_w 也最小，而在中心线处（$\theta_1 \approx 0°$）v_w 最大，同时因为这里的温度梯度最低，界面前沿组分过冷很大，从而导致自由树枝晶的形成。采用不同的焊接工艺，除了得到柱状晶外，还可能有等轴晶区。

若柱状晶一直推移到中心区域，最后结晶的低熔点夹杂物被推移到焊缝中心区域，形成脆弱的结合面，易导致纵向热裂纹的产生。

还要注意到，熔池中存在许多复杂的作用力，如电弧的机械力、气流吹力、电磁力、液态金属中密度差产生的流动的力等。这些力使熔池金属产生强烈的搅拌和对流，在熔池上部的熔体流动方向是从熔池头部向尾部，而在熔池底部的熔体流动方向与之相反，这有利于熔池金属成分分布的均匀化与纯净化。

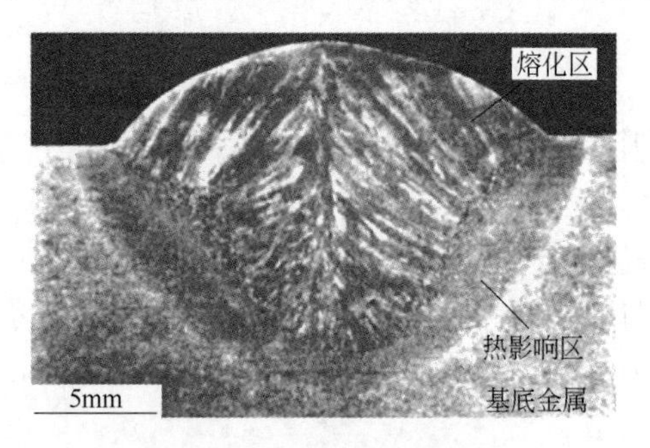

图 8-157　A710 钢的焊缝组织

图 8-157 所示为 A710 钢（成分是 $w(C) \approx 0.25\%$、$w(Mn) \approx 1.65\%$、$w(Si) \approx 0.9\%$）的单道次焊缝的组织。从图中可以清楚地看到焊缝的 3 个区域，并且在熔化区还可以看到混合区、部分混合区，柱状晶生长朝焊缝中心线推进，并且在生长过程中的方向的改变。

8.6　触变行为与半固态成型

在前面的讨论知道，合金铸锭或铸件在两相区枝晶状凝固的半固态区有很多过程同时发生，它们包括结晶、溶质重分布、熟化、枝晶间的液体流动以及结晶固体的移动等。液体的对流对在早期形成的枝晶形状有很大的影响，在极端情况下，强烈的对流和缓慢的冷却下树枝晶会变成球形晶粒。前面讨论过用能量诱导细化铸件组织的方法，这些方法就是加强熔体的对流，使枝晶熔断、破碎以达到改变枝晶的形貌和细化晶粒的目的。这种铸造工艺一般称之为流变铸造工艺。

外加能量使在两相粥状区中的枝晶变成细小近球形的晶体，这样的半固态金属浆液的流变性质与枝晶状的半固态熔体大不相同，它表现为**触变性**的。所谓触变性是指浆液受剪切速度作用时，浆液的黏度或剪切应力随时间延长而减小，静置一定时间又回复原状态的性质。这样，浆液通过改变所加的剪切速度、剪切持续时间和冷却速度等可以在很大范围内改变其黏度，同时，也使熔体凝固的两相“粥状”中的树枝晶因浆液经受剪切而变成球状晶体。在凝固以及重熔（为半固态）后都会保留合金的触变性质和近球状的晶体组织。因为这种半固态熔体的流动性好和容易成型，对模子有良好的充填性；又因为凝固晶体是近球状颗粒，凝固后的铸件的力学性能良好，具有较少的偏析等优点，从而发展成一种称之为“半固态金属（SSM）成型”的加工方式。现代工业已采用半固态金属成型的工艺来生产一些合金零件，同时还用来生产金属基复合材料。

通常用同轴圆筒流速计来测量 SSM 浆液的触变性质，同轴圆筒流速计的示意图如图 8-158 右上侧的图形所示，其中内圆筒是固定的，外圆筒转动，外筒转动使内、外圆筒间的流体受剪切作用，以转动速度来表示剪切速率。SSM 浆液的流变实验有 3 种类型：

（1）连续冷却并在液相线温度以上开始剪切的实验。

（2）在固定剪切速率和固定固体分数下，在指定条件下的瞬时或稳态实验（所谓稳态是指固定固体分数的SSM浆液，在固定剪切速率下其黏度不随剪切时间变化的状态）。

（3）部分凝固或部分重熔后剪切的实验。这些实验技术只适合低的剪切速率和低的固体分数的情况，因为过高的剪切速率会引起流体的不稳定，过高的固体分数会引起流体的“打滑”，同时，这些实验技术往往要持续几分钟到几小时才达到稳态，而时间长后还可能发生组织的不可逆变化而影响其触变性质。在近年来发展了一些新的实验方法。

图8-158所示为$w(\mathrm{Pb})=15\%$的Sn-Pb合金以0.33K/min速度连续冷却时，在不同剪切速率$\dot{\gamma}_0$下固体分数与名义黏度间的关系，剪切速率以单位时间外转筒的转动次数表示（次/s）。从图8-158看到，名义黏度总是随着固体分数的增加而增加的，在低的剪切速率下，名义黏度在低的固体分数时就开始急剧增加，但在高的剪切速率下，名义黏度随固体分数增加较慢，例如在$\dot{\gamma}_0=750\mathrm{s}^{-1}$时，固体分数高达0.6仍保持很低的名义黏度。

在固定的固体分数下，剪切速率越大，稳态名义黏度越小。图8-159所示为$w(\mathrm{Pb})=15\%$的Sn-Pb合金在不同固体分数下的稳态名义黏度与剪切速率的关系。从图同样看到，加大剪切速率，可以在较大固体分数下保持较低的名义黏度。

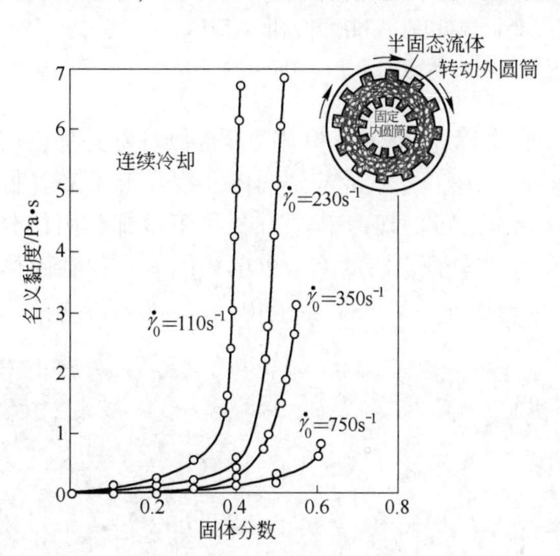

图8-158 $w(\mathrm{Pb})=15\%$的Sn-Pb合金以0.33K/min速度连续冷却，在不同剪切速率$\dot{\gamma}_0$下固体分数与名义黏度间的关系

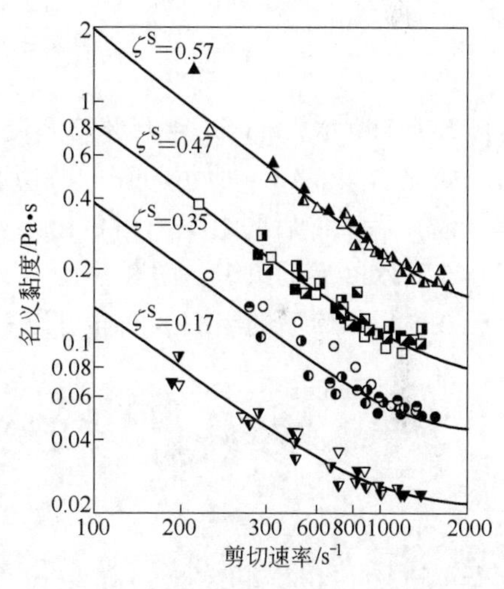

图8-159 $w(\mathrm{Pb})=15\%$的Sn-Pb合金在不同固体分数下的稳态名义黏度与剪切速率的关系

SSM浆液的触变性质和它的组织形态有关，外加能量（机械搅拌、电磁搅拌等）可以使SSM浆液中的固体形态发生变化，剪切速率越大越有利于树枝晶碎断和熟化，延长凝固时间或者减小冷却速度，同样有利于晶粒的熟化。剪切使晶体颗粒细化和变为近球状，减小SSM浆液的流动阻力，从而降低其黏度。图8-160所示为剪切速率（湍流强度）、剪切时间和冷却速度对固体颗粒形貌影响的示意图。当剪切速率增加（湍流强度增加）时，延长剪切时间和降低冷却速度可使固体颗粒从树枝状转变为玫瑰瓣状到球状的变化，当固体分数小时，在较小的剪切速率下晶体颗粒就已经是球状，另外在很大的剪切速率下，也是从开始一直到固体分数增加晶体颗粒都是球状的。

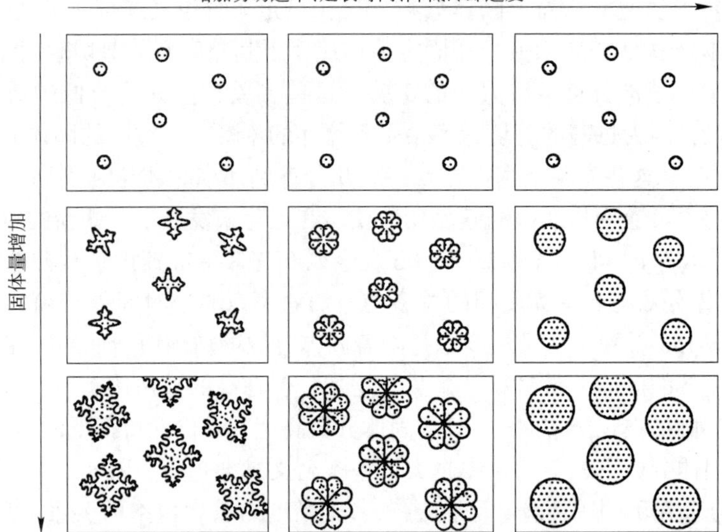

图 8-160 剪切速率（湍流强度）、剪切时间和冷却速度对固体颗粒形貌的影响的示意图

图 8-161 所示为 $w(\mathrm{Sn})=15\%$的 Pb-Sn 合金以 0.006K/s 冷却速度连续冷却并加以剪切的组织演化。图 8-161a 所示为在低剪切速率（$20s^{-1}$）下冷却到固体分数等于 0.35（低的固体分数）后水冷后的组织，图 8-161b 所示为在低剪切速率（$20s^{-1}$）下冷却到固体分数等于 0.5 后水冷后的组织，图 8-161c 所示为在高的剪切速率（$200s^{-1}$）下冷却到固体分数等于 0.5 后水冷后的组织。同样可以看到剪切速率对 SSM 浆液中晶体形状的影响。

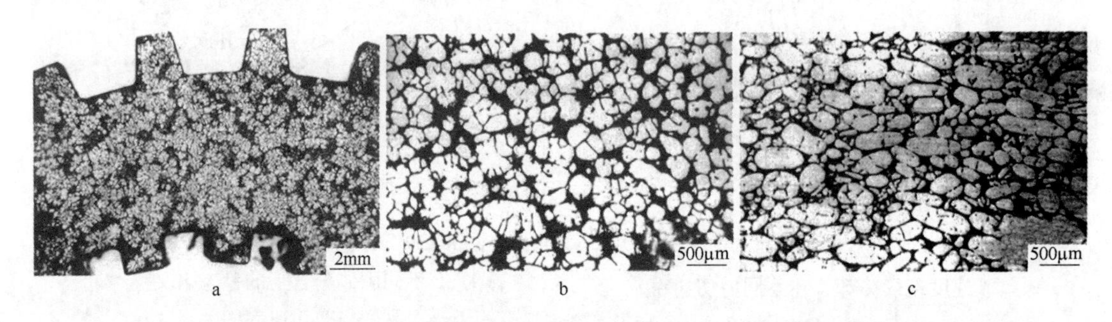

图 8-161 $w(\mathrm{Sn})=15\%$的 Pb-Sn 合金以 0.006K/s 冷却时的组织演化

a—在低切变速率（$20s^{-1}$）冷却到固体分数等于 0.35，然后水冷；b—在低切变速率（$20s^{-1}$）冷却到固体分数等于 0.5 后水冷；c—在高的切变速率（$200s^{-1}$）下冷却到固体分数等于 0.5 后水冷

已有很多学者对强烈搅拌使 SSM 浆液中固体形态变化的机制进行了研究，各自提出一些解释的机制，也存在一些不同的看法。实际上，强烈搅拌形成球状组织的机制迄今仍不是完全清楚。综合来看，形态演变的机制可能有如下几点：

（1）在凝固时强烈的对流加强了物质的输运，从而加速晶体的生长。

（2）搅拌的层流使正常树枝晶生长的形貌改变为玫瑰花瓣形貌，而湍流则使玫瑰花瓣形貌转变为球形形貌。

(3) 从观察中发现在强烈对流中玫瑰花瓣形貌和球形形貌的晶体更像是一种生长现象而不是由树枝晶碎化得来的。

(4) 强烈搅拌使组织细化的原因最可能的是大量形核，因为强烈搅拌使温度场和浓度场均匀，同时分散了非均匀形核的媒介（非均匀形核靠背），增加了形核位置。但是，在低的剪切速率下，树枝晶的重熔和碎化机制也可能是重要的原因。

SSM 完全凝固后再到两相区保温重熔时，晶界上低熔点相开始熔化，被液相包围的树枝晶快速粗化，原子流从晶体的高曲率（半径小）处流向低曲率（半径大）处使晶体颗粒球化（熟化效应）。结果仍然获得非枝晶的颗粒球状的均匀的 SSM 浆液，并且还保留了重熔前原来凝固的浆液的触变性质。

经触变的 SSM 浆液凝固后有优越的力学性能，图 8-162 所示为 A356 铝合金(w(Si)≈7%、w(Mg)≈0.4%、w(Ti)≈0.12%) 的半固态成型件与其他铸造方式的铸件的力学性能的比较，图 8-162a 和 b 所示为在相同屈服强度下各种铸造方式所得的铸件的伸长率疲劳性能，显然，半固态成型件的力学性能优越得多。

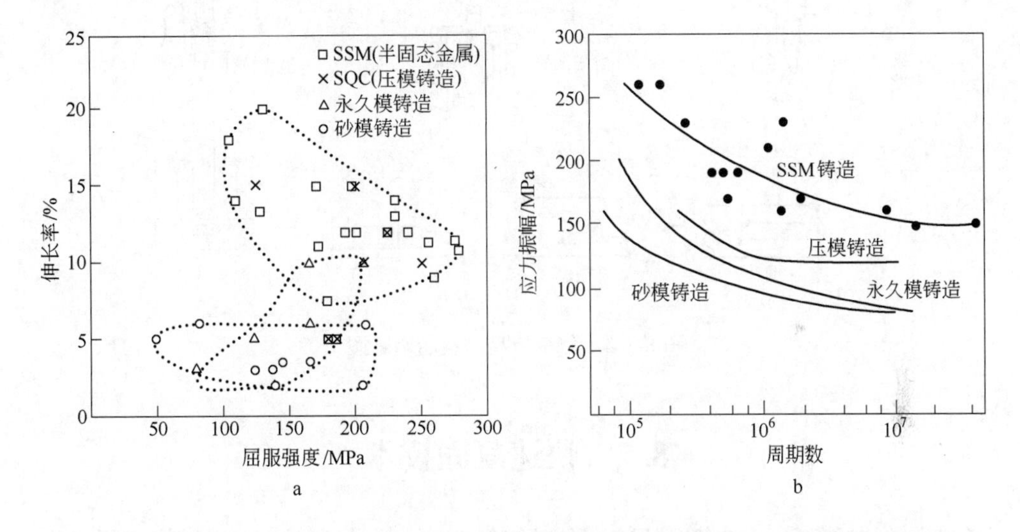

图 8-162 A356 铝合金的半固态成型件与其他铸造方式的铸件的力学性能的比较

a—屈服强度下相应的伸长率；b—疲劳曲线

用非枝晶半固态合金浆液的部件成型有两种方法：流变铸造和触变铸造（或锻造）。

流变铸造是指铸造时用经剪切产生的非枝晶半固态浆液直接注入铸模生产最终铸件的工艺。虽然这种工艺是最早的半固态成型的工艺，但因为用机械搅拌形成很粗的（几百微米甚至毫米）玫瑰瓣晶块，并且浆液没有可供直接铸造或锻造成型的足够触变性质，所以不能获得广泛应用。后来采用一种新的流变铸造（NRC）工艺，NRC 过程如图 8-163 所示：把略微过热的金属液注入放置在垂直压模铸机旁的特殊设计的钢坩埚中，在坩埚中控制浆液的冷却速度，控制调整浆液温度（即控制固相的分数），使在浇注后几分钟内浆液形成稳定的固相骨架，再把圆柱状的类固体的坯料转移到垂直压模铸机的套筒中，最后压铸成最终元件的形状。这种 NRC 工艺已经应用到铸造铝合金和镁合金的部件生产中。

触变成型一般指由合金的非枝晶浆液熔体在金属模中锻造成接近成品形状部件的工

艺。如果元件在封闭的模中成型，称触变铸造；在开模中成型，称触变锻造。图 8-164 示意描述了触变成型的过程。触变成型包含两个阶段：第一阶段是均匀加热和合金坯料部分熔化，使坯料整体均匀；第二阶段是把半固态合金坯料转移到锻模锻造，凝固成型；或转移到压射室由液压臂把坯料挤入型腔中，最后凝固形成。

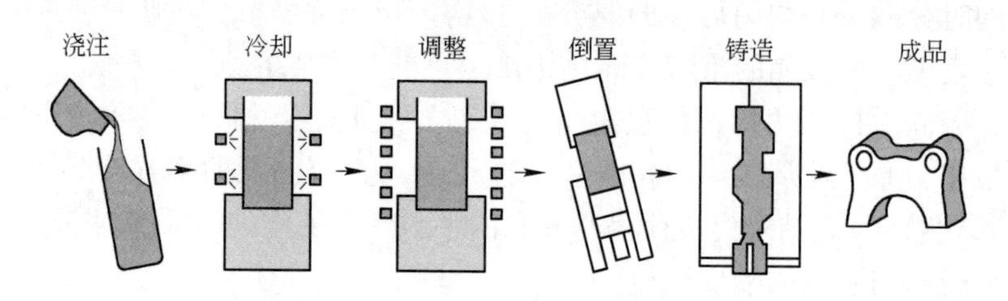

图 8-163　新流变铸造（NRC）的示意图

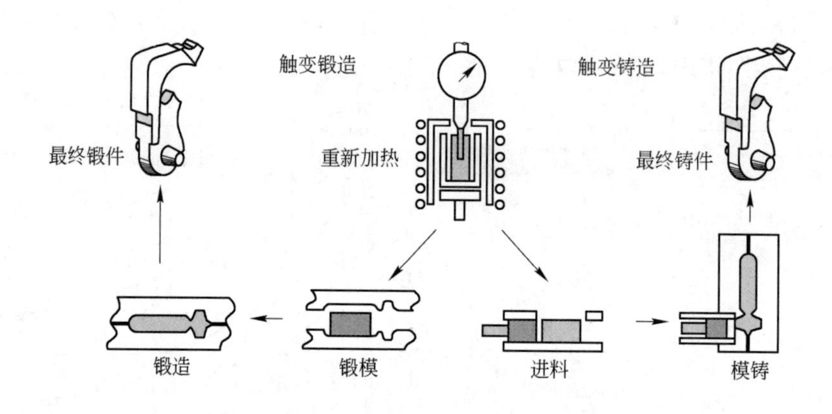

图 8-164　触变成型过程的示意图

8.7　快速凝固技术

在前面的讨论知道，加大冷却速度可以细化晶粒，减小偏析，获得过饱和固溶体，可能获得亚稳相，更大的冷却速度还可以形成金属玻璃。图 8-165 近似描述了快速冷却和凝固对一般工业用的合金的组织结构特征的影响。图 8-165 中所示的关于常规显微组织和改善显微组织的内容已经在前面讨论过。在这个冷却速度范围内加大冷却速度，起作用的主要是显微组织细化，这是因为加快冷却速度使凝固过程枝晶粗化的时间减短，即细化是由固相生长条件变化所引起的，而不是由形核过程引起的。这时，不论是粗枝晶还是细枝晶，固/液界面上基本保持局部平衡状态。再进一步加大冷却速度，熔体的过冷度加大，固/液界面越来越离开平衡状态，越发截留溶质原子，使偏析减小，甚至成为完全无偏析的凝固，并扩大了固溶体的溶解度极限（见 8. 2. 1. 2 的讨论），还可能形成新的亚稳相。

激冷技术用于产生金属玻璃（非晶态合金），金属玻璃保留了液态金属的短程有序的类似原子团簇的结构，微观组织中不存在晶界、位错和偏析等缺陷，其结构类似于普通玻璃。金属玻璃结构的特点使它具有一系列独特的性能，例如抗拉强度可高达 3～4GPa，具

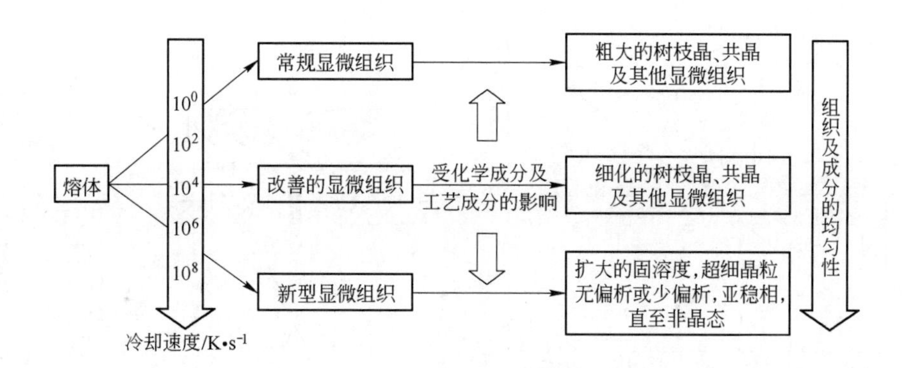

图 8-165 快速凝固对凝固显微组织的影响

有很好的耐腐蚀性能、优异的软磁性能、优良的超导性能、较高的热稳定性和较低的表面活性等。金属玻璃已经或可望应用于机械结构材料、磁性材料、声学材料、仿生材料、光学材料等方面。

因为金属或合金的晶化能力很强，所以要在很高的冷却速度（约大于 10^5K/s）下才有可能形成金属玻璃。同时为了降低合金的晶化能力，形成金属玻璃的合金要求结构比较复杂、液态黏度比较高。Inoue 提出形成金属玻璃的 3 个经验规律：(1) 合金有 3 个以上组元；(2) 组元间的原子尺寸有较大差别（大于 12%）；(3) 组元间有负的混合焓。所以大量的金属玻璃都是多组元的金属化合物。因为形成金属玻璃要求的冷却速度很高，要获得大块金属玻璃是一个具有很大挑战性的课题。20 世纪 60 年代只能制造厚度为 10^{-3}cm 的金属玻璃薄带，随着冷却设备的发展和合金的成分调整，到 21 世纪初已经可以制造出厚度和直径在 10cm 左右的金属玻璃板或棒。图 8-166 所示为形成的金属玻璃（部分的例子）的临界厚度随着年代的变化。

如果要获得金属玻璃，从原则上说，实现快速凝固需要使液相在结晶以前获得很大的过冷，有两种可能的途径来达到这个要求：

(1) 高的冷却速度，冷却速度在 $10^5 \sim 10^7$K/s 范围，使液相来不及形核便已冷却到很低的温度；

(2) 避免非均匀形核以获得大的过冷。由于技术上的困难，目前多是通过第一条途径来实现快速凝固，所以有时也称为急冷凝固（RSP）。

从传热学的观点看，要获得很高的冷却速度必须具备的条件是：小的试样断面；与热阱间有良好的热交换（很低的界面热阻）以及热阱本身应具有极佳的导热能力。目前，有很多实现急冷凝固的手段，归纳起来，主要是以下 3 种方法：雾化方法，旋凝激冷法，衬底自淬火法。

雾化方法是把液体金属雾化形成细小的液滴，它是当今最广泛使用的方法。其原理如图 8-167a 所示高能射流使金属液体雾化。在高压气体、蒸汽或水射流的作用下，金属熔液柱流被冲击雾化成很小的液滴，雾化的液滴在环境中飞行，急速冷却凝固，成为微细的固态粉末。这种方法在亚声速射流的情况下，冷却速度一般不超过 10^4K/s；如采用超声射流，冷速可达 10^5K/s，此时粉末尺寸可达到 1μm 左右。图 8-167b 是降粉碎机雾化示意图，用感应悬熔法加热熔体，在工作区以压缩空气或电磁加速活塞把液滴粉碎。

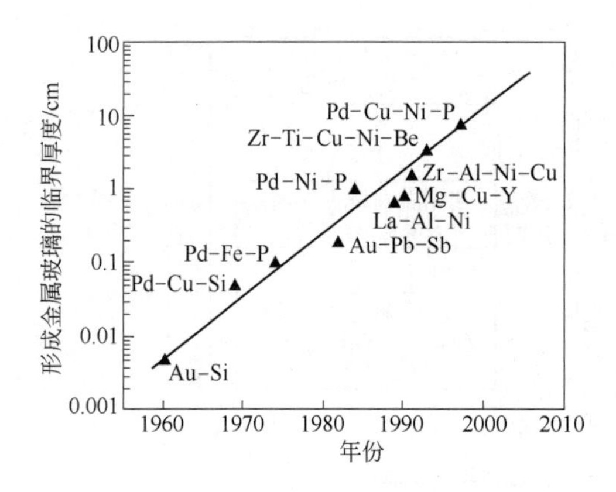

图 8-166　形成的金属玻璃的临界厚度随着年代的变化

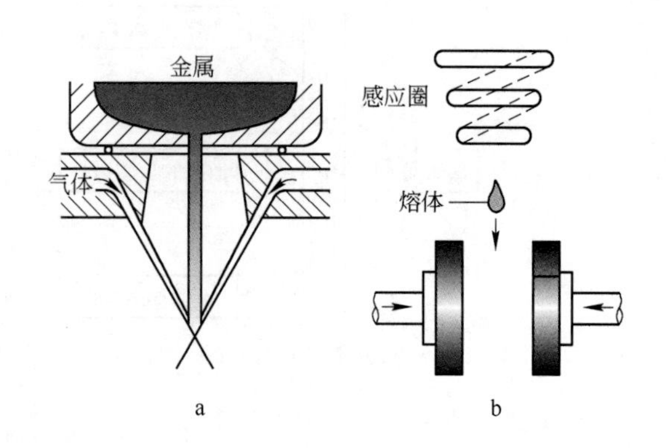

图 8-167　金属熔体雾化

a—高能射流使金属液体雾化示意图；b—降粉碎机示意图

旋凝激冷法是将液态金属或合金冲射到一个高速旋转的冷辊轮面上，在合适的工艺条件下，即能得到连续的金属薄带或金属丝。图 8-168 是各种旋凝方法的示意图。图 8-168a 所示为惰性气体冲射熔体黏附在高速旋转的冷盘上，金属滴经受激冷，随着冷盘甩出薄带，带厚约为 20~200μm，冷却速度为 4×10^5~5×10^5K/s。图 8-168b 与图 8-168a 相似，但采用感应加热使悬液滴落入高速旋转冷盘，甩出激冷金属丝。这种工艺又称单辊熔融纺丝。图 8-168c 与 b 相似，但使用双轮激冷，是双辊熔融纺丝。双辊熔融纺丝的效率并不是很好，现在很少采用。

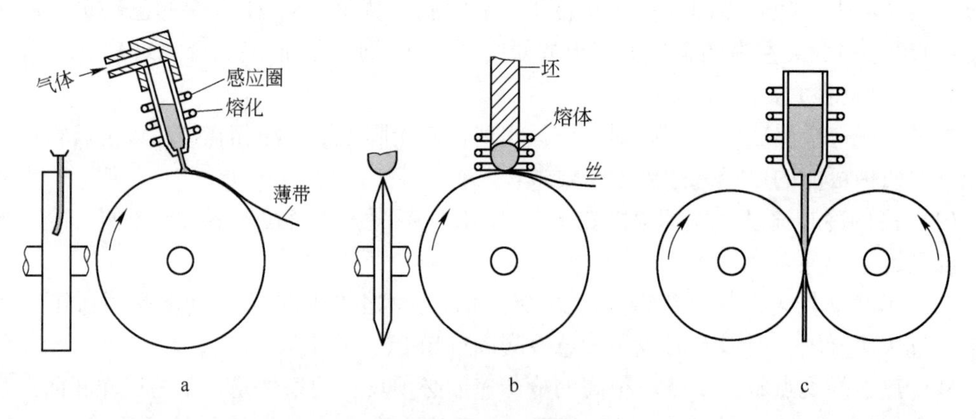

图 8-168　旋凝激冷法

a—气体冲射熔体到高速转动的冷盘上甩出薄带，左边是侧视图；
b—感应加热悬滴熔体萃取，左边是侧视图；c—双轮淬冷装置

衬底自淬火法是利用很大蓄热的衬底吸收熔体的热量使熔体激冷。图 8-169a 是采用移动的高能束流（激光束）使金属局部熔化，因为熔化的体积（熔池体积）比衬底金属小得多，当高能束流移开后，衬底金属吸热使熔区激冷重新凝固。图 8-169b 所示为“平面流铸造”示意图，它是熔融纺丝的变体。由喷管将熔融金属喷敷在很大的金属衬底上，金属基体将其激冷成薄带，薄带的厚度取决于喷管移动的速度。薄带的厚度在 70μm（移动速度为 15m/s）到 20μm（移动速度为 50m/s）之间。

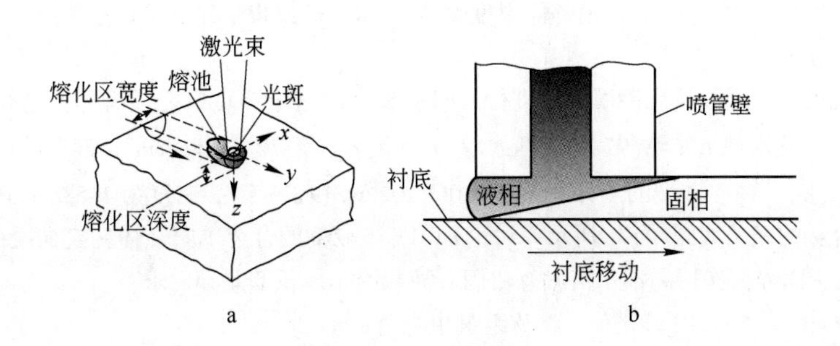

图 8-169　衬底自淬火法

a—激光束使衬底金属表面局部快速熔化和重新凝固；b—平面流铸造示意图

练　习　题

8-1　不同直径 r 的小颗粒 Cu 存在于 Cu 的液体中，如果它们的直径 r 大小如下所示，问它们最低限度要在什么温度以下才不会熔化而生长？（1）2μm；（2）20nm；（3）2nm。（Cu 的熔点 $T_m = 1085$℃（1358K），密度 $\rho = 8900\ kg/m^3$，液/固界面能 $\gamma = 0.144 J/m^2$，熔化潜热 $\Delta H_m = 13.3 kJ/mol$）

8-2　若 $w(Cu) = 1\%$ 的 Al-Cu 合金凝固以平面生长，生长速度 $v = 4cm/h$，溶质原子从固相中解离向液相转移的解离系数 $\beta = 33$，问在固/液界面 Cu 的溶质分配系数是多大？若界面为非光滑平面生长，在固/液界面 Cu 的溶质分配系数又是多大？设扩散系数 $D \approx 5 \times 10^{-5} cm^2/s$。Al 的晶格常数 $a = 0.404nm$（相图参见图 8-2，为了计算方便，可把固相线和液相线简化为直线）。

8-3　要改变 Ni-Cu 合金的溶质分配系数 1%，稀的 Ni-Cu 合金（$x(Cu) = 1\%$）的枝晶臂端部的直径应为多大？已知 Ni 的摩尔体积 $V^S = 6.59cm^3/mol$，纯镍的熔点 $T_m = 1726K$，固/液界面能 $\gamma = 2.55 \times 10^{-5} J/cm^2$。

8-4　图 8-170 所示为 Ag-Cu 相图，$w(Cu) = 25\%$ 合金超高速冷却。若最终的组织是均匀的过饱和固溶体，发生凝固的大约温度范围是多少？若该合金形成亚稳态的过饱和相，它凝固的大概温度范围又是多少？

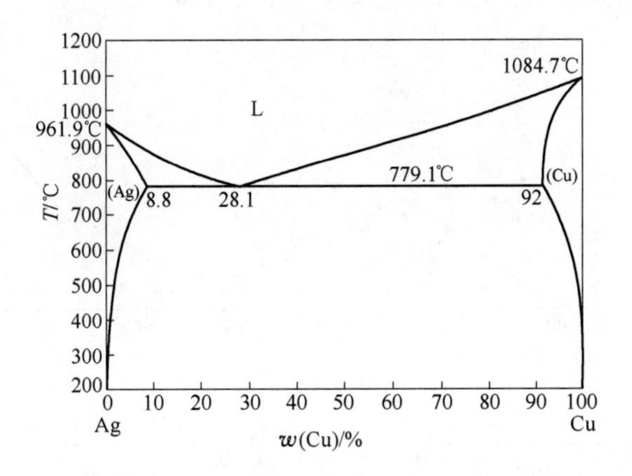

图 8-170　Ag-Cu 相图

8-5　一个铝锭厚 25cm，在无过冷的情况下注入砂模。假设模/金属间的热阻和固态金属/液态金属间的热阻可以忽略不计。

（1）若砂模很薄（设3cm），砂模外侧温度保持300K，砂模很快建立平稳态传热，问多长时间这个锭可以完成凝固？

（2）若砂模很厚，凝固只靠砂模导热进行。问多长时间这个锭可以完成凝固？已知铝的熔点 T_m = 933K，熔化潜热 $\Delta\mathcal{H}$= 3.97×10^5J/kg，铝的密度 ρ_m = 2.7×10^{-3}kg/cm^3，砂型的比热容 c_{pm} = 1.13 ×10^3J/(kg・K)，砂型的热导率 k_m = 6.06×10^{-3}W/(cm・K)，密度为1.58g/cm^3。

8-6　A-B二元合金的相图如图8-171所示。讨论 w(B) = 12% 的合金单向（棒）定向凝固，设液、固界面平直，液、固界面保持局部平衡，忽略固、液相摩尔体积的差异。求：

（1）平衡凝固后沿棒长组织分布，以及组织相对量；

（2）固相无扩散、液相完全搅拌均匀凝固条件下：1）在平衡凝固完成温度时，凝固的固相相对量有多少，它的平均成分是多少？2）凝固完成后沿棒长组织分布、组织相对量以及各组织的平均成分。

（3）若凝固界面迁移的速度为10^{-3}cm/s，固相的扩散系数 D_s = 0.29exp(200kJ/RT) cm^2/s，假设凝固时忽略固相的扩散是否合理？

（4）若凝固过程强制对流，凝固速度非常慢和凝固速度非常快的情况下，分别回答这两种情况下凝固完成后沿棒长的组织分布、组织相对量以及各组织的平均成分。

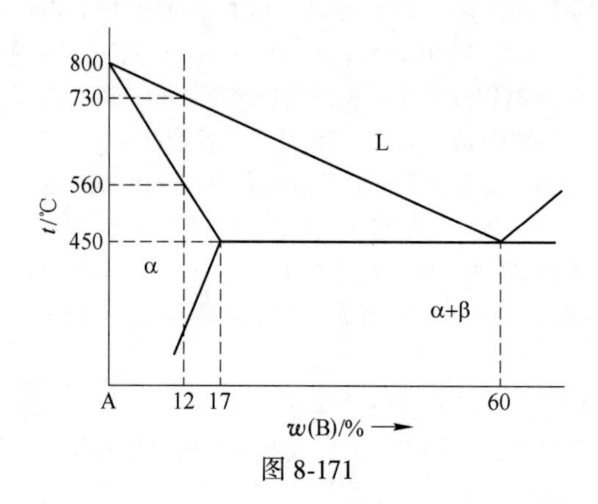

图 8-171

8-7　图8-172所示为两种假想的A-B相图，忽略A、B的密度和尺寸的差异。

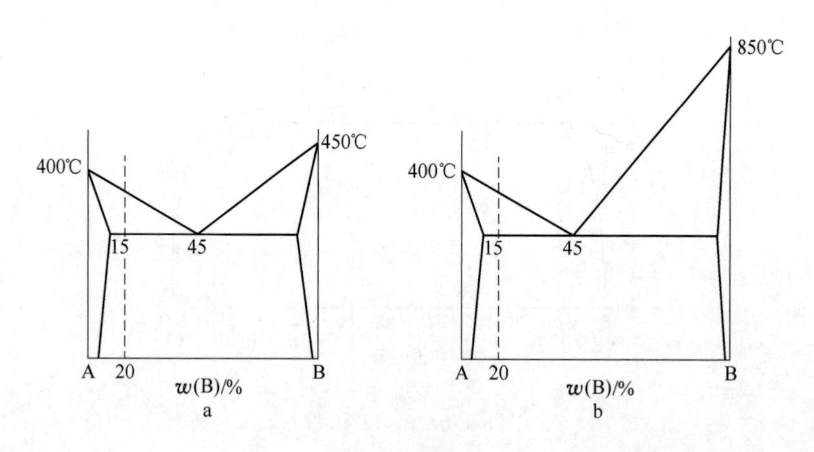

图 8-172

（1）图a中，20%（B，w%）合金，从一端定向凝固，设忽略固相扩散，液相完全搅拌均匀，写出凝固后的固相成分分布式子；并求凝固后固相的平均浓度，此时的共晶量比平衡凝固的共晶量多还是少了，改变量是多少？

(2) 如果图 a 和图 b 中的 20%（B，w%）合金，经缓慢冷却凝固，两者的组织相对量有没有区别，为什么？（ $C_L = C_0 f_L^{(k_0-1)}$ ）

8-8 一个二元相图如图 8-173 所示，忽略 A 和 B 的比容差异，成分为 20%B 的合金定向凝固。(1) 缓慢冷却，(2) 若液相完全混合均匀，画出结晶后两者的组织分布，计算两者的组织相对量。两者的共晶量哪个大？证明。

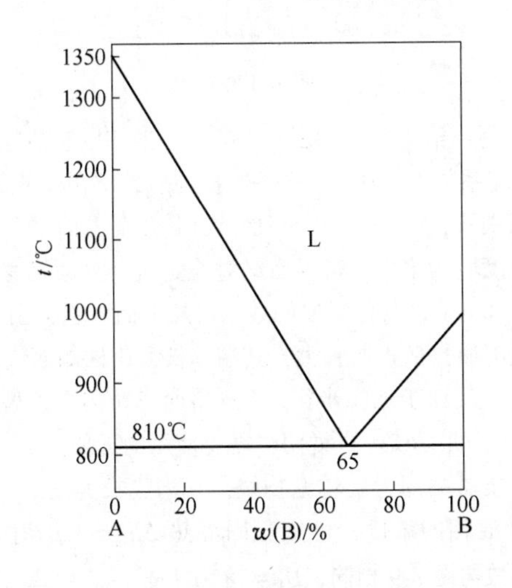

图 8-173

8-9 设 Al-Cu 合金在无对流的条件下定向凝固，液/固界面是平面，界面推移速度 $v = 5\mu m/s$。液相中铜的扩散系数 $D_L = 3\times10^{-5} cm^2/s$。

(1) $w(Cu) = 0.5\%$ 的 Al-Cu 合金在平稳态下凝固时界面温度是多少？扩散层（即溶质富集的特征距离）厚度是多大？为了保持平面界面，根据组分过冷判据估算液相温度梯度应为多大？

(2) 如合金成分为 $w(Cu) = 2\%$，和前面的条件相同，回答（1）中的各个问题。

(3) 如合金成分为 $w(Cu) = 2\%$，固相无扩散，液相充分混合，画出凝固后固相的成分分布，在固相百分比是多少时出现共晶组织？

8-10 $w(Ga) = 10^{-3}\%$ 的 Ge-Ga 晶体单相凝固生长，在强烈对流下其扩散边界层厚度 $\delta_c = 0.005cm$，$k_0 = 0.1$，设扩散系数 $D_L = 5\times10^{-5} cm^2/s$，若凝固速度 $v = 8\times10^{-3} cm/s$，当凝固量 $\zeta^S = 50\%$ 时，在界面的固相成分 c^{*S} 是多少？

8-11 $w(Cu) = 1\%$ 的 Al-Cu 合金在完全没有对流的情况下单相凝固，保持界面平直，从初始瞬态到稳态生长，生长速度为 $v = 3\times10^{-4} cm/s$，$D_L = 3\times10^{-5} cm^2/s$。

(1) 给出固相初始成分、最初和最终瞬态的长度。

(2) 给出在稳态下液/固界面的温度以及温度梯度的条件。

(3) 画出沿凝固长度的成分分布。

(4) 如果维持（2）得出的温度梯度，界面变为胞状、变为树枝状的凝固生长速度应为多大？

8-12 固溶体定向（棒）定向凝固，求（1）平衡凝固，（2）固相无扩散，液相完全搅拌均匀，（3）固相无扩散，液相仅有扩散，求这三种情况下凝固时界面温度沿棒长的变化（设固相和液相的比容相同）。

8-13 晶体生长时两个光滑平面以不同速度推进，如图 8-174：1 面速度为 v_1，2 面速度为 v_2。导出 2 面增长而 1 面缩小的速度条件，或 1 面增长而 2 面缩小的速度条件。

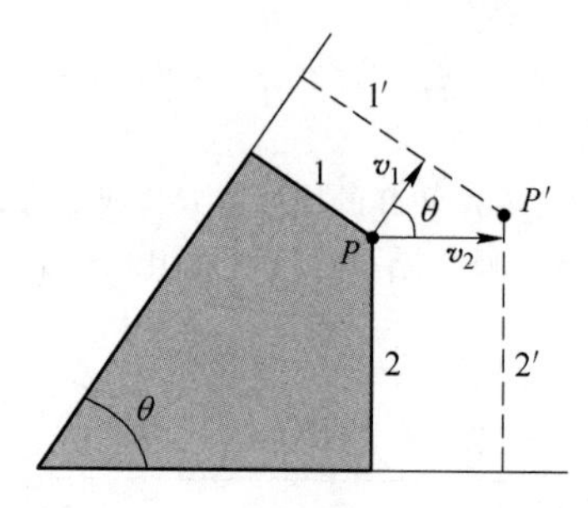

图 8-174

8-14 在区域提纯过程中，(1) 写出沿提纯方向 z ($z=0\sim1$) 提炼以后清除的杂质量 Q 的式子，(2) Si 中含杂质量 $c_0=10^{-6}$，分配系数 $k_0=10^{-5}$，经一次提纯后，求在棒的前半部的平均杂质浓度。

8-15 根据界面稳定性的普遍判别式，$w(\mathrm{Cu})=0.5\%$的 Al-Cu 合金界面推移速度 $v=5\mu\mathrm{m/s}$，为了保持平面界面，估算液相温度梯度应为多大？若界面绝对稳定时，界面推移速度应多大（设固体热导率为液体的一半，$\gamma=5\times10^{-6}\mathrm{J/cm^2}$，其他需要的数据可从上面各题找出）？

8-16 讨论一个柱状的树枝晶由溶质扩散控制长大，其端部长大比柱侧面快。其端部近似为半球帽形状。证明端部推进的准稳态速度反比于球帽半径。（忽略曲率对溶质溶解度的影响，并假设液体的对流足够慢，他对传质的影响可以忽略。）说明你需要使用的近似。

8-17 $w(\mathrm{Cu})=1\%$的 Al-Cu 合金枝晶端部为旋转抛物线体，当生长速度 $v=0.01\mathrm{cm/s}$ 时，求稳定长大时的曲率半径以及界面前沿液相的浓度？已知凝固潜热 $\Delta h_m=1.07\mathrm{kJ/cm^3}$，液/固相界面能 $\gamma_{S/L}=8.55\times10^{-5}\mathrm{J/cm^2}$，扩散系数与题 8-9 相同，$D_L=3\times10^{-5}\mathrm{cm^2/s}$。设式（8-135）中常数 $L=18$。

8-18 若 $w(\mathrm{Bi})=20\%$合金定向凝固，设固相无扩散，液相完全混合，求共晶体的量。Pb-Bi 二元相图参见图 8-120b。

8-19 如果界面前沿温度梯度很低，碳在 δ 铁中扩散很快（能完成包晶反应），画出 $w(\mathrm{C})=0.25\%$的 Fe-Fe_3C 合金凝固界面附近的组织示意图。若温度梯度很大，界面是稳定的，设所有液、固相线都是直线，忽略固相中的扩散，并且液相完全均匀混合，画出组织分布图，并定量地说明各种组织的相对量。

8-20 测得片层状共晶的片层间距为：(1) $\lambda=0.2\mu\mathrm{m}$ 和 (2) $\lambda=1.0\mu\mathrm{m}$。若界面能 $\gamma_{\alpha/\beta}=0.4\mathrm{J/m^2}$，相变潜热 $\Delta h=800\times10^6\mathrm{J/m^3}$，共晶温度 $T_E=1000\mathrm{K}$，估算共晶凝固时的过冷度（假设相变驱动力有 1/3 消耗于新相的相界面能）。

又设共晶都以极限片层间距的 2 倍的片层生长，问当共晶片层是 0.2μm 的长大速度是共晶片层是 0.22μm 的多少倍？恒温下共晶长大速度：

$$v = K\Delta T\frac{1}{\lambda}\left(1-\frac{\lambda_c}{\lambda}\right)$$

式中，λ 和 λ_c 分别为共晶片层间距和极限共晶片层间距；K 为常数；ΔT 为过冷度。

8-21 如片层状和棒状共晶两相的中心间距相等，并且两种形貌的共晶中的比界面能相等。证明存在一个相体积百分数的临界值，小于这个临界值则形成棒状组织，否则为片层状组织。

8-22 Pb-Sn 共晶合金单相凝固，生长速度 $v=10^{-6}\mathrm{m/s}$，利用图 8-96 确定共晶的片层间距 λ，计算共晶中两个相的片层厚度。已知富 Sn 相（α）和富 Pb 相（β）的密度各为 $7.3\mathrm{g/cm^3}$ 和 $11.5\mathrm{g/cm^3}$。

8-23 含硅的低合金钢锭，存在枝晶偏析，枝晶臂距是 500μm。在 1200℃ 下扩散退火，问偏析振幅减小到原来的 10%，应保温多长时间？设 1200℃ 下碳在奥氏体的扩散系数是 $2.23\times10^{-6}\mathrm{cm^2/s}$，硅的扩散系数是 $7.03\times10^{-11}\mathrm{cm^2/s}$。

参 考 文 献

[1] Kurz W, Fisher D J. Fundamentals of solidification[M]. 4th ed. Uetikon-Zuerich, Switzerland: Enfield Publishing & Distribution Company, 1998.

[2] 胡汉起. 金属凝固原理[M]. 北京: 机械工业出版社, 1999.

[3] Davis S H. Theory of Solidification[M]. Cambridge, New York et al: Cambridge University Press, 2001.

[4] Pfeiler Wolfgang. Alloy Physics: A Comprehensive Reference[M]. Weinheim: Wiley-VCH Verlag GmbH & Co., 2007.

[5] William J. Boettinger, Dilip K. Banerjee, Solidification, in Physical Metallurgy. Fifth edition. Elsevier Science BV. eds. D. E. Laughlin and K. Hono. 2014, Vol. 1: 639-849.

[6] Balluffi R W, Allen S M, Carter W C. Kinetics of Materials[M]. Hoboken, New Jersey: John Wiley & Sons Inc., 2005.

[7] Kostorz G. Phase Transformations in Materials [M]. 2nd ed. Weinheim: Wiley-VCH Verlag GmbH & Co., 2001.

[8] Hecht U, Grúnásy L, Pusztai T. Multiphase Solidification in Multicomponent Alloys[J]. Materials Science and Engineering R, 2004, 46: 1-49.

[9] Vandyoussefi M, Kerr H W, Kurz W. Two-Phase Growth in Peritectic Fe-Ni Alloys [J]. Acta Materialia, 2000, 48: 2297-2306.

[10] 卡恩 R W, 哈森 P, 克雷默 E J. 材料科学与技术丛书(第5卷): 材料的相变[M]. 北京: 科学出版社, 1998.

索　引

H

I

J

K

L

M

N

P

Q

R

S

T

Y

Z